信息技术和电气工程学科国际知名教材中译本系列

Convex Optimization

凸优化

Stephen Boyd　Lieven Vandenberghe　著

王书宁　许　鋆　黄晓霖　译

清華大學出版社

北　京

北京市版权局著作权合同登记号　图字：01-2009-3869

Convex Optimization **ISBN 978-0-521-83378-3** by Stephen Boyd first published by Cambridge University press 2004
All rights reserved.
This **simplified Chinese** edition for the People's Republic of China is published by arrangement with the Press Syndicate of the University of Cambridge, Cambridge, United Kingdom.
© Tsinghua University Press 2013

This book is in copyright. No reproduction of any part may take place without the written permission of Cambridge University Press or Tsinghua University Press.
This edition is for sale in the mainland of China only, excluding Hong Kong SAR, Macao SAR and Taiwan, and may not be bought for export therefrom.

此版本仅限中华人民共和国境内销售，不包括香港、澳门特别行政区及中国台湾。不得出口。

本书封面贴有剑桥大学出版社防伪标签，无标签者不得销售。
版权所有，侵权必究。举报：010-62782989，beiqinquan@tup.tsinghua.edu.cn。

图书在版编目（CIP）数据

凸优化 /（美）鲍德（Boyd, S.）等著; 王书宁等译.—北京: 清华大学出版社, 2013.1（2024.12重印）
信息技术和电气工程学科国际知名教材中译本系列
书名原文：Convex Optimization
ISBN 978-7-302-29756-7

Ⅰ. ① 凸…　Ⅱ. ① 鲍…　② 王…　Ⅲ. ① 凸分析－教材　Ⅳ. ① O174.13

中国版本图书馆 CIP 数据核字（2012）第 190148 号

责任编辑：王一玲
封面设计：常雪影
责任校对：李建庄
责任印制：杨　艳

出版发行：清华大学出版社
网　　址：https://www.tup.com.cn, https://www.wqxuetang.com
地　　址：北京清华大学学研大厦 A 座　　邮　　编：100084
社 总 机：010- 83470000　　邮　　购：010- 62786544
投稿与读者服务：010-62776969，c-service@tup.tsinghua.edu.cn
质 量 反 馈：010-62772015，zhiliang@tup.tsinghua.edu.cn
课 件 下 载：https://www.tup.com.cn，010-83470236
印 装 者：三河市君旺印务有限公司
经　　销：全国新华书店
开　　本：185mm×260mm　　印　张：44.75　　字　数：1115 千字
版　　次：2013 年 1 月第 1 版　　印　　次：2024年 12 月第 22 次印刷
定　　价：129.00 元

产品编号：031849-03

译者序

本书由美国斯坦福大学Stephen Boyd教授和加州大学洛杉矶分校Lieven Vandenberghe教授合著，从理论、应用和算法三个方面系统地介绍凸优化内容。

凸优化在数学规划领域具有非常重要的地位。从应用角度看，现有算法和常规计算能力已足以可靠地求解大规模凸优化问题，一旦将一个实际问题表述为凸优化问题，大体上意味着相应问题已经得到彻底解决，这是非凸的优化问题所不具有的性质。从理论角度看，用凸优化模型对一般性非线性优化模型进行局部逼近，始终是研究非线性规划问题的主要途径，因此，通过学习凸优化理论，可以直接或间接地掌握数学规划领域几乎所有重要的理论结果。由于上述原因，对于涉足优化领域的人员，无论是理论研究还是实际应用，都应该对凸优化理论和方法有一定程度的了解。

本书内容非常丰富。理论部分由4章构成，不仅涵盖了凸优化的所有基本概念和主要结果，还详细介绍了几类基本的凸优化问题以及将特殊的优化问题表述为凸优化问题的变换方法，这些内容对灵活运用凸优化知识解决实际问题非常有用。应用部分由3章构成，分别介绍凸优化在解决逼近与拟合、统计估计和几何关系分析这三类实际问题中的应用。算法部分也由3章构成，依次介绍求解无约束凸优化模型、等式约束凸优化模型以及包含不等式约束的凸优化模型的经典数值方法，以及如何利用凸优化理论分析这些方法的收敛性质。通过阅读本书，能够对凸优化理论和方法建立完整的认识。

本书对每章内容都配备了大量习题，因此也非常适合用作教科书。实际上，该书多年来已在美国多所大学用于课堂教学，近两年也在清华大学自动化系用作相关研究生课程的主要教材。

本书前言及第1，3，5，7章由许鋆翻译；第2，4，6，8章由黄晓霖翻译；第9~11章及附录部分由王书宁翻译。全书由王书宁定稿。

感谢Stephen Boyd教授提供本书英文版本的电子文件，为翻译本书提供了极大的便利。

译　者

2012年10月

前言

本书研究优化问题的一个重要分支：**凸优化**。事实上，最小二乘以及线性规划问题都属于凸优化问题。众所周知，关于最小二乘和线性规划问题的理论相当成熟，这两个问题出现在很多应用领域，均能很快地进行数值求解。本书的基本观点是，除了这两个问题以外，还有很多凸优化问题亦是如此。

尽管凸优化的研究已经持续了一个世纪左右，然而，最近一些相关的研究成果使得这一问题重新引起人们的关注。这当中首推对内点法的重新认识。内点法于 20 世纪 80 年代提出，本是用以求解线性规划问题，但是最近人们认识到，它亦可以被应用于求解凸优化问题。这些新的方法使得我们可以如求解线性规划一样有效求解一些特殊的凸优化问题，如半定规划以及二阶锥规划问题。

第二个相关的研究成果是人们发现凸优化问题（不仅仅是最小二乘和线性规划）在实践中的应用远远超乎人们的想象。从 20 世纪 90 年代开始，凸优化即被用在自动控制系统、估计和信号处理、通信网络、电路设计、数据分析及建模、统计和金融方面。此外，在组合优化以及全局优化方面，凸优化经常被用来估计最优值的界以及给出近似解。我们相信，还有很多其他凸优化的应用领域正在等待着人们去发现。

发现某个问题是凸优化问题或能将其描述为凸优化问题将会大有裨益。最本质的好处就是对此问题可以用内点法或者其他凸优化方法进行可靠且迅速的求解。这些求解方法可靠，足以嵌入于电脑辅助设计或分析工具，甚至用于实时响应系统或者自动控制系统。此外，将某个问题描述为凸优化问题还具有理论或概念上的优越性。例如，相应的对偶问题经常可以基于原问题给出有意义的解释，有时可导向有效的或分布式的求解原问题的方法。

我们认为，凸优化非常重要，任何从事计算数学的人至少需要对其有一定的了解。在我们看来，凸优化理所当然地是继近代线性代数（如最小二乘，奇异值）和线性规划之后的又一重要领域。

本书目的

对于很多一般性的优化方法，通常人们用它直截了当地试解待解的问题。凸优化就与此不同，只有我们知道待解的问题是凸的，它的优越性才可能完整地体现出来。当然，很多优化问题是非凸的，判断某个问题是否凸或者将某个问题表述为凸优化的形式是比较困难的。

本书的主要目的是帮助读者掌握应用凸优化方法的相关知识，即判断、描述

以及求解凸优化问题的技能和背景知识。

获取凸优化的相关应用知识对数学要求较高，对于主要关注应用的读者更是如此。根据我们的经验，对于电气工程以及计算科学的研究生来说， 在这方面的投入会获得良好的、有时是丰厚的回报。

在此之前，有不少关于线性规划以及一般的非线性规划的书籍，这些书籍的侧重点在于问题的描述，建模以及应用。另有一些书籍主要讨论凸优化的理论， 内点法以及复杂度分析。本书介于二者之间，介绍一般的凸优化理论，侧重于问题描述以及建模。

我们也要指出本书并不追求什么。它不是一本侧重于凸分析或者凸优化的数学知识的教材，已经有一些别的书籍涵盖了这些内容。此外， 本书也不是凸优化算法的一个综述。我们只是挑选了一些较好的算法，介绍其简化了的或者是典型的形式（但是它们在实践中确实能发挥作用）。 本书也不试图涵盖求解凸问题的内点法（或其他方法）的最新发展动态。虽然本书所提供的一些数值仿真实例经过了高度简化，但是我们认为，它们能够适应一些潜在用户的应用要求。并且，对于一些凸优化算法，本书详细地探讨了如何利用问题的结构使得求解更为迅速。对于所描述算法的复杂性理论， 我们也只是以一种简单方式进行了介绍。然而，对于内点法的自和谐和复杂度分析的重要思想我们都有一定的介绍。

读者范围

对于在工作中需要用到数学优化，或者更一般地说，用到计算数学的科研人员、科学家以及工程师，本书较为适合。这些人群包括直接从事优化或者运筹学的科技工作者， 亦包括一些工作在其他科学和工程领域但是需要借助数学优化工具的科技工作者，这些领域包括计算科学、经济学、金融、统计学、数据挖掘等。本书主要针对后者， 即可能使用凸优化的科技工作者，而不是针对人数相对少很多的凸优化领域的专家。

在阅读本书之前，读者只需要掌握现代微积分和线性代数的相关知识。如果读者对一些基本的数学分析知识（如范数、收敛性、初等拓扑学）和基本的概率论有一定的了解， 应能较好地理解本书的所有论证和讨论。当然，我们希望即使没有学过数学分析和概率论的读者也能够理解本书所有的基本思想和要点。此外， 本书的正文以及附录部分包含了数值计算和优化方法需要的所有辅助资料，因此，读者并不需要事先具备这些知识。

使用本书作为教材

我们希望本书能够在不同的课程中作为基本教材或者是参考教材发挥它的作用。从 1995 年开始，我们即在 Stanford 和 UCLA 的一些研究生课程中使用本书的初稿，这些课程包括线性优化、非线性优化和凸优化（偏工程应用）。我们的经验表明， 用一个研究生课程的四分之一时间即可以粗略讲授完本书的大部分内容，如果用一个满学期的课程时间，讲课进度就可以比较从容，也可以增加更多的例子，并且可以更加详尽地讨论有关理论。若能用两个四分之一的研究生课程时间，就可以对线性规划和二次规划（对于以应用为目的的学生极为重要）这些基本内容进行较广泛的讨论，或者对学生布置更多的大练习。

本书可以作为线性优化、非线性优化等基础课的参考读物。对于涉及凸优化的应用领域如控制系统等课程，本书亦可以作为替换教材。此外，对于凸优化方面更关注理论的课程，本书可以作为辅助教材，它提供了一些简单的实际例子。

致谢

本书的完成历时将近十年。这十年中，我们收到了不少关于本书的反馈以及建议，这些建议来自我们的研究生、我们课程上的学生以及我们在 Stanford 和 UCLA 的同事等。篇幅有限，我们无法一一表达我们的感谢，仅列出下述名单，表达我们诚挚的谢意。A. Aggarwal, V. Balakrishnan, A. Bernard, B. Bray, R. Cottle, A. d'Aspremont, J. Dahl, J. Dattorro, D. Donoho, J. Doyle, L. El Ghaoui, P. Glynn, M. Grant, A. Hansson, T. Hastie, A. Lewis, M. Lobo, Z.-Q. Luo, M. Mesbahi, W. Naylor, P. Parrilo, I. Pressman, R. Tibshirani, B. Van Roy, L. Xiao 和 Y. Ye. 我们要感谢 J. Jalden 以及 A. d'Aspremont 在时间序列分析 §6.5.4 中所提供的例子，§6.5.5 中的界定顾客喜好的例子也由他们提供。此外，感谢 P. Parrilo 对习题 4.4 和习题 4.56 所提供的建议。

我们还要特别感谢两个人。Arkadi Nemirovski 引发了我们对凸优化的兴趣并且鼓励我们撰写本书。而 Kishan Baheti 对本书的完成也发挥了极大的作用。早在 1994 年的时候，他就鼓励我们以凸优化在实际工程中的应用为题申请美国科学基金会的科研课程基金，本书可以认为是当年的基金成果，虽然在时间上可能有所滞后。

Stephen Boyd *Stanford, California*
Lieven Vandenberghe *Los Angeles, California*

2003 年 *7* 月

目 录

1 引言

引言将对数学优化做一个简单的回顾，我们将主要关注凸优化在数学优化中的特殊地位。对于在引言中出现的一些概念，后面将会更加正式以及详细地进行定义。

1.1 数学优化

数学优化问题或者说**优化问题**可以写成如下形式

$$\begin{array}{ll} \text{minimize} & f_0(x) \\ \text{subject to} & f_i(x) \leqslant b_i, \quad i = 1, \cdots, m. \end{array} \tag{1.1}$$

这里，向量 $x = (x_1, \cdots, x_n)$ 称为问题的**优化变量**，函数 $f_0 : \mathbf{R}^n \to \mathbf{R}$ 称为**目标函数**，函数 $f_i : \mathbf{R}^n \to \mathbf{R}$，$i = 1, \cdots, m$，被称为（不等式）**约束函数**，常数 $b_1, \cdots, b_m$ 称为约束上限或者约束边界。如果在所有满足约束的向量中向量 $x^\star$ 对应的目标函数值最小：即对于任意满足约束 $f_1(z) \leqslant b_1, \cdots, f_m(z) \leqslant b_m$ 的向量 z，有 $f_0(z) \geqslant f_0(x^\star)$，那么称 $x^\star$ 为问题 (1.1) 的**最优解**或者**解**。

我们一般考虑具有特殊形式的目标函数和约束函数的优化问题。线性规划即是其中重要的一类。若优化问题 (1.1) 中的目标函数和约束函数 $f_0, \cdots, f_m$ 都是线性函数，即对任意的 x, $y \in \mathbf{R}^n$ 和 α, $\beta \in \mathbf{R}$ 有

$$f_i(\alpha x + \beta y) = \alpha f_i(x) + \beta f_i(y), \tag{1.2}$$

则此优化问题称为**线性规划**。若优化问题不是线性的，则称之为**非线性规划**。

本书讨论一类优化问题，即凸优化问题。凸优化问题中的目标函数和约束函数都是凸函数，即对于任意 x, $y \in \mathbf{R}^n$，任意 α, $\beta \in \mathbf{R}$ 且满足 $\alpha + \beta = 1$，$\alpha \geqslant 0$，$\beta \geqslant 0$，下述不等式成立

$$f_i(\alpha x + \beta y) \leqslant \alpha f_i(x) + \beta f_i(y). \tag{1.3}$$

比较式 (1.3) 和式(1.2)，可以看出凸性是较线性更为一般的性质：线性函数需要严格满足等式，而凸函数仅仅需要在 α 和 β 取特定值的情况下满足不等式。因此线性规划问题也是凸优化问题，可以将凸优化看成是线性规划的扩展。

1.1.1 应用

优化问题 (1.1) 可以看成在向量空间 $\mathbf{R}^n$ 的一集备选解中选择最好的解。用 x 表示备选解，$f_i(x) \leqslant b_i$ 表示 x 必须满足的条件，目标函数 $f_0(x)$ 表示选择 x 的成本（同理也可以认为 $-f_0(x)$ 表示选择 x 的效益或者效用）。优化问题 (1.1) 的解即为满足约束条件的所有备选解中成本最小（或者效用最大）的那个解。

以**投资组合优化**为例，我们寻求一个最佳投资方案将资本在 n 种资产中进行分配。变量 x_i 表示投资在第 i 种资产上的资本，那么向量 $x \in \mathbf{R}^n$ 则描述了资本在各个资产上的分配情况。约束条件可能包括对投资预算的限制（即总投资额的限制），每一份投资额非负（此处假设不允许空头）以及期望收益必须大于最小可接受收益值。目标函数或者说成本函数可能是对总的风险值或者投资回报方差的一个度量。在此意义下，优化问题 (1.1) 即为在所有可能的投资组合中选择满足所有约束条件且风险最小的那个组合。

另一个例子是电子设计中的**器件尺寸**问题，即在电子电路中设计每个器件的长度和宽度。此时优化变量表示器件的长度和宽度。约束条件表征了多种工程上需要满足的要求，如生产过程对器件尺寸的要求，电路在特定速度稳定运行对时间的要求，或者是电路的总面积的限制。器件尺寸设计问题中一个比较常见的目标函数是电路的总功耗。因此，优化问题 (1.1) 此时变为设计合适的电路器件尺寸，使之满足设计要求（制造要求、时间要求以及面积要求）并且最为节能。

在**数据拟合**中，人们需要在一族候选模型中选择最符合观测数据与先验知识的模型。此时，变量为模型中的参数，约束可以是先验知识以及参数限制（比如说非负性）。目标函数可能是与真实模型的偏差或者是观测数据与估计模型的预测值之间的偏差，也有可能是参数值的似然度和置信度的统计估计。优化问题 (1.1) 此时即为寻找合适的模型参数值，使之符合先验知识，且与真实模型之间的偏差或者预测值与观测值之间的偏差最小（或者在统计意义上更加相似）。

大量涉及决策（或系统设计、分析与操作）的实际问题可以表示成数学优化问题，或者数学优化问题的变化形式如多目标优化问题。事实上，数学优化已经成为很多领域的重要工具，它被广泛地应用于工程、电路自动设计、自动控制系统以及土木、化工、机械、航空工程中出现的最优设计问题。此外，网络设计和操作，金融，供应链管理，调度等很多领域的问题都需要用到优化。反映这类应用的列表还在稳定地扩展。

在上述大部分应用中，数学优化都是作为一个辅助工具，协助决策者，系统设计人员或系统操作员根据需要监控系统的运行过程，检查结果以及修改问题（或者方法）。这些人员根据优化问题的结果采取相应的措施，如购买或出售资产以得到最佳投资。

最近出现的一些现象使得数学优化在其他一些领域中的应用成为可能。随着越来越多的计算机嵌入式产品的问世，**嵌入式优化**的发展势头迅猛。在这些嵌入式应用中，优化的目的是在没有（或者极少）人为干预的条件下实时做出选择甚至实时执行动作。在一些应用领域，传统自动控制系统以及嵌入式优化已经被有机地融合在一起；而在其他一些领域关于这种结合的尝试还处在一个初始阶段。嵌入式实时优化同样带来一些新的挑战：优化结果必须非常可靠且必须在给定的时间（和存储量）内解决问题。

1.1.2 求解优化问题

某类优化问题的**求解方法**是指（以给定精度）求解此类优化问题中的某一**实例**的算法。从 20 世纪 40 年代后期开始，学者们致力于设计算法求解多类优化问题，分析这些算法的性质以及进行软件实现。不同算法的有效性，即我们用之求解优化问题 (1.1) 的能力，是大不相同的。它取决于多方面的因素，如目标函数和约束函数的形式，优化问题所包含的变量和约束的个数以及一些特殊的结构如**稀疏结构**（如果某个问题中每个约束函数仅仅取决于为数不多的几个变量，那么此问题称为**稀疏**的）。

即使目标函数和约束函数是光滑的（如多项式），一般形式的优化问题 (1.1) 仍然很难求解。因此，求解一般形式的问题是需要付出一些代价的，如需要较长的计算时间或者可能找不到解。§1.4 讨论了一些这样的算法。

然而，并不是所有的优化问题都难以求解。对于一些特殊的优化问题，存在一些有效的算法，这些算法对含有成百上千变量和约束的大型问题甚至都有效。两类重要且广为人知的例子是最小二乘问题和线性规划问题，随后的 §1.2 将描述这两个问题（第 4 章中将予以详细讨论）。鲜为人知的是，还有一类问题，存在有效的求解算法可以如最小二乘以及线性规划问题一样进行有效求解。这类问题即为凸优化问题，一些大型的凸优化问题甚至都能被可靠求解。

1.2 最小二乘和线性规划

本节介绍广为人知且应用广泛的两类特殊的凸优化问题，最小二乘和线性规划（第 4 章将详细讨论这两类问题）。

1.2.1 最小二乘问题

最小二乘问题是这样一类优化问题，它没有约束条件（即 $m=0$），目标函数是若干项的平方和，每一项具有形式 $a_i^T x - b_i$，具体形式如下

$$\text{minimize} \quad f_0(x) = \|Ax-b\|_2^2 = \sum_{i=1}^k (a_i^T x - b_i)^2. \tag{1.4}$$

其中，$A \in \mathbf{R}^{k\times n}$ $(k \geqslant n)$，a_i^T 是矩阵 A 的行向量，向量 $x \in \mathbf{R}^n$ 是优化变量。

求解最小二乘问题

最小二乘问题 (1.4) 的求解可以简化为求解一组线性方程

$$(A^T A)x = A^T b,$$

因此可得解析解 $x = (A^T A)^{-1} A^T b$。对于最小二乘问题，有不少好的求解算法（和软件实现），这些算法的精度和可靠性都很高。最小二乘问题可以在有限时间内进行求解，此时间和 $n^2 k$ 近似成正比，且比例系数已知。现有的台式计算机可以在几秒之内解决包含数百个变量、数千个求和项的最小二乘问题；当然，更为先进的计算机可以解决更大规模的问题或者以更快的速度解决相同规模的问题（此外，根据摩尔定律，以后的求解时间还会指数下降）。求解最小二乘问题的算法和软件可靠，足以满足嵌入式优化的要求。

很多时候，若最小二乘问题中的系数矩阵 A 具有某些特殊结构，我们甚至可以解决更大规模的此类问题。例如，假设矩阵 A 是**稀疏**的，即矩阵 A 中含有的非零元素的个数远远少于 kn，我们可以更快求解此最小二乘问题，所需时间的数量级远远小于 $n^2 k$。现有的台式计算机在一分钟左右的时间内可以处理大规模的稀疏最小二乘问题，这些问题中所含的变量个数甚至多达数万，所含的求和项也可达到数十万（具体时间取决于不同的稀疏类型）。

当最小二乘问题的规模极大（比如说包含上百万的变量）或者需要在给定时间内进行实时求解，此时求解最小二乘问题就有一定的难度。然而，在大部分的应用中，已有的方法还是相当有效和可靠的。事实上，我们可以认为，最小二乘问题的求解是一项（成熟的）**技术**（除非问题超出目前可解的范围），对于很多人，即使不知道，也无需知道这门技术的细节，仍然可以可靠地应用。

使用最小二乘

最小二乘问题是回归分析，最优控制以及很多参数估计和数据拟合方法的基础。最小二乘问题有很多统计意义，例如，给定包含高斯噪声的线性测量值时，向量 x 的最大似然估计即等价于最小二乘问题的解。

判别一个优化问题是否是最小二乘问题非常简单；只需要检验目标函数是否是二次函数（然后检验此二次函数是否半正定）。基本最小二乘问题只有一个简单固定的表达式，因此，人们提出了一些标准的技术，使得最小二乘问题在实际应用中更为灵活。

在**加权最小二乘**问题中，我们最小化加权的最小二乘成本

$$\sum_{i=1}^{k} w_i (a_i^T x - b_i)^2,$$

其中，加权系数 $w_1, \cdots, w_k$ 均大于零（加权最小二乘问题可以很方便地转化为标准的最小二乘问题进行求解）。在加权最小二乘问题中，加权系数 w_i 反映了求和项 $a_i^T x - b_i$ 的重要程度或者说是对解的影响程度。在统计应用中，当给定的线性观测值包含不同方差的噪声时，我们用加权最小二乘来估计向量 x。

正则化是解决最小二乘问题的另一个技术，它通过在成本函数中增加一些多余的项来实现。一个最简单的形式是在成本函数中增加一项和变量平方和成正比的项

$$\sum_{i=1}^{k}(a_i^T x - b_i)^2 + \rho \sum_{i=1}^{n} x_i^2,$$

这里，$\rho > 0$。(此问题亦可以转化为标准最小二乘问题。) 当 x 的值较大时，增加的项对其施加一个惩罚，其得到的解比仅优化第一项时更加切合实际。参数 ρ 的选择取决于使用者，选择原则是使原始目标函数值尽可能小而同时保证 $\sum_{i=1}^{n} x_i^2$ 的值不能太大，在二者之间取得一个较好的平衡。在统计估计中，当待估计向量 x 的分布预先知道时，可以采用正则化方法。

加权最小二乘和正则化在第 6 章会进行详细介绍；第 7 章给出了它们在统计学上的意义。

1.2.2 线性规划

另一类较为重要的优化问题是**线性规划**，其目标函数和所有的约束函数均为线性函数，线性规划问题可以表述如下

$$\begin{array}{ll} \text{minimize} & c^T x \\ \text{subject to} & a_i^T x \leqslant b_i, \quad i = 1, \cdots, m. \end{array} \tag{1.5}$$

其中，向量 $c, a_1, \cdots, a_m \in \mathbf{R}^n$，$b_1, \cdots, b_m \in \mathbf{R}$ 是问题参数，它们决定目标函数和约束函数。

求解线性规划

虽然线性规划问题的解并没有一个简单的解析表达形式（和最小二乘问题不同），然而，存在很多非常有效的求解线性规划问题的方法，这当中包括 Dantzig 的单纯形法以及最近发展起来的内点法。本书后面将专门介绍内点法。此外，我们也不能给出解决一个线性规划问题所需要的算术运算的确切次数，但对于给定的求解精度，可以给出采用内点法时所需要的算术运算次数的严格上界。其求解复杂度实际正比于 $n^2 m$（假设 $m \geqslant n$），但是比例系数不好确定，而最小二乘方法中比例系数较易确定。尽管与最小二乘问题的算法相比可靠性略逊一筹，但求解线性规划问题的算法还是相当可靠的，可以在大约几秒钟的时间内利用小型台式计算机处理含有数百变量、数千约束条件的线性规划问题；如果线性规划问题是稀疏的，或者具有其他有利于运算的结构，甚至可以解决包含数万或者数十万变量的问题。

和最小二乘问题一样，处理极大规模的线性规划问题或者在很短时间内实时解决线性规划问题还是具有一定难度的。但是，和最小二乘问题的情况类似，我们可以说求解（大部分）线性规划问题是一项成熟的技术。线性规划的求解程序可以（并已经）嵌入到很多工具箱和应用软件中。

使用线性规划

一些应用可以直接表述为线性规划的形式式 (1.5) 或者其他一些标准形式。在很多其他情况中，原始的优化问题并不是线性规划问题的标准形式，但是可以利用第 4 章介绍的技巧转化为一个等价的线性规划问题（然后进行求解）。

作为一个简单例子，考虑 Chebyshev **逼近问题**

$$\text{minimize} \quad \max_{i=1,\cdots,k} |a_i^T x - b_i|. \tag{1.6}$$

其中，优化变量 $x \in \mathbf{R}^n$，$a_1, \cdots, a_k \in \mathbf{R}^n$。$b_1, \cdots, b_k \in \mathbf{R}$ 为问题的参数，参数取值确定后即得到了一个具体问题。我们注意到，此问题与最小二乘问题式(1.4) 有着一定的相似性。对于这两个问题，目标函数中均含有 $a_i^T x - b_i$。不同的是，在最小二乘问题中，我们采用 $a_i^T x - b_i$ 的平方和作为目标函数，而在 Chebyshev 逼近问题中，我们优化 $a_i^T x - b_i$ 的绝对值中最大的一项。另外一个重要差别在于 Chebyshev 逼近问题式(1.6) 中的目标函数是不可微的；而最小二乘问题式(1.4) 中的目标函数是二次的，自然也是可微的。

求解 Chebyshev 逼近问题 (1.6) 等价于求解如下线性规划问题

$$\begin{array}{ll} \text{minimize} & t \\ \text{subject to} & a_i^T x - t \leqslant b_i, \quad i = 1, \cdots, k \\ & -a_i^T x - t \leqslant -b_i, \quad i = 1, \cdots, k, \end{array} \tag{1.7}$$

优化变量 $x \in \mathbf{R}^n$，$t \in \mathbf{R}$ 。（具体的细节在第 6 章中进行介绍。）由于线性规划问题的求解非常方便，因此 Chebyshev 逼近问题较易求解。

其实，对于线性规划问题比较熟悉的读者能够很快认识到 Chebyshev 逼近问题式(1.6) 可以转化为线性规划问题。然而，对于不了解线性规划问题的读者，还是难以将具有不可微目标函数的 Chebyshev 逼近问题式(1.6) 和线性规划问题联系起来。

尽管判别某个问题是否可以转化为线性规划问题较之最小二乘问题困难一些，我们仍然可以说这只是一项容易掌握的技术，因为判别是否可以转化为线性规划问题仅仅需要一些标准的技巧。我们甚至可以半自动地完成这种判别转换过程，一些判别以及解决优化问题的软件可以自动识别（一些）可以转化为线性规划的问题。

1.3 凸优化

凸优化问题具有如下形式

$$\begin{array}{ll} \text{minimize} & f_0(x) \\ \text{subject to} & f_i(x) \leqslant b_i, \quad i = 1, \cdots, m, \end{array} \tag{1.8}$$

其中，函数 $f_0, \cdots, f_m : \mathbf{R}^n \to \mathbf{R}$ 为凸函数。即对于任意 x, $y \in \mathbf{R}^n$，α, $\beta \in \mathbf{R}$ 且 $\alpha + \beta = 1$，$\alpha \geqslant 0$，$\beta \geqslant 0$，这些函数满足

$$f_i(\alpha x+\beta y)\leqslant \alpha f_i(x)+\beta f_i(y).$$

从前面的讨论我们可以知道，最小二乘问题 (1.4) 和线性规划问题 (1.5) 实质上都是凸优化问题 (1.8) 的特殊形式。

1.3.1 求解凸优化问题

凸优化问题的解并没有一个解析表达式，但是，和线性规划问题类似，存在很多有效的算法求解凸优化问题。在实际应用中，内点法就较为有效，在一些情况下，可以证明，内点法可以在多项式时间内以给定精度求解这些凸优化问题。(第 11 章将详细讨论这个问题。)

后面将会说明，内点法几乎总可以在 10 步到 100 步之间解决凸优化问题(1.8)。不考虑特殊结构的凸优化问题(如稀疏结构)，每一步需要的操作次数和下述变量成正比

$$\max\{n^3, n^2m, F\},$$

其中 F 是计算目标函数和约束函数 $f_0,\cdots,f_m$ 的一阶导数和二阶导数所需要的计算量。

和线性规划问题类似，这些内点法求解凸优化问题也相当可靠。我们可以使用现在的台式计算机轻易地解决包含数百变量、数千约束的凸优化问题，计算时间不超过一百秒。如果问题本身具有一些特殊结构(如稀疏结构)，则可以解决含有数千变量以及约束的更大规模的问题。

然而，求解一般的凸优化问题并不如最小二乘以及线性规划一样是一项成熟的技术。目前，关于内点法在一般非线性凸优化问题中的应用还处于研究阶段，何为最佳求解方法，学者们也看法不一。但是，我们预计，在未来几年内解决一般的凸优化问题将成为一项技术，而这种预计是合理的。事实上，对于凸优化问题的几类重要问题，如二阶锥规划和几何规划问题(第 4 章中将进行详细介绍)，内点法正在逐渐成为一项成熟的技术。

1.3.2 使用凸优化

至少从概念上讲，使用凸优化和使用最小二乘以及线性规划类似。如果将某个问题表述为凸优化问题，我们就能迅速有效地进行求解，这点和求解最小二乘问题的情形类似。虽然有点夸张，我们认为，如果某个实际问题可以表述为凸优化问题，那么事实上已经解决了这个问题。

当然，一般的凸优化问题和最小二乘问题以及线性规划问题在某些方面还有很大差异。比如说判断某个问题是否为最小二乘问题非常直接，然而，凸优化问题的识别比较困难。此外，较之线性规划问题，转换为凸优化问题的过程中存在更多的技巧。因此，判断某个问题是否属于凸优化问题或识别那些可以转换为凸优化问题的问题是具有挑

战性的工作。本书的主要目的就是为读者建立这方面的知识。当我们具备了识别或者表述一个凸优化问题的技巧时，我们将发现，超乎我们的想象，很多问题都可以利用凸优化求解。

使用凸优化的难点或技巧是判别问题是否属于凸优化问题以及表述问题。一旦实际问题被表述为凸优化问题的形式，解决问题就（几乎）只是一项技术了，就如最小二乘问题和线性规划问题的求解一样。

1.4 非线性优化

非线性优化（或非线性规划）描述这样一类优化问题，其目标函数或者约束函数是非线性函数，且不一定为凸函数。遗憾的是，对于一般的非线性规划问题式(1.1)，目前还没有有效的求解方法。有时看似简单的问题，变量个数可能不到 10，却非常难以求解，更不用说上百变量的非线性优化问题。因此，现有的用于求解一般非线性规划问题的方法都是在放宽某些指标的条件下，采取不同的途径进行求解。

1.4.1 局部优化

在**局部优化**中，人们放宽对解的最优性的要求，不再搜寻使目标函数值最小的最优可行解。取而代之的是，寻找局部最优解。局部最优解是在其小邻域内的所有可行解里使目标函数值最小的那个解，但是不保证优于不在此邻域内的其他可行解。关于一般非线性规划问题的研究有很大一部分关注局部最优化方法，并取得了不少成果。

由于仅仅要求目标函数和约束函数可微，局部优化求解迅速，并可以处理大规模问题。这些特点使得局部优化在实际中的应用较为广泛，尤其是在满意解（非最优解）同样具有价值的应用场合。工程设计就是这种应用的一个例子，此时，局部优化相比经验方法或者其他设计方法已经具有优势，能够改善设计系统的性能。

然而，除了（可能）不能找到全局最优解以外，局部优化方法还存在一些别的缺点。在局部优化中，需要确定优化变量的初始值，而初始值的选取非常重要，对最终得到的局部最优解有着很大的影响。而且，人们无法估计局部最优解相比（全局）最优解到底有多大的差距。此外，局部优化方法对算法的参数值一般也较为敏感，通常需要针对某个具体的问题或某类问题进行调整。

局部优化问题相比最小二乘问题、线性规划问题以及凸优化问题需要更多的技巧。人们需要选择合适的算法，调整算法的参数，选取一个足够好的初始点（针对某个具体问题）或提供一个选取较好初始点的方法（针对一类问题）。大致说来，局部优化方法是一种技巧而不仅是一项技术。局部优化是一种研究得较为透彻的技巧，常常很有效，但是还是一种技巧。相比之下，在最小二乘问题和线性规划问题中需要的技巧很少（当然了，问题规模没有超过目前可以求解的范围）。

比较非线性规划中的局部优化方法和凸优化是一件有意思的事情。大部分局部优化方法仅仅要求目标函数和约束函数可微，因此，将实际问题建模为非线性优化问题是相当直接的。当建模完成后，局部优化中的技巧体现在问题的求解上（在寻找一个局部最优点的意义上）。而凸优化的情形完全相反，技巧和难点体现在描述问题的环节，一旦问题被建模为凸优化问题，求解过程相对来说就非常简单。

1.4.2 全局优化

在**全局优化**中，人们致力于搜索优化问题 (1.1) 的全局最优解。当然了，付出的代价是效率。在最坏的情况下，全局优化的求解复杂性随着问题的规模 n 和 m 呈指数增长；人们只能寄希望于现实中遇到特殊情况，这样求解速度可能会快很多。虽然这种情况在现实中确实存在，但是并不典型。一般而言，即使问题规模较小，只有几十个变量，求解也需要很长的时间（几个小时甚至几天）。

对变量个数较少的小规模问题，若对计算时间没有苛刻的要求且寻找全局最优解非常有价值，我们采用全局优化。 工程设计中高价值系统或安全性第一的系统的**最坏情况分析**问题或**验证**问题就是采用全局优化的一个例子。此时，不确定参数是问题的变量， 在实际生产过程中或者当工作环境和工作点改变时会发生变化。目标函数是效用函数，函数值越小，情况越坏。关于参数取值的先验知识构成了约束条件。优化问题 式(1.1) 此时即为寻找最坏情况下的参数值，即参数的**最差**值。如果在最差值的情况下，系统仍然可靠运行，我们认为系统是安全的或者可靠的（当参数发生变化时）。

局部优化方法可以迅速找到一些较差情况下的参数的取值，但是不能保证是最差的情况。如果局部优化方法能够找到一组参数取值，使得系统的性能不在可接受范围内，那么我们说系统是不可靠的。但是，局部优化方法无法证明系统是可靠的，它只是可能没找到最差的情况下的参数取值。与此相反，全局优化能够找到绝对最差的参数取值，如果在此情况下，系统的性能仍然可以接受，我们可以证明系统是安全可靠的。全局优化需要付出的是计算时间，即使对一个参数规模较小的问题都有可能很长。然而，当验证系统可靠非常有价值，或者系统运行不可靠或不安全的代价非常大时，全局优化还是很有必要的。

1.4.3 非凸问题中凸优化的应用

本书主要讨论凸优化问题以及可以转化为凸优化问题的一些应用。不过即使对于非凸问题，凸优化仍然有着重要的作用。

局部优化中利用凸优化进行初始值的选取

凸优化在非凸问题中的一个重要应用即是将凸优化与局部优化结合起来。对于一个非凸问题，我们首先将其表述为近似凸优化问题。我们通过求解近似凸问题，得到近似问题的精确解。这是很容易做到的，因为凸优化的求解不需要初始值，求解容易。然后，我们用凸问题的精确解作为局部优化算法的初始值，求解原非凸问题。

非凸优化中的凸启发式算法

求解非凸问题的很多启发式算法都是基于凸优化。搜寻满足一定约束条件的**稀疏**向量就是这方面应用的一个有趣的例子，前面已经说过，稀疏向量即含有较少非零元素的向量。此问题是一个复杂的组合问题，然而，基于凸优化，存在一些简单的启发式算法，可以找到较稀疏的解。(第 6 章将对此进行详细介绍。)

另一个较为常见的应用例子是**随机算法**。随机算法产生服从某个概率分布的一些备选解，在这些备选解中选择最好的那个解作为非凸问题的近似解。假设产生备选解的这些概率分布可以由参数表征，比如它的均值和方差。我们就可以提出这样的问题，在所有这些分布中，哪个分布使得目标函数具有最小的期望？事实证明，这个问题有时可以表述为凸问题，因此可以被有效求解 (例如可以参见习题 11.23)。

全局优化的界

对于非凸问题的全局优化，很多方法都需要给出最优解的下界，而且计算代价必须较小。求解下界的两个标准方法都是基于凸优化。在**松弛算法**中，每个非凸约束都用一个松弛的凸约束代替。在 Lagrange **松弛**中，我们求解 Lagrange 对偶问题 (在第 5 章介绍)，此问题是凸的，并给出了原非凸问题最优解的一个下界。

1.5 本书主要内容

本书分为三个主要部分，分别为**理论**、**应用**以及**算法**。

1.5.1 第 I 部分：理论

在第 I 部分**理论**中，我们介绍基本的定义、概念以及凸分析和凸优化的一些结果。我们不力求面面俱到，只是对我们认为在判别、表述凸优化问题中有用的理论进行详述。这些都属于经典问题，几乎所有问题都可以在其他有关凸分析和凸优化的教材中找到。本书并不打算给出这些问题的最一般性的结果，读者如果对此有兴趣可以参照其他有关凸分析的标准教材。

第 2 章和第 3 章分别介绍凸集和凸函数，这两章将给出几种常见的凸集和凸函数。此外，我们还给出几种凸运算规则，即针对凸集以及凸函数的保凸运算。结合常见的例子以及凸运算规则，我们可以得出 (或者更重要的，判别) 一些比较复杂的凸集和凸函数。

在第 4 章**凸优化问题**中，我们对优化问题进行详细的讨论，并且介绍几种变换用来将问题表述为凸优化问题。此外，我们还介绍几类常用的凸优化问题，如线性规划、几何规划以及最近发展起来的二阶锥规划和半定规划。

第 5 章**对偶**讲述了在凸优化求解中至关重要的 Lagrange 对偶理论，给出了经典的 Karush-Kuhn-Tucker 最优性条件以及凸优化问题的局部敏感性和全局敏感性分析。

1.5.2 第 II 部分：应用

在第 II 部分**应用**中，我们介绍凸优化在概率统计、计算几何以及数据拟合中的广泛应用。我们力求给出直观的描述，使得大部分读者都能够理解这些应用。为了使应用部分不致太长，我们仅考虑简单的例子，对于一些问题也会增加可能的扩展讨论。这种处理问题的方式可能会让一些专家认为不够专业，对此，我们表示歉意。但是，本书的目的是传达应用的精髓，使得更多读者能够更快接受，而不是从理论上详细、完整地进行介绍。我们自己的专业背景是电气工程，涉及的领域是控制系统、信号处理和电路分析设计。虽然在我们的课堂上（以本书作为主要教材）大量提到我们专业方面的应用，但是我们在书中仅仅讨论了这些方面的一些应用。

第 II 部分的目的是让读者通过例子了解如何在实践中应用凸优化。

1.5.3 第 III 部分：算法

在第 III 部分**算法**中，我们介绍了求解凸优化问题的数值方法，主要介绍牛顿算法和内点法。第 III 部分包括3章，分别涉及无约束优化、等式约束优化以及不等式约束优化问题。这三个章节按照问题由易到难的顺序进行安排，排在后面章节中的问题总可以表述为求解一系列前面章节所涉及的较简单的问题。二次规划问题（包含最小二乘问题）是最简单的问题，可以通过求解线性方程组进行有效求解。第 9 章中所介绍的牛顿法求解次简单的问题。在牛顿法中，需要求解的问题为无约束或者等式约束的问题，可以将这些问题转化为求解一系列二次规划问题。第 11 章介绍求解最难问题的内点法。这些方法通过求解一系列的无约束或者等式约束问题来求解不等式约束问题。

总而言之，我们仅仅根据需要介绍几种算法，对于另外一些好方法，如拟牛顿法、共轭梯度法、bundle 方法以及割平面方法，本书并未涉及。对于所介绍的方法，本书给出简化的形式，关于其最新的、最复杂的形式都未涉及。在选择介绍什么算法时，我们考虑了多方面的因素。本文所介绍的算法都较为简单（无论描述或是实现），对于大多数问题不但快速有效，而且鲁棒可靠。

有不少用户都是仅仅使用（并不开发）凸优化软件，如线性规划或半定规划求解软件。对于这些用户，第 III 部分所覆盖的知识旨在传达凸优化方法的基本概念和属性。对于一些开发新算法的用户，我们相信，第 III 部分提供了一个较好的初步介绍。

1.5.4 附录

本书有三个附录。第一个附录列举了本书可能用到的数学知识并定义了本书所使用的数学符号。第二个附录讨论一类特殊的优化问题，其目标函数是二次函数且含有一个二次约束。这类问题是非凸问题，但可以利用第 II 部分一些应用中的结果进行有效求解。

最后一个附录简要介绍了数值线性代数，主要关注一些方法。这些方法可以利用问题结构，如稀疏性，从而使得问题的求解更为有效。我们并未涉及一些重要的话题，如舍入分析，也没有给出实现所需要的因式分解的方法的技术细节。事实上，这些问题在很多优秀的教材中都有涉及。

1.5.5 关于例子

本书的很多地方（尤其是在介绍应用和算法的第 II 和第 III 部分）都利用具体的例子方便读者更好地理解本书的方法。有的时候，我们选择（或设计）例子来解释我们的观点；其他时候，我们选择“典型”例子。所谓典型例子是指利用一些简单明了的概率分布随机产生的例子。我们知道，仅仅用几十个或者上百个随机产生的例子去评价某个算法的性能是不可靠的，所以本书并非用例子来精确估计算法性能。我们给出这些例子只是希望读者对算法的性能，或者问题规模对计算量的影响有个大致的了解。事实上，对同样的例子，读者的求解结果可能和我们的不一样。

1.5.6 关于习题

每一章的结尾都有一些习题。有些习题针对正文的某些观点展开详细的讨论；有些习题则侧重于判断或建立给定集合、函数或者问题的凸性；另外还有一些习题，考虑如何构造表述一个凸优化问题。有些章节包含数值习题，可能需要用合适的高级语言进行一些编程（但是这种情形不多）。习题的难度不一，有简单明了的也有需要一些技巧的。这些习题混杂在一起，其难度均未标出。

1.6 符号

除了一些特例，本书所采用的基本是标准符号，本节介绍基本符号；更详细的符号列表见书后符号表。

实数集用 $\mathbf{R}$ 表示，$\mathbf{R}_+$ 表示非负实数的集合，而 $\mathbf{R}_{++}$ 表示正实数的集合。$\mathbf{R}^n$ 表示 n 维实向量的集合，$\mathbf{R}^{m\times n}$ 表示 $m\times n$ 实矩阵的集合。在本书中，向量和矩阵均用方括号限定，不同的元素用空格区分。若向量元素之间用逗号区分并包含在圆括号内，其代表列向量。例如，如果 $a,\ b,\ c\in\mathbf{R}$，对于 $\mathbf{R}^3$ 中的某个向量，我们有

$$(a,b,c)=\begin{bmatrix} a \\ b \\ c \end{bmatrix}=[\ a \quad b \quad c\ ]^T,$$

符号 $\mathbf{1}$ 表示所有分量均为 1 的向量（维数由实际情况决定）。x_i 可以表示向量 x 的第 i 个分量，也可以表示序列或者向量集 $x_1, x_2, \cdots$ 的第 i 个元素。具体用到这些符号的时候，根据上下文可以知道它们的涵义。

$\mathbf{S}^k$ 表示 $k\times k$ 对称矩阵的集合，$\mathbf{S}_+^k$ 表示 $k\times k$ 对称半正定矩阵的集合，而 $\mathbf{S}_{++}^k$ 表示 $k\times k$ 对称正定矩阵的集合。弯不等式符号 $\succeq$（以及其严格形式 $\succ$）用来表示扩展的不等式：对向量而言，它刻画了每个分量之间的不等式关系；对于对称矩阵，它表征了矩阵不等式。若添加下标，符号 $\preceq_K$（或者 $\prec_K$）表示相对于锥 K 的广义不等式（将在 §2.4.1 中详细说明）。

在本书中，描述函数的方式同标准符号有点不同，希望不会引起误解。我们使用符号 $f:\mathbf{R}^p\to\mathbf{R}^q$ 表示函数 f 定义在 $\mathbf{R}^p$ 的某个**子集**上，且输出值在 $\mathbf{R}^q$ 空间内。这个子集即为函数 f 的**定义域**，用符号 $\mathbf{dom}\, f$ 描述。可以认为符号 $f:\mathbf{R}^p\to\mathbf{R}^q$ 代表了函数**类型**，因为在计算机语言中，$f:\mathbf{R}^p\to\mathbf{R}^q$ 意味着函数 f 的输入是一个 p 维的实向量，输出是一个 q 维的实向量。在本书中，f 的定义域 $\mathbf{dom}\, f$ 是 $\mathbf{R}^p$ 中的子集，x 必须是这个子集中的点。比如说对数函数 $\log:\mathbf{R}\to\mathbf{R}$，其定义域为 $\mathbf{dom}\log=\mathbf{R}_{++}$。符号 $\log:\mathbf{R}\to\mathbf{R}$ 意味着对数函数的输入和输出均为实数；而 $\mathbf{dom}\log=\mathbf{R}_{++}$ 说明对数函数仅仅对大于零的实数有意义。

我们使用 $\mathbf{R}^n$ 表示一般的有限维空间。在本书中，还有其他一些有限维空间，如最高次数给定的单变量多项式空间，或者 $k\times k$ 对称矩阵空间 $\mathbf{S}^k$。通过选择某个向量空间的基，可以将其与 $\mathbf{R}^n$ 联系起来（n 是其维数），此时关于向量空间 $\mathbf{R}^n$ 的有关结论都可以应用。至于如何建立联系并转换结论至其他向量空间，一般留给读者完成。例如，任意线性函数 $f:\mathbf{R}^n\to\mathbf{R}$ 可以表示为 $f(x)=c^Tx$，其中 $c\in\mathbf{R}^n$。相应地关于向量空间 $\mathbf{S}^k$ 的描述可以通过选定基并进行转换而得到，即：任意线性函数 $f:\mathbf{S}^k\to\mathbf{R}$ 都可以表征为 $f(X)=\mathbf{tr}(CX)$，其中 $C\in\mathbf{S}^k$。

参考文献

最小二乘是一个古老的课题；Gauss 在 19 世纪 20 年代撰写的论文（拉丁文）就曾经提到过，最近由 Stewart [Gau95] 进行了翻译。更近的工作可以参看 Lawson 和 Hanson [LH95]以及 Björck [Bjö96] 所撰写的书。关于线性规划的参考文献将在第 4 章中提到。

关于非线性规划问题，有一些很好的求解局部最优解的算法，这些算法可以在下列文献中找到，Gill，Murray 和 Wright [GMW81]，Nocedal 和 Wright [NW99]，Luenberger [Lue84]，以及 Bertsekas [Ber99]。

下列书籍讲述了全局优化，Horst 和 Pardalos [HP94]， Pinter [Pin95]， 以及 Tuy [Tuy98]。利用凸优化问题寻找非凸问题的界是一个较热的研究课题，在上述全局优化的书中，Ben-Tal 和 Nemirovski 撰写的书 [BTN01, §4.3] 中以及 Nesterov， Wolkowicz和 Ye 写的综述 [NWY00] 均有提及。关于此课题的一些重要的文章可以参看 Goemans 和 Williamson [GW95]，Nesterov [Nes00, Nes98]，Ye [Ye99]，以及 Parrilo [Par03]。关于随机方法，Motwani 和 Raghavan 的文章中进行了讨论 [MR95]。

凸分析，即关于凸集，凸函数以及凸优化问题的数学分析，是数学问题的一个较为成熟的分支。基本的参考文献可以参看书籍 Rockafellar [Roc70]，Hiriart-Urruty 和 Lemaréchal [HUL93, HUL01]，Lemaréchal [HUL93, HUL01]，Borwein 和 Lewis [BL00]，以及 Bertsekas，Nedić 和 Ozdaglar [Ber03]。更多的关于凸分析的参考文献列在第 2 章至第 5 章中。

Nesterov 和 Nemirovski [NN94] 首先提出内点法可以解决很多凸优化问题；类似的文献在第 11 章中列出。关于现代凸优化问题，内点法及其应用可以参看 Ben-Tal 和 Nemirovski 所写的书 [BTN01]。

另外还有一些方法用来求解凸优化问题，本书没有涉及，如次梯度法 [Sho85]，bundle 方法 [HUL93]，割平面法 [Kel60, EM75, GLY96] 以及椭球法 [Sho91, BGT81] 等。

凸优化问题比较容易求解的思想由来已久。很早以前，人们就认为凸优化的理论相对一般的非线性优化理论直接（完备）得多。下面是 Rockafellar 在1993年 SIAM 的综述中曾经写过的一段话 [Roc93]：

> “**事实上，优化问题的分水岭不是线性和非线性，而是凸性和非凸性。**”

Nemirovski 和 Yudin， 在他们的著作**优化中的问题复杂性以及方法效率** [NY83] 中第一次正式提出凸优化问题较之一般的非线性优化问题更易求解。他们说明，凸优化问题的信息复杂度要远远低于一般的非线性优化问题。更新的关于此类话题的著作可以参看 Vavasis [Vav91]。

内点法具有较低的复杂度（理论上）和现代的相关研究不谋而合。现代很多研究致力于证明内点法（或其他方法）能够在有限步运算内求解一些凸优化问题，而所谓的有限步是指增长速度不超过问题维数和 $\log(1/\epsilon)$ 的多项式，其中 $\epsilon > 0$ 是要求的精度（具体可以参看第 11 章中的一些简单结果）。第一个全面研究此问题的著作是 Nesterov 和 Nemirovski [NN94]。 其他的参考文献可以参看 Ben-Tal 和 Nemirovski [BTN01, 第 5 讲] 以及 Renegar [Ren01]。在求解很多凸优化问题时内点法具有多项式时间的复杂度，这大大优于利用现有算法求解许多非凸优化问题的情形，事实上，在最坏的情况下，这些算法需要的运算次数随着问题的维数呈指数增长。

凸优化的应用非常广泛，在此难以一一罗列。凸分析在经济和金融领域构成了很多结论的基础，具有至关重要的地位。比如说，在无套利的假设条件下，分离超平面定理可以用来推导价格和风险中性概率的存在性（可以参看 Luenberger [Lue95, Lue98] 和 Ross [Ros99]）。凸优化，尤其是我们可以解决半定规划的能力，在自动控制理论上也得到了广泛的关注。凸优化在控制理论中的应用可以参看下列著作，Boyd 和 Barrat [BB91]，Boyd，El Ghaoui，Feron和 Balakrishnan [BEFB94]， Dahleh 和 Diaz-Bobillo [DDB95]， El Ghaoui 和 Niculescu [EN00]，以及 Dullerud 和 Paganini [DP00]。另一个嵌入式（凸）优化问题是预测控制。预测控制是需要在每一步求解一个二次规划（凸优化）问题的自动控制策略。预测控制如今已在化学工业的过程控制中得到了广泛的应用；见 Morari 和 Zafirou [MZ89]。凸优化方法（尤其是几何规划方法）的另一个应用领域是电子电路设计，在此领域的研究历史悠久。这方面的文章有 Fishburn 和 Dunlop [FD85]，Sapatnekar，Rao，Vaidya 和 Kang [SRVK93]， 以及 Hershenson，Boyd 和

Lee [HBL01]。Luo 在文 [Luo03] 中对凸优化在信号处理以及通信方面的应用做了一个综述。更多的关于凸优化的应用的参考文献可以在第 4 章以及第 6 章和第 8 章中找到。

最近用来求解凸优化问题的内点法的高效实现可以参考软件包 LOQO [Van97] 和 MOSEK [MOS02] 以及第 11 章中列出的代码。详细描述优化问题的软件系统有 AMPL [FGK99] 和 GAMS [BKMR98]。这两个软件系统都提供了一些方法，判别可以转化为线性规划的问题。

I

理　论

2　凸集

2.1　仿射集合和凸集

2.1.1　直线与线段

设 $x_1 \neq x_2$ 为 $\mathbf{R}^n$ 空间中的两个点，那么具有下列形式的点

$$y = \theta x_1 + (1-\theta)x_2, \theta \in \mathbf{R}$$

组成一条穿越 x_1 和 x_2 的**直线**。参数 $\theta = 0$ 对应 $y = x_2$，而 $\theta = 1$ 表明 $y = x_1$。参数 θ 的值在 0 和 1 之间变动，构成了 x_1 和 x_2 之间的（闭）**线段**。

y 的表示形式

$$y = x_2 + \theta(x_1 - x_2)$$

给出了另一种解释：y 是**基点** x_2（对应 $\theta = 0$）和**方向** $x_1 - x_2$（由 x_2 指向 x_1）乘以参数 θ 的和。因此，θ 给出了 y 在由 x_2 通向 x_1 的路上的位置。当 θ 由 0 增加到 1，点 y 相应地由 x_2 移动到 x_1。如果 $\theta > 1$，点 y 在超越了 x_1 的直线上。图2.1给出了直观的解释。

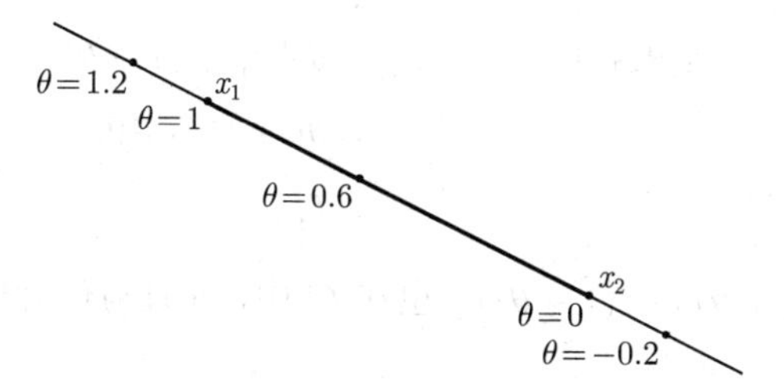

图2.1　通过 x_1 和 x_2 的直线可以参数化描述为 $\theta x_1 + (1-\theta)x_2$，其中 θ 在 $\mathbf{R}$ 上变化。x_1 和 x_2 之间的线段由深色所示，对应处于 0 和 1 之间的 θ。

2.1.2　仿射集合

如果通过集合 $C \subseteq \mathbf{R}^n$ 中任意两个不同点的直线仍然在集合 C 中，那么称集合 C 是**仿射**的。也就是说，$C \subseteq \mathbf{R}^n$ 是仿射的等价于：对于任意 x_1，$x_2 \in C$ 及 $\theta \in \mathbf{R}$ 有 $\theta x_1 + (1-\theta)x_2 \in C$。换而言之，$C$ 包含了 C 中任意两点的系数之和为 1 的线性组合。

这个概念可以扩展到多个点的情况。如果 $\theta_1+\cdots+\theta_k=1$，我们称具有 $\theta_1x_1+\cdots+\theta_kx_k$ 形式的点为 $x_1,\cdots,x_k$ 的**仿射组合**。利用仿射集合的定义（即仿射集合包含其中任意两点的仿射组合），我们可以归纳出以下结论：一个仿射集合包含其中任意点的仿射组合，即如果 C 是一个仿射集合，$x_1,\cdots,x_k\in C$，并且 $\theta_1+\cdots+\theta_k=1$，那么 $\theta_1x_1+\cdots+\theta_kx_k$ 仍然在 C 中。

如果 C 是一个仿射集合并且 $x_0\in C$，则集合

$$V=C-x_0=\{x-x_0\mid x\in C\}$$

是一个子空间，即关于加法和数乘是封闭的。为说明这一点，设 $v_1,\ v_2\in V$，$\alpha,\ \beta\in\mathbf{R}$，则有 $v_1+x_0\in C$，$v_2+x_0\in C$。因为 C 是仿射的，且 $\alpha+\beta+(1-\alpha-\beta)=1$，所以

$$\alpha v_1+\beta v_2+x_0=\alpha(v_1+x_0)+\beta(v_2+x_0)+(1-\alpha-\beta)x_0\in C,$$

由 $\alpha v_1+\beta v_2+x_0\in C$，我们可知 $\alpha v_1+\beta v_2\in V$。

因此，仿射集合 C 可以表示为

$$C=V+x_0=\{v+x_0\mid v\in V\},$$

即一个子空间加上一个偏移。与仿射集合 C 相关联的子空间 V 与 x_0 的选取无关，所以 x_0 可以是 C 中的任意一点。我们定义仿射集合 C 的**维数**为子空间 $V=C-x_0$ 的维数，其中 x_0 是 C 中的任意元素。

例 2.1 线性方程组的解集。线性方程组的解集 $C=\{x\mid Ax=b\}$，其中 $A\in\mathbf{R}^{m\times n}$，$b\in\mathbf{R}^m$，是一个仿射集合。为说明这点，设 $x_1,\ x_2\in C$，即 $Ax_1=b$，$Ax_2=b$。则对于任意 θ，我们有

$$\begin{aligned}A(\theta x_1+(1-\theta)x_2)&=\theta Ax_1+(1-\theta)Ax_2\\&=\theta b+(1-\theta)b\\&=b,\end{aligned}$$

这表明任意的仿射组合 $\theta x_1+(1-\theta)x_2$ 也在 C 中，并且与仿射集合 C 相关联的子空间就是 A 的零空间。

反之任意仿射集合可以表示为一个线性方程组的解集。

我们称由集合 $C\subseteq\mathbf{R}^n$ 中的点的所有仿射组合组成的集合为 C 的**仿射包**，记为 $\mathbf{aff}\,C$：

$$\mathbf{aff}\,C=\{\theta_1x_1+\cdots+\theta_kx_k\mid x_1,\cdots,x_k\in C,\ \theta_1+\cdots+\theta_k=1\}.$$

仿射包是包含 C 的最小的仿射集合，也就是说：如果 S 是满足 $C\subseteq S$ 的仿射集合，那么 $\mathbf{aff}\,C\subseteq S$。

2.1.3 仿射维数与相对内部

我们定义集合 C 的**仿射维数**为其仿射包的维数。仿射维数在凸分析及凸优化中十分有用，但它与其他维数的定义常常不相容。作为一个例子，考虑 $\mathbf{R}^2$ 上的单位圆环 $\{x \in \mathbf{R}^2 \mid x_1^2 + x_2^2 = 1\}$。它的仿射包是全空间 $\mathbf{R}^2$，所以其仿射维数为 2。但是，在其他大多数维数的定义下，$\mathbf{R}^2$ 上的单位圆环的维数为 1。

如果集合 $C \subseteq \mathbf{R}^n$ 的仿射维数小于 n，那么这个集合在仿射集合 $\mathbf{aff}\, C \neq \mathbf{R}^n$ 中。我们定义集合 C 的**相对内部**为 $\mathbf{aff}\, C$ 的内部，记为 $\mathbf{relint}\, C$，即

$$\mathbf{relint}\, C = \{x \in C \mid B(x,r) \cap \mathbf{aff}\, C \subseteq C \text{ 对于某些 } r > 0\},$$

其中 $B(x,r) = \{y \mid \|y - x\| \leqslant r\}$，即半径为 r，中心为 x 并由范数 $\|\cdot\|$ 定义的球（这里的 $\|\cdot\|$ 可以是任意范数，并且所有范数定义了相同的相对内部）。我们于是可以定义集合 C 的**相对边界**为 $\mathbf{cl}\, C \setminus \mathbf{relint}\, C$，此处 $\mathbf{cl}\, C$ 表示 C 的闭包。

例 2.2 考虑 $\mathbf{R}^3$ 中处于 (x_1, x_2) 平面的一个正方形，定义

$$C = \{x \in \mathbf{R}^3 \mid -1 \leqslant x_1 \leqslant 1,\ -1 \leqslant x_2 \leqslant 1,\ x_3 = 0\}.$$

其仿射包为 (x_1, x_2)-平面，即 $\mathbf{aff}\, C = \{x \in \mathbf{R}^3 \mid x_3 = 0\}$。$C$ 的内部为空，但其相对内部为

$$\mathbf{relint}\, C = \{x \in \mathbf{R}^3 \mid -1 < x_1 < 1,\ -1 < x_2 < 1,\ x_3 = 0\}.$$

C（在 $\mathbf{R}^3$ 中）的边界是其自身，而相对边界是其边框，

$$\{x \in \mathbf{R}^3 \mid \max\{|x_1|, |x_2|\} = 1,\ x_3 = 0\}.$$

2.1.4 凸集

集合 C 被称为**凸集**，如果 C 中任意两点间的线段仍然在 C 中，即对于任意 x_1，$x_2 \in C$ 和满足 $0 \leqslant \theta \leqslant 1$ 的 θ 都有

$$\theta x_1 + (1-\theta) x_2 \in C.$$

粗略地，如果集合中的每一点都可以被其他点沿着它们之间一条无阻碍的路径看见，那么这个集合就是凸集。所谓无阻碍，是指整条路径都在集合中。由于仿射集包含穿过集合中任意不同两点的整条直线，任意不同两点间的线段自然也在集合中。因而仿射集是凸集。图2.2显示了 $\mathbf{R}^2$ 空间中一些简单的凸和非凸集合。

我们称点 $\theta_1 x_1 + \cdots + \theta_k x_k$ 为点 $x_1, \cdots, x_k$ 的一个**凸组合**，其中 $\theta_1 + \cdots + \theta_k = 1$ 并且 $\theta_i \geqslant 0, i = 1, \cdots, k$。与仿射集合类似，一个集合是凸集等价于集合包含其中所有点的凸组合。 点的凸组合可以看做它们的**混合**或**加权平均**，θ_i 代表混合时 x_i 所占的份数。

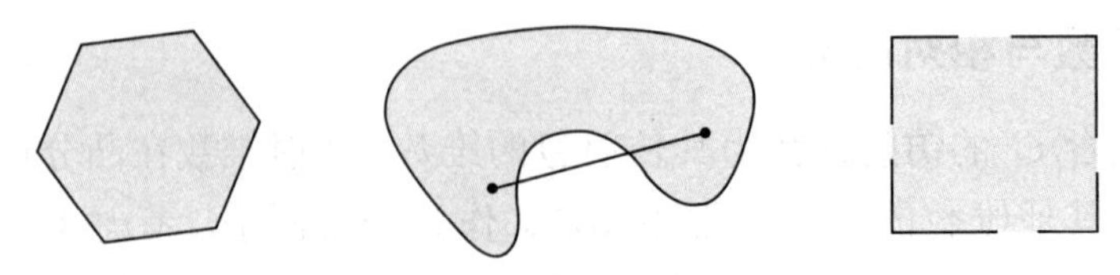

图2.2 一些简单的凸和非凸集合。**左**. 包含其边界的六边形是凸的。**中**. 肾形集合不是凸的，因为图中所示集合中两点间的线段不为集合所包含。**右**. 仅包含部分边界的正方形不是凸的。

我们称集合 C 中所有点的凸组合的集合为其**凸包**，记为 $\mathbf{conv}\, C$：

$$\mathbf{conv}\, C = \{\theta_1 x_1 + \cdots + \theta_k x_k \mid x_i \in C,\ \theta_i \geqslant 0,\ i = 1, \cdots, k,\ \theta_1 + \cdots + \theta_k = 1\}.$$

顾名思义，凸包 $\mathbf{conv}\, C$ 总是凸的。它是包含 C 的最小的凸集。也就是说，如果 B 是包含 C 的凸集，那么 $\mathbf{conv}\, C \subseteq B$。图2.3显示了凸包的定义。

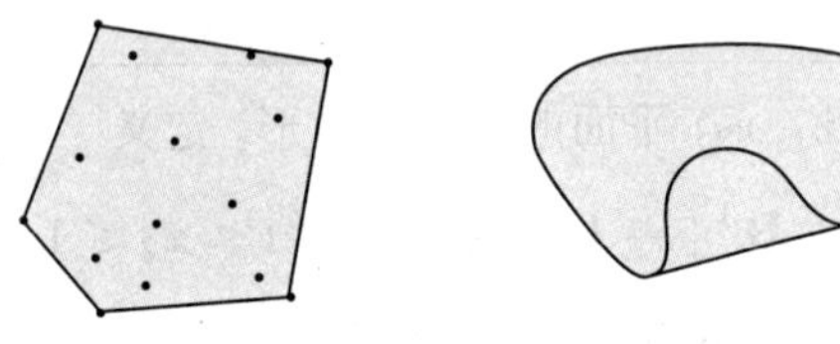

图2.3 $\mathbf{R}^2$ 上两个集合的凸包。**左**.（如图所示的）十五个点的集合的凸包是一个五边形（阴影所示）。**右**.图2.2中的肾形集合的凸包是阴影所示的集合。

凸组合的概念可以扩展到无穷级数、积分以及大多数形式的概率分布。假设 $\theta_1, \theta_2, \cdots$ 满足

$$\theta_i \geqslant 0, \quad i = 1, 2, \cdots, \qquad \sum_{i=1}^{\infty} \theta_i = 1,$$

并且 $x_1, x_2, \cdots \in C$，其中 $C \subseteq \mathbf{R}^n$ 为凸集。那么，如果下面的级数收敛，我们有

$$\sum_{i=1}^{\infty} \theta_i x_i \in C.$$

更一般地，假设 $p : \mathbf{R}^n \to \mathbf{R}$ 对所有 $x \in C$ 满足 $p(x) \geqslant 0$，并且 $\int_C p(x)\, dx = 1$，其中 $C \subseteq \mathbf{R}^n$ 是凸集。那么，如果下面的积分存在，我们有

$$\int_C p(x) x \, dx \in C,$$

最一般的情况，设 $C \subseteq \mathbf{R}^n$ 是凸集，x 是随机变量，并且 $x \in C$ 的概率为 1，那么 $\mathbf{E}\, x \in C$。事实上，这一形式包含了前述的特殊情况。例如，假设随机变量 x 只在 x_1 和 x_2 中取值，其概率分别为 $\mathbf{prob}(x = x_1) = \theta$ 和 $\mathbf{prob}(x = x_2) = 1 - \theta$，其中 $0 \leqslant \theta \leqslant 1$。于是，$\mathbf{E}\, x = \theta x_1 + (1 - \theta) x_2$，即回到了两个点的简单的凸组合。

2.1.5 锥

如果对于任意 $x \in C$ 和 $\theta \geqslant 0$ 都有 $\theta x \in C$，我们称集合 C 是**锥**或者**非负齐次**。如果集合 C 是锥，并且是凸的，则称C为**凸锥**，即对于任意 x_1，$x_2 \in C$ 和 θ_1，$\theta_2 \geqslant 0$，都有

$$\theta_1 x_1 + \theta_2 x_2 \in C.$$

在几何上，具有此类形式的点构成了二维的扇形，这个扇形以 0 为顶点，边通过 x_1 和 x_2（如图2.4所示）。

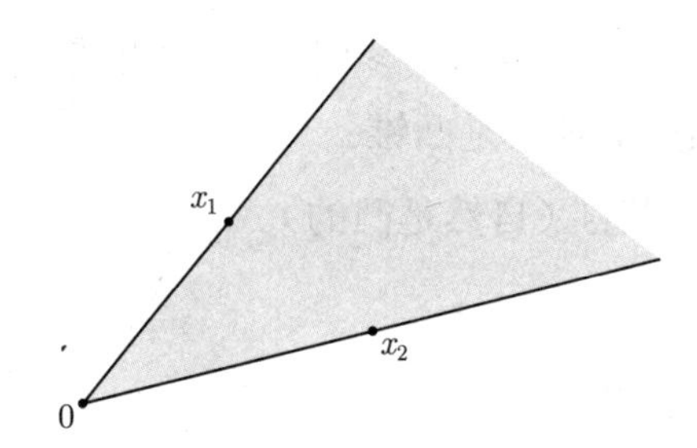

图2.4 扇形显示了所有具有形式 $\theta_1 x_1 + \theta_2 x_2$ 的点，其中 θ_1，$\theta_2 \geqslant 0$。扇形的顶点（$\theta_1 = \theta_2 = 0$）在 0；其边界（对应于 $\theta_1 = 0$ 或 $\theta_2 = 0$）穿过点 x_1 和 x_2。

具有 $\theta_1 x_1 + \cdots + \theta_k x_k$，$\theta_1, \cdots, \theta_k \geqslant 0$ 形式的点称为 $x_1, \cdots, x_k$ 的**锥组合**（或**非负线性组合**）。如果 x_i 均属于凸锥 C，那么，x_i 的每一个锥组合也在 C 中。反言之，集合 C 是凸锥的充要条件是它包含其元素的所有锥组合。如同凸（或仿射）组合一样，锥组合的概念可以扩展到无穷级数和积分中。

集合 C 的**锥包**是 C 中元素的所有锥组合的集合，即

$$\{\theta_1 x_1 + \cdots + \theta_k x_k \mid x_i \in C,\ \theta_i \geqslant 0,\ i = 1, \cdots, k\},$$

它是包含 C 的最小的凸锥（如图2.5所示）。

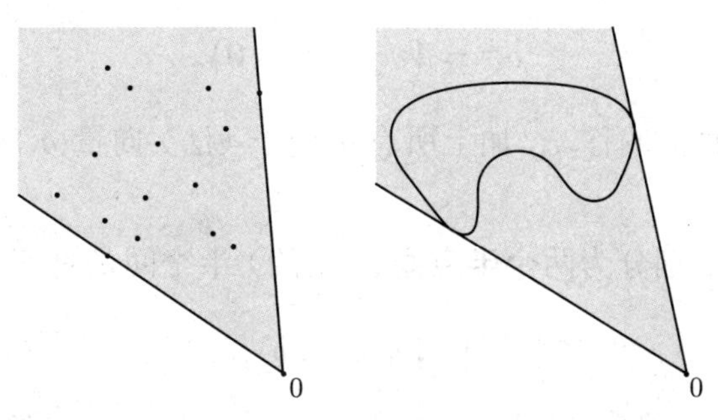

图2.5 图2.3中两个集合的锥包（阴影所示）。

2.2 重要的例子

本节将描述一些重要的凸集，这些凸集在本书的后续部分将多次遇见。首先介绍一些简单的例子。

- 空集 $\emptyset$、任意一个点（即单点集）$\{x_0\}$、全空间 $\mathbf{R}^n$ 都是 $\mathbf{R}^n$ 的仿射（自然也是凸的）子集。
- 任意直线是仿射的。如果直线通过零点，则是子空间，因此，也是凸锥。
- 一条线段是凸的，但不是仿射的（除非退化为一个点）。
- 一条**射线**，即具有形式 $\{x_0+\theta v \mid \theta \geqslant 0\}$，$v \neq 0$ 的集合，是凸的，但不是仿射的。如果射线的基点 x_0 是 0，则它是凸锥。
- 任意子空间是仿射的、凸锥（自然是凸的）。

2.2.1 超平面与半空间

超平面是具有下面形式的集合

$$\{x \mid a^T x = b\},$$

其中 $a \in \mathbf{R}^n$，$a \neq 0$ 且 $b \in \mathbf{R}$。解析地，超平面是关于 x 的非平凡线性方程的解空间（因此是一个仿射集合）。几何上，超平面 $\{x \mid a^T x = b\}$ 可以解释为与给定向量 a 的内积为常数的点的集合；也可以看成法线方向为 a 的超平面，而常数 $b \in \mathbf{R}$ 决定了这个平面从原点的偏移。为更好地理解这个几何解释，可以将超平面表示成下面的形式

$$\{x \mid a^T(x - x_0) = 0\},$$

其中 x_0 是超平面上的任意一点（即任意满足 $a^T x_0 = b$ 的点）。进一步，可以表示为

$$\{x \mid a^T(x - x_0) = 0\} = x_0 + a^\perp,$$

这里 $a^\perp$ 表示 a 的正交补，即与 a 正交的向量的集合：

$$a^\perp = \{v \mid a^T v = 0\}.$$

从中可以看出，超平面由偏移 x_0 加上所有正交于（法）向量 a 的向量构成。这些几何解释可见图2.6。

一个超平面将 $\mathbf{R}^n$ 划分为两个**半空间**。（闭的）半空间是具有下列形式的集合，

$$\{x \mid a^T x \leqslant b\}, \tag{2.1}$$

即（非平凡的）线性不等式的解空间，其中 $a \neq 0$。半空间是凸的，但不是仿射的，如图2.7所示。

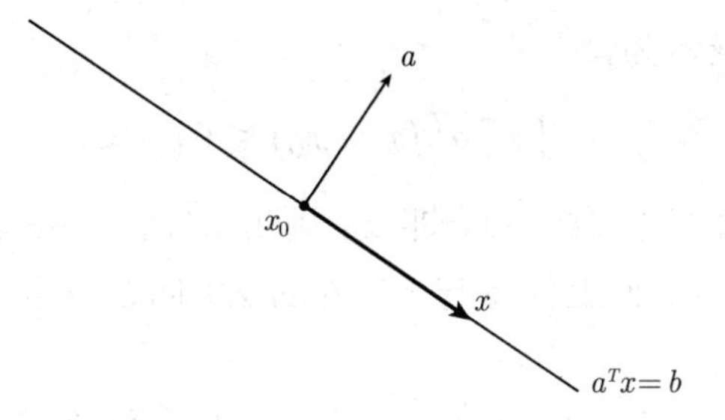

图2.6 $\mathbf{R}^2$ 中由法向量 a 和超平面上一点 x_0 确定的超平面。对于超平面上任意一点 x，$x-x_0$（如深色箭头所示）都垂直于 a。

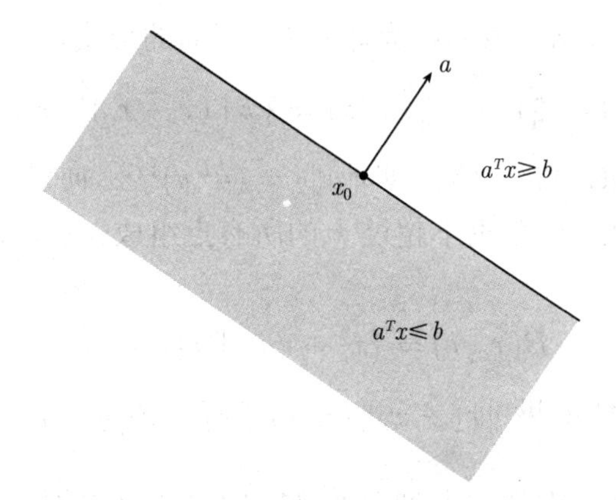

图2.7 $\mathbf{R}^2$ 上由 $a^Tx=b$ 定义的超平面决定了两个半空间。由 $a^Tx\geqslant b$ 决定的半空间（无阴影）是向 a 扩展的半空间。由 $a^Tx\leqslant b$ 确定的半空间（阴影所示）向 $-a$ 方向扩展。向量 a 是这个半空间向外的法向量。

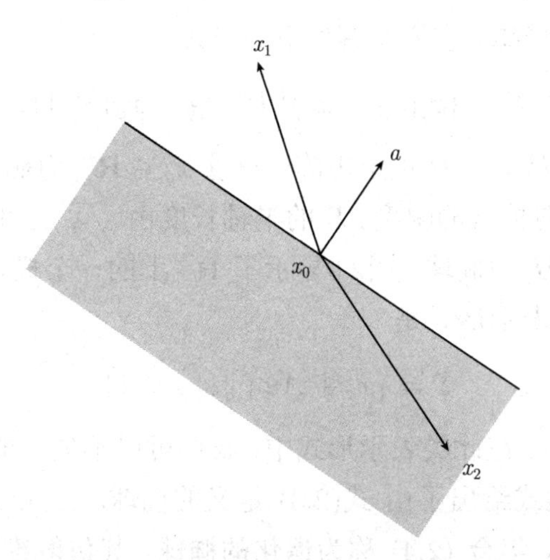

图2.8 阴影所示集合是由 $a^T(x-x_0)\leqslant 0$ 决定的半空间。向量 x_1-x_0 与 a 的夹角为锐角，所以 x_1 不在这个半空间中。向量 x_2-x_0 与 a 的夹角为钝角，所以 x_2 在半空间中。

半空间 (2.1) 也可表示为，

$$\{x \mid a^T(x - x_0) \leqslant 0\}, \tag{2.2}$$

其中 x_0 是相应超平面上的任意一点，即 x_0 满足 $a^T x_0 = b$。表达式 (2.2) 有一个简单的几何解释：半空间由 x_0 加上任意与（向外的法）向量 a 呈钝角（或直角）的向量组成，如图2.8所示。

半空间 (2.1) 的边界是超平面 $\{x \mid a^T x = b\}$。集合 $\{x \mid a^T x < b\}$ 是半空间 $\{x \mid a^T x \leqslant b\}$ 的内部，称为**开半空间**。

2.2.2 Euclid 球和椭球

$\mathbf{R}^n$ 中的空间 Euclid 球（或简称为球）具有下面的形式，

$$B(x_c, r) = \{x \mid \|x - x_c\|_2 \leqslant r\} = \{x \mid (x - x_c)^T(x - x_c) \leqslant r^2\},$$

其中 $r > 0$，$\|\cdot\|_2$ 表示 Euclid 范数，即 $\|u\|_2 = (u^T u)^{1/2}$。向量 x_c 是**球心**，标量 r 为**半径**。$B(x_c, r)$ 由距离球心 x_c 距离不超过 r 的所有点组成。Euclid 球的另一个常见的表达式为，

$$B(x_c, r) = \{x_c + ru \mid \|u\|_2 \leqslant 1\}.$$

Euclid 球是凸集，即如果 $\|x_1 - x_c\|_2 \leqslant r$，$\|x_2 - x_c\|_2 \leqslant r$，并且 $0 \leqslant \theta \leqslant 1$，那么

$$\begin{aligned}\|\theta x_1 + (1-\theta)x_2 - x_c\|_2 &= \|\theta(x_1 - x_c) + (1-\theta)(x_2 - x_c)\|_2 \\ &\leqslant \theta\|x_1 - x_c\|_2 + (1-\theta)\|x_2 - x_c\|_2 \\ &\leqslant r.\end{aligned}$$

（此处利用了 $\|\cdot\|_2$ 的齐次性和三角不等式，参见 §A.1.2。）

一类相关的凸集是**椭球**，它们具有如下的形式，

$$\mathcal{E} = \{x \mid (x - x_c)^T P^{-1}(x - x_c) \leqslant 1\}, \tag{2.3}$$

其中 $P = P^T \succ 0$，即 P 是对称正定矩阵。向量 $x_c \in \mathbf{R}^n$ 为椭球的**中心**。矩阵 P 决定了椭球从 x_c 向各个方向扩展的幅度。$\mathcal{E}$ 的半轴长度由 $\sqrt{\lambda_i}$ 给出，这里 λ_i 为 P 的特征值。球可以看成 $P = r^2 I$ 的椭球。图2.9显示了 $\mathbf{R}^2$ 上的一个椭球。

椭球另一个常用的表示形式是

$$\mathcal{E} = \{x_c + Au \mid \|u\|_2 \leqslant 1\}, \tag{2.4}$$

其中 A 是非奇异的方阵。在此类表示形式中，我们可以不失一般性地假设 A 对称正定。取 $A = P^{1/2}$，这个表达式给出了由 式(2.3) 定义的椭球。当式(2.4) 中的矩阵 A 为对称半正定矩阵，但奇异时，集合 (2.4) 称为**退化的椭球**，其仿射维数等于 A 的秩。退化的椭球也是凸的。

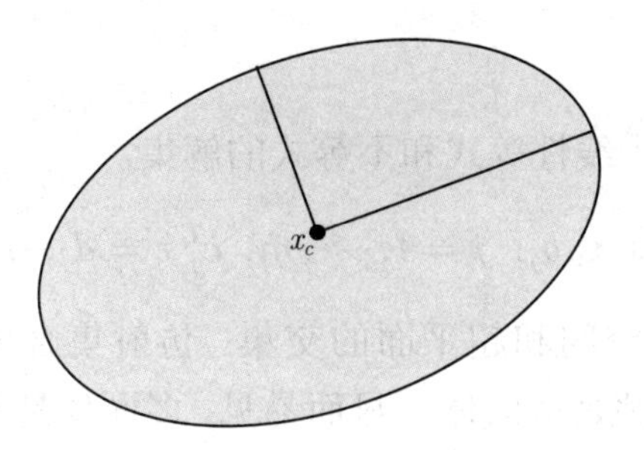

图2.9 阴影所示为 $\mathbf{R}^2$ 中的一个椭球。中心 x_c 由点显示，两个半轴由线段显示

2.2.3 范数球和范数锥

设 $\|\cdot\|$ 是 $\mathbf{R}^n$ 中的范数（参见附录 A.1.2）。由范数的一般性质可知，以 r 为半径，x_c 为球心的**范数球** $\{x \mid \|x-x_c\| \leqslant r\}$ 是凸的。关于范数 $\|\cdot\|$ 的**范数锥**是集合

$$C=\{(x,t) \mid \|x\| \leqslant t\} \subseteq \mathbf{R}^{n+1}.$$

顾名思义，它是一个凸锥。

例 2.3 **二阶锥**是由 Euclid 范数定义的范数锥，即

$$\begin{aligned} C &= \{(x,t) \in \mathbf{R}^{n+1} \mid \|x\|_2 \leqslant t\} \\ &= \left\{ \begin{bmatrix} x \\ t \end{bmatrix} \middle| \begin{bmatrix} x \\ t \end{bmatrix}^T \begin{bmatrix} I & 0 \\ 0 & -1 \end{bmatrix} \begin{bmatrix} x \\ t \end{bmatrix} \leqslant 0,\ t \geqslant 0 \right\}. \end{aligned}$$

二阶锥的其他名字也常常被使用。它由二次不等式定义，因此也被称为**二次锥**。同时，也称其为**Lorentz锥**或**冰激凌锥**。图2.10显示了 $\mathbf{R}^3$ 上一个的二阶锥。

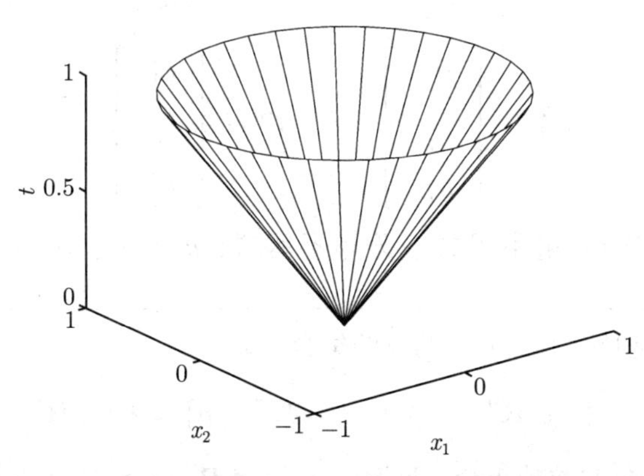

图2.10 $\mathbf{R}^3$ 中二阶锥 $\{(x_1,x_2,t) \mid (x_1^2+x_2^2)^{1/2} \leqslant t\}$ 的边界

2.2.4 多面体

多面体被定义为有限个线性等式和不等式的解集，

$$\mathcal{P} = \{x \mid a_j^T x \leqslant b_j,\ j=1,\cdots,m,\ c_j^T x = d_j,\ j=1,\cdots,p\}. \tag{2.5}$$

因此，多面体是有限个半空间和超平面的交集。仿射集合（例如子空间、超平面、直线）、射线、线段和半空间都是多面体。显而易见，多面体是凸集。有界的多面体有时也称为**多胞形**，但也有一些作者反过来使用这两个概念（即用多胞形表示具有 (2.5) 形式的集合，而当其有界时称为多面体）。图 2.11显示了一个由五个半空间的交集定义的多面体。

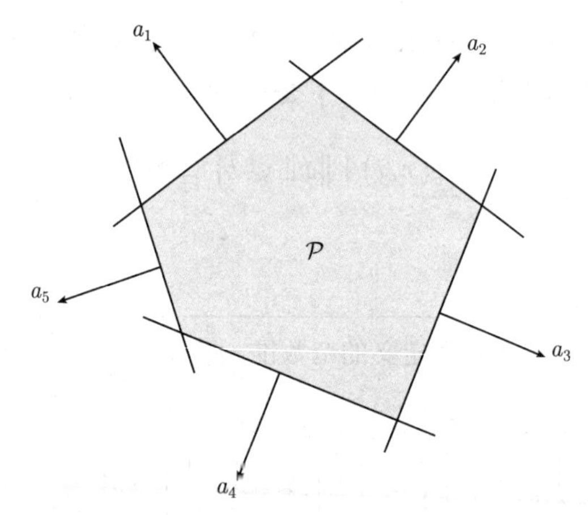

图2.11 多面体 $\mathcal{P}$（阴影所示）是外法向量为 $a_1,\cdots,a_5$ 的五个半空间的交集。

可以方便地使用紧凑表达式

$$\mathcal{P} = \{x \mid Ax \preceq b,\ Cx = d\} \tag{2.6}$$

来表示 (2.5)，其中，

$$A = \begin{bmatrix} a_1^T \\ \vdots \\ a_m^T \end{bmatrix}, \qquad C = \begin{bmatrix} c_1^T \\ \vdots \\ c_p^T \end{bmatrix},$$

此处的 $\preceq$ 代表 $\mathbf{R}^m$ 上的**向量不等式或分量不等式**：$u \preceq v$ 表示 $u_i \leqslant v_i,\ i=1,\cdots,m$。

例 2.4 **非负象限**是具有非负分量的点的集合，即

$$\mathbf{R}_+^n = \{x \in \mathbf{R}^n \mid x_i \geqslant 0,\ i=1,\cdots,n\} = \{x \in \mathbf{R}^n \mid x \succeq 0\}.$$

（此处 $\mathbf{R}_+$ 表示非负实数的集合，即 $\mathbf{R}_+ = \{x \in \mathbf{R} \mid x \geqslant 0\}$。）非负象限既是多面体也是锥（因此称为**多面体锥**）。

单纯形

单纯形是一类重要的多面体。设 $k+1$ 个点 $v_0,\cdots,v_k \in \mathbf{R}^n$ **仿射独立**，即 $v_1-v_0,\cdots,v_k-v_0$ **线性独立**，那么，这些点决定了一个单纯形，如下

$$C=\mathbf{conv}\{v_0,\cdots,v_k\}=\{\theta_0 v_0+\cdots+\theta_k v_k \mid \theta \succeq 0,\ \mathbf{1}^T\theta=1\}, \tag{2.7}$$

其中 $\mathbf{1}$ 表示所有分量均为一的向量。这个单纯形的仿射维数为 k, 因此也称为 $\mathbf{R}^n$ 空间的 k 维单纯形。

例 2.5　一些常见的单纯形。 1 维单纯形是一条线段；2 维单纯形是一个三角形（包含其内部)；3 维单纯形是一个四面体。

单位单纯形是由零向量和单位向量 $0,\ e_1,\cdots,e_n \in \mathbf{R}^n$ 决定的 n 维单纯形。它可以表示为满足下列条件的向量的集合，

$$x \succeq 0, \qquad \mathbf{1}^T x \leqslant 1.$$

概率单纯形是由单位向量 $e_1,\cdots,e_n \in \mathbf{R}^n$ 决定的 $n-1$ 维单纯形。它是满足下列条件的向量的集合，

$$x \succeq 0, \qquad \mathbf{1}^T x = 1.$$

概率单纯形中的向量对应于含有 n 个元素的集合的概率分布，x_i 可理解为第 i 个元素的概率。

为用多面体来描述单纯形 (2.7)，我们采用以下步骤将其变换为 (2.6) 的形式。由定义可知，$x \in C$ 的充要条件是，对于某些 $\theta \succeq 0$，$\mathbf{1}^T\theta=1$，有 $x=\theta_0 v_0+\theta_1 v_1+\cdots+\theta_k v_k$。等价地，如果定义 $y=(\theta_1,\cdots,\theta_k)$ 和

$$B=\left[\begin{array}{ccc} v_1-v_0 & \cdots & v_k-v_0 \end{array}\right] \in \mathbf{R}^{n\times k},$$

我们知道 $x \in C$ 的充要条件是

$$x=v_0+By \tag{2.8}$$

对于 $y \succeq 0$，$\mathbf{1}^T y \leqslant 1$ 成立。注意到 $v_0,\cdots,v_k$ 仿射独立意味着矩阵 B 的秩为 k。因此，存在非奇异矩阵 $A=(A_1,A_2) \in \mathbf{R}^{n\times n}$ 使得

$$AB=\left[\begin{array}{c} A_1 \\ A_2 \end{array}\right] B=\left[\begin{array}{c} I \\ 0 \end{array}\right].$$

用 A 左乘 (2.8)，我们得到

$$A_1 x = A_1 v_0 + y, \qquad A_2 x = A_2 v_0.$$

从中可以看出，$x \in C$ 当且仅当 $A_2x = A_2v_0$ 并且向量 $y = A_1x - A_1v_0$ 满足 $y \succeq 0$ 和 $\mathbf{1}^Ty \leqslant 1$。换言之我们得到了 $x \in C$ 的充要条件，

$$A_2x = A_2v_0, \qquad A_1x \succeq A_1v_0, \qquad \mathbf{1}^TA_1x \leqslant 1 + \mathbf{1}^TA_1v_0.$$

这些是 x 的线性等式和不等式，因此，描述了一个多面体。

多面体的凸包描述

有限集合 $\{v_1, \cdots, v_k\}$ 的凸包是

$$\mathbf{conv}\{v_1, \cdots, v_k\} = \{\theta_1v_1 + \cdots + \theta_kv_k \mid \theta \succeq 0,\ \mathbf{1}^T\theta = 1\}.$$

它是一个有界的多面体，但是（除非是例如单纯形这样的特殊情况）无法简单地用形如 (2.5) 的式子，即用线性等式和不等式的集合将其表示。

凸包表达式的一个扩展表示是，

$$\{\theta_1v_1 + \cdots + \theta_kv_k \mid \theta_1 + \cdots + \theta_m = 1,\ \theta_i \geqslant 0,\ i = 1, \cdots, k\}, \tag{2.9}$$

其中 $m \leqslant k$。此处我们考虑 v_i 的非负线性组合，但是仅仅要求前 m 个系数之和为一。此外，我们可以将 (2.9) 解释为点 $v_1, \cdots, v_m$ 的凸包加上点 $v_{m+1}, \cdots, v_k$ 的锥包。集合 (2.9) 定义了一个多面体，反之亦然，每个多面体都可以表示为此类形式（虽然这一点此处并未证明）。

"如何表示多面体"这一问题的求解是十分巧妙的，并且有一些非常实用的结果。一个简单的例子是定义在 ℓ_∞-范数空间的 $\mathbf{R}^n$ 上的单位球，

$$C = \{x \mid |x_i| \leqslant 1,\ i = 1, \cdots, n\}.$$

C 可以由 $2n$ 个线性不等式 $\pm e_i^Tx \leqslant 1$ 表示为 (2.5) 的形式，其中 e_i 表示第 i 维的单位向量。为了将其描述为形如 (2.9) 的凸包，需要至少 2^n 个点：

$$C = \mathbf{conv}\{v_1, \cdots, v_{2^n}\},$$

其中 $v_1, \cdots, v_{2^n}$ 是以 1 和 -1 为分量的全部向量，共 2^n 个。可见，当 n 很大时，这两种描述方式的规模相差极大。

2.2.5 半正定锥

我们用 $\mathbf{S}^n$ 表示对称 $n \times n$ 矩阵的集合，即

$$\mathbf{S}^n = \{X \in \mathbf{R}^{n\times n} \mid X = X^T\},$$

这是一个维数为 $n(n+1)/2$ 的向量空间。我们用 $\mathbf{S}_+^n$ 表示对称半正定矩阵的集合：

$$\mathbf{S}_+^n = \{X \in \mathbf{S}^n \mid X \succeq 0\},$$

用 $\mathbf{S}^n_{++}$ 表示对称正定矩阵的集合：

$$\mathbf{S}^n_{++} = \{X \in \mathbf{S}^n \mid X \succ 0\}.$$

（这些符号与 $\mathbf{R}_+$ 相对应：$\mathbf{R}_+$ 表示非负实数，而 $\mathbf{R}_{++}$ 表示正实数。）

集合 $\mathbf{S}^n_+$ 是一个凸锥：如果 $\theta_1, \theta_2 \geqslant 0$ 并且 A, $B \in \mathbf{S}^n_+$，那么 $\theta_1 A + \theta_2 B \in \mathbf{S}^n_+$。从半正定矩阵的定义可以直接得到：对于任意 $x \in \mathbf{R}^n$，如果 $A \succeq 0$，$B \succeq 0$ 并且 $\theta_1, \theta_2 \geqslant 0$，那么，我们有

$$x^T(\theta_1 A + \theta_2 B)x = \theta_1 x^T A x + \theta_2 x^T B x \geqslant 0.$$

例 2.6　$\mathbf{S}^2$ 上的半正定锥。 我们有

$$X = \begin{bmatrix} x & y \\ y & z \end{bmatrix} \in \mathbf{S}^2_+ \quad \Longleftrightarrow \quad x \geqslant 0, \quad z \geqslant 0, \quad xz \geqslant y^2.$$

图2.12显示了这个锥的边界，按 (x, y, z) 表示在 $\mathbf{R}^3$ 中。

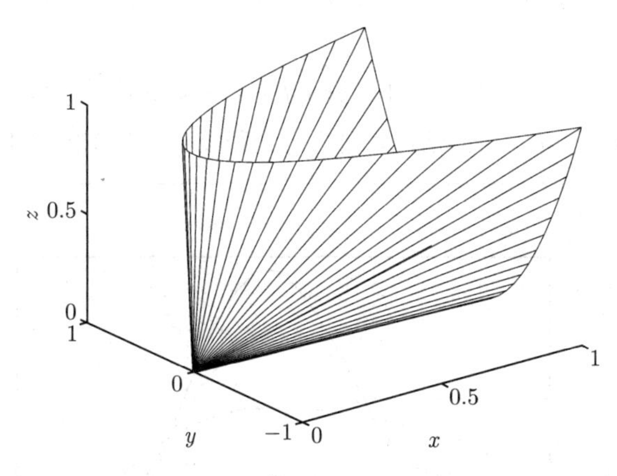

图2.12　$\mathbf{S}^2$ 中半正定锥的边界。

2.3　保凸运算

本节将描述一些保凸运算，利用它们，我们可以从凸集构造出其他凸集。这些运算与§2.2 中描述的凸集的简单例子一起构成了凸集的演算，可以用来确定或构建集合的凸性。

2.3.1　交集

交集运算是保凸的：如果 S_1 和 S_2 是凸集，那么 $S_1 \cap S_2$ 也是凸集。这个性质可以扩展到无穷个集合的交：如果对于任意 $\alpha \in \mathcal{A}$，S_α 都是凸的，那么 $\bigcap_{\alpha \in \mathcal{A}} S_\alpha$ 也是凸

集。(子空间、仿射集合和凸锥对于任意交运算也是封闭的。) 作为一个简单的例子，多面体是半空间和超平面 (它们都是凸集) 的交集，因而是凸的。

例 2.7 半正定锥 $\mathbf{S}_+^n$ 可以表示为，

$$\bigcap_{z\neq 0}\{X \in \mathbf{S}^n \mid z^T X z \geqslant 0\}.$$

对于任意 $z \neq 0$，$z^T X z$ 是关于 X 的 (不恒等于零的) 线性函数，因此集合

$$\{X \in \mathbf{S}^n \mid z^T X z \geqslant 0\}$$

实际上就是 $\mathbf{S}^n$ 的半空间。由此可见，半正定锥是无穷个半空间的交集，因此是凸的。

例 2.8 考虑集合

$$S = \{x \in \mathbf{R}^m \mid |p(t)| \leqslant 1 \text{ 对于 } |t| \leqslant \pi/3\}, \tag{2.10}$$

其中 $p(t) = \sum_{k=1}^{m} x_k \cos kt$。集合 S 可以表示为无穷个**平板**的交集：$S = \bigcap_{|t|\leqslant\pi/3} S_t$，其中，

$$S_t = \{x \mid -1 \leqslant (\cos t, \cdots, \cos mt)^T x \leqslant 1\},$$

因此，S 是凸的。对于 $m = 2$ 的情况，它的定义和集合可见图2.13和图2.14。

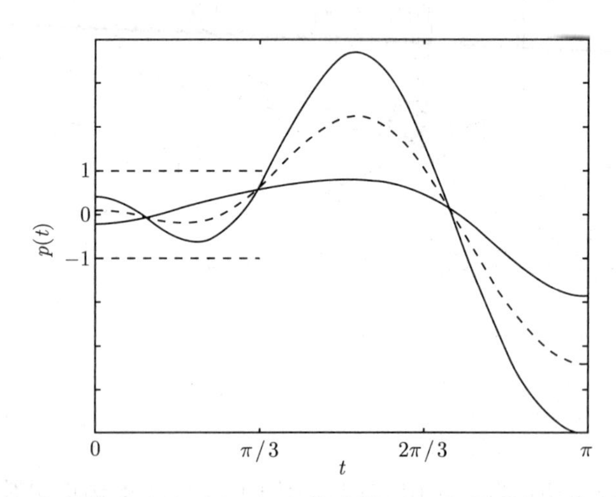

图2.13 对应于 (2.10) 定义的集合 ($m = 2$) 中的点的三角多项式。虚线所示的三角多项式是另外两个的平均。

在上面这些例子中，我们通过将集合表示为 (可能无穷多个) 半空间的交集来表明集合的凸性。反过来，在 §2.5.1中，我们也将看到：**每一个**闭的凸集 S 是 (通常为无限多个) 半空间的交集。事实上，一个闭集 S 是包含它的所有半空间的交集：

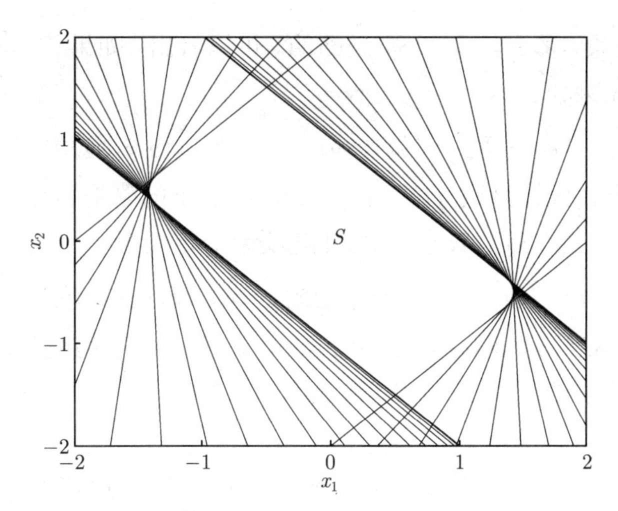

图2.14 图中央的白色区域显示了 $m = 2$ 情况下 (2.10) 定义的集合 S。这个集合是无限多个（图中显示了其中 20 个）平板的交集，所以是凸的。

$$S = \bigcap \{\mathcal{H} \mid \mathcal{H} \text{ 是半空间}, \ S \subseteq \mathcal{H}\}.$$

2.3.2 仿射函数

函数 $f : \mathbf{R}^n \to \mathbf{R}^m$ 是**仿射**的，如果它是一个线性函数和一个常数的和，即具有 $f(x) = Ax + b$ 的形式，其中 $A \in \mathbf{R}^{m\times n}$，$b \in \mathbf{R}^m$。假设 $S \subseteq \mathbf{R}^n$ 是凸的，并且 $f : \mathbf{R}^n \to \mathbf{R}^m$ 是仿射函数。那么，S 在 f 下的象

$$f(S) = \{f(x) \mid x \in S\}$$

是凸的。类似地，如果 $f : \mathbf{R}^k \to \mathbf{R}^n$ 是仿射函数，那么 S 在 f 下的原象

$$f^{-1}(S) = \{x \mid f(x) \in S\}$$

是凸的。

两个简单的例子是**伸缩**和**平移**。如果 $S \subseteq \mathbf{R}^n$ 是凸集，$\alpha \in \mathbf{R}$ 并且 $a \in \mathbf{R}^n$，那么，集合 αS 和 $S + a$ 是凸的，其中

$$\alpha S = \{\alpha x \mid x \in S\}, \qquad S + a = \{x + a \mid x \in S\}.$$

一个凸集向它的某几个坐标的**投影**是凸的，即：如果 $S \subseteq \mathbf{R}^m \times \mathbf{R}^n$ 是凸集，那么

$$T = \{x_1 \in \mathbf{R}^m \mid (x_1, x_2) \in S \text{ 对于某些 } x_2 \in \mathbf{R}^n\}$$

是凸集。

两个集合的**和**可以定义为：

$$S_1 + S_2 = \{x + y \mid x \in S_1, \ y \in S_2\}.$$

如果 S_1 和 S_2 是凸集，那么，S_1+S_2 是凸的。可以看出，如果 S_1 和 S_2 是凸的，那么其直积或 Cartesian 乘积

$$S_1 \times S_2 = \{(x_1, x_2) \mid x_1 \in S_1,\ x_2 \in S_2\}$$

也是凸集。这个集合在线性函数 $f(x_1,x_2)=x_1+x_2$ 下的象是和 S_1+S_2。

我们也可以考虑 S_1，$S_2 \in \mathbf{R}^n \times \mathbf{R}^m$ 的**部分和**，定义为

$$S = \{(x, y_1+y_2) \mid (x,y_1) \in S_1,\ (x,y_2) \in S_2\},$$

其中 $x \in \mathbf{R}^n$，$y_i \in \mathbf{R}^m$。$m=0$ 时，部分和给出了 S_1 和 S_2 的交集；$n=0$ 时，部分和等于集合之和。凸集的部分和是凸集（参见习题 2.16）。

例 2.9　多面体。 多面体 $\{x \mid Ax \preceq b,\ Cx=d\}$ 可以表示为非负象限和原点的 Cartesian 乘积在仿射函数 $f(x)=(b-Ax, d-Cx)$ 下的原象：

$$\{x \mid Ax \preceq b,\ Cx=d\} = \{x \mid f(x) \in \mathbf{R}_+^m \times \{0\}\}.$$

例 2.10　线性矩阵不等式的解。 条件

$$A(x) = x_1A_1 + \cdots + x_nA_n \preceq B \tag{2.11}$$

称为关于 x 的**线性矩阵不等式（LMI）**，其中 B，$A_i \in \mathbf{S}^m$。（注意它与有序线性不等式

$$a^Tx = x_1a_1 + \cdots + x_na_n \leqslant b$$

的相似性，其中 b，$a_i \in \mathbf{R}$。）

线性矩阵不等式的解 $\{x \mid A(x) \preceq B\}$ 是凸集。事实上，它是半正定锥在由 $f(x)=B-A(x)$ 给定的仿射映射 $f:\mathbf{R}^n \to \mathbf{S}^m$ 下的原象。

例 2.11　双曲锥。 集合

$$\{x \mid x^TPx \leqslant (c^Tx)^2,\ c^Tx \geqslant 0\}$$

是凸集，其中 $P \in \mathbf{S}_+^n$，$c \in \mathbf{R}^n$。这是因为它是二阶锥

$$\{(z,t) \mid z^Tz \leqslant t^2,\ t \geqslant 0\}$$

在仿射函数 $f(x)=(P^{1/2}x, c^Tx)$ 下的原象。

例 2.12　椭球。 椭球

$$\mathcal{E} = \{x \mid (x-x_c)^TP^{-1}(x-x_c) \leqslant 1\}$$

是单位 Euclid 球 $\{u \mid \|u\|_2 \leqslant 1\}$ 在仿射映射 $f(u)=P^{1/2}u+x_c$ 下的象，其中 $P \in \mathbf{S}_{++}^n$。（同时也是单位球在仿射映射 $g(x)=P^{-1/2}(x-x_c)$ 下的原象。）

2.3.3 线性分式及透视函数

本节将讨论一类称为**线性分式**的函数，它比仿射函数更普遍，并且仍然保凸。

透视函数

我们定义 $P: \mathbf{R}^{n+1} \to \mathbf{R}^n$，$P(z,t) = z/t$ 为**透视函数**，其定义域为 $\mathbf{dom}\, P = \mathbf{R}^n \times \mathbf{R}_{++}$。（此处的 $\mathbf{R}_{++}$ 表示正实数集合，即 $\mathbf{R}_{++} = \{x \in \mathbf{R} \mid x > 0\}$。）透视函数对向量进行伸缩，或称为规范化，使得最后一维分量为 1 并舍弃之。

注释 2.1 我们用**小孔成象**来解释透视函数。（$\mathbf{R}^3$ 中的）小孔照相机由一个不透明的水平面 $x_3 = 0$ 和一个在原点的小孔组成，光线通过这个小孔在 $x_3 = -1$ 呈现出一个水平图像。在相机上方 x（$x_3 > 0$）处的一个物体，在相平面的点 $-(x_1/x_3, x_2/x_3, 1)$ 处形成一个图像。忽略象点的最后一维分量（因为它恒等于 -1），x 处的点的象在象平面上呈现于 $y = -(x_1/x_3, x_2/x_3) = -P(x)$ 处。图2.15显示了这个过程。

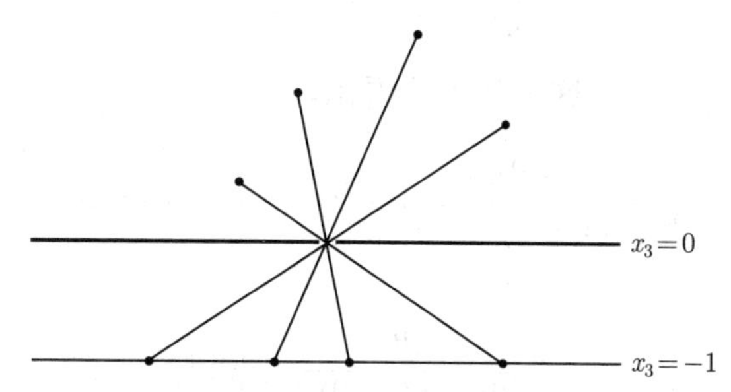

图2.15 透视函数的小孔成象解释。深色的水平直线表示 $\mathbf{R}^3$ 中的平面 $x_3 = 0$，除了在原点处有一个小孔外，它是不透光的。平面之上的物体或光源呈现在浅色水平直线所示的象平面 $x_3 = -1$ 上。源位置向其象位置的映射对应于透视函数。

如果 $C \subseteq \mathbf{dom}\, P$ 是凸集，那么它的象

$$P(C) = \{P(x) \mid x \in C\}$$

也是凸集。这个结论很直观：通过小孔观察一个凸的物体，可以得到凸的象。为解释这个事实，我们将说明在透视函数作用下，线段将被映射成线段。（也可以这样理解，通过小孔，一条线段的象是一条线段。）假设 $x = (\tilde{x}, x_{n+1})$，$y = (\tilde{y}, y_{n+1}) \in \mathbf{R}^{n+1}$，并且 $x_{n+1} > 0$，$y_{n+1} > 0$。那么，对于 $0 \leqslant \theta \leqslant 1$，

$$P(\theta x + (1-\theta) y) = \frac{\theta \tilde{x} + (1-\theta)\tilde{y}}{\theta x_{n+1} + (1-\theta) y_{n+1}} = \mu P(x) + (1-\mu) P(y),$$

其中，

$$\mu = \frac{\theta x_{n+1}}{\theta x_{n+1} + (1-\theta) y_{n+1}} \in [0,1].$$

θ 和 μ 之间的关系是单调的：当 θ 在 0、1 间变化时（形成线段 $[x,y]$），μ 也在 0、1 间变化（形成线段 $[P(x),P(y)]$）。这说明 $P([x,y])=[P(x),P(y)]$。

现在假设 C 是凸的，并且有 $C\subseteq \mathbf{dom}\,P$（即对于所有 $x\in C$，$x_{n+1}>0$）及 x，$y\in C$。为显示 $P(C)$ 的凸性，我们需要说明线段 $[P(x),P(y)]$ 在 $P(C)$ 中。这条线段是线段 $[x,y]$ 在 P 的象，因而属于 $P(C)$。

一个凸集在透视函数下的原象也是凸的：如果 $C\subseteq\mathbf{R}^n$ 为凸集，那么

$$P^{-1}(C)=\{(x,t)\in\mathbf{R}^{n+1}\mid x/t\in C,\ t>0\}$$

是凸集。为证明这点，假设 $(x,t)\in P^{-1}(C)$, $(y,s)\in P^{-1}(C)$, $0\leqslant\theta\leqslant 1$。我们需要说明

$$\theta(x,t)+(1-\theta)(y,s)\in P^{-1}(C),$$

即

$$\frac{\theta x+(1-\theta)y}{\theta t+(1-\theta)s}\in C$$

（显然地，$\theta t+(1-\theta)s>0$）。这可从下式看出，

$$\frac{\theta x+(1-\theta)y}{\theta t+(1-\theta)s}=\mu(x/t)+(1-\mu)(y/s),$$

其中，

$$\mu=\frac{\theta t}{\theta t+(1-\theta)s}\in[0,1].$$

线性分式函数

线性分式函数由透视函数和仿射函数复合而成。设 $g:\mathbf{R}^n\to\mathbf{R}^{m+1}$ 是仿射的，即

$$g(x)=\begin{bmatrix}A\\c^T\end{bmatrix}x+\begin{bmatrix}b\\d\end{bmatrix},\tag{2.12}$$

其中 $A\in\mathbf{R}^{m\times n}$，$b\in\mathbf{R}^m$，$c\in\mathbf{R}^n$ 并且 $d\in\mathbf{R}$。则由 $f=P\circ g$ 给出的函数 $f:\mathbf{R}^n\to\mathbf{R}^m$

$$f(x)=(Ax+b)/(c^Tx+d),\qquad \mathbf{dom}\,f=\{x\mid c^Tx+d>0\},\tag{2.13}$$

称为**线性分式**（**或投射**）函数。如果 $c=0$，$d>0$，则 f 的定义域为 $\mathbf{R}^n$，并且 f 是仿射函数。因此，我们可以将仿射和线性函数视为特殊的线性分式函数。

注释 2.2　投射解释。 可以很方便地将一个线性分式函数表示为：将矩阵

$$Q=\begin{bmatrix}A & b\\c^T & d\end{bmatrix}\in\mathbf{R}^{(m+1)\times(n+1)}\tag{2.14}$$

作用于（即左乘）点 $(x, 1)$，得到 $(Ax+b, c^Tx+d)$；然后将所得结果做伸缩变换或归一化，以使得其最后一个分量为一，得到 $(f(x), 1)$。

也可以从几何上进行解释，即这个表达式将 $\mathbf{R}^n$ 与 $\mathbf{R}^{n+1}$ 空间上的一组射线联系了起来。也就是说，对于 $\mathbf{R}^n$ 空间的一个点 z，我们可以构造一个 $\mathbf{R}^{n+1}$ 空间的（开）射线 $\mathcal{P}(z) = \{t(z, 1) \mid t > 0\}$。这条射线上每个点的最后一个分量均是正值。反之，$\mathbf{R}^{n+1}$ 空间中每条以原点为顶点并且最后一个分量为正值的射线均可以由一些 $v \in \mathbf{R}^n$ 表示为 $\mathcal{P}(v) = \{t(v, 1) \mid t \geqslant 0\}$。$\mathcal{P}$ 表示了 $\mathbf{R}^n$ 与最后一个分量为正的射线之间的（投射）关系，这种关系是一一对应和满的。

线性分式函数 (2.13) 可以表示为，

$$f(x) = \mathcal{P}^{-1}(Q\mathcal{P}(x)).$$

因此，从 $x \in \mathbf{dom}\, f$ 出发，即由一个满足 $c^Tx+d>0$ 的点，我们可以得到 $\mathbf{R}^{n+1}$ 空间的一条射线 $\mathcal{P}(x)$。将线性变换矩阵 Q 作用于这条射线，就可以得到另一条射线 $Q\mathcal{P}(x)$。因为 $x \in \mathbf{dom}\, f$，这条射线的最后一个分量为正。最后，我们也可以通过逆投射变换恢复出 $f(x)$。

类似于透视函数，线性分式函数也是保凸的。如果 C 是凸集并且在 f 的定义域中（即任意 $x \in C$ 满足 $c^Tx+d>0$），那么 C 的象 $f(C)$ 也是凸集。根据前述的结果可以直接得到这个结论：C 在仿射映射 (2.12) 下的象是凸的，并且在透视函数 P 下的映射（即 $f(C)$）是凸的。类似地，如果 $C \subseteq \mathbf{R}^m$ 是凸集，那么其原象 $f^{-1}(C)$ 也是凸的。

例 2.13　条件概率。 设 u 和 v 是分别在 $\{1, \cdots, n\}$ 和 $\{1, \cdots, m\}$ 中取值的随机变量，并且 p_{ij} 表示概率 $\mathbf{prob}(u=i, v=j)$。那么条件概率 $f_{ij} = \mathbf{prob}(u=i|v=j)$ 由下式给出

$$f_{ij} = \frac{p_{ij}}{\sum\limits_{k=1}^{n} p_{kj}}.$$

因此，f 可以通过一个线性分式映射从 p 得到。

可以知道，如果 C 是一个关于 (u, v) 的联合密度的凸集，那么相应的 u 的条件密度（给定 v）的集合也是凸集。

图2.16表示了集合 $C \subseteq \mathbf{R}^2$ 及其在下面的线性分式函数下的象

$$f(x) = \frac{1}{x_1+x_2+1}x, \qquad \mathbf{dom}\, f = \{(x_1, x_2) \mid x_1+x_2+1>0\}.$$

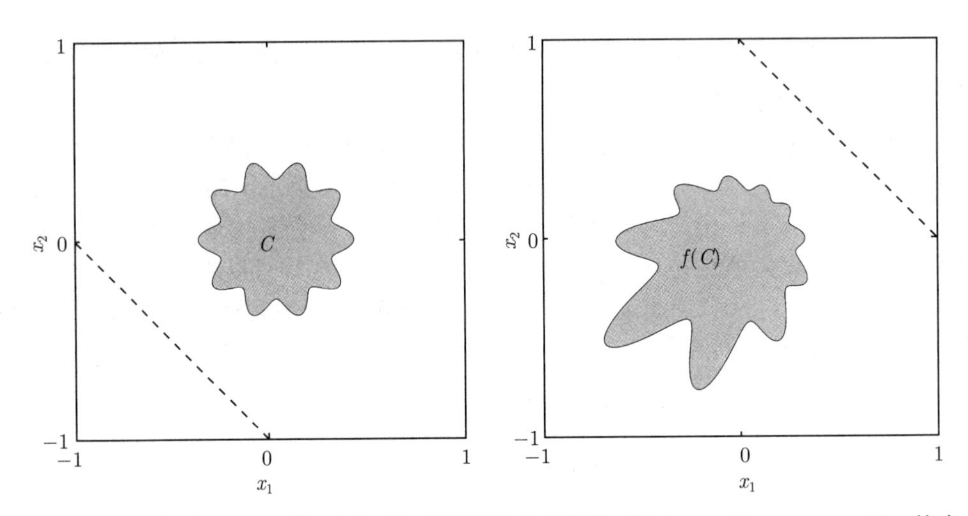

图2.16 **左**. 集合 $C \subseteq \mathbf{R}^2$。虚线显示了线性分式函数 $f(x) = x/(x_1 + x_2 + 1)$，其中 $\mathbf{dom}\, f = \{(x_1, x_2) \mid x_1 + x_2 + 1 > 0\}$，的定义域的边界。**右**. C 在 f 下的象。虚线显示了 f^{-1} 的定义域的边界。

2.4 广义不等式

2.4.1 正常锥与广义不等式

称锥 $K \subseteq \mathbf{R}^n$ 为**正常锥**，如果它满足下列条件

- K 是凸的。
- K 是闭的。
- K 是**实**的，即具有非空内部。
- K 是**尖**的，即不包含直线（或者等价地，$x \in K,\ -x \in K \implies x = 0$）。

正常锥 K 可以用来定义**广义不等式**，即 $\mathbf{R}^n$ 上的偏序关系。这种偏序关系和 $\mathbf{R}$ 上的标准序有很多相同的性质。用正常锥 K 可以定义 $\mathbf{R}^n$ 上的偏序关系如下

$$x \preceq_K y \iff y - x \in K.$$

$y \preceq_K x$ 也可以写为 $x \succeq_K y$。类似地，我们定义相应的严格偏序关系为

$$x \prec_K y \iff y - x \in \mathbf{int}\, K,$$

并且可以同样地定义 $x \succ_K y$。（为将广义不等式 $\preceq_K$ 与严格的广义不等式区分开，我们有时也称 $\preceq_K$ 为不严格的广义不等式）。

当 $K = \mathbf{R}_+$ 时，偏序关系 $\preceq_K$ 就是通常意义上 $\mathbf{R}$ 中的序 $\leqslant$，相应地，严格偏序关系 $\prec_K$ 与 $\mathbf{R}$ 上的严格序 $<$ 相同。因此，广义不等式包含了 $\mathbf{R}$ 上的（不严格和严格）不等式，它是广义不等式的一种特殊情况。

例 2.14 非负象限及分量不等式。 非负象限 $K = \mathbf{R}_+^n$ 是一个正常锥。相应的广义不等式 $\preceq_K$ 对应于向量间的分量不等式，即 $x \preceq_K y$ 等价于 $x_i \leqslant y_i,\ i = 1, \cdots, n$。相应地，其严格不等式对应于严格的分量不等式，即 $x \prec_K y$ 等价于 $x_i < y_i,\ i = 1, \cdots, n$。

我们将常常使用对应于非负象限的不严格和严格的偏序关系，因此省略下标 $\mathbf{R}_+^n$。当 $\preceq$ 或 $\prec$ 出现在向量间的时候，该符号应被理解为分量不等式。

例 2.15 半正定锥和矩阵不等式。 半正定锥是 $\mathbf{S}^n$ 空间中的正常锥，相应的广义不等式 $\preceq_K$ 就是通常的矩阵不等式，即 $X \preceq_K Y$ 等价于 $Y - X$ 为半正定矩阵。(在 $\mathbf{S}^n$ 中) $\mathbf{S}_+^n$ 的内部由正定矩阵组成，因此严格广义不等式也等同于通常的对称矩阵的严格不等式，即 $X \prec_K Y$ 等价于 $Y - X$ 为正定矩阵。

这里，也是由于经常使用这种偏序关系，因此省略其下标，即对于对称矩阵，我们将广义不等式简写为 $X \preceq Y$ 或 $X \prec Y$，它们表示关于半正定锥的广义不等式。

例 2.16 $[0, 1]$ **上非负的多项式锥。** K 定义如下

$$K = \{c \in \mathbf{R}^n \mid c_1 + c_2 t + \cdots + c_n t^{n-1} \geqslant 0 \text{ 对于 } t \in [0, 1]\}, \tag{2.15}$$

即 K 是 $[0, 1]$ 上最高 $n - 1$ 阶的非负多项式（系数）锥。可以看出 K 是一个正常锥，其内部是 $[0, 1]$ 上为正的多项式的系数集合。

两个向量 $c,\ d \in \mathbf{R}^n$ 满足 $c \preceq_K d$ 的充要条件是，对于所有 $t \in [0, 1]$ 有

$$c_1 + c_2 t + \cdots + c_n t^{n-1} \leqslant d_1 + d_2 t + \cdots + d_n t^{n-1}.$$

广义不等式的性质

广义不等式 $\preceq_K$ 满足许多性质，例如

- $\preceq_K$ **对于加法是保序的**: 如果 $x \preceq_K y$ 并且 $u \preceq_K v$，那么 $x + u \preceq_K y + v$。
- $\preceq_K$ **具有传递性**: 如果 $x \preceq_K y$ 并且 $y \preceq_K z$，那么 $x \preceq_K z$。
- $\preceq_K$ **对于非负数乘是保序的**: 如果 $x \preceq_K y$ 并且 $\alpha \geqslant 0$，那么 $\alpha x \preceq_K \alpha y$。
- $\preceq_K$ **是自反的**: $x \preceq_K x$。
- $\preceq_K$ **是反对称的**: 如果 $x \preceq_K y$ 并且 $y \preceq_K x$，那么 $x = y$。
- $\preceq_K$ **对于极限运算是保序的**: 如果对于 $i = 1,\ 2, \cdots$ 均有 $x_i \preceq_K y_i$，当 $i \to \infty$ 时，有 $x_i \to x$ 和 $y_i \to y$，那么 $x \preceq_K y$。

相应的广义不等式 $\prec_K$ 也满足一些性质，例如

- 如果 $x \prec_K y$，那么 $x \preceq_K y$。

- 如果 $x \prec_K y$ 并且 $u \preceq_K v$，那么 $x+u \prec_K y+v$。
- 如果 $x \prec_K y$ 并且 $\alpha > 0$，那么 $\alpha x \prec_K \alpha y$。
- $x \not\prec_K x$。
- 如果 $x \prec_K y$，那么对于足够小的 u 和 v 有 $x+u \prec_K y+v$。

这些性质可以从 $\preceq_K$ 和 $\prec_K$ 的定义以及正常锥的性质中直接得到，参见习题 2.30。

2.4.2　最小与极小元

广义不等式的符号（$\preceq_K$，$\prec_K$）似乎表明它们与 $\mathbf{R}$ 上的普通不等式（$\leqslant$，$<$）有着相同的性质。虽然普通不等式的许多性质对于广义不等式确实成立，但很多重要的性质并不如此。最明显的区别在于，$\mathbf{R}$ 上的 $\leqslant$ 是一个**线性序**，即任意两点都是**可比的**，也就是说 $x \leqslant y$ 和 $y \leqslant x$ 二者必居其一。这个性质对于其他广义不等式并不成立。这导致了最小、最大这些概念在广义不等式环境下变得更加复杂。本节将对此进行简要的讨论。

如果对于每个 $y \in S$，均有 $x \preceq_K y$，我们称 $x \in S$ 是 S（关于广义不等式 $\preceq_K$）的**最小元**。类似地，我们可以定义关于广义不等式的**最大元**。如果一个集合有最小（或最大）元，那么它们是唯一的。相对应的概念是**极小元**。如果 $y \in S$，$y \preceq_K x$ 可以推得 $y = x$，那么我们称 $x \in S$ 是 S 上（关于广义不等式 $\preceq_K$）的**极小元**。同样地，可以定义**极大元**。一个集合可以有多个极小（或极大）元。

用简单的集合符号，我们可以对最小元和极小元进行描述。元素 $x \in S$ 是 S 中的一个最小元，当且仅当

$$S \subseteq x + K.$$

这里 $x+K$ 表示可以与 x 相比并且大于或等于（根据 $\preceq_K$）x 的所有元素。元素 $x \in S$ 是极小元，当且仅当

$$(x - K) \cap S = \{x\}.$$

这里 $x-K$ 表示可以与 x 相比并且小于或等于（根据$\preceq_K$）x 的所有元素，它与 S 的唯一共同点即是 x。

$K = \mathbf{R}_+$ 导出的实际上就是 $\mathbf{R}$ 上一般的序。此时，极小和最小的概念是一致的，也符合集合最小元素的通常定义。

例 2.17　考虑锥 $\mathbf{R}^2_+$，它导出的是 $\mathbf{R}^2$ 上的关于分量的不等式。对此，我们可以给出一些关于极小元和最小元的简单的几何描述。不等式 $x \preceq y$ 的含义是 y 在 x 之上、之右。$x \in S$ 是集合 S 的最小元，表明 S 的其他所有点都在它之上、之右。而 x 为集合 S 的极小元，是指 S 中没有任何一个点在 x 之下、之左, 其区别可见图2.17。

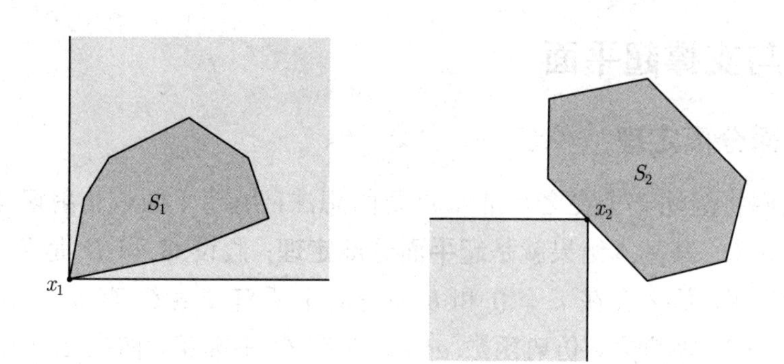

图2.17 **左**. 集合 S_1 关于 $\mathbf{R}^2$ 上的分量不等式有最小元 x_1。集合 x_1+K 由浅色阴影所示；x_1 是 S_1 的最小元，因为 $S_1 \subseteq x_1+K$。**右**. 点 x_2 是 S_2 的极小元。集合 x_2-K 由浅色阴影所示。点 x_2 是极小的，因为 x_2-K 和 S_2 只相交于 x_2。

例 2.18 对称矩阵集合中的最小元和极小元。 我们用 $A \in \mathbf{S}_{++}^n$ 表示一个圆心在原点的椭圆，即

$$\mathcal{E}_A = \{x \mid x^T A^{-1} x \leqslant 1\}.$$

我们知道 $A \preceq B$ 等价于 $\mathcal{E}_A \subseteq \mathcal{E}_B$。

给定 $v_1,\cdots,v_k \in \mathbf{R}^n$ 并定义

$$S = \{P \in \mathbf{S}_{++}^n \mid v_i^T P^{-1} v_i \leqslant 1,\ i=1,\cdots,k\}.$$

它对应于包含了点$v_1,\cdots,v_k$的椭圆的集合。集合 S 没有最小元：对于任意包含点$v_1,\cdots,v_k$的椭圆，我们总可以找到另一个包含这些点但不可比的椭圆。一个椭圆是极小的，如果它包含这些点但没有更小的椭圆也包含这些点。图2.18显示了$\mathbf{R}^2$上$k=2$ 时的一个例子。

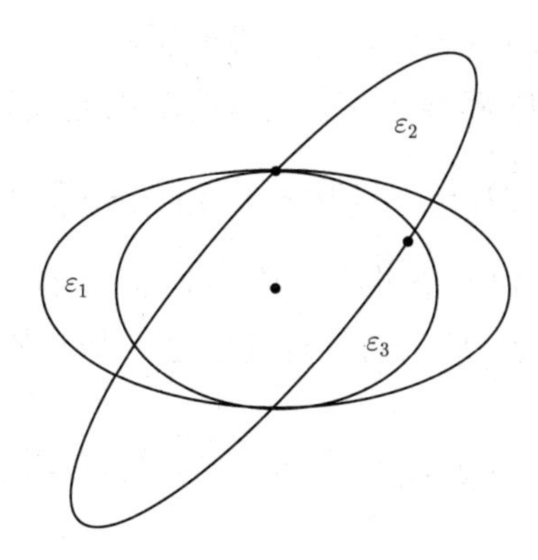

图2.18 $\mathbf{R}^2$ 中的三个椭球，它们均以原点（图中较低的点所示）为中心，并且包含较高处的点。椭球 $\mathcal{E}_1$ 不是极小的，因为存在包含这些点并且更小的椭球（例如，$\mathcal{E}_3$）。由于同样的原因，$\mathcal{E}_3$ 也不是极小的。椭球 $\mathcal{E}_2$ 是极小的，因为没有其他（以原点为中心）包含这些点并被 $\mathcal{E}_2$ 包含的椭球。

2.5 分离与支撑超平面

2.5.1 超平面分离定理

本节中我们将阐述一个在之后非常重要的想法：用超平面或仿射函数将两个不相交的凸集分离开来。其基本结果就是**超平面分离定理**：假设 C 和 D 是两个不相交的凸集，即 $C \cap D = \emptyset$，那么存在 $a \neq 0$ 和 b 使得对于所有 $x \in C$ 有 $a^T x \leqslant b$，对于所有 $x \in D$ 有 $a^T x \geqslant b$。换言之，仿射函数 $a^T x - b$ 在 C 中非正，而在 D 中非负。超平面 $\{x \mid a^T x = b\}$ 称为集合 C 和 D 的**分离超平面**，或称超平面**分离**了集合 C 和D，参见图2.19。

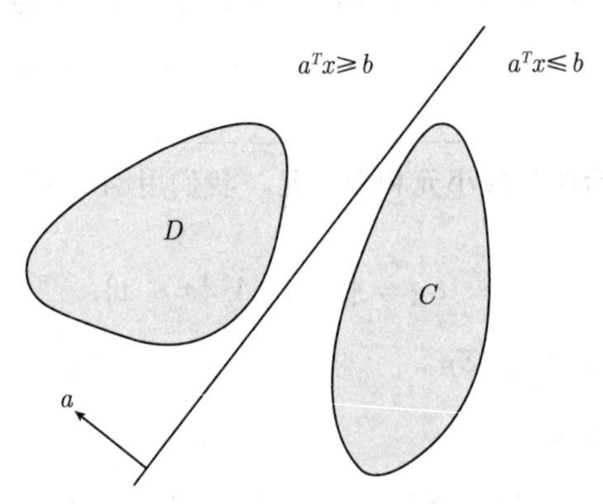

图2.19 超平面 $\{x \mid a^T x = b\}$ 分离了两个不相交的凸集 C 和 D。仿射函数 $a^T x - b$ 在 C 上非正而在 D 上非负。

超平面分离定理的证明

这里我们考虑一个特殊的情况，并将一般情况的证明留作扩展习题（习题 2.22）。我们假设 C 和 D 的（Euclid）**距离**为正，这里的距离定义为

$$\mathbf{dist}(C, D) = \inf\{\|u - v\|_2 \mid u \in C,\ v \in D\},$$

并且存在 $c \in C$ 和 $d \in D$ 达到这个最小距离，即 $\|c - d\|_2 = \mathbf{dist}(C, D)$。（这些条件是可以被满足的，例如当 C 和 D 是闭的并且其中之一是有界的。）

定义

$$a = d - c, \qquad b = \frac{\|d\|_2^2 - \|c\|_2^2}{2}.$$

我们将显示仿射函数

$$f(x) = a^T x - b = (d - c)^T (x - (1/2)(d + c))$$

在 C 中非正而在 D 中非负，即超平面 $\{x \mid a^T x = b\}$ 分离了 C 和 D。这个超平面与连接 c 和 d 之间的线段相垂直并且穿过其中点，如图2.20所示。

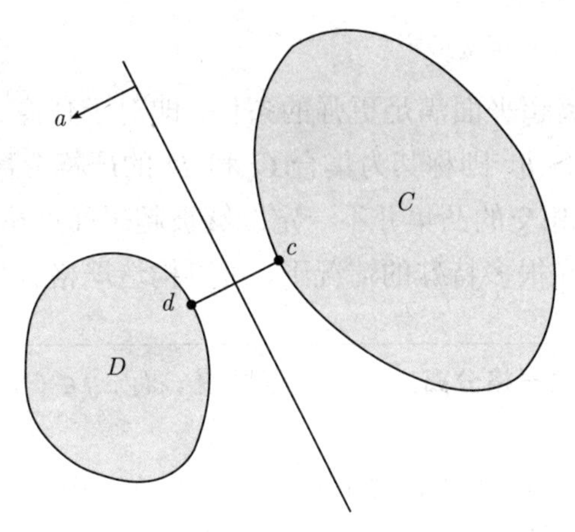

图2.20 两个凸集间分离超平面的构造。$c \in C$ 和 $d \in D$ 是两个集合中最靠近彼此的一个点对。分离超平面垂直并且等分 c 和 d 之间的线段。

我们首先证明 f 在 D 中非负。关于 f 在 C 中非正的证明是相似的（只需将 C 和 D 交换并考虑 $-f$ 即可）。假设存在一个点 $u \in D$，并且

$$f(u) = (d-c)^T(u-(1/2)(d+c)) < 0. \tag{2.16}$$

我们可以将 $f(u)$ 表示为

$$f(u) = (d-c)^T(u-d+(1/2)(d-c)) = (d-c)^T(u-d) + (1/2)\|d-c\|_2^2.$$

可以看出式(2.16) 意味着 $(d-c)^T(u-d) < 0$。于是，我们观察到

$$\left.\frac{d}{dt}\|d+t(u-d)-c\|_2^2\right|_{t=0} = 2(d-c)^T(u-d) < 0.$$

因此，对于足够小的 $t > 0$ 及 $t \leqslant 1$，我们有

$$\|d+t(u-d)-c\|_2 < \|d-c\|_2,$$

即点 $d+t(u-d)$ 比 d 更靠近 c。因为 D 是包含 d 和 u 的凸集，我们有 $d+t(u-d) \in D$。但这是不可能的，因为根据假设，d 应当是 D 中离 C 最近的点。

例 2.19 仿射集与凸集的分离。 设 C 是凸集，而 D 是仿射的，即 $D = \{Fu+g \mid u \in \mathbf{R}^m\}$，其中 $F \in \mathbf{R}^{n\times m}$。设 C 和 D 不相交，那么根据超平面分离定理，存在 $a \neq 0$ 和 b 使得对于所有 $x \in C$ 有 $a^Tx \leqslant b$，对于所有 $x \in D$ 有 $a^Tx \geqslant b$。

这里 $a^Tx \geqslant b$ 对于所有 $x \in D$ 均成立，表明对于任意 $u \in \mathbf{R}^m$ 均有 $a^TFu \geqslant b - a^Tg$。但是在 $\mathbf{R}^m$ 上，只有当一个线性函数为零时，它才是有界的。因此，可以推知 $a^TF = 0$（并且因此有 $b \leqslant a^Tg$）。

所以，我们可知存在 $a \neq 0$ 使得 $F^Ta = 0$ 和 $a^Tx \leqslant a^Tg$ 对于所有 $x \in C$ 均成立。

严格分离

如果之前构造的分离超平面满足更强的条件，即对于任意 $x \in C$ 有 $a^T x < b$ 并且对于任意 $x \in D$ 有 $a^T x > b$，则称其为集合 C 和 D 的**严格分离**。简单的例子就可以看出，对于一般的情况，不相交的凸集并不一定能够被超平面严格分离（即使集合是闭集，参见习题 2.23）。但是，在很多特殊的情况下，可以构造严格分离。

例 2.20　点和闭凸集的严格分离。 令 C 为闭凸集，而 $x_0 \notin C$，那么存在将 x_0 与 C 严格分离的超平面。

为说明这一点，需要注意，对于足够小的 $\epsilon > 0$，存在两个不相交的集合 C 和 $B(x_0, \epsilon)$。根据超平面分离定理，存在 $a \neq 0$ 和 b，使得对于任意 $x \in C$ 有 $a^T x \leqslant b$；对于任意 $x \in B(x_0, \epsilon)$ 有 $a^T x \geqslant b$。

利用 $B(x_0, \epsilon) = \{x_0 + u \mid \|u\|_2 \leqslant \epsilon\}$，可以将前述第二个条件表示为

$$a^T(x_0 + u) \geqslant b \quad \text{对于所有} \quad \|u\|_2 \leqslant \epsilon.$$

$u = -\epsilon a / \|a\|_2$ 极小化了上式的左端，代入可得

$$a^T x_0 - \epsilon \|a\|_2 \geqslant b.$$

所以，仿射函数

$$f(x) = a^T x - b - \epsilon \|a\|_2 / 2$$

在 C 上是负的，而在 x_0 点是正的。

作为一个直接的结果，我们可以得到前面已提及的事实：一个闭凸集是包含它的所有半空间的交集。事实上，令 C 为闭和凸的，S 为所有包含 C 的半空间。显然，$x \in C \Rightarrow x \in S$。为证明反方向，假设存在 $x \in S$ 并且 $x \notin C$。根据严格分离的结果，存在一个将 x 与 C 严格分离的超平面，即存在一个包含 C 但不包含 x 的半空间。也就是说，$x \notin S$。

超平面分离定理的逆定理

超平面分离定理的逆定理（即分离超平面的存在表明 C 和 D 不相交）是不成立的，除非在凸性之外再给 C 或 D 附加其他约束。作为一个简单的反例，我们考虑 $C = D = \{0\} \subseteq \mathbf{R}$，超平面 $x = 0$ 可以分离 C 和 D。

通过给 C 和 D 增加一些条件，可以得到超平面分离定理的多种逆定理。作为一个简单的例子，设 C 和 D 是凸集，C 是开集，如果存在一个仿射函数 f，它在 C 中非正而在 D 中非负，那么 C 和 D 不相交。（为说明此结论，首先可知 f 在 C 上是负的。否则，如果 f 在 C 中的某一点为零，那么 f 在这个点附近会取得正值，这与前述矛盾。因此 C 和 D 一定是不相交的，因为 f 在 C 中为负，而在 D 中非负。）将逆定理与超平面分离定理相结合，我们可以得到下面的结论：任何两个凸集 C 和 D，如果其中至少有一个是开集，那么当且仅当存在分离超平面时，它们不相交。

例 2.21 严格线性不等式的择一定理。 我们导出严格线性不等式

$$Ax \prec b \tag{2.17}$$

有解的充要条件。该不等式不可行的充要条件是（凸）集

$$C = \{b - Ax \mid x \in \mathbf{R}^n\}, \qquad D = \mathbf{R}^m_{++} = \{y \in \mathbf{R}^m \mid y \succ 0\}$$

不相交。集合 D 是开集，而 C 是仿射集合。根据前述的结论，C 和 D 不相交的充要条件是，存在分离超平面，即存在非零的 $\lambda \in \mathbf{R}^m$ 和 $\mu \in \mathbf{R}$ 使得 C 中 $\lambda^T y \leqslant \mu$ 而 D 中 $\lambda^T y \geqslant \mu$。

这些条件可以被简化。第一个条件意味着对于所有 x 都有 $\lambda^T(b - Ax) \leqslant \mu$。这表明（如例 2.19 所示）$A^T\lambda = 0$，$\lambda^T b \leqslant \mu$。第二个不等式意味着 $\lambda^T y \geqslant \mu$ 对于所有 $y \succ 0$ 均成立。这表明 $\mu \leqslant 0$ 且 $\lambda \succeq 0$，$\lambda \neq 0$。

将这些结果放在一起，我们可以得知严格不等式组 (2.17) 无解的充要条件是存在 $\lambda \in \mathbf{R}^m$ 使得

$$\lambda \neq 0, \qquad \lambda \succeq 0, \qquad A^T\lambda = 0, \qquad \lambda^T b \leqslant 0. \tag{2.18}$$

这些不等式和等式关于 $\lambda \in \mathbf{R}^m$ 也是线性的。我们称式(2.17) 和式 (2.18) 构成一对**择一选择**：对于任意的 A 和 b，两者中仅有一组有解。

2.5.2 支撑超平面

设 $C \subseteq \mathbf{R}^n$ 而 x_0 是其边界 $\mathbf{bd}\, C$ 上的一点，即

$$x_0 \in \mathbf{bd}\, C = \mathbf{cl}\, C \setminus \mathbf{int}\, C.$$

如果 $a \neq 0$，并且对任意 $x \in C$ 满足 $a^T x \leqslant a^T x_0$，那么称超平面 $\{x \mid a^T x = a^T x_0\}$ 为集合 C 在点 x_0 处的**支撑超平面**。这等于说点 x_0 与集合 C 被超平面所分离 $\{x \mid a^T x = a^T x_0\}$。其几何解释是超平面 $\{x \mid a^T x = a^T x_0\}$ 与 C 相切于点 x_0，而且半空间 $\{x \mid a^T x \leqslant a^T x_0\}$ 包含 C，参见图2.21。

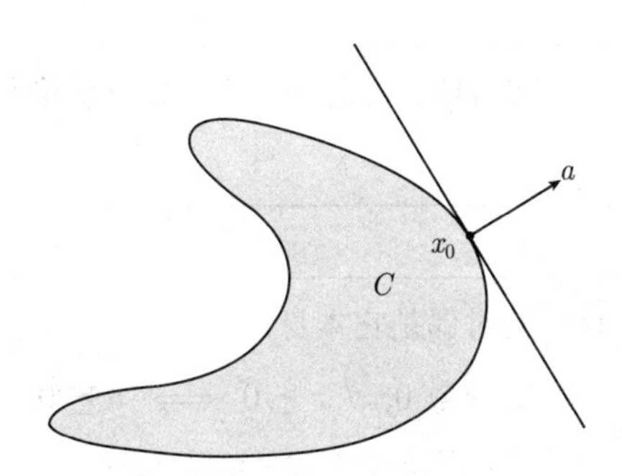

图2.21 超平面 $\{x \mid a^T x = a^T x_0\}$ 在 x_0 处支撑 C。

一个基本的结论，称为**支撑超平面定理**，表明对于任意非空的凸集 C 和任意 $x_0 \in \mathbf{bd}\, C$，在 x_0 处存在 C 的支撑超平面。支撑超平面定理从超平面分离定理很容易得到证明。需要区分两种情况。如果 C 的内部非空，对于 $\{x_0\}$ 和 $\mathbf{int}\, C$ 应用超平面分离定理可以直接得到所需的结论。如果 C 的内部是空集，则 C 必处于小于 n 维的一个仿射集合中，并且任意包含这个仿射集合的超平面一定包含 C 和x_0，这是一个（平凡的）支撑超平面。

支撑超平面定理也有一个不完全的逆定理：如果一个集合是闭的，具有非空内部，并且其边界上每个点均存在支撑超平面，那么它是凸的（参见习题 2.27）。

2.6　对偶锥与广义不等式

2.6.1　对偶锥

令 K 为一个锥。集合

$$K^* = \{y \mid x^T y \geqslant 0,\ \forall\, x \in K\} \tag{2.19}$$

称为 K 的**对偶锥**。顾名思义，K^* 是一个锥，并且它总是凸的，即使 K 不是凸锥（参见习题 2.31）。

从几何上看，$y \in K^*$ 当且仅当 $-y$ 是 K 在原点的一个支撑超平面的法线，如图2.22所示。

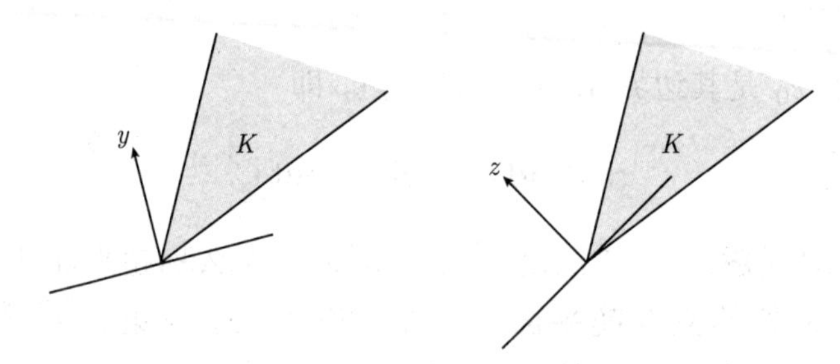

图2.22　**左**. 以 y 为内法向量的半空间包含锥 K，因此，$y \in K^*$。
右. 以 z 为内法向量的半空间不包含 K，因此，$z \notin K^*$。

例 2.22　**子空间**。子空间 $V \subseteq \mathbf{R}^n$（这是一个锥）的对偶锥是其正交补 $V^\perp = \{y \mid y^T v = 0,\ \forall\, v \in V\}$。

例 2.23　**非负象限**。锥 $\mathbf{R}^n_+$ 的对偶是它本身：

$$y^T x \geqslant 0,\ \forall\, x \succeq 0 \iff y \succeq 0.$$

我们称这种锥**自对偶**。

例 2.24 半正定锥。 在 $n \times n$ 对称矩阵的集合 $\mathbf{S}^n$ 上，我们使用其标准内积 $\mathbf{tr}(XY) = \sum_{i,j=1}^{n} X_{ij}Y_{ij}$（参见附录 A.1.1）。半正定锥 $\mathbf{S}_+^n$ 是自对偶的，即对于任意的 X, $Y \in \mathbf{S}^n$，

$$\mathbf{tr}(XY) \geqslant 0, \forall\ X \succeq 0 \iff Y \succeq 0.$$

下面，我们将说明这一结论。

假设 $Y \notin \mathbf{S}_+^n$，那么存在 $q \in \mathbf{R}^n$ 并且

$$q^T Y q = \mathbf{tr}(qq^T Y) < 0.$$

于是半正定矩阵 $X = qq^T$ 满足 $\mathbf{tr}(XY) < 0$，由此可知 $Y \notin (\mathbf{S}_+^n)^*$。

假设 X, $Y \in \mathbf{S}_+^n$，我们可以利用特征值分解将 X 表述为 $X = \sum_{i=1}^{n} \lambda_i q_i q_i^T$，其中（特征值）$\lambda_i \geqslant 0$，$i = 1, \cdots, n$。于是，我们有

$$\mathbf{tr}(YX) = \mathbf{tr}\left(Y \sum_{i=1}^{n} \lambda_i q_i q_i^T\right) = \sum_{i=1}^{n} \lambda_i q_i^T Y q_i \geqslant 0.$$

以上表明 $Y \in (\mathbf{S}_+^n)^*$。

例 2.25 范数锥的对偶。 令 $\|\cdot\|$ 为定义在 $\mathbf{R}^n$ 上的范数。与之相关的锥 $K = \{(x,t) \in \mathbf{R}^{n+1} \mid \|x\| \leqslant t\}$ 的对偶锥由其对偶范数定义，

$$K^* = \{(u,v) \in \mathbf{R}^{n+1} \mid \|u\|_* \leqslant v\},$$

这里的对偶范数由 $\|u\|_* = \sup\{u^T x \mid \|x\| \leqslant 1\}$ 给出（参见 (A.1.6)）。

为证明这个结论，我们需要说明

$$x^T u + tv \geqslant 0 \text{ 只要 } \|x\| \leqslant t \iff \|u\|_* \leqslant v. \tag{2.20}$$

首先，证明由右端关于 (u,v) 的条件可以得出左端的条件。设 $\|u\|_* \leqslant v$，并且对于一些 $t > 0$ 有 $\|x\| \leqslant t$。（如果 $t = 0$，x 必须是零，因此显然有 $u^T x + vt \geqslant 0$。）根据对偶锥的定义以及 $\|-x/t\| \leqslant 1$，我们有

$$u^T(-x/t) \leqslant \|u\|_* \leqslant v,$$

因此，$u^T x + vt \geqslant 0$。

其次，我们证明 (2.20) 左端的条件可以导出 (2.20) 右端的条件。假设 $\|u\|_* > v$，即右端不成立。那么，根据对偶锥的定义，存在 x 满足 $\|x\| \leqslant 1$ 及 $x^T u > v$。取 $t = 1$，我们有

$$u^T(-x) + v < 0,$$

这与 (2.20) 的左端相矛盾。

对偶锥满足一些性质，例如

- K^* 是闭凸锥。
- $K_1 \subseteq K_2$ 可导出 $K_2^* \subseteq K_1^*$。
- 如果 K 有非空内部, 那么 K^* 是尖的。
- 如果 K 的闭包是尖的，那么 K^* 有非空内部。
- K^{**} 是 K 的凸包的闭包。(因此，如果 K 是凸和闭的, 则 $K^{**} = K$。)

(参见习题 2.31。) 这些性质表明如果 K 是一个正常锥，那么它的对偶 K^* 也是，进一步地，有 $K^{**} = K$。

2.6.2 广义不等式的对偶

现在假设凸锥 K 是正常锥，因此它可以导出一个广义不等式 $\preceq_K$。其对偶锥 K^* 也是正常的，所以也能导出一个广义不等式。我们称广义不等式 $\preceq_{K^*}$ 为广义不等式 $\preceq_K$ 的**对偶**。

关于广义不等式及其对偶有一些重要的性质

- $x \preceq_K y$ 当且仅当对于任意 $\lambda \succeq_{K^*} 0$ 有 $\lambda^T x \leqslant \lambda^T y$。
- $x \prec_K y$ 当且仅当对于任意 $\lambda \succeq_{K^*} 0$ 和 $\lambda \neq 0$，有 $\lambda^T x < \lambda^T y$。

因为 $K = K^{**}$，与 $\preceq_{K^*}$ 相关的对偶广义不等式为 $\preceq_K$，因此交换广义不等式及其对偶后，这些性质依然成立。作为一个具体的例子，我们可知 $\lambda \preceq_{K^*} \mu$ 的充要条件是对于所有 $x \succeq_K 0$ 有 $\lambda^T x \leqslant \mu^T x$。

例 2.26 线性严格广义不等式的择一定理。 设 $K \subseteq \mathbf{R}^m$ 为正常锥。考虑严格广义不等式

$$Ax \prec_K b, \tag{2.21}$$

其中 $x \in \mathbf{R}^n$。

我们将导出对于这个不等式的择一定理。假设它是不可行的，即仿射集合 $\{b - Ax \mid x \in \mathbf{R}^n\}$ 与开凸集 $\mathbf{int}\, K$ 不相交。那么存在一个分离超平面，即非零的 $\lambda \in \mathbf{R}^m$ 和 $\mu \in \mathbf{R}$ 使得对于任意 x 有 $\lambda^T(b - Ax) \leqslant \mu$，对于任意 $y \in \mathbf{int}\, K$ 有 $\lambda^T y \geqslant \mu$。第一个条件表明 $A^T\lambda = 0$ 及 $\lambda^T b \leqslant \mu$。第二个条件表明对于任意 $y \in K$ 有 $\lambda^T y \geqslant \mu$，这种情况仅当 $\lambda \in K^*$ 和 $\mu \leqslant 0$ 时才可能发生。

综上，我们可知当 (2.21) 不可行时，存在 λ 使得

$$\lambda \neq 0, \qquad \lambda \succeq_{K^*} 0, \qquad A^T\lambda = 0, \qquad \lambda^T b \leqslant 0. \tag{2.22}$$

现在我们证明反方向，即如果 (2.22) 成立，那么，不等式组 (2.21) 不可能可行。假设不等式均成立，因为 $\lambda \neq 0$，$\lambda \succeq_{K^*} 0$ 及 $b - Ax \succ_K 0$，我们有 $\lambda^T(b - Ax) > 0$。但是根据 $A^T\lambda = 0$，我们可以找到 $\lambda^T(b - Ax) = \lambda^T b \leqslant 0$，而这是一个矛盾。

因此，不等式组 (2.21) 和 (2.22) 构成一对择一：对于任意 A，b，它们中仅有一个是可行的。(这是 (2.17)，(2.18) 择一定理的推广；(2.17)，(2.18) 是 $K = \mathbf{R}_+^m$ 时的特殊情况。)

2.6.3 对偶不等式定义的最小元和极小元

可以利用对偶广义不等式来刻画集合 $S \subseteq \mathbf{R}^m$（可能非凸）关于正常锥 K 导出的广义不等式的最小元和极小元。

最小元的对偶性质

我们首先考虑**最小**元的性质。x 是 S 上关于广义不等式 $\preceq_K$ 的最小元的充要条件是，对于所有 $\lambda \succ_{K^*} 0$，x 是在 $z \in S$ 上极小化 $\lambda^T z$ 的唯一最优解。几何上看，这意味着对于任意 $\lambda \succ_{K^*} 0$，超平面

$$\{z \mid \lambda^T(z-x)=0\}$$

是在 x 处对 S 的一个严格支撑超平面。（我们用严格支撑超平面表明这个超平面与 S 只相交于 x。）注意此处并不要求 S 是凸集。这可由图2.23来表示。

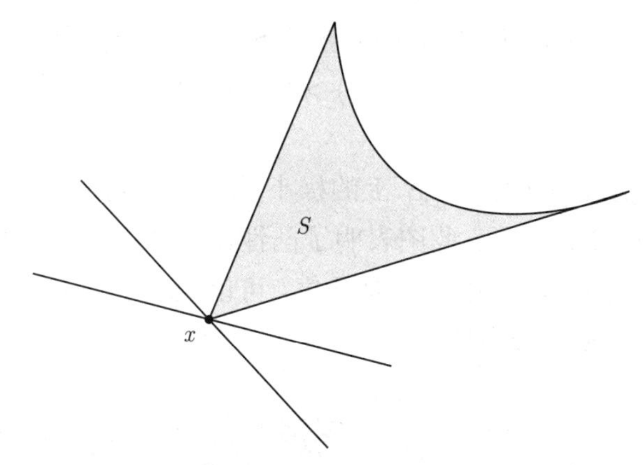

图2.23 最小元的对偶性质。点 x 是集合 S 中关于 $\mathbf{R}_+^2$ 的极小元。这等价于：对于任意 $\lambda \succ 0$，超平面 $\{z \mid \lambda^T(z-x)=0\}$ 在 x 处对 S 严格支撑，即在超平面的一边包含了 S，并只在 x 处与 S 接触。

为说明这个结论，设 x 是 S 的最小元，即对于任意 $z \in S$ 有 $x \preceq_K z$，同时，令 $\lambda \succ_{K^*} 0$，而 $z \in S, z \neq x$。因为 x 是 S 上的最小元，我们有 $z-x \succeq_K 0$。根据 $\lambda \succ_{K^*} 0$ 及 $z-x \succeq_K 0$，$z-x \neq 0$，可以得到 $\lambda^T(z-x)>0$。因为 z 是 S 上任意一个不等于 x 的元素，所以 x 是在 $z \in S$ 上极小化 $\lambda^T z$ 的唯一解。反之，假设对于所有 $\lambda \succ_{K^*} 0$，x 是 $z \in S$ 上极小化 $\lambda^T z$ 的唯一解，但 x 不是 S 的最小元。那么存在 $z \in S$ 满足 $z \not\succeq_K x$。因为 $z-x \not\succeq_K 0$，存在 $\tilde{\lambda} \succeq_{K^*} 0$ 并且 $\tilde{\lambda}^T(z-x)<0$。因此，对于 $\lambda \succ_{K^*} 0$，在 $\tilde{\lambda}$ 的邻域内有 $\lambda^T(z-x)<0$。这与 x 是 S 上极小化 $\lambda^T z$ 的唯一解相矛盾。

极小元的对偶性质

现在我们转而讨论**极小**元的类似性质。此时，在必要和充分条件间存在一定的间隙。如果 $\lambda \succ_{K^*} 0$ 并且 x 在 $z \in S$ 上极小化 $\lambda^T z$，那么 x 是极小的，如图2.24所示。

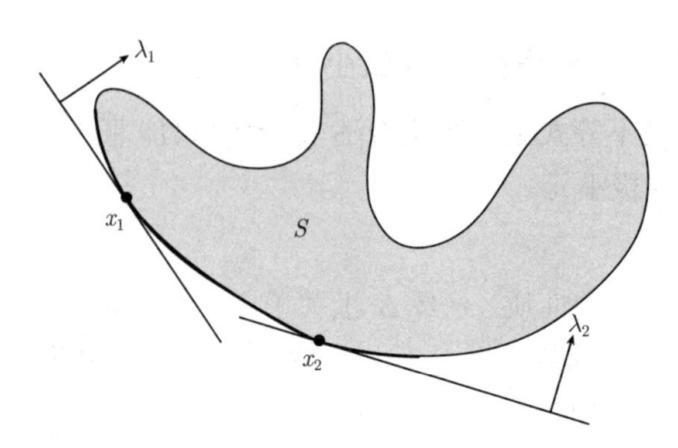

图2.24　集合 $S \subseteq \mathbf{R}^2$。其关于 $\mathbf{R}_+^2$ 的极小点集合由其边界的（左下）深色部分所示。S 上极小化 $\lambda_1^T z$ 的解为 x_1，因为 $\lambda_1 \succ 0$，所以 x_1 是极小的。S 上极小化 $\lambda_2^T z$ 的解为 x_2，因为 $\lambda_2 \succ 0$，所以它是 S 的另一个极小点。

为说明这点，假设 $\lambda \succ_{K^*} 0$ 并且 x 在 S 上极小化 $\lambda^T z$，但 x 不是极小元，即存在 $z \in S$ 满足 $z \neq x$，$z \preceq_K x$。那么 $\lambda^T(x-z) > 0$，这与我们的假设，即 x 在 S 上极小化了 $\lambda^T z$，相矛盾。

其逆命题在一般情况下不成立：S 上的极小元 x 可以对于任何 λ 都不是 $z \in S$ 上极小化 $\lambda^T z$ 的解，如图2.25所示。此图表明了凸性在这个逆定理中的重要作用，当凸性成立时，逆定理是成立的。假设集合 S 是凸集，可以说对于任意极小元 x，存在非零的 $\lambda \succeq_{K^*} 0$ 使得 x 在 $z \in S$ 上极小化 $\lambda^T z$。

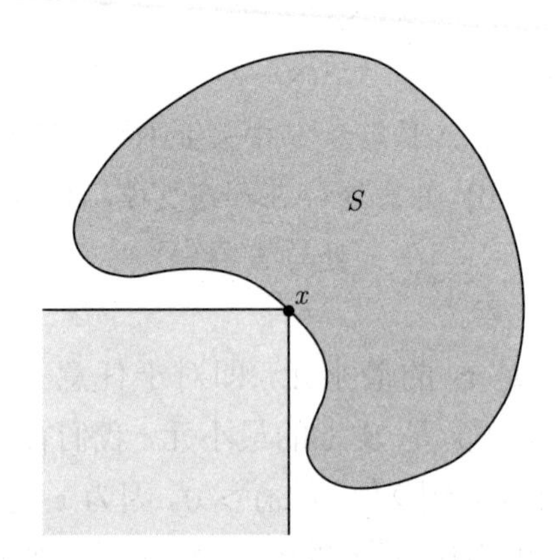

图2.25　点 x 是 $S \subseteq \mathbf{R}^2$ 关于 $\mathbf{R}_+^2$ 的极小元。但是，不存在 λ，使得 x 在 $z \in S$ 上极小化 $\lambda^T z$。

为证明这一点，假设 x 是极小的，也就是说 $((x-K) \setminus \{x\}) \cap S = \emptyset$。对凸集 $(x-K) \setminus \{x\}$ 和 S 应用超平面分离定理，我们可以得出：存在 $\lambda \neq 0$ 和 μ，使得对于所有 $y \in K$ 有 $\lambda^T(x-y) \leqslant \mu$，对于所有 $z \in S$ 有 $\lambda^T z \geqslant \mu$。根据第一个不等式，我们可知 $\lambda \succeq_{K^*} 0$。由于 $x \in S$ 和 $x \in x-K$，我们有 $\lambda^T x = \mu$，所以第二个不等式表明 μ 是 S 上 $\lambda^T z$ 的最小值。因此，x 是 S 上极小化 $\lambda^T z$ 的一个解，这里 $\lambda \neq 0$，$\lambda \succeq_{K^*} 0$。

这个逆定理无法加强为 $\lambda \succ_{K^*} 0$。反例表明，凸集 S 上的极小元 x，可以对于任意 $\lambda \succ_{K^*} 0$，都不是 $z \in S$ 中极小化 $\lambda^T z$ 的解（参见图2.26，左图）。同时，并不是对于任意 $\lambda \succeq_{K^*} 0$，在 $z \in S$ 上极小化 $\lambda^T z$ 的解都一定是极小的（参见图2.26，右图）。

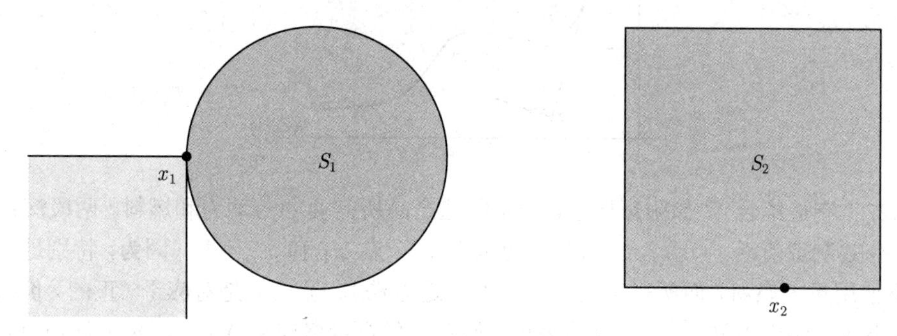

图2.26 **左**. 点 $x_1 \in S_1$ 是极小的，但对于任意 $\lambda \succ 0$，它都没有在 S_1 上极小化 $\lambda^T z$。（但是，对于 $\lambda = (1,0)$，它确实在所有 $z \in S_1$ 中极小化了 $\lambda^T z$。）**右**. 点 $x_2 \in S_2$ **不是**极小的，但对于 $\lambda = (0,1) \succeq 0$，它确实在所有 $z \in S_2$ 中极小化了 $\lambda^T z$

例2.27　Pareto 最优制造前沿。 我们考虑安排一个产品的生产，该产品需要 n 种资源（例如劳动力、电、天然气、水）。这种产品可由多种方式进行制造。我们用**资源向量** $x \in \mathbf{R}^n$ 表示各种制造方法，其中 x_i 表示相应方法制造产品时消耗资源 i 的数量。我们假设 $x_i \geqslant 0$（即制造过程消耗资源）并且资源是有价值的（因此希望尽量少地消耗资源）。

生产集合 $P \subseteq \mathbf{R}^n$ 定义为表示制造方法的所有资源向量 x 的集合。

P 上的极小元（在分量不等式意义下）对应的制造方法称为**Pareto最优**，或**有效的**。P 的极小元构成的集合称为**有效制造前沿**。

我们可以给出 Pareto 最优性的一个简单示例。我们称与资源向量 x 相关的制造方法比与资源向量 y 相关的制造方法**更好**，如果对于所有 i，$x_i \leqslant y_i$ 并且存在某些 i, $x_i < y_i$。换言之，如果对于每一种资源，一个制造方法都不比另一个消耗得多，并且至少有一种资源，该方法确实消耗得更少，那么称这个方法比另一方法更优。也就是说 $x \preceq y$，$x \neq y$。那么，我们可以说一个制造方法是 Pareto 最优或有效的，如果不存在更好的制造方法。

我们可以通过在制造向量集合 P 上对任意满足 $\lambda \succ 0$ 的 λ 极小化

$$\lambda^T x = \lambda_1 x_1 + \cdots + \lambda_n x_n$$

来得到 Pareto 最优制造方法（即极小的资源向量）。

这里的向量 λ 有一个简单的解释：λ_i 是资源 i 的**价格**。通过在 P 上极小化 $\lambda^T x$，可以寻找最为便宜的制造方法（对于资源价格 λ_i）。只要价格是正的，其得到的制造方法可以保证是有效的。

图2.27展示了这些想法。

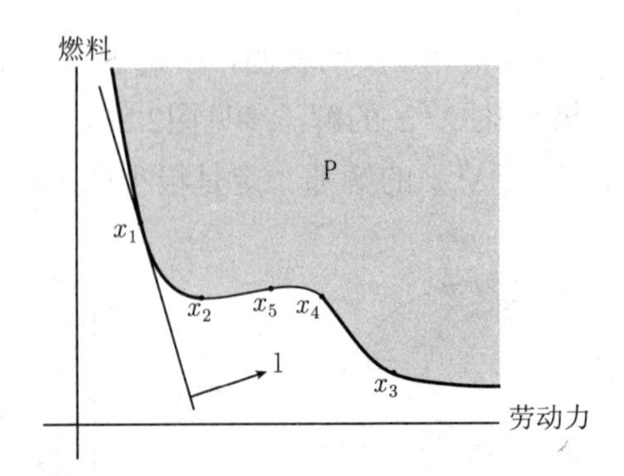

图2.27 制造集合 P 如阴影所示，表示制造产品所需要的劳动力和燃料。两段深色曲线显示了有效制造前沿。点 x_1、x_2 和 x_3 是有效的。点 x_4 和 x_5 不是（因为，特别地，x_2 对应了不使用更多燃料，而所需劳动力更少的制造方法）。点 x_1 是对应于（正的）价格向量 λ 的最小成本制造方法。点 x_2 是有效的，但对于任意价格向量 $\lambda \succeq 0$，都无法通过极小化总成本 $\lambda^T x$ 找到 x_2。

参考文献

Minkowski 被认为第一个对凸集进行了系统的分析并且引入了很多基础性的概念，例如支撑超平面，支撑超平面定理，Minkowski 距离函数（参见习题 3.34），凸集的极限点等。

一些早期的综述可见 Bonnesen 和 Fenchel 的 [BF48], Eggleston 的 [Egg58], Klee 的 [Kle63], 以及 Valentine 的 [Val64]。最近的一些书籍专注于凸集的几何特征，例如 Lay 的 [Lay82] 以及 Webster 的 [Web94]。Klee 的 [Kle71], Fenchel 的 [Fen83], Tikhomorov 的 [Tik90] 以及 Berger 的 [Ber90] 给出了非常有趣的综述，讲述了凸性的历史及其在数学方面的应用。

与线性规划问题相关联，对线性不等式及多项式集合已经有了充分的讨论。对于这点，我们在第 4 章末给出了相关的文献。关于线性不等式和线性规划的一些里程碑式的文献有：Motzkin 的 [Mot33], von Neumann 和 Morgenstern 的 [vNM53], Kantorovich 的 [Kan60], Koopmans 的 [Koo51]，以及 Dantzig 的 [Dan63]。Dantzig 在 [Dan63, 第 2 章] 中讨论了线性不等式，包括直至 1963 年前后的历史调研。

20世纪60年代中在非线性规划的研究中提出了广义不等式（参见 Luenberger 的 [Lue69, §8.2] 以及 Isii 的 [Isi64]），并且被扩展到锥优化问题中（参见第 4 章中的参考文献）。Bellman 和 Fan 的 [BF63] 是关于广义线性不等式集合（关于半正定锥）的一篇早期文献。

对于超平面分离定理证明的推广，我们推荐读者参看 Rockafellar 的 [Roc70, part III], 以及 Hiriart-Urruty 和 Lemaréchal 的 [HUL93, volume 1, §III4]。Dantzig 的 [Dan63, 第 21 页] 包含了 von Neumann 和 Morgenstern 在 [vNM53, 第 138 页] 给出的**择一定理**。关于择一定理的更多文献，参见第 5 章。

例 2.27 中的术语（包括 Pareto 最优性，有效制造，价格 λ 的解释）在 Luenberger 的 [Lue95] 中进行了详尽的讨论。

凸的几何性质在经典的力矩理论（Krein 和 Nudelman 的 [KN77], Karlin 和 Studden 的 [KS66]）中有显著的作用。一个著名的例子是非负多项式与力矩锥的对偶性，参见习题 2.37。

习题

凸性定义

2.1 设 $C \subseteq \mathbf{R}^n$ 为一个凸集且 $x_1, \cdots, x_k \in C$。令 $\theta_1, \cdots, \theta_k \in \mathbf{R}$ 满足 $\theta_i \geqslant 0$，$\theta_1 + \cdots + \theta_k = 1$。证明 $\theta_1 x_1 + \cdots + \theta_k x_k \in C$。（凸性的定义是指此式在 $k = 2$ 时成立；你需要证明对任意 k 的情况。）**提示：** 对 k 进行归纳。

2.2 证明一个集合是凸集当且仅当它与任意直线的交是凸的。证明一个集合是仿射的，当且仅当它与任意直线的交是仿射的。

2.3 **中点凸性**。集合 C 是**中点凸**的，当 C 中任意两点 a, b 的平均或中点 $(a+b)/2$ 也属于 C。显然凸集是中点凸的。可以证明在一些很微弱的条件下，中点凸可以导出凸性。作为一个简单的例子，证明如果 C 是闭和中点凸的，那么 C 是凸集。

2.4 证明集合 S 的凸包是所有包含 S 的凸集的交。（同样的方法可以用来证明集合 S 的锥包、仿射包或线性包分别是所有包含 S 的锥集合、仿射集合或半空间的交集。）

例子

2.5 两个平行的超平面 $\{x \in \mathbf{R}^n \mid a^T x = b_1\}$ 和 $\{x \in \mathbf{R}^n \mid a^T x = b_2\}$ 之间的距离是多少？

2.6 **什么时候超平面包含另一个**？给出使下式成立的条件

$$\{x \mid a^T x \leqslant b\} \subseteq \{x \mid \tilde{a}^T x \leqslant \tilde{b}\}$$

（其中 $a \neq 0$，$\tilde{a} \neq 0$）。另外，找出使得两个半空间相等的条件。

2.7 **半空间的 Voronoi 描述**。 令 a 和 b 为 $\mathbf{R}^n$上互异的两点。证明所有距离 a 比距离 b 近（Euclid 范数下）的点的集合，即 $\{x \mid \|x-a\|_2 \leqslant \|x-b\|_2\}$，是一个超平面。用形如 $c^T x \leqslant d$ 的不等式进行显式表示并绘出图像。

2.8 下面的集合 S 中哪些是多面体？如果可能，将 S 表示为 $S = \{x \mid Ax \preceq b,\ Fx = g\}$ 的形式。

(a) $S = \{y_1 a_1 + y_2 a_2 \mid -1 \leqslant y_1 \leqslant 1,\ -1 \leqslant y_2 \leqslant 1\}$，其中 $a_1, a_2 \in \mathbf{R}^n$。

(b) $S = \{x \in \mathbf{R}^n \mid x \succeq 0,\ \mathbf{1}^T x = 1,\ \sum_{i=1}^n x_i a_i = b_1,\ \sum_{i=1}^n x_i a_i^2 = b_2\}$，其中 $a_1, \cdots, a_n \in \mathbf{R}$ 并且 $b_1, b_2 \in \mathbf{R}$。

(c) $S = \{x \in \mathbf{R}^n \mid x \succeq 0,\ x^T y \leqslant 1$ 对于所有满足 $\|y\|_2 = 1$ 的 $y\}$。

(d) $S = \{x \in \mathbf{R}^n \mid x \succeq 0,\ x^T y \leqslant 1$ 对于所有满足 $\sum_{i=1}^n |y_i| = 1$ 的 $y\}$。

2.9 **Voronoi 集合与多面体分解**。 令 $x_0, \cdots, x_K \in \mathbf{R}^n$。考虑所有距离 x_0 比距离其他 x_i 点更近（Euclid 范数下）的点组成的集合，即

$$V = \{x \in \mathbf{R}^n \mid \|x - x_0\|_2 \leqslant \|x - x_i\|_2,\ i = 1, \cdots, K\}.$$

V 称为围绕 x_0 的关于 $x_1, \cdots, x_K$ 的**Voronoi 区域**。

(a) 证明 V 是一个多面体，并将 V 表示为 $V = \{x \mid Ax \preceq b\}$ 的形式。

(b) 反之，给定一个内部非空的多面体 P，说明如何寻找 $x_0, \cdots, x_K$ 使得这个多面体是 x_0 关于 $x_1, \cdots, x_K$ 的 Voronoi 区域。

(c) 我们也可考虑集合

$$V_k = \{x \in \mathbf{R}^n \mid \|x - x_k\|_2 \leqslant \|x - x_i\|_2,\ i \neq k\}.$$

集合 V_k 由 $\mathbf{R}^n$ 上的点构成，并且距离集合 $\{x_0, \cdots, x_K\}$ 最近的点是 x_k。

集合 $V_0, \cdots, V_K$ 给出了 $\mathbf{R}^n$ 的多面体分解。更准确地，集合 V_k 是多面体，$\bigcup_{k=0}^K V_k = \mathbf{R}^n$，并且对于任意 $i \neq j$ 有 $\mathbf{int}\, V_i \cap \mathbf{int}\, V_j = \emptyset$，即 V_i 与 V_j 最多在边界相交。

假设 $P_1, \cdots, P_m$ 为多面体，并且使得 $\bigcup_{i=1}^m P_i = \mathbf{R}^n$，对于 $i \neq j$ 有 $\mathbf{int}\, P_i \cap \mathbf{int}\, P_j = \emptyset$。这种对于 $\mathbf{R}^n$ 的多面体分解是否可以用 Voronoi 区域来表示，这些区域由适当的点集产生。

2.10 二次不等式的解集。 令 $C \subseteq \mathbf{R}^n$ 为下列二次不等式的解集，

$$C = \{x \in \mathbf{R}^n \mid x^T A x + b^T x + c \leqslant 0\},$$

其中 $A \in \mathbf{S}^n$，$b \in \mathbf{R}^n$，$c \in \mathbf{R}$。

(a) 证明：如果 $A \succeq 0$，那么 C 是凸集。

(b) 证明：如果对某些 $\lambda \in \mathbf{R}$ 有 $A + \lambda g g^T \succeq 0$，那么 C 和由 $g^T x + h = 0$（这里 $g \neq 0$）定义的超平面的交集是凸集。

以上命题的逆命题是否成立？

2.11 双曲集合。 证明双曲集合 $\{x \in \mathbf{R}_+^2 \mid x_1 x_2 \geqslant 1\}$ 是凸集。更一般地，证明 $\{x \in \mathbf{R}_+^n \mid \prod_{i=1}^n x_i \geqslant 1\}$ 是凸的。**提示：** 如果 $a, b \geqslant 0$ 并且 $0 \leqslant \theta \leqslant 1$，那么 $a^\theta b^{1-\theta} \leqslant \theta a + (1-\theta) b$；参见 §3.1.9。

2.12 下面的集合哪些是凸集？

(a) **平板**，即形如 $\{x \in \mathbf{R}^n \mid \alpha \leqslant a^T x \leqslant \beta\}$ 的集合。

(b) **矩形**，即形如 $\{x \in \mathbf{R}^n \mid \alpha_i \leqslant x_i \leqslant \beta_i,\ i = 1, \cdots, n\}$ 的集合。当 $n > 2$ 时，矩形有时也称为**超矩形**。

(c) **楔形**，即 $\{x \in \mathbf{R}^n \mid a_1^T x \leqslant b_1,\ a_2^T x \leqslant b_2\}$。

(d) 距离给定点比距离给定集合近的点构成的集合，即

$$\{x \mid \|x - x_0\|_2 \leqslant \|x - y\|_2,\ \forall\, y \in S\},$$

其中 $S \subseteq \mathbf{R}^n$。

(e) 距离一个集合比另一个集合更近的点的集合，即

$$\{x \mid \mathbf{dist}(x, S) \leqslant \mathbf{dist}(x, T)\},$$

其中 $S, T \subseteq \mathbf{R}^n$，

$$\mathbf{dist}(x, S) = \inf\{\|x - z\|_2 \mid z \in S\}.$$

(f) [HUL93, 第 1 卷, 第 93 页] 集合 $\{x \mid x + S_2 \subseteq S_1\}$，其中 $S_1, S_2 \subseteq \mathbf{R}^n$ 并且 S_1 是凸集。

(g) 到 a 的距离与到 b 的距离之比不超过到某一固定分数 θ 的点的集合，即集合 $\{x \mid \|x-a\|_2 \leqslant \theta\|x-b\|_2\}$。可以假设 $a \neq b$ 及 $0 \leqslant \theta \leqslant 1$。

2.13 **外积的闭包**。考虑秩为 k 的**外积**，即 $\{XX^T \mid X \in \mathbf{R}^{n\times k},\ \mathbf{rank}\, X = k\}$。试用简单的形式描述其闭包。

2.14 **扩展和限制集合**。 令 $S \subseteq \mathbf{R}^n$，用 $\|\cdot\|$ 表示 $\mathbf{R}^n$ 上的范数。

(a) 对于 $a \geqslant 0$ 我们定义 S_a 为 $\{x \mid \mathbf{dist}(x,S) \leqslant a\}$, 其中 $\mathbf{dist}(x,S) = \inf_{y\in S}\|x-y\|$。我们称 S_a 为 S 的**扩展或延伸**，其幅度为 a。证明如果 S 是凸集，那么 S_a 是凸的。

(b) 对于 $a \geqslant 0$，我们定义 $S_{-a} = \{x \mid B(x,a) \subseteq S\}$，其中 $B(x,a)$ 是以 x 为中心、a 为半径的球（在范数 $\|\cdot\|$ 意义下）。我们称 S_{-a} 为 S 的**收缩或限制**，其幅度为 a，因为 S_{-a} 是由所有离 $\mathbf{R}^n \backslash S$ 的距离至少为 a 的点的集合。证明如果 S 是凸集，那么 S_{-a} 也是凸集。

2.15 **一些概率分布集合**。 令 x 为服从分布 $\mathbf{prob}(x = a_i) = p_i$，$i = 1, \cdots, n$ 的实数随机变量，其中 $a_1 < a_2 < \cdots < a_n$。当然 $p \in \mathbf{R}^n$ 在一个标准概率单纯形 $P = \{p \mid \mathbf{1}^T p = 1,\ p \succeq 0\}$ 中。下面哪些条件在 p 中是凸的？（即满足下面哪些条件的 $p \in P$ 的集合是凸集？）

(a) $\alpha \leqslant \mathbf{E} f(x) \leqslant \beta$，其中 $\mathbf{E} f(x)$ 为 $f(x)$ 的期望，即 $\mathbf{E} f(x) = \sum_{i=1}^{n} p_i f(a_i)$。（给定函数 $f: \mathbf{R} \to \mathbf{R}$。）

(b) $\mathbf{prob}(x > \alpha) \leqslant \beta$。

(c) $\mathbf{E}|x^3| \leqslant \alpha\,\mathbf{E}|x|$。

(d) $\mathbf{E}\, x^2 \leqslant \alpha$。

(e) $\mathbf{E}\, x^2 \geqslant \alpha$。

(f) $\mathbf{var}(x) \leqslant \alpha$，其中 $\mathbf{var}(x) = \mathbf{E}(x - \mathbf{E}\, x)^2$ 为 x 的方差。

(g) $\mathbf{var}(x) \geqslant \alpha$。

(h) $\mathbf{quartile}(x) \geqslant \alpha$，其中 $\mathbf{quartile}(x) = \inf\{\beta \mid \mathbf{prob}(x \leqslant \beta) \geqslant 0.25\}$。

(i) $\mathbf{quartile}(x) \leqslant \alpha$。

保凸运算

2.16 证明如果 S_1 和 S_2 是 $\mathbf{R}^{m\times n}$ 中的凸集，那么它们的部分和

$$S = \{(x, y_1 + y_2) \mid x \in \mathbf{R}^m,\ y_1,\ y_2 \in \mathbf{R}^n, (x, y_1) \in S_1,\ (x, y_2) \in S_2\}$$

也是凸的。

2.17 **透视函数下的多面体集合**。 在这个问题中，我们研究超平面、半空间及多面体在透视函数 $P(x,t) = x/t$ 下的像，其中 $\mathbf{dom}\, P = \mathbf{R}^n \times \mathbf{R}_{++}$。对于下面每个集合 C，给出形如

$$P(C) = \{v/t \mid (v,t) \in C,\ t > 0\}$$

的简单表示。

(a) 多面体 $C=\mathbf{conv}\{(v_1,t_1),\cdots,(v_K,t_K)\}$，其中 $v_i\in\mathbf{R}^n$，$t_i>0$。

(b) 超平面 $C=\{(v,t)\mid f^Tv+gt=h\}$（其中 f 和 g 不均为零）。

(c) 半空间 $C=\{(v,t)\mid f^Tv+gt\leqslant h\}$（其中 f 和 g 不均为零）。

(d) 多面体 $C=\{(v,t)\mid Fv+gt\preceq h\}$。

2.18 可逆的线性分式函数。 令 $f:\mathbf{R}^n\to\mathbf{R}^n$ 为线性分式函数

$$f(x)=(Ax+b)/(c^Tx+d),\qquad \mathbf{dom}\,f=\{x\mid c^Tx+d>0\}.$$

设矩阵

$$Q=\begin{bmatrix} A & b\\ c^T & d\end{bmatrix}$$

非奇异。证明 f 可逆并且 f^{-1} 也是一个线性分式映射。利用 A，b，c 和 d 显式地给出 f^{-1} 及其定义域的表达式。**提示：** 用 Q 来表示 f^{-1} 可能会更容易些。

2.19 线性分式函数和凸集。 令 $f:\mathbf{R}^m\to\mathbf{R}^n$ 为线性分式函数

$$f(x)=(Ax+b)/(c^Tx+d),\qquad \mathbf{dom}\,f=\{x\mid c^Tx+d>0\}.$$

在这个问题中，我们研究凸集 C 在 f 下的原象，即

$$f^{-1}(C)=\{x\in\mathbf{dom}\,f\mid f(x)\in C\}.$$

对下面的每个集合 $C\subseteq\mathbf{R}^n$，给出 $f^{-1}(C)$ 的简单描述。

(a) 半空间 $C=\{y\mid g^Ty\leqslant h\}$ (其中 $g\neq 0$)。

(b) 多面体 $C=\{y\mid Gy\preceq h\}$。

(c) 椭球 $\{y\mid y^TP^{-1}y\leqslant 1\}$（其中 $P\in\mathbf{S}^n_{++}$）。

(d) 线性矩阵不等式的解集 $C=\{y\mid y_1A_1+\cdots+y_nA_n\preceq B\}$，其中 $A_1,\cdots,A_n$，$B\in\mathbf{S}^p$。

分离定理与支撑超平面

2.20 线性方程组的严格正解。 设 $A\in\mathbf{R}^{m\times n}$，$b\in\mathbf{R}^m$，其中 $b\in\mathcal{R}(A)$。证明存在 x 满足

$$x\succ 0,\qquad Ax=b$$

的充要条件是不存在 λ 满足

$$A^T\lambda\succeq 0,\qquad A^T\lambda\neq 0,\qquad b^T\lambda\leqslant 0.$$

提示： 首先由线性代数证明：对于所有满足 $Ax=b$ 的 x，$c^Tx=d$ 的充要条件是存在向量 λ 满足 $c=A^T\lambda$，$d=b^T\lambda$。

2.21 分离超平面的集合。 设 C 和 D 为 $\mathbf{R}^n$ 的不相交的子集。考虑集合 $(a,b)\in\mathbf{R}^{n+1}$，它满足对任意 $x\in C$ 有 $a^Tx\leqslant b$；对任意 $x\in D$ 有 $a^Tx\geqslant b$。证明这个集合是一个凸锥（并且如果没有分离 C 和 D 的超平面，那么它是单点集 $\{0\}$）。

2.22 完成 §2.5.1 中超平面分离定理的证明：证明对于两个不相交的凸集 C 和 D 存在分离超平面。可以利用 §2.5.1 中已证的结论，即当在两个集合中存在点，其距离与两个集合间的距离相等时，存在分离超平面。

提示： 如果 C 和 D 是不相交的凸集，那么集合 $\{x-y \mid x \in C,\ y \in D\}$ 是凸集并且不包含原点。

2.23 给出两个不相交的闭凸集不能被严格分离的例子。

2.24 **支撑超平面。**

(a) 将闭凸集 $\{x \in \mathbf{R}_+^2 \mid x_1x_2 \geqslant 1\}$ 表示为半空间的交集。

(b) 令 $C = \{x \in \mathbf{R}^n \mid \|x\|_\infty \leqslant 1\}$ 表示 $\mathbf{R}^n$ 空间中的单位 ℓ_∞-范数球，并令 $\hat{x}$ 为 C 的边界上的点。显式地写出集合 C 在 $\hat{x}$ 处的支撑超平面。

2.25 **内部和外部多面体逼近。** 令 $C \subseteq \mathbf{R}^n$ 为闭凸集，并设 $x_1, \cdots, x_K$ 在 C 的边界上。设对于每个 i，$a_i^T(x-x_i)=0$ 定义了 C 在 x_i 处的一个支撑超平面，即 $C \subseteq \{x \mid a_i^T(x-x_i) \leqslant 0\}$。考虑两个多面体

$$P_{\text{inner}} = \mathbf{conv}\{x_1, \cdots, x_K\}, \qquad P_{\text{outer}} = \{x \mid a_i^T(x-x_i) \leqslant 0,\ i=1,\cdots,K\}.$$

证明 $P_{\text{inner}} \subseteq C \subseteq P_{\text{outer}}$ 并画出图像进行说明。

2.26 **支撑函数。** 集合 $C \subseteq \mathbf{R}^n$ 的支撑函数定义为

$$S_C(y) = \sup\{y^T x \mid x \in C\}.$$

（我们允许 $S_C(y)$ 取值为 $+\infty$。）设 C 和 D 是 $\mathbf{R}^n$ 上的闭凸集。证明 $C=D$ 当且仅当它们的支撑函数相等。

2.27 **支撑超平面定理的逆定理。** 设集合 C 是闭的，含有非空内部并且在其边界上的每一点都有支撑超平面。证明 C 是凸集。

凸锥及广义不等式

2.28 **$n=1, 2, 3$ 时的半正定锥。** 对于 $n=1, 2, 3$，用矩阵系数和普通不等式给出半正定锥 $\mathbf{S}_+^n$ 的显式表示。为表示 $n=1, 2, 3$ 时 $\mathbf{S}^n$ 的一般元素，请用下面的符号

$$x_1, \qquad \begin{bmatrix} x_1 & x_2 \\ x_2 & x_3 \end{bmatrix}, \qquad \begin{bmatrix} x_1 & x_2 & x_3 \\ x_2 & x_4 & x_5 \\ x_3 & x_5 & x_6 \end{bmatrix}.$$

2.29 **$\mathbf{R}^2$ 中的锥。** 设 $K \subseteq \mathbf{R}^2$ 为一个闭凸锥。

(a) 给出 K 在其元素的极坐标形式（$x = r(\cos\phi, \sin\phi)$，$r \geqslant 0$）下的简单描述。

(b) 给出 K^* 的简单描述，并绘图说明 K 和 K^* 之间的关系。

(c) 什么时候 K 是尖的。

(d) 什么时候 K 是正常的（因此，定义了广义不等式）？绘图说明当 K 正则时，$x \preceq_K y$ 的含义。

2.30 广义不等式的性质。 证明 §2.4.1 中所列的（不严格和严格的）广义不等式的性质。

2.31 对偶锥的性质。 令 K^* 为凸锥 K 的对偶锥，如 (2.19) 的定义。证明下面的性质

(a) K^* 确实是凸锥。

(b) $K_1 \subseteq K_2$ 表明 $K_2^* \subseteq K_1^*$。

(c) K^* 是闭集。

(d) K^* 的内部由 $\mathbf{int}\, K^* = \{y \mid y^T x > 0, \forall x \in \mathbf{cl}\, K\}$ 给出。

(e) 如果 K 具有非空内部，那么 K^* 是尖的。

(f) K^{**} 是 K 的闭包。（因此，如果 K 是闭的，那么 $K^{**} = K$。）

(g) 如果 K 的闭包是尖的，那么 K^* 有非空内部。

2.32 寻找 $\{Ax \mid x \succeq 0\}$ 的对偶锥，其中 $A \in \mathbf{R}^{m\times n}$。

2.33 单调非负锥。 我们定义**单调非负锥**为

$$K_{\mathrm{m+}} = \{x \in \mathbf{R}^n \mid x_1 \geqslant x_2 \geqslant \cdots \geqslant x_n \geqslant 0\},$$

即所有分量按非增排序的非负向量。

(a) 说明 $K_{\mathrm{m+}}$ 是正常锥。

(b) 找到对偶锥 $K_{\mathrm{m+}}^*$。**提示：** 利用恒等式

$$\sum_{i=1}^n x_i y_i = (x_1 - x_2)y_1 + (x_2 - x_3)(y_1 + y_2) + (x_3 - x_4)(y_1 + y_2 + y_3) + \cdots + (x_{n-1} - x_n)(y_1 + \cdots + y_{n-1}) + x_n(y_1 + \cdots + y_n).$$

2.34 字典锥及排序。 **字典锥**定义为

$$K_{\mathrm{lex}} = \{0\} \cup \{x \in \mathbf{R}^n \mid x_1 = \cdots = x_k = 0,\ x_{k+1} > 0,\ 对某个\ k,\ 0 \leqslant k < n\},$$

即所有第一个非零分量（如果存在）为正的向量。

(a) 验证 K_{lex} 是锥，但**不**是正常锥。

(b) 我们定义 $\mathbf{R}^n$ 中的字典排序如下：$x \leqslant_{\mathrm{lex}} y$ 当且仅当 $y - x \in K_{\mathrm{lex}}$。（因为 K_{lex} 不是正常锥，字典排序不是广义不等式。）说明字典排序是一个**线性序**：对于任意 x, $y \in \mathbf{R}^n$，或者 $x \leqslant_{\mathrm{lex}} y$ 或者 $y \leqslant_{\mathrm{lex}} x$。所以，任意向量集合都可以关于字典锥进行排序，得到类似于应用于字典的排序。

(c) 寻找 K_{lex}^*。

2.35 谐正矩阵。 矩阵 $X \in \mathbf{S}^n$ 称为**谐正**，如果对于所有 $z \succeq 0$ 有 $z^T X z \geqslant 0$。验证谐正矩阵的集合是一个正常锥，并寻找到其对偶锥。

2.36 Euclid距离矩阵。 令 $x_1, \cdots, x_n \in \mathbf{R}^k$。由 $D_{ij} = \|x_i - x_j\|_2^2$ 定义的矩阵 $D \in \mathbf{S}^n$ 称为**Euclid距离矩阵**。它满足一些显然的性质，例如 $D_{ij} = D_{ji}$，$D_{ii} = 0$，$D_{ij} \geqslant 0$，及（由三角不等式得到的）$D_{ik}^{1/2} \leqslant D_{ij}^{1/2} + D_{jk}^{1/2}$。我们现在提出问题：什么时候一个矩阵 $D \in \mathbf{S}^n$

是（关于某些 k 的 $\mathbf{R}^k$ 空间中某些点的）Euclid 距离矩阵？一个著名的结果可以回答这个问题：$D \in \mathbf{S}^n$ 为 Euclid 矩阵的充要条件是，对于所有满足 $\mathbf{1}^T x = 0$ 的 x 都有 $D_{ii} = 0$ 及 $x^T D x \leqslant 0$（参见 §8.3.3）。

证明 Euclid 距离矩阵集合是一个凸锥。

2.37 非负多项式及 Hankel 线性矩阵不等式。 令 K_{pol} 为 $\mathbf{R}$ 中 $2k$ 阶非负多项式的（系数）集合：

$$K_{\mathrm{pol}} = \{x \in \mathbf{R}^{2k+1} \mid x_1 + x_2 t + x_3 t^2 + \cdots + x_{2k+1} t^{2k} \geqslant 0,\ \forall\, t \in \mathbf{R}\}.$$

(a) 证明 K_{pol} 是一个正常锥。

(b) 一个基本的结果表明 $2k$ 阶多项式在 $\mathbf{R}$ 上非负的充要条件是，它可以被表示为两个 k 或更低阶次的多项式的平方和。换言之，$x \in K_{\mathrm{pol}}$，当且仅当多项式

$$p(t) = x_1 + x_2 t + x_3 t^2 + \cdots + x_{2k+1} t^{2k}$$

可以被表示为

$$p(t) = r(t)^2 + s(t)^2,$$

其中 r 和 s 为阶次为 k 的多项式。

利用这个结果来说明

$$K_{\mathrm{pol}} = \left\{ x \in \mathbf{R}^{2k+1} \;\middle|\; x_i = \sum_{m+n=i+1} Y_{mn}\ \text{对某些}\ Y \in \mathbf{S}_+^{k+1} \right\}.$$

也就是说，$p(t) = x_1 + x_2 t + x_3 t^2 + \cdots + x_{2k+1} t^{2k}$ 非负的充要条件是，存在矩阵 $Y \in \mathbf{S}_+^{k+1}$ 使得

$$\begin{aligned}
x_1 &= Y_{11} \\
x_2 &= Y_{12} + Y_{21} \\
x_3 &= Y_{13} + Y_{22} + Y_{31} \\
&\ \ \vdots \\
x_{2k+1} &= Y_{k+1,k+1}.
\end{aligned}$$

(c) 证明 $K_{\mathrm{pol}}^* = K_{\mathrm{han}}$，其中

$$K_{\mathrm{han}} = \{z \in \mathbf{R}^{2k+1} \mid H(z) \succeq 0\},$$

而

$$H(z) = \begin{bmatrix}
z_1 & z_2 & z_3 & \cdots & z_k & z_{k+1} \\
z_2 & z_3 & z_4 & \cdots & z_{k+1} & z_{k+2} \\
z_3 & z_4 & z_5 & \cdots & z_{k+2} & z_{k+4} \\
\vdots & \vdots & \vdots & \ddots & \vdots & \vdots \\
z_k & z_{k+1} & z_{k+2} & \cdots & z_{2k-1} & z_{2k} \\
z_{k+1} & z_{k+2} & z_{k+3} & \cdots & z_{2k} & z_{2k+1}
\end{bmatrix}.$$

（这是关于系数 $z_1, \cdots, z_{2k+1}$ 的**Hankel矩阵**。）

(d) 令 K_{mom} 为所有具有 $(1, t, t^2, \cdots, t^{2k})$ 形式的向量所组成集合的锥包，其中 $t \in \mathbf{R}$。证明 $y \in K_{\text{mom}}$，当且仅当 $y_1 \geqslant 0$ 并且对于某些随机变量 u，有

$$y = y_1(1, \mathbf{E}\, u, \mathbf{E}\, u^2, \cdots, \mathbf{E}\, u^{2k}).$$

换言之，K_{mom} 的元素是 $\mathbf{R}$ 上所有可能扰动的矩向量的非负倍。证明 $K_{\text{pol}} = K_{\text{mom}}^*$。

(e) 结合 (c) 和 (d) 的结果，得出 $K_{\text{pol}} = K_{\text{mom}}^*$ 的结论。

作为一个说明 K_{mom} 和 K_{han} 之间关系的例子，取 $k = 2$，$z = (1, 0, 0, 0, 1)$。证明 $z \in K_{\text{han}}$，$z \notin K_{\text{mom}}$。找出 K_{mom} 中一个趋向于 z 的显式点列。

2.38 [Roc70, 第 15, 61 页] **从集合构造凸锥**。

(a) 集合 C 的**障碍锥**定义为使得 $y^T x$ 在 $x \in C$ 中上有界的所有向量 y 的集合。换言之，一个非零向量属于障碍锥，当且仅当它是某个包含 C 的半空间 $\{x \mid y^T x \leqslant \alpha\}$ 的法向量。验证障碍锥是一个凸锥（不需要对 C 的任何假设）。

(b) 集合 C 的**回收锥**（也称为**渐进锥**）定义为对于每个 $x \in C$ 和所有 $t \geqslant 0$ 都有 $x - ty \in C$ 的所有向量 y 的集合。说明凸集的回收锥是凸锥。说明，如果 C 是非空、闭和凸的，那么 C 的回收锥是其障碍锥的对偶。

(c) 集合 C 在其边界点 x_0 处的**法向锥**定义为使得对于所有 $x \in C$ 都有 $y^T(x - x_0) \leqslant 0$ 的所有向量 y 的集合（即在 x_0 处定义了 C 的支撑超平面的向量的集合）。说明法向锥是凸锥（不需要对 C 的任何假设）。给出多面体 $\{x \mid Ax \preceq b\}$ 在其边界上一点的法向锥的简单描述。

2.39 **锥的分离**。令 K 和 $\tilde{K}$ 是两个内部非空且不相交的凸锥，即 $\textbf{int}\, K \cap \textbf{int}\, \tilde{K} = \emptyset$。证明存在非零 y 使得 $y \in K^*$，$-y \in \tilde{K}^*$。

对于 $K = \tilde{K}$，这表明如果锥 K 具有非空内部，那么 K^* 是尖的。

3　凸函数

3.1　基本性质和例子

3.1.1　定义

函数 $f: \mathbf{R}^n \to \mathbf{R}$ 是**凸**的，如果 $\mathbf{dom}\, f$ 是凸集，且对于任意 x，$y \in \mathbf{dom}\, f$ 和任意 $0 \leqslant \theta \leqslant 1$，有

$$f(\theta x + (1-\theta)y) \leqslant \theta f(x) + (1-\theta) f(y). \tag{3.1}$$

从几何意义上看，上述不等式意味着点 $(x, f(x))$ 和 $(y, f(y))$ 之间的线段，即从x到y的**弦**，在函数 f 的图像上方（如图3.1所示）。称函数 f 是**严格凸**的，如果式(3.1) 中的不等式当 $x \neq y$ 以及 $0<\theta<1$ 时严格成立。称函数 f 是**凹**的，如果函数 $-f$ 是凸的，称函数 f 是**严格凹**的，如果 $-f$ 严格凸。

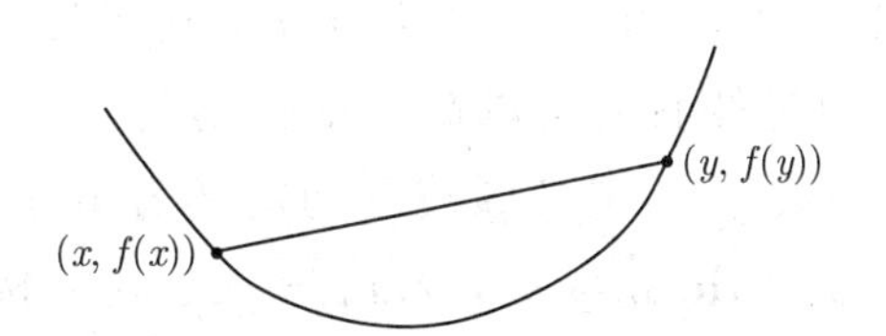

图3.1　凸函数示意图。图上任意两点之间的弦（即线段）都在函数图像之上。

对于仿射函数，不等式 (3.1) 总成立，因此所有的仿射函数（包括线性函数）是既凸且凹的。反之，若某个函数是既凸又凹的，则其是仿射函数。

函数是凸的，当且仅当其在与其定义域相交的任何直线上都是凸的。换言之，函数 f 是凸的，当且仅当对于任意 $x \in \mathbf{dom}\, f$ 和任意向量 v，函数 $g(t) = f(x+tv)$ 是凸的（其定义域为 $\{t \mid x + tv \in \mathbf{dom}\, f\}$）。这个性质非常有用，因为它容许我们通过将函数限制在直线上来判断其是否是凸函数。

对凸函数的**分析**已经相当地透彻，本书不再继续深入。例如有这样一个简单的结论，凸函数在其定义域相对内部是连续的；它只可能在相对边界上不连续。

3.1.2　扩展值延伸

通常可以定义凸函数在定义域外的值为 ∞，从而将这个凸函数延伸至全空间 $\mathbf{R}^n$。

如果 f 是凸函数，我们定义它的**扩展值延伸** $\tilde{f}:\mathbf{R}^n \to \mathbf{R}\cup\{\infty\}$ 如下

$$\tilde{f}(x)=\begin{cases} f(x) & x\in\mathbf{dom}\, f \\ \infty & x\notin\mathbf{dom}\, f. \end{cases}$$

延伸函数 $\tilde{f}$ 是定义在全空间 $\mathbf{R}^n$ 上的，取值集合为 $\mathbf{R}\cup\{\infty\}$。我们也可以从延伸函数 $\tilde{f}$ 的定义中确定原函数 f 的定义域，即 $\mathbf{dom}\, f=\{x\mid \tilde{f}(x)<\infty\}$。

这种延伸可以简化符号描述，此时我们就不需要明确描述定义域或者每次提到 $f(x)$ 时都限定"对于所有的 $x\in\mathbf{dom}\, f$"。以基本不等式 (3.1) 为例，对于延伸函数 $\tilde{f}$，可以描述为：对于**任意** x 和 y，以及 $0<\theta<1$，有

$$\tilde{f}(\theta x+(1-\theta)y)\leqslant\theta\tilde{f}(x)+(1-\theta)\tilde{f}(y).$$

（当 $\theta=0$ 或 $\theta=1$ 时不等式总成立。）当然此时我们应当利用扩展运算和序来理解这个不等式。若 x 和 y 都在 $\mathbf{dom}\, f$ 内，上述不等式即为不等式 (3.1)；如果有任何一个在 $\mathbf{dom}\, f$ 外，上述不等式的右端为 ∞，不等式仍然成立。再看一个这种表示的例子，设 f_1 和 f_2 是 $\mathbf{R}^n$ 上的两个凸函数。逐点和函数 $f=f_1+f_2$ 的定义域为 $\mathbf{dom}\, f=\mathbf{dom}\, f_1\cap\mathbf{dom}\, f_2$，对于任意 $x\in\mathbf{dom}\, f$，有 $f(x)=f_1(x)+f_2(x)$。利用扩展值延伸我们可以简单地描述为，对于任意 x，$\tilde{f}(x)=\tilde{f}_1(x)+\tilde{f}_2(x)$。在这个方程里，函数 f 的定义域被自动定义为 $\mathbf{dom}\, f=\mathbf{dom}\, f_1\cap\mathbf{dom}\, f_2$，因为当 $x\notin\mathbf{dom}\, f_1$ 或者 $x\notin\mathbf{dom}\, f_2$ 时，$\tilde{f}(x)=\infty$。在此例中，我们就可以利用扩展运算来自动定义定义域。

在不会造成歧义的情况下，本书将用同样的符号来表示一个凸函数及其延伸函数。即假设所有的凸函数都隐含地被延伸了，也就是在定义域外都被定义为 ∞。

例 3.1　凸集的示性函数。设 $C\subseteq\mathbf{R}^n$ 是一个凸集，考虑（凸）函数 I_C，其定义域为 C，对于所有的 $x\in C$，有 $I_C(x)=0$。换言之，此函数在集合 C 上一直为零。其扩展值延伸可以描述如下

$$\tilde{I}_C(x)=\begin{cases} 0 & x\in C \\ \infty & x\notin C. \end{cases}$$

凸函数 $\tilde{I}_C$ 被称作集合 C 的**示性函数**。

利用示性函数 $\tilde{I}_C$，可以更加灵活地定义符号描述。例如，对于在集合 C 上极小化函数 f（假设其定义在整个 $\mathbf{R}^n$ 空间）的问题，我们可以给出等价的问题，即在 $\mathbf{R}^n$ 上极小化函数 $f+\tilde{I}_C$。事实上，函数 $f+\tilde{I}_C$（按照我们的约定）等价于定义在集合 C 上的函数 f。

类似地，可以通过定义凹函数在定义域外都为 $-\infty$ 对其进行延伸。

3.1.3 一阶条件

假设 f 可微（即其梯度 ∇f 在开集 $\mathbf{dom}\,f$ 内处处存在），则函数 f 是凸函数的充要条件是 $\mathbf{dom}\,f$ 是凸集且对于任意 $x,\ y \in \mathbf{dom}\,f$，下式成立

$$f(y) \geqslant f(x) + \nabla f(x)^T(y - x). \tag{3.2}$$

图3.2描述了上述不等式。

由 $f(x) + \nabla f(x)^T(y - x)$ 得出的仿射函数 y 即为函数 f 在点 x 附近的 Taylor 近似。不等式 (3.2) 表明，对于一个凸函数，其一阶 Taylor 近似实质上是原函数的一个**全局下估计**。反之，如果某个函数的一阶 Taylor 近似总是其全局下估计，那么这个函数是凸的。

不等式 (3.2) 说明从一个凸函数的**局部信息**（即它在某点的函数值及导数），我们可以得到一些**全局信息**（如它的全局下估计）。这也许是凸函数的最重要的信息，由此可以解释凸函数以及凸优化问题的一些非常重要的性质。下面是一个简单的例子，由不等式 (3.2) 可以知道，如果 $\nabla f(x) = 0$，那么对于所有的 $y \in \mathbf{dom}\,f$，存在 $f(y) \geqslant f(x)$，即 x 是函数 f 的全局极小点。

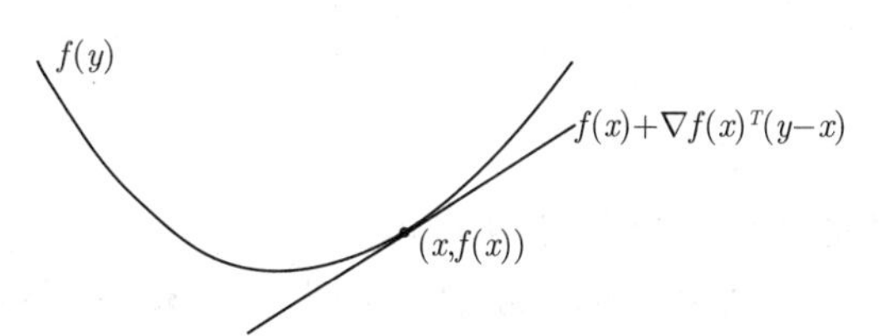

图3.2 如果函数f 是凸的且可微，那么对于任意$x,\ y \in \mathbf{dom}\,f$，有 $f(x) + \nabla f(x)^T\ (y - x) \leqslant f(y)$。

严格凸性同样可以由一阶条件刻画：函数 f 严格凸的充要条件是 $\mathbf{dom}\,f$ 是凸集且对于任意 $x,\ y \in \mathbf{dom}\,f$, $x \neq y$，有

$$f(y) > f(x) + \nabla f(x)^T(y - x). \tag{3.3}$$

对于凹函数，亦存在与之对应的一阶条件：函数 f 是凹函数的充要条件是 $\mathbf{dom}\,f$ 是凸集且对于任意 $x,\ y \in \mathbf{dom}\,f$，下式成立

$$f(y) \leqslant f(x) + \nabla f(x)^T(y - x).$$

一阶凸性条件的证明

为了证明式 (3.2)，先考虑 $n = 1$ 的情况：我们证明可微函数 $f : \mathbf{R} \rightarrow \mathbf{R}$ 是凸函数的充要条件是对于 $\mathbf{dom}\,f$ 内的任意 x 和 y，有

$$f(y) \geqslant f(x) + f'(x)(y - x). \tag{3.4}$$

首先假设 f 是凸函数，且 $x,\ y \in \mathbf{dom}\,f$。因为 $\mathbf{dom}\,f$ 是凸集（某个区间），对于任意 $0 < t \leqslant 1$，我们有 $x + t(y - x) \in \mathbf{dom}\,f$，由函数 f 的凸性可得

$$f(x+t(y-x)) \leqslant (1-t)f(x)+tf(y).$$

将上式两端同除 t 可得

$$f(y) \geqslant f(x)+\frac{f(x+t(y-x))-f(x)}{t},$$

令 $t \to 0$，可以得到不等式 (3.4)。

为了证明充分性，假设对 $\mathbf{dom}\, f$（某个区间）内的任意 x 和 y，函数满足不等式 (3.4)。选择任意 $x \neq y$，$0 \leqslant \theta \leqslant 1$，令 $z=\theta x+(1-\theta)y$。两次应用不等式 (3.4) 可得

$$f(x) \geqslant f(z)+f'(z)(x-z), \qquad f(y) \geqslant f(z)+f'(z)(y-z).$$

将第一个不等式乘以 θ，第二个不等式乘以 $1-\theta$，并将二者相加可得

$$\theta f(x)+(1-\theta)f(y) \geqslant f(z),$$

从而说明了函数 f 是凸的。

现在来证明一般情况，即 $f: \mathbf{R}^n \to \mathbf{R}$。设 x，$y \in \mathbf{R}^n$，考虑过这两点的直线上的函数 f，即函数 $g(t)=f(ty+(1-t)x)$，此函数对 t 求导可得 $g'(t)=\nabla f(ty+(1-t)x)^T(y-x)$。

首先假设函数 f 是凸的，则函数 g 是凸的，由前面的讨论可得 $g(1) \geqslant g(0)+g'(0)$，即

$$f(y) \geqslant f(x)+\nabla f(x)^T(y-x).$$

再假设此不等式对于任意 x 和 y 均成立，因此若 $ty+(1-t)x \in \mathbf{dom}\, f$ 以及 $\tilde{t}y+(1-\tilde{t})x \in \mathbf{dom}\, f$，我们有

$$f(ty+(1-t)x) \geqslant f(\tilde{t}y+(1-\tilde{t})x)+\nabla f(\tilde{t}y+(1-\tilde{t})x)^T(y-x)(t-\tilde{t}),$$

即 $g(t) \geqslant g(\tilde{t})+g'(\tilde{t})(t-\tilde{t})$，说明了函数 g 是凸的。

3.1.4 二阶条件

现在假设函数 f 二阶可微，即对于开集 $\mathbf{dom}\, f$ 内的任意一点，它的 **Hessian** 矩阵或者二阶导数 $\nabla^2 f$ 存在，则函数 f 是凸函数的充要条件是，其 Hessian 矩阵是半正定阵：即对于所有的 $x \in \mathbf{dom}\, f$，有

$$\nabla^2 f(x) \succeq 0.$$

对于 $\mathbf{R}$ 上的函数，上式可以简化为一个简单的条件 $f''(x) \geqslant 0$（$\mathbf{dom}\, f$ 是凸的，即一个区间），此条件说明函数 f 的导数是非减的。条件 $\nabla^2 f(x) \succeq 0$ 从几何上可以理解为

函数图像在点 x 处具有正（向上）的曲率。关于二阶条件的证明作为习题留给读者完成（习题 3.8）。

类似地，函数 f 是凹函数的充要条件是，$\mathbf{dom}\,f$ 是凸集且对于任意 $x \in \mathbf{dom}\,f$，$\nabla^2 f(x) \preceq 0$。严格凸的条件可以部分由二阶条件刻画。如果对于任意的 $x \in \mathbf{dom}\,f$ 有 $\nabla^2 f(x) \succ 0$，则函数 f 严格凸。反过来则不一定成立：例如，函数 $f : \mathbf{R} \to \mathbf{R}$，其表达式为 $f(x) = x^4$，它是严格凸的，但是在 $x = 0$ 处，二阶导数为零。

例 3.2　二次函数。 考虑二次函数 $f : \mathbf{R}^n \to \mathbf{R}$，其定义域为 $\mathbf{dom}\,f = \mathbf{R}^n$，其表达式为

$$f(x) = (1/2)x^T P x + q^T x + r,$$

其中 $P \in \mathbf{S}^n$，$q \in \mathbf{R}^n$，$r \in \mathbf{R}$。因为对于任意 x，$\nabla^2 f(x) = P$，所以函数 f 是凸的，当且仅当 $P \succeq 0$（f 是凹的当且仅当 $P \preceq 0$）。

对于二次函数，严格凸比较容易表达：函数 f 是严格凸的，当且仅当 $P \succ 0$（函数是严格凹的当且仅当 $P \prec 0$）。

注释 3.1　在判断函数的凸性和凹性时，不管是一阶条件还是二阶条件，$\mathbf{dom}\,f$ 必须是凸集这个前提条件必须满足。例如，考虑函数 $f(x) = 1/x^2$，其定义域为 $\mathbf{dom}\,f = \{x \in \mathbf{R} \mid x \neq 0\}$，对于所有 $x \in \mathbf{dom}\,f$ 均满足 $f''(x) > 0$，但是函数 $f(x)$ 并不是凸函数。

3.1.5　例子

前文已经提到所有的线性函数和仿射函数均为凸函数（同时也是凹函数），并描述了凸和凹的二次函数。本节给出更多的凸函数和凹函数的例子。首先考虑 $\mathbf{R}$ 上的一些函数，其自变量为 x。

- **指数函数。** 对任意 $a \in \mathbf{R}$，函数 e^{ax} 在 $\mathbf{R}$ 上是凸的。
- **幂函数。** 当 $a \geqslant 1$ 或 $a \leqslant 0$ 时，x^a 在 $\mathbf{R}_{++}$ 上是凸函数，当 $0 \leqslant a \leqslant 1$ 时，x^a 在 $\mathbf{R}_{++}$ 上是凹函数。
- **绝对值幂函数。** 当 $p \geqslant 1$ 时，函数 $|x|^p$ 在 $\mathbf{R}$ 上是凸函数。
- **对数函数。** 函数 $\log x$ 在 $\mathbf{R}_{++}$ 上是凹函数。
- **负熵。** 函数 $x \log x$ 在其定义域上是凸函数。（定义域为 $\mathbf{R}_{++}$ 或者 $\mathbf{R}_+$，当 $x = 0$ 时定义函数值为 0。）

我们可以通过基本不等式 (3.1) 或者二阶导数半正定或半负定来判断上述函数是凸的或是凹的。以函数 $f(x) = x \log x$ 为例，其导数和二阶导数为

$$f'(x) = \log x + 1, \qquad f''(x) = 1/x,$$

即对于 $x > 0$，有 $f''(x) > 0$。所以负熵函数是（严格）凸的。

下面我们给出 $\mathbf{R}^n$ 上的一些例子。

- **范数**。$\mathbf{R}^n$ 上的任意范数均为凸函数。
- **最大值函数**。函数 $f(x) = \max\{x_1, \cdots, x_n\}$ 在 $\mathbf{R}^n$ 上是凸的。
- **二次-线性分式函数**。函数 $f(x,y) = x^2/y$，其定义域为

$$\mathbf{dom}\, f = \mathbf{R} \times \mathbf{R}_{++} = \{(x,y) \in \mathbf{R}^2 \mid y > 0\},$$

是凸函数（如图3.3所示）。

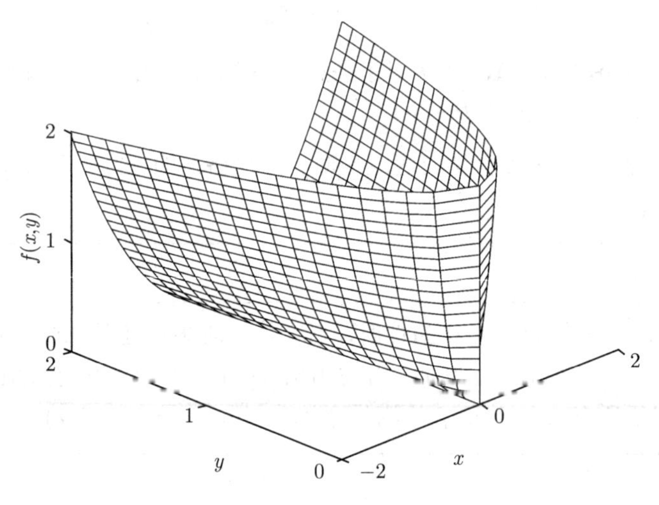

图3.3　函数 $f(x,y) = x^2/y$ 的图像。

- **指数和的对数**。函数$f(x) = \log(e^{x_1} + \cdots + e^{x_n})$ 在 $\mathbf{R}^n$ 上是凸函数。这个函数可以看成最大值函数的可微（实际上是解析）近似，因为对任意 x，下面的不等式成立

$$\max\{x_1, \cdots, x_n\} \leqslant f(x) \leqslant \max\{x_1, \cdots, x_n\} + \log n.$$

（第二个不等式当 x 的所有分量都相等时是紧的。）图3.4描述了当 $n = 2$ 时 f 的图像。

- **几何平均**。几何平均函数$f(x) = \left(\prod_{i=1}^{n} x_i\right)^{1/n}$在定义域 $\mathbf{dom}\, f = \mathbf{R}^n_{++}$上是凹函数。
- **对数-行列式**。函数 $f(X) = \log\det X$ 在定义域 $\mathbf{dom}\, f = \mathbf{S}^n_{++}$ 上是凹函数。

判断上述函数的凸性（或者凹性）可以有多种途径，可以直接验证不等式 (3.1) 是否成立，亦可以验证其 Hessian 矩阵是否半正定，或者可以将函数转换到与其定义域相交的任意直线上，通过得到的单变量函数判断原函数的凸性。

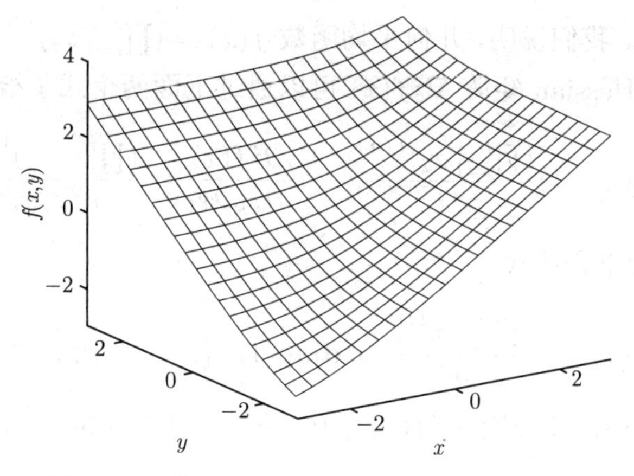

图3.4 函数$f(x,y)=\log(e^x+e^y)$ 的图像。

范数。 如果函数 $f:\mathbf{R}^n\to\mathbf{R}$ 是范数，任取 $0\leqslant\theta\leqslant 1$，有

$$f(\theta x+(1-\theta)y)\leqslant f(\theta x)+f((1-\theta)y)=\theta f(x)+(1-\theta)f(y).$$

上述不等式可以由三角不等式得到，当范数满足齐次性时，上述不等式取等号。

最大值函数。 对任意$0\leqslant\theta\leqslant 1$，函数 $f(x)=\max_i x_i$ 满足

$$\begin{aligned} f(\theta x+(1-\theta)y) &= \max_i(\theta x_i+(1-\theta)y_i) \\ &\leqslant \theta\max_i x_i+(1-\theta)\max_i y_i \\ &= \theta f(x)+(1-\theta)f(y). \end{aligned}$$

二次–线性分式函数。 为了说明二次-线性分式函数 $f(x,y)=x^2/y$ 是凸的，我们注意到，对于 $y>0$，有

$$\nabla^2 f(x,y)=\frac{2}{y^3}\begin{bmatrix} y^2 & -xy \\ -xy & x^2 \end{bmatrix}=\frac{2}{y^3}\begin{bmatrix} y \\ -x \end{bmatrix}\begin{bmatrix} y \\ -x \end{bmatrix}^T\succeq 0.$$

指数和的对数。 指数和的对数函数的 Hessian 矩阵为

$$\nabla^2 f(x)=\frac{1}{(\mathbf{1}^Tz)^2}\left((\mathbf{1}^Tz)\,\mathbf{diag}(z)-zz^T\right),$$

其中 $z=(e^{x_1},\cdots,e^{x_n})$。为了说明 $\nabla^2 f(x)\succeq 0$，我们证明对任意 v，有 $v^T\nabla^2 f(x)v\geqslant 0$，即

$$v^T\nabla^2 f(x)v=\frac{1}{(\mathbf{1}^Tz)^2}\left(\left(\sum_{i=1}^n z_i\right)\left(\sum_{i=1}^n v_i^2z_i\right)-\left(\sum_{i=1}^n v_iz_i\right)^2\right)\geqslant 0.$$

上述不等式可以应用 Cauchy-Schwarz 不等式 $(a^Ta)(b^Tb)\geqslant(a^Tb)^2$ 得到，此时向量 a 和 b 的分量为 $a_i=v_i\sqrt{z_i}$，$b_i=\sqrt{z_i}$。

几何平均。 类似地，我们说明，几何平均函数 $f(x)=(\prod_{i=1}^n x_i)^{1/n}$ 在定义域 $\mathbf{dom}\,f=\mathbf{R}^n_{++}$ 上是凹的。其 Hessian 矩阵 $\nabla^2 f(x)$ 可以通过下面两个式子给出

$$\frac{\partial^2 f(x)}{\partial x_k^2}=-(n-1)\frac{(\prod_{i=1}^n x_i)^{1/n}}{n^2x_k^2},\qquad \frac{\partial^2 f(x)}{\partial x_k\partial x_l}=\frac{(\prod_{i=1}^n x_i)^{1/n}}{n^2x_kx_l}\quad \forall\, k\neq l,$$

因此 $\nabla^2 f(x)$ 具有如下表达式

$$\nabla^2 f(x)=-\frac{\prod_{i=1}^n x_i^{1/n}}{n^2}\left(n\,\mathbf{diag}(1/x_1^2,\cdots,1/x_n^2)-qq^T\right),$$

其中，$q_i=1/x_i$。我们需要证明 $\nabla^2 f(x)\preceq 0$，即对于任意向量 v，有

$$v^T\nabla^2 f(x)v=-\frac{\prod_{i=1}^n x_i^{1/n}}{n^2}\left(n\sum_{i=1}^n v_i^2/x_i^2-\left(\sum_{i=1}^n v_i/x_i\right)^2\right)\leqslant 0.$$

这同样可以应用 Cauchy-Schwarz 不等式 $(a^Ta)(b^Tb)\geqslant(a^Tb)^2$ 得到，只需令向量 $a=\mathbf{1}$，向量 b 的分量 $b_i=v_i/x_i$。

对数–行列式。 对于函数 $f(X)=\log\det X$，我们可以将其转化为任意直线上的单变量函数来验证它是凹的。令 $X=Z+tV$，其中 $Z,\ V\in\mathbf{S}^n$，定义 $g(t)=f(Z+tV)$，自变量 t 满足 $Z+tV\succ 0$。不失一般性，假设 $t=0$ 满足条件，即 $Z\succ 0$。我们有

$$\begin{aligned}g(t)&=\log\det(Z+tV)\\&=\log\det(Z^{1/2}(I+tZ^{-1/2}VZ^{-1/2})Z^{1/2})\\&=\sum_{i=1}^n\log(1+t\lambda_i)+\log\det Z,\end{aligned}$$

其中 $\lambda_1,\cdots,\lambda_n$ 是矩阵 $Z^{-1/2}VZ^{-1/2}$ 的特征值。因此下式成立

$$g'(t)=\sum_{i=1}^n\frac{\lambda_i}{1+t\lambda_i},\qquad g''(t)=-\sum_{i=1}^n\frac{\lambda_i^2}{(1+t\lambda_i)^2}.$$

因为 $g''(t)\leqslant 0$，函数 f 是凹的。

3.1.6 下水平集

函数 $f:\mathbf{R}^n\to\mathbf{R}$ 的 α-**下水平集**定义为

$$C_\alpha=\{x\in\mathbf{dom}\,f\mid f(x)\leqslant\alpha\}.$$

对于任意 α 值，凸函数的下水平集仍然是凸集。证明可以由凸集的定义直接得到：如果 $x,\ y\in C_\alpha$，则有 $f(x)\leqslant\alpha$，$f(y)\leqslant\alpha$，因此对于任意 $0\leqslant\theta\leqslant 1$，$f(\theta x+(1-\theta)y)\leqslant\alpha$，即 $\theta x+(1-\theta)y\in C_\alpha$。

反过来不一定正确：某个函数的所有下水平集都是凸集，但这个函数可能不是凸函数。例如，函数 $f(x) = -e^x$ 在 $\mathbf{R}$ 上不是凸函数（实质上，它是严格凹函数），但是其所有下水平集均为凸集。

如果 f 是凹函数，则由 $\{x \in \mathbf{dom}\, f \mid f(x) \geqslant \alpha\}$ 定义的α-**上水平集**也是凸集。下水平集的性质可以用来判断集合的凸性，若某个集合可以描述为一个凸函数的下水平集，或者一个凹函数的上水平集，则其是凸集。

例 3.3 对于 $x \in \mathbf{R}_+^n$，其几何平均和算术平均分别为

$$G(x) = \left(\prod_{i=1}^n x_i\right)^{1/n}, \qquad A(x) = \frac{1}{n}\sum_{i=1}^n x_i,$$

（在 G 中，我们定义 $0^{1/n} = 0$）。算术几何平均不等式为 $G(x) \leqslant A(x)$。

设 $0 \leqslant \alpha \leqslant 1$，考虑集合

$$\{x \in \mathbf{R}_+^n \mid G(x) \geqslant \alpha A(x)\},$$

即使得几何平均至少大于等于算术平均的 α 倍的集合。此集合是凸集，因为它是凹函数 $G(x) - \alpha A(x)$ 的 0-上水平集。事实上，这个集合是正齐次的，因此它是凸锥。

3.1.7 上境图

函数 $f : \mathbf{R}^n \to \mathbf{R}$ 的图像定义为

$$\{(x, f(x)) \mid x \in \mathbf{dom}\, f\},$$

它是 $\mathbf{R}^{n+1}$ 空间的一个子集。函数 $f : \mathbf{R}^n \to \mathbf{R}$ 的**上境图**定义为

$$\mathbf{epi}\, f = \{(x, t) \mid x \in \mathbf{dom}\, f, f(x) \leqslant t\},$$

它也是 $\mathbf{R}^{n+1}$ 空间的一个子集。（“Epi”是之上的意思，所以上境图的英文 epigraph 是“在函数图像之上”的意思。）图3.5说明了上境图的定义。

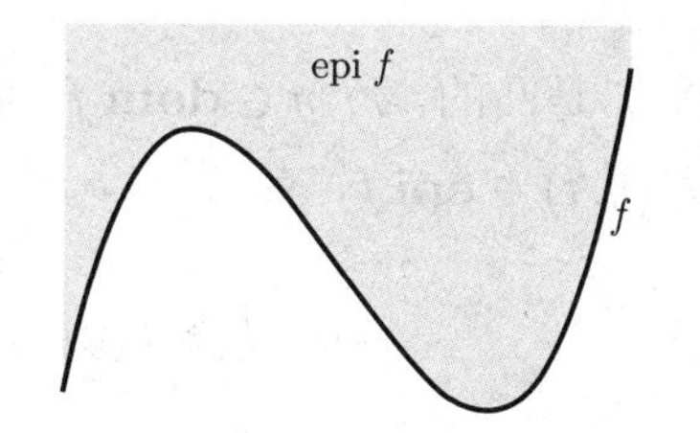

图3.5 函数 f 的上境图，见阴影部分。深颜色的下边界是函数 f 的图像。

凸集和凸函数的联系可以通过上境图来建立：一个函数是凸函数，当且仅当其上境图是凸集。一个函数是凹函数，当且仅当其**亚图**

$$\mathbf{hypo}\, f = \{(x, t) \mid t \leqslant f(x)\},$$

是凸集。

例 3.4 矩阵分式函数。 矩阵分式函数 $f:\mathbf{R}^n\times\mathbf{S}^n\to\mathbf{R}$，

$$f(x,Y)=x^TY^{-1}x$$

在定义域 $\mathbf{dom}\, f=\mathbf{R}^n\times\mathbf{S}^n_{++}$ 上是凸的。（这实质上是定义域为 $\mathbf{dom}\, f=\mathbf{R}\times\mathbf{R}_{++}$ 的二次-线性分式函数 $f(x,y)=x^2/y$ 的一个扩展。）

一个简单的方式来验证矩阵分式函数 f 的凸性是通过其上境图

$$\begin{aligned}\mathbf{epi}\, f&=\{(x,Y,t)\mid Y\succ 0, x^TY^{-1}x\leqslant t\}\\&=\left\{(x,Y,t)\;\middle|\;\begin{bmatrix}Y & x\\ x^T & t\end{bmatrix}\succeq 0,\ Y\succ 0\right\},\end{aligned}$$

并应用 Schur 补条件判断分块矩阵的半正定性（见 §A.5.5）。最后一个条件是关于 (x,Y,t) 的线性矩阵不等式，因此 $\mathbf{epi}\, f$ 是凸集。

对于 $n=1$ 的特殊情况，矩阵分式函数简化为二次-线性分式函数 x^2/y，相应的线性矩阵不等式表示为

$$\begin{bmatrix}y & x\\ x & t\end{bmatrix}\succeq 0,\qquad y>0$$

（函数图像如图3.3所示）。

关于凸函数的很多结果可以从几何的角度利用上境图并结合凸集的一些结论来证明（或理解），作为一个例子，考虑凸函数的一阶条件

$$f(y)\geqslant f(x)+\nabla f(x)^T(y-x),$$

其中函数 f 是凸的，x, $y\in\mathbf{dom}\, f$。我们可以利用 $\mathbf{epi}\, f$ 从几何角度理解上述基本不等式。如果 $(y,t)\in\mathbf{epi}\, f$，有

$$t\geqslant f(y)\geqslant f(x)+\nabla f(x)^T(y-x).$$

上式可以描述为

$$(y,t)\in\mathbf{epi}\, f\implies\begin{bmatrix}\nabla f(x)\\ -1\end{bmatrix}^T\left(\begin{bmatrix}y\\ t\end{bmatrix}-\begin{bmatrix}x\\ f(x)\end{bmatrix}\right)\leqslant 0.$$

这意味着法向量为 $(\nabla f(x),-1)$ 的超平面在边界点 $(x,f(x))$ 支撑着 $\mathbf{epi}\, f$；如图3.6所示。

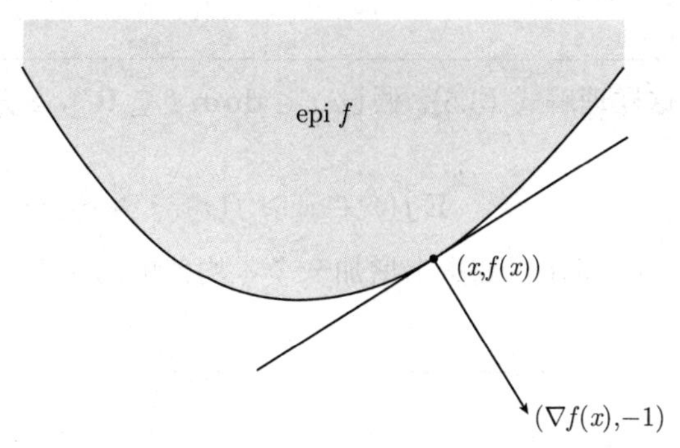

图3.6　对于可微凸函数 f，向量 $(\nabla f(x), -1)$ 定义了函数 f 在点 x 处的上境图的一个支撑超平面。

3.1.8　Jensen 不等式及其扩展

基本不等式

$$f(\theta x + (1-\theta)y) \leqslant \theta f(x) + (1-\theta)f(y),$$

有时也称作Jensen **不等式**。此不等式可以很方便地扩展至更多点的凸组合：如果函数 f 是凸函数，$x_1, \cdots, x_k \in \mathbf{dom}\, f$，$\theta_1, \cdots, \theta_k \geqslant 0$ 且 $\theta_1 + \cdots + \theta_k = 1$，则下式成立

$$f(\theta_1 x_1 + \cdots + \theta_k x_k) \leqslant \theta_1 f(x_1) + \cdots + \theta_k f(x_k).$$

考虑凸集时，此不等式可以扩展至无穷项和、积分以及期望。例如，如果在 $S \subseteq \mathbf{dom}\, f$ 上 $p(x) \geqslant 0$ 且 $\int_S p(x)\, \mathrm{d}x = 1$，则当相应的积分存在时，下式成立

$$f\left(\int_S p(x)x\, \mathrm{d}x\right) \leqslant \int_S f(x)p(x)\, \mathrm{d}x.$$

扩展到更一般的情况，我们可以采用其支撑属于 $\mathbf{dom}\, f$ 的任意概率测度。如果 x 是随机变量，事件 $x \in \mathbf{dom}\, f$ 发生的概率为 1，函数 f 是凸函数，当相应的期望存在时，我们有

$$f(\mathbf{E}\, x) \leqslant \mathbf{E}\, f(x), \tag{3.5}$$

设随机变量 x 的可能取值为 $\{x_1, x_2\}$，相应地取值概率为 $\mathbf{prob}(x = x_1) = \theta$，$\mathbf{prob}(x = x_2) = 1 - \theta$，则由一般形式 (3.5) 可以得到基本不等式 (3.1)。所以不等式 (3.5) 可以刻画凸性：如果函数 f 不是凸函数，那么存在随机变量 x，$x \in \mathbf{dom}\, f$ 以概率 1 发生，使得 $f(\mathbf{E}\, x) > \mathbf{E}\, f(x)$。

上述所有不等式均被称为 **Jensen 不等式**，而实际上最初由 Jensen 提出的不等式相当简单

$$f\left(\frac{x+y}{2}\right) \leqslant \frac{f(x)+f(y)}{2}.$$

注释 3.2　我们可以这样理解式 (3.5)。假设 $x \in \mathbf{dom}\, f \subseteq \mathbf{R}^n$，$z$ 是 $\mathbf{R}^n$ 中的随机变量，其均值为零，则有

$$\mathbf{E}\, f(x+z) \geqslant f(x).$$

因此，随机化或者扰动（即在自变量上增加一个零均值的随机变量）从平均效果上不会减小凸函数的值。

3.1.9　不等式

很多著名的不等式都可以通过将 Jensen 不等式应用于合适的凸函数得到。（事实上，凸性和 Jensen 不等式可以构成不等式理论的基础。）作为一个简单的例子，考虑算术-几何平均不等式

$$\sqrt{ab} \leqslant (a+b)/2, \tag{3.6}$$

其中 $a, b \geqslant 0$。我们可以利用凸性和 Jensen 不等式得到此不等式。函数 $-\log x$ 是凸函数：利用 Jensen 不等式，令 $\theta = 1/2$，可得

$$-\log\left(\frac{a+b}{2}\right) \leqslant \frac{-\log a - \log b}{2}.$$

等式两边取指数即可得到式 (3.6)。

作为另一个小例子，我们来证明 Hölder 不等式：对 $p > 1$，$1/p + 1/q = 1$，以及 $x,\ y \in \mathbf{R}^n$ 有

$$\sum_{i=1}^n x_i y_i \leqslant \left(\sum_{i=1}^n |x_i|^p\right)^{1/p} \left(\sum_{i=1}^n |y_i|^q\right)^{1/q}.$$

由 $-\log x$ 的凸性以及 Jensen 不等式，我们可以得到更为一般的算术-几何平均不等式

$$a^\theta b^{1-\theta} \leqslant \theta a + (1-\theta) b,$$

其中 $a,\ b \geqslant 0$，$0 \leqslant \theta \leqslant 1$。令

$$a = \frac{|x_i|^p}{\sum_{j=1}^n |x_j|^p}, \qquad b = \frac{|y_i|^q}{\sum_{j=1}^n |y_j|^q}, \qquad \theta = 1/p,$$

可以得到如下不等式

$$\left(\frac{|x_i|^p}{\sum_{j=1}^n |x_j|^p}\right)^{1/p} \left(\frac{|y_i|^q}{\sum_{j=1}^n |y_j|^q}\right)^{1/q} \leqslant \frac{|x_i|^p}{p \sum_{j=1}^n |x_j|^p} + \frac{|y_i|^q}{q \sum_{j=1}^n |y_j|^q}.$$

对 i 进行求和可以得到 Hölder 不等式。

3.2 保凸运算

本节讨论几种保持函数凸性或者凹性的运算，这样可以构造新的凸函数或者凹函数。我们首先从一些简单的运算开始，如求和、伸缩以及逐点上确界，之后再介绍一些更为复杂的运算（其中一些运算的特例即为简单运算）。

3.2.1 非负加权求和

显而易见，如果函数 f 是凸函数且 $\alpha \geqslant 0$，则函数 αf 也为凸函数。如果函数 f_1 和 f_2 都是凸函数，则它们的和 $f_1 + f_2$ 也是凸函数。将非负伸缩以及求和运算结合起来，可以看出，凸函数的集合本身是一个凸锥：凸函数的非负加权求和仍然是凸函数，即函数

$$f = w_1 f_1 + \cdots + w_m f_m,$$

是凸函数。类似地，凹函数的非负加权求和仍然是凹函数。严格凸（凹）函数的非负，非零加权求和是严格凸（凹）函数。

这个性质可以扩展至无限项的求和以及积分的情形。例如，如果固定任意 $y \in \mathcal{A}$，函数 $f(x,y)$ 关于 x 是凸函数，且对任意 $y \in \mathcal{A}$，有 $w(y) \geqslant 0$，则函数 g

$$g(x) = \int_{\mathcal{A}} w(y) f(x,y)\, dy$$

关于 x 是凸函数（若此积分存在）。

我们可以很容易直接验证非负伸缩以及求和运算是保凸运算，或者可以根据相关的上境图得到此结论。例如，如果 $w \geqslant 0$ 且 f 是凸函数，我们有

$$\mathbf{epi}(wf) = \begin{bmatrix} I & 0 \\ 0 & w \end{bmatrix} \mathbf{epi}\, f,$$

因为凸集通过线性变换得到的像仍然是凸集，所以 $\mathbf{epi}(wf)$ 是凸集。

3.2.2 复合仿射映射

假设函数 $f : \mathbf{R}^n \to \mathbf{R}$，$A \in \mathbf{R}^{n\times m}$，以及 $b \in \mathbf{R}^n$，定义 $g : \mathbf{R}^m \to \mathbf{R}$ 为

$$g(x) = f(Ax + b),$$

其中 $\mathbf{dom}\, g = \{x \mid Ax + b \in \mathbf{dom}\, f\}$。若函数 f 是凸函数，则函数 g 是凸函数；如果函数 f 是凹函数，那么函数 g 是凹函数。

3.2.3 逐点最大和逐点上确界

如果函数 f_1 和 f_2 均为凸函数，则二者的**逐点最大**函数 f

$$f(x) = \max\{f_1(x), f_2(x)\},$$

其定义域为 $\mathbf{dom}\, f = \mathbf{dom}\, f_1 \cap \mathbf{dom}\, f_2$，仍然是凸函数。这个性质可以很容易验证：任取 $0 \leqslant \theta \leqslant 1$ 以及 x，$y \in \mathbf{dom}\, f$，有

$$\begin{aligned} f(\theta x + (1-\theta)y) &= \max\{f_1(\theta x + (1-\theta)y), f_2(\theta x + (1-\theta)y)\} \\ &\leqslant \max\{\theta f_1(x) + (1-\theta) f_1(y), \theta f_2(x) + (1-\theta) f_2(y)\} \\ &\leqslant \theta \max\{f_1(x), f_2(x)\} + (1-\theta)\max\{f_1(y), f_2(y)\} \\ &= \theta f(x) + (1-\theta) f(y), \end{aligned}$$

从而说明了函数 f 的凸性。同样很容易证明，如果函数 $f_1, \cdots, f_m$ 为凸函数，则它们的逐点最大函数

$$f(x) = \max\{f_1(x), \cdots, f_m(x)\}$$

仍然是凸函数。

例 3.5 分片线性函数。函数

$$f(x) = \max\{a_1^T x + b_1, \cdots, a_L^T x + b_L\}$$

定义了一个分片线性（实际上是仿射）函数（具有 L 个或者更少的子区域）。因为它是一系列仿射函数的逐点最大函数，所以它是凸函数。

反之亦成立：任意具有 L 个或者更少子区域的分片线性凸函数都可以表述成上述形式。（见习题 3.29。）

例 3.6 最大 r 个分量之和。对于任意 $x \in \mathbf{R}^n$，用 $x_{[i]}$ 表示 x 中第 i 大的分量，即将 x 的分量按照非升序进行排列得到下式

$$x_{[1]} \geqslant x_{[2]} \geqslant \cdots \geqslant x_{[n]}.$$

则对 x 的最大 r 个分量进行求和所得到的函数

$$f(x) = \sum_{i=1}^{r} x_{[i]},$$

是凸函数。事实上，此函数可以表述为

$$f(x) = \sum_{i=1}^{r} x_{[i]} = \max\{x_{i_1} + \cdots + x_{i_r} \mid 1 \leqslant i_1 < i_2 < \cdots < i_r \leqslant n\},$$

即从 x 的分量中选取 r 个不同分量进行求和的所有可能组合的最大值。因为函数 f 是 $n!/(r!(n-r)!)$ 个线性函数的逐点最大，所以是凸函数。

作为一个扩展，可以证明当 $w_1 \geqslant w_2 \geqslant \cdots \geqslant w_r \geqslant 0$ 时，函数 $\sum_{i=1}^{r} w_i x_{[i]}$ 是凸函数。（见习题 3.19。）

逐点最大的性质可以扩展至无限个凸函数的逐点上确界。如果对于任意 $y \in \mathcal{A}$，函数 $f(x,y)$ 关于 x 都是凸的，则函数 g

$$g(x) = \sup_{y \in \mathcal{A}} f(x,y) \tag{3.7}$$

关于 x 亦是凸的。此时，函数 g 的定义域为

$$\mathbf{dom}\, g = \{x \mid (x,y) \in \mathbf{dom}\, f \ \forall\, y \in \mathcal{A}, \sup_{y \in \mathcal{A}} f(x,y) < \infty\}.$$

类似地，一系列凹函数的逐点下确界仍然是凹函数。

从上境图的角度理解，一系列函数的逐点上确界函数对应着这些函数上境图的交集：对于函数 f，g 以及式 (3.7) 定义的 $\mathcal{A}$，我们有

$$\mathbf{epi}\, g = \bigcap_{y \in \mathcal{A}} \mathbf{epi}\, f(\cdot, y).$$

因此，函数 g 的凸性可由一系列凸集的交集仍然是凸集得到。

例 3.7 集合的支撑函数。 令集合 $C \subseteq \mathbf{R}^n$，且 $C \neq \emptyset$，定义集合 C 的**支撑函数** S_C 为

$$S_C(x) = \sup\{x^T y \mid y \in C\},$$

（自然地，函数 S_C 的定义域为 $\mathbf{dom}\, S_C = \{x \mid \sup_{y \in C} x^T y < \infty\}$）。

对于任意 $y \in C$，$x^T y$ 是 x 的线性函数，所以 S_C 是一系列线性函数的逐点上确界函数，因此是凸函数。

例 3.8 到集合中最远点的距离。 令集合 $C \subseteq \mathbf{R}^n$，定义点 x 与集合中最远点的距离（范数）为

$$f(x) = \sup_{y \in C} \|x - y\|,$$

此函数是凸函数。为了说明这一点，我们注意到，对于任意 y，函数 $\|x - y\|$ 关于 x 是凸函数。因为函数 f 是一族凸函数（对应不同的 $y \in C$）的逐点上确界，所以其是凸函数。

例 3.9 以权为变量的最小二乘费用函数。 令 $a_1, \cdots, a_n \in \mathbf{R}^m$，在加权最小二乘问题中，我们对所有的 $x \in \mathbf{R}^m$ 极小化目标函数 $\sum_{i=1}^{n} w_i(a_i^T x - b_i)^2$。我们称 w_i 为**权**，并允许负的 w_i（则目标函数有可能无下界）。

我们定义（最优）**加权最小二乘费用**函数为

$$g(w) = \inf_x \sum_{i=1}^{n} w_i(a_i^T x - b_i)^2,$$

其定义域为

$$\mathbf{dom}\, g = \left\{ w \;\middle|\; \inf_x \sum_{i=1}^n w_i (a_i^T x - b_i)^2 > -\infty \right\}.$$

因为函数 g 是一族关于 w 的线性函数的下确界（对应于不同的 $x \in \mathbf{R}^m$），它是 w 的凹函数。

至少在部分定义域上，我们可以得到函数 g 的一个显式表达式。令 $W = \mathbf{diag}(w)$ 是一对角阵，其对角线元素为 $w_1, \cdots, w_n$，令 $A \in \mathbf{R}^{n\times m}$，其行向量为 a_i^T，我们有

$$g(w) = \inf_x (Ax-b)^T W (Ax-b) = \inf_x (x^T A^T W A x - 2b^T W A x + b^T W b).$$

从上式我们可以看出，若 $A^T W A \not\succeq 0$，括号里的二次函数关于 x 无下界，故 $g(w) = -\infty$，即 $w \notin \mathbf{dom}\, g$。当 $A^T W A \succ 0$ 时（即定义了一个严格的线性矩阵不等式），通过解析求解二次函数的极小值，我们可以得到函数 g 的一个简单的表达式

$$\begin{aligned} g(w) &= b^T W b - b^T W A (A^T W A)^{-1} A^T W b \\ &= \sum_{i=1}^n w_i b_i^2 - \sum_{i=1}^n w_i^2 b_i^2 a_i^T \left(\sum_{j=1}^n w_j a_j a_j^T \right)^{-1} a_i. \end{aligned}$$

从上述表达式并不能立即得到函数 g 的凹性（不过可以从矩阵分式函数的凸性来推导函数 g 的凹性；见例 3.4）。

例 3.10 对称矩阵的最大特征值。 定义函数 $f(X) = \lambda_{\max}(X)$，其定义域为 $\mathbf{dom}\, f = \mathbf{S}^m$，它是凸函数。为了说明这一点，我们将 f 表述为

$$f(X) = \sup\{y^T X y \mid \|y\|_2 = 1\},$$

即针对不同的 $y \in \mathbf{R}^m$ 关于 X 的一族线性函数（即 $y^T X y$）的逐点上确界。

例 3.11 矩阵范数。 考虑函数 $f(X) = \|X\|_2$，其定义域为 $\mathbf{dom}\, f = \mathbf{R}^{p\times q}$，其中 $\|\cdot\|_2$ 表示谱范数或者最大奇异值。函数 f 可以表述为

$$f(X) = \sup\{u^T X v \mid \|u\|_2 = 1, \|v\|_2 = 1\},$$

由于它是 X 的一族线性函数的逐点上确界，所以是凸函数。

作为一个推广，假设 $\|\cdot\|_a$ 和 $\|\cdot\|_b$ 分别是 $\mathbf{R}^p$ 和 $\mathbf{R}^q$ 上的范数，定义矩阵 $X \in \mathbf{R}^{p\times q}$ 的诱导范数为

$$\|X\|_{a,b} = \sup_{v\neq 0} \frac{\|Xv\|_a}{\|v\|_b}.$$

（当两个范数都取 Euclid 范数时，上述定义范数即为谱范数。）诱导范数可以写成

$$\begin{aligned}\|X\|_{a,b} &= \sup\{\|Xv\|_a \mid \|v\|_b = 1\} \\ &= \sup\{u^T X v \mid \|u\|_{a*} = 1, \|v\|_b = 1\},\end{aligned}$$

其中 $\|\cdot\|_{a*}$ 是 $\|\cdot\|_a$ 的对偶范数，在此我们利用了

$$\|z\|_a = \sup\{u^T z \mid \|u\|_{a*} = 1\}.$$

因此 $\|X\|_{a,b}$ 可以表示成 X 的一系列线性函数的上确界，它是凸函数。

表示成一族仿射函数的逐点上确界

上述例子描述了一个建立函数凸性的好方法：将其表示为一族仿射函数的逐点上确界。除了一个技术条件，反过来也是成立的：几乎所有的凸函数都可以表示成一族仿射函数的逐点上确界。例如，如果函数 $f : \mathbf{R}^n \to \mathbf{R}$ 是凸函数，其定义域为 $\mathbf{dom}\, f = \mathbf{R}^n$，我们有

$$f(x) = \sup\{g(x) \mid g \text{ 仿射，} g(z) \leqslant f(z)\ \forall z\}.$$

换言之，函数 f 是它所有的仿射全局下估计的逐点上确界。下面我们将证明这个结论，当 $\mathbf{dom}\, f \neq \mathbf{R}^n$ 的情况留作习题（见习题 3.28）。

设函数 f 是凸函数，定义域为 $\mathbf{dom}\, f = \mathbf{R}^n$，显然下面的不等式成立

$$f(x) \geqslant \sup\{g(x) \mid g \text{ 仿射，} g(z) \leqslant f(z)\ \forall z\},$$

因为函数 g 是函数 f 的任意仿射下估计，我们有 $g(x) \leqslant f(x)$。为了建立等式，我们说明，对于任意 $x \in \mathbf{R}^n$，存在仿射函数 g 是函数 f 的全局下估计，并且满足 $g(x) = f(x)$。

毫无疑问，函数 f 的上境图是凸集，因此我们在点 $(x, f(x))$ 处可以找到此凸集的支撑超平面，即存在 $a \in \mathbf{R}^n$，$b \in \mathbf{R}$ 且 $(a, b) \neq 0$，使得对任意 $(z, t) \in \mathbf{epi}\, f$，有

$$\begin{bmatrix} a \\ b \end{bmatrix}^T \begin{bmatrix} x - z \\ f(x) - t \end{bmatrix} \leqslant 0.$$

即对任意 $z \in \mathbf{dom}\, f = \mathbf{R}^n$ 以及所有 $s \geqslant 0$（$(z,t) \in \mathbf{epi}\, f$ 等价于存在 $s \geqslant 0$ 使得 $t = f(z) + s$），下式成立

$$a^T(x - z) + b(f(x) - f(z) - s) \leqslant 0. \tag{3.8}$$

为了保证不等式 (3.8) 对所有的 $s \geqslant 0$ 均成立，必须有 $b \geqslant 0$。如果 $b = 0$，对所有的 $z \in \mathbf{R}^n$，不等式 (3.8) 可以简化为 $a^T(x - z) \leqslant 0$，这意味着 $a = 0$，于是和假设 $(a, b) \neq 0$ 矛盾。因此 $b > 0$，即支撑超平面不是竖直的。

我们知道 $b>0$，因此，对任意 z，令 $s=0$，式 (3.8) 可以重新表述为

$$g(z)=f(x)+(a/b)^T(x-z)\leqslant f(z).$$

由此说明函数 g 是函数 f 的一个仿射下估计，并且满足 $g(x)=f(x)$。

3.2.4 复合

本节给定函数 $h:\mathbf{R}^k\to\mathbf{R}$ 以及 $g:\mathbf{R}^n\to\mathbf{R}^k$，定义复合函数 $f=h\circ g:\mathbf{R}^n\to\mathbf{R}$ 为

$$f(x)=h(g(x)),\qquad \mathbf{dom}\,f=\{x\in\mathbf{dom}\,g\mid g(x)\in\mathbf{dom}\,h\}.$$

我们考虑当函数 f 保凸或者保凹时，函数 h 和 g 必须满足的条件。

标量复合

首先考虑 $k=1$ 的情况，即 $h:\mathbf{R}\to\mathbf{R}$，$g:\mathbf{R}^n\to\mathbf{R}$。仅考虑 $n=1$ 的情况（事实上，将函数限定在与其定义域相交的任意直线上得到的函数决定了原函数的凸性）。

为了找出复合规律，首先假设函数 h 和 g 是二次可微的，且 $\mathbf{dom}\,g=\mathbf{dom}\,h=\mathbf{R}$。在上述假设下，函数 f 是凸的等价于 $f''\geqslant 0$（即对所有的 $x\in\mathbf{R}$，$f''(x)\geqslant 0$）。

复合函数 $f=h\circ g$ 的二阶导数为

$$f''(x)=h''(g(x))g'(x)^2+h'(g(x))g''(x). \tag{3.9}$$

假设函数 g 是凸函数（$g''\geqslant 0$），函数 h 是凸函数且非减（即 $h''\geqslant 0$ 且 $h'\geqslant 0$），从式 (3.9) 可以得出 $f''\geqslant 0$，即函数 f 是凸函数。类似地，由式 (3.9) 可以得出如下结论

$$\begin{array}{l}
\text{如果 } h \text{ 是凸函数且非减, } g \text{ 是凸函数, 则 } f \text{ 是凸函数,}\\
\text{如果 } h \text{ 是凸函数且非增, } g \text{ 是凹函数, 则 } f \text{ 是凸函数,}\\
\text{如果 } h \text{ 是凹函数且非减, } g \text{ 是凹函数, 则 } f \text{ 是凹函数,}\\
\text{如果 } h \text{ 是凹函数且非增, } g \text{ 是凸函数, 则 } f \text{ 是凹函数。}
\end{array} \tag{3.10}$$

上述结论在函数 g 和 h 二次可微且定义域均为 $\mathbf{R}$ 时成立。事实上，对于更一般的情况，如 $n>1$，不再假设函数 h 和 g 可微或者 $\mathbf{dom}\,g=\mathbf{R}^n$，$\mathbf{dom}\,h=\mathbf{R}$，一些相似的复合规则仍然成立

$$\begin{array}{l}
\text{如果 } h \text{ 是凸函数且 } \tilde{h} \text{ 非减，} g \text{ 是凸函数，则 } f \text{ 是凸函数，}\\
\text{如果 } h \text{ 是凸函数且 } \tilde{h} \text{ 非增，} g \text{ 是凹函数，则 } f \text{ 是凸函数，}\\
\text{如果 } h \text{ 是凹函数且 } \tilde{h} \text{ 非减，} g \text{ 是凹函数，则 } f \text{ 是凹函数，}\\
\text{如果 } h \text{ 是凹函数且 } \tilde{h} \text{ 非增，} g \text{ 是凸函数，则 } f \text{ 是凹函数。}
\end{array} \tag{3.11}$$

其中，$\tilde{h}$ 表示函数 h 的扩展值延伸，若点不在 $\mathbf{dom}\,h$ 内，对其赋值 ∞（若 h 是凸函数）或者 $-\infty$（若 h 是凹函数。）这些结论和式 (3.10) 中的结论的唯一不同是我们要求**扩展值延伸** $\tilde{h}$ 在整个 $\mathbf{R}$ 上非增或者非减。

为了更好地理解式 (3.11) 中的结论，假设 h 是凸函数，所以 $\tilde{h}$ 在定义域 $\mathbf{dom}\, h$ 外取值为 ∞。$\tilde{h}$ 非减意味着对于**任意** x, $y \in \mathbf{R}$，$x < y$，我们有 $\tilde{h}(x) \leqslant \tilde{h}(y)$。特别地，若 $y \in \mathbf{dom}\, h$，则 $x \in \mathbf{dom}\, h$。换言之，我们可以认为 h 的定义域在负方向上无限延伸；它或者是 $\mathbf{R}$ 或者是形如 $(-\infty, a)$ 或 $(-\infty, a]$ 的区间。类似地，若 h 是凸函数且 $\tilde{h}$ 非增，我们可以理解为 h 是非增的且 $\mathbf{dom}\, h$ 在正方向上趋于无穷。图3.7 描述了不同的扩展值延伸的情况。

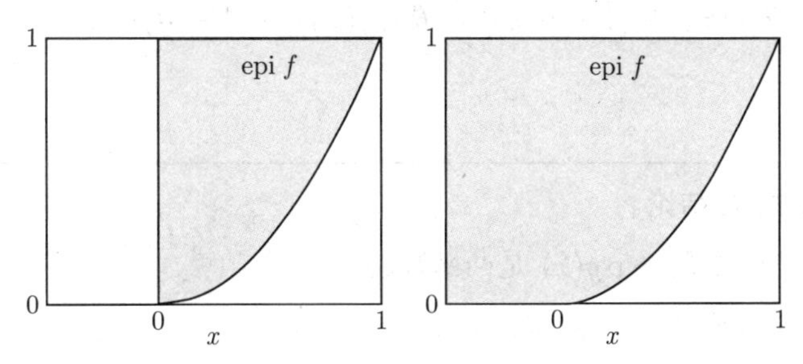

图3.7 **左**。函数 x^2，其定义域为 $\mathbf{R}_+$，在其定义域内是凸且非减的，但是其扩展值延伸**不是**非减的。**右**。函数 $\max\{x, 0\}^2$，其定义域为 $\mathbf{R}$，函数是凸函数，且其扩展值延伸是非减的。

例 3.12 通过一些简单例子，我们可以更好地理解复合定理中函数 h 需要满足的条件。

- 函数 $h(x) = \log x$，定义域为 $\mathbf{dom}\, h = \mathbf{R}_{++}$，其为凹函数且 $\tilde{h}$ 非减。
- 函数 $h(x) = x^{1/2}$，定义域为 $\mathbf{dom}\, h = \mathbf{R}_+$，其为凹函数且 $\tilde{h}$ 非减。
- 函数 $h(x) = x^{3/2}$，定义域为 $\mathbf{dom}\, h = \mathbf{R}_+$，其为凸函数，但是**不**满足 $\tilde{h}$ 非减的条件。例如，$\tilde{h}(-1) = \infty$ 但 $\tilde{h}(1) = 1$。
- 当 $x \geqslant 0$ 时，$h(x) = x^{3/2}$，当 $x < 0$ 时 $h(x) = 0$，定义域为 $\mathbf{dom}\, h = \mathbf{R}$，$h$ 是凸函数**且** 满足 $\tilde{h}$ 非减的条件。

即使不假设可微并运用表达式 (3.9)，也可以直接证明复合函数结论式 (3.11)。作为一个例子，我们证明如下结论：如果 g 是凸函数，h 是凸函数且 $\tilde{h}$ 非减，则 $f = h \circ g$ 是凸函数。假设 x, $y \in \mathbf{dom}\, f$，$0 \leqslant \theta \leqslant 1$。由于 x, $y \in \mathbf{dom}\, f$，我们有 x, $y \in \mathbf{dom}\, g$ 且 $g(x)$, $g(y) \in \mathbf{dom}\, h$。因为 $\mathbf{dom}\, g$ 是凸集，有 $\theta x + (1-\theta)y \in \mathbf{dom}\, g$，由函数 g 的凸性可得

$$g(\theta x + (1-\theta)y) \leqslant \theta g(x) + (1-\theta)g(y). \tag{3.12}$$

由 $g(x)$, $g(y) \in \mathbf{dom}\, h$ 可得 $\theta g(x) + (1-\theta)g(y) \in \mathbf{dom}\, h$，即式 (3.12) 的右端在 $\mathbf{dom}\, h$ 内。根据假设 $\tilde{h}$ 是非减的，可以理解为其定义域在负方向上无限延伸。由式 (3.12) 的右端在 $\mathbf{dom}\, h$ 内，我们知道其左侧仍在定义域内，即 $g(\theta x + (1-\theta)y) \in \mathbf{dom}\, h$，因此 $\mathbf{dom}\, f$ 是凸集。

根据前提条件，$\tilde{h}$ 非减，利用不等式 (3.12)，我们有

$$h(g(\theta x+(1-\theta)y)) \leqslant h(\theta g(x)+(1-\theta)g(y)). \tag{3.13}$$

由函数 h 的凸性可得

$$h(\theta g(x)+(1-\theta)g(y)) \leqslant \theta h(g(x))+(1-\theta)h(g(y)). \tag{3.14}$$

综合式 (3.13) 和式 (3.14) 可得

$$h(g(\theta x+(1-\theta)y)) \leqslant \theta h(g(x))+(1-\theta)h(g(y))$$

复合定理得证。

例 3.13　简单的复合结论。

- 如果 g 是凸函数则 $\exp g(x)$ 是凸函数。
- 如果 g 是凹函数且大于零，则 $\log g(x)$ 是凹函数。
- 如果 g 是凹函数且大于零，则 $1/g(x)$ 是凸函数。
- 如果 g 是凸函数且不小于零，$p \geqslant 1$，则 $g(x)^p$ 是凸函数。
- 如果 g 是凸函数，则 $-\log(-g(x))$ 在 $\{x \mid g(x)<0\}$ 上是凸函数。

注释 3.3　扩展值延伸 $\tilde{h}$ 的单调性要求必须满足，注意到是 $\tilde{h}$，而不仅仅是 h。例如，考虑 $g(x)=x^2$，$\mathbf{dom}\, g=\mathbf{R}$，$h(x)=0$，$\mathbf{dom}\, h=[1,2]$ 复合的情形。此时 g 是凸函数，h 是凸函数且非减，但是函数 $f=h\circ g$

$$f(x)=0, \qquad \mathbf{dom}\, f=[-\sqrt{2},-1]\cup[1,\sqrt{2}],$$

不是凸函数，因为其定义域非凸。当然，此时函数 $\tilde{h}$ 不是非减的。

矢量复合

下面考虑 $k \geqslant 1$ 的情况，此时更复杂一些。设

$$f(x)=h(g(x))=h(g_1(x),\cdots,g_k(x)),$$

其中 $h:\mathbf{R}^k \to \mathbf{R}$，$g_i:\mathbf{R}^n \to \mathbf{R}$。和上一节一样，不失一般性，我们假设 $n=1$。和 $k=1$ 的情形类似，为了得到复合规则，我们假设函数二次可微，且 $\mathbf{dom}\, g=\mathbf{R}$，$\mathbf{dom}\, h=\mathbf{R}^k$。此时，我们对函数 f 进行二次微分可得

$$f''(x)=g'(x)^T\nabla^2 h(g(x))g'(x)+\nabla h(g(x))^T g''(x), \tag{3.15}$$

上式可以看成式 (3.9) 对应的向量形式。同样我们需要判断在什么条件下对所有 x 有 $f(x)'' \geqslant 0$（或者对所有 x 有 $f(x)'' \leqslant 0$，此时 f 是凹函数）。利用式 (3.15)，我们可以得到很多规则，例如：

如果 h 是凸函数且在每维分量上 h 非减，g_i 是凸函数，则 f 是凸函数；

如果 h 是凸函数且在每维分量上 h 非增，g_i 是凹函数，则 f 是凸函数；

如果 h 是凹函数且在每维分量上 h 非减，g_i 是凹函数，则 f 是凹函数。

和标量的情形类似，对于更一般的情况：$n>1$，不假设 h 或 g 可微以及一般的定义域，类似的复合结论仍然成立。对于一般的结论，不仅 h 需要满足单调性条件，其扩展值延伸 $\tilde{h}$ 同样必须满足。

为了更好地理解扩展值延伸 $\tilde{h}$ 必须满足单调性条件的含义，我们考虑凸函数 $h:\mathbf{R}^k \to \mathbf{R}$，且 $\tilde{h}$ 非减，即对任意 $u \preceq v$，有 $\tilde{h}(u) \leqslant \tilde{h}(v)$。这说明了如果 $v \in \mathbf{dom}\, h$，则 $u \in \mathbf{dom}\, h$：h 的定义域在方向 $-\mathbf{R}^k_+$ 上必须无限延伸。这个条件可以紧凑地描述为 $\mathbf{dom}\, h - \mathbf{R}^k_+ = \mathbf{dom}\, h$。

例 3.14　矢量复合的例子。

- 令 $h(z)=z_{[1]}+\cdots+z_{[r]}$，即对 $z\in\mathbf{R}^k$ 的前 r 大分量进行求和。则 h 是凸函数且在每一维分量上非减。假设 $g_1,\cdots,g_k$ 是 $\mathbf{R}^n$ 上的凸函数，则复合函数 $f=h\circ g$，即最大 r 个 g_i 函数的逐点和，是凸函数。
- 函数 $h(z)=\log\left(\sum\limits_{i=1}^k \mathrm{e}^{z_i}\right)$ 是凸函数且在每一维分量上非减，因此只要 g_i 是凸函数，$\log\left(\sum\limits_{i=1}^k \mathrm{e}^{g_i}\right)$ 就是凸函数。
- 对 $0<p\leqslant 1$，定义在 $\mathbf{R}^k_+$ 上的函数 $h(z)=\left(\sum\limits_{i=1}^k z_i^p\right)^{1/p}$ 是凹的，且其扩展值延伸（当 $z \not\succeq 0$ 时为 $-\infty$）在每维分量上非减，则若 g_i 是凹函数且非负，$f(x)=\left(\sum\limits_{i=1}^k g_i(x)^p\right)^{1/p}$ 是凹函数。
- 设 $p\geqslant 1$，$g_1,\cdots,g_k$ 是凸函数且非负。则函数 $\left(\sum\limits_{i=1}^k g_i(x)^p\right)^{1/p}$ 是凸函数。

  为了说明这一点，考虑函数 $h:\mathbf{R}^k\to\mathbf{R}$
  $$h(z)=\left(\sum_{i=1}^k \max\{z_i,0\}^p\right)^{1/p},$$
  其中 $\mathbf{dom}\, h=\mathbf{R}^k$，因此 $h=\tilde{h}$。由函数 h 是凸函数且非减可知 $h(g(x))$ 关于 x 是凸函数。对 $z\succeq 0$，我们有 $h(z)=\left(\sum\limits_{i=1}^k z_i^p\right)^{1/p}$，所以 $\left(\sum\limits_{i=1}^k g_i(x)^p\right)^{1/p}$ 是凸函数。
- 几何平均函数 $h(z)=\left(\prod\limits_{i=1}^k z_i\right)^{1/k}$，定义域为 $\mathbf{R}^k_+$，它是凹函数，且其扩展值延伸在每维分量上非减。因此若 $g_1,\cdots,g_k$ 是非负凹函数，它们的几何平均 $\left(\prod\limits_{i=1}^k g_i\right)^{1/k}$ 也是非负凹函数。

3.2.5 最小化

我们已经得到，任意个凸函数的逐点最大或者上确界仍然是凸函数。事实上，一些特殊形式的最小化同样可以得到凸函数。如果函数 f 关于 (x,y) 是凸函数，集合 C 是非空凸集，定义函数

$$g(x)=\inf_{y\in C} f(x,y), \tag{3.16}$$

若存在某个 x 使得 $g(x)>-\infty$（该条件隐含着对所有 x，$g(x)>-\infty$），则函数 g 关于 x 是凸函数。函数 g 的定义域是 $\mathbf{dom}\, f$ 在 x 方向上的投影，即

$$\mathbf{dom}\, g=\{x \mid 对某个\ y\in C\ 成立\ \ (x,y)\in \mathbf{dom}\, f\}.$$

任取 x_1，$x_2\in \mathbf{dom}\, g$，我们利用 Jensen 不等式来证明上述结论。令 $\epsilon>0$，则存在 y_1，$y_2\in C$，使 $f(x_i,y_i)\leqslant g(x_i)+\epsilon$（$i=1$，2）。设 $\theta\in[0,1]$，我们有

$$\begin{aligned} g(\theta x_1+(1-\theta)x_2) &= \inf_{y\in C} f(\theta x_1+(1-\theta)x_2,y)\\ &\leqslant f(\theta x_1+(1-\theta)x_2,\theta y_1+(1-\theta)y_2)\\ &\leqslant \theta f(x_1,y_1)+(1-\theta)f(x_2,y_2)\\ &\leqslant \theta g(x_1)+(1-\theta)g(x_2)+\epsilon. \end{aligned}$$

因为上式对任意 $\epsilon>0$ 均成立，所以下式成立

$$g(\theta x_1+(1-\theta)x_2)\leqslant \theta g(x_1)+(1-\theta)g(x_2).$$

此结论亦可通过上境图来说明。对式 (3.16) 中定义的 f，g 和 C，设对每个 x，在集合 $y\in C$ 上求下确界均可达到，则有

$$\mathbf{epi}\, g=\{(x,t) \mid 对某个\ y\in C\ 成立\ \ (x,y,t)\in \mathbf{epi}\, f\}.$$

由于 $\mathbf{epi}\, g$ 是凸集在其中一些分量上的投影，所以它仍然是凸集。

例3.15 Schur 补。 设二次函数

$$f(x,y)=x^TAx+2x^TBy+y^TCy,$$

（其中 A 和 C 是对称矩阵）关于 (x,y) 是凸函数，即

$$\left[\begin{array}{cc} A & B\\ B^T & C \end{array}\right]\succeq 0.$$

我们可以将 $g(x)=\inf_y f(x,y)$ 表述为

$$g(x)=x^T(A-BC^\dagger B^T)x,$$

其中 $C^\dagger$ 是矩阵 C 的伪逆（见 §A.5.4）。根据极小化的性质，g 是凸函数，因此 $A-BC^\dagger B^T \succeq 0$。

如果矩阵 C 可逆，即 $C \succ 0$，则矩阵 $A-BC^{-1}B^T$ 称为 C 在矩阵

$$\begin{bmatrix} A & B \\ B^T & C \end{bmatrix}$$

中的 Schur 补（见 §A.5.5）。

例 3.16　到某一集合的距离。采用范数 $\|\cdot\|$，某点 x 到集合 $S \subseteq \mathbf{R}^n$ 的距离定义为

$$\mathbf{dist}(x,S) = \inf_{y\in S} \|x-y\|.$$

函数 $\|x-y\|$ 关于 (x,y) 是凸的，所以若集合 S 是凸集，距离函数 $\mathbf{dist}(x,S)$ 是 x 的凸函数。

例 3.17　设 h 是凸函数。则函数g

$$g(x) = \inf\{h(y) \mid Ay = x\}$$

是凸函数。为了说明这一点，定义函数 f

$$f(x,y) = \begin{cases} h(y) & \text{如果}Ay = x \\ \infty & \text{其他情况,} \end{cases}$$

此函数关于 (x,y) 是凸的。以 y 为自变量，极小化函数 f 即可得到函数 g，因此函数 g 是凸函数。（直接证明 g 是凸函数亦不复杂。）

3.2.6　透视函数

给定函数 $f:\mathbf{R}^n \to \mathbf{R}$，则 f 的**透视**函数 $g:\mathbf{R}^{n+1} \to \mathbf{R}$ 定义为

$$g(x,t) = tf(x/t),$$

其定义域为

$$\mathbf{dom}\, g = \{(x,t) \mid x/t \in \mathbf{dom}\, f, t > 0\}.$$

透视运算是保凸运算：如果函数 f 是凸函数，则其透视函数 g 也是凸函数。类似地，若 f 是凹函数，则 g 亦是凹函数。

可以从多个角度来证明此结论，例如，我们可以直接验证定义凸性的不等式（见习题 3.33）。这里应用上境图和§2.3.3 所描述的 $\mathbf{R}^{n+1}$ 上的透视映射给出一个简短的证明（同时也可以说明“透视”一词的由来）。当 $t>0$ 时，我们有

$$\begin{aligned}(x,t,s)\in\mathbf{epi}\,g &\iff tf(x/t)\leqslant s\\ &\iff f(x/t)\leqslant s/t\\ &\iff (x/t,s/t)\in\mathbf{epi}\,f.\end{aligned}$$

因此，$\mathbf{epi}\,g$ 是透视映射下 $\mathbf{epi}\,f$ 的原像，此透视映射将 (u,v,w) 映射为 $(u,w)/v$。根据 §2.3.3 中的结论，$\mathbf{epi}\,g$ 是凸集，所以函数 g 是凸函数。

例 3.18　Euclid 范数的平方。 $\mathbf{R}^n$ 上的凸函数 $f(x)=x^Tx$ 的透视函数由下式给出

$$g(x,t)=t(x/t)^T(x/t)=\frac{x^Tx}{t},$$

当 $t>0$ 时它关于 (x,t) 是凸函数。

我们可以利用其他方法导出 g 的凸性。首先，将 g 表示为一系列二次-线性分式函数 x_i^2/t 的和。在 §3.1.5 中，我们已经知道，每一项 x_i^2/t 是凸函数，因此和亦为凸函数。另一方面，我们可以将 g 表述为一种特殊的矩阵分式函数 $x^T(tI)^{-1}x$，由此导出凸性（见例 3.4）。

例 3.19　负对数。 考虑 $\mathbf{R}_{++}$ 上的凸函数 $f(x)=-\log x$，其透视函数为

$$g(x,t)=-t\log(x/t)=t\log(t/x)=t\log t-t\log x,$$

在 $\mathbf{R}_{++}^2$ 上它是凸函数。函数 g 称为关于 t 和 x 的**相对熵**。当 $x=1$ 时，g 即为负熵函数。

基于函数 g 的凸性，我们可以得出一些有趣的相关函数的凸性或凹性。首先，定义两个向量 $u,\ v\in\mathbf{R}_{++}^n$ 的相对熵

$$\sum_{i=1}^n u_i\log(u_i/v_i),$$

由于它是一系列 $u_i,\ v_i$ 的相对熵的和，因此关于 (u,v) 是凸函数。

另一个密切相关的函数是向量 $u,\ v\in\mathbf{R}_{++}^n$ 之间的 Kullback-Leibler **散度**，其形式为

$$D_{\mathrm{kl}}(u,v)=\sum_{i=1}^n\left(u_i\log(u_i/v_i)-u_i+v_i\right),\tag{3.17}$$

因为它是 (u,v) 的相对熵和线性函数的和，所以它也是凸函数。Kullback-Leibler 散度总是满足 $D_{\mathrm{kl}}(u,v)\geqslant 0$，当且仅当 $u=v$ 时，$D_{\mathrm{kl}}(u,v)=0$，因此 Kullback-Leibler 散度可以用来衡量两个正向量之间的偏差；见习题 3.13。（注意到当 u 和 v 都是概率向量，即 $\mathbf{1}^Tu=\mathbf{1}^Tv=1$ 时，相对熵和 Kullback-Leibler 散度是等价的。）

如果在相对熵函数中选择 $v_i = \mathbf{1}^T u$，我们可以得到定义在 $u \in \mathbf{R}^n_{++}$ 上的凹函数（也是齐次函数）

$$\sum_{i=1}^{n} u_i \log(\mathbf{1}^T u/u_i) = (\mathbf{1}^T u) \sum_{i=1}^{n} z_i \log(1/z_i),$$

其中 $z = u/(\mathbf{1}^T u)$。此函数称为**归一化熵**函数。向量 $z = u/\mathbf{1}^T u$ 的分量和为 1，称为归一化向量或者概率分布；u 的归一化熵是 $\mathbf{1}^T u$ 和归一化概率分布 z 的熵的乘积。

例 3.20 设 $f : \mathbf{R}^m \to \mathbf{R}$ 是凸函数，$A \in \mathbf{R}^{m \times n}$，$b \in \mathbf{R}^m$，$c \in \mathbf{R}^n$，$d \in \mathbf{R}$。定义

$$g(x) = (c^T x + d) f\left((Ax + b)/(c^T x + d)\right),$$

其定义域为

$$\mathbf{dom}\, g = \{x \mid c^T x + d > 0, (Ax + b)/(c^T x + d) \in \mathbf{dom}\, f\}.$$

则 g 是凸函数。

3.3 共轭函数

本节介绍一个运算，它将在后续章节发挥重要的作用。

3.3.1 定义及例子

设函数 $f : \mathbf{R}^n \to \mathbf{R}$，定义函数 $f^* : \mathbf{R}^n \to \mathbf{R}$ 为

$$f^*(y) = \sup_{x \in \mathbf{dom}\, f} \left(y^T x - f(x)\right), \tag{3.18}$$

此函数称为函数 f 的**共轭**函数。使上述上确界有限，即差值 $y^T x - f(x)$ 在 $\mathbf{dom}\, f$ 有上界的所有 $y \in \mathbf{R}^n$ 构成了共轭函数的定义域。图3.8描述了此定义。

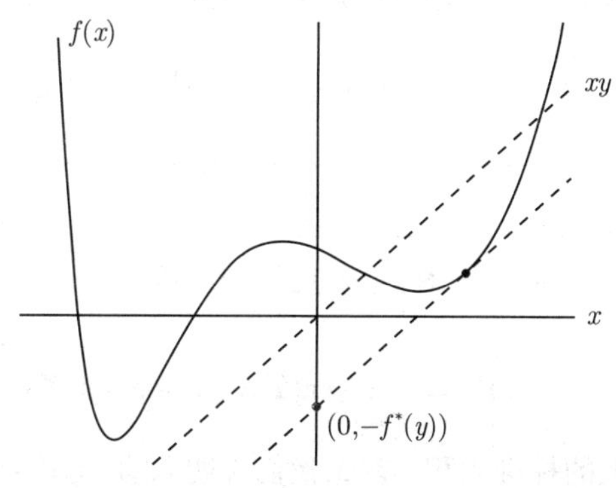

图3.8 函数 $f : \mathbf{R} \to \mathbf{R}$ 以及某一 $y \in \mathbf{R}$。共轭函数 $f^*(y)$ 是线性函数 yx 和 $f(x)$ 之间的最大差值，见图中虚线所示。如果 f 可微，在满足 $f'(x) = y$ 的点 x 处差值最大。

显而易见，f^* 是凸函数，这是因为它是一系列 y 的凸函数（实质上是仿射函数）的逐点上确界。无论 f 是否是凸函数，f^* 都是凸函数。（注意到这里当 f 是凸函数时，下标 $x \in \mathbf{dom}\, f$ 可以去掉，这是因为根据之前关于扩展值延伸的定义，对于 $x \notin \mathbf{dom}\, f$，$y^T x - f(x) = -\infty$。）

我们从一些简单的例子开始描述共轭函数的一些规律。在此基础上我们可以写出很多常见凸函数的共轭函数的解析形式。

例 3.21 考虑 $\mathbf{R}$ 上一些凸函数的共轭函数。

- **仿射函数**。$f(x) = ax + b$。作为 x 的函数，当且仅当 $y = a$，即为常数时，$yx - ax - b$ 有界。因此，共轭函数 f^* 的定义域为单点集 $\{a\}$，且 $f^*(a) = -b$。
- **负对数函数**。$f(x) = -\log x$，定义域为 $\mathbf{dom}\, f = \mathbf{R}_{++}$。当 $y \geqslant 0$ 时，函数 $xy + \log x$ 无上界，当 $y < 0$ 时，在 $x = -1/y$ 处函数达到最大值。因此，定义域为 $\mathbf{dom}\, f^* = \{y \mid y < 0\} = -\mathbf{R}_{++}$，共轭函数为 $f^*(y) = -\log(-y) - 1$（$y < 0$）。
- **指数函数**。$f(x) = e^x$。当 $y < 0$ 时，函数 $xy - e^x$ 无界。当 $y > 0$ 时，函数 $xy - e^x$ 在 $x = \log y$ 处达到最大值。因此，$f^*(y) = y \log y - y$。当 $y = 0$ 时，$f^*(y) = \sup_x -e^x = 0$。综合起来，$\mathbf{dom}\, f^* = \mathbf{R}_+$，$f^*(y) = y\log y - y$（我们规定 $0 \log 0 = 0$）。
- **负熵函数**。$f(x) = x \log x$，定义域为 $\mathbf{dom}\, f = \mathbf{R}_+$（同上面讨论，$f(0) = 0$）。对所有 y，函数 $xy - x\log x$ 关于 x 在 R_+ 上有上界，因此 $\mathbf{dom}\, f^* = \mathbf{R}$。在 $x = e^{y-1}$ 处，函数达到最大值。因此 $f^*(y) = e^{y-1}$。
- **反函数**。$f(x) = 1/x$，$x \in \mathbf{R}_{++}$。当 $y > 0$ 时，$yx - 1/x$ 无上界。当 $y = 0$ 时，函数有上确界 0；当 $y < 0$ 时，在 $x = (-y)^{-1/2}$ 处达到上确界。因此，$f^*(y) = -2(-y)^{1/2}$ 且 $\mathbf{dom}\, f^* = -\mathbf{R}_+$。

例 3.22 **严格凸的二次函数**。考虑函数 $f(x) = \frac{1}{2}x^T Q x$，$Q \in \mathbf{S}_{++}^n$。对所有的 y，x 的函数 $y^T x - \frac{1}{2}x^T Q x$ 都有上界并在 $x = Q^{-1}y$ 处达到上确界，因此

$$f^*(y) = \frac{1}{2} y^T Q^{-1} y.$$

例 3.23 **对数-行列式**。我们考虑 $\mathbf{S}_{++}^n$ 上定义的函数 $f(X) = \log\det X^{-1}$。其共轭函数定义为

$$f^*(Y) = \sup_{X \succ 0} \left(\mathbf{tr}(YX) + \log\det X \right),$$

其中，$\mathbf{tr}(YX)$ 是 $\mathbf{S}^n$ 上的标准内积。首先我们说明只有当 $Y \prec 0$ 时，$\mathbf{tr}(YX) + \log\det X$ 才有上界。如果 $Y \not\prec 0$，则 Y 有特征向量 v，$\|v\|_2 = 1$ 且对应的特征值 $\lambda \geqslant 0$。令 $X = I + tvv^T$，我们有

$$\mathbf{tr}(YX) + \log\det X = \mathbf{tr}\, Y + t\lambda + \log\det(I + tvv^T) = \mathbf{tr}\, Y + t\lambda + \log(1+t),$$

当 $t \to \infty$ 时，上式无界。

接下来考虑 $Y \prec 0$ 的情形。为了求最大值，令对 X 的偏导为零，则

$$\nabla_X \left(\mathbf{tr}(YX) + \log\det X\right) = Y + X^{-1} = 0$$

（见 §A.4.1），得 $X = -Y^{-1}$（X 是正定的）。因此

$$f^*(Y) = \log\det(-Y)^{-1} - n,$$

其定义域为 $\mathbf{dom}\, f^* = -\mathbf{S}^n_{++}$。

例 3.24　示性函数。 设 I_S 是某个集合 $S \subseteq \mathbf{R}^n$（不一定是凸集）的示性函数，即当 x 在 $\mathbf{dom}\, I_S = S$ 内时，$I_S(x) = 0$。示性函数的共轭函数为

$$I_S^*(y) = \sup_{x \in S} y^T x,$$

它是集合 S 的支撑函数。

例 3.25　指数和的对数函数。 为了得到指数和的对数函数 $f(x) = \log(\sum_{i=1}^n e^{x_i})$ 的共轭函数，首先考察 y 取何值时 $y^T x - f(x)$ 的最大值可以得到。对 x 求导，令其为零，我们得到如下条件

$$y_i = \frac{e^{x_i}}{\sum_{j=1}^n e^{x_j}}, \quad i = 1, \cdots, n.$$

当且仅当 $y \succ 0$ 以及 $\mathbf{1}^T y = 1$ 时上述方程有解。将 y_i 的表达式代入 $y^T x - f(x)$ 可得 $f^*(y) = \sum_{i=1}^n y_i \log y_i$。根据前面的约定，$0 \log 0$ 等于 0，因此只要满足 $y \succeq 0$ 以及 $\mathbf{1}^T y = 1$，即使当 y 的某些分量为零时，f^* 的表达式仍然正确。

事实上 f^* 的定义域即为 $\mathbf{1}^T y = 1$，$y \succeq 0$。为了说明这一点，假设 y 的某个分量是负的，比如说 $y_k < 0$，令 $x_k = -t$，$x_i = 0$，$i \neq k$，令 t 趋向于无穷，$y^T x - f(x)$ 无上界。

如果 $y \succeq 0$ 但是 $\mathbf{1}^T y \neq 1$，令 $x = t\mathbf{1}$，可得

$$y^T x - f(x) = t\mathbf{1}^T y - t - \log n.$$

若 $\mathbf{1}^T y > 1$，当 $t \to \infty$ 时上述表达式无界；当 $\mathbf{1}^T y < 1$ 时，若 $t \to -\infty$ 时其无界。

总之，

$$f^*(y) = \begin{cases} \sum_{i=1}^n y_i \log y_i & \text{如果} y \succeq 0 \text{且} \mathbf{1}^T y = 1 \\ \infty & \text{其他情况.} \end{cases}$$

换言之，指数和的对数函数的共轭函数是概率单纯形内的负熵函数。

例 3.26　范数。令 $\|\cdot\|$ 表示 $\mathbf{R}^n$ 上的范数，其对偶范数为 $\|\cdot\|_*$。我们说明 $f(x)=\|x\|$ 的共轭函数为

$$f^*(y)=\begin{cases}0 & \|y\|_*\leqslant 1\\ \infty & \text{其他情况},\end{cases}$$

即范数的共轭函数是对偶范数单位球的示性函数。

如果 $\|y\|_*>1$，根据对偶范数的定义，存在 $z\in\mathbf{R}^n$，$\|z\|\leqslant 1$ 使得 $y^Tz>1$。取 $x=tz$，令 $t\to\infty$ 可得

$$y^Tx-\|x\|=t(y^Tz-\|z\|)\to\infty,$$

即 $f^*(y)=\infty$，没有上界。反之，若 $\|y\|_*\leqslant 1$，对任意 x，有 $y^Tx\leqslant\|x\|\|y\|_*$，即对任意 x，$y^Tx-\|x\|\leqslant 0$。因此，在 $x=0$ 处，$y^Tx-\|x\|$ 达到最大值 0。

例 3.27　范数的平方。考虑函数 $f(x)=(1/2)\|x\|^2$，其中 $\|\cdot\|$ 是范数，对偶范数为 $\|\cdot\|_*$。我们说明此函数的共轭函数为 $f^*(y)=(1/2)\|y\|_*^2$。由 $y^Tx\leqslant\|y\|_*\|x\|$ 可知，对任意 x 下式成立

$$y^Tx-(1/2)\|x\|^2\leqslant\|y\|_*\|x\|-(1/2)\|x\|^2.$$

上式右端是 $\|x\|$ 的二次函数，其最大值为 $(1/2)\|y\|_*^2$。因此对任意 x，我们有

$$y^Tx-(1/2)\|x\|^2\leqslant(1/2)\|y\|_*^2,$$

即 $f^*(y)\leqslant(1/2)\|y\|_*^2$。

为了说明 $f^*(y)\geqslant(1/2)\|y\|_*^2$，任取满足 $y^Tx=\|y\|_*\|x\|$ 的向量 x，对其进行伸缩使得 $\|x\|=\|y\|_*$。对于此 x 有

$$y^Tx-(1/2)\|x\|^2=(1/2)\|y\|_*^2,$$

因此 $f^*(y)\geqslant(1/2)\|y\|_*^2$。

例 3.28　总收入和收益函数。考虑某个公司或者企业，利用 n 项资源生产某产品出售。令 $r=(r_1,\cdots,r_n)$ 表示每种资源的消耗量，$S(r)$ 表示利用这些资源生产产品所获得的销售总收入（资源消耗量的函数）。令 p_i 表示第 i 种资源的价格（单位价格），因此企业为这些资源所需支付的总额为 p^Tr。利用这些资源生产产品企业获利为 $S(r)-p^Tr$。固定资源的价格，我们需要决定每种资源的消耗量以达到最大收益。最大收益可以表述为

$$M(p)=\sup_r\left(S(r)-p^Tr\right).$$

函数 $M(p)$ 是可以得到的最大收益，它是资源价格的函数。利用共轭函数，M 可以进一步写成

$$M(p)=(-S)^*(-p).$$

因此，最大收益（资源价格的函数）和销售总收入（资源消耗量的函数）的共轭密切相关。

3.3.2 基本性质

Fenchel 不等式

从共轭函数的定义我们可以得到，对任意 x 和 y，如下不等式成立

$$f(x)+f^*(y)\geqslant x^Ty,$$

上述不等式即为 Fenchel **不等式**（当 f 可微的时候亦称为 Young **不等式**）。

以函数 $f(x)=(1/2)x^TQx$ 为例，其中 $Q\in\mathbf{S}_{++}^n$，我们可以得到如下不等式

$$x^Ty\leqslant(1/2)x^TQx+(1/2)y^TQ^{-1}y.$$

共轭的共轭

上面的例子以及"共轭"的名称都隐含了凸函数的共轭函数的共轭函数是原函数。也即：如果函数 f 是凸函数且 f 是闭的（即 $\mathbf{epi}\,f$ 是闭集，见 §A.3.3），则 $f^{**}=f$。例如，若 $\mathbf{dom}\,f=\mathbf{R}^n$，则我们有 $f^{**}=f$，即 f 的共轭函数的共轭函数还是 f（见习题 3.39）。

可微函数

可微函数 f 的共轭函数亦称为函数 f 的Legendre **变换**。（为了区分一般情况和可微情况下所定义的共轭，一般函数的共轭有时称为 Fenchel **共轭**。）

设函数 f 是凸函数且可微，其定义域为 $\mathbf{dom}\,f=\mathbf{R}^n$，使 $y^Tx-f(x)$ 取最大的 x^* 满足 $y=\nabla f(x^*)$，反之，若 x^* 满足 $y=\nabla f(x^*)$，$y^Tx-f(x)$ 在 x^* 处取最大值。因此，如果 $y=\nabla f(x^*)$，我们有

$$f^*(y)=x^{*T}\nabla f(x^*)-f(x^*).$$

所以，给定任意 y，我们可以求解梯度方程 $y=\nabla f(z)$，从而得到 y 处的共轭函数 $f^*(y)$。

我们亦可以换一个角度理解。任选 $z\in\mathbf{R}^n$，令 $y=\nabla f(z)$，则

$$f^*(y)=z^T\nabla f(z)-f(z).$$

伸缩变换和复合仿射变换

若 $a>0$ 以及 $b\in\mathbf{R}$，$g(x)=af(x)+b$ 的共轭函数为 $g^*(y)=af^*(y/a)-b$。

设 $A\in\mathbf{R}^{n\times n}$ 非奇异，$b\in\mathbf{R}^n$，则函数 $g(x)=f(Ax+b)$ 的共轭函数为

$$g^*(y)=f^*(A^{-T}y)-b^TA^{-T}y,$$

其定义域为 $\mathbf{dom}\,g^*=A^T\,\mathbf{dom}\,f^*$。

独立函数的和

如果函数 $f(u,v)=f_1(u)+f_2(v)$，其中 f_1 和 f_2 是凸函数，且共轭函数分别为 f_1^* 和 f_2^*，则

$$f^*(w,z)=f_1^*(w)+f_2^*(z).$$

换言之，**独立**凸函数的和的共轭函数是各个凸函数的共轭函数的和。（“独立”的含义是各个函数具有不同的变量。）

3.4 拟凸函数

3.4.1 定义及例子

函数 $f:\mathbf{R}^n\to\mathbf{R}$ 称为**拟凸**函数（或者**单峰**函数），如果其定义域及所有下水平集

$$S_\alpha=\{x\in\mathbf{dom}\,f\mid f(x)\leqslant\alpha\},$$

$\alpha\in\mathbf{R}$，都是凸集。函数 f 是**拟凹**函数，如果 $-f$ 是拟凸函数，即每个上水平集 $\{x\mid f(x)\geqslant\alpha\}$ 是凸集。若某函数既是拟凸函数又是拟凹函数，其为**拟线性**函数。如果函数是拟线性函数，其定义域和所有的水平集 $\{x\mid f(x)=\alpha\}$ 都是凸集。

对于定义在 $\mathbf{R}$ 上的函数，拟凸性要求每个下水平集是一个区间（有可能包括无限区间）。$\mathbf{R}$ 上的一个拟凸函数如图 3.9 所示。

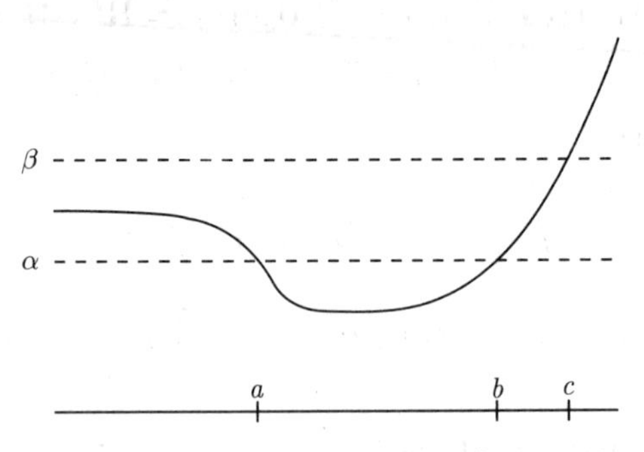

图 3.9 $\mathbf{R}$ 上的一个拟凸函数。对于任意 α，α- 下水平集 S_α 是凸集，即某区间。下水平集 S_α 是区间 $[a,b]$。下水平集 S_β 是区间 $(-\infty,c]$。

凸函数具有凸的下水平集，所以也是拟凸函数。但是拟凸函数不一定是凸函数，图 3.9 所示的简单例子即说明了这一点。

例 3.29 $\mathbf{R}$ 上的一些例子：

- **对数函数**。定义在 $\mathbf{R}_{++}$ 上的函数 $\log x$ 是拟凸函数（也是拟凹函数，因此是拟线性函数）。

- **上取整函数**。函数 $\mathrm{ceil}(x)=\inf\{z\in\mathbf{Z}\mid z\geqslant x\}$ 是拟凸函数（亦为拟凹函数）。

从上述例子可以看出，拟凸函数可能是凹函数，甚至有可能是不连续的。下面给出 $\mathbf{R}^n$ 上的一些例子。

例 3.30 向量的长度。定义 $x\in\mathbf{R}^n$ 的**长度**为非零分量的下标的最大值，即

$$f(x)=\max\{i\mid x_i\neq 0\}.$$

（定义零向量的长度为零。）由于此函数的下水平集是子空间

$$f(x)\leqslant\alpha \iff x_i=0\ \forall\ i=\lfloor\alpha\rfloor+1,\cdots,n.$$

所以它在 $\mathbf{R}^n$ 上是拟凸函数。

例 3.31 考虑函数 $f:\mathbf{R}^2\to\mathbf{R}$，其定义域为 $\mathbf{dom}\,f=\mathbf{R}^2_+$，$f(x_1,x_2)=x_1x_2$。此函数既非凸函数，亦非凹函数，因为其 Hessian 矩阵

$$\nabla^2 f(x)=\begin{bmatrix}0&1\\1&0\end{bmatrix}$$

是不定的；它的两个特征值一个大于零一个小于零。然而，函数 f 是拟凹函数，因为对任意 α，函数的上水平集

$$\{x\in\mathbf{R}^2_+\mid x_1x_2\geqslant\alpha\}$$

都是凸集。（注意到函数 f 在 $\mathbf{R}^2$ 上**不是**拟凸函数。）

例 3.32 线性分式函数。函数

$$f(x)=\frac{a^Tx+b}{c^Tx+d},$$

其定义域为 $\mathbf{dom}\,f=\{x\mid c^Tx+d>0\}$，是拟凸函数，也是拟凹函数，所以此函数是拟线性函数。其 α-下水平集为

$$\begin{aligned}S_\alpha&=\{x\mid c^Tx+d>0,(a^Tx+b)/(c^Tx+d)\leqslant\alpha\}\\&=\{x\mid c^Tx+d>0,\ a^Tx+b\leqslant\alpha(c^Tx+d)\},\end{aligned}$$

它是凸集，因为它是一个开的半平面和闭的半平面的交集。（可以用同样的方法来判断其上水平集是凸集。）

例 3.33 距离比函数。设 $a, b \in \mathbf{R}^n$，定义

$$f(x) = \frac{\|x-a\|_2}{\|x-b\|_2},$$

即，到 a 点的 Euclid 距离和到 b 点的 Euclid 距离之比。函数 f 在半平面 $\{x \mid \|x-a\|_2 \leqslant \|x-b\|_2\}$ 上是拟凸函数。为了说明这一点，我们考虑 f 的 α-下水平集，由于在半平面 $\{x \mid \|x-a\|_2 \leqslant \|x-b\|_2\}$ 上 $f(x) \leqslant 1$，选取 $\alpha \leqslant 1$。下水平集是满足下式的一系列点

$$\|x-a\|_2 \leqslant \alpha\|x-b\|_2.$$

将上式两端平方，并重新排列各项，我们得到如下表达式

$$(1-\alpha^2)x^Tx - 2(a-\alpha^2 b)^T x + a^T a - \alpha^2 b^T b \leqslant 0.$$

当 $\alpha \leqslant 1$ 时其为凸集（事实上是一个 Euclid 球）。

例 3.34 内生回报率。令 $x = (x_0, x_1, \cdots, x_n)$ 表示 n 个时间段内的现金流序列，$x_i > 0$ 表明在时间段 i 流入现金 x_i，$x_i < 0$ 表明在时间段 i 流出现金 $-x_i$。令利率 $r \geqslant 0$，定义现金流的**现值**为

$$\mathrm{PV}(x, r) = \sum_{i=0}^{n} (1+r)^{-i} x_i.$$

（$(1+r)^{-i}$ 是时间段 i 流入或者流出现金的**折扣因子**。）

我们考虑 $x_0 < 0$ 且 $x_0 + x_1 + \cdots + x_n > 0$ 的现金流。这种情况表明初始投资 $|x_0|$，总的现金余额 $x_1 + \cdots + x_n$ 多于最初的投资额（没有考虑任何折扣因子）。

对于上述现金流，$\mathrm{PV}(x,0) > 0$，当 $r \to \infty$ 时 $\mathrm{PV}(x,r) \to x_0 < 0$，因此至少存在一个 $r \geqslant 0$，使得 $\mathrm{PV}(x,r) = 0$。定义现金流的**内生回报率**为使得现值为零的最小利率 $r \geqslant 0$，即

$$\mathrm{IRR}(x) = \inf\{r \geqslant 0 \mid \mathrm{PV}(x,r) = 0\}.$$

内生回报率是 x 的拟凹函数（当 $x_0 < 0$ 且 $x_1 + \cdots + x_n > 0$ 时）。为了说明这一点，利用如下事实

$$\mathrm{IRR}(x) \geqslant R \iff \mathrm{PV}(x,r) > 0 \ \forall 0 \leqslant r < R.$$

上式的左边定义了 IRR 的 R-上水平集。右端是关于不同的 r（$0 \leqslant r < R$）的一族集合 $\{x \mid \mathrm{PV}(x,r) > 0\}$ 的交集。对于任意 r，$\mathrm{PV}(x,r) > 0$ 定义了一个开的半平面，所以上式的右端定义了一个凸集。

3.4.2 基本性质

上面的例子说明了拟凸性是凸性的重要扩展。在拟凸条件下，凸函数的很多性质仍然成立，或者可以找到类似性质。例如，存在一种变化的 Jensen 不等式来描述拟凸函数：函数 f 是拟凸函数的充要条件是，$\mathbf{dom}\, f$ 是凸集，且对于任意x，$y \in \mathbf{dom}\, f$ 及 $0 \leqslant \theta \leqslant 1$，有

$$f(\theta x + (1-\theta)y) \leqslant \max\{f(x), f(y)\}, \tag{3.19}$$

即线段中任意一点的函数值不超过其端点函数值中最大的那个。不等式 (3.19) 有时称为拟凸函数的 Jensen 不等式，图3.10所示即为一个拟凸函数的例子。

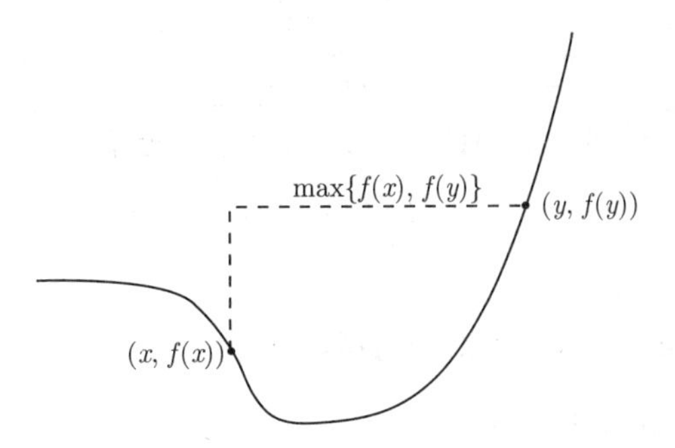

图3.10 R上的一个拟凸函数。x和y之间的函数值不超过$\max\{f(x), f(y)\}$。

例 3.35 非零向量的基数。向量 $x \in \mathbf{R}^n$ 的**基数**或者**规模**定义为其中非零分量的个数，用 $\mathbf{card}(x)$ 表示。函数 $\mathbf{card}$ 在 $\mathbf{R}^n_+$ 上是拟凹函数（注意到不是 $\mathbf{R}^n$ 上）。由修正的 Jensen 不等式可以立即得到，对 x，$y \succeq 0$，有

$$\mathbf{card}(x+y) \geqslant \min\{\mathbf{card}(x), \mathbf{card}(y)\}.$$

例 3.36 半正定矩阵的秩。函数 $\mathbf{rank}\, X$ 在 $\mathbf{S}^n_+$ 上是拟凹函数。由修正的 Jensen 不等式(3.19) 可以得到，对 X，$Y \in \mathbf{S}^n_+$ 下式成立

$$\mathbf{rank}(X+Y) \geqslant \min\{\mathbf{rank}\, X, \mathbf{rank}\, Y\},$$

（因为当 $x \succeq 0$ 时，$\mathbf{rank}(\mathbf{diag}(x)) = \mathbf{card}(x)$，此例可以看成是上一个例子的扩展。）

和凸性类似，拟凸性可以由函数 f 在直线上的性质刻画：函数 f 是拟凸的充要条件是它在和其定义域相交的任意直线上是拟凸函数。特别地，可以通过将一个函数限制在任意直线上，通过考察所得到的函数在 $\mathbf{R}$ 上的拟凸性来验证原函数的拟凸性。

R 上的拟凸函数

对 $\mathbf{R}$ 上的拟凸函数，我们给出一个简单的刻画。由于考虑一般的函数较为繁琐，所以我们考虑连续函数。连续函数 $f : \mathbf{R} \to \mathbf{R}$ 是拟凸的，当且仅当下述条件至少有一个成立。

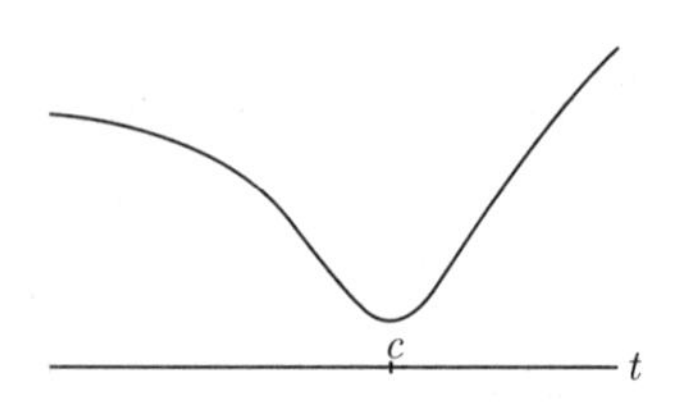

图3.11 **R** 上的拟凸函数。函数在 $t \leqslant c$ 时非增，在 $t \geqslant c$时非减。

- 函数 f 是非减的；
- 函数 f 是非增的；
- 存在一点 $c \in \mathbf{dom}\, f$，使得对于 $t \leqslant c$（且 $t \in \mathbf{dom}\, f$），f 非增，对于 $t \geqslant c$（且 $t \in \mathbf{dom}\, f$），f 非减。

点 c 可以在 f 的全局最小点中任选一个。图3.11描述了这样的情形。

3.4.3 可微拟凸函数

一阶条件

设函数 $f: \mathbf{R}^n \to \mathbf{R}$ 可微，则函数 f 是拟凸的充要条件是，$\mathbf{dom}\, f$ 是凸集，且对于任意 x，$y \in \mathbf{dom}\, f$ 有

$$f(y) \leqslant f(x) \Longrightarrow \nabla f(x)^T(y-x) \leqslant 0. \tag{3.20}$$

这是和不等式 (3.2) 相对应的描述拟凸函数的不等式。

当 $\nabla f(x) \neq 0$ 时，条件 (3.20) 的几何意义很简单，即 $\nabla f(x)$ 在点 x 处定义了水平集 $\{y \mid f(y) \leqslant f(x)\}$ 的一个支撑超平面，如图3.12所示。

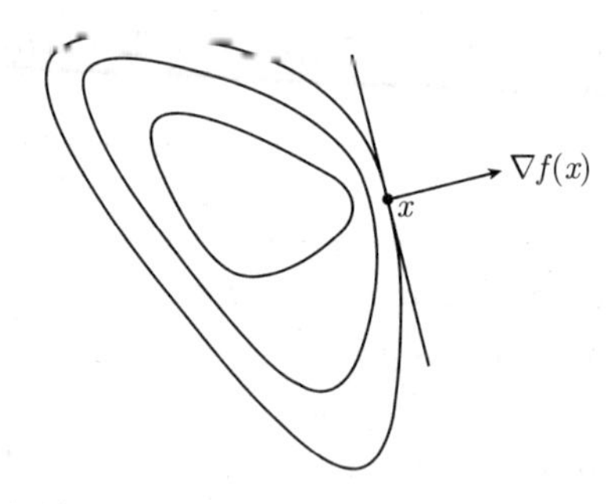

图3.12 拟凸函数 f 的三条等值线如图所示。梯度向量 $\nabla f(x)$ 在点 x 处定义了水平集 $\{z \mid f(z) \leqslant f(x)\}$ 的一个支撑超平面。

我们注意到判断凸性的一阶条件 (3.2) 和判断拟凸性的一阶条件 (3.20) 相似，但是实际上二者存在重要的差别。例如，如果函数 f 是凸函数且 $\nabla f(x)=0$，x 是函数 f 的全局极小点。然而，对于拟凸函数，这样的论断并**不成立**：有可能 $\nabla f(x)=0$，但是点 x 不是 f 的全局极小点。

二阶条件

假设函数 f 二次可微。如果函数 f 是拟凸函数，则对于任意 $x \in \mathbf{dom}\, f$ 以及任意 $y \in \mathbf{R}^n$ 有

$$y^T\nabla f(x)=0\Longrightarrow y^T\nabla^2 f(x)y\geqslant 0. \tag{3.21}$$

对于定义在 $\mathbf{R}$ 上的拟凸函数，上述条件可以简化为如下条件

$$f'(x)=0\Longrightarrow f''(x)\geqslant 0,$$

即在斜率为零的点，二阶导数是非负的。对于定义在 $\mathbf{R}^n$ 上的拟凸函数，条件 (3.21) 的意义就稍微复杂一些。和 $n=1$ 时的情形类似，只要 $\nabla f(x)=0$，有 $\nabla^2 f(x)\succeq 0$。若 $\nabla f(x)\neq 0$，条件 (3.21) 说明了 $\nabla^2 f(x)$ 在 $(n-1)$-维子空间 $\nabla f(x)^\perp$ 上是半正定的。即 $\nabla^2 f(x)$ 最多只有一个负特征值。

反之（部分条件），如果对于任意 $x\in\mathbf{dom}\,f$ 以及任意 $y\in\mathbf{R}^n$，函数 f 满足

$$y^T\nabla f(x)=0\Longrightarrow y^T\nabla^2 f(x)y>0 \tag{3.22}$$

则函数 f 是拟凸函数。此条件等价于在满足 $\nabla f(x)=0$ 的点处 $\nabla^2 f(x)$ 正定，在其他点处 $\nabla^2 f(x)$ 在 $(n-1)$-维子空间 $\nabla f(x)^\perp$ 上正定。

拟凸性的二阶条件的证明

将函数限制在任意直线上，我们只要考虑 $f:\mathbf{R}\to\mathbf{R}$ 的情形即可判断函数的拟凸性。

首先我们说明，如果函数 $f:\mathbf{R}\to\mathbf{R}$ 在区间 (a,b) 上是拟凸的，则其必须满足 (3.21)，即对 $c\in(a,b)$，若 $f'(c)=0$，则有 $f''(c)\geqslant 0$。否则，若存在 $c\in(a,b)$，使得 $f'(c)=0$，但 $f''(c)<0$，则对于小的正数 ϵ，有 $f(c-\epsilon)<f(c)$ 和 $f(c+\epsilon)<f(c)$。因此，对于小的正数 ϵ，水平集 $\{x\mid f(x)\leqslant f(c)-\epsilon\}$ 是不连通的，也即不是凸集，这与 f 是拟凸函数的假设相矛盾。

接下来我们说明如果条件 (3.22) 成立，则函数 f 是拟凸的。假设式 (3.22) 成立，即对于区间 $c\in(a,b)$ 上满足 $f'(c)=0$ 的点，我们有 $f''(c)>0$。这意味着当函数 f' 过零点时，它是严格增的。因此，函数 f' 最多过一次零点。如果函数 f' 不过零点，则 f 在 (a,b) 上或者非增，或者非减，因此是拟凸函数。若函数 f' 恰过一次零点，设在点 $c\in(a,b)$ 处过零点。因为 $f''(c)>0$，则在 $a<t\leqslant c$ 时 $f'(t)\leqslant 0$，在 $c\leqslant t<b$ 时，$f'(t)\geqslant 0$。因此函数 f 是拟凸的。

3.4.4 保拟凸运算

非负加权最大

拟凸函数的非负加权最大定义为

$$f=\max\{w_1f_1,\cdots,w_mf_m\},$$

其中 $w_i\geqslant 0$，f_i 是拟凸函数。上述定义的函数 f 是拟凸函数。此性质可以扩展到一般的逐点上确界，即

$$f(x) = \sup_{y \in C}(w(y)g(x,y)),$$

其中 $w(y) \geqslant 0$，固定任意 y，$g(x,y)$ 关于 x 是拟凸函数。上述定义的函数 f 是拟凸函数。可以很容易证明上述结论：$f(x) \leqslant \alpha$，当且仅当

$$w(y)g(x,y) \leqslant \alpha \ \forall y \in C,$$

即函数 f 的 α-下水平集是以 x 为自变量的一族函数 $w(y)g(x,y)$ 的 α-下水平集的交集。

例 3.37　广义特征值。一对对称矩阵 (X,Y)，其中 $Y \succ 0$，定义其**最大广义特征值**为

$$\lambda_{\max}(X,Y) = \sup_{u \neq 0} \frac{u^T X u}{u^T Y u} = \sup\{\lambda \mid \det(\lambda Y - X) = 0\}.$$

（参见 §A.5.3。）此函数在定义域 $\mathbf{dom}\, f = \mathbf{S}^n \times \mathbf{S}^n_{++}$ 上是拟凸函数。

为了说明这一点，我们考虑如下表达式

$$\lambda_{\max}(X,Y) = \sup_{u \neq 0} \frac{u^T X u}{u^T Y u}.$$

对于任意 $u \neq 0$，函数 $u^T X u / u^T Y u$ 是 (X,Y) 的线性分式函数，因此是 (X,Y) 的拟凸函数。因为 $\lambda_{\max}$ 是一族拟凸函数的上确界，因此它是拟凸函数。

复合

如果函数 $g : \mathbf{R}^n \to \mathbf{R}$ 是拟凸函数，且函数 $h : \mathbf{R} \to \mathbf{R}$ 是非减的，则复合函数 $f = h \circ g$ 是拟凸函数。

拟凸函数和一个仿射函数或者线性分式函数进行复合可以得到拟凸函数。如果函数 f 是拟凸函数，则 $g(x) = f(Ax+b)$ 是拟凸函数，且函数 $\tilde{g}(x) = f((Ax+b)/(c^T x + d))$ 在集合

$$\{x \mid c^T x + d > 0,\ (Ax+b)/(c^T x + d) \in \mathbf{dom}\, f\}$$

上是拟凸函数。

最小化

如果函数 $f(x,y)$ 是 x 和 y 的联合拟凸函数，且 C 是凸集，则函数

$$g(x) = \inf_{y \in C} f(x,y)$$

是拟凸函数。

为了说明这一点，我们只需要证明对任意 $\alpha \in \mathbf{R}$，集合 $\{x \mid g(x) \leqslant \alpha\}$ 是凸集。根据函数 g 的定义，$g(x) \leqslant \alpha$，当且仅当对任意 $\epsilon > 0$，存在一 $y \in C$ 使得 $f(x,y) \leqslant \alpha + \epsilon$。

令 x_1 和 x_2 是 g 的 α-下水平集中的任意两点。则对于任意 $\epsilon > 0$，存在 y_1，$y_2 \in C$ 使得

$$f(x_1, y_1) \leqslant \alpha + \epsilon, \qquad f(x_2, y_2) \leqslant \alpha + \epsilon,$$

因为函数 f 关于 x 和 y 是拟凸的，我们有

$$f(\theta x_1 + (1-\theta)x_2, \theta y_1 + (1-\theta)y_2) \leqslant \alpha + \epsilon,$$

其中 $0 \leqslant \theta \leqslant 1$。因此 $g(\theta x_1 + (1-\theta)x_2) \leqslant \alpha$，说明 $\{x \mid g(x) \leqslant \alpha\}$ 是凸集。

3.4.5 通过一族凸函数进行表示

下面我们将要说明，可以很方便地将拟凸函数 f 的下水平集（凸集）表示成凸函数的不等式。选择一族凸函数 $\phi_t : \mathbf{R}^n \to \mathbf{R}$，$t \in \mathbf{R}$ 表示凸函数的编号，这些函数满足

$$f(x) \leqslant t \iff \phi_t(x) \leqslant 0, \tag{3.23}$$

即拟凸函数 f 的 t-下水平集是凸函数 ϕ_t 的 0-下水平集。显然，对于任意 $x \in \mathbf{R}^n$，函数 ϕ_t 必须满足：当 $s \geqslant t$ 时，$\phi_t(x) \leqslant 0 \implies \phi_s(x) \leqslant 0$。为了满足这个条件，要求对于任意 x，$\phi_t(x)$ 是 t 的非增函数，即当 $s \geqslant t$ 时，$\phi_s(x) \leqslant \phi_t(x)$。

为了说明总能找到这样一族函数，我们可以选取

$$\phi_t(x) = \begin{cases} 0 & f(x) \leqslant t \\ \infty & \text{其他情况}, \end{cases}$$

即 ϕ_t 是函数 f 的 t-下水平集的示性函数。显然这样的一族函数不是唯一的，例如如果函数 f 的下水平集是闭集，我们可以选取

$$\phi_t(x) = \mathbf{dist}\,(x, \{z \mid f(z) \leqslant t\}).$$

当然，我们希望选择的 ϕ_t 具有良好的性质，比如说可微性。

例 3.38 凸凹函数之比。 设 p 是凸函数，q 是凹函数，在凸集 C 上，$p(x) \geqslant 0$，$q(x) > 0$。在集合 C 上定义函数 $f(x) = p(x)/q(x)$，则 f 是拟凸函数。

此时有

$$f(x) \leqslant t \iff p(x) - tq(x) \leqslant 0,$$

因此我们可以选取 $\phi_t(x) = p(x) - tq(x)$，$t \geqslant 0$。对于任意 t，ϕ_t 是凸函数，且对于任意 x，$\phi_t(x)$ 是关于 t 的减函数。

3.5　对数-凹函数和对数-凸函数

3.5.1　定义

称函数 $f:\mathbf{R}^n \to \mathbf{R}$ **对数凹**或**对数-凹**，如果对所有的 $x \in \mathbf{dom}\, f$ 有 $f(x) > 0$ 且 $\log f$ 是凹函数。称函数**对数凸**或者**对数-凸**，如果 $\log f$ 是凸函数。因此，函数 f 是对数-凸的，当且仅当 $1/f$ 是对数-凹的。也可以允许函数值 f 为零，这时只需在 f 为零的点令 $\log f(x) = -\infty$。此时，函数 f 是对数-凹的，如果扩展值函数 $\log f$ 是凹函数。

对数-凹的性质可以不借助对数直接表达：考察函数 $f:\mathbf{R}^n \to \mathbf{R}$，其定义域是凸集，且对于任意 $x \in \mathbf{dom}\, f$ 有 $f(x) > 0$，函数是对数-凹的，当且仅当对任意 $x,\ y \in \mathbf{dom}\, f$，$0 \leqslant \theta \leqslant 1$，有

$$f(\theta x + (1-\theta)y) \geqslant f(x)^{\theta} f(y)^{1-\theta}.$$

特别地，对数-凹函数在两点之间中点的函数值不小于这两点的函数值的**几何平均值**。

根据函数复合规则，我们知道如果函数 h 是凸函数，则函数 e^h 是凸函数，因此对数-凸函数是凸函数。类似地，非负凹函数是对数-凹函数。此外，由于对数函数是单调增函数，所以对数-凸函数是拟凸函数，对数-凹函数是拟凹函数。

例 3.39　一些简单的对数-凹函数和对数-凸函数。

- **仿射函数**。函数 $f(x) = a^T x + b$ 在 $\{x \mid a^T x + b > 0\}$ 上是对数-凹函数。
- **幂函数**。函数 $f(x) = x^a$ 在 $\mathbf{R}_{++}$ 上当 $a \leqslant 0$ 时是对数-凸函数，当 $a \geqslant 0$ 时是对数-凹函数。
- **指数函数**。函数 $f(x) = e^{ax}$ 既是对数-凸函数也是对数-凹函数。
- Gauss 概率密度函数的累积分布函数

$$\Phi(x) = \frac{1}{\sqrt{2\pi}} \int_{-\infty}^{x} e^{-u^2/2}\, du,$$

  是对数-凹函数（参见习题 3.54）。
- Gamma **函数**。Gamma 函数

$$\Gamma(x) = \int_0^{\infty} u^{x-1} e^{-u}\, du,$$

  当 $x \geqslant 1$ 时是对数-凸函数（参见习题 3.52）。
- **行列式**。$\det X$ 在 $\mathbf{S}_{++}^n$ 上是对数-凹函数。

- **行列式与迹之比。** $\det X/\operatorname{\mathbf{tr}} X$ 在 $\mathbf{S}_{++}^n$ 上是对数-凹函数（参见习题 3.49）。

例 3.40 对数-凹的概率密度函数。 一些常用的概率密度函数是对数-凹函数。其中的两个例子是多变量正态分布的概率密度函数，即

$$f(x)=\frac{1}{\sqrt{(2\pi)^n\det\Sigma}}e^{-\frac{1}{2}(x-\bar{x})^T\Sigma^{-1}(x-\bar{x})}$$

（其中 $\bar{x}\in\mathbf{R}^n$，$\Sigma\in\mathbf{S}_{++}^n$），以及 $\mathbf{R}_+^n$ 上的指数分布的概率密度函数

$$f(x)=\left(\prod_{i=1}^n\lambda_i\right)e^{-\lambda^Tx}$$

（其中 $\lambda\succ 0$）。另外还有一个例子是凸集 C 上均匀分布的概率密度函数

$$f(x)=\begin{cases}1/\alpha & x\in C\\ 0 & x\notin C\end{cases}$$

其中 $\alpha=\mathbf{vol}(C)$ 表示集合 C 的体积（Lebesgue 测度）。在这样的定义下，若 x 在集合 C 外，$\log f$ 取值为 $-\infty$，若 x 在集合 C 内，$\log f$ 取值为 $-\log\alpha$，是凹函数。

我们考虑一个不太常见的分布，Wishart 分布，其定义如下。令 $x_1,\cdots,x_p\in\mathbf{R}^n$ 是独立的 Gauss 随机向量，均值为零，协方差为 $\Sigma\in\mathbf{S}^n$，其中 $p>n$。随机矩阵 $X=\sum_{i=1}^p x_ix_i^T$ 具有 Wishart 概率密度函数

$$f(X)=a\,(\det X)^{(p-n-1)/2}\,e^{-\frac{1}{2}\operatorname{\mathbf{tr}}(\Sigma^{-1}X)},$$

其中 $\mathbf{dom}\,f=\mathbf{S}_{++}^n$，$a$ 是正常数。Wishart 概率密度函数是对数-凹函数，这是因为

$$\log f(X)=\log a+\frac{p-n-1}{2}\log\det X-\frac{1}{2}\operatorname{\mathbf{tr}}(\Sigma^{-1}X)$$

是 X 的凹函数。

3.5.2 相关性质

二次可微的对数-凸/凹函数

设函数 f 二次可微，其中 $\mathbf{dom}\,f$ 是凸集，我们有

$$\nabla^2\log f(x)=\frac{1}{f(x)}\nabla^2 f(x)-\frac{1}{f(x)^2}\nabla f(x)\nabla f(x)^T.$$

事实上，函数 f 是对数-凸函数，当且仅当对任意 $x\in\mathbf{dom}\,f$，下式成立

$$f(x)\nabla^2 f(x)\succeq\nabla f(x)\nabla f(x)^T,$$

函数 f 是对数-凹函数，当且仅当对任意 $x\in\mathbf{dom}\,f$，下式成立

$$f(x)\nabla^2 f(x)\preceq\nabla f(x)\nabla f(x)^T.$$

乘积，和，以及积分运算

对数-凸性以及对数-凹性对乘积以及正的伸缩运算是封闭的。例如，如果函数 f 和 g 是对数-凹函数，则逐点乘积函数 $h(x) = f(x)g(x)$ 也是对数-凹函数，这是因为 $\log h(x) = \log f(x) + \log g(x)$，而 $\log f(x)$ 和 $\log g(x)$ 是 x 的凹函数。

一些简单的例子即可以说明对数-凹函数的和一般不是对数-凹函数。然而，对数-凸函数的和仍然是对数-凸函数。设 f 和 g 是对数-凸函数，即 $F = \log f$ 和 $G = \log g$ 是凸函数。根据凸函数的复合规则有

$$\log(\exp F + \exp G) = \log(f + g),$$

上述函数是凸函数。因此，两个对数-凸函数的和仍然是对数-凸函数。

更一般地，如果对任意 $y \in C$，$f(x, y)$ 是 x 的对数-凸函数，则函数

$$g(x) = \int_C f(x, y)\, dy$$

是对数-凸函数。

例 3.41　非负函数的 Laplace 变换以及矩生成函数和累积量生成函数。设函数 $p : \mathbf{R}^n \to \mathbf{R}$ 对所有 x 满足 $p(x) \geqslant 0$。函数 p 的 Laplace 变换

$$P(z) = \int p(x) e^{-z^T x}\, dx,$$

在 $\mathbf{R}^n$ 上是对数-凸函数。(此时定义域 $\mathbf{dom}\, P$ 为 $\{z \mid P(z) < \infty\}$。)

假设 p 是概率密度函数，即满足 $\int p(x)\, dx = 1$。函数 $M(z) = P(-z)$ 称为概率密度函数的**矩生成函数**。之所以称为矩生成函数是因为对 $M(z)$ 求导并令 $z = 0$ 可以得到概率密度函数的矩，即

$$\nabla M(0) = \mathbf{E}\, v, \qquad \nabla^2 M(0) = \mathbf{E}\, vv^T,$$

其中随机向量 v 具有概率密度函数 p。

凸函数 $\log M(z)$ 被称为函数 p 的**累积量生成函数**，这是因为通过它的导数可以得到概率密度函数的累积量。例如，对其求一阶以及二阶导，并令自变量为零，可以得到相应随机变量的期望和协方差为

$$\nabla \log M(0) = \mathbf{E}\, v, \qquad \nabla^2 \log M(0) = \mathbf{E}(v - \mathbf{E}\, v)(v - \mathbf{E}\, v)^T.$$

对数-凹函数的积分

在一些特殊的情况下，对数-凹的性质在积分后仍然保留。如果函数 $f : \mathbf{R}^n \times \mathbf{R}^m \to \mathbf{R}$ 是对数-凹函数，则

$$g(x) = \int f(x, y)\, dy$$

在 $\mathbf{R}^n$ 上是 x 的对数-凹函数。(此时是在 $\mathbf{R}^m$ 上求积分。) 这个结论的证明不太简单，参见参考文献。

这个结论有着重要的意义，本节后续将会就其中的一部分进行描述。根据此结论可知对数-凹的概率密度分布函数的边际分布仍然是对数-凹的。此外，对数-凹的性质对卷积运算是封闭的，即如果函数 f 和 g 在 $\mathbf{R}^n$ 上是对数-凹的，则它们的卷积

$$(f * g)(x) = \int f(x-y)g(y)\, dy$$

仍然是对数-凹函数。(这个不难看出，因为 $g(y)$ 和 $f(x-y)$ 关于 (x,y) 是对数-凹的，因此乘积 $f(x-y)g(y)$ 是对数-凹函数，根据前面关于积分的结论就可以直接得到此处的结论。)

设 $C \subseteq \mathbf{R}^n$ 是凸集，w 是 $\mathbf{R}^n$ 上的随机向量，设其具有对数-凹的概率密度函数 p。则函数

$$f(x) = \mathbf{prob}(x + w \in C)$$

是 x 的对数-凹函数。为了说明这一点，我们将 f 表述为

$$f(x) = \int g(x+w)p(w)\, dw,$$

其中 g 定义为

$$g(u) = \begin{cases} 1 & u \in C \\ 0 & u \notin C, \end{cases}$$

(它是对数-凹函数)，利用前面关于积分的结论即可得到 f 是对数-凹函数。

例 3.42 概率密度函数的**累积分布函数** $f : \mathbf{R}^n \to \mathbf{R}$ 定义为

$$F(x) = \mathbf{prob}(w \preceq x) = \int_{-\infty}^{x_n} \cdots \int_{-\infty}^{x_1} f(z)\, dz_1 \cdots dz_n,$$

其中 w 是随机变量，具有概率密度函数 f。如果函数 f 是对数-凹函数，那么 F 是对数-凹的。之前我们已经接触过一个这样的例子，Gauss 随机变量的累积分布函数

$$f(x) = \frac{1}{\sqrt{2\pi}} \int_{-\infty}^{x} e^{-t^2/2}\, dt,$$

是对数-凹函数。(参见例 3.39 和习题 3.54。)

例 3.43 产出函数。令 $x \in \mathbf{R}^n$ 表示生产产品的一组参数的名义值或者目标值。不同制造过程会使得参数值有一定变化，得到的值为 $x + w$，其中 $w \in \mathbf{R}^n$ 是随机向量，表征了制造过程的变化，其均值为零。制造过程的**产出**是名义参数值的函数，

$$Y(x) = \mathbf{prob}(x + w \in S),$$

其中 $S \subseteq \mathbf{R}^n$ 表示可以接受的产品参数值的集合，即产品**规格**。

如果制造误差 w 的概率密度函数是对数-凹的（例如 Gauss 分布），产品规格集合 S 是凸集，那么产出函数 Y 是对数-凹函数。定义 α-**产出区域**为使产出超过 α 的名义参数值的集合，由于 Y 是对数-凹函数，此集合是凸集。例如，95% 产出区域

$$\{x \mid Y(x) \geqslant 0.95\} = \{x \mid \log Y(x) \geqslant \log 0.95\}$$

是凸集，这是因为它是凹函数 $\log Y$ 的上水平集。

例 3.44　多面体的体积。令 $A \in \mathbf{R}^{m \times n}$，定义

$$P_u = \{x \in \mathbf{R}^n \mid Ax \preceq u\}.$$

则其体积 $\mathbf{vol}\, P_u$ 是 u 的对数-凹函数。

为了证明这一点，注意到函数

$$\Psi(x, u) = \begin{cases} 1 & Ax \preceq u \\ 0 & \text{其他情况}, \end{cases}$$

是对数-凹的。根据前面关于积分的结论，我们有

$$\int \Psi(x, u)\, dx = \mathbf{vol}\, P_u$$

是对数-凹的。

3.6　关于广义不等式的凸性

本节考虑广义的单调性和凸性，采用广义不等式，而不是通常的 $\mathbf{R}$ 上的顺序。

3.6.1　关于广义不等式的单调性

设 $K \subseteq \mathbf{R}^n$ 是一个正常锥，其相应的广义不等式为 $\preceq_K$。称函数 $f: \mathbf{R}^n \to \mathbf{R}$ K-**非减**，如果下式成立

$$x \preceq_K y \Longrightarrow f(x) \leqslant f(y),$$

称函数 K-**增**，如果下式成立

$$x \preceq_K y,\ x \neq y \Longrightarrow f(x) < f(y).$$

类似地，可以定义 K-**非增**和 K-**减**函数。

例 3.45　单调向量函数。函数 $f: \mathbf{R}^n \to \mathbf{R}$ 在 $\mathbf{R}^n_+$ 上非减，当且仅当对任意 x，y 下式成立

$$x_1 \leqslant y_1, \cdots, x_n \leqslant y_n \implies f(x) \leqslant f(y).$$

这等价于函数 f 限制为每个分量 x_i 的函数时（x_i 作为自变量，固定 x_j，$j \neq i$）是非减的。

例 3.46 矩阵单调函数。称函数 $f: \mathbf{S}^n \to \mathbf{R}$ **矩阵单调**（增或减），如果在半正定锥内函数是单调的。下面给出一些定义在 $X \in \mathbf{S}^n$ 上的矩阵单调函数的例子：

- 函数 $\mathbf{tr}(WX)$，其中 $W \in \mathbf{S}^n$，当 $W \succeq 0$ 时，函数是矩阵非减的，当 $W \succ 0$ 时是矩阵增的（当 $W \preceq 0$ 时是矩阵非增，当 $W \prec 0$ 时是矩阵减）。
- 函数 $\mathbf{tr}(X^{-1})$ 在 $\mathbf{S}^n_{++}$ 上矩阵减。
- 函数 $\det X$ 在 $\mathbf{S}^n_{++}$ 上矩阵增，在 $\mathbf{S}^n_{+}$ 上矩阵非减。

单调性的梯度条件

在前面的章节中，我们提到，可微函数 $f: \mathbf{R} \to \mathbf{R}$，其定义域是凸集（即一个区间），函数是非减的，当且仅当对任意 $x \in \mathbf{dom}\, f$ 有 $f'(x) \geqslant 0$，函数是增的，如果对任意 $x \in \mathbf{dom}\, f$ 有 $f'(x) > 0$（反过来不一定成立）。在本节中，可以很方便地将这些条件扩展至关于广义不等式的单调性。考虑可微函数 f，其定义域为凸集，它是 K-非减的，当且仅当对任意 $x \in \mathbf{dom}\, f$ 有

$$\nabla f(x) \succeq_{K^*} 0. \tag{3.24}$$

注意到和简单的标量情况的区别：梯度在**对偶**不等式中必须是非负的。对于严格的情况，我们有，如果对任意 $x \in \mathbf{dom}\, f$ 存在

$$\nabla f(x) \succ_{K^*} 0, \tag{3.25}$$

则函数 f 是 K-增的。和标量情况类似，对于严格的情形，反过来不一定正确。

下面证明单调性的一阶条件。首先，假设对任意 x，函数 f 满足式 (3.24)，但是它不是 K-非减的，即存在 x，y，$x \preceq_K y$ 且 $f(y) < f(x)$。由 f 是可微的知道存在某个 $t \in [0,1]$ 使得下式成立

$$\frac{d}{dt} f(x + t(y-x)) = \nabla f(x + t(y-x))^T (y-x) < 0.$$

因为 $y - x \in K$，上式意味着

$$\nabla f(x + t(y-x)) \notin K^*,$$

这和式 (3.24) 在每一点都成立的假设矛盾。类似地，我们可以证明若式 (3.25) 成立，则函数 f 是 K-增的。

可以很容易地看出如果函数 f 是 K-非减的，定义域中的每一点都必须满足式(3.24)。否则，假设在 $x = z$ 处式 (3.24) 不成立。由对偶锥的定义，存在某一 $v \in K$ 使得

$$\nabla f(z)^T v < 0.$$

考虑 t 的函数 $h(t)=f(z+tv)$。其导数 $h'(0)=\nabla f(z)^Tv<0$，因此存在 $t>0$ 使得 $h(t)=f(z+tv)<h(0)=f(z)$，即函数 f 不是 K-非减的，导出矛盾。

3.6.2　关于广义不等式的凸性

设 $K\subseteq\mathbf{R}^m$ 是一正常锥，相应的广义不等式为 $\preceq_K$。函数 $f:\mathbf{R}^n\to\mathbf{R}^m$ 是**K-凸**的，如果对于任意 x，y，以及 $0\leqslant\theta\leqslant1$ 有

$$f(\theta x+(1-\theta)y)\ \preceq_K\ \theta f(x)+(1-\theta)f(y).$$

函数被称为**严格 K-凸**的，如果对任意 $x\neq y$ 和 $0<\theta<1$ 有

$$f(\theta x+(1-\theta)y)\ \prec_K\ \theta f(x)+(1-\theta)f(y).$$

当 $m=1$ 时（即 $K=\mathbf{R}_+$），上述定义即为常见的凸以及严格凸的定义。

例 3.47　关于分量不等式的凸性。 函数 $f:\mathbf{R}^n\to\mathbf{R}^m$ 关于分量不等式（即 $K=\mathbf{R}_+^m$ 时的广义不等式）是凸的，当且仅当对任意 x，y 和 $0\leqslant\theta\leqslant1$，有

$$f(\theta x+(1-\theta)y)\preceq\theta f(x)+(1-\theta)f(y),$$

即每个分量 f_i 都是凸函数。函数 f 关于分量不等式是严格凸的，当且仅当每个分量 f_i 是严格凸的。

例 3.48　矩阵凸性。 设函数 f 是对称矩阵值函数，即 $f:\mathbf{R}^n\to\mathbf{S}^m$。称函数 f 关于矩阵不等式是凸的，如果对任意 x 和 y 以及 $\theta\in[0,1]$，有

$$f(\theta x+(1-\theta)y)\preceq\theta f(x)+(1-\theta)f(y).$$

这种凸性有时称为**矩阵凸性**。一个等价的定义是对任意向量 z，标量函数 $z^Tf(x)z$ 都是凸函数。（这是一个证明矩阵凸性的好方法）。称矩阵函数为严格矩阵凸的，如果对 $x\neq y$ 和 $0<\theta<1$，有

$$f(\theta x+(1-\theta)y)\prec\theta f(x)+(1-\theta)f(y),$$

或者等价地，如果对任意 $z\neq0$ 函数 z^Tfz 严格凸。

一些例子。

- 函数 $f(X)=XX^T$，其中 $X\in\mathbf{R}^{n\times m}$，是矩阵凸的，这是因为任选 z，函数 $z^TXX^Tz=\|X^Tz\|_2^2$ 是 X（分量）的凸的二次函数。同理，函数 $f(X)=X^2$ 在 $\mathbf{S}^n$ 上也是矩阵凸的。
- 当 $1\leqslant p\leqslant2$ 或 $-1\leqslant p\leqslant0$ 时，函数 X^p 在 $\mathbf{S}_{++}^n$ 上是矩阵凸的，当 $0\leqslant p\leqslant1$ 时，函数是矩阵凹的。

- 当 $n \geqslant 2$ 时，函数 $f(X) = e^X$ 在 $\mathbf{S}^n$ 上**不**是矩阵凸的。

凸函数的很多结论都可以扩展到 K-凸函数。我们给出一个简单的例子，例如，函数是 K-凸的，当且仅当它在定义域上的任意直线上是 K-凸的。本节后续部分会提到一些关于 K-凸的结论，我们将会在后面用到这些结论；更多的结论可以参看习题。

K-凸的对偶刻画

函数 f 是 K-凸的，当且仅当对任意 $w \succeq_{K^*} 0$，（实值）函数 $w^T f$ 是凸的（常规凸性）；f 是严格 K-凸的，当且仅当对任意非零向量 $w \succeq_{K^*} 0$，函数 $w^T f$ 是严格凸的。（从对偶不等式的定义和性质可以直接得到上述结论。）

可微的 K-凸函数

可微函数 f 是 K-凸的，当且仅当其定义域是凸集，且对任意 x, $y \in \mathbf{dom}\, f$ 有

$$f(y) \succeq_K f(x) + Df(x)(y - x).$$

（其中 $Df(x) \in \mathbf{R}^{m \times n}$ 是函数 f 在 x 处的导数或者 Jacobian 矩阵；参看 §A.4.1。）称函数 f 是严格 K-凸的，当且仅当对任意 x, $y \in \mathbf{dom}\, f$，$x \neq y$，有

$$f(y) \succ_K f(x) + Df(x)(y - x).$$

复合定理

函数复合保留凸性的很多结论都可以推广到 K-凸的情形。例如，如果函数 $g : \mathbf{R}^n \to \mathbf{R}^p$ 是 K-凸的，函数 $h : \mathbf{R}^p \to \mathbf{R}$ 是凸的，$\tilde{h}$（h 的扩展值延伸）是 K-非减的，那么函数 $h \circ g$ 是凸的。回忆之前的一般凸性的情形，以凸函数为自变量的非减凸函数仍然是凸函数，此处的结论是对这个结论的推广。前提条件 $\tilde{h}$ 是 K-非减的意味着 $\mathbf{dom}\, h - K = \mathbf{dom}\, h$。

例 3.49 定义二次矩阵函数 $g : \mathbf{R}^{m \times n} \to \mathbf{S}^n$

$$g(X) = X^T A X + B^T X + X^T B + C,$$

其中 $A \in \mathbf{S}^m$，$B \in \mathbf{R}^{m \times n}$ 以及 $C \in \mathbf{S}^n$。当 $A \succeq 0$ 时，函数是凸的。

函数 $h : \mathbf{S}^n \to \mathbf{R}$，$h(Y) = -\log\det(-Y)$，在 $\mathbf{dom}\, h = -\mathbf{S}^n_{++}$ 上是凸且增的。

根据复合定理，我们有，函数

$$f(X) = -\log\det(-(X^T A X + B^T X + X^T B + C))$$

在

$$\mathbf{dom}\, f = \{X \in \mathbf{R}^{m \times n} \mid X^T A X + B^T X + X^T B + C \prec 0\}$$

上是凸的。这是对下面的结论的推广，即当 $a \geqslant 0$ 时，函数

$$-\log(-(ax^2+bx+c))$$

在

$$\{x \in \mathbf{R} \mid ax^2+bx+c<0\}$$

上是凸的。

参考文献

凸分析的标准参考文献是 Rockafellar [Roc70]。其他关于凸函数的书有 Stoer 和 Witzgall [SW70]，Roberts 和 Varberg [RV73]，Van Tiel [vT84]，Hiriart-Urruty 和 Lemaréchal [HUL93]，Ekeland 和 Témam [ET99]，Borwein 和 Lewis [BL00]，Florenzano 和 Le Van [FL01]，Barvinok [Bar02]，以及 Bertsekas，Nedić 和 Ozdaglar [Ber03]。很多非线性规划的教材也有一些章节涉及凸函数（例如，Mangasarian [Man94]，Bazaraa，Sherali 和 Shetty [BSS93]，Bertsekas [Ber99]，Polyak [Pol87]，以及 Peressini，Sullivan 和 Uhl [PSU88]）。

文献 [Jen06] 中提到了 Jensen 不等式。在不等式的一般性研究中，Jensen 不等式起到了重要的作用，Hardy，Littlewood 和 Pólya [HLP52] 以及 Beckenbach 和 Bellman [BB65] 中都涉及了不等式的研究。

透视函数的概念来源于 Hiriart-Urruty 和 Lemaréchal [HUL93, 第 1 册, 第 100 页]。例 3.19 中的定义（相对熵和 Kullback-Leibler 散度），以及相应的习题 3.13，可以参看 Cover 和 Thomas [CT91]。

早期的一些关于拟凸函数（以及凸性的其他扩展）的重要参考文献有 Nikaidô [Nik54]，Mangasarian [Man94, 第 9 章]，Arrow 和 Enthoven [AE61]，Ponstein [Pon67]，以及 Luenberger [Lue68]。更全面的此类参考文献可以参照 Bazaraa，Sherali和 Shetty [BSS93, 第 126 页]。

Prékopa [Pré80] 对对数-凹函数做了一个综述。在 Barndorff-Nielsen [BN78, §7] 中提到了 Laplace 变换的对数-凸性。关于对数-凹函数的积分的结论证明可以参看 Prékopa [Pré71, Pré73]。

广义不等式在最近的关于锥优化的参考文献中广泛使用，如 Nesterov 和 Nemirovski [NN94, 第 156 页]；Ben-Tal 和 Nemirovski [BTN01]以及第 4 章最后所列的参考文献。关于广义不等式的凸性在 Luenberger [Lue69, §8.2] 和 Isii [Isi64] 中亦有涉及。矩阵单调性和矩阵凸性由 Löwner [Löw34] 提出，Davis [Dav63]，Roberts 和 Varberg [RV73, 第 216 页] 以及 Marshall 和 Olkin [MO79, §16E] 对其进行了详细讨论。例 3.48 中提到的函数 X^p 的凸性或者凹性的相关结论可以参看 Bondar [Bon94, 定理 16.1]。另一个简单的例子，函数 e^X 不是矩阵凸的，可以参看 Marshall 和 Olkin [MO79, 第 474 页]。

习题

凸性的定义

3.1 假设 $f: \mathbf{R} \to \mathbf{R}$ 是凸函数，$a,\ b \in \mathbf{dom}\, f$，$a < b$。

(a) 证明对任意 $x \in [a,b]$，下式成立

$$f(x) \leqslant \frac{b-x}{b-a}f(a) + \frac{x-a}{b-a}f(b).$$

(b) 证明对任意 $x \in (a,b)$，下式成立

$$\frac{f(x)-f(a)}{x-a} \leqslant \frac{f(b)-f(a)}{b-a} \leqslant \frac{f(b)-f(x)}{b-x}.$$

画一个草图来描述此不等式。

(c) 假设函数 f 可微。利用 (b) 中的结果来证明

$$f'(a) \leqslant \frac{f(b)-f(a)}{b-a} \leqslant f'(b).$$

注意到这些不等式也可以通过式 (3.2) 得到：

$$f(b) \geqslant f(a) + f'(a)(b-a), \qquad f(a) \geqslant f(b) + f'(b)(a-b).$$

(d) 假设函数 f 二次可微。利用 (c) 中的结论证明 $f''(a) \geqslant 0$ 以及 $f''(b) \geqslant 0$。

3.2 凸，凹，拟凸以及拟凹函数的水平集。函数 f 的一些水平集如下面左图所示。曲线 1 表示 $\{x \mid f(x) = 1\}$，其他曲线类似。

函数 f 是否可以为凸函数（凹函数，拟凸函数，拟凹函数）？解释你的答案。对下面右图的曲线进行同样的判断。

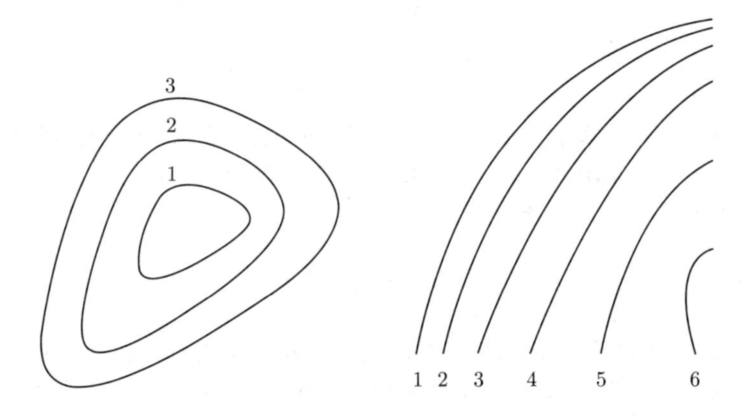

3.3 一个增的凸函数的反函数。设 $f: \mathbf{R} \to \mathbf{R}$ 递增，在其定义域 (a,b) 上是凸函数。令 g 表示其反函数，即具有定义域 $(f(a), f(b))$，且对所有 $a < x < b$ 满足 $g(f(x)) = x$。函数 g 是凸函数还是凹函数？为什么？

3.4 [RV73, 第 15 页] 证明连续函数 $f: \mathbf{R}^n \to \mathbf{R}$ 是凸函数的充要条件是，对任意线段，函数在线段上的平均值不大于线段端点函数值的平均：即对任意 x, $y \in \mathbf{R}^n$，下式成立

$$\int_0^1 f(x + \lambda(y-x))\, d\lambda \leqslant \frac{f(x)+f(y)}{2}.$$

3.5 [RV73, 第 22 页] **凸函数的滑动平均**。设函数 $f:\mathbf{R}\to\mathbf{R}$ 是凸函数，$\mathbf{R}_+\subseteq\mathbf{dom}\,f$。证明其**滑动平均** F，即

$$F(x)=\frac{1}{x}\int_0^x f(t)\,dt,\qquad \mathbf{dom}\,F=\mathbf{R}_{++},$$

是凸函数。**提示**：固定 s，$f(sx)$ 是 x 的凸函数，所以 $\int_0^1 f(sx)\,ds$ 是凸函数。

3.6 函数及上境图。什么时候函数的上境图是半平面？什么时候函数的上境图是一个凸锥？什么时候函数的上境图是一个多面体？

3.7 设函数 $f:\mathbf{R}^n\to\mathbf{R}$ 是凸函数，其定义域为 $\mathbf{dom}\,f=\mathbf{R}^n$，函数在 $\mathbf{R}^n$ 上有上界。证明函数 f 是常数。

3.8 凸性的二阶条件。证明二次可微函数 f 是凸函数的充要条件是，其定义域是凸集，且对任意 $x\in\mathbf{dom}\,f$ 有 $\nabla^2 f(x)\succeq 0$。**提示**：首先考虑 $f:\mathbf{R}\to\mathbf{R}$ 的情形。可以利用凸性的一阶条件（在第 63 页已经证明）。

3.9 仿射集上的凸性的二阶条件。设 $F\in\mathbf{R}^{n\times m}$，$\hat{x}\in\mathbf{R}^n$。函数 $f:\mathbf{R}^n\to\mathbf{R}$ **限制**在仿射集 $\{Fz+\hat{x}\mid z\in\mathbf{R}^m\}$ 上的函数定义为 $\tilde{f}:\mathbf{R}^m\to\mathbf{R}$，其满足

$$\tilde{f}(z)=f(Fz+\hat{x}),\qquad \mathbf{dom}\,\tilde{f}=\{z\mid Fz+\hat{x}\in\mathbf{dom}\,f\}.$$

设函数 f 的定义域是凸集，且在定义域上函数二次可微。

(a) 证明函数 $\tilde{f}$ 是凸函数的充要条件是，对任意 $z\in\mathbf{dom}\,\tilde{f}$，有

$$F^T\nabla^2 f(Fz+\hat{x})F\succeq 0.$$

(b) 设 $A\in\mathbf{R}^{p\times n}$ 是一矩阵，其零空间为矩阵 F 的值域（矩阵列向量张成的线性空间），即 $AF=0$ 且 $\mathbf{rank}\,A=n-\mathbf{rank}\,F$。证明函数 $\tilde{f}$ 是凸函数的充要条件是，对任意 $z\in\mathbf{dom}\,\tilde{f}$，存在一 $\lambda\in\mathbf{R}$ 使得下式成立

$$\nabla^2 f(Fz+\hat{x})+\lambda A^TA\succeq 0.$$

提示：利用如下结论：如果 $B\in\mathbf{S}^n$ 以及 $A\in\mathbf{R}^{p\times n}$，则对任意 $x\in\mathcal{N}(A)$ 式 $x^TBx\geqslant 0$ 都成立的充要条件是，存在一 λ 使得 $B+\lambda A^TA\succeq 0$。

3.10 Jensen 不等式的一个扩展。关于 Jensen 不等式的一个理解是随机化或者波动不利，即会提高一个凸函数的平均值：若函数 f 是凸函数，v 是随机变量，均值为零，我们有 $\mathbf{E}\,f(x_0+v)\geqslant f(x_0)$。我们于是有下面的猜想。如果 f_0 是凸函数，那么 v 的方差越大，期望 $\mathbf{E}\,f(x_0+v)$ 越大。

(a) 给出一个反例，说明这样的猜想是不正确的。即找到两个均值为零的随机变量 v 和 w，$\mathbf{var}(v)>\mathbf{var}(w)$，一个凸函数 f 以及一点 x_0，使得 $\mathbf{E}\,f(x_0+v)<\mathbf{E}\,f(x_0+w)$。

(b) 当 v and w 之间具有比例关系时上面的猜想是正确的。给定凸函数 f 以及零均值随机变量 v，证明当 $t\geqslant 0$ 时 $\mathbf{E}\,f(x_0+tv)$ 关于 t 单调增加。

3.11 单调映射。称函数 $\psi:\mathbf{R}^n\to\mathbf{R}^n$ 是**单调**的，如果对任意 x, $y\in\mathbf{dom}\,\psi$，下式成立

$$(\psi(x)-\psi(y))^T(x-y)\geqslant 0.$$

（注意到此处的"单调性"不同于 §3.6.1 给出的定义。但是两种定义都被广泛使用。）设函数 $f:\mathbf{R}^n\to\mathbf{R}$ 是一可微凸函数。证明其梯度 ∇f 是单调的。反过来，是否每个单调映射都对应某凸函数的梯度？

3.12 设函数 $f:\mathbf{R}^n\to\mathbf{R}$ 是凸函数，$g:\mathbf{R}^n\to\mathbf{R}$ 是凹函数，$\mathbf{dom}\,f=\mathbf{dom}\,g=\mathbf{R}^n$，对任意 x 有 $g(x)\leqslant f(x)$。证明存在一个仿射函数 h，使得对于任意 x，$g(x)\leqslant h(x)\leqslant f(x)$。换言之，如果凹函数 g 是凸函数 f 的一个下估计，那么我们可以在函数 f 和 g 之间找到一个仿射函数。

3.13 Kullback-Leibler 散度和信息不等式。令 D_{kl} 表示 Kullback-Leibler 散度，如式 (3.17) 所定义。证明**信息不等式**：对任意 u, $v\in\mathbf{R}^n_{++}$，有 $D_{\mathrm{kl}}(u,v)\geqslant 0$。此外，证明当且仅当 $u=v$ 时，$D_{\mathrm{kl}}(u,v)=0$。

提示：Kullback-Leibler 散度可以表示为

$$D_{\mathrm{kl}}(u,v)=f(u)-f(v)-\nabla f(v)^T(u-v),$$

其中 $f(v)=\sum_{i=1}^n v_i\log v_i$ 是 v 的负熵。

3.14 凸-凹函数和鞍点。我们说函数 $f:\mathbf{R}^n\times\mathbf{R}^m\to\mathbf{R}$是**凸-凹**函数，如果任意固定 x，$f(x,z)$ 是 z 的凹函数，任意固定 z，$f(x,z)$ 是 x 的凸函数。同时，要求函数的定义域具有积的形式，$\mathbf{dom}\,f=A\times B$，其中 $A\subseteq\mathbf{R}^n$ 和 $B\subseteq\mathbf{R}^m$ 都是凸集。

(a) 对二次可微函数 $f:\mathbf{R}^n\times\mathbf{R}^m\to\mathbf{R}$，从 Hessian 矩阵 $\nabla^2 f(x,z)$ 的角度给出函数为凸-凹函数的二阶条件。

(b) 设函数 $f:\mathbf{R}^n\times\mathbf{R}^m\to\mathbf{R}$ 是凸-凹函数并且可微，$\nabla f(\tilde{x},\tilde{z})=0$。证明**鞍点性质**成立：即对任意 x,z，有

$$f(\tilde{x},z)\leqslant f(\tilde{x},\tilde{z})\leqslant f(x,\tilde{z}).$$

证明上述性质成立可以推导出函数 f 满足**强极大极小性质**：

$$\sup_z\inf_x f(x,z)=\inf_x\sup_z f(x,z)$$

（且等式两端共同值为 $f(\tilde{x},\tilde{z})$）。

(c) 设函数 $f:\mathbf{R}^n\times\mathbf{R}^m\to\mathbf{R}$ 是可微的，但不一定是凸-凹函数，若在点 $\tilde{x},\tilde{z}$ 处鞍点性质成立：即对任意 x,z，有

$$f(\tilde{x},z)\leqslant f(\tilde{x},\tilde{z})\leqslant f(x,\tilde{z}).$$

证明 $\nabla f(\tilde{x},\tilde{z})=0$。

例子

3.15 一族凹的效用函数。对 $0<\alpha\leqslant 1$，令

$$u_\alpha(x)=\frac{x^\alpha-1}{\alpha},$$

其中 $\mathbf{dom}\,u_\alpha=\mathbf{R}_+$。我们定义 $u_0(x)=\log x$（其定义域为 $\mathbf{dom}\,u_0=\mathbf{R}_{++}$）。

(a) 证明对 $x > 0$，$u_0(x) = \lim_{\alpha \to 0} u_\alpha(x)$。

(b) 证明 u_α 是凹函数，单调增加，且都满足 $u_\alpha(1) = 0$。

上述函数在经济学中经常被用来对一定数量的商品的收益或者资金的效用进行建模。u_α 是凹函数意味着边际效用（即商品增加固定的数量时所带来的收益的增加）随着商品数量的增加而减少。换言之，凹性反映了**饱和**效果。

3.16 判断下列函数是否是凸函数，凹函数，拟凸函数以及拟凹函数？

(a) 函数 $f(x) = e^x - 1$，定义域为 $\mathbf{R}$。

(b) 函数 $f(x_1, x_2) = x_1 x_2$，定义域为 $\mathbf{R}^2_{++}$。

(c) 函数 $f(x_1, x_2) = 1/(x_1 x_2)$，定义域为 $\mathbf{R}^2_{++}$。

(d) 函数 $f(x_1, x_2) = x_1/x_2$，定义域为 $\mathbf{R}^2_{++}$。

(e) 函数 $f(x_1, x_2) = x_1^2/x_2$， 定义域为 $\mathbf{R} \times \mathbf{R}_{++}$。

(f) 函数 $f(x_1, x_2) = x_1^\alpha x_2^{1-\alpha}$，其中 $0 \leqslant \alpha \leqslant 1$，定义域为 $\mathbf{R}^2_{++}$。

3.17 设 $p < 1$，$p \neq 0$。证明定义域为 $\mathbf{dom}\, f = \mathbf{R}^n_{++}$ 的函数

$$f(x) = \left(\sum_{i=1}^n x_i^p \right)^{1/p}$$

是凹函数。这其中包括两类特殊的函数 $f(x) = \left(\sum_{i=1}^n x_i^{1/2} \right)^2$ 以及**调和平均**函数 $f(x) = \left(\sum_{i=1}^n 1/x_i \right)^{-1}$。**提示：**仿照 §3.1.5 中关于指数函数和的对数以及几何平均函数的证明并进行适当修改。

3.18 仿照 §3.1.5 中对数-行列式函数凹性的证明并进行适当修改来证明下面的命题。

(a) 函数 $f(X) = \mathbf{tr}\left(X^{-1}\right)$ 在 $\mathbf{dom}\, f = \mathbf{S}^n_{++}$ 上是凸函数。

(b) 函数 $f(X) = (\det X)^{1/n}$ 在 $\mathbf{dom}\, f = \mathbf{S}^n_{++}$ 上是凹函数。

3.19 非负加权和以及积分。

(a) 证明函数 $f(x) = \sum_{i=1}^r \alpha_i x_{[i]}$ 是关于 x 的凸函数，其中 $\alpha_1 \geqslant \alpha_2 \geqslant \cdots \geqslant \alpha_r \geqslant 0$，$x_{[i]}$ 表示 x 第 i 大的分量。（可以利用 $f(x) = \sum_{i=1}^k x_{[i]}$ 在 $\mathbf{R}^n$ 上是凸函数来进行证明。）

(b) 令 $T(x, \omega)$ 表示三角多项式

$$T(x, \omega) = x_1 + x_2 \cos\omega + x_3 \cos 2\omega + \cdots + x_n \cos(n-1)\omega.$$

证明函数

$$f(x) = -\int_0^{2\pi} \log T(x, \omega)\, d\omega$$

在 $\{x \in \mathbf{R}^n \mid T(x, \omega) > 0,\ 0 \leqslant \omega \leqslant 2\pi\}$ 上是凸函数。

3.20 与仿射函数的复合。证明下列函数 $f:\mathbf{R}^n\to\mathbf{R}$ 是凸函数。

(a) 函数 $f(x)=\|Ax-b\|$，其中 $A\in\mathbf{R}^{m\times n}$，$b\in\mathbf{R}^m$，$\|\cdot\|$ 是 $\mathbf{R}^m$ 上的范数。

(b) 函数 $f(x)=-(\det(A_0+x_1A_1+\cdots+x_nA_n))^{1/m}$，其定义域为 $\{x\mid A_0+x_1A_1+\cdots+x_nA_n\succ 0\}$，其中 $A_i\in\mathbf{S}^m$。

(c) 函数 $f(X)=\mathbf{tr}\,(A_0+x_1A_1+\cdots+x_nA_n)^{-1}$，其定义域为 $\{x\mid A_0+x_1A_1+\cdots+x_nA_n\succ 0\}$，其中 $A_i\in\mathbf{S}^m$。（利用 $\mathbf{tr}(X^{-1})$ 在 $\mathbf{S}^m_{++}$ 上是凸函数的结论来进行证明；参见习题 3.18。）

3.21 逐点最大和上确界。证明下列函数 $f:\mathbf{R}^n\to\mathbf{R}$ 是凸函数。

(a) 函数 $f(x)=\max_{i=1,\ldots,k}\|A^{(i)}x-b^{(i)}\|$，其中 $A^{(i)}\in\mathbf{R}^{m\times n}$，$b^{(i)}\in\mathbf{R}^m$，$\|\cdot\|$ 是 $\mathbf{R}^m$ 上的范数。

(b) 函数 $f(x)=\sum\limits_{i=1}^{r}|x|_{[i]}$，其定义域为 $\mathbf{R}^n$，其中 $|x|$ 表示向量，其分量 $|x|_i=|x_i|$（即 $|x|$ 的每个分量是向量 x 对应分量的绝对值），$|x|_{[i]}$ 表示向量 $|x|$ 中第 i 大的分量。换言之，$|x|_{[1]}$，$|x|_{[2]}$，$\cdots$，$|x|_{[n]}$ 是向量 x 的分量的绝对值按照非增的顺序进行排列。

3.22 复合规则。证明下列函数是凸函数。

(a) 函数 $f(x)=-\log\left(-\log\left(\sum\limits_{i=1}^{m}e^{a_i^Tx+b_i}\right)\right)$，其定义域为 $\mathbf{dom}\,f=\left\{x\mid \sum\limits_{i=1}^{m}e^{a_i^Tx+b_i}<1\right\}$。可以利用函数 $\log\left(\sum\limits_{i=1}^{n}e^{y_i}\right)$ 是凸函数的结论来进行证明。

(b) 函数 $f(x,u,v)=-\sqrt{uv-x^Tx}$，其定义域为 $\mathbf{dom}\,f=\{(x,u,v)\mid uv>x^Tx,\ u,\ v>0\}$。可以应用如下事实来进行证明：函数 x^Tx/u 当 $u>0$ 时是 (x,u) 的凸函数；函数 $-\sqrt{x_1x_2}$ 在 $\mathbf{R}^2_{++}$ 上是凸函数。

(c) 函数 $f(x,u,v)=-\log(uv-x^Tx)$，其定义域为 $\mathbf{dom}\,f=\{(x,u,v)\mid uv>x^Tx,\ u,\ v>0\}$。

(d) 函数 $f(x,t)=-(t^p-\|x\|_p^p)^{1/p}$，其中 $p>1$，定义域为 $\mathbf{dom}\,f=\{(x,t)\mid t\geqslant\|x\|_p\}$。可以应用下面两个结论来进行证明：即 $\|x\|_p^p/u^{p-1}$ 在 $u>0$ 时是 (x,u) 的凸函数（参见习题 3.23）以及 $-x^{1/p}y^{1-1/p}$ 在 $\mathbf{R}^2_+$ 上是凸函数（参见习题 3.16）。

(e) 函数 $f(x,t)=-\log(t^p-\|x\|_p^p)$，其中 $p>1$，定义域为 $\mathbf{dom}\,f=\{(x,t)\mid t>\|x\|_p\}$。可以应用 $\|x\|_p^p/u^{p-1}$ 当 $u>0$ 时是 (x,u) 的凸函数这个结论来进行证明（参见习题 3.23）。

3.23 函数的透视函数。

(a) 证明当 $p>1$ 时，函数

$$f(x,t)=\frac{|x_1|^p+\cdots+|x_n|^p}{t^{p-1}}=\frac{\|x\|_p^p}{t^{p-1}}$$

在 $\{(x,t)\mid t>0\}$ 上是凸函数。

(b) 证明函数

$$f(x)=\frac{\|Ax+b\|_2^2}{c^Tx+d}$$

在 $\{x \mid c^Tx+d>0\}$ 上是凸函数，其中 $A\in\mathbf{R}^{m\times n}$，$b\in\mathbf{R}^m$，$c\in\mathbf{R}^n$ 以及 $d\in\mathbf{R}$。

3.24 概率单纯形上的一些函数。 令 x 是实值随机变量，其取值的集合为 $\{a_1,\cdots,a_n\}$，其中 $a_1<a_2<\cdots<a_n$，$\mathbf{prob}(x=a_i)=p_i$，$i=1,\cdots,n$。对下列 p 的函数（在概率单纯形 $\{p\in\mathbf{R}_+^n \mid \mathbf{1}^Tp=1\}$ 上），判断函数是否为凸函数，凹函数，拟凸函数或者拟凹函数。

(a) 函数 $\mathbf{E}\,x$。

(b) 函数 $\mathbf{prob}(x\geqslant\alpha)$。

(c) 函数 $\mathbf{prob}(\alpha\leqslant x\leqslant\beta)$。

(d) 函数 $\sum_{i=1}^n p_i\log p_i$，即分布的负熵函数。

(e) 函数 $\mathbf{var}\,x=\mathbf{E}(x-\mathbf{E}\,x)^2$。

(f) 函数 $\mathbf{quartile}(x)=\inf\{\beta \mid \mathbf{prob}(x\leqslant\beta)\geqslant 0.25\}$。

(g) 以 $\geqslant 90\%$ 的概率落入的最小集合 $\mathcal{A}\subseteq\{a_1,\cdots,a_n\}$ 的基数。（此处的基数意味着集合 $\mathcal{A}$ 中元素的个数。）

(h) 以90%概率落入的最小区间，即

$$\inf\{\beta-\alpha \mid \mathbf{prob}(\alpha\leqslant x\leqslant\beta)\geqslant 0.9\}.$$

3.25 不同分布间的最大概率距离。 令 $p,\ q\in\mathbf{R}^n$ 表示 $\{1,\cdots,n\}$ 上的两个概率分布，（因此 $p,\ q\succeq 0$，$\mathbf{1}^Tp=\mathbf{1}^Tq=1$）。对所有事件，在概率分布 p 和 q 下发生概率的差异的最大值定义为概率分布 p 和 q 之间的**最大概率距离** $d_{\mathrm{mp}}(p,q)$，即

$$d_{\mathrm{mp}}(p,q)=\max\{|\mathbf{prob}(p,C)-\mathbf{prob}(q,C)| \mid C\subseteq\{1,\cdots,n\}\}.$$

其中 $\mathbf{prob}(p,C)$ 是在概率分布 p 下事件 C 发生的概率，即 $\mathbf{prob}(p,C)=\sum_{i\in C}p_i$。

利用 $\|p-q\|_1=\sum_{i=1}^n|p_i-q_i|$ 将 d_{mp} 的表达式进行简化，并证明函数 d_{mp} 是 $\mathbf{R}^n\times\mathbf{R}^n$ 上的凸函数。（其定义域为 $\{(p,q) \mid p,\ q\succeq 0,\ \mathbf{1}^Tp=\mathbf{1}^Tq=1\}$，但是可以很容易将其扩展到全空间 $\mathbf{R}^n\times\mathbf{R}^n$。）

3.26 更多关于特征值的函数。 令 $\lambda_1(X)\geqslant\lambda_2(X)\geqslant\cdots\geqslant\lambda_n(X)$ 表示矩阵 $X\in\mathbf{S}^n$ 的特征值。之前已经讨论过一些有关特征值的函数，它们是 X 的凸函数或者凹函数。

- 最大特征值函数 $\lambda_1(X)$ 是凸函数（见例 3.10）。最小特征值函数 $\lambda_n(X)$ 是凹函数。
- 特征值的和（或者矩阵的迹）$\mathbf{tr}\,X=\lambda_1(X)+\cdots+\lambda_n(X)$，是线性函数。
- 特征值倒数的和（或者逆矩阵的迹），$\mathbf{tr}(X^{-1})=\sum_{i=1}^n 1/\lambda_i(X)$，是 $\mathbf{S}_{++}^n$ 上的凸函数（见习题 3.18）。

- 特征值的几何平均 $(\det X)^{1/n} = \left(\prod_{i=1}^{n} \lambda_i(X)\right)^{1/n}$，以及特征值乘积的对数 $\log\det X = \sum_{i=1}^{n} \log \lambda_i(X)$，在 $X \in \mathbf{S}_{++}^n$ 上是凹函数（见习题 3.18 以及第 68 页的描述）。

在这道题中，利用变分特征，我们讨论更多的关于特征值的函数。

(a) **最大 k 个特征值的和**。证明函数 $\sum_{i=1}^{k} \lambda_i(X)$ 在 $\mathbf{S}^n$ 上是凸函数。**提示**：[HJ85, 第 191 页]利用变分特征

$$\sum_{i=1}^{k} \lambda_i(X) = \sup\{\mathbf{tr}(V^TXV) \mid V \in \mathbf{R}^{n\times k},\ V^TV = I\}.$$

(b) **最小 k 个特征值的几何平均**。证明函数 $(\prod_{i=n-k+1}^{n} \lambda_i(X))^{1/k}$ 在 $\mathbf{S}_{++}^n$ 上是凹函数。**提示**：[MO79, 第 513 页]对 $X \succ 0$，我们有

$$\left(\prod_{i=n-k+1}^{n} \lambda_i(X)\right)^{1/k} = \frac{1}{k}\inf\{\mathbf{tr}(V^TXV) \mid V \in \mathbf{R}^{n\times k},\ \det V^TV = 1\}.$$

(c) **最小 k 个特征值乘积的对数**。证明函数 $\sum_{i=n-k+1}^{n} \log \lambda_i(X)$ 在 $\mathbf{S}_{++}^n$ 上是凹函数。**提示**：[MO79, 第 513 页]对 $X \succ 0$，有

$$\prod_{i=n-k+1}^{n} \lambda_i(X) = \inf\left\{\prod_{i=1}^{k}(V^TXV)_{ii} \;\middle|\; V \in \mathbf{R}^{n\times k},\ V^TV = I\right\}.$$

3.27 **Cholesky 分解的因子的对角线元素**。任意矩阵 $X \in \mathbf{S}_{++}^n$ 有着唯一的 Cholesky 分解 $X = LL^T$，其中 L 是下三角矩阵，$L_{ii} > 0$。证明函数 L_{ii} 是 X 的凹函数（其定义域为 $\mathbf{S}_{++}^n$）。

提示：函数 L_{ii} 可以表示为 $L_{ii} = (w - z^TY^{-1}z)^{1/2}$，其中

$$\begin{bmatrix} Y & z \\ z^T & w \end{bmatrix}$$

是矩阵 X 左上角 $i \times i$ 子矩阵。

保凸运算

3.28 **将凸函数表示为一系列仿射函数的逐点上确界**。在这道题中，我们将第 77 页证明的结论扩展至 $\mathbf{dom}\, f \neq \mathbf{R}^n$ 的情形。令 $f : \mathbf{R}^n \to \mathbf{R}$ 是凸函数，定义 $\tilde{f} : \mathbf{R}^n \to \mathbf{R}$ 为 f 的所有仿射全局下估计函数的逐点上确界：

$$\tilde{f}(x) = \sup\{g(x) \mid g \text{ 仿射},\ g(z) \leqslant f(z)\ \forall z\}.$$

(a) 证明对 $x \in \mathbf{int\,dom}\, f$ 有 $f(x) = \tilde{f}(x)$。

(b) 证明如果 f 是闭的（即 $\mathbf{epi}\,f$ 是闭集，见 §A.3.3），有 $f=\tilde{f}$。

3.29 分片线性凸函数的表示。函数 $f:\mathbf{R}^n\to\mathbf{R}$，其定义域为 $\mathbf{dom}\,f=\mathbf{R}^n$，被称为**分片线性函数**，如果存在 $\mathbf{R}^n$ 的一个划分

$$\mathbf{R}^n=X_1\cup X_2\cup\cdots\cup X_L,$$

其中 $\mathbf{int}\,X_i\neq\emptyset$，且对任意 $i\neq j$，$\mathbf{int}\,X_i\cap\mathbf{int}\,X_j=\emptyset$；以及一系列仿射函数 $a_1^Tx+b_1$，$\cdots$，$a_L^Tx+b_L$ 使得对 $x\in X_i$ 有 $f(x)=a_i^Tx+b_i$。

证明若 f 是凸函数有 $f(x)=\max\{a_1^Tx+b_1,\cdots,a_L^Tx+b_L\}$。

3.30 函数的凸包或凸包络。函数 $f:\mathbf{R}^n\to\mathbf{R}$ 的**凸包**或**凸包络**定义为

$$g(x)=\inf\{t\mid(x,t)\in\mathbf{conv}\,\mathbf{epi}\,f\}.$$

几何上，函数 g 的上境图是 f 的上境图的凸包。

证明函数 g 是 f 最大的凸下估计函数。换言之，证明如果函数 h 是凸函数，且对所有 x 有 $h(x)\leqslant f(x)$，则对所有 x，有 $h(x)\leqslant g(x)$。

3.31 [Roc70, 第 35 页] **最大的齐次下估计函数**。设 f 是凸函数。定义函数 g 为

$$g(x)=\inf_{\alpha>0}\frac{f(\alpha x)}{\alpha}.$$

(a) 证明函数 g 是齐次的（即对任意 $t\geqslant 0$，$g(tx)=tg(x)$）。

(b) 证明 g 是 f 的最大齐次下估计函数：即如果函数 h 是齐次的，且对所有 x 有 $h(x)\leqslant f(x)$，则对任意 x，有 $h(x)\leqslant g(x)$。

(c) 证明 g 是凸函数。

3.32 凸函数的积或比。一般而言，两个凸函数的乘积或者比值不是凸函数。但是对定义在 $\mathbf{R}$ 上的凸函数有一些较好的结论。证明下列结论。

(a) 如果定义在某个区间上的函数 f 和 g 都是凸函数，且都非减（或者都非增），二者都大于零，则函数 fg 在此区间上是凸函数。

(b) 如果函数 f 和 g 是凹函数，大于零，一个非减，另一个非增，那么函数 fg 是凹函数。

(c) 如果函数 f 是凸函数，非减且大于零，函数 g 是凹函数，非增，且大于零，那么函数 f/g 是凸函数。

3.33 透视定理的直接证明。直接证明 §3.2.6 中所定义的凸函数 f 的透视函数 g 是凸函数：即证明 $\mathbf{dom}\,g$ 是凸集，且对于 (x,t)，$(y,s)\in\mathbf{dom}\,g$ 以及 $0\leqslant\theta\leqslant 1$，有

$$g(\theta x+(1-\theta)y,\theta t+(1-\theta)s)\leqslant\theta g(x,t)+(1-\theta)g(y,s).$$

3.34 Minkowski 函数。凸集 C 的**Minkowski 函数**定义为

$$M_C(x)=\inf\{t>0\mid t^{-1}x\in C\}.$$

(a) 如何寻找 $M_C(x)$？画图给出几何解释。

(b) 证明函数 M_C 是齐次函数，即对 $\alpha \geqslant 0$ 有 $M_C(\alpha x) = \alpha M_C(x)$。

(c) 函数 M_C 的定义域 $\mathbf{dom}\, M_C$ 是什么？

(d) 证明函数 M_C 是凸函数。

(e) 设集合 C 是闭集，对称（即如果 $x \in C$，有 $-x \in C$）且内部不为空。证明 M_C 是一种范数。相应的单位球是什么？

3.35 **支撑函数演算**。我们知道，集合 $C \subseteq \mathbf{R}^n$ 的支撑函数定义为 $S_C(y) = \sup\{y^T x \mid x \in C\}$。在第 75 页我们曾证明 S_C 是凸函数。

(a) 证明 $S_B = S_{\mathbf{conv}\, B}$。

(b) 证明 $S_{A+B} = S_A + S_B$。

(c) 证明 $S_{A \cup B} = \max\{S_A, S_B\}$

(d) 设 B 是闭凸集。证明 $A \subseteq B$ 的充要条件是，对任意 y 有 $S_A(y) \leqslant S_B(y)$。

共轭函数

3.36 推导下列函数的共轭函数。

(a) **最大值函数**。函数 $f(x) = \max_{i=1,\cdots,n} x_i$，定义在 $\mathbf{R}^n$ 上。

(b) **最大若干分量的和**。函数 $f(x) = \sum_{i=1}^{r} x_{[i]}$，定义域为 $\mathbf{R}^n$。

(c) **定义在 R 上的分片线性函数**。定义在 $\mathbf{R}$ 上的分片线性函数 $f(x) = \max_{i=1,\cdots,m}(a_i x + b_i)$。在求解过程中，可以假设 a_i 按升序排列，即 $a_1 \leqslant \cdots \leqslant a_m$，且每个函数 $a_i x + b_i$ 都不是冗余的，即任选 k，至少存在一点 x 使得 $f(x) = a_k x + b_k$。

(d) **幂函数**。定义在 $\mathbf{R}_{++}$ 上的函数 $f(x) = x^p$，其中 $p > 1$。如果 $p < 0$ 呢？

(e) **几何平均**。定义在 $\mathbf{R}^n_{++}$ 上的几何平均函数 $f(x) = -(\prod x_i)^{1/n}$。

(f) **二阶锥上的负广义对数**。函数 $f(x,t) = -\log(t^2 - x^T x)$，定义域为 $\{(x,t) \in \mathbf{R}^n \times \mathbf{R} \mid \|x\|_2 < t\}$。

3.37 给定函数 $f(X) = \mathbf{tr}(X^{-1})$，其定义域为 $\mathbf{dom}\, f = \mathbf{S}^n_{++}$。证明 $f(X)$ 的共轭函数为

$$f^*(Y) = -2\,\mathbf{tr}(-Y)^{1/2}, \qquad \mathbf{dom}\, f^* = -\mathbf{S}^n_{+}.$$

提示：函数 f 的梯度为 $\nabla f(X) = -X^{-2}$。

3.38 Young **不等式**。设 $f : \mathbf{R} \to \mathbf{R}$ 是增函数，$f(0) = 0$，设函数 g 是其反函数。定义 F 和 G

$$F(x) = \int_0^x f(a)\, da, \qquad G(y) = \int_0^y g(a)\, da.$$

证明函数 F 和 G 互为共轭函数。给出简单图示解释 Young 不等式

$$xy \leqslant F(x) + G(y).$$

3.39 共轭函数的性质。

(a) **凸函数与仿射函数的和的共轭函数。**设 $g(x)=f(x)+c^Tx+d$，其中，函数 f 是凸函数。利用 f 的共轭函数 f^*（和 c, d）表达 g 的共轭函数 g^*。

(b) **透视函数的共轭函数。**将凸函数 f 的透视函数的共轭函数用 f^* 来进行表达。

(c) **共轭以及极小化。**设函数 $f(x,z)$ 是 (x,z) 的凸函数，定义 $g(x)=\inf_z f(x,z)$。利用 f^* 表达 g^*。

作为一个应用，定义函数 $g(x)=\inf_z\{h(z)\mid Az+b=x\}$，其中 h 是凸函数，用 h^*，A 以及 b 表达 $g(x)$ 的共轭函数。

(d) **共轭的共轭。**证明闭凸函数的共轭的共轭是它自己：即如果 f 是闭凸函数，$f=f^{**}$。（函数称为闭的，如果其上境图是闭集；见 §A.3.3。）**提示：**证明 f^{**} 是函数 f 的所有仿射全局下估计函数的逐点上确界。然后利用习题 3.28 中的结论。

3.40 共轭函数的梯度及 Hessian 矩阵。设函数 $f:\mathbf{R}^n\to\mathbf{R}$ 是凸函数且连续二次可微。设 $\bar{y}$ 和 $\bar{x}$ 满足 $\bar{y}=\nabla f(\bar{x})$，$\nabla^2 f(\bar{x})\succ 0$。

(a) 证明 $\nabla f^*(\bar{y})=\bar{x}$。

(b) 证明 $\nabla^2 f^*(\bar{y})=\nabla^2 f(\bar{x})^{-1}$。

3.41 标准化的负熵函数的共轭。给定标准化的负熵函数

$$f(x)=\sum_{i=1}^n x_i\log(x_i/\mathbf{1}^Tx),$$

其中 $\mathbf{dom}\,f=\mathbf{R}^n_{++}$。证明其共轭函数为

$$f^*(y)=\begin{cases}0 & \sum_{i=1}^n e^{y_i}\leqslant 1\\ +\infty & \text{其他情况}.\end{cases}$$

拟凸函数

3.42 逼近宽度。设 $f_0,\cdots,f_n:\mathbf{R}\to\mathbf{R}$ 为连续函数，考虑用 $f_1,\cdots,f_n$ 的线性组合去逼近函数 f_0。对 $x\in\mathbf{R}^n$，我们称 $f=x_1f_1+\cdots+x_nf_n$ 在区间 $[0,T]$ 内以容许误差 $\epsilon>0$ 逼近函数 f_0，如果对任意 $0\leqslant t\leqslant T$ 存在 $|f(t)-f_0(t)|\leqslant\epsilon$。固定误差容限 $\epsilon>0$，考虑 f 在区间 $[0,T]$ 逼近 f_0，**逼近宽度**定义为在此误差容限下最长的区间宽度 T

$$W(x)=\sup\{T\mid |x_1f_1(t)+\cdots+x_nf_n(t)-f_0(t)|\leqslant\epsilon\ \forall\ 0\leqslant t\leqslant T\}.$$

证明 W 是拟凸函数。

3.43 拟凸性的一阶条件。证明 §3.4.3 中给出的判断拟凸性的一阶条件：可微函数 $f:\mathbf{R}^n\to\mathbf{R}$，其定义域 $\mathbf{dom}\,f$ 是凸集，则函数 f 是拟凸函数的充要条件是，对任意 $x,y\in\mathbf{dom}\,f$ 有

$$f(y)\leqslant f(x)\Longrightarrow\nabla f(x)^T(y-x)\leqslant 0.$$

提示：可以先考虑定义在 $\mathbf{R}$ 上的函数；一般维空间的结论可以通过将函数限制在定义域内任意直线上得到。

3.44 拟凸性的二阶条件。 §3.4.3 给出了描述拟凸性的二阶条件。在本题中，我们给出二阶条件的另一种形式。证明如下结论。

(a) 点 $x \in \mathbf{dom}\, f$ 满足式 (3.21) 的充要条件是，存在 σ 使得下式成立

$$\nabla^2 f(x) + \sigma \nabla f(x) \nabla f(x)^T \succeq 0. \tag{3.26}$$

对任意 $y \neq 0$，点 $x \in \mathbf{dom}\, f$ 满足式 (3.22) 的充要条件是，存在 σ 使得下式成立

$$\nabla^2 f(x) + \sigma \nabla f(x) \nabla f(x)^T \succ 0. \tag{3.27}$$

提示：不失一般性，我们可以假设 $\nabla^2 f(x)$ 是对角阵。

(b) 点 $x \in \mathbf{dom}\, f$ 满足式 (3.21) 的充要条件是，$\nabla f(x) = 0$ 且 $\nabla^2 f(x) \succeq 0$ 或者 $\nabla f(x) \neq 0$ 且矩阵

$$H(x) = \begin{bmatrix} \nabla^2 f(x) & \nabla f(x) \\ \nabla f(x)^T & 0 \end{bmatrix}$$

只有一个负特征值。对任意 $y \neq 0$，点 $x \in \mathbf{dom}\, f$ 满足式 (3.22) 的充要条件是 $H(x)$ 只有一个非正特征值。

提示：可以应用 (a) 的结论。下面的结论源自线性代数中的特征值交错定理，在本题的证明中也可能有用：如果矩阵 $B \in \mathbf{S}^n$，向量 $a \in \mathbf{R}^n$，那么有

$$\lambda_n \left(\begin{bmatrix} B & a \\ a^T & 0 \end{bmatrix} \right) \geqslant \lambda_n(B).$$

3.45 利用 §3.4.3 给出的判断拟凸性的一阶和二阶条件来证明函数 $f(x) = -x_1 x_2$ 的拟凸性，定义域为 $\mathbf{dom}\, f = \mathbf{R}^2_{++}$。

3.46 定义域为 $\mathbf{R}^n$ 的拟线性函数。 $\mathbf{R}$ 上的拟线性函数（既是拟凸函数又是拟凹函数）是单调的，即单调非减或者单调非增。在本题中，我们考虑上述结论扩展至 $\mathbf{R}^n$ 上的情形。

设函数 $f : \mathbf{R}^n \to \mathbf{R}$ 是连续的拟线性函数，其定义域为 $\mathbf{dom}\, f = \mathbf{R}^n$。证明函数可以表示为 $f(x) = g(a^T x)$，其中函数 $g : \mathbf{R} \to \mathbf{R}$ 是单调函数，$a \in \mathbf{R}^n$。换言之，定义在 $\mathbf{R}^n$ 上的拟线性函数一定是某个线性函数的单调函数。（反过来同样正确。）

对数-凹函数及对数-凸函数

3.47 设函数 $f : \mathbf{R}^n \to \mathbf{R}$ 可微，定义域 $\mathbf{dom}\, f$ 是凸集，对任意 $x \in \mathbf{dom}\, f$，$f(x) > 0$。证明函数 f 是对数-凹函数的充要条件是，对任意 $x, y \in \mathbf{dom}\, f$，下式成立

$$\frac{f(y)}{f(x)} \leqslant \exp\left(\frac{\nabla f(x)^T (y - x)}{f(x)} \right).$$

3.48 证明如果函数 $f : \mathbf{R}^n \to \mathbf{R}$ 是对数-凹函数且 $a \geqslant 0$，那么函数 $g = f - a$ 是对数-凹函数，其定义域为 $\mathbf{dom}\, g = \{x \in \mathbf{dom}\, f \mid f(x) > a\}$。

3.49 证明下列函数是对数-凹函数。

(a) Logistic 函数 $f(x) = e^x/(1 + e^x)$，其定义域为 $\mathbf{dom}\, f = \mathbf{R}$。

(b) **调和平均函数**

$$f(x) = \frac{1}{1/x_1 + \cdots + 1/x_n}, \qquad \mathbf{dom}\, f = \mathbf{R}^n_{++}.$$

(c) **乘积与和之比**

$$f(x) = \frac{\prod_{i=1}^n x_i}{\sum_{i=1}^n x_i}, \qquad \mathbf{dom}\, f = \mathbf{R}^n_{++}.$$

(d) **行列式与迹之比**

$$f(X) = \frac{\det X}{\mathbf{tr}\, X}, \qquad \mathbf{dom}\, f = \mathbf{S}^n_{++}.$$

3.50 将多项式的系数表示为根的函数。 证明具有负实根的多项式的系数可以表示为根的对数-凹函数。换言之，由如下等式定义的函数 $a_i : \mathbf{R}^n \to \mathbf{R}$，

$$s^n + a_1(\lambda)s^{n-1} + \cdots + a_{n-1}(\lambda)s + a_n(\lambda) = (s-\lambda_1)(s-\lambda_2)\cdots(s-\lambda_n),$$

在 $-\mathbf{R}^n_{++}$ 上是对数-凹函数。

提示：函数

$$S_k(x) = \sum_{1 \leqslant i_1 < i_2 < \cdots < i_k \leqslant n} x_{i_1} x_{i_2} \cdots x_{i_k},$$

其定义域为 $\mathbf{dom}\, S_k \in \mathbf{R}^n_+$，$1 \leqslant k \leqslant n$，被称为 $\mathbf{R}^n$ 上的 k 次初等对称函数。可以证明 $S_k^{1/k}$ 是凹函数（见参考文献[ML57]）。

3.51 [BL00, 第 41 页] 设 p 是定义在 $\mathbf{R}$ 上的多项式，其所有的根都是实数。证明 p 在所有使得它大于零的区间上是对数-凹函数。

3.52 [MO79, §3.E.2] **矩函数的对数-凸性**。设函数 $f : \mathbf{R} \to \mathbf{R}$ 在 $\mathbf{R}_+ \subseteq \mathbf{dom}\, f$ 上非负。对 $x \geqslant 0$，定义

$$\phi(x) = \int_0^\infty u^x f(u)\, du.$$

证明函数 ϕ 是对数-凸函数。（如果 x 是正整数，f 是概率密度函数，那么 $\phi(x)$ 就是此分布的 x 阶矩。）

利用上述结论来证明 Gamma 函数

$$\Gamma(x) = \int_0^\infty u^{x-1} e^{-u}\, du,$$

在 $x \geqslant 1$ 时是对数-凸函数。

3.53 设 x 和 y 是 $\mathbf{R}^n$ 上的独立随机向量，其概率密度函数分别为 f 和 g，均为对数-凹函数。证明随机向量的和 $z = x + y$ 的概率密度函数亦是对数-凹函数。

3.54 Gauss累积分布函数的对数-凹性。Gauss 随机变量的累积分布函数

$$f(x) = \frac{1}{\sqrt{2\pi}} \int_{-\infty}^x e^{-t^2/2}\, dt,$$

是对数-凹函数。根据两个对数-凹函数的卷积仍然是对数-凹函数，可以很容易得出 f 是对数-凹函数的结论。在本题中，采用另一套证明方法证明 f 的对数-凹性。我们知道，函数 f 是对数-凹函数的充要条件是，对任意 x 有 $f''(x)f(x) \leqslant f'(x)^2$。

(a) 证明对 $x \geqslant 0$ 有 $f''(x)f(x) \leqslant f'(x)^2$。当 $x<0$ 时的情况较为复杂，在后续步骤中证明。

(b) 证明对任意 t 和 x 有 $t^2/2 \geqslant -x^2/2 + xt$。

(c) 利用 (b) 证明 $e^{-t^2/2} \leqslant e^{x^2/2-xt}$。因此，对 $x<0$ 有

$$\int_{-\infty}^{x} e^{-t^2/2}\,dt \leqslant e^{x^2/2}\int_{-\infty}^{x} e^{-xt}\,dt.$$

(d) 利用 (c) 证明当 $x \leqslant 0$ 时，$f''(x)f(x) \leqslant f'(x)^2$。

3.55 对数-凹概率密度函数的累积分布函数的对数-凹性。在这道题中，我们对习题 3.54 中的结论进行扩展。设函数 $g(t)=\exp(-h(t))$ 是一可微的对数-凹的概率密度函数，令

$$f(x)=\int_{-\infty}^{x} g(t)\,dt = \int_{-\infty}^{x} e^{-h(t)}\,dt$$

为其累积分布函数。下面的步骤将证明函数 f 是对数-凹函数，即对任意 x 成立 $f''(x)f(x) \leqslant (f'(x))^2$。

(a) 利用函数 h 表示函数 f 的导数。证明如果 $h'(x) \geqslant 0$，那么 $f''(x)f(x) \leqslant (f'(x))^2$。

(b) 设 $h'(x)<0$，利用不等式

$$h(t) \geqslant h(x) + h'(x)(t-x)$$

（由函数 h 的凸性可以直接得到）来证明

$$\int_{-\infty}^{x} e^{-h(t)}\,dt \leqslant \frac{e^{-h(x)}}{-h'(x)}.$$

利用上述不等式证明如果 $h'(x)<0$，有 $f''(x)f(x) \leqslant (f'(x))^2$。

3.56 更多的对数-凹的密度函数。证明下列密度函数是对数-凹的。

(a) [MO79, 第 493 页] Gamma **密度**函数

$$f(x)=\frac{\alpha^\lambda}{\Gamma(\lambda)}x^{\lambda-1}e^{-\alpha x},$$

其定义域为 $\mathbf{dom}\, f = \mathbf{R}_+$。参数 λ 和 α 满足 $\lambda \geqslant 1$，$\alpha > 0$。

(b) [MO79, 第 306 页] Dirichlet **密度**函数

$$f(x)=\frac{\Gamma(\mathbf{1}^T\lambda)}{\Gamma(\lambda_1)\cdots\Gamma(\lambda_{n+1})}x_1^{\lambda_1-1}\cdots x_n^{\lambda_n-1}\left(1-\sum_{i=1}^{n}x_i\right)^{\lambda_{n+1}-1},$$

其定义域为 $\mathbf{dom}\, f = \{x \in \mathbf{R}_{++}^n \mid \mathbf{1}^T x < 1\}$。参数 λ 满足 $\lambda \succeq \mathbf{1}$。

关于广义不等式的凸性

3.57 证明函数 $f(X)=X^{-1}$ 在 $\mathbf{S}_{++}^n$ 上是矩阵凸的。

3.58 Schur 补。设矩阵 $X\in\mathbf{S}^n$，将其表示成分块阵的形式

$$X=\begin{bmatrix} A & B \\ B^T & C \end{bmatrix},$$

其中 $A\in\mathbf{S}^k$。矩阵 X 的 Schur 补（关于矩阵 A）为 $S=C-B^TA^{-1}B$（参见 §A.5.5）。证明 Schur 补若看成 $\mathbf{S}^n$ 映射到 $\mathbf{S}^{n-k}$ 上的函数，在 $\mathbf{S}_{++}^n$ 上是矩阵凸的。

3.59 **K-凸的二阶条件。** 设 $K\subseteq\mathbf{R}^m$ 是一正常凸锥，相应的广义不等式为 $\preceq_K$。证明定义域为凸集的二次可微函数 $f:\mathbf{R}^n\to\mathbf{R}^m$ 是 K-凸函数的充要条件是，对任意 $x\in\mathbf{dom}\,f$，任意 $y\in\mathbf{R}^n$，下式成立

$$\sum_{i,j=1}^n\frac{\partial^2 f(x)}{\partial x_i\partial x_j}y_iy_j\succeq_K 0,$$

即二阶导数是 K-非负双线性形式。（此时 $\partial^2 f/\partial x_i\partial x_j\in\mathbf{R}^m$，分量为 $\partial^2 f_k/\partial x_i\partial x_j$，$k=1,\cdots,m$；参见 §A.4.1。）

3.60 **K-凸函数的下水平集和上境图。** 设 $K\subseteq\mathbf{R}^m$ 是正常凸锥，相应广义不等式为 $\preceq_K$，设 $f:\mathbf{R}^n\to\mathbf{R}^m$。对 $\alpha\in\mathbf{R}^m$，函数 f 的 α-下水平集（关于 $\preceq_K$）定义为

$$C_\alpha=\{x\in\mathbf{R}^n\mid f(x)\preceq_K\alpha\}.$$

函数 f 关于 $\preceq_K$ 的上境图定义为集合

$$\mathbf{epi}_K f=\{(x,t)\in\mathbf{R}^{n+m}\mid f(x)\preceq_K t\}.$$

证明下列结论：

(a) 如果函数 f 是 K-凸的，则对任意 α，函数的下水平集 C_α 是凸集。

(b) 函数 f 是 K-凸的充要条件是 $\mathbf{epi}_K\,f$ 是凸集。

4 凸优化问题

4.1 优化问题

4.1.1 基本术语

我们用

$$
\begin{array}{ll}
\text{minimize} & f_0(x) \\
\text{subject to} & f_i(x) \leqslant 0, \quad i=1,\cdots,m \\
& h_i(x) = 0, \quad i=1,\cdots,p
\end{array}
\tag{4.1}
$$

描述在所有满足 $f_i(x) \leqslant 0$，$i=1,\cdots,m$ 及 $h_i(x)=0$，$i=1,\cdots,p$ 的 x 中寻找极小化 $f_0(x)$ 的 x 的问题。我们称 $x \in \mathbf{R}^n$ 为**优化变量**，称函数 $f_0 : \mathbf{R}^n \rightarrow \mathbf{R}$ 为**目标函数**或**费用函数**。不等式 $f_i(x) \leqslant 0$ 称为**不等式约束**，相应的函数 $f_i : \mathbf{R}^n \rightarrow \mathbf{R}$ 称为**不等式约束函数**。方程组 $h_i(x)=0$ 称为**等式约束**，相应的函数 $h_i : \mathbf{R}^n \rightarrow \mathbf{R}$ 称为**等式约束函数**。如果没有约束（即 $m=p=0$），我们称问题 (4.1)为**无约束**问题。

对目标和所有约束函数有定义的点的集合，

$$
\mathcal{D} = \bigcap_{i=0}^{m} \mathbf{dom}\, f_i \ \cap \ \bigcap_{i=1}^{p} \mathbf{dom}\, h_i,
$$

称为优化问题 (4.1) 的**定义域**。当点 $x \in \mathcal{D}$ 满足约束 $f_i(x) \leqslant 0$，$i=1,\cdots,m$ 和 $h_i(x)=0$，$i=1,\cdots,p$ 时，x 是**可行**的。当问题 (4.1) 至少有一个可行点时，我们称为**可行**的，否则称为**不可行**。所有可行点的集合称为**可行集**或**约束集**。

问题 (4.1) 的最优值 $p^\star$ 定义为

$$
p^\star = \inf\left\{f_0(x) \mid f_i(x) \leqslant 0,\ i=1,\cdots,m,\ h_i(x)=0,\ i=1,\cdots,p\right\}.
$$

我们允许 $p^\star$ 取值为 $\pm\infty$。如果问题不可行，我们有 $p^\star=\infty$（按惯例，空集的下确界为 ∞）。如果存在可行解 x_k 满足：当 $k \rightarrow \infty$ 时，$f_0(x_k) \rightarrow -\infty$，那么，$p^\star=-\infty$ 并且我们称问题 (4.1)**无下界**。

最优点与局部最优点

如果 $x^\star$ 是可行的并且 $f_0(x^\star)=p^\star$，我们称 $x^\star$ 为**最优点**，或 $x^\star$ 解决了问题 (4.1)。所有最优解的集合称为**最优集**，记为

$$X_{\text{opt}} = \{x \mid f_i(x) \leqslant 0,\ i=1,\cdots,m,\ h_i(x)=0,\ i=1,\cdots,p,\ f_0(x)=p^\star\}.$$

如果问题 (4.1) 存在最优解，我们称最优值是**可得**或**可达**的，称问题**可解**。如果 X_{opt} 是空集，我们称最优值是不可得或不可达的（这种情况常在问题无下界时发生）。满足 $f_0(x) \leqslant p^\star + \epsilon$（其中 $\epsilon > 0$）的可行解 x 称为**ϵ-次优**。所有 ϵ-次优解的集合称为问题(4.1) 的 **ϵ-次优集**。

我们称可行解 x 为**局部最优**，如果存在 $R > 0$ 使得

$$\begin{aligned} f_0(x) = \inf\{f_0(z) \mid\ & f_i(z) \leqslant 0,\ i=1,\cdots,m, \\ & h_i(z)=0,\ i=1,\cdots,p,\ \|z-x\|_2 \leqslant R\}, \end{aligned}$$

或换言之，x 是关于 z 的优化问题

$$\begin{array}{ll} \text{minimize} & f_0(z) \\ \text{subject to} & f_i(z) \leqslant 0, \quad i=1,\cdots,m \\ & h_i(z) = 0, \quad i=1,\cdots,p \\ & \|z-x\|_2 \leqslant R \end{array}$$

的解。粗略地讲，这意味着 x 在可行集内一个点的周围极小化了 f_0。“全局最优”常被用来代替“最优”以区分“局部最优”和“最优”。不过，在本书中，最优意味着全局最优。

如果 x 可行且 $f_i(x)=0$，我们称约束 $f_i(x) \leqslant 0$ 的第 i 个不等式在 x 处**起作用**。如果 $f_i(x) < 0$，则约束 $f_i(x) \leqslant 0$ **不起作用**。（对于所有可行解，等式约束总是起作用的。）我们称约束是**冗余的**，如果去掉它不改变可行集。

例 4.1　我们用几个关于 $x \in \mathbf{R}$ 的简单的无约束优化问题来表述上述概念，这里 $\mathbf{dom}\, f_0 = \mathbf{R}_{++}$。

- $f_0(x) = 1/x$: $p^\star = 0$，但最优值不可达。
- $f_0(x) = -\log x$: $p^\star = -\infty$，所以该问题无下界。
- $f_0(x) = x\log x$: $p^\star = -1/e$ 在（唯一的）最优解 $x^\star = 1/e$ 处达到。

可行性问题

如果目标函数恒等于零，那么其最优解要么是零（如果可行集非空），要么是 ∞（如果可行集是空集）。我们称其为**可行性问题**，有些时候将其写作

$$\begin{array}{ll} \text{find} & x \\ \text{subject to} & f_i(x) \leqslant 0, \quad i=1,\cdots,m \\ & h_i(x) = 0, \quad i=1,\cdots,p. \end{array}$$

因此，可行性问题可以用来判断约束是否一致，如是，则找到一个满足它们的点。

4.1.2 问题的标准表示

我们称 (4.1) 为优化问题的**标准形式**。在标准形式问题中，我们按照惯例设不等式和等式约束的右端为零。这一点总可以通过对任何非零右端进行减法得到：例如，我们将约束 $g_i(x) = \tilde{g}_i(x)$ 表示为 $h_i(x) = 0$，其中 $h_i(x) = g_i(x) - \tilde{g}_i(x)$。类似地，我们将 $f_i(x) \geqslant 0$ 表示为 $-f_i(x) \leqslant 0$。

例 4.2 框约束。考虑优化问题

$$\begin{array}{ll} \text{minimize} & f_0(x) \\ \text{subject to} & l_i \leqslant x_i \leqslant u_i, \quad i = 1, \cdots, n, \end{array}$$

其中 $x \in \mathbf{R}^n$ 为优化变量。这些约束称为**变量的界**（因为它们给出了每一个 x_i 的上下界）或**框约束**（因为可行集是一个方框）。

我们可以将该问题表示为标准形式，

$$\begin{array}{ll} \text{minimize} & f_0(x) \\ \text{subject to} & l_i - x_i \leqslant 0, \quad i = 1, \cdots, n \\ & x_i - u_i \leqslant 0, \quad i = 1, \cdots, n. \end{array}$$

这里有 $2n$ 个不等式约束函数：

$$f_i(x) = l_i - x_i, \quad i = 1, \cdots, n,$$

及

$$f_i(x) = x_{i-n} - u_{i-n}, \quad i = n+1, \cdots, 2n.$$

极大化问题

按习惯，我们主要考虑极小化问题。**极大化**问题

$$\begin{array}{ll} \text{maximize} & f_0(x) \\ \text{subject to} & f_i(x) \leqslant 0, \quad i = 1, \cdots, m \\ & h_i(x) = 0, \quad i = 1, \cdots, p \end{array} \tag{4.2}$$

可以通过在同样的约束下极小化 $-f_0$ 得到求解。相应地，我们可以对极大化问题 (4.2) 进行前述所有的定义。例如 (4.2) 的最优值定义为

$$p^\star = \sup\{f_0(x) \mid f_i(x) \leqslant 0, \ i = 1, \cdots, m, \ h_i(x) = 0, \ i = 1, \cdots, p\},$$

并且可行解 x 是 ϵ-次优的，如果 $f_0(x) \geqslant p^\star - \epsilon$。当考虑极大化问题时，目标函数有时又称为**效用**或**满意度**而不是费用。

4.1.3　等价问题

在本书中，我们将非正式地使用优化问题等价的概念。如果从一个问题的解，很容易得到另一个问题的解，并且反之亦然，我们称两个问题是**等价的**。（可以给出等价的正式定义，但比较复杂。）

作为一个简单例子，考虑问题

$$\begin{array}{ll} \text{minimize} & \tilde{f}(x)=\alpha_0 f_0(x) \\ \text{subject to} & \tilde{f}_i(x)=\alpha_i f_i(x)\leqslant 0,\quad i=1,\cdots,m \\ & \tilde{h}_i(x)=\beta_i h_i(x)=0,\quad i=1,\cdots,p, \end{array} \tag{4.3}$$

其中 $\alpha_i>0$，$i=0,\cdots,m$ 且 $\beta_i\neq 0$，$i=1,\cdots,p$。这个问题是通过将标准形式问题(4.1) 的 目标和不等式约束函数乘以正的常数，将等式约束函数乘以非零常数得到的。于是，问题 (4.3) 的可行集与原问题 (4.1) 是相同的。x 对原问题 (4.1) 是最优的当且仅当它对于伸缩后的问题 (4.3) 也是最优的，因此，我们称这两个问题是等价的。但是，两个问题 (4.1) 和问题 (4.3) 是不同的（除非 α_i 和 β_i 都是 1），因为目标函数和约束函数都不同。

下面我们介绍一些产生等价问题的变换。

变量变换

设 $\phi:\mathbf{R}^n\to\mathbf{R}^n$ 是一一映射，其象包含了问题的定义域 $\mathcal{D}$，即 $\phi(\mathbf{dom}\,\phi)\supseteq\mathcal{D}$。我们定义函数 $\tilde{f}_i$ 和 $\tilde{h}_i$ 为

$$\tilde{f}_i(z)=f_i(\phi(z)),\quad i=0,\cdots,m,\qquad \tilde{h}_i(z)=h_i(\phi(z)),\quad i=1,\cdots,p.$$

下面考虑关于 z 的问题

$$\begin{array}{ll} \text{minimize} & \tilde{f}_0(z) \\ \text{subject to} & \tilde{f}_i(z)\leqslant 0,\quad i=1,\cdots,m \\ & \tilde{h}_i(z)=0,\quad i=1,\cdots,p, \end{array} \tag{4.4}$$

我们称标准形式问题 (4.1) 和问题 (4.4) 通过**变量变换**或**变量代换** $x=\phi(z)$ 所联系。

这两个问题显然等价：如果 x 解决了问题 (4.1)，那么 $z=\phi^{-1}(x)$ 也求解了问题 (4.4)；如果 z 是问题 (4.4) 的解，那么 $x=\phi(z)$ 是问题 (4.1) 的解。

目标函数和约束函数的变换

设 $\psi_0:\mathbf{R}\to\mathbf{R}$ 单增；$\psi_1,\cdots,\psi_m:\mathbf{R}\to\mathbf{R}$ 满足：当且仅当 $u\leqslant 0$ 时 $\psi_i(u)\leqslant 0$；$\psi_{m+1},\cdots,\psi_{m+p}:\mathbf{R}\to\mathbf{R}$ 满足：当且仅当 $u=0$ 时 $\psi_i(u)=0$。我们定义函数 $\tilde{f}_i$ 和 $\tilde{h}_i$ 为复合函数

$$\tilde{f}_i(x)=\psi_i(f_i(x)),\quad i=0,\cdots,m,\qquad \tilde{h}_i(x)=\psi_{m+i}(h_i(x)),\quad i=1,\cdots,p.$$

显然，问题

$$
\begin{array}{ll}
\text{minimize} & \tilde{f}_0(x) \\
\text{subject to} & \tilde{f}_i(x) \leqslant 0, \quad i=1,\cdots,m \\
& \tilde{h}_i(x) = 0, \quad i=1,\cdots,p
\end{array}
$$

与标准形式问题 (4.1) 等价；事实上，其可行集相同，最优解也相同。（前例 (4.3) 是 ψ_i 为线性函数时的一个特例，其中的目标函数和约束函数均被合适的常数所数乘。）

例 4.3 最小函数和最小范数平方问题。 作为一个简单的例子，考虑无约束的 Euclid 范数极小化问题

$$
\text{minimize} \quad \|Ax-b\|_2, \tag{4.5}
$$

其变量为 $x \in \mathbf{R}^n$。因为范数总是非负的，所以我们可以只求解问题

$$
\text{minimize} \quad \|Ax-b\|_2^2 = (Ax-b)^T(Ax-b), \tag{4.6}
$$

在这里，我们极小化 Euclid 范数的平方。问题 (4.5) 和问题(4.6) 显然等价；最优解相同。但是，这两个问题是不相同。例如 问题(4.5) 的目标函数在任意满足 $Ax-b=0$ 的 x 处都是不可微的，而问题(4.6) 的目标函数对所有的 x 都是可微的（事实上，它是二次的）。

松弛变量

通过观察可以得到一个简单的变换，即 $f_i(x) \leqslant 0$ 等价于存在一个 $s_i \geqslant 0$ 满足 $f_i(x)+s_i=0$。利用这个变换，我们可以得到问题

$$
\begin{array}{ll}
\text{minimize} & f_0(x) \\
\text{subject to} & s_i \geqslant 0, \quad i=1,\cdots,m \\
& f_i(x)+s_i = 0, \quad i=1,\cdots,m \\
& h_i(x) = 0, \quad i=1,\cdots,p,
\end{array}
\tag{4.7}
$$

其中 $x \in \mathbf{R}^n$，$s \in \mathbf{R}^m$。这个问题有 $n+m$ 个变量，m 个不等式约束（关于 s_i 的非负约束）和 $m+p$ 个等式约束。新的变量 s_i 称为对应原不等式约束 $f_i(x) \leqslant 0$ 的**松弛变量**。通过引入松弛变量，可以将每个不等式约束替换为一个等式和一个非负约束。

问题 (4.7) 与原标准形式问题 (4.1) 是等价的。事实上，如果 (x,s) 对问题 (4.7) 是可行的，那么 x 是原问题的可行解，因为 $s_i=-f_i(x) \geqslant 0$。反之，如果 x 对于原问题是可行的，那么 (x,s) 是问题 (4.7) 的可行解，其中我们取 $s_i=-f_i(x)$。类似地，x 是原问题 (4.1) 的最优解当且仅当 (x,s) 是问题 (4.7) 的最优解，其中 $s_i=-f_i(x)$。

消除等式约束

如果我们可以用一些参数 $z \in \mathbf{R}^k$ 来显式地参数化等式约束

$$h_i(x) = 0, \quad i = 1, \cdots, p \tag{4.8}$$

的解，那么我们可以从原问题中**消除**等式约束，如下所示。设函数 $\phi : \mathbf{R}^k \to \mathbf{R}^n$ 是这样的函数: x 满足式(4.8) 等价于存在一些 $z \in \mathbf{R}^k$ 使得 $x = \phi(z)$。那么，优化问题

$$\begin{array}{ll} \text{minimize} & \tilde{f}_0(z) = f_0(\phi(z)) \\ \text{subject to} & \tilde{f}_i(z) = f_i(\phi(z)) \leqslant 0, \quad i = 1, \cdots, m \end{array}$$

与原问题 (4.1) 等价。转换后的问题含有变量 $z \in \mathbf{R}^k$，m 个不等式约束而没有等式约束。如果 z 是转换后问题的最优解，那么 $x = \phi(z)$ 是原问题的最优解。反之，如果 x 是原问题的最优解，那么（因为 x 是可行解）存在至少一个 z 使得 $x = \phi(z)$。任意这样的 z 均是转换后的问题的最优解。

消除线性等式约束

如果等式约束均是线性的，即 $Ax = b$，那么可以更清晰地描述消除变量的过程，并且简单地进行数值计算。如果 $Ax = b$ 不相容，即 $b \notin \mathcal{R}(A)$，那么原问题无可行解。假设不是这种情况，令 x_0 表示等式约束的任意可行解。令 $F \in \mathbf{R}^{n \times k}$ 为满足 $\mathcal{R}(F) = \mathcal{N}(A)$ 的矩阵，那么线性方程 $Ax = b$ 的通解可以表示为 $Fz + x_0$，其中 $z \in \mathbf{R}^k$。（我们可以选择 F 为满秩矩阵，如此的话，我们有 $k = n - \mathbf{rank}\, A$。）

将 $x = Fz + x_0$ 代入原问题可以得到关于 z 的问题

$$\begin{array}{ll} \text{minimize} & f_0(Fz + x_0) \\ \text{subject to} & f_i(Fz + x_0) \leqslant 0, \quad i = 1, \cdots, m, \end{array}$$

它与原问题等价，不含有等式约束并且减少了 $\mathbf{rank}\, A$ 个变量。

引入等式约束

我们也可在问题中**引入**等式约束和新的变量。一般情况的讨论比较复杂且不直观，所以这里我们给出一个典型的例子，这个例子在后面的讨论中也十分有用。考虑问题

$$\begin{array}{ll} \text{minimize} & f_0(A_0 x + b_0) \\ \text{subject to} & f_i(A_i x + b_i) \leqslant 0, \quad i = 1, \cdots, m \\ & h_i(x) = 0, \quad i = 1, \cdots, p, \end{array}$$

其中 $x \in \mathbf{R}^n$，$A_i \in \mathbf{R}^{k_i \times n}$，$f_i : \mathbf{R}^{k_i} \to \mathbf{R}$。这个问题的目标函数和约束函数由函数 f_i 和仿射变换 $A_i x + b_i$ 的复合给出。

我们引入新的变量 $y_i \in \mathbf{R}^{k_i}$ 和新的等式约束 $y_i = A_i x + b_i$，$i = 0, \cdots, m$，从而构造等价问题

$$\begin{array}{ll}\text{minimize} & f_0(y_0)\\ \text{subject to} & f_i(y_i) \leqslant 0, \quad i=1,\cdots,m\\ & y_i = A_i x + b_i, \quad i=0,\cdots,m\\ & h_i(x)=0, \quad i=1,\cdots,p.\end{array}$$

该问题含有 $k_0+\cdots+k_m$ 个新变量：

$$y_0 \in \mathbf{R}^{k_0}, \quad \cdots, \quad y_m \in \mathbf{R}^{k_m},$$

及 $k_0+\cdots+k_m$ 个新的等式约束：

$$y_0 = A_0 x + b_0, \quad \cdots, \quad y_m = A_m x + b_m,$$

其目标函数与等式约束是**独立的**，即它们各自包含不同的优化变量。

优化部分变量

我们总有

$$\inf_{x,y} f(x,y) = \inf_x \tilde{f}(x),$$

其中 $\tilde{f}(x)=\inf_y f(x,y)$。换言之，我们总可以通过先优化一部分变量再优化另一部分变量来达到优化一个函数的目的。这个简单而普适的原则可以用来将问题转换为其等价形式。对于一般形式，其描述冗长而不直观，因此，我们这里仅用一个例子来进行说明。

设变量 $x\in\mathbf{R}^n$ 被分为 $x=(x_1,x_2)$，其中 $x_1\in\mathbf{R}^{n_1}$，$x_2\in\mathbf{R}^{n_2}$，并且 $n_1+n_2=n$。考虑问题

$$\begin{array}{ll}\text{minimize} & f_0(x_1,x_2)\\ \text{subject to} & f_i(x_1) \leqslant 0, \quad i=1,\cdots,m_1\\ & \tilde{f}_i(x_2) \leqslant 0, \quad i=1,\cdots,m_2,\end{array} \tag{4.9}$$

其约束相互独立，也就是说每个约束函数只与 x_1 或 x_2 相关。我们首先优化 x_2。定义 x_1 的函数 $\tilde{f}_0$ 为

$$\tilde{f}_0(x_1) = \inf\{f_0(x_1,z) \mid \tilde{f}_i(z) \leqslant 0,\ i=1,\cdots,m_2\}.$$

则问题 (4.9) 等价于

$$\begin{array}{ll}\text{minimize} & \tilde{f}_0(x_1)\\ \text{subject to} & f_i(x_1) \leqslant 0, \quad i=1,\cdots,m_1.\end{array} \tag{4.10}$$

例 4.4　在约束下优化二次函数的部分变量。 考虑具有严格凸的二次目标的问题，其中某些变量不受约束：

$$\begin{array}{ll}\text{minimize} & x_1^T P_{11} x_1 + 2x_1^T P_{12} x_2 + x_2^T P_{22} x_2\\ \text{subject to} & f_i(x_1) \leqslant 0, \quad i=1,\cdots,m.\end{array}$$

这里，我们可以解析地优化 x_2：

$$\inf_{x_2} \left(x_1^T P_{11} x_1 + 2x_1^T P_{12} x_2 + x_2^T P_{22} x_2 \right) = x_1^T \left(P_{11} - P_{12} P_{22}^{-1} P_{12}^T \right) x_1$$

（参见 §A.5.5）。因此，原问题等价于

$$\begin{array}{ll} \text{minimize} & x_1^T \left(P_{11} - P_{12} P_{22}^{-1} P_{12}^T \right) x_1 \\ \text{subject to} & f_i(x_1) \leqslant 0, \quad i = 1, \cdots, m. \end{array}$$

上境图问题形式

标准问题 (4.1) 的上境图形式为

$$\begin{array}{ll} \text{minimize} & t \\ \text{subject to} & f_0(x) - t \leqslant 0 \\ & f_i(x) \leqslant 0, \quad i = 1, \cdots, m \\ & h_i(x) = 0, \quad i = 1, \cdots, p, \end{array} \tag{4.11}$$

其优化变量为 $x \in \mathbf{R}^n$ 及 $t \in \mathbf{R}$。容易看出这个问题与原问题是等价的：(x, t) 是问题(4.11) 的最优解当且仅当 x 是问题(4.1) 的最优解并且 $t = f_0(x)$。需要注意的是，上境图形式的目标函数是变量 x 和 t 的**线性**函数。

上境图形式问题 (4.11) 可以几何地解释为“图像空间” (x, t) 中的一个优化问题：在对 x 的约束下，我们在 f_0 的上境图中极小化 t，参见图4.1。

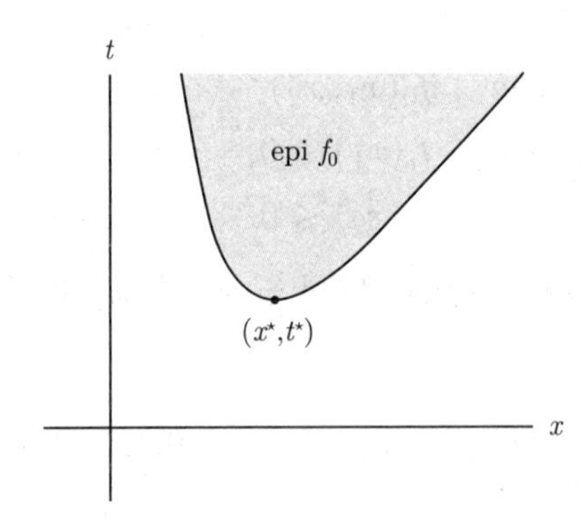

图4.1 无约束问题的上境图形式问题的几何解释。其目标是寻找上境图中（阴影所示）极小化 t 的一点，即上境图中最“低”的一点。最优点是 $(x^\star, t^\star)$。

隐式与显式约束

采用 §3.1.2 所提到的简单技巧，我们可以通过改变定义域将任何约束**隐式**地表达在目标函数中。作为一个极端的例子，标准形式问题可以表示为如下一个**无约束**问题

$$\text{minimize} \quad F(x), \tag{4.12}$$

其中，我们用 f_0 定义 F，但其定义域被限定在可行集中

$$\textbf{dom}\,F = \{x \in \textbf{dom}\,f_0 \mid f_i(x) \leqslant 0,\ i=1,\cdots,m,\ h_i(x)=0,\ i=1,\cdots,p\}.$$

对于 $x \in \textbf{dom}\,F$，$F(x) = f_0(x)$。(等价地，我们可以定义 $F(x)$ 在不可行的 x 处取值为 ∞。) 问题 (4.1) 和问题(4.12) 显然等价：它们有相同的可行集、最优解和最优值。

当然这种变换仅仅是一种符号游戏。将约束变为隐式不会为问题的分析和求解带来丝毫的好处，虽然问题 (4.12) 至少在名义上是无约束的。有些情况下，这种变换会使得问题更加难以求解。例如，设目标函数 f_0 是可微的，那么其定义域是开集。而受约束的函数 F 很有可能是不可微的，因为其定义域很有可能不是开的。

反之，我们也会碰到含有隐式约束的问题，对此我们可以将其显示化。作为一个简单的例子，考虑问题

$$\text{minimize} \quad f(x), \tag{4.13}$$

其中的函数 f 由下式给出

$$f(x) = \begin{cases} x^T x & Ax = b \\ \infty & \text{其他情况}. \end{cases}$$

在仿射集合 $Ax = b$ 中，目标函数等于二次型 $x^T x$，而在此仿射集合外，目标函数等于 ∞。因为我们显然可以只关注于满足 $Ax = b$ 的点，所以，称问题 (4.13) 在目标函数中含有**隐式的等式约束** $Ax = b$。我们可以构造等价问题

$$\begin{array}{ll} \text{minimize} & x^T x \\ \text{subject to} & Ax = b. \end{array} \tag{4.14}$$

将这个隐式的等式约束显式化。问题 (4.13) 和问题(4.14) 显然是等价而不相同的。问题 (4.13) 是无约束问题但其目标函数不可微。而问题 (4.14) 含有等式约束但其目标函数和约束函数均是可微的。

4.1.4 参数与谕示问题描述

对于标准形式的问题 (4.1)，仍然存在如何确定目标及约束函数的问题。在很多情况下，这些函数具有解析或闭式表达式，即由含有变量 x 和一些参数的公式或表达式给出。例如，设目标函数是二次的，则它具有 $f_0(x) = (1/2)x^T Px + q^T x + r$ 的形式。为确定这个目标函数，我们给出系数 (也称作**问题参数**或**问题数据**) $P \in \mathbf{S}^n$、$q \in \mathbf{R}^n$ 和 $r \in \mathbf{R}$。我们称其为**参数问题描述**，因为这个待解决的特定问题 (即问题实例) 被出现在目标和约束函数表达式中的函数参数所给定。

在其他情况下，目标函数和约束函数为**谕示**模型 (也称为**黑箱**或**子程序**模型) 所描述。在一个谕示模型中，我们无法显式地知道 f 但对于任意 $x \in \textbf{dom}\,f$，可以计算得到

$f(x)$（通常还有一些导数）。这个过程称为**询问谕示**，这通常需要一些成本，例如时间。我们也会得到函数的一些先验知识，例如其凸性和函数值的界。作为一个具体的谕示模型的例子，我们考虑极小化函数 f 的无约束优化问题。函数值 $f(x)$ 及导数值 $\nabla f(x)$ 可以通过子程序计算得到。可以对任意 $x \in \mathbf{dom}\, f$ 调用子函数但无法得到其源程序。用参数 x 调用子程序（当子程序返回时）得到 $f(x)$ 和 $\nabla f(x)$。注意，在谕示模型中，我们永远无法真正得知函数；仅仅能通过询问谕示模型来得知某些点的函数值（及导数）。（我们也可以知道函数的某些先验信息，例如可微性和凸性。）

在实践中，参数问题和谕示问题的差别不是很大。如果给出一个参数问题描述，我们可以为其构造一个谕示问题，它仅在被查询时计算所需函数的值及其导数。我们在第 III 部分讨论的大部分算法都可用于谕示模型的求解，但在限定于解决一族特定的参数化问题时，可以使它们变得更加有效。

4.2 凸优化

4.2.1 标准形式的凸优化问题

凸优化问题是形如

$$\begin{array}{ll} \text{minimize} & f_0(x) \\ \text{subject to} & f_i(x) \leqslant 0, \quad i=1,\cdots,m \\ & a_i^T x = b_i, \quad i=1,\cdots,p \end{array} \tag{4.15}$$

的问题，其中 $f_0,\cdots,f_m$ 为凸函数。对比问题(4.15) 和一般的标准形式问题 (4.1)，凸优化问题有三个附加的要求：

- 目标函数必须是凸的，
- 不等式约束函数必须是凸的，
- 等式约束函数 $h_i(x) = a_i^T x - b_i$ 必须是仿射的。

我们立即注意到一个重要的性质：凸优化问题的可行集是凸的，因为它是问题定义域

$$\mathcal{D} = \bigcap_{i=0}^{m} \mathbf{dom}\, f_i$$

（这是一个凸集）、m 个（凸的）下水平集 $\{x \mid f_i(x) \leqslant 0\}$ 以及 p 个超平面 $\{x \mid a_i^T x = b_i\}$ 的交集。（我们可以不失一般性地假设 $a_i \neq 0$：如果对于某些 i 有 $a_i = 0$ 且 $b_i = 0$，那么可以删去第 i 个等式约束； 如果 $a_i = 0$ 但 $b_i \neq 0$，那么第 i 个等式约束是矛盾的，问题不可行。）因此，在一个凸优化问题中，我们是在一个凸集上极小化一个凸的目标函数。

如果 f_0 是拟凸而非凸的，我们称问题 (4.15) 为（标准形式的）**拟凸优化问题**。因为凸或拟凸函数的下水平集都是凸集，可知对于凸或拟凸的优化问题，其 ϵ-次优集是凸的。特别地，其最优集是凸的。如果目标函数是严格凸的，那么最优集包含至多一个点。

凹最大化问题

稍稍改变符号，我们也称

$$\begin{array}{ll} \text{maximize} & f_0(x) \\ \text{subject to} & f_i(x) \leqslant 0, \quad i=1,\cdots,m \\ & a_i^T x = b_i, \quad i=1,\cdots,p \end{array} \tag{4.16}$$

为凸优化问题，如果目标函数 f_0 是凹的而不等式约束函数 $f_1,\cdots,f_m$ 是凸的。这个**凹最大化问题**可以简单地通过极小化凸目标函数 $-f_0$ 得以求解。对于极小化问题的所有结果、结论及算法都可以简单地转换用于解决最大化问题。类似地，如果 f_0 是拟凹的，那么最大化问题 (4.16) 被称为**拟凹的**。

凸优化问题的抽象形式

重要的是，需要注意到我们定义凸优化问题时的一些细节。考虑 $x \in \mathbf{R}^2$ 的一个例子，

$$\begin{array}{ll} \text{minimize} & f_0(x) = x_1^2 + x_2^2 \\ \text{subject to} & f_1(x) = x_1/(1+x_2^2) \leqslant 0 \\ & h_1(x) = (x_1+x_2)^2 = 0, \end{array} \tag{4.17}$$

这是该问题的标准形式 (4.1)，但**不**是凸优化问题的标准形式，因为其等式约束 h_1 不是仿射的，而不等式约束 f_1 不是凸的。尽管如此，其可行集 $\{x \mid x_1 \leqslant 0,\ x_1+x_2=0\}$ 是凸的。所以，虽然这个问题是在凸集上极小化凸函数 f_0，但它不是我们所定义的凸优化问题。

当然，这个问题可以简单地变形为

$$\begin{array}{ll} \text{minimize} & f_0(x) = x_1^2 + x_2^2 \\ \text{subject to} & \tilde{f}_1(x) = x_1 \leqslant 0 \\ & \tilde{h}_1(x) = x_1 + x_2 = 0. \end{array} \tag{4.18}$$

这是标准的凸优化形式，因为 f_0 和 $\tilde{f}_1$ 是凸的，$\tilde{h}_1$ 是仿射的。

一些作者用**抽象的凸优化问题**的概念来描述（抽象的）在凸集上极小化凸函数的问题。用这一术语，问题 (4.17) 是一个抽象的凸优化问题。但**我们不在本书中使用这一术语**。对于我们而言，凸优化问题不仅仅是在凸集上极小化凸函数的问题，同时也要求其可行集特定地被一组凸函数不等式和一组线性等式约束所描述。问题 (4.17) **不是**凸优化问题，而问题 (4.18) **是**一个凸优化问题。（但是，这两个问题是等价的。）

我们采用这种对凸优化问题的严格定义不会在实践中带来太多的麻烦。为求解抽象的在凸集上极小化凸函数的问题，我们需要用一组凸的不等式和线性的等式约束来表示其集合。如上例所示，这一般是不复杂的。

4.2.2　局部最优解与全局最优解

凸优化问题的一个基础性质是其任意局部最优解也是（全局）最优解。为理解这点，设 x 是凸优化问题的局部最优解，即 x 是可行的并且对于某些 $R>0$，有

$$f_0(x)=\inf\{f_0(z)\mid z \text{ 可行}, \|z-x\|_2\leqslant R\}, \tag{4.19}$$

现在假设 x 不是全局最优解，即存在一个可行的 y 使得 $f_0(y)<f_0(x)$。显然 $\|y-x\|_2>R$，因为否则的话有 $f_0(x)\leqslant f_0(y)$。考虑由

$$z=(1-\theta)x+\theta y, \qquad \theta=\frac{R}{2\|y-x\|_2}$$

给出的点 z，我们有 $\|z-x\|_2=R/2<R$。根据可行集的凸性，z 是可行的。根据 f_0 的凸性，我们有

$$f_0(z)\leqslant(1-\theta)f_0(x)+\theta f_0(y)<f_0(x),$$

这与式(4.19) 矛盾。因此不存在满足 $f_0(y)<f_0(x)$ 的可行解 y，即 x 是全局最优解。

对于拟凸优化问题，局部最优解是全局最优解这一性质不成立，参见 §4.2.5。

4.2.3　可微函数 f_0 的最优性准则

设凸优化问题的目标函数 f_0 是可微的，对于所有的 $x,y\in\mathbf{dom}\,f_0$ 有

$$f_0(y)\geqslant f_0(x)+\nabla f_0(x)^T(y-x) \tag{4.20}$$

（参见 §3.1.3）。令 X 表示其可行集，即

$$X=\{x\mid f_i(x)\leqslant 0,\ i=1,\cdots,m,\ h_i(x)=0,\ i=1,\cdots,p\}.$$

那么，x 是最优解，当且仅当 $x\in X$ 且

$$\nabla f_0(x)^T(y-x)\geqslant 0,\ \forall\ y\in X. \tag{4.21}$$

这个最优性准则可以从几何上进行理解：如果 $\nabla f_0(x)\neq 0$，那么意味着 $-\nabla f_0(x)$ 在 x 处定义了可行集的一个支撑超平面（参见图4.2）。

最优性条件的证明

首先假设 $x\in X$ 满足式(4.21)。那么，如果 $y\in X$，根据式(4.20)，我们有 $f_0(y)\geqslant f_0(x)$。这表明 x 是问题(4.1) 的一个最优解。

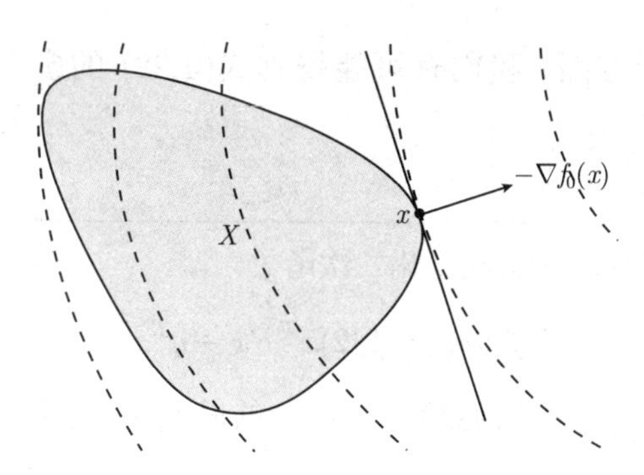

图4.2 最优性条件 (4.21) 的几何解释。可行集 X 由阴影显示。f_0 的某些等值曲线由虚线显示。点 x 是最优解：$-\nabla f_0(x)$ 定义了 X 在 x 处的一个支撑超平面。

反之，设 x 是最优解但条件 (4.21) 不成立，即对于某些 $y \in X$，有

$$\nabla f_0(x)^T(y-x) < 0.$$

考虑点 $z(t) = ty + (1-t)x$，其中 $t \in [0,1]$ 为参数。因为 $z(t)$ 在 x 和 y 之间的线段上，而可行集是凸集，因此 $z(t)$ 可行。我们可断言对于小正数 t，有 $f_0(z(t)) < f_0(x)$，这证明了 x 不是最优的。为说明这一点，注意

$$\left.\frac{d}{dt} f_0(z(t))\right|_{t=0} = \nabla f_0(x)^T(y-x) < 0,$$

所以，对于小正数 t，我们有 $f_0(z(t)) < f_0(x)$。

我们将在第 5 章中深入探讨最优性条件，而在这里考察几个简单的例子。

无约束问题

对于无约束优化问题（即 $m = p = 0$），条件 (4.21) 可以简化为一个众所周知的 x 是最优解的充要条件

$$\nabla f_0(x) = 0. \tag{4.22}$$

我们都知道这个最优性条件，有必要考察一下它是如何从条件(4.21) 中得到的。设 x 为可行解，即 $x \in \mathbf{dom}\, f_0$，并且对于所有可行的 y，都有 $\nabla f_0(x)^T(y-x) \geqslant 0$。因为 f_0 可微，其定义域是开的，因此所有充分靠近 x 的点都是可行的。我们取 $y = x - t\nabla f_0(x)$，其中 $t \in \mathbf{R}$ 为参数。当 t 为小的正数时，y 是可行的，因此

$$\nabla f_0(x)^T(y-x) = -t\|\nabla f_0(x)\|_2^2 \geqslant 0,$$

从中可知 $\nabla f_0(x) = 0$。

根据式(4.22) 解的数量，有几种可能的情况。如果式(4.22) 无解，那么没有最优点；问题无下界或最优值有限但不可达。这里我们需要区分两种情况：问题无下界，或者最

优值有界但不可达。另一方面，我们有可能得到式(4.22) 的多个解，每一个这样的解都极小化了 f_0。

例 4.5　无约束二次规划。 考虑极小化二次函数

$$f_0(x) = (1/2)x^T Px + q^T x + r,$$

其中，$P \in \mathbf{S}_+^n$（保证了 f_0 为凸函数）。x 为 f_0 的最小解的充要条件是：

$$\nabla f_0(x) = Px + q = 0.$$

根据这个（线性）方程无解、有唯一解或有多解的不同，有几种可能的情况

- 如果 $q \notin \mathcal{R}(P)$，则无解。此类情况 f_0 无下界。
- 如果 $P \succ 0$（意味着 f_0 严格凸），则存在唯一的最小解 $x^\star = -P^{-1}q$。
- 如果 P 奇异但 $q \in \mathcal{R}(P)$，则最优解集合为（仿射）集合 $X_{\text{opt}} = -P^\dagger q + \mathcal{N}(P)$，其中 $P^\dagger$ 表示 P 的伪逆（参见 §A.5.4）。

例 4.6　解析中心。 考虑（无约束的）极小化（凸）函数 $f_0 : \mathbf{R}^n \to \mathbf{R}$ 的问题，

$$f_0(x) = -\sum_{i=1}^m \log(b_i - a_i^T x), \qquad \mathbf{dom}\, f_0 = \{x \mid Ax \prec b\},$$

其中 $a_1^T, \cdots, a_m^T$ 表示 A 的行向量。函数 f_0 可微，因此 x 是最优解的充要条件为

$$Ax \prec b, \qquad \nabla f_0(x) = \sum_{i=1}^m \frac{1}{b_i - a_i^T x} a_i = 0. \tag{4.23}$$

（条件 $Ax \prec b$ 即是 $x \in \mathbf{dom}\, f_0$。）如果 $Ax \prec b$ 不可行，则 f_0 的定义域为空。假设 $Ax \prec b$ 可行，存在几种可能的情况（参见习题 4.2）：

- 式(4.23) 无解，则问题无最优解。这种情况当且仅当 f_0 无下界时发生。
- 式(4.23) 有多解。在这种情况下，可以证明其解构成一个仿射集合。
- 式(4.23) 有唯一解，即 f_0 有唯一的极小值。这种情况当且仅当开多面体 $\{x \mid Ax \prec b\}$ 有界非空时发生。

只含等式约束的问题

考虑只含等式约束而没有不等式约束的问题，即

$$\begin{array}{ll} \text{minimize} & f_0(x) \\ \text{subject to} & Ax = b, \end{array}$$

其可行集是仿射的。我们假设定义域非空，否则问题不可行。可行解 x 的最优性条件为：对任意满足 $Ay=b$ 的 y，

$$\nabla f_0(x)^T(y-x) \geqslant 0$$

都成立。因为 x 可行，每个可行解 y 都可以写作 $y=x+v$ 的形式，其中 $v\in\mathcal{N}(A)$。因此，最优性条件可表示为

$$\nabla f_0(x)^T v \geqslant 0,\ \forall\ v\in\mathcal{N}(A).$$

如果一个线性函数在子空间中非负，则它在子空间上必恒等于零。因此，对于任意 $v\in\mathcal{N}(A)$，我们有 $\nabla f_0(x)^T v=0$，换言之

$$\nabla f_0(x)\perp\mathcal{N}(A).$$

利用 $\mathcal{N}(A)^\perp=\mathcal{R}(A^T)$，最优性条件可以表示为 $\nabla f_0(x)\in\mathcal{R}(A^T)$，即存在 $\nu\in\mathbf{R}^p$，使得

$$\nabla f_0(x)+A^T\nu=0.$$

同时考虑 $Ax=b$ 的要求（即要求 x 可行），这是经典的 Lagrange 乘子最优性条件，我们将在第 5 章中仔细地研究这个条件。

非负象限中的极小化

作为另一个例子，我们考虑问题

$$\begin{array}{ll}\text{minimize} & f_0(x)\\ \text{subject to} & x\succeq 0,\end{array}$$

这里唯一的不等式约束是变量的非负约束。

于是，最优性条件 (4.21) 为

$$x\succeq 0,\qquad \nabla f_0(x)^T(y-x)\geqslant 0,\ \forall\ y\succeq 0.$$

$\nabla f_0(x)^T y$ 是 y 的线性函数并且在 $y\succeq 0$ 上无下界，除非我们有 $\nabla f_0(x)\succeq 0$。于是，这个条件简化为 $-\nabla f_0(x)^T x\geqslant 0$。但是 $x\succeq 0$ 且 $\nabla f_0(x)\succeq 0$，所以必须有 $\nabla f_0(x)^T x=0$，即

$$\sum_{i=1}^{n}(\nabla f_0(x))_i x_i=0.$$

这里求和中的每一项都是两个非负数的乘积，因此可知每一项都必须为零，即对于 $i=1,\cdots,n$，有 $(\nabla f_0(x))_i\,x_i=0$。

因此，最优性条件可以表示为

$$x\succeq 0,\qquad \nabla f_0(x)\succeq 0,\qquad x_i\,(\nabla f_0(x))_i=0,\quad i=1,\cdots,n.$$

最后一个条件称为**互补性**，因为它意味着向量 x 和 $\nabla f_0(x)$ 的稀疏模式（即非零分量对应的索引集合）是互补的（即交集为空）。我们将在第 5 章中再次深入地讨论互补条件。

4.2.4　等价的凸问题

研究 §4.1.3 描述的变换中哪些保凸是很有用的。

消除等式约束

一个凸问题的等式约束必须是线性的，即具有 $Ax=b$ 的形式。在这种情况下，可以通过寻找 $Ax=b$ 的一个特解 x_0 和域为 A 的零空间的矩阵 F 来消除这些等式约束，从而得到关于 z 的问题，

$$\begin{array}{ll}\text{minimize} & f_0(Fz+x_0)\\ \text{subject to} & f_i(Fz+x_0)\leqslant 0,\quad i=1,\cdots,m,\end{array}$$

因为凸函数和仿射函数的复合依然是凸的，消除等式约束可以保持问题的凸性。而且消除等式约束的过程（以及从变换后问题的解重构出原问题的解）只需利用标准的线性代数运算。

至少在理论上，这意味着我们可以集中精力于不含有等式约束的凸优化问题。但是，在很多情况下，由于消除等式约束会使得问题更难理解和求解，甚至使得求解它的算法失效，因此最好在问题中保留等式约束。例如，当变量 x 维数很高时，消除等式约束确实有可能破坏问题的稀疏性或其他有用的结构。

引入等式约束

我们可以在凸优化问题中引入新的变量和等式约束，前提是等式约束是线性的，所得的优化问题仍然是凸的。例如，如果目标函数或约束函数具有 $f_i(A_ix+b_i)$ 的形式，其中 $A_i\in\mathbf{R}^{k_i\times n}$。我们可以引入新的变量 $y_i\in\mathbf{R}^{k_i}$，用 $f_i(y_i)$ 替换 $f_i(A_ix+b_i)$ 并添加线性等式约束 $y_i=A_ix+b_i$。

松弛变量

通过引入松弛变量，我们可以得到新的等式约束 $f_i(x)+s_i=0$。因为凸优化问题中的等式约束必须是仿射的，所以 f_i 需为仿射的。换言之，为**线性不等式**引入松弛变量保持问题的凸性不变。

上境图问题形式

凸优化问题 (4.15) 的上境图形式为

$$\begin{array}{ll}\text{minimize} & t\\ \text{subject to} & f_0(x)-t\leqslant 0\\ & f_i(x)\leqslant 0,\quad i=1,\cdots,m\\ & a_i^Tx=b_i,\quad i=1,\cdots,p.\end{array}$$

目标函数是线性的（因而也是凸的）并且新的约束函数 $f_0(x)-t$ 也是 (x,t) 上的凸函数，所以上境图问题也是凸的。

有时也称线性目标函数对凸优化问题是**普适的**，因为任何凸优化问题都可以轻易地转换为具有线性目标函数的问题。凸优化问题的上境图形式具有一些实际的用途。通过假设凸优化问题的目标函数为线性，我们可以简化理论分析。也可以用于简化算法，因为通过上述变换，每个解决线性目标的凸优化问题的算法都可以用来解决任意的凸优化问题（前提是它可以处理约束 $f_0(x)-t\leqslant 0$）。

极小化部分变量

极小化凸函数的部分变量将保持凸性不变。因此，如果问题(4.9) 中的 f_0 是 x_1 和 x_2 上的联合凸函数，并且 f_i，$i=1,\cdots,m_1$ 和 $\tilde{f}_i$，$i=1,\cdots,m_2$ 都是凸函数，那么其等价问题 (4.10) 是凸的。

4.2.5 拟凸优化

回想拟凸优化问题的标准形式

$$\begin{array}{ll}\text{minimize} & f_0(x)\\ \text{subject to} & f_i(x)\leqslant 0,\quad i=1,\cdots,m\\ & Ax=b,\end{array}\tag{4.24}$$

其中，不等式约束函数 $f_1,\cdots,f_m$ 是凸的，而目标函数 f_0 是拟凸的（而不是凸优化问题中的凸目标函数）。（拟凸约束函数可以等价地替换为凸约束函数，即具有相同 0-下水平集的凸函数，如 §3.4.5 中所示。）

本节将指出凸优化与拟凸优化问题本质上的不同，同时也将说明拟凸优化问题可以归结为求解一系列的凸优化问题。

局部最优解与最优性条件

凸优化与拟凸优化问题最重要的不同在于拟凸优化问题可能有不是（全局）最优的局部最优解。这一现象通过简单的在 $\mathbf{R}$上极小化无约束拟凸函数的例子就可以观察到，比如图4.3就显示了这样一个例子。

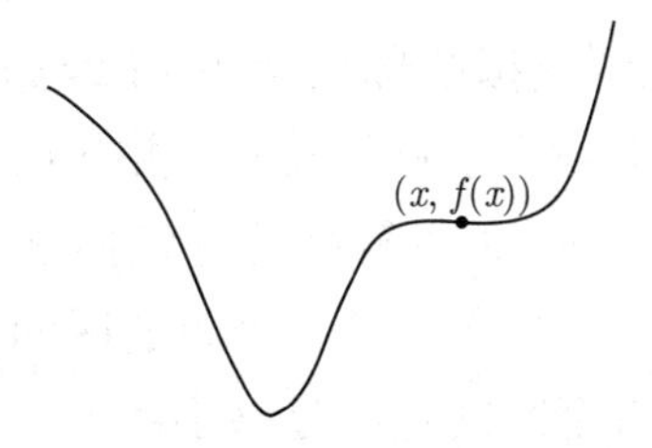

图4.3 $\mathbf{R}$ 上的一个拟凸函数f，具有不是全局最优的局部最优点 x。这个例子显示了简单的最优性条件$f'(x)=0$ 对凸函数成立，但对拟凸函数不成立。

尽管如此，§4.2.3 给出的最优性条件 (4.21) 的一个变形对于具有可微目标函数的拟凸优化问题依然成立。令X 表示拟凸优化问题 (4.24) 的可行集。从拟凸性的一阶条

件(3.20) 出发，可知x是最优的，如果

$$x \in X, \qquad \nabla f_0(x)^T(y-x) > 0,\ \forall\ y \in X \setminus \{x\}. \tag{4.25}$$

这一性质与凸优化问题 (4.21) 的类似性质有两个重要的不同：

- 条件 (4.25) 仅仅是最优性的**充分条件**；简单的例子就可以说明对于最优解这个条件并不必需成立。相比而言，条件(4.21) 是 x 为凸问题解的充要条件。
- 条件(4.25) 要求 f_0 的梯度非零，而条件(4.21) 并不需要。事实上，对于凸问题，当 $\nabla f_0(x) = 0$ 时，条件 (4.21) 被满足且 x 是最优解。

通过凸可行性问题求解拟凸优化问题

可以通过一族凸不等式来表示拟凸函数的下水平集，如 §3.4.5 所示，这是解决拟凸优化问题的一般方法。令 $\phi_t : \mathbf{R}^n \to \mathbf{R}$，$t \in \mathbf{R}$ 为满足

$$f_0(x) \leqslant t \iff \phi_t(x) \leqslant 0$$

的一族凸函数，并且对于每个 x，$\phi_t(x)$ 都是 t 的非增函数，即对任意 $s \geqslant t$ 总有 $\phi_s(x) \leqslant \phi_t(x)$。

用 $p^\star$ 表示拟凸优化问题 (4.24) 的最优值。如果可行性问题

$$\begin{array}{ll} \text{find} & x \\ \text{subject to} & \phi_t(x) \leqslant 0 \\ & f_i(x) \leqslant 0, \quad i = 1, \cdots, m \\ & Ax = b \end{array} \tag{4.26}$$

是可行的，我们有 $p^\star \leqslant t$。反之，如果问题 (4.26) 不可行，我们可知 $p^\star \geqslant t$。问题 (4.26) 是一个凸的可行性问题，因为所有不等式约束函数都是凸的，而等式约束都是线性的。因此，我们可以通过求解凸可行性问题 (4.26) 来判断拟凸优化问题的最优值 $p^\star$ 大于或小于给定值 t。如果凸可行性问题是可行的，则有 $p^\star \leqslant t$，并且任意可行解 x 也是拟凸问题的可行解并满足 $f_0(x) \leqslant t$。如果凸可行性问题不可行，那么我们知道 $p^\star \geqslant t$。

上面的想法可以用来构造解决拟凸优化问题 (4.24) 的一个简单算法：使用二分法并在每步中求解凸可行性问题。我们设问题可行，并从已知包含最优解 $p^\star$ 的区间 $[l, u]$ 开始求解。然后在中点 $t = (l+u)/2$ 求解凸可行性问题，判断最优解是在区间的上半或下半部分，并据此更新区间。于是产生了一个新的区间，仍然包含最优值但宽度仅有原区间的一半。重复这一过程直至区间宽度足够小：

算法 4.1　求解拟凸优化的二分法。

给定 $l \leqslant p^\star$, $u \geqslant p^\star$, 容忍度 $\epsilon > 0$.

重复

1. $t := (l+u)/2$.
2. 求解凸可行性问题 (4.26).
3. 如果 (4.26) 可行，$u := t$; **其他情况** $l := t$.

直至 $u - l \leqslant \epsilon$.

可以保证区间 $[l, u]$ 一定包含 $p^\star$，即在每一步中总有 $l \leqslant p^\star \leqslant u$。在迭代中，区间被分为两部分，即二分法，因此 k 次迭代后区间的长度为 $2^{-k}(u-l)$，其中 $u-l$ 是初始区间的长度。可以精确地知道，在算法终止前需要 $\lceil \log_2((u-l)/\epsilon) \rceil$ 步迭代。每次迭代包含一个凸可行性问题 (4.26) 的求解。

4.3 线性规划问题

当目标函数和约束函数都是仿射时，问题称作**线性规划**（LP）。一般的线性规划具有以下形式

$$
\begin{array}{ll}
\text{minimize} & c^T x + d \\
\text{subject to} & Gx \preceq h \\
& Ax = b,
\end{array}
\tag{4.27}
$$

其中 $G \in \mathbf{R}^{m\times n}$，$A \in \mathbf{R}^{p\times n}$。当然，线性规划是凸优化问题。

常将目标函数中的常数 d 省略，因为它不影响最优解（以及可行解）集合。由于我们总可以将极大化目标函数$c^T x + d$ 转化为极小化 $-c^T x - d$（仍然是凸的），所以我们也称具有仿射目标函数和约束函数的最大化问题为线性规划。

线性规划的几何解释可见图4.4，线性规划 (4.27) 的可行集是多面体 $\mathcal{P}$；这一问题是在 $\mathcal{P}$ 上极小化仿射函数 $c^T x + d$（或者，等价地，极小化线性函数 $c^T x$）。

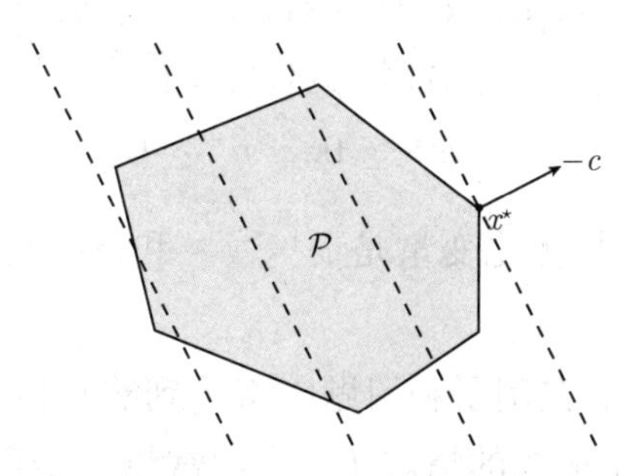

图4.4 线性规划的几何解释。可行集 $\mathcal{P}$ 是多面体，如阴影所示。目标 $c^T x$ 是线性的，所以其等位曲线是与 c 正交的超平面（如虚线所示）。点 $x^\star$ 是最优的，它是 $\mathcal{P}$中在方向$-c$上最远的点。

线性规划的标准形式和不等式形式

线性规划 (4.27) 的两种特殊情况已经被广泛深入地研究，以至于分别被赋予了特殊的名称。在**标准形式线性规划**中仅有的不等式都是分量的非负约束 $x \succeq 0$:

$$\begin{array}{ll} \text{minimize} & c^T x \\ \text{subject to} & Ax = b \\ & x \succeq 0. \end{array} \tag{4.28}$$

如果线性规划问题没有等式约束，则称为**不等式形式线性规划**，常写作

$$\begin{array}{ll} \text{minimize} & c^T x \\ \text{subject to} & Ax \preceq b. \end{array} \tag{4.29}$$

将线性规划转换为标准形式

有时（例如，为使用标准形式线性规划的算法）需要将一般的线性规划 (4.27) 转换为标准形式 (4.28)。第一步是为不等式引入松弛变量 s_i，得到

$$\begin{array}{ll} \text{minimize} & c^T x + d \\ \text{subject to} & Gx + s = h \\ & Ax = b \\ & s \succeq 0. \end{array}$$

第二步是将变量 x 表示为两个非负变量x^+ 和 x^- 的差，即 $x = x^+ - x^-$, $x^+, x^- \succeq 0$，从而得到问题

$$\begin{array}{ll} \text{minimize} & c^T x^+ - c^T x^- + d \\ \text{subject to} & Gx^+ - Gx^- + s = h \\ & Ax^+ - Ax^- = b \\ & x^+ \succeq 0, \quad x^- \succeq 0, \quad s \succeq 0, \end{array}$$

这是标准形式的线性规划，其优化变量是 x^+、x^- 和 s。（这个问题与原问题 (4.27) 的等价性参见习题 4.10。）

这些实现技巧（以及我们在例子和习题中将看到的其他很多技巧）可以用来将很多问题构造为线性规划。在非正式的情况下，我们常将一个可以转换为线性规划的问题称为线性规划，即使它本身并不具有线性规划(4.27) 的形式。

4.3.1 例子

线性规划出现在非常多的领域和应用中，这里我们给出一些典型的例子。

食谱问题

一份健康的饮食包含 m 种不同的营养，每种至少需要 $b_1,\cdots,b_m$。我们可以从n 种食物中选择非负的量 $x_1,\cdots,x_n$ 以构成一份食谱。单位第 j 种食品含有营养 i 的量为 a_{ij}，而价格为 c_j。我们希望设计出一份最便宜的满足营养需求的食谱。这一问题可以描述为线性规划

$$\begin{array}{ll} \text{minimize} & c^T x \\ \text{subject to} & Ax \succeq b \\ & x \succeq 0. \end{array}$$

此问题的一些变化仍然可以构造为线性规划。例如我们可以要求营养的精确量（这将给出一个等式约束）。我们也可以如前给出下界那样，规定每种营养的上界。

多面体的 Chebyshev 中心

考虑在多面体中寻找最大 Euclid 球的问题，多面体由线性不等式表示为

$$\mathcal{P} = \{x \in \mathbf{R}^n \mid a_i^T x \leqslant b_i,\ i = 1, \cdots, m\}.$$

（最优球的中心称为多面体的**Chebyshev 中心**；它是多面体内部最深的点，即离边界最远的点；参见 §8.5.1。）将这个球重新表述为

$$\mathcal{B} = \{x_c + u \mid \|u\|_2 \leqslant r\}.$$

这个问题中的变量是球的中心 $x_c \in \mathbf{R}^n$ 和半径 r；我们希望在 $\mathcal{B} \subseteq \mathcal{P}$ 的约束下极大化 r。

我们从较为简单的约束开始考虑：$\mathcal{B}$ 在半空间 $a_i^T x \leqslant b_i$ 中，即

$$\|u\|_2 \leqslant r \implies a_i^T (x_c + u) \leqslant b_i. \tag{4.30}$$

因为

$$\sup\{a_i^T u \mid \|u\|_2 \leqslant r\} = r\|a_i\|_2,$$

所以，我们可以将式(4.30) 写作

$$a_i^T x_c + r\|a_i\|_2 \leqslant b_i, \tag{4.31}$$

这是 x_c 和 r 的线性不等式。换言之，决定球在半空间 $a_i^T x \leqslant b_i$ 的约束可以写为一个线性不等式。

因此，$\mathcal{B} \subseteq \mathcal{P}$ 当且仅当对于所有 $i = 1, \cdots, m$，式(4.31) 均成立。所以，Chebyshev 中心可以通过求解关于 r 和 x_c 的线性规划问题

$$\begin{array}{ll} \text{maximize} & r \\ \text{subject to} & a_i^T x_c + r\|a_i\|_2 \leqslant b_i, \quad i = 1, \cdots, m \end{array}$$

得到。（更多关于 Chebyshev 中心的讨论，参见 §8.5.1。）

动态活动计划

我们考虑在 N 个时间段内选择或计划 n 种活动或经济部门的活动水平的问题。用 $x_j(t) \geqslant 0$，$t=1,\cdots,N$ 表示 t 时段 j 的活动级别。活动消耗和制造的货物或商品的量正比于其活动水平。单位活动 j 制造的商品 i 的量由 a_{ij} 给出。类似地，单位活动 j 消耗的商品 i 的量为 b_{ij}。在时段 t 内制造的商品总量由 $Ax(t) \in \mathbf{R}^m$ 给出，而消耗的商品总量为 $Bx(t) \in \mathbf{R}^m$。（虽然我们称制成品为"商品"，但它们也可以包括一些不想要的产物，例如污染物。）

一个时段内消耗的商品不能超过前一个周期的生产量：必须满足 $Bx(t+1) \preceq Ax(t)$，$t=1,\cdots,N$。给定初始商品向量 $g_0 \in \mathbf{R}^m$，用以约束第一个周期的活动水平：$Bx(1) \preceq g_0$。没有被活动消耗的超出部分的产品（向量）由

$$\begin{aligned} s(0) &= g_0 - Bx(1) \\ s(t) &= Ax(t) - Bx(t+1), \quad t=1,\cdots,N-1 \\ s(N) &= Ax(N) \end{aligned}$$

给出。目标是最大化这些超出商品的折扣总价值：

$$c^T s(0) + \gamma c^T s(1) + \cdots + \gamma^N c^T s(N),$$

其中，$c \in \mathbf{R}^m$ 给出了商品的价值，$\gamma > 0$ 为折扣因子。（如果第 i 种产品是我们不想要的，例如污染物，c_i 的值为负；此时，$|c_i|$ 为清除单位产品的花费。）

综合这些讨论，我们得到关于变量 $x(1),\cdots,x(N)$，$s(0),\cdots,s(N)$ 的线性规划

$$\begin{array}{ll} \text{maximize} & c^T s(0) + \gamma c^T s(1) + \cdots + \gamma^N c^T s(N) \\ \text{subject to} & x(t) \succeq 0, \quad t=1,\cdots,N \\ & s(t) \succeq 0, \quad t=0,\cdots,N \\ & s(0) = g_0 - Bx(1) \\ & s(t) = Ax(t) - Bx(t+1), \quad t=1,\cdots,N-1 \\ & s(N) = Ax(N). \end{array}$$

这是标准形式的线性规划；变量 $s(t)$ 是与约束 $Bx(t+1) \preceq Ax(t)$ 相联系的松弛变量。

Chebyshev 不等式

考虑含有 n 个元素的集合 $\{u_1,\cdots,u_n\} \subseteq \mathbf{R}$ 上的离散随机变量 x 的概率分布。我们用向量 $p \in \mathbf{R}^n$ 来描述 x 的分布：

$$p_i = \mathbf{prob}(x = u_i),$$

因此 p 满足 $p \succeq 0$ 和 $\mathbf{1}^T p = 1$。反之，如果 p 满足 $p \succeq 0$ 及 $\mathbf{1}^T p = 1$，那么它定义了 x 的一个概率分布。我们设 u_i 是已知和不变的，但分布 p 未知。

如果 f 是 x 的函数，那么

$$\mathbf{E}\, f = \sum_{i=1}^{n} p_i f(u_i)$$

是关于 p 的线性函数。如果 S 是 $\mathbf{R}$ 的子集，那么

$$\mathbf{prob}(x \in S) = \sum_{u_i \in S} p_i$$

是关于 p 的线性函数。

尽管不知道 p，我们有以下形式的先验知识：我们知道某些关于 x 的函数的期望的上下界，以及 $\mathbf{R}$ 的一些子集的概率。这些先验知识可以表示为 p 的线性不等式约束，

$$\alpha_i \leqslant a_i^T p \leqslant \beta_i, \quad i = 1, \cdots, m.$$

我们要给出 $\mathbf{E}\, f_0(x) = a_0^T p$ 的上下界，其中 f_0 是 x 的函数。

为找到下界，我们求解关于 p 的线性规划

$$\begin{array}{ll} \text{minimize} & a_0^T p \\ \text{subject to} & p \succeq 0, \quad \mathbf{1}^T p = 1 \\ & \alpha_i \leqslant a_i^T p \leqslant \beta_i, \quad i = 1, \cdots, m, \end{array}$$

这个线性规划的最优值给出了任意满足先验知识的分布下 $\mathbf{E}\, f_0(X)$ 的最小可能值。并且，这个界是严格的：最优解给出了满足先验知识并能达到这个下界的分布。类似地，我们可以在相同的约束下极大化 $a_0^T p$，从而得到上界。(我们将在 §7.4.1 中更加详细地讨论 Chebyshev 不等式。)

分片线性极小化

考虑极小化 (无约束的) 分片线性凸函数的问题

$$f(x) = \max_{i=1,\cdots,m} (a_i^T x + b_i).$$

这个问题可以首先通过构造上境图问题等价地转化为线性规划

$$\begin{array}{ll} \text{minimize} & t \\ \text{subject to} & \max_{i=1,\cdots,m}(a_i^T x + b_i) \leqslant t, \end{array}$$

并将不等式表示为 m 个分开的不等式：

$$\begin{array}{ll} \text{minimize} & t \\ \text{subject to} & a_i^T x + b_i \leqslant t, \quad i = 1, \cdots, m. \end{array}$$

这是关于变量 x 和 t 的 (不等式形式的) 线性规划。

4.3.2　线性分式规划

在多面体上极小化仿射函数之比的问题称为**线性分式规划**：

$$\begin{array}{ll} \text{minimize} & f_0(x) \\ \text{subject to} & Gx \preceq h \\ & Ax = b, \end{array} \tag{4.32}$$

其目标函数由

$$f_0(x) = \frac{c^T x + d}{e^T x + f}, \qquad \textbf{dom}\, f_0 = \{x \mid e^T x + f > 0\}$$

给出。这个目标函数是拟凸的（事实上是拟线性的），因此线性分式规划是一个拟凸优化问题。

转换为线性规划

如果可行集

$$\{x \mid Gx \preceq h,\ Ax = b,\ e^T x + f > 0\}$$

非空，线性分式规划 (4.32) 可以转换为等价的线性规划

$$\begin{array}{ll} \text{minimize} & c^T y + dz \\ \text{subject to} & Gy - hz \preceq 0 \\ & Ay - bz = 0 \\ & e^T y + fz = 1 \\ & z \geqslant 0, \end{array} \tag{4.33}$$

其优化变量为 y，z。

为显示这个等价性，我们首先说明如果 x 是 (4.32) 的可行解，那么

$$y = \frac{x}{e^T x + f}, \qquad z = \frac{1}{e^T x + f}$$

是 (4.33) 的可行解，并且具有相同的目标函数值 $c^T y + dz = f_0(x)$。从而可知 (4.32) 的最优值大于或等于 (4.33) 的最优值。

反之，如果 (y, z) 是 (4.33) 的可行解，并且 $z \neq 0$，那么 $x = y/z$ 是 (4.32) 的可行解，并具有相同的目标函数值 $f_0(x) = c^T y + dz$。如果 (y, z) 是 (4.33) 的可行解，$z = 0$，并且 x_0 是 (4.32) 的可行解，那么对于所有 $t \geqslant 0$，$x = x_0 + ty$ 都是 (4.32) 的可行解。并且 $\lim_{t\to\infty} f_0(x_0 + ty) = c^T y + dz$，因此我们可以找到 (4.32) 的可行解使其目标函数值任意接近 (y, z) 的目标函数值。由此，我们可以得知 (4.32) 的最优解小于或等于 (4.33) 的最优解。

广义线性分式规划

线性分式规划的一个推广是**广义线性分式规划**，其中

$$f_0(x) = \max_{i=1,\cdots,r} \frac{c_i^T x + d_i}{e_i^T x + f_i}, \qquad \textbf{dom}\, f_0 = \{x \mid e_i^T x + f_i > 0,\ i = 1, \cdots, r\}.$$

这个目标函数是 r 个拟凸函数的最大值，因此是拟凸的，所以这个问题本身是拟凸的。当 $r = 1$ 时，问题退化为标准的线性分式规划。

例 4.7 Von Neumann增长问题。 考虑具有 n 个部门的经济活动，当前时段的活动水平为 $x_i > 0$，下一时段为 $x_i^+ > 0$。（在本问题中，我们仅考虑一个时段。）通过活动，m 种商品被消耗和制造：活动水平 x 消耗商品 $Bx \in \mathbf{R}^m$，制造商品 Ax。在下一个时段消耗的商品量不能超过当前时段制造的量，即 $Bx^+ \preceq Ax$。经历整个时段，部门 i 的**增长率**由 x_i^+/x_i 给出。

Von Neumann 增长问题是试图寻找活动水平向量 x 以极大化整个经济过程的所有部门的最小增长率。这个问题可以被表述为广义线性分式问题

$$\begin{array}{ll} \text{maximize} & \min_{i=1,\cdots,n} x_i^+/x_i \\ \text{subject to} & x^+ \succeq 0 \\ & Bx^+ \preceq Ax, \end{array}$$

其定义域为 $\{(x, x^+) \mid x \succ 0\}$。注意到这个问题关于 x 和 x^+ 是齐次的，所以我们可以将隐含约束 $x \succ 0$ 替换为显式约束 $x \succeq \mathbf{1}$。

4.4 二次优化问题

当凸优化问题 (4.15) 的目标函数是（凸）二次型并且约束函数为仿射时，该问题称为**二次规划**（QP）。二次规划可以表述为

$$\begin{array}{ll} \text{minimize} & (1/2)x^T P x + q^T x + r \\ \text{subject to} & Gx \preceq h \\ & Ax = b \end{array} \tag{4.34}$$

的形式，其中 $P \in \mathbf{S}_+^n$，$G \in \mathbf{R}^{m \times n}$ 并且 $A \in \mathbf{R}^{p \times n}$。在二次规划问题中，我们在多面体上极小化一个凸二次函数，如图4.5所示。

如果在 (4.15) 中，不仅目标函数，其不等式约束也是（凸）二次型，例如

$$\begin{array}{ll} \text{minimize} & (1/2)x^T P_0 x + q_0^T x + r_0 \\ \text{subject to} & (1/2)x^T P_i x + q_i^T x + r_i \leqslant 0, \quad i = 1, \cdots, m \\ & Ax = b, \end{array} \tag{4.35}$$

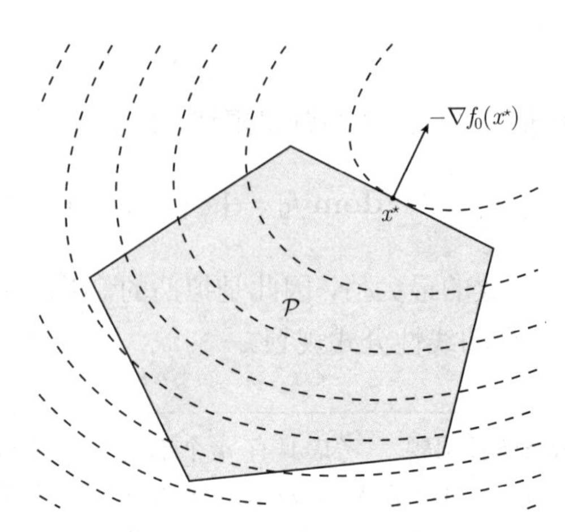

图4.5 QP 的几何解释。多面体可行集 $\mathcal{P}$ 如阴影所示。凸二次目标函数的等位线图如虚线所示。点 $x^\star$ 是最优的。

其中 $P_i \in \mathbf{S}_+^n$，$i = 0, 1 \cdots, m$。这一问题称为**二次约束二次规划**（QCQP）。在 QCQP 中,（当 $P_i \succ 0$ 时）我们在椭圆的交集构成的可行集上极小化凸二次函数。

线性规划是二次规划的特例，即在 (4.34) 中取 $P = 0$。二次规划（因此也包括线性规划）是二次约束二次规划的特例，通过在 (4.35) 中令 $P_i = 0$，$i = 1, \cdots, m$ 可得。

4.4.1 例子

最小二乘及回归

极小化凸二次函数

$$\|Ax - b\|_2^2 = x^T A^T Ax - 2b^T Ax + b^T b$$

的问题是一个（无约束的）二次规划。在很多领域都会遇到这个问题并有很多的名字，例如**回归分析**或**最小二乘逼近**。这个问题很简单，有著名的解析解 $x = A^\dagger b$，其中，$A^\dagger$ 是 A 的伪逆（参见 §A.5.4）。

增加线性不等式约束后的问题称为**约束回归**或**约束最小二乘**。此问题不再有简单的解析解。作为一个例子，我们考虑具有变量上下界约束的回归问题，即

$$\begin{array}{ll} \text{minimize} & \|Ax - b\|_2^2 \\ \text{subject to} & l_i \leqslant x_i \leqslant u_i, \quad i = 1, \cdots, n, \end{array}$$

这是一个二次规划。（我们将在第 6 章和第 7 章中更加广泛和深入地研究最小二乘和回归问题。）

多面体间距离

$\mathbf{R}^n$ 上多面体 $\mathcal{P}_1 = \{x \mid A_1 x \preceq b_1\}$ 和 $\mathcal{P}_2 = \{x \mid A_2 x \preceq b_2\}$ 的（Euclid）距离定义为

$$\mathbf{dist}(\mathcal{P}_1, \mathcal{P}_2) = \inf\{\|x_1 - x_2\|_2 \mid x_1 \in \mathcal{P}_1,\ x_2 \in \mathcal{P}_2\}.$$

如果多面体相交，距离为零。

为得到 $\mathcal{P}_1$ 和 $\mathcal{P}_2$ 间的距离，我们求解关于变量 x_1，$x_2 \in \mathbf{R}^n$ 的二次规划

$$\begin{array}{ll}\text{minimize} & \|x_1 - x_2\|_2^2 \\ \text{subject to} & A_1 x_1 \preceq b_1, \quad A_2 x_2 \preceq b_2,\end{array}$$

这一问题无可行解的充要条件是，其中一个多面体是空的。其最优解为零的充要条件是，多面体相交，这种情况下，最优的 x_1 和 x_2 是相等的（并且是交集 $\mathcal{P}_1 \cap \mathcal{P}_2$ 中的点）。否则最优的 x_1 和 x_2 分别在 $\mathcal{P}_1$ 和 $\mathcal{P}_2$ 中，并且是最接近的。（我们将在第 8 章中更加详细地讨论涉及距离的几何问题。）

方差定界

我们再次考虑 Chebyshev 不等式的例子（第 142 页），其变量是由 $p \in \mathbf{R}^n$ 给出的未知概率分布，并且我们对其有一些先验知识。随机变量 $f(x)$ 的方差由

$$\mathbf{E} f^2 - (\mathbf{E} f)^2 = \sum_{i=1}^n f_i^2 p_i - \left(\sum_{i=1}^n f_i p_i\right)^2$$

给出（其中，$f_i = f(u_i)$），这是 p 的凹二次函数。

由此可知，我们可以在给定的先验知识的约束下，通过求解下面的二次规划来最大化 $f(x)$ 的方差

$$\begin{array}{ll}\text{maximize} & \sum_{i=1}^n f_i^2 p_i - \left(\sum_{i=1}^n f_i p_i\right)^2 \\ \text{subject to} & p \succeq 0, \quad \mathbf{1}^T p = 1 \\ & \alpha_i \leqslant a_i^T p \leqslant \beta_i, \quad i = 1, \cdots, m.\end{array}$$

该问题的最优值给出了满足先验知识的分布下 $f(x)$ 的最大可能方差；最优解 p 给出了达到最大方差的分布。

关于随机费用的线性规划

我们考虑线性规划

$$\begin{array}{ll}\text{minimize} & c^T x \\ \text{subject to} & Gx \preceq h \\ & Ax = b,\end{array}$$

其优化变量为 $x \in \mathbf{R}^n$。我们设费用函数（向量）$c \in \mathbf{R}^n$ 是**随机**的，其均值为 $\bar{c}$，协方差为 $\mathbf{E}(c - \bar{c})(c - \bar{c})^T = \Sigma$。（为简洁起见，我们设问题的其他参数是确定的。）对于给定的 $x \in \mathbf{R}^n$，费用 $c^T x$ 是（标量）随机变量，其均值为 $\mathbf{E}\, c^T x = \bar{c}^T x$，方差为

$$\mathbf{var}(c^T x) = \mathbf{E}(c^T x - \mathbf{E}\, c^T x)^2 = x^T \Sigma x.$$

一般地，在小的费用期望和小的费用方差之间有一个权衡。考虑方差的一种方法是极小化费用的期望和方差的线性组合，即

$$\mathbf{E}\, c^T x + \gamma\, \mathbf{var}(c^T x),$$

这个函数称为**风险敏感费用**。系数 $\gamma \geqslant 0$ 称为**风险回避参数**，因为它设置了费用的方差和期望之间的关系。（当 $\gamma > 0$ 时，我们将愿意增加一些期望费用以使得费用方差有充分的下降）。

为极小化风险敏感费用，我们求解二次规划

$$\begin{array}{ll} \text{minimize} & \bar{c}^T x + \gamma x^T \Sigma x \\ \text{subject to} & Gx \preceq h \\ & Ax = b. \end{array}$$

Markowitz 投资组合优化

我们考虑在一时期内持有 n 种资产或股票的经典的投资组合问题。我们用 x_i 表示在这个时期内持有资产 i 的数量，x_i 以美元为单位，用开始时的价格进行度量。一般地，资产 i 的多头对应于 $x_i > 0$，资产 i 的空头（即在期末购买资产的契约）对应于 $x_i < 0$。我们用 p_i 表示资产在整个时期内的相对价格变动，即其整个时期内的资产变动除以其在开始时的价格。投资总回报为 $r = p^T x$（以美元给出）。优化变量为投资组合向量 $x \in \mathbf{R}^n$。

可以考虑对于投资组合的各种约束。最简单的约束是 $x_i \geqslant 0$（即没有空头）和 $\mathbf{1}^T x = B$（即总投资预算为 B，B 常取为 1）。

我们用随机模型来描述价格变动：$p \in \mathbf{R}^n$ 为随机变量，其均值 $\bar{p}$ 和协方差 Σ 已知。所以，对于投资组合 $x \in \mathbf{R}^n$，其回报 r 是（标量）随机变量，均值为 $\bar{p}^T x$，方差为 $x^T \Sigma x$。投资组合 x 的选择需要考虑平均回报和方差之间的权衡。

由 Markowitz 引入的经典的投资组合优化问题是二次规划

$$\begin{array}{ll} \text{minimize} & x^T \Sigma x \\ \text{subject to} & \bar{p}^T x \geqslant r_{\min} \\ & \mathbf{1}^T x = 1, \quad x \succeq 0, \end{array}$$

其中，投资组合 x 是变量。这里我们在达到最小可接收平均回报率 $r_{\min}$ 的约束下寻找极小化回报方差（与投资的**风险**相关），同时要求满足投资预算和无空头约束。

这个问题有很多可能的扩展。例如，一个标准的扩展是允许空头，即 $x_i < 0$。为此，我们引入变量 $x_{\rm long}$、$x_{\rm short}$，以及

$$x_{\rm long} \succeq 0, \qquad x_{\rm short} \succeq 0, \qquad x = x_{\rm long} - x_{\rm short}, \qquad \mathbf{1}^T x_{\rm short} \leqslant \eta \mathbf{1}^T x_{\rm long}.$$

最后一个约束将在时段开始时总空头与总多头的比例限制为 η。

作为另一个扩展，我们可以在投资优化问题中考虑线性交易成本。从给定的初始投资 x_{init} 出发，我们购买或销售资产以得到投资 x，然后在前述的时期内持有它。购买和销售资产时，我们将被收取交易费用，它正比于买卖的量。为解决这个问题，引入变量 u_{buy} 和 u_{sell}，它们决定了时段开始前的资产买卖量。我们有约束

$$x = x_{\mathrm{init}} + u_{\mathrm{buy}} - u_{\mathrm{sell}}, \qquad u_{\mathrm{buy}} \succeq 0, \qquad u_{\mathrm{sell}} \succeq 0.$$

将简单的预算约束 $\mathbf{1}^T x = 1$ 替换为初始买卖和交易费用之和的净现金为零：

$$(1 - f_{\mathrm{sell}})\mathbf{1}^T u_{\mathrm{sell}} = (1 + f_{\mathrm{buy}})\mathbf{1}^T u_{\mathrm{buy}}.$$

这里左端为卖出资产减去卖出的交易费用，右端为总花费，包括了购买资产的交易费用。常数 $f_{\mathrm{buy}} \geqslant 0$ 和 $f_{\mathrm{sell}} \geqslant 0$ 是购买和卖出的交易费率（为简单起见，假设对各个资产都一样）。

这个在最小平均回报以及预算和交易约束下，极小化平均回报方差的问题是关于变量 x，u_{buy}，u_{sell} 的二次规划。

4.4.2 二阶锥规划

一个与二次规划紧密相关的问题是**二阶锥规划**（SOCP）：

$$\begin{array}{ll}\text{minimize} & f^T x \\ \text{subject to} & \|A_i x + b_i\|_2 \leqslant c_i^T x + d_i, \quad i = 1, \cdots, m \\ & Fx = g,\end{array} \tag{4.36}$$

其中，$x \in \mathbf{R}^n$ 为优化变量，$A_i \in \mathbf{R}^{n_i \times n}$ 且 $F \in \mathbf{R}^{p \times n}$。我们称这种形式中的约束

$$\|Ax + b\|_2 \leqslant c^T x + d,$$

其中 $A \in \mathbf{R}^{k \times n}$，为**二阶锥约束**，因为这等同于要求仿射函数 $(Ax + b, c^T x + d)$ 在 $\mathbf{R}^{k+1}$ 的二阶锥中。

当 $c_i = 0,\ i = 1, \cdots, m$ 时，SOCP (4.36) 等同于 QCQP（可通过将每个约束平方得到）。类似地，如果 $A_i = 0,\ i = 1, \cdots, m$，SOCP (4.36) 退化为（一般的）线性规划。但是，二阶锥规划比 QCQP（当然也比线性规划）更一般。

鲁棒线性规划

考虑不等式形式的线性规划

$$\begin{array}{ll}\text{minimize} & c^T x \\ \text{subject to} & a_i^T x \leqslant b_i, \quad i = 1, \cdots, m,\end{array}$$

其中的参数 c，a_i 和 b_i 含有一些不确定性或变化。为简洁起见，我们假设 c 和 b_i 是固定的，并且知道 a_i 在给定的椭球中：

$$a_i \in \mathcal{E}_i = \{\overline{a}_i + P_i u \mid \|u\|_2 \leqslant 1\},$$

其中 $P_i \in \mathbf{R}^{n\times n}$。(如果 P_i 是奇异的，我们得到的是 $\mathbf{rank}\, P_i$ 维的"扁平"的椭球；$P_i = 0$ 表示 a_i 是完全知道的。)

我们要求对于参数 a_i 的所有可能值，这些约束都必须满足，那么可以得到**鲁棒线性规划**

$$\begin{array}{ll} \text{minimize} & c^T x \\ \text{subject to} & a_i^T x \leqslant b_i, \ \forall\ a_i \in \mathcal{E}_i, \quad i = 1, \cdots, m. \end{array} \tag{4.37}$$

对于所有 $a_i \in \mathcal{E}_i$ 都有 $a_i^T x \leqslant b_i$ 这一鲁棒线性约束可以表示为

$$\sup\{a_i^T x \mid a_i \in \mathcal{E}_i\} \leqslant b_i.$$

其左端可以表示为

$$\begin{aligned} \sup\{a_i^T x \mid a_i \in \mathcal{E}_i\} &= \overline{a}_i^T x + \sup\{u^T P_i^T x \mid \|u\|_2 \leqslant 1\} \\ &= \overline{a}_i^T x + \|P_i^T x\|_2. \end{aligned}$$

因此，鲁棒线性约束可以表示为

$$\overline{a}_i^T x + \|P_i^T x\|_2 \leqslant b_i,$$

这显然是一个二阶锥约束。因此，鲁棒线性规划 (4.37) 可以表示为 SOCP

$$\begin{array}{ll} \text{minimize} & c^T x \\ \text{subject to} & \overline{a}_i^T x + \|P_i^T x\|_2 \leqslant b_i, \quad i = 1, \cdots, m. \end{array}$$

注意这里附加的范数项发挥了**正则化项**的作用；它们可以避免 x 在参数 a_i 的值得考虑的不确定性方向上变得过大。

随机约束下的线性规划

也可以在统计的框架下考虑上述鲁棒线性规划。这里我们设参数 a_i 是独立 Gauss 随机变量，均值为 $\overline{a}_i$，协方差为 Σ_i。我们要求每一个约束 $a_i^T x \leqslant b_i$ 成立的概率（或信心）超过 η，这里 $\eta \geqslant 0.5$，即

$$\mathbf{prob}(a_i^T x \leqslant b_i) \geqslant \eta. \tag{4.38}$$

我们将证明这个概率约束可以表示为二阶锥约束。

令 $u = a_i^T x$，用 σ^2 表示方差，则约束可以写为

$$\mathbf{prob}\left(\frac{u-\overline{u}}{\sigma}\leqslant\frac{b_i-\overline{u}}{\sigma}\right)\geqslant\eta.$$

因为 $(u-\overline{u})/\sigma$ 是具有零均值和单位方差的 Gauss 变量，上述概率等于 $\Phi((b_i-\overline{u})/\sigma)$，其中

$$\Phi(z)=\frac{1}{\sqrt{2\pi}}\int_{-\infty}^{z}e^{-t^2/2}\,dt$$

为零均值单位方差 Gauss 随机变量的累积分布函数。因此概率约束 (4.38) 可以表示为

$$\frac{b_i-\overline{u}}{\sigma}\geqslant\Phi^{-1}(\eta),$$

或者，等价地，

$$\overline{u}+\Phi^{-1}(\eta)\sigma\leqslant b_i.$$

由 $\overline{u}=\overline{a}_i^Tx$ 和 $\sigma=(x^T\Sigma_ix)^{1/2}$，我们可得

$$\overline{a}_i^Tx+\Phi^{-1}(\eta)\|\Sigma_i^{1/2}x\|_2\leqslant b_i.$$

根据我们的假设 $\eta\geqslant 1/2$，有 $\Phi^{-1}(\eta)\geqslant 0$，所以这个约束是二阶锥约束。

总之，问题

$$\begin{array}{ll}\text{minimize} & c^Tx\\ \text{subject to} & \mathbf{prob}(a_i^Tx\leqslant b_i)\geqslant\eta,\quad i=1,\cdots,m\end{array}$$

可以表示为 SOCP

$$\begin{array}{ll}\text{minimize} & c^Tx\\ \text{subject to} & \overline{a}_i^Tx+\Phi^{-1}(\eta)\|\Sigma_i^{1/2}x\|_2\leqslant b_i,\quad i=1,\cdots,m.\end{array}$$

（我们将在第 6 章更加深入地考虑鲁棒凸优化问题。参见习题 4.13、4.28 和 4.59。）

例 4.8　损失风险约束下的投资组合优化。 我们再次考虑前面描述过的经典的 Markowitz 投资组合优化问题（参见第 148 页）。在这里，我们假设价格变化向量 $p\in\mathbf{R}^n$ 是一个均值为 $\overline{p}$，协方差为 Σ 的 Gauss 随机变量。因此，收益 r 是 Gauss 随机变量，其均值为 $\overline{r}=\overline{p}^Tx$，方差为 $\sigma_r^2=x^T\Sigma x$。

考虑具有下列形式的**损失风险约束**

$$\mathbf{prob}(r\leqslant\alpha)\leqslant\beta,\tag{4.39}$$

其中，α 为给定的要避免的收益水平（例如，大的损失），β 为给定的最大概率。

如前述的鲁棒线性规划的随机解释，我们可以用单位 Gauss 分布随机变量的累积分布函数 Φ 来表示这个约束。不等式 (4.39) 等价于

$$\overline{p}^Tx+\Phi^{-1}(\beta)\,\|\Sigma^{1/2}x\|_2\geqslant\alpha.$$

给定 $\beta \leqslant 1/2$（即 $\Phi^{-1}(\beta) \leqslant 0$），这个损失风险约束是二阶锥约束。（如果 $\beta > 1/2$，损失风险约束对于 x 将是非凸的。）

因此，在损失风险（并且 $\beta \leqslant 1/2$）的界限约束下极大化期望收益的问题可以视为具有二阶锥约束的 SOCP：

$$\begin{array}{ll}\text{maximize} & \overline{p}^T x \\ \text{subject to} & \overline{p}^T x + \Phi^{-1}(\beta)\,\|\Sigma^{1/2}x\|_2 \geqslant \alpha \\ & x \succeq 0, \quad \mathbf{1}^T x = 1.\end{array}$$

对于这个问题有很多的扩展。例如，我们可以加入一些损失风险约束，即

$$\mathbf{prob}(r \leqslant \alpha_i) \leqslant \beta_i, \quad i = 1, \cdots, k,$$

（其中 $\beta_i \leqslant 1/2$），这表示了对不同损失水平（α_i），我们愿意接受的风险（β_i）。

极小表面

考虑可微函数 $f : \mathbf{R}^2 \to \mathbf{R}$，并且 $\mathbf{dom}\, f = C$，其图像的表面积由

$$A = \int_C \sqrt{1 + \|\nabla f(x)\|_2^2}\, dx = \int_C \|(\nabla f(x), 1)\|_2\, dx$$

给出，这是 f 的凸函数。**极小表面问题**是在某些约束下，例如在 C 的边界上给定 f 的某些值，寻找 f 以极小化 A。

我们可以通过离散化 f 来逼近这个问题。令 $C = [0,1] \times [0,1]$，用 f_{ij}，i，$j = 0, \cdots, K$ 表示 f 在 $(i/K, j/K)$ 的值。在 $x = (i/K, j/K)$ 点 f 的导数的近似表达式可以由前向差分得到：

$$\nabla f(x) \approx K \begin{bmatrix} f_{i+1,j} - f_{i,j} \\ f_{i,j+1} - f_{i,j} \end{bmatrix}.$$

将其代入区域的图中并用求和逼近积分，我们可以得到图的表面积的近似

$$A \approx A_{\text{disc}} = \frac{1}{K^2} \sum_{i,j=0}^{K-1} \left\| \begin{bmatrix} K(f_{i+1,j} - f_{i,j}) \\ K(f_{i,j+1} - f_{i,j}) \\ 1 \end{bmatrix} \right\|_2.$$

离散化的近似面积 A_{disc} 是 f_{ij} 的凸函数。

我们考虑 f_{ij} 的各种约束，例如对其任意元素或矩的等式或不等式约束（例如，元素值的界）。作为一个例子，我们考虑在正方形左右边界的值固定的情况下，寻找最小区域表面的问题：

$$\begin{array}{ll}\text{minimize} & A_{\text{disc}} \\ \text{subject to} & f_{0j} = l_j, \quad j = 0, \cdots, K \\ & f_{Kj} = r_j, \quad j = 0, \cdots, K,\end{array} \tag{4.40}$$

其中，f_{ij}，$i,j=0,\cdots,K$ 为优化变量，l_j，r_j 为正方形左右边界上的给定值。

我们可以通过引入新变量 t_{ij}，$i,\ j=0,\cdots,K-1$ 将问题 (4.40) 转换为 SOCP：

$$\begin{array}{ll}\text{minimize} & (1/K^2)\displaystyle\sum_{i,j=0}^{K-1} t_{ij} \\ \text{subject to} & \left\|\begin{bmatrix} K(f_{i+1,j}-f_{i,j}) \\ K(f_{i,j+1}-f_{i,j}) \\ 1 \end{bmatrix}\right\|_2 \leqslant t_{ij}, \quad i,\ j=0,\cdots,K-1 \\ & f_{0j}=l_j, \quad j=0,\cdots,K \\ & f_{Kj}=r_j, \quad j=0,\cdots,K. \end{array}$$

4.5 几何规划

本节将描述一类优化问题，它们的自然形式并不是凸的。但通过变量替换或目标函数、约束函数的变换，可以将它们转换为凸优化问题。

4.5.1 单项式与正项式

函数 $f:\mathbf{R}^n\to\mathbf{R}$，$\mathbf{dom}\,f=\mathbf{R}^n_{++}$ 定义为

$$f(x)=cx_1^{a_1}x_2^{a_2}\cdots x_n^{a_n}, \tag{4.41}$$

其中 $c>0$，$a_i\in\mathbf{R}$。它被称为**单项式函数**或简称为**单项式**。单项式的指数 a_i 可以是任意实数，包括分数或负数，但系数 c 必须非负。（“单项式”与代数中的标准定义矛盾，在那里指数必须是非负整数，但这个矛盾不会有任何混淆。）单项式的和，即具有下列形式的函数称为**正项式函数**（具有 K 项），或简称为**正项式**

$$f(x)=\sum_{k=1}^{K} c_k x_1^{a_{1k}}x_2^{a_{2k}}\cdots x_n^{a_{nk}}, \tag{4.42}$$

其中 $c_k>0$。

正项式对于加法，数乘和非负的伸缩变换是封闭的。单项式对于数乘和除是封闭的。如果将正项式乘以一个单项式，其结果是一个正项式；类似地，将正项式除以一个单项式，其结果仍为正项式。

4.5.2 几何规划

具有下列形式的优化问题

$$\begin{array}{ll}\text{minimize} & f_0(x) \\ \text{subject to} & f_i(x)\leqslant 1, \quad i=1,\cdots,m \\ & h_i(x)=1, \quad i=1,\cdots,p \end{array} \tag{4.43}$$

被称为**几何规划**（GP），其中 $f_0, \cdots, f_m$ 为正项式，$h_1, \cdots, h_p$ 为单项式。这个问题的定义域为 $\mathcal{D} = \mathbf{R}^n_{++}$；约束 $x \succ 0$ 是隐式的。

几何规划的扩展

很容易处理这一问题的一些扩展。如果 f 是一个正项式而 h 为单项式，那么可以通过将约束 $f(x) \leqslant h(x)$ 表示为 $f(x)/h(x) \leqslant 1$（因为 f/h 为正项式）来处理。这包括了约束为 $f(x) \leqslant a$ 的特殊情况，其中 f 为正项式且 $a > 0$。类似地，如果 h_1 和 h_2 均是非零单项式函数，那么我们处理等式约束 $h_1(x) = h_2(x)$ 时，可以将其表示为 $h_1(x)/h_2(x) = 1$（因为 h_1/h_2 为正项式）。我们极大化一个非零单项式函数，可以通过极小化其倒数（也是一个单项式）来实现。

例如，考虑下面的问题

$$\begin{array}{ll} \text{maximize} & x/y \\ \text{subject to} & 2 \leqslant x \leqslant 3 \\ & x^2 + 3y/z \leqslant \sqrt{y} \\ & x/y = z^2, \end{array}$$

其优化变量为 $x,\ y,\ z \in \mathbf{R}$（隐含约束为 $x,\ y,\ z > 0$）。用前述简单的转换，我们得到等价的标准形式 GP：

$$\begin{array}{ll} \text{minimize} & x^{-1}y \\ \text{subject to} & 2x^{-1} \leqslant 1, \quad (1/3)x \leqslant 1 \\ & x^2y^{-1/2} + 3y^{1/2}z^{-1} \leqslant 1 \\ & xy^{-1}z^{-2} = 1. \end{array}$$

我们也称类似这样的问题为 GP，它可以很容易地转换为等价的标准形式 GP (4.43)。（如同我们称可以轻易转换为线性规划的问题为线性规划一样。）

4.5.3 凸形式的几何规划

几何规划（一般）不是凸优化问题，但是通过变量代换以及目标、约束函数的转换，它们可以被转换为凸问题。

我们用 $y_i = \log x_i$ 定义变量，因此 $x_i = e^{y_i}$。如果 f 是由 (4.41) 给出的 x 的单项式函数，即

$$f(x) = cx_1^{a_1}x_2^{a_2}\cdots x_n^{a_n},$$

那么，

$$\begin{aligned} f(x) &= f(e^{y_1}, \cdots, e^{y_n}) \\ &= c(e^{y_1})^{a_1}\cdots(e^{y_n})^{a_n} \\ &= e^{a^Ty+b}, \end{aligned}$$

其中 $b=\log c$。变量变换 $y_i=\log x_i$ 将一个单项式函数转换为以仿射函数为指数的函数。

类似地，如果 f 是由 (4.42) 给出的正项式，即

$$f(x)=\sum_{k=1}^{K} c_k x_1^{a_{1k}} x_2^{a_{2k}} \cdots x_n^{a_{nk}},$$

于是

$$f(x)=\sum_{k=1}^{K} e^{a_k^T y+b_k},$$

其中 $a_k=(a_{1k},\cdots,a_{nk})$ 而 $b_k=\log c_k$。经过变量变换，正项式转换为以仿射函数为指数的函数的和。

几何规划 (4.43) 可以用新变量 y 的形式表示为

$$\begin{array}{ll}\text{minimize} & \sum_{k=1}^{K_0} e^{a_{0k}^T y+b_{0k}} \\ \text{subject to} & \sum_{k=1}^{K_i} e^{a_{ik}^T y+b_{ik}} \leqslant 1, \quad i=1,\cdots,m \\ & e^{g_i^T y+h_i}=1, \quad i=1,\cdots,p,\end{array}$$

其中 $a_{ik}\in\mathbf{R}^n$，$i=0,\cdots,m$，包含了以正项式为指数的不等式约束，$g_i\in\mathbf{R}^n$，$i=1,\cdots,p$，包含了原几何规划中以单项式为指数的等式约束。

现在我们采用对数函数将目标函数和约束函数进行转换，从而得到问题

$$\begin{array}{ll}\text{minimize} & \tilde{f}_0(y)=\log\left(\sum_{k=1}^{K_0} e^{a_{0k}^T y+b_{0k}}\right) \\ \text{subject to} & \tilde{f}_i(y)=\log\left(\sum_{k=1}^{K_i} e^{a_{ik}^T y+b_{ik}}\right) \leqslant 0, \quad i=1,\cdots,m \\ & \tilde{h}_i(y)=g_i^T y+h_i=0, \quad i=1,\cdots,p.\end{array} \tag{4.44}$$

因为函数 $\tilde{f}_i$ 是凸的，$\tilde{h}_i$ 是仿射的，所以该问题是一个凸优化问题。我们称其为**凸形式的几何规划**。为将其与原始的几何规划相区别，我们称 (4.43) 为**正项式形式的几何规划**。

需要注意的是，正项式形式的几何规划 (4.43) 与凸形式的几何规划 (4.44) 之间的转换并不涉及任何运算；两个问题的数据是相同的。需要改变的仅仅是目标函数和约束函数的形式。

如果正项式目标函数和所有约束函数都只含有一项，即都是单项式，那么凸形式的几何规划 (4.44) 将退化为（一般的）线性规划。因此，我们将几何规划视为线性规划的一个推广或扩展。

4.5.4　例子

Frobenius 范数的对角化伸缩

考虑矩阵 $M \in \mathbf{R}^{n\times n}$ 和相应的将 u 映射到 $y = Mu$ 的线性函数。我们对坐标进行伸缩变换，即将变量转换为 $\tilde{u} = Du$，$\tilde{y} = Dy$，其中 D 是对角矩阵且 $D_{ii} > 0$。在新的坐标下，线性函数由 $\tilde{y} = DMD^{-1}\tilde{u}$ 给出。

现在我们试图选择伸缩尺度以使矩阵 DMD^{-1} 较小。我们用 Frobenius 范数（的平方）来度量矩阵的尺寸：

$$
\begin{aligned}
\|DMD^{-1}\|_F^2 &= \mathbf{tr}\left(\left(DMD^{-1}\right)^T\left(DMD^{-1}\right)\right)\\
&= \sum_{i,j=1}^{n}\left(DMD^{-1}\right)_{ij}^2\\
&= \sum_{i,j=1}^{n} M_{ij}^2 d_i^2/d_j^2,
\end{aligned}
$$

其中 $D = \mathbf{diag}(d)$。因为这是 d 的正项式，选择尺度 d 以极小化 Frobenius 范数的问题是一个无约束几何规划，

$$
\text{minimize}\quad \sum_{i,j=1}^{n} M_{ij}^2 d_i^2/d_j^2,
$$

其优化变量为 d。这个几何规划问题的指数只有 0、2 和 -2。

悬臂梁的设计

考虑悬臂梁的设计问题，它包含 N 段，从右至左依次标号为 $1,\cdots,N$，如图4.6所示。每一段都有单位长度和矩形截面，截面宽为 w_i，高度为 h_i。一个垂直负载（力）F 被施加于梁的右端。这个负载将使梁（向下）偏转，并且在梁的各段上产生压力。我们设挠度很小，并且材料是线性弹性的，其杨氏模量为 E。

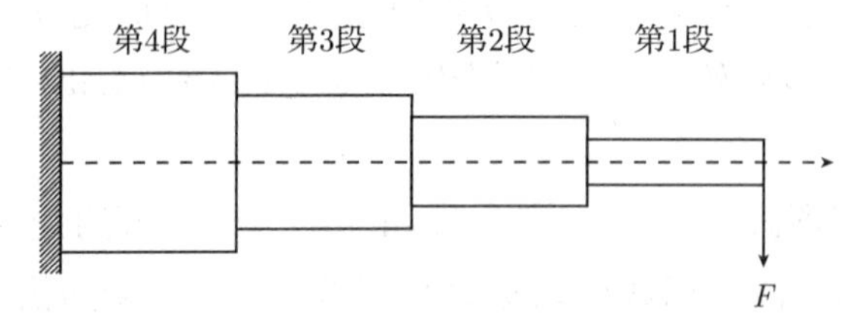

图4.6　四段的分段悬臂梁。每段具有单位长度和矩形侧面。垂直力 F 被施加在梁的右端。

这个问题中待设计的变量是 N 段的宽度 w_i 和高度 h_i。我们在一些设计要求的约束下，试图极小化梁的总体积

$$w_1 h_1 + \cdots + w_N h_N,$$

添加每段的宽度和高度的上下界

$$w_{\min} \leqslant w_i \leqslant w_{\max}, \quad h_{\min} \leqslant h_i \leqslant h_{\max}, \quad i = 1, \cdots, N,$$

以及形状比例约束

$$S_{\min} \leqslant h_i / w_i \leqslant S_{\max}.$$

此外，材料每段上承受的最大压力和梁末端的垂直挠度均有限制。

我们首先考虑最大压力约束。第 i 段的最大压力，记为 σ_i，由 $\sigma_i = 6iF/(w_i h_i^2)$ 给出。我们利用约束

$$\frac{6iF}{w_i h_i^2} \leqslant \sigma_{\max}, \quad i = 1, \cdots, N,$$

以确保压力不超过梁上任意处可允许的最大值 $\sigma_{\max}$。

最后一个约束是梁末端垂直挠度的限制，记为 y_1：

$$y_1 \leqslant y_{\max}.$$

挠度 y_1 可由梁上各段的挠度和斜度，从 $v_{N+1} = y_{N+1} = 0$ 开始按 $i = N, N-1, \cdots, 1$ 依次递归求得：

$$v_i = 12(i - 1/2)\frac{F}{E w_i h_i^3} + v_{i+1}, \qquad y_i = 6(i - 1/3)\frac{F}{E w_i h_i^3} + v_{i+1} + y_{i+1}. \tag{4.45}$$

在这个递归式中，y_i 是在 i 段右端的挠度，v_i 为同一点的斜度。由递归式 (4.45)，我们可以证明，这些挠度和斜度量事实上都是变量 w 和 h 的正项式函数。首先，我们注意到 v_{N+1} 和 y_{N+1} 均是零，因此是正项式。现在假设 v_{i+1} 和 y_{i+1} 是 w 和 h 的正项式。那么 (4.45) 左侧的等式表明 v_i 是单项式和一个正项式（即 v_{i+1}）的和，因此，是一个正项式。从 (4.45) 右侧的等式，我们可以看出挠度 y_i 是一个单项式和两个正项式（v_{i+1} 和 y_{i+1}）的和，所以是一个正项式。特别地，梁末端的挠度 y_1 是一个正项式。

于是，问题为

$$\begin{array}{ll}
\text{minimize} & \sum_{i=1}^{N} w_i h_i \\
\text{subject to} & w_{\min} \leqslant w_i \leqslant w_{\max}, \quad i = 1, \cdots, N \\
& h_{\min} \leqslant h_i \leqslant h_{\max}, \quad i = 1, \cdots, N \\
& S_{\min} \leqslant h_i / w_i \leqslant S_{\max}, \quad i = 1, \cdots, N \\
& 6iF/(w_i h_i^2) \leqslant \sigma_{\max}, \quad i = 1, \cdots, N \\
& y_1 \leqslant y_{\max},
\end{array} \tag{4.46}$$

其中，w 和 h 为优化变量。这是一个几何规划，因为其目标函数是正项式并且约束都可以表示为正项式不等式。(事实上，除了挠度限制是复杂的正项式不等式外，其他约束都可以表示为单项式不等式。)

当段数 N 很大时，在正项式 y_1 中出现的单项式项的数目近似以 N^2 增长。在习题 4.31 中，我们将探讨这个问题的另一表述，它通过引入 $v_1, \cdots, v_N$ 和 $y_1, \cdots, y_N$ 作为变量并包含改进的递归式作为约束集而得到。该表述避免了单项式数目的快速增长。

通过 Perron-Frobenius 定理极小化谱半径

设矩阵 $A \in \mathbf{R}^{n\times n}$ 的元素非负，即对于 $i, j = 1, \cdots, n$，$A_{ij} \geqslant 0$，并且不可约简，这表明矩阵 $(I + A)^{n-1}$ 的元素非负。Perron-Frobenius 定理表明，A 具有等于其谱半径，即特征值的最大幅值，的正实数特征根 λ_{pf}。Perron-Frobenius 特征值 λ_{pf} 决定了当 $k \to \infty$ 时 A^k 增长或消退的渐进速率。事实上，矩阵 $((1/\lambda_{\text{pf}})A)^k$ 收敛。粗略地讲，这表明当 $k \to \infty$ 时，若 $\lambda_{\text{pf}} > 1$，A^k 按 λ_{pf}^k 增长，若 $\lambda_{\text{pf}} < 1$，A^k 则按 λ_{pf}^k 衰减。

非负矩阵理论的一个基本结果表明 Perron-Frobenius 特征值由

$$\lambda_{\text{pf}} = \inf\{\lambda \mid Av \preceq \lambda v \text{ 对某些 } v \succ 0\}$$

给出(并且极限是可达的)。不等式 $Av \preceq \lambda v$ 可以表示为

$$\sum_{j=1}^{n} A_{ij}v_j/(\lambda v_i) \leqslant 1, \quad i = 1, \cdots, n, \tag{4.47}$$

这是变量 A_{ij}、v_i 和 λ 的正项式不等式。因此，条件 $\lambda_{\text{pf}} \leqslant \lambda$ 可以表示为 A、v 和 λ 的一组正项式不等式。这使得我们可以利用几何规划来求解一些关于 Perron-Frobenius 特征值的优化问题。

设矩阵 A 的元素为某些基本变量 x 的正项式函数。在这种情况下，不等式 (4.47) 是关于变量 $x \in \mathbf{R}^k$、$v \in \mathbf{R}^n$ 和 $\lambda \in \mathbf{R}$ 的正项式不等式。我们考虑选择 x 以极小化 A 的 Perron-Frobenius 特征值(或谱半径)的问题，对 x 可能有正项式不等式约束：

$$\begin{array}{ll} \text{minimize} & \lambda_{\text{pf}}(A(x)) \\ \text{subject to} & f_i(x) \leqslant 1, \quad i = 1, \cdots, p, \end{array}$$

其中 f_i 为正项式。利用前述特征，我们可以将这个问题表示为 GP：

$$\begin{array}{ll} \text{minimize} & \lambda \\ \text{subject to} & \sum_{j=1}^{n} A_{ij}v_j/(\lambda v_i) \leqslant 1, \quad i = 1, \cdots, n \\ & f_i(x) \leqslant 1, \quad i = 1, \cdots, p, \end{array}$$

其中的优化变量为 x、v 和 λ。

作为特定的例子，我们考虑一个描述细菌数量动态特性的简单模型，时间或周期以小时为单位，记为 $t=0,1,2,\cdots$。向量 $p(t)\in\mathbf{R}_+^4$ 描述了 t 时刻的年龄数量分布：$p_1(t)$ 为年龄在 0 至 1 小时间的细菌的总数；$p_2(t)$ 为年龄在 1 至 2 小时间的细菌的总数，依此类推。我们（任意地）假设没有任何细菌的生存时间超过 4 个小时。其总数在每一时刻按 $p(t+1)=Ap(t)$ 繁殖，其中

$$A=\begin{bmatrix} b_1 & b_2 & b_3 & b_4 \\ s_1 & 0 & 0 & 0 \\ 0 & s_2 & 0 & 0 \\ 0 & 0 & s_3 & 0 \end{bmatrix}.$$

此处，b_i 是处于年龄组 i 的细菌的繁殖率，s_i 是处于年龄组 i 的细菌生存到 $i+1$ 年龄的存活率。我们假设 $b_i>0$，$0<s_i<1$，这也保证了矩阵 A 不可约简。

A 的 Perron-Frobenius 特征值决定了细菌数量增长或衰减的渐进速率。如果 $\lambda_{\rm pf}<1$，数量按类似 $\lambda_{\rm pf}^t$ 收敛到零，因此数量减半的时间为 $-1/\log_2\lambda_{\rm pf}$ 小时。如果 $\lambda_{\rm pf}>1$，数量按类似 $\lambda_{\rm pf}^t$ 几何增长，经过 $1/\log_2\lambda_{\rm pf}$ 其数量增倍。极小化 A 的谱半径对应于寻找最快的衰减速率，或者最慢的增长速率。

我们选择 c_1 和 c_2 为决定矩阵 A 的基本变量，它们是环境中影响细菌出生率和存活率的两种化学物质的含量。我们用这两种浓度的单项式函数对出生率和生存率进行建模：

$$\begin{aligned} b_i&=b_i^{\rm nom}(c_1/c_1^{\rm nom})^{\alpha_i}(c_2/c_2^{\rm nom})^{\beta_i}, \quad i=1,\cdots,4,\\ s_i&=s_i^{\rm nom}(c_1/c_1^{\rm nom})^{\gamma_i}(c_2/c_2^{\rm nom})^{\delta_i}, \quad i=1,\cdots,3. \end{aligned}$$

这里 $b_i^{\rm nom}$ 为标称出生率，$s_i^{\rm nom}$ 为标称存活率，$c_i^{\rm nom}$ 为化学物质 i 的标称浓度。常数 α_i、β_i、γ_i 和 δ_i 在化学物质浓度远离标称值时对出生率和存活率产生影响。例如 $\alpha_2=-0.3$ 和 $\gamma_1=0.5$ 表示当超过其标称浓度时，化学物质 1 浓度的增加将导致年龄在 1 到 2 小时间的细菌的出生率降低，同时将使得年龄在 0 和 1 小时间的细菌生存率增加。

假设可以独立地增加或减少浓度 c_1 和 c_2（例如，在 2 倍范围内），于是，我们可以构建寻找药物组合的问题，以最大化数量衰减速率（即极小化 $\lambda_{\rm pf}(A)$）。利用之前讨论的方法，这一问题可以写为 GP 的形式：

$$\begin{array}{ll} \text{minimize} & \lambda \\ \text{subject to} & b_1v_1+b_2v_2+b_3v_3+b_4v_4\leqslant\lambda v_1 \\ & s_1v_1\leqslant\lambda v_2 \\ & s_2v_2\leqslant\lambda v_3 \\ & s_3v_3\leqslant\lambda v_4 \end{array}$$

$$
\begin{aligned}
&1/2 \leqslant c_i/c_i^{\text{nom}} \leqslant 2, \quad i=1,2 \\
&b_i = b_i^{\text{nom}}(c_1/c_1^{\text{nom}})^{\alpha_i}(c_2/c_2^{\text{nom}})^{\beta_i}, \quad i=1,\cdots,4 \\
&s_i = s_i^{\text{nom}}(c_1/c_1^{\text{nom}})^{\gamma_i}(c_2/c_2^{\text{nom}})^{\delta_i}, \quad i=1,\cdots,3,
\end{aligned}
$$

其中的优化变量为 b_i，s_i，c_i，v_i 和 λ。

4.6 广义不等式约束

通过将不等式约束函数扩展为向量并使用广义不等式，可以得到标准形式凸优化问题 (4.15) 的一个非常有用的推广：

$$
\begin{array}{ll}
\text{minimize} & f_0(x) \\
\text{subject to} & f_i(x) \preceq_{K_i} 0, \quad i=1,\cdots,m \\
& Ax = b,
\end{array}
\tag{4.48}
$$

其中 $f_0 : \mathbf{R}^n \to \mathbf{R}$，$K_i \subseteq \mathbf{R}^{k_i}$ 为正常锥，$f_i : \mathbf{R}^n \to \mathbf{R}^{k_i}$ 为 K_i-凸的。我们称此问题为（标准形式的）**广义不等式意义下的凸优化问题**。问题 (4.15) 是当 $K_i = \mathbf{R}_+$，$i=1,\cdots,m$ 时的特殊情况。

常规凸优化问题的很多结论对于广义不等式下的问题也是成立的。下面是一些例子：

- 可行集，任意下水平集和最优集都是凸的，
- 问题 (4.48) 的任意局部最优解都是全局最优的。
- 在 §4.2.3 中给出的对于可微函数 f_0 的最优性条件不加改变地成立。

（在第 11 章中）我们也可以看到广义不等式约束下的凸优化问题常常可以简单地按照常规凸优化问题进行求解。

4.6.1 锥形式问题

在广义不等式的凸优化问题中，最简单的是**锥形式问题**（或称为**锥规划**），它有线性目标函数和一个不等式约束函数，该函数是仿射的（因此是 K-凸的）：

$$
\begin{array}{ll}
\text{minimize} & c^T x \\
\text{subject to} & Fx + g \preceq_K 0 \\
& Ax = b.
\end{array}
\tag{4.49}
$$

当 K 是非负象限时，锥形式问题退化为线性规划。我们可以将锥形式问题视为线性规划的推广，其中的分量不等式被替换为广义线性不等式。

仿照线性规划，我们称锥形式问题

$$\begin{array}{ll}\text{minimize} & c^T x \\ \text{subject to} & x \succeq_K 0 \\ & Ax = b\end{array}$$

为**标准形式的锥形式问题**。类似地，问题

$$\begin{array}{ll}\text{minimize} & c^T x \\ \text{subject to} & Fx + g \preceq_K 0\end{array}$$

称为**不等式形式的锥形式问题**。

4.6.2 半定规划

当 K 为 $\mathbf{S}_+^k$，即 $k \times k$ 半正定矩阵锥时，相应的锥形式问题称为**半定规划**（SDP），并具有如下形式，

$$\begin{array}{ll}\text{minimize} & c^T x \\ \text{subject to} & x_1 F_1 + \cdots + x_n F_n + G \preceq 0 \\ & Ax = b,\end{array} \tag{4.50}$$

其中 $G, F_1, \cdots, F_n \in \mathbf{S}^k$，$A \in \mathbf{R}^{p \times n}$。这里的不等式是线性矩阵不等式（LMI，参见例 2.10）。

如果矩阵 $G, F_1, \cdots, F_n$ 都是对角阵，那么 (4.50) 中的 LMI 等价于 n 个线性不等式，SDP (4.50) 退化为线性规划。

标准和不等式形式的半定规划

仿照线性规划的分析，**标准形式的** SDP 具有对变量 $X \in \mathbf{S}^n$ 的线性等式约束和（矩阵）非负约束：

$$\begin{array}{ll}\text{minimize} & \mathbf{tr}(CX) \\ \text{subject to} & \mathbf{tr}(A_i X) = b_i, \quad i = 1, \cdots, p \\ & X \succeq 0,\end{array} \tag{4.51}$$

其中 $C, A_1, \cdots, A_p \in \mathbf{S}^n$。(注意 $\mathbf{tr}(CX) = \sum_{i,j=1}^n C_{ij} X_{ij}$ 是 $\mathbf{S}^n$ 上一般实值线性函数的形式。) 将这一形式与标准形式的线性规划 (4.28) 进行比较。在线性规划（LP）和 SDP 的标准形式中，我们在变量的 p 个线性等式约束和变量非负约束下极小化变量的线性函数。

如同不等式形式的 LP (4.29)，**不等式形式的** SDP 不含有等式约束但具有一个 LMI：

$$\begin{array}{ll}\text{minimize} & c^T x \\ \text{subject to} & x_1 A_1 + \cdots + x_n A_n \preceq B,\end{array}$$

其优化变量为 $x \in \mathbf{R}^n$，参数为 $B, A_1, \cdots, A_n \in \mathbf{S}^k$，$c \in \mathbf{R}^n$。

多 LMI 与线性不等式

对于具有线性目标，等式、不等式约束及多个 LMI 约束的问题

$$
\begin{array}{ll}
\text{minimize} & c^T x \\
\text{subject to} & F^{(i)}(x) = x_1 F_1^{(i)} + \cdots + x_n F_n^{(i)} + G^{(i)} \preceq 0, \quad i = 1, \cdots, K \\
& Gx \preceq h, \qquad Ax = b,
\end{array}
$$

仍然经常称其为 SDP。从单个 LMI 和线性不等式可以构造具有大的对角块的 LMI，从而可以容易地将这样的问题转换为一个 SDP

$$
\begin{array}{ll}
\text{minimize} & c^T x \\
\text{subject to} & \mathbf{diag}(Gx - h, F^{(1)}(x), \cdots, F^{(K)}(x)) \preceq 0 \\
& Ax = b.
\end{array}
$$

4.6.3　例子

二阶锥规划

SOCP (4.36) 可以表示为锥形式问题

$$
\begin{array}{ll}
\text{minimize} & c^T x \\
\text{subject to} & -(A_i x + b_i, c_i^T x + d_i) \preceq_{K_i} 0, \quad i = 1, \cdots, m \\
& Fx = g,
\end{array}
$$

其中

$$
K_i = \{(y, t) \in \mathbf{R}^{n_i+1} \mid \|y\|_2 \leqslant t\},
$$

即 $\mathbf{R}^{n_i+1}$ 中的二阶锥。这解释了为何优化问题 (4.36) 被称为**二阶锥规划**。

矩阵范数的极小化

令 $A(x) = A_0 + x_1 A_1 + \cdots + x_n A_n$，其中 $A_i \in \mathbf{R}^{p \times q}$。考虑无约束问题

$$
\text{minimize} \quad \|A(x)\|_2,
$$

其中 $\|\cdot\|_2$ 表示其谱范数（最大奇异值），$x \in \mathbf{R}^n$ 为优化变量。这是一个凸问题，因为 $\|A(x)\|_2$ 是 x 的凸函数。

利用 $\|A\|_2 \leqslant s$ 当且仅当 $A^T A \preceq s^2 I$（且 $s \geqslant 0$）这一事实，我们可以将问题表示为下面的形式

$$
\begin{array}{ll}
\text{minimize} & s \\
\text{subject to} & A(x)^T A(x) \preceq sI,
\end{array}
$$

其优化变量为 x 和 s。因为函数 $A(x)^T A(x) - sI$ 在 (x, s) 上是矩阵凸的，所以这是具有一个 $q \times q$ 矩阵不等式约束的凸优化问题。

利用

$$A^T A \preceq t^2 I\ (\text{并且}\ t \geqslant 0) \iff \begin{bmatrix} tI & A \\ A^T & tI \end{bmatrix} \succeq 0$$

的事实（参见 §A.5.5），我们也可以用一个大小为 $(p+q)\times(p+q)$ 的矩阵不等式对问题进行构建。其结果是关于变量 x 和 t 的 SDP

$$\begin{array}{ll} \text{minimize} & t \\ \text{subject to} & \begin{bmatrix} tI & A(x) \\ A(x)^T & tI \end{bmatrix} \succeq 0. \end{array}$$

矩问题

令 t 为 $\mathbf{R}$ 上的随机变量。期望值 $\mathbf{E}\, t^k$（假设存在）称为分布 t 的（力）**矩**。下面的经典结果给出了矩序列的性质。

如果存在 $\mathbf{R}$ 上的概率分布使得 $x_k = \mathbf{E}\, t^k$，$k = 0,\cdots,2n$，那么 $x_0 = 1$ 并且

$$H(x_0,\cdots,x_{2n}) = \begin{bmatrix} x_0 & x_1 & x_2 & \cdots & x_{n-1} & x_n \\ x_1 & x_2 & x_3 & \cdots & x_n & x_{n+1} \\ x_2 & x_3 & x_4 & \cdots & x_{n+1} & x_{n+2} \\ \vdots & \vdots & \vdots & & \vdots & \vdots \\ x_{n-1} & x_n & x_{n+1} & \cdots & x_{2n-2} & x_{2n-1} \\ x_n & x_{n+1} & x_{n+2} & \cdots & x_{2n-1} & x_{2n} \end{bmatrix} \succeq 0. \qquad (4.52)$$

（矩阵 H 称为关于 $x_0,\cdots,x_{2n}$ 的**Hankel矩阵**。）容易看出：令 $x_i = \mathbf{E}\, t^i$，$i = 0,\cdots,2n$ 为某些分布的矩，并令 $y = (y_0, y_1,\cdots,y_n) \in \mathbf{R}^{n+1}$。那么，我们有

$$y^T H(x_0,\cdots,x_{2n}) y = \sum_{i,j=0}^{n} y_i y_j\, \mathbf{E}\, t^{i+j} = \mathbf{E}(y_0 + y_1 t^1 + \cdots + y_n t^n)^2 \geqslant 0.$$

下面的部分逆命题不那么明显：如果 $x_0 = 1$，$H(x) \succ 0$，那么存在 $\mathbf{R}$ 上的一个概率分布使得 $x_i = \mathbf{E}\, t^i$,$i = 0,\cdots,2n$。（其证明参见习题 2.37。）现在假设 $x_0 = 1$，$H(x) \succeq 0$（但有可能 $H(x) \nsucc 0$），即线性不等式 (4.52) 成立，但可能不严格。在这种情况下，存在 $\mathbf{R}$ 上的分布序列，其矩收敛于 x。总结可知：$x_0,\cdots,x_{2n}$ 为 $\mathbf{R}$ 上某些分布的矩（或分布系列的矩的极限）这一条件可以表述为变量 x 的线性矩阵不等式 (4.52) 及线性等式 $x_0 = 1$。利用这一事实，我们可以将一些关于矩的有趣的问题转化为 SDP。

设 t 为 $\mathbf{R}$ 上的随机变量。我们不知道其分布但知道其矩的界，即

$$\underline{\mu}_k \leqslant \mathbf{E}\, t^k \leqslant \overline{\mu}_k, \quad k = 1,\cdots,2n$$

（特殊地，它包括一些矩已知的情况）。令 $p(t) = c_0 + c_1 t + \cdots + c_{2n} t^{2n}$ 为 t 的一个给定的多项式。$p(t)$ 的期望关于矩 $\mathbf{E}\, t^i$ 是线性的：

$$\mathbf{E}\, p(t) = \sum_{i=0}^{2n} c_i \mathbf{E}\, t^i = \sum_{i=0}^{2n} c_i x_i.$$

我们可以计算所有满足给定矩的界的概率分布 $\mathbf{E}\, p(t)$ 的上、下界

$$\begin{array}{ll} \text{minimize (maximize)} & \mathbf{E}\, p(t) \\ \text{subject to} & \underline{\mu}_k \leqslant \mathbf{E}\, t^k \leqslant \overline{\mu}_k, \quad k = 1, \cdots, 2n, \end{array}$$

这可以通过求解下面的 SDP 得到

$$\begin{array}{ll} \text{minimize (maximize)} & c_1 x_1 + \cdots + c_{2n} x_{2n} \\ \text{subject to} & \underline{\mu}_k \leqslant x_k \leqslant \overline{\mu}_k, \quad k = 1, \cdots, 2n \\ & H(1, x_1, \cdots, x_{2n}) \succeq 0, \end{array}$$

其优化变量为 $x_1, \cdots, x_{2n}$。对于所有满足已知矩约束的概率分布，它给出了 $\mathbf{E}\, p(t)$ 的界。这些界是紧的，即存在分布序列满足给定的矩界，并且这些序列的 $\mathbf{E}\, p(t)$ 收敛于 SDP 得到的上、下界。

不完全协方差信息下的投资组合风险界定

我们再次考虑经典的 Markowitz 投资组合问题（参见第 148 页）。我们有 n 项资产或股票组成的投资组合，用 x_i 表示在一定投资周期内持有的资产 i 的量，p_i 表示在这个期间内资产 i 的相对价值变化。资产总价值的变化为 $p^T x$。价值变化向量 p 建模为一个随机变量，其均值和协方差为

$$\overline{p} = \mathbf{E}\, p, \qquad \Sigma = \mathbf{E}(p - \overline{p})(p - \overline{p})^T.$$

因此，资产价值是随机变量，其均值为 $\overline{p}^T x$，标准差为 $\sigma = (x^T \Sigma x)^{1/2}$。大的损失（即资产变化显著小于期望值）的风险直接与标准差 σ 相关并随之增加。因此，标准差（或方差 σ^2）被用来作为投资组合风险的一个度量。

在经典的投资组合优化问题中，投资组合 x 是优化变量，我们在最小平均收益和其他约束条件下极小化风险。价值变化的统计量 $\overline{p}$ 及 Σ 是问题的已知参数。对于此处所考虑的风险界定问题，我们将问题转换为：假设投资组合已知，但关于协方差矩阵 Σ，我们仅有部分信息。例如，我们也许知道每一项的上、下界

$$L_{ij} \leqslant \Sigma_{ij} \leqslant U_{ij}, \quad i,\ j = 1, \cdots, n,$$

其中，L 和 U 给定。现在，我们提出这样的问题：在满足给定界的所有协方差矩阵中，我们投资的最大风险是多少？我们定义投资组合的**最坏情况的方差**为

$$\sigma_{\mathrm{wc}}^2 = \sup\{x^T \Sigma x \mid L_{ij} \leqslant \Sigma_{ij} \leqslant U_{ij},\ i, j = 1, \cdots, n,\ \Sigma \succeq 0\}.$$

当然，协方差矩阵必须满足附加条件 $\Sigma \succeq 0$。

我们可以通过求解下面的 SDP 找到 $\sigma_{\rm wc}$，

$$
\begin{array}{ll}
\text{maximize} & x^T \Sigma x \\
\text{subject to} & L_{ij} \leqslant \Sigma_{ij} \leqslant U_{ij}, \quad i,\ j = 1, \cdots, n \\
& \Sigma \succeq 0,
\end{array}
$$

其变量为 $\Sigma \in \mathbf{S}^n$（问题参数为 x、L 和 U）。最优的 Σ 是每项均满足我们给定的界的最坏情况的协方差矩阵，这里的"最坏"意味着（给定的）投资组合 x 的最大风险。从 SDP 的最优解 Σ 出发，我们容易构造满足给定的界并达到最坏情况下的方差的 p 的分布。例如，我们可以取 $p = \overline{p} + \Sigma^{1/2} v$，其中 v 是满足 $\mathbf{E}\, v = 0$ 和 $\mathbf{E}\, vv^T = I$ 的任意随机变量。

显然，对任何关于 Σ 的凸的先验信息，我们可以用相同的方法确定 $\sigma_{\rm wc}$。在这里列出一些例子。

- **已知特定投资组合的方差**。我们也许有等式约束，如

$$
u_k^T \Sigma u_k = \sigma_k^2,
$$

其中 u_k 和 σ_k 给定。这对应着关于特定的已知投资组合（由 u_k 给出）有已知（或非常精确的估计）方差的先验知识。

- **包含估计误差的影响**。如果协方差 Σ 是通过经验数据估计而得的，估计方法可以给出 $\hat{\Sigma}$ 以及一些可靠性信息的估计，例如信赖椭球。这可以表示为

$$
C(\Sigma - \hat{\Sigma}) \leqslant \alpha,
$$

其中 C 是 $\mathbf{S}^n$ 上的正定二次型，而常数 α 决定了信赖程度。

- **影响因素模型**。协方差可能具有如下形式

$$
\Sigma = F \Sigma_{\rm factor} F^T + D,
$$

其中 $F \in \mathbf{R}^{n \times k}$，$\Sigma_{\rm factor} \in \mathbf{S}^k$ 并且 D 是对角的。这对应着具有下列形式的价格改变模型

$$
p = Fz + d,
$$

其中 z 是随机变量（影响价格变动的基本**因素**），而 d_i 是独立的（对于每种资产价格的可加波动）。我们假设这些因素是已知的。因为 Σ 与 $\Sigma_{\rm factor}$、D 线性相关，所以我们可以构造关于它们（表示了先验信息）的任意凸约束，并且仍然用凸优化计算 $\sigma_{\rm wc}$。

- **关于相关系数的信息**。在最简单的情况下，Σ 的对角元素（即每种资产价格的变动）已知，并且价格变动的相关系数的界已知

$$l_{ij} \leqslant \rho_{ij} = \frac{\Sigma_{ij}}{\Sigma_{ii}^{1/2}\Sigma_{jj}^{1/2}} \leqslant u_{ij}, \quad i,\ j=1,\cdots,n.$$

因为 Σ_{ii} 已知，而 $\Sigma_{ij}, i \neq j$ 未知，所以，这是线性不等式。

图的最速混合 Markov 链

我们考虑一个无向图，其结点为 $1,\cdots,n$，边集合为

$$\mathcal{E} \subseteq \{1,\cdots,n\} \times \{1,\cdots,n\}.$$

这里 $(i,j) \in \mathcal{E}$ 表示结点 i 和 j 由一条边所连接。因为图是无向的，$\mathcal{E}$ 是对称的：$(i,j) \in \mathcal{E}$ 当且仅当 $(j,i) \in \mathcal{E}$。允许自环的可能性，即我们可以有 $(i,i) \in \mathcal{E}$。

我们如下定义 Markov 链，其状态为 $X(t) \in \{1,\cdots,n\}$，$t \in \mathbf{Z}_+$（非负整数集合）。边 $(i,j) \in \mathcal{E}$ 对应概率 P_{ij}，即 X 在结点 i 和 j 之间的转移概率。状态转移仅在边上发生；对于 $(i,j) \notin \mathcal{E}$，我们有 $P_{ij}=0$。边对应的概率必须非负，并且对于每个结点，与它相关的边（包括自环，如果有的话）的概率之和必须等于一。

Markov 链的转移状态矩阵为

$$P_{ij} = \mathbf{prob}(X(t+1)=i \mid X(t)=j), \quad i,j-1,\cdots,n.$$

这个矩阵必须满足

$$P_{ij} \geqslant 0, \quad i,\ j=1,\cdots,n, \qquad \mathbf{1}^T P = \mathbf{1}^T, \qquad P = P^T, \tag{4.53}$$

并且

$$P_{ij} = 0 \quad 对于\ (i,j) \notin \mathcal{E}. \tag{4.54}$$

因为 P 是对称的并且 $\mathbf{1}^T P = \mathbf{1}^T$，我们可得 $P\mathbf{1} = \mathbf{1}$，所以均匀分布 $(1/n)\mathbf{1}$ 是 Markov 链的一个平衡分布。$X(t)$ 的分布收敛到 $(1/n)\mathbf{1}$ 的情况由 P 的第二大（幅度）特征值，即 $r = \max\{\lambda_2, -\lambda_n\}$ 决定，其中

$$1 = \lambda_1 \geqslant \lambda_2 \geqslant \cdots \geqslant \lambda_n$$

为 P 的特征值。我们称 r 为 Markov 链的**混合速率**。如果 $r=1$，那么 $X(t)$ 的分布不必收敛到 $(1/n)\mathbf{1}$（这意味着 Markov 链不是混合的）。当 $r<1$ 时，随着 $t \to \infty$，$X(t)$ 的分布渐进地以 r^t 逼近 $(1/n)\mathbf{1}$。因此，小的 r 使得 Markov 链更快地混合。

最速混合Markov 链问题是在约束 (4.53) 和 (4.54) 下寻找 P 以极小化 r。（问题的数据是图，即 $\mathcal{E}$。）我们将证明这个问题可以构建为一个 SDP。

因为特征值 $\lambda_1 = 1$ 对应于特征向量 $\mathbf{1}$，我们可以将混合速率表示为限制在子空间 $\mathbf{1}^\perp$ 上的矩阵 P 的范数：$r = \|QPQ\|_2$，其中 $Q = I - (1/n)\mathbf{1}\mathbf{1}^T$ 表示 $\mathbf{1}^\perp$ 上的正交投影矩阵。利用性质 $P\mathbf{1} = \mathbf{1}$，我们有

$$\begin{aligned} r &= \|QPQ\|_2 \\ &= \|(I - (1/n)\mathbf{1}\mathbf{1}^T)P(I - (1/n)\mathbf{1}\mathbf{1}^T)\|_2 \\ &= \|P - (1/n)\mathbf{1}\mathbf{1}^T\|_2. \end{aligned}$$

这表明混合速率 r 是 P 的凸函数，因此，最速混合 Markov 链问题可以转换为凸优化问题

$$\begin{array}{ll} \text{minimize} & \|P - (1/n)\mathbf{1}\mathbf{1}^T\|_2 \\ \text{subject to} & P\mathbf{1} = \mathbf{1} \\ & P_{ij} \geqslant 0, \quad i, j = 1, \cdots, n \\ & P_{ij} = 0 \text{ 对于 } (i, j) \notin \mathcal{E}, \end{array}$$

其变量为 $P \in \mathbf{S}^n$。我们可以通过引入标量变量 t 来界定 $P - (1/n)\mathbf{1}\mathbf{1}^T$ 的范数，从而将问题表述为 SDP

$$\begin{array}{ll} \text{minimize} & t \\ \text{subject to} & -tI \preceq P - (1/n)\mathbf{1}\mathbf{1}^T \preceq tI \\ & P\mathbf{1} = \mathbf{1} \\ & P_{ij} \geqslant 0, \quad i, j = 1, \cdots, n \\ & P_{ij} = 0 \text{ 对于 } (i, j) \notin \mathcal{E}. \end{array} \tag{4.55}$$

4.7 向量优化

4.7.1 广义和凸的向量优化问题

在 §4.6 中，我们扩展标准形式问题 (4.1) 使其包含了向量约束函数。本节研究向量**目标函数**的意义。我们将广义**向量优化问题**记为

$$\begin{array}{lll} \text{minimize (关于 } K) & f_0(x) & \\ \text{subject to} & f_i(x) \leqslant 0, & i = 1, \cdots, m \\ & h_i(x) = 0, & i = 1, \cdots, p. \end{array} \tag{4.56}$$

这里 $x \in \mathbf{R}^n$ 为优化变量，$K \subseteq \mathbf{R}^q$ 为正常锥，$f_0 : \mathbf{R}^n \to \mathbf{R}^q$ 为目标函数，$f_i : \mathbf{R}^n \to \mathbf{R}$ 为不等式约束函数，$h_i : \mathbf{R}^n \to \mathbf{R}$ 为等式约束函数。这个问题与标准优化问题 (4.1) 的唯一区别在于此处的目标函数在 $\mathbf{R}^q$ 中取值，并且问题说明中含有用来比较目标值的正常锥 K。在讨论向量优化的内容中，标准优化问题 (4.1) 有时也称为**标量优化问题**。

我们称向量优化问题 (4.56) 为**凸向量优化问题**，如果其目标函数 f_0 是 K-凸的，不等式约束函数 $f_1, \cdots, f_m$ 是凸的并且等式约束函数 $h_1, \cdots, h_p$ 是仿射的。（如同标量的情况一样，我们常将等式约束表示为 $Ax = b$，其中 $A \in \mathbf{R}^{p \times n}$。）

对于向量优化问题 (4.56)，我们可以赋予什么样的含义呢？设 x 和 y 是两个可行点（即它们满足约束）。相应的目标值 $f_0(x)$ 和 $f_0(y)$ 可用广义不等式 $\preceq_K$ 进行比较。我们将 $f_0(x) \preceq_K f_0(y)$ 解释为 x 比 y "更好或相等"（在 K 的意义下，以目标函数 f_0 进行比较）。向量优化令人困惑之处在于两个目标函数值 $f_0(x)$ 和 $f_0(y)$ 不一定可以比较；我们可以既没有 $f_0(x) \preceq_K f_0(y)$，也没有 $f_0(y) \preceq_K f_0(x)$，即没有一个比另一个好。而这在标量目标优化问题中不可能发生。

4.7.2 最优解与值

我们首先考虑一个特殊情况，在这里，向量优化问题的意义是明确的。考虑可行点的目标值的集合

$$\mathcal{O} = \{f_0(x) \mid \exists x \in \mathcal{D},\ f_i(x) \leqslant 0,\ i = 1, \cdots, m,\ h_i(x) = 0,\ i = 1, \cdots, p\} \subseteq \mathbf{R}^q,$$

称为**可达目标值**集合。如果这个集合有最小元（参见 §2.4.2），即有可行解 x 使得对于所有可行的 y 都有 $f_0(x) \preceq_K f_0(y)$，那么我们称 x 对于问题 (4.56) 是**最优**的，并且称 $f_0(x)$ 为该问题的**最优值**。（当向量优化问题有最优值时，该值唯一。）如果 $x^\star$ 是最优解，那么在 $x^\star$ 处的目标值 $f_0(x^\star)$ 可以与可行集内任意一点的目标值相比较，并且比它们好或相等。粗略地，$x^\star$ 是可行集中 x 的明确的最好选择。

点 $x^\star$ 是最优的，当且仅当它是可行的并且

$$\mathcal{O} \subseteq f_0(x^\star) + K \tag{4.57}$$

（参见 §2.4.2）。集合 $f_0(x^\star) + K$ 可以解释为比 $f_0(x^\star)$ 差或相等的值的集合，条件 (4.57) 表述了每一个可达的值都落在这个集合中。这可用图4.7表示。大部分向量优化问题不含有最优解和最优值，但确实会在某些特殊情况下发生。

例 4.9 最优线性无偏估计。 设 $y = Ax + v$，其中 $v \in \mathbf{R}^m$ 为测量误差，$y \in \mathbf{R}^m$ 为观测向量，$x \in \mathbf{R}^n$ 为给定观测值 y 时的估计向量。我们假设 A 的秩为 n，并且测量误差满足 $\mathbf{E}\, v = 0$ 及 $\mathbf{E}\, vv^T = I$，即分量零均值且不相关。

x 的**线性估计**具有 $\widehat{x} = Fy$ 的形式。估计称为**无偏的**，如果对于所有的 x，我们有 $\mathbf{E}\, \widehat{x} = x$，即如果 $FA = I$。无偏估计的误差方差为

$$\mathbf{E}(\widehat{x} - x)(\widehat{x} - x)^T = \mathbf{E}\, Fvv^T F^T = FF^T.$$

我们的目标是寻找具有"小的"误差方差矩阵的无偏估计。我们可以用矩阵不等式，即关于 $\mathbf{S}_+^n$ 的不等式，比较误差方差。它具有下面的解释：设 $\widehat{x}_1 = F_1 y$，$\widehat{x}_2 = F_2 y$ 为两个无偏

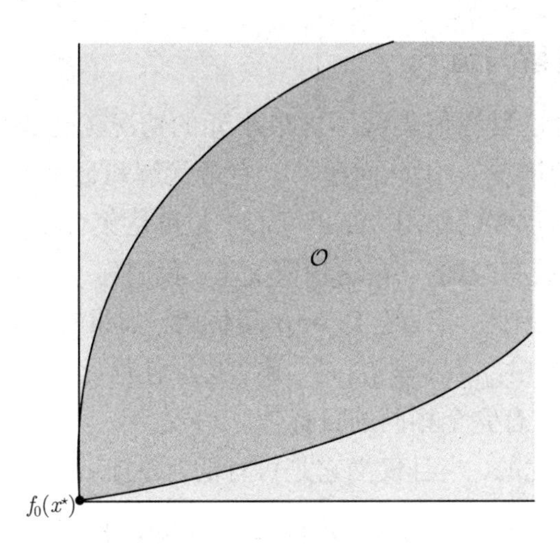

图4.7 阴影显示了目标值在 $\mathbf{R}^2$ 上的向量优化问题的可达目标值集合 $\mathcal{O}$，其中锥为 $K=\mathbf{R}_+^2$。在这个例子中，标有 $f_0(x^\star)$ 的点为问题的最优值，$x^\star$ 为一个最优解。目标值 $f_0(x^\star)$ 与其他任意可达值 $f_0(y)$ 均可比，并且比 $f_0(y)$ 好或者相等。(这里的"好或相等"表示"在其下、其左"。) 浅色的阴影区域为 $f_0(x^\star)+K$，它是所有 $z\in\mathbf{R}^2$ 的集合，对应目标值比 $f_0(x^\star)$ 差（或相等）。

估计。那么第一个估计至少与第二个一样好，即 $F_1F_1^T \preceq F_2F_2^T$，的充要条件是，对于所有的$c$，

$$\mathbf{E}(c^T\widehat{x}_1-c^Tx)^2 \leqslant \mathbf{E}(c^T\widehat{x}_2-c^Tx)^2.$$

换言之，对于 x 的任意线性函数，估计 F_1 可以得到至少与 F_2 一样好的估计量。

我们可以将寻找 x 的无偏估计的问题表示为向量优化问题

$$\begin{array}{ll}\text{minimize (关于 } \mathbf{S}_+^n) & FF^T \\ \text{subject to} & FA=I,\end{array} \tag{4.58}$$

其变量为 $F\in\mathbf{R}^{n\times m}$。目标函数 FF^T 关于 $\mathbf{S}_+^n$ 是凸的，因此问题 (4.58) 是一个凸向量优化问题。一个简单的判断方法是观察到 $v^TFF^Tv=\|F^Tv\|_2^2$ 对于任意固定的 v 是 F 的凸函数。

问题 (4.58) 有一个著名的结论：它有最优解，这个最优解就是最小二乘估计，或伪逆

$$F^\star=A^\dagger=(A^TA)^{-1}A^T.$$

对于任意满足 $FA=I$ 的 F，我们有 $FF^T\succeq F^\star F^{\star T}$。矩阵

$$F^\star F^{\star T}=A^\dagger A^{\dagger T}=(A^TA)^{-1}$$

是问题 (4.58) 的最优值。

4.7.3 Pareto 最优解与值

现在，我们考虑可达目标值集合不含最小元的情况（这是在大部分我们感兴趣的向量优化问题中发生的情况），因此问题不含有最优解和最优值。在这种情况下，可达值集合的**极小元**发挥了重要的作用。如果 $f_0(x)$ 是可达集合 $\mathcal{O}$ 的极小元，我们称可行解 x 为 **Pareto最优**（或**有效的**）。在这种情况下，我们称 $f_0(x)$ 为向量优化问题 (4.56) 的一个**Pareto最优值**。因此，点x是 Pareto 最优的，如果它是可行的并且对于任意 y，由 $f_0(y) \preceq_K f_0(x)$ 可得出 $f_0(y) = f_0(x)$。换言之，任何比 x 好或相等的可行解 y（即 $f_0(y) \preceq_K f_0(x)$）均与 x 有完全相同的目标值。

点 x 是 Pareto 最优的，当且仅当它是可行的，并且

$$(f_0(x) - K) \cap \mathcal{O} = \{f_0(x)\} \tag{4.59}$$

（参见 §2.4.2）。集合 $f_0(x) - K$ 可以解释为比 $f_0(x)$ 好或相等的值的集合，因此条件 (4.59) 表述了唯一比 $f_0(x)$ 好或相等的可达值就是 $f_0(x)$ 本身。这可由图4.8说明。

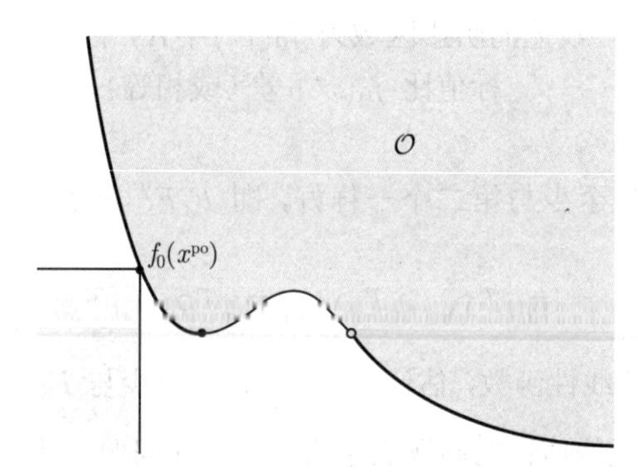

图4.8 阴影显示了目标值在 $\mathbf{R}^2$ 上的向量优化问题的可达目标值集合 $\mathcal{O}$，其中锥为 $K = \mathbf{R}^2_+$。这个问题不含有最优解或值，但确实有 Pareto 最优解集，$\mathcal{O}$ 的左下边界上深色的曲线显示了 Pareto 最优解集的对应值。标有 $f_0(x^{\rm po})$ 的点是一个 Pareto 最优值，$x^{\rm po}$是一个 Pareto 最优解。浅色阴影区域是 $f_0(x^{\rm po}) - K$，即所有对应值比 $f_0(x^{\rm po})$ 好（或相等）的 $z \in \mathbf{R}^2$。

一个向量优化问题可以有很多 Pareto 最优值（和解）。Pareto 最优值的集合记为 $\mathcal{P}$，它满足

$$\mathcal{P} \subseteq \mathcal{O} \cap \mathbf{bd}\,\mathcal{O},$$

即每一个 Pareto 最优值都是位于可达目标值集合边界上的可达目标值（参见习题 4.52）。

4.7.4 标量化

标量化是寻找向量问题 Pareto 最优（或最优）解的标准技术，这基于 §2.6.3 给出的对偶广义不等式的极小和最小点的特征。选择任意 $\lambda \succ_{K^*} 0$，即任意在对偶广义不等式中为正的向量，考虑**标量**优化问题

$$\begin{array}{ll} \text{minimize} & \lambda^T f_0(x) \\ \text{subject to} & f_i(x) \leqslant 0, \quad i=1,\cdots,m \\ & h_i(x)=0, \quad i=1,\cdots,p, \end{array} \tag{4.60}$$

并令 x 为最优解。那么，x 对于向量优化问题 (4.56) 是 Pareto 最优的。这从 §2.6.3 给出的极小元的对偶不等式性质可以得出，这一点也容易直接看出。如果 x 不是 Pareto 最优的，那么存在可行的 y 满足 $f_0(y) \preceq_K f_0(x)$ 和 $f_0(x) \neq f_0(y)$。因为 $f_0(x)-f_0(y) \succeq_K 0$ 并且非零，我们有 $\lambda^T(f_0(x)-f_0(y))>0$，即 $\lambda^T f_0(x) > \lambda^T f_0(y)$。这与假设 x 是标量问题 (4.60) 的最优解相矛盾。

利用标量化，我们可以通过求解普通的标量优化问题 (4.60)，寻找**任意**向量优化问题的 Pareto 最优解。向量 λ，有时也称为**权向量**，必须满足 $\lambda \succ_{K^*} 0$。权向量是一个自由参数；通过改变它，我们（有可能）得到向量优化问题 (4.56) 的不同的 Pareto 最优解。这由图4.9 说明。这个图也给出了例子，显示了某些 Pareto 最优点不能由任何权向量 $\lambda \succ_{K^*} 0$ 的标量化得到。

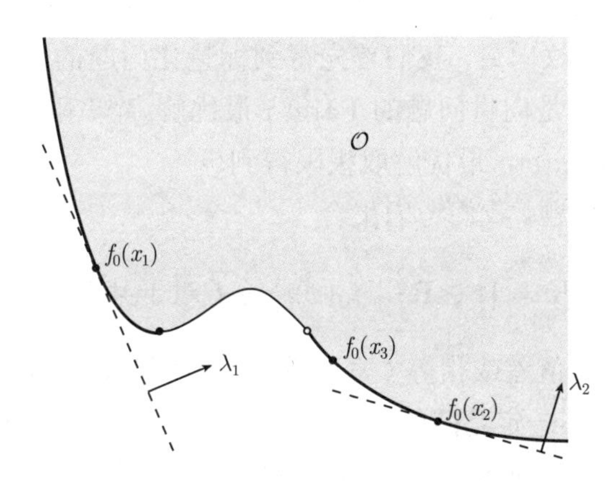

图4.9 **标量化**。$\mathcal{O}$ 为与锥 $K=\mathbf{R}^2_+$ 相应的向量优化函数的可达值集合。图中显示了三个 Pareto 最优值 $f_0(x_1)$，$f_0(x_2)$，$f_0(x_3)$。前两个值可以通过标量化达到：$f_0(x_1)$ 在所有 $u \in \mathcal{O}$ 上极小化了 $\lambda_1^T u$，$f_0(x_2)$ 极小化了 $\lambda_2^T u$，其中 $\lambda_1, \lambda_2 \succ 0$。值$f_0(x_3)$是Pareto最优的, 但不能通过标量化找到。

可以从几何角度解释标量化方法。点 x 是标量化的问题的最优解，即在可行集上极小化了 $\lambda^T f_0$，当且仅当对于所有可行的 y 有 $\lambda^T(f_0(y)-f_0(x)) \geqslant 0$。而这也相当于说 $\{u \mid -\lambda^T(u-f_0(x))=0\}$ 是可达目标值集合 $\mathcal{O}$ 在 $f_0(x)$ 点的支撑超平面；特别地，

$$\{u \mid \lambda^T(u-f_0(x))<0\} \cap \mathcal{O} = \emptyset. \tag{4.61}$$

（参见图4.9）因此，一旦找到标量化问题的一个最优解，我们不仅找到了原向量优化问题的一个 Pareto 最优解，而且也由 (4.61) 得到了 $\mathbf{R}^q$ 上一个完整的目标值不可达的半空间。

凸向量优化问题的标量化

现在设向量优化问题 (4.56) 是凸的。那么标量化的问题 (4.60) 也是凸的，因为 $\lambda^T f_0$ 是（标量值）凸函数（由 §3.6 中的结果可知）。这意味着我们可以通过求解凸标量优化问题找到凸向量优化问题的 Pareto 最优解。对于权向量 $\lambda \succ_{K^*} 0$ 的每个选择，我们都可以得到（通常是不同的）Pareto 最优解。

对于凸向量优化问题，我们有一个部分逆命题：对于每一个 Pareto 最优解 x^{po}，有非零 $\lambda \succeq_{K^*} 0$ 使得 x^{po} 是标量化问题 (4.60) 的解。因此，粗略地，对于凸优化问题，当权向量 λ 遍历 K^*-非负的非零向量，标量化方法可以得到所有 Pareto 最优解。这里，我们必须注意，这并**不**是说对于 $\lambda \succeq_{K^*} 0$ 和 $\lambda \neq 0$ 的标量化问题的每一个解都是向量问题的 Pareto 最优解。（相对地，**每个** $\lambda \succ_{K^*} 0$ 的标量化问题的解都是 Pareto 最优的。）

在某些情况下，我们可以利用这个部分逆定理来寻找凸向量优化问题的**所有** Pareto 最优解。$\lambda \succ_{K^*} 0$ 的标量化给出了 Pareto 最优解的一个集合（对于非凸的向量优化问题也一样）。为找到其他 Pareto 最优解，我们需要考虑满足 $\lambda \succeq_{K^*} 0$ 的非零权向量 λ。对于每个这样的权向量，我们首先得到标量化问题的所有解。在这些解中，我们必须判定它们是否确实是向量问题的 Pareto 最优解。"极限" Pareto 解也可以通过对由正的权向量求得的 Pareto 最优解取极限得到。

为得到这个部分逆命题，我们考虑集合

$$\mathcal{A} = \mathcal{O} + K = \{t \in \mathbf{R}^q \mid f_0(x) \preceq_K t \text{ 对于某些可行的 } x\}, \tag{4.62}$$

它由所有比一些可达目标值差或相等（关于 $\preceq_K$）的值组成。当问题凸时，集合 $\mathcal{A}$ 是凸集，而可达目标集合 $\mathcal{O}$ 不一定是凸的。并且，$\mathcal{A}$ 的极小元与可达值集合 $\mathcal{O}$ 的极小元完全相同，即它们都是 Pareto 最优值。（参见习题 4.53。）现在，利用 §2.6.3 的结果，我们可知 $\mathcal{A}$ 的任意极小元都在 $\mathcal{A}$ 上对某些 $\lambda \succeq_{K^*} 0$ 极小化了 $\lambda^T z$。这意味着，向量优化问题的每个 Pareto 最优解对于某些非零向量 $\lambda \succeq_{K^*} 0$ 的标量化问题都是最优的。

例 4.10　矩阵集合的极小上界。 我们考虑关于半正定锥的（凸）向量优化问题，

$$\begin{array}{ll} \text{minimize (关于 } \mathbf{S}_+^n) & X \\ \text{subject to} & X \succeq A_i, \quad i = 1, \cdots, m, \end{array} \tag{4.63}$$

其中，$A_i \in \mathbf{S}^n$，$i = 1, \cdots, m$ 给定。约束表示 X 是给定矩阵 $A_1, \cdots, A_m$ 的上界；问题(4.63) 的 Pareto 最优解是这些集合的**极小上界**。

为找到 Pareto 最优解，我们使用标量化：选择任意 $W \in \mathbf{S}_{++}^n$ 并构造问题

$$\begin{array}{ll} \text{minimize} & \mathbf{tr}(WX) \\ \text{subject to} & X \succeq A_i, \quad i = 1, \cdots, m, \end{array} \tag{4.64}$$

这是一个 SDP。一般地，W 的不同选择会给出不同的极小解。

部分逆命题告诉我们，如果 X 对于向量问题 (4.63) 是 Pareto 最优的，那么对于某个非零权矩阵 $W \succeq 0$，它是 (4.64) 的最优解。(但是，在这种情况下，不是说 (4.64) 的每个解都是向量优化问题的 Pareto 最优解。)

我们可以给出此问题一个简单的几何解释。我们将每一个 $A \in \mathbf{S}_{++}^n$ 与一个中心在原点的椭圆相关联，椭圆由

$$\mathcal{E}_A = \{u \mid u^T A^{-1} u \leqslant 1\}$$

给出，所以 $A \preceq B$ 当且仅当 $\mathcal{E}_A \subseteq \mathcal{E}_B$。问题 (4.63) 的 Pareto 最优解 X 对应于包含所有与 $A_1, \cdots, A_m$ 相关联的椭圆的极小椭圆。图4.10显示了这样的一个例子。

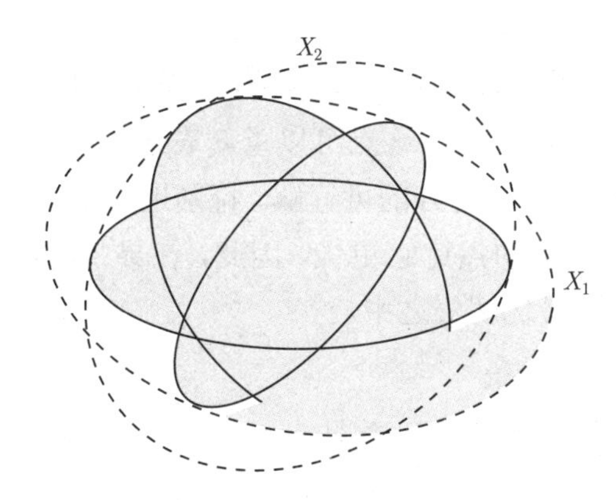

图4.10 问题 (4.63) 的几何解释。三个阴影椭圆对应于数据 A_1，A_2，$A_3 \in \mathbf{S}_{++}^2$；Pareto 最优解对应于包含它们的极小椭圆。边界上标有 X_1 和 X_2 的两个椭圆表示对于不同的权矩阵 W_1 和 W_2，求解 (4.64) 得到的两个极小椭圆。

4.7.5 多准则优化

当向量优化函数关于锥 $K = \mathbf{R}_+^q$ 时，它称为**多准则**或**多目标**优化问题。f_0 的分量，即 $F_1, \cdots, F_q$，可以解释为 q 个不同的标量目标，每一个都希望被极小化。我们称 F_i 为问题的**第 i 个目标**。多准则优化问题是凸的，如果 $f_1, \cdots, f_m$ 是凸的，$h_1, \cdots, h_p$ 是仿射的，并且 $F_1, \cdots, F_q$ 是凸的。

因为多准则优化问题是向量优化问题，§4.7.1–§4.7.4 中所有的结论都适用。尽管如此，对于多准则优化问题的解释，我们可以更加具体一些。如果 x 可行，我们将 $F_i(x)$ 视为根据第 i 个目标的得分或价值。如果 x 和 y 都可行，$F_i(x) \leqslant F_i(y)$ 意味着在第 i 个目标上 x 至少与 y 一样好。如果 x 和 y 都可行，对于 $i = 1, \cdots, q$ 都有 $F_i(x) \leqslant F_i(y)$，并且对于至少一个 j，有 $F_j(x) < F_j(y)$，我们称 x 比 y **更优**，或 x **支配** y。粗略地，如果 x 在所有目标上能够与 y 比拟或击败 y，并且在至少一个目标上击败 y，就称 x 比 y 更优。

在多准则问题中，最优解 $x^\star$ 满足：对于可行的 y 都有

$$F_i(x^\star) \leqslant F_i(y), \quad i=1,\cdots,q,$$

换言之，$x^\star$ 同时是下述所有 $j=1,\cdots,q$ 标量优化问题的最优解，

$$\begin{array}{ll} \text{minimize} & F_j(x) \\ \text{subject to} & f_i(x) \leqslant 0, \quad i=1,\cdots,m \\ & h_i(x)=0, \quad i=1,\cdots,p. \end{array}$$

当最优解存在时，我们称目标是**非竞争**的，因为不需要在目标间做出折中；每个目标函数都能达到忽略其他约束时的最小值。

Pareto 最优解 x^{po} 满足：如果 y 可行，并且对于 $i=1,\cdots,q$ 有 $F_i(y) \leqslant F_i(x^{\mathrm{po}})$，那么 $F_i(x^{\mathrm{po}})=F_i(y)$，$i=1,\cdots,q$。这点可以重新表述为：一个解是 Pareto 最优的当且仅当它是可行的并且没有比它更好的可行解。特别地，如果可行解不是 Pareto 最优的，那么，存在至少一个其他的点比它更优。因此，在寻找好的解的过程中，我们显然可以将搜索限制于 Pareto 最优解集之中。

权衡分析

现在设 x 和 y 是 Pareto 最优解，并且

$$\begin{array}{ll} F_i(x) < F_i(y), & i \in A \\ F_i(x) = F_i(y), & i \in B \\ F_i(x) > F_i(y), & i \in C, \end{array}$$

其中 $A \cup B \cup C = \{1,\cdots,q\}$。换言之，$A$ 是 x 胜过 y 的目标（的索引）的集合；B 是点 x 和 y 相等的目标的集合；C 是 y 胜过 x 的目标的集合。如果 A 和 C 是空集，那么两个点 x 和 y 有完全一样的目标值。如果不是这种情况，那么 A 和 C 必须都非空。换言之，当比较两个 Pareto 最优点时，它们或者有完全一样的表现（即所有目标值都相等），或者至少在一个目标上胜过另一个。

当将 x 与 y 相比较时，我们说我们在更好的 $i \in A$ 的目标值和较差的 $i \in C$ 的目标值之间进行了**交易或权衡**。**最优权衡分析**（或简称为权衡分析）是研究我们需要在一个或多个目标上牺牲多少以取得其他目标的改进，或者更一般地，研究什么样的目标值集合是可达的。

作为一个例子，考虑双准则（即有两个准则的）问题。设 x 是一个 Pareto 最优解，其目标为 $F_1(x)$ 和 $F_2(x)$。我们会问 $F_2(z)$ 需要变大多少，才能得到可行的 z，使得 $F_1(z) \leqslant F_1(x)-a$，其中 $a>0$ 为常数。粗略地，我们会问为获得第一个目标提高 a，我们必须在第二个目标上付出多少代价。如果必须接受 F_2 上的大的增长才能实现 F_1 上

的小量减少，我们称目标之间在 Pareto 最优值 $(F_1(x), F_2(x))$ 附近，存在**强权衡**。另一方面，如果 F_1 上大的减少仅通过 F_2 上较小的增长就可以实现，我们称（在 Pareto 最优值 $(F_1(x), F_2(x))$ 附近）目标间的权衡是较**弱**。

我们也可以考虑用第一个目标上更差的表现来得到第二个目标改善的情况。这里，我们寻找 $F_2(z)$ 可以减少多少，以得到可行的 z，使得 $F_1(z) \leqslant F_1(x) + a$，其中 $a > 0$ 为常数。在这种情况下，我们在第二个目标上获得了利益，即 F_2 相对 $F_2(x)$ 有减少。如果这种收益大（即通过 F_1 上小的增加，我们可以获得 F_2 上大的减少），我们称目标显示了强权衡性。如果收益小，我们称（在 Pareto 最优值 $(F_1(x), F_2(x))$ 附近）目标弱权衡。

最优权衡曲面

多准则问题的 Pareto 最优值集合称为**最优权衡曲面**（一般地，当 $q > 2$ 时）或者**最优权衡曲线**（当 $q = 2$）。（因为接受任何非 Pareto 最优的解都是愚蠢的，我们的权衡分析将集中精力于 Pareto 最优点。）权衡分析有时又称作**搜索最优权衡曲面**。（最优权衡曲面通常是，但不总是，平常意义下的曲面。例如，如果问题有一个最优解，最优权衡表面由一个点，即最优值组成。）

容易解释最优权衡曲线。第177 页上的图4.11显示了（凸）双准则问题的一个例子。从曲线中我们可以容易想到和理解两个目标间的权衡。

- 右边的端点显示了完全不考虑 F_1 的 F_2 的最小可能值。
- 左边的端点显示了完全不考虑 F_2 的 F_1 的最小可能值。
- 通过寻找曲线与 $F_1 = \alpha$ 处的垂线的交点，我们可以看出 F_2 需要多大以达到 $F_1 \leqslant \alpha$。
- 通过寻找曲线与 $F_2 = \beta$ 处的水平线的交点，我们可以看出 F_1 需要多大以达到 $F_2 \leqslant \beta$。
- 曲线上一点（即 Pareto 最优值）处最优权衡曲线的斜率显示了两个目标间的**局部**最优权衡。在斜率陡峭处，F_1 上小的改变伴随着 F_2 的大的改变。
- 曲率大的点表明一个目标上小的减少只有通过另一个大的增加才能达到。这是众所周知的**权衡曲线的拐点**，在很多应用中，它都表示了一个好的折中解。

尽管高于三维的曲面的可视化很困难，以上这些结果在权衡曲面上都有简单的推广。

标量化多准则问题

当我们通过下面的加权和目标来标量化多准则问题时，

$$\lambda^T f_0(x) = \sum_{i=1}^{q} \lambda_i F_i(x),$$

其中 $\lambda \succ 0$，可以将 λ_i 解释为我们添加给第 i 个目标上的**权**。权 λ_i 可视为对于使得 F_i 变小的愿望（或者对于较大的 F_i 的厌恶）的定量化。特别地，如果希望 F_i 小，我们应当对 λ_i 取大值；如果我们不太关心 F_i，可以取 λ_i 为小值。我们可以将比例 λ_i/λ_j 理解为第 i 个目标相对于第 j 个目标的**相对权**或相对重要性。或者，我们可以将 λ_i/λ_j 视为两个目标间的**转换比率**，因为在目标的加权和中，（比如）F_j 上减少 α 可等同地视为 F_i 上的增加量为 $(\lambda_i/\lambda_j)\alpha$。

这些解释给出了直观的印象，告诉我们在最优权衡曲面上搜索时，如何设置或改变权。例如，设权向量 $\lambda \succ 0$ 得到 Pareto 最优解 $x^{\rm po}$，其目标值为 $F_1(x^{\rm po}),\cdots,F_q(x^{\rm po})$。为了找到一个（可能的）新的 Pareto 最优值，它可以获得更好的（例如）第 k 个目标值，这是通过其他目标值（可能的）恶化达到的，我们构造新的权向量，满足

$$\tilde{\lambda}_k > \lambda_k, \qquad \tilde{\lambda}_j = \lambda_j, \quad j \neq k, \quad j = 1,\cdots,q,$$

即我们增加第 k 个目标上的权值。得到一个新的 Pareto 最优解 $\tilde{x}^{\rm po}$ 使得 $F_k(\tilde{x}^{\rm po}) \leqslant F_k(x^{\rm po})$（并且通常 $F_k(\tilde{x}^{\rm po}) < F_k(x^{\rm po})$），即新的 Pareto 最优解在第 k 个目标有所提高。

我们也可以看出在最优权衡曲面上光滑部分的任意一点，λ 给出了相应 Pareto 最优解处的曲面的向内法向量。特别地，当我们选择一个权向量 λ 进行标量化时，可以得到一个 Pareto 最优解，而 λ 给出了目标间的局部权衡。

在实践中，可以基于上述直观的想法特定地调整权值，从而搜索最优权衡曲面。稍后（在第 5 章）我们将看到标量化的基本想法，即极小化加权和目标并调整权值以获得合适的解，的对偶实质。

4.7.6　例子

正则化最小二乘

给定 $A \in \mathbf{R}^{m\times n}$和$b \in \mathbf{R}^m$，我们希望在考虑以下两个二次目标的情况下寻找 $x \in \mathbf{R}^n$。

- $F_1(x) = \|Ax-b\|_2^2 = x^TA^TAx - 2b^TAx + b^Tb$ 是 Ax 和 b 间不匹配的一种度量，
- $F_2(x) = \|x\|_2^2 = x^Tx$ 为 x 规模的度量。

我们的目标是找到 x 以给出好的逼近（即小的 F_1）并且不太大（即小的 F_2）。我们可以将这个问题写成关于锥 $\mathbf{R}_+^2$ 的向量优化问题，即（无约束的）双准则问题：

$$\text{minimize (关于 } \mathbf{R}_+^2) \quad f_0(x) = (F_1(x), F_2(x)).$$

通过选择 $\lambda_1 > 0$ 和 $\lambda_2 > 0$，我们可以将这个问题标量化，然后极小化标量的加权和目标

$$\lambda^T f_0(x) = \lambda_1 F_1(x) + \lambda_2 F_2(x)$$

$$= x^T(\lambda_1 A^T A + \lambda_2 I)x - 2\lambda_1 b^T A x + \lambda_1 b^T b,$$

从而得到

$$x(\mu) = (\lambda_1 A^T A + \lambda_2 I)^{-1}\lambda_1 A^T b = (A^T A + \mu I)^{-1} A^T b,$$

其中 $\mu = \lambda_2/\lambda_1$。对于任意 $\mu > 0$，这个点对于双准则问题都是 Pareto 最优的。我们可以将 $\mu = \lambda_2/\lambda_1$ 理解为我们赋予的 F_2 相对于 F_1 的权。

这个方法可以得到所有 Pareto 最优解，除了对应于极限 $\mu \to \infty$ 和 $\mu \to 0$ 的两个值。在第一种情况下，我们有 Pareto 最优解 $x = 0$，它可以通过用 $\lambda = (0, 1)$ 进行标量化得到。在另一种极端情况下，我们有 Pareto 最优解 $A^\dagger b$，这里 $A^\dagger$ 为 A 的伪逆。这一 Pareto 最优解可以由标量化问题 $\mu \to 0$，即 $\lambda \to (1, 0)$ 的极限得到。(我们将在 §6.3.2 再次遇到正则化最小二乘问题。)

图4.11显示了问题数据 $A \in \mathbf{R}^{100\times10}$，$b \in \mathbf{R}^{100}$ 的正则化最小二乘问题的最优权衡曲线和可达值集合。(更多的讨论参见习题 4.50。)

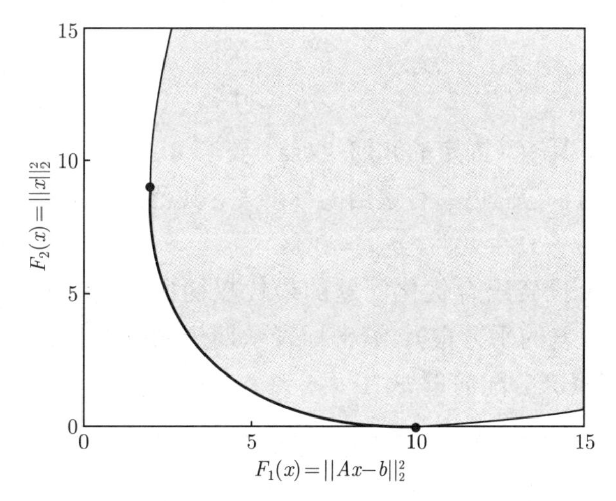

图4.11 规范化最小二乘问题的最优权衡曲线。阴影集合是可达值集合 $(\|Ax-b\|_2^2, \|x\|_2^2)$。深色显示的最优权衡曲线是边界的左下部分。

投资组合优化中风险-回报的权衡

第 148 页描述的经典 Markowitz 投资组合优化问题可以自然地表述为一个双准则问题，其目标为负的平均收益（因为我们希望最大化平均收益）和收益的方差：

$$\begin{array}{ll} \text{minimize (关于 } \mathbf{R}_+^2) & (F_1(x), F_2(x)) = (-\overline{p}^T x, x^T \Sigma x) \\ \text{subject to} & \mathbf{1}^T x = 1, \quad x \succeq 0. \end{array}$$

在构建相应的标量化问题时，我们可以（不失一般性地）取 $\lambda_1 = 1$ 和 $\lambda_2 = \mu > 0$：

$$\begin{array}{ll} \text{minimize} & -\overline{p}^T x + \mu x^T \Sigma x \\ \text{subject to} & \mathbf{1}^T x = 1, \quad x \succeq 0, \end{array}$$

这是一个二次规划。在这个例子中，我们也可以得到所有的 Pareto 最优投资组合，除了对应于 $\mu \to 0$ 和 $\mu \to \infty$ 两个极限情况外。粗略地讲，在第一种情况下，我们得到不考虑收益方差的最大平均收益；在第二种情况下， 我们得到不考虑平均收益的最小收益方差。假设对于 $i \neq k$ 都有 $\overline{p}_k > \overline{p}_i$，即资产 k 是唯一具有最大平均收益的资产， 那么，$x = e_k$ 是唯一对应于 $\mu \to 0$ 的投资组合。(换言之，我们完全关注于具有最大平均收益的资产。) 在很多投资组合问题中， 资产 n 对应于一个**无风险**投资，具有（确定的）收益 r_{rf}。假设 Σ 在去掉最后一行和列（均为零）后是满秩的，那么，另一个极端 Pareto 最优投资是 $x = e_n$，即投资完全关注于无风险资产。

作为特定的例子，我们考虑一个简单的具有 4 个资产的投资组合优化问题，其价格变动的平均值和标准差由下面的表格给出。

资产	$\overline{p}_i$	$\Sigma_{ii}^{1/2}$
1	12%	20%
2	10%	10%
3	7%	5%
4	3%	0%

资产 4 是无风险资产，具有（固定的）3% 收益。资产 3、2、1 具有递增的平均收益，范围为 7% 至 12%；同时，它们也具有递增的标准差，其范围为 5% 至 20%。资产间的相关系数为 $\rho_{12} = 30\%$，$\rho_{13} = -40\%$，$\rho_{23} = 0\%$。

图4.12显示了这个投资组合优化问题的最优权衡曲线。图由常规方式给出：横坐标表示标准差（即，方差的平方根），纵坐标表示期望的收益。下面一幅图显示了各个 Pareto 最优点的最优资产分配向量 x。

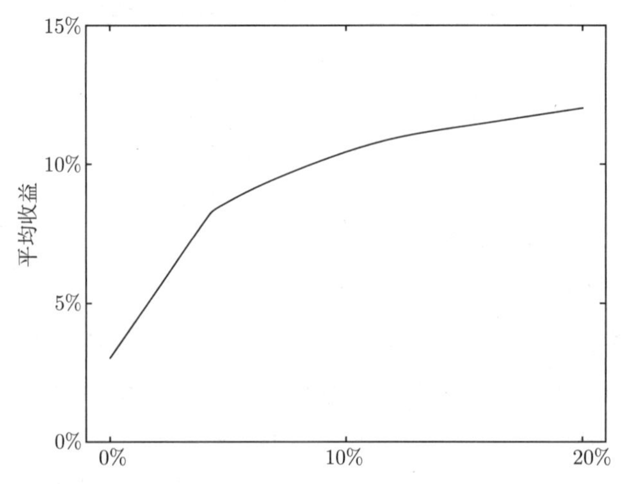

图4.12　**顶端**。一个简单的投资优化问题的最优风险-收益权衡曲线。左端点对应将所有资源投入无风险资产，因此具有零标准差。 右端点对应将所有资产投入具有最高平均收益的资产 1。**底部**.相应的最优分配。

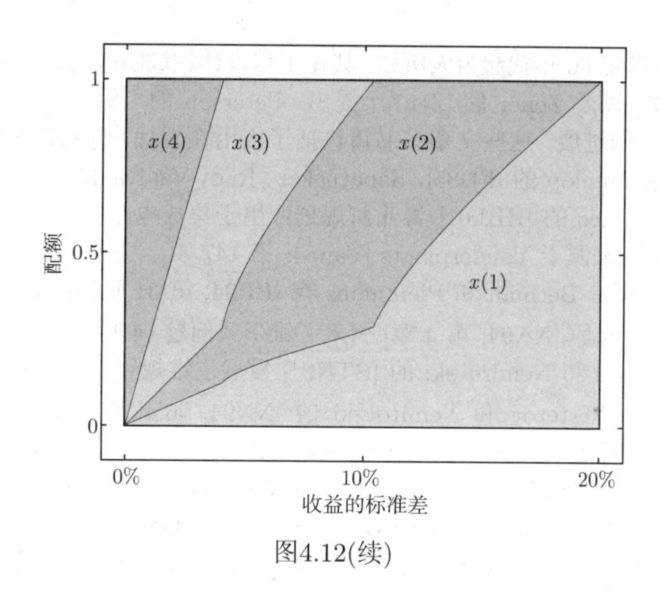

图4.12(续)

这个简单例子的结果与我们的直观相一致。对于小的风险，最优分配主要由无风险资产组成，混有较少其他数量的资产。注意资产 3 和资产 1，它们负相关，这给出了对冲方法，即在给定的平均收益水平上降低了方差。在权衡曲线的另一端，我们可以看到，积极追求增长（即具有较大平均收益）的投资关注于资产 1 和 2，它们具有最大的收益（和方差）。

参考文献

自 20 世纪 40 年代以来，线性规划已被广泛地研究，并且是很多极好的书的主题，包括 Dantzig 的 [Dan63]，Luenberger 的[Lue84]，Schrijver 的 [Sch86]，Papadimitriou 和 Steiglitz 的 [PS98]，Bertsimas 和 Tsitsiklis 的 [BT97]，Vanderbei 的 [Van96] 以及 Roos、Terlaky 和 Vial 的 [RTV97]。Dantzig 和 Schrijver 也给出了线性规划的详细讨论。最近的综述参见 Todd 的 [Tod02]。

Schaible [Sch82, Sch83] 给出了分式规划的概述，其中包含了线性分式问题及其扩展，例如凸-凹分式问题（参见习题 4.7）。例 4.7 中的经济增长模型出现在 von Neumann 的文献 [vN46] 中。

关于二次规划问题的研究开始于 20 世纪 50 年代（例如，Frank 和 Wolfe 的 [FW56]，Markowitz 的 [Mar56]，Hildreth 的 [Hil57]）。其研究的动机是第 148 页讨论的投资组合优化问题（Markowitz 的 [Mar52]）和第 147 页讨论的随机损失的线性规划问题（参见 Freund 的 [Fre56]）。

对于二阶锥规划的兴趣要晚一些，是从 Nesterov 和 Nemirovski 的 [NN94, §6.2.3] 才开始的。关于 SOCPs 理论和应用的综述由 Alizadeh 和 Goldfarb 的 [AG03]，Ben-Tal 和 Nemirovski 的 [BTN01, 第 3 讲]（在那里，问题称为**锥二次规划**），以及 Lobo、 Vandenberghe、 Boyd 和 Lebret 的 [LVBL98] 给出。

鲁棒线性规划和广义的鲁棒凸规划，由 Ben-Tal 和 Nemirovski 的 [BTN98, BTN99] 以及 El Ghaoui 和 Lebret 的 [EL97] 提出。Goldfarb 和 Iyengar 的 [GI03a, GI03b] 讨论了鲁棒 QCQPs 及其在投资优化中的应用。El Ghaoui、Oustry 和 Lebret 的 [EOL98] 则关注于鲁棒半定规划。

几何规划问题自 20 世纪 60 年代起为人所知。其在工程设计领域的应用首先由 Duffin、Peterson 和 Zener 的 [DPZ67] 以及 Zener 的 [Zen71] 提出。Peterson 的 [Pet76] 以及 Ecker 的 [Eck80] 描述了七十年代取得的进展。这些文章和书籍包括了应用在工程，特别是在化学和土木工程中的例子。Fishburn 和 Dunlop 的 [FD85]，Sapatnekar、Rao、Vaidya 和 Kang 的 [SRVK93] 以及 Hershenson、Boyd 和 Lee 的 [HBL01] 将几何规划应用于集成电路的设计问题。关于悬臂梁设计的例子（第 156 页）来源于 Vanderplaats [Van84, 第 147 页]。关于 Perron-Frobenius 特征值的不同性质（第 158 页），Berman 和 Plemmons 在 [BP94, 第 31 页] 中给出了证明。

Nesterov 和 Nemirovski 的 [NN94, 第 4 章] 引入了锥形式问题 (4.49) 作为非线性凸优化的标准问题形式。随后 Ben-Tal 和 Nemirovski 的 [BTN01] 发展了锥规划方法，并给出了许多应用。

Alizadeh [Ali91] 以及 Nesterov 和 Nemirovski 的 [NN94, §6.4] 首次对半定规划进行了系统的研究，并且指出了其在凸优化领域的广泛应用。20 世纪 90 年代半定规划的持续研究受到多方面应用的激励，如组合优化（Goemans 和 Williamson 的 [GW95]），控制（Boyd、El Ghaoui、Feron 和 Balakrishnan 的 [BEFB94]，Scherer、 Gahinet 和 Chilali 的 [SGC97]，Dullerud 和 Paganini 的 [DP00]），通信与信号处理（Luo 的 [Luo03]，Davidson、Luo、Wong 和 Ma 的 [DLW00, MDW$^+$02]）以及其他工程领域。由 Wolkowicz、Saigal 和 Vandenberghe 编著的书 [WSV00] 以及 Todd 的 [Tod01]，Lewis 和 Overton 的 [LO96]，Vandenberghe 和 Boyd 的 [VB95] 等文章提供了综述和扩展的文献。关于 SDP 和矩问题的联系，我们在第 163 页给出了一个简单的例子，而 Bertsimas 和 Sethuraman 的 [BS00]，Nesterov 的 [Nes00] 及 Lasserre 的 [Las02] 对其进行了细致的研究。最速混合 Markov 链问题来自于 Boyd、Diaconis 和 Xiao 的 [BDX04]。

多准则问题和 Pareto 最优性是经济学的基础工具，参见 Pareto 的 [Par71]，Debreu 的 [Deb59] 及 Luenberger 的[Lue95]。例 4.9 的结论被称为 Gauss-Markov 定理而为人所知（Kailath、Sayed 和 Hassibi 的 [KSH00, 第 97 页]）。

习题

基本术语与最优性条件

4.1 考虑优化问题

$$
\begin{array}{ll}
\text{minimize} & f_0(x_1, x_2) \\
\text{subject to} & 2x_1 + x_2 \geqslant 1 \\
& x_1 + 3x_2 \geqslant 1 \\
& x_1 \geqslant 0, \quad x_2 \geqslant 0.
\end{array}
$$

对其可行集进行概述。对下面的每个目标函数，给出最优集和最优值。

(a) $f_0(x_1, x_2) = x_1 + x_2$.

(b) $f_0(x_1, x_2) = -x_1 - x_2$.

(c) $f_0(x_1, x_2) = x_1$.

(d) $f_0(x_1, x_2) = \max\{x_1, x_2\}$.

(e) $f_0(x_1, x_2) = x_1^2 + 9x_2^2$.

4.2 考虑优化问题

$$\text{minimize} \quad f_0(x) = -\sum_{i=1}^{m} \log(b_i - a_i^T x),$$

其定义域为 $\mathbf{dom}\, f_0 = \{x \mid Ax \prec b\}$，其中 $A \in \mathbf{R}^{m\times n}$（其行为 a_i^T）。我们假设 $\mathbf{dom}\, f_0$ 非空。

证明下面的事实（这里包含了第 134 页引用但未证明的结论）。

(a) $\mathbf{dom}\, f_0$ 无界的充要条件是，存在 $v \neq 0$ 满足 $Av \preceq 0$。

(b) f_0 下无界的充要条件是，存在 v 及 $Av \preceq 0$，$Av \neq 0$。**提示：** 存在 v 满足 $Av \preceq 0$，$Av \neq 0$ 的充要条件是，不存在 $z \succ 0$ 使得 $A^T z = 0$。这可由第 45 页例子中的择一定理得到。

(c) 如果 f_0 有下界，那么其极小值可达，即存在 x 满足最优性条件 (4.23)。

(d) 最优集是仿射的：$X_{\rm opt} = \{x^\star + v \mid Av = 0\}$，其中 $x^\star$ 为任意最优解。

4.3 证明 $x^\star = (1, 1/2, -1)$ 是优化问题

$$\begin{array}{ll} \text{minimize} & (1/2)x^T P x + q^T x + r \\ \text{subject to} & -1 \leqslant x_i \leqslant 1, \quad i = 1,2,3 \end{array}$$

的最优解，其中

$$P = \begin{bmatrix} 13 & 12 & -2 \\ 12 & 17 & 6 \\ -2 & 6 & 12 \end{bmatrix}, \qquad q = \begin{bmatrix} -22.0 \\ -14.5 \\ 13.0 \end{bmatrix}, \qquad r = 1.$$

4.4 [P. Parrilo] **对称矩阵与凸优化**。设 $\mathcal{G} = \{Q_1, \cdots, Q_k\} \subseteq \mathbf{R}^{n\times n}$ 为一个群，即在乘积和求逆下封闭。如果对于所有 x 和 $i = 1, \cdots, k$，$f(Q_i x) = f(x)$ 都成立，我们称函数 $f : \mathbf{R}^n \to \mathbf{R}$ 是**$\mathcal{G}$-不变**或**关于 $\mathcal{G}$ 对称**。我们定义 $\overline{x} = (1/k)\sum_{i=1}^{k} Q_i x$，它是 x 在其 $\mathcal{G}$-轨道上的平均值。我们定义 $\mathcal{G}$ 的**不变子空间**为

$$\mathcal{F} = \{x \mid Q_i x = x,\ i = 1, \cdots, k\}.$$

(a) 证明对于任意 $x \in \mathbf{R}^n$，我们有 $\overline{x} \in \mathcal{F}$。

(b) 证明如果 $f : \mathbf{R}^n \to \mathbf{R}$ 是凸且为 $\mathcal{G}$-不变的，那么 $f(\overline{x}) \leqslant f(x)$。

(c) 我们称优化问题

$$\begin{array}{ll} \text{minimize} & f_0(x) \\ \text{subject to} & f_i(x) \leqslant 0, \quad i = 1, \cdots, m \end{array}$$

为 $\mathcal{G}$-不变，如果目标函数 f_0 是 $\mathcal{G}$-不变的，且可行集是 $\mathcal{G}$-不变的，即对于 $i = 1, \cdots, k$ 有

$$f_1(x) \leqslant 0, \cdots, f_m(x) \leqslant 0 \implies f_1(Q_i x) \leqslant 0, \cdots, f_m(Q_i x) \leqslant 0.$$

证明如果问题是凸和 $\mathcal{G}$-不变的，且存在最优点，那么在 $\mathcal{F}$ 中存在最优解。换言之，我们可以不失一般性地向问题添加等式约束 $x \in \mathcal{F}$。

(d) 作为一例子，设 f 是凸并且对称的，即对于每个扰动 P 都有 $f(Px)=f(x)$。证明如果 f 有极小解，那么它有形如 $\alpha\mathbf{1}$ 的极小解。（这意味着为在 $x\in\mathbf{R}^n$ 中极小化 f，我们只在 $t\in\mathbf{R}$ 中极小化 $f(t\mathbf{1})$ 即可。）

4.5 等价凸问题。 说明下列三个凸问题等价。仔细解释每个问题的解如何从其他问题的解得到。问题数据为矩阵 $A\in\mathbf{R}^{m\times n}$（行为 a_i^T），向量 $b\in\mathbf{R}^m$ 和常数 $M>0$。

(a) **鲁棒最小二乘问题**

$$\text{minimize}\quad \sum_{i=1}^{m}\phi(a_i^Tx-b_i),$$

其变量为 $x\in\mathbf{R}^n$，其中 $\phi:\mathbf{R}\to\mathbf{R}$ 定义为

$$\phi(u)=\begin{cases} u^2 & |u|\leqslant M\\ M(2|u|-M) & |u|>M.\end{cases}$$

（这个函数被称为 Huber **罚函数**而为人所知，参见 §6.1.2。）

(b) **变权重最小二乘问题**

$$\begin{array}{ll}\text{minimize} & \displaystyle\sum_{i=1}^{m}(a_i^Tx-b_i)^2/(w_i+1)+M^2\mathbf{1}^Tw\\ \text{subject to} & w\succeq 0,\end{array}$$

其变量为 $x\in\mathbf{R}^n$ 和 $w\in\mathbf{R}^m$，定义域为 $\mathcal{D}=\{(x,w)\in\mathbf{R}^n\times\mathbf{R}^m\mid w\succ-\mathbf{1}\}$。

提示： 假设 x 固定，优化 w 以建立与问题 (a) 的关系。

（这个问题可以解释为加权最小二乘问题，其第 i 个残差的权重可以调整。如果 $w_i=0$，其权为一，并随着 w_i 的增加而减小。目标函数的第二项惩罚了较大的 w 值，即对权值的大的调整量。）

(c) **二次规划**

$$\begin{array}{ll}\text{minimize} & \displaystyle\sum_{i=1}^{m}(u_i^2+2Mv_i)\\ \text{subject to} & -u-v\preceq Ax-b\preceq u+v\\ & 0\preceq u\preceq M\mathbf{1}\\ & v\succeq 0.\end{array}$$

4.6 处理凸等式约束。 凸优化问题只能含有**线性**等式约束函数。但是，在一些特殊的情况下，有可能处理凸等式约束函数，即具有 $h(x)=0$ 形式的约束，其中 h 是凸的。我们将在这个问题中研究这一思想。

考虑优化问题

$$\begin{array}{lll}\text{minimize} & f_0(x) & \\ \text{subject to} & f_i(x)\leqslant 0, & i=1,\cdots,m\\ & h(x)=0, & \end{array}\tag{4.65}$$

其中 f_i 和 h 是定义域为 $\mathbf{R}^n$ 的凸函数。除非 h 是仿射的，这不是一个凸优化问题。考虑相关的问题

$$\begin{array}{ll} \text{minimize} & f_0(x) \\ \text{subject to} & f_i(x) \leqslant 0, \quad i=1,\cdots,m, \\ & h(x) \leqslant 0, \end{array} \tag{4.66}$$

其中，凸等式约束已经被放松为凸不等式。当然，这个问题是凸的。

假设我们可以保证凸问题 (4.66) 的任意最优解 $x^\star$ 都有 $h(x^\star)=0$，即不等式 $h(x)\leqslant 0$ 在解处总是起作用的。那么，我们可以通过求解凸问题 (4.66) 来求解（非凸）问题 (4.65)。

说明下标 r 满足

- f_0 关于 x_r 单调递增
- $f_1,\cdots,f_m$ 关于 x_r 非减
- h 关于 x_r 单调递减

时，就会发生这种情况。我们将在习题 4.31 和习题 4.58 中看到具体的例子。

4.7 凸-凹分式问题。 考虑具有下面形式的问题

$$\begin{array}{ll} \text{minimize} & f_0(x)/(c^Tx+d) \\ \text{subject to} & f_i(x) \leqslant 0, \quad i=1,\cdots,m \\ & Ax=b, \end{array}$$

其中 $f_0,f_1,\cdots,f_m$ 为凸，而目标函数的定义域为 $\{x\in \mathbf{dom}\, f_0 \mid c^Tx+d>0\}$。

(a) 证明这是一个拟凸优化问题。

(b) 证明这个问题等价于

$$\begin{array}{ll} \text{minimize} & g_0(y,t) \\ \text{subject to} & g_i(y,t) \leqslant 0, \quad i=1,\cdots,m \\ & Ay=bt \\ & c^Ty+dt=1, \end{array}$$

其中 g_i 是 f_i 的透视（参见 §3.2.6）。其变量是 $y\in\mathbf{R}^n$ 和 $t\in\mathbf{R}$。说明这个问题是凸的。

(c) 通过类似的讨论，导出下面的**凸-凹分式问题**的凸形式，

$$\begin{array}{ll} \text{minimize} & f_0(x)/h(x) \\ \text{subject to} & f_i(x) \leqslant 0, \quad i=1,\cdots,m \\ & Ax=b, \end{array}$$

其中，$f_0,f_1,\cdots,f_m$ 是凸的，h 是凹的，目标函数的定义域为 $\{x\in \mathbf{dom}\, f_0 \cap \mathbf{dom}\, h \mid h(x)>0\}$，并且在各处都有 $f_0(x)\geqslant 0$。

作为一个例子，将你的技术应用于（无约束）问题

$$f_0(x)=(\mathbf{tr}\, F(x))/m, \qquad h(x)=\det(F(x))^{1/m},$$

其定义域为 $\mathbf{dom}(f_0/h) = \{x \mid F(x) \succ 0\}$，其中，$F(x) = F_0 + x_1F_1 + \cdots + x_nF_n$，这里 $F_i \in \mathbf{S}^m$ 给定。在这个问题中，我们极小化仿射矩阵函数 $F(x)$ 的特征值的算术平均与几何平均的比值。

线性优化问题

4.8 一些简单的线性规划。 给出下面每个线性规划（LP）的显式解。

(a) **在仿射集合上极小化线性函数。**

$$\begin{array}{ll} \text{minimize} & c^T x \\ \text{subject to} & Ax = b. \end{array}$$

(b) **在半空间上极小化线性函数。**

$$\begin{array}{ll} \text{minimize} & c^T x \\ \text{subject to} & a^T x \leqslant b, \end{array}$$

其中 $a \neq 0$.

(c) **在矩形上极小化线性函数。**

$$\begin{array}{ll} \text{minimize} & c^T x \\ \text{subject to} & l \preceq x \preceq u, \end{array}$$

其中，l 和 u 满足 $l \preceq u$.

(d) **在概率单纯形上极小化线性函数。**

$$\begin{array}{ll} \text{minimize} & c^T x \\ \text{subject to} & \mathbf{1}^T x = 1, \quad x \succeq 0. \end{array}$$

当等式约束被替换为不等式 $\mathbf{1}^T x \leqslant 1$ 时，会有什么变化？

我们可以将这个 LP 理解为简单的投资组合优化问题。向量 x 表示总预算在不同资产上的配额，x_i 表示投资资产 i 的比例。每个投资的收益率 $-c_i$ 是固定和给定的，所以我们的总收益（我们希望极大化它）为 $-c^T x$。如果我们将预算约束 $\mathbf{1}^T x = 1$ 替换为 $\mathbf{1}^T x \leqslant 1$，那么，我们有一个选项，对总预算中的一部分不进行投资。

(e) **总预算约束下在单位框中极小化线性函数。**

$$\begin{array}{ll} \text{minimize} & c^T x \\ \text{subject to} & \mathbf{1}^T x = \alpha, \quad 0 \preceq x \preceq \mathbf{1}, \end{array}$$

其中，α 是 0 和 n 之间的一个整数。如果 α 不是整数（但满足 $0 \leqslant \alpha \leqslant n$）将发生什么？如果我们将等式变为不等式 $\mathbf{1}^T x \leqslant \alpha$ 将发生什么？

(f) **加权预算约束下在单位框上极小化线性函数。**

$$\begin{array}{ll} \text{minimize} & c^T x \\ \text{subject to} & d^T x = \alpha, \quad 0 \preceq x \preceq \mathbf{1}, \end{array}$$

其中 $d \succ 0$，$0 \leqslant \alpha \leqslant \mathbf{1}^T d$。

4.9 正方LP。考虑线性规划

$$\begin{array}{ll}\text{minimize} & c^T x \\ \text{subject to} & Ax \preceq b,\end{array}$$

其中 A 是方阵且不奇异。说明其最优值由

$$p^\star = \begin{cases} c^T A^{-1} b & A^{-T} c \preceq 0 \\ -\infty & \text{其他情况} \end{cases}$$

给出。

4.10 一般线性规划向标准形式的转换。仔细完成 §4.3 中第 140 页的例子。详细解释标准形式 LP 和原 LP 之间可行集、最优解、最优值之间的关系。

4.11 涉及 ℓ_1- 和 ℓ_∞-范数的问题。将下面的问题建模为线性规划。详细解释每个问题的最优解与等价的线性规划解之间的关系。

(a) 极小化 $\|Ax-b\|_\infty$（ℓ_∞-范数逼近）。

(b) 极小化 $\|Ax-b\|_1$（ℓ_1-范数逼近）。

(c) 在 $\|x\|_\infty \leqslant 1$ 约束下极小化 $\|Ax-b\|_1$。

(d) 在 $\|Ax-b\|_\infty \leqslant 1$ 约束下极小化 $\|x\|_1$。

(e) 极小化 $\|Ax-b\|_1 + \|x\|_\infty$。

在每个问题中，$A \in \mathbf{R}^{m\times n}$ 和 $b \in \mathbf{R}^m$ 是给定的。(更多关于逼近和约束下逼近的问题，参见 §6.1。)

4.12 网络流问题。考虑 n 个结点的网络，每对结点间由有向边相联系。问题的变量为每个边上的流量：x_{ij} 表示从结点 i 到结点 j 的流量。从结点 i 到结点 j 的边上的流量的费用由 $c_{ij}x_{ij}$ 给出，其中 c_{ij} 为给定的常数。整个网络总费用为

$$C = \sum_{i,j=1}^{n} c_{ij} x_{ij}.$$

每个边流量 x_{ij} 同时受给定下界 l_{ij}（通常假设为非负）和上界 u_{ij} 的约束。

结点 i 处的外部供给由 b_i 给出，这里，$b_i > 0$ 意味着外部流从结点 i 进入网络，$b_i < 0$ 意味着 $|b_i|$ 的流量从结点 i 流出网络。我们假设 $\mathbf{1}^T b = 0$，即总外部供给等于总外部需求。每个结点流量守恒：沿着边进入结点 i 的总流量及外部供给之和，减去流出边的总流量，等于零。

问题是在满足上述约束下，极小化穿过网络的流量的总费用。将这个问题建模为一个线性规划。

4.13 考虑区间系数的鲁棒线性规划。考虑关于变量 $x \in \mathbf{R}^n$ 的问题

$$\begin{array}{ll}\text{minimize} & c^T x \\ \text{subject to} & Ax \preceq b, \ \forall\, A \in \mathcal{A},\end{array}$$

其中 $\mathcal{A} \subseteq \mathbf{R}^{m\times n}$ 为集合

$$\mathcal{A} = \{A \in \mathbf{R}^{m\times n} \mid \bar{A}_{ij} - V_{ij} \leqslant A_{ij} \leqslant \bar{A}_{ij} + V_{ij},\ i = 1, \cdots, m,\ j = 1, \cdots, n\}.$$

（矩阵 $\bar{A}$ 和 V 已知。）这个问题可以解释为一个线性规划，但只知道 A 的每个系数落入一个区间，我们要求对于所有可能的系数值，x 都必须满足约束。

将这个问题表示为线性规划。你构造的 LP 应该是有效的，即其维数不应关于 n 或 m 指数增长。

4.14 无穷范数下对矩阵的逼近。 由 ℓ_∞-导出的矩阵 $A \in \mathbf{R}^{m\times n}$ 的范数记为 $\|A\|_\infty$，由

$$\|A\|_\infty = \sup_{x\neq 0} \frac{\|Ax\|_\infty}{\|x\|_\infty} = \max_{i=1,\cdots,m} \sum_{j=1}^{n} |a_{ij}|$$

给出。出于显然的原因，这个范数有时也被称为最大行和范数（参见 §A.1.5)。

考虑在最大行和范数下，用矩阵的线性组合逼近矩阵的问题。也就是给定 $k+1$ 个矩阵 $A_0, \cdots, A_k \in \mathbf{R}^{m\times n}$，寻找 $x \in \mathbf{R}^k$ 以极小化

$$\|A_0 + x_1 A_1 + \cdots + x_k A_k\|_\infty.$$

将这个问题表述为线性规划。解释你的 LP 中每个附加变量的意义。仔细解释你的线性规划如何求解这个问题，例如，你的可行集与原问题可行集之间有何关系？

4.15 Boolean线性规划的松弛。 在**Boolean线性规划**中，变量 x 被限制为含有等于 0 或 1 的分量：

$$\begin{array}{ll} \text{minimize} & c^T x \\ \text{subject to} & Ax \preceq b \\ & x_i \in \{0,1\}, \quad i = 1, \cdots, n. \end{array} \tag{4.67}$$

一般地，这类问题非常难以求解，虽然其可行集是有限的（包含至多 2^n 个点)。

在一般的被称为**松弛**的方法中，x_i 为 0 或 1 的约束被替换为线性不等式 $0 \leqslant x_i \leqslant 1$：

$$\begin{array}{ll} \text{minimize} & c^T x \\ \text{subject to} & Ax \preceq b \\ & 0 \leqslant x_i \leqslant 1, \quad i = 1, \cdots, n. \end{array} \tag{4.68}$$

我们称这一问题为 Boolean 线性规划 (4.67) 的**线性规划松弛**。LP 松弛远比原 Boolean 线性规划易于求解。

(a) 证明 LP 松弛 (4.68) 的最优值是 Boolean 线性规划 (4.67) 最优值的一个下界。如果线性规划松弛是不可行的，我们能够得到什么关于 Boolean 线性规划的结论？

(b) 某些时候，会发生 LP 松弛的解满足 $x_i \in \{0,1\}$ 的情况。对于这种情况，你有什么结论？

4.16 最少燃料最优控制。 考虑具有状态 $x(t) \in \mathbf{R}^n$，$t = 0, \cdots, N$ 的线性动态系统，其执行器或输入信号为 $u(t) \in \mathbf{R}$，$t = 0, \cdots, N-1$。系统的动态特性由线性递归

$$x(t+1) = Ax(t) + bu(t), \quad t = 0, \cdots, N-1$$

给出，其中 $A \in \mathbf{R}^{n \times n}$ 和 $b \in \mathbf{R}^n$ 已知。我们假设初始状态为零，即 $x(0) = 0$。

最少燃料最优控制问题是选择输入 $u(0), \cdots, u(N-1)$ 以极小化由

$$F = \sum_{t=0}^{N-1} f(u(t)),$$

给出的总消耗燃料。同时需要满足约束 $x(N) = x_{\text{des}}$，其中 N 为（给定的）时间长度，$x_{\text{des}} \in \mathbf{R}^n$ 为（给定的）需要的最终结果或目标状态。函数 $f : \mathbf{R} \to \mathbf{R}$ 为执行器的**燃料消耗图**，用执行器信号幅度的函数给出了燃料消耗量。在这个问题中，我们使用

$$f(a) = \begin{cases} |a| & |a| \leqslant 1 \\ 2|a| - 1 & |a| > 1. \end{cases}$$

这意味着，对于处于 -1 和 1 之间的信号，燃料消耗正比于执行器信号的绝对值；对于更大的执行器信号，燃料的边际效率减半。

将最少燃料最优控制问题建模为一个线性规划。

4.17 最优活动水平。 考虑 n 种非负活动水平，记为 $x_1, \cdots, x_n$。这些活动消耗 m 种有限的资源。活动 j 消耗数量为 $A_{ij}x_j$ 的资源 i，这里 A_{ij} 给定。总资源消耗是加性的，所以消耗的资源 i 的总量为 $c_i = \sum_{j=1}^n A_{ij}x_j$。（通常，我们有 $A_{ij} \geqslant 0$，即活动 j 消耗资源 i。但是，我们也允许 $A_{ij} < 0$ 的可能，这意味着活动 j 事实上**产生**了资源 i 作为副产品。）每种资源的消耗是有限制的：我们必须有 $c_i \leqslant c_i^{\max}$，其中 $c_i^{\max}$ 给定。每个活动产生收益，它是活动水平的分片线性凹函数

$$r_j(x_j) = \begin{cases} p_j x_j & 0 \leqslant x_j \leqslant q_j \\ p_j q_j + p_j^{\text{disc}}(x_j - q_j) & x_j \geqslant q_j. \end{cases}$$

这里 $p_j > 0$ 是活动 j（生产的产品）的基本价格，$q_j > 0$ 为折扣数量水平，p_j^{disc} 为折扣价格。（我们有 $0 < p_j^{\text{disc}} < p_j$。）总收益是关于每个活动的收益之和，即 $\sum_{j=1}^n r_j(x_j)$。目标是选择活动水平，在考虑资源限制情况下，极大化总收益。说明如何将这个问题建模为线性规划。

4.18 分离超平面与球面。 设给定 $\mathbf{R}^n$ 中的两个点集 $\{v^1, v^2, \cdots, v^K\}$ 和 $\{w^1, w^2, \cdots, w^L\}$。将下面两个问题建模为线性规划可行性问题。

(a) 确定分离两个集合的超平面，即寻找 $a \in \mathbf{R}^n$（$a \neq 0$）和 $b \in \mathbf{R}$，使得

$$a^T v^i \leqslant b, \quad i = 1, \cdots, K, \qquad a^T w^i \geqslant b, \quad i = 1, \cdots, L.$$

注意，我们要求 $a \neq 0$，所以你需要确定你的式子排除了平凡解 $a = 0$，$b = 0$。你可以假设

$$\mathbf{rank} \begin{bmatrix} v^1 & v^2 & \cdots & v^K & w^1 & w^2 & \cdots & w^L \\ 1 & 1 & \cdots & 1 & 1 & 1 & \cdots & 1 \end{bmatrix} = n+1$$

（即 $K+L$ 个点的仿射包具有维数 n）。

(b) 确定分离两个集合的球面，即寻找 $x_c \in \mathbf{R}^n$ 和 $R \geqslant 0$ 使得

$$\|v^i - x_c\|_2 \leqslant R, \quad i = 1, \cdots, K, \qquad \|w^i - x_c\|_2 \geqslant R, \quad i = 1, \cdots, L.$$

(这里 x_c 为球的中心；R 为其半径。)

(更多分离超平面、分离球及其相关话题，参见第 8 章。)

4.19 考虑问题

$$\begin{array}{ll} \text{minimize} & \|Ax - b\|_1/(c^T x + d) \\ \text{subject to} & \|x\|_\infty \leqslant 1, \end{array}$$

其中 $A \in \mathbf{R}^{m \times n}$，$b \in \mathbf{R}^m$，$c \in \mathbf{R}^n$，$d \in \mathbf{R}$。我们假设 $d > \|c\|_1$，这表明对于所有可行的 x 有 $c^T x + d > 0$。

(a) 证明它是一个拟凸优化问题。

(b) 证明它等价于凸优化问题

$$\begin{array}{ll} \text{minimize} & \|Ay - bt\|_1 \\ \text{subject to} & \|y\|_\infty \leqslant t \\ & c^T y + dt = 1, \end{array}$$

其变量为 $y \in \mathbf{R}^n$，$t \in \mathbf{R}$。

4.20 **无线通讯系统的功率配置。** 考虑将 n 个发射器的功率 $p_1, \cdots, p_n \geqslant 0$ 传递给 n 个接收器。这些功率是问题的优化变量。我们用 $G \in \mathbf{R}^{n \times n}$ 表示从发射器到接收器的**路径增益**矩阵；$G_{ij} \geqslant 0$ 为从发射器 j 到接收器 i 的路径增益。于是，在接收器 i 处的信号功率为 $S_i = G_{ii} p_i$，而在接收器 i 处的**干扰功率**为 $I_i = \sum_{k \neq i} G_{ik} p_k$。在接收器 i 处的**信号-干扰加噪声比**由 $S_i/(I_i + \sigma_i)$ 给出，记为 SINR，其中 $\sigma_i > 0$ 为接收器 i 的（自有）噪声功率。这个问题的目标是极大化所有接收器中最小的 SINR 比例，即最大化

$$\min_{i=1,\cdots,n} \frac{S_i}{I_i + \sigma_i}.$$

除了显然的约束 $p_i \geqslant 0$，还有很多对于功率的约束需要满足。首先是每个发射器的最大允许功率，即 $p_i \leqslant P_i^{\max}$，其中 $P_i^{\max} > 0$ 给定。另外，发射器被分为几组，每组共用相同的电源，因此，对于每组发射器的功率之和存在限制。更精确地，我们有 $\{1, \cdots, n\}$ 的子集 $K_1, \cdots, K_m$，满足 $K_1 \cup \cdots \cup K_m = \{1, \cdots, n\}$ 并且如果 $j \neq l$，那么 $K_j \cap K_l = \emptyset$。对于每组 K_l，相关的发射器的总功率不能超过 $P_l^{\text{gp}} > 0$：

$$\sum_{k \in K_l} p_k \leqslant P_l^{\text{gp}}, \quad l = 1, \cdots, m.$$

最后，对每个接收器的总接收功率有限制 $P_k^{\text{rc}} > 0$：

$$\sum_{k=1}^{n} G_{ik} p_k \leqslant P_i^{\text{rc}}, \quad i = 1, \cdots, n.$$

(这一约束反映了接收器在总接收功率过大的情况下会饱和的事实。)

将 SINR 最大化问题建模为广义的线性分式规划。

二次优化问题

4.21 一些简单的QCQP。 对下面的二次约束二次规划（QCQP），给出显式解

(a) **在以原点为中心的椭球上极小化线性函数。**

$$\begin{array}{ll}\text{minimize} & c^T x \\ \text{subject to} & x^T A x \leqslant 1,\end{array}$$

其中 $A \in \mathbf{S}^n_{++}$，$c \neq 0$。如果问题不是凸的（$A \notin \mathbf{S}^n_+$），其解是什么？

(b) **在椭球上极小化线性函数。**

$$\begin{array}{ll}\text{minimize} & c^T x \\ \text{subject to} & (x - x_c)^T A (x - x_c) \leqslant 1,\end{array}$$

其中 $A \in \mathbf{S}^n_{++}$ 而 $c \neq 0$。

(c) **在以原点为中心的椭球上极小化二次型。**

$$\begin{array}{ll}\text{minimize} & x^T B x \\ \text{subject to} & x^T A x \leqslant 1,\end{array}$$

其中 $A \in \mathbf{S}^n_{++}$，$B \in \mathbf{S}^n_+$。同时，也请考虑 $B \notin \mathbf{S}^n_+$ 时的非凸扩展问题。（参见 §B.1。）

4.22 考虑 QCQP

$$\begin{array}{ll}\text{minimize} & (1/2)x^T P x + q^T x + r \\ \text{subject to} & x^T x \leqslant 1,\end{array}$$

其中 $P \in \mathbf{S}^n_{++}$。说明 $x^\star = -(P + \lambda I)^{-1} q$，其中 $\lambda = \max\{0, \bar{\lambda}\}$，$\bar{\lambda}$ 为非线性不等式

$$q^T (P + \lambda I)^{-2} q = 1$$

的最大解。

4.23 通过QCQP的ℓ_4-范数逼近。 将 ℓ_4-范数逼近问题

$$\text{minimize} \quad \|Ax - b\|_4 = \left(\sum_{i=1}^m (a_i^T x - b_i)^4 \right)^{1/4}$$

建模为一个 QCQP。矩阵 $A \in \mathbf{R}^{m \times n}$（行向量为 a_i^T）及向量 $b \in \mathbf{R}^m$ 给定。

4.24 复 ℓ_1-, ℓ_2- 和 ℓ_∞-范数逼近。 考虑问题

$$\text{minimize} \quad \|Ax - b\|_p,$$

其中 $A \in \mathbf{C}^{m \times n}$，$b \in \mathbf{C}^m$，而变量为 $x \in \mathbf{C}^n$。对于 $p \geqslant 1$，复 ℓ_p-范数定义为

$$\|y\|_p = \left(\sum_{i=1}^m |y_i|^p \right)^{1/p},$$

而 $\|y\|_\infty = \max_{i=1,\cdots,m} |y_i|$。对于 $p = 1$，2 和 ∞，将复 ℓ_p-范数逼近问题表示为关于实变量和实数据的 QCQP 或二阶锥规划（SOCP）。

4.25 两个椭球集合的线性分离。 设给定 $K+L$ 个椭球

$$\mathcal{E}_i = \{P_i u + q_i \mid \|u\|_2 \leqslant 1\}, \quad i = 1, \cdots, K+L,$$

其中 $P_i \in \mathbf{S}^n$。我们有兴趣找到一个超平面，将 $\mathcal{E}_1, \cdots, \mathcal{E}_K$ 与 $\mathcal{E}_{K+1}, \cdots, \mathcal{E}_{K+L}$ 严格分离开来，即我们希望计算得到 $a \in \mathbf{R}^n$，$b \in \mathbf{R}$ 使得

$$a^T x + b > 0 \text{ 对于 } x \in \mathcal{E}_1 \cup \cdots \cup \mathcal{E}_K, \qquad a^T x + b < 0 \text{ 对于 } x \in \mathcal{E}_{K+1} \cup \cdots \cup \mathcal{E}_{K+L},$$

或者证明不存在这样的超平面。将这个问题表述为一个 SOCP 可行性问题。

4.26 作为二阶锥约束的双曲约束。 验证 $x \in \mathbf{R}^n$，$y, z \in \mathbf{R}$ 满足

$$x^T x \leqslant yz, \qquad y \geqslant 0, \qquad z \geqslant 0$$

的充要条件是：

$$\left\| \begin{bmatrix} 2x \\ y - z \end{bmatrix} \right\|_2 \leqslant y + z, \qquad y \geqslant 0, \qquad z \geqslant 0.$$

利用这个结果，将下列问题表示为 SOCP。

(a) **极大化调和平均。**

$$\text{maximize} \quad \left(\sum_{i=1}^m 1/(a_i^T x - b_i) \right)^{-1},$$

其中 a_i^T 为 A 的第 i 行，而定义域为 $\{x \mid Ax \succ b\}$。

(b) **极大化几何平均。**

$$\text{maximize} \quad \left(\prod_{i=1}^m (a_i^T x - b_i) \right)^{1/m},$$

其中 a_i^T 为 A 的第 i 行，而定义域为 $\{x \mid Ax \succ b\}$。

4.27 利用 SOCP 进行矩阵分式极小化。 将下面关于变量 $x \in \mathbf{R}^n$ 的问题表示为 SOCP，

$$\begin{array}{ll} \text{minimize} & (Ax+b)^T (I + B\,\mathbf{diag}(x) B^T)^{-1} (Ax+b) \\ \text{subject to} & x \succeq 0, \end{array}$$

其中 $A \in \mathbf{R}^{m \times n}$，$b \in \mathbf{R}^m$，$B \in \mathbf{R}^{m \times n}$。

提示： 首先说明该问题等价于

$$\begin{array}{ll} \text{minimize} & v^T v + w^T \mathbf{diag}(x)^{-1} w \\ \text{subject to} & v + Bw = Ax + b \\ & x \succeq 0, \end{array}$$

其变量为 $v \in \mathbf{R}^m$，$w, x \in \mathbf{R}^n$。(如果 $x_i = 0$，当 $w_i = 0$ 时我们将 w_i^2/x_i 解释为 0，其他情况视其为 ∞。) 然后利用习题 4.26 的结果。

4.28 鲁棒二次规划。 在 §4.4.2 中，我们将鲁棒线性规划作为二阶锥规划的应用进行了讨论。在这个问题中，我们将考虑（凸）**二次规划**（QP）

$$
\begin{array}{ll}
\text{minimize} & (1/2)x^T Px + q^T x + r \\
\text{subject to} & Ax \preceq b
\end{array}
$$

的类似的鲁棒变形。为简单起见，我们假设只有 P 受到误差影响，而其他参数（q, r, A, b）确切已知。鲁棒二次规划定义为

$$
\begin{array}{ll}
\text{minimize} & \sup_{P\in\mathcal{E}}((1/2)x^T Px + q^T x + r) \\
\text{subject to} & Ax \preceq b,
\end{array}
$$

其中 $\mathcal{E}$ 为 P 的可能矩阵的集合。

对于下面每种集合 $\mathcal{E}$，将鲁棒 QP 表述为一个凸问题。尽可能详细。如果可以的话，将问题表述为标准形式（例如，QP, QCQP, SOCP, SDP）。

(a) 有限个矩阵的集合：$\mathcal{E} = \{P_1, \cdots, P_K\}$，其中 $P_i \in \mathbf{S}_+^n$, $i = 1, \cdots, K$。

(b) 由名义值$P_0 \in S_+^n$和偏差$P - P_0$的特征值的界所给定的集合：

$$\mathcal{E} = \{P \in \mathbf{S}^n \mid -\gamma I \preceq P - P_0 \preceq \gamma I\},$$

其中 $\gamma \in \mathbf{R}$，$P_0 \in \mathbf{S}_+^n$。

(c) 矩阵的椭圆：

$$\mathcal{E} = \left\{ P_0 + \sum_{i=1}^{K} P_i u_i \;\middle|\; \|u\|_2 \leqslant 1 \right\}.$$

你可以假设 $P_i \in \mathbf{S}_+^n$, $i = 0, \cdots, K$。

4.29 极大化满足线性不等式的概率。 令 c 为 $\mathbf{R}^n$ 中的一个随机变量，服从以 $\bar{c}$ 为均值，以 R 为协方差矩阵的正态分布。考虑问题

$$
\begin{array}{ll}
\text{maximize} & \mathbf{prob}(c^T x \geqslant \alpha) \\
\text{subject to} & Fx \preceq g, \quad Ax = b.
\end{array}
$$

假设存在可行解 $\tilde{x}$ 使得 $\bar{c}^T\tilde{x} \geqslant \alpha$。说明这个问题等价于一个凸或拟凸优化问题。（如果问题是凸的）将其建模为 QP、QCQP 或 SOCP；（如果问题是拟凸的）解释该问题如何通过一系列 QP、QCQP 或 SOCP 可行性问题得到求解。

几何规划

4.30 加热到 T（高于环境温度）的流体在长度固定、截面半径为 r 的圆形管道中流动。管道外有一层厚度 $w \ll r$ 的绝热涂层以减少透过管壁的热损失。这个问题的设计变量为 T，r 和 w。

热量损失（近似）正比于 Tr/w，所以在固定的使用期限内，由热量损失带来的能量损耗由 $\alpha_1 Tr/w$ 给出。具有固定管壁厚度的管道的成本近似正比于总材料，由 $\alpha_2 r$ 给出。涂层的成本也近似正比于总的涂料，即 $\alpha_3 rw$（利用 $w \ll r$）。总成本是这三种成本之和。

管道中流过的热量完全取决于流体的流量（流体具有固定的流度），由 $\alpha_4 Tr^2$ 给出。如同变量 T，r 和 w 一样，常数 α_i 为正。

现在的问题是：在总成本限制 $C_{\max}$ 和约束

$$T_{\min} \leqslant T \leqslant T_{\max}, \qquad r_{\min} \leqslant r \leqslant r_{\max}, \qquad w_{\min} \leqslant w \leqslant w_{\max}, \quad w \leqslant 0.1r$$

下，极大化管道运输的总热量。将这个问题表示为一个几何规划（GP）。

4.31 最佳梁设计问题的递归形式。 证明 GP (4.46) 等价于 GP

$$\begin{array}{ll}
\text{minimize} & \sum_{i=1}^{N} w_i h_i \\
\text{subject to} & w_i/w_{\max} \leqslant 1, \quad w_{\min}/w_i \leqslant 1, \quad i=1,\cdots,N \\
& h_i/h_{\max} \leqslant 1, \quad h_{\min}/h_i \leqslant 1, \quad i=1,\cdots,N \\
& h_i/(w_i S_{\max}) \leqslant 1, \quad S_{\min} w_i/h_i \leqslant 1, \quad i=1,\cdots,N \\
& 6iF/(\sigma_{\max} w_i h_i^2) \leqslant 1, \quad i=1,\cdots,N \\
& (2i-1)d_i/v_i + v_{i+1}/v_i \leqslant 1, \quad i=1,\cdots,N \\
& (i-1/3)d_i/y_i + v_{i+1}/y_i + y_{i+1}/y_i \leqslant 1, \quad i=1,\cdots,N \\
& y_1/y_{\max} \leqslant 1 \\
& E w_i h_i^3 d_i/(6F) = 1, \quad i=1,\cdots,N,
\end{array}$$

其变量为 w_i、h_i、v_i、d_i、y_i，$i=1,\cdots,N$。

4.32 函数的单项式逼近。 设函数 $f:\mathbf{R}^n \to \mathbf{R}$ 在 $x_0 \succ 0$ 处可微且 $f(x_0) > 0$。你如何寻找一个单项式函数 $\hat{f}:\mathbf{R}^n \to \mathbf{R}$，使得 $f(x_0) = \hat{f}(x_0)$ 并且对于 x_0 附近的 x，$\hat{f}(x)$ 非常接近 $f(x)$?

4.33 将下面的问题表示为凸优化问题。

(a) 极小化 $\max\{p(x), q(x)\}$，其中 p 和 q 为正项式。

(b) 极小化 $\exp(p(x)) + \exp(q(x))$，其中 p 和 q 为正项式。

(c) 在 $r(x) > q(x)$ 的约束下极小化 $p(x)/(r(x) - q(x))$，其中 p 和 q 为正项式，r 为单项式。

4.34 Perron-Frobenius特征值的对数凸性。 令 $A \in \mathbf{R}^{n\times n}$ 是一个元素为正的矩阵，即 $A_{ij} > 0$。（这个问题的结论对不可约简的非负矩阵也成立。）用 $\lambda_{\mathrm{pf}}(A)$ 表示其 Perron-Frobenius 特征值，即具有最大幅度的特征值。（定义和例子参见第 158 页。）说明 $\log\lambda_{\mathrm{pf}}(A)$ 是关于 $\log A_{ij}$ 的凸函数。这意味着，例如，我们有不等式

$$\lambda_{\mathrm{pf}}(C) \leqslant (\lambda_{\mathrm{pf}}(A)\lambda_{\mathrm{pf}}(B))^{1/2},$$

其中 $C_{ij} = (A_{ij}B_{ij})^{1/2}$，$A$ 和 B 均为元素为正的矩阵。

提示： 利用 (4.47) 中 Perron-Frobenius 特征值的性质，或者，利用性质

$$\log\lambda_{\mathrm{pf}}(A) = \lim_{k\to\infty}(1/k)\log(\mathbf{1}^T A^k \mathbf{1}).$$

4.35 符号式与几何规划。 符号式是一些正变量 $x_1, \cdots, x_n$ 的单项式的线性组合。符号式比正项式更为广泛一些，正项式是系数全部为正的符号式。**符号式规划**是形如

$$\begin{array}{ll} \text{minimize} & f_0(x) \\ \text{subject to} & f_i(x) \leqslant 0, \quad i=1,\cdots,m \\ & h_i(x) = 0, \quad i=1,\cdots,p \end{array}$$

的优化问题，其中 $f_0, \cdots, f_m$ 和 $h_1, \cdots, h_p$ 均为符号式。一般地，符号式规划非常难以求解。

一些符号式规划可以被转化为 GP，因此可以得到有效求解。说明如何对下面形式的符号式规划做到这一点：

- 目标符号式 f_0 是一个正项式，即它只含有系数为正的项。
- 每个不等式约束符号式 $f_1, \cdots, f_m$ 只含有一个系数为负的项：$f_i = p_i - q_i$，其中 p_i 为正项式，而 q_i 为单项式。
- 每个等式约束符号式 $h_1, \cdots, h_p$ 含有一个系数为正的项和一个系数为负的项：$h_i = r_i - s_i$ 其中 r_i 和 s_i 为单项式。

4.36 解释如何将一般的 GP 重构为一个等价的 GP，使其（目标和约束中的）每一个正项式含有至多两个单项式项。**提示：** 将（单项式的）和表示为单项式两两相加的和。

4.37 广义正项式与几何规划。 令 $x_1, \cdots, x_n$ 为正变量，设函数 $f_i : \mathbf{R}^n \to \mathbf{R}$，$i = 1, \cdots, k$ 为 $x_1, \cdots, x_n$ 的正项式。如果 $\phi : \mathbf{R}^k \to \mathbf{R}$ 为具有非负系数的多项式，那么其复合

$$h(x) = \phi(f_1(x), \cdots, f_k(x)) \tag{4.69}$$

是一个正项式，因为正项式在乘积、求和及非负数乘下封闭。例如，设 f_1 和 f_2 为正项式，考虑（具有非负系数的）多项式 $\phi(z_1, z_2) = 3z_1^2 z_2 + 2z_1 + 3z_2^3$。那么，$h = 3f_1^2 f_2 + 2f_1 + f_2^3$ 是一个正项式。

在这个问题中，我们考虑这一思想的扩展，ϕ 被允许为一个正项式，即可以有分数指数。具体地，设 $\phi : \mathbf{R}^k \to \mathbf{R}$ 为一个正项式，其指数非负。在这个情况下，我们称在 (4.69) 中定义的函数为**广义正项式**。作为一个例子，设 f_1 和 f_2 为正项式，考虑（具有非负指数的）正项式 $\phi(z_1, z_2) = 2z_1^{0.3} z_2^{1.2} + z_1 z_2^{0.5} + 2$。那么，函数

$$h(x) = 2f_1(x)^{0.3} f_2(x)^{1.2} + f_1(x) f_2(x)^{0.5} + 2$$

是一个广义正项式。注意这**不**是一个正项式（除非 f_1 和 f_2 是单项式或常数）。

广义几何规划（GGP）是形如

$$\begin{array}{ll} \text{minimize} & h_0(x) \\ \text{subject to} & h_i(x) \leqslant 1, \quad i=1,\cdots,m \\ & g_i(x) = 1, \quad i=1,\cdots,p \end{array} \tag{4.70}$$

的优化问题，其中 $g_1, \cdots, g_p$ 为单项式，$h_0, \cdots, h_m$ 为广义正项式。

说明如何将广义几何规划表示为等价的几何规划问题。解释你引入的每个新变量，并解释你的 GP 如何等价于 GGP (4.70)。

半定规划与锥形式问题

4.38 单变量的线性矩阵不等式（LMI）**和半定规划**（SDP）。矩阵对 (A, B)（$A, B \in \mathbf{S}^n$）的**广义特征值**定义为多项式 $\det(\lambda B - A)$ 的根（参见 §A.5.3）。

设 B 是非奇异的，A 和 B 可以同时被同余变换对角化，即存在非奇异的 $R \in \mathbf{R}^{n \times n}$ 使得

$$R^T A R = \mathbf{diag}(a), \qquad R^T B R = \mathbf{diag}(b),$$

其中 $a, b \in \mathbf{R}^n$。（假设成立的一个充分条件是存在 t_1、t_2 使得 $t_1 A + t_2 B \succ 0$。）

(a) 证明 (A, B) 的广义特征值是实数，由 $\lambda_i = a_i / b_i$，$i = 1, \cdots, n$ 给出。

(b) 用 a 和 b 表示关于变量 $t \in \mathbf{R}$ 的 SDP

$$\begin{array}{ll} \text{minimize} & ct \\ \text{subject to} & tB \preceq A \end{array}$$

的解。

4.39 SDP及同余变换。考虑 SDP

$$\begin{array}{ll} \text{minimize} & c^T x \\ \text{subject to} & x_1 F_1 + x_2 F_2 + \cdots + x_n F_n + G \preceq 0, \end{array}$$

其中 $F_i, G \in \mathbf{S}^k$，$c \in \mathbf{R}^n$。

(a) 设 $R \in \mathbf{R}^{k \times k}$ 非奇异。证明这个 SDP 等价于 SDP

$$\begin{array}{ll} \text{minimize} & c^T x \\ \text{subject to} & x_1 \tilde{F}_1 + x_2 \tilde{F}_2 + \cdots + x_n \tilde{F}_n + \tilde{G} \preceq 0, \end{array}$$

其中 $\tilde{F}_i = R^T F_i R$，$\tilde{G} = R^T G R$。

(b) 设存在非奇异矩阵 R 使得 $\tilde{F}_i$ 和 $\tilde{G}$ 是对角阵。证明这个 SDP 等价于一个线性规划。

(c) 设存在非奇异矩阵 R 使得 $\tilde{F}_i$ 和 $\tilde{G}$ 具有形式

$$\tilde{F}_i = \begin{bmatrix} \alpha_i I & a_i \\ a_i^T & \alpha_i \end{bmatrix}, \quad i = 1, \cdots, n, \qquad \tilde{G} = \begin{bmatrix} \beta I & b \\ b^T & \beta \end{bmatrix},$$

其中 $\alpha_i, \beta \in \mathbf{R}$，$a_i, b \in \mathbf{R}^{k-1}$。证明这个 SDP 等价于具有一个二阶锥约束的 SOCP。

4.40 LPs、QPs、QCQPs 及 SOCPs 与 SDPs。将下列问题表示为 SDP。

(a) LP (4.27)。

(b) QP (4.34), QCQP (4.35) 及 SOCP (4.36) **提示**：设 $A \in \mathbf{S}^r_{++}$，$C \in \mathbf{S}^s$，$B \in \mathbf{R}^{r \times s}$。于是

$$\begin{bmatrix} A & B \\ B^T & C \end{bmatrix} \succeq 0 \iff C - B^T A^{-1} B \succeq 0.$$

应用于奇异 A 的更复杂的表示和证明，参见 §A.5.5。

(c) 矩阵分式优化问题

$$\text{minimize} \quad (Ax+b)^T F(x)^{-1}(Ax+b),$$

其中 $A \in \mathbf{R}^{m\times n}$，$b \in \mathbf{R}^m$ 而

$$F(x) = F_0 + x_1F_1 + \cdots + x_nF_n,$$

这里 $F_i \in \mathbf{S}^m$。我们取目标函数的定义域为 $\{x \mid F(x) \succ 0\}$。你可以假设问题是可行的（即存在至少一点 x 满足 $F(x) \succ 0$）。

4.41 谐正矩阵和 P_0-矩阵的 LMI 检验。 矩阵 $A \in \mathbf{S}^n$ 被称为**谐正**，如果对于所有 $x \succeq 0$ 都有 $x^TAx \geqslant 0$（参见习题 2.35）。矩阵 $A \in \mathbf{R}^{n\times n}$ 被称为 **P_0-矩阵**，如果对于所有 x 都有 $\max_{i=1,\cdots,n} x_i(Ax)_i \geqslant 0$。一般地，确定一个矩阵是否谐正或是 P_0-矩阵是非常困难的。但是，存在一些有用的、可以利用半定规划验证的充分条件。

(a) 证明 A 是谐正的，如果它可以被分解为一个半正定矩阵和一个元素非负的矩阵的和：

$$A = B + C, \qquad B \succeq 0, \qquad C_{ij} \geqslant 0, \quad i,j = 1,\cdots,n. \tag{4.71}$$

将寻找满足 (4.71) 的 B 和 C 的问题表示为 SDP 可行性问题。

(b) 证明 A 是一个 P_0 矩阵，如果存在正的对角矩阵 D 满足

$$DA + A^TD \succeq 0. \tag{4.72}$$

将寻找满足 (4.72) 的 D 的问题表示为 SDP 可行性问题。

4.42 复 LMI 和 SDP。 复 LMI 具有下列形式

$$x_1F_1 + \cdots + x_nF_n + G \preceq 0,$$

其中，$F_1,\cdots,F_n$，G 为复 $n\times n$ Hermitian 矩阵，即 $F_i^H = F_i$、$G^H = G$，$x \in \mathbf{R}^n$ 为实变量。复 SDP 是在复 LMI 约束下极小化 x 的（实）线性函数的问题。

可以将复 LMI 和 SDP 转换为实 LMI 和 SDP，这需要利用

$$X \succeq 0 \iff \begin{bmatrix} \Re X & -\Im X \\ \Im X & \Re X \end{bmatrix} \succeq 0,$$

其中，$\Re X \in \mathbf{R}^{n\times n}$ 为复 Hermitian 矩阵 X 的实部，而 $\Im X \in \mathbf{R}^{n\times n}$ 为 X 的虚部。

验证这一结果，并说明如何将一个复 SDP 表述为实 SDP。

4.43 通过 SDP 优化特征值。 设 $A: \mathbf{R}^n \to \mathbf{S}^m$ 是仿射的，即

$$A(x) = A_0 + x_1A_1 + \cdots + x_nA_n,$$

其中 $A_i \in \mathbf{S}^m$。令 $\lambda_1(x) \geqslant \lambda_2(x) \geqslant \cdots \geqslant \lambda_m(x)$ 表示 $A(x)$ 的特征值。说明如何将下列问题表述为 SDP。

(a) 极小化最大特征值 $\lambda_1(x)$。

(b) 极小化特征值的分布区间 $\lambda_1(x) - \lambda_m(x)$。

(c) 在 $A(x) \succ 0$ 约束下，极小化 $A(x)$ 的条件数。条件数定义为 $\kappa(A(x)) = \lambda_1(x)/\lambda_m(x)$，其定义域为 $\{x \mid A(x) \succ 0\}$。你可以假设至少存在一个 x 满足 $A(x) \succ 0$。

提示： 你需要在

$$0 \prec \gamma I \preceq A(x) \preceq \lambda I$$

约束下极小化 λ/γ。将变量替换为 $y = x/\gamma$，$t = \lambda/\gamma$，$s = 1/\gamma$。

(d) 极小化特征值绝对值之和，$|\lambda_1(x)| + \cdots + |\lambda_m(x)|$。

提示： 将 $A(x)$ 表示为 $A(x) = A_+ - A_-$，其中 $A_+ \succeq 0$，$A_- \succeq 0$。

4.44 多项式中的优化。 将下面问题表述为 SDP。寻找多项式 $p : \mathbf{R} \to \mathbf{R}$,

$$p(t) = x_1 + x_2 t + \cdots + x_{2k+1} t^{2k},$$

在特定的 m 个点 t_i 上满足给定的界 $l_i \leqslant p(t_i) \leqslant u_i$，并在所有满足这些界的多项式中具有最大的最小值：

$$\begin{array}{ll} \text{maximize} & \inf_t p(t) \\ \text{subject to} & l_i \leqslant p(t_i) \leqslant u_i, \quad i = 1, \cdots, m, \end{array}$$

其变量为 $x \in \mathbf{R}^{2k+1}$。

提示： 利用习题 2.37 (b) 中导出的非负多项式的 LMI 特性。

4.45 [Nes00, Par00] **利用LMI 的平方和表达式。** 考虑 $2k$ 阶的多项式 $p : \mathbf{R}^n \to \mathbf{R}$。如果对于所有 $x \in \mathbf{R}^n$，都有 $p(x) \geqslant 0$，则称该多项式为半正定（PSD）的。除了一些特殊的情况（例如，$n = 1$ 或 $k = 1$），判断一个给定的多项式是否 PSD 是极其困难的；更不要说在 p 为 PSD 的约束下，求解以 p 的系数为变量的优化问题。

多项式为 PSD 的一个著名的充分条件是它具有形式

$$p(x) = \sum_{i=1}^{r} q_i(x)^2,$$

q_i 为一些阶次不超过 k 的多项式。具有这样平方和形式的多项式 p 被称为 SOS。

多项式 p 是 SOS 的条件（视为对于其系数的约束）可以转化为一个等价的 LMI，因此，很多以 SOS 为约束的优化问题可以被表述为 SDP。你将在这个问题中研究这些思想。

(a) 令 $f_1, \cdots, f_s$ 为阶次等于或小于 k 的所有单项式（这里，我们指标准意义下的单项式，即 $x_1^{m_1} \cdots x_n^{m_n}$，其中 $m_i \in \mathbf{Z}_+$，而不是几何规划中的单项式。）说明：如果 p 可以被表示为半正定二次型 $p = f^T V f$，其中 $V \in \mathbf{S}_+^s$，那么 p 是 SOS。反之，说明如果 p 是 SOS，那么它可以表述为单项式的半正定二次型，即对某些 $V \in \mathbf{S}_+^s$，$p = f^T V f$。

(b) 说明条件 $p = f^T V f$ 是关于 p 的系数和矩阵 V 的线性等式约束。结合前述 (a) 部分的结论，这表明 p 为 SOS 的条件等价于关于 p 的系数和 V 的一组线性等式和矩阵不等式 $V \succeq 0$。

(c) 对于 p 为两个变量的四阶多项式的情况，显式地给出 SOS 的 LMI 条件。

4.46 多维矩。 $\mathbf{R}^2$ 空间中随机变量 t 的矩定义为 $\mu_{ij} = \mathbf{E}\, t_1^i t_2^j$，其中 i, j 为非负整数。在这个问题中，我们将导出一组数 μ_{ij}，$0 \leqslant i, j \leqslant 2k$，$i + j \leqslant 2k$ 是 $\mathbf{R}^2$ 上一个分布的矩的必要条件。

令 $p : \mathbf{R}^2 \to \mathbf{R}$ 为度为 k 的多项式，其系数为 c_{ij}，

$$p(t) = \sum_{i=0}^{k} \sum_{j=0}^{k-i} c_{ij} t_1^i t_2^j,$$

令 t 为随机变量，矩为 μ_{ij}。设 $c \in \mathbf{R}^{(k+1)(k+2)/2}$ 以特定的顺序包含了系数 c_{ij}，而 $\mu \in \mathbf{R}^{(k+1)(2k+1)}$ 以同样的顺序包含了矩 μ_{ij}。证明 $\mathbf{E}\, p(t)^2$ 可以被表述为 c 的二次型：

$$\mathbf{E}\, p(t)^2 = c^T H(\mu) c,$$

其中 $H : \mathbf{R}^{(k+1)(2k+1)} \to \mathbf{S}^{(k+1)(k+2)/2}$ 是 μ 的线性函数。从中得出结论，μ 必须满足 LMI $H(\mu) \succeq 0$。

备注： 对于 $\mathbf{R}$ 中的随机变量，矩阵 H 可以取为 (4.52) 定义的 Hankel 矩阵。在这种情况下，$H(\mu) \succeq 0$ 是 μ 为一个分布的矩或矩序列的极限的充分必要条件。但是，在 $\mathbf{R}^2$ 中，这个 LMI 仅是必要条件。

4.47 半正定矩阵的最大行列式完全化。 我们考虑矩阵 $A \in \mathbf{S}^n$，其部分元素已确定，而其他尚未确定。**半正定矩阵完全化问题**试图确定矩阵未定元素的值使之满足 $A \succeq 0$（或判定这样的完全化不存在）。

(a) 解释为什么我们可以不失一般性地假设 A 的对角元素是确定的。

(b) 证明如何将半正定矩阵补充问题建模为 SDP 可行性问题。

(c) 假设 A 具有至少一个正定的完全化，并且 A 的对角元素是给定的（即，固定的）。具有最大行列式的正定完全化称为**最大行列式完全化**。证明最大行列式完全化是唯一的。说明，如果 $A^\star$ 是最大行列式完全化，那么 $(A^\star)^{-1}$ 在原矩阵未定元素位置上均为 0。**提示：** 函数 $f(X) = \log\det X$ 的导数为 $\nabla f(X) = X^{-1}$（参见 §A.4.1）。

(d) 设 A 的三对角位置是确定的，即给定 $A_{11}, \cdots, A_{nn}$ 以及 $A_{12}, \cdots, A_{n-1,n}$。证明如果存在 A 的正定完全化，那么存在一个正定完全化，其逆是三对角的。

4.48 广义特征值极小化。 回顾例 3.37 或 §A.5.3，矩阵对 $(A, B) \in \mathbf{S}^k \times \mathbf{S}^k_{++}$ 的最大广义特征值由

$$\lambda_{\max}(A, B) = \sup_{u \neq 0} \frac{u^T A u}{u^T B u} = \max\{\lambda \mid \det(\lambda B - A) = 0\}$$

给出。我们已经知道，（如果取 $\mathbf{S}^k \times \mathbf{S}^k_{++}$ 为其定义域）这个函数是拟凸的。

考虑问题

$$\text{minimize} \quad \lambda_{\max}(A(x), B(x)), \tag{4.73}$$

其中 $A, B : \mathbf{R}^n \to \mathbf{S}^k$ 为仿射函数，定义为

$$A(x) = A_0 + x_1 A_1 + \cdots + x_n A_n, \qquad B(x) = B_0 + x_1 B_1 + \cdots + x_n B_n,$$

其中 $A_i, B_i \in \mathbf{S}^k$。

(a) 给出一族凸函数 $\phi_t : \mathbf{S}^k \times \mathbf{S}^k \to \mathbf{R}$，它们对所有 $(A, B) \in \mathbf{S}^k \times \mathbf{S}^k_{++}$ 都满足

$$\lambda_{\max}(A, B) \leqslant t \iff \phi_t(A, B) \leqslant 0.$$

说明这使得我们可以通过一系列凸可行性问题来求解 (4.73)。

(b) 给出一族矩阵凸函数 $\Phi_t : \mathbf{S}^k \times \mathbf{S}^k \to \mathbf{S}^k$，它们对所有 $(A, B) \in \mathbf{S}^k \times \mathbf{S}^k_{++}$ 满足

$$\lambda_{\max}(A, B) \leqslant t \iff \Phi_t(A, B) \preceq 0.$$

说明这使得我们可以通过一系列带有 LMI 约束的凸可行性问题来求解 (4.73)。

(c) 设 $B(x) = (a^T x + b)I$，其中 $a \neq 0$。证明 (4.73) 等价于凸问题

$$\begin{array}{ll} \text{minimize} & \lambda_{\max}(sA_0 + y_1 A_1 + \cdots + y_n A_n) \\ \text{subject to} & a^T y + bs = 1 \\ & s \geqslant 0, \end{array}$$

其变量为 $y \in \mathbf{R}^n$, $s \in \mathbf{R}$。

4.49 广义分式规划。 令 $K \in \mathbf{R}^m$ 为一个正常锥。证明由

$$f_0(x) = \inf\{t \mid Cx + d \preceq_K t(Fx + g)\}, \qquad \mathbf{dom}\, f_0 = \{x \mid Fx + g \succ_K 0\}$$

定义的函数 $f_0 : \mathbf{R}^n \to \mathbf{R}^m$ 是拟凸的，其中 $C, F \in \mathbf{R}^{m \times n}$，$d, g \in \mathbf{R}^m$。

具有此类形式目标函数的拟凸优化问题称为**广义分式规划**。将第 145 页的广义线性分式规划和广义特征值极小化问题 (4.73) 表示为广义分式规划。

向量与多准则优化

4.50 双准则优化。 图4.11显示了对于某组 $A \in \mathbf{R}^{100 \times 10}$，$b \in \mathbf{R}^{100}$ 的双准则优化问题

$$\text{minimize (关于 } \mathbf{R}^2_+) \quad (\|Ax - b\|^2, \|x\|_2^2)$$

的最优权衡曲线和可达值集合。利用图中的信息，回答下面的问题。我们记最小二乘问题

$$\text{minimize} \quad \|Ax - b\|_2^2$$

的解为 x_{ls}。

(a) $\|x_{\text{ls}}\|_2$ 是多少？

(b) $\|Ax_{\text{ls}} - b\|_2$ 是多少？

(c) $\|b\|_2$ 是多少？

(d) 给出问题

$$\begin{array}{ll} \text{minimize} & \|Ax - b\|_2^2 \\ \text{subject to} & \|x\|_2^2 = 1 \end{array}$$

的最优值。

(e) 给出问题

$$\begin{array}{ll} \text{minimize} & \|Ax-b\|_2^2 \\ \text{subject to} & \|x\|_2^2 \leqslant 1 \end{array}$$

的最优值。

(f) 给出问题

$$\text{minimize } \|Ax-b\|_2^2 + \|x\|_2^2$$

的最优值。

(g) A 的秩是多少?

4.51 向量优化中的目标单调变换。考虑向量优化问题 (4.56)。我们将目标函数 f_0 替换为 $\phi\circ f_0$ 得到一个新的向量优化问题，其中 $\phi:\mathbf{R}^q\to\mathbf{R}^q$ 满足

$$u\preceq_K v,\ u\neq v \Longrightarrow \phi(u)\preceq_K\phi(v),\ \phi(u)\neq\phi(v).$$

证明点 x 是一个问题 Pareto 最优（或最优）的充要条件是，它也是另一个问题的 Pareto 最优（最优），从而两个问题等价。特别地，将多准则问题的每个目标与一个递增函数进行复合，将不影响 Pareto 最优点。

4.52 Pareto 最优点与可达值集合的边界。考虑关于锥 K 的向量优化问题。令 $\mathcal{P}$ 表示 Pareto 最优解值集合，$\mathcal{O}$ 表示可达目标值集合。证明 $\mathcal{P}\subseteq\mathcal{O}\cap\mathbf{bd}\,\mathcal{O}$，即每个 Pareto 最优值都是一个可达目标值并且落在可达目标值集合的边界上。

4.53 设向量优化问题 (4.56) 是凸的。证明集合

$$\mathcal{A}=\mathcal{O}+K=\{t\in\mathbf{R}^q \mid f_0(x)\preceq_K t \text{ 对某些可行的 } x\}$$

是凸集。同时证明 $\mathcal{A}$ 的极小元与 $\mathcal{O}$ 的极小点相同。

4.54 标量化与最优点。 设一个向量优化问题（不必要是凸的）具有最优解 $x^\star$。证明 $x^\star$ 是对应于任意 $\lambda\succ_{K^*}0$ 的标量化问题的最优解。同时证明其逆命题：如果 x 是对应于任意 $\lambda\succ_{K^*}0$ 的标量化问题的解，那么，它是向量优化问题（不必要是凸的）的最优点。

4.55 加权和标量化的推广。 在 §4.7.4 中，我们显示了如何通过将向量目标 $f_0:\mathbf{R}^n\to\mathbf{R}^q$ 替换为标量目标 λ^Tf_0，其中 $\lambda\succ_{K^*}0$，用以得到向量优化问题的 Pareto 最优解。令 $\psi:\mathbf{R}^q\to\mathbf{R}$ 为一个 K-递增函数，即满足

$$u\preceq_K v,\ u\neq v\Longrightarrow\psi(u)<\psi(v).$$

证明问题

$$\begin{array}{lll} \text{minimize} & \psi(f_0(x)) & \\ \text{subject to} & f_i(x)\leqslant 0, & i=1,\cdots,m \\ & h_i(x)=0, & i=1,\cdots,p \end{array}$$

的任意解关于向量优化问题

$$\begin{array}{lll} \text{minimize (关于 } K) & f_0(x) & \\ \text{subject to} & f_i(x)\leqslant 0, & i=1,\cdots,m \\ & h_i(x)=0, & i=1,\cdots,p \end{array}$$

都是 Pareto 最优。注意 $\psi(u) = \lambda^T u$，其中 $\lambda \succ_{K^*} 0$，是一个特殊的情况。

作为一个相应的例子，证明在多准则优化问题（即具有 $f_0 = F : \mathbf{R}^n \to \mathbf{R}^q$ 和 $K = \mathbf{R}^q_+$ 的向量优化问题）中，标量优化问题

$$\begin{array}{ll} \text{minimize} & \max_{i=1,\cdots,q} F_i(x) \\ \text{subject to} & f_i(x) \leqslant 0, \quad i = 1, \cdots, m \\ & h_i(x) = 0, \quad i = 1, \cdots, p \end{array}$$

的唯一解是 Pareto 最优的。

其他各种问题

4.56 [P. Parrilo] 我们考虑在凸集并集的凸包 $\mathbf{conv}\left(\bigcup_{i=1}^q C_i\right)$ 上极小化凸函数 $f_0 : \mathbf{R}^n \to \mathbf{R}$ 的问题。这些集合由凸不等式描述

$$C_i = \{x \mid f_{ij}(x) \leqslant 0,\ j = 1, \cdots, k_i\},$$

其中 $f_{ij} : \mathbf{R}^n \to \mathbf{R}$ 是凸的。我们的目标是将其构造为一个凸优化问题。

一个显然的方法是引入变量 $x_1, \cdots, x_q \in \mathbf{R}^n$（$x_i \in C_i$），$\theta \in \mathbf{R}^q$（$\theta \succeq 0$，$\mathbf{1}^T\theta = 1$）和 $x \in \mathbf{R}^n$（$x = \theta_1 x_1 + \cdots + \theta_q x_q$）。等式约束关于变量不是仿射的，因此这个方法得不到凸问题。

一个更巧妙的式子由

$$\begin{array}{ll} \text{minimize} & f_0(x) \\ \text{subject to} & s_i f_{ij}(z_i/s_i) \leqslant 0, \quad i = 1, \cdots, q, \quad j = 1, \cdots, k_i \\ & \mathbf{1}^T s = 1, \quad s \succeq 0 \\ & x = z_1 + \cdots + z_q \end{array}$$

给出，其变量为 $z_1, \cdots, z_q \in \mathbf{R}^n$，$x \in \mathbf{R}^n$ 和 $s_1, \cdots, s_q \in \mathbf{R}$。（当 $s_i = 0$ 时，如果 $z_i = 0$，我们取 $s_i f_{ij}(z_i/s_i)$ 为 0，如果 $z_i \neq 0$，取为 ∞。）解释为什么这个问题是凸的，并且等价于原问题。

4.57 **信道容量**。我们考虑一个信道，其输入为 $X(t) \in \{1, \cdots, n\}$，输出为 $Y(t) \in \{1, \cdots, m\}$，$t = 1, 2, \cdots$（例如，秒）。输入输出之间的关系由

$$p_{ij} = \mathbf{prob}(Y(t) = i | X(t) = j), \quad i = 1, \cdots, m, \quad j = 1, \cdots, n.$$

统计地给出。矩阵 $P \in \mathbf{R}^{m \times n}$ 称为**信道转移矩阵**，这个信道称为**离散无记忆信道**。

Shannon 一个著名的结论表明以比特每秒为单位，用小于被称为信道容量的数 C 的任意速率，将能够以任意小的错误概率通过信道发送信息。Shannon 也指出离散无记忆信道的容量可以通过求解一个优化问题得到。设 X 具有记为 $x \in \mathbf{R}^n$ 的概率分布，即

$$x_j = \mathbf{prob}(X = j), \quad j = 1, \cdots, n.$$

X 和 Y 之间的**互信息**由

$$I(X;Y) = \sum_{i=1}^m \sum_{j=1}^n x_j p_{ij} \log_2 \frac{p_{ij}}{\sum_{k=1}^n x_k p_{ik}}$$

给出。那么，信道容量 C 由

$$C = \sup_x I(X;Y)$$

给出，这里的极大是在输入 X 的所有可能概率分布，即在 $x \succeq 0$, $\mathbf{1}^T x = 1$，上求取的。说明如何利用凸优化计算信道容量。

提示： 引入变量 $y = Px$，它给出了输出 Y 的概率分布，证明互信息可以表述为

$$I(X;Y) = c^T x - \sum_{i=1}^m y_i \log_2 y_i,$$

其中 $c_j = \sum_{i=1}^m p_{ij} \log_2 p_{ij}$，$j = 1, \cdots, n$。

4.58 **最优消费**。在这个问题中，我们考虑在一段时间内消费（或花费）初始的一笔钱（或其他资产）k_0 的最优方法。变量为 $c_0, \cdots, c_T$，这里 $c_t \geqslant 0$ 表示在时段 t 内的**消费**。从消费水平 c 中得到的效用由 $u(c)$ 给出，其中 $u : \mathbf{R} \to \mathbf{R}$ 是一个递增凹函数。从消费中得到的当前效用值为

$$U = \sum_{t=1}^T \beta^t u(c_t),$$

其中 $0 < \beta < 1$ 为**折扣因子**。

令 k_t 表示在时段 t 可供投资的总资产。假设它获得的资产回报为 $f(k_t)$，其中 $f : \mathbf{R} \to \mathbf{R}$ 为一个递增的、凹的**投资回报函数**，满足 $f(0) = 0$。例如，如果资金在每个时段获得单利 R 个百分点，我们有 $f(a) = (R/100)a$。消费额，即 c_t，在时段末扣除，因此我们有递归式

$$k_{t+1} = k_t + f(k_t) - c_t, \quad t = 0, \cdots, T.$$

给定初始总数 $k_0 > 0$。我们要求 $k_t \geqslant 0$, $t = 1, \cdots, T+1$（但是，也可以考虑允许 $k_t < 0$ 的更加复杂的模型）。

显示如何将极大化 U 的问题建模为一个凸优化问题。解释你建立的问题为何等价于原问题，以及两者如何联系在一起。

提示： 说明我们可以将前述给出的 k_t 的递归式，替换为不等式

$$k_{t+1} \leqslant k_t + f(k_t) - c_t, \quad t = 0, \cdots, T.$$

（解释：不等式给出了一个选项，使得你可以在每个周期扔掉一些资金。）这个技巧的更多版本，参见习题 4.6。

4.59 **鲁棒优化**。在一些优化问题中，由于参数和某些因素未知或超出我们的控制，使得目标和约束函数具有不确定性或发生变化的可能。我们可以通过构建关于优化变量 $x \in \mathbf{R}^n$ 和未知或变化的参数向量 $u \in \mathbf{R}^k$ 的目标和约束函数来对这种情况进行建模。在**随机优化**方法中，参数向量 u 被建模为已知分布的随机变量，而我们则对期望值 $\mathbf{E}_u f_i(x, u)$ 进行处理。在**最坏情况分析**方法中，我们给定 u 所处的已知区间 U，然后考虑其最大或最坏情况的值 $\sup_{u \in U} f_i(x, u)$。为讨论简单起见，我们假设不存在等式约束。

(a) **随机优化**。我们考虑问题

$$\begin{array}{ll} \text{minimize} & \mathbf{E} f_0(x, u) \\ \text{subject to} & \mathbf{E} f_i(x, u) \leqslant 0, \quad i = 1, \cdots, m, \end{array}$$

这里的期望是关于 u 的。证明如果 f_i 对于每个 u 都是 x 的凸函数，那么这个随机优化问题是凸的。

(b) **最坏情况优化**。我们考虑问题

$$\begin{array}{ll}\text{minimize} & \sup_{u\in U} f_0(x,u)\\ \text{subject to} & \sup_{u\in U} f_i(x,u)\leqslant 0, \quad i=1,\cdots,m.\end{array}$$

证明如果 f_i 对于每个 u 都是 x 的凸函数，那么这个最坏情况优化问题是凸的。

(c) **有限的参数可能值集合**。当对期望值 $\mathbf{E}\, f_i(x,u)$ 或最坏情况值 $\sup_{u\in U} f_i(x,u)$ 有解析式或易于计算的表达式时，(a) 和 (b) 部分的结论是最有用的。

设给定的参数可能值集合是有限的，即我们有 $u\in\{u_1,\cdots,u_N\}$。对于随机的情况，我们也可以给出取得每个值的概率 $\mathbf{prob}(u=u_i)=p_i$，其中 $p\in\mathbf{R}^N$，$p\succeq 0$，$\mathbf{1}^Tp=1$。对于最坏情况的式子，我们简单地取 $U\in\{u_1,\cdots,u_N\}$。

说明如何显式地建立最坏情况和随机最优问题（即给出 $\sup_{u\in U} f_i$ 和 $\mathbf{E}_u\, f_i$ 的显示表达式）。

4.60 对数最优投资策略。我们考虑在 N 个时段持有 n 种资产的收益问题。我们在每个时段之始重新投资所有的总财富，用一种固定不变的分配策略 $x\in\mathbf{R}^n$，其中 $x\succeq 0$，$\mathbf{1}^Tx=1$，将财富重新分配到 n 种资产上。换言之，如果 $W(t-1)$ 是 t 时段开始时的财富，那么在时段 t，我们向资产 i 投资 $x_iW(t-1)$。用 $\lambda(t)$ 表示时段 t 内的总回报，即 $\lambda(t)=W(t)/W(t-1)$。在 N 个时段结束时，我们的财富的倍乘因子为 $\prod_{t=1}^N\lambda(t)$。我们称

$$\frac{1}{N}\sum_{t=1}^N\log\lambda(t)$$

为资产经过 N 个时段的增长率。我们感兴趣如何确定分配策略 x，在 N 很大的情况下，极大化我们的总资产的增长。

我们用离散随机模型来度量收益的不确定性。假设在每个时段中，有 m 种可能的情况，每种的概率为 π_j，$j=1,\cdots,m$。在情况 j 下，资产 i 经历一个时段的回报由 p_{ij} 给出。所以，我们资产在时段 t 的收益 $\lambda(t)$ 是一个随机变量，具有 m 种可能值 $p_1^Tx,\cdots,p_m^Tx$，其分布为

$$\pi_j=\mathbf{prob}(\lambda(t)=p_j^Tx),\quad j=1,\cdots,m.$$

我们假设每个周期具有相同的情况，独立（同）分布。根据大数定理，我们有

$$\lim_{N\to\infty}\frac{1}{N}\log\left(\frac{W(N)}{W(0)}\right)=\lim_{N\to\infty}\frac{1}{N}\sum_{t=1}^N\log\lambda(t)=\mathbf{E}\log\lambda(t)=\sum_{j=1}^m\pi_j\log(p_j^Tx).$$

换言之，投资策略 x 的长期增长率由

$$R_{\rm lt}=\sum_{j=1}^m\pi_j\log(p_j^Tx)$$

给出。最大化这个量的投资策略 x 称为**对数最优投资策略**，它可以通过求解关于 $x \in \mathbf{R}^n$ 的优化问题得到，

$$\begin{array}{ll} \text{maximize} & \sum_{j=1}^{m} \pi_j \log(p_j^T x) \\ \text{subject to} & x \succeq 0, \quad \mathbf{1}^T x = 1. \end{array}$$

证明这是一个凸优化问题。

4.61 Logistic模型的优化。随机变量 $X \in \{0,1\}$ 满足

$$\mathbf{prob}(X=1) = p = \frac{\exp(a^T x + b)}{1 + \exp(a^T x + b)},$$

其中 $x \in \mathbf{R}^n$ 为影响其概率的向量变量，a 和 b 为已知参数。我们可以认为 $X = 1$ 是消费者购买商品的事件，将 x 视为影响这种概率的向量变量，例如广告效应、零售价格、折扣价格、包装费用和其他因素。我们优化的变量 x 受到线性约束 $Fx \preceq g$ 的限制。

将下面的问题建模为凸优化问题。

(a) **最大化购买概率**。其目标是选择 x 以极大化 p.

(b) **最大化预期利润**。令 $c^T x + d$ 为销售商品所得的利润，假设对于任意可行的 x 均为正。目标是极大化预期利润 $p(c^T x + d)$。

4.62 Gauss广播信道的最优功率与带宽配置。考虑一个中心结点向 n 个接收器发送消息的通信系统。（"Gauss"指的是干扰传输的噪声的类别。）每个接收器信道由其（传输）功率水平 $P_i \geqslant 0$ 和带宽 $W_i \geqslant 0$ 描述。接收器信道的功率和带宽决定了其**比特率**（信息可以传输的速率）

$$R_i = \alpha_i W_i \log(1 + \beta_i P_i / W_i),$$

其中 α_i 和 β_i 为已知的正常数。对于 $W_i = 0$，我们取 $R_i = 0$（这可以通过取极限 $W_i \to 0$ 得到）。

功率必须满足总功率约束，它具有下面的形式

$$P_1 + \cdots + P_n = P_{\text{tot}},$$

其中 $P_{\text{tot}} > 0$ 为给定的可以分配给各个信道的总可能功率。类似地，带宽必须满足

$$W_1 + \cdots + W_n = W_{\text{tot}},$$

其中 $W_{\text{tot}} > 0$ 为（给定的）总可用带宽。这个问题的优化变量是功率及带宽，$P_1, \cdots, P_n$，$W_1, \cdots, W_n$。

目标是极大化总效用

$$\sum_{i=1}^{n} u_i(R_i),$$

其中 $u_i : \mathbf{R} \to \mathbf{R}$ 是第 i 个接收器的效用函数。（你可以将 $u_i(R_i)$ 视为由于向接收器 i 提供比特率 R_i 而得到的收益，因此，目标是极大化总收益。）你可以假设效用函数 u_i 是非减和凹的。

将这个问题表述为一个凸优化问题。

4.63 制造成本和产出间的最优权衡。 向量 $x \in \mathbf{R}^n$ 表示一个制造过程的名义参数。过程的产出，即生产的产品被接受的比例，由 $Y(x)$ 给出。我们假设 $Y(x)$ 是对数凹的（这是常见的情况，参见例 3.43）。生产产品的单位成本为 $c^T x$，其中 $c \in \mathbf{R}^n$。可接收的单位成本为 $c^T x/Y(x)$。我们希望在一些关于 x 的凸约束下，例如线性不等式 $Ax \preceq b$，极小化 $c^T x/Y(x)$。（你可以假设，在可行集上有 $c^T x > 0$，$Y(x) > 0$。）

这个问题**不**是凸或拟凸优化问题，但可以利用凸优化和一维直线搜索得到求解。下面给出基本的思想；你必须提供所有的细节和理由。

(a) 证明函数 $f : \mathbf{R} \to \mathbf{R}$

$$f(a) = \sup\{Y(x) \mid Ax \preceq b,\ c^T x = a\}$$

是对数-凹的，这个函数给出了关于成本的最大产出。这意味着，通过求解（关于 x 的）凸优化问题，我们可以计算函数 f。

(b) 设我们得到了函数 f 在足够多的 a 上的值足以给出其在感兴趣区间上的一个很好的逼近。解释如何利用这些数据（近似地）求解极小化优质产品单位成本的问题。

4.64 关于情景依赖的优化。 带有情景依赖的优化问题又称为**两阶段优化**。在这样的问题中，费用函数和约束不仅仅取决于我们对变量的选择，也取决于离散随机变量 $s \in \{1, \cdots, S\}$，它可以被解释为描述 S 种**情景**中哪一个发生的变量。情景随机变量 s 具有已知的分布 π：$\pi_i = \mathbf{prob}(s = i)$，$i = 1, \cdots, S$。

在两阶段优化中，我们将选取两组变量的值 $x \in \mathbf{R}^n$ 和 $z \in \mathbf{R}^q$。变量 x 必须在知道特定的情景 s **之前**选取；而变量 z 是在情景随机变量的值已知的情况下选择的。换言之，z 是情景随机变量 s 的一个函数。为描述对 z 的选择，我们列出在不同情境下的取值，即列出向量

$$z_1, \cdots, z_S \in \mathbf{R}^q.$$

这里的 z_3 是当 $s = 3$ 发生时我们的选择，其他相同。集合

$$x \in \mathbf{R}^n, \qquad z_1, \cdots, z_S \in \mathbf{R}^q$$

称为**策略**，因为它告诉我们对 x 如何做出选择（独立于发生的情景），同时告诉我们在每种可能的情景下，如何选择 z。

变量 z 称为**依赖变量**（或**第二阶段变量**），因为它允许我们在知道哪种情景发生之后再做出动作或选择。相反的，我们对 x（称为第一阶段变量）的选择必须在没有关于情景的知识情况下做出。

为简单起见，我们考虑不含约束的情况。费用函数由

$$f : \mathbf{R}^n \times \mathbf{R}^q \times \{1, \cdots, S\} \to \mathbf{R}$$

给出，其中 $f(x, z, i)$ 给出了第一阶段选择 x，第二阶段选择 z 并且情景 i 发生时的费用。我们在所有策略中极小化的总目标取为期望费用

$$\mathbf{E}\, f(x, z_s, s) = \sum_{i=1}^{S} \pi_i f(x, z_i, i).$$

设 f 对于每个情景 $i=1,\cdots,S$ 都是 (x,z) 的凸函数。解释如何利用凸优化寻找最优策略，即所有策略中极小化期望费用的一个。

4.65 **混合汽车的最优操作。** 混合汽车具有一台内置的内燃机，一台与电池相连的发动机/发电机以及一个传统的（摩擦）刹车装置。在这个习题中，我们考虑一个（高度简化的）**并行混合汽车**模型，其中发动机/发电机和引擎直接与驱动轮相连接。引擎可以为轮子提供动力，而刹车消耗轮子的能量并将其转化为热能。当利用储存在电池中的能量来驱动轮子时，发动机/发电机可像发动机一样工作；当它获取轮子或引擎中的能量并用于电池充电时，它又可以像发电机一样工作。当发电机从轮子中获取能量并对电池充电时，称为**再生刹车**；不像普通的摩擦制动，轮子的能量被**储存**起来了，并可以稍后再利用。通过在已知的、固定的测试跑道上驾驶车辆，可以评估其燃料效率。

下图显示了混合汽车中能量的流动。箭头表示了正能量流动的方向。例如，当引擎发出能量时，引擎能量 $p_{\rm eng}$ 为正；当它从轮子处获取能量，刹车能量 $p_{\rm br}$ 为正。能量 $p_{\rm req}$ 为轮子需要的能量。当轮子需要能量（如车辆加速、爬山或在水平地面上行驶）时，它为正。当车辆必须迅速或下山时，轮子需要的能量为负。

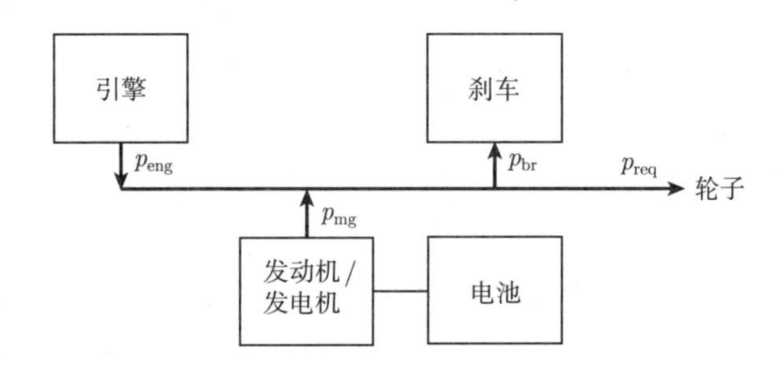

所有这些能量都是时间的函数，我们将时间以 1 秒为区间离散化为 $t=1,2,\cdots,T$。轮子所需能量 $p_{\rm req}(1),\cdots,p_{\rm req}(T)$ 已知。（车辆在路径上的速度已知，道路的斜度信息、空气动力和其他损失已知，因此轮子所需能量可以被计算出来。）

能量是守恒的，意味着我们有

$$p_{\rm req}(t)=p_{\rm eng}(t)+p_{\rm mg}(t)-p_{\rm br}(t),\quad t=1,\cdots,T.$$

刹车只能消耗能量，因此，对于任意时间 t 我们有 $p_{\rm br}(t)\geqslant 0$。引擎只能提供能量，并且只能达到一个给定的限制 $P_{\rm eng}^{\max}$，即我们有

$$0\leqslant p_{\rm eng}(t)\leqslant P_{\rm eng}^{\max},\quad t=1,\cdots,T.$$

发动机/发电机的能量也是受限的：$p_{\rm mg}$ 必须满足

$$P_{\rm mg}^{\min}\leqslant p_{\rm mg}(t)\leqslant P_{\rm mg}^{\max},\quad t=1,\cdots,T.$$

这里 $P_{\rm mg}^{\max}>0$ 为发动机最大能量，而 $-P_{\rm mg}^{\min}>0$ 为发电机最大能量。

电池在时间 t 的充放电记为 $E(t)$，$t=1,\cdots,T+1$。电池能量满足

$$E(t+1)=E(t)-p_{\rm mg}(t)-\eta|p_{\rm mg}(t)|,\quad t=1,\cdots,T,$$

其中 $\eta > 0$ 为已知参数。($-p_{\rm mg}(t)$ 代表忽略损失情况下，由发动机/发电机从电池中带走或加入的能量。$-\eta|p_{\rm mg}(t)|$ 表示在电池或发动机/发电机损失的无效能量。)

在所有时间内，电池能量必须在 0（空）和 $E_{\rm batt}^{\max}$（满）之间。(如果 $E(t)=0$，电池已经完全放电，不能再从中提取任何能量；当 $E(t)=E_{\rm batt}^{\max}$，电池已经充满不能再进行充电。）为与非混合汽车进行比较，我们将初始和最终的电池能量固定，所以这个路程的净电池储量为零：$E(1)=E(T+1)$。我们不特别指定初始（和最终）的电池储量。

这个问题的目标是引擎消耗的总燃料

$$F_{\rm total}=\sum_{t=1}^{T}F(p_{\rm eng}(t)),$$

其中 $F:\mathbf{R}\to\mathbf{R}$ 为引擎的**燃料利用特性**。我们假设 F 是正的、递增和凸的。

将问题建模成关于变量 $p_{\rm eng}(t)$、$p_{\rm mg}(t)$，$p_{\rm br}(t)$，$t=1,\cdots,T$ 以及 $E(t)$，$t=1,\cdots,T+1$ 的凸优化问题。解释为什么你的式子等价于前述描述的问题。

5 对偶

5.1 Lagrange 对偶函数

5.1.1 Lagrange

考虑标准形式的优化问题 (4.1)：

$$\begin{array}{ll} \text{minimize} & f_0(x) \\ \text{subject to} & f_i(x) \leqslant 0, \quad i=1,\cdots,m \\ & h_i(x)=0, \quad i=1,\cdots,p, \end{array} \tag{5.1}$$

其中，自变量 $x \in \mathbf{R}^n$。设问题的定义域 $\mathcal{D} = \bigcap_{i=0}^{m} \operatorname{\mathbf{dom}} f_i \cap \bigcap_{i=1}^{p} \operatorname{\mathbf{dom}} h_i$ 是非空集合，优化问题的最优值为 $p^\star$。注意到这里并没有假设问题 (5.1) 是凸优化问题。

Lagrange 对偶的基本思想是在目标函数中考虑问题 (5.1) 的约束条件，即添加约束条件的加权和，得到增广的目标函数。定义问题 (5.1) 的 **Lagrange 函数** $L: \mathbf{R}^n \times \mathbf{R}^m \times \mathbf{R}^p \to \mathbf{R}$ 为

$$L(x,\lambda,\nu) = f_0(x) + \sum_{i=1}^{m} \lambda_i f_i(x) + \sum_{i=1}^{p} \nu_i h_i(x),$$

其中定义域为 $\operatorname{\mathbf{dom}} L = \mathcal{D} \times \mathbf{R}^m \times \mathbf{R}^p$。$\lambda_i$ 称为第 i 个不等式约束 $f_i(x) \leqslant 0$ 对应的**Lagrange 乘子**；类似地，ν_i 称为第 i 个等式约束 $h_i(x)=0$ 对应的 Lagrange 乘子。向量 λ 和 ν 称为对偶变量或者是问题 (5.1) 的**Lagrange 乘子向量**。

5.1.2 Lagrange 对偶函数

定义 **Lagrange对偶函数**（或**对偶函数**）$g: \mathbf{R}^m \times \mathbf{R}^p \to \mathbf{R}$ 为 Lagrange 函数关于 x 取得的最小值：即对 $\lambda \in \mathbf{R}^m$，$\nu \in \mathbf{R}^p$，有

$$g(\lambda,\nu) = \inf_{x\in\mathcal{D}} L(x,\lambda,\nu) = \inf_{x\in\mathcal{D}} \left(f_0(x) + \sum_{i=1}^{m} \lambda_i f_i(x) + \sum_{i=1}^{p} \nu_i h_i(x) \right).$$

如果 Lagrange 函数关于 x 无下界，则对偶函数取值为 $-\infty$。因为对偶函数是一族关于 (λ, ν) 的仿射函数的逐点下确界，所以即使原问题 (5.1) 不是凸的，对偶函数也是凹函数。

5.1.3 最优值的下界

对偶函数构成了原问题 (5.1) 最优值 $p^\star$ 的下界：即对任意 $\lambda \succeq 0$ 和 ν 下式成立

$$g(\lambda, \nu) \leqslant p^\star. \tag{5.2}$$

可以很容易验证这个重要的性质。设 $\tilde{x}$ 是原问题 (5.1) 的一个可行点，即 $f_i(\tilde{x}) \leqslant 0$ 且 $h_i(\tilde{x}) = 0$。根据假设，$\lambda \succeq 0$，我们有

$$\sum_{i=1}^{m} \lambda_i f_i(\tilde{x}) + \sum_{i=1}^{p} \nu_i h_i(\tilde{x}) \leqslant 0,$$

这是因为左边的第一项非正而第二项为零。根据上述不等式，有

$$L(\tilde{x}, \lambda, \nu) = f_0(\tilde{x}) + \sum_{i=1}^{m} \lambda_i f_i(\tilde{x}) + \sum_{i=1}^{p} \nu_i h_i(\tilde{x}) \leqslant f_0(\tilde{x}).$$

因此

$$g(\lambda, \nu) = \inf_{x \in \mathcal{D}} L(x, \lambda, \nu) \leqslant L(\tilde{x}, \lambda, \nu) \leqslant f_0(\tilde{x}).$$

由于每一个可行点 $\tilde{x}$ 都满足 $g(\lambda, \nu) \leqslant f_0(\tilde{x})$，因此不等式 (5.2) 成立。针对 $x \in \mathbf{R}$ 和具有一个不等式约束的某简单问题，图5.1描述了式 (5.2) 所给出的下界。

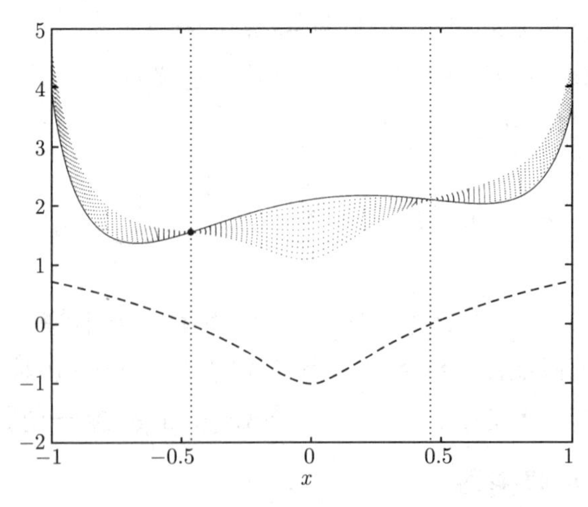

图5.1 **对偶可行点给出的下界**。实线表示目标函数 f_0，虚线表示约束函数 f_1。可行集是区间 $[-0.46, 0.46]$，如图中两条垂直点线所示。最优点和最优值分别为 $x^\star = -0.46$，$p^\star = 1.54$（在图中用圆点表示）。点线表示一系列 Lagrange 函数 $L(x, \lambda)$，其中 $\lambda = 0.1,\ 0.2, \cdots, 1.0$。每个 Lagrange 函数都有一个极小值，均小于原问题最优目标值 $p^\star$，这是因为在可行集上（假设 $\lambda \geqslant 0$）有 $L(x, \lambda) \leqslant f_0(x)$。

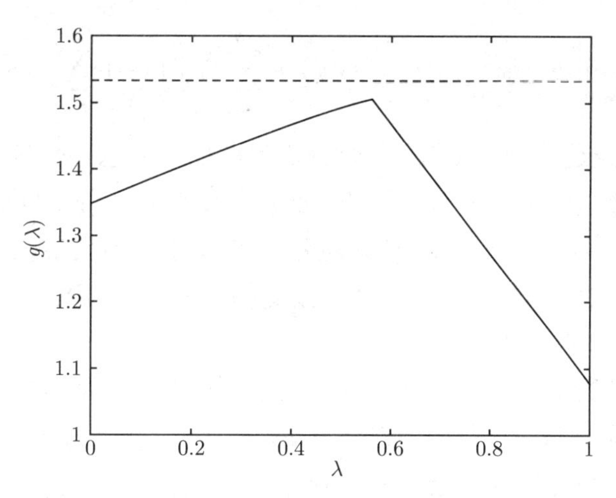

图5.2　图5.1中问题的对偶函数 g。函数 f_0 和 f_1 都不是凸函数，但是对偶函数是凹函数。水平虚线是原问题的最优函数值 $p^\star$。

虽然不等式 (5.2) 成立，但是当 $g(\lambda,\nu) = -\infty$ 时其意义不大。只有当 $\lambda \succeq 0$ 且 $(\lambda,\nu) \in \mathbf{dom}\, g$ 即 $g(\lambda,\nu) > -\infty$ 时，对偶函数才能给出 $p^\star$ 的一个非平凡下界。称满足 $\lambda \succeq 0$ 以及 $(\lambda,\nu) \in \mathbf{dom}\, g$ 的 (λ,ν) 是**对偶可行**的，后面很快就会看到这样定义的原因。

5.1.4　通过线性逼近来理解

可以通过对集合 $\{0\}$ 和 $-\mathbf{R}_+$ 的示性函数进行线性逼近来理解 Lagrange 函数和其给出下界的性质。首先将原问题 (5.1) 重新描述为一个无约束问题

$$\text{minimize} \quad f_0(x) + \sum_{i=1}^{m} I_-(f_i(x)) + \sum_{i=1}^{p} I_0(h_i(x)), \tag{5.3}$$

其中，$I_- : \mathbf{R} \to \mathbf{R}$ 是非正实数集的示性函数

$$I_-(u) = \begin{cases} 0 & u \leqslant 0 \\ \infty & u > 0, \end{cases}$$

类似地，I_0 是集合 $\{0\}$ 的示性函数。在表达式 (5.3) 中，函数 $I_-(u)$ 可以理解为我们对约束函数值 $u = f_i(x)$ 的一种恼怒或不满：如果 $f_i(x) \leqslant 0$，$I_-(u)$ 为零，如果 $f_i(x) > 0$，$I_-(u)$ 为 ∞。类似地，$I_0(u)$ 表达了我们对等式约束值 $u = h_i(x)$ 的不满。我们可以认为函数 I_- 是一个“砖墙式”或“无限强硬”的不满意方程；即随着函数 $f_i(x)$ 从非正数变为正数，我们的不满意度从零升到无穷大。

设在表达式 (5.3) 中，用线性函数 $\lambda_i u$ 替代函数 $I_-(u)$，其中 $\lambda_i \geqslant 0$，用函数 $\nu_i u$ 替代 $I_0(u)$。则目标函数变为 Lagrange 函数 $L(x,\lambda,\nu)$，且对偶函数值 $g(\lambda,\nu)$ 是问题

$$\text{minimize} \quad L(x,\lambda,\nu) = f_0(x) + \sum_{i=1}^{m} \lambda_i f_i(x) + \sum_{i=1}^{p} \nu_i h_i(x) \tag{5.4}$$

的最优值。在上述表达式中，我们用线性或者“软”的不满意函数替换了函数 I_- 和 I_0。对于不等式约束，如果 $f_i(x)=0$，我们的不满意度为零，当 $f_i(x)>0$ 时，不满意度大于零（假设 $\lambda_i>0$）；随着约束“越来越被违背”，我们越来越不满意。在原始表达式(5.3) 中，任意不大于零的 $f_i(x)$ 都是可接受的，而在软的表达式中，当约束有裕量时，我们会感到满意，例如当 $f_i(x)<0$ 时。

显然，用线性函数 $\lambda_i u$ 去逼近 $I_-(u)$ 是远远不够的。然而，线性函数至少可以看成是示性函数的一个**下估计**。这是因为对任意 u，有 $\lambda_i u \leqslant I_-(u)$ 和 $\nu_i u \leqslant I_0(u)$，我们随之可以得到，对偶函数是原问题最优函数值的一个下界。

用“软”约束代替“硬”约束的思想在后文考虑内点法时（§11.2.1）会再次提到。

5.1.5 例子

本节给出一些例子，针对这些例子，可以得到 Lagrange 对偶函数的解析表达式。

线性方程组的最小二乘解

考虑问题

$$\begin{array}{ll} \text{minimize} & x^T x \\ \text{subject to} & Ax=b, \end{array} \tag{5.5}$$

其中 $A\in\mathbf{R}^{p\times n}$。这个问题没有不等式约束，有 p 个（线性）等式约束。其 Lagrange 函数是 $L(x,\nu)=x^Tx+\nu^T(Ax-b)$，定义域为 $\mathbf{R}^n\times\mathbf{R}^p$。对偶函数是 $g(\nu)=\inf_x L(x,\nu)$。因为 $L(x,\nu)$ 是 x 的二次凸函数，可以通过求解如下最优性条件得到函数的最小值，

$$\nabla_x L(x,\nu) = 2x + A^T\nu = 0,$$

在点 $x=-(1/2)A^T\nu$ 处 Lagrange 函数达到最小值。因此对偶函数为

$$g(\nu) = L(-(1/2)A^T\nu,\nu) = -(1/4)\nu^T AA^T\nu - b^T\nu,$$

它是一个二次凹函数，定义域为 $\mathbf{R}^p$。根据对偶函数给出原问题下界的性质 (5.2)，对任意 $\nu\in\mathbf{R}^p$，有

$$-(1/4)\nu^T AA^T\nu - b^T\nu \leqslant \inf\{x^Tx \mid Ax=b\}.$$

标准形式的线性规划

考虑标准形式的线性规划问题

$$\begin{array}{ll} \text{minimize} & c^T x \\ \text{subject to} & Ax=b \\ & x\succeq 0, \end{array} \tag{5.6}$$

其中，不等式约束函数为 $f_i(x) = -x_i$，$i = 1, \cdots, n$。为了推导 Lagrange 函数，对 n 个不等式约束引入 Lagrange 乘子 λ_i，对等式约束引入 Lagrange 乘子 ν_i，我们得到

$$L(x, \lambda, \nu) = c^T x - \sum_{i=1}^{n} \lambda_i x_i + \nu^T (Ax - b) = -b^T \nu + (c + A^T \nu - \lambda)^T x.$$

对偶函数为

$$g(\lambda, \nu) = \inf_x L(x, \lambda, \nu) = -b^T \nu + \inf_x (c + A^T \nu - \lambda)^T x,$$

可以很容易确定对偶函数的解析表达式，因为线性函数只有恒为零时才有下界。因此，当 $c + A^T \nu - \lambda = 0$ 时，$g(\lambda, \nu) = -b^T \nu$，其余情况下 $g(\lambda, \nu) = -\infty$，即

$$g(\lambda, \nu) = \begin{cases} -b^T \nu & A^T \nu - \lambda + c = 0 \\ -\infty & \text{其他情况.} \end{cases}$$

注意到对偶函数 g 只有在 $\mathbf{R}^m \times \mathbf{R}^p$ 上的一个正常仿射子集上才是有限值。后面我们将会看到这是一种常见的情况。

只有当 λ 和 ν 满足 $\lambda \succeq 0$ 和 $A^T \nu - \lambda + c = 0$ 时，下界性质 (5.2) 才是非平凡的。在此情形下，$-b^T \nu$ 给出了线性规划问题 (5.6) 最优值的一个下界。

双向划分问题

考虑（非凸）问题

$$\begin{array}{ll} \text{minimize} & x^T W x \\ \text{subject to} & x_i^2 = 1, \quad i = 1, \cdots, n, \end{array} \tag{5.7}$$

其中，$W \in \mathbf{S}^n$。约束条件要求 x_i 的值为 1 或者 -1，所以原问题等价于寻找这样的向量，其分量为 ± 1，并使 $x^T W x$ 最小。可行集是有限的（包含 2^n 个点），所以此问题本质上可以通过遍历所有可行点来求得最小值。然而，可行点的数量是指数增长的，所以，只有当问题规模较小（比如说 $n \leqslant 30$）时，遍历法才是可行的。一般而言（或当 n 大于 50 时），问题 (5.7) 很难求解。

我们可以将问题 (5.7) 看成 n 个元素的集合（$\{1, \cdots, n\}$）上的双向划分问题：对任意可行点 x，其对应的划分为

$$\{1, \cdots, n\} = \{i \mid x_i = -1\} \cup \{i \mid x_i = 1\}.$$

矩阵系数 W_{ij} 可以看成分量 i 和 j 在同一分区内的成本，$-W_{ij}$ 可以看成分量 i 和 j 在不同分区内的成本。问题 (5.7) 中的目标函数是考虑分量间所有配对的成本，因此问题 (5.7) 也即寻找使得总成本最小的划分。

下面来推导此问题的对偶函数。Lagrange 函数为

$$
\begin{aligned}
L(x,\nu) &= x^T W x + \sum_{i=1}^n \nu_i(x_i^2-1) \\
&= x^T(W+\mathbf{diag}(\nu))x - \mathbf{1}^T\nu.
\end{aligned}
$$

对 x 求极小得到 Lagrange 对偶函数

$$
\begin{aligned}
g(\nu) &= \inf_x x^T(W+\mathbf{diag}(\nu))x - \mathbf{1}^T\nu \\
&= \begin{cases} -\mathbf{1}^T\nu & W+\mathbf{diag}(\nu)\succeq 0 \\ -\infty & \text{其他情况}. \end{cases}
\end{aligned}
$$

事实上，二次函数求下确界时或者是零（如果表达式是半正定的），或者是 $-\infty$（如果表达式不是半正定的），因此对偶函数具有上述形式。

对偶函数构成了原本复杂的问题 (5.7) 的最优值的一个下界。例如，我们可以令对偶变量取值为

$$\nu = -\lambda_{\min}(W)\mathbf{1},$$

上述取值是对偶可行的，这是因为

$$W+\mathbf{diag}(\nu) = W-\lambda_{\min}(W)I\succeq 0.$$

由此我们得到了最优值 $p^\star$ 的一个下界

$$p^\star \geqslant -\mathbf{1}^T\nu = n\lambda_{\min}(W). \tag{5.8}$$

注释 5.1 当然，也可以不用 Lagrange 对偶函数得到最优值 $p^\star$ 的下界。首先，将约束 $x_1^2=1,\cdots,x_n^2=1$ 用约束 $\sum\limits_{i=1}^n x_i^2=n$ 替代，可以得到修改后的问题

$$
\begin{array}{ll}
\text{minimize} & x^TWx \\
\text{subject to} & \sum_{i=1}^n x_i^2 = n.
\end{array} \tag{5.9}
$$

若原问题的约束条件满足，则修改后的问题的约束条件满足，因此问题 (5.9) 的最优值构成了原问题 (5.7) 的最优值 $p^\star$ 的一个下界。但是修改后的问题 (5.9) 相对来说要容易求解得多，实际上，它可以当成是一个特征值问题来进行求解，其最优值为 $n\lambda_{\min}(W)$。

5.1.6 Lagrange 对偶函数和共轭函数

回忆 §3.3 中所提到的函数 $f:\mathbf{R}^n\to\mathbf{R}$ 的共轭函数 f^* 为

$$f^*(y) = \sup_{x\in\mathbf{dom}\,f}\left(y^Tx - f(x)\right).$$

事实上，共轭函数和 Lagrange 对偶函数紧密相关。下面的问题说明了一个简单的联系，考虑问题

$$
\begin{array}{ll}
\text{minimize} & f(x) \\
\text{subject to} & x = 0
\end{array}
$$

（虽然此问题没有什么挑战性，目测就可以看出答案）。上述问题的 Lagrange 函数为 $L(x,\nu)=f(x)+\nu^T x$，其对偶函数为

$$g(\nu)=\inf_x\left(f(x)+\nu^T x\right)=-\sup_x\left((-\nu)^T x-f(x)\right)=-f^*(-\nu).$$

更一般地（也更有用地），考虑一个优化问题，其具有线性不等式以及等式约束，

$$\begin{array}{ll}\text{minimize} & f_0(x)\\ \text{subject to} & Ax\preceq b\\ & Cx=d.\end{array}\tag{5.10}$$

利用函数 f_0 的共轭函数，我们可以将问题 (5.10) 的对偶函数表述为

$$\begin{aligned}g(\lambda,\nu)&=\inf_x\left(f_0(x)+\lambda^T(Ax-b)+\nu^T(Cx-d)\right)\\&=-b^T\lambda-d^T\nu+\inf_x\left(f_0(x)+(A^T\lambda+C^T\nu)^T x\right)\\&=-b^T\lambda-d^T\nu-f_0^*(-A^T\lambda-C^T\nu).\end{aligned}\tag{5.11}$$

函数 g 的定义域也可以由函数 f_0^* 的定义域得到，

$$\mathbf{dom}\, g=\{(\lambda,\nu)\mid -A^T\lambda-C^T\nu\in\mathbf{dom}\, f_0^*\}.$$

下面用例子来说明上述结论。

等式约束条件下的范数极小化

考虑问题

$$\begin{array}{ll}\text{minimize} & \|x\|\\ \text{subject to} & Ax=b,\end{array}\tag{5.12}$$

其中 $\|\cdot\|$ 是任意范数。在之前的第 88 页中的例 3.26 曾提到过函数 $f_0=\|\cdot\|$ 的共轭函数为

$$f_0^*(y)=\begin{cases}0 & \|y\|_*\leqslant 1\\ \infty & \text{其他情况},\end{cases}$$

可以看出此函数是对偶范数单位球的示性函数。

利用上面提到的结论 (5.11) 可以得到问题 (5.12) 的对偶函数为

$$g(\nu)=-b^T\nu-f_0^*(-A^T\nu)=\begin{cases}-b^T\nu & \|A^T\nu\|_*\leqslant 1\\ -\infty & \text{其他情况}.\end{cases}$$

熵的最大化

考虑熵的最大化问题

$$\begin{array}{ll} \text{minimize} & f_0(x) = \sum_{i=1}^{n} x_i \log x_i \\ \text{subject to} & Ax \preceq b \\ & \mathbf{1}^T x = 1 \end{array} \tag{5.13}$$

其中 $\mathbf{dom}\, f_0 = \mathbf{R}_{++}^n$。关于实变量 u 的负熵函数 $u \log u$ 的共轭函数是 e^{v-1}（见第 86 页中的例 3.21）。因为函数 f_0 是不同变量的负熵函数的和，其共轭函数为

$$f_0^*(y) = \sum_{i=1}^{n} e^{y_i - 1},$$

其定义域为 $\mathbf{dom}\, f_0^* = \mathbf{R}^n$。根据上面的结论 (5.11)，问题 (5.13) 的对偶函数为

$$g(\lambda, \nu) = -b^T\lambda - \nu - \sum_{i=1}^{n} e^{-a_i^T\lambda - \nu - 1} = -b^T\lambda - \nu - e^{-\nu-1} \sum_{i=1}^{n} e^{-a_i^T\lambda}$$

其中 a_i 是矩阵 A 的第 i 列向量。

最小体积覆盖椭球

考虑关于变量 $X \in \mathbf{S}^n$ 的问题

$$\begin{array}{ll} \text{minimize} & f_0(X) = \log\det X^{-1} \\ \text{subject to} & a_i^T X a_i \leqslant 1, \quad i = 1, \cdots, m, \end{array} \tag{5.14}$$

其中 $\mathbf{dom}\, f_0 = \mathbf{S}_{++}^n$。问题 (5.14) 有着简单的几何意义。对于任意 $X \in \mathbf{S}_{++}^n$，我们将其与如下中心在原点的椭球联系起来，

$$\mathcal{E}_X = \{z \mid z^T X z \leqslant 1\}.$$

椭球的体积与 $\left(\det X^{-1}\right)^{1/2}$ 成正比，所以问题 (5.14) 的目标函数实质上是椭球 $\mathcal{E}_X$ 体积的对数的两倍并加上一个常数附加项。问题 (5.14) 的约束条件可以写成 $a_i \in \mathcal{E}_X$。因此问题 (5.14) 等价于寻找能够包含点 $a_1, \cdots, a_m$ 的，并以原点为中心，具有最小体积的椭球。

问题 (5.14) 的不等式约束是仿射的；它们可以表述为

$$\mathbf{tr}\left((a_i a_i^T) X\right) \leqslant 1.$$

在例 3.23（第 86 页）中我们曾得到函数 f_0 的共轭函数为

$$f_0^*(Y) = \log\det(-Y)^{-1} - n,$$

其中定义域 $\mathbf{dom}\, f_0^* = -\mathbf{S}_{++}^n$。根据上面的结论式 (5.11)，问题 (5.14) 的对偶函数为

$$g(\lambda)=\begin{cases}\log\det\left(\sum_{i=1}^m \lambda_i a_i a_i^T\right)-\mathbf{1}^T\lambda+n & \sum_{i=1}^m \lambda_i a_i a_i^T \succ 0\\ -\infty & \text{其他情况.}\end{cases} \tag{5.15}$$

因此，对任意满足 $\sum_{i=1}^m \lambda_i a_i a_i^T \succ 0$ 和 $\lambda \succeq 0$ 的 λ，数值

$$\log\det\left(\sum_{i=1}^m \lambda_i a_i a_i^T\right)-\mathbf{1}^T\lambda+n$$

给出了问题 (5.14) 最优值的一个下界。

5.2 Lagrange 对偶问题

对于任意一组 (λ,ν)，其中 $\lambda \succeq 0$，Lagrange 对偶函数给出了优化问题 (5.1) 的最优值 $p^\star$ 的一个下界。因此，我们可以得到和参数 λ、ν 相关的一个下界。一个自然的问题是：从 Lagrange 函数能够得到的**最好**下界是什么？

可以将这个问题表述为优化问题

$$\begin{array}{ll}\text{maximize} & g(\lambda,\nu)\\ \text{subject to} & \lambda \succeq 0.\end{array} \tag{5.16}$$

上述问题称为问题 (5.1) 的**Lagrange 对偶问题**。在本书中，原始问题 (5.1) 有时被称为**原问题**。前面提到的**对偶可行**的概念，即描述满足 $\lambda \succeq 0$ 和 $g(\lambda,\nu)>-\infty$ 的一组 (λ,ν)，此时具有意义。它意味着，这样的一组 (λ,ν) 是对偶问题 (5.16) 的一个可行解。称解 $(\lambda^\star,\nu^\star)$ 是**对偶最优解**或者是**最优 Lagrange 乘子**，如果它是对偶问题 (5.16) 的最优解。

Lagrange 对偶问题 (5.16) 是一个凸优化问题，这是因为极大化的目标函数是凹函数，且约束集合是凸集。因此，对偶问题的凸性和原问题 (5.1) 是否是凸优化问题无关。

5.2.1 显式表达对偶约束

前面提到的例子说明了对偶函数的定义域

$$\mathbf{dom}\, g=\{(\lambda,\nu)\mid g(\lambda,\nu)>-\infty\}$$

的维数一般都小于 $m+p$。事实上，很多情况下，我们可以求出 $\mathbf{dom}\, g$ 的仿射包并将其表示为一系列线性等式约束。粗略地讲，这说明我们可以识别出对偶问题 (5.16) 目标函数 g 中“隐藏”或“隐含”的等式约束。这样处理之后我们可以得到一个等价的问题，在等价的问题中，这些等式约束都被显式地表达为优化问题的约束。下面的例子将说明这一点。

标准形式线性规划的 Lagrange 对偶

在第 210 页中，标准形式线性规划

$$\begin{array}{ll}\text{minimize} & c^T x \\ \text{subject to} & Ax = b \\ & x \succeq 0\end{array} \tag{5.17}$$

的 Lagrange 对偶函数为

$$g(\lambda,\nu) = \begin{cases} -b^T\nu & A^T\nu - \lambda + c = 0 \\ -\infty & \text{其他情况}. \end{cases}$$

严格地讲，标准形式线性规划的对偶问题是在满足约束 $\lambda \succeq 0$ 的条件下极大化对偶函数 g，即

$$\begin{array}{ll}\text{maximize} & g(\lambda,\nu) = \begin{cases} -b^T\nu & A^T\nu - \lambda + c = 0 \\ -\infty & \text{其他情况} \end{cases} \\ \text{subject to} & \lambda \succeq 0.\end{array} \tag{5.18}$$

当且仅当 $A^T\nu - \lambda + c = 0$ 时对偶函数 g 有界。我们可以通过将此"隐含"的等式约束"显式"化来得到一个等价的问题

$$\begin{array}{ll}\text{maximize} & -b^T\nu \\ \text{subject to} & A^T\nu - \lambda + c = 0 \\ & \lambda \succeq 0.\end{array} \tag{5.19}$$

进一步地，这个问题可以表述为

$$\begin{array}{ll}\text{maximize} & -b^T\nu \\ \text{subject to} & A^T\nu + c \succeq 0.\end{array} \tag{5.20}$$

这是一个不等式形式的线性规划。

注意到这三个问题之间细微的差别。标准形式线性规划 (5.17) 的 Lagrange 对偶问题是问题 (5.18)，这个问题等价于问题 (5.19) 和 (5.20)（但是形式不同）。这里重复使用术语，称问题 (5.19) 和 (5.20) 都是标准形式线性规划 (5.17) 的 Lagrange 对偶问题。

不等式形式线性规划的 Lagrange 对偶

类似地，我们可以写出不等式形式的线性规划问题

$$\begin{array}{ll}\text{minimize} & c^T x \\ \text{subject to} & Ax \preceq b\end{array} \tag{5.21}$$

的 Lagrange 对偶问题。Lagrange 函数为

$$L(x,\lambda) = c^T x + \lambda^T(Ax - b) = -b^T\lambda + (A^T\lambda + c)^T x,$$

所以对偶函数为

$$g(\lambda) = \inf_x L(x,\lambda) = -b^T\lambda + \inf_x (A^T\lambda + c)^T x.$$

我们知道，若线性函数不是恒值，则线性函数的下确界是 $-\infty$，因此上述问题的对偶函数为

$$g(\lambda) = \begin{cases} -b^T\lambda & A^T\lambda + c = 0 \\ -\infty & \text{其他情况.} \end{cases}$$

称对偶变量 λ 是对偶可行的，如果 $\lambda \succeq 0$ 且 $A^T\lambda + c = 0$。

线性规划 (5.21) 的 Lagrange 对偶问题是对所有的 $\lambda \succeq 0$ 极大化 g。和前面一样，我们可以显式表达对偶可行的条件并作为约束来重新描述对偶问题

$$\begin{array}{ll} \text{maximize} & -b^T\lambda \\ \text{subject to} & A^T\lambda + c = 0 \\ & \lambda \succeq 0, \end{array} \tag{5.22}$$

而上述问题是一个标准形式的线性规划。

我们注意到标准形式线性规划和不等式形式线性规划以及它们的对偶问题之间的有趣的对称性：标准形式线性规划的对偶问题是只含有不等式约束的线性规划问题，反之亦然。读者也可以证明，问题 (5.22) 的 Lagrange 对偶问题就是（等价于）原问题(5.21)。

5.2.2 弱对偶性

Lagrange 对偶问题的最优值，我们用 $d^\star$ 表示，根据定义，这是通过 Lagrange 函数得到的原问题最优值 $p^\star$ 的最好下界。特别地，我们有下面简单但是非常重要的不等式

$$d^\star \leqslant p^\star, \tag{5.23}$$

即使原问题不是凸问题，上述不等式亦成立。这个性质称为**弱对偶性**。

即使当 $d^\star$ 和 $p^\star$ 无限时，弱对偶性不等式 (5.23) 也成立。例如，如果原问题无下界，即 $p^\star = -\infty$，为了保证弱对偶性成立，必须有 $d^\star = -\infty$，即 Lagrange 对偶问题不可行。反过来，若对偶问题无上界，即 $d^\star = \infty$，为了保证弱对偶性成立，必须有 $p^\star = \infty$，即原问题不可行。

定义差值 $p^\star - d^\star$ 是原问题的**最优对偶间隙**。它给出了原问题最优值以及通过 Lagrange 对偶函数所能得到的最好（最大）下界之间的差值。最优对偶间隙总是非负的。

当原问题很难求解时，弱对偶不等式 (5.23) 可以给出原问题最优值的一个下界，这是因为对偶问题总是凸问题，而且在很多情况下都可以进行有效的求解得到 $d^\star$。作为一个例子，考虑第 211 页提到的双向划分问题 (5.7)。其对偶问题是一个半定规划问题

$$
\begin{array}{ll}
\text{maximize} & -\mathbf{1}^T\nu \\
\text{subject to} & W + \mathbf{diag}(\nu) \succeq 0,
\end{array}
$$

其中，变量 $\nu \in \mathbf{R}^n$。即使当 n 取相对较大的值，例如 $n = 1000$ 时，上述问题都可以进行有效求解。对偶问题的最优值给出了双向划分问题最优值的一个下界，而这个下界至少和根据 $\lambda_{\min}(W)$ 给出的下界 (5.8) 一样好。

5.2.3 强对偶性和 Slater 约束准则

如果等式

$$
d^\star = p^\star \tag{5.24}
$$

成立，即最优对偶间隙为零，那么**强对偶性**成立。这说明从 Lagrange 对偶函数得到的最好下界是紧的。

对于一般情况，强对偶性不成立。但是，如果原问题 (5.1) 是凸问题，即可以表述为如下形式

$$
\begin{array}{lll}
\text{minimize} & f_0(x) & \\
\text{subject to} & f_i(x) \leqslant 0, & i = 1, \cdots, m, \\
 & Ax = b, &
\end{array} \tag{5.25}
$$

其中，函数 $f_0, \cdots, f_m$ 是凸函数，强对偶性通常（但不总是）成立。有很多研究成果给出了强对偶性成立的条件（除了凸性条件以外）。这些条件称为**约束准则**。

一个简单的约束准则是 **Slater 条件**：存在一点 $x \in \mathbf{relint}\,\mathcal{D}$ 使得下式成立

$$
f_i(x) < 0, \quad i = 1, \cdots, m, \qquad Ax = b. \tag{5.26}
$$

满足上述条件的点有时称为**严格可行**，这是因为不等式约束严格成立。Slater 定理说明，当 Slater 条件成立（且原问题是凸问题）时，强对偶性成立。

当不等式约束函数 f_i 中有一些是仿射函数时，Slater 条件可以进一步改进。如果最前面的 k 个约束函数 $f_1, \cdots, f_k$ 是仿射的，则若下列弱化的条件成立，强对偶性成立。该条件为：存在一点 $x \in \mathbf{relint}\,\mathcal{D}$ 使得

$$
f_i(x) \leqslant 0, \quad i = 1, \cdots, k, \qquad f_i(x) < 0, \quad i = k+1, \cdots, m, \qquad Ax = b. \tag{5.27}
$$

换言之，仿射不等式不需要严格成立。注意到当所有约束条件都是线性等式或不等式且 $\mathbf{dom}\, f_0$ 是开集时，改进的 Slater 条件 (5.27) 就是可行性条件。

若 Slater 条件（以及其改进形式 (5.27)）满足，不但对于凸问题强对偶性成立，也意味着当 $d^\star > -\infty$ 时对偶问题能够取得最优值，即存在一组对偶可行解 $(\lambda^\star, \nu^\star)$ 使得 $g(\lambda^\star, \nu^\star) = d^\star = p^\star$。在 §5.3.2 中，我们将证明当原问题是凸问题且 Slater 条件成立时，强对偶性成立。

5.2.4 例子

线性方程组的最小二乘解

再次考虑问题 (5.5)

$$\begin{array}{ll} \text{minimize} & x^T x \\ \text{subject to} & Ax = b. \end{array}$$

其相应的对偶问题为

$$\text{maximize} \quad -(1/4)\nu^T AA^T \nu - b^T \nu,$$

它是一个凹二次函数的无约束极大化问题。

Slater 条件此时即是原问题的可行性条件，所以如果 $b \in \mathcal{R}(A)$，即 $p^\star < \infty$，有 $p^\star = d^\star$。事实上，对于此问题，强对偶性通常成立，即使 $p^\star = \infty$ 亦如此。当 $p^\star = \infty$ 时，$b \notin \mathcal{R}(A)$，所以存在 z 使得 $A^T z = 0$，$b^T z \neq 0$。因此，对偶函数在直线 $\{tz \mid t \in \mathbf{R}\}$ 上无界，即对偶问题最优值也无界，$d^\star = \infty$。

线性规划的 Lagrange 对偶

根据 Slater 条件的弱化形式，我们发现，对于任意线性规划问题（无论是标准形式还是不等式形式），只要原问题可行，强对偶性都成立。将此结论应用到对偶问题，我们得出结论，如果对偶问题可行，强对偶性成立。对线性规划问题，只有一种情况下强对偶性不成立：原问题和对偶问题均不可行。这种特殊的情况也会发生，见习题 5.23。

二次约束二次规划的 Lagrange 对偶

考虑约束和目标函数都是二次函数的优化问题 QCQP

$$\begin{array}{ll} \text{minimize} & (1/2)x^T P_0 x + q_0^T x + r_0 \\ \text{subject to} & (1/2)x^T P_i x + q_i^T x + r_i \leqslant 0, \quad i = 1, \cdots, m, \end{array} \tag{5.28}$$

其中，$P_0 \in \mathbf{S}_{++}^n$，$P_i \in \mathbf{S}_+^n$，$i = 1, \cdots, m$。其 Lagrange 函数为

$$L(x, \lambda) = (1/2)x^T P(\lambda) x + q(\lambda)^T x + r(\lambda),$$

其中

$$P(\lambda) = P_0 + \sum_{i=1}^m \lambda_i P_i, \qquad q(\lambda) = q_0 + \sum_{i=1}^m \lambda_i q_i, \qquad r(\lambda) = r_0 + \sum_{i=1}^m \lambda_i r_i.$$

对于一般的 λ 可以得到对偶函数 $g(\lambda)$ 的表达式，但是这样的推导非常复杂。但是，如果 $\lambda \succeq 0$，我们有 $P(\lambda) \succ 0$ 以及

$$g(\lambda) = \inf_x L(x, \lambda) = -(1/2)q(\lambda)^T P(\lambda)^{-1} q(\lambda) + r(\lambda).$$

因此，对偶问题可以表述为

$$\begin{array}{ll} \text{maximize} & -(1/2)q(\lambda)^T P(\lambda)^{-1} q(\lambda) + r(\lambda) \\ \text{subject to} & \lambda \succeq 0. \end{array} \tag{5.29}$$

根据 Slater 条件，当二次不等式约束严格成立时，即存在一点 x 使得

$$(1/2)x^T P_i x + q_i^T x + r_i < 0, \quad i = 1, \cdots, m.$$

问题 (5.29) 和 (5.28) 之间强对偶性成立。

熵的最大化

下一个问题是熵的最大化问题 (5.13)：

$$\begin{array}{ll} \text{minimize} & \sum_{i=1}^n x_i \log x_i \\ \text{subject to} & Ax \preceq b \\ & \mathbf{1}^T x = 1, \end{array}$$

其定义域为 $\mathcal{D} = \mathbf{R}_+^n$。在第 213 页中我们曾经推导过这个问题的 Lagrange 对偶函数；对偶问题为

$$\begin{array}{ll} \text{maximize} & -b^T\lambda - \nu - e^{-\nu-1} \sum_{i=1}^n e^{-a_i^T \lambda} \\ \text{subject to} & \lambda \succeq 0, \end{array} \tag{5.30}$$

其中，对偶变量 $\lambda \in \mathbf{R}^m$，$\nu \in \mathbf{R}$。对于问题 (5.13)，根据（弱化的）Slater 条件，我们知道如果存在一点 $x \succ 0$ 使得 $Ax \preceq b$ 以及 $\mathbf{1}^T x = 1$，最优对偶间隙为零。

关于对偶变量 ν 解析求最大可以简化对偶问题 (5.30)。对于任意固定 λ，当目标函数对 ν 的导数为零时，即

$$\nu = \log \sum_{i=1}^n e^{-a_i^T \lambda} - 1,$$

目标函数取最大值。将 ν 的最优值带入对偶问题可以得到

$$\begin{array}{ll} \text{maximize} & -b^T\lambda - \log \left(\sum_{i=1}^n e^{-a_i^T \lambda} \right) \\ \text{subject to} & \lambda \succeq 0, \end{array}$$

这是一个非负约束的几何规划问题（凸优化问题）。

最小体积覆盖椭球

考虑问题 (5.14)：

$$\begin{array}{ll}\text{minimize} & \log\det X^{-1}\\ \text{subject to} & a_i^T X a_i \leqslant 1, \quad i=1,\cdots,m,\end{array}$$

其中，定义域为 $\mathcal{D}=\mathbf{S}_{++}^n$。式 (5.15) 给出了其 Lagrange 对偶函数，所以对偶问题为

$$\begin{array}{ll}\text{maximize} & \log\det\left(\sum_{i=1}^m \lambda_i a_i a_i^T\right) - \mathbf{1}^T\lambda + n\\ \text{subject to} & \lambda \succeq 0.\end{array} \tag{5.31}$$

我们规定当 $X \nsucc 0$ 时，$\log\det X=-\infty$。

对于问题 (5.14)，(弱化的) Slater 条件为：存在一个矩阵 $X\in\mathbf{S}_{++}^n$ 使得对任意 $i=1,\cdots,m$ 有 $a_i^T X a_i \leqslant 1$。而这个条件总是满足的，所以问题(5.14) 和对偶问题(5.31) 之间的强对偶性总是成立。

具有强对偶性的一个非凸二次规划问题

虽然不太常见，但是对于**非凸**问题，强对偶性也有成立的时候。作为一个重要的例子，我们考虑在单位球内极小化非凸二次函数的优化问题

$$\begin{array}{ll}\text{minimize} & x^T A x + 2b^T x\\ \text{subject to} & x^T x \leqslant 1,\end{array} \tag{5.32}$$

其中，$A\in\mathbf{S}^n$，$A \nsucceq 0$，且 $b\in\mathbf{R}^n$。因为 $A\nsucceq 0$，所以这不是一个凸优化问题。这个问题有时也称为**信赖域问题**，当在单位球内极小化一个函数的二阶逼近函数时会遇到此问题，此时的单位球即为假设二阶逼近近似有效的区域。

Lagrange 函数为

$$L(x,\lambda)=x^TAx+2b^Tx+\lambda(x^Tx-1)=x^T(A+\lambda I)x+2b^Tx-\lambda,$$

因此对偶函数为

$$g(\lambda)=\begin{cases}-b^T(A+\lambda I)^\dagger b-\lambda & A+\lambda I\succeq 0, \quad b\in\mathcal{R}(A+\lambda I)\\ -\infty & \text{其他情况},\end{cases}$$

其中，矩阵 $(A+\lambda I)^\dagger$ 是矩阵 $A+\lambda I$ 的伪逆。因此 Lagrange 对偶问题为

$$\begin{array}{ll}\text{maximize} & -b^T(A+\lambda I)^\dagger b-\lambda\\ \text{subject to} & A+\lambda I\succeq 0, \quad b\in\mathcal{R}(A+\lambda I),\end{array} \tag{5.33}$$

其中，对偶变量 $\lambda \in \mathbf{R}$。虽然表达式看起来不明显，这是一个凸优化问题。事实上，对偶问题可以很容易地求解，可以将其写成

$$\begin{array}{ll}\text{maximize} & -\sum_{i=1}^{n}(q_i^T b)^2/(\lambda_i+\lambda)-\lambda \\ \text{subject to} & \lambda \geqslant -\lambda_{\min}(A),\end{array}$$

其中，λ_i 和 q_i 分别是矩阵 A 的特征值和相应的（标准正交）特征向量，我们规定若 $q_i^T b=0$，比值 $(q_i^T b)^2/0$ 为零，其他情况该比值为 ∞。

尽管原问题 (5.32) 不是凸问题，此问题的最优对偶间隙始终是零：问题 (5.32) 和问题 (5.33) 的最优解总是相同。事实上，存在一个更为一般的结论：如果 Slater 条件成立，对于具有二次目标函数和一个二次不等式约束的优化问题，强对偶性总是成立；参见 §B.1。

5.2.5 矩阵对策的混合策略

在本节中，我们利用强对偶性得出零和矩阵对策的一个基本结论。考虑二人对策。局中人 1 做出选择（或者**移动**）$k \in \{1,\cdots,n\}$，局中人 2 在 $l \in \{1,\cdots,m\}$ 中做出选择。然后，局中人 1 支付给局中人 2 P_{kl}，其中 $P \in \mathbf{R}^{n\times m}$ 是对策的**支付矩阵**。局中人 1 的目标是支付额越少越好，而局中人 2 的目标是极大化支付额。

局中人采用随机或者**混合策略**，这意味着每个局中人根据某个概率分布随机做出选择，和其他局中人的选择无关，即

$$\mathbf{prob}(k=i)=u_i,\quad i=1,\cdots,n,\qquad \mathbf{prob}(l=i)=v_i,\quad i=1,\cdots,m.$$

这里，u 和 v 是两个局中人的选择所服从的概率分布，即他们的策略。局中人 1 支付给局中人 2 的支付额的期望为

$$\sum_{k=1}^{n}\sum_{l=1}^{m}u_k v_l P_{kl}=u^T P v.$$

局中人 1 希望通过选择 u 来极小化 $u^T P v$，而局中人 2 则希望通过选择 v 来极大化$u^T P v$。

首先我们从局中人 1 的角度来分析这个对策，假设其策略 u 已经被局中人 2 知晓（这当然对局中人 2 是一个优势）。局中人 2 将会采取策略 v 来极大化 $u^T P v$，此时支付额的期望为

$$\sup\{u^T P v \mid v \succeq 0,\ \mathbf{1}^T v=1\}=\max_{i=1,\cdots,m}(P^T u)_i.$$

局中人 1 所能尽的最大努力是选择 u 来极小化上述最大支付额，即选择策略 u 求解下列问题

$$\begin{array}{ll} \text{minimize} & \max_{i=1,\cdots,m}(P^Tu)_i \\ \text{subject to} & u \succeq 0, \quad \mathbf{1}^Tu = 1, \end{array} \tag{5.34}$$

这是一个分片线性凸优化问题。设这个问题的最优值为 $p_1^\star$，这是在局中人 2 知道局中人 1 的策略后，给出了让自己利益最大化的选择时，局中人 1 所能给出的最小支付额期望。

类似地，我们可以考虑当局中人 2 的策略 v 被局中人 1 知晓时的情况（这对局中人 1 是个优势）。在这种情况下，局中人 1 选择策略 u 极大化 u^TPv，得到如下期望支付额

$$\inf\{u^TPv \mid u \succeq 0,\ \mathbf{1}^Tu = 1\} = \min_{i=1,\cdots,n}(Pv)_i.$$

局中人 2 选择策略 v 来极大化上述期望支付额，即选择策略 v 求解下列问题

$$\begin{array}{ll} \text{maximize} & \min_{i=1,\cdots,n}(Pv)_i \\ \text{subject to} & v \succeq 0, \quad \mathbf{1}^Tv = 1, \end{array} \tag{5.35}$$

这也是一个凸优化问题，目标函数是分片线性（凹）函数。设此问题的最优值为 $p_2^\star$。这是当局中人 1 知道局中人 2 的策略时，局中人 2 可以得到的最大支付额期望。

直观地，知道对手的策略是一个优势（至少不是劣势），事实上，很容易就得出总是成立 $p_1^\star \geqslant p_2^\star$。我们可以将非负差值 $p_1^\star - p_2^\star$ 看成是知道对手策略所带来的优势。

利用对偶性，我们得出一个乍看令人惊讶的结论：$p_1^\star = p_2^\star$。换言之，在采取混合策略的矩阵对策中，知道对手的策略**没有**优势。事实上，可以说明问题 (5.34)和问题(5.35) 互为 Lagrange 对偶问题，利用强对偶性，不难得到上述结论。

首先，将问题 (5.34) 写成线性规划问题

$$\begin{array}{ll} \text{minimize} & t \\ \text{subject to} & u \succeq 0, \quad \mathbf{1}^Tu = 1 \\ & P^Tu \preceq t\mathbf{1}, \end{array}$$

其中，附加变量 $t \in \mathbf{R}$。对约束 $P^Tu \preceq t\mathbf{1}$ 引入 Lagrange 乘子 λ，对约束 $u \succeq 0$ 引入 μ，对等式约束 $\mathbf{1}^Tu = 1$ 引入乘子 ν，则 Lagrange 函数为

$$t + \lambda^T(P^Tu - t\mathbf{1}) - \mu^Tu + \nu(1 - \mathbf{1}^Tu) = \nu + (1 - \mathbf{1}^T\lambda)t + (P\lambda - \nu\mathbf{1} - \mu)^Tu,$$

因此对偶函数为

$$g(\lambda, \mu, \nu) = \begin{cases} \nu & \mathbf{1}^T\lambda = 1, \quad P\lambda - \nu\mathbf{1} = \mu \\ -\infty & \text{其他情况.} \end{cases}$$

可以写出对偶问题

$$\begin{array}{ll}\text{maximize} & \nu \\ \text{subject to} & \lambda \succeq 0, \quad \mathbf{1}^T\lambda = 1, \quad \mu \succeq 0 \\ & P\lambda - \nu\mathbf{1} = \mu.\end{array}$$

消去 μ 得到关于变量 λ 和 ν 的 Lagrange 对偶问题

$$\begin{array}{ll}\text{maximize} & \nu \\ \text{subject to} & \lambda \succeq 0, \quad \mathbf{1}^T\lambda = 1 \\ & P\lambda \succeq \nu\mathbf{1},\end{array}$$

上述问题很显然与问题 (5.35) 是等价的。因为线性规划问题可行，所以强对偶性成立；即优化问题 (5.34) 和 (5.35) 的最优值相等。

5.3 几何解释

5.3.1 通过函数值集合理解强弱对偶性

可以通过集合

$$\mathcal{G} = \{(f_1(x), \cdots, f_m(x), h_1(x), \cdots, h_p(x), f_0(x)) \in \mathbf{R}^m \times \mathbf{R}^p \times \mathbf{R} \mid x \in \mathcal{D}\}, \qquad (5.36)$$

给出对偶函数的简单几何解释。事实上，此集合是约束函数和目标函数所取得的函数值。利用集合 $\mathcal{G}$，可以很容易地表达优化问题 (5.1) 的最优值 $p^\star$

$$p^\star = \inf\{t \mid (u, v, t) \in \mathcal{G}, u \preceq 0, v = 0\}.$$

为了求取以 (λ, ν) 为自变量的对偶函数，我们在 $(u, v, t) \in \mathcal{G}$ 上极小化仿射函数

$$(\lambda, \nu, 1)^T(u, v, t) = \sum_{i=1}^m \lambda_i u_i + \sum_{i=1}^p \nu_i v_i + t$$

得到

$$g(\lambda, \nu) = \inf\{(\lambda, \nu, 1)^T(u, v, t) \mid (u, v, t) \in \mathcal{G}\}.$$

特别地，如果下确界有限，则不等式

$$(\lambda, \nu, 1)^T(u, v, t) \geqslant g(\lambda, \nu)$$

定义了集合$\mathcal{G}$ 的一个支撑超平面。这个支撑超平面有时称为**非竖直**支撑超平面，这是因为法向量的最后一个分量不为零。

假设 $\lambda \succeq 0$。显然，如果 $u \preceq 0$ 且 $v = 0$，则成立 $t \geqslant (\lambda, \nu, 1)^T(u, v, t)$。因此有

$$\begin{aligned}p^\star &= \inf\{t \mid (u, v, t) \in \mathcal{G}, u \preceq 0, v = 0\} \\ &\geqslant \inf\{(\lambda, \nu, 1)^T(u, v, t) \mid (u, v, t) \in \mathcal{G}, u \preceq 0, v = 0\} \\ &\geqslant \inf\{(\lambda, \nu, 1)^T(u, v, t) \mid (u, v, t) \in \mathcal{G}\} \\ &= g(\lambda, \nu),\end{aligned}$$

即弱对偶性成立。针对只有一个不等式约束的简单问题，图5.3和图5.4描述了上述几何意义。

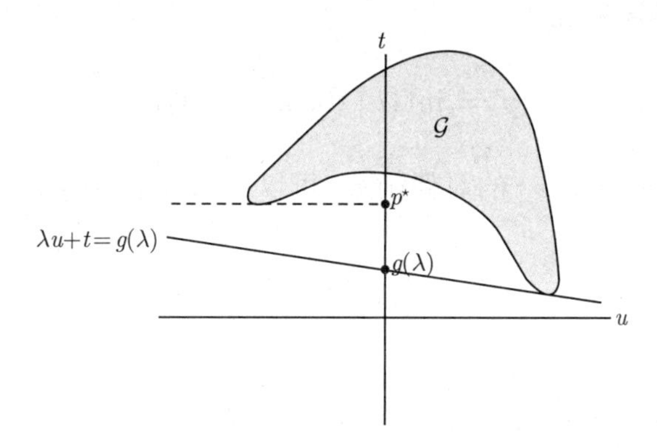

图5.3　针对只有一个（不等式）约束的简单问题，对偶函数和下界 $g(\lambda)\leqslant p^\star$ 的几何解释。给定 λ，在集合 $\mathcal{G}=\{(f_1(x),f_0(x))\mid x\in\mathcal{D}\}$ 上极小化 $(\lambda,1)^T(u,t)$，得到斜率为 $-\lambda$ 的支撑超平面。支撑超平面与坐标轴 $u=0$ 的交点即为 $g(\lambda)$。

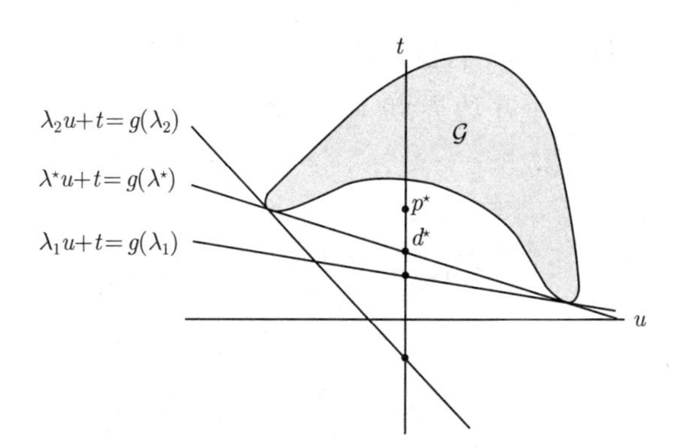

图5.4　对偶可行的三个λ 值对应的支撑超平面，这三个值中包含最优值$\lambda^\star$。强对偶性此时不成立；最优对偶间隙$p^\star-d^\star$大于零。

上境图变化

在本节中，我们以另一种方式理解对偶性的几何意义，同样也是基于集合 $\mathcal{G}$，通过这个理解，我们可以解释为什么对（大部分）凸问题，强对偶性总是成立。定义集合 $\mathcal{A}\subseteq\mathbf{R}^m\times\mathbf{R}^p\times\mathbf{R}$ 为

$$\mathcal{A}=\mathcal{G}+\left(\mathbf{R}_+^m\times\{0\}\times\mathbf{R}_+\right), \tag{5.37}$$

或者更明确的，

$$\begin{aligned}\mathcal{A}=\{(u,v,t)\mid \exists x\in\mathcal{D}, f_i(x)\leqslant u_i,\ i=1,\cdots,m,\\ h_i(x)=v_i,\ i=1,\cdots,p, f_0(x)\leqslant t\},\end{aligned}$$

我们可以认为 $\mathcal{A}$ 是 $\mathcal{G}$ 的一种上境图形式，因为 $\mathcal{A}$ 包含了 $\mathcal{G}$ 中的所有点以及一些"较坏"的点，即目标函数值或者不等式约束函数值较大的点。

可以通过 $\mathcal{A}$ 来描述最优值

$$p^\star = \inf\{t \mid (0,0,t) \in \mathcal{A}\}.$$

为了得到当 $\lambda \succeq 0$ 时关于 (λ, ν) 的对偶函数，可以在 $\mathcal{A}$ 上极小化仿射函数 $(\lambda, \nu, 1)^T(u, v, t)$：如果 $\lambda \succeq 0$，则

$$g(\lambda, \nu) = \inf\{(\lambda, \nu, 1)^T(u, v, t) \mid (u, v, t) \in \mathcal{A}\}.$$

如果下确界有限，则

$$(\lambda, \nu, 1)^T(u, v, t) \geqslant g(\lambda, \nu)$$

定义了 $\mathcal{A}$ 的一个非竖直的支撑超平面。

特别地，因为 $(0, 0, p^\star) \in \mathbf{bd}\,\mathcal{A}$，我们有

$$p^\star = (\lambda, \nu, 1)^T(0, 0, p^\star) \geqslant g(\lambda, \nu), \tag{5.38}$$

即弱对偶性成立。强对偶性成立，当且仅当存在某些对偶可行变量 (λ, ν)，使得式 (5.38) 取等号，即对集合 $\mathcal{A}$，存在一个在边界点 $(0, 0, p^\star)$ 处的非竖直的支撑超平面。

这种形式的几何解释见图5.5。

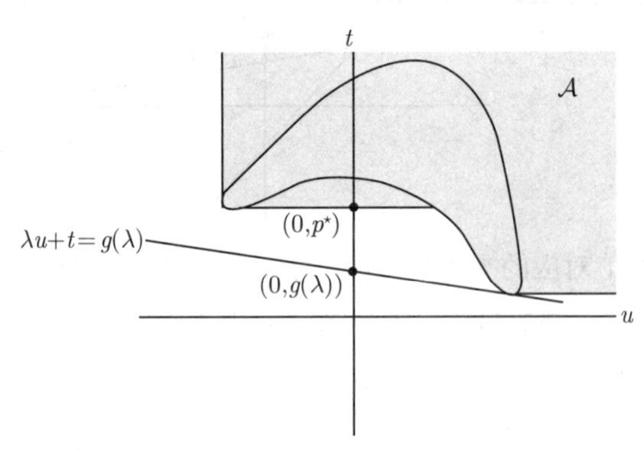

图5.5　针对具有一个（不等式）约束的问题，对偶函数和下界 $g(\lambda) \leqslant p^\star$ 的几何解释。给定 λ，在 $\mathcal{A} = \{(u,t) \mid \exists x \in \mathcal{D}, f_0(x) \leqslant t, f_1(x) \leqslant u\}$ 上极小化 $(\lambda, 1)^T(u, t)$。这样可以得到斜率为 $-\lambda$ 的支撑超平面。此支撑超平面和坐标轴 $u=0$ 的交点即为 $g(\lambda)$。

5.3.2　在约束准则下强对偶性成立的证明

本节证明 Slater 约束准则可以保证对凸优化问题强对偶性成立（且对偶最优可以达到）。考虑原问题 (5.25)，其中函数 $f_0, \cdots, f_m$ 均为凸函数，假设 Slater 条件满足：即存在一点 $\tilde{x} \in \mathbf{relint}\,\mathcal{D}$ 使得 $f_i(\tilde{x}) < 0$，$i = 1, \cdots, m$ 且 $A\tilde{x} = b$。为了简化证明，附加两

个假设条件：首先 $\mathcal{D}$ 的内点集不为空集（即 $\mathbf{relint}\,\mathcal{D} = \mathbf{int}\,\mathcal{D}$），其次 $\mathbf{rank}\,A = p$。假设最优值 $p^\star$ 有限。（因为存在可行点，则 $p^\star = -\infty$ 或者 $p^\star$ 有限；如果 $p^\star = -\infty$，则根据弱对偶性，$d^\star = -\infty$。）

如果原问题是凸问题，我们说明式 (5.37) 中定义的集合 $\mathcal{A}$ 是凸集。定义另一个凸集 $\mathcal{B}$ 为

$$\mathcal{B} = \{(0,0,s) \in \mathbf{R}^m \times \mathbf{R}^p \times \mathbf{R} \mid s < p^\star\}.$$

集合 $\mathcal{A}$ 和集合 $\mathcal{B}$ 不相交。为了说明这一点，设存在 $(u,v,t) \in \mathcal{A} \cap \mathcal{B}$。因为 $(u,v,t) \in \mathcal{B}$，我们有 $u = 0$，$v = 0$，以及 $t < p^\star$，而又因为 $(u,v,t) \in \mathcal{A}$，所以存在 x 使得 $f_i(x) \leqslant 0$，$i = 1, \cdots, m$，$Ax - b = 0$，以及 $f_0(x) \leqslant t < p^\star$，而这与 $p^\star$ 是原问题的最优值矛盾。

根据 §2.5.1 中的分离超平面定理，存在 $(\tilde{\lambda}, \tilde{\nu}, \mu) \neq 0$ 和 α 使得

$$(u,v,t) \in \mathcal{A} \implies \tilde{\lambda}^T u + \tilde{\nu}^T v + \mu t \geqslant \alpha, \tag{5.39}$$

和

$$(u,v,t) \in \mathcal{B} \implies \tilde{\lambda}^T u + \tilde{\nu}^T v + \mu t \leqslant \alpha. \tag{5.40}$$

根据式 (5.39)，我们有 $\tilde{\lambda} \succeq 0$ 和 $\mu \geqslant 0$。（否则 $\tilde{\lambda}^T u + \mu t$ 在 $\mathcal{A}$ 上无下界，与式 (5.39) 矛盾。）条件 (5.40) 意味着对所有 $t < p^\star$ 有 $\mu t \leqslant \alpha$，因此 $\mu p^\star \leqslant \alpha$。结合式 (5.39)，对任意 $x \in \mathcal{D}$，下式成立，

$$\sum_{i=1}^m \tilde{\lambda}_i f_i(x) + \tilde{\nu}^T (Ax - b) + \mu f_0(x) \geqslant \alpha \geqslant \mu p^\star. \tag{5.41}$$

设 $\mu > 0$，这样在不等式 (5.41) 两端除以 μ，可得对任意 $x \in \mathcal{D}$，下式成立

$$L(x, \tilde{\lambda}/\mu, \tilde{\nu}/\mu) \geqslant p^\star.$$

定义

$$\lambda = \tilde{\lambda}/\mu, \qquad \nu = \tilde{\nu}/\mu,$$

对 x 求极小可以得到 $g(\lambda,\nu) \geqslant p^\star$。根据弱对偶性，我们有 $g(\lambda,\nu) \leqslant p^\star$，因此 $g(\lambda,\nu) = p^\star$。这说明当 $\mu > 0$ 时强对偶性成立，且对偶问题能达到最优值。

现在考虑当 $\mu = 0$ 时的情形。根据式 (5.41)，对任意 $x \in \mathcal{D}$，有

$$\sum_{i=1}^m \tilde{\lambda}_i f_i(x) + \tilde{\nu}^T (Ax - b) \geqslant 0. \tag{5.42}$$

满足 Slater 条件的点 $\tilde{x}$ 同样满足式 (5.42)，因此有

$$\sum_{i=1}^m \tilde{\lambda}_i f_i(\tilde{x}) \geqslant 0.$$

因为 $f_i(\tilde{x}) < 0$ 且 $\tilde{\lambda}_i \geqslant 0$，我们有 $\tilde{\lambda} = 0$。因为 $(\tilde{\lambda}, \tilde{\nu}, \mu) \neq 0$ 且 $\tilde{\lambda} = 0$, $\mu = 0$，所以 $\tilde{\nu} \neq 0$。因此，式 (5.42) 表明对任意 $x \in \mathcal{D}$ 有 $\tilde{\nu}^T(Ax - b) \geqslant 0$。又因为 $\tilde{x}$ 满足 $\tilde{\nu}^T(A\tilde{x} - b) = 0$，且 $\tilde{x} \in \textbf{int}\,\mathcal{D}$，因此除了 $A^T\tilde{\nu} = 0$ 的情况，总存在 $\mathcal{D}$ 中的点使得 $\tilde{\nu}^T(Ax - b) < 0$。而 $A^T\tilde{\nu} = 0$ 显然与假设 $\textbf{rank}\,A = p$ 矛盾。

上述证明的几何意义如图5.6所示，图中的问题是具有一个不等式约束的简单问题。分离集合 $\mathcal{A}$ 和集合 $\mathcal{B}$ 的超平面在点 $(0, p^\star)$ 处定义了 $\mathcal{A}$ 的一个支撑超平面。根据 Slater 约束准则，分离的超平面必须是非竖直的（即存在一个形如 $(\lambda^\star, 1)$ 的法向量）。（针对具有一个不等式约束的凸优化问题，强对偶性也有可能不成立，习题 5.21 给出了一个简单的例子。）

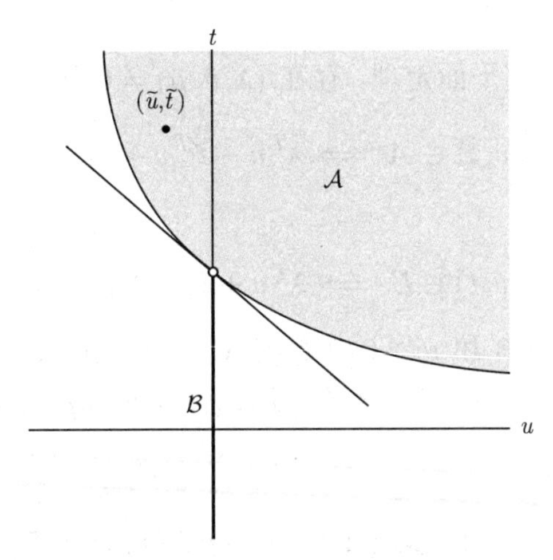

图5.6　对一个满足 Slater 约束准则的凸优化问题，强对偶性证明的图示。阴影部分是集合 $\mathcal{A}$，加粗的竖直线段是集合 $\mathcal{B}$，不包含点 $(0, p^\star)$，图中空心圆点所示。两个集合都是凸集，不相交，因此存在分离超平面。根据 Slater 约束准则，任意分离超平面必是非竖直的，这是因为它必须穿过点 $(\tilde{u}, \tilde{t}) = (f_1(\tilde{x}), f_0(\tilde{x}))$ 的左侧，其中点 $\tilde{x}$ 严格可行。

5.3.3　多准则解释

考虑没有等式约束的优化问题

$$
\begin{array}{ll}
\text{minimize} & f_0(x) \\
\text{subject to} & f_i(x) \leqslant 0, \quad i = 1, \cdots, m,
\end{array}
\tag{5.43}
$$

其 Lagrange 对偶问题和（无约束）多准则优化问题

$$
\text{minimize (关于 } \mathbf{R}_+^{m+1} \text{)} \quad F(x) = (f_1(x), \cdots, f_m(x), f_0(x))
\tag{5.44}
$$

的标量化解法（见 §4.7.4）之间有着天然的联系。在标量化的过程中，选择一个正向量 $\tilde{\lambda}$，极小化标量函数 $\tilde{\lambda}^T F(x)$ ；任意最小点都是 Pareto 最优。由于可以将 $\tilde{\lambda}$ 以任意正比例缩放而不影响极小化问题，所以不失一般性，可以选择 $\tilde{\lambda}=(\lambda,1)$。因此，在标量化中，我们极小化函数

$$\tilde{\lambda}^T F(x)=f_0(x)+\sum_{i=1}^{m}\lambda_i f_i(x),$$

而这正是问题 (5.43) 的 Lagrange 函数。

为了说明多准则凸优化问题的每个 Pareto 最优解都是给定某个非负权向量 $\tilde{\lambda}$ 时函数 $\tilde{\lambda}^T F(x)$ 的最小点，我们考虑式 (4.62) 定义的集合 $\mathcal{A}$，

$$\mathcal{A}=\{t\in\mathbf{R}^{m+1}\mid\exists x\in\mathcal{D},\ f_i(x)\leqslant t_i,\ i=0,\cdots,m\},$$

这和研究 Lagrange 对偶问题时式 (5.37) 中定义的集合 $\mathcal{A}$ 一样。此时，和前面一样，所需权向量也是集合在任意一个 Pareto 最优点处的支撑超平面。在多准则优化问题中，权向量的含义是目标函数的相对权重。当我们固定权向量的最后一个分量（和函数 f_0 对应）为一时，其他权向量分量的含义是相对 f_0 的成本，即相对于目标函数的成本。

5.4 鞍点解释

本节给出 Lagrange 对偶的其他几种解释。本节的内容在后续章节中将不再出现。

5.4.1 强弱对偶性的极大极小描述

可以将原、对偶优化问题以一种更为对称的方式进行表达。为了简化讨论，假设没有等式约束；事实上，现有的结果可以很容易地扩展至有等式约束的情形。

首先，我们注意到

$$\begin{aligned}\sup_{\lambda\succeq 0}L(x,\lambda)&=\sup_{\lambda\succeq 0}\left(f_0(x)+\sum_{i=1}^{m}\lambda_i f_i(x)\right)\\&=\begin{cases}f_0(x) & f_i(x)\leqslant 0,\quad i=1,\cdots,m\\ \infty & \text{其他情况}.\end{cases}\end{aligned}$$

假设 x 不可行，即存在某些 i 使得 $f_i(x)>0$。选择 $\lambda_j=0$，$j\neq i$，以及 $\lambda_i\to\infty$，可以得出 $\sup_{\lambda\succeq 0}L(x,\lambda)=\infty$。反过来，如果 x 可行，则有 $f_i(x)\leqslant 0$，$i=1,\cdots,m$，λ 的最优选择为 $\lambda=0$，$\sup_{\lambda\succeq 0}L(x,\lambda)=f_0(x)$。这意味着我们可以将原问题的最优值写成如下形式

$$p^\star=\inf_x\sup_{\lambda\succeq 0}L(x,\lambda).$$

根据对偶函数的定义，有

$$d^\star=\sup_{\lambda\succeq 0}\inf_x L(x,\lambda).$$

因此弱对偶性可以表述为下述不等式

$$\sup_{\lambda\succeq 0}\inf_x L(x,\lambda)\leqslant\inf_x\sup_{\lambda\succeq 0}L(x,\lambda),\tag{5.45}$$

强对偶性可以表示为下面的不等式

$$\sup_{\lambda\succeq 0}\inf_x L(x,\lambda)=\inf_x\sup_{\lambda\succeq 0}L(x,\lambda).$$

强对偶性意味着对 x 求极小和对 $\lambda\succeq 0$ 求极大可以互换而不影响结果。

事实上，不等式 (5.45) 是否成立和 L 的性质无关：对任意 $f:\mathbf{R}^n\times\mathbf{R}^m\to\mathbf{R}$（以及任意 $W\subseteq\mathbf{R}^n$ 和 $Z\subseteq\mathbf{R}^m$），下式成立：

$$\sup_{z\in Z}\inf_{w\in W}f(w,z)\leqslant\inf_{w\in W}\sup_{z\in Z}f(w,z).\tag{5.46}$$

这个一般性的等式称为**极大极小不等式**。若等式成立，即

$$\sup_{z\in Z}\inf_{w\in W}f(w,z)=\inf_{w\in W}\sup_{z\in Z}f(w,z)\tag{5.47}$$

我们称 f（以及 W 和 Z）满足**强极大极小性质**或者**鞍点**性质。当然，强极大极小性质只在特殊情形下成立，例如，函数 $f:\mathbf{R}^n\times\mathbf{R}^m\to\mathbf{R}$ 是满足强对偶性问题的 Lagrange 函数，而 $W=\mathbf{R}^n$，$Z=\mathbf{R}^m_+$。

5.4.2 鞍点解释

我们称一对 $\tilde{w}\in W$，$\tilde{z}\in Z$ 是函数 f（以及 W 和 Z）的**鞍点**，如果对任意 $w\in W$ 和 $z\in Z$ 下式成立

$$f(\tilde{w},z)\leqslant f(\tilde{w},\tilde{z})\leqslant f(w,\tilde{z}).$$

换言之，$f(w,\tilde{z})$ 在 $\tilde{w}$ 处取得最小值（关于变量 $w\in W$），$f(\tilde{w},z)$ 在 $\tilde{z}$ 处取得最大值（关于变量 $z\in Z$）：

$$f(\tilde{w},\tilde{z})=\inf_{w\in W}f(w,\tilde{z}),\qquad f(\tilde{w},\tilde{z})=\sup_{z\in Z}f(\tilde{w},z).$$

上式意味着强极大极小性质 (5.47) 成立，且共同值为 $f(\tilde{w},\tilde{z})$。

回到我们关于 Lagrange 对偶的讨论，如果 $x^\star$ 和 $\lambda^\star$ 分别是原问题和对偶问题的最优点，且强对偶性成立，则它们是 Lagrange 函数的一个鞍点。反过来同样成立：如果 (x,λ) 是 Lagrange 函数的一个鞍点，那么 x 是原问题的最优解，λ 是对偶问题的最优解，且最优对偶间隙为零。

5.4.3 对策解释

我们可以通过一个连续**零和对策**来理解极大极小不等式 (5.46)，极大极小等式(5.47)，以及鞍点性质。如果第一个局中人选择 $w \in W$，第二个局中人选择 $z \in Z$，那么局中人 1 支付给局中人 2 $f(w,z)$。局中人 1 希望极小化 f，而局中人 2 希望极大化 f。(因为局中人的选择是向量并且非离散，所以这个对策称为连续的。)

设局中人 1 首先做出选择，局中人 2 在知道局中人 1 的选择后，做出选择。局中人 2 希望极大化支付额 $f(w,z)$，因此选择 $z \in Z$ 来极大化 $f(w,z)$。所产生的支付额为 $\sup_{z\in Z} f(w,z)$，由第一个局中人的选择 w 决定。(此时假设上确界可以达到；如果达不到，最优支付额可以无限接近 $\sup_{z\in Z} f(w,z)$。) 局中人 1（假设）知道局中人 2 将采取此措施，因此将会选择 $w \in W$ 使得最坏情况下的支付额尽可能得小。因此局中人 1 选择

$$\underset{w\in W}{\operatorname{argmin}} \sup_{z\in Z} f(w,z),$$

这样局中人 1 付给局中人 2 的支付额为

$$\inf_{w\in W} \sup_{z\in Z} f(w,z).$$

现在假设对策的顺序反过来：局中人 2 先做出选择 $z \in Z$，局中人 1 随后选择 $w \in W$（已经知晓局中人 2 的选择 z）。通过类似的讨论，如果选择最优策略，局中人 2 必须选择 $z \in Z$ 来极大化 $\inf_{w\in W} f(w,z)$，这样局中人 1 需付给局中人 2 的支付额为

$$\sup_{z\in Z} \inf_{w\in W} f(w,z).$$

极大极小不等式 (5.46) 说明（直观上显然）这样一个事实，后选择的局中人具有优势，即如果在选择的时候已经知道对手的选择具有优势。换言之，如果局中人 1 必须先做出选择时，局中人 2 获得的支付额更大。当鞍点性质 (5.47) 成立时，做出选择的顺序对最后的支付额没有影响。

如果 $(\tilde{w},\tilde{z})$ 是函数 f（在 W 和 Z 上）的一个鞍点，那么称它为对策的一个**解**；$\tilde{w}$ 称为局中人 1 的最优选择或对策，$\tilde{z}$ 称为局中人 2 的最优选择或对策。在这种情况下，后选择没有任何优势。

现在考虑一种特殊的情况，支付额函数是 Lagrange 函数，$W = \mathbf{R}^n$，$Z = \mathbf{R}^m_+$。此时，局中人 1 选择原变量 x，局中人 2 选择对偶变量 $\lambda \succeq 0$。根据前面的讨论，如果局中人 2 必须先选择，其最优方案是任意对偶最优解 $\lambda^\star$，局中人 2 所获得的支付额此时为 $d^\star$。反过来，如果局中人 1 必须先选择，其最优选择是任意原问题的最优解 $x^\star$，相应的支付额为 $p^\star$。

此问题的最优对偶间隙恰是后选择的局中人所具有的优势，即当知道对手的选择后再做出选择的优势。如果强对偶性成立，知晓对手的选择不会带来任何优势。

5.4.4 价格或税解释

Lagrange 对偶在经济学上有一个有意义的解释。设变量 x 表示公司的一种运营策略，$f_0(x)$ 表示以方式 x 运营的成本，即 $-f_0(x)$ 表示以方式 x 运营获得的收益（比如说美元）。每个约束 $f_i(x) \leqslant 0$ 表示实际的一些限制，比如说资源的限制（如仓库容量，劳动力）或者常规限制（如环境限制）。考虑满足约束条件并使利润最大的运营策略可以通过求解下列问题得到

$$\begin{array}{ll} \text{minimize} & f_0(x) \\ \text{subject to} & f_i(x) \leqslant 0, \quad i=1,\cdots,m. \end{array}$$

得到的最优利润是 $-p^\star$。

现在假设另一个场景，约束可以被违背，被违背的部分必须支付一定的成本，与被违背的部分 f_i 呈线性关系。因此，违背约束 i 所需支付的成本为 $\lambda_i f_i(x)$。如果约束不是紧的，公司还会**得到**收益；如果 $f_i(x) < 0$，公司得到的收益为 $\lambda_i f_i(x)$。系数 λ_i 的含义是违背 $f_i(x) \leqslant 0$ 的价格；其单位为美元每单位违背（通过 f_i 衡量）。公司亦可以以同样的价格卖出第 i 个约束中“没有使用的”部分。假设 $\lambda_i \geqslant 0$，则公司必须为违背约束付出代价（如果约束不是紧的可以获得收益）。

作为一个例子，假设原问题的第一个约束为 $f_1(x) \leqslant 0$，表示仓库容量的限制（比如说平方米）。在新的安排下，假设公司可以以每平方米 λ_1 美元的价格租赁另外的仓库空间，也可以以同样的价格将不使用的空间租赁出去。

以方式 x 运营，约束价格为 λ_i，公司的总成本为 $L(x,\lambda) = f_0(x) + \sum_{i=1}^{m} \lambda_i f_i(x)$。显然，公司必须选择运营方式来极小化总成本 $L(x,\lambda)$，这样得到的成本为 $g(\lambda)$。对偶函数就表示公司的最优成本，是约束价格向量 λ 的函数。对偶问题的最优值 $d^\star$ 即为公司在最不利的成本价格下所获得的最优收益。

基于这个解释，我们可以这样描述弱对偶性：在第二种情况（约束可以被违背，有代价和收益）下公司的最优成本不大于第一种情形（约束不能被违背）公司的成本。这是显然的：如果 $x^\star$ 是第一种情况下的最优解，那么在第二种情况下以 $x^\star$ 进行运营时的成本小于 $f_0(x^\star)$，这是因为可以通过不紧的约束获得收益。最优对偶间隙是允许为违背的约束支付成本（以及通过不紧的约束获得收益）时公司可能获得的最小优势。

现在假设强对偶性成立，对偶问题可以取得最优值。对偶问题最优解 $\lambda^\star$ 可以看成是这样的价格：公司允许以这样的价格支付被违背的约束（或者通过不紧的约束获得收益）时相比约束不能被违背时没有任何优势。因为这个原因，对偶问题最优解 $\lambda^\star$ 有时也称为原问题的**影子价格**。

5.5 最优性条件

在此，我们再次提醒读者，如果不明确说明，并不假设问题 (5.1) 是凸问题。

5.5.1 次优解认证和终止准则

如果能够找到一个对偶可行解 (λ, ν)，就对原问题的最优值建立了一个下界：$p^\star \geqslant g(\lambda, \nu)$。因此，对偶可行点 (λ, ν) 为表达式 $p^\star \geqslant g(\lambda, \nu)$ 的成立提供了一个**证明或认证**。强对偶性意味着存在任意好的认证。

对偶可行点可以让我们在不知道 $p^\star$ 的确切值的情况下界定给定可行点的次优程度。事实上，如果 x 是原问题可行解且 (λ, ν) 对偶可行，那么

$$f_0(x) - p^\star \leqslant f_0(x) - g(\lambda, \nu).$$

特别地，上式说明了 x 是 ϵ-次优，其中 $\epsilon = f_0(x) - g(\lambda, \nu)$。（这同样说明对对偶问题 (λ, ν) 是 ϵ-次优。）

定义原问题和对偶问题目标函数的差值

$$f_0(x) - g(\lambda, \nu)$$

为原问题可行解 x 和对偶可行解 (λ, ν) 之间的**对偶间隙**。一对原对偶问题的可行点 x，(λ, ν) 将原问题（对偶问题）的最优值限制在一个区间上：

$$p^\star \in [g(\lambda, \nu), f_0(x)], \qquad d^\star \in [g(\lambda, \nu), f_0(x)],$$

区间的长度即为上面定义的对偶间隙。

如果原对偶可行对 x，(λ, ν) 的对偶间隙为零，即 $f_0(x) = g(\lambda, \nu)$，那么 x 是原问题最优解且 (λ, ν) 是对偶问题最优解。此时，我们可以认为 (λ, ν) 是证明 x 为最优解的一个认证（类似地，也可以认为 x 是证明 (λ, ν) 对偶最优的一个认证）。

上述现象可以用在优化算法中给出非启发式停止准则。设某个算法给出一系列原问题可行解 $x^{(k)}$ 以及对偶问题可行解 $(\lambda^{(k)}, \nu^{(k)})$，$k = 1, 2, \cdots$，给定要求的绝对精度 $\epsilon_{\rm abs} > 0$，那么停止准则（即终止算法的条件）

$$f_0(x^{(k)}) - g(\lambda^{(k)}, \nu^{(k)}) \leqslant \epsilon_{\rm abs}$$

保证当算法终止的时候，$x^{(k)}$ 是 $\epsilon_{\rm abs}$-次优。事实上，$(\lambda^{(k)}, \nu^{(k)})$ 为此提供了一个认证。（当然，只有在强对偶性成立的条件下，此方法对任意小的 $\epsilon_{\rm abs}$ 才都可行。）

给定相对精度 $\epsilon_{\rm rel} > 0$，可以推导类似的条件保证 ϵ-次优。如果

$$g(\lambda^{(k)}, \nu^{(k)}) > 0, \qquad \frac{f_0(x^{(k)}) - g(\lambda^{(k)}, \nu^{(k)})}{g(\lambda^{(k)}, \nu^{(k)})} \leqslant \epsilon_{\rm rel}$$

成立，或者

$$f_0(x^{(k)}) < 0, \qquad \frac{f_0(x^{(k)}) - g(\lambda^{(k)}, \nu^{(k)})}{-f_0(x^{(k)})} \leqslant \epsilon_{\mathrm{rel}}$$

成立，那么 $p^\star \neq 0$，且可以保证相对误差

$$\frac{f_0(x^{(k)}) - p^\star}{|p^\star|}$$

小于等于 ϵ_{rel}。

5.5.2 互补松弛性

设原问题和对偶问题的最优值都可以达到且相等（即强对偶性成立）。令 $x^\star$ 是原问题的最优解，$(\lambda^\star, \nu^\star)$ 是对偶问题的最优解，这表明

$$\begin{aligned} f_0(x^\star) &= g(\lambda^\star, \nu^\star) \\ &= \inf_x \left(f_0(x) + \sum_{i=1}^m \lambda_i^\star f_i(x) + \sum_{i=1}^p \nu_i^\star h_i(x) \right) \\ &\leqslant f_0(x^\star) + \sum_{i=1}^m \lambda_i^\star f_i(x^\star) + \sum_{i=1}^p \nu_i^\star h_i(x^\star) \\ &\leqslant f_0(x^\star). \end{aligned}$$

第一个等式说明最优对偶间隙为零，第二个等式是对偶函数的定义。第三个不等式是根据 Lagrange 函数关于 x 求下确界小于等于其在 $x = x^\star$ 处的值得来。最后一个不等式的成立是因为 $\lambda_i^\star \geqslant 0$，$f_i(x^\star) \leqslant 0$，$i = 1, \cdots, m$，以及 $h_i(x^\star) = 0$，$i = 1, \cdots, p$。因此，在上面的式子链中，两个不等式取等号。

可以由此得出一些有意义的结论。例如，由于第三个不等式变为等式，我们知道 $L(x, \lambda^\star, \nu^\star)$ 关于 x 求极小时在 $x^\star$ 处取得最小值。（Lagrange 函数 $L(x, \lambda^\star, \nu^\star)$ 也可以有其他最小点；$x^\star$ 只是其中**一个**最小点。）

另外一个重要的结论是

$$\sum_{i=1}^m \lambda_i^\star f_i(x^\star) = 0.$$

事实上，求和项的每一项都非正，因此有

$$\lambda_i^\star f_i(x^\star) = 0, \quad i = 1, \cdots, m. \tag{5.48}$$

上述条件称为**互补松弛性**；它对任意原问题最优解 $x^\star$ 以及对偶问题最优解$(\lambda^\star, \nu^\star)$ 都成立（当强对偶性成立时）。我们可以将互补松弛条件写成

$$\lambda_i^\star > 0 \Longrightarrow f_i(x^\star) = 0,$$

或者等价地

$$f_i(x^\star) < 0 \Longrightarrow \lambda_i^\star = 0.$$

粗略地讲，上式意味着在最优点处，除了第 i 个约束起作用的情况，最优 Lagrange 乘子的第 i 项都为零。

5.5.3 KKT 最优性条件

现在假设函数 $f_0, \cdots, f_m, h_1, \cdots, h_p$ 可微（因此定义域是开集），但是并不假设这些函数是凸函数。

非凸问题的 KKT 条件

和前面一样，令 $x^\star$ 和 $(\lambda^\star, \nu^\star)$ 分别是原问题和对偶问题的某对最优解，对偶间隙为零。因为 $L(x, \lambda^\star, \nu^\star)$ 关于 x 求极小在 $x^\star$ 处取得最小值，因此函数在 $x^\star$ 处的导数必须为零，即，

$$\nabla f_0(x^\star) + \sum_{i=1}^m \lambda_i^\star \nabla f_i(x^\star) + \sum_{i=1}^p \nu_i^\star \nabla h_i(x^\star) = 0.$$

因此，我们有

$$\begin{aligned} f_i(x^\star) &\leqslant 0, \quad i = 1, \cdots, m \\ h_i(x^\star) &= 0, \quad i = 1, \cdots, p \\ \lambda_i^\star &\geqslant 0, \quad i = 1, \cdots, m \\ \lambda_i^\star f_i(x^\star) &= 0, \quad i = 1, \cdots, m \\ \nabla f_0(x^\star) + \sum_{i=1}^m \lambda_i^\star \nabla f_i(x^\star) + \sum_{i=1}^p \nu_i^\star \nabla h_i(x^\star) &= 0, \end{aligned} \tag{5.49}$$

我们称上式为 **Karush-Kuhn-Tucker**（KKT）条件。

总之，对于目标函数和约束函数可微的**任意**优化问题，如果强对偶性成立，那么任何一对原问题最优解和对偶问题最优解必须满足 KKT 条件 (5.49)。

凸问题的 KKT 条件

当原问题是凸问题时，满足 KKT 条件的点也是原、对偶最优解。换言之，如果函数 f_i 是凸函数，h_i 是仿射函数，$\tilde{x}$，$\tilde{\lambda}$，$\tilde{\nu}$ 是任意满足 KKT 条件的点，

$$\begin{aligned} f_i(\tilde{x}) &\leqslant 0, \quad i = 1, \cdots, m \\ h_i(\tilde{x}) &= 0, \quad i = 1, \cdots, p \\ \tilde{\lambda}_i &\geqslant 0, \quad i = 1, \cdots, m \\ \tilde{\lambda}_i f_i(\tilde{x}) &= 0, \quad i = 1, \cdots, m \\ \nabla f_0(\tilde{x}) + \sum_{i=1}^m \tilde{\lambda}_i \nabla f_i(\tilde{x}) + \sum_{i=1}^p \tilde{\nu}_i \nabla h_i(\tilde{x}) &= 0, \end{aligned}$$

那么 $\tilde{x}$ 和 $(\tilde{\lambda},\tilde{\nu})$ 分别是原问题和对偶问题的最优解，对偶间隙为零。

为了说明这一点，注意到前两个条件说明了 $\tilde{x}$ 是原问题的可行解。因为 $\tilde{\lambda}_i \geqslant 0$，$L(x,\tilde{\lambda},\tilde{\nu})$ 是 x 的凸函数；最后一个 KKT 条件说明在 $x=\tilde{x}$ 处，Lagrange 函数的导数为零。因此，$L(x,\tilde{\lambda},\tilde{\nu})$ 关于 x 求极小在 $\tilde{x}$ 处取得最小值。我们得出结论

$$\begin{aligned} g(\tilde{\lambda},\tilde{\nu}) &= L(\tilde{x},\tilde{\lambda},\tilde{\nu}) \\ &= f_0(\tilde{x}) + \sum_{i=1}^{m} \tilde{\lambda}_i f_i(\tilde{x}) + \sum_{i=1}^{p} \tilde{\nu}_i h_i(\tilde{x}) \\ &= f_0(\tilde{x}), \end{aligned}$$

最后一行成立是因为 $h_i(\tilde{x})=0$ 以及 $\tilde{\lambda}_i f_i(\tilde{x})=0$。这说明原问题的解 $\tilde{x}$ 和对偶问题的解 $(\tilde{\lambda},\tilde{\nu})$ 之间的对偶间隙为零，因此分别是原、对偶最优解。总之，对目标函数和约束函数可微的任意**凸**优化问题，任意满足 KKT 条件的点分别是原、对偶最优解，对偶间隙为零。

若某个凸优化问题具有可微的目标函数和约束函数，且其满足 Slater 条件，那么 KKT 条件是最优性的充要条件：Slater 条件意味着最优对偶间隙为零且对偶最优解可以达到，因此 x 是原问题最优解，当且仅当存在 (λ,ν)，二者满足 KKT 条件。

KKT 条件在优化领域有着重要的作用。在一些特殊的情形下，是可以解析求解 KKT 条件的（也因此可以求解优化问题）。更一般地，很多求解凸优化问题的方法可以认为或者理解为求解 KKT 条件的方法。

例 5.1　等式约束二次凸问题求极小。 考虑问题

$$\begin{array}{ll} \text{minimize} & (1/2)x^TPx + q^Tx + r \\ \text{subject to} & Ax = b, \end{array} \tag{5.50}$$

其中 $P \in \mathbf{S}_+^n$。此问题的 KKT 条件为

$$Ax^\star = b, \qquad Px^\star + q + A^T\nu^\star = 0,$$

我们可以将其写成

$$\begin{bmatrix} P & A^T \\ A & 0 \end{bmatrix} \begin{bmatrix} x^\star \\ \nu^\star \end{bmatrix} = \begin{bmatrix} -q \\ b \end{bmatrix}.$$

求解变量 $x^\star$，$\nu^\star$ 的 $m+n$ 个方程，其中变量的维数为 $m+n$，可以得到优化问题 (5.50) 的最优原变量和对偶变量。

例 5.2　注水。 考虑如下凸优化问题

$$\begin{array}{ll} \text{minimize} & -\sum_{i=1}^{n} \log(\alpha_i + x_i) \\ \text{subject to} & x \succeq 0, \quad \mathbf{1}^Tx = 1, \end{array}$$

其中 $\alpha_i > 0$。上述问题源自信息论，将功率分配给 n 个信道。变量 x_i 表示分配给第 i 个信道的发射功率，$\log(\alpha_i + x_i)$ 是信道的通信能力或者通信速率，因此上述问题即为将值为一的总功率分配给不同的信道，使得总的通信速率最大。

对不等式约束 $x^\star \succeq 0$ 引入 Lagrange 乘子 $\lambda^\star \in \mathbf{R}^n$，对等式约束 $\mathbf{1}^T x = 1$ 引入一个乘子 $\nu^\star \in \mathbf{R}$，我们得到如下 KKT 条件

$$x^\star \succeq 0, \qquad \mathbf{1}^T x^\star = 1, \qquad \lambda^\star \succeq 0, \qquad \lambda_i^\star x_i^\star = 0, \quad i = 1, \cdots, n,$$

$$-1/(\alpha_i + x_i^\star) - \lambda_i^\star + \nu^\star = 0, \quad i = 1, \cdots, n.$$

可以直接求解这些方程得到 $x^\star$，$\lambda^\star$，以及 $\nu^\star$。注意到 $\lambda^\star$ 在最后一个方程里是一个松弛变量，所以可以消去，得到

$$x^\star \succeq 0, \qquad \mathbf{1}^T x^\star = 1, \qquad x_i^\star \left(\nu^\star - 1/(\alpha_i + x_i^\star)\right) = 0, \quad i = 1, \cdots, n,$$

$$\nu^\star \geqslant 1/(\alpha_i + x_i^\star), \quad i = 1, \cdots, n.$$

如果 $\nu^\star < 1/\alpha_i$，只有当 $x_i^\star > 0$ 时最后一个条件才成立，而由第三个条件可知 $\nu^\star = 1/(\alpha_i + x_i^\star)$。求解 $x_i^\star$，我们得出结论：当 $\nu^\star < 1/\alpha_i$ 时，有 $x_i^\star = 1/\nu^\star - \alpha_i$。如果 $\nu^\star \geqslant 1/\alpha_i$，那么 $x_i^\star > 0$ 不会发生，这时因为如果 $x_i^\star > 0$，那么 $\nu^\star \geqslant 1/\alpha_i > 1/(\alpha_i + x_i^\star)$，违背了互补松弛条件。因此，如果 $\nu^\star \geqslant 1/\alpha_i$，那么 $x_i^\star = 0$。所以有下式

$$x_i^\star = \begin{cases} 1/\nu^\star - \alpha_i & \nu^\star < 1/\alpha_i \\ 0 & \nu^\star \geqslant 1/\alpha_i, \end{cases}$$

或者，更简洁地，$x_i^\star = \max\{0, 1/\nu^\star - \alpha_i\}$。将 $x_i^\star$ 的表达式代入条件 $\mathbf{1}^T x^\star = 1$ 我们得到

$$\sum_{i=1}^n \max\{0, 1/\nu^\star - \alpha_i\} = 1.$$

方程左端是 $1/\nu^\star$ 的分段线性增函数，分割点为 α_i，因此上述方程有唯一确定的解。

上述解决问题的方法称为**注水**。这是因为，我们可以将 α_i 看做第 i 片区域的水平线，然后对整个区域注水，使其具有深度 $1/\nu$，如图5.7所示。所需的总水量为 $\sum_{i=1}^n \max\{0, 1/\nu^\star - \alpha_i\}$。不断注水，直至总水量为 1。第 i 个区域的水位深度即为最优 $x_i^\star$。

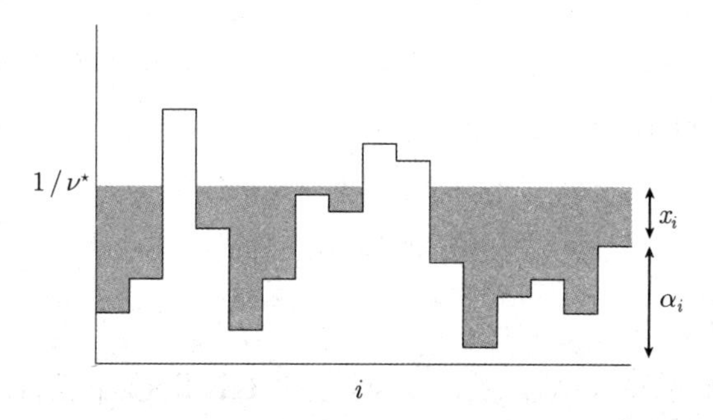

图5.7 注水算法的图示。每片区域的高度为 α_i。总水量为 1，对整个区域注水使其高度达到 $1/\nu^\star$。每片区域上水的高度（阴影部分所示）即最优值 $x_i^\star$。

5.5.4　KKT 条件的力学解释

可以从力学角度（这其实也是最初提出 Lagrange 的动机）对 KKT 条件给出一个较好的解释。我们可以通过一个简单的例子描述这个想法。图5.8所示系统包含两个连在一起的模块，左右两端是墙，通过三段弹簧将它们连接在一起。模块的位置用 $x \in \mathbf{R}^2$ 描述，x_1 是左边模块（中心点）的位移，x_2 是右边模块的位移。左边墙的位置是 0，右边墙的位置是 l。

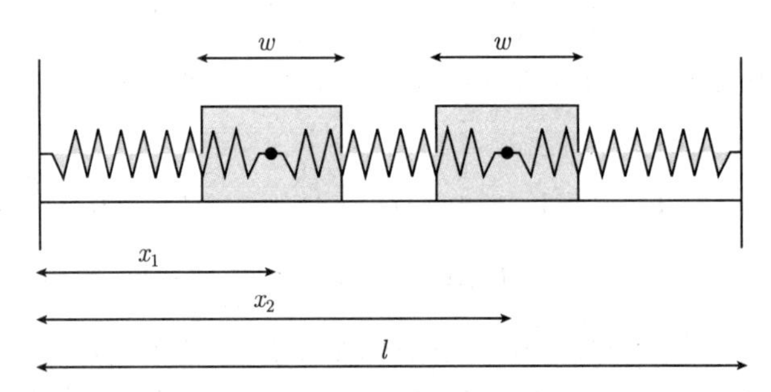

图5.8　左边墙，右边墙以及两个模块，通过弹簧连接在一起。模块的宽度 $w>0$，且它们之间不能互相穿透，亦不能穿透墙。

弹性势能可以写成模块位置的函数

$$f_0(x_1,x_2)=\frac{1}{2}k_1x_1^2+\frac{1}{2}k_2(x_2-x_1)^2+\frac{1}{2}k_3(l-x_2)^2,$$

其中 $k_i>0$ 是三段弹簧的劲度系数。在满足以下不等式约束

$$w/2-x_1\leqslant 0,\qquad w+x_1-x_2\leqslant 0,\qquad w/2-l+x_2\leqslant 0 \tag{5.51}$$

的条件下极小化弹性势能可以得到平衡位置 $x^\star$。这些约束也称为**运动约束**，它描述了模块的宽度 $w>0$，且不同的模块之间以及模块和墙之间不能穿透。通过求解如下优化问题可以得到平衡位置

$$\begin{array}{ll}\text{minimize} & (1/2)\left(k_1x_1^2+k_2(x_2-x_1)^2+k_3(l-x_2)^2\right)\\ \text{subject to} & w/2-x_1\leqslant 0\\ & w+x_1-x_2\leqslant 0\\ & w/2-l+x_2\leqslant 0,\end{array} \tag{5.52}$$

这是一个二次规划问题。

引入 Lagrange 乘子 λ_1，λ_2，λ_3，此问题的 KKT 条件包含运动约束(5.51)，非负约束 $\lambda_i\geqslant 0$，互补松弛条件

$$\lambda_1(w/2-x_1)=0,\qquad \lambda_2(w-x_2+x_1)=0,\qquad \lambda_3(w/2-l+x_2)=0, \tag{5.53}$$

以及零梯度条件

$$\begin{bmatrix} k_1x_1 - k_2(x_2 - x_1) \\ k_2(x_2 - x_1) - k_3(l - x_2) \end{bmatrix} + \lambda_1 \begin{bmatrix} -1 \\ 0 \end{bmatrix} + \lambda_2 \begin{bmatrix} 1 \\ -1 \end{bmatrix} + \lambda_3 \begin{bmatrix} 0 \\ 1 \end{bmatrix} = 0. \tag{5.54}$$

方程 (5.54) 可以理解为两个模块间受力平衡方程，这里假设 Lagrange 乘子是模块之间，模块与墙之间的**接触力**，如图5.9 所示。第一个方程表示第一个模块上的总受力为零：$-k_1x_1$ 是左边弹簧给左边模块的力，$k_2(x_2 - x_1)$ 是中间弹簧施加在这个模块上的力，λ_1 是左边墙施加在这个模块上的接触力，$-\lambda_2$ 是右边墙给的力。接触力的方向必须背离接触面（如约束 $\lambda_1 \geqslant 0$ 和 $-\lambda_2 \leqslant 0$ 所描述），当存在接触时接触力不为零（如前两个互补松弛条件 (5.53) 所描述）。类似地，式 (5.54)中的第二个方程是第二个模块的受力平衡方程，式 (5.53) 中的最后一个条件表明除非右边模块接触墙，否则 λ_3 为零。

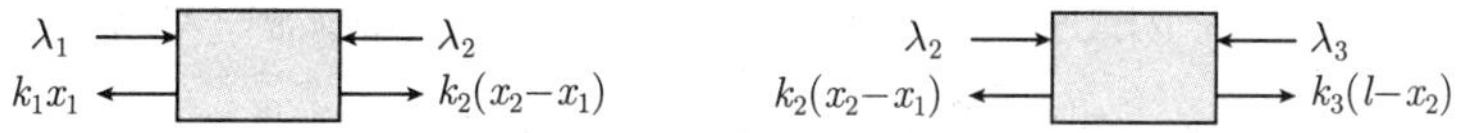

图5.9 模块-弹簧系统的受力分析。每个模块受弹簧力及相互之间的接触力，总受力应该为零。Lagrange 乘子标在上方，可以理解为墙和模块之间，模块之间的接触力。弹簧力标在下面。

在这个例子中，弹性势能和运动约束方程都是凸函数，若 $2w \leqslant l$ 且 Slater 约束准则（改进的形式）成立，即墙之间有足够的空间安放两个模块，我们有：式 (5.52) 给出的平衡点能量表述和 KKT 条件给出的受力平衡表述具有一样的结果。

5.5.5 通过解对偶问题求解原问题

在 §5.5.3 的开始部分我们提到，如果强对偶性成立且存在一个对偶最优解 $(\lambda^\star, \nu^\star)$，那么任意原问题最优点也是 $L(x, \lambda^\star, \nu^\star)$ 的最优解。这个性质可以让我们从对偶最优方程中去求解原问题最优解。

更精确地，假设强对偶性成立，对偶最优解 $(\lambda^\star, \nu^\star)$ 已知。假设 $L(x, \lambda^\star, \nu^\star)$ 的最小点，即下列问题的解

$$\text{minimize} \quad f_0(x) + \sum_{i=1}^{m} \lambda_i^\star f_i(x) + \sum_{i=1}^{p} \nu_i^\star h_i(x), \tag{5.55}$$

唯一。（对于凸问题，如果$L(x, \lambda^\star, \nu^\star)$ 是 x 的严格凸函数，就会发生这种情况。）那么如果问题 (5.55) 的解是原问题可行解，那么它就是原问题最优解；如果它不是原问题可行解，那么原问题不存在最优点，即原问题的最优解无法达到。当对偶问题比原问题更易求解时，比如说对偶问题可以解析求解或者有某些特殊的结构更易分析，上述方法很有意义。

例 5.3　熵的最大化。 考虑熵的最大化问题

$$\begin{array}{ll} \text{minimize} & f_0(x) = \sum_{i=1}^n x_i \log x_i \\ \text{subject to} & Ax \preceq b \\ & \mathbf{1}^T x = 1 \end{array}$$

其中定义域为 $\mathbf{R}_{++}^n$，其对偶问题为

$$\begin{array}{ll} \text{maximize} & -b^T\lambda - \nu - e^{-\nu-1}\sum_{i=1}^n e^{-a_i^T\lambda} \\ \text{subject to} & \lambda \succeq 0 \end{array}$$

（参见第 213 页以及第 220 页。）假设 Slater 条件的弱化形式成立，即存在 $x \succ 0$ 使得 $Ax \preceq b$ 以及 $\mathbf{1}^T x = 1$，因此强对偶性成立，存在一个对偶最优解 $(\lambda^\star, \nu^\star)$。

设对偶问题已经解出。$(\lambda^\star, \nu^\star)$ 处的 Lagrange 函数为

$$L(x, \lambda^\star, \nu^\star) = \sum_{i=1}^n x_i \log x_i + \lambda^{\star T}(Ax - b) + \nu^\star(\mathbf{1}^T x - 1)$$

它在 $\mathcal{D}$ 上严格凸且有下界，因此有一个唯一解 $x^\star$，

$$x_i^\star = 1/\exp(a_i^T\lambda^\star + \nu^\star + 1), \quad i = 1, \cdots, n,$$

其中 a_i 是矩阵 A 的列向量。如果 $x^\star$ 是原问题可行解，则其必是原问题 (5.13) 的最优解。如果 $x^\star$ 不是原问题可行解，那么我们可以说原问题的最优解不能达到。

例 5.4　在等式约束下极小化可分函数。 考虑问题

$$\begin{array}{ll} \text{minimize} & f_0(x) = \sum_{i=1}^n f_i(x_i) \\ \text{subject to} & a^T x = b, \end{array}$$

其中 $a \in \mathbf{R}^n$，$b \in \mathbf{R}$，函数 $f_i : \mathbf{R} \to \mathbf{R}$ 是可微函数，严格凸。目标函数是**可分**的，因为它可以表示为一系列单变量 $x_1, \cdots, x_n$ 的函数的和的形式。假设函数 f_0 的定义域与约束集有交集，即存在一点 $x_0 \in \mathbf{dom}\, f_0$，使得 $a^T x_0 = b$。根据这样的假设，可知此问题有一个唯一的最优解 $x^\star$。

其 Lagrange 函数为

$$L(x, \nu) = \sum_{i=1}^n f_i(x_i) + \nu(a^T x - b) = -b\nu + \sum_{i=1}^n (f_i(x_i) + \nu a_i x_i),$$

其同样是可分函数，因此对偶函数为

$$\begin{aligned} g(\nu) &= -b\nu + \inf_x \left(\sum_{i=1}^n (f_i(x_i) + \nu a_i x_i) \right) \\ &= -b\nu + \sum_{i=1}^n \inf_{x_i} (f_i(x_i) + \nu a_i x_i) \\ &= -b\nu - \sum_{i=1}^n f_i^*(-\nu a_i). \end{aligned}$$

对偶问题为

$$\text{maximize} \quad -b\nu - \sum_{i=1}^n f_i^*(-\nu a_i),$$

其中，(实) 变量 $\nu \in \mathbf{R}$。

现在假设找到了一个对偶最优解 $\nu^\star$。(事实上，有很多简单的方法来求解一个实变量的凸问题，比如说二分法。) 因为每个函数 f_i 都是严格凸的，函数 $L(x, \nu^\star)$ 关于 x 是严格凸的，因此具有唯一的最小点 $\tilde{x}$。然而，因为 $x^\star$ 是 $L(x, \nu^\star)$ 的最小点，因此我们有 $\tilde{x} = x^\star$。可以通过求解 $\nabla_x L(x, \nu^\star) = 0$ 得到 $x^\star$，即求解方程组 $f_i'(x_i^\star) = -\nu^\star a_i$。

5.6 扰动及灵敏度分析

当强对偶性成立时，对原问题的约束进行扰动，对偶问题最优变量为原问题最优值的灵敏度分析提供了很多有用的信息。

5.6.1 扰动的问题

考虑对原优化问题 (5.1) 进行扰动之后的问题

$$\begin{array}{ll} \text{minimize} & f_0(x) \\ \text{subject to} & f_i(x) \leqslant u_i, \quad i = 1, \cdots, m \\ & h_i(x) = v_i, \quad i = 1, \cdots, p, \end{array} \tag{5.56}$$

其中，变量 $x \in \mathbf{R}^n$。当 $u = 0$ 以及 $v = 0$ 时，上述问题即为原问题 (5.1)。若 u_i 大于零，则我们放松了第 i 个不等式约束；当 u_i 小于零时，则意味着我们加强此约束。因此扰动的问题 (5.56) 是在原问题 (5.1) 的基础上通过将不等式约束加强或放松 u_i，并将等式约束的右端变为 v_i 得到。

定义 $p^\star(u, v)$ 为扰动的问题 (5.56) 的最优值：

$$\begin{aligned} p^\star(u, v) = \inf\{f_0(x) \mid \exists x \in \mathcal{D},\ & f_i(x) \leqslant u_i,\ i = 1, \cdots, m, \\ & h_i(x) = v_i,\ i = 1, \cdots, p\}. \end{aligned}$$

有可能 $p^\star(u,v)=\infty$，这时对约束的扰动使得扰动后的问题不可行。注意到 $p^\star(0,0)=p^\star$，而 $p^\star$ 是没有被扰动的问题 (5.1) 的最优解。（我们希望符号的重复使用不至引起误解。）粗略地讲，函数 $p^\star:\mathbf{R}^m\times\mathbf{R}^p\to\mathbf{R}$ 给出了约束右端有扰动情况下的最优值。

当原问题是凸问题时，函数 $p^\star$ 是 u 和 v 的凸函数；事实上，其上境图恰恰就是式(5.37) 定义的集合$\mathcal{A}$的闭包。

5.6.2 一个全局不等式

假设强对偶性成立且对偶问题最优值可以达到。（当原问题是凸问题且 Slater 条件满足时这种情形将会发生。）设 $(\lambda^\star,\nu^\star)$ 是未被扰动的问题的对偶问题 (5.16) 的最优解，则对所有的 u 和 v，我们有

$$p^\star(u,v)\geqslant p^\star(0,0)-\lambda^{\star T}u-\nu^{\star T}v. \tag{5.57}$$

为了建立此不等式，假设 x 是扰动问题的任意可行解，即对 $i=1,\cdots,m$，有 $f_i(x)\leqslant u_i$ 且对 $i=1,\cdots,p$，有 $h_i(x)=v_i$。则根据强对偶性有

$$\begin{aligned}p^\star(0,0)=g(\lambda^\star,\nu^\star)&\leqslant f_0(x)+\sum_{i=1}^m\lambda_i^\star f_i(x)+\sum_{i=1}^p\nu_i^\star h_i(x)\\&\leqslant f_0(x)+\lambda^{\star T}u+\nu^{\star T}v.\end{aligned}$$

（第一个不等式由 $g(\lambda^\star,\nu^\star)$ 的定义得到；第二个不等式由 $\lambda^\star\succeq 0$ 得到。）我们得出结论，对扰动问题的任意可行解 x，有

$$f_0(x)\geqslant p^\star(0,0)-\lambda^{\star T}u-\nu^{\star T}v,$$

而由上式可以直接得到式 (5.57)。

灵敏度解释

当强对偶性成立时，可以根据不等式 (5.57) 直接得到很多有关最优 Lagrange 变量的灵敏度解释。一些结论列举如下：

- 如果 $\lambda_i^\star$ 比较大，我们加强第 i 个约束（即选择 $u_i<0$），则最优值 $p^\star(u,v)$ 必会大幅增加。
- 如果 $\nu_i^\star$ 较大且大于零，我们选择 $v_i<0$，或者如果 $\nu_i^\star$ 较大且小于零，我们选择 $v_i>0$，在这两种情况下最优值 $p^\star(u,v)$ 必会大幅增加。
- 如果 $\lambda_i^\star$ 较小，我们放松第 i 个约束（$u_i>0$），那么最优值 $p^\star(u,v)$ 不会减小太多。
- 如果 $\nu_i^\star$ 较小且大于零，$v_i>0$ 或者如果 $\nu_i^\star$ 较小且小于零，$v_i<0$，那么最优值 $p^\star(u,v)$ 不会减小太多。

不等式 (5.57) 以及上面所列举的结论，给出了扰动之后最优值的一个**下界**，但是没有给出上界。因此，关于放松或者加强一个约束，上述结论**不**对称。例如，假设 $\lambda_i^\star$ 较大，我们稍稍放松第 i 个约束（即选择 u_i 较小且为正数）。在这种情况下，不等式 (5.57) 发挥不了作用；我们无法根据不等式 (5.57) 判断最优值是否会大幅度减小。

不等式 (5.57) 的几何意义如图5.10所示，这是一个具有一个不等式约束的凸问题。根据不等式 (5.57)，仿射函数 $p^\star(0)-\lambda^\star u$ 给出了凸函数 $p^\star$ 的一个下界。

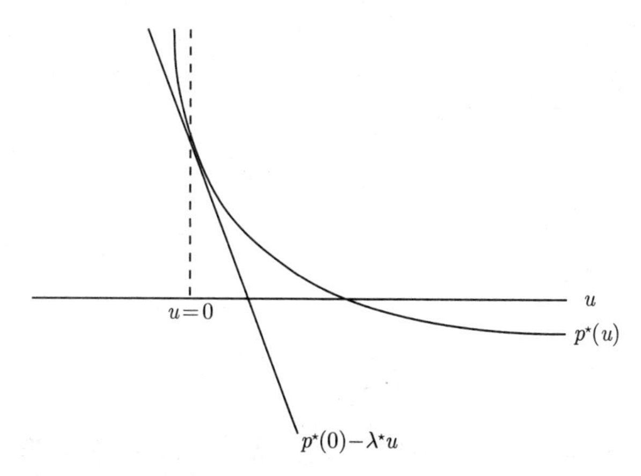

图5.10 具有一个约束 $f_1(x)\leqslant u$ 的凸问题的最优值 $p^\star(u)$ 的图像，它是 u 的函数。当 $u=0$ 时，对应原始未被扰动的问题；当 $u<0$ 时，约束加强了，当 $u>0$ 时，约束放松了。仿射函数 $p^\star(0)-\lambda^\star u$ 是 $p^\star$ 的一个下界。

5.6.3 局部灵敏度分析

假设 $p^\star(u,v)$ 在 $u=0$ 和 $v=0$ 处可微。假设强对偶性成立，最优对偶变量 $\lambda^\star$，$\nu^\star$ 可以和 $p^\star$ 在 $u=0$，$v=0$ 处的梯度联系起来：

$$\lambda_i^\star=-\frac{\partial p^\star(0,0)}{\partial u_i},\qquad \nu_i^\star=-\frac{\partial p^\star(0,0)}{\partial v_i}. \tag{5.58}$$

可以从图5.10的例子中看出此性质，因为 $-\lambda^\star$ 是 $p^\star$ 在 $u=0$ 处的斜率。

因此，若 $p^\star(u,v)$ 在 $u=0$，$v=0$ 处可微，且强对偶性成立，那么最优 Lagrange 乘子就是最优值关于约束扰动的局部灵敏度。和不可微的情况不同，这种解释**是**对称的：稍稍加强第 i 个不等式约束（即选择一数值较小且小于零的 u_i）会使得 $p^\star$ 增加大约 $-\lambda_i^\star u_i$；稍稍放松第 i 个约束（即选择一数值较小且大于零的 u_i）会使得 $p^\star$ 减小大约 $\lambda_i^\star u_i$。

为了说明式 (5.58) 是成立的，假设 $p^\star(u,v)$ 可微且强对偶性成立。对于扰动 $u=te_i$，$v=0$，其中 e_i 是单位向量，它的第 i 个分量为 1，我们有

$$\lim_{t\to 0}\frac{p^\star(te_i,0)-p^\star}{t}=\frac{\partial p^\star(0,0)}{\partial u_i}.$$

根据不等式 (5.57)，当 $t>0$ 时，下式成立

$$\frac{p^\star(te_i,0)-p^\star}{t}\geqslant-\lambda_i^\star,$$

当 $t<0$ 时我们有相反的不等式。取极限 $t\to 0$，当 $t>0$ 时有

$$\frac{\partial p^\star(0,0)}{\partial u_i}\geqslant-\lambda_i^\star,$$

而当 $t<0$ 时具有相反的不等式，因此我们得出结论

$$\frac{\partial p^\star(0,0)}{\partial u_i}=-\lambda_i^\star.$$

利用同样的方法，我们可以得到

$$\frac{\partial p^\star(0,0)}{\partial v_i}=-\nu_i^\star.$$

局部灵敏度结论 (5.58) 给出了最优解 $x^\star$ 附近的约束起作用的一种定量描述。如果 $f_i(x^\star)<0$，那么此约束不起作用，因此可以稍稍加强约束或者放松约束而不影响最优值。根据互补松弛性，相应的最优 Lagrange 乘子必然为零。考虑 $f_i(x^\star)=0$ 的情况，即第 i 个约束在最优解处起作用。那么，通过最优 Lagrange 乘子的第 i 个分量可以知道此约束起作用的程度：如果 $\lambda_i^\star$ 较小，那么我们可以稍稍放松或者加强此约束而对最优值没有大的影响；如果 $\lambda_i^\star$ 较大，那么即使稍微放松或者加强此约束，最优值都会受到很大的影响。

影子价格解释

我们也可以从经济学的角度对式 (5.58) 中的结论给出一个简单的几何解释。为了简单起见，考虑一个没有等式约束的凸问题，其满足 Slater 条件。变量 $x\in\mathbf{R}^m$ 描述了公司运营的策略，目标函数 f_0 是成本，即 $-f_0$ 是盈利。每个约束 $f_i(x)\leqslant 0$ 描述了一些资源的限制，如劳动力，钢铁，或者仓库存储空间。经过扰动的最优（负）成本函数 $-p^\star(u)$ 可以给出当公司获得的每种资源增加或减少时，利润将会增加或减少的程度。如果函数 $-p^\star(u)$ 在 $u=0$ 附近可微，那么我们有

$$\lambda_i^\star=-\frac{\partial p^\star(0)}{\partial u_i}.$$

换言之，$\lambda_i^\star$ 反映了若资源 i 的使用量稍稍增加时，公司大致可以多获得的利润。

从上面的分析可以得知，在公司可以买卖资源 i 的情况下，$\lambda_i^\star$ 是资源 i 的自然或者平衡**价格**。假设，公司可以以少于 $\lambda_i^\star$ 的价格买卖资源 i。在这种情况下，公司肯定会

购买一些资源，这样增加的利润将会大于购买资源所付出的成本。反之，如果资源的价格大于 $\lambda_i^\star$，公司将会卖出配给资源 i 的一部分，这样就会净获利，因为卖出资源获得的收益将大于因减少资源而减少的利润。

5.7 例子

本节通过一些例子说明，对一个问题进行简单的等价变形有可能得到非常不一样的对偶问题。考虑如下几种类型的变形：

- 引入新的变量以及相应的等式约束。
- 用原目标函数的增函数取代原目标函数。
- 将显式约束隐式表达，例如可以将其并入目标函数的定义域。

5.7.1 引入新的变量以及相应的等式约束

考虑如下无约束问题

$$\text{minimize} \quad f_0(Ax+b). \tag{5.59}$$

其 Lagrange 对偶函数是常数 $p^\star$。所以虽然强对偶性成立，即 $p^\star = d^\star$，但其 Lagrange 对偶问题没有什么意义和用途。

现在变化问题 (5.59) 的形式

$$\begin{array}{ll} \text{minimize} & f_0(y) \\ \text{subject to} & Ax+b=y. \end{array} \tag{5.60}$$

这里，我们引入了新的变量 y，以及新的等式约束 $Ax+b=y$。显然，问题 (5.59) 和 (5.60) 是等价的。

变换之后的问题的 Lagrange 函数为

$$L(x,y,\nu) = f_0(y) + \nu^T(Ax+b-y).$$

为了得到对偶函数，关于 x 和 y 极小化 L。通过对 x 极小化可以得到，除非 $A^T\nu=0$，否则 $g(\nu)=-\infty$。若 $A^T\nu=0$ 有

$$g(\nu) = b^T\nu + \inf_y (f_0(y) - \nu^T y) = b^T\nu - f_0^*(\nu),$$

其中 f_0^* 是 f_0 的共轭函数。那么问题 (5.60) 的对偶问题可以描述为

$$\begin{array}{ll} \text{maximize} & b^T\nu - f_0^*(\nu) \\ \text{subject to} & A^T\nu = 0. \end{array} \tag{5.61}$$

因此，变换之后的问题 (5.60) 的对偶问题显然比原问题 (5.59) 的对偶问题有意义得多。

例 5.5　无约束几何规划。考虑无约束几何规划问题

$$\text{minimize}\quad \log\left(\sum_{i=1}^{m}\exp(a_i^Tx+b_i)\right).$$

我们通过引入新的变量和等式约束来对其进行变换：

$$\begin{array}{ll}\text{minimize} & f_0(y)=\log\left(\sum_{i=1}^{m}\exp y_i\right)\\ \text{subject to} & Ax+b=y,\end{array}$$

其中 a_i^T 是矩阵 A 的行向量。

指数和的对数函数的共轭函数为

$$f_0^*(\nu)=\begin{cases}\sum_{i=1}^{m}\nu_i\log\nu_i & \nu\succeq 0,\ \mathbf{1}^T\nu=1\\ \infty & \text{其他情况}\end{cases}$$

（参见第 87 页中的例 3.25），因此变换之后的问题的对偶问题可以写成

$$\begin{array}{ll}\text{maximize} & b^T\nu-\sum_{i=1}^{m}\nu_i\log\nu_i\\ \text{subject to} & \mathbf{1}^T\nu=1\\ & A^T\nu=0\\ & \nu\succeq 0,\end{array}\tag{5.62}$$

这是一个熵的最大化问题。

例 5.6　范数逼近问题。考虑如下无约束范数逼近问题

$$\text{minimize}\quad \|Ax-b\|,\tag{5.63}$$

其中 $\|\cdot\|$ 是任意范数。对于此问题，Lagrange 对偶函数也是常数，即问题 (5.63) 的最优值，因此没有什么意义。

我们也对此问题进行变换，得到

$$\begin{array}{ll}\text{minimize} & \|y\|\\ \text{subject to} & Ax-b=y.\end{array}$$

根据式 (5.61)，变换后的问题的 Lagrange 对偶问题为

$$\begin{array}{ll}\text{maximize} & b^T\nu\\ \text{subject to} & \|\nu\|_*\leqslant 1\\ & A^T\nu=0,\end{array}\tag{5.64}$$

这里用到了范数的共轭函数是对偶范数单位球的示性函数的结论。

引入新的等式约束的思想同样可以用在约束函数上面。例如，考虑问题

$$\begin{array}{ll} \text{minimize} & f_0(A_0x+b_0) \\ \text{subject to} & f_i(A_ix+b_i) \leqslant 0, \quad i=1,\cdots,m, \end{array} \tag{5.65}$$

其中 $A_i \in \mathbf{R}^{k_i \times n}$，函数 $f_i : \mathbf{R}^{k_i} \to \mathbf{R}$ 是凸函数。(为了简单起见这里不包含等式约束。) 对 $i=0,\cdots,m$，引入新的变量 $y_i \in \mathbf{R}^{k_i}$，将原问题重新描述为

$$\begin{array}{ll} \text{minimize} & f_0(y_0) \\ \text{subject to} & f_i(y_i) \leqslant 0, \quad i=1,\cdots,m \\ & A_ix+b_i=y_i, \quad i=0,\cdots,m. \end{array} \tag{5.66}$$

此问题的 Lagrange 函数为

$$L(x,y_0\cdots,y_m,\lambda,\nu_0,\cdots,\nu_m)=f_0(y_0)+\sum_{i=1}^m \lambda_i f_i(y_i)+\sum_{i=0}^m \nu_i^T(A_ix+b_i-y_i).$$

为了得到对偶函数，关于 x 和 y_i 求极小。除非

$$\sum_{i=0}^m A_i^T\nu_i=0,$$

否则关于 x 求极小值为 $-\infty$。在上述情况下，对 $\lambda \succ 0$ 有

$$\begin{aligned} & g(\lambda,\nu_0,\cdots,\nu_m) \\ &= \sum_{i=0}^m \nu_i^T b_i+\inf_{y_0,\cdots,y_m}\left(f_0(y_0)+\sum_{i=1}^m \lambda_i f_i(y_i)-\sum_{i=0}^m \nu_i^T y_i\right) \\ &= \sum_{i=0}^m \nu_i^T b_i+\inf_{y_0}\left(f_0(y_0)-\nu_0^T y_0\right)+\sum_{i=1}^m \lambda_i \inf_{y_i}\left(f_i(y_i)-(\nu_i/\lambda_i)^T y_i\right) \\ &= \sum_{i=0}^m \nu_i^T b_i-f_0^*(\nu_0)-\sum_{i=1}^m \lambda_i f_i^*(\nu_i/\lambda_i). \end{aligned}$$

最后一个表达式包含了共轭函数的透视函数，因此关于对偶变量是凹函数。最后，考虑当 $\lambda \succeq 0$ 但是一些 λ_i 为零时的情况。如果 $\lambda_i=0$ 且 $\nu_i \neq 0$，那么对偶函数为 $-\infty$。如果 $\lambda_i=0$ 且 $\nu_i=0$，则包含 y_i，ν_i 以及 λ_i 的项都为零。因此，如果当 $\lambda_i=0$ 以及 $\nu_i=0$ 时我们取 $\lambda_i f_i^*(\nu_i/\lambda_i)=0$，而当 $\lambda_i=0$ 及 $\nu_i \neq 0$ 时取 $\lambda_i f_i^*(\nu_i/\lambda_i)=\infty$，那么 g 的表达式对所有 $\lambda \succeq 0$ 都是有意义的。

因此，我们可以将问题 (5.66) 的对偶问题描述为

$$\begin{array}{ll} \text{maximize} & \sum_{i=0}^m \nu_i^T b_i-f_0^*(\nu_0)-\sum_{i=1}^m \lambda_i f_i^*(\nu_i/\lambda_i) \\ \text{subject to} & \lambda \succeq 0 \\ & \sum_{i=0}^m A_i^T\nu_i=0. \end{array} \tag{5.67}$$

例 5.7 不等式约束的几何规划问题。 考虑不等式约束的几何规划问题

$$\begin{array}{ll} \text{minimize} & \log\left(\sum_{k=1}^{K_0} e^{a_{0k}^T x+b_{0k}}\right) \\ \text{subject to} & \log\left(\sum_{k=1}^{K_i} e^{a_{ik}^T x+b_{ik}}\right) \leqslant 0, \quad i=1,\cdots,m, \end{array}$$

在式(5.65) 中令 $f_i:\mathbf{R}^{K_i}\rightarrow\mathbf{R}$ 为 $f_i(y)=\log\left(\sum_{k=1}^{K_i} e^{y_k}\right)$ 即得到此问题。函数 f_i 的共轭函数为

$$f_i^*(\nu)=\begin{cases} \sum_{k=1}^{K_i}\nu_k\log\nu_k & \nu\succeq 0, \quad \mathbf{1}^T\nu=1 \\ \infty & \text{其他情况}. \end{cases}$$

利用式 (5.67) 我们可以立即得到对偶问题为

$$\begin{array}{ll} \text{maximize} & b_0^T\nu_0-\sum_{k=1}^{K_0}\nu_{0k}\log\nu_{0k}+\sum_{i=1}^{m}\left(b_i^T\nu_i-\sum_{k=1}^{K_i}\nu_{ik}\log(\nu_{ik}/\lambda_i)\right) \\ \text{subject to} & \nu_0\succeq 0, \quad \mathbf{1}^T\nu_0=1 \\ & \nu_i\succeq 0, \quad \mathbf{1}^T\nu_i=\lambda_i, \quad i=1,\cdots,m \\ & \lambda_i\geqslant 0, \quad i=1,\cdots,m \\ & \sum_{i=0}^{m}A_i^T\nu_i=0, \end{array}$$

它可以进一步简化为

$$\begin{array}{ll} \text{maximize} & b_0^T\nu_0-\sum_{k=1}^{K_0}\nu_{0k}\log\nu_{0k}+\sum_{i=1}^{m}\left(b_i^T\nu_i-\sum_{k=1}^{K_i}\nu_{ik}\log(\nu_{ik}/\mathbf{1}^T\nu_i)\right) \\ \text{subject to} & \nu_i\succeq 0, \quad i=0,\cdots,m \\ & \mathbf{1}^T\nu_0=1 \\ & \sum_{i=0}^{m}A_i^T\nu_i=0. \end{array}$$

5.7.2 变换目标函数

如果我们将目标函数 f_0 替换为 f_0 的增函数，得到的问题与原问题显然是等价的（见 §4.1.3）。但是，等价问题的对偶问题可能和原问题的对偶问题大不相同。

例 5.8 再次考虑最小范数问题

$$\text{minimize} \quad \|Ax-b\|,$$

其中 $\|\cdot\|$ 是某种范数。我们将问题重新描述为

$$\begin{array}{ll} \text{minimize} & (1/2)\|y\|^2 \\ \text{subject to} & Ax-b=y. \end{array}$$

这里我们引入了新的变量，并将目标函数替换为其平方的二分之一。显然新问题和原问题等价。

新问题的对偶问题为

$$\begin{array}{ll} \text{maximize} & -(1/2)\|\nu\|_*^2+b^T\nu \\ \text{subject to} & A^T\nu=0, \end{array}$$

这里利用了 $(1/2)\|\cdot\|^2$ 的共轭函数是 $(1/2)\|\cdot\|_*^2$ 的结论（见第 88 页，例 3.27）。

注意到这里的对偶问题和之前得到的对偶问题 (5.64) 并不一样。

5.7.3 隐式约束

接下来考虑一个简单的重新描述问题的方式，通过修改目标函数将约束包含到目标函数中，当约束被违背时，目标函数为无穷大。

例 5.9 具有框约束的线性规划问题。 考虑如下线性规划问题

$$\begin{array}{ll} \text{minimize} & c^Tx \\ \text{subject to} & Ax=b \\ & l\preceq x\preceq u \end{array} \tag{5.68}$$

其中 $A\in\mathbf{R}^{p\times n}$ 且 $l\prec u$。约束 $l\preceq x\preceq u$ 有时称为**框约束**或者**变量的界**。

我们很容易得到此线性规划问题的对偶问题。对偶问题中，Lagrange 乘子 ν 对应等式约束，λ_1 对应不等式约束 $x\preceq u$，而 λ_2 对应不等式约束 $l\preceq x$。对偶问题为

$$\begin{array}{ll} \text{maximize} & -b^T\nu-\lambda_1^Tu+\lambda_2^Tl \\ \text{subject to} & A^T\nu+\lambda_1-\lambda_2+c=0 \\ & \lambda_1\succeq 0, \quad \lambda_2\succeq 0. \end{array} \tag{5.69}$$

换一种做法，首先将原问题 (5.68) 重新描述为

$$\begin{array}{ll} \text{minimize} & f_0(x) \\ \text{subject to} & Ax=b, \end{array} \tag{5.70}$$

其中 $f_0(x)$ 定义为

$$f_0(x)=\begin{cases} c^Tx & l\preceq x\preceq u \\ \infty & \text{其他情况}. \end{cases}$$

问题 (5.70) 显然等价于原问题 (5.68)；我们只是将显式描述的框约束隐式描述。

问题 (5.70) 的对偶函数为

$$\begin{aligned} g(\nu) &= \inf_{l \preceq x \preceq u} \left(c^T x + \nu^T (Ax - b)\right) \\ &= -b^T \nu - u^T (A^T \nu + c)^- + l^T (A^T \nu + c)^+ \end{aligned}$$

其中 $y_i^+ = \max\{y_i, 0\}$，$y_i^- = \max\{-y_i, 0\}$。所以此时我们可以得到函数 g 的解析表达式，它是一个凹的分片线性函数。

新问题的对偶问题是一个无约束问题

$$\text{maximize} \quad -b^T \nu - u^T (A^T \nu + c)^- + l^T (A^T \nu + c)^+, \tag{5.71}$$

这和原问题的对偶问题的形式大不相同。

（问题 (5.69) 和问题 (5.71) 关系非常密切，事实上，它们是等价的；参见习题 5.8。）

5.8 择一定理

5.8.1 通过对偶函数建立弱择一性

本节应用 Lagrange 对偶理论来分析如下包含不等式和等式约束的系统的可行性

$$f_i(x) \leqslant 0, \quad i = 1, \cdots, m, \qquad h_i(x) = 0, \quad i = 1, \cdots, p. \tag{5.72}$$

假设不等式系统 (5.72) 的定义域 $\mathcal{D} = \bigcap_{i=1}^{m} \mathbf{dom}\, f_i \cap \bigcap_{i=1}^{p} \mathbf{dom}\, h_i$ 非空。我们可以将式 (5.72) 表述为标准问题 (5.1)，其中目标函数 $f_0 = 0$，即

$$\begin{array}{ll} \text{minimize} & 0 \\ \text{subject to} & f_i(x) \leqslant 0, \quad i = 1, \cdots, m \\ & h_i(x) = 0, \quad i = 1, \cdots, p. \end{array} \tag{5.73}$$

此问题的最优值为

$$p^\star = \begin{cases} 0 & \text{式 (5.72) 可行} \\ \infty & \text{式 (5.72) 不可行,} \end{cases} \tag{5.74}$$

因此求解优化问题 (5.73) 和求解不等式系统 (5.72) 是等价的。

对偶函数

令不等式系统 (5.72) 的对偶函数为

$$g(\lambda, \nu) = \inf_{x \in \mathcal{D}} \left(\sum_{i=1}^{m} \lambda_i f_i(x) + \sum_{i=1}^{p} \nu_i h_i(x) \right),$$

这和优化问题 (5.73) 的对偶函数是一样的。因为 $f_0=0$，对偶函数关于 (λ,ν) 是正齐次的：若 $\alpha>0$，$g(\alpha\lambda,\alpha\nu)=\alpha g(\lambda,\nu)$。问题 (5.73) 的对偶问题是在满足 $\lambda\succeq 0$ 的条件下极大化 $g(\lambda,\nu)$。因为 g 是齐次的，对偶问题的最优值为

$$d^\star=\begin{cases}\infty & \lambda\succeq 0, g(\lambda,\nu)>0 \text{ 可行}\\ 0 & \lambda\succeq 0, g(\lambda,\nu)>0 \text{ 不可行.}\end{cases}\tag{5.75}$$

根据弱对偶性有 $d^\star\leqslant p^\star$。结合式 (5.74) 和式 (5.75) 我们有如下结论：如果不等式系统

$$\lambda\succeq 0,\qquad g(\lambda,\nu)>0\tag{5.76}$$

是可行的（此时 $d^\star=\infty$），那么不等式系统 (5.72) 是不可行的（因为此时 $p^\star=\infty$）。事实上，可以将不等式 (5.76) 的任意解 (λ,ν) 看成是系统 (5.72) 不可行的**证明或认证**。

我们可以从原系统的可行性的角度重新阐述上述结论的含义：如果原不等式系统(5.72) 是可行的，那么不等式系统(5.76) 必然不可行。可以将满足不等式 (5.72) 的一个 x 看做不等式系统 (5.76) 不可行的一个认证。

称两个不等式（等式）系统为**弱择一**的，如果两个之中至多有一个可行。因此，系统(5.72)和系统(5.76) 是弱择一的。无论不等式 (5.72) 是否是凸的（即 f_i 是凸函数，h_i是仿射函数）上述结论都成立；此外，择一不等式系统(5.76) 总是凸的（即函数 g 是凹函数，约束 $\lambda_i\geqslant 0$ 是凸的）。

严格不等式

我们同样可以分析如下具有**严格**不等式系统的可行性

$$f_i(x)<0,\quad i=1,\cdots,m,\qquad h_i(x)=0,\quad i=1,\cdots,p.\tag{5.77}$$

和非严格不等式系统的情形一样定义函数 g，我们得到择一不等式系统

$$\lambda\succeq 0,\qquad \lambda\neq 0,\qquad g(\lambda,\nu)\geqslant 0.\tag{5.78}$$

可以直接说明系统 (5.77) 和系统 (5.78) 是弱择一的。假设存在一个 $\tilde{x}$，使得 $f_i(\tilde{x})<0$，$h_i(\tilde{x})=0$。那么对任意 $\lambda\succeq 0$，$\lambda\neq 0$ 以及 ν，有

$$\lambda_1 f_1(\tilde{x})+\cdots+\lambda_m f_m(\tilde{x})+\nu_1 h_1(\tilde{x})+\cdots+\nu_p h_p(\tilde{x})<0.$$

因此

$$\begin{aligned}g(\lambda,\nu)&=\inf_{x\in\mathcal{D}}\left(\sum_{i=1}^m\lambda_i f_i(x)+\sum_{i=1}^p\nu_i h_i(x)\right)\\&\leqslant\sum_{i=1}^m\lambda_i f_i(\tilde{x})+\sum_{i=1}^p\nu_i h_i(\tilde{x})\\&<0.\end{aligned}$$

所以，若系统 (5.77) 可行，那么不存在 (λ,ν) 满足不等式 (5.78)。

这样，我们可以通过求得系统 (5.78) 的一个解得出系统 (5.77) 的不可行性；亦可以通过求得系统 (5.77) 的一个解得出系统 (5.78) 的不可行性。

5.8.2 强择一

当原不等式系统是凸的，即函数 f_i 是凸函数，h_i 是仿射函数，且某些类型的约束准则成立时，那么上述描述的弱择一的两个系统是**强择一**的，即**恰有一个**系统可行。换言之，两个不等式系统中的任意一个可行，当且仅当另一个不可行。

在本节中，我们假设函数 f_i 是凸函数，h_i 是仿射函数，因此不等式系统 (5.72) 可以描述为

$$f_i(x) \leqslant 0, \quad i=1,\cdots,m, \qquad Ax=b,$$

其中 $A \in \mathbf{R}^{p\times n}$。

严格不等式

首先考虑具有严格不等式的系统

$$f_i(x) < 0, \quad i=1,\cdots,m, \qquad Ax=b, \tag{5.79}$$

以及其择一系统

$$\lambda \succeq 0, \qquad \lambda \neq 0, \qquad g(\lambda,\nu) \geqslant 0. \tag{5.80}$$

我们需要一个技术条件：存在一点 $x \in \mathbf{relint}\,\mathcal{D}$ 使得 $Ax=b$。换言之，我们不但假设线性等式约束是相容的，且假设存在一个解在 $\mathbf{relint}\,\mathcal{D}$ 内。(很多情况下 $\mathcal{D}=\mathbf{R}^n$，所以当等式约束相容时此假设即满足。) 根据此条件，不等式系统 (5.79) 和 (5.80) 恰有一个是可行的。换言之，不等式系统 (5.79) 和 (5.80) 是强择一的。

我们可以通过考虑相关的优化问题得到上述结论，即

$$\begin{array}{ll} \text{minimize} & s \\ \text{subject to} & f_i(x)-s \leqslant 0, \quad i=1,\cdots,m \\ & Ax=b \end{array} \tag{5.81}$$

优化变量为 x，s，定义域为 $\mathcal{D}\times\mathbf{R}$。当且仅当严格不等式系统 (5.79) 有解时，上述优化问题的最优值 $p^\star$ 小于零。

优化问题 (5.81) 的 Lagrange 对偶函数为

$$\inf_{x\in\mathcal{D},\, s}\left(s+\sum_{i=1}^m \lambda_i(f_i(x)-s)+\nu^T(Ax-b)\right)=\begin{cases} g(\lambda,\nu) & \mathbf{1}^T\lambda=1 \\ -\infty & \text{其他情况.} \end{cases}$$

因此优化问题 (5.81) 的对偶问题可以描述为

$$\begin{array}{ll} \text{maximize} & g(\lambda, \nu) \\ \text{subject to} & \lambda \succeq 0, \quad \mathbf{1}^T\lambda = 1. \end{array}$$

下面说明，优化问题 (5.81) 满足 Slater 条件。根据假设，存在一点 $\tilde{x} \in \mathbf{relint}\, \mathcal{D}$ 使得 $A\tilde{x} = b$。任选 $\tilde{s} > \max_i f_i(\tilde{x})$，则点 $(\tilde{x}, \tilde{s})$ 是优化问题 (5.81) 的严格可行点。因此有 $d^\star = p^\star$，且对偶最优值 $d^\star$ 可以达到。换言之，存在 $(\lambda^\star, \nu^\star)$，使得

$$g(\lambda^\star, \nu^\star) = p^\star, \qquad \lambda^\star \succeq 0, \qquad \mathbf{1}^T\lambda^\star = 1. \tag{5.82}$$

现在假设严格不等式系统 (5.79) 不可行，即 $p^\star \geqslant 0$。则使得式 (5.82) 成立的 $(\lambda^\star, \nu^\star)$ 满足择一不等式系统 (5.80)。类似地，如果择一不等式系统 (5.80) 可行，那么 $d^\star = p^\star \geqslant 0$，即严格不等式系统 (5.79) 不可行。因此，不等式系统 (5.79) 和 (5.80) 是强择一的；其中的一个可行当且仅当另一个不可行。

非严格不等式

下面考虑非严格不等式系统

$$f_i(x) \leqslant 0, \quad i = 1, \cdots, m, \qquad Ax = b, \tag{5.83}$$

以及其择一系统

$$\lambda \succeq 0, \qquad g(\lambda, \nu) > 0. \tag{5.84}$$

我们将说明，如果下面的条件成立：即存在某点 $x \in \mathbf{relint}\, \mathcal{D}$ 使得 $Ax = b$ 且优化问题(5.81) 可以达到最优值 $p^\star$，这两个系统也是强择一的。例如，若 $\mathcal{D} = \mathbf{R}^n$ 且当 $x \to \infty$ 时，$\max_i f_i(x) \to \infty$，则上述条件成立。根据假设，和严格不等式系统的情形一样，我们有 $p^\star = d^\star$，且原问题和对偶问题都能达到最优值。现在假设非严格不等式系统 (5.83) 是不可行的，这意味着 $p^\star > 0$。（这里利用了原问题能达到最优值的假设。）那么使得式(5.82) 成立的 $(\lambda^\star, \nu^\star)$ 满足择一不等式系统 (5.84)。因此，不等式系统 (5.83) 和 (5.84) 是强择一的，其中一个是可行的，当且仅当另一个不可行。

5.8.3 例子

线性不等式

考虑具有线性不等式 $Ax \preceq b$ 的系统。它的对偶函数为

$$g(\lambda) = \inf_x \lambda^T(Ax - b) = \begin{cases} -b^T\lambda & A^T\lambda = 0 \\ -\infty & \text{其他情况}. \end{cases}$$

因此，其择一不等式系统为

$$\lambda \succeq 0, \qquad A^T\lambda = 0, \qquad b^T\lambda < 0.$$

这两个系统是强择一的。事实上，由于相关问题 (5.81) 在有下界的情况下总能达到最优值，上述结论是显然的。

现在考虑具有严格线性不等式 $Ax \prec b$ 的系统，其强择一系统为

$$\lambda \succeq 0, \qquad \lambda \neq 0, \qquad A^T\lambda = 0, \qquad b^T\lambda \leqslant 0.$$

实际上，在 §2.5.1 就碰到了（证明过）这个结论，见式 (2.17) 和式 (2.18)（在第 45 页）。

椭球的交集

考虑 m 个椭球，每个椭球可以由下式描述

$$\mathcal{E}_i = \{x \mid f_i(x) \leqslant 0\},$$

其中 $f_i(x) = x^TA_ix + 2b_i^Tx + c_i$，$i = 1, \cdots, m$，而 $A_i \in \mathbf{S}_{++}^n$。我们的问题是这些椭球的交集在何种情况下具有非空内部。这个问题等价于具有严格二次不等式集合的可行性，即

$$f_i(x) = x^TA_ix + 2b_i^Tx + c_i < 0, \quad i = 1, \cdots, m. \tag{5.85}$$

对偶函数 g 为

$$\begin{aligned} g(\lambda) &= \inf_x \left(x^TA(\lambda)x + 2b(\lambda)^Tx + c(\lambda)\right) \\ &= \begin{cases} -b(\lambda)^TA(\lambda)^\dagger b(\lambda) + c(\lambda) & A(\lambda) \succeq 0, \quad b(\lambda) \in \mathcal{R}(A(\lambda)) \\ -\infty & \text{其他情况}, \end{cases} \end{aligned}$$

其中

$$A(\lambda) = \sum_{i=1}^m \lambda_iA_i, \qquad b(\lambda) = \sum_{i=1}^m \lambda_ib_i, \qquad c(\lambda) = \sum_{i=1}^m \lambda_ic_i.$$

注意到若 $\lambda \succeq 0$，$\lambda \neq 0$，有 $A(\lambda) \succ 0$，因此，可以简化对偶函数的表达式

$$g(\lambda) = -b(\lambda)^TA(\lambda)^{-1}b(\lambda) + c(\lambda).$$

因此系统 (5.85) 的强择一系统为

$$\lambda \succeq 0, \qquad \lambda \neq 0, \qquad -b(\lambda)^TA(\lambda)^{-1}b(\lambda) + c(\lambda) \geqslant 0. \tag{5.86}$$

可以对这对强择一系统给出一个简单的几何理解。对任意非零 $\lambda \succeq 0$，椭球（可能是空集）

$$\mathcal{E}_\lambda = \{x \mid x^TA(\lambda)x + 2b(\lambda)^Tx + c(\lambda) \leqslant 0\}$$

包含 $\mathcal{E}_1 \cap \cdots \cap \mathcal{E}_m$，这是因为 $f_i(x) \leqslant 0$ 可以导出 $\sum_{i=1}^m \lambda_i f_i(x) \leqslant 0$。而 $\mathcal{E}_\lambda$ 内部为空，当且仅当下式成立

$$\inf_x \left(x^T A(\lambda)x + 2b(\lambda)^T x + c(\lambda)\right) = -b(\lambda)^T A(\lambda)^{-1} b(\lambda) + c(\lambda) \geqslant 0.$$

因此，择一系统 (5.86) 意味着 $\mathcal{E}_\lambda$ 的内部为空。

弱对偶性显然成立：如果式 (5.86) 成立，那么 $\mathcal{E}_\lambda$ 包含交集 $\mathcal{E}_1 \cap \cdots \cap \mathcal{E}_m$ 且内部为空，那么自然地交集内部为空。根据两个系统是强择一系统，我们可以得到这样的结论（不是显然的）：如果交集 $\mathcal{E}_1 \cap \cdots \cap \mathcal{E}_m$ 内部为空，那么可以构造出椭球 $\mathcal{E}_\lambda$ 包含这个交集且内部亦为空。

Farkas 引理

本节描述一对强择一系统，它们是由严格和非严格线性不等式组成的混合系统，这对系统可以用 **Farkas 引理**进行描述：不等式系统

$$Ax \preceq 0, \qquad c^T x < 0, \tag{5.87}$$

其中 $A \in \mathbf{R}^{m \times n}$，$c \in \mathbf{R}^n$，以及不等式系统

$$A^T y + c = 0, \qquad y \succeq 0, \tag{5.88}$$

是强择一的。

可以采用线性规划的对偶理论来直接证明 Farkas 引理。考虑线性规划

$$\begin{array}{ll} \text{minimize} & c^T x \\ \text{subject to} & Ax \preceq 0, \end{array} \tag{5.89}$$

它的对偶问题为

$$\begin{array}{ll} \text{maximize} & 0 \\ \text{subject to} & A^T y + c = 0 \\ & y \succeq 0. \end{array} \tag{5.90}$$

原线性规划问题 (5.89) 是齐次的，如果系统 (5.87) 是不可行的，那么其具有最优值 0，如果系统 (5.87) 是可行的，那么线性规划问题的最优值为 $-\infty$。对于对偶线性规划问题 (5.90)，如果系统 (5.88) 可行，则最优值为 0，若系统 (5.88) 不可行，那么最优值为 $-\infty$。

对于问题 (5.89)，因为 $x = 0$ 总是可行的，即对线性规划问题强对偶性成立，因此必有 $p^\star = d^\star$。根据上述分析，可以得出结论，系统 (5.87) 和系统 (5.88) 是强择一的。

例 5.10 无套利定价的界。 考虑具有 n 种资产的集合，在某个投资阶段开始时分别具有价格 $p_1, \cdots, p_n$。在投资结束时，资产的价值分别为 $v_1, \cdots, v_n$。用 $x_1, \cdots, x_n$ 表示对每种资产的初始投资额（若 $x_j < 0$ 则表示对资产 j 卖空），初始投资的成本为 $p^T x$，资产的最终价值为 $v^T x$。

投资阶段结束后的资产价值 v 是不确定的。可以假设只有 m 种资产价值，即只有 m 种投资结果。如果为第 i 种结果，那么资产的最终价值为 $v^{(i)}$，因此，投资的总价值为 $v^{(i)T} x$。

如果对于某个投资向量 x，其满足 $p^T x < 0$，对于所有的投资结果，最终资产价值都不小于零，即对任意 $i = 1, \cdots, m$ 有 $v^{(i)T} x \geqslant 0$，那么我们说存在**套利**现象。条件 $p^T x < 0$ 意味着**付钱**给投资者，让其接受投资组合，而条件 $v^{(i)T} x \geqslant 0$，$i = 1, \cdots, m$，说明无论何种结果，最终资产价值都是非负的，所以套利意味着一个稳赚不赔的投资策略。一般而言，总是假设价格和价值满足一定的条件，使得套利现象不存在。这就意味着不等式系统

$$Vx \succeq 0, \qquad p^T x < 0$$

不可行，其中 $V_{ij} = v_j^{(i)}$。

根据 Farkas 引理，套利现象不存在，当且仅当存在 y，使得

$$-V^T y + p = 0, \qquad y \succeq 0.$$

我们可以利用无套利价格和价值的描述来求解一些有意义的问题。

假设，价值 V 已知，除了 p_n 外其他价格也已知。为了保证无套利，价格 p_n 的取值必须在一个区间内，这可以通过求解一对线性规划问题得到这个区间。考虑关于变量 p_n 和 y 的线性规划问题

$$\begin{array}{ll} \text{minimize} & p_n \\ \text{subject to} & V^T y = p, \quad y \succeq 0, \end{array}$$

其最优值给出了资产 n 的最小可能无套利价格。求解相同的线性规划问题，只是将极小化换成极大化，可以得到资产 n 的最大可能无套利价格。如果这两种价格相等，即根据无套利的假设我们得到资产 n 的唯一价格，那么称市场是**完备的**。习题 5.38 给出了一个例子。

若衍生资产或期权是基于其他标的资产的最终价值，即资产 n 的价值或收益是其他资产价值的函数，可以用上述方法来确定衍生资产或期权的定价的界。

5.9 广义不等式

本节将 Lagrange 对偶理论扩展到具有广义不等式约束的问题，即

$$\begin{array}{ll} \text{minimize} & f_0(x) \\ \text{subject to} & f_i(x) \preceq_{K_i} 0, \quad i = 1, \cdots, m \\ & h_i(x) = 0, \quad i = 1, \cdots, p, \end{array} \tag{5.91}$$

其中 $K_i \subseteq \mathbf{R}^{k_i}$ 是正常锥。此时，并不假设问题 (5.91) 是凸的。假设问题 (5.91) 的定义域 $\mathcal{D} = \bigcap_{i=0}^{m} \mathbf{dom}\, f_i \cap \bigcap_{i=1}^{p} \mathbf{dom}\, h_i$ 非空。

5.9.1 Lagrange 对偶

对于问题 (5.91) 中的每个广义不等式 $f_i(x) \preceq_{K_i} 0$，引入 Lagrange 乘子**向量** $\lambda_i \in \mathbf{R}^{k_i}$ 并定义相关的 Lagrange 函数如下

$$L(x, \lambda, \nu) = f_0(x) + \lambda_1^T f_1(x) + \cdots + \lambda_m^T f_m(x) + \nu_1 h_1(x) + \cdots + \nu_p h_p(x),$$

其中 $\lambda = (\lambda_1, \cdots, \lambda_m)$，$\nu = (\nu_1, \cdots, \nu_p)$。对偶函数的定义和原问题只有数值不等式的情形一样，

$$g(\lambda, \nu) = \inf_{x \in \mathcal{D}} L(x, \lambda, \nu) = \inf_{x \in \mathcal{D}} \left(f_0(x) + \sum_{i=1}^{m} \lambda_i^T f_i(x) + \sum_{i=1}^{p} \nu_i h_i(x) \right).$$

因为 Lagrange 函数关于对偶变量 (λ, ν) 是仿射的，且对偶函数是 Lagrange 函数的逐点下确界，所以对偶函数是凹的。

类似原问题只含数值不等式的情形，对偶函数给出了原问题 (5.91) 最优值 $p^\star$ 的下界。对于原问题只含数值不等式的情形，要求 $\lambda_i \geqslant 0$。此时，对偶变量的非负约束被替换成如下条件

$$\lambda_i \succeq_{K_i^*} 0, \quad i = 1, \cdots, m,$$

其中 K_i^* 是 K_i 的对偶锥。换言之，对应于广义不等式的 Lagrange 乘子必须是**对偶**非负的。

从对偶锥的定义即可以得出弱对偶性。如果 $\lambda_i \succeq_{K_i^*} 0$ 且 $f_i(\tilde{x}) \preceq_{K_i} 0$，那么 $\lambda_i^T f_i(\tilde{x}) \leqslant 0$。因此，对任意原问题的可行点 $\tilde{x}$ 以及任意 $\lambda_i \succeq_{K_i^*} 0$，有

$$f_0(\tilde{x}) + \sum_{i=1}^{m} \lambda_i^T f_i(\tilde{x}) + \sum_{i=1}^{p} \nu_i h_i(\tilde{x}) \leqslant f_0(\tilde{x}).$$

关于 $\tilde{x}$ 求下确界可以得到 $g(\lambda, \nu) \leqslant p^\star$。

Lagrange 对偶优化问题为

$$\begin{array}{ll} \text{maximize} & g(\lambda, \nu) \\ \text{subject to} & \lambda_i \succeq_{K_i^*} 0, \quad i = 1, \cdots, m. \end{array} \tag{5.92}$$

无论原问题 (5.91) 是否为凸问题，**弱对偶性**总是成立，即 $d^\star \leqslant p^\star$，其中 $d^\star$ 表示对偶问题 (5.92) 的最优值。

Slater 条件和强对偶性

可以想象，在广义不等式的情况下，同样成立强对偶性（$d^\star = p^\star$），前提是原问题是凸的且满足合适的约束准则。例如，对于如下问题

$$
\begin{array}{ll}
\text{minimize} & f_0(x) \\
\text{subject to} & f_i(x) \preceq_{K_i} 0, \quad i=1,\cdots,m \\
& Ax = b,
\end{array}
$$

其中，f_0 是凸函数，函数 f_i 是 K_i 凸的，其广义 Slater 条件可以描述为：存在一点 $x \in \mathbf{relint}\,\mathcal{D}$ 使得 $Ax=b$ 且 $f_i(x) \prec_{K_i} 0$，$i=1,\cdots,m$。如果广义 Slater 条件成立，那么强对偶性成立（且可以达到对偶最优）。

例 5.11　半定规划问题的 Lagrange 对偶。 考虑一个不等式形式的半定规划

$$
\begin{array}{ll}
\text{minimize} & c^T x \\
\text{subject to} & x_1F_1 + \cdots + x_nF_n + G \preceq 0
\end{array} \tag{5.93}
$$

其中 $F_1,\cdots,F_n,G \in \mathbf{S}^k$。（此时，$f_1$ 是仿射的，锥 K_1 为半正定锥 $\mathbf{S}_+^k$。）

对约束引入一个对偶变量或者乘子 $Z \in \mathbf{S}^k$，因此 Lagrange 函数为

$$
\begin{aligned}
L(x,Z) &= c^Tx + \mathbf{tr}\left((x_1F_1+\cdots+x_nF_n+G)\,Z\right) \\
&= x_1(c_1+\mathbf{tr}(F_1Z)) + \cdots + x_n(c_n+\mathbf{tr}(F_nZ)) + \mathbf{tr}(GZ),
\end{aligned}
$$

其对 x 是仿射的。对偶函数可以描述为

$$
g(Z) = \inf_x L(x,Z) = \begin{cases} \mathbf{tr}(GZ) & \mathbf{tr}(F_iZ)+c_i=0, \quad i=1,\cdots,n \\ -\infty & \text{其他情况}. \end{cases}
$$

所以对偶问题可以写成

$$
\begin{array}{ll}
\text{maximize} & \mathbf{tr}(GZ) \\
\text{subject to} & \mathbf{tr}(F_iZ)+c_i=0, \quad i=1,\cdots,n \\
& Z \succeq 0.
\end{array}
$$

（在这里我们用到了 $\mathbf{S}_+^k$ 是自对偶的性质，即 $(\mathbf{S}_+^k)^* = \mathbf{S}_+^k$；参见 §2.6。）

若半定规划 (5.93) 是严格可行的，即存在一点 x 满足下式

$$
x_1F_1+\cdots+x_nF_n+G \prec 0.
$$

则强对偶性成立。

例 5.12 标准形式锥规划的 Lagrange 对偶。 考虑锥规划问题

$$\begin{array}{ll} \text{minimize} & c^T x \\ \text{subject to} & Ax = b \\ & x \succeq_K 0, \end{array}$$

其中 $A \in \mathbf{R}^{m\times n}$，$b \in \mathbf{R}^m$，$K \subseteq \mathbf{R}^n$ 是一个正常锥。对等式约束引入乘子 $\nu \in \mathbf{R}^m$，对非负约束引入乘子 $\lambda \in \mathbf{R}^n$。则 Lagrange 函数为

$$L(x, \lambda, \nu) = c^T x - \lambda^T x + \nu^T (Ax - b),$$

因此对偶函数为

$$g(\lambda, \nu) = \inf_x L(x, \lambda, \nu) = \begin{cases} -b^T \nu & A^T \nu - \lambda + c = 0 \\ -\infty & \text{其他情况.} \end{cases}$$

对偶问题可以描述为

$$\begin{array}{ll} \text{maximize} & -b^T \nu \\ \text{subject to} & A^T \nu + c = \lambda \\ & \lambda \succeq_{K^*} 0. \end{array}$$

消去 λ 并定义 $y = -\nu$，对偶问题可以简化为

$$\begin{array}{ll} \text{maximize} & b^T y \\ \text{subject to} & A^T y \preceq_{K^*} c, \end{array}$$

这是一个不等式形式的锥规划，包含对偶广义不等式。

如果 Slater 条件成立，即存在一点 x 满足 $x \succ_K 0$ 以及 $Ax = b$，则强对偶性成立。

5.9.2 最优性条件

§5.5 中的最优性条件可以很容易地扩展到包含广义不等式的问题。首先推导互补松弛条件。

互补松弛

假设原问题和对偶问题的最优值相等，并且在最优点 $x^\star$，$\lambda^\star$，$\nu^\star$ 处达到。和 §5.5.2 类似，由等式 $f_0(x^\star) = g(\lambda^\star, \nu^\star)$ 以及 g 的定义可以直接得到互补松弛条件。由等式可知

$$\begin{aligned} f_0(x^\star) &= g(\lambda^\star, \nu^\star) \\ &\leqslant f_0(x^\star) + \sum_{i=1}^m \lambda_i^{\star T} f_i(x^\star) + \sum_{i=1}^p \nu_i^\star h_i(x^\star) \\ &\leqslant f_0(x^\star), \end{aligned}$$

因此，Lagrange 函数 $L(x,\lambda^\star,\nu^\star)$ 在 $x^\star$ 处取得最小值，且第二行中两个求和项均为零。因为第二个求和项为零（这是因为 $x^\star$ 满足等式约束），所以我们有 $\sum_{i=1}^m \lambda_i^{\star T} f_i(x^\star)=0$。因为上述求和项中每一项都是非正的，我们得出结论

$$\lambda_i^{\star T} f_i(x^\star)=0, \quad i=1,\cdots,m, \tag{5.94}$$

可以看出，上述条件将互补松弛条件 (5.48) 推广到了广义不等式的情形。由式 (5.94) 可得

$$\lambda_i^\star \succ_{K_i^*} 0 \Longrightarrow f_i(x^\star)=0, \qquad f_i(x^\star) \prec_{K_i} 0, \Longrightarrow \ \lambda_i^\star = 0.$$

然而，和数值不等式问题不同，有可能存在 $\lambda_i^\star \neq 0$ 且 $f_i(x^\star)\neq 0$ 满足式 (5.94)。

KKT 条件

现在假设函数 f_i，h_i 可微，将 §5.5.3 中提到的 KKT 条件扩展到包含广义不等式的问题。由于 $x^\star$ 是 $L(x,\lambda^\star,\nu^\star)$ 的极小点，因此 Lagrange 函数在 $x^\star$ 处关于 x 的梯度为零，即

$$\nabla f_0(x^\star)+\sum_{i=1}^m Df_i(x^\star)^T\lambda_i^\star+\sum_{i=1}^p \nu_i^\star \nabla h_i(x^\star)=0,$$

其中 $Df_i(x^\star)\in \mathbf{R}^{k_i\times n}$ 是函数 f_i 在 $x^\star$ 处的导数（参见 §A.4.1）。因此，如果强对偶性成立，任意原问题的最优解 $x^\star$ 和对偶问题最优解 $(\lambda^\star,\nu^\star)$ 必须满足最优性条件（或称 KKT 条件）

$$\begin{aligned}
f_i(x^\star) \preceq_{K_i} 0, &\quad i=1,\cdots,m\\
h_i(x^\star) = 0, &\quad i=1,\cdots,p\\
\lambda_i^\star \succeq_{K_i^*} 0, &\quad i=1,\cdots,m\\
\lambda_i^{\star T} f_i(x^\star) = 0, &\quad i=1,\cdots,m\\
\nabla f_0(x^\star)+\sum_{i=1}^m Df_i(x^\star)^T\lambda_i^\star+\sum_{i=1}^p \nu_i^\star \nabla h_i(x^\star) = 0. &
\end{aligned} \tag{5.95}$$

如果原问题是凸的，那么反过来亦成立，即条件 (5.95) 是 $x^\star$，$(\lambda^\star,\nu^\star)$ 最优的充分条件。

5.9.3 扰动及灵敏度分析

§5.6 中的结论可以扩展到包含广义不等式的问题。考虑相应的扰动之后的问题

$$\begin{array}{ll}
\text{minimize} & f_0(x)\\
\text{subject to} & f_i(x)\preceq_{K_i} u_i, \quad i=1,\cdots,m\\
& h_i(x)=v_i, \quad i=1,\cdots,p,
\end{array}$$

其中 $u_i \in \mathbf{R}^{k_i}$，$v \in \mathbf{R}^p$。扰动后的问题的最优值定义为 $p^\star(u,v)$。和数值不等式的情形类似，如果原优化问题是凸的，那么 $p^\star$ 是凸函数。

对于未扰动的原问题，假设不存在对偶间隙，设其对偶问题的最优解为 $(\lambda^\star,\nu^\star)$。那么对于任意 u 和 v，有

$$p^\star(u,v) \geqslant p^\star - \sum_{i=1}^{m} \lambda_i^{\star T} u_i - \nu^{\star T} v,$$

这和全局灵敏度不等式 (5.57) 类似。局部灵敏度分析的结论同样成立：如果 $p^\star(u,v)$ 在 $u=0$，$v=0$ 处可微，那么最优对偶变量 $\lambda_i^\star$ 满足

$$\lambda_i^\star = -\nabla_{u_i} p^\star(0,0),$$

和式 (5.58) 类似。

例 5.13　不等式形式的半定规划。考虑在例 5.11 中提到的不等式形式的半定规划问题。原问题为

$$\begin{array}{ll} \text{minimize} & c^T x \\ \text{subject to} & F(x) = x_1 F_1 + \cdots + x_n F_n + G \preceq 0, \end{array}$$

其中变量 $x \in \mathbf{R}^n$（且 $F_1,\cdots,F_n,G \in \mathbf{S}^k$），其对偶问题为

$$\begin{array}{ll} \text{maximize} & \mathbf{tr}(GZ) \\ \text{subject to} & \mathbf{tr}(F_i Z) + c_i = 0, \quad i = 1,\cdots,n \\ & Z \succeq 0, \end{array}$$

变量 $Z \in \mathbf{S}^k$。

假设 $x^\star$ 和 $Z^\star$ 分别是原问题和对偶问题的最优解，对偶间隙为零。互补松弛条件为 $\mathbf{tr}(F(x^\star)Z^\star) = 0$。因为 $F(x^\star) \preceq 0$ 且 $Z^\star \succeq 0$，可以得出结论 $F(x^\star)Z^\star = 0$。因此，互补松弛条件可以表述为

$$\mathcal{R}(F(x^\star)) \perp \mathcal{R}(Z^\star),$$

即原矩阵和对偶矩阵的值空间正交。

对上述半定规划问题进行扰动

$$\begin{array}{ll} \text{minimize} & c^T x \\ \text{subject to} & F(x) = x_1 F_1 + \cdots + x_n F_n + G \preceq U. \end{array}$$

设其最优解为 $p^\star(U)$。则对任意 U，有 $p^\star(U) \geqslant p^\star - \mathbf{tr}(Z^\star U)$。如果 $p^\star(U)$ 在 $U=0$ 处可微，则有

$$\nabla p^\star(0) = -Z^\star.$$

这意味着如果 U 比较小，扰动的半定规划问题的最优值非常接近（下界）$p^\star - \mathbf{tr}(Z^\star U)$。

5.9.4 择一定理

对包含广义不等式以及等式的系统

$$f_i(x) \preceq_{K_i} 0, \quad i=1,\cdots,m, \qquad h_i(x)=0, \quad i=1,\cdots,p, \tag{5.96}$$

其中 $K_i \subseteq \mathbf{R}^{k_i}$ 是正常锥，我们同样可以推导出择一定理。和数值不等式的情形类似，我们亦会考虑严格广义不等式系统

$$f_i(x) \prec_{K_i} 0, \quad i=1,\cdots,m, \qquad h_i(x)=0, \quad i=1,\cdots,p. \tag{5.97}$$

为此，首先假设 $\mathcal{D} = \bigcap_{i=0}^{m} \mathbf{dom}\, f_i \cap \bigcap_{i=1}^{p} \mathbf{dom}\, h_i$ 非空。

弱择一

对系统 (5.96) 和系统 (5.97) 引入对偶函数

$$g(\lambda,\nu) = \inf_{x\in\mathcal{D}} \left(\sum_{i=1}^{m} \lambda_i^T f_i(x) + \sum_{i=1}^{p} \nu_i h_i(x) \right)$$

其中 $\lambda=(\lambda_1,\cdots,\lambda_m)$，$\lambda_i \in \mathbf{R}^{k_i}$ 且 $\nu \in \mathbf{R}^p$。和系统 (5.76) 类似，我们指出系统

$$\lambda_i \succeq_{K_i^*} 0, \quad i=1,\cdots,m, \qquad g(\lambda,\nu)>0 \tag{5.98}$$

是系统 (5.96) 的一个弱择一系统。为了说明这一点，假设存在某个 x 满足式 (5.96) 且 (λ,ν) 满足式 (5.98)。那么可以得到如下矛盾

$$0 < g(\lambda,\nu) \leqslant \lambda_1^T f_1(x) + \cdots + \lambda_m^T f_m(x) + \nu_1 h_1(x) + \cdots + \nu_p h_p(x) \leqslant 0.$$

因此，系统 (5.96) 和系统 (5.98) 中至少有一个不可行，即这两个系统是弱择一的。

类似地，我们可以证明系统 (5.97) 和系统

$$\lambda_i \succeq_{K_i^*} 0, \quad i=1,\cdots,m, \qquad \lambda \neq 0, \qquad g(\lambda,\nu) \geqslant 0.$$

是一对弱择一系统。

强择一

现在假设函数 f_i 是 K_i-凸的，且函数 h_i 是仿射的。首先考虑具有严格不等式的系统

$$f_i(x) \prec_{K_i} 0, \quad i=1,\cdots,m, \qquad Ax=b, \tag{5.99}$$

以及其择一系统

$$\lambda_i \succeq_{K_i^*} 0, \quad i=1,\cdots,m, \qquad \lambda \neq 0, \qquad g(\lambda,\nu) \geqslant 0. \tag{5.100}$$

前面已经说明系统 (5.99) 和系统 (5.100) 是弱择一的。事实上，如果下面的约束准则成立：即存在一点 $\tilde{x} \in \mathbf{relint}\, \mathcal{D}$ 使得 $A\tilde{x}=b$，它们也是强择一的。为了证明这一点，选择一组向量 $e_i \succ_{K_i} 0$，并考虑如下问题

$$\begin{array}{ll} \text{minimize} & s \\ \text{subject to} & f_i(x) \preceq_{K_i} se_i, \quad i=1,\cdots,m \\ & Ax=b \end{array} \tag{5.101}$$

其中变量为 x 以及 $s \in \mathbf{R}$。当 $\tilde{s}$ 足够大时，$(\tilde{x}, \tilde{s})$ 满足严格不等式 $f_i(\tilde{x}) \prec_{K_i} \tilde{s}e_i$，因此 Slater 条件成立。

问题 (5.101) 的对偶问题为

$$\begin{array}{ll} \text{maximize} & g(\lambda, \nu) \\ \text{subject to} & \lambda_i \succeq_{K_i^*} 0, \quad i=1,\cdots,m \\ & \sum_{i=1}^m e_i^T \lambda_i = 1 \end{array} \tag{5.102}$$

其中变量为 $\lambda = (\lambda_1, \cdots, \lambda_m)$ 和 ν。

若系统 (5.99) 不可行，那么优化问题 (5.101) 的最优值非负。因为 Slater 条件满足，所以强对偶性成立，对偶最优值可以达到。因此，存在 $(\tilde{\lambda}, \tilde{\nu})$ 使得优化问题 (5.102) 的约束条件满足且 $g(\tilde{\lambda}, \tilde{\nu}) \geqslant 0$，即系统 (5.100) 有解。

注意到和数值不等式的情形类似，存在一点 $x \in \mathbf{relint}\,\mathcal{D}$ 使得 $Ax = b$ 并不能说明不等式系统

$$f_i(x) \preceq_{K_i} 0, \quad i=1,\cdots,m, \qquad Ax=b$$

以及其择一系统

$$\lambda_i \succeq_{K_i^*} 0, \quad i=1,\cdots,m, \qquad g(\lambda,\nu) > 0$$

是强择一的。需要另外附加一个条件，即优化问题 (5.101) 的最优值能够达到。

例 5.14 线性矩阵不等式的可行性。 系统

$$F(x) = x_1F_1 + \cdots + x_nF_n + G \prec 0,$$

其中 $F_i, G \in \mathbf{S}^k$，和系统

$$Z \succeq 0, \qquad Z \neq 0, \qquad \mathbf{tr}(GZ) \geqslant 0, \qquad \mathbf{tr}(F_iZ) = 0, \quad i=1,\cdots,n,$$

其中 $Z \in \mathbf{S}^k$，是强择一的。上述结论可以由本节描述的择一的一般结论得到，令 K 为半正定锥 $\mathbf{S}_+^k$，对偶函数 $g(Z)$ 为

$$g(Z) = \inf_x \left(\mathbf{tr}(F(x)Z)\right) = \begin{cases} \mathbf{tr}(GZ) & \mathbf{tr}(F_iZ) = 0, \quad i=1,\cdots,n \\ -\infty & \text{其他情况.} \end{cases}$$

对于非严格不等式的情形，强择一性的成立需要更多的条件，此时，需要对矩阵 F_i 附加假设使得强择一性成立。一类这样的条件为

$$\sum_{i=1}^{n} v_i F_i \succeq 0 \Longrightarrow \sum_{i=1}^{n} v_i F_i = 0.$$

如果上述条件成立，则系统

$$F(x) = x_1 F_1 + \cdots + x_n F_n + G \preceq 0$$

和系统

$$Z \succeq 0, \qquad \mathbf{tr}(GZ) > 0, \qquad \mathbf{tr}(F_i Z) = 0, \quad i = 1, \cdots, n$$

是强择一的（见习题 5.44）。

参考文献

详细介绍 Lagrange 对偶理论的文献很多，如 Luenberger [Lue69, 第 8 章], Rockafellar [Roc70, 第 VI 部分]，Whittle [Whi71]，Hiriart-Urruty 和 Lemaréchal [HUL93] 以及 Bertsekas, Nedić 和 Ozdaglar [Ber03]。Lagrange 对偶这个名字来源于利用 Lagrange 乘子法求解具有等式约束的优化问题，参见 Courant 和 Hilbert [CH53, 第 IV 章]。

§5.2.5 中矩阵对策的极大极小结论的提出事实上是早于线性规划对偶理论的。von Neuman 和 Morgenstern [vNM53, 第 153 页] 通过一个择一定理证明了这个结论。第 219 页提到的关于线性规划的强对偶性的结论是基于 von Neumann [vN63] 以及 Gale，Kuhn和 Tucker [GKT51]的。非凸二次规划问题 (5.32) 的强对偶性是采用信赖域方法求解非线性优化的文献中的一个基本结论（Nocedal 和 Wright [NW99, 第 78 页]）。这和控制理论中的 S 过程也有关联，见附录 §B.1 中的讨论。将 §5.3.2 中强对偶性的证明扩展至改进的 Slater 条件可以参看文献 Rockafellar [Roc70, 第 277 页].

鞍点性质成立的条件 (5.47) 可以参看文献 Rockafellar [Roc70, 第 VII 部分] 以及 Bertsekas，Nedić和 Ozdaglar [Ber03, 第 2 章]；习题 5.25 中亦有涉及。

KKT 条件得名于 Karush（他在 1939 年未发表的硕士论文中提到了这个结论，文献 Kuhn [Kuh76] 对其进行了整理）以及 Kuhn 和 Tucker [KT51]。John [Joh85] 也推导了类似的最优性条件。例 5.2 中的注水算法在信息理论以及通信领域得到了应用（Cover 和 Thomas [CT91, 第 252 页]）。

Farkas 引理由 Farkas [Far02] 提出。这个引理也是关于线性不等式和等式系统的择一性理论的最为知名的定理，事实上，关于这个定理还有很多不同的变化形式；参见 Mangasarian [Man94, §2.4]。Farkas 引理在资产定价（例 5.10）中的应用在文献 Bertsimas 和 Tsitsiklis [BT97, 第 167 页] 以及 Ross [Ros99] 中都有涉及。

参考文献 Isii [Isi64]，Luenberger [Lue69, 第 8 章]，Berman [Ber73]，以及 Rockafellar [Roc89, 第 47 页] 中都提到了 Lagrange 对偶理论在广义不等式问题中的扩展。在文献 Nesterov 和 Nemirovski [NN94, §4.2] 以及 Ben-Tal 和 Nemirovski [BTN01, 第 2 讲] 中，这种扩展在锥规划问题中予以讨论。广义不等式的强择一定理在参考文献 Ben-Israel [BI69]，Berman 和 Ben-Israel [BBI71] 以及 Craven 和 Kohila [CK77] 中被提及。文献 Bellman 和 Fan [BF63]，Wolkowicz [Wol81]，以及 Lasserre [Las95] 给出了 Farkas 引理在线性矩阵不等式中的扩展。

习题

基本定义

5.1 一个简单的例子。 考虑优化问题

$$\begin{array}{ll} \text{minimize} & x^2+1 \\ \text{subject to} & (x-2)(x-4) \leqslant 0, \end{array}$$

其中变量 $x \in \mathbf{R}$。

(a) **分析原问题。** 求解可行集，最优值以及最优解。

(b) **Lagrange 函数以及对偶函数。** 绘制目标函数根据 x 变化的图像。在同一幅图中，标出可行集，最优点及最优值，选择一些正的 Lagrange 乘子 λ，绘出 Lagrange 函数 $L(x,\lambda)$ 关于 x 的变化曲线。利用图像，证明下界性质（对任意 $\lambda \geqslant 0$，$p^\star \geqslant \inf_x L(x,\lambda)$）。推导 Lagrange 对偶函数 g 并大致描绘其图像。

(c) **Lagrange 对偶问题。** 描述对偶问题，证明它是一个凹极大化问题。求解对偶最优值以及对偶最优解 $\lambda^\star$。此时强对偶性是否成立？

(d) **灵敏度分析。** 令 $p^\star(u)$ 为如下问题的最优值

$$\begin{array}{ll} \text{minimize} & x^2+1 \\ \text{subject to} & (x-2)(x-4) \leqslant u, \end{array}$$

它是参数 u 的函数。描绘 $p^\star(u)$ 的曲线。证明 $dp^\star(0)/du = -\lambda^\star$。

5.2 无界问题及不可行问题的弱对偶性。 当 $d^\star = -\infty$ 或者 $p^\star = \infty$ 时，弱对偶性不等式 $d^\star \leqslant p^\star$ 显然成立。证明在另两种情况下弱对偶性同样成立，即：若 $p^\star = -\infty$，则 $d^\star = -\infty$，且若 $d^\star = \infty$，有 $p^\star = \infty$。

5.3 具有一个不等式约束的问题。 考虑问题

$$\begin{array}{ll} \text{minimize} & c^T x \\ \text{subject to} & f(x) \leqslant 0, \end{array}$$

其中 $c \neq 0$。利用共轭 f^* 表述对偶问题。我们不假设函数 f 是凸的，证明对偶问题是凸的。

例子和应用

5.4 通过松弛问题解释线性规划对偶。 考虑不等式形式的线性规划

$$\begin{array}{ll} \text{minimize} & c^T x \\ \text{subject to} & Ax \preceq b, \end{array}$$

其中 $A \in \mathbf{R}^{m\times n}$，$b \in \mathbf{R}^m$。在这个习题中，我们将给出线性规划对偶问题 (5.22) 的一个简单的几何解释。

令 $w \in \mathbf{R}_+^m$。如果 x 是线性规划的可行点，即 $Ax \preceq b$，那么 x 也满足如下不等式

$$w^T Ax \leqslant w^T b.$$

几何上来讲，对于任意 $w \succeq 0$，半平面 $H_w = \{x \mid w^T Ax \leqslant w^T b\}$ 包含线性规划问题的可行域。因此，如果在半平面 H_w 内极小化目标函数 $c^T x$ 会得到 $p^\star$ 的一个下界。

(a) 推导在半平面 H_w 内极小化 $c^T x$ 所得到的最小值的表达式（和 $w \succeq 0$ 的选择有关）。

(b) 用数学语言描述如下问题：在所有 $w \succeq 0$ 中寻找给出最好下界的那个 w，即对所有的 $w \succeq 0$ 极大化所给出的下界。

(c) 将 (a) 和 (b) 的结果与线性规划的 Lagrange 对偶问题 (5.22) 联系起来。

5.5 一般线性规划的对偶。求解线性规划

$$\begin{array}{ll} \text{minimize} & c^T x \\ \text{subject to} & Gx \preceq h \\ & Ax = b \end{array}$$

的对偶函数。给出对偶问题，并将隐式等式约束显式表达。

5.6 Chebyshev 逼近的最小二乘下界。考虑 Chebyshev 或者 ℓ_∞-范数的逼近问题

$$\text{minimize} \quad \|Ax - b\|_\infty, \tag{5.103}$$

其中 $A \in \mathbf{R}^{m\times n}$ 且 $\mathbf{rank}\, A = n$。令 x_{ch} 表示某个最优解（可能有多个最优解；x_{ch} 只是其中的一个）。

Chebyshev 问题没有闭式解，但是相应的最小二乘问题有。定义

$$x_{\text{ls}} = \text{argmin}\, \|Ax - b\|_2 = (A^T A)^{-1} A^T b.$$

考虑如下问题。假定对于某组 A 和 b，我们已经有最小二乘问题的解 x_{ls}（不是 x_{ch}）。那么解 x_{ls} 对于 Chebyshev 问题的次优程度如何？换言之，$\|Ax_{\text{ls}} - b\|_\infty$ 比 $\|Ax_{\text{ch}} - b\|_\infty$ 大多少？

(a) 证明下界不等式

$$\|Ax_{\text{ls}} - b\|_\infty \leqslant \sqrt{m}\, \|Ax_{\text{ch}} - b\|_\infty,$$

这里可以利用如下事实，即对于任意 $z \in \mathbf{R}^m$，有

$$\frac{1}{\sqrt{m}} \|z\|_2 \leqslant \|z\|_\infty \leqslant \|z\|_2.$$

(b) 在例 5.6（第 246 页）中，我们曾经推导了一般的范数逼近问题的对偶问题。将结论应用到 ℓ_∞-范数的情况（其对偶形式为 ℓ_1-范数），可以描述 Chebyshev 逼近问题的对偶问题：

$$\begin{array}{ll} \text{maximize} & b^T \nu \\ \text{subject to} & \|\nu\|_1 \leqslant 1 \\ & A^T \nu = 0. \end{array} \tag{5.104}$$

任意可行的 ν 构成了 $\|Ax_{\rm ch} - b\|_\infty$ 的一个下界 $b^T\nu$。

定义最小二乘的残差为 $r_{\rm ls} = b - Ax_{\rm ls}$。假设 $r_{\rm ls} \neq 0$，证明

$$\hat{\nu} = -r_{\rm ls}/\|r_{\rm ls}\|_1, \qquad \tilde{\nu} = r_{\rm ls}/\|r_{\rm ls}\|_1$$

都是问题 (5.104) 的可行解。根据对偶性，$b^T\hat{\nu}$ 和 $b^T\tilde{\nu}$ 都是 $\|Ax_{\rm ch} - b\|_\infty$ 的下界。哪个解给出的下界更好？和 (a) 中给出的下界相比呢？

5.7 分片线性极小化。考虑凸的分片线性极小化问题

$$\text{minimize} \quad \max_{i=1,\cdots,m}(a_i^T x + b_i) \tag{5.105}$$

其中变量 $x \in \mathbf{R}^n$。

(a) 考虑如下等价问题

$$\begin{array}{ll} \text{minimize} & \max_{i=1,\cdots,m} y_i \\ \text{subject to} & a_i^T x + b_i = y_i, \quad i = 1, \cdots, m, \end{array}$$

其中变量 $x \in \mathbf{R}^n$，$y \in \mathbf{R}^m$。基于等价问题的对偶问题推导问题 (5.105) 的 Lagrange 对偶问题。

(b) 将分片线性极小化问题 (5.105) 表述为一个线性规划，推导此线性规划的对偶问题。给出这个线性规划对偶问题和 (a) 中得到的对偶问题之间的联系。

(c) 假设采用光滑函数

$$f_0(x) = \log\left(\sum_{i=1}^m \exp(a_i^T x + b_i)\right)$$

逼近式 (5.105) 中的目标函数，求解无约束几何规划

$$\text{minimize} \quad \log\left(\sum_{i=1}^m \exp(a_i^T x + b_i)\right). \tag{5.106}$$

式 (5.62) 给出了上述问题的一个对偶问题。令 $p^\star_{\rm pwl}$ 和 $p^\star_{\rm gp}$ 分别表示式 (5.105)和式(5.106) 的最优解。证明如下不等式

$$0 \leqslant p^\star_{\rm gp} - p^\star_{\rm pwl} \leqslant \log m.$$

(d) 类似地，推导 $p^\star_{\rm pwl}$ 和优化问题

$$\text{minimize} \quad (1/\gamma)\log\left(\sum_{i=1}^m \exp(\gamma(a_i^T x + b_i))\right)$$

最优值之间的差的界，其中 $\gamma > 0$ 是参数。如果增大 γ，将会怎样？

5.8 给出例 5.9 中得到的两个对偶问题之间的联系，见第 249 页。

5.9 一个简单的覆盖椭球的次优性。回忆确定最小体积椭球的问题，椭球的中心在原点，要求包含点 $a_1, \cdots, a_m \in \mathbf{R}^n$（第 214 页，问题 (5.14)）：

$$\begin{array}{ll} \text{minimize} & f_0(X) = \log\det(X^{-1}) \\ \text{subject to} & a_i^T X a_i \leqslant 1, \quad i = 1, \cdots, m, \end{array}$$

其中 $\mathbf{dom}\, f_0 = \mathbf{S}_{++}^n$。假设向量$a_1, \cdots, a_m$ 张成了空间 $\mathbf{R}^n$（这意味着问题有下界）。

(a) 证明矩阵

$$X_{\text{sim}} = \left(\sum_{k=1}^m a_k a_k^T\right)^{-1}$$

可行。**提示：**先证明

$$\begin{bmatrix} \sum_{k=1}^m a_k a_k^T & a_i \\ a_i^T & 1 \end{bmatrix} \succeq 0,$$

然后利用 Schur 补（§A.5.5）证明对任意 $i = 1, \cdots, m$ 有 $a_i^T X a_i \leqslant 1$。

(b) 通过求解对偶问题

$$\begin{array}{ll} \text{maximize} & \log\det\left(\sum_{i=1}^m \lambda_i a_i a_i^T\right) - \mathbf{1}^T\lambda + n \\ \text{subject to} & \lambda \succeq 0 \end{array}$$

给出可行解 X_{sim} 的次优程度的一个界。对偶问题隐含了约束 $\sum_{i=1}^m \lambda_i a_i a_i^T \succ 0$。（此对偶问题的推导见第 214 页。）

为了推导界，选择形如 $\lambda = t\mathbf{1}$ 的对偶变量，其中 $t > 0$。（解析）求解 t 的最优值并给出 λ 取相应值时的对偶目标函数值。在此基础上，证明椭球 $\{u \mid u^T X_{\text{sim}} u \leqslant 1\}$ 的体积不大于最小体积椭球的体积的 $(m/n)^{n/2}$ 倍。

5.10 最优实验设计。下列问题出现于实验设计中（参见 §7.5）。

(a) ***D*-最优设计。**

$$\begin{array}{ll} \text{minimize} & \log\det\left(\sum_{i=1}^p x_i v_i v_i^T\right)^{-1} \\ \text{subject to} & x \succeq 0, \quad \mathbf{1}^T x = 1. \end{array}$$

(b) ***A*-最优设计。**

$$\begin{array}{ll} \text{minimize} & \mathbf{tr}\left(\sum_{i=1}^p x_i v_i v_i^T\right)^{-1} \\ \text{subject to} & x \succeq 0, \quad \mathbf{1}^T x = 1. \end{array}$$

上述两个问题的定义域都是 $\left\{x \mid \sum_{i=1}^p x_i v_i v_i^T \succ 0\right\}$。变量是 $x \in \mathbf{R}^p$；向量 $v_1, \cdots, v_p \in \mathbf{R}^n$ 给定。

通过引入一个新的变量 $X \in \mathbf{S}^n$ 和等式约束 $X = \sum_{i=1}^{p} x_i v_i v_i^T$ 并利用 Lagrange 对偶，给出这两个问题的对偶问题。尽可能地简化对偶问题。

5.11 推导问题

$$\text{minimize} \quad \sum_{i=1}^{N} \|A_i x + b_i\|_2 + (1/2)\|x - x_0\|_2^2$$

的对偶问题。原问题中，$A_i \in \mathbf{R}^{m_i \times n}$，$b_i \in \mathbf{R}^{m_i}$，且 $x_0 \in \mathbf{R}^n$。先引入新的变量 $y_i \in \mathbf{R}^{m_i}$ 以及等式约束 $y_i = A_i x + b_i$。

5.12 **解析中心**。考虑优化问题

$$\text{minimize} \quad -\sum_{i=1}^{m} \log(b_i - a_i^T x)$$

其定义域为 $\{x \mid a_i^T x < b_i,\ i = 1, \cdots, m\}$，推导其对偶问题。先引入新的变量 y_i 以及等式约束 $y_i = b_i - a_i^T x$。

（上述问题的解称为线性不等式组 $a_i^T x \leqslant b_i$，$i = 1, \cdots, m$的**解析中心**。解析中心有着几何应用（见 §8.5.3），并且在罚函数方法中至关重要（见第 11 章）。）

5.13 **Boolean 线性规划的 Lagrange 松弛**。**Boolean 线性规划**是如下形式的优化问题

$$\begin{array}{ll} \text{minimize} & c^T x \\ \text{subject to} & Ax \preceq b \\ & x_i \in \{0, 1\}, \quad i = 1, \cdots, n, \end{array}$$

一般而言，这个优化问题的求解非常困难。在习题 4.15 中，曾经考虑过这个问题的线性规划松弛

$$\begin{array}{ll} \text{minimize} & c^T x \\ \text{subject to} & Ax \preceq b \\ & 0 \leqslant x_i \leqslant 1, \quad i = 1, \cdots, n, \end{array} \tag{5.107}$$

而松弛问题容易求解得多。松弛问题的解给出了原 Boolean 线性规划的最优值的一个下界。在本习题中，我们推导 Boolean 线性规划的另一个下界，并给出与习题 4.15 中的下界的联系。

(a) Lagrange **松弛**。Boolean 线性规划可以重新描述为如下问题

$$\begin{array}{ll} \text{minimize} & c^T x \\ \text{subject to} & Ax \preceq b \\ & x_i(1 - x_i) = 0, \quad i = 1, \cdots, n, \end{array}$$

此问题具有二次等式约束。求解此问题的 Lagrange 对偶问题。对偶问题（其为凸问题）的最优值给出了原 Boolean 线性规划最优值的一个下界。通过这样的方式求解原问题的最优值的下界称为 Lagrange **松弛**。

(b) 证明通过 Lagrange 松弛得到的下界和线性规划松弛 (5.107) 得到的下界是一样的。**提示**：求解线性规划松弛 (5.107) 的对偶问题。

5.14 等式约束的罚函数方法。考虑问题

$$\begin{array}{ll}\text{minimize} & f_0(x) \\ \text{subject to} & Ax = b,\end{array} \tag{5.108}$$

其中 $f_0: \mathbf{R}^n \to \mathbf{R}$ 是凸函数并可微，且 $A \in \mathbf{R}^{m\times n}$，$\mathbf{rank}\, A = m$。

在**二次罚函数方法**中，引入一个辅助函数

$$\phi(x) = f_0(x) + \alpha\|Ax - b\|_2^2,$$

其中 $\alpha > 0$ 是参数。辅助函数包含目标函数以及附加的**惩罚项** $\alpha\|Ax-b\|_2^2$。此方法的思想是辅助函数的极小点 $\tilde{x}$ 是原问题的一个近似解。直观上讲，罚的权值 α 越大，近似解 $\tilde{x}$ 与原问题的解越接近。

设 $\tilde{x}$ 是 ϕ 的一个最小点。那么，基于 $\tilde{x}$，如何找到问题 (5.108) 的一个对偶可行点？求出此对偶可行点给出的原问题 (5.108) 最优值的下界。

5.15 考虑问题

$$\begin{array}{ll}\text{minimize} & f_0(x) \\ \text{subject to} & f_i(x) \leqslant 0, \quad i = 1, \cdots, m,\end{array} \tag{5.109}$$

其中函数 $f_i: \mathbf{R}^n \to \mathbf{R}$ 是凸函数并可微。令 $h_1, \cdots, h_m: \mathbf{R} \to \mathbf{R}$ 为可微增函数，且是凸的。证明如下函数

$$\phi(x) = f_0(x) + \sum_{i=1}^m h_i(f_i(x))$$

是凸函数。设 ϕ 在 $\tilde{x}$ 处取极小值。基于 $\tilde{x}$，如何找到问题 (5.109) 的对偶问题的一个可行点？求出对偶可行点给出的原问题 (5.109) 最优值的下界。

5.16 不等式约束问题的精确罚函数方法。考虑问题

$$\begin{array}{ll}\text{minimize} & f_0(x) \\ \text{subject to} & f_i(x) \leqslant 0, \quad i = 1, \cdots, m,\end{array} \tag{5.110}$$

其中 $f_i: \mathbf{R}^n \to \mathbf{R}$ 是可微凸函数。在精确罚函数方法中，求解下列辅助问题

$$\text{minimize} \quad \phi(x) = f_0(x) + \alpha \max_{i=1,\cdots,m} \max\{0, f_i(x)\}, \tag{5.111}$$

其中 $\alpha > 0$ 是参数。函数 ϕ 中的第二项是对 x 不可行的惩罚项。如果对于充分大的 α，辅助问题的解也是原问题 (5.110) 的解，此方法称为**精确**罚函数方法。

(a) 证明函数 ϕ 是凸函数。

(b) 辅助问题可以描述为

$$\begin{array}{ll}\text{minimize} & f_0(x) + \alpha y \\ \text{subject to} & f_i(x) \leqslant y, \quad i = 1, \cdots, m \\ & 0 \leqslant y\end{array}$$

其中优化变量为 x 和 $y \in \mathbf{R}$。求解此问题的 Lagrange 对偶问题，并利用问题 (5.110) 的 Lagrange 对偶函数 g 进行表述。

(c) 利用 (b) 中的结论证明如下性质。设 $\lambda^\star$ 是问题 (5.110) 的 Lagrange 对偶问题的一个最优解，并且强对偶性成立。如果 $\alpha > \mathbf{1}^T\lambda^\star$，那么辅助问题 (5.111) 的任意最优解也是原问题 (5.110) 的一个最优解。

5.17 具有多面体不确定性的鲁棒线性规划。考虑鲁棒线性规划

$$\begin{array}{ll} \text{minimize} & c^T x \\ \text{subject to} & \sup_{a\in\mathcal{P}_i} a^T x \leqslant b_i, \quad i=1,\cdots,m, \end{array}$$

其中变量 $x \in \mathbf{R}^n$ 且 $\mathcal{P}_i = \{a \mid C_i a \preceq d_i\}$。此问题的参数为 $c \in \mathbf{R}^n$，$C_i \in \mathbf{R}^{m_i\times n}$，$d_i \in \mathbf{R}^{m_i}$ 以及 $b \in \mathbf{R}^m$。假设凸多面体 $\mathcal{P}_i$ 非空。

证明此问题和如下线性规划等价

$$\begin{array}{ll} \text{minimize} & c^T x \\ \text{subject to} & d_i^T z_i \leqslant b_i, \quad i=1,\cdots,m \\ & C_i^T z_i = x, \quad i=1,\cdots,m \\ & z_i \succeq 0, \quad i=1,\cdots,m \end{array}$$

其中变量 $x \in \mathbf{R}^n$，$z_i \in \mathbf{R}^{m_i}$，$i=1,\cdots,m$。**提示：**求解在 $a_i \in \mathcal{P}_i$ 上极大化 $a_i^T x$（变量为 a_i）的问题的对偶问题。

5.18 两个多面体的分离超平面。考虑寻找一个分离超平面严格分离两个多面体的问题。设这两个多面体为

$$\mathcal{P}_1 = \{x \mid Ax \preceq b\}, \qquad \mathcal{P}_2 = \{x \mid Cx \preceq d\},$$

寻找向量 $a \in \mathbf{R}^n$ 以及实数 γ 使得下式成立

$$a^T x > \gamma \quad \forall\, x \in \mathcal{P}_1, \qquad a^T x < \gamma \quad \forall\, x \in \mathcal{P}_2.$$

可以假设 $\mathcal{P}_1$ 和 $\mathcal{P}_2$ 不相交。将上述优化问题表述成一个线性规划或者线性规划的可行性问题。**提示：**向量 a 和实数 γ 必须满足

$$\inf_{x\in\mathcal{P}_1} a^T x > \gamma > \sup_{x\in\mathcal{P}_2} a^T x.$$

利用线性规划对偶简化上述条件中的下确界和上确界。

5.19 向量中最大的若干元素求和。定义函数 $f : \mathbf{R}^n \to \mathbf{R}$ 为

$$f(x) = \sum_{i=1}^{r} x_{[i]},$$

其中 r 是 1 到 n 之间的正数，且 $x_{[1]} \geqslant x_{[2]} \geqslant \cdots \geqslant x_{[r]}$ 是 x 中的元素按降序排列。换言之，$f(x)$ 是向量 x 中最大的 r 个元素的和。在此问题中，我们考虑约束

$$f(x) \leqslant \alpha.$$

根据第 3 章，第 74 页中的讨论，这是一个凸约束，等价于一组个数为 $n!/(r!(n-r)!)$ 的线性不等式

$$x_{i_1} + \cdots + x_{i_r} \leqslant \alpha, \quad 1 \leqslant i_1 < i_2 < \cdots < i_r \leqslant n.$$

这道习题的目的是找到一个更为紧凑的表示。

(a) 给定向量 $x \in \mathbf{R}^n$，证明函数 $f(x)$ 等价于如下线性规划的最优值

$$\begin{array}{ll} \text{maximize} & x^T y \\ \text{subject to} & 0 \preceq y \preceq \mathbf{1} \\ & \mathbf{1}^T y = r \end{array}$$

其中 $y \in \mathbf{R}^n$ 是优化变量。

(b) 推导 (a) 中线性规划的对偶问题。证明其可以表述为

$$\begin{array}{ll} \text{minimize} & rt + \mathbf{1}^T u \\ \text{subject to} & t\mathbf{1} + u \succeq x \\ & u \succeq 0, \end{array}$$

其中优化变量为 $t \in \mathbf{R}$，$u \in \mathbf{R}^n$。根据对偶理论，这个线性规划和 (a) 中的线性规划具有相同的最优值，即 $f(x)$。因此我们得出如下结论：x 满足 $f(x) \leqslant \alpha$，当且仅当存在 $t \in \mathbf{R}$，$u \in \mathbf{R}^n$ 使得下式成立

$$rt + \mathbf{1}^T u \leqslant \alpha, \qquad t\mathbf{1} + u \succeq x, \qquad u \succeq 0.$$

这些条件构成了 $2n+1$ 个线性不等式，变量为 x, u, t，变量个数为 $2n+1$。

(c) 作为一个应用，我们考虑对第 4 章，148 页提到的经典的 Markowitz 投资组合优化问题

$$\begin{array}{ll} \text{minimize} & x^T \Sigma x \\ \text{subject to} & \bar{p}^T x \geqslant r_{\min} \\ & \mathbf{1}^T x = 1, \quad x \succeq 0 \end{array}$$

进行扩展。变量为投资组合 $x \in \mathbf{R}^n$ ； $\bar{p}$ 和 Σ 分别是价格变化向量 p 的期望矩阵和协方差矩阵。

假设增加一个**多样化约束**，要求投资在任意10%的资产上的投资额至多占总投资额的80%。此约束可以描述为

$$\sum_{i=1}^{\lfloor 0.1n \rfloor} x_{[i]} \leqslant 0.8.$$

将上述添加了多样化约束的投资组合优化问题表述为一个二次规划。

5.20 信道容量问题的对偶问题。考虑问题

$$\begin{array}{ll} \text{minimize} & -c^T x + \sum_{i=1}^{m} y_i \log y_i \\ \text{subject to} & Px = y \\ & x \succeq 0, \quad \mathbf{1}^T x = 1, \end{array}$$

其中 $P \in \mathbf{R}^{m \times n}$ 具有非负元素，且每列向量元素之和为 1（即 $P^T\mathbf{1} = \mathbf{1}$）。优化变量为 $x \in \mathbf{R}^n$，$y \in \mathbf{R}^m$。（若 $c_j = \sum_{i=1}^{m} p_{ij} \log p_{ij}$，则此问题的最优值不超过信道转移概率矩阵为 P 的离散无记忆通道的容量的负数的 $\log 2$ 倍；参见习题 4.57。）推导这个问题的对偶问题。

尽可能简化对偶问题。

强对偶性以及 Slater 条件

5.21 强对偶性不成立的凸问题。考虑优化问题

$$\begin{array}{ll}\text{minimize} & e^{-x}\\ \text{subject to} & x^2/y \leqslant 0\end{array}$$

优化变量为 x 和 y，定义域为 $\mathcal{D}=\{(x,y)\mid y>0\}$。

(a) 证明这是一个凸优化问题。求解最优值。

(b) 给出 Lagrange 对偶问题，求解对偶问题的最优解 $\lambda^\star$ 和最优值 $d^\star$。给出最优对偶间隙。

(c) Slater 条件对此问题是否成立？

(d) 将如下扰动问题的最优值

$$\begin{array}{ll}\text{minimize} & e^{-x}\\ \text{subject to} & x^2/y \leqslant u\end{array}$$

表示为 u 的函数 $p^\star(u)$。证明全局灵敏度不等式

$$p^\star(u) \geqslant p^\star(0)-\lambda^\star u$$

不成立。

5.22 对偶的几何解释。对下面的每一个优化问题，图示集合

$$\begin{aligned}\mathcal{G}&=\{(u,t)\mid \exists x\in\mathcal{D}, f_0(x)=t,\ f_1(x)=u\},\\ \mathcal{A}&=\{(u,t)\mid \exists x\in\mathcal{D}, f_0(x)\leqslant t,\ f_1(x)\leqslant u\},\end{aligned}$$

给出对偶问题，并求解原问题和对偶问题。判断优化问题是否为凸问题？Slater 条件是否成立？强对偶性是否成立？

对于下列优化问题，如果不特别说明，其定义域为 $\mathbf{R}$。

(a) 极小化 x，约束为 $x^2\leqslant 1$。

(b) 极小化 x，约束为 $x^2\leqslant 0$。

(c) 极小化 x，约束为 $|x|\leqslant 0$。

(d) 极小化 x，约束为 $f_1(x)\leqslant 0$，其中

$$f_1(x)=\begin{cases}-x+2 & x\geqslant 1\\ x & -1\leqslant x\leqslant 1\\ -x-2 & x\leqslant -1.\end{cases}$$

(e) 极小化 x^3，约束为 $-x+1\leqslant 0$。

(f) 极小化 x^3，约束为 $-x+1\leqslant 0$，定义域为 $\mathcal{D}=\mathbf{R}_+$。

5.23 线性规划的强对偶性。 如果线性规划

$$\begin{array}{ll}\text{minimize} & c^T x \\ \text{subject to} & Ax \preceq b\end{array}$$

及其对偶问题

$$\begin{array}{ll}\text{maximize} & -b^T z \\ \text{subject to} & A^T z + c = 0, \quad z \succeq 0\end{array}$$

至少有一个可行，证明强对偶性成立。换言之，只有当 $p^\star = \infty$ 以及 $d^\star = -\infty$ 时，强对偶性才不成立。

(a) 设 $p^\star$ 有界，$x^\star$ 是一个最优解。(对于线性规划问题，如果最优值有界，那么能达到。) 令 $I \subseteq \{1, 2, \cdots, m\}$ 表示 $x^\star$ 附近的起作用约束指标集，即

$$a_i^T x^\star = b_i, \quad i \in I, \qquad a_i^T x^\star < b_i, \quad i \notin I.$$

证明存在 $z \in \mathbf{R}^m$ 使得下式成立

$$z_i \geqslant 0, \quad i \in I, \qquad z_i = 0, \quad i \notin I, \qquad \sum_{i \in I} z_i a_i + c = 0.$$

证明 z 为对偶最优，对偶最优值为 $c^T x^\star$。

提示： 设不存在这样的 z，即 $-c \notin \left\{ \sum_{i \in I} z_i a_i \mid z_i \geqslant 0 \right\}$。利用例 2.20 中提到的严格分离超平面定理，见第 44 页，推出矛盾。或者也可以应用 Farkas 引理 (参见 §5.8.3)。

(b) 设 $p^\star = \infty$ 且对偶问题可行。证明 $d^\star = \infty$。**提示：** 证明存在非零 $v \in \mathbf{R}^m$ 使得 $A^T v = 0$，$v \succeq 0$ 且 $b^T v < 0$。如果对偶问题可行，它在方向 v 上是无界的。

(c) 考虑下面的例子

$$\begin{array}{ll}\text{minimize} & x \\ \text{subject to} & \begin{bmatrix} 0 \\ 1 \end{bmatrix} x \preceq \begin{bmatrix} -1 \\ 1 \end{bmatrix}.\end{array}$$

写出其对偶线性规划，并求解原问题和对偶问题。证明 $p^\star = \infty$，$d^\star = -\infty$。

5.24 弱极大极小不等式。 证明弱极大极小不等式

$$\sup_{z \in Z} \inf_{w \in W} f(w, z) \leqslant \inf_{w \in W} \sup_{z \in Z} f(w, z)$$

总是成立。函数 $f : \mathbf{R}^n \times \mathbf{R}^m \to \mathbf{R}$，$W \subseteq \mathbf{R}^n$，$Z \subseteq \mathbf{R}^m$ 任意。

5.25 [BL00, 第 95 页] **凸-凹函数以及鞍点性质。** 推导鞍点性质成立的条件。鞍点性质可以表述如下

$$\sup_{z \in Z} \inf_{w \in W} f(w, z) = \inf_{w \in W} \sup_{z \in Z} f(w, z) \tag{5.112}$$

其中 $f : \mathbf{R}^n \times \mathbf{R}^m \to \mathbf{R}$，$W \times Z \subseteq \mathbf{dom}\, f$，$W$ 和 Z 非空。设函数

$$g_z(w) = \begin{cases} f(w, z) & w \in W \\ \infty & \text{其他} \end{cases}$$

对任意 $z \in Z$ 都是闭且凸的，且函数

$$h_w(z) = \begin{cases} -f(w,z) & z \in Z \\ \infty & \text{其他} \end{cases}$$

对任意 $w \in W$ 闭且凸。

(a) 式 (5.112) 的右端可以看成 $p(0)$，其中

$$p(u) = \inf_{w \in W} \sup_{z \in Z} (f(w,z) + u^T z).$$

证明 p 是凸函数。

(b) 证明函数 p 的共轭可以表述为

$$p^*(v) = \begin{cases} -\inf_{w \in W} f(w,v) & v \in Z \\ \infty & \text{其他}. \end{cases}$$

(c) 证明函数 p^* 的共轭可以表述为

$$p^{**}(u) = \sup_{z \in Z} \inf_{w \in W} (f(w,z) + u^T z).$$

结合 (a)，可知极大极小等式 (5.112) 实质上可以表述为 $p^{**}(0) = p(0)$。

(d) 根据习题 3.28 和习题 3.39 (d) 中的结论，可知若 $0 \in \mathbf{int\,dom}\, p$ 则 $p^{**}(0) = p(0)$。证明若 W 和 Z 有界则 $0 \in \mathbf{int\,dom}\, p$。

(e) 考虑习题 3.28 和习题 3.39 中的另一个结论，如果 $0 \in \mathbf{dom}\, p$ 且 p 是闭的，那么有 $p^{**}(0) = p(0)$。证明如果函数 g_z 的下水平集有界那么 p 是闭的。

最优性条件

5.26 考虑下列二次约束二次规划

$$\begin{array}{ll} \text{minimize} & x_1^2 + x_2^2 \\ \text{subject to} & (x_1 - 1)^2 + (x_2 - 1)^2 \leqslant 1 \\ & (x_1 - 1)^2 + (x_2 + 1)^2 \leqslant 1, \end{array}$$

变量 $x \in \mathbf{R}^2$。

(a) 大致描绘可行集以及目标函数的水平集。标出最优点 $x^\star$ 以及最优值 $p^\star$。

(b) 给出 KKT 条件。是否存在 Lagrange 乘子 $\lambda_1^\star$ 和 $\lambda_2^\star$ 能够证明 $x^\star$ 最优？

(c) 给出并求解 Lagrange 对偶问题。此时强对偶性是否成立？

5.27 等式约束的最小二乘问题。考虑等式约束的最小二乘问题

$$\begin{array}{ll} \text{minimize} & \|Ax - b\|_2^2 \\ \text{subject to} & Gx = h \end{array}$$

其中 $A \in \mathbf{R}^{m \times n}$，$\mathbf{rank}\, A = n$，$G \in \mathbf{R}^{p \times n}$，$\mathbf{rank}\, G = p$。

给出 KKT 条件，推导原问题最优解 $x^\star$ 以及对偶问题最优解 $\nu^\star$ 的表达式。

5.28 证明（不借助任何线性规划软件）下述线性规划问题

$$
\begin{array}{ll}
\text{minimize} & 47x_1+93x_2+17x_3-93x_4 \\
\text{subject to} & \begin{bmatrix} -1 & -6 & 1 & 3 \\ -1 & -2 & 7 & 1 \\ 0 & 3 & -10 & -1 \\ -6 & -11 & -2 & 12 \\ 1 & 6 & -1 & -3 \end{bmatrix} \begin{bmatrix} x_1 \\ x_2 \\ x_3 \\ x_4 \end{bmatrix} \preceq \begin{bmatrix} -3 \\ 5 \\ -8 \\ -7 \\ 4 \end{bmatrix}
\end{array}
$$

的最优解唯一，为 $x^\star=(1,1,1,1)$。

5.29 问题

$$
\begin{array}{ll}
\text{minimize} & -3x_1^2+x_2^2+2x_3^2+2(x_1+x_2+x_3) \\
\text{subject to} & x_1^2+x_2^2+x_3^2=1,
\end{array}
$$

是式 (5.32) 提到的问题的一个特例，因此即使此问题不是凸的，强对偶性亦成立。给出 KKT 条件。找出满足 KKT 条件的所有 x，ν，并给出最优解。

5.30 考虑优化问题

$$
\begin{array}{ll}
\text{minimize} & \mathbf{tr}\,X-\log\det X \\
\text{subject to} & Xs=y,
\end{array}
$$

其中变量 $X\in\mathbf{S}^n$，定义域为 $\mathbf{S}^n_{++}$。$y\in\mathbf{R}^n$ 和 $s\in\mathbf{R}^n$ 已经给定，它们满足 $s^Ty=1$。推导 KKT 条件。证明最优解可以写成下述形式

$$
X^\star=I+yy^T-\frac{1}{s^Ts}ss^T.
$$

5.31 KKT 条件的支撑超平面解释。 考虑没有等式约束的凸优化问题

$$
\begin{array}{ll}
\text{minimize} & f_0(x) \\
\text{subject to} & f_i(x)\leqslant 0, \quad i=1,\cdots,m.
\end{array}
$$

设 $x^\star\in\mathbf{R}^n$ 和 $\lambda^\star\in\mathbf{R}^m$ 满足 KKT 条件

$$
\begin{aligned}
f_i(x^\star)&\leqslant 0, \quad i=1,\cdots,m \\
\lambda_i^\star&\geqslant 0, \quad i=1,\cdots,m \\
\lambda_i^\star f_i(x^\star)&=0, \quad i=1,\cdots,m \\
\nabla f_0(x^\star)+\sum_{i=1}^m\lambda_i^\star\nabla f_i(x^\star)&=0.
\end{aligned}
$$

证明对任意可行点x，有

$$
\nabla f_0(x^\star)^T(x-x^\star)\geqslant 0.
$$

换言之，KKT 条件可以导出 §4.2.3 中给出的简单的最优性准则。

扰动及灵敏度分析

5.32 扰动问题的最优值。 令函数 $f_0, f_1, \cdots, f_m : \mathbf{R}^n \to \mathbf{R}$ 为凸函数。证明函数

$$p^\star(u,v) = \inf\{f_0(x) \mid \exists x \in \mathcal{D},\ f_i(x) \leqslant u_i,\ i=1,\cdots,m, Ax-b=v\}$$

是凸函数。上述函数是扰动问题的最优值，是扰动值 u 和 v 的函数（见 §5.6.1）。

5.33 参数化的 ℓ_1-范数逼近。 考虑 ℓ_1-范数的极小化问题

$$\text{minimize} \quad \|Ax+b+\epsilon d\|_1,$$

其中变量 $x \in \mathbf{R}^3$，且

$$A = \begin{bmatrix} -2 & 7 & 1 \\ -5 & -1 & 3 \\ -7 & 3 & -5 \\ -1 & 4 & -4 \\ 1 & 5 & 5 \\ 2 & -5 & -1 \end{bmatrix}, \quad b = \begin{bmatrix} -4 \\ 3 \\ 9 \\ 0 \\ -11 \\ 5 \end{bmatrix}, \quad d = \begin{bmatrix} -10 \\ -13 \\ -27 \\ -10 \\ -7 \\ 14 \end{bmatrix}.$$

将最优值表示成 ϵ 的函数 $p^\star(\epsilon)$。

(a) 设 $\epsilon=0$。证明 $x^\star=\mathbf{1}$ 是最优解。还有其他的最优解么？

(b) 证明 $p^\star(\epsilon)$ 在包含 $\epsilon=0$ 的区间上是仿射函数。

5.34 考虑原问题

$$\begin{array}{ll} \text{minimize} & (c+\epsilon d)^T x \\ \text{subject to} & Ax \preceq b+\epsilon f \end{array}$$

和相应的对偶问题

$$\begin{array}{ll} \text{maximize} & -(b+\epsilon f)^T z \\ \text{subject to} & A^T z + c + \epsilon d = 0 \\ & z \succeq 0, \end{array}$$

其中

$$A = \begin{bmatrix} -4 & 12 & -2 & 1 \\ -17 & 12 & 7 & 11 \\ 1 & 0 & -6 & 1 \\ 3 & 3 & 22 & -1 \\ -11 & 2 & -1 & -8 \end{bmatrix}, \quad b = \begin{bmatrix} 8 \\ 13 \\ -4 \\ 27 \\ -18 \end{bmatrix}, \quad f = \begin{bmatrix} 6 \\ 15 \\ -13 \\ 48 \\ 8 \end{bmatrix},$$

$c=(49,-34,-50,-5)$，$d=(3,8,21,25)$，ϵ 是参数。

(a) 证明当 $\epsilon=0$ 时点 $x^\star=(1,1,1,1)$ 是最优解。证明时构造对偶问题，找到对偶最优点 $z^\star$，使其函数值和 $x^\star$ 处的函数值相等。是否还有别的原对偶最优解？

(b) 以 ϵ 为自变量，在包含 $\epsilon = 0$ 的区间上，给出最优值 $p^\star(\epsilon)$ 的显式表达式。给出表达式成立的区间范围。在此区间上，以 ϵ 为自变量，给出原问题最优解 $x^\star(\epsilon)$ 以及对偶问题最优解 $z^\star(\epsilon)$ 的显式表达式。

提示：首先假设当 ϵ 在 0 附近时，$\epsilon = 0$ 时在最优解处起作用的原问题和对偶问题约束在此时的最优解处仍然起作用，计算 $x^\star(\epsilon)$ 和 $z^\star(\epsilon)$。再证明上述假设是正确的。

5.35 几何规划的灵敏度分析。考虑一个几何规划

$$\begin{array}{ll} \text{minimize} & f_0(x) \\ \text{subject to} & f_i(x) \leqslant 1, \quad i = 1, \cdots, m \\ & h_i(x) = 1, \quad i = 1, \cdots, p, \end{array}$$

其中 $f_0, \cdots, f_m$ 是正项式，$h_1, \cdots, h_p$ 是单项式，问题的定义域为 $\mathbf{R}^n_{++}$。定义扰动的几何规划为

$$\begin{array}{ll} \text{minimize} & f_0(x) \\ \text{subject to} & f_i(x) \leqslant e^{u_i}, \quad i = 1, \cdots, m \\ & h_i(x) = e^{v_i}, \quad i = 1, \cdots, p, \end{array}$$

设扰动的几何规划的最优值为 $p^\star(u, v)$。u_i 和 v_i 可以认为是对约束的相对扰动。例如，$u_1 = -0.01$ 意味着加强第一个不等式约束，加强幅度（约为）1%。

对于下列凸形式的几何规划

$$\begin{array}{ll} \text{minimize} & \log f_0(y) \\ \text{subject to} & \log f_i(y) \leqslant 0, \quad i = 1, \cdots, m \\ & \log h_i(y) = 0, \quad i = 1, \cdots, p, \end{array}$$

其中变量 $y_i = \log x_i$。令 $\lambda^\star$ 和 $\nu^\star$ 表示此问题的对偶问题的最优解。设 $p^\star(u, v)$ 在 $u = 0$，$v = 0$ 处可微，建立 $\lambda^\star$ 以及 $\nu^\star$ 和 $p^\star(u, v)$ 在 $u = 0$，$v = 0$ 处的导数之间的联系。验证下面的论断“当 α 较小时，第 i 个约束放松百分之 α 将会使最优目标函数值降低约百分之 $\alpha\lambda_i^\star$。”

择一定理

5.36 线性等式的择一。考虑线性方程组 $Ax = b$，其中 $A \in \mathbf{R}^{m \times n}$。根据线性代数理论可知，上述方程组有解，当且仅当 $b \in \mathcal{R}(A)$，此条件亦等价于 $b \perp \mathcal{N}(A^T)$。换言之，$Ax = b$ 有解，当且仅当不存在 $y \in \mathbf{R}^m$ 使得 $A^T y = 0$ 且 $b^T y \neq 0$。

根据 §5.8.2 中的择一定理推出上述结论。

5.37 [BT97] **有限状态 Markov 链中平衡分布的存在性**。设矩阵 $P \in \mathbf{R}^{n \times n}$ 满足

$$p_{ij} \geqslant 0, \quad i, j = 1, \cdots, n, \qquad P^T \mathbf{1} = \mathbf{1},$$

即矩阵元素非负且每列元素之和为 1。利用 Farkas 引理证明存在 $y \in \mathbf{R}^n$ 使得

$$Py = y, \qquad y \succeq 0, \qquad \mathbf{1}^T y = 1.$$

（可以将 y 理解为具有 n 个状态，转移概率矩阵为 P 的 Markov 链的一个平衡分布。）

5.38 [BT97] **期权定价。** 将第 256 页，例 5.10 中的结论应用到一个具有三种资产的简单问题：第一种资产无风险，在投资期间内有固定的回报率 $r>1$（比如说债券），第二种是一支股票，第三种是这支股票的期权。期权可以使我们在投资期结束时以预先设定的价格买进股票。

考虑两种情形。在第一种情形中，股票价格从投资初期的 S 涨到投资末期的 Su，其中 $u>r$。在这种情形中，只有当 $Su>K$ 时，我们才投资期权，此时获利 $Su-K$。否则，我们不购买期权，获利为零。在第一种情形中，投资期结束时，期权的价值为 $\max\{0, Su-K\}$。

在第二种情形中，股票的价格从投资初期的 S 降到投资末期的 Sd，其中 $d<1$。投资结束时，期权的价值为 $\max\{0, Sd-K\}$。

采用例 5.10 中的符号表示

$$V=\left[\begin{array}{ccc} r & uS & \max\{0, Su-K\} \\ r & dS & \max\{0, Sd-K\} \end{array}\right], \qquad p_1=1, \qquad p_2=S, \qquad p_3=C,$$

其中 C 是期权价格。

给定 r，S，K，u，d，证明期权价格 C 由无套利条件唯一决定。换言之，期权市场是完备的。

广义不等式

5.39 双向划分问题的半定规划松弛。 考虑第 211 页提到的双向划分问题 (5.7)，

$$\begin{array}{ll} \text{minimize} & x^T W x \\ \text{subject to} & x_i^2=1, \quad i=1,\cdots,n, \end{array} \tag{5.113}$$

其中，变量 $x\in\mathbf{R}^n$。此（非凸）问题的 Lagrange 对偶问题可以描述为下述半定规划

$$\begin{array}{ll} \text{maximize} & -\mathbf{1}^T\nu \\ \text{subject to} & W+\mathbf{diag}(\nu)\succeq 0, \end{array} \tag{5.114}$$

其中，变量 $\nu\in\mathbf{R}^n$。此半定规划的最优值给出了原双向划分问题 (5.113) 的最优值的一个下界。在本习题中，我们考虑另一个半定规划，同样给出了原双向划分问题最优值的一个下界，并研究这两个半定规划之间的联系。

(a) **矩阵形式的双向划分问题。** 证明双向划分问题可以表述为如下形式

$$\begin{array}{ll} \text{minimize} & \mathbf{tr}(WX) \\ \text{subject to} & X\succeq 0, \quad \mathbf{rank}\, X=1 \\ & X_{ii}=1, \quad i=1,\cdots,n, \end{array}$$

其中，变量 $X\in\mathbf{S}^n$。**提示：** 证明如果 X 可行，则其具有形式 $X=xx^T$，其中 $x\in\mathbf{R}^n$ 满足 $x_i\in\{-1,1\}$（反过来也成立）。

(b) **双向划分问题的半定规划松弛**。利用 (a) 中的表达式，可以构造如下松弛问题

$$\begin{array}{ll} \text{minimize} & \mathbf{tr}(WX) \\ \text{subject to} & X \succeq 0 \\ & X_{ii} = 1, \quad i = 1, \cdots, n, \end{array} \tag{5.115}$$

其中，变量 $X \in \mathbf{S}^n$。这个问题是一个半定规划，因此可以有效地求解。为什么此半定规划能够给出原双向划分问题 (5.113) 最优值的一个下界？如果此半定规划的最优点$X^\star$的秩为 1 说明了什么？

(c) 上面提到的两个半定规划：(b) 中提到的半定规划松弛问题 (5.115) 以及双向划分问题的 Lagrange 对偶问题 (5.114)，均给出了原双向划分问题 (5.113) 的下界。这两个半定规划有什么联系？它们给出的下界有何联系？**提示**：通过对偶将两个半定规划联系起来。

5.40 ***E*-最优实验设计**。***E*-最优设计**问题是习题 5.10 中提到的两个最优实验设计问题的另一种变化形式

$$\begin{array}{ll} \text{minimize} & \lambda_{\max}\left(\sum_{i=1}^p x_i v_i v_i^T\right)^{-1} \\ \text{subject to} & x \succeq 0, \quad \mathbf{1}^T x = 1. \end{array}$$

（也可以参见 §7.5。）推导此问题的对偶问题，可以先将此问题描述为

$$\begin{array}{ll} \text{minimize} & 1/t \\ \text{subject to} & \sum_{i=1}^p x_i v_i v_i^T \succeq tI \\ & x \succeq 0, \quad \mathbf{1}^T x = 1, \end{array}$$

其中变量 $t \in \mathbf{R}$，$x \in \mathbf{R}^p$，定义域为 $\mathbf{R}_{++} \times \mathbf{R}^p$，应用 Lagrange 对偶得出对偶问题。尽可能地简化对偶问题。

5.41 **最速混合 Markov 链问题的对偶**。在第 167 页，我们遇到如下半定规划

$$\begin{array}{ll} \text{minimize} & t \\ \text{subject to} & -tI \preceq P - (1/n)\mathbf{1}\mathbf{1}^T \preceq tI \\ & P\mathbf{1} = \mathbf{1} \\ & P_{ij} \geqslant 0, \quad i, j = 1, \cdots, n \\ & P_{ij} = 0 \quad \forall\, (i,j) \notin \mathcal{E}, \end{array}$$

其中变量 $t \in \mathbf{R}$，$P \in \mathbf{S}^n$。

证明此问题的对偶问题可以描述为

$$\begin{array}{ll} \text{maximize} & \mathbf{1}^T z - (1/n)\mathbf{1}^T Y \mathbf{1} \\ \text{subject to} & \|Y\|_{2*} \leqslant 1 \\ & (z_i + z_j) \leqslant Y_{ij} \quad \forall\, (i,j) \in \mathcal{E}, \end{array}$$

其中变量 $z \in \mathbf{R}^n$，$Y \in \mathbf{S}^n$。范数 $\|\cdot\|_{2*}$ 是 $\mathbf{S}^n$ 上谱范数的对偶范数：$\|Y\|_{2*} = \sum_{i=1}^n |\lambda_i(Y)|$，即 Y 的特征值的绝对值的和。（参见第 608页 §A.1.6。）

5.42 不等式形式的锥形式问题的 Lagrange 对偶。 考虑不等式形式的锥形式问题

$$\begin{array}{ll} \text{minimize} & c^T x \\ \text{subject to} & Ax \preceq_K b, \end{array}$$

其中 $A \in \mathbf{R}^{m\times n}$，$b \in \mathbf{R}^m$，$K$ 是 $\mathbf{R}^m$ 中的一个正常锥。推导其 Lagrange 对偶问题。将所有的隐式等式约束显式描述。

5.43 二阶锥规划的对偶。 对于二阶锥规划

$$\begin{array}{ll} \text{minimize} & f^T x \\ \text{subject to} & \|A_i x + b_i\|_2 \leqslant c_i^T x + d_i, \quad i = 1, \cdots, m, \end{array}$$

其中变量 $x \in \mathbf{R}^n$，证明其对偶问题可以描述为

$$\begin{array}{ll} \text{maximize} & \sum_{i=1}^m (b_i^T u_i - d_i v_i) \\ \text{subject to} & \sum_{i=1}^m (A_i^T u_i - c_i v_i) + f = 0 \\ & \|u_i\|_2 \leqslant v_i, \quad i = 1, \cdots, m, \end{array}$$

其中变量 $u_i \in \mathbf{R}^{n_i}$，$v_i \in \mathbf{R}$，$i = 1, \cdots, m$。在这两个问题中，$f \in \mathbf{R}^n$，$A_i \in \mathbf{R}^{n_i \times n}$，$b_i \in \mathbf{R}^{n_i}$，$c_i \in \mathbf{R}$ 以及 $d_i \in \mathbf{R}$，$i = 1, \cdots, m$。

通过下面两种方式推导对偶问题。

(a) 引入新的变量 $y_i \in \mathbf{R}^{n_i}$，$t_i \in \mathbf{R}$ 以及等式 $y_i = A_i x + b_i$，$t_i = c_i^T x + d_i$，推导 Lagrange 对偶问题。

(b) 从二阶锥规划的锥表示形式出发，利用锥对偶来推导 Lagrange 对偶问题。利用二阶锥是自对偶的结论。

5.44 非严格线性矩阵不等式的强择一。 在第 263 页的例 5.14 中，我们曾经提到，如果矩阵 F_i 满足

$$\sum_{i=1}^n v_i F_i \succeq 0 \Longrightarrow \sum_{i=1}^n v_i F_i = 0, \tag{5.116}$$

那么系统

$$Z \succeq 0, \qquad \mathbf{tr}(GZ) > 0, \qquad \mathbf{tr}(F_i Z) = 0, \quad i = 1, \cdots, n \tag{5.117}$$

是非严格线性矩阵不等式系统

$$F(x) = x_1 F_1 + \cdots + x_n F_n + G \preceq 0 \tag{5.118}$$

的一个强择一系统，在本习题中，我们证明上述结论，并给出一个例子说明上述两个系统并不总是强择一的。

(a) 假设式 (5.116) 成立，且辅助半定规划

$$\begin{array}{ll} \text{minimize} & s \\ \text{subject to} & F(x) \preceq sI \end{array}$$

的最优值大于零。证明最优值可以达到。这样根据 §5.9.4 中的讨论，系统(5.118) 和系统(5.117) 是强择一的。

提示：可以这样来简化证明。不失一般性，假设矩阵 $F_1, \cdots, F_n$ 是独立的，那么式(5.116) 可以简化为 $\sum\limits_{i=1}^{n} v_i F_i \succeq 0 \Rightarrow v = 0$。

(b) 令 $n = 1$，

$$G = \begin{bmatrix} 0 & 1 \\ 1 & 0 \end{bmatrix}, \qquad F_1 = \begin{bmatrix} 0 & 0 \\ 0 & 1 \end{bmatrix}.$$

证明系统 (5.118) 和系统 (5.117) 都不可行。

II

应　　用

6 逼近与拟合

6.1 范数逼近

6.1.1 基本的范数逼近问题

最简单的**范数逼近问题**是具有下列形式的无约束问题

$$\text{minimize} \quad \|Ax - b\|, \tag{6.1}$$

其中 $A \in \mathbf{R}^{m\times n}$ 和 $b \in \mathbf{R}^m$ 是问题的数据，$x \in \mathbf{R}^n$ 是变量，而 $\|\cdot\|$ 是 $\mathbf{R}^m$ 上的一种范数。范数逼近问题的解有时又被称为 $Ax \approx b$ 在范数 $\|\cdot\|$ 下的**近似解**。向量

$$r = Ax - b$$

称为这个问题的**残差**；其分量有时也称为关于 x 的个体**残差**。

范数逼近问题 (6.1) 是一个可解的凸问题，也就是说，总是存在至少一个最优解。当且仅当 $b \in \mathcal{R}(A)$ 时，其最优值为零；但是，更有趣也更有用的是 $b \notin \mathcal{R}(A)$ 的情况。我们可以不失一般性地假设 A 的列向量独立；特别地，设 $m \geqslant n$。当 $m = n$ 时，最优解 $A^{-1}b$ 可以简单地得到，因此我们可以假设 $m > n$。

逼近的解释

通过将 Ax 表示为

$$Ax = x_1a_1 + \cdots + x_na_n,$$

其中 $a_1, \cdots, a_n \in \mathbf{R}^m$ 为 A 的列，我们可以看出，范数逼近问题的目标是用 A 的列的线性组合，尽可能准确地逼近或拟合向量 b，其偏差由范数 $\|\cdot\|$ 度量。

这一逼近问题也称为**回归问题**。在此背景下，向量 $a_1, \cdots, a_n$ 称为**回归量**，设 x 是问题的一个最优解，称向量 $x_1a_1 + \cdots + x_na_n$为b（**向回归量**）**的回归**。

估计的解释

一个与范数逼近问题密切相关的解释出现在基于不完全线性向量测量值进行的参数估计问题中。考虑线性测量模型

$$y = Ax + v,$$

其中 $y \in \mathbf{R}^m$ 为测量值向量，$x \in \mathbf{R}^n$ 为待估计的参数向量，$v \in \mathbf{R}^m$ 为未知的测量误差（假设在范数 $\|\cdot\|$ 度量下很小）。相应的估计问题是在给定 y 的情况下对 x 是什么进行合理的猜测。

如果我们猜测 x 的值为 $\hat{x}$，也就是隐含地猜测 v 的值为 $y - A\hat{x}$。假设 v（在 $\|\cdot\|$ 度量下）越小越可信，那么对于 x 的最有可信的猜测是

$$\hat{x} = \text{argmin}_z \|Az - y\|.$$

（这些想法可以在统计学的框架中进行更加正规的表述，参见第 7 章。）

几何的解释

考虑子空间 $\mathcal{A} = \mathcal{R}(A) \subseteq \mathbf{R}^m$ 和一个点 $b \in \mathbf{R}^m$。点 b 向子空间 $\mathcal{A}$ 的**投影**是 $\mathcal{A}$ 中在 $\|\cdot\|$ 下最靠近 b 的点，也就是说，它是下列问题的任意最优解

$$\begin{array}{ll} \text{minimize} & \|u - b\| \\ \text{subject to} & u \in \mathcal{A}. \end{array}$$

将 $\mathcal{R}(A)$ 中的元素参数化为 $u = Ax$，我们可以看出求解范数逼近问题 (6.1) 等价于计算 b 向 $\mathcal{A}$ 的投影。

设计的解释

我们可以将范数逼近问题 (6.1) 解释为一个最优设计问题。$x_1, \cdots, x_n$ 为 n 个**设计变量**，其数值待定。向量 $y = Ax$ 给出了表示 m 个**结果**的向量，我们假设它是设计变量 x 的线性函数。向量 b 为**目标**向量或**期望结果**。目标是选择一个设计向量尽可能地接近期望的结果，也就是说 $Ax \approx b$。我们可以将残差向量 r 解释为实际结果（即 Ax）与期望或目标（即 b）之间的偏差。如果我们用真实结果与期望目标之间偏差的范数来度量设计的质量，那么参数逼近问题 (6.1) 也就是寻找最佳设计的问题。

加权范数逼近问题

范数逼近问题的一个扩展是**加权范数逼近问题**

$$\text{minimize} \quad \|W(Ax - b)\|,$$

其问题数据 $W \in \mathbf{R}^{m \times m}$ 称为**权矩阵**。权矩阵通常是对角的，在这种情况下，它给出了对残差向量 $r = Ax - b$ 分量之间不同的相对强调程度。

加权范数问题可以看做关于范数 $\|\cdot\|$ 和数据 $\tilde{A} = WA$, $\tilde{b} = Wb$ 的范数逼近问题，因此，仍然可以被视为标准范数逼近问题(6.1)。另一方面，加权范数逼近问题也可以被看做关于数据 A 和 b 的范数估计问题，其范数为 W-**加权范数**，定义如下

$$\|z\|_W = \|Wz\|$$

（这里假设 W 非奇异）。

最小二乘逼近

最常见的范数逼近问题采用 Euclid 或 ℓ_2-范数。通过将目标函数平方，我们得到等价问题，称为**最小二乘逼近问题**，

$$\text{minimize} \quad \|Ax-b\|_2^2 = r_1^2 + r_2^2 + \cdots + r_m^2,$$

其目标函数为残差平方和。通过将目标函数表示为凸二次函数，

$$f(x) = x^T A^T Ax - 2b^T Ax + b^T b.$$

这个问题可以解析地求解。点 x 极小化 f，当且仅当

$$\nabla f(x) = 2A^T Ax - 2A^T b = 0,$$

即 x 满足

$$A^T Ax = A^T b,$$

这个方程称为**正规方程**，并且总是有解的。因为我们假设 A 的列向量是独立的，所以最小二乘逼近问题总有唯一解 $x = (A^T A)^{-1} A^T b$。

Chebyshev 或极小极大逼近

当使用 ℓ_∞-范数时，范数逼近问题

$$\text{minimize} \quad \|Ax-b\|_\infty = \max\{|r_1|, \cdots, |r_m|\}$$

称为**Chebyshev逼近问题**。因为我们试图极小化最大（绝对值）残差，因此又称为**极小极大逼近问题**。Chebyshev 逼近问题可以描述为线性规划

$$\begin{array}{ll} \text{minimize} & t \\ \text{subject to} & -t\mathbf{1} \preceq Ax-b \preceq t\mathbf{1}, \end{array}$$

其变量为 $x \in \mathbf{R}^n$ 和 $t \in \mathbf{R}$。

残差绝对值之和逼近

如果采用 ℓ_1-范数，范数逼近问题

$$\text{minimize} \quad \|Ax-b\|_1 = |r_1| + \cdots + |r_m|$$

称为残差（绝对值）和逼近问题，或者，在估计领域，称为一种**鲁棒估计器**（其原因马上会明了）。如同 Chebyshev 逼近问题一样，ℓ_1-范数逼近问题可以描述为线性规划

$$\begin{array}{ll} \text{minimize} & \mathbf{1}^T t \\ \text{subject to} & -t \preceq Ax-b \preceq t, \end{array}$$

其变量为 $x \in \mathbf{R}^n$ 和 $t \in \mathbf{R}^m$。

6.1.2　罚函数逼近

对于 $1 \leqslant p < \infty$，ℓ_p-范数逼近问题的目标函数为

$$(|r_1|^p + \cdots + |r_m|^p)^{1/p}.$$

如同最小二乘问题一样，我们可以考虑目标函数为

$$|r_1|^p + \cdots + |r_m|^p,$$

的等价问题，这一目标函数是残差的可分、对称函数。特别地，目标函数值仅取决于残差的**幅值分布**，即排序的残差。

我们将考虑 ℓ_p-范数逼近问题的一个有用推广，其目标函数仅仅取决于残差的幅值分布。这个**罚函数逼近问题**具有形式

$$\begin{array}{ll} \text{minimize} & \phi(r_1) + \cdots + \phi(r_m) \\ \text{subject to} & r = Ax - b, \end{array} \tag{6.2}$$

其中$\phi : \mathbf{R} \to \mathbf{R}$ 称为（残差）**罚函数**。设 ϕ 为凸函数，则罚函数逼近问题是一个凸优化问题。在很多情况下，罚函数 ϕ 是对称、非负的，并且满足 $\phi(0) = 0$。但是，在我们的分析中，并不需要这些性质。

解释

我们可以将罚函数逼近问题 (6.2) 解释如下。对于 x 的选择，我们得到了 b 的一个逼近 Ax，也得到了相应的残差向量 r。罚函数通过 $\phi(r_i)$ 评价残差每一个分量的费用或惩罚；总体惩罚就是每个残差的罚函数之和，即$\phi(r_1) + \cdots + \phi(r_m)$。$x$ 的不同选择导致不同的残差，因此有不同的总体惩罚。在罚函数逼近问题中，我们极小化由残差带来的总体惩罚。

例 6.1　一些常见的罚函数及其逼近问题。

- 采用 $\phi(u) = |u|^p$，其中 $p \geqslant 1$，罚函数逼近问题等价于 ℓ_p-范数逼近问题。特别地，二次罚函数 $\phi(u) = u^2$ 导致最小二乘或 Euclid 范数逼近，绝对值罚函数 $\phi(u) = |u|$ 导致 ℓ_1-范数逼近。
- **带有死区的线性**罚函数（死区宽度为 $a > 0$）由下式给出

$$\phi(u) = \begin{cases} 0 & |u| \leqslant a \\ |u| - a & |u| > a. \end{cases}$$

带有死区的线性函数对于小于 a 的残差不进行惩罚。

- **对数障碍**罚函数（极限为 $a > 0$）具有下面的形式，

$$\phi(u) = \begin{cases} -a^2 \log(1 - (u/a)^2) & |u| < a \\ \infty & |u| \geqslant a. \end{cases}$$

对数障碍罚函数对于大于 a 的残差给予无穷的惩罚。

图6.1绘出了带有死区的线性罚函数、对数障碍罚函数及二次罚函数的图像。需要注意的是，当 $|u/a| \leqslant 0.25$ 时，对数罚函数与二次罚函数非常地接近（参见习题 6.1）。

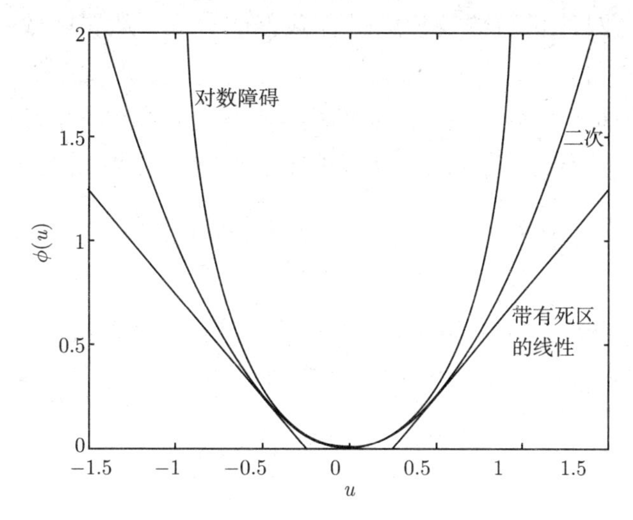

图6.1 常用的罚函数：二次罚函数 $\phi(u) = u^2$，带有死区（宽度为$a = 1/4$）的线性罚函数，以及极限为 $a = 1$ 的对数障碍罚函数。

将罚函数缩放某个正数倍不会影响罚函数逼近问题的解，因为这仅仅对目标函数进行了伸缩变换。但是罚函数的**形状**对罚函数逼近问题的解有很大的影响。粗略地，$\phi(u)$ 度量了我们不喜欢残差值 u 的程度。如果对于比较小的 u，ϕ 值很小，表示我们不太（或完全不）关心具有这些值的残差。如果当 u 变大时，$\phi(u)$ 增长迅速，表示我们对于大的误差非常厌恶；如果在某些区间外，ϕ 变成无穷，表示在这些区间外的残差是无法接受的。这些简单的解释给出了对罚函数逼近问题的解的深入理解，同时对如何选择罚函数也有所启示。

作为一个例子，我们比较 ℓ_1-范数和 ℓ_2-范数逼近，也就是分别对应 $\phi_1(u) = |u|$ 和 $\phi_2(u) = u^2$ 的罚函数逼近问题。对于 $|u| = 1$，这两个函数给予同样的罚。对于小的 u，我们有 $\phi_1(u) \gg \phi_2(u)$，因此，相对于 ℓ_2-范数逼近，ℓ_1-范数逼近对较小的残差给予较大的重视。对于大的 u，我们有 $\phi_2(u) \gg \phi_1(u)$，因此，相比 ℓ_2-范数逼近，ℓ_1-范数逼近给予大的残差的权重较小。对于大小残差的相对权重的不同，反应在相关逼近问题的解上。相对于 ℓ_2-范数，ℓ_1-范数逼近问题最优残差的幅值分布趋向于有更多零或非常小的残差。相反，ℓ_2-范数的解会趋向于有较少大的残差（因为相比于 ℓ_1-范数，ℓ_2-范数逼近问题中，大的残差将带来更大的惩罚）。

例子

下面的例子将说明上述讨论。我们选取矩阵 $A \in \mathbf{R}^{100\times30}$ 和向量 $b \in \mathbf{R}^{100}$（数

值随机产生，但其结果是典型的)， 然后比较 $Ax \approx b$ 的 ℓ_1-范数、ℓ_2-范数逼近结果，我们还将比较带有死区的线性罚函数（$a = 0.5$）以及对数障碍罚函数（$a = 1$）的结果。 图6.2显示了这四种罚函数及相应最优残差的分布。从罚函数的图像中，我们注意到：

- ℓ_1-范数罚函数对小的残差给予最重的权，而对大的残差给予最小的权。
- ℓ_2-范数罚函数对小的残差给予非常小的权，而对大的残差给予很重的权。
- 带有死区的线性罚函数对于小于 0.5 的残差不予惩罚，而对于较大的残差，其惩罚也相对较小。
- 对数障碍罚函数对于小的残差，给予非常近似于 ℓ_2-范数罚函数的惩罚，而对于大于大约 0.8 的残差给予非常重的惩罚， 并对大于 1 的残差给予无限的权。

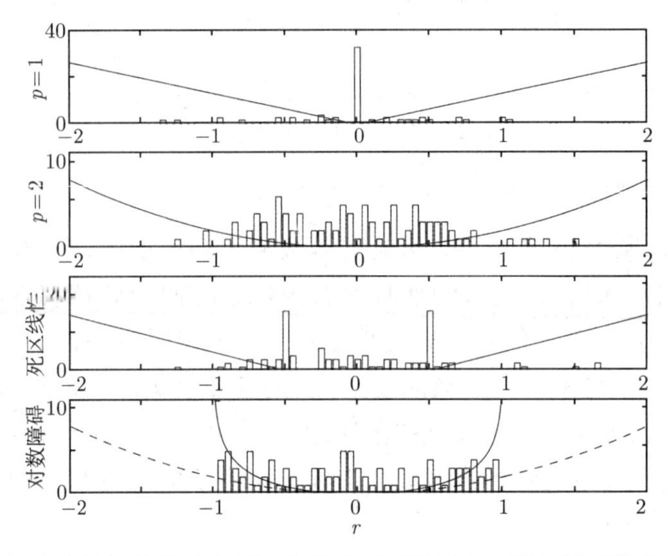

图6.2 四种罚函数的残差幅值的直方图，也绘出（不同尺度下的）罚函数作为参考。在对数障碍的图像中，同时以虚线显示了二次罚函数的曲线。

从幅值分布可以看出一些性质：

- 对于 ℓ_1-最优解，很多残差为零或非常小。ℓ_1-最优解也含有很多相对较大的残差。
- ℓ_2-范数逼近结果有很多适度的残差，而较大的残差相对较少。
- 对于带有死区的线性罚函数，我们可以看出有很多等于 ±0.5 的残差，正好处于“自由”区域的边缘，因为对这些残差并未施加以任何惩罚。
- 对于对数障碍罚函数，我们可以看出，没有任何幅值大于 1 的残差，除此以外，其残差分布与 ℓ_2-范数逼近的结果很相似。

对于野值或大误差的灵敏性

在估计或回归领域，**野值**是指具有相对很大的噪声 v_i 的测量值 $y_i = a_i^T x + v_i$。在与故障数据或错误测量相关的领域中，这种情况很普遍。当野值存在时，x 的任意估计结果都会产生含有较大分量的残差向量。理想地，我们希望能够猜出哪些测量值是野值，然后或者把它们从估计过程中移除，或者在估计时大大降低它们的权。（但是，我们不能对大的残差给予零惩罚，这是因为如果这样做了，那么最优点一定会趋向于使得所有残差变大以取得总惩罚为零的结果。）这一想法可以通过罚函数逼近来实现，比如设计这样的罚函数，

$$\phi(u) = \begin{cases} u^2 & |u| \leqslant M \\ M^2 & |u| > M, \end{cases} \tag{6.3}$$

如图6.3 所示。对于任意小于 M 的残差，这样的罚函数与最小二乘相吻合，但是对于大于 M 的残差，无论大于多少，它都给予一个固定的权。换言之，大于 M 的残差被忽略了；它们被假设与野值或不好的数据相关联。不幸的是，罚函数 (6.3) 不是凸的，相应的罚函数逼近问题将变成一个很难求解的组合优化问题。

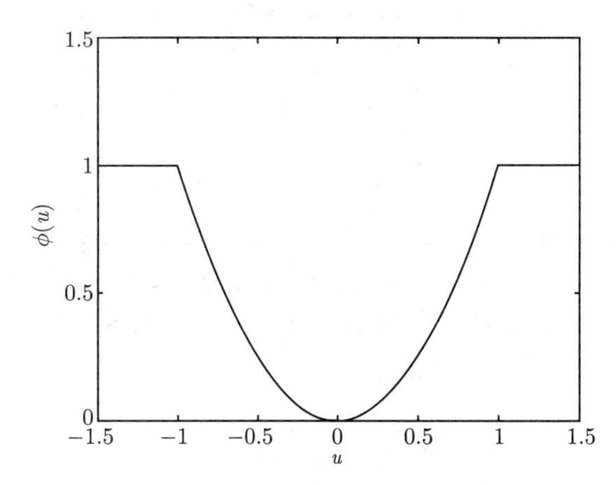

图6.3　对大于阈值（此例中为 1）的残差给予固定惩罚的（非凸）罚函数：当 $|u| \leqslant 1$ 时，$\phi(u) = u^2$，而当 $|u| > 1$ 时，$\phi(u) = 1$。采取这样的函数，将使得相应的罚函数逼近对野值相对不敏感。

基于估计方法的罚函数，其对野值的灵敏度取决于罚函数对于大的残差的（相对）惩罚值。如果限定为凸的罚函数（将得到凸优化问题），最为不灵敏的罚函数是那些 $\phi(u)$ 线性增长的函数，即对于较大的 u，$\phi(u)$ 近似于 $|u|$。有这样性质的罚函数有时也称为**鲁棒**的，因为相应的罚函数逼近方法对于野值或大的误差，相比于例如最小二乘这样的方法，要不灵敏得多。

鲁棒罚函数的一个显然的例子是 $\phi(u) = |u|$，对应于 ℓ_1-范数逼近。另一个例子是**鲁棒最小二乘**或 Huber **罚函数**，

$$\phi_{\mathrm{hub}}(u)=\begin{cases}u^2 & |u|\leqslant M\\ M(2|u|-M) & |u|>M,\end{cases}\tag{6.4}$$

其图像见图6.4。当残差小于 M 时，这个罚函数与最小二乘的罚函数相同，而对于大的残差，它又恢复为类似 ℓ_1 的线性增长。Huber 罚函数也可以被视为是对野值罚函数 (6.3) 的凸近似：无论 $|u|\leqslant M$ 还是 $|u|>M$，它们都很相似，即 Huber 罚函数是最接近野值罚函数 (6.3) 的凸函数。

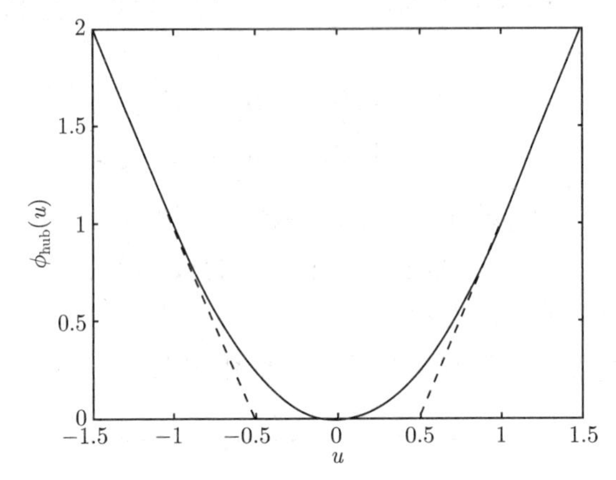

图6.4 实线为鲁棒最小二乘或 Huber 罚函数 ϕ_{hub}，其中 $M=1$。对于 $|u|\leqslant M$，它是二次的，而当 $|u|>M$ 时，它线性增长。

例 6.2 鲁棒回归。 图6.5显示了平面上的 42 个点 (t_i,y_i)，其中有两个明显的野值（一个在左上，一个在右下）。虚线表明了用直线 $f(t)=\alpha+\beta t$ 对这些点的最小二乘逼近结果。系数 α 和 β 是通过求解最小二乘问题

$$\text{minimize}\quad \sum_{i=1}^{42}(y_i-\alpha-\beta t_i)^2$$

得到的，这个问题的变量为 α 和 β。显然，最小二乘逼近的结果偏离了这些点，向着两个野值进行了偏转。

实线显示了鲁棒最小二乘逼近的结果，通过极小化 Huber 罚函数得到，即

$$\text{minimize}\quad \sum_{i=1}^{42}\phi_{\mathrm{hub}}(y_i-\alpha-\beta t_i),$$

其中 $M=1$。这样的逼近受野值的影响小了很多。

因为 ℓ_1-范数逼近是（凸）罚函数逼近方法中对野值最为鲁棒的方法，ℓ_1-范数逼近也称为**鲁棒估计**或**鲁棒回归**。ℓ_1-范数估计的鲁棒性也可以在统计框架下理解，参见第 339 页。

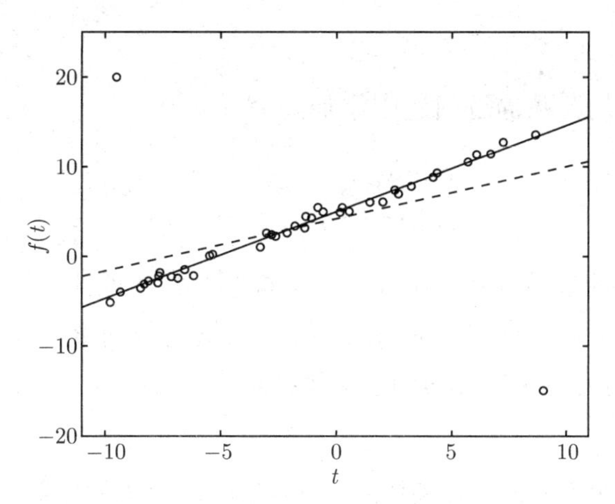

图6.5 除了左上和右下的两个野值，这 42 个圆显示的点可以被仿射函数很好地逼近。虚线是直线 $f(t)=\alpha+\beta t$ 对这些点的最小二乘拟合结果，它偏离了这些点的主要位置，朝野值方向旋转。实线显示了鲁棒最小二乘拟合的结果，通过极小化 $M=1$ 的 Huber 罚函数得到。对于非野值点，这一结果给出了远为更好的拟合结果。

小残差与 ℓ_1-范数逼近

我们也关注小的残差。最小二乘逼近对小的残差给予很小的权，因为当 u 很小时，$\phi(u)=u^2$ 非常小。类似带有死区的线性罚函数，一些罚函数对最小残差给予零权。对于那些对小的残差给予非常小的惩罚的罚函数，我们期望它们能够使最优残差比较小，但不要求非常小。粗略地，没有或很少有动力去驱动小残差变得更小。

相反，对较小残差给予相对较大权的罚函数，例如 $\phi(u)=|u|$，即相应的 ℓ_1-范数逼近，往往得到含有很多非常小、甚至恰好为零的分量的最优残差。这意味着，在 ℓ_1-范数逼近中，通常有很多等式被精确地满足，也就是说，对于很多 i 有 $a_i^T x=b_i$。这一现象可从图6.2中看出。

6.1.3 带有约束的逼近

可以在基本的范数逼近问题 (6.1) 中添加约束。当这些约束为凸约束时，得到的问题是凸的。有多种原因产生这些约束。

- 在逼近问题中，约束可以用来排除对向量 b 的特定的、不可接受的逼近，或者确保 Ax 的逼近结果满足特定的性质。
- 在逼近问题中，约束可以作为待估计向量 x 的先验知识，或者来源于估计误差 v 的先验知识。
- 确定点 b 向比子空间更复杂的集合（例如，锥或多面体）的投影时，约束具有相应的几何意义。

一些例子将说明上述讨论。

变量的非负约束

我们可以在基本的范数逼近问题中添加约束 $x \succeq 0$：

$$\begin{array}{ll}\text{minimize} & \|Ax-b\| \\ \text{subject to} & x \succeq 0.\end{array}$$

当我们估计已知非负的参数向量 x 时，例如，能量、强度或比率，需要在估计中添加非负约束。其几何意义是计算向量 b 向由 A 的列向量组成的锥的投影。我们也可以将这一问题解释为用 A 的列向量的非负组合（即锥组合）去逼近 b。

变量范围

这里我们添加约束 $l \preceq x \preceq u$，其中 l, $u \in \mathbf{R}^n$ 为问题的参数:

$$\begin{array}{ll}\text{minimize} & \|Ax-b\| \\ \text{subject to} & l \preceq x \preceq u.\end{array}$$

在估计问题中，变量范围作为先验知识提出，表明了每个变量所处的区间。其几何解释是我们在确定 b 向集合 $\{Ax \mid l \preceq x \preceq u\}$ 的投影。

概率分布

我们可以添加约束使得 x 满足 $x \succeq 0$，$\mathbf{1}^T x = 1$：

$$\begin{array}{ll}\text{minimize} & \|Ax-b\| \\ \text{subject to} & x \succeq 0, \quad \mathbf{1}^T x = 1.\end{array}$$

这常见于对比例或相对频率（它们非负且和为 1）的估计中。这也可以解释为用 A 的列向量的凸组合来逼近 b。（对于概率估计，我们将在 §7.2 中进行更多的讨论。）

范数球约束

在基本的范数逼近问题中，我们可以添加约束使得 x 位于一个范数球中：

$$\begin{array}{ll}\text{minimize} & \|Ax-b\| \\ \text{subject to} & \|x-x_0\| \leqslant d,\end{array}$$

其中 x_0 和 d 为问题的参数。这一约束可以由于下述原因而添加：

- 在估计问题中，x_0 是对参数 x 的一个先验的猜测，而 d 是估计值距离先验猜测的最大可能误差。我们对于参数 x 的估计是在所有可能的候选值（即满足 $\|z-x_0\| \leqslant d$ 的 z）中选择与测量数据匹配最好的 $\hat{x}$（即极小化 $\|Az-b\|$）。
- 约束 $\|x-x_0\| \leqslant d$ 可以表示**信赖域**。线性关系 $y = Ax$ 仅仅是某些非线性关系 $y = f(x)$ 的近似，这种近似在 x_0 的附近，具体地，$\|x-x_0\| \leqslant d$ 成立。于是问题变成在这些 x 上，即在模型 $y = Ax$ 可以被信赖的区域中，极小化 $\|Ax-b\|$。

这些想法在正则化的内容中也会被提及，参见 §6.3.2。

6.2 最小范数问题

基本的**最小范数问题**具有下列形式

$$
\begin{array}{ll}
\text{minimize} & \|x\| \\
\text{subject to} & Ax = b,
\end{array}
\tag{6.5}
$$

其中数据为 $A \in \mathbf{R}^{m\times n}$ 和 $b \in \mathbf{R}^m$，变量为 $x \in \mathbf{R}^n$，$\|\cdot\|$ 为 $\mathbf{R}^n$ 上的一种范数。这个问题的解称为 $Ax = b$ 的**最小范数解**，如果 $Ax = b$ 有解，这样的解总是存在的。当然，最小范数问题是一个凸优化问题。

我们可以不失一般性地假设 A 的行独立，因此 $m \leqslant n$。当 $m = n$ 时，唯一的可行解是 $x = A^{-1}b$；只有当 $m < n$，即方程 $Ax = b$ 不定时，最小范数问题才有意义。

重构为范数逼近问题

通过消去等式约束，可以将最小范数问题 (6.5) 表示为一个范数逼近问题。令 x_0 为 $Ax = b$ 的一个任意解，令 $Z \in \mathbf{R}^{n\times k}$ 的列为 A 的零空间的基。于是，$Ax = b$ 的通解可以表示为 $x_0 + Zu$，其中 $u \in \mathbf{R}^k$。最小范数问题 (6.5) 可以写为

$$
\text{minimize} \quad \|x_0 + Zu\|,
$$

其变量为 $u \in \mathbf{R}^k$，这是一个范数逼近问题。特别地，（如果演绎正确，）关于范数逼近问题的讨论和分析都可以应用于最小范数问题。

控制或设计的解释

我们可以将最小范数问题 (6.5) 解释为最优设计或最优控制问题。$x_1, \cdots, x_n$ 为 n 个**设计变量**，其值待定。在控制领域，变量 $x_1, \cdots, x_n$ 表示输入，其值待我们选定。向量 $y = Ax$ 给出了设计 x 对应的 m 个属性或结果，我们假设它们是设计变量 x 的线性函数。$m < n$ 个方程 $Ax = b$ 表示了设计的 m 个**规范或要求**。因为 $m < n$，这种设计是不定的，具有 $n - m$ 个自由度（假设 A 的秩为 m）。

在所有满足规格的设计中，最小范数问题选择了范数 $\|\cdot\|$ 度量下的最小方案。这可以认为是最为有效的设计，因为它用最小的可能值 x 达到了要求 $Ax = b$。

估计解释

假设 x 为待估计的参数向量。我们有 $m < n$ 个很好的（没有噪声的）线性测量值，由 $Ax = b$ 给出。因为测量值少于待估计的参数，我们的测量值不足以完全确定 x。任意满足 $Ax = b$ 的参数向量 x 都符合我们的测量值。

为了不进行更多的测量而得到 x 的一个好的估计，我们必须用到先验信息。假设我们有先验信息，或者单纯假设，x 很可能较小（在 $\|\cdot\|$ 度量下）。在所有满足测量值 $Ax = b$ 的参数向量中，最小范数问题选择了最小的（因此，也是最有可能的）向量作为参数向量 x 的估计。（最小范数问题的统计解释可见第 345 页。）

几何解释

我们也可以对最小二乘问题 (6.5) 给出简单的几何解释。可行集 $\{x \mid Ax = b\}$ 是仿射的，目标函数是 x 和 0（在范数 $\|\cdot\|$ 度量下）的距离。最小范数问题在仿射集合中寻找距离 0 最近的点，即寻找 0 向仿射集合 $\{x \mid Ax = b\}$ 的投影。

线性方程组的最小二乘解

最常见的最小范数问题采用 Euclid 或 ℓ_2-范数。通过将目标函数平方，我们得到等价问题

$$\begin{array}{ll} \text{minimize} & \|x\|_2^2 \\ \text{subject to} & Ax = b, \end{array}$$

其唯一解称为方程组 $Ax = b$ 的**最小二乘解**。类似最小二乘逼近问题，这一问题也可以被解析地求解。引入对偶变量 $\nu \in \mathbf{R}^m$，最优性条件为

$$2x^\star + A^T\nu^\star = 0, \qquad Ax^\star = b,$$

这是一组线性方程并容易求解。通过第一个方程，我们可以得到 $x^\star = -(1/2)A^T\nu^\star$；将其带入第二个方程，我们有 $-(1/2)AA^T\nu^\star = b$ 并且得到结论

$$\nu^\star = -2(AA^T)^{-1}b, \qquad x^\star = A^T(AA^T)^{-1}b.$$

（因为 $\mathbf{rank}\, A = m < n$，矩阵 AA^T 可逆。）

最小罚问题

最小范数问题 (6.5) 一个有用的变形是**最小罚问题**

$$\begin{array}{ll} \text{minimize} & \phi(x_1) + \cdots + \phi(x_n) \\ \text{subject to} & Ax = b, \end{array} \tag{6.6}$$

其中 $\phi : \mathbf{R} \to \mathbf{R}$ 是凸和非负的并且满足 $\phi(0) = 0$。罚函数的值 $\phi(u)$ 量化了我们对 x 的某一分量具有值 u 的厌恶程度；于是，在约束 $Ax = b$ 下，最小罚问题找到了具有最小总惩罚的 x。

通过将（罚函数逼近问题中的）残差 r 的幅值分布替换为（最小罚问题中的）x 的幅值分布，罚函数逼近问题中所有关于罚函数的讨论和解释都可以转接到最小罚问题上。

通过最小 ℓ_1-范数得到稀疏解

重新考虑第 293 页的讨论，ℓ_1-范数逼近对小的残差给予相对较大的权，因此，将导致很多最优残差很小，或者甚至是零。类似的效果也发生在最小范数领域。最小 ℓ_1-范数问题

$$\begin{array}{ll} \text{minimize} & \|x\|_1 \\ \text{subject to} & Ax = b \end{array}$$

得到的解 x 趋向于有很多等于零的分量。换言之，最小 ℓ_1-范数问题趋向于得到 $Ax=b$ 的**稀疏**解，常常有 m 个非零分量。

容易找到 $Ax=b$ 的只有 m 个非零分量的解。（从 $1,\cdots,n$ 中）任意选择 m 个指标作为 x 的非零分量的下标。方程 $Ax=b$ 退化为 $\tilde{A}\tilde{x}=b$，其中 $\tilde{A}$ 为选定的 A 的列组成的 $m\times m$ 子矩阵，而 $\tilde{x}\in\mathbf{R}^m$ 为 x 的子向量，包含了 m 个选定的分量。如果 $\tilde{A}$ 非奇异，那么我们可以得到 $\tilde{x}=\tilde{A}^{-1}b$，从而给出一个有 m 或更少非零分量的可行解。如果 $\tilde{A}$ 奇异并且 $b\notin\mathcal{R}(\tilde{A})$，那么方程 $\tilde{A}\tilde{x}=b$ 不可解，这意味着对于选定的非零分量，不存在可行解。如果 $\tilde{A}$ 奇异且 $b\in\mathcal{R}(\tilde{A})$，那么存在可行解，其非零分量个数少于 m。

这一方法可以用来寻找有 m 个（或更少）非零元素的最小的 x，但是，这通常需要考虑并比较所有 $n!/(m!(n-m)!)$ 种组合: 从 x 的 n 个系数中选择 m 个非零系数。另一方面，求解最小 ℓ_1-范数问题，给出了好的启发式算法用以寻找 $Ax=b$ 的稀疏的、较小的解。

6.3 正则化逼近

6.3.1 双准则式

在正则化逼近的基本形式中，我们的目标是寻找向量 x 使其较小（如果可能的话），同时使得残差 $Ax-b$ 小。自然地，这可以描述为双目标的（凸）向量优化问题，这两个目标是 $\|Ax-b\|$ 和 $\|x\|$：

$$\text{minimize (关于 } \mathbf{R}_+^2) \quad (\|Ax-b\|,\|x\|)\,. \tag{6.7}$$

这两个范数可能是不同的：第一个在 $\mathbf{R}^m$ 中，用以度量残差的规模；第二个在 $\mathbf{R}^n$ 中，用以度量 x 的规模。

可以通过多种方法找到这两个目标之间的最优权衡，然后绘出 $\|Ax-b\|$ 关于 $\|x\|$ 的最优权衡曲线，显示了为使一个目标减小而另一个目标必须增加的量。容易表述 $\|Ax-b\|$ 和 $\|x\|$ 之间最优权衡曲线的一个端点：$\|x\|$ 的最小值为零，只有当 $x=0$ 时达到。对于 x 的这个值，残差范数的值为 $\|b\|$。

权衡曲线另一个端点的描述要复杂一些。用 C 表示 $\|Ax-b\|$ 的最小解集合（没有关于 $\|x\|$ 的约束）。那么 C 中的任意最小范数点都是 Pareto 最优的，对应权衡曲线上的另一个端点。换言之，在这个端点处的 Pareto 最优点由范数极小化 $\|Ax-b\|$ 的最小解给出。如果是 Euclid 范数，这个 Pareto 最优解是唯一的，由 $x=A^\dagger b$ 给出，其中 $A^\dagger$ 为 A 的伪逆。（参见 §4.7.6，第 176 页以及 §A.5.4。）

6.3.2 正则化

正则化是求解双准则问题 (6.7) 的一个常用的标量化方法。正则化的一种形式是极小化目标函数的加权和：

$$\text{minimize} \quad \|Ax - b\| + \gamma\|x\|, \tag{6.8}$$

其中 $\gamma > 0$ 为问题参数。当 γ 在 $(0, \infty)$ 上变化时，(6.8) 的解遍历了最优权衡曲线。

正则化的另一个常用方法是极小化加权范数平方和，特别是在使用 Euclid 范数的情形下。这一方法是对变化的 $\delta > 0$ 求解

$$\text{minimize} \quad \|Ax - b\|^2 + \delta\|x\|^2. \tag{6.9}$$

这些正则化的逼近问题都可以用来求解双目标问题，通过增加与 x 的范数相关的附加项或惩罚来使得 $\|Ax - b\|$ 和 $\|x\|$ 均很小。

解释

正则化在很多领域都得到了应用。在估计领域，附加的对大的 $\|x\|$ 的惩罚可以解释为我们的先验知识: $\|x\|$ 不是很大。在最优设计领域，附加项将使用较大设计变量的成本添加到了偏离目标的成本中。

$\|x\|$ 应当较小这个约束也反映在建模问题中。例如，$y = Ax$ 可能仅仅是 x 和 y 之间真实关系 $y = f(x)$ 的一个很好的逼近。为使得 $f(x) \approx b$，我们希望 $Ax \approx b$ 同时需要 x 较小以保证 $f(x) \approx Ax$。

在 §6.4.1 和 §6.4.2 中，我们将看到，正则化可以用来考虑矩阵 A 的变化。粗略地，大的 x 会使得 A 上的变动引起 Ax 的大的变动，因此，需要避免。

正则化也可以用于在矩阵 A 稀疏的条件下求解线性方程 $Ax = b$。在 A 的条件数较坏，或者甚至是奇异时，正则化在求解方程组（即，使得 $\|Ax - b\|$ 为零）和保持 x 在合理的规模间取得折中。

正则化也可归结到统计的框架中，参见 §7.1.2。

Tikhonov 正则化

最常用的正则化方法基于式 (6.9) 并利用 Euclid 范数，这将得到一个（凸）二次优化问题：

$$\text{minimize} \quad \|Ax - b\|_2^2 + \delta\|x\|_2^2 = x^T(A^TA + \delta I)x - 2b^TAx + b^Tb. \tag{6.10}$$

这个**Tikhonov正则化问题**有解析解

$$x = (A^TA + \delta I)^{-1}A^Tb.$$

因为对于任意 $\delta > 0$，都有 $A^TA + \delta I \succ 0$，所以 Tikhonov 正则化的最小二乘解不需要对矩阵 A 的秩（或维数）做出假设。

光滑正则化

正则化的想法，即向目标函数添加惩罚大的 x 的项，可以有很多扩展。其中一个有用的扩展是用 $\|Dx\|$ 代替 $\|x\|$ 作为正则化的项，以替代 $\|x\|$。在很多应用中，矩阵 D 代表近似的微分或二阶微分算子，因此 $\|Dx\|$ 代表 x 的变化的度量或者其光滑度。

例如，设向量 $x \in \mathbf{R}^n$ 表示一些连续物理参数的值，例如，温度。设这些值分布在区间 $[0,1]$ 上：x_i 为点 i/n 处的温度。在 i/n 附近梯度或一阶导数的简单近似由 $n(x_{i+1}-x_i)$ 给出，而二阶导数的简单近似由二阶差分

$$n\left(n(x_{i+1}-x_i)-n(x_i-x_{i-1})\right)=n^2(x_{i+1}-2x_i+x_{i-1})$$

给出。如果 Δ是（三对角、Toeplitz）矩阵

$$\Delta = n^2\begin{bmatrix} 1 & -2 & 1 & 0 & \cdots & 0 & 0 & 0 & 0 \\ 0 & 1 & -2 & 1 & \cdots & 0 & 0 & 0 & 0 \\ 0 & 0 & 1 & -2 & \cdots & 0 & 0 & 0 & 0 \\ \vdots & \vdots & \vdots & \vdots & & \vdots & \vdots & \vdots & \vdots \\ 0 & 0 & 0 & 0 & \cdots & -2 & 1 & 0 & 0 \\ 0 & 0 & 0 & 0 & \cdots & 1 & -2 & 1 & 0 \\ 0 & 0 & 0 & 0 & \cdots & 0 & 1 & -2 & 1 \end{bmatrix} \in \mathbf{R}^{(n-2)\times n},$$

那么，Δx 表示了对参数二阶导数的近似，因此，$\|\Delta x\|_2^2$ 代表对参数在 $[0,1]$ 区间上平均平方曲率的度量。

Tikhonov 正则化问题

$$\text{minimize} \quad \|Ax-b\|_2^2+\delta\|\Delta x\|_2^2$$

可以用来在目标 $\|Ax-b\|^2$ 和 $\|\Delta x\|^2$ 间进行权衡。前者可以看成是拟合的度量，或与实验数据的一致程度；后者则（近似地）代表相关物理量的平均平方曲率。参数 δ 用以控制所需要的正则化的量，或者，绘出拟合-光滑度的最优权衡曲线。

我们也可以添加多个正则化项，比如，与光滑程度和规模相关的项，例如

$$\text{minimize} \quad \|Ax-b\|_2^2+\delta\|\Delta x\|_2^2+\eta\|x\|_2^2.$$

这里，参数 $\delta \geqslant 0$ 控制了逼近解的光滑度，而参数 $\eta \geqslant 0$ 则用来控制其规模。

例6.3 最优输入设计。考虑一个动态系统，其输入标量序列为 $u(0),\ u(1),\cdots,u(N)$，输出标量序列为 $y(0),\ y(1),\cdots,y(N)$，它们通过卷积相关联，

$$y(t)=\sum_{\tau=0}^{t}h(\tau)u(t-\tau), \quad t=0,1,\cdots,N.$$

序列 $h(0),\ h(1),\cdots,h(N)$ 称为**卷积核**或系统的**脉冲响应**。

我们的目标是选择输入序列 u 以达到一些目标：

- **跟踪输出**：首要的目标是输出 y 需要跟踪给定目标或参考信号 y_{des}。我们用二次函数度量输出的跟踪误差

$$J_{\text{track}}=\frac{1}{N+1}\sum_{t=0}^{N}(y(t)-y_{\text{des}}(t))^2.$$

- **小的输入**：输入不应该很大。我们用二次函数度量输入的幅值

$$J_{\text{mag}} = \frac{1}{N+1}\sum_{t=0}^{N} u(t)^2.$$

- **小的输入变化**：输入不应当快速地变化。我们用二次函数来度量输入变化的幅值

$$J_{\text{der}} = \frac{1}{N}\sum_{t=0}^{N-1}(u(t+1)-u(t))^2.$$

通过极小化加权和

$$J_{\text{track}} + \delta J_{\text{der}} + \eta J_{\text{mag}},$$

我们可以在三个目标间进行权衡，其中 $\delta > 0$，$\eta > 0$。

这里，我们考虑一个特定的例子，$N = 200$，脉冲响应为

$$h(t) = \frac{1}{9}(0.9)^t(1 - 0.4\cos(2t)).$$

图6.6显示了对于三组不同的正则化参数 δ 和 η 的（关于目标轨迹 y_{des} 的）最优输入和相应的输出。第一行显示了对于 $\delta = 0$，$\eta = 0.005$ 的最优输入和相应的输出。在这种情况下，我们对输入的幅值进行了正则化，但没有考虑其变化。此时，跟踪良好（即 J_{track} 很小），而要求的输入较大，变化较快。第二行显示了对应于 $\delta = 0$，$\eta = 0.05$ 的情况。在此情况下，我们有更多的幅值正则化，但仍然没有对 u 的变化进行正则化。相应的输入确实变小了，当然付出了较大的跟踪误差。最下面一行显示了 $\delta = 0.3$，$\eta = 0.05$ 时的结果。在这种情况下，我们对变化量添加了正则化。输入的变化显著地减少了，并且没有给输出带来太多的跟踪误差。

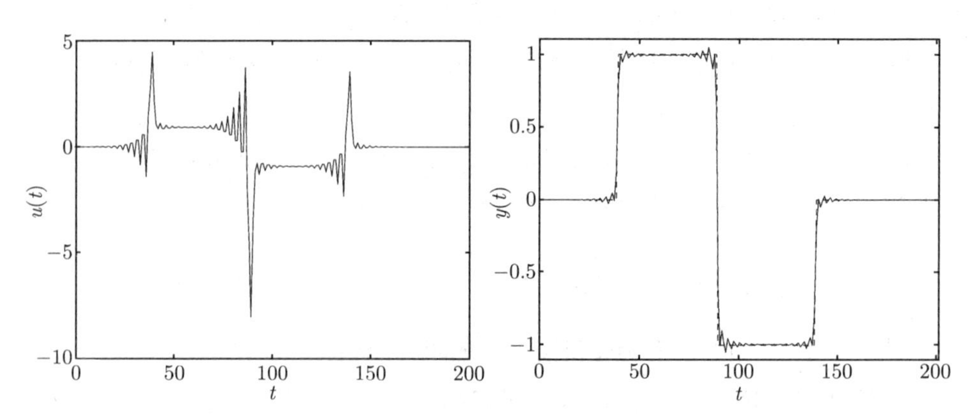

图6.6 对应于三组正则化系数 δ（对应于输入变化）和 η（对应于输入幅值）的最优输入（左）和所得的输出（右）。右边的虚线显示了需要的输出 y_{des}。第一行：$\delta = 0$，$\eta = 0.005$；中间一行：$\delta = 0$，$\eta = 0.05$；最后一行：$\delta = 0.3$，$\eta = 0.05$。

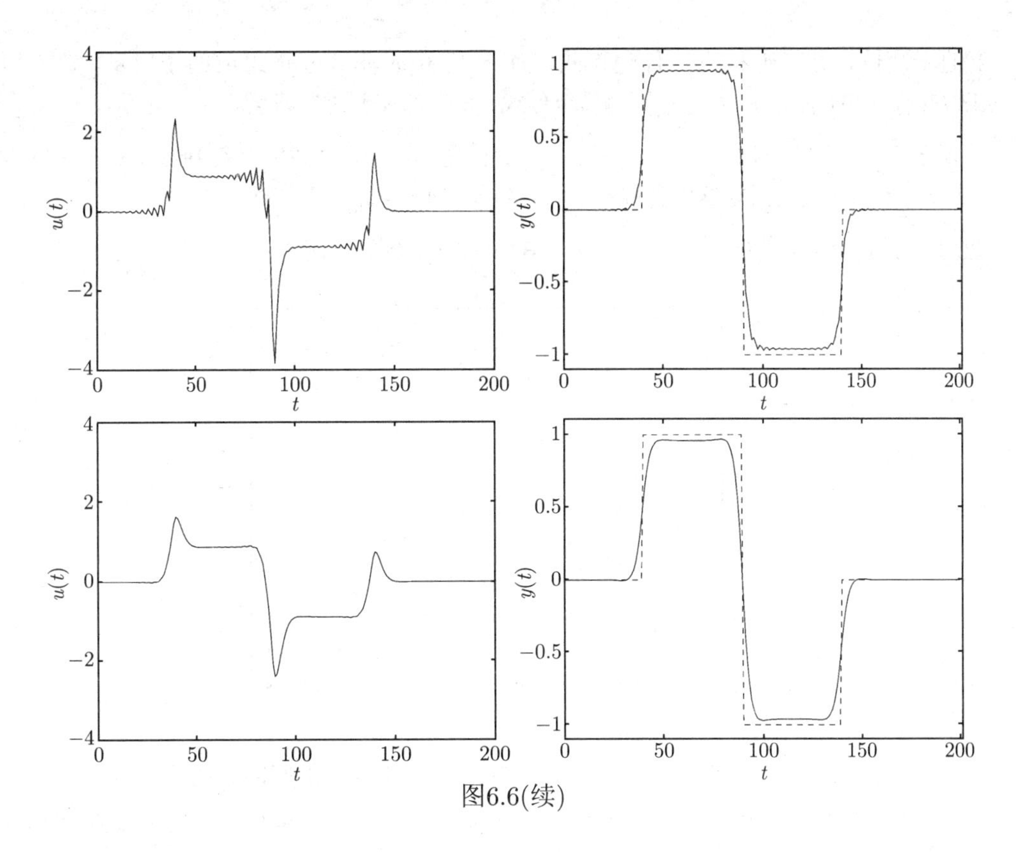

图6.6(续)

ℓ_1-范数正则化

ℓ_1-范数的正则化可以用作求取稀疏解的启发式算法。例如，考虑问题

$$\text{minimize} \quad \|Ax - b\|_2 + \gamma\|x\|_1, \tag{6.11}$$

其中残差用 Euclid 范数度量而正则化则由 ℓ_1-范数进行。通过调整参数 γ，我们可以在 $\|Ax - b\|_2$ 和 $\|x\|_1$ 之间的最优权衡曲线上移动，由此得到 $\|Ax - b\|_2$ 和向量 x 的稀疏性或基数 $\mathbf{card}(x)$（即非零元素个数）之间最优权衡曲线的近似。问题 (6.11) 可以被改写为二阶锥规划并得到求解。

例 6.4　回归量选择问题。 给定一个矩阵 $A \in \mathbf{R}^{n\times m}$，其列为潜在的回归向量，向量 $b \in \mathbf{R}^n$ 将由 A 的 $k < m$ 列的线性组合进行拟合。问题是如何选择 k 个回归向量并确定相应的系数。我们可以将这个问题表述为

$$\begin{array}{ll} \text{minimize} & \|Ax - b\|_2 \\ \text{subject to} & \mathbf{card}(x) \leqslant k. \end{array}$$

大体上，这是一个困难的组合问题。

一个直接的解法是检查所有含有 k 个非零分量的 x 的可能稀疏形式。对于给定的稀疏形式，我们可以通过求解最小二乘问题得到最优的 x，即极小化 $\|\tilde{A}\tilde{x} - b\|_2$，其中 $\tilde{A}$ 是

A 的子矩阵，对应于相应的稀疏形式，而 $\tilde{x}$ 是由 x 非零分量组成的子向量。对于所有 $n!/(k!(n-k)!)$ 种有 k 个非零量的稀疏形式，我们都需要进行求解。

一个较好的启发式方法是对于不同的 γ 求解问题 (6.11)，寻找能够得到 $\mathbf{card}(x)=k$ 的最小的 γ。然后，我们固定这个稀疏模式，得到使 $\|Ax-b\|_2$ 最小的 x。

图6.7显示了 $A\in\mathbf{R}^{10\times 20}$，$x\in\mathbf{R}^{20}$，$b\in\mathbf{R}^{10}$ 的一个数值算例。

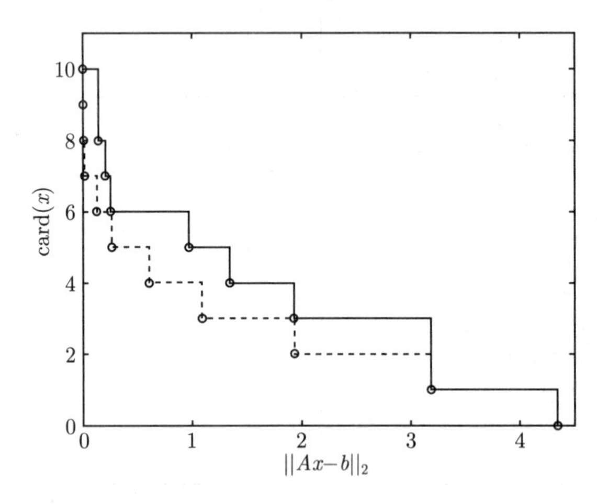

图6.7 $A\in\mathbf{R}^{10\times 20}$ 矩阵的稀疏回归向量选择问题。虚线上的圆圈是残差 $\|Ax-b\|_2$ 和非零元素 $\mathbf{card}(x)$ 间权衡曲线上的 Pareto 最优值。实线上的圆圈显示了通过 ℓ_1-范数正则化启发式算法得到的解。

虚线上的圆圈是 $\mathbf{card}(x)$（纵坐标）和残差 $\|Ax-b\|_2$（横坐标）的权衡曲线上的（全局）Pareto 最优值。对于每个 k，Pareto 最优解通过枚举所有可能的有 k 个非零分量的稀疏形式得到，如前所述。实线上的圆圈是通过启发式方法得到的，利用了不同 γ 值对应的问题 (6.11) 的解的稀疏形式。注意到，对于 $\mathbf{card}(x)=1$，启发式算法事实上找到了全局最优解。

这个想法还将出现在**基筛选**问题中 (§6.5.4)。

6.3.3 重构、光滑与去除噪声

本节已描述了双准则逼近问题的一个重要的特殊实例。我们还将给出一些例子，显示不同正则化方法的性能。在**重构问题**中，我们从由向量 $x\in\mathbf{R}^n$ 表示的**信号**出发。x_i 的系数对应于某些时间函数在平均分布的点上的值（在信号处理领域称为**采样**）。通常假设信号不会过快地变化，也就意味着通常有 $x_i\approx x_{i+1}$。（本节考虑一维信号，例如声音信号，但是同样的想法可以应用到两维或更高维的信号中，例如，图像或影像。）

信号 x 被加性噪声 v 所污染，即

$$x_{\rm cor}=x+v.$$

有很多种方法可以用来对噪声进行建模，但这里，我们简单地假设它是未知、小值的，并且快速变化（不像信号）。目标是在给定受污染信号 $x_{\rm cor}$ 的情况下，构建对原始信号 x 的估计值 $\hat{x}$。这一过程称为**信号重构**（因为我们试图从被污染的信号中构建出原信号），或者**去除噪声**（因为我们试图将噪声从被污染的信号中去除）。多数重构方法最终可以视作将某些光滑运算作用在 $x_{\rm cor}$ 上以得到 $\hat{x}$，因此这一过程也称为**光滑化**。

重构问题的一个简单方式是双准则问题

$$\text{minimize (关于 } \mathbf{R}_+^2) \quad (\|\hat{x} - x_{\rm cor}\|_2, \phi(\hat{x})), \tag{6.12}$$

其中 $\hat{x}$ 是变量而 $x_{\rm cor}$ 为问题参数。函数 $\phi : \mathbf{R}^n \to \mathbf{R}$ 是凸的，称为**正则化函数**或**光滑目标**。这一目标被用来度量估计值 $\hat{x}$ 的粗糙度，或光滑度的缺失。重构问题 (6.12) 寻求信号，以接近（ℓ_2-范数意义下）被污染信号并且光滑，即 $\phi(\hat{x})$ 较小。重构问题 (6.12) 是一个凸的双准则问题。我们可以通过标量化和求解（标量）凸优化问题找到 Pareto 最优解。

二次光滑

最简单的重构方法是使用二次光滑函数

$$\phi_{\rm quad}(x) = \sum_{i=1}^{n-1} (x_{i+1} - x_i)^2 = \|Dx\|_2^2,$$

其中，$D \in \mathbf{R}^{(n-1)\times n}$ 为双对角矩阵

$$D = \begin{bmatrix} -1 & 1 & 0 & \cdots & 0 & 0 & 0 \\ 0 & -1 & 1 & \cdots & 0 & 0 & 0 \\ \vdots & \vdots & \vdots & & \vdots & \vdots & \vdots \\ 0 & 0 & 0 & \cdots & -1 & 1 & 0 \\ 0 & 0 & 0 & \cdots & 0 & -1 & 1 \end{bmatrix}.$$

我们可以通过极小化

$$\|\hat{x} - x_{\rm cor}\|_2^2 + \delta\|D\hat{x}\|_2^2$$

得到 $\|\hat{x} - x_{\rm cor}\|_2$ 和 $\|D\hat{x}\|_2$ 之间的最优权衡，其中 $\delta > 0$ 参数化了最优权衡曲线。这个二次问题的解

$$\hat{x} = (I + \delta D^T D)^{-1} x_{\rm cor}$$

可以非常高效地求得，因为 $I + \delta D^T D$ 是三对角的；参见附录 C。

二次光滑的例子

图6.8显示了信号 $x \in \mathbf{R}^{4000}$（第一行）和被污染的信号 $x_{\rm cor}$（第二行）。目标 $\|\hat{x} - x_{\rm cor}\|_2$ 和 $\|D\hat{x}\|_2$ 之间的最优权衡曲线由图6.9给出。在权衡曲线的左端点表示 $\hat{x} = x_{\rm cor}$ 和目标函数值 $\|Dx_{\rm cor}\|_2 = 4.4$。右端点表示 $\hat{x} = 0$ 及 $\|\hat{x} - x_{\rm cor}\|_2 = \|x_{\rm cor}\|_2 = 16.2$。注意，权衡曲线在 $\|\hat{x} - x_{\rm cor}\|_2 \approx 3$ 附近有一个明显的拐点。

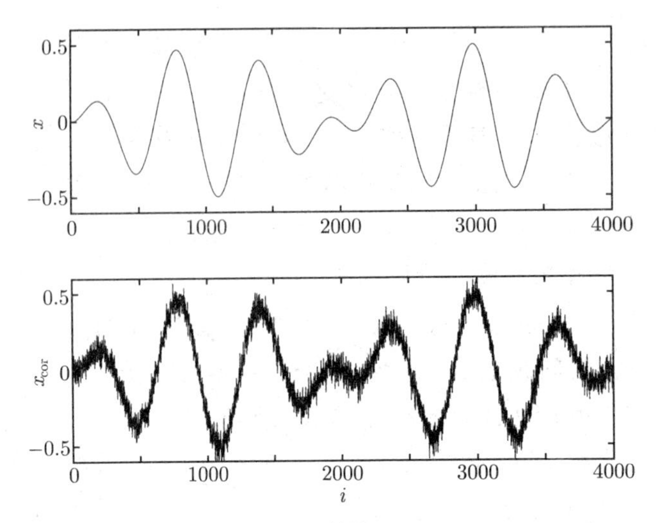

图6.8　**第一行**：原始信号 $x \in \mathbf{R}^{4000}$。**第二行**：受污染信号 $x_{\rm cor}$。

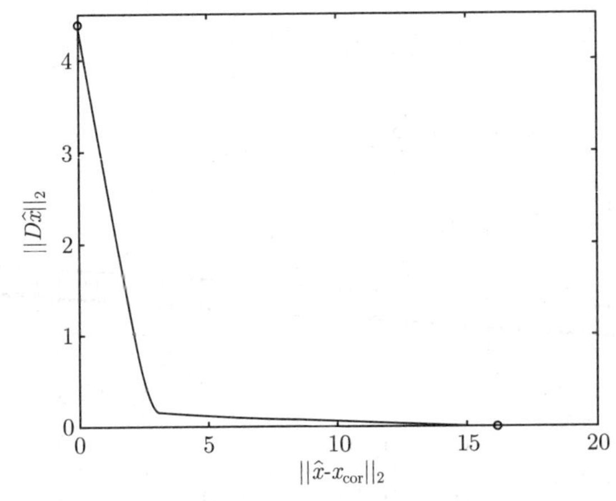

图6.9　$\|D\hat{x}\|_2$ 和 $\|\hat{x}-x_{\rm cor}\|_2$ 之间的最优权衡曲线。在 $\|\hat{x}-x_{\rm cor}\| \approx 3$ 附近，曲线有一个明显的拐点。

图6.10显示了最优权衡曲线上的三个光滑化信号，对应于 $\|\hat{x}-x_{\rm cor}\|_2=8$（顶部），3（中间）和 1（底部）。将重构信号和原始信号 x 进行对比，我们可以看出最优的重构结果在 $\|\hat{x}-x_{\rm cor}\|_2=3$ 时得到，正是曲线的拐点。$\|\hat{x}-x_{\rm cor}\|_2$ 的值更大时，结果过于光滑；而值更小时，所得结果的光滑性不足。

总变差重构

当原始信号非常光滑而噪声变化很快时，简单的二次光滑可以作为良好的重构方法。但是显然，原始信号的任意快速变化都会被二次光滑方法所减弱或者移除。本节将描述一种重构方法，可以去除大部分的噪声，同时仍然保留原始信号偶尔的快速变化。这一方法基于光滑函数

$$\phi_{\mathrm{tv}}(\hat{x})=\sum_{i=1}^{n-1}|\hat{x}_{i+1}-\hat{x}_i|=\|D\hat{x}\|_1,$$

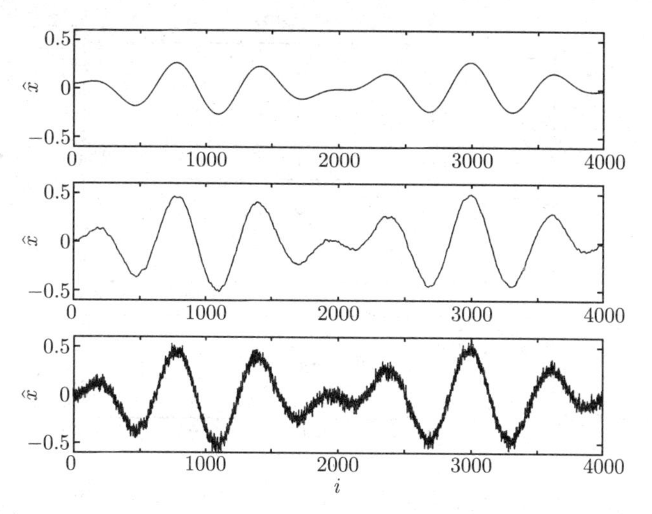

图6.10 三个光滑或重构的信号 $\hat{x}$。顶部对应 $\|\hat{x}-x_{\mathrm{cor}}\|_2=8$，中间对应 $\|\hat{x}-x_{\mathrm{cor}}\|_2=3$，底部对应 $\|\hat{x}-x_{\mathrm{cor}}\|_2=1$。

称为 $x\in\mathbf{R}^n$ 的**总变差**。如同二次光滑性的度量 ϕ_{quad}，总变差函数对于快速变化的 $\hat{x}$ 给予大的值。但是，总变差度量对于大的 $|x_{i+1}-x_i|$ 给予相对较小的惩罚。

总变差重构的例子

图6.11显示了信号 $x\in\mathbf{R}^{2000}$（顶部）及受噪声污染的信号 x_{cor}。信号大部分光滑，但有一些快速的变化或值上的跳跃；噪声则是快速变化的。

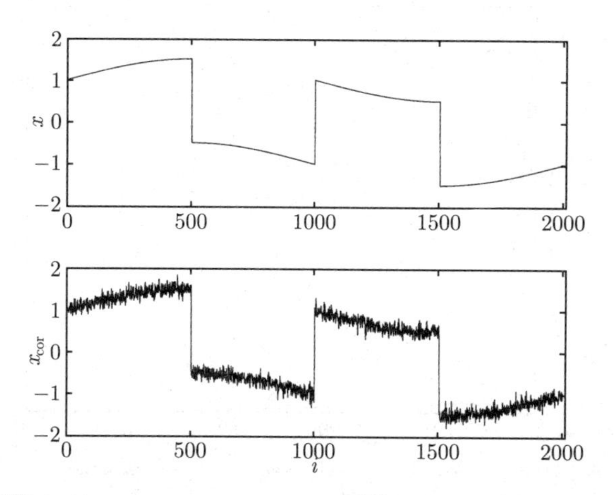

图6.11 信号 $x\in\mathbf{R}^{2000}$ 及被污染的信号 $x_{\mathrm{cor}}\in\mathbf{R}^{2000}$。噪声快速变化，而信号大部分光滑，但有一些快速的变化。

我们首先使用二次光滑。图6.12显示了处于 $\|D\hat{x}\|_2$ 和 $\|\hat{x}-x_{\mathrm{cor}}\|_2$ 之间最优权衡曲线上的三个光滑信号。在前两个信号中，原始信号的快速变化也被光滑掉了。第三个信号更好地保留了信号的阶跃边缘，但也显著地遗留了一些噪声。

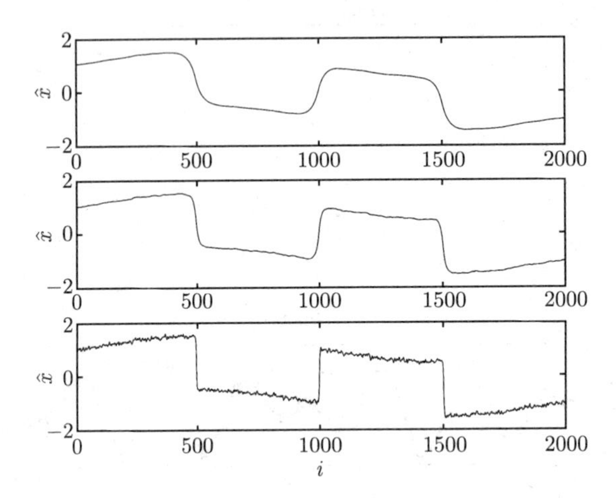

图6.12 三种二次光滑信号 $\hat{x}$。顶部对应 $\|\hat{x}-x_{\mathrm{cor}}\|_2=10$，中间对应 $\|\hat{x}-x_{\mathrm{cor}}\|_2=7$，底部对应 $\|\hat{x}-x_{\mathrm{cor}}\|_2=4$。顶部的结果大幅度消除了噪声，但也过渡地光滑掉了信号的快速变化部分。底部的信号没有对噪声进行足够的消除。中间的光滑信号给出了最好的折中，但是仍然光滑掉了一些快速的变化。

现在，我们显示总变差重构的效果。图6.13显示了 $\|D\hat{x}\|_1$ 和 $\|\hat{x}-x_{\mathrm{cor}}\|_2$ 之间的最优权衡曲线。图6.14 显示了处于最优权衡曲线上的重构信号，分别是 $\|D\hat{x}\|_1=5$（顶部），$\|D\hat{x}\|_1=8$（中间）和 $\|D\hat{x}\|_1=10$（底部）。我们观察到，不像二次光滑，总变差重构保留了信号的尖锐过渡。

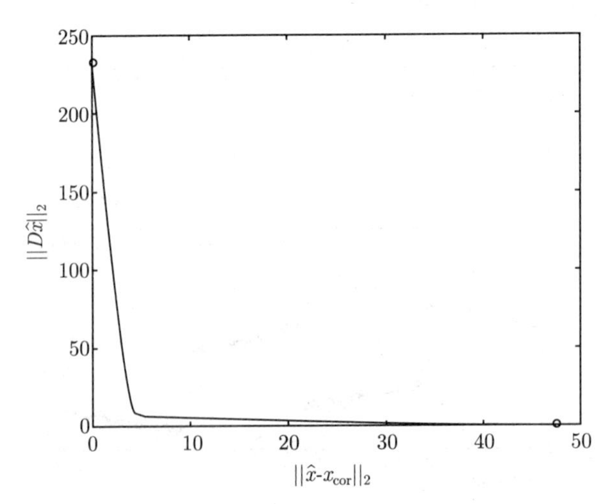

图6.13 $\|D\hat{x}\|_1$和$\|\hat{x}-x_{\mathrm{cor}}\|_2$ 之间的最优权衡曲线。

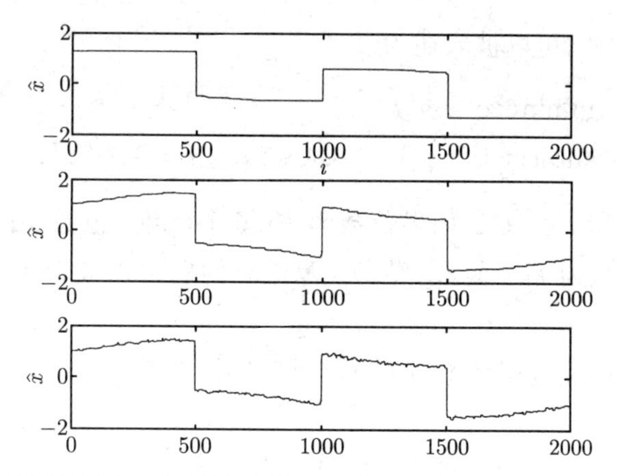

图6.14 使用总变差重构得到的三个重构信号 $\hat{x}$。顶部对应 $\|D\hat{x}\|_1 = 5$，中间对应 $\|D\hat{x}\|_1 = 8$，底部对应 $\|D\hat{x}\|_1 = 10$。底部的信号没有给出足够的噪声衰减，而顶部的则去除了信号的某些缓慢变化的部分。需要注意，不像二次光滑，在总变差重构中，信号的尖锐变化被保留了下来。

6.4 鲁棒逼近

6.4.1 随机鲁棒逼近

我们研究的逼近问题的基本目标为 $\|Ax-b\|$，但是也希望考虑数据矩阵 A 的一些不确定性和可能的变化。(同样的想法可以扩展到 A 和 b 都有不确定性的情况。) 本节将考虑一些统计模型以处理 A 的变化。

我们假设 A 是在 $\mathbf{R}^{m\times n}$ 中取值的随机变量，其均值为 $\bar{A}$，因此，我们可以将 A 描述为

$$A = \bar{A} + U,$$

其中 U 为零均值随机矩阵。这里，常值矩阵 $\bar{A}$ 给出了 A 的平均值而 U 描述了其统计变化。

很自然地，可以用 $\|Ax-b\|$ 的期望值作为目标函数

$$\text{minimize} \quad \mathbf{E}\,\|Ax-b\|. \tag{6.13}$$

我们称这一问题为**随机鲁棒逼近问题**。这总是凸优化问题，但是通常并不容易处理，因为在大多数情况下，这个目标函数及其导数都非常难以计算。

可解的随机鲁棒逼近问题的一个简单例子是假设 A 仅有有限个可能值，即

$$\mathbf{prob}(A = A_i) = p_i, \quad i = 1,\cdots,k,$$

其中 $A_i \in \mathbf{R}^{m\times n}$，$\mathbf{1}^T p = 1$，$p \succeq 0$。在这种情况下，问题 (6.13) 具有形式

$$\text{minimize} \quad p_1\|A_1x-b\| + \cdots + p_k\|A_kx-b\|,$$

这常称为**范数和问题**。它可以被表述为

$$\begin{array}{ll}\text{minimize} & p^T t \\ \text{subject to} & \|A_i x - b\| \leqslant t_i, \quad i = 1, \cdots, k,\end{array}$$

其中变量为 $x \in \mathbf{R}^n$ 和 $t \in \mathbf{R}^k$。如果范数为 Euclid 范数，范数和问题是一个二阶锥规划（SOCP）。如果范数为 ℓ_1- 或 ℓ_∞-范数，范数和问题可以被表述为线性规划；参见习题 6.8。

易于处理随机鲁棒逼近问题 (6.13) 的一些变形。作为一个例子，考虑随机鲁棒最小二乘问题

$$\text{minimize} \quad \mathbf{E}\,\|Ax - b\|_2^2,$$

其中的范数为 Euclid 范数。我们可以将目标函数表示为

$$\begin{aligned}\mathbf{E}\,\|Ax - b\|_2^2 &= \mathbf{E}(\bar{A}x - b + Ux)^T(\bar{A}x - b + Ux) \\ &= (\bar{A}x - b)^T(\bar{A}x - b) + \mathbf{E}\,x^T U^T U x \\ &= \|\bar{A}x - b\|_2^2 + x^T P x,\end{aligned}$$

其中 $P = \mathbf{E}\,U^T U$。因此，随机鲁棒逼近问题具有正则化最小二乘的形式

$$\text{minimize} \quad \|\bar{A}x - b\|_2^2 + \|P^{1/2}x\|_2^2,$$

其解为

$$x = (\bar{A}^T\bar{A} + P)^{-1}\bar{A}^T b.$$

这一结果非常有意义：当矩阵 A 发生变化时，x 越大，Ax 的变化越大，Jensen 不等式告诉我们 Ax 的变化会增加 $\|Ax - b\|_2$ 的平均值。因此，我们需要在使得 $\bar{A}x - b$ 较小和期望 x 较小（以使得 Ax 的变化较小）之间进行权衡，这实际上也是正则化的基本想法。

这一结果给出了 Tikhonov 正则化最小二乘问题 (6.10) 的另一种解释，即将其看成一种考虑了矩阵 A 的可能变化的鲁棒最小二乘问题。Tikhonov 正则化最小二乘问题 (6.10) 的最优解极小化了 $\mathbf{E}\,\|(A+U)x - b\|^2$，其中 U_{ij} 为零均值、不相关的随机变量，其方差为 δ/m（并且，此处的 A 是确定的）。

6.4.2　最坏情况鲁棒逼近

有可能采用基于集合的、最坏情况方法对矩阵 A 的变化进行建模。我们用 A 的可能值集合

$$A \in \mathcal{A} \subseteq \mathbf{R}^{m\times n}$$

描述其不确定性，这里我们假设这个集合是非空和有界的。我们定义候选的逼近解 $x \in \mathbf{R}^n$ 的**最坏误差**为

$$e_{\rm wc}(x) = \sup\{\|Ax-b\| \mid A \in \mathcal{A}\},$$

它总是 x 的凸函数。(最坏情况) **鲁棒逼近问题**是极小化最坏情况的误差:

$$\text{minimize} \quad e_{\rm wc}(x) = \sup\{\|Ax-b\| \mid A \in \mathcal{A}\}, \tag{6.14}$$

其中的变量为 x,问题数据为 b 和集合 $\mathcal{A}$。当 $\mathcal{A}$ 是单点集(即 $\mathcal{A}=\{A\}$)时,鲁棒逼近问题 (6.14) 退化为基本的范数逼近问题 (6.1)。鲁棒逼近问题总是凸优化问题,但是它的求解难度与所用的范数及对不确定性集合 $\mathcal{A}$ 的描述相关。

例 6.5 随机与最坏情况鲁棒逼近的比较。

为说明随机和最坏情况鲁棒逼近问题的差异,我们考虑最小二乘问题

$$\text{minimize} \quad \|A(u)x-b\|_2^2,$$

其中 $u \in \mathbf{R}$ 为不确定的参数,而 $A(u) = A_0 + uA_1$。我们考虑这一问题的一个特定实例:$A(u) \in \mathbf{R}^{20\times 10}$,$\|A_0\| = 10$,$\|A_1\| = 1$ 而 u 的变化区间为 $[-1,1]$。(因此,粗略地,矩阵 A 的变化幅度在 $\pm 10\%$ 附近。)

我们找到了三个近似解:

- **名义最优**。假设 $A(u)$ 的名义值为 A_0,我们可以找到最优解 $x_{\rm nom}$。
- **随机鲁棒逼近**。假设参数 u 正态分布于 $[-1,1]$,我们可以找到 $x_{\rm stoch}$,它极小化了 $\mathbf{E}\,\|A(u)x-b\|_2^2$。
- **最坏情况鲁棒逼近**。我们可以找到 $x_{\rm wc}$,它极小化了

$$\sup_{-1\leqslant u\leqslant 1} \|A(u)x-b\|_2 = \max\{\|(A_0-A_1)x-b\|_2, \|(A_0+A_1)x-b\|_2\}.$$

对于 x 的每一个结果,我们将残差视为不确定参数 u 的函数并在图6.15 中绘出 $r(u) = \|A(u)x-b\|_2$。这些图像显示了近似解对于参数 u 变化有多么敏感。名义解在 $u=0$ 时达到最小的残差,但是对参数的变化相当敏感:u 偏离 0 趋向 -1 或 1 时,它给出了非常大的残差。最坏情况的解则在 $u=0$ 时有较大的残差,但当 u 在区间 $[-1,1]$ 上变化时,残差并没有太大的增长。随机鲁棒逼近解介于两者之间。

鲁棒逼近问题 (6.14) 出现在很多领域和应用中。在估计范畴,集合 $\mathcal{A}$ 给出了待估计向量和测量向量之间线性关系的不确定性。有时,模型 $y = Ax + v$ 中的噪声项 v 称为**加性噪声**或**加性误差**,因为它叠加在"理想"测量值 Ax 上。相对应地,A 的变化称为**乘性误差**,因为它与变量 x 相乘。

在最优设计领域,变化可以表示设计变量 x 和结果向量 Ax 之间的线性方程的不确定性(比如,在制造过程中产生)。于是,鲁棒逼近问题 (6.14) 可以解释为鲁棒设计问题:寻找设计变量 x 以极小化所有 A 的可能值中 Ax 和 b 最坏的不匹配情况。

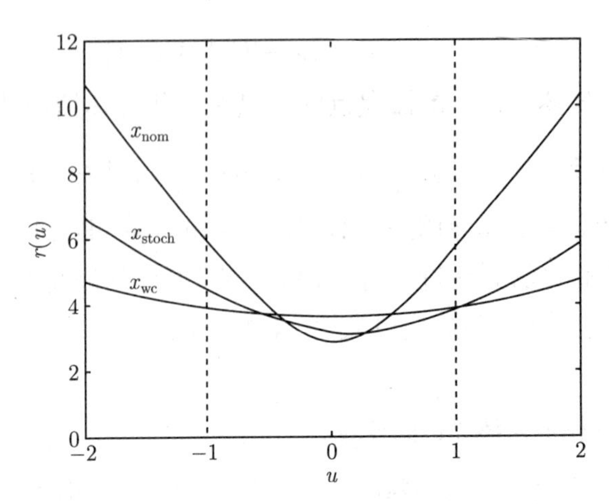

图6.15　三种近似解 x 得到的、以不确定参数 u 为变量的残差函数 $r(u)=\|A(u)x-b\|_2$：(1) 名义最小二乘解 $x_{\rm nom}$；(2) 随机鲁棒逼近问题的解 $x_{\rm stoch}$（假设 u 在 $[-1,1]$ 上均匀分布）；(3) 最坏情况鲁棒逼近问题的解 $x_{\rm wc}$，假设参数 u 处于区间 $[-1,1]$。名义最优解在 $u=0$ 处达到最小残差，但是当 u 趋近 -1 或 1 时，它给出了相当大的残差。最坏情况的解在 $u=0$ 时的残差较大，但是当参数 u 在区间 $[-1,1]$ 上变化时，残差增长得并不多。

有限集合

此处，我们有 $\mathcal{A}=\{A_1,\cdots,A_k\}$，其鲁棒逼近问题是

$$\text{minimize}\quad \max_{i=1,\cdots,k}\|A_ix-b\|.$$

这一问题等价于关于多面体集合 $\mathcal{A}=\mathbf{conv}\{A_1,\cdots,A_k\}$ 的鲁棒逼近问题：

$$\text{minimize}\quad \sup\left\{\|Ax-b\| \mid A\in\mathbf{conv}\{A_1,\cdots,A_k\}\right\}.$$

我们可以将这个问题描述为下述上境图形式

$$\begin{array}{ll}\text{minimize} & t\\ \text{subject to} & \|A_ix-b\|\leqslant t,\quad i=1,\cdots,k,\end{array}$$

根据使用的范数，这一问题有不同的解法。如果范数为 Euclid 范数，这是一个 SOCP。如果范数为 ℓ_1- 或 ℓ_∞-范数，我们可以将其表述为线性规划。

有界范数误差

这里的不确定性集合 $\mathcal{A}$ 是一个范数球，$\mathcal{A}=\{\bar{A}+U \mid \|U\|\leqslant a\}$，其中 $\|\cdot\|$ 为 $\mathbf{R}^{m\times n}$ 上的一个范数。在这种情况下，我们有

$$e_{\rm wc}(x)=\sup\{\|\bar{A}x-b+Ux\| \mid \|U\|\leqslant a\},$$

这个式子需要仔细理解，因为这里出现的第一个范数定义在 $\mathbf{R}^m$ 上（用以度量误差的规模），而第二个范数定义在 $\mathbf{R}^{m\times n}$ 上（用以定义范数球 $\mathcal{A}$）。

在某些情况下，可以化简关于 $e_{\rm wc}(x)$ 的表示。例如，考虑 $\mathbf{R}^n$ 上的 Euclid 范数和相应的在 $\mathbf{R}^{m\times n}$ 上的导出范数，即最大奇异值。如果 $\bar{A}x-b\neq 0$ 且 $x\neq 0$，关于 $e_{\rm wc}(x)$ 的表达式的上确界在 $U=auv^T$ 处达到，

$$u=\frac{\bar{A}x-b}{\|\bar{A}x-b\|_2},\qquad v=\frac{x}{\|x\|_2},$$

并且所得到的最坏情况误差为

$$e_{\rm wc}(x)=\|\bar{A}x-b\|_2+a\|x\|_2.$$

（容易验证，在 x 或 $\bar{A}x-b$ 为零时，这个表达式也成立。）于是，鲁棒逼近问题 (6.14) 变为

$$\text{minimize}\quad \|\bar{A}x-b\|_2+a\|x\|_2,$$

这是一个正则化范数问题，可以作为 SOCP 得到求解：

$$\begin{array}{ll}\text{minimize} & t_1+at_2\\ \text{subject to} & \|\bar{A}x-b\|_2\leqslant t_1,\quad \|x\|_2\leqslant t_2.\end{array}$$

因为这个问题的解与对于某个正则化参数 δ 的正则化最小二乘问题

$$\text{minimize}\quad \|\bar{A}x-b\|_2^2+\delta\|x\|_2^2$$

的解相同，所以，我们对正则化最小二乘问题有了另一个解释，可以将其看成一个最坏情况鲁棒逼近问题。

不确定性椭球

我们也可以通过给定每一行的可能值的椭圆来描述 A 的变化：

$$\mathcal{A}=\{[a_1\ \cdots\ a_m]^T \mid a_i\in\mathcal{E}_i,\ i=1,\cdots,m\},$$

其中

$$\mathcal{E}_i=\{\bar{a}_i+P_iu \mid \|u\|_2\leqslant 1\}.$$

矩阵 $P_i\in\mathbf{R}^{n\times n}$ 描述了 a_i 的变化。我们允许 P_i 有一个非平凡的零空间，用以对 a_i 的变化被约束在一个子空间的情况进行建模。作为一个极端的例子，如果 a_i 没有不确定性，我们取 $P_i=0$。

应用椭圆不确定性的描述，我们可以给出每一个残差在最坏情况下的幅值的显式表达式：

$$\begin{aligned}\sup_{a_i\in\mathcal{E}_i}|a_i^Tx-b_i| &= \sup\{|\bar{a}_i^Tx-b_i+(P_iu)^Tx| \mid \|u\|_2\leqslant 1\}\\ &= |\bar{a}_i^Tx-b_i|+\|P_i^Tx\|_2.\end{aligned}$$

利用这个结果，我们可以求解一些鲁棒逼近问题。例如，鲁棒 ℓ_2-范数逼近问题

$$\text{minimize} \quad e_{\text{wc}}(x) = \sup\{\|Ax-b\|_2 \mid a_i \in \mathcal{E}_i,\ i=1,\cdots,m\}$$

可以简化为如下所示的 SOCP。最坏情况误差的显式表达式由

$$e_{\text{wc}}(x) = \left(\sum_{i=1}^{m}\left(\sup_{a_i\in\mathcal{E}_i}|a_i^Tx-b_i|\right)^2\right)^{1/2} = \left(\sum_{i=1}^{m}(|\bar{a}_i^Tx-b_i|+\|P_i^Tx\|_2)^2\right)^{1/2}$$

给出。为极小化 $e_{\text{wc}}(x)$，我们可以求解

$$\begin{array}{ll}\text{minimize} & \|t\|_2\\ \text{subject to} & |\bar{a}_i^Tx-b_i|+\|P_i^Tx\|_2 \leqslant t_i, \quad i=1,\cdots,m,\end{array}$$

这里我们引入了新的变量 $t_1,\cdots,t_m$。这一问题可以表述为

$$\begin{array}{ll}\text{minimize} & \|t\|_2\\ \text{subject to} & \bar{a}_i^Tx-b_i+\|P_i^Tx\|_2 \leqslant t_i, \quad i=1,\cdots,m\\ & -\bar{a}_i^Tx+b_i+\|P_i^Tx\|_2 \leqslant t_i, \quad i=1,\cdots,m,\end{array}$$

当转变为上境图形式时，可以转换得到 SOCP。

线性结构的范数有界误差

作为范数有界描述 $\mathcal{A}=\{\bar{A}+U \mid \|U\|\leqslant a\}$ 的一个扩展，我们可以将 $\mathcal{A}$ 定义为范数球在仿射变换下的像：

$$\mathcal{A}=\{\bar{A}+u_1A_1+u_2A_2+\cdots+u_pA_p \mid \|u\|\leqslant 1\},$$

其中 $\|\cdot\|$ 为 $\mathbf{R}^p$ 上的范数，而 $p+1$ 个矩阵 $\bar{A},\ A_1,\cdots,A_p\in\mathbf{R}^{m\times n}$ 给定。最坏情况误差可以表示为

$$\begin{aligned}e_{\text{wc}}(x) &= \sup_{\|u\|\leqslant 1}\|(\bar{A}+u_1A_1+\cdots+u_pA_p)x-b\|\\ &= \sup_{\|u\|\leqslant 1}\|P(x)u+q(x)\|,\end{aligned}$$

其中，P 和 q 定义为

$$P(x)=\begin{bmatrix} A_1x & A_2x & \cdots & A_px\end{bmatrix}\in\mathbf{R}^{m\times p}, \qquad q(x)=\bar{A}x-b\in\mathbf{R}^m.$$

作为第一个例子，我们考虑鲁棒 Chebyshev 逼近问题

$$\text{minimize} \quad e_{\text{wc}}(x)=\sup\nolimits_{\|u\|_\infty\leqslant 1}\|(\bar{A}+u_1A_1+\cdots+u_pA_p)x-b\|_\infty.$$

在这种情况下，我们可以导出最坏情况误差的显式表达式。用 $p_i(x)^T$ 表示 $P(x)$ 的第 i 行，我们有

$$\begin{aligned} e_{\mathrm{wc}}(x) &= \sup_{\|u\|_\infty \leqslant 1} \|P(x)u + q(x)\|_\infty \\ &= \max_{i=1,\cdots,m} \sup_{\|u\|_\infty \leqslant 1} |p_i(x)^T u + q_i(x)| \\ &= \max_{i=1,\cdots,m} (\|p_i(x)\|_1 + |q_i(x)|). \end{aligned}$$

因此，鲁棒 Chebyshev 逼近问题可以被表述为线性规划

$$\begin{array}{ll} \text{minimize} & t \\ \text{subject to} & -y_0 \preceq \bar{A}x - b \preceq y_0 \\ & -y_k \preceq A_k x \preceq y_k, \quad k = 1, \cdots, p \\ & y_0 + \sum_{k=1}^{p} y_k \preceq t\mathbf{1}, \end{array}$$

其变量为 $x \in \mathbf{R}^n$，$y_k \in \mathbf{R}^m$，$t \in \mathbf{R}$。

作为另一个例子，我们考虑鲁棒最小二乘问题

$$\text{minimize} \quad e_{\mathrm{wc}}(x) = \sup_{\|u\|_2 \leqslant 1} \|(\bar{A} + u_1 A_1 + \cdots + u_p A_p)x - b\|_2.$$

这里，我们用 Lagrange 对偶来计算 e_{wc}。最坏误差 $e_{\mathrm{wc}}(x)$ 是下面（非凸）二次优化问题最优解的平方根

$$\begin{array}{ll} \text{maximize} & \|P(x)u + q(x)\|_2^2 \\ \text{subject to} & u^T u \leqslant 1, \end{array}$$

其中 u 为变量。这一问题的 Lagrange 对偶问题可以被表述为半定规划（SDP）

$$\begin{array}{ll} \text{minimize} & t + \lambda \\ \text{subject to} & \begin{bmatrix} I & P(x) & q(x) \\ P(x)^T & \lambda I & 0 \\ q(x)^T & 0 & t \end{bmatrix} \succeq 0, \end{array} \tag{6.15}$$

其变量为 t, $\lambda \in \mathbf{R}$。并且，如 §5.2 和 §B.1 所述（并在 §B.4 中证明），对于这组原-对偶问题，强对偶成立。换言之，对于固定的 x，我们可以通过求解关于变量 t 和 λ 的 SDP (6.15) 来计算 $e_{\mathrm{wc}}(x)^2$。联合优化 t，λ 及 x 等同于极小化 $e_{\mathrm{wc}}(x)^2$。我们可以断言鲁棒最小二乘问题等价于以 x，λ，t 为变量的 SDP (6.15)。

例 6.6 最坏情况鲁棒、Tikhonov 正则化和名义最小二乘解的比较。 我们考虑一个鲁棒逼近问题的实例

$$\text{minimize} \quad \sup_{\|u\|_2 \leqslant 1} \|(\bar{A} + u_1 A_1 + u_2 A_2)x - b\|_2, \tag{6.16}$$

其维数为 $m = 50$，$n = 20$。矩阵 $\bar{A}$ 范数为 10，矩阵 A_1 和 A_2 范数为 1，所以，粗略地讲，矩阵 A 的变化幅度在 10% 左右。参数 u_1 和 u_2 的不确定性分布在 $\mathbf{R}^2$ 的单位圆盘上。

我们计算鲁棒最小二乘问题 (6.16) 的最优解 x_{rls}，也计算名义最小二乘问题的解 x_{ls}（即假设 $u=0$），以及 $\delta=1$ 时的 Tikhonov 正则化的解 x_{tik}。

为显示各个近似解对于参数 u 的敏感性，我们产生均匀分布于单位圆盘上的 10^5 个参数向量，并对每一个参数值计算残差

$$\|(A_0+u_1A_1+u_2A_2)x-b\|_2.$$

残差的分别显示于图6.16。

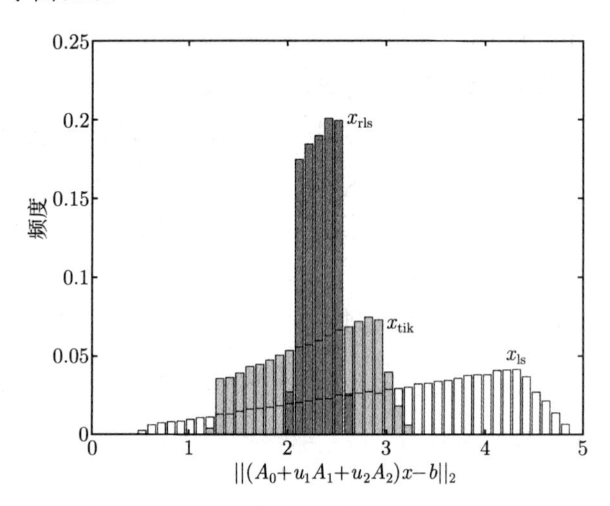

图6.16 最小二乘问题 (6.16) 三种解的残差分布：假设 $u=0$ 情况下的最小二乘解 x_{ls}；$\delta=1$ 时的 Tikhonov 正则化最优解 x_{tik}；鲁棒最小二乘解 x_{rls}。通过产生 10^5 个均匀分布于 $\mathbf{R}^2$ 上的不确定参数 u 而得到的统计直方图，其宽度为 0.1。

我们可以观察到一些结果。首先，名义最小二乘解的残差散布广泛，从 0.52 附近的最小值直到 4.9 附近的最大值。特别地，最小二乘解对于参数的变化非常敏感。相对应地，鲁棒最小二乘和 Tikhonov 正则化的解展现了对于在整个单位圆上参数的不确定性的相当小的变化。例如，当参数处于单位圆盘时，鲁棒最小二乘解的残差都在 2.0 和 2.6 之间。

6.5 函数拟合与插值

在函数拟合问题中，我们在函数的有限维子空间中，选择与给定数据或需求最符合的一个。为简单起见，我们考虑实值函数；也很容易将其思想扩展到向量函数的处理中。

6.5.1 函数族

我们考虑一族具有共同定义域 $\mathbf{dom}\, f_i=D$ 的函数 $f_1,\cdots,f_n:\mathbf{R}^k\to\mathbf{R}$。对于每一个 $x\in\mathbf{R}^n$，我们通过给定

$$f(u)=x_1f_1(u)+\cdots+x_nf_n(u) \tag{6.17}$$

将 x 与 $f : \mathbf{R}^k \to \mathbf{R}$ 联系起来，其中 $\mathbf{dom}\, f = D$。函数族 $\{f_1, \cdots, f_n\}$ 有时也称为**基函数**（对于拟合问题），不论这些函数是否独立。向量 $x \in \mathbf{R}^n$ 参数化了函数子空间，是我们的优化变量，有时也称为**系数向量**。基函数生成了 D 上的一个函数子空间 $\mathcal{F}$。

在很多应用中，基函数是根据先验知识或经验而特别选择的，用以合理地用有限维函数子空间对感兴趣的函数进行建模。在其他情况下，更多的是使用通用函数族。我们将在下面描述其中一些。

多项式

$\mathbf{R}$ 上一个常见的函数子空间由阶次小于 n 的多项式组成。最简单的基由幂组成，即 $f_i(t) = t^{i-1}$，$i = 1, \cdots, n$。在很多应用中，同样的子空间可以由不同的基进行描述，例如，与某些正函数（或测量）$\phi : \mathbf{R}^n \to \mathbf{R}_+$ 正交的，阶次小于 n 的多项式集合 $f_1, \cdots, f_n$，即

$$\int f_i(t) f_j(t) \phi(t)\, dt = \begin{cases} 1 & i = j \\ 0 & i \neq j. \end{cases}$$

多项式的另一组常用的基是 Lagrange **基** $f_1, \cdots, f_n$，它们与离散的点 $t_1, \cdots, t_n$ 相关联，并且满足

$$f_i(t_j) = \begin{cases} 1 & i = j \\ 0 & i \neq j. \end{cases}$$

我们也可以考虑 $\mathbf{R}^k$ 上的多项式，它们具有最大的总阶次限制或每个变量都有最大阶次限制。

作为一个相关的例子，我们有阶次小于 n 的**三角多项式**，其基函数为

$$\sin kt, \quad k = 1, \cdots, n-1, \qquad \cos kt, \quad k = 0, \cdots, n-1.$$

分片线性函数

我们从定义域 D 的**三角化**开始讨论，其意义如下。我们有网格点集合 $g_1, \cdots, g_n \in \mathbf{R}^k$ 将 D 划分为单纯形集合：

$$D = S_1 \cup \cdots \cup S_m, \qquad \mathbf{int}(S_i \cap S_j) = \emptyset \text{ 对于 } i \neq j.$$

每个单纯形是 $k+1$ 个网格点的凸包，我们还要求网格点是它所在的单纯形的顶点。

给定一组三角化，我们可以构造一个分片线性（或更准确地，分片仿射）函数 f，其方法是将网格点赋值为 $f(g_i) = x_i$ 然后将函数仿射地扩展到每个单纯形上。函数 f 可以如 (6.17) 一样表示，其基函数 f_i 在每个单纯形上是仿射的并且由条件

$$f_i(g_j) = \begin{cases} 1 & i = j \\ 0 & i \neq j \end{cases}$$

所定义。通过这种构造所得的函数是连续的。

图6.17显示了 $k = 2$ 的一个例子。

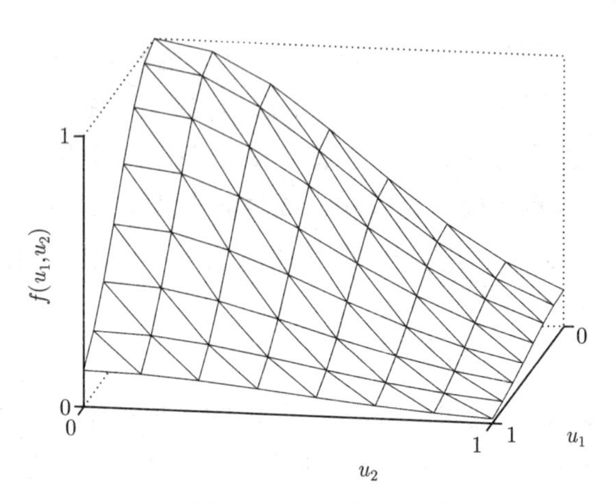

图6.17　单位正方形上的双变量分片线性函数。三角化包含 98 个单纯形以及单位正方形上 64 个均匀网格点。

分片多项式和样条

三角化定义域上分片仿射函数的想法可以很容易地扩展到分片的多项式和其他函数上。

分片多项式是定义在三角化的单纯形上的（具有某些最大阶次的）多项式，它们是连续的，即多项式在单纯形的边界上相等。通过进一步的限制，可以要求分片多项式具有一定程度的连续导数，我们可以定义多种**样条函数**类。图6.18 中的例子显示了立方样条，即 $\mathbf{R}$ 上的 3 阶分片多项式，它具有连续的一阶和二阶导数。

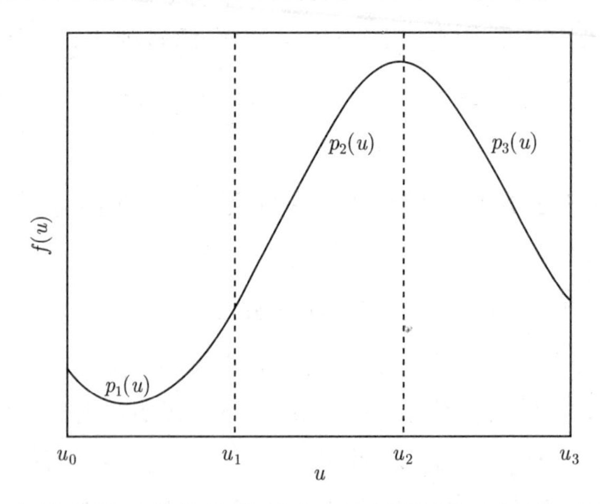

图6.18　**立方样条**。立方样条是一个分片多项式，具有连续的一阶和二阶导数。在这个例子中，立方样条 f 由三个立方多项式构成，p_1（在 $[u_0,u_1]$），p_2（在 $[u_1,u_2]$上），p_3（在 $[u_2,u_3]$上）。相邻的多项式在边界点 u_1 和 u_2 具有相同的函数值以及相等的一阶、二阶导数。在这个例子中，函数族的维数为 $n=6$，因为我们具有 12 个多项式系数（每个立方多项式有 4 个）而有 6 个等式约束（在 u_1 和 u_2 处各有 3 个）。

6.5.2 约束

本节增加对函数 f 的某些约束，因此也增加了对变量 $x \in \mathbf{R}^n$ 的约束。

函数插值与不等式

令 v 为 D 中的一个点。f 在 v 处的值

$$f(v) = \sum_{i=1}^{n} x_i f_i(v)$$

是 x 的线性函数。因此，**插值条件**

$$f(v_j) = z_j, \quad j = 1, \cdots, m$$

要求函数在特定点 $v_j \in D$ 上具有值 $z_j \in \mathbf{R}$，这些条件构成了 x 的一组线性方程。更一般地，关于给定点的函数值的不等式，如 $l \leqslant f(v) \leqslant u$，是变量 x 的线性不等式。还有其他很多关于 f 的有意义的凸约束（因此，也是对 x 的凸约束），它们考虑了在有限点集 $v_1, \cdots, v_N$ 上的函数值。例如，Lipschitz 约束

$$|f(v_j) - f(v_k)| \leqslant L\|v_j - v_k\|, \quad j,\ k = 1, \cdots, m$$

构成了 x 的线性不等式组。

我们也可以对无穷个点的函数值加以不等式约束。作为一个例子，考虑非负约束

$$f(u) \geqslant 0,\ \forall\ u \in D.$$

这是 x 上的一个凸约束（因为它是无穷个半空间的交集），但是有可能会导致一个难解的问题，除非利用函数的特殊结构。一个简单的例子是函数为分片线性的时候。在这种情况下，如果函数值在网格点上非负，那么函数在各处都是非负的，因此我们可以得到一个简单的（有限的）线性不等式组。

作为一个更有意义的例子，考虑函数为 $\mathbf{R}$ 上最大阶次为偶数 $2k$（即 $n = 2k+1$）的多项式，并且 $D = \mathbf{R}$ 的情况。如第 59 页的习题 2.37 所示，非负约束

$$p(u) = x_1 + x_2 u + \cdots + x_{2k+1} u^{2k} \geqslant 0, \quad \forall\ u \in \mathbf{R}$$

等价于

$$x_i = \sum_{m+n=i+1} Y_{mn}, \quad i = 1, \cdots, 2k+1, \qquad Y \succeq 0,$$

其中 $Y \in \mathbf{S}^{k+1}$ 为辅助变量。

导数约束

设基函数 f_i 在 $v \in D$ 处可微。梯度

$$\nabla f(v) = \sum_{i=1}^{n} x_i \nabla f_i(v)$$

是 x 的线性函数，因此，v 处 f 的导数的插值条件将简化为 x 的线性等式约束。要求 v 处梯度的范数不超过给定的限制，

$$\|\nabla f(v)\| = \left\|\sum_{i=1}^{n} x_i \nabla f_i(v)\right\| \leqslant M,$$

这是 x 上的一个凸约束。同样的想法可以扩展到更高的导数。例如，如果 f 在 v 处是二阶可微的，那么要求

$$lI \preceq \nabla^2 f(v) \preceq uI,$$

这是 x 的线性矩阵不等式，因此是凸的。

我们也可以在无限个点上对导数施加约束。例如，我们可以要求 f 是单调的：

$$f(u) \geqslant f(v) \text{ 对于所有 } u,\ v \in D,\ u \succeq v.$$

这是 x 的凸约束，但是除非特殊的情况，所得到的问题并不容易求解。例如，当 f 是分片仿射时，单调性约束等同于在每个单纯形内的条件 $\nabla f(v) \succeq 0$。因为导数是网格点上函数值的线性函数，这个条件会得到简单的（有限的）线性不等式组。

作为另一个例子，我们可以要求函数是凸的，即满足

$$f((u+v)/2) \leqslant (f(u)+f(v))/2,\ \forall\ u,\ v \in D$$

（当 f 连续时，这个条件足以保证凸性）。这是凸约束，在某些情况下，它有易于处理的表示。一个显然的例子是当 f 为二次型时，在此类情况下，凸约束退化为对 f 的二次部分的非负约束，这是线性矩阵不等式（LMI）。另一个由凸性约束得到易解问题的例子将在 §6.5.5 中进行详细描述。

积分约束

函数子空间中的任意线性泛函 $\mathcal{L}$ 都可以表示为 x 的线性函数，即，我们有 $\mathcal{L}(f) = c^T x$。对于 f（或其导数）在一个点的度量只是一个简单的情况。例如，线性泛函

$$\mathcal{L}(f) = \int_D \phi(u) f(u)\, du,$$

这里的 $\phi : \mathbf{R}^k \to \mathbf{R}$ 可以表示为 $\mathcal{L}(f) = c^T x$，其中

$$c_i = \int_D \phi(u) f_i(u)\, du.$$

所以，形如 $\mathcal{L}(f) = a$ 的约束是对 x 的线性等式约束。此类约束的一个例子是**矩约束**

$$\int_D t^m f(t)\, dt = a$$

（其中 $f : \mathbf{R} \to \mathbf{R}$）。

6.5.3 拟合与插值问题

函数的最小范数拟合

在拟合问题中，我们寻找函数 $f \in \mathcal{F}$ 尽量准确地匹配给定数据

$$(u_1, y_1), \quad \cdots, \quad (u_m, y_m),$$

其中 $u_i \in D$，$y_i \in \mathbf{R}$。例如，在最小二乘拟合中，我们考虑如下问题

$$\text{minimize} \quad \sum_{i=1}^{m} (f(u_i) - y_i)^2,$$

这是关于变量 x 的简单的最小二乘问题。我们可以对其添加各种约束，例如 f 在一些点上必须满足的线性不等式、关于 f 的导数的约束、单调性约束或矩约束。

例6.7 多项式拟合。 对于给定的数据 $u_1, \cdots, u_m \in \mathbf{R}$ 和 $v_1, \cdots, v_m \in \mathbf{R}$，我们希望用具有如下形式的多项式近似地拟合数据，

$$p(u) = x_1 + x_2 u + \cdots + x_n u^{n-1}.$$

对于每个 x，我们构造误差向量

$$e = (p(u_1) - v_1, \cdots, p(u_m) - v_m).$$

为寻找极小化误差范数的多项式，我们求解关于变量 $x \in \mathbf{R}^n$ 的范数逼近问题

$$\text{minimize} \quad \|e\| = \|Ax - v\|,$$

其中 $A_{ij} = u_i^{j-1}$，$i = 1, \cdots, m$，$j = 1, \cdots, n$。

图6.19显示了对$m = 40$个数据点且 $n = 6$（即多项式最高阶次为 5）的例子进行ℓ_2-和 ℓ_∞-范数拟合的情况。

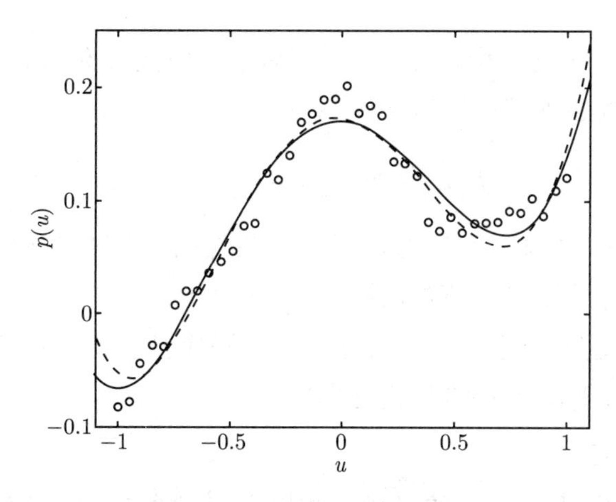

图6.19 两个 5 阶的多项式对圆圈所示 40 个点的逼近情况。实线所示多项式极小化了误差的 ℓ_2-范数；虚线所示多项式极小化了 ℓ_∞-范数。

例6.8　样条拟合。 图6.20显示了对于例 6.7 中数据，三次样条的两个最佳拟合效果。区间 $[-1,1]$ 被等分为三个区间，我们考虑最大阶次为 3 的分片多项式，同时保证一阶和二阶导数的连续性。这个函数子空间的维数为 6，与例 6.7 中考虑的、最大阶次为 5 的多项式空间维数相同。

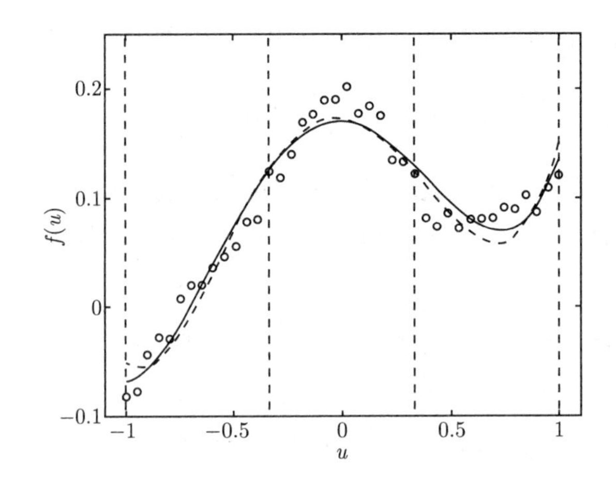

图6.20　对圆圈所示 40 个数据点（与图6.19相同）的两个三次样条逼近。实线所示样条极小化了误差的 ℓ_2-范数；虚线所示样条极小化了 ℓ_∞-范数。与图6.19所示的多项式逼近一样，拟合函数空间的维数是 6。

在最简单的函数拟合的形式中，我们有 $m \gg n$，即数据点个数远大于函数子空间的维数。光滑性是自动完成的，因为子空间中的所有成员都是光滑的。

最小范数插值

在函数拟合的另一个变形中，我们有少于函数子空间维数的数据点。在最简单的情况中，我们所选的函数必须满足插值条件

$$f(u_i) = y_i, \quad i = 1, \cdots, m,$$

这是关于 x 的线性等式约束。在所有满足插值条件的函数中，我们或许会选择最为光滑或最小的一个。这导致了最小范数问题。

在最广义的函数逼近问题中，我们可以在一些代表潜在函数的先验知识的凸约束下，优化目标（比如对于误差 e 的某些度量）。

插值，外推及区间限定

通过对原始数据集外一点 v 的最优函数拟合 $\hat{f}$ 进行评价，我们可以猜想潜在函数在 v 处的值是多少。当 v 处于给定数据点之间或附近（即 $v \in \mathbf{conv}\{v_1, \cdots, v_m\}$）时，这称为**内插**，否则称为**外推**。

我们也可以通过在一些约束下，极大和极小化（线性函数）$f(v)$，从而得到函数值 $f(v)$ 的可能区间。我们可以利用函数拟合来帮助辨别错误的数据或野值。例如，我们可以利用 ℓ_1-范数逼近来寻找具有大的误差的数据点。

6.5.4 稀疏描述与基筛选

基筛选中所考虑的基函数的数量非常大，目的是寻找较少数目的基函数，使其线性组合很好地拟合给定数据。（在此类语境下，函数族线性相关，有时称为**过完全基**或**字典**。）这一过程称为基筛选，因为我们将从给定的过完全基中，挑选（远少于给定的数量的）基函数用以对数据进行建模。

因此，我们寻求函数 $f \in \mathcal{F}$ 使得能够由一个稀疏的系数向量 x，即 $\mathbf{card}(x)$ 很小，来很好地拟合数据

$$f(u_i) \approx y_i, \quad i = 1, \cdots, m.$$

在此情况下，我们称

$$f = x_1 f_1 + \cdots + x_n f_n = \sum_{i \in \mathcal{B}} x_i f_i$$

为数据的一个**稀疏描述**，其中，集合 $\mathcal{B} = \{i \mid x_i \neq 0\}$ 的元素是选中的基函数的下标集合， 在数学上，基筛选等同于回归向量选择问题（参见 §6.4），但是相应的优化问题的解释（和规模）是不同的。

稀疏描述和基筛选有很多用处。它们可以用来去除噪声或光滑化，或者在信号的有效存储和传输中用来进行数据压缩。 在数据压缩中，发送者和接收者均知道字典或基元素。为将信号发送给接收者，发送者首先寻找信号的稀疏表示，然后仅将（一定精度下）的非零系数发送给接收者。 使用这些系数，接收者可以重构出原始信号（的一个近似）。

常用的基筛选的方法与在 §6.4 中描述的回归向量选择问题相同，即将基于 ℓ_1-范数的正则化视为寻找稀疏表示的一个启发式算法。 我们首先求解凸问题

$$\text{minimize} \quad \sum_{i=1}^{m} (f(u_i) - y_i)^2 + \gamma \|x\|_1, \tag{6.18}$$

其中 $\gamma > 0$ 是一个用以权衡对数据的拟合质量和系数向量稀疏度的参数。这一问题的解可以直接拿来使用， 或者再进行一步改进，用 (6.18) 的解的稀疏模式来寻找最优拟合。换言之，我们首先求解 (6.18) 来得到 $\hat{x}$。然后，令 $\mathcal{B} = \{i \mid \hat{x}_i \neq 0\}$，即非零系数对应的指标集合，并求解最小二乘问题

$$\text{minimize} \quad \sum_{i=1}^{m} (f(u_i) - y_i)^2,$$

其变量为 x_i，$i \in \mathcal{B}$，而对于 $i \notin \mathcal{B}$，有 $x_i = 0$。

在基筛选和稀疏描述的应用中，经常会有一个非常大的字典，n 会在 10^4 的数量级上，甚至更多。为高效起见，求解 (6.18) 的算法必须利用问题的结构，这可从字典信号的结构中推知。

通过基筛选的时间-频率分析

本节将用一个简单的例子来显示基筛选和稀疏表示。考虑 $\mathbf{R}$ 上的函数（或信号），感兴趣的范围为 $[0,1]$。我们将独立的变量视为时间，因此用 t（代替 u）来表示它。

我们首先描述字典中的基函数。每个基函数为**Gauss正弦脉冲或Gabor函数**，其形式为

$$e^{-(t-\tau)^2/\sigma^2}\cos(\omega t+\phi),$$

其中 $\sigma>0$ 给出了脉冲的宽度，τ 为脉冲的时间（的中心），$\omega\geqslant 0$ 为频率，而 ϕ 为相角。所有基函数具有同样的宽度 $\sigma=0.05$。脉冲时间和频率为

$$\tau=0.002k,\quad k=0,\cdots,500,\qquad \omega=5k,\quad k=0,\cdots,30.$$

对于每个时间 τ，对应零频率（且相位 $\phi=0$）有 1 个基元素；对应其他 30 个频率，各有 2 个基元素（正弦和余弦，即相位 $\phi=0$ 和 $\phi=\pi/2$）。所以，总共有 $501\times 61=30561$ 个基元素。这些基元素自然地按照时间、频率和相位（正弦或余弦）进行排序，我们将其记为

$$\begin{aligned}&f_{\tau,\omega,\mathrm{c}},\qquad \tau=0,0.002,\cdots,1,\qquad \omega=0,5,\cdots,150,\\&f_{\tau,\omega,\mathrm{s}},\qquad \tau=0,0.002,\cdots,1,\qquad \omega=5,\cdots,150.\end{aligned}$$

图6.21显示了这些基函数中的三个（均对应时间 $\tau=0.5$）。

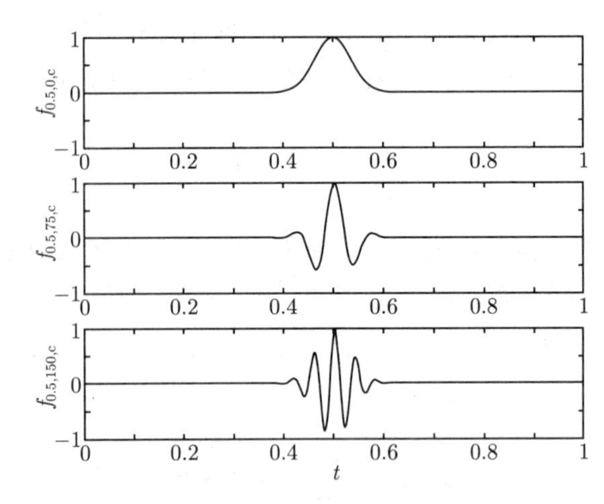

图6.21　字典中的三个基元素，均为中心时间 $\tau=0.5$ 的余弦相位。顶部的信号具有频率 $\omega=0$，中间的具有频率 $\omega=75$，而底部的频率为 $\omega=150$。

这个字典中的基筛选可以视为数据的**时间-频率分析**。如果基元素 $f_{\tau,\omega,\mathrm{c}}$ 或 $f_{\tau,\omega,\mathrm{s}}$ 出现在信号的稀疏表示中（即具有非零系数），那么，我们可以将其解释为数据在时间 τ 包含频率 ω。

我们将利用基筛选来找到信号

$$y(t) = a(t)\sin\theta(t)$$

的一个稀疏逼近，其中

$$a(t) = 1 + 0.5\sin(11t), \qquad \theta(t) = 30\sin(5t).$$

（选择这个信号仅仅是因为它易于描述和显示频谱关于时间的显著变化。）我们可以将 $a(t)$ 解释为信号幅值，而将 $\theta(t)$ 解释为总相位。我们也可以将

$$\omega(t) = \left|\frac{d\theta}{dt}\right| = 150|\cos(5t)|$$

理解为信号在时刻 t 的瞬时频率。给定数据为均匀分布于区间 $[0,1]$ 上的 501 个样本，即我们有 501 组 (t_k, y_k)，

$$t_k = 0.005k, \quad y_k = y(t_k), \quad k = 0, \cdots, 500.$$

我们首先求解 ℓ_1-范数正则化最小二乘问题 (6.18)，这里 $\gamma = 1$。所得到的最优向量非常稀疏，30561 个系数中仅有 42 个非零。然后，我们用这 42 个基向量得到原始信号的最小二乘拟合。其结果 $\hat{y}$ 与原始信号 y 在图6.22中进行了比较。顶部的图显示了逼近信号（虚线），它与原始信号 $y(t)$（实线）几乎不可分辨。底部的图显示了误差$y(t) - \hat{y}(t)$。从图中可以清晰地看出，我们得到了具有非常好的拟合特性的逼近结果 $\hat{y}$，其相对误差为

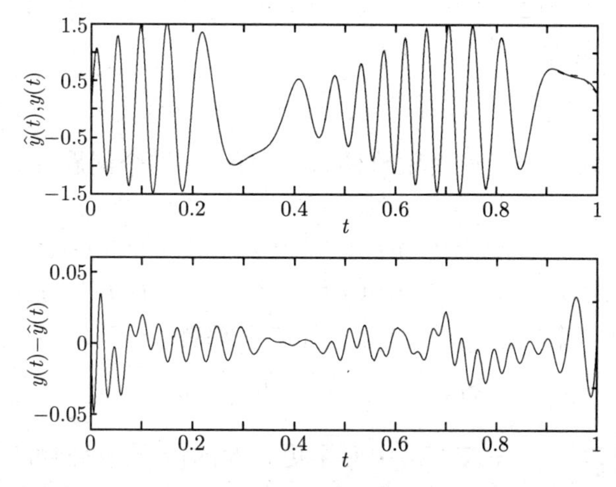

图6.22 **顶部**.原始信号（实线）和基筛选得到的逼近 $\hat{y}$（虚线）几乎不可分辨。**底部**.另一纵向尺度下的拟合误差 $y(t) - \hat{y}(t)$。

$$\frac{(1/501)\sum_{i=1}^{501}(y(t_i)-\hat{y}(t_i))^2}{(1/501)\sum_{i=1}^{501}y(t_i)^2}=2.6\cdot 10^{-4}.$$

通过绘制与非零系数相对应的时间和频率模式，我们得到了原始数据的时间-频率分析。这些点及瞬时频率显示在图6.23中。图像表明，非零分量紧密地跟踪了瞬时频率。

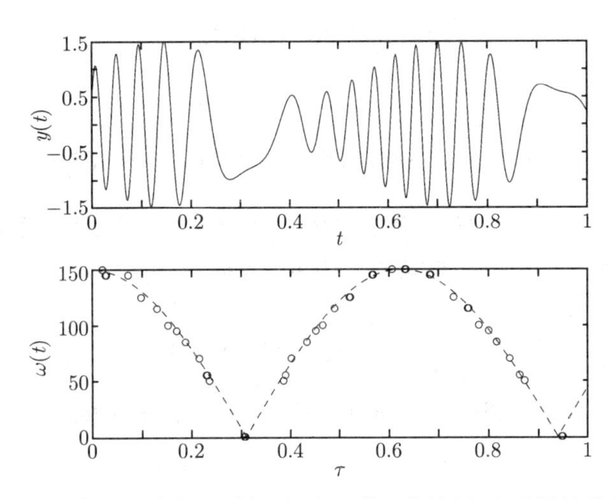

图6.23　**顶部：原始信号. 底部：时间-频率图像**. 虚线显示了原始信号的瞬时频率 $\omega(t)=150|\cos(5t)|$。每一个圆圈代表基筛选选出、用于拟合的基元素。横坐标表示时间 τ，纵坐标显示基元素的频率 ω。

6.5.5　利用凸函数的插值

在一些特殊的情况下，我们可以利用有限维凸优化来解决无穷维函数集合的插值问题。我们将在这一节描述一个例子。

我们从下面的问题说起：什么时候存在凸函数 $f:\mathbf{R}^k\to\mathbf{R}$，$\mathbf{dom}\,f=\mathbf{R}^k$，在给定点 $u_i\in\mathbf{R}^k$ 满足插值条件

$$f(u_i)=y_i,\quad i=1,\cdots,m,$$

（这里，我们不将 f 限制于任何有限维函数子空间。）这个问题的答案是：当且仅当存在 $g_1,\cdots,g_m$ 使得

$$y_j\geqslant y_i+g_i^T(u_j-u_i),\quad i,\ j=1,\cdots,m. \tag{6.19}$$

为说明这点，首先设 f 是凸的，$\mathbf{dom}\,f=\mathbf{R}^k$, 并且 $f(u_i)=y_i$，$i=1,\cdots,m$。在每个 u_i，我们可以找到一个向量 g_i 使得对于所有 z 都有

$$f(z)\geqslant f(u_i)+g_i^T(z-u_i). \tag{6.20}$$

如果 f 可微，我们可以取 $g_i=\nabla f(u_i)$；对于更一般的情况，我们可以通过寻找 $\mathbf{epi}\,f$ 在 (u_i,y_i) 处的一个支撑超平面来构造 g_i。（向量 g_i 称为**次梯度**。）将 $z=u_j$ 代入 (6.20)，我们得到 (6.19)。

反之，设 $g_1,\cdots,g_m$ 满足 (6.19)。对所有 z，定义 f 为

$$f(z)=\max_{i=1,\cdots,m}(y_i+g_i^T(z-u_i)).$$

显然，f 是一个（分片线性的）凸函数。不等式 (6.19) 表明，对于 $i=1,\cdots,m$ 均有 $f(u_i)=y_i$。

我们可以利用这个结果求解一些涉及（利用凸函数的）插值、逼近和定界的问题。

对给定数据的凸函数拟合

最简单的应用可能是计算凸函数对于给定数据 (u_i,y_i), $i=1,\cdots,m$ 的最小二乘拟合：

$$\begin{array}{ll}\text{minimize} & \sum_{i=1}^{m}(y_i-f(u_i))^2 \\ \text{subject to} & f:\mathbf{R}^k\to\mathbf{R}\ \text{为凸函数},\quad \mathbf{dom}\,f=\mathbf{R}^k.\end{array}$$

这是一个无穷维问题，因为变量 f 属于 $\mathbf{R}^k$ 上的连续、实值函数空间。利用前述结论，我们可以将问题构建为

$$\begin{array}{ll}\text{minimize} & \sum_{i=1}^{m}(y_i-\hat{y}_i)^2 \\ \text{subject to} & \hat{y}_j\geqslant\hat{y}_i+g_i^T(u_j-u_i),\quad i,\ j=1,\cdots,m,\end{array}$$

这是一个关于 $\hat{y}\in\mathbf{R}^m$ 和 $g_1,\cdots,g_m\in\mathbf{R}^k$ 的二次规划。这个问题最优值为零的充要条件是，给定的数据可以被一个凸函数所插值，即存在满足 $f(u_i)=y_i$ 的凸函数。图6.24显示了一个例子。

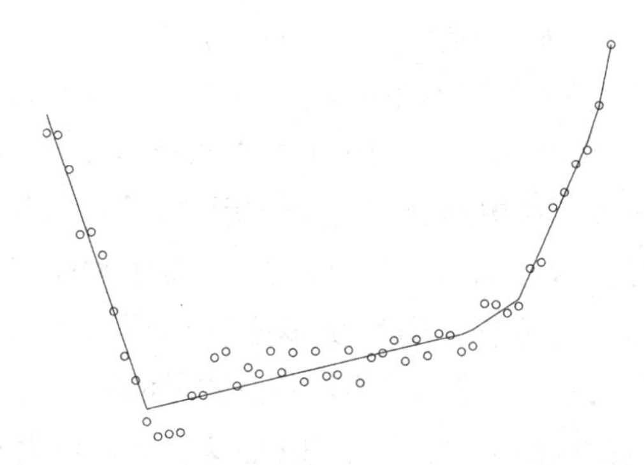

图6.24 凸函数对于圆圈所示数据的最小二乘拟合。在所有凸函数中，图中所示的（分片线性）函数极小化了拟合误差平方和。

对插值凸函数的值的界定

作为另外一个简单的例子，假设给定数据 (u_i,y_i)，$i=1,\cdots,m$ 可以被一个凸函数所插值。我们希望确定 $f(u_0)$ 可能的取值范围，其中 u_0 为 $\mathbf{R}^k$ 中的另一个点，f 为给

定数据的任意一个插值函数。为得到 $f(u_0)$ 的最小可能值，我们求解线性规划（LP）

$$\begin{array}{ll} \text{minimize} & y_0 \\ \text{subject to} & y_j \geqslant y_i + g_i^T(u_j - u_i), \quad i,\ j = 0, \cdots, m, \end{array}$$

这是关于变量 $y_0 \in \mathbf{R}$，$g_0, \cdots, g_m \in \mathbf{R}^k$ 的 LP。通过极大化 y_0（也是一个 LP），我们可以找到对于给定数据的插值凸函数的 $f(u_0)$ 的最大可能值。

利用单调凸函数的插值

作为凸插值的一个扩展，我们可以考虑利用凸的单调非减函数进行插值。存在凸函数 $f : \mathbf{R}^k \to \mathbf{R}$，$\mathbf{dom}\, f = \mathbf{R}^k$ 满足插值条件

$$f(u_i) = y_i, \quad i = 1, \cdots, m,$$

并且单调非减（即只要 $u \succeq v$，就有 $f(u) \geqslant f(v)$）的充要条件是，存在 $g_1, \cdots, g_m \in \mathbf{R}^k$ 使得

$$g_i \succeq 0, \quad i = 1, \cdots, m, \qquad y_j \geqslant y_i + g_i^T(u_j - u_i), \quad i,\ j = 1, \cdots, m. \tag{6.21}$$

换言之，我们向凸插值条件 (6.19) 中添加了要求次梯度非负的条件。（参见习题 6.12。）

界定消费者的偏好

作为一个应用，我们考虑对消费者偏好的预测问题。考虑由 n 种不同商品组成的**货篮**，货篮可以由向量 $x \in [0,1]^n$ 描述，其中 x_i 表示商品 i 的量。我们假设商品量是归一化了的，因此 $0 \leqslant x_i \leqslant 1$，也就是说 $x_i = 0$ 是货物 i 的最小可能量而 $x_i = 1$ 为最大可能。给定两个货篮 x 和 $\tilde{x}$，消费者可以偏向于 x，或偏向于 $\tilde{x}$，也可以认为 x 和 $\tilde{x}$ 具有等同的吸引力。我们考虑模型消费者，其选择可重复。

我们按以下方式对消费者的偏好进行建模。假设存在一个潜在的**效用函数** $u : \mathbf{R}^n \to \mathbf{R}$，其定义域为 $[0,1]^n$；$u(x)$ 给出消费者从货篮 x 中得到的效用的一个度量。对于两个货篮的选择，消费者将挑选具有较大效用的一个，当具有相同效用时，消费者心情矛盾。对 u 是单调非减函数的假设是合理的，这表明对于任意商品，在其他商品数量一定的情况下，消费者总是倾向于获取更多的量。同样，假设 u 是凹函数也是合理的。这对**饱和**进行了建模，或者说我们在增加商品的量的同时降低了边际效用。

现在假设给出了一些消费者偏好数据，但是我们不知道潜在的效用函数 u。具体地，我们有一个货篮集合 $a_1, \cdots, a_m \in [0,1]^n$ 和关于它们之间偏好度的信息：

$$u(a_i) > u(a_j) \text{ 对于 } (i,j) \in \mathcal{P}, \qquad u(a_i) \geqslant u(a_j) \text{ 对于 } (i,j) \in \mathcal{P}_{\text{weak}}, \tag{6.22}$$

其中 $\mathcal{P}$，$\mathcal{P}_{\text{weak}} \subseteq \{1, \cdots, m\} \times \{1, \cdots, m\}$ 是给定的。这里的 $\mathcal{P}$ 给出了已知偏好的集合：$(i,j) \in \mathcal{P}$ 表明已知货篮 a_i 优于货篮 a_j。集合 $\mathcal{P}_{\text{weak}}$ 给出了已知的弱偏好：$(i,j) \in \mathcal{P}_{\text{weak}}$ 意味着货篮 a_i 优于货篮 a_j，或者两者具有相同的吸引力。

首先考虑下面的问题：我们如何确定给定的数据是否相合，即是否存在凹的非减的效用函数使得 (6.22) 成立？这等价于求解可行性问题

$$
\begin{array}{ll}
\text{find} & u \\
\text{subject to} & u : \mathbf{R}^n \to \mathbf{R} \text{ 凹和非减} \\
& u(a_i) > u(a_j), \quad (i,j) \in \mathcal{P} \\
& u(a_i) \geqslant u(a_j), \quad (i,j) \in \mathcal{P}_{\text{weak}},
\end{array}
\tag{6.23}
$$

其中函数 u 是（无穷维）优化变量。因为 (6.23) 中的约束是齐次的，所以，我们可以将问题表述为等价形式

$$
\begin{array}{ll}
\text{find} & u \\
\text{subject to} & u : \mathbf{R}^n \to \mathbf{R} \text{ 凹和非减} \\
& u(a_i) \geqslant u(a_j) + 1, \quad (i,j) \in \mathcal{P} \\
& u(a_i) \geqslant u(a_j), \quad (i,j) \in \mathcal{P}_{\text{weak}},
\end{array}
\tag{6.24}
$$

这里只利用了不严格的不等式。(显然满足 (6.24) 的 u 一定满足 (6.23)；反之，如果 u 满足 (6.23)，那么可以通过伸缩变换使之满足 (6.24)。) 此处利用第 326 页关于插值的结果，可以将该问题建模为（有限维）线性规划可行性问题：

$$
\begin{array}{ll}
\text{find} & u_1, \cdots, u_m, \ g_1, \cdots, g_m \\
\text{subject to} & g_i \succeq 0, \quad i = 1, \cdots, m \\
& u_j \leqslant u_i + g_i^T (a_j - a_i), \quad i, j = 1, \cdots, m \\
& u_i \geqslant u_j + 1, \quad (i,j) \in \mathcal{P} \\
& u_i \geqslant u_j, \quad (i,j) \in \mathcal{P}_{\text{weak}}.
\end{array}
\tag{6.25}
$$

通过求解这个线性规划可行性问题，我们可以确定是否存在凹的、非减的效用函数与给定的严格和不严格偏好集合相容。如果 (6.25) 可行，存在至少一个这样的效用函数（并且，实际上，我们可以从可行的 $u_1, \cdots, u_m$，$g_1, \cdots, g_m$ 构造出这样的分片线性函数）。如果 (6.25) 不可行，我们可以断定，没有凹的单增效用函数与给定的严格、不严格偏好集合相容。

作为一个例子，假设已知 $\mathcal{P}$ 和 $\mathcal{P}_{\text{weak}}$是至少与一个凹的单增效用函数相合的偏好。考虑不在 $\mathcal{P}$ 或 $\mathcal{P}_{\text{weak}}$ 中的 (k,l)，即消费者对于 k 和 l 的偏好未知。在某些情况下，我们甚至可以在不知道潜在的偏好函数的情况下可以断定货篮 k 和 l 的偏好。为此，我们用不等式 $u(a_k) \leqslant u(a_l)$ 来扩展已知偏好 (6.22)，这意味着 l 优于 k，或者具有相同的吸引力。然后，我们在包含附加弱偏好 $u(a_k) \leqslant u(a_l)$ 的情况下求解线性规划可行性问题 (6.25)。如果扩展的偏好集合不可行，则意味着任意与给定的消费者偏好数据相容的凹的非减效用函数，都必须满足 $u(a_k) > u(a_l)$。换言之，我们可以在不知道潜在的效用函数的情况下，断定货篮 k 优于货篮 l。

例 6.9　这里我们给出一个简单的数值例子，用以说明上述讨论。考虑由两种商品组成的货篮（从而，可以很容易地绘出货篮的位置）。为产生消费者偏好数据 $\mathcal{P}$，我们计算 $[0,1]^2$ 上的 40 个随机点，然后用效用函数

$$u(x_1,x_2)=(1.1x_1^{1/2}+0.8x_2^{1/2})/1.9.$$

对其进行比较。这些货篮及效用函数 u 的一些等位曲线显示在图6.25中。

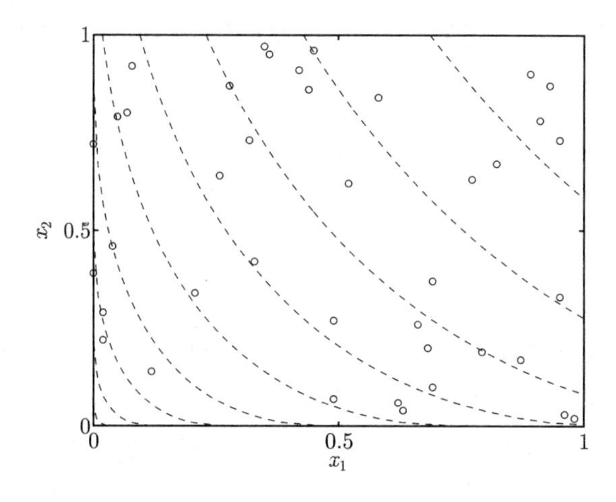

图6.25　圆圈显示四十个货篮 $a_1,\cdots,a_{40}$。虚线表示实际的效用函数 u 的 $0.1,\ 0.2,\cdots,0.9$ 等位曲线。这个效用被用来寻找 40 个货篮间的消费者偏好数据 $\mathcal{P}$。

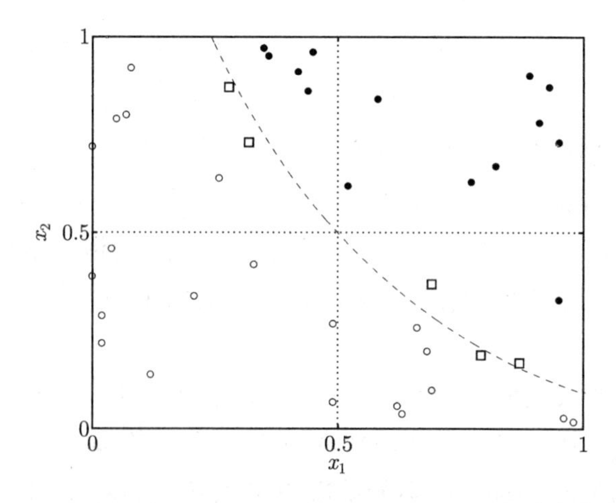

图6.26　利用 LP (6.25) 得到的、对于新货篮 $a_0=(0.5,0.5)$ 的消费者偏好分析结果。原有货篮中一定不好（$u(a_k)<u(a_0)$）的由空心圆圈所表示，实心圆圈为一定更好的（$u(a_k)>u(a_0)$），而方框表示无法做出结论。通过 $(0.5,0.5)$ 的潜在效用函数的等值曲线由虚线给出。通过 $(0.5,0.5)$ 的水平和竖直直线将 $[0,1]^2$ 分为四个象限。根据 u 的单调性假设，处于右上象限的点一定优于 $(0.5,0.5)$。类似地，$(0.5,0.5)$ 一定优于处于左下象限部分的点。对于处在其他两个象限的点，结论就不是显然的了。

现在，我们利用消费者偏好数据（当然，不使用真实的效用函数 u）来将 $a_0=(0.5,0.5)$ 与这 40 个货篮分别进行比较。对于每一个原有的货篮 a_i，我们求解前述的线性规划可行性问题，用以检查我们是否可以判断货篮 a_0 优于货篮 a_i。类似地，我们可以检查是否能得出 a_i 优于货篮 a_0 的结论。对于每个货篮 a_i，有三种可能的输出：我们能够确认 a_0 一定优于 a_i，a_i 一定优于 a_0，或者（如果两个 LP 可行性问题都可行）无法得到上述结论。（这里的**一定优于**意味着这个优越性对于任意与原始给定数据相容的凹的非减效用函数都成立。）

我们发现，货篮中的 21 个一定不如 $(0.5,0.5)$，而有 14 个一定优于它。对于剩余的 5 个货篮， 我们无法从顾客偏好数据中得出任何结论。这些结果显示在图6.26中。注意，只利用效用函数的单调性，能够判断出在 $(0.5,0.5)$ 左下方的货篮一定不如 $(0.5,0.5)$；类似地，$(0.5,0.5)$ 右上方的点会更好。因此，对于这 17 个点，并没有必要去求解 LP 可行性问题 (6.25)。但是，对处于另两个区域象限的点，需要用到凹性假设并求解 LP 可行性问题(6.25)。

参考文献

Huber 在 [Hub64, Hub81] 中分析了利用不同罚函数进行逼近的鲁棒性，他同时提出了罚函数 (6.4)。对数障碍罚函数出现在控制领域，在系统的闭环频率响应中得到了应用，并且还有其他称呼，如**中心 $\mathbf{H}_\infty$** 或**无风险**控制；参见 Boyd 和 Barratt 的 [BB91] 和其中的参考文献。

很多书中都包含了正则化逼近的内容，如 Tikhonov 和 Arsenin 的 [TA77] 以及 Hansen 的 [Han98]。Tikhonov 正则化有时又称为**岭回归**（Golub 和 Van Loan 的 [GL89, 第 564 页]）。ℓ_1-范数正则化的最小二乘估计也称为**套索**（lasso）（Tibshirani [Tib96]）而被大家所知。其他最小二乘正则化和回归选择技术在 Hastie、Tibshirani 和 Friedman 的 [HTF01, §3.4] 中进行了讨论和比较。

总变差去噪声方法是在图像重构中由 Rudin、Osher 和 Fatemi 在 [ROF92] 提出的。

范数有界的不确定性下的鲁棒最小二乘问题（第 310 页）由 El Ghaoui 和 Lebret 在 [EL97] 以及 Chandrasekaran、Golub、 Gu 和 Sayed 在 [CGGS98] 提出。El Ghaoui 和 Lebret 也给出了结构不确定下鲁棒最小二乘（第 312 页）的 SDP 公式。

Chen、Donoho 和 Saunders 在 [CDS01] 中讨论了利用线性规划的基筛选问题。他们称 ℓ_1-范数正则化问题 (6.18) 为**基筛选去除噪声**。Meyer 和 Pratt 的 [MP68] 是早期的一篇关于效用函数界定问题的文章。

习题

范数逼近与最小范数问题

6.1 对数障碍罚函数的二次界。 令 $\phi:\mathbf{R}\to\mathbf{R}$ 为具有极限 $a>0$ 的对数罚函数

$$\phi(u)=\begin{cases}-a^2\log(1-(u/a)^2) & |u|<a\\ \infty & \text{其他情况.}\end{cases}$$

证明如果 $u \in \mathbf{R}^m$ 满足 $\|u\|_\infty < a$，那么

$$\|u\|_2^2 \leqslant \sum_{i=1}^{m} \phi(u_i) \leqslant \frac{\phi(\|u\|_\infty)}{\|u\|_\infty^2} \|u\|_2^2.$$

也就是说，如果 $\|u\|_\infty$ 相对于 a 较小，那么 $\sum_{i=1}^m \phi(u_i)$ 能被 $\|u\|_2^2$ 很好地逼近。例如，如果 $\|u\|_\infty / a = 0.25$，那么

$$\|u\|_2^2 \leqslant \sum_{i=1}^{m} \phi(u_i) \leqslant 1.033 \cdot \|u\|_2^2.$$

6.2 **常向量的 ℓ_1-、ℓ_2- 和 ℓ_∞-范数逼近。** 一个标量 $x \in \mathbf{R}$ 的范数逼近问题

$$\text{minimize} \quad \|x\mathbf{1} - b\|,$$

对于 ℓ_1-、ℓ_2-和ℓ_∞-范数的解是什么？

6.3 将下面的问题构建为线性规划、二次规划、二阶锥规划或半定规划。问题数据为 $A \in \mathbf{R}^{m \times n}$ 和 $b \in \mathbf{R}^m$。A 的行记为 a_i^T。

(a) **带有死区的罚函数逼近。** minimize $\sum_{i=1}^m \phi(a_i^T x - b_i)$，其中

$$\phi(u) = \begin{cases} 0 & |u| \leqslant a \\ |u| - a & |u| > a, \end{cases}$$

其中 $a > 0$。

(b) **对数障碍罚函数逼近。** minimize $\sum_{i=1}^m \phi(a_i^T x - b_i)$，其中

$$\phi(u) = \begin{cases} -a^2 \log(1 - (u/a)^2) & |u| < a \\ \infty & |u| \geqslant a, \end{cases}$$

其中 $a > 0$。

(c) **Huber罚函数逼近。** minimize $\sum_{i=1}^m \phi(a_i^T x - b_i)$，其中

$$\phi(u) = \begin{cases} u^2 & |u| \leqslant M \\ M(2|u| - M) & |u| > M, \end{cases}$$

其中 $M > 0$。

(d) **对数-Chebyshev 逼近。** minimize $\max_{i=1,\ldots,m} |\log(a_i^T x) - \log b_i|$. 我们假设 $b \succ 0$。等价的凸形式为

$$\begin{array}{ll} \text{minimize} & t \\ \text{subject to} & 1/t \leqslant a_i^T x / b_i \leqslant t, \quad i = 1, \cdots, m, \end{array}$$

其变量为 $x \in \mathbf{R}^n$ 和 $t \in \mathbf{R}$，定义域为 $\mathbf{R}^n \times \mathbf{R}_{++}$。

(e) 极小化最大的 k 个残差之和:

$$\begin{array}{ll}\text{minimize} & \sum_{i=1}^{k}|r|_{[i]} \\ \text{subject to} & r=Ax-b,\end{array}$$

其中 $|r|_{[1]} \geqslant |r|_{[2]} \geqslant \cdots \geqslant |r|_{[m]}$ 为 $|r_1|, |r_2|, \cdots, |r_m|$ 的递减排序。(对于 $k=1$,这个问题退化为 ℓ_∞-范数逼近;对于 $k=m$,这个问题退化为 ℓ_1-范数逼近。) **提示**:参见习题 5.19。

6.4 ℓ_1-范数逼近的可微近似。 带有参数 $\epsilon>0$ 的函数 $\phi(u)=(u^2+\epsilon)^{1/2}$ 有时被用来作为绝对值函数 $|u|$ 的可微近似。为了近似地求解 ℓ_1-范数逼近问题

$$\text{minimize} \quad \|Ax-b\|_1, \tag{6.26}$$

其中 $A\in\mathbf{R}^{m\times n}$,我们求解替代问题

$$\text{minimize} \quad \sum_{i=1}^{m}\phi(a_i^Tx-b_i), \tag{6.27}$$

其中,a_i^T 为 A 的第 i 行。假设 $\mathbf{rank}\,A=n$。

记 ℓ_1-范数逼近问题 (6.26) 的最优值为 $p^\star$。用 $\hat{x}$ 代表近似问题 (6.27) 的最优解,并用 $\hat{r}$ 表示相应的残差 $\hat{r}=A\hat{x}-b$。

(a) 证明 $p^\star \geqslant \sum_{i=1}^{m}\hat{r}_i^2/(\hat{r}_i^2+\epsilon)^{1/2}$.

(b) 证明

$$\|A\hat{x}-b\|_1 \leqslant p^\star + \sum_{i=1}^{m}|\hat{r}_i|\left(1-\frac{|\hat{r}_i|}{(\hat{r}_i^2+\epsilon)^{1/2}}\right).$$

(计算 $\hat{x}$ 后,通过评估右端,我们得到了 $\hat{x}$ 对于 ℓ_1-范数逼近问题次优情况的界。)

6.5 最小长度逼近。 考虑问题

$$\begin{array}{ll}\text{minimize} & \text{length}(x) \\ \text{subject to} & \|Ax-b\|\leqslant\epsilon,\end{array}$$

其中 $\text{length}(x)=\min\{k \mid x_i=0 \text{ 对于 } i>k\}$。问题的变量为 $x\in\mathbf{R}^n$,参数为 $A\in\mathbf{R}^{m\times n}$、$b\in\mathbf{R}^m$ 和 $\epsilon>0$。在回归问题中,我们被要求给出以精度 ϵ 逼近向量 b 所需要选用的 A 的列的最少数量。

证明这是一个拟凸优化问题。

6.6 一些罚函数逼近问题的对偶。 对下列的罚函数 $\phi:\mathbf{R}\to\mathbf{R}$,导出问题

$$\begin{array}{ll}\text{minimize} & \sum_{i=1}^{m}\phi(r_i) \\ \text{subject to} & r=Ax-b\end{array}$$

的 Lagrange 对偶形式。这个问题的变量为 $x\in\mathbf{R}^n$ 和 $r\in\mathbf{R}^m$。

(a) **死区-线性罚函数**（死区宽度 $a=1$），

$$\phi(u)=\begin{cases}0 & |u|\leqslant 1\\ |u|-1 & |u|>1.\end{cases}$$

(b) **Huber罚函数**（$M=1$），

$$\phi(u)=\begin{cases}u^2 & |u|\leqslant 1\\ 2|u|-1 & |u|>1.\end{cases}$$

(c) **对数障碍罚函数**（极限为 $a=1$），

$$\phi(u)=-\log(1-u^2),\qquad \mathbf{dom}\,\phi=(-1,1).$$

(d) **距离 1 的相对偏差**

$$\phi(u)=\max\{u,1/u\}=\begin{cases}u & u\geqslant 1\\ 1/u & u\leqslant 1,\end{cases}$$

其中 $\mathbf{dom}\,\phi=\mathbf{R}_{++}$。

正则化与鲁棒逼近

6.7 Euclid范数下的双准则最优化。

我们考虑双准则优化问题

$$\text{minimize (关于 }\mathbf{R}_+^2)\quad (\|Ax-b\|_2^2,\|x\|_2^2),$$

其中 $A\in\mathbf{R}^{m\times n}$ 的秩为 r 而 $b\in\mathbf{R}^m$。说明从 A 的对角分解值

$$A=U\,\mathbf{diag}(\sigma)V^T=\sum_{i=1}^r\sigma_iu_iv_i^T$$

（参见 §A.5.4），如何找到下面各个问题的解。

(a) **Tikhonov正则化**: 极小化 $\|Ax-b\|_2^2+\delta\|x\|_2^2$。

(b) 在 $\|x\|_2^2=\gamma$ 约束下极小化 $\|Ax-b\|_2^2$。

(c) 在 $\|x\|_2^2=\gamma$ 约束下极大化 $\|Ax-b\|_2^2$。

这里 δ 和 γ 为正的参数。

你的结果提供了有效的算法用以计算最优权衡曲线和双准则问题的可达值集合。

6.8 将下列鲁棒逼近问题建模为线性规划、二次规划、二阶锥规划或半定规划。对于每个子问题，分别考虑 ℓ_1-、ℓ_2- 和 ℓ_∞-范数。

(a) **使用有限参数值集合的随机鲁棒逼近**，即范数和问题

$$\text{minimize} \quad \sum_{i=1}^{k} p_i \|A_i x - b\|,$$

其中 $p \succeq 0$，$\mathbf{1}^T p = 1$。(参见 §6.4.1。)

(b) **系数有限制的最坏情况鲁棒逼近**:

$$\text{minimize} \quad \sup_{A \in \mathcal{A}} \|Ax - b\|,$$

其中

$$\mathcal{A} = \{A \in \mathbf{R}^{m \times n} \mid l_{ij} \leqslant a_{ij} \leqslant u_{ij},\ i = 1, \cdots, m,\ j = 1, \cdots, n\}.$$

这里对 A 的分量给出上下界描述的不确定性集合。我们假设 $l_{ij} < u_{ij}$。

(c) **对于多面体不确定性的最坏情况鲁棒逼近**:

$$\text{minimize} \quad \sup_{A \in \mathcal{A}} \|Ax - b\|,$$

其中

$$\mathcal{A} = \{[a_1 \ \cdots \ a_m]^T \mid C_i a_i \preceq d_i,\ i = 1, \cdots, m\}.$$

这里通过对每一行可能值给出的多面体 $\mathcal{P}_i = \{a_i \mid C_i a_i \preceq d_i\}$ 描述了不确定性。$C_i \in \mathbf{R}^{p_i \times n}$、$d_i \in \mathbf{R}^{p_i}$，$i = 1, \cdots, m$ 为给定参数。我们假设多面体 $\mathcal{P}_i$ 是非空和有界的。

范数拟合与插值

6.9 极小极大有理函数拟合。 证明下面的问题是拟凸的：

$$\text{minimize} \quad \max_{i=1,\ldots,k} \left| \frac{p(t_i)}{q(t_i)} - y_i \right|,$$

其中

$$p(t) = a_0 + a_1 t + a_2 t^2 + \cdots + a_m t^m, \qquad q(t) = 1 + b_1 t + \cdots + b_n t^n,$$

并且目标函数的定义域为

$$D = \{(a, b) \in \mathbf{R}^{m+1} \times \mathbf{R}^n \mid q(t) > 0,\ \alpha \leqslant t \leqslant \beta\}.$$

在这个问题中，我们用一个有理函数 $p(t)/q(t)$ 来拟合给定数据，同时约束分母多项式在区间 $[\alpha, \beta]$ 上为正。优化变量为分子和分母的系数 a_i、b_i。插值点 $t_i \in [\alpha, \beta]$ 和需要的函数值 y_i，$i = 1, \cdots, k$ 给定。

6.10 利用凹的非负非减二次函数拟合数据。 给定数据

$$x_1, \cdots, x_N \in \mathbf{R}^n, \qquad y_1, \cdots, y_N \in \mathbf{R},$$

我们希望拟合得到具有下列形式的二次函数

$$f(x)=(1/2)x^TPx+q^Tx+r,$$

其中，$P\in\mathbf{S}^n$、$q\in\mathbf{R}^n$ 和 $r\in\mathbf{R}$ 为模型参数（因此，是拟合问题中的变量）。

我们的模型将仅仅被用在区域 $\mathcal{B}=\{x\in\mathbf{R}^n\mid l\preceq x\preceq u\}$ 中。你可以假设 $l\prec u$，给定数据 x_i 处在这个区域。我们用简单的平方和误差目标

$$\sum_{i=1}^N(f(x_i)-y_i)^2$$

作为拟合的准则。我们向函数 f 添加一些约束。首先，它必须是凹的。其次，它必须在 $\mathcal{B}$ 中非负，即对于所有的 $z\in\mathcal{B}$ 均有 $f(z)\geqslant 0$。第三，f 必须是 $\mathcal{B}$ 上的非减函数，即只要 $z,\ \tilde{z}\in\mathcal{B}$ 满足 $z\preceq\tilde{z}$，我们都有 $f(z)\leqslant f(\tilde{z})$。

说明如何将这个拟合问题建模为凸问题。尽可能简化你的式子。

6.11 最小二乘方向插值。 设 $F_1,\cdots,F_n:\mathbf{R}^k\to\mathbf{R}^p$，我们构造线性组合 $F:\mathbf{R}^k\to\mathbf{R}^p$，

$$F(u)=x_1F_1(u)+\cdots+x_nF_n(u),$$

其中，x 为插值问题中的变量。

在这个问题中，我们要求 $\angle(F(v_j),q_j)=0$，$j=1,\cdots,m$，其中 q_j 为 $\mathbf{R}^p$ 中的给定向量，并且我们假设其满足 $\|q_j\|_2=1$。换言之，我们要求 F 的方向在点 v_j 上取特定的值。为保证 $F(v_j)$ 是非零的（值为零将使得角度无定义），我们对最小长度加以约束 $\|F(v_j)\|_2\geqslant\epsilon$，$j=1,\cdots,m$，其中 $\epsilon>0$ 为给定数据。

说明如何使用凸优化，找到 x 以极小化 $\|x\|^2$ 并且满足上述方向（和最小长度）条件。

6.12 单调函数插值。 函数 $f:\mathbf{R}^k\to\mathbf{R}$（关于 $\mathbf{R}_+^k$）是单调非减的，如果只要 $u\succeq v$ 就有 $f(u)\geqslant f(v)$

(a) 证明存在单调非减函数 $f:\mathbf{R}^k\to\mathbf{R}$ 对于 $i=1,\cdots,m$ 满足 $f(u_i)=y_i$ 的充要条件是，

$$y_i\geqslant y_j\ \text{只要}\ u_i\succeq u_j,\quad i,\ j=1,\cdots,m.$$

(b) 证明当且仅当存在 $g_i\in\mathbf{R}^k$，$i=1,\cdots,m$ 使得

$$g_i\succeq 0,\quad i=1,\cdots,m,\qquad y_j\geqslant y_i+g_i^T(u_j-u_i),\quad i,\ j=1,\cdots,m$$

时，存在凸的单调非减函数 $f:\mathbf{R}^k\to\mathbf{R}$，其中 $\mathbf{dom}\,f=\mathbf{R}^k$，满足对于 $i=1,\cdots,m$ 有 $f(u_i)=y_i$。

6.13 拟凸函数插值。 证明存在拟凸函数 $f:\mathbf{R}^k\to\mathbf{R}$ 对 $i=1,\cdots,m$ 满足 $f(u_i)=y_i$ 的充要条件是，存在 $g_i\in\mathbf{R}^k$，$i=1,\cdots,m$ 使得

$$g_i^T(u_j-u_i)\leqslant -1\ \text{只要}\ y_j<y_i,\quad i,\ j=1,\cdots,m.$$

6.14 [Nes00] **正实部函数插值**。设 $z_1, \cdots, z_n \in \mathbf{C}$ 为 n 个不同的点，并且 $|z_i| > 1$。我们定义 K_{np} 为向量 $y \in \mathbf{C}^n$ 的集合，对于其中每个向量，存在函数 $f : \mathbf{C} \to \mathbf{C}$ 满足下面的条件：

- f 是**正实部**函数，这意味着它在单位圆外部（即 $|z| > 1$）是解析的，并且在单位圆外实部非负（对于 $|z| > 1$，有 $\Re f(z) \geqslant 0$）。
- f 满足**插值条件**

$$f(z_1) = y_1, \qquad f(z_2) = y_2, \qquad \cdots, \qquad f(z_n) = y_n.$$

如果我们将正实部函数记为 $\mathcal{F}$，那么 K_{np} 可以表示为

$$K_{\text{np}} = \{y \in \mathbf{C}^n \mid \exists f \in \mathcal{F},\ y_k = f(z_k),\ k = 1, \cdots, n\}.$$

(a) 可以证明 f 是正实部的充要条件是，存在一个非减函数 ρ 使得对于所有满足 $|z| > 1$ 的 z，都有

$$f(z) = i\Im f(\infty) + \int_0^{2\pi} \frac{e^{i\theta} + z^{-1}}{e^{i\theta} - z^{-1}}\, d\rho(\theta),$$

其中 $i = \sqrt{-1}$（参见 [KN77, 第 389 页]）。用这个表达式来证明 K_{np} 是一个闭凸锥。

(b) 我们将利用 $\Re(x^H y)$ 和 $x, y \in \mathbf{C}^n$ 之间的内积，其中 x^H 表示 x 的复共轭转置。证明 K_{np} 的对偶锥由

$$K_{\text{np}}^* = \left\{ x \in \mathbf{C}^n \;\middle|\; \Im(\mathbf{1}^T x) = 0,\ \Re\left(\sum_{l=1}^n x_l \frac{e^{-i\theta} + \bar{z}_l^{-1}}{e^{-i\theta} - \bar{z}_l^{-1}}\right) \geqslant 0,\ \forall \theta \in [0, 2\pi] \right\}$$

给出。

(c) 证明

$$K_{\text{np}}^* = \left\{ x \in \mathbf{C}^n \;\middle|\; \exists Q \in \mathbf{H}_+^n,\ x_l = \sum_{k=1}^n \frac{Q_{kl}}{1 - z_k^{-1} \bar{z}_l^{-1}},\ l = 1, \cdots, n \right\},$$

其中 $\mathbf{H}_+^n$ 表示 $n \times n$ 的半正定 Hermitian 矩阵。

利用下面的结果（即 **Riesz-Fejér定理**，参见 [KN77, 第 60 页]）。形如

$$\sum_{k=0}^n (y_k e^{-ik\theta} + \bar{y}_k e^{ik\theta})$$

的函数对于所有 θ 非负的充要条件是，存在 $a_0, \cdots, a_n \in \mathbf{C}$ 使得

$$\sum_{k=0}^n (y_k e^{-ik\theta} + \bar{y}_k e^{ik\theta}) = \left| \sum_{k=0}^n a_k e^{ik\theta} \right|^2.$$

(d) 证明 $K_{\text{np}} = \{y \in \mathbf{C}^n \mid P(y) \succeq 0\}$，其中 $P(y) \in \mathbf{H}^n$ 定义为

$$P(y)_{kl} = \frac{y_k + \bar{y}_l}{1 - z_k^{-1} \bar{z}_l^{-1}}, \quad l, k = 1, \cdots, n.$$

矩阵 $P(y)$ 被称为关于点 z_k，y_k 的 **Nevanlinna-Pick矩阵**。

提示：如我们在 (a) 中所述，K_{np} 是一个闭凸锥，因此 $K_{\text{np}} = K_{\text{np}}^{**}$。

(e) 作为应用，将下面问题建模为一个凸优化问题:

$$
\begin{array}{ll}
\text{minimize} & \sum_{k=1}^{n} |f(z_k) - w_k|^2 \\
\text{subject to} & f \in \mathcal{F}.
\end{array}
$$

问题的数据为 n 个点 z_k 和 n 个复数 $w_1, \cdots, w_n$，并且 $|z_k| > 1$。我们在所有正实部函数中优化 f。

7 统计估计

7.1 参数分布估计

7.1.1 最大似然估计

考虑 $\mathbf{R}^m$ 上的一族概率分布，每个概率分布对应一个向量 $x \in \mathbf{R}^n$，概率密度为 $p_x(\cdot)$。固定 $y \in \mathbf{R}^m$，$p_x(y)$ 可以看成 x 的函数，称为**似然函数**。事实上，考虑似然函数的对数更为方便，我们称为**对数-似然函数**，用 l 表示，即

$$l(x) = \log p_x(y).$$

通常对参数 x 都有一些约束，可以作为 x 的先验知识，或者是似然函数的定义域。这些约束可以显式给出，或者在似然函数中，若 x 不满足先验信息约束则令 $p_x(y) = 0$（对任意 y）。（因此，如果参数 x 违背了先验信息约束，那么对数-似然函数的值为 $-\infty$。）

现在考虑如下问题，根据观测到的服从分布的一个样本 y，估计参数 x 的值。**最大似然**（ML）**估计**就是一种广为采用的方法，其中参数 x 的估计为

$$\hat{x}_{\rm ml} = \mathrm{argmax}_x p_x(y) = \mathrm{argmax}_x l(x),$$

即选择使得似然（或者对数似然）函数在 y 的观测值处最大的那个参数值作为 x 的估计值。如果我们有关于 x 的先验信息，比如说 $x \in C \subseteq \mathbf{R}^n$，我们可以显式添加约束 $x \in C$，或者隐式添加，当 $x \notin C$ 时，定义 $p_x(y)$ 为 0。

求取参数向量 x 的最大似然估计问题可以表述如下

$$\begin{array}{ll} \text{maximize} & l(x) = \log p_x(y) \\ \text{subject to} & x \in C, \end{array} \tag{7.1}$$

其中 $x \in C$ 给出了参数向量 x 的先验信息或者其他约束。在这个优化问题中，向量 $x \in \mathbf{R}^n$（在概率密度中是参数）是优化变量，向量 $y \in \mathbf{R}^m$（观测到的样本）是问题参数。

对于 y 的每个观测值，如果对数-似然函数 l 都是凹的，且集合 C 可以表述为线性等式约束以及凸不等式约束的组合，那么最大似然估计问题 (7.1) 是凸优化问题。事实

上，很多这一类的估计问题都满足这个条件。对这些问题，可以通过凸优化确定 ML 估计。

附加了 IID 噪声的线性测量

考虑线性测量模型，

$$y_i = a_i^T x + v_i, \quad i = 1, \cdots, m,$$

其中 $x \in \mathbf{R}^n$ 是待估计参数向量，$y_i \in \mathbf{R}$ 是测量量或者观测量，v_i 是测量误差或者噪声。假设 v_i 独立同分布（IID），在 $\mathbf{R}$ 上具有概率密度 p。此时似然函数为

$$p_x(y) = \prod_{i=1}^{m} p(y_i - a_i^T x),$$

因此对数-似然函数为

$$l(x) = \log p_x(y) = \sum_{i=1}^{m} \log p(y_i - a_i^T x).$$

ML 估计是下面优化问题的任意一个最优点

$$\text{maximize} \quad \sum_{i=1}^{m} \log p(y_i - a_i^T x), \tag{7.2}$$

其中优化变量为 x。如果概率密度 p 是对数-凹的，此优化问题是凸优化问题，且和罚函数逼近问题（第 288 页式(6.2)）的形式一样，此时罚函数为 $-\log p$。

例 7.1 噪声服从一些常见概率分布时的ML 估计。

- **Gauss 噪声**。当 v_i 是 Gauss 噪声，均值为 0，方差为 σ^2 时，概率密度函数为 $p(z) = (2\pi\sigma^2)^{-1/2} e^{-z^2/2\sigma^2}$，则对数-似然函数为

$$l(x) = -(m/2)\log(2\pi\sigma^2) - \frac{1}{2\sigma^2}\|Ax - y\|_2^2,$$

其中矩阵 A 的行向量为 $a_1^T, \cdots, a_m^T$。因此 x 的 ML 估计为 $x_{\rm ml} = \operatorname{argmin}_x \|Ax - y\|_2^2$，也即最小二乘逼近问题的解。

- **Laplace 噪声**。当 v_i 服从 Laplace 分布时，即具有概率密度 $p(z) = (1/2a)e^{-|z|/a}$（其中 $a > 0$），x 的 ML 估计为 $\hat{x} = \operatorname{argmin}_x \|Ax - y\|_1$，也即 ℓ_1-范数逼近问题的解。

- **均匀分布**。当 v_i 服从 $[-a, a]$ 上的均匀分布时，若 $z \in [-a, a]$，有 $p(z) = 1/(2a)$，x 的 ML 估计为满足 $\|Ax - y\|_\infty \leqslant a$ 的任意 x。

罚函数逼近的 ML 解释

反过来，我们可以将罚函数逼近问题

$$\text{minimize} \quad \sum_{i=1}^{m} \phi(b_i - a_i^T x)$$

理解为最大似然估计问题，其中噪声概率密度为

$$p(z) = \frac{e^{-\phi(z)}}{\int e^{-\phi(u)}\, du},$$

测量值为 b。上述结论给出了罚函数逼近问题的统计解释。例如，假设当 z 值较大时罚函数 ϕ 增长很快，即对于大的残差我们附加较大的价值函数或是惩罚函数。相应的噪声概率密度函数 p 具有很小的截尾，而最大似然估计将会避免（如果可能存在）具有较大残差的估计值，因为这对应着可能性很小的事件。

我们也可以从最大似然估计的角度理解 ℓ_1-范数逼近在大误差情况下的鲁棒性。可以将 ℓ_1-范数逼近问题看成是噪声概率密度函数是 Laplace 函数的最大似然估计；ℓ_2-范数逼近问题可以看成是噪声服从 Gauss 分布的最大似然估计。Laplace 密度函数比 Gauss 密度函数具有更大的截尾，即对于 Laplace 密度函数，v_i 取值很大的概率远远大于 Gauss 密度函数的情况。因此，相应的最大似然估计方法将会接受更多大残差。

具有 Poisson 分布的计数问题

在很多问题中，随机变量 y 是非负整数变量，服从 Poisson 分布，均值 $\mu > 0$：

$$\mathbf{prob}(y = k) = \frac{e^{-\mu}\mu^k}{k!}.$$

通常 y 表示符合 Poisson 过程的某种事件（如光子到达，交通事故等）在一段时间内发生的次数。

在一个简单的统计模型中，均值 μ 通常建模为向量 $u \in \mathbf{R}^n$ 的仿射函数：

$$\mu = a^T u + b.$$

这里 u 称为**解释变量**向量，向量 $a \in \mathbf{R}^n$ 以及数 $b \in \mathbf{R}$ 称为**模型参数**。例如，若 y 是某个区域一段时间内交通事故的发生次数，u_1 可能是这段时间内此区域的总交通流，u_2 可能是这段时间此区域的降雨量等。

给定一系列观测值，即一系列数据对 (u_i, y_i)，$i = 1, \cdots, m$，其中 y_i 是对应解释变量 $u_i \in \mathbf{R}^n$ 的 y 的观测值。我们所要做的是通过这些观测数据找到模型参数 $a \in \mathbf{R}^n$ 和 $b \in \mathbf{R}$ 的最大似然估计。

似然函数的形式为

$$\prod_{i=1}^{m} \frac{(a^T u_i + b)^{y_i} \exp(-(a^T u_i + b))}{y_i!},$$

所以对数-似然函数为

$$l(a,b)=\sum_{i=1}^{m}(y_i\log(a^Tu_i+b)-(a^Tu_i+b)-\log(y_i!)).$$

为了得到 a 和 b 的 ML 估计，我们求解如下凸优化问题

$$\text{maximize}\quad \sum_{i=1}^{m}(y_i\log(a^Tu_i+b)-(a^Tu_i+b)),$$

其中变量为 a 和 b。

Logistic 回归

考虑随机变量 $y\in\{0,1\}$，其概率密度函数为

$$\mathbf{prob}(y=1)=p,\qquad \mathbf{prob}(y=0)=1-p,$$

其中 $p\in[0,1]$，假设其由解释变量 $u\in\mathbf{R}^n$ 决定。例如，$y=1$ 表示人群中有某个人感染某种疾病。假设感染这种疾病的概率是 p，它可以看成某些解释变量 u 的函数，如体重，年龄，身高，血压以及其他医学上相关的变量。

Logistic **模型**具有如下形式

$$p=\frac{\exp(a^Tu+b)}{1+\exp(a^Tu+b)},\tag{7.3}$$

其中 $a\in\mathbf{R}^n$ 和 $b\in\mathbf{R}$ 是模型参数，决定了概率 p 和解释变量 u 之间的函数关系。

假定给定数据，包含解释变量 $u_1,\cdots,u_m\in\mathbf{R}^n$ 以及相应输出 $y_1,\cdots,y_m\in\{0,1\}$ 的一组值。我们所要做的是找到模型参数 $a\in\mathbf{R}^n$ 和 $b\in\mathbf{R}$ 的最大似然估计。有时称 a 和 b 的 ML 估计为 Logistic **回归**。

重新排列数据，使得对应 $u_1,\cdots,u_q$，输出值为 $y=1$，对应 $u_{q+1},\cdots,u_m$，输出为 $y=0$。似然函数因此具有形式

$$\prod_{i=1}^{q}p_i\prod_{i=q+1}^{m}(1-p_i),$$

其中 p_i 由 Logistic 模型和解释变量 u_i 决定。对数-似然函数具有如下形式

$$\begin{aligned}l(a,b)&=\sum_{i=1}^{q}\log p_i+\sum_{i=q+1}^{m}\log(1-p_i)\\&=\sum_{i=1}^{q}\log\frac{\exp(a^Tu_i+b)}{1+\exp(a^Tu_i+b)}+\sum_{i=q+1}^{m}\log\frac{1}{1+\exp(a^Tu_i+b)}\\&=\sum_{i=1}^{q}(a^Tu_i+b)-\sum_{i=1}^{m}\log(1+\exp(a^Tu_i+b)).\end{aligned}$$

因为 l 是 a 和 b 的凹函数，Logistic 回归问题可以看做一个凸优化问题来求解。图7.1即为一个例子，其中 $u \in \mathbf{R}$。

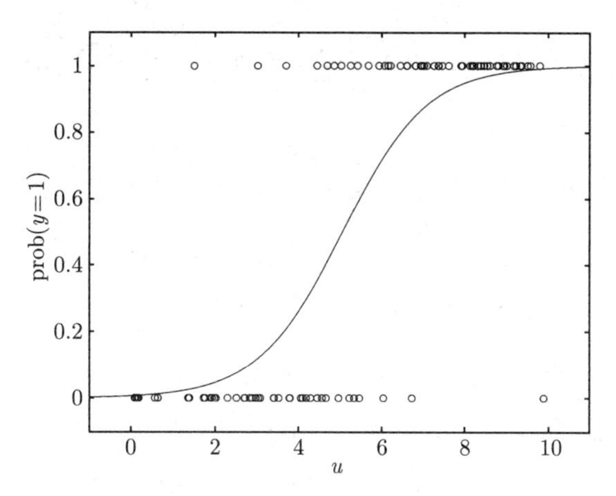

图7.1 Logistic 回归。圆圈表示 50 个点对 (u_i, y_i)，其中 $u_i \in \mathbf{R}$ 是解释变量，$y_i \in \{0,1\}$ 是输出。数据表明对于 $u < 5$，输出值比较可能为 $y = 0$，对于 $u > 5$，输出比较可能为 $y = 1$。数据亦表明对于 $u < 2$，输出很有可能为 $y = 0$，对于 $u > 8$，输出很有可能为 $y = 1$。图中的实线是对应于最大似然估计得到的参数 a，b 的概率 $\mathbf{prob}(y = 1) = \exp(au + b)/(1 + \exp(au + b))$。而此最大似然估计模型和我们对数据集的粗略观察基本一致。

Gauss 变量的协方差估计

假定 $y \in \mathbf{R}^n$ 是 Gauss 随机变量，均值为 0，协方差矩阵为 $R = \mathbf{E}\, yy^T$，因此其概率密度函数为

$$p_R(y) = (2\pi)^{-n/2} \det(R)^{-1/2} \exp(-y^T R^{-1} y/2),$$

其中 $R \in \mathbf{S}^n_{++}$。基于服从 Gauss 分布的 N 组独立采样样本 $y_1, \cdots, y_N \in \mathbf{R}^n$ 以及矩阵 R 的先验知识，我们希望得到协方差矩阵 R 的估计值。

对数-似然函数具有如下形式

$$\begin{aligned} l(R) &= \log p_R(y_1, \cdots, y_N) \\ &= -(Nn/2)\log(2\pi) - (N/2)\log\det R - (1/2)\sum_{k=1}^{N} y_k^T R^{-1} y_k \\ &= -(Nn/2)\log(2\pi) - (N/2)\log\det R - (N/2)\,\mathbf{tr}(R^{-1}Y), \end{aligned}$$

其中

$$Y = \frac{1}{N}\sum_{k=1}^{N} y_k y_k^T$$

是 $y_1, \cdots, y_N$ 的样本协方差。对数-似然函数并**不**是 R 的凹函数（尽管它在定义域 $\mathbf{S}^n_{++}$ 的一个子集上是凹的；见习题 7.4），但是通过变量变换可以得到凹的对数-似然函数。令

S 表示协方差矩阵的逆，$S = R^{-1}$（称 S 为**信息矩阵**）。采用 S 代替 R 作为新的参数，对数-似然函数具有形式

$$l(S) = -(Nn/2)\log(2\pi) + (N/2)\log\det S - (N/2)\,\mathbf{tr}(SY),$$

它是 S 的凹函数。

因此求解 S（也即 R）的 ML 估计可以表述为求解下列问题

$$\begin{array}{ll} \text{maximize} & \log\det S - \mathbf{tr}(SY) \\ \text{subject to} & S \in \mathcal{S} \end{array} \tag{7.4}$$

其中 $\mathcal{S}$ 表征 $S = R^{-1}$ 的先验知识。（此外还有隐含的约束 $S \in \mathbf{S}^n_{++}$。）因为目标函数是凹的，因此如果集合 $\mathcal{S}$ 可以表示为一系列的线性等式以及凸的不等式约束，那么此问题为凸优化问题。

首先考虑除了 $R \succ 0$，没有 R（也即 S）的其他先验假定的情形。在这种情况下，问题 (7.4) 可以解析求解。目标函数的梯度为 $S^{-1} - Y$，如果 $Y \in \mathbf{S}^n_{++}$，那么最优 S 满足 $S^{-1} = Y$。（如果 $Y \notin \mathbf{S}^n_{++}$，则对数似然函数没有上界。）因此，如果 R 不用满足先验假定，协方差矩阵的最大似然估计即为样本协方差：$\hat{R}_{\text{ml}} = Y$。

现在考虑 R 的几种典型约束的例子，这些约束都可以写成信息矩阵 S 的凸约束。我们可以将 R 的上下（矩阵）界约束

$$L \preceq R \preceq U$$

表示为

$$U^{-1} \preceq R^{-1} \preceq L^{-1},$$

其中 L 和 U 是对称正定矩阵。

再考虑 R 的条件数约束

$$\lambda_{\max}(R) \leqslant \kappa_{\max}\lambda_{\min}(R),$$

它可以表述为

$$\lambda_{\max}(S) \leqslant \kappa_{\max}\lambda_{\min}(S).$$

这等价于存在 $u > 0$，使得 $uI \preceq S \preceq \kappa_{\max}uI$。因此为了求解 R 具有条件数约束的 ML 估计问题，我们可以求解凸优化问题

$$\begin{array}{ll} \text{maximize} & \log\det S - \mathbf{tr}(SY) \\ \text{subject to} & uI \preceq S \preceq \kappa_{\max}uI, \end{array} \tag{7.5}$$

其中变量为 $S \in \mathbf{S}^n$ 以及 $u \in \mathbf{R}$。

再考虑另一种约束的例子。假定随机向量 y 的线性函数的方差有上界或者下界约束

$$\mathbf{E}(c_i^T y)^2 \leqslant \alpha_i, \quad i = 1, \cdots, K.$$

这种先验假定可以表述为

$$\mathbf{E}(c_i^T y)^2 = c_i^T R c_i = c_i^T S^{-1} c_i \leqslant \alpha_i, \quad i = 1, \cdots, K.$$

因为 $c_i^T S^{-1} c_i$ 是 S 的凸函数（当 $S \succ 0$ 时成立，而此处满足条件），这些边界约束可以包含在 ML 估计问题中。

7.1.2 最大后验概率估计

最大后验概率（MAP）估计问题可以看成最大似然估计的 Bayes 形式，此时，假设未知参数 x 服从某一预先设定的概率分布。假定 x（待估计向量）和 y（观测向量）是随机变量，其联合概率密度为 $p(x, y)$。这和统计估计的假设不同，在统计估计中，x 是参数，而不是随机变量。

x 的**先验概率密度**为

$$p_x(x) = \int p(x, y)\, dy.$$

上述概率密度给出了向量 x 可能取值的先验信息，这是独立于向量 y 的观测值的。类似地，向量 y 的先验概率密度为

$$p_y(y) = \int p(x, y)\, dx.$$

上述概率密度表征了向量 y 可能的测量值或观测值。

给定 x，y 的条件概率密度可以表述如下

$$p_{y|x}(x, y) = \frac{p(x, y)}{p_x(x)}.$$

在 MAP 估计方法中，$p_{y|x}$ 扮演了最大似然估计中参数决定的概率密度 p_x 的角色。给定 y，x 的条件概率密度为

$$p_{x|y}(x, y) = \frac{p(x, y)}{p_y(y)} = p_{y|x}(x, y)\frac{p_x(x)}{p_y(y)}.$$

当我们将 y 的观测值代入 $p_{x|y}$ 的表达式时，我们可以得到 x 的**后验概率密度**。它表征了获得观测值后我们对 x 的信息的了解程度。

在 MAP 估计方法中，给定观测值 y，x 的估计值为

$$\begin{aligned}\hat{x}_{\mathrm{map}} &= \mathrm{argmax}_x p_{x|y}(x, y)\\ &= \mathrm{argmax}_x p_{y|x}(x, y) p_x(x)\\ &= \mathrm{argmax}_x p(x, y).\end{aligned}$$

换言之，给定 y 的观测值，我们取使得 x 的条件概率密度最大的 x 作为 x 的估计值。此估计和最大似然估计的唯一不同在于第二项 $p_x(x)$。这一项可以看成考虑 x 的先验知识。注意到如果 x 的先验概率密度在集合 C 上服从均匀分布，那么寻找 MAP 估计和在约束条件 $x \in C$ 下极大化似然函数是一致的，而后者是 ML 估计问题(7.1)。

取对数，我们可以将 MAP 估计表述为

$$\hat{x}_{\mathrm{map}} = \mathrm{argmax}_x(\log p_{y|x}(x,y) + \log p_x(x)). \tag{7.6}$$

第一项和对数-似然函数本质上是一样的；第二项是根据先验概率密度对不太可能发生的 x（即 $p_x(x)$ 较小的 x）的惩罚项。

抛开初始设置的不同，求取 MAP 估计（通过求解式 (7.6)）和 ML 估计（通过求解问题 (7.1)）的唯一不同是优化问题中添加的一项，而此添加项和 x 的先验概率密度有关。因此，对任意具有凹的对数似然函数的最大似然估计问题，我们可以对 x 添加对数-凹的先验概率密度，所得到的 MAP 估计问题是凸的。

具有 IID 噪声的线性测量

设 $x \in \mathbf{R}^n$，$y \in \mathbf{R}^m$，二者具有函数关系

$$y_i = a_i^T x + v_i, \quad i = 1, \cdots, m,$$

其中 v_i 独立同分布，在 $\mathbf{R}$ 上具有概率密度 p_v，x 在 $\mathbf{R}^n$ 上的先验概率密度为 p_x。x 和 y 的联合概率密度为

$$p(x,y) = p_x(x)\prod_{i=1}^m p_v(y_i - a_i^T x),$$

可以通过求解如下优化问题得到 MAP 估计

$$\text{maximize} \quad \log p_x(x) + \sum_{i=1}^m \log p_v(y_i - a_i^T x). \tag{7.7}$$

如果 p_x 和 p_v 是对数-凹的，上述优化问题是凸的。MAP 估计问题 (7.7) 和相应的 ML 估计问题 (7.2) 的唯一区别是添加项 $\log p_x(x)$。

例如，如果 v_i 在 $[-a,a]$ 上服从均匀分布且 x 的先验概率分布为均值为 $\bar{x}$、协方差为 Σ 的 Gauss 分布，可以通过求解下列二次规划得到 MAP 估计

$$\begin{array}{ll} \text{minimize} & (x-\bar{x})^T\Sigma^{-1}(x-\bar{x}) \\ \text{subject to} & \|Ax-y\|_\infty \leqslant a, \end{array}$$

其中优化变量为 x。

精确线性测量的 MAP 估计

设 $x \in \mathbf{R}^n$ 为待估计向量，先验概率密度为 p_x。给定 m 个精确（没有噪声，确定性的）线性测量，$y = Ax$。换言之，给定 x，y 的条件概率密度分布在点 Ax 取 1。可以通过求解下列问题得到 MAP 估计

$$\begin{array}{ll} \text{maximize} & \log p_x(x) \\ \text{subject to} & Ax = y. \end{array}$$

如果 p_x 是对数凹的，那么这是一个凸优化问题。

如果进一步添加先验概率密度分布的假设，参数 x_i 独立同分布，在 $\mathbf{R}$ 上具有概率密度 p，此时 MAP 估计问题为

$$\begin{array}{ll} \text{maximize} & \sum_{i=1}^{n} \log p(x_i) \\ \text{subject to} & Ax = y, \end{array}$$

这是一个最小罚问题（见第 296 页，式 (6.6)），其中惩罚函数为 $\phi(u) = -\log p(u)$。

反过来，我们可以将任意最小罚问题

$$\begin{array}{ll} \text{minimize} & \phi(x_1) + \cdots + \phi(x_n) \\ \text{subject to} & Ax = b \end{array}$$

看成一个 MAP 估计问题，其具有 m 个精确线性测量（即 $Ax = b$）且 x_i 独立同分布，具有概率密度

$$p(z) = \frac{e^{-\phi(z)}}{\int e^{-\phi(u)}\, du}.$$

7.2 非参数分布估计

设随机变量 X 在有限集合 $\{\alpha_1, \cdots, \alpha_n\} \subseteq \mathbf{R}$ 上取值。（为了简单起见仅考虑 $\mathbf{R}$ 上的取值，$\mathbf{R}^k$ 上的情况可以类似考虑。）设 X 的概率密度分布为 $p \in \mathbf{R}^n$，$\mathbf{prob}(X = \alpha_k) = p_k$。显然，$p$ 满足 $p \succeq 0$ 且 $\mathbf{1}^T p = 1$。反过来，如果某一 $p \in \mathbf{R}^n$ 满足 $p \succeq 0$ 且 $\mathbf{1}^T p = 1$，令 $\mathbf{prob}(X = \alpha_k) = p_k$，则 p 定义了某一随机变量 X 的概率密度分布。因此，概率单纯形

$$\{p \in \mathbf{R}^n \mid p \succeq 0, \mathbf{1}^T p = 1\}$$

与在 $\{\alpha_1, \cdots, \alpha_n\}$ 中取值的随机变量 X 的所有可能的概率密度分布是一一对应的关系。

本节基于先验信息，可能还有观测值及测量值，讨论估计概率分布 p 的方法。

先验信息

很多种关于 p 的先验信息可以表述为一系列线性等式或不等式约束。如果 $f:\mathbf{R}\to\mathbf{R}$ 是任意函数，那么

$$\mathbf{E}\,f(X)=\sum_{i=1}^{n}p_i f(\alpha_i)$$

是 p 的线性函数。作为一种特殊的情形，如果 $C\subseteq\mathbf{R}$，那么 $\mathbf{prob}(X\in C)$ 是 p 的线性函数：

$$\mathbf{prob}(X\in C)=c^Tp,\qquad c_i=\begin{cases}1 & \alpha_i\in C\\ 0 & \alpha_i\notin C.\end{cases}$$

因此，已知随机变量的某个函数的期望值（如矩）以及在某个集合上的概率值的约束均可以表述为 $p\in\mathbf{R}^n$ 上的线性等式约束。期望值或概率值所满足的不等式约束可以表述为 $p\in\mathbf{R}^n$ 上的线性不等式约束。

例如，假设已知 X 具有均值 $\mathbf{E}\,X=\alpha$，二阶矩 $\mathbf{E}\,X^2=\beta$，且满足 $\mathbf{prob}(X\geqslant 0)\leqslant 0.3$。那么先验信息可以表述为

$$\mathbf{E}\,X=\sum_{i=1}^{n}\alpha_i p_i=\alpha,\qquad \mathbf{E}\,X^2=\sum_{i=1}^{n}\alpha_i^2 p_i=\beta,\qquad \sum_{\alpha_i\geqslant 0}p_i\leqslant 0.3,$$

这是 p 的两个线性等式以及一个线性不等式。

我们同样可以考虑包含 p 的非线性函数的先验约束。例如，X 的方差为

$$\mathbf{var}(X)=\mathbf{E}\,X^2-(\mathbf{E}\,X)^2=\sum_{i=1}^{n}\alpha_i^2 p_i-\left(\sum_{i=1}^{n}\alpha_i p_i\right)^2.$$

第一项是 p 的线性函数，第二项对 p 是二次凹的，因此 X 的方差是 p 的凹函数。所以 X 的方差的一个**下界**约束可以表述为 p 的二次凸不等式。

作为另一个例子，假设 A 和 B 是 $\mathbf{R}$ 上的子集，给定 B，考虑在 A 上的条件概率密度

$$\mathbf{prob}(X\in A|X\in B)=\frac{\mathbf{prob}(X\in A\cap B)}{\mathbf{prob}(X\in B)}.$$

此函数是 $p\in\mathbf{R}^n$ 上的线性-分式函数：它可以描述为

$$\mathbf{prob}(X\in A|X\in B)=c^Tp/d^Tp,$$

其中

$$c_i=\begin{cases}1 & \alpha_i\in A\cap B\\ 0 & \alpha_i\notin A\cap B\end{cases},\qquad d_i=\begin{cases}1 & \alpha_i\in B\\ 0 & \alpha_i\notin B.\end{cases}$$

因此我们可以将先验约束

$$l \leqslant \mathbf{prob}(X \in A | X \in B) \leqslant u$$

描述为 p 的线性不等式约束

$$ld^T p \leqslant c^T p \leqslant ud^T p.$$

还有其他一些类型的先验信息可以描述为非线性凸不等式的形式。例如，X 的熵

$$-\sum_{i=1}^{n} p_i \log p_i,$$

是 p 的凹函数，所以熵的最小值约束可以看成 p 的凸不等式约束。如果 q 是另一个概率密度分布，即 $q \succeq 0$，$\mathbf{1}^T q = 1$，那么概率分布 q 和概率分布 p 的 Kullback-Leibler 散度为

$$\sum_{i=1}^{n} p_i \log(p_i / q_i),$$

它是 p 的凸函数（亦是 q 的凸函数，见第 84 页，例 3.19）。因此，可以添加概率分布 p 和另一已知概率分布 q 的 Kullback-Leibler 散度的最大值约束，所得约束是 p 的凸不等式约束。

在接下来的几个段落中，我们将分布 p 的先验信息表示为 $p \in \mathcal{P}$。我们假设 $\mathcal{P}$ 可以描述为一系列线性等式约束和凸不等式约束，并将基本假设 $p \succeq 0$，$\mathbf{1}^T p = 1$ 包含于先验信息 $\mathcal{P}$ 中。

概率及期望值的界

给定概率分布的先验信息，如 $p \in \mathcal{P}$，我们可以计算某个函数期望值的上下界，或者某一集合上概率的上下界。例如，为了确定函数 $\mathbf{E} f(X)$ 的一个下界，其中 X 的概率密度分布满足先验信息 $p \in \mathcal{P}$，我们求解凸优化问题

$$\begin{array}{ll} \text{minimize} & \sum_{i=1}^{n} f(\alpha_i) p_i \\ \text{subject to} & p \in \mathcal{P}. \end{array}$$

最大似然估计

基于分布的观测值，我们可以利用最大似然估计来估计 p。假定我们有 N 组服从分布的独立采样点 $x_1, \cdots, x_N$。令 k_i 表示这些采样点取值为 α_i 的次数，因此 $k_1 + \cdots + k_n = N$，即采样点总数。对数-似然函数为

$$l(p) = \sum_{i=1}^{n} k_i \log p_i,$$

它是 p 的凹函数。p 的最大似然估计可以通过求解下列凸优化问题得到

$$\begin{array}{ll} \text{maximize} & l(p)=\sum_{i=1}^{n} k_i \log p_i \\ \text{subject to} & p \in \mathcal{P}, \end{array}$$

其中优化变量为 p。

最大熵

满足先验信息的最大熵分布可以通过求解下列凸优化问题得到

$$\begin{array}{ll} \text{minimize} & \sum_{i=1}^{n} p_i \log p_i \\ \text{subject to} & p \in \mathcal{P}. \end{array}$$

支持者认为最大熵分布是满足先验信息的最确定的或最随机的分布。

最小 Kullback-Leibler 散度

在满足先验信息的条件下，为了找到和给定先验分布 q 具有最小 Kullback-Leibler 散度的概率分布 p，可以求解下列凸优化问题

$$\begin{array}{ll} \text{minimize} & \sum_{i=1}^{n} p_i \log(p_i/q_i) \\ \text{subject to} & p \in \mathcal{P}, \end{array}$$

注意到当给定的先验分布是均匀分布时，即 $q=(1/n)\mathbf{1}$，上述问题简化为最大熵问题。

例 7.2　考虑区间 $[-1,1]$ 上 100 个等间距点 α_i 上的概率分布。给定下列先验假设

$$\begin{array}{rcl} \mathbf{E}\,X & \in & [-0.1, 0.1] \\ \mathbf{E}\,X^2 & \in & [0.5, 0.6] \\ \mathbf{E}(3X^3-2X) & \in & [-0.3, -0.2] \\ \mathbf{prob}(X<0) & \in & [0.3, 0.4]. \end{array} \tag{7.8}$$

基本假设 $\mathbf{1}^T p=1$，$p \succeq 0$ 同样需要满足。这些约束描述了概率分布的一个多面体。

图7.2描述了满足这些约束的最大熵分布。最大熵分布满足

$$\begin{aligned} \mathbf{E}\,X &= 0.056 \\ \mathbf{E}\,X^2 &= 0.5 \\ \mathbf{E}(3X^3-2X) &= -0.2 \\ \mathbf{prob}(X<0) &= 0.4. \end{aligned}$$

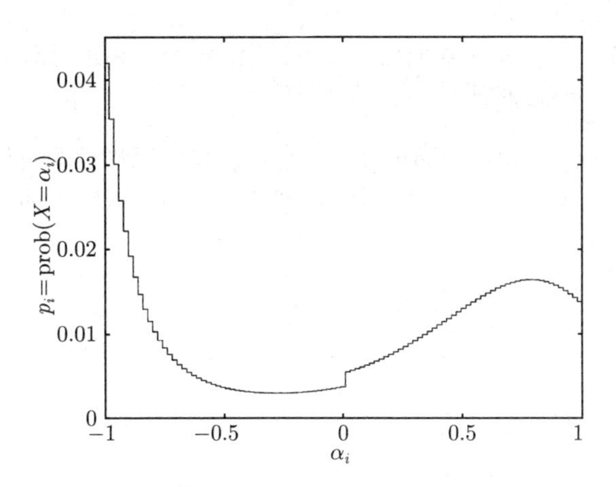

图7.2 满足约束条件 (7.8) 的最大熵分布。

为了说明概率的界，我们计算累积概率分布 $\mathbf{prob}(X \leqslant \alpha_i)$ 的上下界，$i = 1, \cdots, 100$。对任意 i，我们求解两个线性规划问题：第一个极大化 $\mathbf{prob}(X \leqslant \alpha_i)$，第二个极小化 $\mathbf{prob}(X \leqslant \alpha_i)$，定义域为满足先验假设 (7.8) 的所有分布。图7.3给出了结果。上面的曲线和下面的曲线分别为上下界，中间的曲线是最大熵分布的累积概率分布。

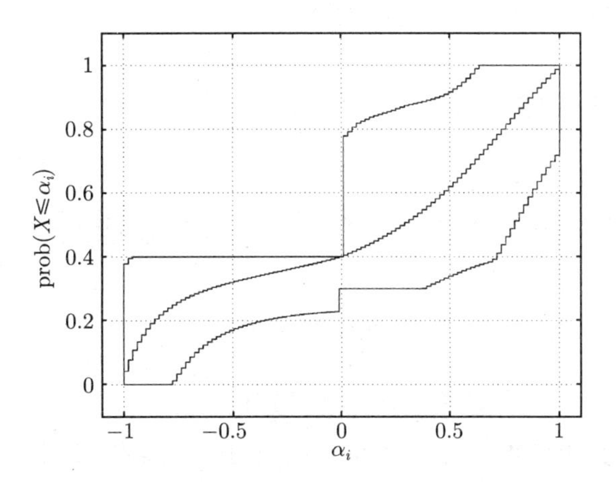

图7.3 上面的曲线和下面的曲线分别表示在所有满足式 (7.8) 的分布中累积概率分布函数 $\mathbf{prob}(X \leqslant \alpha_i)$ 可能取的最大值和最小值。中间的曲线是满足式 (7.8) 的最大熵分布的累计概率分布。

例 7.3 边际分布已知的风险概率的界。 假设 X 和 Y 是两个随机变量，表示两种投资的收益。设 X 在 $\{\alpha_1, \cdots, \alpha_n\} \subseteq \mathbf{R}$ 中取值，Y 在 $\{\beta_1, \cdots, \beta_m\} \subseteq \mathbf{R}$ 中取值，令 $p_{ij} = \mathbf{prob}(X = \alpha_i, Y = \beta_j)$。已知两种收益 X 和 Y 的边际分布，

$$\sum_{j=1}^{m} p_{ij} = r_i, \quad i = 1, \cdots, n, \qquad \sum_{i=1}^{n} p_{ij} = q_j, \quad j = 1, \cdots, m, \tag{7.9}$$

除此之外，联合概率分布 p 的其他信息并不知道。符合上述边界分布的所有概率分布构成了联合概率分布的一个多面体。

假设两种投资均实施，总收益为随机变量 $X+Y$。我们感兴趣的是计算一定损失或者较低回报的概率，即 $\mathbf{prob}(X+Y<\gamma)$的上界。我们可以通过求解下面的线性规划问题得到此概率的一个紧的上界

$$\begin{array}{ll}\text{maximize} & \sum\{p_{ij} \mid \alpha_i+\beta_j<\gamma\} \\ \text{subject to} & (7.9), \quad p_{ij} \geqslant 0, \quad i=1,\cdots,n, \quad j=1,\cdots,m.\end{array}$$

上述线性规划问题的最优值是损失概率的最大值。最优解 $p^\star$ 是满足已知边际分布，使得损失概率最大的联合概率分布。

同样的方法可以应用到这两种投资的衍生资产。令 $R(X,Y)$ 表示衍生资产的收益，其中 $R:\mathbf{R}^2\rightarrow\mathbf{R}$。可以通过求解一个类似的线性规划问题得到 $\mathbf{prob}(R<\gamma)$ 的紧的上下界，线性规划的目标函数为

$$\sum\{p_{ij} \mid R(\alpha_i,\beta_j)<\gamma\},$$

对上述函数可以求极大和极小。

7.3　最优检测器设计及假设检验

假设 X 是随机变量，在 $\{1,\cdots,n\}$ 中取值，其概率密度分布和参数 $\theta\in\{1,\cdots,m\}$ 的取值有关。对 θ 的 m 个可能值，X 的概率分布可以由矩阵 $P\in\mathbf{R}^{n\times m}$ 表征，其元素为

$$p_{kj}=\mathbf{prob}(X=k \mid \theta=j).$$

矩阵 P 的第 j 列为对应参数值 $\theta=j$ 的概率分布。

考虑基于 X 的观测样本估计 θ 的问题。换言之，样本 X 来自于 m 种可能的概率分布，我们需要确定是哪个。θ 的 m 个取值称为**假设**，我们从这些假设中猜想哪个是正确的（即产生观测样本 X 的概率分布），这个问题称为**假设检验**。在很多情况下，某种假设对应一种常规情形，而其他假设均对应反常的事件。此时，假设检验可以看成观测到 X 的某个取值，然后判断不寻常事件是否发生，如果发生了，是哪一个不寻常事件。因此，假设检验又称为**检测**。

在很多情况下，假设的顺序对结果没有什么影响；对 m 个不同的假设，将其任意标识为 $\theta=1,\cdots,m$。如果 $\hat{\theta}=\theta$，其中 $\hat{\theta}$ 表示 θ 的估计值，那么我们成功地猜想出了参数值 θ。如果 $\hat{\theta}\neq\theta$，我们关于参数值 θ 的猜想不正确；我们误认为 θ 是 $\hat{\theta}$。在其他情况下，假设的顺序非常重要。在这种情况下，事件 $\hat{\theta}>\theta$，即我们关于 θ 的估计值偏大，对结果是有意义的。

参数 θ 的取值也可以不取 $\{1,\cdots,m\}$，例如可以取 $\theta\in\{\theta_1,\cdots,\theta_m\}$，其中 θ_i 是（不同的）参数值。这些参数值要求是实数或者实向量，比如说，它们确定了第 k 个概率分布的均值和方差。此时，参数估计误差的范数 $\|\hat{\theta}-\theta\|$ 是有意义的。

7.3.1 确定性和随机检测器

（确定性）**估计器**或**检测器**是从 $\{1,\cdots,n\}$（可能观测值的集合）到 $\{1,\cdots,m\}$（假设的集合）的函数 ψ。如果 X 的观测值为 k，那么 θ 的猜想值为 $\hat{\theta}=\psi(k)$。一个显然的确定性检测器是**最大似然检测器**，由下式给出

$$\hat{\theta}=\psi_{\mathrm{ml}}(k)=\underset{j}{\operatorname{argmax}}\, p_{kj}. \tag{7.10}$$

当已知观测值 $X=k$ 时，所有可能的概率分布中使得观测事件 $X=k$ 发生的概率最大的那个分布对应的 θ 值是 θ 的最大似然估计。

我们考虑确定性检测器的一个推广，此时给定 X 的观测值，θ 的估计值是随机的。θ 的一个**随机检测器**是随机变量 $\hat{\theta}\in\{1,\cdots,m\}$，其分布取决于 X 的观测值。随机检测器可以定义为一个矩阵 $T\in\mathbf{R}^{m\times n}$，其元素为

$$t_{ik}=\mathbf{prob}(\hat{\theta}=i\mid X=k).$$

可以这么理解上述定义：如果我们得到观测值 $X=k$，那么检测器以概率 t_{ik} 给出估计值 $\hat{\theta}=i$。给定观测值 $X=k$，T 的第 k 列，我们用 t_k 表示，给出了 $\hat{\theta}$ 的概率分布。如果 T 的每一列都是单位向量，那么随机检测器是确定性检测器，即 $\hat{\theta}$ 是 X 的观测值的一个（确定性）函数。

初步看来，在估计或检测过程中引入随机因素似乎只会让估计效果更差。但是在后文我们给出例子，在例子中随机检测器比所有的确定性估计器效果都好。

我们致力于寻找定义随机检测器的矩阵 T。显然，T 的列 t_k 必须满足（线性等式和不等式）约束

$$t_k\succeq 0,\qquad \mathbf{1}^Tt_k=1. \tag{7.11}$$

7.3.2 检测概率矩阵

对于由矩阵 T 决定的随机检测器，定义**检测概率矩阵**为 $D=TP$。我们有

$$D_{ij}=(TP)_{ij}=\mathbf{prob}(\hat{\theta}=i\mid\theta=j),$$

因此，D_{ij} 是当 $\theta=j$ 时，猜想为 $\hat{\theta}=i$ 的概率。$m\times m$ 检测概率矩阵 D 衡量了由矩阵 T 定义的随机检测器的性能。对角元素 D_{ii} 是当 $\theta=i$ 时，猜想为 $\hat{\theta}=i$ 的概率，即正确地检测出 $\theta=i$ 的概率。非对角线元素 D_{ij}（$i\neq j$）是 $\theta=j$ 时误判为 $\theta=i$ 的概率，即事实上 $\theta=j$，而我们的猜想为 $\hat{\theta}=i$ 的概率。如果 $D=I$，检测器是理想的：无论参数 θ 的值如何，我们的猜想都是正确的，$\hat{\theta}=\theta$。

D 的对角线元素，排列成一个向量，称为**检测概率**，用 P^{d} 表示，即

$$P_i^{\mathrm{d}} = D_{ii} = \mathbf{prob}(\hat{\theta} = i \mid \theta = i).$$

错误概率是上面概率的补，用 P^{e} 表示，即

$$P_i^{\mathrm{e}} = 1 - D_{ii} = \mathbf{prob}(\hat{\theta} \neq i \mid \theta = i).$$

因为检测概率矩阵 D 的每列和为 1，错误概率可以表示为

$$P_i^{\mathrm{e}} = \sum_{j \neq i} D_{ji}.$$

7.3.3　最优检测器设计

本节的检测器设计问题中有很大一部分目标函数是 D，也是 T（即优化变量）的线性、仿射或者凸分片线性函数。类似地，检测器设计问题中很多约束都可以表示成 D 的线性不等式。因此，很多最优检测器设计问题都可以表述成线性规划。在 §7.3.4 中，我们可以看到，一些这样的线性规划具有简单的解；本节只关注问题描述。

错误概率和检测概率的界

我们可以对正确检测出第 j 个假设的概率添加一个下界

$$P_j^{\mathrm{d}} = D_{jj} \geqslant L_j,$$

它是 D（也即 T）的线性不等式。类似地，我们也可以对将 $\theta = j$ 误判为 $\theta = i$ 的概率添加一个上界

$$D_{ij} \leqslant U_{ij},$$

它也是 T 的线性约束。我们可以极大化任意一个检测概率，或者极小化任意一个错误概率。

极小极大检测器设计

也可以选择**极小极大错误概率** $\max_j P_j^{\mathrm{e}}$ 作为优化目标（极小化的），它是 D（也是 T）的分片-线性凸函数。可以将此函数作为唯一的目标函数，我们得到极小化最大检测错误概率的问题

$$\begin{array}{ll} \text{minimize} & \max_j P_j^{\mathrm{e}} \\ \text{subject to} & t_k \succeq 0, \quad \mathbf{1}^T t_k = 1, \quad k = 1, \cdots, n, \end{array}$$

优化变量为 $t_1, \cdots, t_n \in \mathbf{R}^m$。上述问题可以描述为一个线性规划。极小极大检测器极小化所有的 m 种假设中最坏情况（最大）的错误概率。

当然，我们也可以对极小极大检测器设计问题添加更多约束。

Bayes 检测器设计

在 Bayes 检测器设计中，用一个先验分布 $q \in \mathbf{R}^m$ 描述对参数的假设，其中

$$q_i = \mathbf{prob}(\theta = i).$$

在这种情况下，概率 p_{ij} 可以理解为给定 θ 时，X 的条件概率。检测器判断错误的概率为 $q^T P^{\mathrm{e}}$，它是 T 的仿射函数。Bayes 最优检测器是如下线性规划的解

$$\begin{array}{ll} \text{minimize} & q^T P^{\mathrm{e}} \\ \text{subject to} & t_k \succeq 0, \quad \mathbf{1}^T t_k = 1, \quad k = 1, \cdots, n. \end{array}$$

在 §7.3.4 中我们可以看到，这个问题可以得到简单的解析解。

一个特殊的情形是 $q = (1/m)\mathbf{1}$。在这种情况下，Bayes 最优检测器使检测错误概率的平均值最小，其中求平均（无加权）是对所有假设而言。在 §7.3.4 中，我们可以看到最大似然检测器 (7.10) 是此问题的最优解。

偏差，均方误差，以及其他统计量

本节假设 θ 的取值的相对大小有意义，即当 $i > j$ 时，可以理解为参数取值 $\theta = i$ 大于参数取值 $\theta = j$。这种规定可能有用，例如，当 $\theta = i$ 对应发生了 i 件事的假设时，就可能是这种情况。此时我们可能会对下面的统计量感兴趣

$$\mathbf{prob}(\hat{\theta} > \theta \mid \theta = i),$$

即当 $\theta = i$ 时我们高估 θ 的概率。它是 D 的仿射函数：

$$\mathbf{prob}(\hat{\theta} > \theta \mid \theta = i) = \sum_{j>i} D_{ji},$$

因此上述概率的最大值约束可以描述为 D（也即 T）的线性不等式。作为另一个例子，考虑当 $\theta = i$ 时，θ 的估计值与真实值之间的差值超过 1 的概率，

$$\mathbf{prob}(|\hat{\theta} - \theta| > 1 \mid \theta = i) = \sum_{|j-i|>1} D_{ji},$$

它也是 D 的线性函数。

假设参数取值集合为 $\{\theta_1, \cdots, \theta_m\} \subseteq \mathbf{R}$。估计或检测（参数）误差为 $\hat{\theta} - \theta$，我们感兴趣的一系列统计量都可以表示成 D 的线性函数。比如说：

- **偏差**。检测器的偏差，当 $\theta = \theta_i$ 时，可以表述为下列线性函数

$$\mathop{\mathbf{E}}_i(\hat{\theta} - \theta) = \sum_{j=1}^{m} (\theta_j - \theta_i) D_{ji},$$

  其中 $\mathbf{E}$ 的下标表示期望是关于假设 $\theta = \theta_i$ 的分布的。

- **均方误差**。当 $\theta=\theta_i$ 时，检测器的均方误差可以由如下线性函数表示

$$\mathop{\mathbf{E}}_{i}(\hat{\theta}-\theta)^2=\sum_{j=1}^{m}(\theta_j-\theta_i)^2 D_{ji}.$$

- **平均绝对值误差**。当 $\theta=\theta_i$ 时，检测器的平均绝对值误差可以由下面的线性函数表示

$$\mathop{\mathbf{E}}_{i}|\hat{\theta}-\theta|=\sum_{j=1}^{m}|\theta_j-\theta_i|D_{ji}.$$

7.3.4 多准则表述及标量化

最优检测器设计问题可以看成一个多准则优化问题，约束为式 (7.11)，$m(m-1)$ 个目标由矩阵 D 的非对角线元素给出，这些元素表征了不同类型的检测错误的概率：

$$\begin{array}{lll} \text{minimize (关于 } \mathbf{R}_+^{m(m-1)}) & D_{ij}, & i,\ j=1,\cdots,m, \quad i\neq j \\ \text{subject to} & t_k\succeq 0, & \mathbf{1}^T t_k=1, \quad k=1,\cdots,n, \end{array} \tag{7.12}$$

其中优化变量 $t_1,\cdots,t_n\in\mathbf{R}^m$。因为每个目标 D_{ij} 都是优化变量的线性函数，这是一个多准则线性规划问题。

为了将这个多准则优化问题标量化，引入权系数将目标函数加权求和，

$$\sum_{i,j=1}^{m} W_{ij}D_{ij}=\mathbf{tr}(W^T D),$$

其中权矩阵 $W\in\mathbf{R}^{m\times m}$ 满足

$$W_{ii}=0,\quad i=1,\cdots,m,\qquad W_{ij}>0,\quad i,\ j=1,\cdots,m,\quad i\neq j.$$

此时目标函数是 $m(m-1)$ 个误差概率的加权和。权系数 W_{ij} 对应着下述事件，事实上 $\theta=j$ 但猜想为 $\hat{\theta}=i$。加权矩阵有时亦称为**损失矩阵**。

为了找到多准则优化问题 (7.12) 的一个Pareto 最优点，我们求解标量优化问题

$$\begin{array}{ll} \text{minimize} & \mathbf{tr}(W^T D) \\ \text{subject to} & t_k\succeq 0, \quad \mathbf{1}^T t_k=1, \quad k=1,\cdots,n, \end{array} \tag{7.13}$$

它是一个线性规划。这个线性规划对变量 $t_1,\cdots,t_n$ 是可分的。目标函数可以描述为一系列 t_k 的（线性）函数的和

$$\mathbf{tr}(W^T D)=\mathbf{tr}(W^T TP)=\mathbf{tr}(PW^T T)=\sum_{k=1}^{n}c_k^T t_k,$$

其中 c_k 是 WP^T 的第 k 列。约束是可分的（即我们可以得到关于每个 t_i 的可分的约束）。因此我们可以通过分别求解下面的线性规划来求解线性规划 (7.13)

$$\begin{array}{ll} \text{minimize} & c_k^T t_k \\ \text{subject to} & t_k\succeq 0, \quad \mathbf{1}^T t_k=1, \end{array}$$

每个线性规划都有一个简单的解析解（见习题 4.8)。我们可以找到一个指标 q 使得 $c_{kq}=\min_j c_{kj}$。令 $t_k^\star=e_q$。这个最优点对应一个确定性检测器：即当已知观测值 $X=k$ 时，我们的估计值为

$$\hat{\theta}=\underset{j}{\operatorname{argmin}}(WP^T)_{jk}. \tag{7.14}$$

因此，对每一个非对角线元素大于零的权矩阵 W 我们可以找到一个确定性检测器，使得加权求和之后的目标函数最小。这似乎意味着随机检测器并没有意义，在后文中我们将看到事实并不是这样的。多目标优化问题 (7.12) 的 Pareto 最优权衡表面是分片线性的；式 (7.14) 描述的确定性检测器对应了 Pareto 最优权衡表面的顶点。

MAP 和 ML 检测器

考虑 q 的分布已知的 Bayes 检测器设计问题。我们定义权矩阵 W 为

$$W_{ij}=q_j,\quad i,\ j=1,\cdots,m,\quad i\neq j,\qquad W_{ii}=0,\quad i=1,\cdots,m,$$

则平均错误概率为

$$q^TP^{\mathrm{e}}=\sum_{j=1}^m q_j\sum_{i\neq j}D_{ij}=\sum_{i,j=1}^m W_{ij}D_{ij},$$

因此，Bayes 最优检测器由确定性检测器 (7.14) 给出，其中

$$(WP^T)_{jk}=\sum_{i\neq j}q_ip_{ki}=\sum_{i=1}^m q_ip_{ki}-q_jp_{kj}.$$

上式中第一项和 j 是独立的，所以最优检测器可以简单地表述为

$$\hat{\theta}=\underset{j}{\operatorname{argmax}}(p_{kj}q_j),$$

其中 $X=k$ 是观测值。可以简单地理解这个最优解：因为 $p_{kj}q_j$ 是 $\theta=j$ 以及 $X=k$ 的概率，此检测器是一个最大后验概率（MAP）检测器。

对于特殊的情形 $q=(1/m)\mathbf{1}$，即预先假定 θ 服从均匀分布，上述 MAP 检测器可以简化为一个最大似然（ML）检测器

$$\hat{\theta}=\underset{j}{\operatorname{argmax}}\,p_{kj}.$$

因此，最大似然检测器使得（未加权）平均检测错误概率最小。

7.3.5 二值假设检验

作为一个例子，我们考虑 $m=2$ 的特殊情形，也称为**二值假设检验**。随机变量 X 可能服从两种随机分布中的一种，为了简单起见，这两种随机分布用 $p\in\mathbf{R}^n$ 和 $q\in\mathbf{R}^n$ 表示。大部分情况下，假设 $\theta=1$ 对应一些常规的情形，$\theta=2$ 对应一些异常事件，而我

们要检测出来这些异常事件。如果 $\hat{\theta}=1$，我们称检验是阴性的（即我们认为异常事件并没有发生）；如果 $\hat{\theta}=2$，我们称检验是阳性的（即我们认为异常事件发生了）。

通常可以将检测概率矩阵 $D \in \mathbf{R}^{2\times 2}$ 表示为

$$D=\begin{bmatrix} 1-P_{\text{fp}} & P_{\text{fn}} \\ P_{\text{fp}} & 1-P_{\text{fn}} \end{bmatrix}.$$

这里 P_{fn} 是**假阴性**的概率（即检验是阴性的但事实上异常事件发生了），P_{fp} 是**假阳性**的概率（即检验是阳性的但事实上异常事件并没有发生），亦被称为**误报概率**。最优检测器设计问题是一个双准则优化问题，目标函数为 P_{fn} 和 P_{fp}。

P_{fn} 和 P_{fp} 的最优权衡曲线称为**接收器工作特性**（ROC），由 p 和 q 服从的概率分布决定。可以用 §7.3.4 中的方法，标量化双准则问题并进行求解得到 ROC。给定权矩阵 W，最优检测器 (7.14) 为

$$\hat{\theta}=\begin{cases} 1 & W_{21}p_k > W_{12}q_k \\ 2 & W_{21}p_k \leqslant W_{12}q_k \end{cases}$$

其中观测值为 $X=k$。称这种检测器为**似然比阈值检验**：如果比值 p_k/q_k 大于阈值 W_{12}/W_{21}，检验是阴性的（即 $\hat{\theta}=1$）；否则，检验是阳性的。通过选择不同的阈值，我们可以得到不同的（确定性）Pareto 最优检测器，这些检测器分别对应了不同水平的假阳性和假阴性错误概率。上述结论称为 Neyman-Pearson 引理。

似然比检测器并没有给出所有的 Pareto 最优检测器，它们仅是最优权衡曲线的顶点，而曲线是分片线性的。

例 7.4 考虑一个二值假设检验的例子，$n=4$，且

$$P=\begin{bmatrix} 0.70 & 0.10 \\ 0.20 & 0.10 \\ 0.05 & 0.70 \\ 0.05 & 0.10 \end{bmatrix}. \tag{7.15}$$

P_{fn} 和 P_{fp} 的最优权衡曲线，即接收器工作特性，如图7.4所示。

左端点对应着结果总是阴性的检测器，而不管 X 的观测值如何；右端点对应着结果总是阳性的检测器。标记为 1，2 和 3 的顶点分别对应着如下确定性检测器

$$T^{(1)}=\begin{bmatrix} 1 & 1 & 0 & 1 \\ 0 & 0 & 1 & 0 \end{bmatrix},$$

$$T^{(2)}=\begin{bmatrix} 1 & 1 & 0 & 0 \\ 0 & 0 & 1 & 1 \end{bmatrix},$$

$$T^{(3)}=\begin{bmatrix} 1 & 0 & 0 & 0 \\ 0 & 1 & 1 & 1 \end{bmatrix},$$

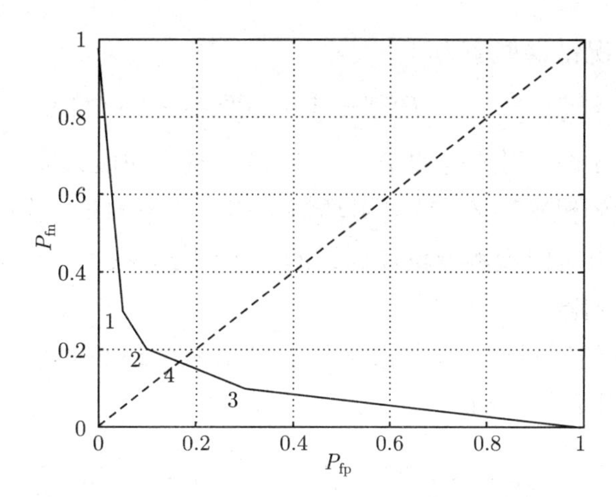

图7.4 对应于式(7.15)的矩阵 P，假阴性检验概率和假阳性检验概率的最优权衡曲线。平衡曲线的顶点，用1～3 标示，对应不同的确定性检测器；标记为 4 的点是一个随机检测器，也是极小极大检测器。虚线表明 $P_{\text{fn}} = P_{\text{fp}}$，在它上面的点两种检测错误概率相等。

标记为 4 的点对应着非确定性检测器

$$T^{(4)} = \begin{bmatrix} 1 & 2/3 & 0 & 0 \\ 0 & 1/3 & 1 & 1 \end{bmatrix},$$

它是一个极小极大检测器。由极小极大检测器可以得到相等的假阳性和假阴性概率，在此例中为 1/6。每个确定性检测器中总有一个概率大于 1/6，可能是假阳性概率也可能是假阴性概率，所以在此例中，随机检测器的效果要优于每个确定性检测器。

7.3.6 鲁棒检测器

目前为止，我们都是假设对于参数 θ 的每个取值，随机变量 X 服从的概率分布 P 已知。本节考虑这些分布未知的情形，但是关于这些分布有一些先验信息。我们假设 $P \in \mathcal{P}$，其中 $\mathcal{P}$ 是可能的分布的集合。给定某矩阵 T，考虑由其决定的随机检测器，检测概率矩阵 D 此时由 P 的取值决定。我们用 $P \in \mathcal{P}$ 上最坏情况概率值来衡量错误概率。**最坏情况检测概率矩阵** D^{wc} 定义为

$$D_{ij}^{\text{wc}} = \sup_{P \in \mathcal{P}} D_{ij}, \quad i,\ j = 1, \cdots, m, \quad i \neq j$$

以及

$$D_{ii}^{\text{wc}} = \inf_{P \in \mathcal{P}} D_{ii}, \quad i = 1, \cdots, m.$$

对所有的 $P \in \mathcal{P}$，非对角线元素给出了检测错误概率可能的最大值，主对角线元素给出了检测正确概率可能的最小值。注意到一般情况下 $\sum_{i=1}^{n} D_{ij}^{\text{wc}} \neq 1$，即最坏情况检测概率矩阵的每列之和并不一定等于 1。

我们定义最坏情况错误概率为

$$P_i^{\text{wce}} = 1 - D_{ii}^{\text{wc}}.$$

因此，P_i^{wce} 是当 $\theta = i$ 时，对所有的 $P \in \mathcal{P}$ 的错误概率的最大值。

利用最坏情况检测概率矩阵，或者最坏情况错误概率向量，我们可以得到多种鲁棒检测器设计问题。作为鲁棒检测器设计问题的一个例子，在本节的后续部分，我们集中描述鲁棒极小极大检测器设计问题。

我们定义在所有的假设中，使得最坏情况错误概率最小的那个检测器为**鲁棒极小极大检测器**，即极小化目标函数

$$\max_i P_i^{\text{wce}} = \max_{i=1,\cdots,m} \sup_{P\in\mathcal{P}} (1 - (TP)_{ii}) = 1 - \min_{i=1,\cdots,m} \inf_{P\in\mathcal{P}} (TP)_{ii}.$$

鲁棒极小极大检测器使得对所有的 m 种假设，所有的 $P \in \mathcal{P}$，错误概率可能的最大值最小。

$\mathcal{P}$ 有限时的鲁棒极小极大检测器

当可能分布构成的集合是有限集时，鲁棒极小极大检测器设计问题可以表述为线性规划进行求解。设 $\mathcal{P} = \{P_1, \cdots, P_k\}$，可以通过求解下面的优化问题得到鲁棒极小极大检测器

$$\begin{array}{ll} \text{maximize} & \min_{i=1,\cdots,m} \inf_{P\in\mathcal{P}} (TP)_{ii} = \min_{i=1,\cdots,m} \min_{j=1,\cdots,k} (TP_j)_{ii} \\ \text{subject to} & t_i \succeq 0, \quad \mathbf{1}^T t_i = 1, \quad i = 1, \cdots, n, \end{array}$$

目标函数是分片线性凹函数，因此此问题可以描述为线性规划。注意到这里我们同样可以考虑 $\mathcal{P}$ 是多面体 $\mathbf{conv}\,\mathcal{P}$ 的情形；相应的最坏情况检测矩阵以及鲁棒极小极大检测器是一样的。

$\mathcal{P}$ 是多面体时的鲁棒极小极大检测器

当 $\mathcal{P}$ 是由线性等式以及不等式约束描述的多面体时，我们同样可以将鲁棒极小极大检测器问题有效地表述为一个线性规划。这种表述没有上一节的问题直接，且依赖于 $\mathcal{P}$ 的对偶描述。

为了简化讨论，假设 $\mathcal{P}$ 具有如下形式

$$\mathcal{P} = \left\{ P = [p_1 \ \cdots \ p_m] \;\middle|\; A_k p_k = b_k, \mathbf{1}^T p_k = 1, \ p_k \succeq 0 \right\}. \tag{7.16}$$

换言之，对每个分布 p_k，其满足给定的期望值约束 $A_k p_k = b_k$。（可能是已知的矩，概率等。）期望值满足不等式的情形可以类似讨论。

鲁棒极小极大设计问题为

$$\begin{array}{ll} \text{maximize} & \gamma \\ \text{subject to} & \inf\{\tilde{t}_i^T p \mid A_i p = b_i, \mathbf{1}^T p = 1, p \succeq 0\} \geqslant \gamma, \quad i = 1, \cdots, m \\ & t_i \succeq 0, \quad \mathbf{1}^T t_i = 1, \quad i = 1, \cdots, n, \end{array}$$

其中 $\tilde{t}_i^T$ 表示矩阵 T 的第 i 行（因此 $(TP)_{ii} = \tilde{t}_i^T p_i$）。根据线性规划对偶有

$$\inf\{\tilde{t}_i^T p \mid A_i p = b_i, \mathbf{1}^T p = 1, p \succeq 0\} = \sup\{\nu^T b_i + \mu \mid A_i^T \nu + \mu \mathbf{1} \preceq \tilde{t}_i\}.$$

基于此，鲁棒极小极大检测器设计问题可以表述为一个线性规划

$$\begin{array}{ll} \text{maximize} & \gamma \\ \text{subject to} & \nu_i^T b_i + \mu_i \geqslant \gamma, \quad i = 1, \cdots, m \\ & A_i^T \nu_i + \mu_i \mathbf{1} \preceq \tilde{t}_i, \quad i = 1, \cdots, m \\ & t_i \succeq 0, \quad \mathbf{1}^T t_i = 1, \quad i = 1, \cdots, n, \end{array}$$

其中优化变量为 $\nu_1, \cdots, \nu_m$，$\mu_1, \cdots, \mu_n$ 和 T（其列为 t_i，行为 $\tilde{t}_i^T$）。

例 7.5　鲁棒二值假设检验。设 $m = 2$，式 (7.16) 中的集合 $\mathcal{P}$ 定义为

$$A_1 = A_2 = A = \begin{bmatrix} a_1 & a_2 & \cdots & a_n \\ a_1^2 & a_2^2 & \cdots & a_n^2 \end{bmatrix}, \qquad b_1 = \begin{bmatrix} \alpha_1 \\ \alpha_2 \end{bmatrix}, \qquad b_2 = \begin{bmatrix} \beta_1 \\ \beta_2 \end{bmatrix}.$$

基于此集合 $\mathcal{P}$ 设计一个鲁棒极小极大检测器可以看成一个二值假设检验问题：基于随机变量 $X \in \{a_1, \cdots, a_n\}$ 的一个观测值，在下面两种假设中选择一种：

1. $\mathbf{E}\, X = \alpha_1$, $\mathbf{E}\, X^2 = \alpha_2$
2. $\mathbf{E}\, X = \beta_1$, $\mathbf{E}\, X^2 = \beta_2$.

令 $\tilde{t}^T$ 表示矩阵 T 的第一行（因此 $(\mathbf{1} - \tilde{t})^T$ 是第二行）。给定 $\tilde{t}$，最坏情况下正确检测的概率为

$$\begin{aligned} D_{11}^{\text{wc}} &= \inf\left\{\tilde{t}^T p \;\middle|\; \sum_{i=1}^n a_i p_i = \alpha_1,\ \sum_{i=1}^n a_i^2 p_i = \alpha_2,\ \mathbf{1}^T p = 1, p \succeq 0\right\} \\ D_{22}^{\text{wc}} &= \inf\left\{(\mathbf{1} - \tilde{t})^T p \;\middle|\; \sum_{i=1}^n a_i p_i = \beta_1, \sum_{i=1}^n a_i^2 p_i = \beta_2,\ \mathbf{1}^T p = 1, p \succeq 0\right\}. \end{aligned}$$

利用线性规划对偶，我们可以将 D_{11}^{wc} 描述成如下线性规划的最优值

$$\begin{array}{ll} \text{maximize} & z_0 + z_1 \alpha_1 + z_2 \alpha_2 \\ \text{subject to} & z_0 + a_i z_1 + a_i^2 z_2 \leqslant \tilde{t}_i, \quad i = 1, \cdots, n, \end{array}$$

优化变量 z_0，z_1，$z_2 \in \mathbf{R}$。类似地，D_{22}^{wc} 是下面线性规划的最优值

$$\begin{array}{ll} \text{maximize} & w_0 + w_1 \beta_1 + w_2 \beta_2 \\ \text{subject to} & w_0 + a_i w_1 + a_i^2 w_2 \leqslant 1 - \tilde{t}_i, \quad i = 1, \cdots, n, \end{array}$$

优化变量 w_0，w_1，$w_2 \in \mathbf{R}$。为了得到极小极大检测器，我们极大化 D_{11}^{wc} 和 D_{22}^{wc} 之中较小的一个，即求解下列线性规划

$$\begin{array}{ll}\text{maximize} & \gamma \\ \text{subject to} & z_0 + z_1\alpha_2 + z_2\alpha_2 \geqslant \gamma \\ & w_0 + \beta_1 w_1 + \beta_2 w_2 \geqslant \gamma \\ & z_0 + z_1 a_i + z_2 a_i^2 \leqslant \tilde{t}_i, \quad i = 1, \cdots, n \\ & w_0 + w_1 a_i + w_2 a_i^2 \leqslant 1 - \tilde{t}_i, \quad i = 1, \cdots, n \\ & 0 \preceq \tilde{t} \preceq \mathbf{1}.\end{array}$$

优化变量为 z_0，z_1，z_2，w_0，w_1，w_2 和 $\tilde{t}$。

7.4 Chebyshev 界和 Chernoff 界

在本节中，我们考虑集合上概率的两种经典界，这两种定界问题的一般化都可以看成凸优化问题。原经典定界问题对应简单的凸优化问题，具有解析解；一般化问题的凸优化表述可以给出更好的界，或者更复杂情形的界。

7.4.1 Chebyshev 界

基于已知的某个函数的期望值（如均值和方差），Chebyshev 界给出了某个集合上概率的一个上界。最简单的例子是 Markov 不等式，如果 X 是 $\mathbf{R}_+$ 上的随机变量，$\mathbf{E}\,X = \mu$，那么无论 X 的分布如何，我们都有 $\mathbf{prob}(X \geqslant 1) \leqslant \mu$。另一个简单的例子是 Chebyshev 界：如果 X 是 $\mathbf{R}$ 上的随机变量，$\mathbf{E}\,X = \mu$，$\mathbf{E}(X-\mu)^2 = \sigma^2$，那么无论 X 的分布如何，我们都有 $\mathbf{prob}(|X-\mu| \geqslant 1) \leqslant \sigma^2$。这些简单定界的思想可以推广到利用凸优化方法计算概率的界。

令 X 是 $S \subseteq \mathbf{R}^m$ 上的随机变量，$C \subseteq S$ 是集合，我们希望对集合上的概率 $\mathbf{prob}(X \in C)$ 定界。令 1_C 表示集合 C 的 0-1 示性函数，即如果 $z \in C$，$1_C(z) = 1$，如果 $z \notin C$，$1_C(z) = 0$。

关于分布的先验知识包括随机变量的一些函数的期望值

$$\mathbf{E}\,f_i(X) = a_i, \quad i = 1, \cdots, n,$$

其中 $f_i : \mathbf{R}^m \to \mathbf{R}$。设 f_0 是值为 1 的常函数，那么有 $\mathbf{E}\,f_0(X) = a_0 = 1$。考虑函数族 f_i 的线性组合

$$f(z) = \sum_{i=0}^{n} x_i f_i(z),$$

其中 $x_i \in \mathbf{R}$，$i = 0, \cdots, n$。根据已知的 $\mathbf{E}\,f_i(X)$ 的表达式，我们有 $\mathbf{E}\,f(X) = a^T x$。

现在假设对任意 $z \in S$，f 满足条件 $f(z) \geqslant 1_C(z)$，即 f（在 S 上）任意一点都大于等于集合 C 的示性函数。那么我们有

$$\mathbf{E}\, f(X) = a^T x \geqslant \mathbf{E}\, 1_C(X) = \mathbf{prob}(X \in C).$$

换言之，对 S 上的任意分布，$a^T x$ 是 $\mathbf{prob}(X \in C)$ 的一个上界，其中，$\mathbf{E}\, f_i(X) = a_i$。

我们也可以通过求解下面的优化问题推导 $\mathbf{prob}(X \in C)$ 的最好上界，

$$\begin{array}{ll} \text{minimize} & x_0 + a_1 x_1 + \cdots + a_n x_n \\ \text{subject to} & f(z) = \sum_{i=0}^{n} x_i f_i(z) \geqslant 1 \ \forall\ z \in C \\ & f(z) = \sum_{i=0}^{n} x_i f_i(z) \geqslant 0 \ \forall\ z \in S,\ z \notin C, \end{array} \tag{7.17}$$

其中变量 $x \in \mathbf{R}^{n+1}$。此问题总是凸的，这是因为约束可以描述为

$$g_1(x) = 1 - \inf_{z \in C} f(z) \leqslant 0, \qquad g_2(x) = - \inf_{z \in S \setminus C} f(z) \leqslant 0,$$

（g_1 和 g_2 是凸的）。优化问题 (7.17) 也可以看成一个半-无限线性规划问题，即此优化问题具有一个线性的目标函数，以及无穷多个线性不等式约束，每一个约束对应每个 $z \in S$。

对一些简单的情形，我们可以解析求解优化问题 (7.17)。作为一个例子，我们选择 $S = \mathbf{R}_+$，$C = [1, \infty)$，$f_0(z) = 1$ 和 $f_1(z) = z$，已知 $\mathbf{E}\, f_1(X) = \mathbf{E}\, X = \mu \leqslant 1$。对任意 $z \in S$，约束 $f(z) \geqslant 0$，可以简化为 $x_0 \geqslant 0$，$x_1 \geqslant 0$。对 $z \in C$，约束 $f(z) \geqslant 1$，即对所有 $z \geqslant 1$，$x_0 + x_1 z \geqslant 1$，可以简化为 $x_0 + x_1 \geqslant 1$。因此，优化问题 (7.17) 此时可以描述为

$$\begin{array}{ll} \text{minimize} & x_0 + \mu x_1 \\ \text{subject to} & x_0 \geqslant 0, \quad x_1 \geqslant 0 \\ & x_0 + x_1 \geqslant 1. \end{array}$$

因为 $0 \leqslant \mu \leqslant 1$，这个简单的线性规划的最优点为 $x_0 = 0$，$x_1 = 1$。它给出了经典的 Markov 界 $\mathbf{prob}(X \geqslant 1) \leqslant \mu$。

在其他情况下，我们可以利用凸优化方法求解问题 (7.17)。

注释 7.1　对偶性及 Chebyshev 界问题。 对所有满足给定期望值约束的概率测度，Chebyshev 界问题 (7.17) 给出了概率 $\mathbf{prob}(X \in C)$ 的一个界。因此我们可以认为 Chebyshev 界问题 (7.17) 给出了如下无限维问题的最优值的界

$$\begin{array}{ll} \text{maximize} & \int_C \pi(dz) \\ \text{subject to} & \int_S f_i(z)\pi(dz) = a_i, \quad i = 1, \cdots, n \\ & \int_S \pi(dz) = 1 \\ & \pi \geqslant 0, \end{array} \tag{7.18}$$

优化变量为测度 π，$\pi \geqslant 0$ 表明测度是非负的。

因为 Chebyshev 问题 (7.17) 给出了问题 (7.18) 的一个界，所以它们可以通过对偶联系起来并不令人惊讶。虽然半-无限问题和无限维问题并不在本书的讨论范围内，我们仍然可以形式上构造问题 (7.17) 的对偶问题。引入拉格朗日乘子**函数** $p: S \to \mathbf{R}$，其中 $p(z)$ 对应不等式约束 $f(z) \geqslant 1$（对任意 $z \in C$）或 $f(z) \geqslant 0$（对任意 $z \in S \backslash C$）。对应于有限维求和，此时关于 z 求积分，我们得到问题 (7.17) 形式上的对偶问题

$$\begin{array}{ll}\text{maximize} & \int_C p(z)\, dz \\ \text{subject to} & \int_S f_i(z)p(z)\, dz = a_i, \quad i = 1, \cdots, n \\ & \int_S p(z)\, dz = 1 \\ & p(z) \geqslant 0\ \forall\ z \in S,\end{array}$$

其中优化变量是**函数** p。上述问题本质上和问题 (7.18) 是等价的。

已知一阶矩和二阶矩时概率的界

作为一个例子，假设 $S = \mathbf{R}^m$，已知随机变量 X 的一阶矩及二阶矩为

$$\mathbf{E}\, X = a \in \mathbf{R}^m, \qquad \mathbf{E}\, XX^T = \Sigma \in \mathbf{S}^m.$$

换言之，我们已知 m 个函数 z_i 的期望值，$i = 1, \cdots, m$，以及 $m(m+1)/2$ 个函数 $z_i z_j$ 的期望值，$i, j = 1, \cdots, m$，除此之外没有其他的信息。

在这种情况下，我们可以将 f 表述为一般的二次函数

$$f(z) = z^T P z + 2q^T z + r,$$

其中变量（即前文讨论的向量 x）为 $P \in \mathbf{S}^m$，$q \in \mathbf{R}^m$ 以及 $r \in \mathbf{R}$。由于已知一阶矩及二阶矩，我们有

$$\begin{aligned}\mathbf{E}\, f(X) &= \mathbf{E}(z^T P z + 2q^T z + r) \\ &= \mathbf{E}\,\mathbf{tr}(P z z^T) + 2\,\mathbf{E}\, q^T z + r \\ &= \mathbf{tr}(\Sigma P) + 2q^T a + r.\end{aligned}$$

对任意 z，约束 $f(z) \geqslant 0$可以由下面的线性矩阵不等式描述

$$\begin{bmatrix} P & q \\ q^T & r \end{bmatrix} \succeq 0.$$

特别地，我们有 $P \succeq 0$。

现在假设集合 C 是一个开多面体的补

$$C = \mathbf{R}^m \setminus \mathcal{P}, \qquad \mathcal{P} = \{z \mid a_i^T z < b_i,\ i = 1, \cdots, k\}.$$

对任意 $z \in C$，约束条件 $f(z) \geqslant 1$ 等价于要求对任意 $i=1,\cdots,k$，下面的条件满足

$$a_i^T z \geqslant b_i \implies z^T P z + 2q^T z + r \geqslant 1$$

而上述条件又可以描述为：存在 $\tau_1,\cdots,\tau_k \geqslant 0$，使得

$$\begin{bmatrix} P & q \\ q^T & r-1 \end{bmatrix} \succeq \tau_i \begin{bmatrix} 0 & a_i/2 \\ a_i^T/2 & -b_i \end{bmatrix}, \quad i=1,\cdots,k.$$

（见 §B.2。）

综合上面的讨论，Chebyshev 界问题 (7.17) 可以描述为

$$\begin{array}{ll} \text{minimize} & \mathbf{tr}(\Sigma P) + 2q^T a + r \\ \text{subject to} & \begin{bmatrix} P & q \\ q^T & r-1 \end{bmatrix} \succeq \tau_i \begin{bmatrix} 0 & a_i/2 \\ a_i^T/2 & -b_i \end{bmatrix}, \quad i=1,\cdots,k \\ & \tau_i \geqslant 0, \quad i=1,\cdots,k \\ & \begin{bmatrix} P & q \\ q^T & r \end{bmatrix} \succeq 0, \end{array} \tag{7.19}$$

这是一个半定规划问题，优化变量为 P，q，r ，以及 $\tau_1,\cdots,\tau_k$。上述问题的最优值，用 α 表示，是平均值为 a，二阶矩为 Σ 的所有分布中 $\mathbf{prob}(X \in C)$ 的一个上界。反过来，$1-\alpha$ 是 $\mathbf{prob}(X \in \mathcal{P})$ 的一个下界。

注释 7.2　对偶性和 Chebyshev 界问题。式 (7.19) 对应的对偶半定规划可以描述为

$$\begin{array}{ll} \text{maximize} & \sum_{i=1}^{k} \lambda_i \\ \text{subject to} & a_i^T z_i \geqslant b\lambda_i, \quad i=1,\cdots,k \\ & \sum_{i=1}^{k} \begin{bmatrix} Z_i & z_i \\ z_i^T & \lambda_i \end{bmatrix} \preceq \begin{bmatrix} \Sigma & a \\ a^T & 1 \end{bmatrix} \\ & \begin{bmatrix} Z_i & z_i \\ z_i^T & \lambda_i \end{bmatrix} \succeq 0, \quad i=1,\cdots,k. \end{array}$$

优化变量为 $Z_i \in \mathbf{S}^m$，$z_i \in \mathbf{R}^m$ ，以及 $\lambda_i \in \mathbf{R}$，$i=1,\cdots,k$。因为半定规划 (7.19) 是严格可行的，强对偶性成立，对偶最优值可以达到。

我们可以给出对偶问题的一个有趣的概率解释。假设 Z_i，z_i ，λ_i 是对偶可行的，λ 的前 r 个元素是正的，其余的都是零。为了简单起见，假设 $\sum_{i=1}^{k} \lambda_i < 1$。我们定义

$$x_i = (1/\lambda_i) z_i, \quad i=1,\cdots,r,$$

$$w_0 = \frac{1}{\mu}\left(a - \sum_{i=1}^{r}\lambda_i x_i\right),$$

$$W = \frac{1}{\mu}\left(\Sigma - \sum_{i=1}^{r}\lambda_i x_i x_i^T\right),$$

其中 $\mu = 1 - \sum_{i=1}^{k}\lambda_i$。基于这些定义，对偶可行性约束可以描述为

$$a_i^T x_i \geqslant b_i, \quad i = 1, \cdots, r$$

以及

$$\sum_{i=1}^{r}\lambda_i\begin{bmatrix} x_i x_i^T & x_i \\ x_i^T & 1 \end{bmatrix} + \mu\begin{bmatrix} W & w_0 \\ w_0^T & 1 \end{bmatrix} = \begin{bmatrix} \Sigma & a \\ a^T & 1 \end{bmatrix}.$$

此外，根据对偶可行性有

$$\begin{aligned}
\mu\begin{bmatrix} W & w_0 \\ w_0^T & 1 \end{bmatrix} &= \begin{bmatrix} \Sigma & a \\ a^T & 1 \end{bmatrix} - \sum_{i=1}^{r}\lambda_i\begin{bmatrix} x_i x_i^T & x_i \\ x_i^T & 1 \end{bmatrix} \\
&= \begin{bmatrix} \Sigma & a \\ a^T & 1 \end{bmatrix} - \sum_{i=1}^{r}\begin{bmatrix} (1/\lambda_i) z_i z_i^T & z_i \\ z_i^T & \lambda_i \end{bmatrix} \\
&\succeq \begin{bmatrix} \Sigma & a \\ a^T & 1 \end{bmatrix} - \sum_{i=1}^{r}\begin{bmatrix} Z_i & z_i \\ z_i^T & \lambda_i \end{bmatrix} \\
&\succeq 0
\end{aligned}$$

因此，$W \succeq w_0 w_0^T$，所以可以进行因式分解 $W - w_0 w_0^T = \sum_{i=1}^{s} w_i w_i^T$。现在考虑服从下列分布的离散随机变量 X。即如果 $s \geqslant 1$，分布为

$$\begin{aligned}
X &= x_i && \text{概率为 } \lambda_i,\ i = 1, \cdots, r \\
X &= w_0 + \sqrt{s}\, w_i && \text{概率为 } \mu/(2s),\ i = 1, \cdots, s \\
X &= w_0 - \sqrt{s}\, w_i && \text{概率为 } \mu/(2s),\ i = 1, \cdots, s.
\end{aligned}$$

如果 $s = 0$，分布为

$$\begin{aligned}
X &= x_i && \text{概率为 } \lambda_i,\ i = 1, \cdots, r \\
X &= w_0 && \text{概率为 } \mu.
\end{aligned}$$

不难验证 $\mathbf{E}X = a$ 以及 $\mathbf{E}XX^T = \Sigma$，即分布的矩满足给定的假设。进一步地，因为 $x_i \in C$，所以下式成立

$$\mathbf{prob}(X \in C) \geqslant \sum_{i=1}^{r}\lambda_i.$$

特别地，将此概率解释应用到对偶最优解，我们可以构造一个分布，以等式满足式 (7.19) 给出的 Chebyshev 界，说明此时 Chebyshev 界是可达的。

7.4.2 Chernoff 界

设 X 是 $\mathbf{R}$ 上的一个随机变量。Chernoff 界的含义为

$$\mathbf{prob}(X \geqslant u) \leqslant \inf_{\lambda \geqslant 0} \mathbf{E}\, e^{\lambda(X-u)},$$

它可以描述为

$$\log \mathbf{prob}(X \geqslant u) \leqslant \inf_{\lambda \geqslant 0} \{-\lambda u + \log \mathbf{E}\, e^{\lambda X}\}. \tag{7.20}$$

我们以前提到（第 100 页，例 3.41），上式的右边项 $\log \mathbf{E}\, e^{\lambda X}$ 称为分布的累积量生成函数，它总是凸的，所以极小化的函数是凸的。当累积量生成函数有解析表达式且关于 λ 极小化可以解析求解时，边界 (7.20) 尤其有用。

例如，如果 X 服从 Gauss 分布，均值为 0，方差为 1，累积量生成函数为

$$\log \mathbf{E}\, e^{\lambda X} = \lambda^2/2,$$

函数 $-\lambda u + \lambda^2/2$ 关于 $\lambda \geqslant 0$ 求极小在 $\lambda = u$（若 $u \geqslant 0$）处获得，所以 Chernoff 界为（若 $u \geqslant 0$）

$$\mathbf{prob}(X \geqslant u) \leqslant e^{-u^2/2}.$$

Chernoff 界的思想可以扩展到更一般的情形，其中凸优化方法用来计算随机变量在 $\mathbf{R}^m$ 上某个集合的概率的界。令 $C \subseteq \mathbf{R}^m$，和前面关于 Chebyshev 界的描述一样，引入集合 C 的 0-1 示性函数 1_C。我们将会得到 $\mathbf{prob}(X \in C)$ 的一个上界。（原则上我们可以利用 Monte Carlo 模拟或者数值积分求得 $\mathbf{prob}(X \in C)$，但是这两种方法的计算量都很大，且这两种方法都不能产生需要的界。）

令 $\lambda \in \mathbf{R}^m$，$\mu \in \mathbf{R}$，考虑函数 $f : \mathbf{R}^m \to \mathbf{R}$，

$$f(z) = e^{\lambda^T z + \mu}.$$

和推导 Chebyshev 界的情形一样，如果对任意 z 函数 f 满足 $f(z) \geqslant 1_C(z)$，我们可以得到

$$\mathbf{prob}(X \in C) = \mathbf{E}\, 1_C(X) \leqslant \mathbf{E}\, f(X).$$

显然对任意 z 有 $f(z) \geqslant 0$； $z \in C$ 时 $f(z) \geqslant 1$ 等价于对任意 $z \in C$，$\lambda^T z + \mu \geqslant 0$，也即对任意 $z \in C$，$-\lambda^T z \leqslant \mu$。因此，如果对任意 $z \in C$ 有 $-\lambda^T z \leqslant \mu$，我们可以得到界

$$\mathbf{prob}(X \in C) \leqslant \mathbf{E} \exp(\lambda^T X + \mu),$$

对其求对数有

$$\log \mathbf{prob}(X \in C) \leqslant \mu + \log \mathbf{E} \exp(\lambda^T X).$$

因此我们得到了 Chernoff 界的一个一般形式

$$
\begin{aligned}
\log \mathbf{prob}(X \in C) &\leqslant \inf\{\mu + \log \mathbf{E}\exp(\lambda^T X) \mid -\lambda^T z \leqslant \mu \text{ for all } z \in C\} \\
&= \inf_\lambda \left(\sup_{z \in C}(-\lambda^T z) + \log \mathbf{E}\exp(\lambda^T X) \right) \\
&= \inf \left(S_C(-\lambda) + \log \mathbf{E}\exp(\lambda^T X) \right),
\end{aligned}
$$

其中 S_C 是 C 的支撑函数。注意到第二项，$\log \mathbf{E}\exp(\lambda^T X)$，是分布的累积量生成函数，总是凸的（见第 100 页例 3.41）。求得此上界的精确值一般而言是一个凸优化问题。

多面体上 Gauss 变量的 Chernoff 界

作为一个具体的例子，假设 X 是 $\mathbf{R}^m$ 上的 Gauss 随机向量，均值为 0，协方差为 I，所以其累积量生成函数为

$$
\log \mathbf{E}\exp(\lambda^T X) = \lambda^T \lambda / 2.
$$

设 C 是多面体，由下列不等式描述

$$
C = \{x \mid Ax \preceq b\},
$$

假设集合非空。

在 Chernoff 界的应用中，我们利用支撑函数的对偶描述

$$
\begin{aligned}
S_C(y) &= \sup\{y^T x \mid Ax \preceq b\} \\
&= -\inf\{-y^T x \mid Ax \preceq b\} \\
&= -\sup\{-b^T u \mid A^T u = y,\ u \succeq 0\} \\
&= \inf\{b^T u \mid A^T u = y,\ u \succeq 0\},
\end{aligned}
$$

其中第三行我们应用了线性规划对偶

$$
\inf\{c^T x \mid Ax \preceq b\} = \sup\{-b^T u \mid A^T u + c = 0,\ u \succeq 0\},
$$

在这里 $c = -y$。在 Chernoff 界中采用上式表述 S_C，我们可以得到

$$
\begin{aligned}
\log \mathbf{prob}(X \in C) &\leqslant \inf_\lambda \left(S_C(-\lambda) + \log \mathbf{E}\exp(\lambda^T X) \right) \\
&= \inf_\lambda \inf_u \{b^T u + \lambda^T \lambda / 2 \mid u \succeq 0,\ A^T u + \lambda = 0\}.
\end{aligned}
$$

因此，$\mathbf{prob}(X \in C)$ 的 Chernoff 上界是如下二次规划最优值的指数，

$$
\begin{array}{ll}
\text{minimize} & b^T u + \lambda^T \lambda / 2 \\
\text{subject to} & u \succeq 0, \quad A^T u + \lambda = 0,
\end{array}
\tag{7.21}
$$

其中优化变量为 u 和 λ。

此问题的几何解释较为有趣。其等价于

$$\begin{array}{ll}\text{minimize} & b^T u + (1/2)\|A^T u\|_2^2 \\ \text{subject to} & u \succeq 0,\end{array}$$

而上述问题是下面问题的对偶问题

$$\begin{array}{ll}\text{maximize} & -(1/2)\|x\|_2^2 \\ \text{subject to} & Ax \preceq b.\end{array}$$

换言之，Chernoff 界为

$$\mathbf{prob}(X \in C) \leqslant \exp(-\mathbf{dist}(0,C)^2/2), \tag{7.22}$$

其中 $\mathbf{dist}(0,C)$ 是原点到集合 C 的 Euclid 距离。

注释 7.3 界 (7.22) 也可以不通过 Chernoff 不等式得到。如果从 0 到 C 的距离是 d，那么存在一个半空间 $\mathcal{H} = \{z \mid a^T z \geqslant d\}$，其中 $\|a\|_2 = 1$，包含 C。随机变量 $a^T X$ 服从分布 $\mathcal{N}(0,1)$，因此

$$\mathbf{prob}(X \in C) \leqslant \mathbf{prob}(X \in \mathcal{H}) = \Phi(-d),$$

其中 Φ 是一个均值为 0，方差为 1 的 Gauss 分布的累积分布函数。因为若 $d \geqslant 0$ 有 $\Phi(-d) \leqslant e^{-d^2/2}$，此界至少和 Chernoff 界 (7.22) 一样紧。

7.4.3 例子

本节用一个检测的例子说明 Chebyshev 和 Chernoff 概率界。给定 m 种可能的符号或信号集合 $s \in \{s_1, s_2, \cdots, s_m\} \subseteq \mathbf{R}^n$，称为**信号群**。这些信号中的某个通过一个有噪声的信道进行传播。接收到的信号为 $x = s + v$，其中 v 为噪声，将其建模为随机变量。假设 $\mathbf{E}\, v = 0$ 且 $\mathbf{E}\, vv^T = \sigma^2 I$，即每个噪声 $v_1, \cdots, v_n$ 均值为 0，不相关，方差为 σ^2。基于接收到的信号 $x = s + v$，接收器必须估计出传送的是哪个信号。**最小距离检测器**选择离 x 最近（Euclid 距离）的符号 s_k 作为估计值。（如果噪声 v 服从 Gauss 分布，那么最小距离编码等价于最大似然编码。）

如果传送的信号是 s_k，给定 x，当估计信号也为 s_k 时，检测正确。而只有当 s_k 和 x 的距离比其他信号更小时，才能得出正确检测，即

$$\|x - s_k\|_2 < \|x - s_j\|_2, \qquad j \neq k.$$

因此，正确检测出 s_k 的条件是随机变量 v 满足如下线性不等式

$$2(s_j - s_k)^T(s_k + v) < \|s_j\|_2^2 - \|s_k\|_2^2, \quad j \neq k.$$

上述不等式定义了信号群内 s_k 的 Voronoi **区域** V_k，即到 s_k 比到信号群中其他信号更近的点。正确检测出信号 s_k 的概率为 $\mathbf{prob}(s_k + v \in V_k)$。

图7.5给出了一个简单例子，信号个数为 $m = 7$，维数为 $n = 2$。

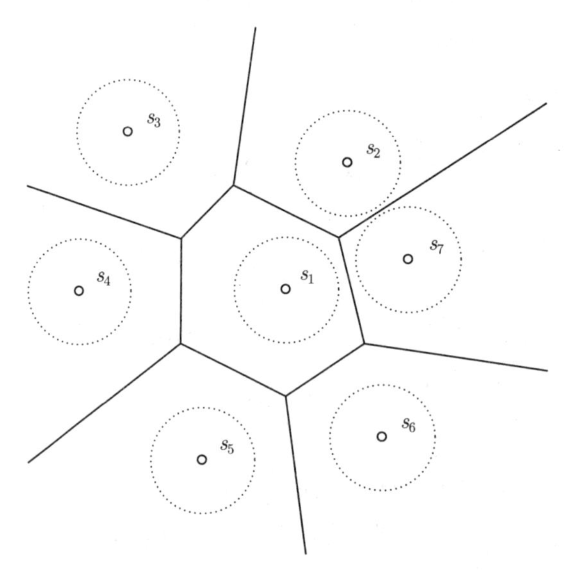

图7.5　由 7 个信号 $s_1, \cdots, s_7 \in \mathbf{R}^2$ 组成的一个信号群，信号用小圆圈表示。线段表示相应的 Voronoi 区域。当接收到的信号到 s_k 比到其他信号更近时，即如果接收到的信号在以 s_k 为中心的 Voronoi 区域的内部，最小距离检测器选择信号 s_k。每个信号点周围的圆半径为 1，显示图的尺度。

Chebyshev 界

对三个信号 s_1，s_2 和 s_3，半定规划界 (7.19) 给出了正确检测概率的一个下界，如图7.6 所示，它是噪声标准差 σ 的函数。对**任意**均值为 0，协方差为 $\sigma^2 I$ 的噪声，这些

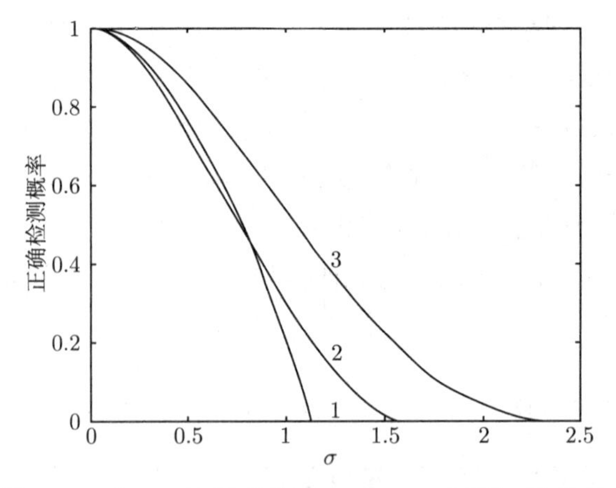

图7.6　正确检测出信号 s_1，s_2和 s_3 的概率的 Chebyshev 下界。这些边界对任意均值为 0，协方差为 $\sigma^2 I$ 的噪声分布都成立。

边界都成立。当存在一个噪声分布，均值为 0 且协方差为 $\Sigma = \sigma^2 I$，达到下界时，上述边界是紧的。对第一个 Voronoi 集且 $\sigma = 1$，图7.7 描述了这种关系。

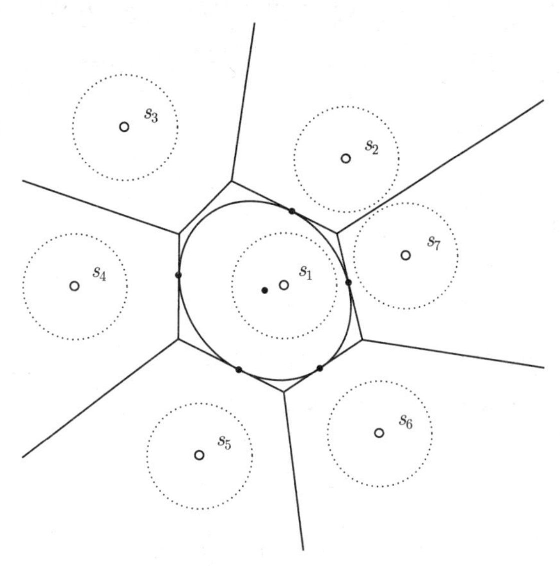

图7.7 当 $\sigma = 1$ 时，正确检测出信号 1 的概率的 Chebyshev 下界是 0.2048。图示的离散分布能够达到此界。实线椭圆表示接收信号 $s_1 + v$ 的可能值。椭圆的中心点具有概率 0.2048。边界上的五个点的概率之和为 0.7952。椭圆由式 $x^T Px + 2q^T x + r = 1$ 定义，其中 P，q，和 r 是半定规划 (7.19) 的最优解。

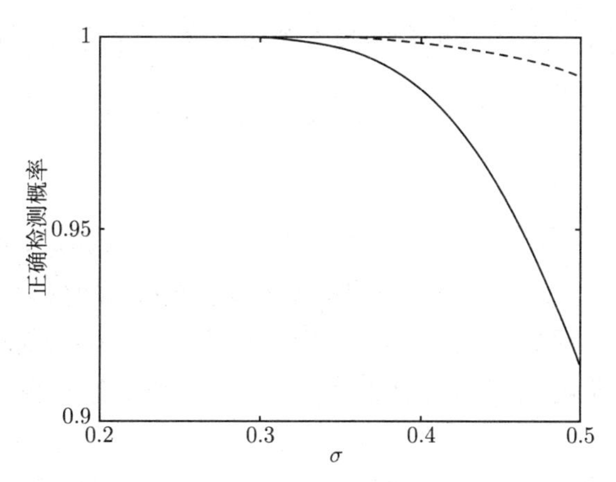

图7.8 正确检测出信号s_1的概率的 Chernoff 下界（实线）以及 Monte Carlo 估计值（虚线），以σ为自变量。在本例中，噪声服从 Gauss 分布，均值为 0，协方差为$\sigma^2 I$。

Chernoff 界

利用同一个例子，我们来解释 Chernoff 界。这里假设噪声服从 Gauss 分布，即 $v \sim \mathcal{N}(0, \sigma^2 I)$。如果传送信号 s_k，正确检测的概率为 $s_k + v \in V_k$ 的概率。为了给出此概率的一个下界， 我们求解二次规划 (7.21) 来计算 ML 检测器选择信号

i，$i=1,\cdots,m$，$i\neq k$ 的概率的上界。（每个上界都和 s_k 到 Voronoi 集合 V_i 的距离有关。）对误将 s_k 判断为 s_i 的概率上界进行求和，我们得到错误检测概率的上界，因此，得到了正确检测出信号 s_k 的概率的一个下界。以信号 s_1 为例，得到的下界如图7.8所示，此外，图中还给出了利用 Monte Carlo 分析得到的正确检测的概率。

7.5 实验设计

考虑通过测量或实验

$$y_i = a_i^T x + w_i, \quad i=1,\cdots,m,$$

估计向量 $x\in\mathbf{R}^n$ 的问题，其中 w_i 是测量噪声。假设 w_i 是独立的 Gauss 随机变量，均值为 0，方差为 1，测量向量 $a_1,\cdots,a_m$ 张成了 $\mathbf{R}^n$ 空间。x 的最大似然估计，也即最小方差估计，由如下最小二乘问题的解给出

$$\hat{x} = \left(\sum_{i=1}^m a_i a_i^T\right)^{-1} \sum_{i=1}^m y_i a_i.$$

相应的估计误差 $e=\hat{x}-x$ 均值为 0，协方差矩阵为

$$E = \mathbf{E}\, ee^T = \left(\sum_{i=1}^m a_i a_i^T\right)^{-1}.$$

矩阵 E 刻画了估计精度或是实验的信息度。例如 x 的 α-置信水平椭圆为

$$\mathcal{E} = \{z \mid (z-\hat{x})^T E^{-1}(z-\hat{x}) \leqslant \beta\},$$

其中 β 是常数，由 n 和 α 决定。

假设刻画测量值的向量 $a_1,\cdots,a_m$ 可以从 p 种可能的检验向量 $v_1,\cdots,v_p\in\mathbf{R}^n$ 中进行选择，即每个 a_i 是 v_j 中的一个。**实验设计**的目的是从所有可能的选择中选择向量 a_i，使得误差协方差 E 较小（在某种意义上）。换言之，m 次实验或测量的每一次都可以从包含 p 种可能实验的固定列表中选择；我们的任务是找到测量的集合（总的），使得信息度最大。

令 m_j 表示 a_i 选择值 v_j 的实验次数，因此有

$$m_1+\cdots+m_p = m.$$

可以将误差协方差矩阵描述为

$$E = \left(\sum_{i=1}^m a_i a_i^T\right)^{-1} = \left(\sum_{j=1}^p m_j v_j v_j^T\right)^{-1}.$$

这说明了误差协方差矩阵只和选择每种类型实验的次数（即 $m_1, \cdots, m_p$）有关。

基本的实验设计问题如下。给定可能的实验列表，即 $v_1, \cdots, v_p$，以及总实验次数 m，选择每种类型实验的次数，即 $m_1, \cdots, m_p$，使得误差协方差 E 较小（在某种程度上）。变量 $m_1, \cdots, m_p$ 必须是整数，且它们的和为 m，即实验的总次数。实验设计问题可以表述为如下优化问题

$$\begin{array}{ll} \text{minimize (关于 } \mathbf{S}_+^n \text{)} & E = \left(\sum_{j=1}^p m_j v_j v_j^T\right)^{-1} \\ \text{subject to} & m_i \geqslant 0, \quad m_1 + \cdots + m_p = m \\ & m_i \in \mathbf{Z}, \end{array} \tag{7.23}$$

优化变量为整数 $m_1, \cdots, m_p$。

基本的实验设计问题 (7.23) 是半正定锥上的一个向量优化问题。如果某个实验设计方案得到误差协方差 E，而另一个方案得到 $\tilde{E}$，$E \preceq \tilde{E}$。那么第一种实验和第二种一样好或者更好。例如，第一种实验设计方案的置信椭圆（转换到原点做比较）在第二种实验方案的置信椭圆内。我们也可以说对任意向量 q，第一种实验设计方案比第二种方案能更好地估计 $q^T x$（即具有更小的方差），这是因为第一种实验设计方案估计 $q^T x$ 的方差为 $q^T E q$，而第二种的方差为 $q^T \tilde{E} q$。下面我们将会看到此问题的几种常见的标量化形式。

7.5.1 松弛实验设计问题

当总的实验样本数 m 和 n 相当时，基本的实验设计问题 (7.23) 是一个复杂的组合优化问题，因为在这种情况下，m_i 都是小的整数。然而，当相对 n 而言 m 较大时，我们可以通过忽略或松弛 m_i 为整数的约束，来得到式 (7.23) 的一个较好的近似解。令 $\lambda_i = m_i/m$，它表示 $a_i = v_i$ 的实验次数与总的实验次数的比值，亦可以说是实验 i 的相对频率。我们可以将误差协方差表示为 λ_i 的函数

$$E = \frac{1}{m}\left(\sum_{i=1}^p \lambda_i v_i v_i^T\right)^{-1}. \tag{7.24}$$

向量 $\lambda \in \mathbf{R}^p$ 满足 $\lambda \succeq 0$，$\mathbf{1}^T\lambda = 1$，且每个 λ_i 都是 $1/m$ 的整数倍。忽略最后一个约束，我们得到如下优化问题

$$\begin{array}{ll} \text{minimize (关于 } \mathbf{S}_+^n \text{)} & E = (1/m)\left(\sum_{i=1}^p \lambda_i v_i v_i^T\right)^{-1} \\ \text{subject to} & \lambda \succeq 0, \quad \mathbf{1}^T\lambda = 1, \end{array} \tag{7.25}$$

其中变量 $\lambda \in \mathbf{R}^p$。为了和原始的组合设计问题 (7.23) 区别，我们称上述问题为**松弛的实验设计问题**。松弛的实验设计问题 (7.25) 是一个凸优化问题，因为目标函数 E 是 λ 的一个 $\mathbf{S}_+^n$-凸函数。

可以描述（组合）实验设计问题 (7.23) 和松弛问题 (7.25) 之间的联系。显然松弛问题的最优值给出了组合优化问题的最优值的一个下界，这是因为组合问题包含一个附加的约束。基于松弛问题 (7.25)，我们可以构造组合问题 (7.23) 的一个次优解。首先，应用简单的取整（四舍五入）我们得到

$$m_i = \mathbf{round}(m\lambda_i), \quad i = 1, \cdots, p.$$

向量 $\tilde{\lambda}$ 对应上述选择 $m_1, \cdots, m_p$，

$$\tilde{\lambda}_i = (1/m)\mathbf{round}(m\lambda_i), \quad i = 1, \cdots, p.$$

向量 $\tilde{\lambda}$ 满足每个分量都是 $1/m$ 的整数倍的约束。显然我们有 $|\lambda_i - \tilde{\lambda}_i| \leqslant 1/(2m)$，因此当 m 较大时，$\lambda \approx \tilde{\lambda}$。这意味着当 m 较大时，约束 $\mathbf{1}^T\tilde{\lambda} = 1$ 近似满足，且 $\tilde{\lambda}$ 和 λ 对应的误差协方差矩阵也近似相等。

我们也可以给出松弛实验设计问题 (7.25) 的另一个解释。我们可以认为向量 $\lambda \in \mathbf{R}^p$ 定义了实验集 $v_1, \cdots, v_p$ 上的一个概率分布。我们对 λ 的选择对应了一个**随机实验**：每次实验时 a_i 等于 v_j 的概率为 λ_j。

在本节的其余部分，我们只考虑松弛的实验设计问题，因此在讨论中省略修饰词“松弛”。

7.5.2 标量化

作为半正定锥上的向量优化问题，实验设计问题 (7.25) 有几种标量化的形式。

D-最优设计

应用最广泛的标量化形式称为***D*-最优设计**，在此设计问题中，我们极小化误差协方差矩阵 E 的绝对值。即设计实验，极小化对应的置信椭球的体积（对一个给定的置信水平）。忽略 E 中的常数因子 $1/m$，并对目标函数求对数，可以得到如下优化问题

$$\begin{array}{ll} \text{minimize} & \log\det\left(\sum_{i=1}^p \lambda_i v_i v_i^T\right)^{-1} \\ \text{subject to} & \lambda \succeq 0, \quad \mathbf{1}^T\lambda = 1, \end{array} \tag{7.26}$$

它是一个凸优化问题。

E-最优设计

在***E*-最优设计**中，我们极小化误差协方差矩阵的范数，即 E 的最大特征值。因为置信椭球 $\mathcal{E}$ 的直径（长半轴的两倍）和 $\|E\|_2^{1/2}$ 成正比，极小化 $\|E\|_2$ 从几何上可以看成极小化置信椭球的直径。E-最优设计问题可以理解为对所有满足 $\|q\|_2 = 1$ 的 q，极小化 q^Te 的最大方差。

E-最优实验设计问题为

$$\begin{array}{ll}\text{minimize} & \left\|\left(\sum_{i=1}^{p}\lambda_i v_i v_i^T\right)^{-1}\right\|_2 \\ \text{subject to} & \lambda \succeq 0, \quad \mathbf{1}^T\lambda = 1.\end{array}$$

目标函数是 λ 的凸函数，因此这是一个凸优化问题。

E-最优实验设计问题可以转换为一个半定规划

$$\begin{array}{ll}\text{maximize} & t \\ \text{subject to} & \sum_{i=1}^{p}\lambda_i v_i v_i^T \succeq tI \\ & \lambda \succeq 0, \quad \mathbf{1}^T\lambda = 1,\end{array} \tag{7.27}$$

优化变量 $\lambda \in \mathbf{R}^p$，$t \in \mathbf{R}$。

A-最优设计

在**A-最优实验设计**中，我们极小化 $\mathbf{tr}\, E$，即协方差矩阵的迹。此目标为误差范数的平方的平均值，即

$$\mathbf{E}\,\|e\|_2^2 = \mathbf{E}\,\mathbf{tr}(ee^T) = \mathbf{tr}\, E.$$

A-最优实验设计问题为

$$\begin{array}{ll}\text{minimize} & \mathbf{tr}\left(\sum_{i=1}^{p}\lambda_i v_i v_i^T\right)^{-1} \\ \text{subject to} & \lambda \succeq 0, \quad \mathbf{1}^T\lambda = 1.\end{array} \tag{7.28}$$

这也是一个凸优化问题。和 E-最优实验设计问题类似，上述问题也可以转化为一个半定规划

$$\begin{array}{ll}\text{minimize} & \mathbf{1}^T u \\ \text{subject to} & \begin{bmatrix}\sum_{i=1}^{p}\lambda_i v_i v_i^T & e_k \\ e_k^T & u_k\end{bmatrix} \succeq 0, \quad k = 1, \cdots, n \\ & \lambda \succeq 0, \quad \mathbf{1}^T\lambda = 1,\end{array}$$

优化变量为 $u \in \mathbf{R}^n$ 和 $\lambda \in \mathbf{R}^p$，这里，e_k 是单位向量，第 k 个元素为 1。

最优实验设计及对偶

三种标量化形式的拉格朗日对偶都有着有趣的几何解释。

D-最优实验设计问题 (7.26) 的对偶问题可以描述为

$$\begin{array}{ll}\text{maximize} & \log\det W + n\log n \\ \text{subject to} & v_i^T W v_i \leqslant 1, \quad i = 1, \cdots, p,\end{array}$$

优化变量 $W \in \mathbf{S}^n$，定义域为 $\mathbf{S}^n_{++}$（参见习题 5.10）。此对偶问题有着一个简单的解释：最优解 $W^\star$ 决定了一个以原点为中心，包含点 $v_1, \cdots, v_p$ 的最小体积椭球 $\{x \mid x^T W^\star x \leqslant 1\}$（亦可参见第 214 页的关于问题 (5.14) 的讨论）。根据互补松弛有

$$\lambda_i^\star(1 - v_i^T W^\star v_i) = 0, \quad i = 1, \cdots, p, \tag{7.29}$$

即最优实验设计仅仅使用了在最小体积椭球球面上的实验 v_i。

E-最优和 A-最优设计问题的对偶问题可以类似理解。问题 (7.27) 和问题 (7.28) 的对偶问题可以分别描述为

$$\begin{array}{ll} \text{maximize} & \mathbf{tr}\, W \\ \text{subject to} & v_i^T W v_i \leqslant 1, \quad i = 1, \cdots, p \\ & W \succeq 0, \end{array} \tag{7.30}$$

和

$$\begin{array}{ll} \text{maximize} & (\mathbf{tr}\, W^{1/2})^2 \\ \text{subject to} & v_i^T W v_i \leqslant 1, \quad i = 1, \cdots, p, \end{array} \tag{7.31}$$

两个问题中的优化变量都为 $W \in \mathbf{S}^n$。在第二个问题中，有一个隐式的约束 $W \in \mathbf{S}^n_+$。（参见习题 5.40 和习题 5.10。）

和 D-最优设计问题一样，最优解 $W^\star$ 定义了一个包含点 $v_1, \cdots, v_p$ 的最小椭球 $\{x \mid x^T W^\star x \leqslant 1\}$。此外 $W^\star$ 和 $\lambda^\star$ 满足互补松弛条件 (7.29)，即最优设计仅使用 $W^\star$ 定义的椭球球面上的实验 v_i。

实验设计的例子

我们考虑一个问题，$x \in \mathbf{R}^2$，$p = 20$。20 组备选测量向量 a_i 如图7.9中的圆圈所示。原点用一个十字表示。

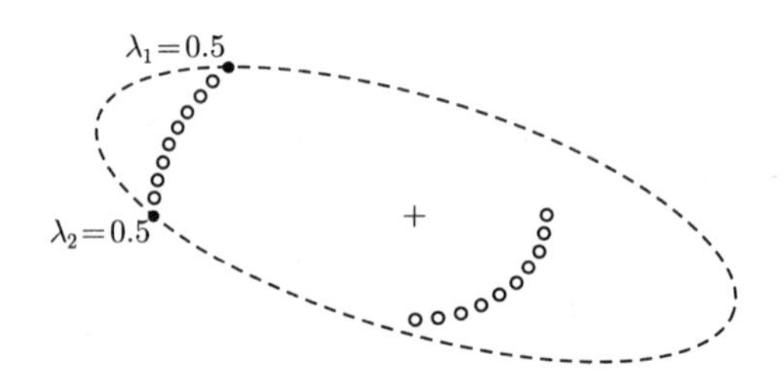

图7.9　实验设计例子。20 组备选实验向量用圆圈表示。D-最优设计使用实圆圈标记的两个测量向量，二者具有相等的权系数 $\lambda_i = 0.5$。椭圆是包含点 v_i，以原点为中心的最小面积椭圆。

D-最优实验只有两个非零的 λ_i，如图7.9中的实圆圈所示。E-最优实验有两个非零的 λ_i，如图7.10中的实圆圈所示。A-最优实验有三个非零的 λ_i，如图7.11 中的实圆圈所示。此外，我们还给出了对偶最优解 $W^\star$ 对应的三个椭球 $\{x \mid x^T W^\star x \leqslant 1\}$。

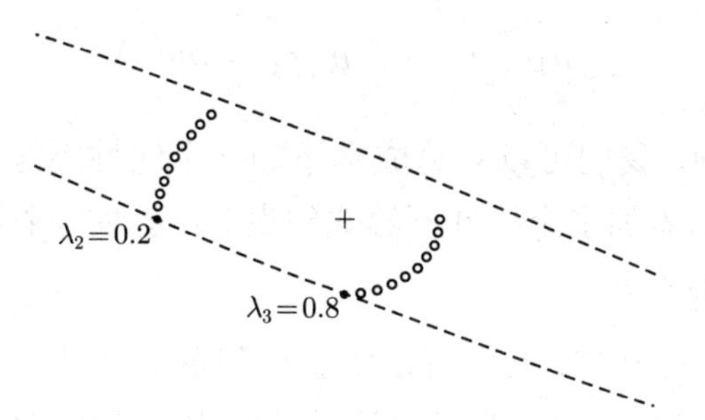

图7.10 E-最优设计利用两个测量向量。虚线是椭圆 $\{x \mid x^T W^\star x \leqslant 1\}$ 的边界（部分），其中 $W^\star$ 是对偶问题 (7.30) 的解。

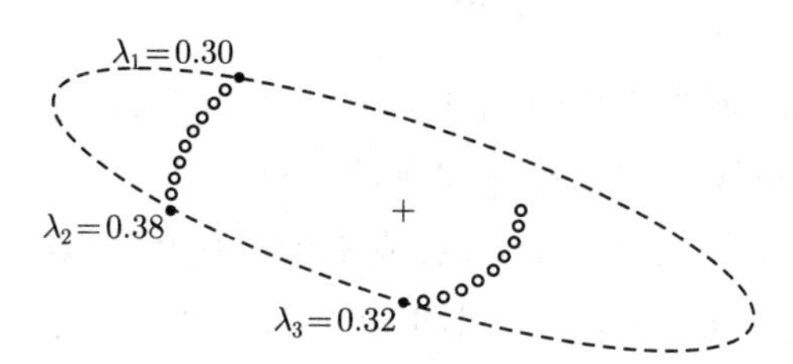

图7.11 A-最优设计利用了三个测量向量。虚线是椭圆 $\{x \mid x^T W^\star x \leqslant 1\}$，其中 $W^\star$ 是对偶问题(7.31) 的最优解。

得到的三个90% 置信椭圆如图7.12所示，此外还有“均匀”设计的置信椭圆，此时所有实验具有相等的权 $\lambda_i = 1/p$。

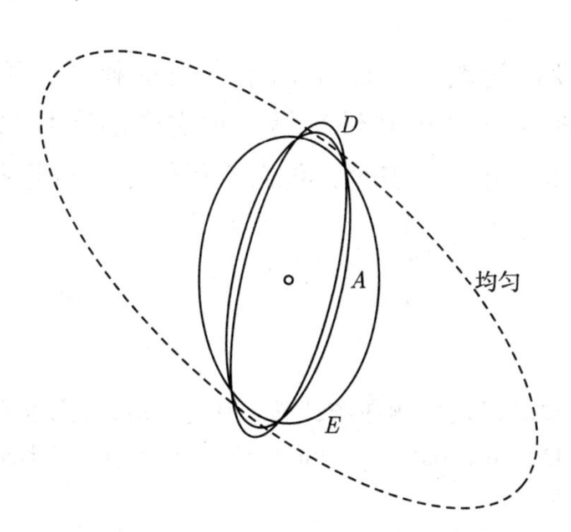

图7.12 D-最优设计，A-最优设计，E-最优设计以及均匀设计的 90%置信椭圆的形状。

7.5.3 扩展

原料限制

假设每一个实验都有一个成本 c_i，可能表示选择实验 v_i 的经济成本，或者所需时间。总成本，或需要的时间为（如果实验是顺序连续进行的）

$$m_1c_1 + \cdots + m_pc_p = mc^T\lambda.$$

在基本实验设计问题中，我们可以对总成本添加一个线性不等式约束，$mc^T\lambda \leqslant B$，其中 B 是预算。我们可以添加多个线性不等式约束，表示对多个资源的约束。

每次实验选择多个测量向量

我们也可以考虑一种推广，其中每次实验得到多个测量值。换言之，当我们进行一次实验时，我们得到多个测量值。为了对这种情况进行建模，我们使用和之前一样的符号，设 v_i 是 $\mathbf{R}^{n\times k_i}$ 中的矩阵

$$v_i = \left[\begin{array}{ccc} u_{i1} & \cdots & u_{ik_i} \end{array}\right],$$

其中 k_i 是当进行实验 v_i 时得到的测量值（标量）的个数。在这个复杂一些的问题中，误差协方差矩阵的形式和基本实验设计问题中一样。

除了可以添加线性不等式约束表示对成本或时间的约束，我们还可以对同时得到多个测量值的问题的成本或时间节省量进行建模。例如，假设同时得到实验 v_1 和 v_2 所产生的测量值（数值）的成本比单独进行两个实验的成本之和更小。我们可以引入矩阵 v_3

$$v_3 = \left[\begin{array}{cc} v_1 & v_2 \end{array}\right]$$

并对单独得到第一个测量值，单独得到第二个测量值，同时得到两个测量值的实验分别赋予成本 c_1，c_2 和 c_3。

当我们求解实验设计问题时，λ_1 给出了应当单独进行第一种实验的次数所占总次数的比例，λ_2 给出了应当单独进行第二种实验的次数的比例，λ_3 是应当同时进行两种实验的次数的比例。（一般地，我们希望做出一种选择；我们并不希望得到 $\lambda_1 > 0$，$\lambda_2 > 0$，且 $\lambda_3 > 0$。）

参考文献

ML 和 MAP 估计、假设检验以及检测在统计学、模式识别、统计信号处理以及通信的书中都有提到；例如，Bickel 和 Doksum [BD77], Duda, Hart 和 Stork [DHS99], Scharf [Sch91]，以及 Proakis [Pro01]。

Hastie, Tibshirani 和 Friedman [HTF01, §4.4] 讨论了 Logistic 回归。第 341 页中提到的协方差估计问题可以参见 Anderson [And70]。

Chebyshev 不等式的扩展在 20 世纪 60 年代的研究较多，参见 Isii [Isi64]，Marshall 和 Olkin [MO60]，Karlin 和 Studden [KS66, chapter 12] 等。它和半定规划的联系最近由 Bertsimas 和 Sethuraman [BS00] 以及 Lasserre [Las02] 给出。

§7.5 中的术语（A-，D- 和 E- 最优性）是最优实验设计相关文献中的标准用语（如 Pukelsheim [Puk93]）。Titterington [Tit75] 讨论了对偶 D-最优设计问题的几何解释。

习题

估计

7.1 噪声服从指数分布的线性测量。当噪声服从指数分布时，求解 ML 估计问题 (7.2)，其中概率密度分布为

$$p(z) = \begin{cases} (1/a)e^{-z/a} & z \geqslant 0 \\ 0 & z < 0, \end{cases}$$

其中 $a > 0$。

7.2 ML 估计和 ℓ_∞-范数逼近。考虑第 338 页中的线性测量模型 $y = Ax + v$，噪声服从均匀分布

$$p(z) = \begin{cases} 1/(2\alpha) & |z| \leqslant \alpha \\ 0 & |z| > \alpha. \end{cases}$$

根据第 338 页中的例 7.1，任意满足 $\|Ax - y\|_\infty \leqslant \alpha$ 的 x 是一个 ML 估计。

现在假设参数 α 未知，我们希望估计出 α 以及参数 x。证明通过求解下面的 ℓ_∞-范数逼近问题可以得到 x 和 α 的 ML 估计，

$$\text{minimize} \quad \|Ax - y\|_\infty,$$

其中 a_i^T 是 A 的行向量。

7.3 Probit 模型。假设 $y \in \{0, 1\}$ 是随机变量并可以由下式描述

$$y = \begin{cases} 1 & a^T u + b + v \leqslant 0 \\ 0 & a^T u + b + v > 0, \end{cases}$$

其中向量 $u \in \mathbf{R}^n$ 是解释变量向量（和第 340 页中描述的 Logistic 模型定义的一样），v 是 Gauss 随机变量，均值为 0，方差为 1。

给定数据对 (u_i, y_i) , $i = 1, \cdots, N$，将 a 和 b 的 ML 估计问题表述为一个凸优化问题。

7.4 多变量正态分布的协方差和均值估计。给定 N 组独立样本 y_1 , $y_2, \cdots, y_N \in \mathbf{R}^n$，考虑估计如下 Gauss 概率密度函数

$$p_{R,a}(y) = (2\pi)^{-n/2} \det(R)^{-1/2} \exp(-(y-a)^T R^{-1} (y-a)/2)$$

的协方差矩阵 R 和均值 a 的问题。

(a) 首先考虑当 R 和 a 没有附加约束的估计问题。令 μ 和 Y 是采样均值和协方差，定义如下

$$\mu = \frac{1}{N} \sum_{k=1}^N y_k, \qquad Y = \frac{1}{N} \sum_{k=1}^N (y_k - \mu)(y_k - \mu)^T.$$

证明对数似然函数

$$l(R, a) = -(Nn/2)\log(2\pi) - (N/2)\log\det R - (1/2)\sum_{k=1}^N (y_k - a)^T R^{-1} (y_k - a)$$

可以表述为

$$l(R,a)=\frac{N}{2}\left(-n\log(2\pi)-\log\det R-\mathbf{tr}(R^{-1}Y)-(a-\mu)^TR^{-1}(a-\mu)\right).$$

利用上面的表达式证明如果 $Y\succ 0$，那么 R 和 a 的 ML 估计唯一，并由下式给出

$$a_{\rm ml}=\mu,\qquad R_{\rm ml}=Y.$$

(b) 对数-似然函数包括一项凸的项（$-\log\det R$），因此不易看出来它是凹的。证明在区域

$$R\preceq 2Y$$

内，l 是 R 和 a 的凹函数。这说明只要包含凸约束 $R\preceq 2Y$，即估计值 R 不超过无约束 ML 估计值的两倍，我们可以利用凸优化方法同时求解 R 和 a 的有约束 ML 估计。

7.5 Markov 链估计。考虑一个 Markov 链，状态个数为 n，转移概率矩阵 $P\in\mathbf{R}^{n\times n}$ 定义为

$$P_{ij}=\mathbf{prob}(y(t+1)=i\mid y(t)=j).$$

转移概率必须满足 $P_{ij}\geqslant 0$ 及 $\sum_{i=1}^n P_{ij}=1$，$j=1,\cdots,n$。给定观测样本序列 $y(1)=k_1$，$y(2)=k_2\cdots y(N)=k_n$，考虑估计转移概率的问题。

(a) 证明如果 P_{ij} 没有其他的先验约束，那么 ML 估计是经验转移频率：$\hat{P}_{ij}$ 是状态由 j 转移到 i 的次数与观测样本中状态 j 的个数的比值。

(b) 假设 Markov 链的一个平衡分布 p 已知，即向量 $q\in\mathbf{R}_+^n$ 满足 $\mathbf{1}^Tq=1$ 和 $Pq=q$。证明当给定观测序列及 q 的信息时，计算 P 的 ML 估计问题可以表述为一个凸优化问题。

7.6 均值和方差的估计。考虑标准化的随机变量 $x\in\mathbf{R}$，概率密度为 p，均值为 0，方差为 1。考虑由 x 的仿射变换给出的随机变量 $y=(x+b)/a$，其中 $a>0$。随机变量 y 的期望为 b，方差为 $1/a^2$。当 a 和 b 分别在 $\mathbf{R}_+$ 和 $\mathbf{R}$ 上变化时，相应地，通过对 p 进行伸缩和平移得到一系列概率密度，每个对应不同的均值和方差。

证明如果 p 是对数-凹的，那么给定 y 的采样样本 $y_1,\cdots,y_n$，求解 a 和 b 的 ML 估计是一个凸问题。

作为一个例子，假设 p 是标准化的 Laplace 概率密度，即 $p(x)=e^{-2|x|}$，给出 a 和 b 的 ML 估计的解析解。

7.7 Poisson 分布的 ML 估计。设 x_i，$i=1,\cdots,n$ 是独立随机变量，服从如下 Poisson 分布

$$\mathbf{prob}(x_i=k)=\frac{e^{-\mu_i}\mu_i^k}{k!},$$

其中，均值 μ_i 未知。变量 x_i 表示一定时期内 n 种独立事件中某种发生的次数。例如，在发射断层造影术中，它们可以表示 n 组发射源发射的光子的个数。

考虑设计一个实验，确定均值 μ_i。实验包含 m 个检测器。如果事件 i 发生，它可以由检测器 j 以概率 p_{ji} 检测到。假设概率 p_{ji} 已知（其中 $p_{ji}\geqslant 0$，$\sum_{j=1}^m p_{ji}\leqslant 1$）。检测器 j 检测到的事件总数用 y_j 表示，

$$y_j=\sum_{i=1}^n y_{ji},\quad j=1,\cdots,m.$$

基于观测值 y_j，$j=1,\cdots,m$，将估计均值 μ_i 的 ML 估计问题表述为一个凸优化问题。

提示： 随机变量 y_{ji} 服从 Poisson 分布，其均值为 $p_{ji}\mu_i$，即，

$$\mathbf{prob}(y_{ji}=k)=\frac{e^{-p_{ji}\mu_i}(p_{ji}\mu_i)^k}{k!}.$$

如果 n 个独立的 Poisson 变量分别具有均值 $\lambda_1,\cdots,\lambda_n$，它们的和同样服从 Poisson 分布，均值为 $\lambda_1+\cdots+\lambda_n$。

7.8 利用符号测量的估计。 考虑如下测量模型

$$y_i=\mathbf{sign}(a_i^Tx+b_i+v_i),\quad i=1,\cdots,m,$$

其中 $x\in\mathbf{R}^n$ 是待估计向量，$y_i\in\{-1,1\}$ 是测量值。向量 $a_i\in\mathbf{R}^n$ 和实数 $b_i\in\mathbf{R}$ 已知，v_i 是 IID 噪声，其概率密度函数是对数-凹的。（可以假设事件 $a_i^Tx+b_i+v_i=0$ 不会发生。）证明 x 的最大似然估计问题是一个凸优化问题。

7.9 传感器非线性未知的估计问题。 考虑如下测量模型

$$y_i=f(a_i^Tx+b_i+v_i),\quad i=1,\cdots,m,$$

其中 $x\in\mathbf{R}^n$ 是待估计向量，$y_i\in\mathbf{R}$ 是测量值，$a_i\in\mathbf{R}^n$，$b_i\in\mathbf{R}$ 已知，v_i 是 IID 噪声，概率密度函数是对数-凹的。函数 $f:\mathbf{R}\to\mathbf{R}$ 表征了测量非线性，它是**未**知的。然而，对所有 t 有 $f'(t)\in[l,u]$，其中 $0<l<u$ 是给定的。

如何利用凸优化方法得到 x 以及函数 f 的最大似然估计？（这是一个无限维的 ML 估计问题，但是在此问题的求解和说明中可以非正式描述。）

7.10 $\mathbf{R}^k$ 上的非参数分布。 考虑随机变量 $x\in\mathbf{R}^k$，它的取值集合为有限集 $\{\alpha_1,\cdots,\alpha_n\}$，$x$ 服从如下分布

$$p_i=\mathbf{prob}(x=\alpha_i),\quad i=1,\cdots,n.$$

证明 X 的协方差的一个下界约束

$$S\preceq\mathbf{E}(X-\mathbf{E}\,X)(X-\mathbf{E}\,X)^T$$

是 p 的凸约束。

最优检测器设计

7.11 随机检测器。 证明任意随机检测器可以表述为一系列确定性检测器的凸组合：即如果

$$T=\begin{bmatrix} t_1 & t_2 & \cdots & t_n\end{bmatrix}\in\mathbf{R}^{m\times n}$$

满足 $t_k\succeq 0$ 且 $\mathbf{1}^Tt_k=1$，那么 T 可以表述为

$$T=\theta_1T_1+\cdots+\theta_NT_N,$$

其中 T_i 是一个 0-1 矩阵，每列只有一个元素为 1，$\theta_i\geqslant 0$，$\sum\limits_{i=1}^N\theta_i=1$。需要的确定性检测器的个数 N 的最大值是多少？

我们这样理解这个凸分解问题。随机检测器可以由 N 个确定性检测器来实现。当有观测值 $X=k$ 时，估计器以概率 $\mathbf{prob}(j=i)=\theta_i$ 在集合 $\{1,\cdots,N\}$ 中随机选择一个指标，然后应用确定性检测器 T_j。

7.12 最优动作。在检测器设计中，给定矩阵 $P \in \mathbf{R}^{n\times m}$（它的每一列是概率分布），设计矩阵 $T \in \mathbf{R}^{m\times n}$（它的每一列也是概率分布），使得 $D = TP$ 的对角线元素较大（非对角线元素较小）。在本问题中我们考虑对偶问题：给定 P，寻找矩阵 $S \in \mathbf{R}^{m\times n}$（它的每一列亦是概率分布）使得 $\tilde{D} = PS \in \mathbf{R}^{n\times n}$ 具有大的对角线元素（小的非对角线元素）。具体而言，优化目标为最大化 $\tilde{D}$ 的对角线上的最小元素。

可以将这个问题这么理解。有 n 种**结果**，由（随机的）m 个输入或我们采用的**动作**决定，即：P_{ij} 是采用动作 j，结果 i 发生的概率。我们的目标是找到一个（随机）策略，尽可能使得任意设定的结果发生。策略由矩阵 S 给出：S_{ji} 是我们采用动作 j 并希望结果 i 发生的概率。矩阵 $\tilde{D}$ 给出了动作错误概率矩阵：$\tilde{D}_{ij}$ 是当我们希望结果 j 发生而结果 i 发生的概率。特别地，$\tilde{D}_{ii}$ 是我们希望结果 i 发生而其确实发生了的概率。

证明这个问题有一个简单的解析解。证明（不同于相应的检测器问题）总有一个确定性的最优解。

提示：证明问题对 S 的各列是可分的。

Chebyshev 界和 Chernoff 界

7.13 有限集上的 Chebyshev-类型不等式。设 X 是随机变量，在集合 $\{\alpha_1, \alpha_2, \cdots, \alpha_m\}$ 中取值，令 S 是 $\{\alpha_1, \cdots, \alpha_m\}$ 的一个子集。X 的分布未知，但是 n 个函数 f_i 的期望值已知：

$$\mathbf{E}\, f_i(X) = b_i, \quad i = 1, \cdots, n. \tag{7.32}$$

考虑如下线性规划

$$\begin{array}{ll} \text{minimize} & x_0 + \sum_{i=1}^n b_i x_i \\ \text{subject to} & x_0 + \sum_{i=1}^n f_i(\alpha) x_i \geqslant 1, \quad \alpha \in S \\ & x_0 + \sum_{i=1}^n f_i(\alpha) x_i \geqslant 0, \quad \alpha \notin S, \end{array}$$

其中变量为 $x_0, \cdots, x_n$。证明对所有满足 (7.32) 的分布，此线性规划问题的最优值构成了 $\mathbf{prob}(X \in S)$ 的一个上界。证明总是存在一个分布达到上述上界。

8 几何问题

8.1 向集合投影

在范数 $\|\cdot\|$ 意义下，点 $x_0 \in \mathbf{R}^n$ 到闭集合 $C \subseteq \mathbf{R}^n$ 的**距离**定义为

$$\mathbf{dist}(x_0, C) = \inf\{\|x_0 - x\| \mid x \in C\}.$$

这里的极小总是可达的。我们称 C 中每一个最接近 x_0 的点 z，即满足 $\|z - x_0\| = \mathbf{dist}(x_0, C)$，为 x_0 在 C 上的**投影**。一般地，x_0 在 C 中可能有多于一个的投影，即 C 中有多个点都最接近 x_0。

在一些特殊情况下，我们可以知道点向集合的投影是唯一的。例如，如果 C 是闭且凸的，而范数严格凸（例如，Euclid 范数），那么，对于任意 x_0，正好存在一个 $z \in C$ 与 x_0 最接近。作为一个有趣的逆命题，我们有下面的结果：如果对于每一个 x_0，在 C 中都只有唯一的 Euclid 投影，那么 C 是闭和凸的（参见习题 8.2）。

我们用符号 $P_C : \mathbf{R}^n \to \mathbf{R}^n$ 表示函数：$P_C(x_0)$ 为 x_0 在 C 上的投影，即对于所有 x_0，

$$P_C(x_0) \in C, \qquad \|x_0 - P_C(x_0)\| = \mathbf{dist}(x_0, C).$$

换言之，我们有

$$P_C(x_0) = \operatorname{argmin}\{\|x - x_0\| \mid x \in C\}.$$

我们称 P_C 为**向 C 的投影**.

例 8.1　向 $\mathbf{R}^2$ 中单位矩形的投影。 考虑 $\mathbf{R}^2$ 中的单位矩形（的边界），即 $C = \{x \in \mathbf{R}^2 \mid \|x\|_\infty = 1\}$。我们取 $x_0 = 0$。

在 ℓ_1-范数下，$(1,0)$、$(0,-1)$、$(-1,0)$ 和 $(0,1)$ 四个点最接近 $x_0 = 0$，其距离为 1，因此，在 ℓ_1-范数下，我们有 $\mathbf{dist}(x_0, C) = 1$。相同的结论对 ℓ_2-范数也成立。

在 ℓ_∞-范数下，C 中所有点均处在与 x_0 距离为 1 的位置上，并且 $\mathbf{dist}(x_0, C) = 1$。

例 8.2　向秩为 k 的矩阵投影。 考虑秩小于或等于 k 的 $m \times n$ 矩阵集合，

$$C = \{X \in \mathbf{R}^{m \times n} \mid \mathbf{rank}\, X \leqslant k\},$$

其中 $k \leqslant \min\{m,n\}$，并令 $X_0 \in \mathbf{R}^{m\times n}$。我们可以通过奇异值分解，在（谱或最大奇异值）范数 $\|\cdot\|_2$ 下找到 X_0 向 C 的投影。令

$$X_0 = \sum_{i=1}^{r} \sigma_i u_i v_i^T$$

为 X_0 的奇异值分解，其中 $r = \mathbf{rank}\, X_0$。那么，矩阵 $Y = \sum_{i=1}^{\min\{k,r\}} \sigma_i u_i v_i^T$ 是 X_0 向 C 的投影。

8.1.1　点向凸集投影

如果 C 是凸的，那么，我们可以通过凸优化问题计算投影 $P_C(x_0)$ 及距离 $\mathbf{dist}(x_0, C)$。我们将集合 C 表示为一组线性等式和凸不等式，

$$Ax = b, \qquad f_i(x) \leqslant 0, \quad i = 1, \cdots, m, \tag{8.1}$$

然后通过求解关于变量 x 的问题

$$\begin{array}{ll} \text{minimize} & \|x - x_0\| \\ \text{subject to} & f_i(x) \leqslant 0, \quad i = 1, \cdots, m \\ & Ax = b, \end{array} \tag{8.2}$$

找到 x_0 向 C 的投影。当且仅当 C 非空时，这个问题可行；当它可行时，其最优值为 $\mathbf{dist}(x_0, C)$，并且任意最优解都是 x_0 向 C 的投影。

多面体上的 Euclid 投影

x_0 向由线性不等式 $Ax \preceq b$ 描述的多面体上的投影可以通过求解二次规划

$$\begin{array}{ll} \text{minimize} & \|x - x_0\|_2^2 \\ \text{subject to} & Ax \preceq b \end{array}$$

得到。一些特殊情况有简单的解析解。

- x_0 在平面 $C = \{x \mid a^T x = b\}$ 上的 Euclid 投影由

$$P_C(x_0) = x_0 + (b - a^T x_0)a/\|a\|_2^2$$

给出。

- x_0 在半空间 $C = \{x \mid a^T x \leqslant b\}$ 的 Euclid 投影由

$$P_C(x_0) = \begin{cases} x_0 + (b - a^T x_0)a/\|a\|_2^2 & a^T x_0 > b \\ x_0 & a^T x_0 \leqslant b \end{cases}$$

给出。

- x_0 在矩形 $C = \{x \mid l \preceq x \preceq u\}$（其中 $l \prec u$）上的 Euclid 投影由

$$P_C(x_0)_k = \begin{cases} l_k & x_{0k} \leqslant l_k \\ x_{0k} & l_k \leqslant x_{0k} \leqslant u_k \\ u_k & x_{0k} \geqslant u_k \end{cases}$$

给出。

正常锥上的 Euclid 投影

用 $x = P_K(x_0)$ 表示点 x_0 在正常锥 K 上的 Euclid 投影。

$$\begin{array}{ll} \text{minimize} & \|x - x_0\|_2^2 \\ \text{subject to} & x \succeq_K 0 \end{array}$$

的 KKT 条件由

$$x \succeq_K 0, \qquad x - x_0 = z, \qquad z \succeq_{K^*} 0, \qquad z^T x = 0$$

给出。引入记号 $x_+ = x$ 和 $x_- = z$，我们可以将这些条件表述为

$$x_0 = x_+ - x_-, \qquad x_+ \succeq_K 0, \qquad x_- \succeq_{K^*} 0, \qquad x_+^T x_- = 0.$$

换言之，通过将 x_0 向锥 K 进行投影，我们将其分解为两个正交的元素之差：一个关于 K 非负（并且是 x_0 在 K 上的投影），而另一个关于 K^* 非负。

一些特殊的例子：

- 对于 $K = \mathbf{R}_+^n$，我们有 $P_K(x_0)_k = \max\{x_{0k}, 0\}$。通过将每个负分量替换为 0，可以找到向量向非负象限的 Euclid 投影。
- 对于 $K = \mathbf{S}_+^n$ 和 Euclid（或 Frobenius）范数 $\|\cdot\|_F$，我们有 $P_K(X_0) = \sum_{i=1}^n \max\{0, \lambda_i\} v_i v_i^T$，其中 $X_0 = \sum_{i=1}^n \lambda_i v_i v_i^T$ 为 X_0 的特征值分解。为了将一个对称矩阵向半正定锥投影，我们将其进行特征值展开，然后舍弃与负特征值相关的项。这个矩阵同时也是在 ℓ_2-或谱范数下向半正定锥的投影。

8.1.2 将点与凸集分离

设 C 是由等式和不等式 (8.1) 描述的闭凸集。如果 $x_0 \in C$，那么 $\mathbf{dist}(x_0, C) = 0$ 并且问题 (8.2) 的最优点即是 x_0。如果 $x_0 \notin C$，那么 $\mathbf{dist}(x_0, C) > 0$ 并且问题 (8.2) 的最优值为正。在这种情况下，我们将看到任意对偶最优解提供了一个点 x_0 与集合 C 的分离超平面。

（当点不属于集合时）将点向凸集投影与寻找分离它们的超平面之间的联系应当不令人惊讶。事实上，我们在 §2.5.1 中给出的超平面分离定理的证明即有赖于找到两个集

合之间的 Euclid 距离。如果 $P_C(x_0)$ 表示 x_0 向 C 的 Euclid 投影，其中 $x_0 \notin C$，那么超平面

$$(P_C(x_0)-x_0)^T(x-(1/2)(x_0+P_C(x_0)))=0$$

将 x_0 与 C（严格地）分离，如图 8.1 所示。对于其他范数，Lagrange 对偶是投影问题与分离超平面问题之间最清晰的联系。

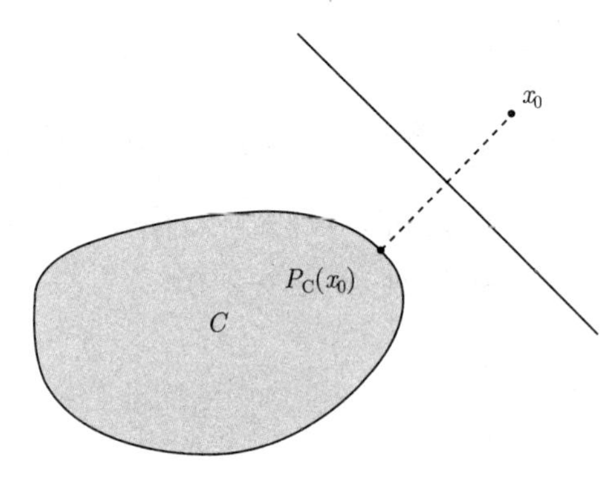

图 8.1　点 x_0 向凸集 C 的 Euclid 投影 $P_C(x_0)$。两者之间具有法向量 $P_C(x_0)-x_0$ 的超平面严格地将点与集合分离开。这个性质对于一般的范数并不成立，参见习题 8.4。

首先将 (8.2) 表示为

$$\begin{array}{ll}\text{minimize} & \|y\| \\ \text{subject to} & f_i(x)\leqslant 0, \quad i=1,\cdots,m \\ & Ax=b \\ & x_0-x=y,\end{array}$$

其变量为 x 和 y。这个问题的 Lagrange 为

$$L(x,y,\lambda,\mu,\nu)=\|y\|+\sum_{i=1}^m \lambda_i f_i(x)+\nu^T(Ax-b)+\mu^T(x_0-x-y),$$

对偶函数为

$$g(\lambda,\mu,\nu)=\begin{cases}\inf_x\left(\sum_{i=1}^m \lambda_i f_i(x)+\nu^T(Ax-b)+\mu^T(x_0-x)\right) & \|\mu\|_*\leqslant 1 \\ -\infty & \text{其他情况}.\end{cases}$$

于是，我们得到对偶问题

$$\begin{array}{ll}\text{maximize} & \mu^T x_0+\inf_x\left(\sum_{i=1}^m \lambda_i f_i(x)+\nu^T(Ax-b)-\mu^T x\right) \\ \text{subject to} & \lambda\succeq 0 \\ & \|\mu\|_*\leqslant 1,\end{array}$$

其变量为 λ、μ、ν。对于这个对偶问题，我们可以解释如下。设 λ、μ、ν 对偶可行并且具有正的对偶目标值，即 $\lambda \succeq 0$，$\|\mu\|_* \leqslant 1$，并且对于所有 x，

$$\mu^T x_0 - \mu^T x + \sum_{i=1}^{m} \lambda_i f_i(x) + \nu^T(Ax - b) > 0.$$

这表明对于 $x \in C$ 有 $\mu^T x_0 > \mu^T x$，因此，μ 定义了一个严格的分离超平面。特别地，假设 (8.2) 严格可行，强对偶成立。如果 $x_0 \notin C$，其最优解是正的，并且任意对偶最优解定义了一个严格分离超平面。

注意，通过对偶构造分离超平面的方法对任意范数有效，但前述这种简单的构造仅仅针对 Euclid 范数。

将点与多面体分离

$$\begin{array}{ll} \text{minimize} & \|y\| \\ \text{subject to} & Ax \preceq b \\ & x_0 - x = y \end{array}$$

的对偶问题是

$$\begin{array}{ll} \text{maximize} & \mu^T x_0 - b^T \lambda \\ \text{subject to} & A^T \lambda = \mu \\ & \|\mu\|_* \leqslant 1 \\ & \lambda \succeq 0. \end{array}$$

可以进一步简化为

$$\begin{array}{ll} \text{maximize} & (Ax_0 - b)^T \lambda \\ \text{subject to} & \|A^T \lambda\|_* \leqslant 1 \\ & \lambda \succeq 0. \end{array}$$

容易验证，如果对偶目标是正的，那么 $A^T\lambda$ 是分离超平面的法向量：如果 $Ax \preceq b$，那么

$$(A^T\lambda)^T x = \lambda^T(Ax) \leqslant \lambda^T b < \lambda^T A x_0.$$

因此，$\mu = A^T\lambda$ 定义了一个分离超平面。

8.1.3 通过示性函数和支撑函数的投影与分离

可以将 §8.1.1 和 §8.1.2 所描述的想法表示在紧凑形式中，这需要利用集合 C 的示性函数 I_C 和支撑函数 S_C，定义为

$$S_C(x) = \sup_{y \in C} x^T y, \qquad I_C(x) = \begin{cases} 0 & x \in C \\ +\infty & x \notin C. \end{cases}$$

将 x_0 向闭凸集 C 投影的问题可以紧凑表示为

$$
\begin{array}{ll}
\text{minimize} & \|x - x_0\| \\
\text{subject to} & I_C(x) \leqslant 0,
\end{array}
$$

或者，等价地，

$$
\begin{array}{ll}
\text{minimize} & \|y\| \\
\text{subject to} & I_C(x) \leqslant 0 \\
& x_0 - x = y,
\end{array}
$$

其中变量为 x 和 y。这一问题的对偶函数为

$$
\begin{aligned}
g(z, \lambda) &= \inf_{x,y} \left(\|y\| + \lambda I_C(x) + z^T(x_0 - x - y)\right) \\
&= \begin{cases} z^T x_0 + \inf_x \left(-z^T x + I_C(x)\right) & \|z\|_* \leqslant 1, \quad \lambda \geqslant 0 \\ -\infty & \text{其他情况} \end{cases} \\
&= \begin{cases} z^T x_0 - S_C(z) & \|z\|_* \leqslant 1, \quad \lambda \geqslant 0 \\ -\infty & \text{其他情况.} \end{cases}
\end{aligned}
$$

因此，我们得到对偶问题

$$
\begin{array}{ll}
\text{maximize} & z^T x_0 - S_C(z) \\
\text{subject to} & \|z\|_* \leqslant 1.
\end{array}
$$

如果 z 对偶最优并有正的目标值，那么，对于任意 $x \in C$，都有 $z^T x_0 > z^T x$，即 z 定义了一个分离超平面。

8.2 集合间的距离

范数 $\|\cdot\|$ 意义下，两个集合 C 和 D 之间的距离定义为

$$
\mathbf{dist}(C, D) = \inf\{\|x - y\| \mid x \in C,\ y \in D\}.
$$

如果 $\mathbf{dist}(C, D) > 0$，那么两个集合 C 和 D 不相交。如果 $\mathbf{dist}(C, D) = 0$ 并且定义中的极小是可达的（例如，一种情况是如果集合是闭的，并且其中一个是有界的），那么它们相交。

集合间的距离可以用点到集合的距离进行表示，

$$
\mathbf{dist}(C, D) = \mathbf{dist}(0, D - C),
$$

因此，可以应用前一节的结论。但是，本节将对集合间距离的问题针对性地推导出一些结果。这将使得我们可以深入研究集合 $C - D$ 的结构并使之更加容易理解。

8.2.1 计算凸集间的距离

设 C 和 D 由两个凸不等式组描述，

$$C = \{x \mid f_i(x) \leqslant 0,\ i = 1, \cdots, m\}, \qquad D = \{x \mid g_i(x) \leqslant 0,\ i = 1, \cdots, p\}.$$

（可以包含线性等式，但为简单起见，在这里忽略它们。）我们可以通过求解下述凸规划问题找到 $\mathbf{dist}(C, D)$，

$$\begin{array}{ll} \text{minimize} & \|x - y\| \\ \text{subject to} & f_i(x) \leqslant 0, \quad i = 1, \cdots, m \\ & g_i(y) \leqslant 0, \quad i = 1, \cdots, p. \end{array} \tag{8.3}$$

多面体间的 Euclid 距离

令 C 和 D 是分别由线性不等式 $A_1 x \preceq b_1$ 和 $A_2 x \preceq b_2$ 描述的两个多面体。C 和 D 之间的距离是最接近的一对点之间的距离，其中一个在 C 中，另一个属于 D，如图 8.2 所示。它们之间的距离是问题

$$\begin{array}{ll} \text{minimize} & \|x - y\|_2 \\ \text{subject to} & A_1 x \preceq b_1 \\ & A_2 y \preceq b_2 \end{array} \tag{8.4}$$

的最优值。我们可以将目标函数平方以得到等价的二次规划。

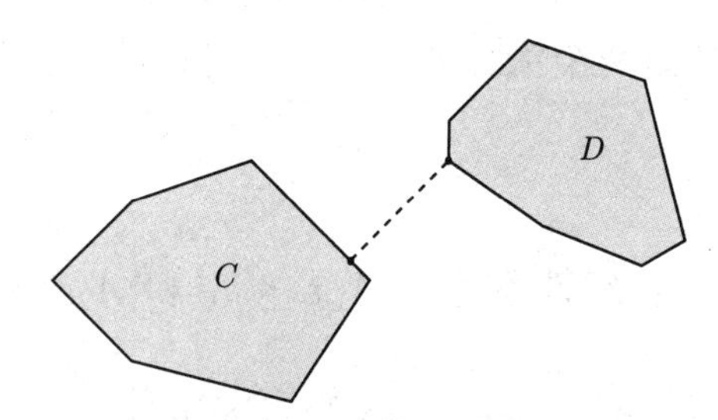

图 8.2 多面体 C 和 D 之间的距离。虚线连接了分别处于 C 和 D 之间的两点，它们是在 Euclid 范数下最为接近的。这些点可通过求解二次规划得到。

8.2.2 凸集分离

对于寻找两个凸集间距离的问题 (8.3) 的对偶问题，我们可以基于集合间的分离超平面给出有趣的几何解释。首先将问题表述为下面的等价形式：

$$\begin{array}{ll} \text{minimize} & \|w\| \\ \text{subject to} & f_i(x) \leqslant 0, \quad i = 1, \cdots, m \\ & g_i(y) \leqslant 0, \quad i = 1, \cdots, p \\ & x - y = w. \end{array} \tag{8.5}$$

对偶函数为

$$
\begin{aligned}
g(\lambda, z, \mu) &= \inf_{x,y,w}\left(\|w\| + \sum_{i=1}^{m}\lambda_i f_i(x) + \sum_{i=1}^{p}\mu_i g_i(y) + z^T(x-y-w)\right)\\
&= \begin{cases} \inf_x\left(\sum_{i=1}^{m}\lambda_i f_i(x) + z^T x\right) + \inf_y\left(\sum_{i=1}^{p}\mu_i g_i(y) - z^T y\right) & \|z\|_* \leqslant 1 \\ -\infty & \text{其他情况}, \end{cases}
\end{aligned}
$$

从而可以得到对偶问题

$$
\begin{array}{ll}
\text{maximize} & \inf_x\left(\sum_{i=1}^{m}\lambda_i f_i(x) + z^T x\right) + \inf_y\left(\sum_{i=1}^{p}\mu_i g_i(y) - z^T y\right) \\
\text{subject to} & \|z\|_* \leqslant 1 \\
& \lambda \succeq 0, \quad \mu \succeq 0.
\end{array}
\tag{8.6}
$$

我们可以从几何角度将其解释如下。如果 λ、μ 是具有正目标值的对偶可行解，那么，对于所有 x 和 y，

$$
\sum_{i=1}^{m}\lambda_i f_i(x) + z^T x + \sum_{i=1}^{p}\mu_i g_i(y) - z^T y > 0.
$$

特别地，对于 $x \in C$ 和 $y \in D$，我们有 $z^T x - z^T y > 0$，由此可以看出 z 定义了一个严格分离 C 和 D 的超平面。

所以，如果问题 (8.5) 和 (8.6) 之间的强对偶性成立（也就是当 (8.5) 严格可行时），我们可以得到下面结论。如果两个集合之间的距离是正的，那么它们可以被超平面严格地分离。

多面体分离

将这些对偶理论应用于由线性不等式 $A_1 x \preceq b_1$ 和 $A_2 x \preceq b_2$ 定义的集合时，我们可以得到对偶问题

$$
\begin{array}{ll}
\text{maximize} & -b_1^T\lambda - b_2^T\mu \\
\text{subject to} & A_1^T\lambda + z = 0 \\
& A_2^T\mu - z = 0 \\
& \|z\|_* \leqslant 1 \\
& \lambda \succeq 0, \quad \mu \succeq 0.
\end{array}
$$

如果 λ、μ 和 z 对偶可行，那么，对所有 $x \in C$，$y \in D$ 都有

$$
z^T x = -\lambda^T A_1 x \geqslant -\lambda^T b_1, \qquad z^T y = \mu^T A_2 x \leqslant \mu^T b_2,
$$

并且，如果对偶目标值是正的，那么

$$
z^T x - z^T y \geqslant -\lambda^T b_1 - \mu^T b_2 > 0,
$$

即 z 定义了一个分离超平面。

8.2.3 利用示性函数和支撑函数的距离和分离

利用示性函数和支撑函数，可以将在 §8.2.1 和 §8.2.2 中讨论的想法表示为紧凑形式。寻找两个凸集之间距离的问题可以表述为凸问题

$$\begin{array}{ll}\text{minimize} & \|x-y\| \\ \text{subject to} & I_C(x) \leqslant 0 \\ & I_D(y) \leqslant 0,\end{array}$$

它等价于

$$\begin{array}{ll}\text{minimize} & \|w\| \\ \text{subject to} & I_C(x) \leqslant 0 \\ & I_D(y) \leqslant 0 \\ & x-y=w.\end{array}$$

这个问题的对偶是

$$\begin{array}{ll}\text{maximize} & -S_C(-z)-S_D(z) \\ \text{subject to} & \|z\|_* \leqslant 1.\end{array}$$

如果 z 对偶可行并具有正的目标值，那么 $S_D(z) < -S_C(-z)$，即

$$\sup_{x\in D} z^T x < \inf_{x\in C} z^T x.$$

换言之，z 定义了一个严格分离 C 和 D 的超平面。

8.3 Euclid 距离和角度问题

设 $a_1,\cdots,a_n$ 为 $\mathbf{R}^n$ 中的一个向量集合，(此处) 我们假设已知它们的 Euclid 长度

$$l_1=\|a_1\|_2, \quad \cdots, \quad l_n=\|a_n\|_2.$$

我们称这个向量集合为**配置**，或者，当它们独立时，称为**基**。在本节中，我们考虑关于配置的各种几何性质的优化问题，例如，向量间的 Euclid 距离，向量间的角度以及基的条件的各种几何度量。

8.3.1 Gram 矩阵与可实现性

长度、距离和角度可以用关于向量 $a_1,\cdots,a_n$ 的 **Gram 矩阵**进行表达。Gram 矩阵由

$$G=A^TA, \qquad A=\left[\begin{array}{ccc} a_1 & \cdots & a_n\end{array}\right]$$

给出，因此，$G_{ij}=a_i^Ta_j$。G 的对角元素为

$$G_{ii}=l_i^2, \quad i=1,\cdots,n,$$

此处假设它们是已知和固定的。a_i 和 a_j 之间的距离 d_{ij} 是

$$\begin{aligned} d_{ij} &= \|a_i - a_j\|_2 \\ &= (l_i^2 + l_j^2 - 2a_i^T a_j)^{1/2} \\ &= (l_i^2 + l_j^2 - 2G_{ij})^{1/2}. \end{aligned}$$

反之，也可以将 G_{ij} 用 d_{ij} 表示为

$$G_{ij} = \frac{l_i^2 + l_j^2 - d_{ij}^2}{2}.$$

为后续讨论，我们在这里指出，G_{ij} 是 d_{ij}^2 的仿射函数。

（非零的）a_i 和 a_j 之间的**相关系数** ρ_{ij} 由

$$\rho_{ij} = \frac{a_i^T a_j}{\|a_i\|_2 \|a_j\|_2} = \frac{G_{ij}}{l_i l_j}$$

给出，因此，$G_{ij} = l_i l_j \rho_{ij}$ 是 ρ_{ij} 的线性函数。（非零的）a_i 和 a_j 之间的角度 θ_{ij} 由

$$\theta_{ij} = \arccos \rho_{ij} = \arccos(G_{ij}/(l_i l_j))$$

给出，其中我们取 $\arccos \rho \in [0, \pi]$。所以，我们有 $G_{ij} = l_i l_j \cos \theta_{ij}$。

长度、距离和角度在正交变换下不变：如果 $Q \in \mathbf{R}^{n \times n}$ 是正交的，那么向量集合 $Qa_i, \cdots, Qa_n$ 具有同样的 Gram 矩阵，因此，也有相同的长度、距离和角度。

可实现性

当然，Gram 矩阵 $G = A^T A$ 是对称和半正定的。其逆命题是线性代数的一个基本结论：矩阵 $G \in \mathbf{S}^n$ 是一个向量集合 $a_1, \cdots, a_n$ 的 Gram 矩阵的充要条件是 $G \succeq 0$。当 $G \succeq 0$ 时，我们可以通过寻找满足 $A^T A = G$ 的矩阵 A 构造一个以 G 为 Gram 矩阵的配置。这个方程的一个解是对称平方根 $A = G^{1/2}$。当 $G \succ 0$ 时，我们可以通过 G 的 Cholesky 因式分解找到这样的解：如果 $LL^T = G$，那么可以取 $A = L^T$。而且，通过正交变换，可以从一个已知解构造出给定 Gram 矩阵 G 的**所有配置**：对于**任意**满足 $\tilde{A}^T \tilde{A} = G$ 的解，都有正交矩阵 Q 使得 $\tilde{A} = QA$。

所以，一个长度、距离和角度（或相关系数）集合**可实现**，即它们是某些配置（的长度、距离和角度）的充要条件是，相关的 Gram 矩阵 G 半正定并具有对角元素 $l_1^2, \cdots, l_n^2$。

我们可以利用这一事实将一些几何问题表述为以 $G \in \mathbf{S}^n$ 为优化变量的凸优化问题。可实现性要求 $G \succeq 0$ 及 $G_{ii} = l_i^2$，$i = 1, \cdots, n$；我们在下面列出其他一些凸的约束和目标。

角度与距离约束

可以通过线性等式约束 $G_{ij}=l_il_j\cos\alpha$ 将角度固定为定值 $\theta_{ij}=\alpha$。更一般地，可以对角度规定上下界：$\alpha\leqslant\theta_{ij}\leqslant\beta$，这通过约束

$$l_il_j\cos\alpha\geqslant G_{ij}\geqslant l_il_j\cos\beta$$

做到，这是对 G 的一对线性不等式约束。(这里我们用到了 arccos 是单调减函数的性质。) 我们可以通过极小或极大化 G_{ij} 来极大或极小化特定的角度 θ_{ij} (再次利用了 arccos 的单调性)。

通过类似的方法，我们可以对距离添加约束。要求 d_{ij} 处于一个区间，我们使用

$$\begin{aligned} d_{\min}\leqslant d_{ij}\leqslant d_{\max} &\Longleftrightarrow d_{\min}^2\leqslant d_{ij}^2\leqslant d_{\max}^2 \\ &\Longleftrightarrow d_{\min}^2\leqslant l_i^2+l_j^2-2G_{ij}\leqslant d_{\max}^2, \end{aligned}$$

这是关于 G 的一对线性不等式。极小或极大化一个距离，我们可以极小或极大化其平方，那是 G 的一个仿射函数。

作为一个简单的例子，设给定某些角度和距离的范围（例如，可能取值的区间)。于是，我们可以通过求解两个半定规划（SDP)，在所有配置中找到其他某些角度或距离的最小和最大可能值。我们可以通过将得到的最优 Gram 矩阵进行分解，重构出两个极端配置。

奇异值与条件数约束

A 的奇异值 $\sigma_1\geqslant\cdots\geqslant\sigma_n$ 是 G 的特征值 $\lambda_1\geqslant\cdots\geqslant\lambda_n$ 的平方根。所以，σ_1^2 是 G 的凸函数而 σ_n^2 是 G 的凹函数。因此我们可以规定 A 的最大奇异值的上界，或极小化它；我们也可以规定最小奇异值的下界，或极大化它。A 的条件数 σ_1/σ_n 是 G 的拟凸函数，因此我们可以规定它的最大允许值，或者通过拟凸优化，在满足其他几何约束的所有配置中极小化它。

粗略地，我们可以向 G 添加凸约束以要求 $a_1,\cdots,a_n$ 成为一个良态基。

对偶基

当 $G\succ 0$ 时，$a_1,\cdots,a_n$ 构成 $\mathbf{R}^n$ 的一个基。与其相关的**对偶基**为 $b_1,\cdots,b_n$，这里

$$b_i^Ta_j=\begin{cases}1 & i=j\\ 0 & i\neq j.\end{cases}$$

简单地，对偶基向量是矩阵 A^{-1} 的行。一个结果是，对应于对偶基的 Gram 矩阵为 G^{-1}。

我们可以将对偶基的一些几何条件表示为 G 的凸约束。对偶基向量的（平方）长度

$$\|b_i\|_2^2=e_i^TG^{-1}e_i$$

是 G 的凸函数，因此可以被极小化。G 的另一个凸函数 G^{-1} 的迹给出了对偶基向量的平方和（这是良态基的另一种度量）。

椭球和单纯形体积

椭球 $\{Au \mid \|u\|_2 \leqslant 1\}$ 的体积

$$\gamma(\det(A^TA))^{1/2} = \gamma(\det G)^{1/2},$$

给出了基良好程度的另一种度量，其中 γ 为 $\mathbf{R}^n$ 中单位球的体积。因此，体积的对数为 $\log\gamma + (1/2)\log\det G$，这是 G 的一个凹函数。所以，我们可以通过极大化 $\log\det G$，在配置的凸集中极大化这个镜像椭球的体积。

对于 $\mathbf{R}^n$ 中的任意集合有类似的结论。在 A 的镜像下的体积是其体积乘以系数 $(\det G)^{1/2}$。例如，考虑单位单纯形 $\mathbf{conv}\{0, e_1, \cdots, e_n\}$ 在 A 下的镜像，即单纯形 $\mathbf{conv}\{0, a_1, \cdots, a_n\}$。这个单纯形的体积由 $\overline{\gamma}(\det G)^{1/2}$ 给出，其中 $\overline{\gamma}$ 为 $\mathbf{R}^n$ 中单位单纯形的体积。我们可以通过极大化 $\log\det G$ 来极大化这个单纯形的体积。

8.3.2 仅关注角度的问题

设我们仅仅关心向量之间的角度（或者相关系数），而不在意长度或它们之间的距离。在这种情况下，直观易见，我们可以简单地假设向量具有长度 $l_i = 1$。可以很容易地验证：Gram 矩阵具有 $G = \mathbf{diag}(l)C\,\mathbf{diag}(l)$ 的形式，其中 l 为向量的长度，C 为相关矩阵，即 $C_{ij} = \cos\theta_{ij}$。继而可知，如果对于任一正长度集合有 $G \succeq 0$，那么对于所有正长度集合均有 $G \succeq 0$。特别地，当且仅当 $C \succeq 0$（这等同于假设所有长度均为一）时，这种情况发生。因此，角度集合 $\theta_{ij} \in [0, \pi]$，$i, j = 1, \cdots, n$ 是可实现的，当且仅当 $C \succeq 0$。这是一个关于相关系数的线性矩阵不等式。

作为一个例子，假设给定一些角度的上下界（相当于规定相关系数的上下界）。于是，我们可以通过求解两个 SDP，在所有配置中找到其他角度的最大、最小可能值。

例 8.3 对相关系数定界。 考虑 $\mathbf{R}^4$ 中的一个例子，给定

$$\begin{aligned} &0.6 \leqslant \rho_{12} \leqslant 0.9, \quad 0.8 \leqslant \rho_{13} \leqslant 0.9, \\ &0.5 \leqslant \rho_{24} \leqslant 0.7, \quad -0.8 \leqslant \rho_{34} \leqslant -0.4. \end{aligned} \tag{8.7}$$

为求取 ρ_{14} 的最小和最大可能值，我们求解两个 SDP

$$\begin{array}{ll} \text{minimize/maximize} & \rho_{14} \\ \text{subject to} & (8.7) \\ & \begin{bmatrix} 1 & \rho_{12} & \rho_{13} & \rho_{14} \\ \rho_{12} & 1 & \rho_{23} & \rho_{24} \\ \rho_{13} & \rho_{23} & 1 & \rho_{34} \\ \rho_{14} & \rho_{24} & \rho_{34} & 1 \end{bmatrix} \succeq 0, \end{array}$$

其变量为 $\rho_{12}, \rho_{13}, \rho_{14}, \rho_{23}, \rho_{24}, \rho_{34}$。最小、最大值（精确到小数点后两位）为 -0.39 和 0.23，相应的相关矩阵为

$$\begin{bmatrix} 1.00 & 0.60 & 0.87 & -0.39 \\ 0.60 & 1.00 & 0.33 & 0.50 \\ 0.87 & 0.33 & 1.00 & -0.55 \\ -0.39 & 0.50 & -0.55 & 1.00 \end{bmatrix}, \quad \begin{bmatrix} 1.00 & 0.71 & 0.80 & 0.23 \\ 0.71 & 1.00 & 0.31 & 0.59 \\ 0.80 & 0.31 & 1.00 & -0.40 \\ 0.23 & 0.59 & -0.40 & 1.00 \end{bmatrix}.$$

8.3.3 Euclid 距离问题

在 **Euclid 距离问题**中，我们**仅仅**关心向量之间的距离 d_{ij}，而忽略向量的长度和它们之间的角度。当然，这些距离在正交变换下并不是不变的，但是在下面这种变换下不变：对于任意 $b \in \mathbf{R}^n$，配置 $\tilde{a}_1 = a_1 + b, \cdots, \tilde{a}_n = a_n + b$ 与原配置具有相同的距离。特别地，选择

$$b = -(1/n)\sum_{i=1}^{n} a_i = -(1/n)A\mathbf{1},$$

我们可以看出 $\tilde{a}_i$ 与原配置具有相同的距离，同时满足 $\sum_{i=1}^{n} \tilde{a}_i = 0$。继而，在 Euclid 距离问题中，我们可以不失一般性地假设向量 $a_1, \cdots, a_n$ 的平均值为零，即 $A\mathbf{1} = 0$。

通过将长度（它无法出现在 Euclid 距离问题的目标和约束中）作为优化问题中的自由变量，我们可以求解 Euclid 距离问题。这里我们需要：存在距离为 $d_{ij} \geqslant 0$ 的配置的充要条件是，存在长度 $l_1, \cdots, l_n$ 使得 $G \succeq 0$，其中 $G_{ij} = (l_i^2 + l_j^2 - d_{ij}^2)/2$。

将 $z \in \mathbf{R}^n$ 定义为 $z_i = l_i^2$，将 $D \in \mathbf{S}^n$ 定义为 $D_{ij} = d_{ij}^2$（当然，$D_{ii} = 0$）。对于长度选择的条件 $G \succeq 0$ 可以被表述为

$$G = (z\mathbf{1}^T + \mathbf{1}z^T - D)/2 \succeq 0 \text{ 对某些 } z \succeq 0, \tag{8.8}$$

这是 D 和 z 上的线性矩阵不等式。具有非负元素、零对角线并且满足 (8.8) 的矩阵 $D \in \mathbf{S}^n$ 被称为 **Euclid 距离矩阵**。一个矩阵是 Euclid 距离矩阵，当且仅当其元素是某些配置向量间距离的平方。（给定一个 Euclid 距离矩阵 D 和相关的长度平方向量 z，我们可以用上述办法重构出一个或全部具有给定距离的配置。）

条件 (8.8) 等价于一个更简单的条件：D 在 $\mathbf{1}^\perp$ 上半正定，即

$$\begin{aligned} (8.8) &\Longleftrightarrow u^T D u \leqslant 0 \text{ 对所有满足 } \mathbf{1}^T u = 0 \text{ 的 } u \\ &\Longleftrightarrow (I - (1/n)\mathbf{1}\mathbf{1}^T)D(I - (1/n)\mathbf{1}\mathbf{1}^T) \preceq 0. \end{aligned}$$

这一简单的矩阵不等式和 $D_{ij} \geqslant 0$，$D_{ii} = 0$ 是 Euclid 距离矩阵的经典特征。为看出这个等价性，回顾我们的假设 $A\mathbf{1} = 0$，这表明 $\mathbf{1}^T G \mathbf{1} = \mathbf{1}^T A^T A \mathbf{1} = 0$。继而 $G \succeq 0$，当且仅当 G 在 $\mathbf{1}^\perp$ 上半正定，即

$$
\begin{aligned}
0 &\preceq (I-(1/n)\mathbf{1}\mathbf{1}^T)G(I-(1/n)\mathbf{1}\mathbf{1}^T) \\
&= (1/2)(I-(1/n)\mathbf{1}\mathbf{1}^T)(z\mathbf{1}^T+\mathbf{1}z^T-D)(I-(1/n)\mathbf{1}\mathbf{1}^T) \\
&= -(1/2)(I-(1/n)\mathbf{1}\mathbf{1}^T)D(I-(1/n)\mathbf{1}\mathbf{1}^T),
\end{aligned}
$$

这是简化了的条件。

总结起来，矩阵 $D \in \mathbf{S}^n$ 是一个 Euclid 距离矩阵（即给出了 $\mathbf{R}^n$ 空间 n 个向量的集合中的平方距离）的充要条件是

$$
D_{ii}=0, \quad i=1,\cdots,n, \qquad D_{ij} \geqslant 0, \quad i,j=1,\cdots,n,
$$

$$
(I-(1/n)\mathbf{1}\mathbf{1}^T)D(I-(1/n)\mathbf{1}\mathbf{1}^T) \preceq 0.
$$

这是线性等式、线性不等式加上 D 上的线性矩阵不等式。因此，我们可以将在平方距离下凸的 Euclid 距离问题表示为以 $D \in \mathbf{S}^n$ 为变量的凸问题。

8.4　极值体积椭球

设 $C \subseteq \mathbf{R}^n$ 有界并且内部非空。本节将考虑寻找 C 中的最大体积椭球和覆盖 C 的最小体积椭球的问题。这两个问题都可以建模为凸优化问题，但只在特殊情况下易解。

8.4.1　Löwner-John 椭球

包含集合 C 的最小体积椭球被称为集合 C 的 **Löwner-John 椭球**，记为 $\mathcal{E}_{\mathrm{lj}}$。为方便描述 $\mathcal{E}_{\mathrm{lj}}$ 的特征，将一般的椭球参数化为

$$
\mathcal{E}=\{v \mid \|Av+b\|_2 \leqslant 1\}, \tag{8.9}
$$

即 Euclid 单位球在仿射映射下的原象。可以不失一般性地假设 $A \in \mathbf{S}_{++}^n$，此类情况下，$\mathcal{E}$ 的体积正比于 $\det A^{-1}$。计算包含 C 的最小体积椭球的问题可以表述为

$$
\begin{array}{ll}
\text{minimize} & \log\det A^{-1} \\
\text{subject to} & \sup_{v\in C}\|Av+b\|_2 \leqslant 1,
\end{array} \tag{8.10}
$$

其中的变量为 $A \in \mathbf{S}^n$ 和 $b \in \mathbf{R}^n$，并且有一个隐含的约束 $A \succ 0$。目标和约束函数均是 A 和 b 的凸函数，因此问题 (8.10) 是凸的。但是，(8.10) 中约束函数的计算涉及凸极大化问题的求解，只在一些特定情况下是容易的。

覆盖有限集合的最小体积椭球

我们考虑寻找包含有限集合 $C=\{x_1,\cdots,x_m\} \subseteq \mathbf{R}^n$ 的最小体积椭球的问题。一个椭球覆盖 C 当且仅当覆盖其凸包，因此寻找覆盖 C 的最小体积椭球等价于寻找包含多面体 $\mathbf{conv}\{x_1,\cdots,x_m\}$ 的最小体积椭球。应用 (8.10)，我们可以将此问题写为

$$\begin{array}{ll} \text{minimize} & \log\det A^{-1} \\ \text{subject to} & \|Ax_i+b\|_2 \leqslant 1, \quad i=1,\cdots,m, \end{array} \tag{8.11}$$

其变量为 $A\in\mathbf{S}^n$ 和 $b\in\mathbf{R}^n$，并且有隐含约束 $A\succ 0$。范数约束 $\|Ax_i+b\|_2\leqslant 1$，$i=1,\cdots,m$ 是变量 A 和 b 的凸不等式。它们可以被替换为平方的形式，$\|Ax_i+b\|_2^2\leqslant 1$，这是 A 和 b 的凸二次不等式。

覆盖椭球并集的最小体积椭球

对于由二次不等式定义的特定集合 C，也可以有效计算其最小覆盖椭球体积。特别地，可以计算一些椭球的并集或其和的 Löwner-John 椭球。

作为一个例子，考虑寻找最小体积椭球以包含 $\mathcal{E}_1,\cdots,\mathcal{E}_m$（因此，也包含其并集的凸包）的问题。椭球 $\mathcal{E}_1,\cdots,\mathcal{E}_m$ 由（凸）二次不等式描述为

$$\mathcal{E}_i=\{x\mid x^TA_ix+2b_i^Tx+c_i\leqslant 0\},\quad i=1,\cdots,m,$$

其中 $A_i\in\mathbf{S}_{++}^n$。我们将椭球 $\mathcal{E}_{\rm lj}$ 参数化为

$$\begin{aligned}\mathcal{E}_{\rm lj}&=\{x\mid \|Ax+b\|_2\leqslant 1\}\\&=\{x\mid x^TA^TAx+2(A^Tb)^Tx+b^Tb-1\leqslant 0\},\end{aligned}$$

其中 $A\in\mathbf{S}^n$，$b\in\mathbf{R}^n$。现在利用 §B.2 中的结果，即 $\mathcal{E}_i\subseteq\mathcal{E}_{\rm lj}$ 的充要条件是，存在 $\tau\geqslant 0$ 使得

$$\begin{bmatrix} A^2-\tau A_i & Ab-\tau b_i \\ (Ab-\tau b_i)^T & b^Tb-1-\tau c_i \end{bmatrix}\preceq 0.$$

$\mathcal{E}_{\rm lj}$ 的体积正比于 $\det A^{-1}$，因此，我们可以通过求解下面的问题寻找包含 $\mathcal{E}_1,\cdots,\mathcal{E}_m$ 的最小体积椭球，

$$\begin{array}{ll} \text{minimize} & \log\det A^{-1} \\ \text{subject to} & \tau_1\geqslant 0,\cdots,\tau_m\geqslant 0 \\ & \begin{bmatrix} A^2-\tau_i A_i & Ab-\tau_i b_i \\ (Ab-\tau_i b_i)^T & b^Tb-1-\tau_i c_i \end{bmatrix}\preceq 0,\quad i=1,\cdots,m, \end{array}$$

或者，将变量 b 替换为 $\tilde{b}=Ab$，

$$\begin{array}{ll} \text{minimize} & \log\det A^{-1} \\ \text{subject to} & \tau_1\geqslant 0,\cdots,\tau_m\geqslant 0 \\ & \begin{bmatrix} A^2-\tau_i A_i & \tilde{b}-\tau_i b_i & 0 \\ (\tilde{b}-\tau_i b_i)^T & -1-\tau_i c_i & \tilde{b}^T \\ 0 & \tilde{b} & -A^2 \end{bmatrix}\preceq 0,\quad i=1,\cdots,m, \end{array}$$

它关于变量 $A^2\in\mathbf{S}^n$, $\tilde{b}$, τ_1, $\cdots$, τ_m 是凸的。

Löwner-John 椭球逼近的效率

令 $\mathcal{E}_{\rm lj}$ 是有界且内部非空的凸集 $C \subseteq \mathbf{R}^n$ 的 Löwner-John 椭球，x_0 是其中心。如果我们将 Löwner-John 椭球向其中心收缩比例 n，我们可以得到一个位于 C 中的椭球：

$$x_0 + (1/n)(\mathcal{E}_{\rm lj} - x_0) \subseteq C \subseteq \mathcal{E}_{\rm lj}.$$

换言之， Löwner-John 椭球用仅与维数 n 相关的比例逼近了任意一个凸集合。图 8.3 展示了一个简单的例子。

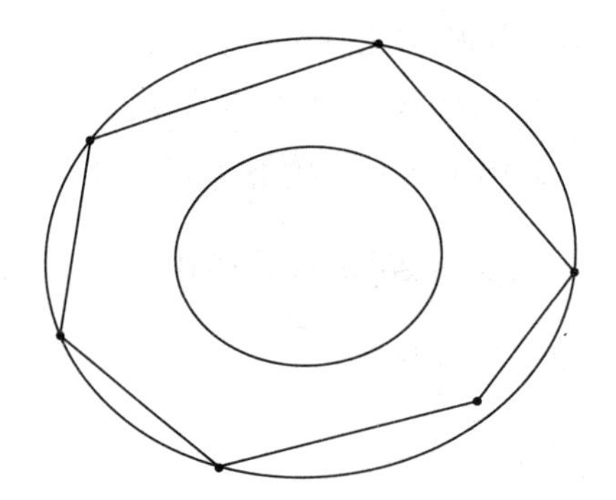

图 8.3 外面的椭圆是 Löwner-John 椭球，即围住 $x_1, \cdots, x_6$（由点表示）及多面体 $\mathcal{P} = \mathbf{conv}\{x_1, \cdots, x_6\}$ 的最小体积椭球的边界。小一些的是 Löwner-John 椭球 按比例 $n=2$ 向中心缩小所得的椭球的边界。可以保证，这个椭球位于 $\mathcal{P}$ 的**内部**。

没有对 C 的附加假设，无法改进比例 $1/n$。例如，$\mathbf{R}^n$ 中的任一单纯形具有这样的性质，即其 Löwner-John 椭球必须以比例 n 收缩，才能够进入其中（参见习题 8.13）。

对于特殊情况 $C = \mathbf{conv}\{x_1, \cdots, x_m\}$，我们将证明关于其效率的结果。对 (8.11) 中的约束进行平方并引入变量 $\tilde{A} = A^2$ 和 $\tilde{b} = Ab$ 以得到问题

$$\begin{array}{ll} \text{minimize} & \log\det \tilde{A}^{-1} \\ \text{subject to} & {x_i}^T \tilde{A} x_i - 2\tilde{b}^T x_i + \tilde{b}^T \tilde{A}^{-1}\tilde{b} \leqslant 1, \quad i = 1, \cdots, m. \end{array} \tag{8.12}$$

这个问题的 KKT 条件是

$$\sum_{i=1}^m \lambda_i (x_i {x_i}^T - \tilde{A}^{-1}\tilde{b}\tilde{b}^T\tilde{A}^{-1}) = \tilde{A}^{-1}, \qquad \sum_{i=1}^m \lambda_i (x_i - \tilde{A}^{-1}\tilde{b}) = 0,$$

$$\lambda_i \geqslant 0, \qquad {x_i}^T \tilde{A} x_i - 2\tilde{b}^T x_i + \tilde{b}^T \tilde{A}^{-1}\tilde{b} \leqslant 1, \qquad i = 1, \cdots, m,$$

$$\lambda_i (1 - {x_i}^T \tilde{A} x_i + 2\tilde{b}^T x_i - \tilde{b}^T \tilde{A}^{-1}\tilde{b}) = 0, \quad i = 1, \cdots, m.$$

通过对坐标的适当变换，我们可以假设 $\tilde{A} = I$，$\tilde{b} = 0$，即最小体积椭球是以原点为中心的单位球。于是，KKT 条件化简为

$$\sum_{i=1}^m \lambda_i x_i {x_i}^T = I, \qquad \sum_{i=1}^m \lambda_i x_i = 0, \qquad \lambda_i (1 - {x_i}^T x_i) = 0, \quad i = 1, \cdots, m,$$

并加入可行性条件 $\|x_i\|_2 \leqslant 1$ 和 $\lambda_i \geqslant 0$。对第一个等式左右取迹并利用互补松弛条件，还可以得到 $\sum_{i=1}^m \lambda_i = n$。

在新的坐标系下，收缩后的椭球是以原点为中心，以 $1/n$ 为半径的球。我们需要说明

$$\|x\|_2 \leqslant 1/n \implies x \in C = \mathbf{conv}\{x_1, \cdots, x_m\}.$$

设 $\|x\|_2 \leqslant 1/n$，从 KKT 条件，我们可以看出

$$x = \sum_{i=1}^m \lambda_i (x^T x_i) x_i = \sum_{i=1}^m \lambda_i (x^T x_i + 1/n) x_i = \sum_{i=1}^m \mu_i x_i, \tag{8.13}$$

其中 $\mu_i = \lambda_i (x^T x_i + 1/n)$。由 Cauchy-Schwartz 不等式，我们注意到

$$\mu_i = \lambda_i (x^T x_i + 1/n) \geqslant \lambda_i (-\|x\|_2 \|x_i\|_2 + 1/n) \geqslant \lambda_i (-1/n + 1/n) = 0.$$

进一步，

$$\sum_{i=1}^m \mu_i = \sum_{i=1}^m \lambda_i (x^T x_i + 1/n) = \sum_{i=1}^m \lambda_i / n = 1.$$

这与 (8.13) 一起，说明了 x 是 $x_1, \cdots, x_m$ 的凸组合，因此 $x \in C$。

对称集合的 Löwner-John 椭球逼近效率

如果集合 C 关于点 x_0 对称，那么比例 $1/n$ 可以收紧为 $1/\sqrt{n}$：

$$x_0 + (1/\sqrt{n})(\mathcal{E}_{\text{lj}} - x_0) \subseteq C \subseteq \mathcal{E}_{\text{lj}}.$$

并且，比例 $1/\sqrt{n}$ 是紧的。立方体

$$C = \{x \in \mathbf{R}^n \mid -\mathbf{1} \preceq x \preceq \mathbf{1}\}$$

的 Löwner-John 椭球是以 $\sqrt{n}$ 为半径的球。将其按比例 $1/\sqrt{n}$ 缩减将得到一个球，内接于 C 并在 $x = \pm e_i$ 处达到其边界。

用二次范数逼近一个范数

令 $\|\cdot\|$ 为 $\mathbf{R}^n$ 上的任意范数，$C = \{x \mid \|x\| \leqslant 1\}$ 为其单位球。令 $\mathcal{E}_{\text{lj}} = \{x \mid x^T A x \leqslant 1\}$，其中 $A \in \mathbf{S}_{++}^n$ 为 C 的 Löwner-John 单位球。因为 C 关于原点对称，前述结果告诉我们 $(1/\sqrt{n})\mathcal{E}_{\text{lj}} \subseteq C \subseteq \mathcal{E}_{\text{lj}}$。用 $\|\cdot\|_{\text{lj}}$ 表示二次范数

$$\|z\|_{\text{lj}} = (z^T A z)^{1/2},$$

其单位球为 $\mathcal{E}_{\text{lj}}$。包含关系 $(1/\sqrt{n})\mathcal{E}_{\text{lj}} \subseteq C \subseteq \mathcal{E}_{\text{lj}}$ 等价于对于所有 $z \in \mathbf{R}^n$ 的不等式

$$\|z\|_{\text{lj}} \leqslant \|z\| \leqslant \sqrt{n} \|z\|_{\text{lj}}.$$

换言之，二次范数 $\|\cdot\|_{\text{lj}}$ 以 $\sqrt{n}$ 范围内的比例逼近了范数 $\|\cdot\|$。特别地，我们看到 $\mathbf{R}^n$ 上的任意范数可以被二次范数以 $\sqrt{n}$ 内的比例逼近。

8.4.2 最大体积内接椭球

现在，我们考虑寻找凸集 C 中具有最大体积的椭球的问题。我们假设 C 有界并有非空内部。为描述此问题，我们将椭球参数化为单位球在仿射变换下的象，即

$$\mathcal{E} = \{Bu + d \mid \|u\|_2 \leqslant 1\}.$$

再一次，可以假设 $B \in \mathbf{S}_{++}^n$，于是体积正比于 $\det B$。我们可以通过求解关于变量 $B \in \mathbf{S}^n$ 和 $d \in \mathbf{R}^n$ 的凸优化问题

$$\begin{array}{ll} \text{maximize} & \log\det B \\ \text{subject to} & \sup_{\|u\|_2 \leqslant 1} I_C(Bu+d) \leqslant 0, \end{array} \tag{8.14}$$

其隐含约束为 $B \succ 0$，找到 C 中的最大体积椭球。

多面体内的最大体积椭球

考虑 C 是由线性不等式

$$C = \{x \mid a_i^T x \leqslant b_i,\ i = 1, \cdots, m\}$$

所描述的多面体的情况。应用 (8.14)，我们首先将约束表示为更为方便的形式，

$$\begin{aligned} \sup_{\|u\|_2 \leqslant 1} I_C(Bu+d) \leqslant 0 &\Longleftrightarrow \sup_{\|u\|_2 \leqslant 1} a_i^T(Bu+d) \leqslant b_i, \quad i = 1, \cdots, m \\ &\Longleftrightarrow \|Ba_i\|_2 + a_i^T d \leqslant b_i, \quad i = 1, \cdots, m. \end{aligned}$$

于是，我们可以将 (8.14) 构建为一个关于 B 和 d 的凸优化问题：

$$\begin{array}{ll} \text{minimize} & \log\det B^{-1} \\ \text{subject to} & \|Ba_i\|_2 + a_i^T d \leqslant b_i, \quad i = 1, \cdots, m. \end{array} \tag{8.15}$$

椭球交集中的最大体积椭球

我们也可以找到处于 m 个椭球 $\mathcal{E}_1, \cdots, \mathcal{E}_m$ 的交集中的最大体积椭球。我们将 $\mathcal{E}$ 描述为 $\mathcal{E} = \{Bu + d \mid \|u\|_2 \leqslant 1\}$，其中 $B \in \mathbf{S}_{++}^n$，并用凸二次不等式表示其他椭球

$$\mathcal{E}_i = \{x \mid x^T A_i x + 2b_i^T x + c_i \leqslant 0\}, \quad i = 1, \cdots, m,$$

其中 $A_i \in \mathbf{S}_{++}^n$。我们首先得出 $\mathcal{E} \subseteq \mathcal{E}_i$ 的条件。$\mathcal{E} \subseteq \mathcal{E}_i$ 当且仅当

$$\begin{aligned} &\sup_{\|u\|_2 \leqslant 1} \left((d+Bu)^T A_i (d+Bu) + 2b_i^T(d+Bu) + c_i\right) \\ &= d^T A_i d + 2b_i^T d + c_i + \sup_{\|u\|_2 \leqslant 1} \left(u^T B A_i B u + 2(A_i d + b_i)^T B u\right) \\ &\leqslant 0. \end{aligned}$$

根据 §B.1，

$$\sup_{\|u\|_2\leqslant 1}\left(u^TBA_iBu+2(A_id+b_i)^TBu\right)\leqslant -(d^TA_id+2b_i^Td+c_i)$$

当且仅当存在 $\lambda_i\geqslant 0$ 使得

$$\begin{bmatrix} -\lambda_i-d^TA_id-2b_i^Td-c_i & (A_id+b_i)^TB \\ B(A_id+b_i) & \lambda_iI-BA_iB \end{bmatrix}\succeq 0.$$

所以，可以通过求解下面关于变量 $B\in\mathbf{S}^n$、$d\in\mathbf{R}^n$ 和 $\lambda\in\mathbf{R}^m$ 的问题找到被 $\mathcal{E}_1,\cdots,\mathcal{E}_m$ 包含的最大体积椭球，

$$\begin{array}{ll} \text{minimize} & \log\det B^{-1} \\ \text{subject to} & \begin{bmatrix} -\lambda_i-d^TA_id-2b_i^Td-c_i & (A_id+b_i)^TB \\ B(A_id+b_i) & \lambda_iI-BA_iB \end{bmatrix}\succeq 0, \quad i=1,\cdots,m, \end{array}$$

或者，等价地，

$$\begin{array}{ll} \text{minimize} & \log\det B^{-1} \\ \text{subject to} & \begin{bmatrix} -\lambda_i-c_i+b_i^TA_i^{-1}b_i & 0 & (d+A_i^{-1}b_i)^T \\ 0 & \lambda_iI & B \\ d+A_i^{-1}b_i & B & A_i^{-1} \end{bmatrix}\succeq 0, \quad i=1,\cdots,m. \end{array}$$

椭球内逼近的效率

与 Löwner-John 椭球相类似，也有对于最大体积内接椭球逼近效率的结果。如果 $C\subseteq\mathbf{R}^n$ 是凸、有界并且内部非空的，那么将最大体积内接椭球对其中心扩展 n 倍将覆盖集合 C。如果 C 关于一点是对称的，那么倍数 n 可以收紧为 $\sqrt{n}$。图 8.4 显示了一个例子。

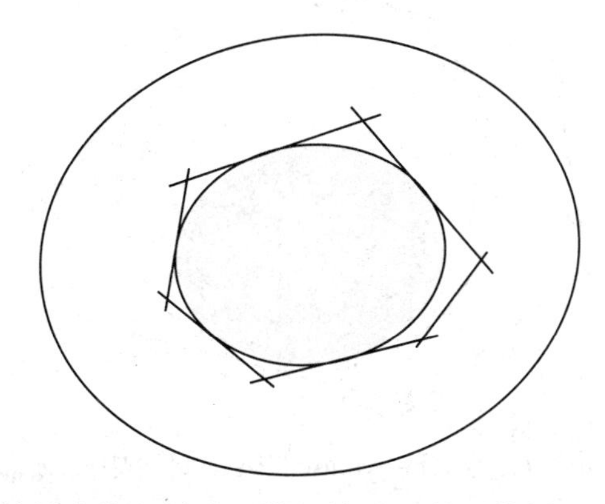

图 8.4 内接于多面体 $\mathcal{P}$ 的最大体积椭球（阴影所示）。外面的椭圆显示了将内部椭球对其中心扩展 $n=2$ 倍所得的边界。可以保证，扩展的椭球覆盖 $\mathcal{P}$。

8.4.3 极值体积椭球的仿射不变性

Löwner-John 椭球和最大体积内接椭球都是仿射不变的。如果 $\mathcal{E}_{\text{lj}}$ 是 C 的 Löwner-John 椭球，$T \in \mathbf{R}^{n\times n}$ 非奇异，那么 TC 的 Löwner-John 椭球是 $T\mathcal{E}_{\text{lj}}$。对于最大体积内接椭球，相似的结论也成立。

为得到这个结果，令 $\mathcal{E}$ 为任意覆盖 C 的椭球。那么 $T\mathcal{E}$ 覆盖 TC。逆命题也是正确的：每个覆盖 TC 的椭球都具有形式 $T\mathcal{E}$，其中 $\mathcal{E}$ 为覆盖 C 的一个椭球。换言之，关系 $\tilde{\mathcal{E}} = T\mathcal{E}$ 给出了覆盖 TC 和 C 的椭球之间一一对应的关系。并且，相应椭球的体积都与 $|\det T|$ 成比例，因此，特别地，如果 $\mathcal{E}$ 在所有覆盖 C 的椭圆中具有最小的体积，那么 $T\mathcal{E}$ 则在所有覆盖 TC 的椭圆中有最小体积。

8.5 中心

8.5.1 Chebyshev 中心

令 $C \subseteq \mathbf{R}^n$ 有界且有非空内部，$x \in C$。点 $x \in C$ 的**深度**定义为

$$\textbf{depth}(x, C) = \textbf{dist}(x, \mathbf{R}^n \setminus C),$$

即与 C 的外部最近点的距离。深度给出了以 x 为中心的、位于 C 中的最大球的半径。集合 C 的 **Chebyshev 中心**定义为 C 中具有最大深度的点：

$$x_{\text{cheb}}(C) = \operatorname{argmax} \textbf{depth}(x, C) = \operatorname{argmax} \textbf{dist}(x, \mathbf{R}^n \setminus C).$$

Chebyshev 中心是 C 中距离 C 的外部最远的点；它也是位于 C 中的最大球的中心。图 8.5 显示了这样的一个例子，其中 C 为多面体，范数为 Euclid 范数。

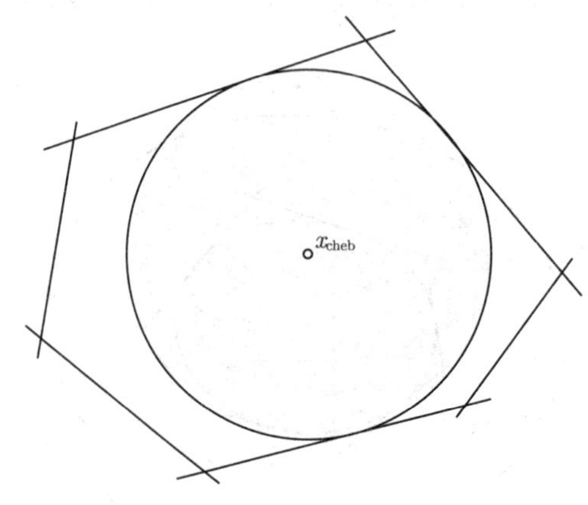

图 8.5 Euclid 范数下，多面体 C 的 Chebyshev 中心。这个中心 x_{cheb} 是 C 中最深的点，意味着它离 C 的外部或补集最远。中心 x_{cheb} 也是位于 C 中的最大的 Euclid 球（浅色阴影所示）的中心。

凸集的 Chebyshev 中心

当集合 C 为凸集时，深度是 $x \in C$ 的凹函数，因此计算其 Chebyshev 中心是一个凸优化问题（参见习题 8.5）。更具体地，设 $C \subseteq \mathbf{R}^n$ 由凸不等式组

$$C = \{x \mid f_1(x) \leqslant 0, \cdots, f_m(x) \leqslant 0\}$$

定义。我们可以通过求解下面的问题找到 Chebyshev 中心，

$$\begin{array}{ll} \text{maximize} & R \\ \text{subject to} & g_i(x, R) \leqslant 0, \quad i = 1, \cdots, m, \end{array} \tag{8.16}$$

其中 g_i 定义为

$$g_i(x, R) = \sup_{\|u\| \leqslant 1} f_i(x + Ru).$$

问题 (8.16) 是凸优化问题，因为每个函数 g_i 是一组关于 x 和 R 的凸函数的逐点最大，因此也是凸的。但是，计算 g_i 涉及凸**最大化**问题，（在数值和解析上）这非常困难。特别地，我们可以对某些 g_i 易于计算的例子找到 Chebyshev 中心。

多面体的 Chebyshev 中心

设 C 由线性不等式组 $a_i^T x \leqslant b_i$，$i = 1, \cdots, m$ 定义。我们有，如果 $R \geqslant 0$，那么

$$g_i(x, R) = \sup_{\|u\| \leqslant 1} a_i^T(x + Ru) - b_i = a_i^T x + R\|a_i\|_* - b_i,$$

所以，Chebyshev 中心可以通过求解线性规划

$$\begin{array}{ll} \text{maximize} & R \\ \text{subject to} & a_i^T x + R\|a_i\|_* \leqslant b_i, \quad i = 1, \cdots, m \\ & R \geqslant 0 \end{array}$$

得到，其变量为 x 和 R。

椭圆交集的 Euclid Chebyshev 中心

令 C 是 m 个由二次不等式

$$C = \{x \mid x^T A_i x + 2b_i^T x + c_i \leqslant 0,\ i = 1, \cdots, m\}$$

所定义的椭圆的交集，其中 $A_i \in \mathbf{S}_{++}^n$。我们有

$$\begin{aligned} g_i(x, R) &= \sup_{\|u\|_2 \leqslant 1} \left((x + Ru)^T A_i (x + Ru) + 2b_i^T (x + Ru) + c_i\right) \\ &= x^T A_i x + 2b_i^T x + c_i + \sup_{\|u\|_2 \leqslant 1} \left(R^2 u^T A_i u + 2R(A_i x + b_i)^T u\right). \end{aligned}$$

根据 §B.1，$g_i(x,R)\leqslant 0$ 当且仅当存在 λ_i 使得矩阵不等式

$$\begin{bmatrix} -x^T A_i x_i - 2b_i^T x - c_i - \lambda_i & R(A_i x + b_i)^T \\ R(A_i x + b_i) & \lambda_i I - R^2 A_i \end{bmatrix} \succeq 0 \tag{8.17}$$

成立。利用这一结果，我们可以将 Chebyshev 中心问题表述为

$$\begin{array}{ll} \text{maximize} & R \\ \text{subject to} & \begin{bmatrix} -\lambda_i - c_i + b_i^T A_i^{-1} b_i & 0 & (x + A_i^{-1} b_i)^T \\ 0 & \lambda_i I & RI \\ x + A_i^{-1} b_i & RI & A_i^{-1} \end{bmatrix} \succeq 0, \quad i = 1, \cdots, m, \end{array}$$

这是一个关于变量 R、λ 和 x 的 SDP。注意，在这个线性矩阵不等式约束中，A_i^{-1} 的 Schur 补与 (8.17) 的左端相等。

8.5.2　最大体积椭球中心

集合 $C\subseteq \mathbf{R}^n$ 的 Chebyshev 中心 x_{cheb} 是位于 C 中的最大球的中心。作为对这一想法的扩展，我们定义 C 中具有最大体积的椭球的中心为 C 的**最大体积椭球中心**，记为 x_{mve}。图 8.6 显示了一个例子，其中 C 是一个多面体。

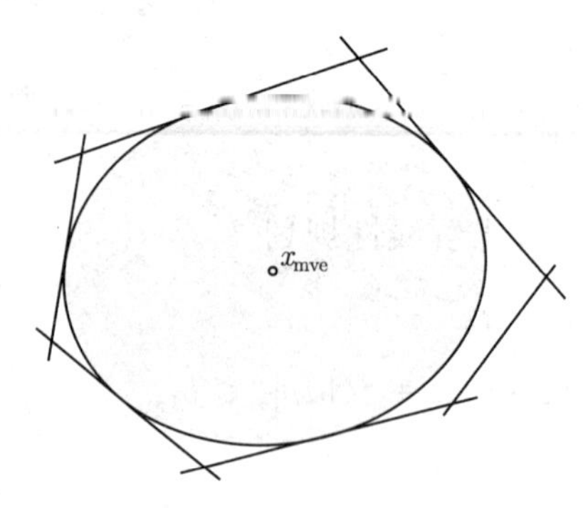

图 8.6　浅色阴影的椭球显示了包含于 C 的最大体积椭球，C 是与图 8.5 中相同的多面体。中心 x_{mve} 是 C 的最大体积椭球中心。

当 C 由线性不等式组定义时，可以很容易地通过求解问题 (8.15) 得到了最大体积椭球中心。(变量 $d\in\mathbf{R}^n$ 的最优值即是 x_{mve}。) 因为 C 中的最大体积椭球仿射不变，因此，最大体积椭球中心同样如此。

8.5.3　不等式组的解析中心

一组凸不等式和线性方程

$$f_i(x)\leqslant 0,\quad i=1,\cdots,m,\qquad Fx=g$$

的**解析中心** $x_{\rm ac}$ 定义为（凸）问题

$$\begin{array}{ll} \text{minimize} & -\sum_{i=1}^{m} \log(-f_i(x)) \\ \text{subject to} & Fx = g \end{array} \tag{8.18}$$

的最优解，这里的优化变量是 $x \in \mathbf{R}^n$，并有隐含约束 $f_i(x) < 0$，$i = 1, \cdots, m$。问题 (8.18) 中的目标被称为与不等式相关的**对数障碍**。这里，我们假设对数障碍的定义域与等式所定义的仿射空间相交，即严格不等式系统

$$f_i(x) < 0, \quad i = 1, \cdots, m, \qquad Fx = g$$

是可行的。对数障碍在其可行集

$$C = \{x \mid f_i(x) < 0,\ i = 1, \cdots, m,\ Fx = g\}$$

上有下界，如果 C 有界。

当 x 严格可行时，即 $Fx = g$ 且 $f_i(x) < 0$，$i = 1, \cdots, m$，我们可以将 $-f_i(x)$ 解释为第 i 个不等式的余地或松弛。解析中心 $x_{\rm ac}$ 是在等式约束 $Fx = g$ 和隐含约束 $f_i(x) < 0$ 下极大化这些松弛或余地的积（或几何平均）的点。

解析中心**不**是由不等式和等式所描述的集合的函数；两组不等式和等式可能定义了相同的集合，但有不同的解析中心。不过，仍然会经常非正式地使用“集合 C 的解析中心”来代表定义这个集合的特定的等式和不等式组的解析中心。

但是，解析中心关于坐标系的仿射变换是独立的。它在不等式函数的（正）伸缩变换和等式约束的任何再参数化下也是不变的。换言之，如果 $\alpha_1, \cdots, \alpha_m > 0$，并且 $Fx = g$ 的充要条件是 $\tilde{F}$ 和 $\tilde{g}$ 满足 $\tilde{F}x = \tilde{g}$，那么

$$\alpha_i f_i(x) \leqslant 0, \quad i = 1, \cdots, m, \qquad \tilde{F}x = \tilde{g}$$

的解析中心与

$$f_i(x) \leqslant 0, \quad i = 1, \cdots, m, \qquad Fx = g$$

的解析中心相同（参见习题 8.17）。

线性不等式组的解析中心

线性不等式组

$$a_i^T x \leqslant b_i, \quad i = 1, \cdots, m$$

的解析中心是下面无约束极小化问题的解

$$\text{minimize} \quad -\sum_{i=1}^{m} \log(b_i - a_i^T x), \tag{8.19}$$

其隐含约束为 $b_i - a_i^T x > 0,\ i = 1, \cdots, m$。如果线性不等式定义的多面体有界，那么对数障碍有下界并且严格凸，因此，其解析中心唯一。（参见习题 4.2。）

我们可以对线性不等式组的解析中心给予几何解释（参见图 8.7）。因为解析中心对约束函数的正伸缩变换独立，我们可以不失一般性地假设 $\|a_i\|_2 = 1$。在这种情况下，$b_i - a_i^T x$ 的松弛是到超平面 $\mathcal{H}_i = \{x \mid a_i^T x = b_i\}$ 的距离。所以，解析中心 x_{ac} 是这样的一个点，它最大化了到所定义的超平面的距离的乘积。

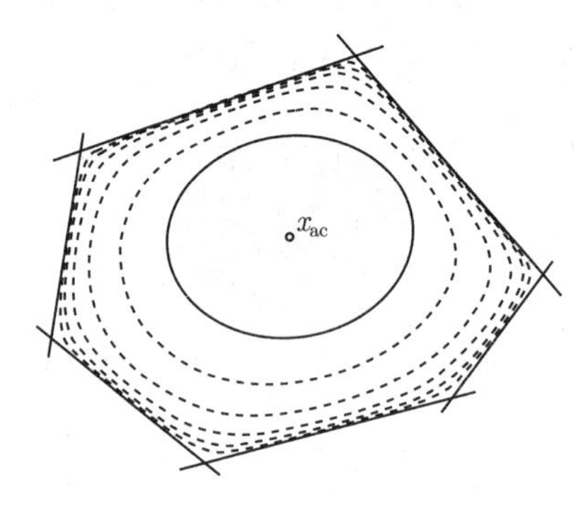

图 8.7　虚线显示了定义图 8.5 中多面体 C 的不等式组的对数障碍函数的五条等值曲线。对数障碍函数的最小值点，标记为 x_{ac}，是这些不等式的解析中心。内部阴影所示的椭球为 $\mathcal{E}_{\mathrm{inner}} = \{x \mid (x - x_{\mathrm{ac}})H(x - x_{\mathrm{ac}}) \leqslant 1\}$，其中，$H$ 为对数障碍函数在 x_{ac} 的 Hessian 矩阵。

从线性不等式解析中心得到的内部和外部椭球

线性不等式组的解析中心隐含地定义了内接和覆盖椭圆，它们由对数障碍函数

$$-\sum_{i=1}^{m} \log(b_i - a_i^T x)$$

在解析中心的 Hessian 矩阵，即

$$H = \sum_{i=1}^{m} d_i^2 a_i a_i^T, \qquad d_i = \frac{1}{b_i - a_i^T x_{\mathrm{ac}}}, \quad i = 1, \cdots, m$$

所定义。我们有 $\mathcal{E}_{\mathrm{inner}} \subseteq \mathcal{P} \subseteq \mathcal{E}_{\mathrm{outer}}$，其中

$$\begin{aligned}
\mathcal{P} &= \{x \mid a_i^T x \leqslant b_i,\ i = 1, \cdots, m\}, \\
\mathcal{E}_{\mathrm{inner}} &= \{x \mid (x - x_{\mathrm{ac}})^T H (x - x_{\mathrm{ac}}) \leqslant 1\}, \\
\mathcal{E}_{\mathrm{outer}} &= \{x \mid (x - x_{\mathrm{ac}})^T H (x - x_{\mathrm{ac}}) \leqslant m(m-1)\}.
\end{aligned}$$

与最大体积内接椭球相比，这是一个较弱的结果，最大体积内接椭球扩展 n 倍时将覆盖多面体。相对地，通过对数障碍的 Hessian 矩阵定义的内部和外部椭球则与比例因子 $(m(m-1))^{1/2}$ 相关，而它总是至少等于 n 的。

为说明 $\mathcal{E}_{\text{inner}} \subseteq \mathcal{P}$，设 $x \in \mathcal{E}_{\text{inner}}$，即

$$(x - x_{\text{ac}})^T H (x - x_{\text{ac}}) = \sum_{i=1}^m (d_i a_i^T (x - x_{\text{ac}}))^2 \leqslant 1.$$

这意味着

$$a_i^T (x - x_{\text{ac}}) \leqslant 1/d_i = b_i - a_i^T x_{\text{ac}}, \quad i = 1, \cdots, m,$$

并且因此，对于 $i = 1, \cdots, m$ 有 $a_i^T x \leqslant b_i$。(我们还没有利用 x_{ac} 是解析中心的事实，因此，将 x_{ac} 换做任意严格可行点，这个结论都成立。)

为建立 $\mathcal{P} \subseteq \mathcal{E}_{\text{outer}}$，我们需要用到 x_{ac} 是解析中心的事实，因此，对数障碍的导数等于零：

$$\sum_{i=1}^m d_i a_i = 0.$$

现在假设 $x \in \mathcal{P}$，于是

$$\begin{aligned}
&(x - x_{\text{ac}})^T H (x - x_{\text{ac}}) \\
=& \sum_{i=1}^m (d_i a_i^T (x - x_{\text{ac}}))^2 \\
=& \sum_{i=1}^m d_i^2 (1/d_i - a_i^T (x - x_{\text{ac}}))^2 - m \\
=& \sum_{i=1}^m d_i^2 (b_i - a_i^T x)^2 - m \\
\leqslant& \left(\sum_{i=1}^m d_i (b_i - a_i^T x) \right)^2 - m \\
=& \left(\sum_{i=1}^m d_i (b_i - a_i^T x_{\text{ac}}) + \sum_{i=1}^m d_i a_i^T (x_{\text{ac}} - x) \right)^2 - m \\
=& m^2 - m,
\end{aligned}$$

这表明了 $x \in \mathcal{E}_{\text{outer}}$。(第二个等号是从 $\sum_{i=1}^m d_i a_i = 0$ 得到的。不等号是因为对于 $y \succeq 0$ 有 $\sum_{i=1}^m y_i^2 \leqslant \left(\sum_{i=1}^m y_i \right)^2$。最后一个等号从 $\sum_{i=1}^m d_i a_i = 0$ 和 d_i 的定义可知。)

线性矩阵不等式的解析中心

如果我们定义锥 K 上的对数，解析中心的定义可以扩展到由关于 K 的广义不等式所定义的集合。例如，矩阵不等式

$$x_1 A_1 + x_2 A_2 + \cdots + x_n A_n \preceq B$$

的解析中心定义为

$$\text{minimize} \quad -\log\det(B - x_1 A_1 - \cdots - x_n A_n)$$

的解。

8.6 分类

在模式识别和分类问题中，给定 $\mathbf{R}^n$ 中的两个点集 $\{x_1,\cdots,x_N\}$ 和 $\{y_1,\cdots,y_M\}$，我们希望（从给定的函数族中）找到一个函数 $f:\mathbf{R}^n\to\mathbf{R}$ 在第一个集合中为正而在第二个中为负，即

$$f(x_i)>0,\quad i=1,\cdots,N,\qquad f(y_i)<0,\quad i=1,\cdots,M.$$

如果这些不等式成立，我们称 f，或其 0-水平集 $\{x\mid f(x)=0\}$ **分离**、**分类**或**判别**了两个点集。我们有时也考虑**弱分离**，在这种情况下，只需要弱不等式成立。

8.6.1 线性判别

在线性判别中，我们寻找仿射函数 $f(x)=a^Tx-b$ 用以区分这些点，即

$$a^Tx_i-b>0,\quad i=1,\cdots,N,\qquad a^Ty_i-b<0,\quad i=1,\cdots,M. \tag{8.20}$$

在几何意义上，我们是在寻找分离两个点集的超平面。因为严格不等式 (8.20) 对于 a 和 b 是齐次的，所以，它们是可行的，当且仅当（关于变量 a 和 b 的）不严格不等式组

$$a^Tx_i-b\geqslant 1,\quad i=1,\cdots,N,\qquad a^Ty_i-b\leqslant -1,\quad i=1,\cdots,M \tag{8.21}$$

是可行的。图 8.8 显示了两个点集及线性判别函数的例子。

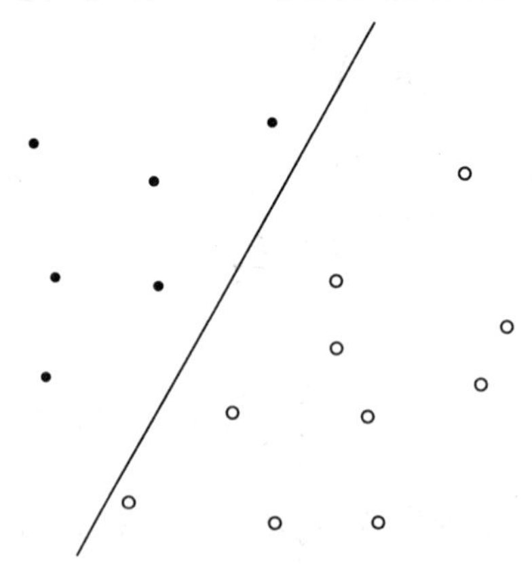

图 8.8　点 $x_1,\cdots,x_N$ 由空心圆圈所示，$y_1,\cdots,y_M$ 由实心圆圈所示。两个集合由仿射函数 f 所分类，其 0-水平集（一条直线）分离了它们。

线性判别的择一

严格不等式 (8.20) 的强择一是满足下式的 λ、$\tilde{\lambda}$ 的存在性

$$\lambda\succeq 0,\qquad \tilde{\lambda}\succeq 0,\qquad (\lambda,\tilde{\lambda})\neq 0,\qquad \sum_{i=1}^N\lambda_ix_i=\sum_{i=1}^M\tilde{\lambda}_iy_i,\qquad \mathbf{1}^T\lambda=\mathbf{1}^T\tilde{\lambda} \tag{8.22}$$

（参见 §5.8.3）。利用第三和最后一个条件，可以将择一条件表示为

$$\lambda \succeq 0, \qquad \mathbf{1}^T\lambda = 1, \qquad \tilde{\lambda} \succeq 0, \qquad \mathbf{1}^T\tilde{\lambda} = 1, \qquad \sum_{i=1}^{N} \lambda_i x_i = \sum_{i=1}^{M} \tilde{\lambda}_i y_i.$$

（同除以正的 $\mathbf{1}^T\lambda$，然后用相同的符号表示归一化了的 λ 和 $\tilde{\lambda}$。）这些条件有一个很简单的几何解释：它们表明存在 $\{x_1, \cdots, x_N\}$ 和 $\{y_1, \cdots, y_M\}$ 的凸包上的点。换言之：两个点集可以被线性判别（即被仿射函数判别），当且仅当它们的凸包不相交。我们在前面已经多次看到了这个结果。

鲁棒线性判别

仿射分类函数 $f(x) = a^T x - b$ 的存在性等价于以定义 f 的 a 和 b 为变量的一组线性不等式是否有解。如果两个集合可以被线性判别，那么，存在一个可以分离它们的仿射函数的多面体，于是，我们可以从中选择某些稳健度量下最优的一个。例如，我们可以寻找给出在 x_i 上的（正）值和 y_i 上的（负）值之间最大可能“间距”的函数。为此，我们需要对 a 和 b 进行归一化，因为，不这样做的话，我们可以用正常数对 a 和 b 进行伸缩变换而使得数值上的间距任意地大。这样就得到了关于变量 a、b 和 t 的问题

$$\begin{array}{ll} \text{maximize} & t \\ \text{subject to} & a^T x_i - b \geqslant t, \quad i = 1, \cdots, N \\ & a^T y_i - b \leqslant -t, \quad i = 1, \cdots, M \\ & \|a\|_2 \leqslant 1, \end{array} \tag{8.23}$$

这个凸问题（线性目标、线性和二次不等式）的最优值 $t^\star$ 为正，当且仅当两个点集可以线性分离。在这种情况下，不等式 $\|a\|_2 \leqslant 1$ 在最优解处总是紧的，即我们有 $\|a^\star\|_2 = 1$。（参见习题 8.23。）

我们可以对鲁棒线性判别问题 (8.23) 给出一个简单的几何解释。如果 $\|a\|_2 = 1$（在任意最优解处的情况），那么 $a^T x_i - b$ 是点 x_i 到分离超平面 $\mathcal{H} = \{z \mid a^T z = b\}$ 的 Euclid 距离。类似地，$b - a^T y_i$ 是点 y_i 到这个超平面的距离。因此，问题 (8.23) 找到了一个分离两个点集的超平面，并且具有到集合的最大距离。换言之，它找到了分离两个集合的最宽的带。

如图 8.9 所示例子，最优值 $t^\star$（即带宽的一半）是两个点集的凸包间距离的一半。从鲁棒线性判别问题 (8.23) 的对偶形式可以更清晰地看到这点。（极小化 $-t$ 问题

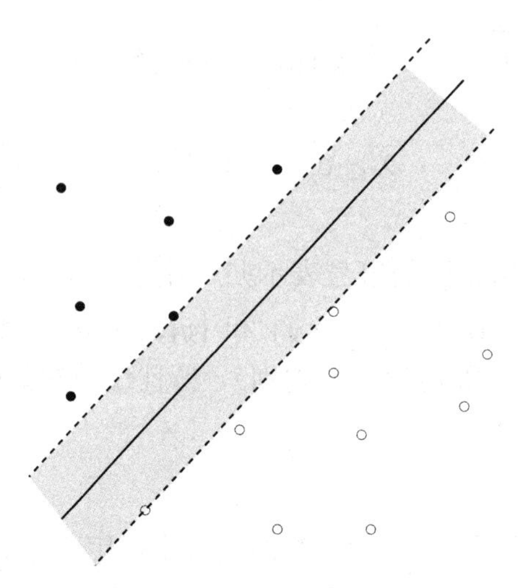

图 8.9　通过求解鲁棒线性判别问题 (8.23)，我们找到了给出两个集合间函数值最大间隙的仿射函数（函数的线性部分有归一化的边界）。几何上，我们寻找分离两个点集的最宽的带。

的）Lagrange 为

$$-t+\sum_{i=1}^{N}u_i(t+b-a^Tx_i)+\sum_{i=1}^{M}v_i(t-b+a^Ty_i)+\lambda(\|a\|_2-1).$$

在 b 和 t 上极小化得到条件 $\mathbf{1}^Tu=1/2$，$\mathbf{1}^Tv=1/2$。当它们成立时，我们有

$$\begin{aligned} g(u,v,\lambda) &= \inf_a\left(a^T\left(\sum_{i=1}^{M}v_iy_i-\sum_{i=1}^{N}u_ix_i\right)+\lambda\|a\|_2-\lambda\right) \\ &= \begin{cases} -\lambda & \left\|\sum_{i=1}^{M}v_iy_i-\sum_{i=1}^{N}u_ix_i\right\|_2 \leqslant \lambda \\ -\infty & \text{其他情况}. \end{cases} \end{aligned}$$

于是，这个对偶问题可以写为

$$\begin{array}{ll} \text{maximize} & -\left\|\sum_{i=1}^{M}v_iy_i-\sum_{i=1}^{N}u_ix_i\right\|_2 \\ \text{subject to} & u\succeq 0, \quad \mathbf{1}^Tu=1/2 \\ & v\succeq 0, \quad \mathbf{1}^Tv=1/2. \end{array}$$

我们可以将 $2\sum_{i=1}^{N}u_ix_i$ 解释为 $\{x_1,\cdots,x_N\}$ 的凸包上的一点，而 $2\sum_{i=1}^{M}v_iy_i$ 是 $\{y_1,\cdots,y_M\}$ 的凸包上的一点。对偶目标是极小化这两个点之间的（半）距离，即寻找两个集合的凸包之间的（半）距离。

支持向量分类器

当两个点集不能被线性判别时，我们会去寻找仿射函数近似地对这些点进行分类，例如，寻找极小化错分点数的函数。不幸的是，这通常是一个复杂的组合优化问题。近似线性判别的一个启发式算法是基于**支持向量分类器**的，我们将在本节讨论。

我们从可行性问题 (8.21) 入手。首先引入非负变量 $u_1, \cdots, u_N$ 和 $v_1, \cdots, u_M$ 来松弛约束，构造不等式

$$a^T x_i - b \geqslant 1 - u_i, \quad i = 1, \cdots, N, \qquad a^T y_i - b \leqslant -(1 - v_i), \quad i = 1, \cdots, M. \tag{8.24}$$

当 $u = v = 0$，我们恢复到原始约束；而取 u 和 v 足够大时，总能使得这些不等式可行。我们可以将 u_i 视为约束 $a^T x_i - b \geqslant 1$ 违反程度的一种度量，v_i 也可以类似地理解。我们的目标是寻找到 a、b 和**稀疏的**非负 u 和 v 以满足不等式 (8.24)。作为此问题的一个启发式算法，我们可以求解线性规划

$$\begin{array}{ll} \text{minimize} & \mathbf{1}^T u + \mathbf{1}^T v \\ \text{subject to} & a^T x_i - b \geqslant 1 - u_i, \quad i = 1, \cdots, N \\ & a^T y_i - b \leqslant -(1 - v_i), \quad i = 1, \cdots, M \\ & u \succeq 0, \quad v \succeq 0 \end{array} \tag{8.25}$$

来极小化变量 u_i 和 v_i 的和。图 8.10 显示了一个例子。在这个例子中，仿射函数 $a^T z - b$ 错分了 100 个点中的 1 个。但是，需要注意，当 $0 < u_i < 1$ 时，点 x_i 被仿射函数

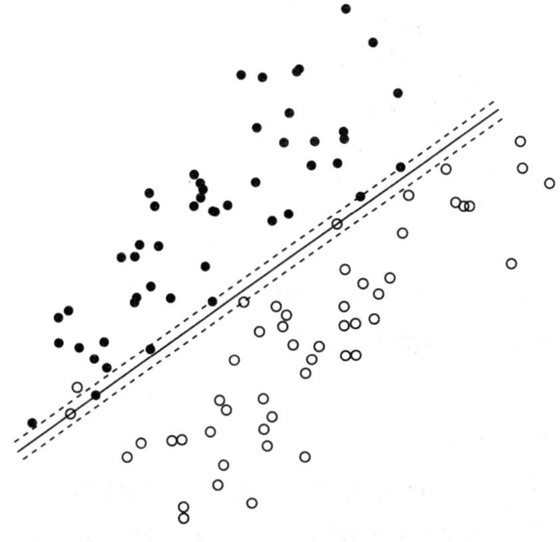

图 8.10 通过线性规划得到的近似线性判别。空心圆圈所示点 $x_1, \cdots, x_{50}$ 无法与实心圆圈所示点 $y_1, \cdots, y_{50}$ 线性分割开来。实线所示分类器是通过求解线性规划 (8.25) 得到的。这个分类器错分了一个点。虚线所示的直线为超平面 $a^T z - b = \pm 1$。四个点虽然得到了正确划分，但落入了由虚线所定义的带中。

a^Tz-b 正确地分类，但违反了不等式 $a^Tx_i-b\geqslant 1$，对 y_i 有类似的情况。线性规划 (8.25) 的目标函数可以解释为违反 $a^Tx_i-b\geqslant 1$ 的 x_i 的点数加上违反 $a^Ty_i-b\leqslant -1$ 的 y_i 的点数的一种松弛。换言之，它是对函数 a^Tz-b 的错分点数及虽然分类正确但落入由 $-1<a^Tz-b<1$ 定义的带的点数之和的一种松弛。

更一般地，我们可以考虑在错分点数和由 $2/\|a\|_2$ 给出的 $\{z\mid -1\leqslant a^Tz-b\leqslant 1\}$ 的带宽之间进行权衡。点集 $\{x_1,\cdots,x_N\}$，$\{y_1,\cdots,y_M\}$ 的标准**支持向量分类器**定义为

$$\begin{array}{ll}\text{minimize} & \|a\|_2+\gamma(\mathbf{1}^Tu+\mathbf{1}^Tv)\\ \text{subject to} & a^Tx_i-b\geqslant 1-u_i,\quad i=1,\cdots,N\\ & a^Ty_i-b\leqslant -(1-v_i),\quad i=1,\cdots,M\\ & u\succeq 0,\quad v\succeq 0\end{array}$$

的解。第一项正比于 $-1\leqslant a^Tz-b\leqslant 1$ 所定义的带的宽度的倒数。第二项具有与前述相同的意义，即它是对错分（包括落入带中的点）点数的凸松弛。正参数 γ 给出了错分点数（我们希望极小化）对于带宽（我们希望极大化）的相对权重。图 8.11 显示了一个例子。

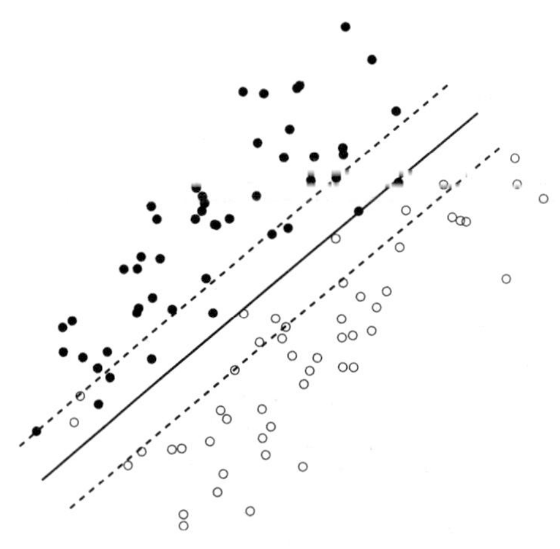

图 8.11　通过 $\gamma=0.1$ 的支持向量分类器得到的近似线性判别。实线所示的支持向量分类器错分了三个点。十五个点分类正确，但落入了由 $-1<a^Tz-b<1$ 所定义、由虚线所表示的带中。

利用 Logistic 模型的线性分离

对线性不可分的点集，另一种寻找进行近似分类的仿射函数的方法是基于 7.1.1 节中讨论的 Logistic 模型的。我们从利用 Logistic 模型拟合两个集合入手。设 z 是取值为 0 或 1 的随机变量，其分布取决于指数变量 $u\in\mathbf{R}^n$，即形如

$$\begin{aligned}\mathbf{prob}(z=1)&=(\exp(a^Tu-b))/(1+\exp(a^Tu-b))\\ \mathbf{prob}(z=0)&=1/(1+\exp(a^Tu-b))\end{aligned}\qquad(8.26)$$

的 Logistic 模型。

现在我们假设给定的点集 $\{x_1, \cdots, x_N\}$，$\{y_1, \cdots, y_M\}$ 是从 Logistic 模型中采样得到的。具体地，$\{x_1, \cdots, x_N\}$ 为 N 个 $z=1$ 的 u 的样本值，而 $\{y_1, \cdots, y_M\}$ 为 M 个 $z=0$ 的 u 的样本值。（允许存在 $x_i = y_j$，这将排除两个点集可分的可能性。在 Logistic 模型中，这仅仅意味着我们得到了具有同样的指数变量但有不同输出的两个样本。）

可以从观察样本中通过最大似然估计确定 a 和 b，这是通过求解下面的凸优化问题得到的，

$$\text{minimize} \quad -l(a,b), \tag{8.27}$$

其变量为 a、b，其中 l 为对数似然函数

$$l(a,b) = \sum_{i=1}^{N}(a^T x_i - b) - \sum_{i=1}^{N}\log(1+\exp(a^T x_i - b)) - \sum_{i=1}^{M}\log(1+\exp(a^T y_i - b))$$

（参见 §7.1.1）。如果两个点集可以被线性分离，即存在满足 $a^T x_i > b$ 和 $a^T y_i < b$ 的 a 和 b，那么优化问题 (8.27) 无下界。

一旦找到了 a 和 b 的最大似然值，我们可以构造两个点集的线性分类器 $f(x) = a^T x - b$。这个分类器具有下面的性质：假设事实上，数据点是从以 a 和 b 为参数的 Logistic 模型中得到的，那么它在所有线性分类器中具有最小的错分概率。超平面 $a^T u = b$ 对应于 $\mathbf{prob}(z=1) = 1/2$ 的点，即两种输出是等可能的。图 8.12 中显示了一个例子。

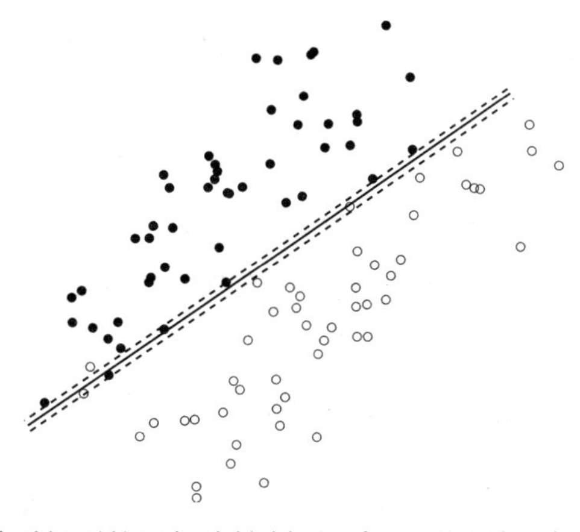

图 8.12 通过 Logistic 模型得到的近似线性判别。空心圆圈所示点 $x_1, \cdots, x_{50}$ 无法从实心圆圈所示的 $y_1, \cdots, y_{50}$ 中线性分离。最大似然 Logistic 模型得到的超平面如深色线所示，它仅错分了两个点。两条虚线显示了 $a^T u - b = \pm 1$，根据 Logistic 模型，其每个输出的概率为 73%。三个点被正确分类，但落入了两条虚线之间。

注释 8.1 Bayes 解释。 令 x 和 z 为两个随机变量，分别在 $\mathbf{R}^n$ 和 $\{0,1\}$ 中取值。我们假设

$$\textbf{prob}(z=1)=\textbf{prob}(z=0)=1/2,$$

并分别用 $p_0(x)$ 和 $p_1(x)$ 表示给定 $z=0$ 和 $z=1$ 情况下的条件密度。假设 p_0 和 p_1 对某些 a 和 b 满足

$$\frac{p_1(x)}{p_0(x)}=e^{a^Tx-b}.$$

很多常见的分布满足这个性质。例如，p_0 和 p_1 可以是 $\mathbf{R}^n$ 上具有相同协方差矩阵但均值不同的两个正态密度，或者它们可以是 $\mathbf{R}_+^n$ 上的两个指数密度。

根据 Bayes 准则，可得

$$\begin{aligned}\textbf{prob}(z=1\mid x=u)&=\frac{p_1(u)}{p_1(u)+p_0(u)}\\ \textbf{prob}(z=0\mid x=u)&=\frac{p_0(u)}{p_1(u)+p_0(u)},\end{aligned}$$

从中，我们得到

$$\begin{aligned}\textbf{prob}(z=1\mid x=u)&=\frac{\exp(a^Tu-b)}{1+\exp(a^Tu-b)}\\ \textbf{prob}(z=0\mid x=u)&=\frac{1}{1+\exp(a^Tu-b)}.\end{aligned}$$

所以，Logistic 模型 (8.26) 可以解释为给定 $x=u$ 情况下 z 的后验分布。

8.6.2　非线性判别

也可以从给定函数子空间中寻找非线性函数，在一个集合中为正，在另一个中为负：

$$f(x_i)>0,\quad i=1,\cdots,N,\qquad f(y_i)<0,\quad i=1,\cdots,M.$$

假定 f 关于定义它的参数是线性（或仿射）的，这些不等式可以通过与线性判别完全相同的方法得到求解。在本节中，我们研究一些有趣的特殊情况。

二次判别

假设我们取 f 为二次函数：$f(x)=x^TPx+q^Tx+r$。参数 $P\in\mathbf{S}^n$、$q\in\mathbf{R}^n$、$r\in\mathbf{R}$ 必须满足不等式

$$\begin{aligned}x_i^TPx_i+q^Tx_i+r>0,&\quad i=1,\cdots,N\\ y_i^TPy_i+q^Ty_i+r<0,&\quad i=1,\cdots,M,\end{aligned}$$

这是一组关于变量 P、q、r 的严格线性不等式。如同线性判别的情况，注意到 f 对于 P、q、r 是齐次的，因此，我们可以通过求解不严格可行性问题

$$\begin{aligned}x_i^TPx_i+q^Tx_i+r\geqslant 1,&\quad i=1,\cdots,N\\ y_i^TPy_i+q^Ty_i+r\leqslant -1,&\quad i=1,\cdots,M\end{aligned}$$

找到严格不等式的解。

分离曲面 $\{z \mid z^TPz + q^Tz + r = 0\}$ 为二次曲面，两个分类区域

$$\{z \mid z^TPz + q^Tz + r \leqslant 0\}, \qquad \{z \mid z^TPz + q^Tz + r \geqslant 0\}$$

由二次不等式所定义。于是，求解二次判别问题等同于确定两个点集是否可以被二次曲面所分离。

可以通过增加 P、q 和 r 的约束来对分离曲面或分类区间的形状加以限制。例如，我们可以要求 $P \prec 0$，这意味着分离曲面为椭球面。更精确地，这意味着我们在寻找包含所有 $x_1, \cdots, x_N$，但不包含任何 $y_1, \cdots, y_M$ 的椭球。这个二次判别问题可以通过半定规划可行性问题得到求解，

$$\begin{array}{ll} \text{find} & P,\ q,\ r \\ \text{subject to} & x_i^TPx_i + q^Tx_i + r \geqslant 1, \quad i = 1, \cdots, N \\ & y_i^TPy_i + q^Ty_i + r \leqslant -1, \quad i = 1, \cdots, M \\ & P \preceq -I, \end{array}$$

其变量为 $P \in \mathbf{S}^n$、$q \in \mathbf{R}^n$ 和 $r \in \mathbf{R}$。(这里我们利用 P、q、r 的齐次性将 $P \prec 0$ 表示为 $P \preceq -I$。）图 8.13 显示了一个例子。

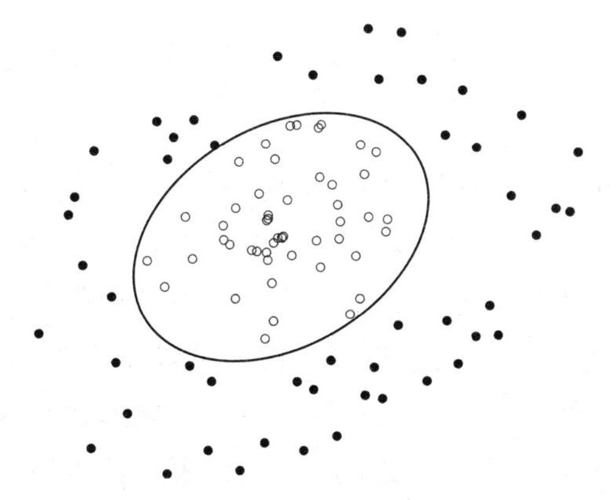

图 8.13 条件 $P \prec 0$ 下的二次判别。我们寻找包含所有 x_i（空心圆圈）但不包含任何 y_i（实心圆圈）的椭圆。这可以通过 SDP 可行性问题得到求解。

多项式判别

考虑 $\mathbf{R}^n$ 上阶次小于或等于 d 的多项式集合，

$$f(x) = \sum_{i_1+\cdots+i_n \leqslant d} a_{i_1\cdots i_d} x_1^{i_1} \cdots x_n^{i_n}.$$

通过求解关于变量 $a_{i_1\cdots i_d}$ 的线性不等式组，我们可以确定两个点集 $\{x_1,\cdots,x_N\}$ 和 $\{y_1,\cdots,y_M\}$ 是否可以被这样的多项式所分离。几何意义上，我们在检验两个集合是否能被（由阶次小于或等于 d 的多项式定义的）代数曲面所分离。

作为扩展，在 $\mathbf{R}^n$ 上，确定能够区分两个点集的多项式的最小阶次问题可以通过拟凸规划得到解决，因为多项式的阶次是系数的拟凸函数。这可以通过对 d 进行二分法得到求解，并在每一步中考虑线性可行性问题。图 8.14 显示了一个例子。

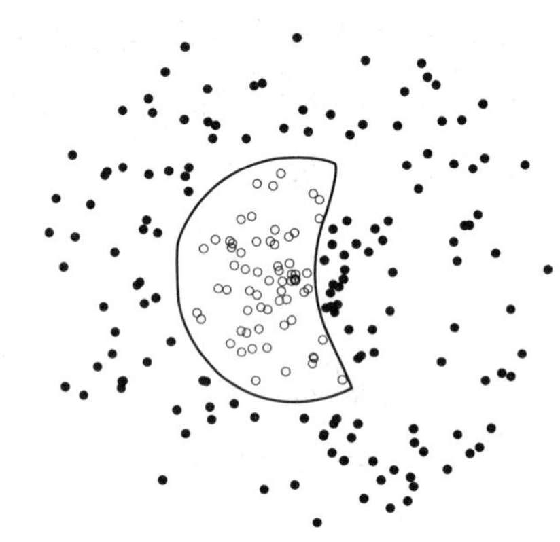

图 8.14　$\mathbf{R}^2$ 中的最小阶次多项式判别。在这个例子中，不存在可以区分 $x_1,\cdots,x_N$（空心圆圈）和 $y_1,\cdots,y_M$（实心圆圈）的三次多项式，但它们可以被四次多项式分离，图中显示了这个多项式的零水平集。

8.7　布局与定位

本节讨论下面问题的一些变形。我们有 $\mathbf{R}^2$ 或 $\mathbf{R}^3$ 中的 N 个点以及必须通过边联系在一起的点对列表。N 个点中某些点的位置是固定的，我们的任务是确定剩余点的位置，即**放置**剩余的点。目标是在一些对于位置的附加约束下，放置这些点使得总的边长的某些度量极小。作为一个应用的例子，我们可以将点视为公司中设备或货栈的位置，将边视为货物运输必经的路径。目标是寻找极小化总运输成本的位置。作为另一个例子，点代表集成电路中模块或单元的位置，边代表连接每组单元的导线。这里的目标是放置单元使得用来连接单元的导线长度最小。

这个问题可以用 N 个结点（代表 N 个点）的无向图进行描述。我们将结点与变量 $x_i\in\mathbf{R}^k$（$k=2$ 或 $k=3$）相联系用以表示位置或方位。问题是极小化

$$\sum_{(i,j)\in\mathcal{A}} f_{ij}(x_i,x_j),$$

其中 $\mathcal{A}$ 为图中所有边的集合，$f_{ij}:\mathbf{R}^k\times\mathbf{R}^k\to\mathbf{R}$ 为与边 (i,j) 相关的费用函数。（或者，我们可以简单地令 i 和 j 不相连时的 $f_{ij}=0$，然后对所有 i 和 j 求和，或者只对

$i < j$ 求和。)某些坐标向量 x_i 是给定的，优化变量是剩余的坐标。在给定函数 f_{ij} 是凸的情况下，这是一个凸优化问题。

8.7.1 线性设备定位问题

在这个问题的最简单的情况中，与边 (i,j) 相关的费用是点 i 和 j 之间的距离 $f_{ij}(x_i,x_j) = \|x_i - x_j\|$，即极小化

$$\sum_{(i,j)\in\mathcal{A}} \|x_i - x_j\|.$$

我们可以用任意的范数，但大多数常见的应用都是关于 Euclid 范数或 ℓ_1-范数。例如，在电路设计中，常常沿分片线性路径来布置导线，即每一段是水平或竖直的。(这被称为 **Manhattan 路径**，因为在具有矩形网格的城市中，每条街道都是沿着两个垂直的坐标中的一个布置，从而沿着街道的路径是分片线性的。)在这种情况下，连接单元 i 和单元 j 的导线长度由 $\|x_i - x_j\|_1$ 给出。

我们可以包含非负权值用以反映不同边上不同的单位距离费用：

$$\sum_{(i,j)\in\mathcal{A}} w_{ij}\|x_i - x_j\|.$$

通过对未连接在一起的结点对赋以权值 $w_{ij} = 0$，我们可以更简单地使用目标

$$\sum_{i<j} w_{ij}\|x_i - x_j\|. \tag{8.28}$$

这个放置问题是凸的。

例 8.4 单自由点。 考虑仅有一个自由点 $(u,v) \in \mathbf{R}^2$ 的情形，我们极小化到固定点 $(u_1,v_1),\cdots,(u_K,v_K)$ 的距离之和。

- **ℓ_1-范数**. 我们可以解析地找到一个点以极小化

  $$\sum_{i=1}^{K} (|u - u_i| + |v - v_i|).$$

  最优点是固定点中的任意一个**中位点**。换言之，u 可以取点 $\{u_1,\cdots,u_K\}$ 的任一中位点，而 v 可以取点 $\{v_1,\cdots,v_K\}$ 的任一中位点。(如果 K 是奇数，最小解唯一；如果 K 是偶数，将有一个最优解的矩形。)

- **Euclid 范数**. 极小化 Euclid 距离之和

  $$\sum_{i=1}^{K} \left((u - u_i)^2 + (v - v_i)^2\right)^{1/2}$$

  的点 (u,v) 被称为给定固定点的 **Weber 点**。

8.7.2 放置约束

下面列出一些有趣的约束，它们可以添加到基本的放置问题中，并保持凸性。我们可以要求某些位置 x_i 处于特定的凸集中，例如特定的直线、区间、长方形或椭球。我们可以约束一点关于其他一点或多点的相对位置，例如，通过限制 点对之间的距离。我们可以规定相对位置约束，例如，某点必须处于另一点的左边。

一组点的**边界框**是包含这些点的最小矩形。(例如，) 添加关于附加变量 u、v 的约束

$$u \preceq x_i \preceq v, \quad i=1,\cdots,p, \qquad 2\mathbf{1}^T(v-u) \leqslant P_{\max},$$

我们可以规定点 $x_1,\cdots,x_p$ 处于周长不超过 $P_{\max}$ 的边界框之中。

8.7.3 非线性设备定位问题

更一般地，可以将边上的费用与长度的非线性递增函数相关联，即

$$\text{minimize} \quad \sum_{i<j} w_{ij} h(\|x_i - x_j\|),$$

其中 h 是 ($\mathbf{R}_+$上的) 递增凸函数，并且 $w_{ij} \geqslant 0$。我们称其为**非线性放置**或**非线性设备定位问题**。

常用的例子是使用 Euclid 范数，其函数为 $h(z)=z^2$，我们极小化

$$\sum_{i<j} w_{ij} \|x_i - x_j\|_2^2.$$

这被称为**二次配置问题**。当仅有线性等式约束时，二次配置问题可以解析求解；当约束为线性等式、不等式时，它可以通过二次规划得到求解。

例8.5 单自由点。 考虑只有一个点 x 自由的情况，我们极小化它到固定点 $x_1,\cdots,x_K$ 的 Euclid 距离平方和，

$$\|x-x_1\|_2^2 + \|x-x_2\|_2^2 + \cdots + \|x-x_K\|_2^2.$$

通过求导可知，最优的 x 由下式给出，

$$\frac{1}{K}(x_1+x_2+\cdots+x_K),$$

即固定点的平均值。

其他一些有趣的可能是考虑“死区”函数 h (死区宽度 2γ)，定义如下

$$h(z)=\begin{cases} 0 & |z| \leqslant \gamma \\ |z-\gamma| & |z| \geqslant \gamma, \end{cases}$$

以及"二次–线性"函数 h，定义如下

$$h(z)=\begin{cases} z^2 & |z|\leqslant\gamma \\ 2\gamma|z|-\gamma^2 & |z|\geqslant\gamma. \end{cases}$$

例 8.6 考虑 $\mathbf{R}^2$ 中有 6 个自由点，8 个固定点，27 条边的配置问题。图 8.15～图8.17 显示了对应于下面准则的最优解，

$$\sum_{(i,j)\in\mathcal{A}}\|x_i-x_j\|_2,\qquad \sum_{(i,j)\in\mathcal{A}}\|x_i-x_j\|_2^2,\qquad \sum_{(i,j)\in\mathcal{A}}\|x_i-x_j\|_2^4,$$

即利用罚函数 $h(z)=z$、$h(z)=z^2$ 和 $h(z)=z^4$。图上也显示了所得的边的长度分布。

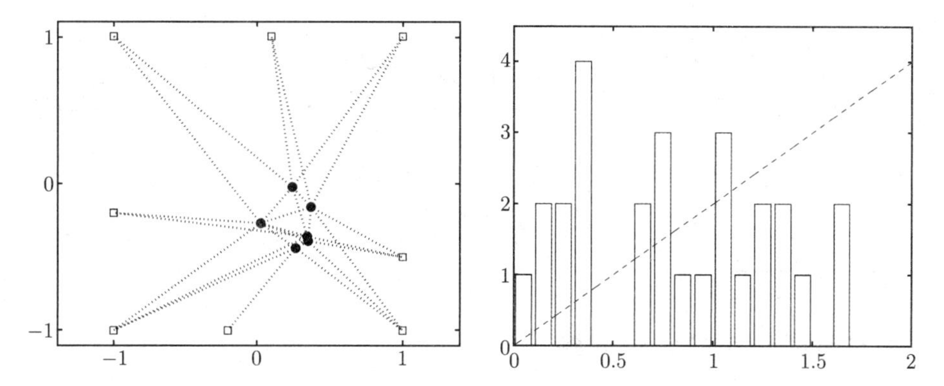

图 8.15 **线性配置**。6 个自由点（由点所示），8 个固定点（由方框所示）和 27 条边的配置问题。自由点的坐标极小化了边的 Euclid 长度之和。右图为 27 条边的长度分布图。虚线所示曲线为（伸缩变换了的）罚函数 $h(z)=z$。

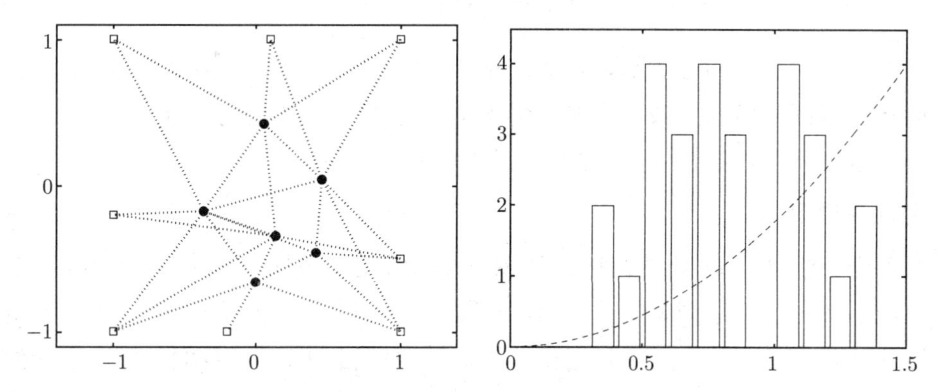

图 8.16 **二次配置**。配置极小化了边的 Euclid 长度的平方和，数据与图 8.15 所示相同。虚线所示曲线为（伸缩变换了的）罚函数 $h(z)=z^2$。

对比所得结果，我们可知线性配置将自由点集中于一个小的区域，二次及四次配置将点散布于较大的区域。线性配置包含了很多非常短的边和一些非常长的边（3 条长度小于 0.2; 2

条长度大于 1.5)。相对于较短的长度，二次罚函数对大的长度给予较大的惩罚，而几乎忽略了小于 0.1 的长度。其结果是最大长度很短（小于 1.4)，但短边也少了。四阶函数对大的长度给予了更为严厉的惩罚，并有了更长的被忽略的区间（零和大约 0.4 之间)。结果是最大长度比二次配置更短，但也有更多接近最大值的长度。

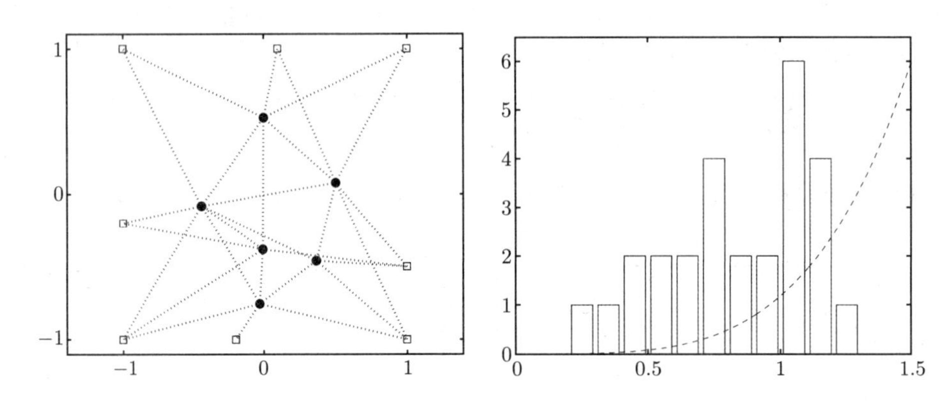

图 8.17 **四次配置**。配置极小化了边的 Euclid 长度的四次方之和。虚线所示曲线为（伸缩变换了的）罚函数 $h(z)=z^4$。

8.7.4 带有路径约束的定位问题

路径约束

用结点序列 $i_0,\cdots,i_p\in\{1,\cdots,N\}$ 描述通过点 $x_1,\cdots,x_N$ 的 p-边**路径**。路径的长度由

$$\|x_{i_1}-x_{i_0}\|+\|x_{i_2}-x_{i_1}\|+\cdots+\|x_{i_p}-x_{i_{p-1}}\|$$

给出，这是 $x_1,\cdots,x_N$ 的凸函数，因此，对路径长度添加的上界约束是凸的。一些有趣的配置问题涉及路径约束，或者有基于路径长度的目标。我们将描述一个典型的例子，其目标函数是基于路径集合中最大的路径长度的。

极小极大延误配置

我们考虑关于 $1,\cdots,N$ 的有向无环图，其弧或边由有序对集合 $\mathcal{A}$ 表示：当且仅当存在一条从 i 指向 j 的边时，$(i,j)\in\mathcal{A}$。如果 $\mathcal{A}$ 中没有边指向结点 i，我们称其为**源结点**；如果 $\mathcal{A}$ 中没有边从它发出，我们称其为**汇结点或目的结点**。我们对图中从源结点开始止于汇结点的最大路径感兴趣。

图中的边可以用来对结点处于位置 $x_1,\cdots,x_N$ 的网络中的某些流进行建模，例如货物或信息。流起始于源结点，然后依次通过路径上的各个点，终止于汇或目的结点。我们用相继点之间的距离对结点间货物的传播时间或运输时间进行建模；一条路径上的总延误或传播时间（正比于）顺序结点之间的距离之和。

现在我们可以描述极小极大延迟配置问题。某些结点的位置是固定的，而其他是自由的，即为优化变量。目标是选择自由结点的位置以极小化从源结点到汇结点所有路径中的最大总延误。显然，这是一个凸问题，因为目标

$$T_{\max} = \max\{\|x_{i_1} - x_{i_0}\| + \cdots + \|x_{i_p} - x_{i_{p-1}}\| \mid i_0, \cdots, i_p \text{ 是一条源–汇路径}\} \quad (8.29)$$

是关于位置 $x_1, \cdots, x_N$ 的凸函数。

虽然极小化 (8.29) 的问题是凸的，但源-汇路径的数量可能非常庞大，关于结点或边的数量是指数的。为此，需要重新表述这个问题以避免穷举所有汇-源路径。

首先，我们解释如何计算最大延误 $T_{\max}$ 才能比穷举每条源-汇路径的延误然后再取大有效得多。令 τ_k 为从结点 k 到汇结点的任意路径中的最大总延误。显然，当 k 为汇结点时，$\tau_k = 0$。考虑结点 k，它具有向结点 $j_1, \cdots, j_p$ 发出的边。对于从结点 k 出发终止于汇结点的路径，其第一个边必然指向结点 $j_1, \cdots, j_p$ 中的一个。如果这个条路径首先取指向 j_i 的边，然后从那里开始取到汇结点最大的路径，那么，总长度为

$$\|x_{j_i} - x_k\| + \tau_{j_i},$$

即到 j_i 的边长加上从 j_i 到汇结点的最长路径的总长度。从中可知，从结点 k 出发指向汇结点的最大延误路径满足

$$\tau_k = \max\{\|x_{j_1} - x_k\| + \tau_{j_1}, \cdots, \|x_{j_p} - x_k\| + \tau_{j_p}\}. \quad (8.30)$$

（这是一个简单的**动态规划**。）

等式 (8.30) 给出了寻找从任意点出发的最大延误的递推公式：我们从汇结点（具有零最大延误）出发，利用等式 (8.30) 后向计算，直至到达所有源结点。于是，遍历所有路径的最大延误即是所有 τ_k 的最大值，它将在其中一个结点达到。这个动态规划递归显示了如何计算任意源-汇路径中的最大延误，而不用枚举所有路径。这个递归计算需要的算术操作数近似等于边数。

现在，我们说明如何利用基于 (8.30) 的递归来描述极小极大延迟放置问题。我们可以将问题表述为

$$\begin{array}{ll} \text{minimize} & \max\{\tau_k \mid k \text{ 是一个源结点}\} \\ \text{subject to} & \tau_k = 0, \quad k \text{ 是一个汇结点} \\ & \tau_k = \max\{\|x_j - x_k\| + \tau_j \mid \text{存在从 } k \text{ 到 } j \text{ 的边}\}, \end{array}$$

其变量为 $\tau_1, \cdots, \tau_N$ 和自由位置。这个问题非凸，但我们可以通过用不等式代替等式约束，将其表示为一个等价的凸形式。引入新变量 $T_1, \cdots, T_N$，它们分别是 $\tau_1, \cdots, \tau_N$ 的上界。对于所有汇结点，取 $T_k = 0$；代入 (8.30) 我们得到不等式

$$T_k \geqslant \max\{\|x_{j_1} - x_k\| + T_{j_1}, \cdots, \|x_{j_p} - x_k\| + T_{j_p}\}.$$

如果这些不等式被满足，那么 $T_k \geqslant \tau_k$。现在我们构建问题

$$\begin{array}{ll} \text{minimize} & \max\{T_k \mid k \text{ 是一个源结点}\} \\ \text{subject to} & T_k = 0, \quad k \text{ 是一个汇结点} \\ & T_k \geqslant \max\{\|x_j - x_k\| + T_j \mid \text{存在一条从 } k \text{ 到 } j \text{ 的边}\}. \end{array}$$

这个关于变量 $T_1, \cdots, T_N$ 和自由位置的问题是凸的，并且解决了极小极大延迟定位问题。

8.8　平面布置

在放置问题中，变量代表了点的最优位置的坐标。**平面布置问题**可以视为放置问题在两个方面的扩展：

- 被放置的物体是与坐标轴对齐的矩形或框（与点的情况相反），并且不能重叠。
- 在某些限制下，每个矩形或框都可以被重新配置。例如，我们可以固定每个矩形的面积，但不分别固定其长度和高度。

目标常常是极小化**边界框**，即包含所有待配置和待放置的框的最小框，的尺寸（例如，面积、体积、周长）。

不重叠约束使得一般的平面布置问题成为非常复杂的组合优化问题或矩形装箱问题。但是，如果框的**相对位置**比较特殊，某些平面布置问题可以建模为凸优化问题。本节将研究这样一些问题。我们将考虑二维情况，并（在结论不显然时）对高维的扩展做一些注释。

我们有 N 个待配置和待放置的单元或模块 $C_1, \cdots, C_N$，它们将放置于一个宽为 W、高为 H、左下角在点 $(0,0)$ 的矩形中。第 i 个单元的几何特性和位置由其宽度 w_i、高度 h_i 和左下角的坐标 (x_i, y_i) 所规定。这些在图 8.18 中作了说明。

这个问题中的变量为 x_i、y_i、w_i、h_i，$i = 1, \cdots, N$，以及边界矩形的宽度 W、高度 H。在所有平面布置问题中，我们都要求单元落入边界矩形内，即

$$x_i \geqslant 0, \qquad y_i \geqslant 0, \qquad x_i + w_i \leqslant W, \qquad y_i + h_i \leqslant H, \qquad i = 1, \cdots, N. \tag{8.31}$$

我们也要求除了边界外，单元互不重叠：

$$\mathbf{int}\,(C_i \cap C_j) = \emptyset \quad \text{对于 } i \neq j.$$

（也有可能要求单元之间有一个正的最小间隙。）不重叠条件 $\mathbf{int}(C_i \cap C_j) = \emptyset$ 成立，当且仅当对于 $i \neq j$ 有，

$$C_i \text{ 在 } C_j \text{ 之左，或 } C_i \text{ 在 } C_j \text{ 之右，或 } C_i \text{ 在 } C_j \text{ 之下，或 } C_i \text{ 在 } C_j \text{ 之上。}$$

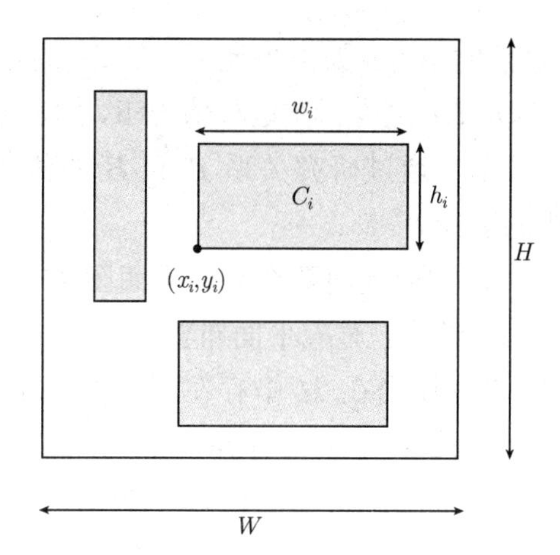

图 8.18 平面配置问题。不相互覆盖的矩形单元被放置于宽度为 W，高度为 H，左下角位于 $(0,0)$ 的矩形中。第 i 个单元由其宽度 w_i、高度 h_i 和左下角的坐标 (x_i,y_i) 表示。

这四个几何条件对应于要求对于每对 $i\neq j$，不等式

$$x_i+w_i\leqslant x_j,\ \text{或}\ x_j+w_j\leqslant x_i,\ \text{或}\ y_i+h_j\leqslant y_j,\ \text{或}\ y_j+h_i\leqslant y_i \tag{8.32}$$

中至少有一个成立。注意到这些约束的组合本质：对于每对 $i\neq j$，上述四个不等式中至少有一个成立。

8.8.1 相对位置约束

相对位置约束用来指定每对单元之间四种可能的相对位置条件中的一个，即左、右、上或下。一个简单的指定这些约束的方法是给出 $\{1,\cdots,N\}$ 上的两个关系：$\mathcal{L}$（意味着"在 之左"）和 $\mathcal{B}$（意味着"在 之下"）。于是，如果 $(i,j)\in\mathcal{L}$，我们添加了要求 C_i 在 C_j 之左的约束；如果 $(i,j)\in\mathcal{B}$，我们添加了 C_i 在 C_j 之下的约束。于是，得到对所有 $i,j=1,\cdots,N$ 的约束

$$x_i+w_i\leqslant x_j\ \text{对于}\ (i,j)\in\mathcal{L},\qquad y_i+h_i\leqslant y_j\ \text{对于}\ (i,j)\in\mathcal{B}. \tag{8.33}$$

为保证关系 $\mathcal{L}$ 和 $\mathcal{B}$ 指定了每一对单元之间的相对位置，我们要求，对于 $i\neq j$ 的每对 (i,j)，下面的式子至少成立一个：

$$(i,j)\in\mathcal{L},\qquad (j,i)\in\mathcal{L},\qquad (i,j)\in\mathcal{B},\qquad (j,i)\in\mathcal{B},$$

并且 $(i,i)\notin\mathcal{L}$，$(i,i)\notin\mathcal{B}$。不等式组 (8.33) 是 $N(N-1)/2$ 个关于变量的线性不等式的集合。这些不等式隐含表示了非覆盖不等式 (8.32)，它是四个线性不等式得到的 $N(N-1)/2$ 个"**或**"的集合。

我们可以假设关系 $\mathcal{L}$ 和 $\mathcal{B}$ 是反对称的（即 $(i,j)\in\mathcal{L}\ \Rightarrow\ (j,i)\notin\mathcal{L}$）和可传递的（即 $(i,j)\in\mathcal{L}$，$(j,k)\in\mathcal{L}\Rightarrow\ (i,k)\in\mathcal{L}$）。（如果不是这种情况，那么相对位置约束显

然不可行。）传递性对应于显然的条件：如果单元 C_i 在 C_j 的左边，而 C_j 又在单元 C_k 之左，那么单元 C_i 一定在单元 C_k 之左。在这种情况下，对应于 $(i,k) \in \mathcal{L}$ 的不等式是冗余的；它可以由其他两个得到。通过研究关系 $\mathcal{L}$ 和 $\mathcal{B}$ 的传递性，我们可以移除冗余约束，得到相对位置不等式的紧集。

相对位置约束的最小集可以方便地用两个有向带圈图 $\mathcal{H}$ 和 $\mathcal{V}$（对水平和竖直方向）进行表示。两个图都含有 N 个结点，对应平面布置问题的 N 个单元。图 $\mathcal{H}$ 产生关系 $\mathcal{L}$ 如下：我们有 $(i,j) \in \mathcal{L}$，当且仅当在 $\mathcal{H}$ 中存在从 i 到 j 的（有向）路径。类似地，图 $\mathcal{V}$ 产生关系 $\mathcal{B}$：$(i,j) \in \mathcal{B}$ 当且仅当 $\mathcal{V}$ 中存在从 i 到 j 的（有向）路径。为给定每对单元的相对位置约束，我们要求：对于每对单元，图中均有从一点指向另一点的有向路径。

显而易见，仅需要添加对应于图 $\mathcal{H}$ 和 $\mathcal{V}$ 中边的集合的不等式；其他由传递性可得。我们得到了不等式组

$$x_i + w_i \leqslant x_j \text{ 对于 } (i,j) \in \mathcal{H}, \qquad y_i + h_i \leqslant y_j \text{ 对于 } (i,j) \in \mathcal{V}, \tag{8.34}$$

这是线性不等式，每个对应于 $\mathcal{H}$ 和 $\mathcal{V}$ 的一条边。不等式集合 (8.34) 是不等式集合 (8.33) 的子集并且等价。

通过类似的办法，$4N$ 个不等式 (8.31) 可以简化为一个最小的等价集合。仅需要对最左边的单元，即关系 $\mathcal{L}$ 中最小的 i，添加约束 $x_i \geqslant 0$。这些对应于图 $\mathcal{H}$ 中的源，即没有指向它们的边的结点。类似地，只需要对最右边的单元添加不等式 $x_i + w_i \leqslant W$。同样地，竖直边界框不等式可以剪枝为一个最小集。这将得到水平边界框不等式的最小等价集合

$$\begin{aligned} &x_i \geqslant 0 \text{ 对于 } \mathcal{L} \text{ 中极小的 } i, \qquad x_i + w_i \leqslant W \text{ 对于 } \mathcal{L} \text{ 中极大的 } i, \\ &y_i \geqslant 0 \text{ 对于 } \mathcal{B} \text{ 中极小的 } i, \qquad y_i + h_i \leqslant H \text{ 对于 } \mathcal{B} \text{ 极大的 } i. \end{aligned} \tag{8.35}$$

图 8.19 显示了一个简单的例子。在此例中，$\mathcal{L}$ 中最小，或最左边，的单元为 C_1、C_2 和 C_4，最右边的单元只有 C_5。规定水平相对位置的不等式的最小集合由

$$\begin{gathered} x_1 \geqslant 0, \qquad x_2 \geqslant 0, \qquad x_4 \geqslant 0, \qquad x_5 + w_5 \leqslant W, \qquad x_1 + w_1 \leqslant x_3, \\ x_2 + w_2 \leqslant x_3, \qquad x_3 + w_3 \leqslant x_5, \qquad x_4 + w_4 \leqslant x_5 \end{gathered}$$

给出。规定竖直相对位置的不等式的最小集合由

$$\begin{gathered} y_2 \geqslant 0, \qquad y_3 \geqslant 0, \qquad y_5 \geqslant 0, \qquad y_4 + h_4 \leqslant H, \qquad y_5 + h_5 \leqslant H, \\ y_2 + h_2 \leqslant y_1, \qquad y_1 + h_1 \leqslant y_4, \qquad y_3 + h_3 \leqslant y_4 \end{gathered}$$

给出。

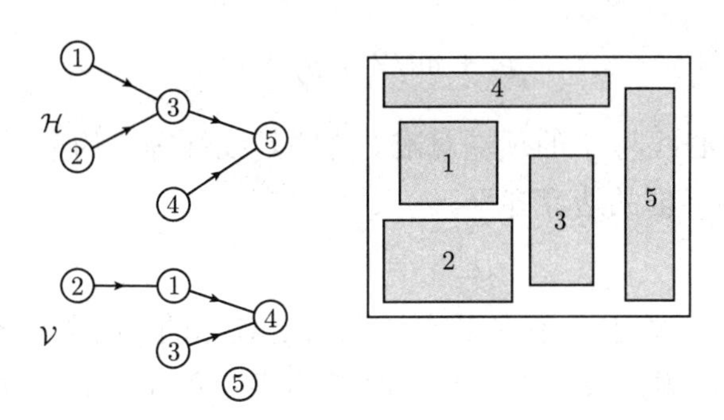

图 8.19 解释规定单元间相对位置的水平、竖直图 $\mathcal{H}$ 和 $\mathcal{V}$ 的例子。如果 $\mathcal{H}$ 中存在从结点 i 到结点 j 的路径，那么，单元 i 必须被放置在 j 的左侧。如果 $\mathcal{V}$ 中存在从结点 i 到 结点 j 的路径，那么，单元 i 必须被放置在 j 的下方。右侧所示的平面布置满足这两个图所规定的相对位置关系。

8.8.2 通过凸优化的平面布置

在这个式子中，变量为边界框的宽度和高度 W、H 以及单元的宽度、高度和位置 w_i、h_i、x_i、w_i，$i=1,\cdots,N$。我们添加边界框约束 (8.35) 和相对位置约束 (8.34)，它们都是线性不等式。我们取框的周长，即 $2(W+H)$，为目标，它是变量的线性函数。我们现在列出一些可以表述为变量的凸不等式或线性等式的约束。

最小间隙

我们可以要求单元间具有最小间隙 $\rho>0$，这可以通过将对于 $(i,j)\in\mathcal{H}$ 的相对位置约束从 $x_i+w_i\leqslant x_j$ 改变为 $x_i+w_i+\rho\leqslant x_j$ 以及对竖直集合的类似操作做到。我们还可以要求 $\mathcal{H}$ 和 $\mathcal{V}$ 的每条边具有不同的最小间隙。另一种可能性是固定 W 和 H，然后将最小间隙 ρ 作为目标进行极大化。

最小单元面积

对于每个单元，我们可以规定一个最小面积，即要求 $w_ih_i\geqslant A_i$，其中 $A_i>0$。最小单元面积约束可以通过一些方法表示为凸不等式，例如 $w_i\geqslant A_i/h_i$，$(w_ih_i)^{1/2}\geqslant A_i^{1/2}$，或 $\log w_i+\log h_i\geqslant\log A_i$。

纵横比约束

可以对每个单元的**纵横比**给出上下界，即

$$l_i\leqslant h_i/w_i\leqslant u_i.$$

同乘以 w_i 可以将这些约束转变为线性不等式。也可以固定单元的纵横比，这将得到线性等式约束。

对准约束

可以向待配置的两个单元的两条边或者中心线添加约束。例如，当

$$y_i + w_i/2 = y_j + w_j$$

时，单元 i 的水平中心线与 j 的顶端对准。这些是线性等式约束。用类似的方法，我们还可以要求单元与边界框的边界齐平。

对称约束

可以要求一对单元关于一条水平或竖直轴是对称的，这个轴本身可以是固定或浮动的（即，其位置可以固定或不固定）。例如，为规定单元 i 和 j 关于竖直轴 $x = x_{\text{axis}}$ 对称，我们可以添加线性等式约束

$$x_{\text{axis}} - (x_i + w_i/2) = x_j + w_j/2 - x_{\text{axis}}.$$

通过添加这些等式约束并引入新变量 x_{axis}，我们可以要求多对单元关于一条不特定的竖直轴对称。

相似约束

可以通过等式约束 $w_i = aw_j$，$h_i = ah_j$ 要求单元 i 是单元 j 的一个 a-伸缩变换。这里的伸缩因子 a 必须是固定的。仅添加其中一个约束，我们可以要求一个单元的宽度（或高度）是另一个单元宽度（或高度）的给定倍。

包含约束

可以要求特定的单元包含给定点，这将添加两个线性不等式。通过增加线性不等式，也可以要求特定的单元落入给定的多面体中。

距离约束

可以增加多种约束以限制单元对之间的距离。最简单的情况，可以限制单元 i 和 j 的中心点（或者任意单元上的固定点，例如左下角）的距离。例如，为限制 i 和 j 中心点间的距离，利用（凸）不等式

$$\|(x_i + w_i/2, y_i + h_i/2) - (x_j + w_j/2, y_j + h_j/2)\| \leqslant D_{ij}.$$

如同放置问题一样，我们可以限制总距离，或者用总距离作为目标。

我们也可以限制单元 i 和单元 j 之间的距离 $\mathbf{dist}(C_i, C_j)$，即单元 i 的中点与单元 j 的中点的最小距离。为限制在 $\|\cdot\|$ 下单元 i 和 j 的距离，我们引入四个新的变量 u_i，v_i，u_j，v_j。变量对 (u_i, v_i) 将表示 C_i 中的点，而 (u_j, v_j) 将表示 C_j 中的点，为此，我们添加线性不等式

$$x_i \leqslant u_i \leqslant x_i + w_i, \qquad y_i \leqslant v_i \leqslant y_i + h_i,$$

对单元 j 类似。最终，为限制 $\mathbf{dist}(C_i, C_j)$，我们增加凸不等式

$$\|(u_i, v_i) - (u_j, v_j)\| \leqslant D_{ij}.$$

在很多特定的情况下，通过研究相对位置限制或推导出更为直观的表达式，可以更加有效地表示这些距离约束。作为一个例子，考虑 ℓ_∞-范数，并（通过相对位置约束）设单元 i 处于单元 j 的左边。两个单元之间的水平间距为 $x_j-(x_i+w_i)$。于是，我们有 $\mathbf{dist}(C_i,C_j)\leqslant D_{ij}$，当且仅当

$$x_j-(x_i+w_i)\leqslant D_{ij},\qquad y_j-(y_i+h_i)\leqslant D_{ij},\qquad y_i-(y_j+h_j)\leqslant D_{ij}.$$

第一个不等式表示单元 i 右边到单元 j 左边的水平间距不超过 D_{ij}。第二个不等式要求单元 j 的底部在 i 的顶部以上不超过 D_{ij} 之内，而第三个不等式要求单元 i 的底部在 j 的顶部以上不超过 D_{ij} 之内。这三个不等式一起，等价于 $\mathbf{dist}(C_i,C_j)\leqslant D_{ij}$。在这个例子中，我们不需要引入新的变量。

可以类似地限制两个单元之间的 ℓ_1-（或 ℓ_2-）距离。这里引入一个新变量 d_v，它将作为单元间竖直距离的界。为限制 ℓ_1-距离，我们添加约束

$$y_j-(y_i+h_i)\leqslant d_v,\qquad y_i-(y_j+h_j)\leqslant d_v,\qquad d_v\geqslant 0$$

和

$$x_j-(x_i+w_i)+d_v\leqslant D_{ij}.$$

（第一项是水平间距，而第二项是竖直间距的上界。）为限制单元间的 Euclid 距离，我们将最后一个条件替换为

$$(x_j-(x_i+w_i))^2+d_v^2\leqslant D_{ij}^2.$$

例 8.7 图 8.20 显示了有 5 个单元的例子，使用了图 8.19 中的顺序约束以及四个不同的约束集。对于每个情况，我们加以相同的最小空间约束，相同的相对比例约束 $1/5\leqslant w_i/h_i\leqslant 5$。四种情况所要求的单元面积 A_i 不同。对每个例子，A_i 的取值使得所要求的最小面积之和 $\sum_{i=1}^{5}A_i$ 相同。

8.8.3 基于几何规划的平面布置

平面布置问题也可以建模为关于变量 x_i，y_i，w_i，h_i，W，H 的**几何规划**。这种模式中可以处理的目标和约束与凸优化式子中所能表达的有所不同。

首先，我们注意到边界框约束 (8.35) 和相对位置约束 (8.34) 是正项式不等式，因为其左端是变量的和，而右端是单变量，因此是单项式。同除以右端，将得到标准的正项式不等式。

在几何规划式子中，我们可以极小化边界框的面积，因为 WH 是单项式，从而也是正项式。我们还可以精确地规定每个单元的面积，因为 $w_ih_i=A_i$ 是一个单项式等式

约束。另一方面，几何规划无法处理对齐、对称性和距离约束。但是，可以处理相似性，事实上，可以要求一个单元与另一个相似，而不规定尺度因子（它可以仅仅被视为另一个变量而得到处理）。

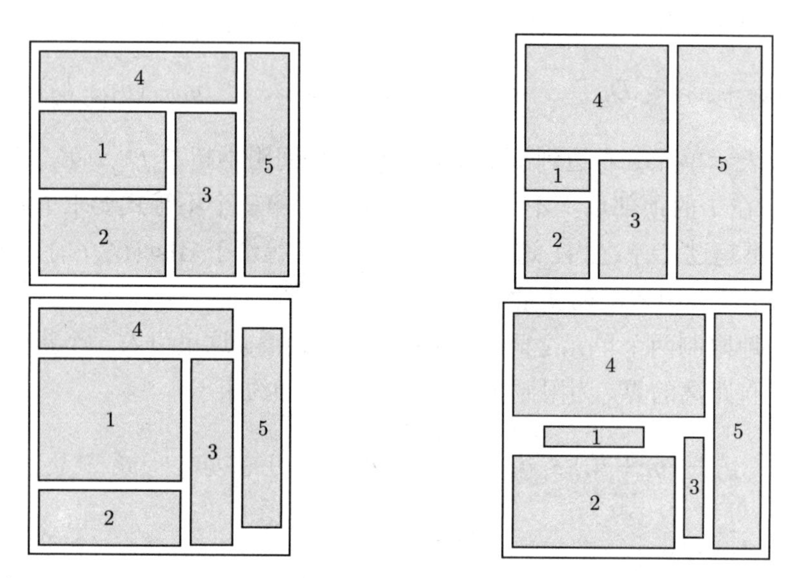

图 8.20　符合图 8.19 所示的相对位置约束的最优平面布置的四个实例。在各种情况下，目标函数都是极小化周长，并且施加相同的单元间最小空间约束，我们同时要求相对比例在 1/5 到 5 之间。四种情况的区别在于对每个单元要求的最小面积不同。对于不同情况，最小面积之和是相同的。

参考文献

§8.3.3 中 Euclid 距离矩阵的性质出现在 Schoenberg 的 [Sch35]；也可参见 Gower 的 [Gow85]。

我们关于 Löwner-John 椭球的说法遵从 Grötschel、Lovász 和 Schrijver 的 [GLS88, 第 69 页]。§8.4 中关于椭球逼近效率的结果由 John 在 [Joh85] 中证明。Boyd、El Ghaoui、Feron 和 Balakrishnan 在 [BEFB94, §3.7] 中给出了一些涉及椭球的并、交或和的椭球逼近问题的凸形式。

§8.5 中定义的不同中心在中心设计（参见，例如 Seifi、Ponnambalan 和 Vlach 的 [SPV99]）、切平面方法（Elzinga 和 Moore 的 [EM75]，Tarasov、Khachiyan 和 Èrlikh 的[TKE88]， 以及 Ye 的 [Ye97, 第 8 章]））中得到了应用。由对数障碍函数的 Hessian 矩阵定义的内椭球（第 404 页）有时也被称为 **Dikin 椭球**，它是线性和二次规划的 Dikin's 算法的基础 [Dik67]。解析中心的外椭圆的表达式由 Sonnevend 在 [Son86] 中给出。对于非多项式凸集的扩展，参见 Boyd 和 El Ghaoui 的 [BE93]，Jarre 的 [Jar94] 以及 Nesterov 和 Nemirovski 的 [NN94, 第 34 页]。

从二十世纪六十年代开始，凸规划已经被应用于线性和非线性分类问题中，参见 Mangasarian 的 [Man65] 以及 Rosen 的 [Ros65]。经典的讨论模式分类问题的文献包括 Duda、Hart 和 Stork

的 [DHS99] 以及 Hastie、Tibshirani 和 Friedman 的[HTF01]。对于支持向量分类器的详细讨论参见 Vapnik 的 [Vap00] 或者 Schölkopf 和 Smola 的 [SS01]。

例 8.4 中定义的 Weber 点是在 Weber 的文章 [Web71] 之后命名的。线性和二次配置问题在电路设计得到了应用（Kleinhaus、Sigl、Johannes 和 Antreich 的 [KSJA91, SDJ91]）。Sherwani 的 [She99] 是最近的一篇关于 VISI 电路设计中的配置、布局、平面布置和其他几何优化的算法的概述。

习题

向集合投影

8.1 投影的唯一性。 证明如果 $C \subseteq \mathbf{R}^n$ 为非空的有界闭凸集，范数 $\|\cdot\|$ 严格凸，那么对于每一个 x_0，都正好有一个 $x \in C$ 与 x_0 最接近。换言之，x_0 向 C 的投影是唯一的。

8.2 [Web94, Val64] **凸性的 Chebyshev 特征。** 集合 $C \in \mathbf{R}^n$ 被称为 **Chebyshev 集合**，如果对于每个 $x_0 \in \mathbf{R}^n$，都存在 C 中唯一的一点（在 Euclid 范数下）最接近 x_0。由习题 8.1 可知每个非空闭凸集是 Chebyshev 集合。在这个问题中，我们证明其逆命题，即大家所知的 **Motzkin 定理**。

令 $C \in \mathbf{R}^n$ 为 Chebyshev 集合。

(a) 证明 C 是非空且闭的。

(b) 证明 C 上的 Euclid 投影 P_C 是连续的。

(c) 设 $x_0 \notin C$。证明对于所有 $x = \theta x_0 + (1-\theta)P_C(x_0)$，其中 $0 \leqslant \theta \leqslant 1$，都有 $P_C(x) = P_C(x_0)$。

(d) 设 $x_0 \notin C$。证明对于所有 $x = \theta x_0 + (1-\theta)P_C(x_0)$，其中 $\theta \geqslant 1$ 都有 $P_C(x) = P_C(x_0)$。

(e) 结合 (c) 和 (d)，可以断定所有在以 $P_C(x_0)$ 为端点以 $x_0 - P_C(x_0)$ 为方向的射线上的点都具有投影 $P_C(x_0)$。证明这意味 C 是凸集。

8.3 向正常锥的 Euclid 投影。

(a) **非负象限。** 证明第 383 页给出的向非负象限的 Euclid 投影公式。

(b) **半正定锥。** 证明第 383 页给出的向半正定锥的 Euclid 投影公式。

(c) **二次锥。** 证明 (x_0, t_0) 向二次锥

$$K = \{(x,t) \in \mathbf{R}^{n+1} \mid \|x\|_2 \leqslant t\}$$

的 Euclid 投影由

$$P_K(x_0,t_0) = \begin{cases} 0 & \|x_0\|_2 \leqslant -t_0 \\ (x_0,t_0) & \|x_0\|_2 \leqslant t_0 \\ (1/2)(1+t_0/\|x_0\|_2)(x_0, \|x_0\|_2) & \|x_0\|_2 \geqslant |t_0| \end{cases}$$

给出。

8.4 点向凸集的 Euclid 投影得到一个简单的分离平面

$$(P_C(x_0)-x_0)^T(x-(1/2)(x_0+P_C(x_0)))=0.$$

寻找一个反例以说明这种构造方法对于一般的范数无效。

8.5 [HUL93, 第 1 卷, 第 154 页] **深度函数及到边界的有符号距离**。令 $C\subseteq\mathbf{R}^n$ 为非空凸集，令 $\mathbf{dist}(x,C)$ 为某一范数下 x 到 C 的距离。我们已经知道 $\mathbf{dist}(x,C)$ 是 x 的凸函数。

(a) 证明深度函数

$$\mathbf{depth}(x,C)=\mathbf{dist}(x,\mathbf{R}^n\setminus C)$$

关于 $x\in C$ 是凹的。

(b) 到 C 的边界的有符号距离定义为

$$s(x)=\begin{cases}\mathbf{dist}(x,C) & x\notin C\\ -\mathbf{depth}(x,C) & x\in C.\end{cases}$$

因此，$s(x)$ 在 C 外为正，在边界上为零，而在其内部为负。证明 s 是一个凸函数。

集合间距离

8.6 令 C，D 为凸集。

(a) 证明 $\mathbf{dist}(C,x+D)$ 是 x 的凸函数。

(b) 证明 $t>0$ 时，$\mathbf{dist}(tC,x+tD)$ 是 (x,t) 的凸函数。

8.7 **椭球的分离**。令 $\mathcal{E}_1$ 和 $\mathcal{E}_2$ 为由下式定义的两个椭球，

$$\mathcal{E}_1=\{x\mid(x-x_1)^TP_1^{-1}(x-x_1)\leqslant 1\},\qquad \mathcal{E}_2=\{x\mid(x-x_2)^TP_2^{-1}(x-x_2)\leqslant 1\},$$

其中 P_1，$P_2\in\mathbf{S}_{++}^n$。证明 $\mathcal{E}_1\cap\mathcal{E}_2=\emptyset$ 当且仅当存在 $a\in\mathbf{R}^n$ 满足

$$\|P_2^{1/2}a\|_2+\|P_1^{1/2}a\|_2<a^T(x_1-x_2).$$

8.8 **多面体的交集与包含**。设 $\mathcal{P}_1$ 和 $\mathcal{P}_2$ 是两个由

$$\mathcal{P}_1=\{x\mid Ax\preceq b\},\qquad \mathcal{P}_2=\{x\mid Fx\preceq g\}$$

定义的多面体，其中 $A\in\mathbf{R}^{m\times n}$，$b\in\mathbf{R}^m$，$F\in\mathbf{R}^{p\times n}$，$g\in\mathbf{R}^p$。对下面的问题分别构建一个或一组线性规划可行性问题。

(a) 寻找交集 $\mathcal{P}_1\cap\mathcal{P}_2$ 中的一点。

(b) 确定 $\mathcal{P}_1\subseteq\mathcal{P}_2$ 是否成立。

对于每个问题，推导出构成强择一的线性不等式和等式，并给出择一的几何解释。

对由

$$\mathcal{P}_1=\mathbf{conv}\{v_1,\cdots,v_K\},\qquad \mathcal{P}_2=\mathbf{conv}\{w_1,\cdots,w_L\}$$

定义的多面体重新讨论上面的问题。

Euclid 距离与角度问题

8.9 矩阵到给定数据的最近 Euclid 距离。 给定数据 $\hat{d}_{ij}$，$i,j=1,\cdots,n$，它们可以解释为 $\mathbf{R}^k$ 中向量间的 Euclid 距离

$$\hat{d}_{ij}=\|x_i-x_j\|_2+v_{ij},\quad i,j=1,\cdots,n,$$

其中 v_{ij} 为噪声或错误。这些数据对所有 i,j 均满足 $\hat{d}_{ij}\geqslant 0$ 和 $\hat{d}_{ij}=\hat{d}_{ji}$，其维数 k 不是特定的。

说明如何利用凸优化求解下列问题。寻找维数 k 和 $x_1,\cdots,x_n\in\mathbf{R}^k$，使得 $\sum\limits_{i,j=1}^{n}(d_{ij}-\hat{d}_{ij})^2$ 最小，其中 $d_{ij}=\|x_i-x_j\|_2$, $i,j=1,\cdots,n$。换言之，你将用给定的近似 Euclid 距离数据，找到最小二乘意义下最接近实际 Euclid 距离的集合。

8.10 极小极大角度拟合。 设 $y_1,\cdots,y_m\in\mathbf{R}^k$ 为变量 $x\in\mathbf{R}^n$ 的仿射函数：

$$y_i=A_ix+b_i,\quad i=1,\cdots,m,$$

$z_1,\cdots,z_m\in\mathbf{R}^k$ 为给定的非零向量。我们希望在一些凸约束（例如，线性不等式）下，选择变量 x 以极小化 y_i 和 z_i 之间的最大角度，

$$\max\{\angle(y_1,z_1),\cdots,\angle(y_m,z_m)\}.$$

两个非零向量之间的角度定义如常，即

$$\angle(u,v)=\arccos\left(\frac{u^Tv}{\|u\|_2\|v\|_2}\right),$$

其中，我们取 $\arccos(a)\in[0,\pi]$。我们只关心最优目标值不超过 $\pi/2$ 的情况。

将这一问题表述为凸或拟凸优化问题。当对 x 的约束是线性不等式时，你将需要求解哪类问题？

8.11 包含给定点的最小 Euclid 锥。 在 $\mathbf{R}^n$ 中，我们用中心方向 $c\neq 0$ 及满足 $0\leqslant\theta\leqslant\pi/2$ 的角度半径来定义 **Euclid 锥**如下

$$\{x\in\mathbf{R}^n\mid\angle(c,x)\leqslant\theta\}.$$

（Euclid 锥是一个二次锥，即它可以表示为二次锥在非奇异线性映射下的象。）

令 $a_1,\cdots,a_m\in\mathbf{R}^n$。你如何找到一个具有最小角度半径并且包含 $a_1,\cdots,a_m$ 的 Euclid 锥。(特别地，你需要解释如何求解可行性问题，即如何确定是否存在包含这些点的 Euclid 锥。)

极值体积椭球

8.12 证明一个集合中的最大体积椭球是唯一的。证明一个集合的 Löwner-John 椭球是唯一的。

8.13 单纯形的 Löwner-John 椭球。 在本习题中，我们将证明 $\mathbf{R}^n$ 中单纯形的 Löwner-John 椭球，必须以因子 n 缩小才能处于单纯形的内部。因为 Löwner-John 椭球是仿射不变的，所以，对一个特定的单纯形进行说明就足以得出这一结果。

推导单纯形 $C=\mathbf{conv}\{0,e_1,\cdots,e_n\}$ 的 Löwner-John 椭球 $\mathcal{E}_{\rm lj}$。证明 $\mathcal{E}_{\rm lj}$ 必须缩小为 $1/n$ 才能落入单纯形中。

8.14 椭球内逼近的效率。 令 C 为 $\mathbf{R}^n$ 中的多面体，由 $C=\{x \mid Ax \preceq b\}$ 描述，并设 $\{x \mid Ax \prec b\}$ 非空。

(a) 证明 C 中的最大体积椭球以因子 n 关于其中心扩展，可以得到一个包含 C 的椭球。

(b) 证明如果 C 关于原点是对称的，即具有 $C=\{x \mid -\mathbf{1} \preceq Ax \preceq \mathbf{1}\}$ 的形式，那么将最大体积内接椭球以因子 $\sqrt{n}$ 扩展，将给出一个包含 C 的椭球。

8.15 覆盖椭球并集的最小体积椭球。 将下面问题建模为凸优化问题。寻找包含 K 个给定椭球

$$\mathcal{E}_i=\{x \mid x^TA_ix+2b_i^Tx+c_i \leqslant 0\}, \quad i=1,\cdots,K$$

的最小体积椭球 $\mathcal{E}=\{x \mid (x-x_0)^TA^{-1}(x-x_0) \leqslant 1\}$.

提示： 参见附录 B。

8.16 多面体中的最大体积矩形。 将下面的问题建模为凸优化问题。寻找多面体 $\mathcal{P}=\{x \mid Ax \preceq b\}$ 中具有最小体积的矩形

$$\mathcal{R}=\{x \in \mathbf{R}^n \mid l \preceq x \preceq u\},$$

其变量为 $l,u \in \mathbf{R}^n$。你的式子中不应包含指数数量的约束。

中心

8.17 解析中心的仿射不变性。 证明一组不等式的解析中心是仿射不变的。证明它对于不等式的正伸缩变换是不变的。

8.18 解析中心与冗余不等式。 描述同样多面体的两组不同的线性不等式可以有不同的解析中心。证明：通过添加冗余不等式，我们可以使得单纯形

$$\mathcal{P}=\{x \in \mathbf{R}^n \mid Ax \preceq b\}$$

中的任意内点 x_0 成为解析中心。更具体地，设 $A \in \mathbf{R}^{m\times n}$ 并且 $Ax_0 \prec b$。说明存在 $c \in \mathbf{R}^n$，$\gamma \in \mathbf{R}$ 和正整数 q，使得 $\mathcal{P}$ 是 $m+q$ 个不等式

$$Ax \preceq b, \qquad c^Tx \leqslant \gamma, \qquad c^Tx \leqslant \gamma, \quad \cdots, \quad c^Tx \leqslant \gamma \tag{8.36}$$

的解集（其中，不等式 $c^Tx \leqslant \gamma$ 被添加 q 次），而 x_0 是 (8.36) 的解析中心。

8.19 令 x_{ac} 为线性不等式组

$$a_i^Tx \leqslant b_i, \quad i=1,\cdots,m$$

的解析中心，定义 H 为对数障碍函数在 x_{ac} 处的 Hessian 矩阵：

$$H=\sum_{i=1}^m \frac{1}{(b_i-a_i^Tx_{\mathrm{ac}})^2}a_ia_i^T.$$

证明：如果

$$b_k-a_k^Tx_{\mathrm{ac}} \geqslant m(a_k^TH^{-1}a_k)^{1/2},$$

那么，第 k 个不等式是冗余的（即它可以被删去而可行集不变）。

8.20 基于线性矩阵不等式解析中心的椭球逼近。 令 C 为 LMI

$$x_1A_1 + x_2A_2 + \cdots + x_nA_n \preceq B,$$

的解集，其中 $A_i, B \in \mathbf{S}^m$ 并且 $x_{\rm ac}$ 为其解析中心。证明

$$\mathcal{E}_{\rm inner} \subseteq C \subseteq \mathcal{E}_{\rm outer},$$

其中，

$$\begin{aligned}\mathcal{E}_{\rm inner} &= \{x \mid (x - x_{\rm ac})^T H(x - x_{\rm ac}) \leqslant 1\},\\ \mathcal{E}_{\rm outer} &= \{x \mid (x - x_{\rm ac})^T H(x - x_{\rm ac}) \leqslant m(m-1)\},\end{aligned}$$

而 H 为在 $x_{\rm ac}$ 处计算的对数障碍函数的 Hessian 矩阵

$$-\log\det(B - x_1A_1 - x_2A_2 - \cdots - x_nA_n).$$

8.21 [BYT99] **解析中心的最大似然解释。** 使用第 312 页的线性测量模型

$$y = Ax + v,$$

其中 $A \in \mathbf{R}^{m\times n}$。设噪声分量 v_i 在 $[-1, 1]$ 上独立同分布。与测量值 $y \in \mathbf{R}^m$ 相容的参数 x 的集合是由线性不等式

$$-\mathbf{1} + y \preceq Ax \preceq \mathbf{1} + y \tag{8.37}$$

定义的多面体。设 v_i 的概率密度函数具有

$$p(v) = \begin{cases} \alpha_r(1 - v^2)^r & -1 \leqslant v \leqslant 1\\ 0 & \text{其他情况}\end{cases}$$

的形式，其中 $r \geqslant 1$，$\alpha_r > 0$。证明 x 的最大似然估计值是 (8.37) 的解析中心。

8.22 重心。 具有非空内部的集合 $C \subseteq \mathbf{R}^n$ 的重心定义为

$$x_{\rm cg} = \frac{\int_C u\, du}{\int_C 1\, du}.$$

重心是仿射不变的，并且（显然）是集合 C 而不是其具体描述的函数。但是，与本章所描述的中心不同，重心是非常难于计算的，除了一些简单的情况（例如，椭球、球、单纯形）。

证明重心 $x_{\rm cg}$ 是凸函数

$$f(x) = \int_C \|u - x\|_2^2\, du$$

的极小值点。

分类

8.23 鲁棒线性判别。 考虑 (8.23) 给出的鲁棒线性判别问题，

(a) 证明最优解值 $t^\star$ 为正，当且仅当两个点集可以被线性分离。当两个点集可以被线性分离时，证明 $\|a\|_2 \leqslant 1$ 是紧的，即对于所有最优 $a^\star$ 有 $\|a^\star\|_2 = 1$。

(b) 利用变量代换 $\tilde{a} = a/t$，$\tilde{b} = b/t$ 证明问题 (8.23) 等价于二次规划

$$\begin{array}{ll} \text{minimize} & \|\tilde{a}\|_2 \\ \text{subject to} & \tilde{a}^T x_i - \tilde{b} \geqslant 1, \quad i = 1, \cdots, N \\ & \tilde{a}^T y_i - \tilde{b} \leqslant -1, \quad i = 1, \cdots, M. \end{array}$$

8.24 对于权重误差的最鲁棒线性判别。 设 $\mathbf{R}^n$ 中给定的两个点集 $\{x_1, \cdots, x_N\}$ 和 $\{y_1, \cdots, y_M\}$ 可以被线性分离。在 §8.6.1 中，我们说明了如何寻找仿射函数来区分集合，并给出函数值的最大间隙。我们也可以考虑对于向量 a 的变化的鲁棒性，a 有时也被称为**权重向量**。对于给定的分离两个凸集的 $f(x) = a^T x - b$ 的 a 和 b，我们定义**权重误差裕量**为使得仿射函数 $(a+u)^T x - b$ 不再分离两个点集的最小的 $u \in \mathbf{R}^n$ 的范数值。换言之，权重误差裕量是使所有符合 $\|u\|_2 \leqslant \rho$ 的 u 都满足

$$(a+u)^T x_i \geqslant b, \quad i = 1, \cdots, N, \qquad (a+u)^T y_j \leqslant b, \quad i = 1, \cdots, M,$$

的最大的 ρ。

说明如何在归一化约束 $\|a\|_2 \leqslant 1$ 下寻找 a 和 b 以最大化权重误差裕量。

8.25 最接近球的分离椭球。 给定两组向量 $x_1, \cdots, x_N \in \mathbf{R}^n$ 和 $y_1, \cdots, y_M \in \mathbf{R}^n$，我们希望找到具有最小偏心率的椭球（即其定义矩阵具有最小条件数）以包含点 $x_1, \cdots, x_N$，但不包含点 $y_1, \cdots, y_M$。将其建模为一个凸优化问题。

配置与平面布置

8.26 二次配置。 考虑 $\mathbf{R}^2$ 上的二次配置问题，它由含有 N 个结点的无向图 $\mathcal{A}$ 定义，并具有二次费用：

$$\text{minimize} \quad \sum_{(i,j)\in\mathcal{A}} \|x_i - x_j\|_2^2.$$

变量为位置 $x_i \in \mathbf{R}^2$，$i = 1, \cdots, M$，而位置 x_i，$i = M+1, \cdots, N$ 已经给定。通过

$$u = (x_{11}, x_{21}, \cdots, x_{M1}), \qquad v = (x_{12}, x_{22}, \cdots, x_{M2})$$

定义两个向量 $u, v \in \mathbf{R}^M$，它们分别包含了自由结点的第一和第二维分量。

说明 u 和 v 可以通过求解两组线性不等式

$$Cu = d_1, \qquad Cv = d_2$$

得到，其中 $C \in \mathbf{S}^M$。用图 $\mathcal{A}$ 的形式，给出 C 系数的简单表达式。

8.27 包含最小距离约束的问题。 我们考虑关于变量 $x_1, \cdots, x_N \in \mathbf{R}^k$ 的问题。目标函数 $f_0(x_1, \cdots, x_N)$ 是凸的，且约束

$$f_i(x_1, \cdots, x_N) \leqslant 0, \quad i = 1, \cdots, m$$

是凸的（即函数 $f_i : \mathbf{R}^{Nk} \to \mathbf{R}$ 凸）。此外，我们有**最小距离约束**

$$\|x_i - x_j\|_2 \geqslant D_{\min}, \quad i \neq j, \quad i,j = 1,\cdots,N.$$

一般情况下，这是一个困难的非凸问题。

按照平面布置中采用的方法，可以得到这个问题的一个**凸限制**，即一个凸的问题，但具有较小的可行集。(因此，求解限制问题简单，并且其任何解都可以保证是非凸问题的可行解。) 令对于 $i < j$，$i,j = 1,\cdots,N$，$a_{ij} \in \mathbf{R}^k$ 满足 $\|a_{ij}\|_2 = 1$。

证明限制问题

$$\begin{array}{ll} \text{minimize} & f_0(x_1,\cdots,x_N) \\ \text{subject to} & f_i(x_1,\cdots,x_N) \leqslant 0, \quad i = 1,\cdots,m \\ & a_{ij}^T(x_i - x_j) \geqslant D_{\min}, \quad i < j, \ i,j = 1,\cdots,N \end{array}$$

是凸的，并且其每个可行解都满足最小距离约束。

注释：有很多好的启发式算法用以选择方向 a_{ij}。一个简单方法是从近似解 $\hat{x}_1,\cdots,\hat{x}_N$ (它们不一定满足最小距离约束) 出发，然后设 $a_{ij} = (\hat{x}_i - \hat{x}_j)/\|\hat{x}_i - \hat{x}_j\|_2$。

其他问题

8.28 令 $\mathcal{P}_1$ 和 $\mathcal{P}_2$ 为由

$$\mathcal{P}_1 = \{x \mid Ax \preceq b\}, \qquad \mathcal{P}_2 = \{x \mid -\mathbf{1} \preceq Cx \preceq \mathbf{1}\}$$

描述的两个多面体，其中 $A \in \mathbf{R}^{m \times n}$，$C \in \mathbf{R}^{p \times n}$，$b \in \mathbf{R}^m$。多面体 $\mathcal{P}_2$ 关于原点对称。对于 $t \geqslant 0$ 及 $x_c \in \mathbf{R}^n$，我们用 $t\mathcal{P}_2 + x_c$ 表示多面体

$$t\mathcal{P}_2 + x_c = \{tx + x_c \mid x \in \mathcal{P}_2\},$$

它是通过首先将 $\mathcal{P}_2$ 关于原点伸缩变换 t 倍，然后将其中心平移到 x_c 得到的。

说明如何通过一个或一组线性规划求解下面两个问题。

(a) 找到处于 $\mathcal{P}_1$ 中的最大多面体 $t\mathcal{P}_2 + x_c$，即

$$\begin{array}{ll} \text{maximize} & t \\ \text{subject to} & t\mathcal{P}_2 + x_c \subseteq \mathcal{P}_1 \\ & t \geqslant 0. \end{array}$$

(b) 找到包含 $\mathcal{P}_1$ 的最小多面体 $t\mathcal{P}_2 + x_c$，即

$$\begin{array}{ll} \text{minimize} & t \\ \text{subject to} & \mathcal{P}_1 \subseteq t\mathcal{P}_2 + x_c \\ & t \geqslant 0. \end{array}$$

这两个问题的变量都是 $t \in \mathbf{R}$ 和 $x_c \in \mathbf{R}^n$。

8.29 外部多面体逼近。 令 $\mathcal{P} = \{x \in \mathbf{R}^n \mid Ax \preceq b\}$ 为一个多面体，$C \subseteq \mathbf{R}^n$ 为给定集合 (不必要是凸的)。利用支撑函数 S_C 将下面的问题构建为线性规划：

$$\begin{array}{ll} \text{minimize} & t \\ \text{subject to} & C \subseteq t\mathcal{P} + x \\ & t \geqslant 0. \end{array}$$

这里 $t\mathcal{P} + x = \{tu + x \mid u \in \mathcal{P}\}$，即将 $\mathcal{P}$ 关于原点伸缩变换 t 倍然后平移 x。这个问题的变量为 $t \in \mathbf{R}$ 和 $x \in \mathbf{R}^n$。

8.30 分片弧度曲线插值。 给定点列 $a_1, \cdots, a_n \in \mathbf{R}^2$，我们构造依次穿过这些点的曲线，它在相邻点之间是一段弧（例如，圆的一部分）或者一条线段（我们可以将其视为具有无穷半径的圆的弧）。有很多连接 a_i 和 a_{i+1} 的弧；我们通过给出它们在 a_i 处的切线与线段 $[a_i, a_{i+1}]$ 的夹角将这些弧参数化。因此，$\theta_i = 0$ 表明 a_i 和 a_{i+1} 之间的弧实际上就是线段 $[a_i, a_{i+1}]$；$\theta_i = \pi/2$ 表明 a_i 和 a_{i+1} 之间的弧是（线段 $[a_1, a_2]$ 之上的）半圆；$\theta_i = -\pi/2$ 表明 a_i 和 a_{i+1} 之间的弧是（线段 $[a_1, a_2]$ 之下的）半圆，如下所示。

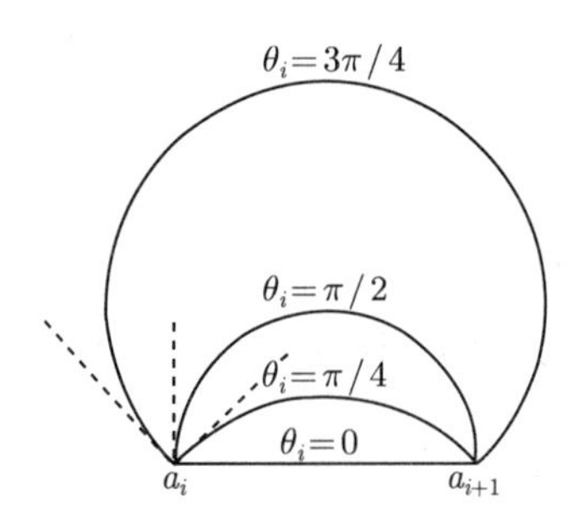

我们的曲线完全由角度 $\theta_1, \cdots, \theta_n$ 所规定，它们可以在 $(-\pi, \pi)$ 中取值。θ_i 的选取将影响曲线的一些性质，例如，总长度 L，或下面所描述的**链接角度的不连续性**。

在每个点 a_i，$i = 2, \cdots, n-1$，两条弧相交，其中一个从前一个点而来，另一个发往下一个点。如果这两个弧的切线恰好相反，曲线在 a_i 处可微，那么我们称在 a_i 处没有链接角度的不连续性。一般地，我们定义 a_i 处的链接角度不连续性为 $|\theta_{i-1} + \theta_i + \psi_i|$，其中 ψ_i 为线段 $[a_i, a_{i+1}]$ 和线段 $[a_{i-1}, a_i]$ 之间的夹角，即 $\psi_i = \angle(a_i - a_{i+1}, a_{i-1} - a_i)$，如下所示。注意，角度 ψ_i 是已知的（因为 a_i 已知）。

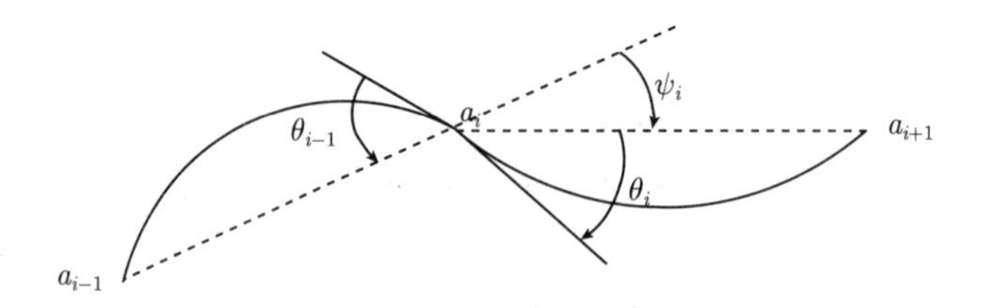

我们定义**总链接角度不连续性**为

$$D = \sum_{i=2}^{n} |\theta_{i-1} + \theta_i + \psi_i|.$$

将极小化总弧长 L 和总链接角度不连续性 D 的问题建模为双准则凸优化问题。解释你如何找到最优权衡曲线上的端点。

III

算　　法

9 无约束优化

9.1 无约束优化问题

本章讨论下述无约束优化问题的求解方法

$$\text{minimize} \quad f(x) \tag{9.1}$$

其中 $f:\mathbf{R}^n\to\mathbf{R}$ 是二次可微凸函数（这意味着 $\mathbf{dom}\,f$ 是开集）。我们假定该问题可解，即存在最优点 $x^\star$。（更准确地说，本章后面用到的假定意味着 $x^\star$ 不仅存在，并且唯一。）我们用 $p^\star$ 表示最优值 $\inf_x f(x)=f(x^\star)$。

既然 f 是可微凸函数，最优点 $x^\star$ 应满足下述充要条件

$$\nabla f(x^\star)=0, \tag{9.2}$$

（参见 §4.2.3）。因此，求解无约束优化问题 (9.1) 等价于求解 n 个变量 $x_1,\cdots,x_n$ 的 n 个方程 (9.2)。在一些特殊情况下，我们可以通过解析求解最优性方程 (9.2) 确定优化问题 (9.1) 的解，但一般情况下，必须采用迭代算法求解方程 (9.2)，即计算点列 $x^{(0)}$, $x^{(1)},\cdots\in\mathbf{dom}\,f$ 使得 $k\to\infty$ 时 $f(x^{(k)})\to p^\star$。这样的点列被称为优化问题 (9.1) 的极小化点列。当 $f(x^{(k)})-p^\star\leqslant\epsilon$ 时算法将终止，其中 $\epsilon>0$ 是设定的容许误差值。

初始点和下水平集

本章介绍的方法需要一个适当的初始点 $x^{(0)}$，该初始点必须属于 $\mathbf{dom}\,f$，并且下水平集

$$S=\{x\in\mathbf{dom}\,f\mid f(x)\leqslant f(x^{(0)})\} \tag{9.3}$$

必须是闭集。如果 f 是**闭**函数，即它的所有下水平集是闭集，上述条件对所有的 $x^{(0)}\in\mathbf{dom}\,f$ 均能满足（参见 §A.3.3）。因为 $\mathbf{dom}\,f=\mathbf{R}^n$ 的连续函数是闭函数，所以如果 $\mathbf{dom}\,f=\mathbf{R}^n$，任何 $x^{(0)}$ 均能满足初始下水平集条件。另一类重要的闭函数是其定义域为开集的连续函数，这类 $f(x)$ 将随着 x 趋近 $\mathbf{bd\,dom}\,f$ 而趋于无穷。

9.1.1 例子

二次优化和最小二乘

一般性的二次凸优化问题具有下述形式

$$\text{minimize} \quad (1/2)x^TPx + q^Tx + r \tag{9.4}$$

其中 $P \in \mathbf{S}_+^n$，$q \in \mathbf{R}^n$，$r \in \mathbf{R}$。求解一组线性方程描述的最优性条件 $Px^\star + q = 0$ 可以获得该问题的最优解。当 $P \succ 0$ 时，存在唯一解 $x^\star = -P^{-1}q$。在最一般的情况下，P 不是正定矩阵，此时如果 $Px^\star = -q$ 有解，任何解都是优化问题 (9.4) 的最优解; 如果 $Px^\star = -q$ 无解，优化问题 (9.4) 无下界（参见习题 9.1)。对二次优化问题（9.4）的这种解析解法构成了 §9.5 将要介绍的 Newton 方法的基础，而 Newton 方法是求解无约束优化问题最有效的算法。

二次优化问题的一个特例就是经常遇到的最小二乘问题

$$\text{minimize} \quad \|Ax - b\|_2^2 = x^T(A^TA)x - 2(A^Tb)^Tx + b^Tb$$

其最优性条件

$$A^TAx^\star = A^Tb$$

被称为最小二乘问题的**正规方程**。

无约束几何规划

作为第二个例子，我们考虑凸的无约束几何规划问题

$$\text{minimize} \quad f(x) = \log\left(\sum_{i=1}^m \exp(a_i^Tx + b_i)\right)$$

其最优性条件为

$$\nabla f(x^\star) = \frac{1}{\displaystyle\sum_{j=1}^m \exp(a_j^Tx^\star + b_j)} \sum_{i=1}^m \exp(a_i^Tx^\star + b_i)a_i = 0.$$

一般情况下该方程组没有解析解，因此我们必须采用迭代算法。由于 $\mathbf{dom}\, f = \mathbf{R}^n$，任何点都可以用作初始点 $x^{(0)}$。

线性不等式的解析中心

我们考虑优化问题

$$\text{minimize} \quad f(x) = -\sum_{i=1}^m \log(b_i - a_i^Tx) \tag{9.5}$$

其中 f 的定义域是开集

$$\mathbf{dom}\, f = \{x \mid a_i^Tx < b_i,\ i = 1, \cdots, m\}.$$

该问题的目标函数 f 被称为不等式 $a_i^Tx \leqslant b_i$ 的**对数障碍**。如果问题 (9.5) 的解存在，它就是相应不等式的**解析中心**。此问题初始点 $x^{(0)}$ 必须满足严格不等式 $a_i^Tx^{(0)} < b_i$，$i = 1, \cdots, m$。由于 f 是闭的，任何点的下水平集 S 也是闭的。

线性矩阵不等式的解析中心

和上述问题密切相关的一个问题是

$$\text{minimize} \quad f(x) = \log\det F(x)^{-1} \tag{9.6}$$

其中 $F : \mathbf{R}^n \to \mathbf{S}^p$ 是仿射的，即

$$F(x) = F_0 + x_1 F_1 + \cdots + x_n F_n,$$

并且 $F_i \in \mathbf{S}^p$。此处 f 的定义域是

$$\mathbf{dom}\, f = \{x \mid F(x) \succ 0\}.$$

该问题的目标函数 f 被称为线性矩阵不等式 $F(x) \succeq 0$ 的**对数障碍**，而不等式的解(如果存在)就是线性矩阵不等式的解析中心。此问题初始点 $x^{(0)}$ 必须满足严格矩阵不等式 $F(x^{(0)}) \succ 0$。如同前一个例子，由于 f 是闭的，任何这种初始点的下水平集都是闭的。

9.1.2 强凸性及其含义

在本章大部分内容中（除了§9.6），我们都假设目标函数在 S 上是**强凸的**，这是指存在 $m > 0$ 使得

$$\nabla^2 f(x) \succeq mI \tag{9.7}$$

对任意的 $x \in S$ 都成立。强凸性能够导致若干有意义的结果。对于 $x, y \in S$，我们有

$$f(y) = f(x) + \nabla f(x)^T (y - x) + \frac{1}{2}(y - x)^T \nabla^2 f(z)(y - x),$$

其中 z 属于线段 $[x, y]$。利用强凸性假设 (9.7)，上式右边最后一项不会小于 $(m/2)\|y - x\|_2^2$，因此不等式

$$f(y) \geqslant f(x) + \nabla f(x)^T (y - x) + \frac{m}{2}\|y - x\|_2^2 \tag{9.8}$$

对 S 中任意的 x 和 y 都成立。当 $m = 0$ 时，上式变回描述凸性的基本不等式；当 $m > 0$ 时，对 $f(y)$ 的下界我们可以得到比单独利用凸性更好的结果。

我们首先说明不等式 (9.8) 可以用来界定 $f(x) - p^\star$，所得上界可表明 x 是其目标值和最优目标值的偏差正比于 $\|\nabla f(x)\|_2$ 的次优解。对任意固定的 x，式 (9.8) 的右边是 y 的二次凸函数。令其关于 y 的导数等于零，可以得到该二次函数的最优解 $\tilde{y} = x - (1/m)\nabla f(x)$。因此，我们有

$$\begin{aligned} f(y) &\geqslant f(x) + \nabla f(x)^T (y - x) + \frac{m}{2}\|y - x\|_2^2 \\ &\geqslant f(x) + \nabla f(x)^T (\tilde{y} - x) + \frac{m}{2}\|\tilde{y} - x\|_2^2 \\ &= f(x) - \frac{1}{2m}\|\nabla f(x)\|_2^2. \end{aligned}$$

既然该式对任意的 $y \in S$ 成立，我们又可得到

$$p^\star \geqslant f(x) - \frac{1}{2m}\|\nabla f(x)\|_2^2. \tag{9.9}$$

由此可见，任何梯度足够小的点都是近似最优解。不等式 (9.9) 是最优性条件 (9.2) 的推广。由于

$$\|\nabla f(x)\|_2 \leqslant (2m\epsilon)^{1/2} \Longrightarrow f(x) - p^\star \leqslant \epsilon, \tag{9.10}$$

我们可以将其解释为**次优性**条件。

对于 x 和任意最优解 $x^\star$ 之间的距离 $\|x - x^\star\|_2$，也可以建立正比于 $\|\nabla f(x)\|_2$ 的上界

$$\|x - x^\star\|_2 \leqslant \frac{2}{m}\|\nabla f(x)\|_2. \tag{9.11}$$

为了获得该不等式，我们首先将 $y = x^\star$ 代入式 (9.8)，由此可得

$$\begin{aligned} p^\star = f(x^\star) &\geqslant f(x) + \nabla f(x)^T(x^\star - x) + \frac{m}{2}\|x^\star - x\|_2^2 \\ &\geqslant f(x) - \|\nabla f(x)\|_2\|x^\star - x\|_2 + \frac{m}{2}\|x^\star - x\|_2^2, \end{aligned}$$

其中导出第二个不等式时用了 Cauchy-Schwarz 不等式。因为 $p^\star \leqslant f(x)$，必须成立

$$-\|\nabla f(x)\|_2\, \|x^\star - x\|_2 + \frac{m}{2}\|x^\star - x\|_2^2 \leqslant 0.$$

由此可直接得到式 (9.11)。从式 (9.11) 可以看出，最优解 $x^\star$ 是唯一的。

关于 $\nabla^2 f(x)$ 的上界

不等式 (9.8) 表明，S 所包含的所有下水平集都有界，因此，S 本身作为一个下水平集也有界。由于 $\nabla^2 f(x)$ 的最大特征值是 x 在 S 上的连续函数，所以它在 S 上有界，即存在常数 M 使得

$$\nabla^2 f(x) \preceq MI \tag{9.12}$$

对所有 $x \in S$ 都成立。关于 Hessian 矩阵的这个上界意味着对任意的 x，$y \in S$，

$$f(y) \leqslant f(x) + \nabla f(x)^T(y - x) + \frac{M}{2}\|y - x\|_2^2, \tag{9.13}$$

该式和式 (9.8) 类似。在上式两边关于 y 求极小，又可得到

$$p^\star \leqslant f(x) - \frac{1}{2M}\|\nabla f(x)\|_2^2, \tag{9.14}$$

这是式 (9.9) 的对应不等式。

下水平集的条件数

从强凸性不等式 (9.7) 和不等式 (9.12) 可以看出，对任意的 $x \in S$ 都成立

$$mI \preceq \nabla^2 f(x) \preceq MI. \tag{9.15}$$

因此，比值 $\kappa = M/m$ 是矩阵 $\nabla^2 f(x)$ 的条件数（其最大特征值和最小特征值之比）的上界。对于式 (9.15)，我们也可以基于 f 的下水平集给出一个几何解释。

对任意满足 $\|q\|_2 = 1$ 的方向向量 q，我们定义凸集 $C \subseteq \mathbf{R}^n$ 的**宽度**如下

$$W(C, q) = \sup_{z \in C} q^T z - \inf_{z \in C} q^T z.$$

再定义 C 的**最小宽度**和**最大宽度**

$$W_{\min} = \inf_{\|q\|_2=1} W(C, q), \qquad W_{\max} = \sup_{\|q\|_2=1} W(C, q).$$

于是，凸集 C 的**条件数**可以表示成

$$\mathbf{cond}(C) = \frac{W_{\max}^2}{W_{\min}^2},$$

即最大宽度和最小宽度的平方比值。该式说明，C 的条件数给出了**各向异性**或**离心率**的一种测度。如果 C 的条件数小（比如接近 1），说明集合在所有方向上的宽度近似相同，即几乎是一个球体。如果 C 的条件数大，说明集合在某些方向上的宽度远比其他一些方向上的宽度大。

例 9.1　椭球的条件数。用 $\mathcal{E}$ 表示椭球

$$\mathcal{E} = \{x \mid (x - x_0)^T A^{-1} (x - x_0) \leqslant 1\},$$

其中 $A \in \mathbf{S}_{++}^n$。给定任意方向 q，集合 $\mathcal{E}$ 的宽度是

$$\begin{aligned}\sup_{z \in \mathcal{E}} q^T z - \inf_{z \in \mathcal{E}} q^T z &= (\|A^{1/2} q\|_2 + q^T x_0) - (-\|A^{1/2} q\|_2 + q^T x_0) \\ &= 2\|A^{1/2} q\|_2.\end{aligned}$$

于是，其最小宽度和最大宽度分别为

$$W_{\min} = 2\lambda_{\min}(A)^{1/2}, \qquad W_{\max} = 2\lambda_{\max}(A)^{1/2}.$$

相应的条件数等于

$$\mathbf{cond}(\mathcal{E}) = \frac{\lambda_{\max}(A)}{\lambda_{\min}(A)} = \kappa(A).$$

其中 $\kappa(A)$ 表示矩阵 A 的条件数，即其最大奇异值和最小奇异值之比。由此看出椭球 $\mathcal{E}$ 的条件数和定义它的矩阵 A 的条件数相同。

现在假定对所有的 $x \in S$，f 满足 $mI \preceq \nabla^2 f(x) \preceq MI$。下面将对 α-下水平集 $C_\alpha = \{x \mid f(x) \leqslant \alpha\}$ 的条件数建立一个上界，其中 $p^\star < \alpha \leqslant f(x^{(0)})$。将 $x = x^\star$ 代入式 (9.13) 和式 (9.8) 可得

$$p^\star + (M/2)\|y - x^\star\|_2^2 \geqslant f(y) \geqslant p^\star + (m/2)\|y - x^\star\|_2^2.$$

该式意味着 $B_{\text{inner}} \subseteq C_\alpha \subseteq B_{\text{outer}}$，其中

$$\begin{aligned} B_{\text{inner}} &= \{y \mid \|y - x^\star\|_2 \leqslant (2(\alpha - p^\star)/M)^{1/2}\} \\ B_{\text{outer}} &= \{y \mid \|y - x^\star\|_2 \leqslant (2(\alpha - p^\star)/m)^{1/2}\}. \end{aligned}$$

换言之，α-下水平集包含 B_{inner}，但被 B_{outer} 所包含，它们分别是具有下述半径的球

$$(2(\alpha - p^\star)/M)^{1/2}, \qquad (2(\alpha - p^\star)/m)^{1/2}.$$

其平方半径的比值给出了 C_α 的条件数的一个上界：

$$\mathbf{cond}(C_\alpha) \leqslant \frac{M}{m}.$$

我们也可以对最优解处 Hessian 矩阵的条件数 $\kappa(\nabla^2 f(x^\star))$ 给出一种几何解释。根据 f 在 $x^\star$ 处的 Taylor 展开

$$f(y) \approx p^\star + \frac{1}{2}(y - x^\star)^T \nabla^2 f(x^\star)(y - x^\star),$$

可以看出，对于充分靠近 $p^\star$ 的 α，

$$C_\alpha \approx \{y \mid (y - x^\star)^T \nabla^2 f(x^\star)(y - x^\star) \leqslant 2(\alpha - p^\star)\},$$

即中心为 $x^\star$ 的椭球可以很好地逼近下水平集。因此

$$\lim_{\alpha \to p^\star} \mathbf{cond}(C_\alpha) = \kappa(\nabla^2 f(x^\star)).$$

我们将发现，对于一些常用的无约束优化算法，f 的下水平集的条件数（上界为 M/m）是影响其计算效率的重要因素。

强凸性常数

必须记住，只有在很少情况下才可能知道常数 m 和 M，因此不等式 (9.10) 并不能用作算法停止准则。我们只能把它视为一个**概念上的**停止准则；它表明只要 f 在 x 处的梯度足够小，$f(x)$ 和 $p^\star$ 之间的偏差就会变小。如果我们在 $\|\nabla f(x^{(k)})\|_2 \leqslant \eta$ 时终止算法，其中 η 是选定的（非常可能）小于 $(m\epsilon)^{1/2}$ 的充分小的数，那么我们就（非常可能）得到 $f(x^{(k)}) - p^\star \leqslant \epsilon$。

在以下几节中我们要给出一些算法的收敛性证明，其中包括对算法满足 $f(x^{(k)}) - p^\star \leqslant \epsilon$ 之前的迭代次数给出上界，其中 ϵ 是正的误差阈值。很多这些上界含有（通常未知的）常数 m 和 M，因此上面的说明同样有效。这些结果至少在概念上是有用的; 即使对算法达到预定精度所需迭代次数建立的上界依赖于未知常数，我们仍然能够利用它们确定算法的收敛性。

对于上述情况存在一个非常重要的特例。在 §9.6 我们将研究一类特殊的凸函数，称为**自和谐**函数，对于这种函数我们将针对 Newton 方法给出不依赖任何未知常数的完整的收敛性分析。

9.2 下降方法

本章描述的算法将产生一个优化点列 $x^{(k)}$，$k=1,\cdots$，其中

$$x^{(k+1)} = x^{(k)} + t^{(k)}\Delta x^{(k)},$$

并且 $t^{(k)} > 0$（除非 $x^{(k)}$ 已经是最优点）。此处 Δ 和 x 的串联符号 Δx 表示 $\mathbf{R}^n$ 的一个向量，被称为**步径或搜索方向**（尽管它不需要具有单位范数），而 $k=0,1,\cdots$ 表示迭代次数。标量 $t^{(k)} \geqslant 0$ 被称为第 k 次迭代的**步进或步长**（尽管只有 $\|\Delta x^{(k)}\| = 1$ 时它才等于 $\|x^{(k+1)} - x^{(k)}\|$）。虽然'搜索方向'和'步长'这些术语被广泛使用，但对它们更准确的命名应该是'搜索步径'和'比例因子'。当讨论一个算法的一次迭代时，我们有时会省略上标，用 $x^+ = x + t\Delta x$ 或 $x := x + t\Delta x$ 这些简略的符号代替 $x^{(k+1)} = x^{(k)} + t^{(k)}\Delta x^{(k)}$。

我们讨论的所有方法都是**下降方法**，只要 $x^{(k)}$ 不是最优点就成立

$$f(x^{(k+1)}) < f(x^{(k)}).$$

这意味着对所有的 k 都有 $x^{(k)} \in S$，后者是初始下水平集，特别是我们有 $x^{(k)} \in \mathbf{dom}\, f$。由凸性可知，$\nabla f(x^{(k)})^T(y - x^{(k)}) \geqslant 0$ 意味着 $f(y) \geqslant f(x^{(k)})$，因此一个下降方法中的搜索方向必须满足

$$\nabla f(x^{(k)})^T \Delta x^{(k)} < 0,$$

即它和负梯度方向的夹角必须是锐角。我们称这样的方向为**下降方向**（对于 $x^{(k)}$ 处的 f）。

下降方法由交替进行的两个步骤构成：确定下降方向 Δx，选择步长 t。其一般框架如下。

算法 9.1　通用下降方法。

给定 初始点 $x \in \mathbf{dom}\, f$。

重复进行

1. 确定下降方向 Δx。
2. **直线搜索**。选择步长 $t > 0$。
3. **修改**。$x := x + t\Delta x$。

直到 满足停止准则。

上述第二步选定的 t 将决定从直线 $\{x + t\Delta x \mid t \in \mathbf{R}_+\}$ 上哪一点开始下一步迭代，因此被称为直线搜索。(准确的术语可能是**射线搜索**。)

实用的下降方法均有相同的结构，但组织方式可能不同。例如，一般在计算下降方向 Δx 的同时或之后检验停止准则。停止准则通常根据次优性条件 (9.9) 采用 $\|\nabla f(x)\|_2 \leqslant \eta$，其中 η 是小正数。

精确直线搜索

实践中有时采用被称为**精确直线搜索**的直线搜索方法，其中 t 是通过沿着射线 $\{x + t\Delta x \mid t \geqslant 0\}$ 优化 f 而确定：

$$t = \operatorname{argmin}_{s \geqslant 0} f(x + s\Delta x). \tag{9.16}$$

当求解式 (9.16) 中的单变量优化问题的成本，同计算搜索方向的成本相比，比较低时，适合进行精确直线搜索。一般情况下可以有效的求解该优化问题，特殊情况下可以用解析方法确定其最优解。(我们将在 §9.7.1 中讨论该问题。)

回溯直线搜索

实践中主要采用**非精确**直线搜索方法：沿着射线 $\{x + t\Delta x \mid t \geqslant 0\}$ 近似优化 f 确定步长，甚至只要 f 有‘足够的’减少即可。业已提出了很多非精确直线搜索方法，其中**回溯**方法既非常简单又相当有效。它取决于满足 $0 < \alpha < 0.5$，$0 < \beta < 1$ 的两个常数 α，β。

算法 9.2 回溯直线搜索。

给定 f 在 $x \in \mathbf{dom}\, f$ 处的下降方向 Δx，参数 $\alpha \in (0, 0.5)$，$\beta \in (0, 1)$。

$t := 1$。

如果 $f(x + t\Delta x) > f(x) + \alpha t \nabla f(x)^T \Delta x$，令 $t := \beta t$。

正如其名称所示，回溯搜索从单位步长开始，按比例逐渐减小，直到满足停止条件 $f(x + t\Delta x) \leqslant f(x) + \alpha t \nabla f(x)^T \Delta x$。由于 Δx 是下降方向，$\nabla f(x)^T \Delta x < 0$，所以只要 t 足够小，就一定有

$$f(x + t\Delta x) \approx f(x) + t\nabla f(x)^T \Delta x < f(x) + \alpha t \nabla f(x)^T \Delta x,$$

因此回溯直线搜索方法最终会停止。常数 α 表示可以接受的 f 的减少量占基于线性外推预测的减少量的比值。(关于要求 α 小于 0.5 的理由将在后面给出。)

图 9.1 对回溯条件进行了说明。可以看出，回溯终止不等式 $f(x+t\Delta x)\leqslant f(x)+\alpha t\nabla f(x)^T\Delta x$ 将在区间 $(0,t_0]$ 中的某个 $t\geqslant 0$ 处被满足。因此，回溯搜索方法停止时步长 t 将满足

$$t=1,\qquad \text{或者}\qquad t\in(\beta t_0,t_0].$$

当步长 $t=1$ 满足回溯条件，即 $1\leqslant t_0$ 时，第一种情况会发生。特别是，可以断定，由回溯直线搜索方法确定的步长将满足

$$t\geqslant \min\{1,\beta t_0\}.$$

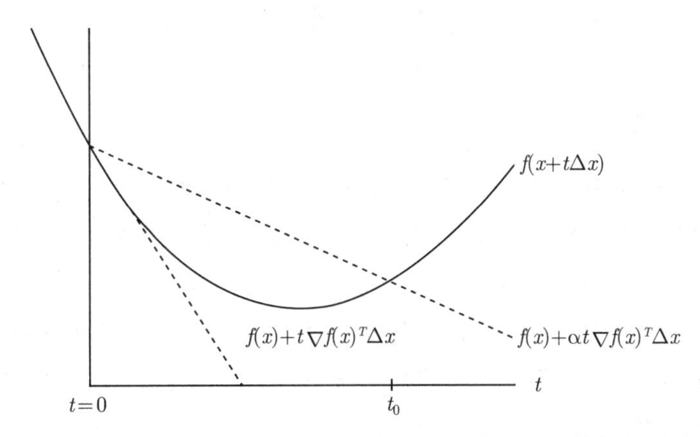

图 9.1 **回溯直线搜索**。曲线代表 f 在待搜索直线上的图像。下面的短划线表示 f 的线性外推，上面短划线的斜率是下面短划线的 α 倍。回溯条件是 f 落入上下短划线之间，即 $0\leqslant t\leqslant t_0$。

如果 $\mathbf{dom}\,f$ 不等于 $\mathbf{R}^n$，对于回溯直线搜索中的条件 $f(x+t\Delta x)\leqslant f(x)+\alpha t\nabla f(x)^T\Delta x$ 需要进行仔细的解释。按照我们的约定，f 在其定义域之外等于无穷大，所以上述不等式意味着 $x+t\Delta x\in\mathbf{dom}\,f$。在实际计算中，我们首先用 β 乘 t 直到 $x+t\Delta x\in\mathbf{dom}\,f$；然后才开始检验不等式 $f(x+t\Delta x)\leqslant f(x)+\alpha t\nabla f(x)^T\Delta x$ 是否成立。

参数 α 的正常取值在 0.01 和 0.3 之间，表示我们可以接受的 f 的减少量在基于线性外推预测的减少量的 1% 和 30% 之间。参数 β 的正常取值在 0.1（对应于非常粗糙的搜索）和 0.8（对应于不太粗糙的搜索）之间。

9.3 梯度下降方法

用负梯度作搜索方向，即令 $\Delta x=-\nabla f(x)$，是一种自然的选择。相应的方法被称

为梯度方法或梯度下降方法。

算法 9.3 梯度下降方法。

给定 初始点 $x \in \mathbf{dom}\, f$。

重复进行

1. $\Delta x := -\nabla f(x)$。
2. **直线搜索**。通过精确或回溯直线搜索方法确定步长 t。
3. **修改**。$x := x + t\Delta x$。

直到 满足停止准则。

停止准则通常取为 $\|\nabla f(x)\|_2 \leqslant \eta$，其中 η 是小正数。大部分情况下，步骤 1 完成后就检验停止条件，而不是在修改后才检验。

9.3.1 收敛性分析

本节我们对梯度方法给出一个简单的收敛性分析，为书写方便，用 $x^+ = x + t\Delta x$ 代替 $x^{(k+1)} = x^{(k)} + t^{(k)}\Delta x^{(k)}$，其中 $\Delta x = -\nabla f(x)$。我们假定 f 是 S 上的强凸函数，因此存在正数 m 和 M 使得 $mI \preceq \nabla^2 f(x) \preceq MI$ 对所有 $x \in S$ 成立。定义 $\tilde{f} : \mathbf{R} \to \mathbf{R}$ 为 $\tilde{f}(t) = f(x - t\nabla f(x))$，它是 f 在负梯度方向上以步长 t 为变量的函数。在以下讨论中，我们只考虑满足 $x - t\nabla f(x) \in S$ 的 t。将 $y = x - t\nabla f(x)$ 代入不等式 (9.13)，可以得到 $\tilde{f}$ 的二次型上界：

$$\tilde{f}(t) \leqslant f(x) - t\|\nabla f(x)\|_2^2 + \frac{Mt^2}{2}\|\nabla f(x)\|_2^2. \tag{9.17}$$

采用精确直线搜索的分析

假定采用精确直线搜索方法，在不等式 (9.17) 两边同时关于 t 求最小。左边等于 $\tilde{f}(t_{\text{exact}})$，其中 t_{exact} 是使 $\tilde{f}$ 最小的步长。右边是一个简单的二次型函数，其最小解为 $t = 1/M$，最小值为 $f(x) - (1/(2M))\|\nabla f(x)\|_2^2$。因此我们有

$$f(x^+) = \tilde{f}(t_{\text{exact}}) \leqslant f(x) - \frac{1}{2M}\|\nabla(f(x))\|_2^2.$$

从该式两边同时减去 $p^\star$，我们得到

$$f(x^+) - p^\star \leqslant f(x) - p^\star - \frac{1}{2M}\|\nabla f(x)\|_2^2.$$

将该式与 $\|\nabla f(x)\|_2^2 \geqslant 2m(f(x) - p^\star)$（从式 (9.9) 导出）相结合，可以断定

$$f(x^+) - p^\star \leqslant (1 - m/M)(f(x) - p^\star).$$

重复应用以上不等式，可以看出

$$f(x^{(k)}) - p^\star \leqslant c^k(f(x^{(0)}) - p^\star), \tag{9.18}$$

其中 $c = 1 - m/M < 1$，由此可知当 $k \to \infty$ 时 $f(x^{(k)})$ 将收敛于 $p^\star$。特别是，至多经过

$$\frac{\log((f(x^{(0)}) - p^\star)/\epsilon)}{\log(1/c)} \tag{9.19}$$

次迭代，一定可以得到 $f(x^{(k)}) - p^\star \leqslant \epsilon$。

以上关于迭代次数的上界，尽管比较粗糙，仍然可以揭示梯度方法的一些本质特性。其中分子

$$\log((f(x^{(0)}) - p^\star)/\epsilon)$$

可以解释为初始次优性（即 $f(x^{(0)})$ 和 $p^\star$ 之间的缺口）和最终次优性（即小于或等于 ϵ）的比值的对数。它表明所需要的迭代次数依赖于初始点的质量和对最终解的精度要求。

上界 (9.19) 的分母 $\log(1/c)$ 是 M/m 的函数，而后者已经说明是 $\nabla^2 f(x)$ 在 S 上的条件数的上界，或者是下水平集 $\{z \mid f(z) \leqslant \alpha\}$ 的条件数的上界。对于较大的条件数上界 M/m，我们有

$$\log(1/c) = -\log(1 - m/M) \approx m/M.$$

因此所需迭代次数的上界将随着 M/m 增大而近似线性的增长。

我们将看到当 $x^\star$ 附近 f 的 Hessian 矩阵具有很大的条件数时，实际上确实需要进行很多次迭代。反之，当 f 的下水平集相对而言各向同性较好时，可以选择相对较小的条件数上界 M/m，此时由上界 (9.18) 可知收敛速度将比较快，因为 c 比较小，或者至少不会非常接近 1。

上界 (9.18) 表明，误差 $f(x^{(k)}) - p^\star$ 将至少像几何数列那样快的收敛于零。按照迭代数值方法的术语，这种情况被称为**线性收敛**，因为误差位于误差和迭代次数的对数线性坐标图中一根直线的下方。

采用回溯直线搜索的分析

现在考虑在梯度下降方法中采用回溯直线搜索的情况。我们将说明，只要 $0 \leqslant t \leqslant 1/M$，就能满足回溯停止条件

$$\tilde{f}(t) \leqslant f(x) - \alpha t \|\nabla f(x)\|_2^2.$$

首先注意到

$$0 \leqslant t \leqslant 1/M \Longrightarrow -t + \frac{Mt^2}{2} \leqslant -t/2.$$

（从 $-t + Mt^2/2$ 的凸性导出）。由于 $\alpha < 1/2$，利用上述结果和上界 (9.17)，可以对 $0 \leqslant t \leqslant 1/M$ 得到

$$\begin{aligned}\tilde{f}(t) &\leqslant f(x) - t\|\nabla f(x)\|_2^2 + \frac{Mt^2}{2}\|\nabla(f(x))\|_2^2 \\ &\leqslant f(x) - (t/2)\|\nabla f(x)\|_2^2 \\ &\leqslant f(x) - \alpha t\|\nabla f(x)\|_2^2.\end{aligned}$$

因此，回溯直线搜索将终止于 $t=1$ 或者 $t \geqslant \beta/M$。这为目标函数的减少提供了一个下界。在第一种情况下我们有

$$f(x^+) \leqslant f(x) - \alpha\|\nabla f(x)\|_2^2.$$

而在第二种情况下可以得到

$$f(x^+) \leqslant f(x) - (\beta\alpha/M)\|\nabla f(x)\|_2^2.$$

将它们结合在一起，任何情况下总是成立

$$f(x^+) \leqslant f(x) - \min\{\alpha, \beta\alpha/M\}\|\nabla f(x)\|_2^2.$$

现在可以完全类似精确直线搜索的情况进行分析。对上式两边同时减去 $p^\star$ 可得

$$f(x^+) - p^\star \leqslant f(x) - p^\star - \min\{\alpha, \beta\alpha/M\}\|\nabla f(x)\|_2^2.$$

与 $\|\nabla f(x)\|_2^2 \geqslant 2m(f(x) - p^\star)$ 结合又可导出

$$f(x^+) - p^\star \leqslant (1 - \min\{2m\alpha, 2\beta\alpha m/M\})(f(x) - p^\star).$$

由此可知

$$f(x^{(k)}) - p^\star \leqslant c^k(f(x^{(0)}) - p^\star),$$

其中

$$c = 1 - \min\{2m\alpha, 2\beta\alpha m/M\} < 1.$$

特别是，$f(x^{(k)})$（至少是其中的一部分）将至少像几何数列那样快的收敛于 $p^\star$，其收敛指数依赖于条件数上界 M/m。按照迭代方法的术语，这种收敛至少是线性的。

9.3.2 例子

$\mathbf{R}^2$ 空间的二次问题

我们的第一个例子非常简单。考虑 $\mathbf{R}^2$ 上的二次目标函数

$$f(x) = \frac{1}{2}(x_1^2 + \gamma x_2^2),$$

其中 $\gamma > 0$。显然，最优点是 $x^\star = 0$，最优值是 0。由于 f 的 Hessian 矩阵是常数，其特征值为 1 和 γ，因此 f 的所有下水平集的条件数都等于

$$\frac{\max\{1,\gamma\}}{\min\{1,\gamma\}} = \max\{\gamma, 1/\gamma\}.$$

对强凸性常数 m 和 M 最紧致的选择为

$$m = \min\{1,\gamma\}, \qquad M = \max\{1,\gamma\}.$$

我们采用精确直线搜索的梯度下降方法，选取初始点 $x^{(0)} = (\gamma, 1)$。在当前情况下对迭代过程中的每个 $x^{(k)}$ 及其函数值我们可以导出下述封闭形式的表达式（习题 9.6）：

$$x_1^{(k)} = \gamma\left(\frac{\gamma-1}{\gamma+1}\right)^k, \qquad x_2^{(k)} = \left(-\frac{\gamma-1}{\gamma+1}\right)^k$$

和

$$f(x^{(k)}) = \frac{\gamma(\gamma+1)}{2}\left(\frac{\gamma-1}{\gamma+1}\right)^{2k} = \left(\frac{\gamma-1}{\gamma+1}\right)^{2k} f(x^{(0)}).$$

图 9.2 显示了 $\gamma = 10$ 的情况。

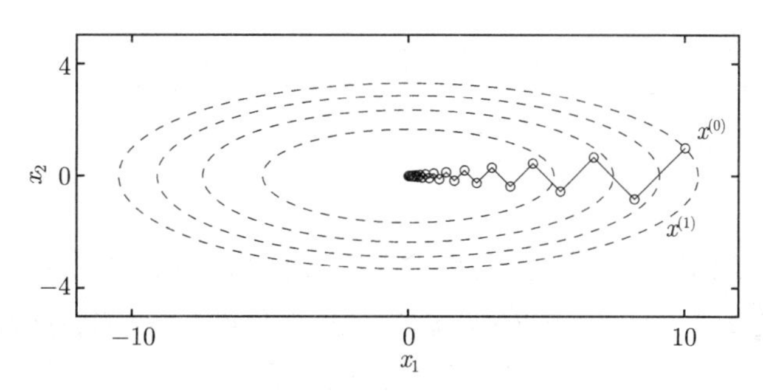

图 9.2　函数 $f(x) = (1/2)(x_1^2 + 10x_2^2)$ 的一些等值线。所有下水平集均是椭球，其条件数都等于 10。图形显示了从 $x^{(0)} = (10, 1)$ 开始，采用精确直线搜索的梯度方法的迭代过程。

对于这个简单的例子，收敛性是精确线性的，即误差是一个精确的几何数列，每次迭代的收缩因子为 $|(\gamma-1)/(\gamma+1)|^2$。对于 $\gamma = 1$，一次迭代就可以得到精确解; 对于 γ 离 1 不远的情况（比如在 1/3 和 3 之间），收敛速度很快。如果 $\gamma \gg 1$ 或 $\gamma \ll 1$，收敛速度将会很慢。

我们可以将实际收敛情况和§9.3.1 导出的上界进行比较。使用最不保守的数值 $m = \min\{1,\gamma\}$ 和 $M = \max\{1,\gamma\}$，上界 (9.18) 保证每次迭代均能使误差收缩 $c = (1 - m/M)$ 倍。而实际情况是每次迭代使误差收缩的倍数为

$$\left(\frac{1-m/M}{1+m/M}\right)^2.$$

对于小的 m/M，对应于大的条件数，上界 (9.19) 表明达到给定精度所需要的迭代次数至多如 M/m 一样增长。对于这个例子，准确的所需迭代次数大约如 $(M/m)/4$ 一样增

长，这仅相当于上界的四分之一。这表明对这个简单的例子，由我们的简单分析导出的迭代次数的上界约有四倍的保守性（使用最不保守的 m 和 M 的数值）。特别是，收敛比率（及其上界）非常依赖于下水平集的条件数。

$\mathbf{R}^2$ 空间的非二次型问题

我们现在考虑 $\mathbf{R}^2$ 的一个非二次型的例子，其中

$$f(x_1,x_2)=e^{x_1+3x_2-0.1}+e^{x_1-3x_2-0.1}+e^{-x_1-0.1}. \tag{9.20}$$

我们采用回溯直线搜索的梯度方法，选取 $\alpha=0.1$，$\beta=0.7$。图 9.3 显示了 f 的一些等值曲线，以及由梯度方法产生的迭代点 $x^{(k)}$（用小圆圈表示）。连接相邻点的线段表示步径

$$x^{(k+1)}-x^{(k)}=-t^{(k)}\nabla f(x^{(k)}).$$

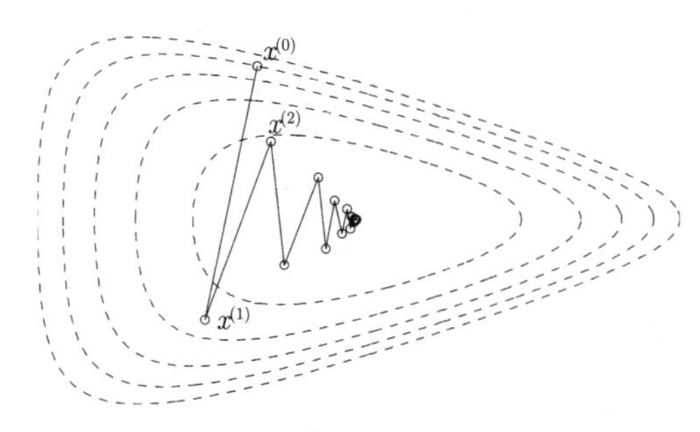

图 9.3　用回溯直线搜索的梯度方法优化 $\mathbf{R}^2$ 空间中式 (9.20) 给出的目标函数 f 的迭代过程。短划曲线表示 f 的等值线，小圆圈是梯度方法的迭代点。连接相邻点的实线显示步径 $t^{(k)}\Delta x^{(k)}$。

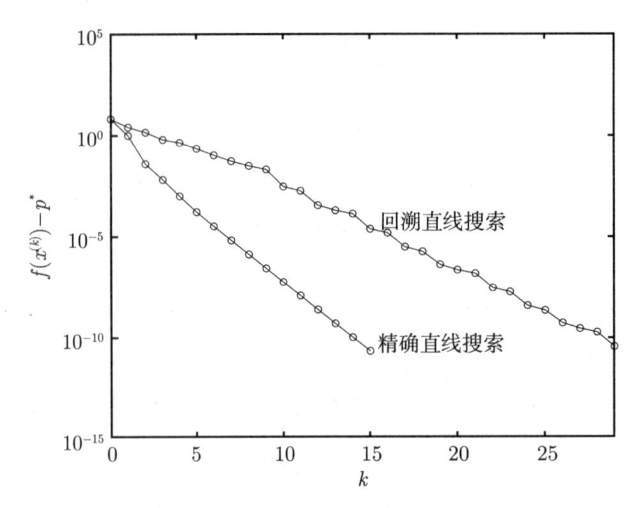

图 9.4　对于式 (9.20) 给出的 $\mathbf{R}^2$ 空间的 f，采用回溯直线搜索和精确直线搜索的梯度方法所产生的误差 $f(x^{(k)})-p^\star$ 和迭代次数 k 之间的关系。图像显示收敛近似线性，其中回溯直线搜索每次迭代收缩因子约为 0.4，而精确直线搜索相应因子约为 0.2。

图 9.4 显示误差 $f(x^{(k)}) - p^\star$ 和迭代次数 k 之间的关系。图像显示误差类似于几何数列收敛于零，即近似线性收敛。本例中，经过 20 次迭代误差大约从 10 减少到 10^{-7}，因此每次迭代的收缩因子约为 $10^{-8/20} \approx 0.4$。这种较快的收敛和收敛分析预测的结果相吻合，由于 f 的下水平集条件数不太坏，所以可选择不太大的 M/m。

为了和回溯直线搜索方法相比，我们采用精确直线搜索的梯度方法从同样的初始点开始解决同样的问题。相应结果在图 9.5 和图 9.4 中给出。可以看出精确直线搜索方法也是近似线性收敛，收敛速度大约是回溯直线搜索方法的2倍。经过 15 次迭代误差减少到大约 10^{-11}，每次迭代的收缩因子约为 $10^{-11/15} \approx 0.2$。

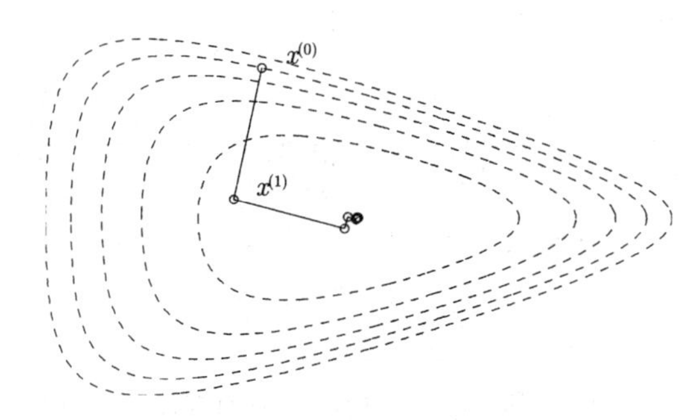

图 9.5 采用精确直线搜索的梯度方法优化 $\mathbf{R}^2$ 空间中式 (9.20) 给出的 f 的迭代过程。

$\mathbf{R}^{100}$ 空间的一个问题

下面考虑下式给出的大规模问题，

$$f(x) = c^T x - \sum_{i=1}^{m} \log(b_i - a_i^T x), \tag{9.21}$$

其中项数 $m = 500$，变量维数 $n = 100$。

采用回溯直线搜索的梯度方法，选取参数 $\alpha = 0.1$，$\beta = 0.5$，图 9.6 给出了收敛过程。对这个例子可以看见，最初的 20 次迭代以较快的近似线性的速度收敛，随后的收敛仍然近似线性，但速度较慢。总体上，经过约 175 迭代误差减少到大约 10^{-6}，平均每次迭代的收缩因子约等于 $10^{-6/175} \approx 0.92$。其中最初 20 次迭代平均每次收缩因子约为 0.8；此后较慢的收敛过程平均每次迭代的收缩因子约为 0.94。

图 9.6 也显示了用精确直线搜索的梯度方法的收敛过程。收敛速度仍然近似线性，总体上平均每次迭代的收缩因子约等于 $10^{-6/140} \approx 0.91$。只比回溯直线搜索方法快一点。

最后，我们改变回溯直线搜索的参数 α 和 β，通过确定满足 $f(x^{(k)}) - p^\star \leqslant 10^{-5}$ 所需要的迭代次数，来考察这些参数对收敛速度的影响。在第一个试验中，我们固定 $\beta = 0.5$，将 α 从 0.05 变到 0.5。所需迭代次数从大约 80（对应于 $0.2 \sim 0.5$ 之间的 α

值）变动到 170 左右（对应于较小的 α 值）。这个试验（加上别的一些试验）表明，选取较大的（0.2 ～ 0.5 之间）α 值，相应的梯度方法能够产生较好的结果。

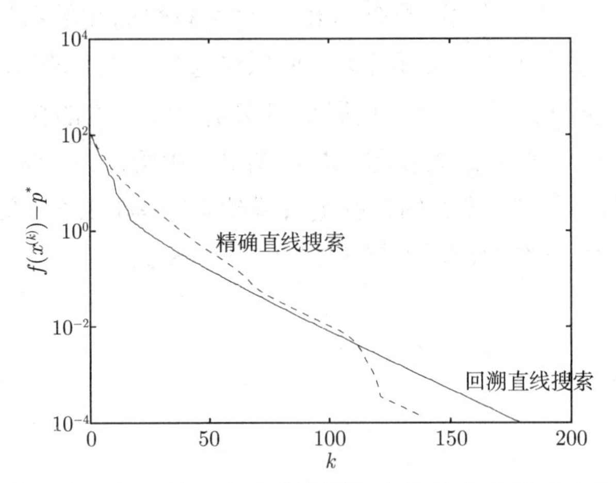

图 9.6　对 $\mathbf{R}^{100}$ 空间的一个目标函数，分别采用回溯直线搜索和精确直线搜索的梯度优化方法所产生的误差 $f(x^{(k)})-p^\star$ 和迭代次数 k 之间的关系。

类似地，我们固定 $\alpha=0.1$，将 β 从 0.05 变到 0.95，考察改变 β 的效果。同样，总的迭代次数变动不大，从大约 80（对应于 $\beta\approx 0.5$）到 200 左右（对应于 1 附近或较小的 β）。这个试验(加上别的一些试验）表明，$\beta\approx 0.5$ 是较好的选择。从试验结果看，回溯搜索的参数取值对收敛性影响不大，不会超过两倍因子左右。

梯度方法和条件数

我们的最后一个试验将说明 $\nabla^2 f(x)$（或者下水平集）的条件数对梯度方法收敛性的重要性。我们从式 (9.21) 给出的函数开始，但是用 $x=T\bar{x}$ 替换式中的 x，其中

$$T=\mathbf{diag}((1,\gamma^{1/n},\gamma^{2/n},\cdots,\gamma^{(n-1)/n})),$$

即优化

$$\bar{f}(\bar{x})=c^TT\bar{x}-\sum_{i=1}^m\log(b_i-a_i^TT\bar{x}). \tag{9.22}$$

这样就给了我们一族依赖于 γ 的优化问题，其具体取值可以影响问题的条件数。

图 9.7 给出 γ 改变时满足 $\bar{f}(\bar{x}^{(k)})-\bar{p}^\star<10^{-5}$ 所需要的迭代次数，直线搜索采用 $\alpha=0.3$ 和 $\beta=0.7$ 的回溯方法。图像表明，对于 10 : 1（即 $\gamma=10$）这样小的对角比值，迭代次数已增长到大于 1000，当对角比值大于 20 时，梯度方法已经慢到实际上没有用处的程度。

图 9.8 给出了 Hessian 矩阵 $\nabla^2\bar{f}(\bar{x}^\star)$ 在最优点处的条件数。对于较大和较小的 γ，条件数大约以 $\max\{\gamma^2,1/\gamma^2\}$ 的速度增长，与迭代次数对 γ 的依赖关系非常相似。这再次表明条件数和收敛速度之间的关系是客观的现象，而不是基于分析的主观产物。

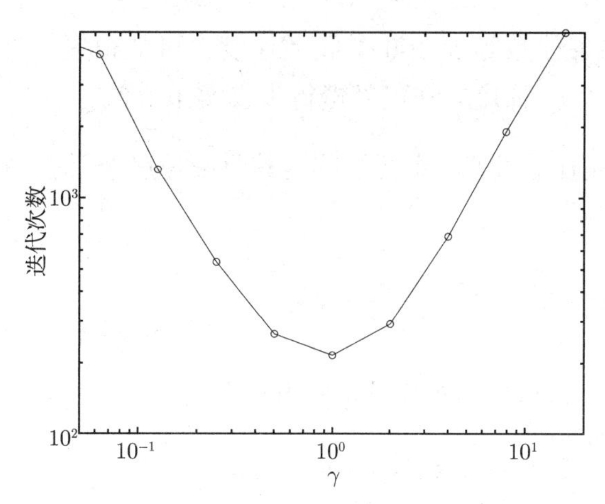

图 9.7 梯度方法应用于式 (9.22) 时的迭代次数。垂直轴表示满足 $\bar{f}(\bar{x}^{(k)}) - \bar{p}^\star < 10^{-5}$ 所需要的迭代次数。水平轴表示控制对角比值大小的参数 γ。直线搜索为 $\alpha = 0.3$，$\beta = 0.7$ 的回溯方法。

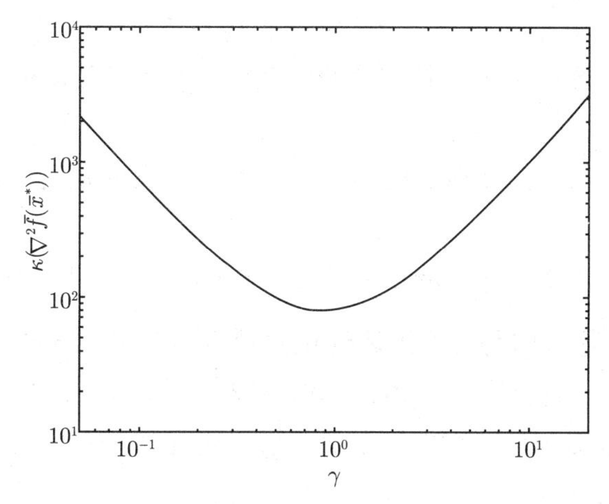

图 9.8 Hessian 矩阵的条件数和 γ 的关系。通过将它和图 9.7 中的曲线比较，可以看出，条件数对收敛速度有非常强烈的影响。

结论

根据数值例子和其他结果，我们可以得到以下结论。

- 梯度方法通常呈现近似线性收敛性质，即误差 $f(x^{(k)}) - p^\star$ 以类似于几何数列的方式收敛于零。
- 回溯参数 α 和 β 的取值对收敛性有明显的影响，但不会产生戏剧性的效果。精确直线搜索有时可以改善梯度方法的收敛性，但效果不是很大（或许不能抵消进行精确直线搜索增加的计算量）。
- 收敛速度强烈依赖于 Hessian 矩阵，或者下水平集的条件数。即使问题的条件数不是太坏（比如条件数等于 100），收敛速度也可能很慢。如果条件数很大（比如等于 1000 或更大），梯度方法已经慢得失去实用价值。

梯度方法的主要优势是比较简单，主要缺陷是其收敛速度非常强烈的依赖于 Hessian 矩阵和下水平集的条件数。

9.4 最速下降方法

对 $f(x+v)$ 在 x 处进行一阶 Taylor 展开，

$$f(x+v) \approx \widehat{f}(x+v) = f(x) + \nabla f(x)^T v,$$

其中右边第二项 $\nabla f(x)^T v$ 是 f 在 x 处沿方向 v 的**方向导数**。它近似给出了 f 沿小的步径 v 会发生的变化。如果其方向导数是负数，步径 v 就是下降方向。

我们现在讨论如何选择 v 使其方向导数尽可能小。由于方向导数 $\nabla f(x)^T v$ 是 v 的线性函数，只要我们将 v 取得充分大，就可以使其方向导数充分小（在 v 是下降方向的前提下，即 $\nabla f(x)^T v < 0$）。为了使问题有意义，我们还必须限制 v 的大小，或者规范 v 的长度。

令 $\|\cdot\|$ 为 $\mathbf{R}^n$ 上的任意范数。我们定义一个**规范化的最速下降方向**（相对于范数 $\|\cdot\|$）如下

$$\Delta x_{\text{nsd}} = \operatorname{argmin}\{\nabla f(x)^T v \mid \|v\| = 1\}. \tag{9.23}$$

（我们说‘一个’最速下降方向是因为上述优化问题可能有多个最优解。）一个规范化的最速下降方向 Δx_{nsd} 是一个能使 f 的线性近似下降最多的具有单位范数的步径。

对于一个规范化的最速下降方向可以进行下述几何解释。我们同样可以将 Δx_{nsd} 定义为

$$\Delta x_{\text{nsd}} = \operatorname{argmin}\{\nabla f(x)^T v \mid \|v\| \leqslant 1\}.$$

因此一个规范化的最速下降方向就是 $\|\cdot\|$ 的单位球体中在 $-\nabla f(x)$ 的方向上投影最长的方向。

我们也可以将规范化的最速下降方向乘以一个特殊的比例因子,从而考虑下述**非规范化**的最速下降方向 Δx_{sd}：

$$\Delta x_{\text{sd}} = \|\nabla f(x)\|_* \Delta x_{\text{nsd}}, \tag{9.24}$$

其中 $\|\cdot\|_*$ 表示对偶范数。对于这种最速下降步径，我们有

$$\nabla f(x)^T \Delta x_{\text{sd}} = \|\nabla f(x)\|_* \nabla f(x)^T \Delta x_{\text{nsd}} = -\|\nabla f(x)\|_*^2.$$

（参见习题 9.7）。**最速下降方法**使用最速下降方向作为直线搜索方向。

算法 9.4 最速下降方法。

给定 初始点 $x \in \mathbf{dom}\, f$。

重复进行

1. 计算最速下降方向 Δx_{sd}。
2. **直线搜索**。采用回溯或精确直线搜索方法选择 t。
3. **改进**。$x := x + t\Delta x_{\mathrm{sd}}$。

直到 满足停止准则。

如果采用精确直线搜索方法，下降方向的比例因子不起作用，因此规范化或非规范化的方向都能用。

9.4.1 采用 Euclid 范数和二次范数的最速下降方法

采用 Euclid 范数的最速下降方法

如果我们将 $\|\cdot\|$ 取为 Euclid 范数，可以看出最速下降方向就是负梯度方向，即 $\Delta x_{\mathrm{sd}} = -\nabla f(x)$。因此，采用 Euclid 范数的最速下降方法就是梯度下降方法。

采用二次范数的最速下降方法

我们考虑二次范数

$$\|z\|_P = (z^T P z)^{1/2} = \|P^{1/2} z\|_2,$$

其中 $P \in \mathbf{S}_{++}^n$。规范化的最速下降方向由下式给出

$$\Delta x_{\mathrm{nsd}} = -\left(\nabla f(x)^T P^{-1} \nabla f(x)\right)^{-1/2} P^{-1} \nabla f(x),$$

其对偶范数为 $\|z\|_* = \|P^{-1/2} z\|_2$，因此采用 $\|\cdot\|_P$ 的最速下降步径为

$$\Delta x_{\mathrm{sd}} = -P^{-1} \nabla f(x). \tag{9.25}$$

图 9.9 给出了相应的规范化的最速下降方向。

基于坐标变换的解释

对于最速下降方向 Δx_{sd}，我们可以通过坐标变换给出另一个有意义的解释：它是对原问题进行某种坐标变换后的梯度下降方向。定义 $\bar{u} = P^{1/2} u$，因此 $\|u\|_P = \|\bar{u}\|_2$。采用这种坐标变换，原目标函数 f 的极小化问题可以等价转换为极小化下式给出的目标函数 $\bar{f} : \mathbf{R}^n \to \mathbf{R}$，

$$\bar{f}(\bar{u}) = f(P^{-1/2} \bar{u}) = f(u).$$

如果我们采用梯度方法优化 $\bar{f}$，在点 $\bar{x}$（对应于原问题的点 $x = P^{-1/2}\bar{x}$）处的直线搜索方向为

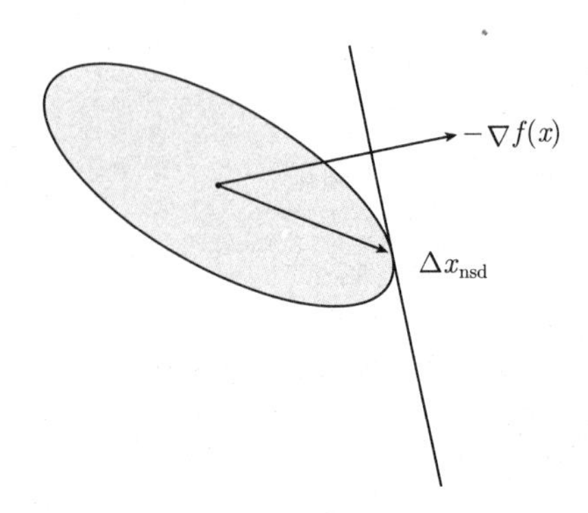

图 9.9 采用二次范数的规范化的最速下降方向。椭圆表示该范数下以 x 为球心的单位球。在 x 处的规范化的最速下降方向 Δx_{nsd} 是椭圆内在 $-\nabla f(x)$ 方向上投影最长的方向。图中给出了梯度方向和规范化的最速下降方向。

$$\Delta \bar{x} = -\nabla \bar{f}(\bar{x}) = -P^{-1/2}\nabla f(P^{-1/2}\bar{x}) = -P^{-1/2}\nabla f(x).$$

该梯度方向对应于原变量 x 处的直线搜索方向

$$\Delta x = P^{-1/2}\left(-P^{-1/2}\nabla f(x)\right) = -P^{-1}\nabla f(x).$$

换言之，二次范数 $\|\cdot\|_P$ 下的最速下降方向可以理解为对原问题进行坐标变换 $\bar{x} = P^{1/2}x$ 后的梯度方向。

9.4.2 采用 ℓ_1-范数的最速下降方向

作为另外一个例子，我们考虑 ℓ_1-范数下的最速下降方向。可以很容易地刻画这种范数下的一个规范化的最速下降方向

$$\Delta x_{\text{nsd}} = \operatorname{argmin}\{\nabla f(x)^T v \mid \|v\|_1 \leqslant 1\}.$$

令 i 是满足下式的任意下标，$\|\nabla f(x)\|_\infty = |(\nabla f(x))_i|$。于是，$\ell_1$-范数下的一个规范化的最速下降方向 Δx_{nsd} 由下式给出，

$$\Delta x_{\text{nsd}} = -\operatorname{sign}\left(\frac{\partial f(x)}{\partial x_i}\right) e_i,$$

其中 e_i 表示第 i 个标准基向量。相应的非规范化的最速下降步径是

$$\Delta x_{\text{sd}} = \Delta x_{\text{nsd}}\|\nabla f(x)\|_\infty = -\frac{\partial f(x)}{\partial x_i}e_i.$$

因此，ℓ_1-范数下的规范化的最速下降步径总能选为某个标准基向量（或者某个负的标准基向量）。它是能够使 f 的近似下降达到最大的坐标轴方向。图 9.10 对此进行了说明。

采用 ℓ_1-范数的最速下降算法有一个非常自然的解释：每步迭代我们选择 $\nabla f(x)$ 的绝对值最大的分量，然后根据 $(\nabla f(x))_i$ 的符号减少或增加 x 的对应分量。由于该算法

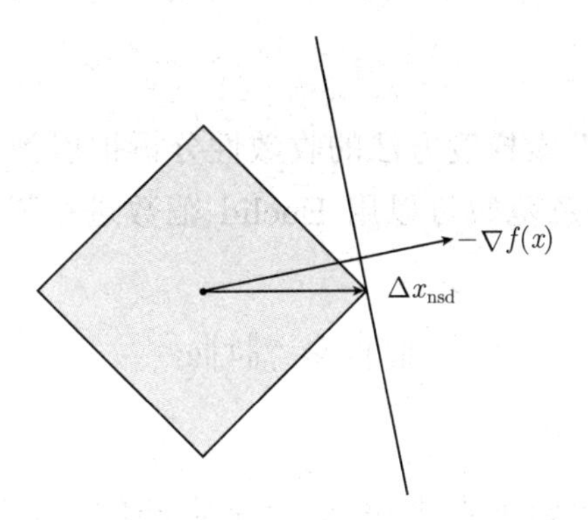

图 9.10 ℓ_1-范数下的规范化的最速下降方向。菱形表示以 x 为中心的 ℓ_1-范数的单位球。规范化的最速下降方向总能选为某个标准基向量的方向; 本例中我们有 $\Delta x_{\text{nsd}} = e_1$。

每次迭代只有 x 的一个分量被修改，所以有时被称为**坐标下降**算法。这种方法能够极大的简化，甚至省略，直线搜索。

例 9.2 Frobenius 范数伸缩。在 §4.5.4 我们遇到无约束几何规划

$$\text{minimize} \quad \sum_{i,j=1}^{n} M_{ij}^2 d_i^2 / d_j^2$$

其中 $M \in \mathbf{R}^{n \times n}$ 给定，变量是 $d \in \mathbf{R}^n$。利用变量变换 $x_i = 2 \log d_i$ 我们可以将此几何规划表示成凸规划形式

$$\text{minimize} \quad f(x) = \log \left(\sum_{i,j=1}^{n} M_{ij}^2 e^{x_i - x_j} \right)$$

此时很容易每次优化 f 的一个变量。固定第 k 个变量以外的所有变量，我们可以将目标函数写成 $f(x) = \log(\alpha_k + \beta_k e^{-x_k} + \gamma_k e^{x_k})$，其中

$$\alpha_k = M_{kk}^2 + \sum_{i,j \neq k} M_{ij}^2 e^{x_i - x_j}, \qquad \beta_k = \sum_{i \neq k} M_{ik}^2 e^{x_i}, \qquad \gamma_k = \sum_{j \neq k} M_{kj}^2 e^{-x_j}.$$

将 $f(x)$ 视为 x_k 的函数，使其达到最小值的点为 $x_k = \log(\beta_k/\gamma_k)/2$。对于该问题，可以采用简单的解析公式计算精确直线搜索的解。

采用精确直线搜索的 ℓ_1-最速下降算法由以下步骤重复构成。

1. 计算梯度
$$(\nabla f(x))_i = \frac{-\beta_i e^{-x_i} + \gamma_i e^{x_i}}{\alpha_i + \beta_i e^{-x_i} + \gamma_i e^{x_i}}, \quad i = 1, \cdots, n.$$
2. 选择 $\nabla f(x)$ 的绝对值最大的分量: $|\nabla f(x)|_k = \|\nabla f(x)\|_\infty$。
3. 计算使 f 关于标量 x_k 达到最小的解 $x_k = \log(\beta_k/\gamma_k)/2$。

9.4.3　收敛性分析

本节我们将回溯直线搜索梯度方法的收敛性分析扩展到采用任意范数的下降方法。我们将利用以下事实：任意范数可以用 Euclid 范数进行界定，即存在常数 $\gamma \in (0,1]$ 使得

$$\|x\|_* \geqslant \gamma \|x\|_2.$$

（参见 §A.1.4）。

我们再次假定 f 在初始下水平集 S 上是强凸的。上界 $\nabla^2 f(x) \preceq MI$ 意味着 $f(x + t\Delta x_{\mathrm{sd}})$ 作为 t 的函数存在以下上界：

$$\begin{aligned} f(x + t\Delta x_{\mathrm{sd}}) &\leqslant f(x) + t\nabla f(x)^T \Delta x_{\mathrm{sd}} + \frac{M\|\Delta x_{\mathrm{sd}}\|_2^2}{2} t^2 \\ &\leqslant f(x) + t\nabla f(x)^T \Delta x_{\mathrm{sd}} + \frac{M\|\Delta x_{\mathrm{sd}}\|_*^2}{2\gamma^2} t^2 \\ &= f(x) - t\|\nabla f(x)\|_*^2 + \frac{M}{2\gamma^2} t^2 \|\nabla f(x)\|_*^2. \end{aligned} \tag{9.26}$$

由于 $\alpha < 1/2$，$\nabla f(x)^T \Delta x_{\mathrm{sd}} = -\|\nabla f(x)\|_*^2$，步长 $\hat{t} = \gamma^2/M$（使二次上界 (9.26) 达到最小）满足回溯直线搜索的终止条件

$$f(x + \hat{t}\Delta x_{\mathrm{sd}}) \leqslant f(x) - \frac{\gamma^2}{2M}\|\nabla f(x)\|_*^2 \leqslant f(x) + \frac{\alpha\gamma^2}{M}\nabla f(x)^T \Delta x_{\mathrm{sd}}. \tag{9.27}$$

因此，直线搜索产生的步长满足 $t \geqslant \min\{1, \beta\gamma^2/M\}$，我们有

$$\begin{aligned} f(x^+) = f(x + t\Delta x_{\mathrm{sd}}) &\leqslant f(x) - \alpha \min\{1, \beta\gamma^2/M\}\|\nabla f(x)\|_*^2 \\ &\leqslant f(x) - \alpha\gamma^2 \min\{1, \beta\gamma^2/M\}\|\nabla f(x)\|_2^2. \end{aligned}$$

从上式两边减去 $p^\star$，同时利用式 (9.9)，我们得到

$$f(x^+) - p^\star \leqslant c(f(x) - p^\star),$$

其中

$$c = 1 - 2m\alpha\gamma^2 \min\{1, \beta\gamma^2/M\} < 1.$$

因此我们有

$$f(x^{(k)}) - p^\star \leqslant c^k (f(x^{(0)}) - p^\star).$$

即和梯度方法完全一样的线性收敛性。

9.4.4 讨论和例子

最速下降方法的范数选择

选择恰当的范数定义最速下降方向可能对收敛速度产生极其显著的效果。为便于讨论，我们考虑采用二次 P-范数的最速下降方法的情况。在 §9.4.1 我们曾说明，采用二次 P-范数的最速下降方法等同于对问题进行坐标变换 $\bar{x} = P^{1/2}x$ 后的梯度下降方法。我们知道，梯度方法在下水平集（或最优点附近的 Hessian 矩阵）的条件数适中时能很好地工作，但这些条件数很大时效果很差。由此可知，若进行坐标变换 $\bar{x} = P^{1/2}x$ 后有关下水平集的条件数适中，最速下降方法将取得良好的效果。

上述讨论为选择 P 提供了依据：经过 $P^{-1/2}$ 的变换后，f 的下水平集应该具有良好的条件数。例如，如果知道最优点处 Hessian 矩阵 $H(x^\star)$ 的近似矩阵 $\hat{H}$，令 $P = \hat{H}$ 是对 P 的一种很好的选择，因为 $\tilde{f}$ 在最优点的 Hessian 矩阵将变成

$$\hat{H}^{-1/2}\nabla^2 f(x^\star)\hat{H}^{-1/2} \approx I,$$

因此很可能具有小的条件数。

上述想法无需借助于坐标变换实现。我们说采用坐标变换 $\bar{x} = P^{1/2}x$ 后的下水平集具有小的条件数，等价于说椭圆

$$\mathcal{E} = \{x \mid x^T P x \leqslant 1\}$$

能够近似相应的下水平集的形状。（换言之，经过适当的比例和平移变换后能给出好的近似。）

这种收敛速度对 P 的依赖具有两面性。从乐观的角度看，对任何问题总存在能使最速下降方法有效工作的 P。所面临的挑战当然是找到这样的 P。从悲观的角度看，对任何问题也存在大量的能使最速下降方法失效的 P。总之，我们可以说，如果能够找到使变换后问题的条件数适中的 P，最速下降方法将能有效的工作。

例子

本节我们用目标函数为式 (9.20) 的 $\mathbf{R}^2$ 中的非二次问题说明有关想法。我们应用以下两个二次范数导出的最速下降方法求解该问题，

$$P_1 = \begin{bmatrix} 2 & 0 \\ 0 & 8 \end{bmatrix}, \qquad P_2 = \begin{bmatrix} 8 & 0 \\ 0 & 2 \end{bmatrix}$$

对两种情况我们都采用 $\alpha = 0.1$，$\beta = 0.7$ 的回溯直线搜索方法。

图 9.11 和图 9.12 分别给出采用范数 $\|\cdot\|_{P_1}$ 和 $\|\cdot\|_{P_2}$ 的最速下降方法的迭代次数。图 9.13 显示两种范数下误差和迭代次数的对应关系。图 9.13 表明范数的选择对

收敛性有强烈的影响。采用范数 $\|\cdot\|_{P_1}$ 的收敛速度比梯度方法略快一点，而采用范数 $\|\cdot\|_{P_2}$ 的收敛速度却远慢于梯度方法。

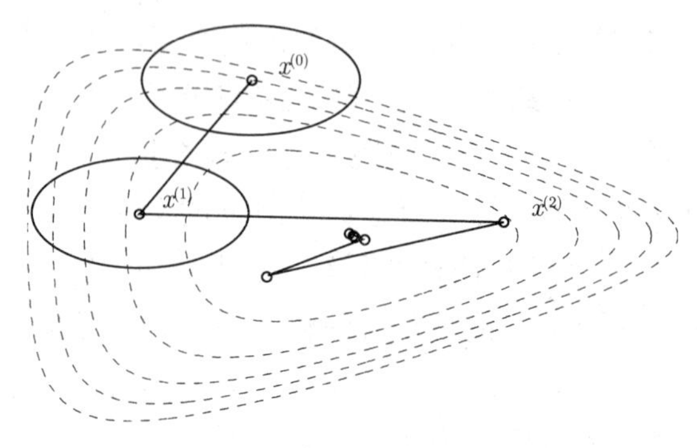

图 9.11　采用二次范数 $\|\cdot\|_{P_1}$ 的最速下降方法。椭圆表示球体 $\{x \mid \|x - x^{(k)}\|_{P_1} \leqslant 1\}$ 在 $x^{(0)}$ 和 $x^{(1)}$ 处的边界。

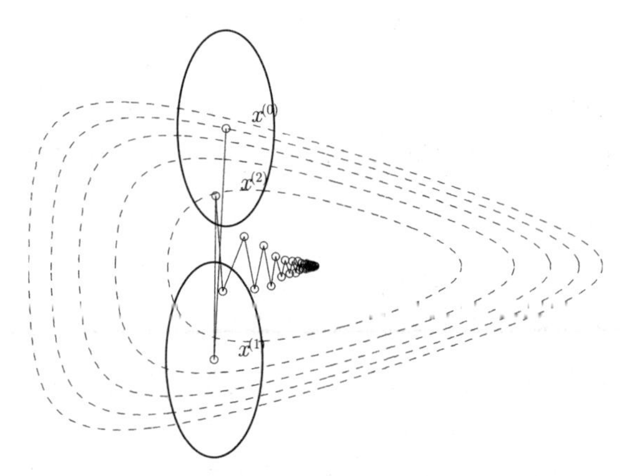

图 9.12　采用二次范数 $\|\cdot\|_{P_2}$ 的最速下降方法。

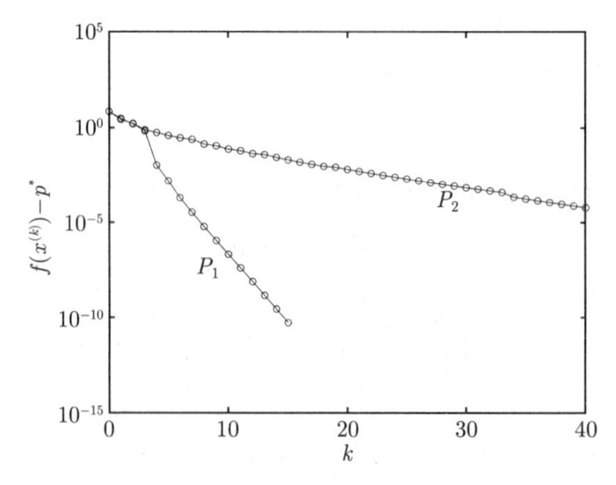

图 9.13　采用二次范数 $\|\cdot\|_{P_1}$ 和 $\|\cdot\|_{P_2}$ 导出的最速下降方法的误差 $f(x^{(k)}) - p^\star$ 和迭代次数 k 之间的关系。范数 $\|\cdot\|_{P_1}$ 对应的收敛速度较快，而范数 $\|\cdot\|_{P_2}$ 对应的收敛速度较慢。

对坐标变换 $\bar{x}=P_1^{1/2}x$ 和 $\bar{x}=P_2^{1/2}x$ 后的问题进行分析，可以很好地解释上述结果。图 9.14 和图 9.15 分别给出坐标变换后的问题。采用 P_1 的坐标变换所产生的下水平集具有适中的条件数，因此其收敛速度较快。而采用 P_2 的坐标变换所产生的下水平集条件数很差，因此其收敛速度很慢。

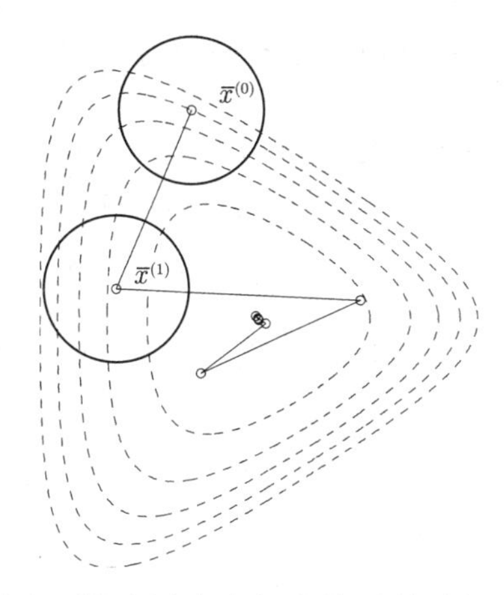

图 9.14 采用范数 $\|\cdot\|_{P_1}$ 的最速下降方法在坐标变换后的迭代过程。这种坐标变换减小了下水平集的条件数，因此加快了收敛速度。

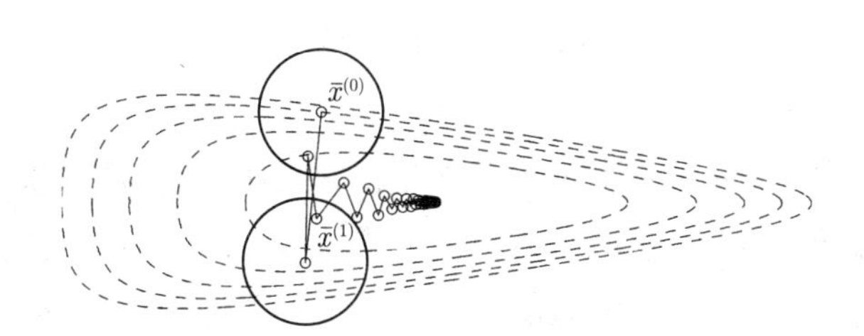

图 9.15 采用范数 $\|\cdot\|_{P_2}$ 的最速下降方法在坐标变换后的迭代过程。这种坐标变换增加了下水平集的条件数，因此降低了收敛速度。

9.5 Newton 方法

9.5.1 Newton 步径

对于 $x\in\mathbf{dom}\,f$，我们称向量

$$\Delta x_{\mathrm{nt}}=-\nabla^2 f(x)^{-1}\nabla f(x)$$

为（f 在 x 处的）**Newton 步径**。由 $\nabla^2 f(x)$ 的正定性可知，除非 $\nabla f(x)=0$，否则就有

$$\nabla f(x)^T\Delta x_{\mathrm{nt}}=-\nabla f(x)^T\nabla^2 f(x)^{-1}\nabla f(x)<0.$$

因此 Newton 步径是下降方向（除非 x 是最优点）。我们可以用不同的方式解释和导出 Newton 步径。

二阶近似的最优解

函数 f 在 x 处的二阶 Taylor 近似（或模型）$\widehat{f}$ 为

$$\widehat{f}(x+v) = f(x) + \nabla f(x)^T v + \frac{1}{2} v^T \nabla^2 f(x) v. \tag{9.28}$$

这是 v 的二次凸函数，在 $v = \Delta x_{\rm nt}$ 处达到最小值。因此，将 x 加上 Newton 步径 $\Delta x_{\rm nt}$ 能够极小化 f 在 x 处的二阶近似。图 9.16 显示了该性质。

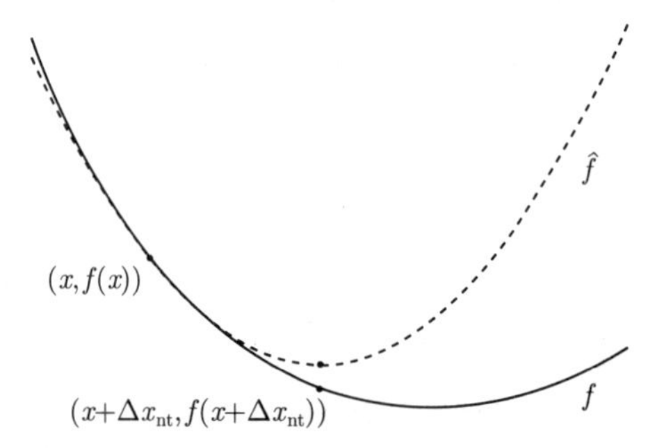

图 9.16 函数 f（实线）和它在 x 处的二阶近似 $\widehat{f}$（虚线）。Newton 步径 $\Delta x_{\rm nt}$ 是极小化 $\widehat{f}$ 需要在 x 处增加的量。

上述解释揭示了 Newton 步径的一些本质。如果函数 f 是二次的，则 $x + \Delta x_{\rm nt}$ 是 f 的精确最优解。如果函数 f 近似二次，直观上 $x + \Delta x_{\rm nt}$ 应该是 f 的最优解，即 $x^\star$，的很好的估计值。既然 f 是二次可微的，当 x 靠近 $x^\star$ 时 f 的二次模型应该非常准确。由此可知，当 x 靠近 $x^\star$ 时点 $x + \Delta x_{\rm nt}$ 应该是 $x^\star$ 的很好的估计值。我们将会看到这个直观上的认识是正确的。

Hessian 范数下的最速下降方向

Newton 步径也是 x 处采用 Hessian 矩阵 $\nabla^2 f(x)$ 定义的二次范数，即

$$\|u\|_{\nabla^2 f(x)} = (u^T \nabla^2 f(x) u)^{1/2}$$

导出的最速下降方法。这从另一个角度揭示了为什么 Newton 步径应该是好的搜索方向，特别是当 x 靠近 $x^\star$ 时是很好的搜索方向。

在讨论最速下降方法时曾经提到，若采用二次范数 $\|\cdot\|_P$，当坐标变换后 Hessian 矩阵的条件数较小时，收敛速度将很快。特别是，在 $x^\star$ 附近，令 $P = \nabla^2 f(x^\star)$ 是一个很好的选择。当 x 靠近 $x^\star$ 时，我们有 $\nabla^2 f(x) \approx \nabla^2 f(x^\star)$，这就解释了为什么 Newton 步径是搜索方向的很好选择。图 9.17 对此进行了说明。

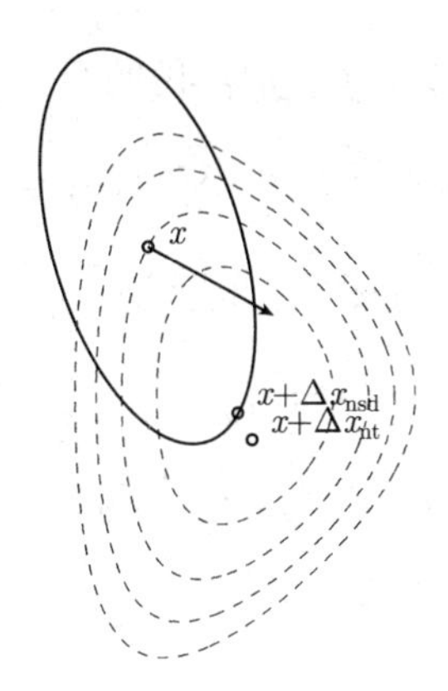

图 9.17 虚线是一个凸函数的等值线。椭圆（实线）表示 $\{x+v \mid v^T\nabla^2 f(x)v \leqslant 1\}$。箭头表示梯度下降方向 $-\nabla f(x)$。Newton 步径 $\Delta x_{\rm nt}$ 是范数 $\|\cdot\|_{\nabla^2 f(x)}$ 导出的最速下降方向。图中也给出了采用相同范数的规范化的最速下降方向 $\Delta x_{\rm nsd}$。

线性化最优性条件的解

如果我们在 x 附近对最优性条件 $\nabla f(x^\star)=0$ 进行线性化，可以得到

$$\nabla f(x+v) \approx \nabla f(x)+\nabla^2 f(x)v=0.$$

这是 v 的线性方程，其解为 $v=\Delta x_{\rm nt}$。因此在 x 处加上 Newton 步径 $\Delta x_{\rm nt}$ 就能满足线性化的最优性条件。这再一次表明对于 $x^\star$ 附近的 x（此时最优性条件接近成立），修正量 $x+\Delta x_{\rm nt}$ 应该是 $x^\star$ 的很好的近似值。

若 $n=1$，即 $f:\mathbf{R}\to\mathbf{R}$，这种解释尤其简单。极小化问题的解 $x^\star$ 由 $f'(x^\star)=0$ 定义，即它是导数 f' 的过零点， 而 f 是凸函数时后者是单调增加的函数。给定当前的近似解 x，我们生成 f' 在 x 处的一阶 Taylor 近似。这个仿射近似的过零点就是 $x+\Delta x_{\rm nt}$。 图 9.18 显示了这种解释。

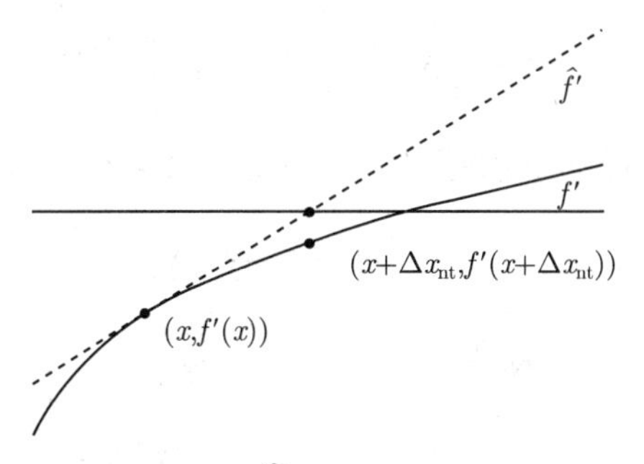

图 9.18 实线是图 9.16 中的 f 的导数 f'。$\widehat{f'}$ 是 f' 在 x 处的线性近似。Newton 步径 $\Delta x_{\rm nt}$ 是 $\widehat{f'}$ 的根和点 x 之间的差。

Newton 步径的仿射不变性

Newton 步径的一个重要特点是对坐标的线性（或仿射）变换的独立性。假定

$T \in \mathbf{R}^{n\times n}$ 是非奇异的，定义 $\bar{f}(y) = f(Ty)$。我们有

$$\nabla \bar{f}(y) = T^T \nabla f(x), \qquad \nabla^2 \bar{f}(y) = T^T \nabla^2 f(x) T,$$

其中 $x = Ty$。因此，$\bar{f}$ 在 y 处的 Newton 步径是

$$\begin{aligned} \Delta y_{\rm nt} &= -\left(T^T \nabla^2 f(x) T\right)^{-1} \left(T^T \nabla f(x)\right) \\ &= -T^{-1} \nabla^2 f(x)^{-1} \nabla f(x) \\ &= T^{-1} \Delta x_{\rm nt}, \end{aligned}$$

其中 $\Delta x_{\rm nt}$ 是 f 在 x 处的 Newton 步径。于是，f 和 $\bar{f}$ 的 Newton 步径由相同的线性变换相联系，并且

$$x + \Delta x_{\rm nt} = T(y + \Delta y_{\rm nt}).$$

Newton 减量

我们将

$$\lambda(x) = \left(\nabla f(x)^T \nabla^2 f(x)^{-1} \nabla f(x)\right)^{1/2}$$

称为 x 处的 **Newton 减量**。我们将看到 Newton 减量在 Newton 方法的分析中有重要作用，并且也可用于设计停止准则。我们可以将 Newton 减量和 $f(x) - \inf_y \widehat{f}(y)$ 以下述方式联系在一起:

$$f(x) - \inf_y \widehat{f}(y) = f(x) - \widehat{f}(x + \Delta x_{\rm nt}) = \frac{1}{2}\lambda(x)^2,$$

其中 $\widehat{f}$ 是 f 在 x 处的二阶近似。因此，$\lambda^2/2$ 是基于 f 在 x 处的二阶近似对 $f(x) - p^\star$ 作出的估计值。

我们也可以将 Newton 减量表示为

$$\lambda(x) = \left(\Delta x_{\rm nt}^T \nabla^2 f(x) \Delta x_{\rm nt}\right)^{1/2}. \tag{9.29}$$

该式表明 λ 是 Newton 步径的二次范数，该范数由 Hessian 矩阵定义，即

$$\|u\|_{\nabla^2 f(x)} = \left(u^T \nabla^2 f(x) u\right)^{1/2}.$$

Newton 减量也出现在回溯直线搜索中，因为我们有

$$\nabla f(x)^T \Delta x_{\rm nt} = -\lambda(x)^2. \tag{9.30}$$

这是在回溯直线搜索中使用的常数，可以被解释为 f 在 x 处沿 Newton 步径方向的方向导数:

$$-\lambda(x)^2 = \nabla f(x)^T \Delta x_{\rm nt} = \left.\frac{d}{dt} f(x + \Delta x_{\rm nt} t)\right|_{t=0}.$$

最后我们指出，同 Newton 步径一样，Newton 减量也是仿射不变的。换言之，对于非奇异的 T，$\bar{f}(y) = f(Ty)$ 在 y 处的 Newton 减量和 f 在 $x = Ty$ 处的 Newton 减量完全相同。

9.5.2 Newton 方法

下面描述的 Newton 方法有时被称为**阻尼** Newton 方法或者**谨慎** Newton 方法，以别于步长 $t = 1$ 的**纯** Newton 方法。

算法 9.5 Newton 方法。

给定 初始点 $x \in \mathbf{dom}\, f$，误差阈值 $\epsilon > 0$。

重复进行

1. **计算 Newton 步径和减量。**
   $\Delta x_{\rm nt} := -\nabla^2 f(x)^{-1}\nabla f(x)$； $\lambda^2 := \nabla f(x)^T \nabla^2 f(x)^{-1}\nabla f(x)$。
2. **停止准则。** 如果 $\lambda^2/2 \leqslant \epsilon$，**退出**。
3. **直线搜索。** 通过回溯直线搜索确定步长 t。
4. **改进。** $x := x + t\Delta x_{\rm nt}$。

这实际上是 §9.2 中描述的通用下降方法，只是在这里采用 Newton 步径为搜索方向。唯一的区别（非常次要）在于停止准则的检验在计算搜索方向之后，而不是在改进迭代点之后。

9.5.3 收敛性分析

同以前一样，我们假定 f 二次连续可微，并且具有常数为 m 的强凸性，即对于所有的 $x \in S$，$\nabla^2 f(x) \succeq mI$。我们已经知道该假设意味着存在 $M > 0$ 使得对于所有的 $x \in S$，$\nabla^2 f(x) \preceq MI$。

此外，我们假定 f 的 Hessian 矩阵是 S 上以 L 为常数的 Lipschitz 连续的，即

$$\|\nabla^2 f(x) - \nabla^2 f(y)\|_2 \leqslant L\|x - y\|_2 \tag{9.31}$$

对所有的 x，$y \in S$ 成立。系数 L 可以被解释为 f 的三阶导数的界，对于二次函数可以等于零。更一般地说，L 是对 f 与其二次模型之间近似程度的一种度量，因此可以期望 Lipschitz 常数 L 将对 Newton 方法的性能起关键作用。直观上看，如果一个函数的二次模型变化缓慢（即 L 较小），Newton 方法应该比较有效。

收敛性证明的思想和轮廓

我们首先给出收敛性证明的思想和轮廓，以及主要结论，然后给出详细证明。我们将说明存在满足 $0 < \eta \leqslant m^2/L$ 和 $\gamma > 0$ 的 η 和 γ 使下式成立。

- 如果 $\|\nabla f(x^{(k)})\|_2 \geqslant \eta$，则

$$f(x^{(k+1)}) - f(x^{(k)}) \leqslant -\gamma. \tag{9.32}$$

- 如果 $\|\nabla f(x^{(k)})\|_2 < \eta$，则回溯直线搜索产生 $t^{(k)} = 1$，并且

$$\frac{L}{2m^2}\|\nabla f(x^{(k+1)})\|_2 \leqslant \left(\frac{L}{2m^2}\|\nabla f(x^{(k)})\|_2\right)^2. \tag{9.33}$$

让我们分析一下第二个条件的含义。假定它在迭代次数等于某个 k 时成立，即 $\|\nabla f(x^{(k)})\|_2 < \eta$。既然 $\eta \leqslant m^2/L$，我们有 $\|\nabla f(x^{(k+1)})\|_2 < \eta$，即第二个条件也被 $k+1$ 满足。如此继续可以推断，一旦第二个条件成立，它将在以后的所有迭代中成立，即对于所有的 $l \geqslant k$，我们有 $\|\nabla f(x^{(l)})\|_2 < \eta$。因此，对于所有的 $l \geqslant k$，算法都会取完整的 Newton 步径 $t = 1$，并且

$$\frac{L}{2m^2}\|\nabla f(x^{(l+1)})\|_2 \leqslant \left(\frac{L}{2m^2}\|\nabla f(x^{(l)})\|_2\right)^2. \tag{9.34}$$

重复应用这个不等式，我们发现对任意的 $l \geqslant k$，

$$\frac{L}{2m^2}\|\nabla f(x^{(l)})\|_2 \leqslant \left(\frac{L}{2m^2}\|\nabla f(x^{(k)})\|_2\right)^{2^{l-k}} \leqslant \left(\frac{1}{2}\right)^{2^{l-k}}.$$

于是

$$f(x^{(l)}) - p^\star \leqslant \frac{1}{2m}\|\nabla f(x^{(l)})\|_2^2 \leqslant \frac{2m^3}{L^2}\left(\frac{1}{2}\right)^{2^{l-k+1}}. \tag{9.35}$$

上述最后一个不等式表明，一旦第二个条件满足，收敛将会极其迅速。该现象被称为**二次收敛**。粗糙地说，不等式 (9.35) 意味着，在足够多次的迭代以后，每次迭代都能使正确数字的位数翻番。

以上分析表明，Newton 方法的迭代过程可以自然地分为两个阶段。第二个阶段开始于条件 $\|\nabla f(x)\|_2 \leqslant \eta$ 被首次满足，称为**二次收敛阶段**。相应地我们将第一个阶段命名为**阻尼 Newton 阶段**，因为算法始终选择步长 $t < 1$。二次收敛阶段也可称为**纯 Newton** 阶段，因为在这个阶段每次迭代步长总是取 $t = 1$。

现在我们可以估计总的复杂性。首先我们推导阻尼 Newton 阶段迭代次数的上界。既然每次迭代 f 至少减少 γ，阻尼 Newton 阶段迭代次数不可能超过

$$\frac{f(x^{(0)}) - p^\star}{\gamma},$$

否则 f 将小于 $p^\star$，这是不可能的。

我们可以利用不等式 (9.35) 界定二次收敛阶段的迭代次数。它意味着在二次收敛阶段不超过

$$\log_2 \log_2(\epsilon_0/\epsilon)$$

次迭代后，我们一定有 $f(x) - p^\star \leqslant \epsilon$，其中 $\epsilon_0 = 2m^3/L^2$。

因此，能够满足 $f(x) - p^\star \leqslant \epsilon$ 的总迭代次数不会超过下述上界

$$\frac{f(x^{(0)}) - p^\star}{\gamma} + \log_2 \log_2(\epsilon_0/\epsilon). \tag{9.36}$$

该式中二次收敛阶段迭代次数的上界 $\log_2 \log_2(\epsilon_0/\epsilon)$ 随着误差阈值 ϵ 的减小**极其缓慢**地增长，因此从实用目的出发可以视为常数，比如 5 或 6。(二次收敛阶段的 6 次迭代可达到 $\epsilon \approx 5 \cdot 10^{-20}\epsilon_0$ 的精度。)

于是，极小化 f 所需要的 Newton 迭代次数大体上可以用下式为上界

$$\frac{f(x^{(0)}) - p^\star}{\gamma} + 6. \tag{9.37}$$

更严格地说，获得一个极好的近似最优解所需要的迭代次数大体上不会超过上界 (9.37)。

阻尼 Newton 阶段

我们现在推导不等式 (9.32)。假定 $\|\nabla f(x)\|_2 \geqslant \eta$。我们首先对直线搜索的步长建立一个下界。强凸性意味着在 S 上 $\nabla^2 f(x) \preceq MI$，因此

$$\begin{aligned} f(x + t\Delta x_{\rm nt}) &\leqslant f(x) + t\nabla f(x)^T \Delta x_{\rm nt} + \frac{M\|\Delta x_{\rm nt}\|_2^2}{2} t^2 \\ &\leqslant f(x) - t\lambda(x)^2 + \frac{M}{2m} t^2 \lambda(x)^2, \end{aligned}$$

其中我们利用了式 (9.30) 和

$$\lambda(x)^2 = \Delta x_{\rm nt}^T \nabla^2 f(x) \Delta x_{\rm nt} \geqslant m\|\Delta x_{\rm nt}\|_2^2.$$

由于步长 $\hat{t} = m/M$ 满足

$$f(x + \hat{t}\Delta x_{\rm nt}) \leqslant f(x) - \frac{m}{2M}\lambda(x)^2 \leqslant f(x) - \alpha\hat{t}\lambda(x)^2,$$

符合直线搜索的退出条件，所以直线搜索确定的步长满足 $t \geqslant \beta m/M$，由此可知目标函数的减少量为

$$\begin{aligned} f(x^+) - f(x) &\leqslant -\alpha t\lambda(x)^2 \\ &\leqslant -\alpha\beta\frac{m}{M}\lambda(x)^2 \\ &\leqslant -\alpha\beta\frac{m}{M^2}\|\nabla f(x)\|_2^2 \\ &\leqslant -\alpha\beta\eta^2\frac{m}{M^2}, \end{aligned}$$

其中我们利用了

$$\lambda(x)^2 = \nabla f(x)^T \nabla^2 f(x)^{-1} \nabla f(x) \geqslant (1/M)\|\nabla f(x)\|_2^2.$$

因此，式 (9.32) 能被下式满足，

$$\gamma = \alpha\beta\eta^2 \frac{m}{M^2}. \tag{9.38}$$

二次收敛阶段

现在我们推导不等式 (9.33)。假定 $\|\nabla f(x)\|_2 < \eta$。我们首先说明，如果

$$\eta \leqslant 3(1-2\alpha)\frac{m^2}{L},$$

回溯直线搜索的步长就是单位步长。根据 Lipschitz 条件 (9.31)，对于 $t \geqslant 0$，我们有

$$\|\nabla^2 f(x + t\Delta x_{\rm nt}) - \nabla^2 f(x)\|_2 \leqslant tL\|\Delta x_{\rm nt}\|_2.$$

于是

$$\left|\Delta x_{\rm nt}^T \left(\nabla^2 f(x + t\Delta x_{\rm nt}) - \nabla^2 f(x)\right) \Delta x_{\rm nt}\right| \leqslant tL\|\Delta x_{\rm nt}\|_2^3.$$

令 $\tilde{f}(t) = f(x + t\Delta x_{\rm nt})$，我们有 $\tilde{f}''(t) = \Delta x_{\rm nt}^T \nabla^2 f(x + t\Delta x_{\rm nt})\Delta x_{\rm nt}$，因此上面的不等式是

$$|\tilde{f}''(t) - \tilde{f}''(0)| \leqslant tL\|\Delta x_{\rm nt}\|_2^3.$$

我们将利用这个不等式确定 $\tilde{f}(t)$ 的一个上界。我们从下式开始

$$\tilde{f}''(t) \leqslant \tilde{f}''(0) + tL\|\Delta x_{\rm nt}\|_2^3 \leqslant \lambda(x)^2 + t\frac{L}{m^{3/2}}\lambda(x)^3,$$

其中利用了 $\tilde{f}''(0) = \lambda(x)^2$ 和 $\lambda(x)^2 \geqslant m\|\Delta x_{\rm nt}\|_2^2$。对上式积分，利用 $\tilde{f}'(0) = -\lambda(x)^2$ 可得

$$\begin{aligned}
\tilde{f}'(t) &\leqslant \tilde{f}'(0) + t\lambda(x)^2 + t^2\frac{L}{2m^{3/2}}\lambda(x)^3 \\
&= -\lambda(x)^2 + t\lambda(x)^2 + t^2\frac{L}{2m^{3/2}}\lambda(x)^3.
\end{aligned}$$

再次积分又可得到

$$\tilde{f}(t) \leqslant \tilde{f}(0) - t\lambda(x)^2 + t^2\frac{1}{2}\lambda(x)^2 + t^3\frac{L}{6m^{3/2}}\lambda(x)^3.$$

最后，取 $t = 1$ 得到

$$f(x + \Delta x_{\rm nt}) \leqslant f(x) - \frac{1}{2}\lambda(x)^2 + \frac{L}{6m^{3/2}}\lambda(x)^3. \tag{9.39}$$

现在，假定 $\|\nabla f(x)\|_2 \leqslant \eta \leqslant 3(1-2\alpha)m^2/L$，由强凸性可知

$$\lambda(x) \leqslant 3(1-2\alpha)m^{3/2}/L.$$

利用式 (9.39) 我们有

$$\begin{aligned} f(x+\Delta x_{\mathrm{nt}}) &\leqslant f(x) - \lambda(x)^2 \left(\frac{1}{2} - \frac{L\lambda(x)}{6m^{3/2}}\right) \\ &\leqslant f(x) - \alpha\lambda(x)^2 \\ &= f(x) + \alpha \nabla f(x)^T \Delta x_{\mathrm{nt}}. \end{aligned}$$

该式表明 $t=1$ 满足回溯直线搜索退出条件。

现在我们分析收敛速度。应用 Lipschitz 条件，我们有

$$\begin{aligned} \|\nabla f(x^+)\|_2 &= \|\nabla f(x+\Delta x_{\mathrm{nt}}) - \nabla f(x) - \nabla^2 f(x)\Delta x_{\mathrm{nt}}\|_2 \\ &= \left\| \int_0^1 \left(\nabla^2 f(x+t\Delta x_{\mathrm{nt}}) - \nabla^2 f(x)\right) \Delta x_{\mathrm{nt}}\, dt \right\|_2 \\ &\leqslant \frac{L}{2}\|\Delta x_{\mathrm{nt}}\|_2^2 \\ &= \frac{L}{2}\|\nabla^2 f(x)^{-1}\nabla f(x)\|_2^2 \\ &\leqslant \frac{L}{2m^2}\|\nabla f(x)\|_2^2, \end{aligned}$$

即不等式 (9.33)。

综上所述，如果 $\|\nabla f(x^{(k)})\|_2 < \eta$，算法将选择单位步长，并能满足条件 (9.33)，其中

$$\eta = \min\{1, 3(1-2\alpha)\}\frac{m^2}{L}.$$

将上述上界和式 (9.38) 代入式 (9.37)，我们看到总的迭代次数不会超过上界

$$6 + \frac{M^2L^2/m^5}{\alpha\beta\min\{1, 9(1-2\alpha)^2\}}(f(x^{(0)}) - p^\star). \tag{9.40}$$

9.5.4 例子

$\mathbf{R}^2$ 中的例子

我们首先采用回溯直线搜索的 Newton 方法优化测试函数 (9.20)，直线搜索参数选择 $\alpha=0.1$，$\beta=0.7$。图 9.19 显示最初两次（$k=0$, 1）的 Newton 迭代以及椭圆

$$\{x \mid \|x-x^{(k)}\|_{\nabla^2 f(x^{(k)})} \leqslant 1\}.$$

由于这些椭圆很好地近似了下水平集的形状，因此 Newton 方法能够很好地工作。

图 9.20 给出同一例子的误差和迭代次数的关系。图像显示仅仅经过了 5 次迭代就收敛到了很高的精度。二次收敛性非常明显：最后一次迭代误差大约从 10^{-5} 收敛到 10^{-10}。

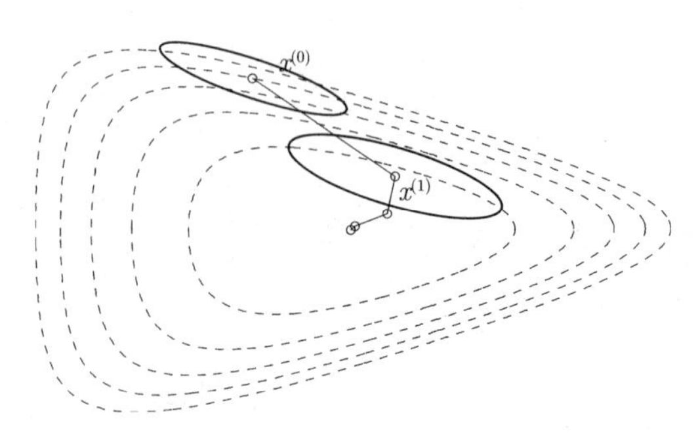

图 9.19　用 Newton 方法解决 $\mathbf{R}^2$ 中的问题，目标函数 f 在式 (9.20) 中给出，回溯直线搜索参数 $\alpha=0.1$，$\beta=0.7$。图中也显示了最初两次迭代过程中的椭圆 $\{x\ |\|x-x^{(k)}\|_{\nabla^2 f(x^{(k)})}\leqslant 1\}$。

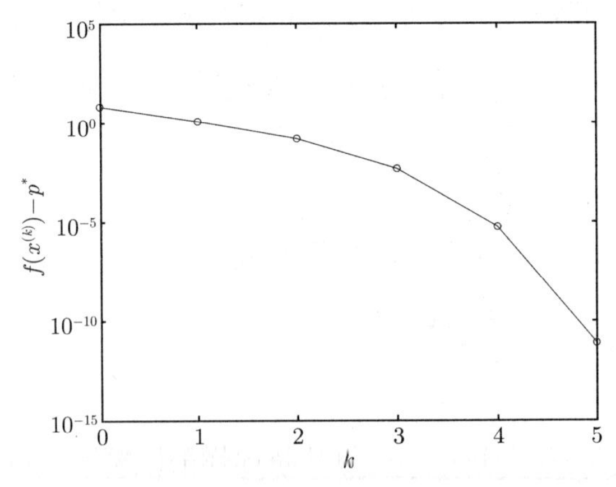

图 9.20　用 Newton 方法求解 $\mathbf{R}^2$ 中一个问题的误差和迭代次数 k 的关系。经过 5 次迭代就收敛到了很高的精度。

$\mathbf{R}^{100}$ 中的例子

图 9.21 显示分别用回溯直线搜索和精确直线搜索的 Newton 方法求解 $\mathbf{R}^{100}$ 中的一个问题的收敛情况。目标函数在式 (9.21) 中给出，采用图 9.6 使用的同样数据和同样的初始点。回溯直线搜索的图像显示经过 8 次迭代就获得了很高的精度。如同 $\mathbf{R}^2$ 中的例子一样，二次收敛性在大约 3 次迭代后就表现得非常明显。精确直线搜索的 Newton 方法的迭代次数只比回溯直线搜索的少一次。这也是典型情况。采用 Newton 方法时，精确直线搜索通常只对收敛速度有很小的改进。图 9.22 给出了该例中的迭代步长。在两次阻尼步长后，回溯直线搜索就采用完全步长，即 $t=1$。

对于这个例子（以及其他例子），关于回溯直线搜索参数 α 和 β 取值的试验揭示它们对 Newton 方法性能的影响很小。将 α 固定在 0.01，让 β 取值在 0.2 和 1 之间变动，所需要的迭代次数在 8 和 12 之间变动。将 β 固定在 0.5，让 α 在 0.005 和 0.5 之间变动时，迭代次数都是 8。由于这些原因，大多数实际应用中对回溯直线搜索都采用一个较小的 α，如 0.01，和一个较大的 β，如 0.5。

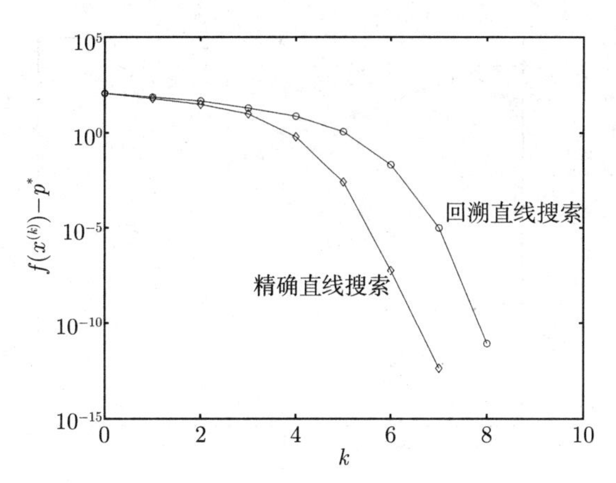

图 9.21 用 Newton 方法求解 $\mathbf{R}^{100}$ 中一个问题的误差和迭代次数 k 的关系。回溯直线搜索参数取为 $\alpha = 0.01$，$\beta = 0.5$。收敛速度同样极其迅速: 经过 7 次或 8 次迭代就获得了很高的精度。采用精确直线搜索的 Newton 方法的迭代次数只比回溯直线搜索的少一次。

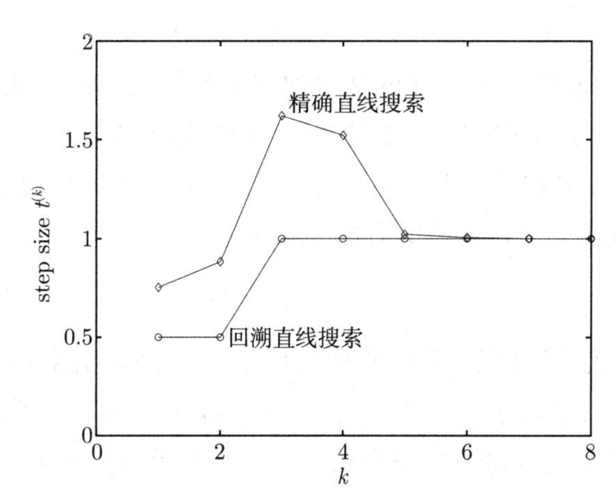

图 9.22 对 $\mathbf{R}^{100}$ 中的一个问题，采用回溯直线搜索和精确直线搜索的 Newton 方法的步长 t 和迭代次数的关系。回溯直线搜索在最初两次迭代中采用回溯后的步长，以后总是采用 $t = 1$。

$\mathbf{R}^{10000}$ 中的例子

最后我们考虑一个大规模的例子，目标函数具有下述形式

$$\text{minimize} \ -\sum_{i=1}^{n} \log(1 - x_i^2) - \sum_{i=1}^{m} \log(b_i - a_i^T x).$$

我们取 $m = 100000$ 和 $n = 10000$。问题的数据 a_i 为随机产生的稀疏向量。图 9.23 显示采用 $\alpha = 0.01$，$\beta = 0.5$ 的回溯直线搜索的 Newton 方法的收敛情况。对该例的求解性能和前面的收敛图像非常相似。最初的线性收敛阶段大约迭代了 13 次，随后的二次收敛阶段再经过 4 或 5 次迭代就获得了非常高的精度。

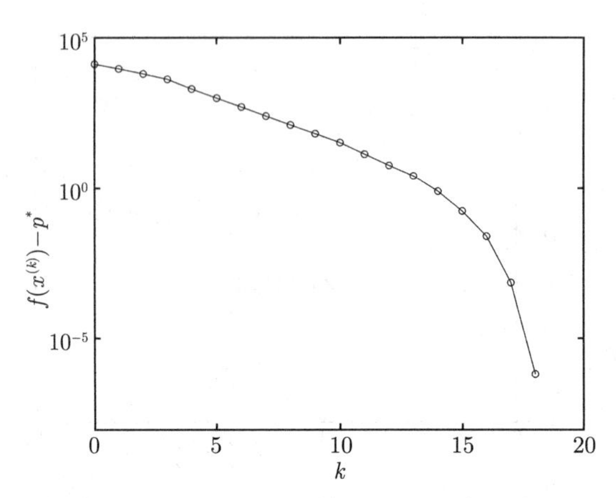

图 9.23 用 Newton 方法求解 $\mathbf{R}^{10000}$ 中一个问题的误差和迭代次数的关系。回溯直线搜索参数取为 $\alpha=0.01$，$\beta=0.5$。即使对于这个大规模问题，Newton 方法只需要 18 次迭代就获得了很高的精度。

Newton 方法的仿射不变性

Newton 方法一个非常重要的特点是它独立于坐标的线性（或仿射）变换。令 $x^{(k)}$ 是将 Newton 方法应用于 $f:\mathbf{R}^n\rightarrow\mathbf{R}$ 的第 k 次迭代值。假定 $T\in\mathbf{R}^{n\times n}$ 是非奇异的，定义 $\bar{f}(y)=f(Ty)$。如果我们应用 Newton 方法（采用相同的回溯直线搜索参数）从 $y^{(0)}=T^{-1}x^{(0)}$ 开始极小化 $\bar{f}$，对于所有的 k 我们有

$$Ty^{(k)}=x^{(k)}.$$

换言之，Newton 方法迭代过程一样：两种坐标下的迭代点由坐标变换相联系。由于 $\bar{f}$ 在 $y^{(k)}$ 处的 Newton 减量和 f 在 $x^{(k)}$ 处的 Newton 减量相同，因此停止准则也是一样的。这一点和梯度（或最速下降）方法全然不同，后者受坐标变换的强烈影响。

作为一个例子，考虑式 (9.22) 给出的一族问题，其可变参数为 γ，它能够影响下水平集的条件数。我们已经看到（在图 9.7 和图 9.8 中），当 γ 小于 0.05 或大于 20 时，梯度方法慢到完全无用的程度。与之相对，Newton 方法（采用 $\alpha=0.01$，$\beta=0.5$）对 10^{-10} 和 10^{10} 之间的所有 γ，均能经过 9 次迭代解决问题（实际上，所得精度远高于梯度方法的精度）。

实际应用时，由于计算精度有限，Newton 方法并非精确独立于坐标仿射变换，或者下水平集的条件数。但我们可以说，即使条件数增加到很大的值，比如 10^{10}，都不会对 Newton 方法的实际应用产生不利的影响。而应用梯度方法时只能容忍小得多的条件数。虽然坐标选择（或下水平集条件数）是梯度和最速下降方法头等重要的问题，它对 Newton 方法却是次要问题，只在数值线性代数方面对 Newton 方向的计算有影响。

总结

Newton 方法与梯度和最速下降方法相比有若干非常重要的优点：

- 一般情况下 Newton 方法收敛很快，在 $x^\star$ 附近二次收敛。一旦进入二次收敛阶段，至多再经过 6 次左右的迭代就可以产生具有很高精度的解。

- Newton 方法具有仿射不变性。它对坐标选择或者目标函数的下水平集不敏感。

- Newton 方法和问题规模有很好的比例关系。它求解 $\mathbf{R}^{10000}$ 中问题的性能和 $\mathbf{R}^{10}$ 中问题的性能相似，在所需要的迭代次数上只有不大的增加。

- Newton 方法的良好的性能并不依赖于算法参数的选择。与之相对，最速下降方法的范数选择对性能有至关重要的影响。

Newton 方法的主要缺点是计算和存储 Hessian 矩阵以及计算 Newton 方向（要求解一组线性方程）需要较高的成本。在 §9.7 我们将会看到，很多情况下有可能利用问题的结构大量减少 Newton 方向的计算量。

一族被称为**拟 Newton 方法**的无约束优化算法提供了另外一种可供选择的方案。这些方法构造搜索方向所需要的计算量较少，但它们享有 Newton 方法的一些重要优点，比如在 $x^\star$ 附近的快速收敛性。由于拟 Newton 方法不在本书主要框架内，而且很多书中均有介绍，因此本书不考虑这方面的内容。

9.6 自和谐

在 §9.5.3 给出的 Newton 方法的经典的收敛性分析有两个主要缺点。第一个是实用性方面的。前文所导出的复杂性估计包含 m，M 和 L 这三个实践中几乎不可能知道的常数。因此，Newton 方法所需迭代次数的上界 (9.40) 几乎不可能具体确定，因为它依赖于这三个通常无法知道的常数。当然，收敛性分析和复杂性估计在概念上仍然是有用的。

第二个缺点如下: 尽管 Newton 方法是仿射不变的，Newton 方法的经典分析过多的依赖于所采用的坐标系。如果改变坐标系，参数 m，M 和 L 均会发生变化。即便只为更加精致的理由，我们也应该追寻一种在仿射变换不变性方面和 Newton 方法本身保持一致的分析手段。换言之，我们要寻找下述假设的替代内容，

$$mI \preceq \nabla^2 f(x) \preceq MI, \qquad \|\nabla^2 f(x) - \nabla^2 f(y)\|_2 \leqslant L\|x - y\|_2,$$

它既独立于坐标的仿射变换，又使我们能够分析 Newton 方法。

Nesterov 和 Nemirovski 发现了一个能够达到这个目的的简单且精致的假定，他们将其命名为**自和谐**条件。有若干理由说明自和谐函数的重要性。

- 它们包含很多对数障碍函数，这些函数在求解凸优化问题的内点法中起重要作用。

- 自和谐函数的 Newton 方法分析不依赖任何未知常数。
- 自和谐具有仿射不变性，即如果对一个自和谐函数的变量进行线性变换，仍然得到一个自和谐函数。因此将 Newton 方法应用于自和谐函数时导出的复杂性估计独立于坐标的仿射变换。

9.6.1　定义和例子

R 中的自和谐函数

我们从 $\mathbf{R}$ 中的函数开始。如果一个凸函数 $f:\mathbf{R}\rightarrow\mathbf{R}$ 对所有 $x\in\mathbf{dom}\,f$ 满足

$$|f'''(x)|\leqslant 2f''(x)^{3/2}, \tag{9.41}$$

它就是**自和谐**的。既然线性和（凸的）二次函数的三阶导数为零，它们显然是自和谐的。下面给出其他一些有意义的例子。

例 9.3　对数和熵。

- **负对数。** 函数 $f(x)=-\log x$ 是自和谐的。使用 $f''(x)=1/x^2$，$f'''(x)=-2/x^3$，我们发现

$$\frac{|f'''(x)|}{2f''(x)^{3/2}}=\frac{2/x^3}{2(1/x^2)^{3/2}}=1.$$

因此定义不等式 (9.41) 作为等式成立。

- **负熵加负对数。** 函数 $f(x)=x\log x-\log x$ 是自和谐的。为了验证这一点，我们利用

$$f''(x)=\frac{x+1}{x^2},\qquad f'''(x)=-\frac{x+2}{x^3}$$

得到

$$\frac{|f'''(x)|}{2f''(x)^{3/2}}=\frac{x+2}{2(x+1)^{3/2}}.$$

右边的函数当 $x=0$ 时在 $\mathbf{R}_+$ 中取得最大值 1。

负熵函数本身**不是**自和谐的；参见习题 11.13。

对自和谐定义 (9.41) 我们要给出两个重要的注释。第一个和出现在定义中的神秘常数 2 有关。实际上，选择这个常数是为了方便简化后面的公式; 它可以被任何其他的正数所代替。例如，假设凸函数 $f:\mathbf{R}\rightarrow\mathbf{R}$ 满足

$$|f'''(x)|\leqslant kf''(x)^{3/2}, \tag{9.42}$$

其中 k 是某个正的常数。则函数 $\tilde{f}(x)=(k^2/4)f(x)$ 满足

$$\begin{aligned}|\tilde{f}'''(x)|&=(k^2/4)|f'''(x)|\\&\leqslant(k^3/4)f''(x)^{3/2}\end{aligned}$$

$$
\begin{aligned}
&= (k^3/4)\left((4/k^2)\tilde{f}''(x)\right)^{3/2} \\
&= 2\tilde{f}''(x)^{3/2},
\end{aligned}
$$

因此是自和谐的。这表明如果一个函数对某个正数 k 满足式 (9.42)，那么一定可以通过比例变换满足标准的自和谐不等式 (9.41)。因此重要的是函数的三阶导数存在一个和其二阶导数的 3/2 次方成比例的上界。通过对函数进行恰当的比例变换，我们总能将相应倍数变成常数 2。

第二个注释是说明自和谐重要性的一个简单计算：它是仿射不变的。假设我们定义函数 $\tilde{f}$ 为 $\tilde{f}(y) = f(ay + b)$，其中 $a \neq 0$。则当且仅当 f 是自和谐函数时，$\tilde{f}$ 是自和谐函数。为了说明这一点，我们将

$$
\tilde{f}''(y) = a^2 f''(x), \qquad \tilde{f}'''(y) = a^3 f'''(x)
$$

代入 $\tilde{f}$ 的自和谐不等式，即 $|\tilde{f}'''(y)| \leqslant 2\tilde{f}''(y)^{3/2}$，其中 $x = ay + b$，由此得到

$$
|a^3 f'''(x)| \leqslant 2(a^2 f''(x))^{3/2},
$$

这是（除以 a^3 后）f 的自和谐不等式。粗略地说，自和谐条件 (9.41) 是限制函数的三阶导数的一种方式，该方式独立于仿射坐标变换。

$\mathbf{R}^n$ 中的自和谐函数

我们现在考虑 $n > 1$ 时 $\mathbf{R}^n$ 中的函数。我们称一个函数 $f : \mathbf{R}^n \to \mathbf{R}$ 是自和谐的如果它在其定义域内任何一条直线上都是自和谐的，即如果函数 $\tilde{f}(t) = f(x + tv)$ 对于所有的 $x \in \mathbf{dom}\, f$ 和所有的 v 都是 t 的自和谐函数。

9.6.2 自和谐计算

比例和求和

自和谐性对大于 1 的因子相乘能够保持不变: 如果 f 是自和谐的，$a \geqslant 1$，则 af 也是自和谐的。自和谐性对加法也能保持不变: 如果 f_1，f_2 是自和谐的，则 $f_1 + f_2$ 也是自和谐的。为说明这一点，只需考虑函数 f_1，$f_2 : \mathbf{R} \to \mathbf{R}$。我们有

$$
\begin{aligned}
|f_1'''(x) + f_2'''(x)| &\leqslant |f_1'''(x)| + |f_2'''(x)| \\
&\leqslant 2(f_1''(x)^{3/2} + f_2''(x)^{3/2}) \\
&\leqslant 2(f_1''(x) + f_2''(x))^{3/2},
\end{aligned}
$$

在最后一步我们用了不等式

$$
(u^{3/2} + v^{3/2})^{2/3} \leqslant u + v,
$$

它对 u，$v \geqslant 0$ 成立。

仿射函数的复合

如果 $f:\mathbf{R}^n \to \mathbf{R}$ 是自和谐的，$A \in \mathbf{R}^{n\times m}$，$b \in \mathbf{R}^n$，则 $f(Ax+b)$ 也是自和谐的。

例 9.4 线性不等式的对数障碍。 函数

$$f(x) = -\sum_{i=1}^{m} \log(b_i - a_i^T x)$$

在 $\mathbf{dom}\, f = \{x \mid a_i^T x < b_i,\ i=1,\cdots,m\}$ 上是自和谐的。每个 $-\log(b_i - a_i^T x)$ 是 $-\log y$ 和仿射变换 $y = b_i - a_i^T x$ 的复合函数，是自和谐的，所以所有项的和也是自和谐的。

例 9.5 对数-行列式。 函数 $f(X) = -\log\det X$ 在 $\mathbf{dom}\, f = \mathbf{S}_{++}^n$ 上是自和谐的。为说明这一点，我们考虑函数 $\tilde{f}(t) = f(X+tV)$，其中 $X \succ 0$，$V \in \mathbf{S}^n$。可以将其表示成

$$\begin{aligned}\tilde{f}(t) &= -\log\det(X^{1/2}(I + tX^{-1/2}VX^{-1/2})X^{1/2}) \\ &= -\log\det X - \log\det(I + tX^{-1/2}VX^{-1/2}) \\ &= -\log\det X - \sum_{i=1}^{n}\log(1+t\lambda_i),\end{aligned}$$

其中 λ_i 是 $X^{-1/2}VX^{-1/2}$ 的特征值。每个 $-\log(1+t\lambda_i)$ 是 t 的自和谐函数，所以它们的和，$\tilde{f}$，是自和谐的。由此可知 f 是自和谐的。

例 9.6 凹的二次函数的对数。 函数

$$f(x) = -\log(x^T P x + q^T x + r)$$

在

$$\mathbf{dom}\, f = \{x \mid x^T P x + q^T x + r > 0\}$$

上是自和谐的，其中 $P \in -\mathbf{S}_+^n$。为了说明这一点，只需考虑 $n=1$ 的情况（因为把 f 限制于直线上就将一般情况转换为 $n=1$ 的情况）。我们可以将 f 表示成

$$f(x) = -\log(px^2 + qx + r) = -\log\left(-p(x-a)(b-x)\right),$$

其中 $\mathbf{dom}\, f = (a,b)$（即 a 和 b 是 px^2+qx+r 的根）。利用这个表达式，我们有

$$f(x) = -\log(-p) - \log(x-a) - \log(b-x),$$

由此可看出自和谐性。

对数复合

令 $g:\mathbf{R}\to\mathbf{R}$ 为一个凸函数，$\mathbf{dom}\, g = \mathbf{R}_{++}$，并且对所有的 x 成立

$$|g'''(x)| \leqslant 3\frac{g''(x)}{x}, \tag{9.43}$$

则

$$f(x) = -\log(-g(x)) - \log x$$

在 $\{x \mid x > 0,\ g(x) < 0\}$ 上是自和谐的。(证明见习题 9.14。)

条件 (9.43) 是齐次的，并且对加法保持不变。它被所有（凸的）二次函数（即具有 $ax^2 + bx + c$ 的形式并且 $a \geqslant 0$）所满足。因此，如果式 (9.43) 对函数 g 成立，它就对所有满足 $a \geqslant 0$ 的函数 $g(x) + ax^2 + bx + c$ 都成立。

例 9.7 下述函数 g 均满足条件 (9.43)。

- $g(x) = -x^p$，$0 < p \leqslant 1$。
- $g(x) = -\log x$。
- $g(x) = x\log x$。
- $g(x) = x^p$，$-1 \leqslant p \leqslant 0$。
- $g(x) = (ax + b)^2/x$。

进一步可知，每种情况下，函数 $f(x) = -\log(-g(x)) - \log x$ 都是自和谐的。更一般的情况，只要 $a \geqslant 0$，函数 $f(x) = -\log(-g(x) - ax^2 - bx - c) - \log x$ 在定义域

$$\{x \mid x > 0,\ g(x) + ax^2 + bx + c < 0\}$$

上也是自和谐的。

例 9.8 利用对数复合规则可以说明以下函数都是自和谐的。

- $f(x, y) = -\log(y^2 - x^T x)$，定义域为 $\{(x, y) \mid \|x\|_2 < y\}$。
- $f(x, y) = -2\log y - \log(y^{2/p} - x^2)$，$p \geqslant 1$，定义域为 $\{(x, y) \in \mathbf{R}^2 \mid |x|^p < y\}$。
- $f(x, y) = -\log y - \log(\log y - x)$，定义域为 $\{(x, y) \mid e^x < y\}$。

我们将详细证明留作习题（习题 9.15）。

9.6.3 自和谐函数的性质

在 §9.1.2 我们利用强凸性导出了点 x 基于 x 处梯度范数的次优性上界。对于严格凸的自和谐函数，我们可以导出基于下述 Newton 减量的类似上界

$$\lambda(x) = \left(\nabla f(x)^T \nabla^2 f(x)^{-1} \nabla f(x)\right)^{1/2}.$$

（可以说明，一个严格凸的自和谐函数的 Hessian 矩阵处处正定；见习题 9.17。）同基于梯度范数的上界不同，基于 Newton 减量的上界不受坐标仿射变换的影响。

为便于以后参考，我们指出 Newton 减量也可以表示成

$$\lambda(x) = \sup_{v\neq 0} \frac{-v^T\nabla f(x)}{(v^T\nabla^2 f(x)v)^{1/2}}.$$

（见习题 9.9。）换言之，对于任何非零的 v，我们有

$$\frac{-v^T\nabla f(x)}{(v^T\nabla^2 f(x)v)^{1/2}} \leqslant \lambda(x), \tag{9.44}$$

而等式只在 $v = \Delta x_{\rm nt}$ 时成立。

二阶导数的上下界

假定 $f: \mathbf{R}\to\mathbf{R}$ 是严格凸的自和谐函数。我们可以将自和谐不等式 (9.41) 写成对于所有的 $t\in \mathbf{dom}\, f$ 成立

$$\left|\frac{d}{dt}\left(f''(t)^{-1/2}\right)\right| \leqslant 1. \tag{9.45}$$

（见习题 9.16）。假设 $t\geqslant 0$，并且 0 和 t 之间的区间属于 $\mathbf{dom}\, f$，通过从 0 到 t 对式 (9.45) 积分可以得到

$$-t \leqslant \int_0^t \frac{d}{d\tau}\left(f''(\tau)^{-1/2}\right) d\tau \leqslant t,$$

即 $-t\leqslant f''(t)^{-1/2} - f''(0)^{-1/2}\leqslant t$。由此可得 $f''(t)$ 的上下界：

$$\frac{f''(0)}{\left(1+tf''(0)^{1/2}\right)^2} \leqslant f''(t) \leqslant \frac{f''(0)}{\left(1-tf''(0)^{1/2}\right)^2}. \tag{9.46}$$

下界对所有非负的 $t\in\mathbf{dom}\, f$ 有效; 上界当 $t\in\mathbf{dom}\, f$ 和 $0\leqslant t< f''(0)^{-1/2}$ 时有效。

次优性的界

令 $f: \mathbf{R}^n\to\mathbf{R}$ 为严格凸的自和谐函数，v 是一个下降方向（即任何满足 $v^T\nabla f(x) < 0$ 的方向，不要求一定是 Newton 方向）。定义 $\tilde f: \mathbf{R}\to\mathbf{R}$ 为 $\tilde f(t) = f(x+tv)$。按照定义，函数 $\tilde f$ 是自和谐的。

对式 (9.46) 的下界积分产生 $\tilde f'(t)$ 的一个下界：

$$\tilde f'(t) \geqslant \tilde f'(0) + \tilde f''(0)^{1/2} - \frac{\tilde f''(0)^{1/2}}{1+t\tilde f''(0)^{1/2}}. \tag{9.47}$$

再次积分产生 $\tilde f(t)$ 的一个下界：

$$\tilde f(t) \geqslant \tilde f(0) + t\tilde f'(0) + t\tilde f''(0)^{1/2} - \log(1+t\tilde f''(0)^{1/2}). \tag{9.48}$$

右边项在

$$\bar t = \frac{-\tilde f'(0)}{\tilde f''(0) + \tilde f''(0)^{1/2}\tilde f'(0)}$$

时达到最小值，估算 $\tilde{f}$ 在 $\bar{t}$ 处的取值可产生下述下界：

$$\begin{aligned}\inf_{t\geqslant 0}\tilde{f}(t) &\geqslant \tilde{f}(0)+\bar{t}\tilde{f}'(0)+\bar{t}\tilde{f}''(0)^{1/2}-\log(1+\bar{t}\tilde{f}''(0)^{1/2})\\ &=\tilde{f}(0)-\tilde{f}'(0)\tilde{f}''(0)^{-1/2}+\log(1+\tilde{f}'(0)\tilde{f}''(0)^{-1/2}).\end{aligned}$$

不等式 (9.44) 可以表示成

$$\lambda(x)\geqslant -\tilde{f}'(0)\tilde{f}''(0)^{-1/2},$$

（等式在 $v=\Delta x_{\mathrm{nt}}$ 时成立，）因为我们有

$$\tilde{f}'(0)=v^T\nabla f(x), \qquad \tilde{f}''(0)=v^T\nabla^2 f(x)v.$$

现在利用上述不等式以及 $u+\log(1-u)$ 是 u 单减函数的性质，我们得到

$$\inf_{t\geqslant 0}\tilde{f}(t)\geqslant \tilde{f}(0)+\lambda(x)+\log(1-\lambda(x)).$$

该不等式对任何下降方向 v 成立。因此，只要 $\lambda(x)<1$，就有

$$p^\star \geqslant f(x)+\lambda(x)+\log(1-\lambda(x)). \tag{9.49}$$

图 9.24 给出了函数 $-(\lambda+\log(1-\lambda))$ 的图像。它对小的 λ 满足

$$-(\lambda+\log(1-\lambda))\approx \lambda^2/2,$$

并且当 $\lambda\leqslant 0.68$ 时成立

$$-(\lambda+\log(1-\lambda))\leqslant \lambda^2.$$

于是，次优性上界

$$p^\star \geqslant f(x)-\lambda(x)^2 \tag{9.50}$$

对 $\lambda(x)\leqslant 0.68$ 有效。

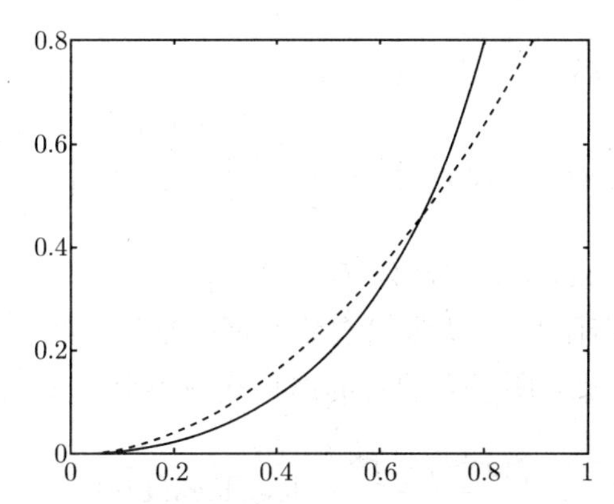

图 9.24 实线表示函数 $-(\lambda+\log(1-\lambda))$，对于小的 λ 它近似等于 $\lambda^2/2$。虚线表示 λ^2，当 $0\leqslant\lambda\leqslant 0.68$ 时它是一个上界。

前面提到过，$\lambda(x)^2/2$ 是基于 x 的二次模型对 $f(x)-p^\star$ 的估值；不等式 (9.50) 表明对于自和谐函数，加倍该估值就可得到一个可证明的上界。特别是，它表明对于自和谐函数，我们可以采用停止准则

$$\lambda(x)^2 \leqslant \epsilon,$$

（其中 $\epsilon < 0.68^2$），并且保证算法停止时有 $f(x)-p^\star \leqslant \epsilon$。

9.6.4　自和谐函数的 Newton 方法分析

我们现在针对严格凸的自和谐函数 f 分析采用回溯直线搜索的 Newton 方法。同以前一样，我们假定已知初始点 $x^{(0)}$，下水平集 $S=\{x \mid f(x) \leqslant f(x^{(0)})\}$ 是闭的。我们也假定 f 有下界。（这意味着 f 有极小解 $x^\star$；见习题 9.19。）

分析过程和 §9.5.2 给出的经典分析非常相似，不同之处在于采用自和谐的基本假设代替 Hessian 矩阵的强凸性和 Lipschitz 条件，从而 Newton 减量将起到梯度范数的作用。我们将说明存在只依赖直线搜索参数 α 和 β 的 η 和 $\gamma>0$，$0<\eta\leqslant 1/4$，它们能使下式成立：

- 如果 $\lambda(x^{(k)})>\eta$，则
$$f(x^{(k+1)})-f(x^{(k)}) \leqslant -\gamma. \tag{9.51}$$
- 如果 $\lambda(x^{(k)})\leqslant\eta$，回溯直线搜索将选择 $t=1$，并且
$$2\lambda(x^{(k+1)}) \leqslant \left(2\lambda(x^{(k)})\right)^2. \tag{9.52}$$

这些结果与式 (9.32) 和式 (9.33) 相似。同 §9.5.3 中一样，第二个条件可以递推使用，因此可以断定，对所有的 $l\geqslant k$ 有 $\lambda(x^{(l)})\leqslant\eta$，以及

$$2\lambda(x^{(l)}) \leqslant \left(2\lambda(x^{(k)})\right)^{2^{l-k}} \leqslant (2\eta)^{2^{l-k}} \leqslant \left(\frac{1}{2}\right)^{2^{l-k}}.$$

由此可得，对所有的 $l\geqslant k$，

$$f(x^{(l)})-p^\star \leqslant \lambda(x^{(l)})^2 \leqslant \frac{1}{4}\left(\frac{1}{2}\right)^{2^{l-k+1}} \leqslant \left(\frac{1}{2}\right)^{2^{l-k+1}}.$$

因此，如果 $l-k\geqslant\log_2\log_2(1/\epsilon)$，就有 $f(x^{(l)})-p^\star\leqslant\epsilon$。

第一个不等式意味着阻尼阶段迭代次数不可能超过 $(f(x^{(0)})-p^\star)/\gamma$。因此从 $x^{(0)}$ 出发达到精度 $f(x)-p^\star\leqslant\epsilon$ 所需要的总的迭代次数不会超过上界

$$\frac{f(x^{(0)})-p^\star}{\gamma}+\log_2\log_2(1/\epsilon). \tag{9.53}$$

这是和 Newton 方法经典分析中的上界 (9.36) 相似的结果。

阻尼 Newton 阶段

令 $\tilde{f}(t)=f(x+t\Delta x_{\rm nt})$，我们有

$$\tilde{f}'(0)=-\lambda(x)^2,\qquad \tilde{f}''(0)=\lambda(x)^2.$$

如果对式 (9.46) 中的上界积分两次，就可得到 $\tilde{f}(t)$ 的一个上界：

$$\begin{aligned}\tilde{f}(t)&\leqslant \tilde{f}(0)+t\tilde{f}'(0)-t\tilde{f}''(0)^{1/2}-\log\left(1-t\tilde{f}''(0)^{1/2}\right)\\&=\tilde{f}(0)-t\lambda(x)^2-t\lambda(x)-\log(1-t\lambda(x)).\end{aligned}\tag{9.54}$$

它对 $0\leqslant t<1/\lambda(x)$ 有效。

我们可以用这个上界说明回溯直线搜索产生的步长总满足 $t\geqslant\beta/(1+\lambda(x))$。为证明这一点，我们指出 $\hat{t}=1/(1+\lambda(x))$ 满足直线搜索的终止条件：

$$\begin{aligned}\tilde{f}(\hat{t})&\leqslant \tilde{f}(0)-\hat{t}\lambda(x)^2-\hat{t}\lambda(x)-\log(1-\hat{t}\lambda(x))\\&=\tilde{f}(0)-\lambda(x)+\log(1+\lambda(x))\\&\leqslant\tilde{f}(0)-\alpha\frac{\lambda(x)^2}{1+\lambda(x)}\\&=\tilde{f}(0)-\alpha\lambda(x)^2\hat{t}.\end{aligned}$$

第二个不等式来自以下事实：$x\geqslant 0$ 时有

$$-x+\log(1+x)+\frac{x^2}{2(1+x)}\leqslant 0.$$

既然 $t\geqslant\beta/(1+\lambda(x))$，我们有

$$\tilde{f}(t)-\tilde{f}(0)\leqslant-\alpha\beta\frac{\lambda(x)^2}{1+\lambda(x)},$$

因此式 (9.51) 对

$$\gamma=\alpha\beta\frac{\eta^2}{1+\eta}$$

成立。

二次收敛阶段

我们将说明可以取

$$\eta=(1-2\alpha)/4,$$

（它满足 $0<\eta<1/4$，因为 $0<\alpha<1/2$。）即如果 $\lambda(x^{(k)})\leqslant(1-2\alpha)/4$，回溯直线搜索将选择单位步长，并且式 (9.52) 成立。

我们首先指出上界 (9.54) 意味着当 $\lambda(x)<1$ 时单位步长 $t=1$ 将产生属于 $\mathbf{dom}\,f$ 的点。不仅如此，如果 $\lambda(x)\leqslant(1-2\alpha)/2$，利用式 (9.54) 可得

$$
\begin{aligned}
\tilde{f}(1) &\leqslant \tilde{f}(0) - \lambda(x)^2 - \lambda(x) - \log(1-\lambda(x)) \\
&\leqslant \tilde{f}(0) - \frac{1}{2}\lambda(x)^2 + \lambda(x)^3 \\
&\leqslant \tilde{f}(0) - \alpha\lambda(x)^2.
\end{aligned}
$$

因此单位步长满足充分减少的条件。(第二行利用了对所有的 $0 \leqslant x \leqslant 0.81$ 有 $-x - \log(1-x) \leqslant \frac{1}{2}x^2 + x^3$ 的性质。)

不等式(9.52)来自下述事实，证明见习题 9.18。如果 $\lambda(x) < 1$，并且 $x^+ = x - \nabla^2 f(x)^{-1}\nabla f(x)$，则有

$$
\lambda(x^+) \leqslant \frac{\lambda(x)^2}{(1-\lambda(x))^2}. \tag{9.55}
$$

特别是，如果 $\lambda(x) \leqslant 1/4$，

$$
\lambda(x^+) \leqslant 2\lambda(x)^2.
$$

它证明了当 $\lambda(x^{(k)}) \leqslant \eta$ 时式 (9.52) 成立。

最终的复杂性上界

将已有结果结合在一起，Newton 迭代次数的上界 (9.53) 变成

$$
\frac{f(x^{(0)}) - p^\star}{\gamma} + \log_2\log_2(1/\epsilon) = \frac{20-8\alpha}{\alpha\beta(1-2\alpha)^2}(f(x^{(0)}) - p^\star) + \log_2\log_2(1/\epsilon). \tag{9.56}
$$

该表达式仅依赖直线搜索参数 α 和 β 以及最终的精度 ϵ。并且，含有 ϵ 的项可以相当安全的用常数6代替，因此这个上界实际上只依赖 α 和 β。对于 α 和 β 的典型取值，和 $f(x^{(0)}) - p^\star$ 成比例的常数在数百的数量级。例如，对于 $\alpha = 0.1$，$\beta = 0.8$，比例因子是 375。当误差阈值 $\epsilon = 10^{-10}$ 时，所得到的上界等于

$$
375(f(x^{(0)}) - p^\star) + 6. \tag{9.57}
$$

我们将会看到这个上界相当保守，但确实反映了最坏情况下所需 Newton 迭代次数的一般形式。更精细的分析，比如 Nesterov 和 Nemirovski 给出的原始分析，所建立的上界具有相似的形式，但和 $f(x^{(0)}) - p^\star$ 成比例的常数要小得多。

9.6.5 讨论和数值例子

一族自和谐函数

将上界 (9.57) 和优化自和谐函数的实际迭代次数对比很有意义。我们考虑一族下述形式的问题

$$
f(x) = -\sum_{i=1}^{m}\log(b_i - a_i^T x).
$$

该问题的数据 a_i 和 b_i 由以下方式产生。对每个实例，系数 a_i 产生于均值为 0 方差为 1 的独立正态分布，而系数 b_i 则产生于 $[0,1]$ 上的均匀分布。所产生的无解实例

均不选用。对于每个问题我们首先计算 $x^\star$。然后选择一个随机方向 v，并取初始点 $x^{(0)}=x^\star+sv$，其中 s 的选取要满足 $f(x^{(0)})-p^\star$ 的取值在预先规定好的 0 和 35 之间。(需要指出初始点满足 $f(x^{(0)})-p^\star=10$ 或更大的数值实际上非常靠近多面体的边界。) 然后我们采用回溯直线搜索的 Newton 方法极小化函数，参数 $\alpha=0.1$，$\beta=0.8$，误差阈值为 $\epsilon=10^{-10}$。

图 9.25 给出 150 个问题实例所需要的 Newton 迭代次数和 $f(x^{(0)})-p^\star$ 的关系。圆圈表示 $m=100$，$n=50$ 的 50 个问题；方块表示 $m=1000$，$n=500$ 的 50 个问题；菱形表示 $m=1000$，$n=50$ 的 50 个问题。

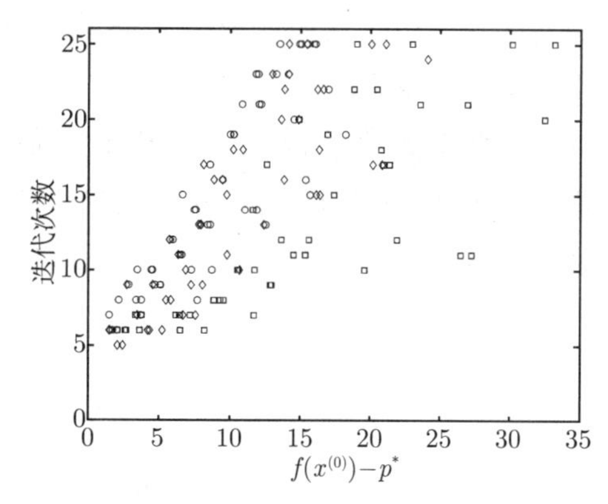

图 9.25 优化自和谐函数所需要的 Newton 迭代次数和 $f(x^{(0)})-p^\star$ 的关系。函数 f 的形式为 $f=-\sum_{i=1}^m \log(b_i-a_i^Tx)$，其中数据 a_i 和 b_i 随机产生。圆圈表示 $m=100$，$n=50$ 的问题; 方块表示 $m=1000$，$n=500$ 的问题；菱形表示 $m=1000$，$n=50$ 的问题。每个问题给出了 50 个实例。

对于所采用的回溯直线搜索参数，上述复杂性上界是

$$375(f(x^{(0)})-p^\star)+6. \tag{9.58}$$

显然这是比所需要的迭代次数大得多的数（对这 150 个实例而言)。图像表明存在具有相同形式的有效上界，但和 $f(x^{(0)})-p^\star$ 成比例的常数要小得多（比如，1.5 左右)。确实，表达式

$$f(x^{(0)})-p^\star+6$$

是所需要的 Newton 迭代次数的不坏的粗略预测，尽管比例因子显然不唯一。首先，有大量问题实例其中 Newton 迭代次数较小，我们猜测这些实例对应于“幸运的”初始点。还要注意到对于 500 个变量的较大问题（用方块表示)，似乎有更多的实例其中 Newton 迭代次数异乎寻常的小。

这里需要提到我们所研究的问题族不仅仅是自和谐的，实际上是最低程度自和谐的，该术语表示如果 $\alpha<1$ 那么 αf 就不是自和谐的。因此，上界 (9.58) 不能通过简单

的对 f 乘以某个比值而改进。(函数 $f(x) = -20\log x$ 是个例子，它是自和谐的，但不是最低程度自和谐的，因为 $(1/20)f$ 也是自和谐的。)

自和谐的实际重要性

我们已经看到对于强凸的目标函数 Newton 方法通常能够很好地工作。我们可以采用经验方式验证这个模糊的论断，也可以通过对 Newton 方法进行经典的分析达到目的，后者可以产生一个复杂性上界，但该上界依赖于若干几乎总是未知的常数。

对自和谐函数我们可以多说一些。我们有一个完全明确的复杂性上界，它不依赖任何未知常数。经验方式的研究表明该上界可以较大幅度的收紧，但它的一般形式，一个小常数加上 $f(x^{(0)}) - p^\star$ 的若干倍，似乎能够（至少粗略地）预测优化一个近似最低程度自和谐的函数所需要的 Newton 迭代次数。

我们仍然不清楚实践中自和谐函数是否比非自和谐函数更容易被 Newton 方法所优化。(我们甚至不清楚怎样准确的阐述这句话。) 当前我们能够说的是，关于用 Newton 方法优化自和谐函数的复杂性，相对于优化非自和谐函数而言，我们可以说得更多。

9.7 实现

本节我们讨论实现无约束优化算法时会遇到的一些问题。读者可以参考附录C获得关于数值代数更详细的资料。

9.7.1 直线搜索的预先计算

在直线搜索的最简单的实现方式中，对每个 t 确定 $f(x + t\Delta x)$ 是以相同的方式对任何 $z \in \mathbf{dom}\, f$ 计算 $f(z)$。但在一些情况下，利用所需计算 f（在精确直线搜索时包括它的导数）的很多点均在射线 $\{x + t\Delta x \mid t \geqslant 0\}$ 上的事实，可以减少总的计算量。为此往往需要一些预先计算，其计算量和在任何点确定 f 的计算量相当，但利用预先计算结果可以沿着相应射线更有效地确定 f（及其导数）。

假定 $x \in \mathbf{dom}\, f$，$\Delta x \in \mathbf{R}^n$，定义 $\tilde{f}$ 为 f 限制在 x 和 Δx 确定的直线或射线上的函数，即 $\tilde{f}(t) = f(x + t\Delta x)$。在回溯直线搜索时我们必须对若干，可能很多，个 t 值确定 $\tilde{f}$；在精确直线搜索中我们必须对一些 t 值确定 $\tilde{f}$ 及其1阶或高阶导数。在上面描述的简单方法中，我们确定 $\tilde{f}(t)$ 的方式是先形成 $z = x + t\Delta x$ 再计算 $f(z)$。同样，为了确定 $\tilde{f}'(t)$，我们先形成 $z = x + t\Delta x$，然后计算 $\nabla f(z)$，然后再计算 $\tilde{f}'(t) = \nabla f(z)^T \Delta x$。在下面的一些代表性例子中我们将说明如何更有效地计算 $\tilde{f}$ 在若干 t 上的值。

复合仿射函数

预先计算可以加快直线搜索过程的一种非常一般的情形是目标函数具有 $f(x) = \phi(Ax + b)$ 的形式，其中 $A \in \mathbf{R}^{p\times n}$，$\phi$ 容易计算（例如是可分的）。使用简单方式确定

$\tilde{f}(t) = f(x + t\Delta x)$ 在 k 个 t 上的值时，我们先对每个 t 形成 $A(x + t\Delta x) + b$（约 $2kpn$ 次浮点运算），然后对每个 t 计算 $\phi(A(x + t\Delta x) + b)$。更有效的方法是，先计算 $Ax + b$ 和 $A\Delta x$（$4pn$ 次浮点运算），然后对每个 t 利用

$$A(x + t\Delta x) + b = (Ax + b) + t(A\Delta x)$$

形成 $A(x + t\Delta x) + b$，需 $2kp$ 次浮点运算。总的计算成本，只统计主导项，是 $4pn + 2kp$ 次浮点运算，相应的简单方式是 $2kpn$ 次。

线性矩阵不等式的解析中心

这里给出一个更具体也更完全的例子。我们考虑计算线性矩阵不等式解析中心的问题 (9.6)，即极小化 $\log\det F(x)^{-1}$，其中 $x \in \mathbf{R}^n$，$F : \mathbf{R}^n \to \mathbf{S}^p$ 是仿射的。在 x 处沿方向 Δx 有

$$\tilde{f}(t) = \log\det(F(x + t\Delta x))^{-1} = -\log\det(A + tB),$$

其中

$$A = F(x), \qquad B = \Delta x_1 F_1 + \cdots + \Delta x_n F_n \in \mathbf{S}^p.$$

因为 $A \succ 0$，所以有 Cholesky 因式分解 $A = LL^T$，其中 L 是下三角非奇异矩阵。因此我们可以将 $\tilde{f}$ 表示为

$$\tilde{f}(t) = -\log\det\left(L(I + tL^{-1}BL^{-T})L^T\right) = -\log\det A - \sum_{i=1}^{p}\log(1 + t\lambda_i), \qquad (9.59)$$

其中 $\lambda_1, \cdots, \lambda_p$ 是 $L^{-1}BL^{-T}$ 的特征值。一旦求出这些特征值，利用式 (9.59) 右边的公式，就可以用 $4p$ 次简单的算术运算对任何 t 求出 $\tilde{f}(t)$。同样，利用公式

$$\tilde{f}'(t) = -\sum_{i=1}^{p}\frac{\lambda_i}{1 + t\lambda_i},$$

我们可以用 $4p$ 次运算求出 $\tilde{f}'(t)$（类似地，求出任何高阶导数）。

让我们对两种实现直线搜索的方法进行比较，假设需要对 k 个 t 值计算 $f(x+t\Delta x)$。采用简单方式时，对每个 t，我们先要形成 $F(x + t\Delta x)$，然后计算 $-\log\det F(x + t\Delta x)$ 确定 $f(x + t\Delta x)$。例如，我们可以先确定 Cholesky 因式分解 $F(x + t\Delta x) = LL^T$，然后计算

$$-\log\det F(x + t\Delta x) = -2\sum_{i=1}^{p}\log L_{ii}.$$

形成 $F(x + t\Delta x)$ 的成本是 np^2，加上 Cholesky 因式分解的 $(1/3)p^3$。因此直线搜索的总成本是

$$k(np^2 + (1/3)p^3) = knp^2 + (1/3)kp^3.$$

采用上面描述的方式，我们先形成 A，成本为 np^2，然后对其因式分解，成本为 $(1/3)p^3$。我们同样先形成 B（成本 np^2），再得到 $L^{-1}BL^{-T}$，成本为 $2p^3$。然后计算矩阵特征值，成本约为 $(4/3)p^3$。该预先计算所需要的总成本为 $2np^2+(11/3)p^3$。完成了这些预先计算，我们就可以以 $4p$ 的成本对每个 t 计算 $\tilde{f}(t)$。这样总的成本为

$$2np^2+(11/3)p^3+4kp.$$

假定 k 相对 $p(2n+(11/3)p)$ 较小，上式意味着进行直线搜索的工作量和计算 f 的相当。它相对于简单方式节约的计算量依赖于 k，p 和 n 的具体数值，可以和 k 同步增长。

9.7.2 计算 Newton 方向

本节我们简单描述实现 Newton 方法时会遇到的一些问题。大多数情况下，计算 Newton 方向 $\Delta x_{\rm nt}$ 的工作量和直线搜索相比占主导地位。为了计算 Newton 方向 $\Delta x_{\rm nt}$，我们首先要确定 Hessian 矩阵 $H=\nabla^2 f(x)$ 和 x 处的梯度 $g=\nabla f(x)$。然后求解线性方程组 $H\Delta x_{\rm nt}=-g$ 得到 Newton 方向。这组方程有时被称为 **Newton 系统**（因为它的解给出 Newton 方向）或**正规方程**，因为求解最小二乘问题时会遇到同样类型的方程组（见 §9.1.1）。

虽然可以应用求解线性方程组的一般方法，但更好的做法是利用 H 具有正定性和对称性的优点。最常用的方法是先确定 H 的 Cholesky 因式分解，即计算满足 $LL^T=H$ 的下三角矩阵 L（见 §C.3.2），然后通过前向代入得到 $Lw=-g$ 的解 $w=-L^{-1}g$，然后再用后向代入的方式得到 $L^T\Delta x_{\rm nt}=w$ 的解

$$\Delta x_{\rm nt}=L^{-T}w=-L^{-T}L^{-1}g=-H^{-1}g.$$

对于 Newton 减量，我们可以利用 $\lambda^2=-\Delta x_{\rm nt}^Tg$ 或者下述公式进行计算，

$$\lambda^2=g^TH^{-1}g=\|L^{-1}g\|_2^2=\|w\|_2^2.$$

如果 Cholesky 因式分解是稠密的（无结构），Cholesky 因式分解的成本相比前后向代入占主导地位，约为 $(1/3)n^3$。因此计算 Newton 方向 $\Delta x_{\rm nt}$ 的总成本为 $F+(1/3)n^3$，其中 F 是形成 H 和 g 的成本。

对于 Newton 系统 $H\Delta x_{\rm nt}=-g$，常常可以利用 H 的特殊结构，比如带状结构或稀疏性，设计更有效的求解方法。这里所说的“H 的结构”是指对所有的 x 相同的结构。例如，当我们说“H 是三对角的”矩阵时，我们是指对所有的 $x\in\textbf{dom}\,f$，矩阵 $\nabla^2 f(x)$ 都是三对角的。

带状结构

如果 H 是带宽为 k 的带状矩阵，即对所有的 $|i-j|>k$ 都有 $H_{ij}=0$，那么就

可以采用带状 Cholesky 因式分解以及带状前后向代入方法。此时计算 Newton 方向 $\Delta x_{\mathrm{nt}} = -H^{-1}g$ 的成本是 $F + nk^2$（假定 $k \ll n$），而对应的稠密情况下的因式分解和代入方法的成本为 $F + (1/3)n^3$。

Hessian 矩阵对所有 $x \in \mathbf{dom}\, f$ 的带状结构条件

$$\nabla^2 f(x)_{ij} = \frac{\partial^2 f(x)}{\partial x_i \partial x_j} = 0 \quad 对于 \quad |i-j| > k$$

有一个基于目标函数 f 的有意义的解释。粗略地说，它意味着在目标函数中，每个变量 x_i 只和 $2k+1$ 个变量 x_j，$j = i-k, \cdots, i+k$ 存在非线性耦合关系。这发生于 f 具有部分可分的形式

$$f(x) = \psi_1(x_1, \cdots, x_{k+1}) + \psi_2(x_2, \cdots, x_{k+2}) + \cdots + \psi_{n-k}(x_{n-k}, \cdots, x_n),$$

其中 $\psi_i : \mathbf{R}^{k+1} \to \mathbf{R}$。换言之，$f$ 可以表示成一些函数之和，每个这样的函数仅和 k 个连贯的变量相关。

例 9.9 考虑极小化 $f : \mathbf{R}^n \to \mathbf{R}$ 的问题，其中

$$f(x) = \psi_1(x_1, x_2) + \psi_2(x_2, x_3) + \cdots + \psi_{n-1}(x_{n-1}, x_n),$$

而 $\psi_i : \mathbf{R}^2 \to \mathbf{R}$ 是二次可微的凸函数。因为对任意的 $|i-j| > 1$ 都有 $\partial^2 f / \partial x_i \partial x_j = 0$，所以 Hessian 矩阵 $\nabla^2 f$ 是三对角的。(反之，如果一个函数的 Hessian 矩阵对所有的 x 都是三对角的，那么它一定具有上述形式。)

利用三对角矩阵的 Cholesky 因式分解及前后向代入算法，对此类问题可以用和 n 成比例的成本求解 Newton 系统。与此相比，如果不利用 f 的特殊结构，相应的计算量和 n^3 成比例。

稀疏结构

在求解 Newton 系统时可以利用 Hessian 矩阵 H 更一般的稀疏结构。只要每个变量 x_i 只和其他少数几个变量有非线性耦合，或者等价地说，只要目标函数可以表示成一些函数之和，每个这样的函数只依赖少数几个变量，并且每个变量只出现在少数几个这样的函数中，那么就存在可以利用的稀疏结构。

求解系数矩阵 H 决定的方程 $H\Delta x = -g$ 时，可利用稀疏的 Cholesky 因式分解计算满足下式的交换矩阵 P 和下三角矩阵 L

$$H = PLL^TP^T.$$

该因式分解的成本依赖于特殊的稀疏模式，但通常远小于 $(1/3)n^3$，经验上常见的复杂性和 n 成比例（对于大 n）。前后向代入和没有交换的基本方法非常相似。我们先利用

前向代入求解 $Lw = -P^T g$，然后利用后向代入确定 $L^T v = w$ 的解

$$v = L^{-T} w = -L^{-T} L^{-1} P^T g,$$

然后得到 Newton 方向 $\Delta x = Pv$。

因为 x 变动不改变 H 的稀疏模式（或者更准确地说，因为我们只利用和 x 取值无关的稀疏性），我们可以对每个 Newton 方向应用同样的交换矩阵 P。在整个 Newton 迭代的过程中，只需执行一次确定交换矩阵 P（称为**符号因式分解**）的步骤。

对角加低秩

很多其他类型的结构也可以用于加快 Newton 系统 $H\Delta x_{\rm nt} = -g$ 的求解。这里我们简单介绍其中一种类型，读者可以从附录C获得更详细的资料。假定 Hessian 矩阵 H 可以表示成一个对角矩阵加上一个低秩（例如 p）矩阵。当目标函数 f 具有下述形式时就会发生这种情况，

$$f(x) = \sum_{i=1}^{n} \psi_i(x_i) + \psi_0(Ax + b), \tag{9.60}$$

其中 $A \in \mathbf{R}^{p\times n}$，$\psi_1, \cdots, \psi_n : \mathbf{R} \to \mathbf{R}$，$\psi_0 : \mathbf{R}^p \to \mathbf{R}$。换言之，$f$ 是一个可分函数加上依赖 x 的一个低维仿射函数的某个函数。

为了确定式 (9.60) 的 Newton 方向 $\Delta x_{\rm nt}$，我们必须求解 Newton 系统 $H\Delta x_{\rm nt} = -g$，其中

$$H = D + A^T H_0 A.$$

这里 $D = \mathbf{diag}(\psi_1''(x_1), \cdots, \psi_n''(x_n))$ 是对角阵，$H_0 = \nabla^2\psi_0(Ax+b)$ 是 ψ_0 的 Hessian 矩阵。如果我们不利用特殊结构计算 Newton 方向，求解 Newton 系统的成本是 $(1/3)n^3$。

用 $H_0 = L_0 L_0^T$ 表示 H_0 的 Cholesky 因式分解。我们引入临时变量 $w = L_0^T A\Delta x_{\rm nt} \in \mathbf{R}^p$，将 Newton 系统表示为

$$D\Delta x_{\rm nt} + A^T L_0 w = -g, \qquad w = L_0^T A \Delta x_{\rm nt}.$$

将 $\Delta x_{\rm nt} = -D^{-1}(A^T L_0 w + g)$（来自第一个方程）代入第二个方程，我们得到

$$(I + L_0^T A D^{-1} A^T L_0) w = -L_0^T A D^{-1} g, \tag{9.61}$$

这是 p 个线性方程。

现在我们按以下步骤计算 Newton 方向 $\Delta x_{\rm nt}$。我们首先计算 H_0 的 Cholesky 因式分解，成本为 $(1/3)p^3$。然后形成式 (9.61) 左边的稠密正定对称矩阵，成本为 $2p^2n$。然后利用 Cholesky 因式分解及前后向代入方法求解式 (9.61) 确定 w，成本为 $(1/3)p^3$。最后，我们利用 $\Delta x_{\rm nt} = -D^{-1}(A^T L_0 w + g)$ 计算 $\Delta x_{\rm nt}$，成本为 $2np$。总的计算 $\Delta x_{\rm nt}$ 的成本（仅保留主导项）是 $2p^2n$，当 $p \ll n$ 时远小于 $(1/3)n^3$。

参考文献

Dennis 和 Schnabel [DS96] 与 Ortega 和 Rheinboldt [OR00] 是两篇关于无约束优化算法和非线性方程组求解算法的标准文献。在 Hessian 矩阵的强凸性和 Lipschitz 连续性的假设下获得的二次收敛的结果，源自 Kantorovich [Kan52]。关于含有未知常数的收敛分析结果的作用，比如在 §9.5.3 推导出的结果，Polyak [Pol87, §1.6] 给出了有深刻见解的注释。

自和谐函数由 Nesterov 和 Nemirovski [NN94] 引入。我们在 §9.6 以及习题 9.14～习题 9.20 中的所有结果可以在他们的书中找到，只不过经常会具有更一般的形式或者采用了不同的符号。Renegar [Ren01] 对自和谐函数及其在分析原对偶内点算法中的作用给出了准确和精致的陈述。Peng，Roos 和 Terlaky [PRT02] 从**自正则函数**（和自和谐函数相似但不相同的一类函数）的观点对内点方法进行了研究。关于§9.7 中有关资料的参考文献列在附录 C 的后面。

习题

无约束极小化

9.1 极小化二次函数。 考虑二次函数极小化问题

$$\text{minimize} \quad f(x) = (1/2)x^T Px + q^T x + r$$

其中 $P \in \mathbf{S}^n$（但我们不假定 $P \succeq 0$）。

(a) 证明如果 $P \not\succeq 0$，即目标函数 f 非凸，则该问题无下界。

(b) 如果 $P \succeq 0$（因此目标函数是凸函数），但最优性条件 $Px^\star = -q$ 无解，证明该问题无下界。

9.2 极小化二次–线性分式函数。 考虑极小化 $f : \mathbf{R}^n \to \mathbf{R}$ 的问题，其中

$$f(x) = \frac{\|Ax - b\|_2^2}{c^T x + d}, \qquad \mathbf{dom}\, f = \{x \mid c^T x + d > 0\}.$$

我们假定 $\mathbf{rank}\, A = n$，$b \notin \mathcal{R}(A)$。

(a) 证明 f 是闭的。

(b) 证明 f 的最小解 $x^\star$ 由下式给出，

$$x^\star = x_1 + tx_2,$$

其中 $x_1 = (A^T A)^{-1} A^T b$，$x_2 = (A^T A)^{-1} c$，并且 $t \in \mathbf{R}$ 可以通过解一个二次方程确定。

9.3 初始点和下水平集条件。 考虑函数 $f(x) = x_1^2 + x_2^2$，定义域 $\mathbf{dom}\, f = \{(x_1, x_2) \mid x_1 > 1\}$。

(a) $p^\star$ 是什么？

(b) 对 $x^{(0)} = (2, 2)$ 画出下水平集 $S = \{x \mid f(x) \leqslant f(x^{(0)})\}$。$S$ 是闭集吗？f 是 S 上的强凸函数吗？

(c) 如果我们从 $x^{(0)}$ 开始应用回溯直线搜索的梯度方法，将发生什么情况？$f(x^{(k)})$ 收敛于 $p^\star$ 吗？

9.4 你是否同意以下推理？向量 $x \in \mathbf{R}^m$ 的 ℓ_1-范数可以表示为

$$\|x\|_1 = (1/2) \inf_{y \succ 0} \left(\sum_{i=1}^m x_i^2/y_i + \mathbf{1}^T y \right).$$

因此，ℓ_1-范数逼近问题

$$\text{minimize} \quad \|Ax - b\|_1$$

等价于极小化问题

$$\text{minimize} \quad f(x, y) = \sum_{i=1}^m (a_i^T x - b_i)^2/y_i + \mathbf{1}^T y \tag{9.62}$$

相应的 $\mathbf{dom}\, f = \{(x, y) \in \mathbf{R}^n \times \mathbf{R}^m \mid y \succ 0\}$，其中 a_i^T 是 A 的第 i 行。既然 f 是二次可微的凸函数，我们可以通过对式 (9.62) 应用 Newton 方法求解 ℓ_1-范数逼近问题。

9.5 回溯直线搜索。 假设 f 是满足 $mI \preceq \nabla^2 f(x) \preceq MI$ 的强凸函数。令 Δx 为 x 处的下降方向。证明对于

$$0 < t \leqslant -\frac{\nabla f(x)^T \Delta x}{M\|\Delta x\|_2^2}$$

回溯终止条件能够满足。利用该结果建立回溯迭代次数的上界。

梯度和最速下降法

9.6 $\mathbf{R}^2$ 中的二次问题。 验证 §9.3.2 中第一个例子的迭代点 $x^{(k)}$ 的表示式。

9.7 令 Δx_{nsd} 和 Δx_{sd} 为 x 处对应于范数 $\|\cdot\|$ 的规范化和未规范化的最速下降方向。证明下述等式。

(a) $\nabla f(x)^T \Delta x_{\text{nsd}} = -\|\nabla f(x)\|_*$。

(b) $\nabla f(x)^T \Delta x_{\text{sd}} = -\|\nabla f(x)\|_*^2$。

(c) $\Delta x_{\text{sd}} = \text{argmin}_v (\nabla f(x)^T v + (1/2)\|v\|^2)$。

9.8 ℓ_∞-范数的最速下降方向。 说明如何确定 ℓ_∞-范数的最速下降方向，并给出简单的解释。

Newton 方法

9.9 Newton 减量。 证明 Newton 减量 $\lambda(x)$ 满足

$$\lambda(x) = \sup_{v^T \nabla^2 f(x) v = 1} (-v^T \nabla f(x)) = \sup_{v \neq 0} \frac{-v^T \nabla f(x)}{(v^T \nabla^2 f(x) v)^{1/2}}.$$

9.10 纯 Newton 方法。 如果初始点不太接近 $x^\star$，固定步长 $t = 1$ 的 Newton 法可能发散。在这里我们考虑两个例子。

(a) $f(x) = \log(e^x + e^{-x})$ 有一个唯一的最小解 $x^\star = 0$。从 $x^{(0)} = 1$ 和 $x^{(0)} = 1.1$ 开始运行固定步长 $t = 1$ 的 Newton 方法。

(b) $f(x) = -\log x + x$ 有一个唯一的最小解 $x^\star = 1$。从 $x^{(0)} = 3$ 开始运行固定步长 $t = 1$ 的 Newton 方法。

画出 f 和 f'，并标出最初几次迭代点。

9.11 复合函数的梯度法和 Newton 方法。 假设 $\phi : \mathbf{R} \to \mathbf{R}$ 是单增凸函数，$f : \mathbf{R}^n \to \mathbf{R}$ 是凸函数，因此 $g(x) = \phi(f(x))$ 是凸函数。(我们假定 f 和 g 二次可微。) 极小化 f 和极小化 g 显然是等价问题。

比较用梯度法和 Newton 方法求解 f 和 g 的情况。对应的搜索方向有何联系？如果采用精确直线搜索这两种方法有何联系？**提示：** 利用逆矩阵引理（见 §C.4.3)。

9.12 信赖域 Newton 方法。 如果 $\nabla^2 f(x)$ 奇异（或者严重病态），那么对 Newton 步径 $\Delta x_{\rm nt} = -\nabla^2 f(x)^{-1} \nabla f(x)$ 没有严格定义。此时可以将搜索方向 $\Delta x_{\rm tr}$ 定义为下述问题的解，

$$
\begin{array}{ll}
\text{minimize} & (1/2) v^T H v + g^T v \\
\text{subject to} & \|v\|_2 \leqslant \gamma
\end{array}
$$

其中 $H = \nabla^2 f(x)$，$g = \nabla f(x)$，而 γ 是一个正的常数。点 $x + \Delta x_{\rm tr}$ 在约束 $\|(x + \Delta x_{\rm tr}) - x\|_2 \leqslant \gamma$ 下极小化 f 在 x 处的二阶近似。集合 $\{v \mid \|v\|_2 \leqslant \gamma\}$ 称为**信赖域**。参数 γ 是信赖域的尺度，反映我们对二次模型的信心。

证明 $\Delta x_{\rm tr}$ 对于某些 $\hat{\beta}$ 极小化

$$
(1/2) v^T H v + g^T v + \hat{\beta} \|v\|_2^2.
$$

该二次函数可以解释为 f 在 x 附近经过调整的二次模型。

自和谐

9.13 自和谐与倒数障碍函数。

(a) 证明定义域为 $(0, 8/9)$ 的 $f(x) = 1/x$ 是自和谐函数。

(b) 证明定义域为 $\mathbf{dom}\, f = \{x \in \mathbf{R}^n \mid a_i^T x < b_i,\ i = 1, \cdots, m\}$ 的函数

$$
f(x) = \alpha \sum_{i=1}^m \frac{1}{b_i - a_i^T x}
$$

当 $\mathbf{dom}\, f$ 有界且满足下述条件时是自和谐函数，

$$
\alpha > (9/8) \max_{i=1,\cdots,m} \sup_{x \in \mathbf{dom}\, f} (b_i - a_i^T x).
$$

9.14 对数复合函数。 令 $g : \mathbf{R} \to \mathbf{R}$ 是定义域为 $\mathbf{dom}\, g = \mathbf{R}_{++}$ 的凸函数，并且对所有 x 成立

$$
|g'''(x)| \leqslant 3 \frac{g''(x)}{x}.
$$

证明 $f(x) = -\log(-g(x)) - \log x$ 是 $\{x \mid x > 0,\ g(x) < 0\}$ 上的自和谐函数。**提示：** 利用对满足 $p^2 + q^2 + r^2 = 1$ 的 $p, q, r \in \mathbf{R}_+$ 均成立的不等式

$$
\frac{3}{2} r p^2 + q^3 + \frac{3}{2} p^2 q + r^3 \leqslant 1.
$$

9.15 证明下述函数都是自和谐函数。在证明中，将函数限制在直线上，并利用对数复合函数的性质。

(a) $f(x,y)=-\log(y^2-x^Tx)$，定义域为 $\{(x,y)\mid \|x\|_2<y\}$。

(b) $f(x,y)=-2\log y-\log(y^{2/p}-x^2)$，$p\geqslant 1$，定义域为 $\{(x,y)\in\mathbf{R}^2\mid |x|^p<y\}$。

(c) $f(x,y)=-\log y-\log(\log y-x)$，定义域为 $\{(x,y)\mid e^x<y\}$。

9.16 令 $f:\mathbf{R}\to\mathbf{R}$ 为自和谐函数。

(a) 假设 $f''(x)\neq 0$。证明自和谐条件 (9.41) 可以表示为

$$\left|\frac{d}{dx}\left(f''(x)^{-1/2}\right)\right|\leqslant 1.$$

找出单变量“极端”自和谐函数，即函数 f 和 $\tilde{f}$ 分别满足

$$\frac{d}{dx}\left(f''(x)^{-1/2}\right)=1,\qquad \frac{d}{dx}\left(\tilde{f}''(x)^{-1/2}\right)=-1.$$

(b) 证明或者对所有 $x\in\mathbf{dom}\,f$ 满足 $f''(x)=0$，或者对所有 $x\in\mathbf{dom}\,f$ 满足 $f''(x)>0$。

9.17 关于自和谐函数 Hessian 矩阵的上下界。

(a) 令 $f:\mathbf{R}^2\to\mathbf{R}$ 为自和谐函数。证明对所有 $x\in\mathbf{dom}\,f$ 成立

$$\left|\frac{\partial^3 f(x)}{\partial^3 x_i}\right|\leqslant 2\left(\frac{\partial^2 f(x)}{\partial x_i^2}\right)^{3/2},\quad i=1,2,$$

$$\left|\frac{\partial^3 f(x)}{\partial x_i^2\partial x_j}\right|\leqslant 2\frac{\partial^2 f(x)}{\partial x_i^2}\left(\frac{\partial^2 f(x)}{\partial x_j^2}\right)^{1/2},\quad i\neq j.$$

提示： 如果 $h:\mathbf{R}^2\times\mathbf{R}^2\times\mathbf{R}^2\to\mathbf{R}$ 是对称三线性形式，即

$$\begin{aligned}h(u,v,w)=&a_1u_1v_1w_1+a_2(u_1v_1w_2+u_1v_2w_1+u_2v_1w_1)\\&+a_3(u_1v_2w_2+u_2v_1w_1+u_2v_2w_1)+a_4u_2v_2w_2,\end{aligned}$$

则

$$\sup_{u,v,w\neq 0}\frac{h(u,v,w)}{\|u\|_2\|v\|_2\|w\|_2}=\sup_{u\neq 0}\frac{h(u,u,u)}{\|u\|_2^3}.$$

(b) 令 $f:\mathbf{R}^n\to\mathbf{R}$ 为自和谐函数。证明 $\nabla^2 f(x)$ 的零空间独立于 x。证明如果 f 是严格凸函数，则对于所有的 $x\in\mathbf{dom}\,f$，$\nabla^2 f(x)$ 非奇异。

提示： 证明如果对于某些 $x\in\mathbf{dom}\,f$ 成立 $w^T\nabla^2 f(x)w=0$，则对于所有的 $y\in\mathbf{dom}\,f$ 成立 $w^T\nabla^2 f(y)w=0$。为证明该结论，可对自和谐函数 $\tilde{f}(t,s)=f(x+t(y-x)+sw)$ 应用 (a) 的结果。

(c) 令 $f:\mathbf{R}^n\to\mathbf{R}$ 为自和谐函数。假定 $x\in\mathbf{dom}\,f$，$v\in\mathbf{R}^n$。证明对于 $x+tv\in\mathbf{dom}\,f$，$0\leqslant t<\alpha$ 成立

$$(1-t\alpha)^2\nabla^2 f(x)\preceq\nabla^2 f(x+tv)\preceq\frac{1}{(1-t\alpha)^2}\nabla^2 f(x),$$

其中 $\alpha=(v^T\nabla^2 f(x)v)^{1/2}$。

9.18 二次收敛。 令 $f:\mathbf{R}^n\to\mathbf{R}$ 为严格凸的自和谐函数。假定 $\lambda(x)<1$，定义 $x^+=x-\nabla^2 f(x)^{-1}\nabla f(x)$。证明 $\lambda(x^+)\leqslant\lambda(x)^2/(1-\lambda(x))^2$。**提示：** 利用习题 9.17 的 (c) 的不等式。

9.19 与最优解之间距离的上界。 令 $f:\mathbf{R}^n\to\mathbf{R}$ 为严格凸的自和谐函数。

(a) 假设 $\lambda(\bar{x})<1$，下水平集 $\{x\mid f(x)\leqslant f(\bar{x})\}$ 是闭集。证明 f 的最小值可达到，并且

$$\left((\bar{x}-x^\star)^T\nabla^2 f(\bar{x})(\bar{x}-x^\star)\right)^{1/2}\leqslant\frac{\lambda(\bar{x})}{1-\lambda(\bar{x})}.$$

(b) 证明如果 f 有一个闭的下水平集，并且有下界，则其最小值可达到。

9.20 自和谐函数的共轭性。 假设 $f:\mathbf{R}^n\to\mathbf{R}$ 是闭的严格凸的自和谐函数。我们证明其共轭（或 Legendre 变换）f^* 是自和谐函数。

(a) 证明对每个 $y\in\mathbf{dom}\,f^*$，有唯一的 $x\in\mathbf{dom}\,f$ 满足 $y=\nabla f(x)$。**提示：** 参考习题 9.19 的结果。

(b) 假设 $\bar{y}=\nabla f(\bar{x})$。定义

$$g(t)=f(\bar{x}+tv),\qquad h(t)=f^*(\bar{y}+tw),$$

其中 $v\in\mathbf{R}^n$，$w=\nabla^2 f(\bar{x})v$。证明

$$g''(0)=h''(0),\qquad g'''(0)=-h'''(0).$$

利用这个等式证明 f^* 是自和谐函数。

9.21 直线搜索的最优参数。 考虑极小化严格凸的自和谐函数所需要的 Newton 迭代次数的上界 (9.56)。如果我们优化 α 和 β，该上界的最小值是多少？

9.22 假设 f 是满足式 (9.42) 的严格凸函数。给出从 $x^{(0)}$ 开始在 ϵ 的误差范围内确定 $p^\star$ 所需要的 Newton 迭代次数的上界。

实现

9.23 直线搜索的预处理。 对下述每个函数，说明如何通过预处理减少直线搜索的计算量。给出预处理的计算成本，以及采用或不采用预处理方法计算 $g(t)=f(x+t\Delta x)$ 和 $g'(t)$ 的成本。

(a) $f(x)=-\sum_{i=1}^m\log(b_i-a_i^Tx)$。

(b) $f(x)=\log\left(\sum_{i=1}^m\exp(a_i^Tx+b_i)\right)$。

(c) $f(x)=(Ax-b)^T(P_0+x_1P_1+\cdots+x_nP_n)^{-1}(Ax-b)$，其中 $P_i\in\mathbf{S}^m$，$A\in\mathbf{R}^{m\times n}$，$b\in\mathbf{R}^m$，$\mathbf{dom}\,f=\{x\mid P_0+\sum_{i=1}^n x_iP_i\succ 0\}$。

9.24 利用 Newton 系统的分块结构。 假设凸函数 f 的 Hessian 矩阵 $\nabla^2 f(x)$ 是分块对角阵。在计算 Newton 步径时如何利用这种结构？相应的 f 具有什么性质？

9.25 对给定数据的光滑拟合。 考虑问题

$$\text{minimize} \quad f(x) = \sum_{i=1}^{n} \psi(x_i - y_i) + \lambda \sum_{i=1}^{n-1} (x_{i+1} - x_i)^2 \ ,$$

其中 $\lambda > 0$ 是光滑参数，ψ 是凸的罚函数，$x \in \mathbf{R}^n$ 是变量。我们可以将 x 解释为向量 y 的光滑拟合。

(a) f 的 Hessian 矩阵有什么结构？

(b) 推广到二维数据光滑拟合问题，即极小化函数

$$\sum_{i,j=1}^{n} \psi(x_{ij} - y_{ij}) + \lambda \left(\sum_{i=1}^{n-1} \sum_{j=1}^{n} (x_{i+1,j} - x_{ij})^2 + \sum_{i=1}^{n} \sum_{j=1}^{n-1} (x_{i,j+1} - x_{ij})^2 \right),$$

其中 $X \in \mathbf{R}^{n\times n}$ 为变量，$Y \in \mathbf{R}^{n\times n}$ 和 $\lambda > 0$ 为给定数据。

9.26 线性结构的 Newton 方程。 考虑下述形式的函数的极小化问题

$$f(x) = \sum_{i=1}^{N} \psi_i(A_i x + b_i), \tag{9.63}$$

其中 $A_i \in \mathbf{R}^{m_i\times n}$，$b_i \in \mathbf{R}^{m_i}$，$\psi_i : \mathbf{R}^{m_i} \to \mathbf{R}$ 是二次可微凸函数。函数 f 在 x 处的 Hessian 矩阵 H 和梯度 g 由下式给出，

$$H = \sum_{i=1}^{N} A_i^T H_i A_i, \qquad g = \sum_{i=1}^{N} A_i^T g_i. \tag{9.64}$$

其中 $H_i = \nabla^2 \psi_i(A_i x + b_i)$，$g_i = \nabla \psi_i(A_i x + b_i)$。

说明如何实现极小化 f 的 Newton 方法。假定 $n \gg m_i$，矩阵 A_i 非常稀疏，但 Hessian 矩阵 H 是稠密的。

9.27 具有变量上下界约束的线性不等式解析中心。 给出计算下述函数 Newton 步径的最有效方法，

$$f(x) = -\sum_{i=1}^{n} \log(x_i + 1) - \sum_{i=1}^{n} \log(1 - x_i) - \sum_{i=1}^{m} \log(b_i - a_i^T x),$$

$\mathbf{dom}\, f = \{x \in \mathbf{R}^n \mid -\mathbf{1} \prec x \prec \mathbf{1}, Ax \prec b\}$，其中 a_i^T 是 A 的第 i 行向量。假定 A 是稠密的，分别考虑以下两种情况：$m \geqslant n$ 和 $m \leqslant n$。(参考习题 9.30。)

9.28 二次不等式解析中心。 给出计算下述函数 Newton 步径的有效方法

$$f(x) = -\sum_{i=1}^{m} \log(-x^T A_i x - b_i^T x - c_i),$$

$\mathbf{dom}\, f = \{x \mid x^T A_i x + b_i^T x + c_i < 0,\ i = 1, \cdots, m\}$。假设矩阵 $A_i \in \mathbf{S}_{++}^n$ 均为稀疏大矩阵，并且 $m \ll n$。

提示： f 在 x 处的 Hessian 矩阵和梯度由下式给出，

$$H = \sum_{i=1}^{m}(2\alpha_i A_i + \alpha_i^2(2A_ix + b_i)(2A_ix + b_i)^T), \qquad g = \sum_{i=1}^{m}\alpha_i(2A_ix + b_i),$$

其中 $\alpha_i = 1/(-x^TA_ix - b_i^Tx - c_i)$。

9.29 利用两阶段优化问题的结构。 本习题是习题 4.64 的继续，后者描述了依赖情景的优化问题，或两阶段优化问题。我们采用习题 4.64 的符号和假设，并另外假设对每个情景 $i = 1, \cdots, S$，成本函数 f 是 (x, z) 的二次可微函数。

说明对于策略优化问题如何有效计算 Newton 步径。如何比较你的方法和一般方法（不利用结构的方法）的近似计算量，并将其表示为情景个数 S 的函数？

数值试验

9.30 梯度法和 Newton 方法。 考虑无约束问题

$$\text{minimize} \quad f(x) = -\sum_{i=1}^{m}\log(1 - a_i^Tx) - \sum_{i=1}^{n}\log(1 - x_i^2)\ ,$$

变量 $x \in \mathbf{R}^n$，$\mathbf{dom}\, f = \{x \mid a_i^Tx < 1,\ i = 1, \cdots, m,\ |x_i| < 1,\ i = 1, \cdots, n\}$。这是计算下述线性不等式组解析中心的问题，

$$a_i^Tx \leqslant 1, \quad i = 1, \cdots, m, \qquad |x_i| \leqslant 1, \quad i = 1, \cdots, n.$$

可以选择 $x^{(0)} = 0$ 作为初始点。你可以通过从 $\mathbf{R}^n$ 的某种分布中选择 a_i 来生成该问题的实例。

(a) 用梯度法求解该问题，合理选择回溯参数，采用 $\|\nabla f(x)\|_2 \leqslant \eta$ 类型的停止准则。画出目标函数和步长关于迭代次数的图像。（一旦你以很高精度逼近 $p^\star$，也可以画出 $f - p^\star$ 关于迭代次数的图像。）实验中可改变回溯参数 α 和 β 的数值以观察它们对所需要的迭代次数的影响。对不同规模的多个实例进行上述实验。

(b) 用 Newton 方法重复上述实验，停止准则基于 Newton 减量 λ^2。观察二次收敛性。不需要像习题 9.27 那样用有效的方法计算 Newton 步径；你可以采用针对稠密矩阵的通用求解软件，当然最好采用基于 Cholesky 因式分解的方法。

提示： 采用链式规则确定 $\nabla f(x)$ 和 $\nabla^2 f(x)$ 的表达式。

9.31 近似 Newton 方法。 Newton 方法的计算成本主要为计算 Hessian 矩阵 $\nabla^2 f(x)$ 和求解 Newton 系统的成本。对于大规模问题，用一个正定矩阵近似 Hessian 矩阵以便于确定搜索步径，有时是非常有用的。在这里我们基于这种想法研究一些常规例子。

对于下面描述的每个近似 Newton 方法，用习题 9.30 给出的解析中心问题的一些实例进行试验，并和 Newton 方法及梯度方法比较计算结果。

(a) **重复使用 Hessian 矩阵。** 我们只在每 N 步迭代后计算 Hessian 矩阵，并对其进行因式分解，其中 $N > 1$，每次搜索步径仍采用 $\Delta x = -H^{-1}\nabla f(x)$，其中 H 是最近计算的 Hessian 矩阵。（我们需要每经过 N 次迭代就计算一次 Hessian 矩阵，并对其进行因式分解；对于其他次数的迭代，只需采用后向和前向代入来确定搜索方向。）

(b) **对角化近似。** 我们用 Hessian 矩阵的对角元素代替它自身，因此仅需要计算 n 个二阶导数 $\partial^2 f(x)/\partial x_i^2$，此时搜索步径也很容易计算。

9.32 凸的非线性最小二乘问题的 Gauss-Newton 方法。 我们考虑（非线性）最小二乘问题，极小化函数的形式为

$$f(x) = \frac{1}{2}\sum_{i=1}^{m} f_i(x)^2,$$

其中 f_i 是二次可微函数。f 在 x 处的梯度和 Hessian 矩阵由下式给出，

$$\nabla f(x) = \sum_{i=1}^{m} f_i(x)\nabla f_i(x), \qquad \nabla^2 f(x) = \sum_{i=1}^{m}\left(\nabla f_i(x)\nabla f_i(x)^T + f_i(x)\nabla^2 f_i(x)\right).$$

我们考虑 f 是凸函数的情况。例如, 如果每个 f_i 或者是非负凸函数, 或者是非正的凹函数, 或者是仿射函数, 就会出现这种情况。

Gauss-Newton 方法。 采用以下搜索方向，

$$\Delta x_{\mathrm{gn}} = -\left(\sum_{i=1}^{m}\nabla f_i(x)\nabla f_i(x)^T\right)^{-1}\left(\sum_{i=1}^{m} f_i(x)\nabla f_i(x)\right).$$

（这里我们假设逆矩阵存在，即向量 $\nabla f_1(x), \cdots, \nabla f_m(x)$ 张成 $\mathbf{R}^n$。）这个搜索方向可以视为近似的 Newton 方向（参考习题 9.31），通过在 f 的 Hessian 矩阵中剔除二阶导数得到。

我们可以对 Gauss-Newton 搜索方向 Δx_{gn} 给出另一个简单的解释。利用一阶近似 $f_i(x+v) \approx f_i(x) + \nabla f_i(x)^T v$ 可以得到近似式

$$f(x+v) \approx \frac{1}{2}\sum_{i=1}^{m}(f_i(x) + \nabla f_i(x)^T v)^2.$$

Gauss-Newton 搜索步径 Δx_{gn} 就是使 f 的这个近似式达到最小的 v 值。(此外, 可以通过求解线性最小二乘问题确定 Δx_{gn}。)

用下述问题的实例试验 Gauss-Newton 方法，

$$f_i(x) = (1/2)x^T A_i x + b_i^T x + 1,$$

其中 $A_i \in \mathbf{S}_{++}^n$，$b_i^T A_i^{-1} b_i \leqslant 2$（由此可保证 f 是凸函数）。

10 等式约束优化

10.1 等式约束优化问题

本章讨论下述等式约束凸优化问题的求解方法，

$$\begin{array}{ll}\text{minimize} & f(x) \\ \text{subject to} & Ax=b,\end{array} \tag{10.1}$$

其中 $f:\mathbf{R}^n\to\mathbf{R}$ 是二次连续可微凸函数，$A\in\mathbf{R}^{p\times n}$，$\mathbf{rank}\,A=p<n$。对 A 的假设意味着等式约束数少于变量数，并且等式约束互相独立。我们假定存在一个最优解 $x^\star$，并用 $p^\star$ 表示其最优值，$p^\star=\inf\{f(x)\mid Ax=b\}=f(x^\star)$。

之前曾说明过（见 §4.2.3 或 §5.5.3），点 $x^\star\in\mathbf{dom}\,f$ 是优化问题 (10.1) 的最优解的充要条件是，存在 $\nu^\star\in\mathbf{R}^p$ 满足

$$Ax^\star=b,\qquad \nabla f(x^\star)+A^T\nu^\star=0. \tag{10.2}$$

因此，求解等式约束优化问题 (10.1) 等价于确定 KKT 方程 (10.2) 的解，这是含有 $n+p$ 个变量 $x^\star$，$\nu^\star$ 的 $n+p$ 个方程的求解问题。第一组方程，$Ax^\star=b$，称为**原可行方程**，是线性的。第二组方程，$\nabla f(x^\star)+A^T\nu^\star=0$，称为**对偶可行方程**，通常是非线性的。同无约束优化一样，很少情况下可以用解析方法求解这些最优性条件。最重要的特殊情况是 f 为二次函数，我们将在 §10.1.1 分析这种问题。

任何等式约束优化问题都可以通过消除等式约束转化为等价的无约束问题，此后就可以用第 9 章的方法求解。另一种处理方法是利用无约束优化方法求解对偶问题（假设对偶函数是二次可微的），然后从对偶解中复原等式约束问题 (10.1) 的解。在 §10.1.2 和 §10.1.3 中我们将分别对消除方法和对偶方法进行简要的讨论。

本章主要内容是对 Newton 方法进行扩展，使之能够直接处理等式约束。很多情况下这些方法比将等式约束问题转换为无约束问题的方法更好。一个原因是消除方法（或对偶方法）通常会破坏问题的结构，比如稀疏性；与此相反，直接处理等式约束的方法能够利用问题的结构。另一个原因是概念上的：直接处理等式约束的方法可以被视为直接求解最优性条件 (10.2) 的方法。

10.1.1　等式约束凸二次规划

考虑等式约束凸二次规划问题

$$\begin{array}{ll}\text{minimize} & f(x)=(1/2)x^TPx+q^Tx+r \\ \text{subject to} & Ax=b,\end{array} \tag{10.3}$$

其中 $P\in\mathbf{S}_+^n$，$A\in\mathbf{R}^{p\times n}$。该问题不仅本身具有重要性，同时也是扩展 Newton 方法处理等式约束问题的基础。此时最优性条件 (10.2) 成为

$$Ax^\star=b,\qquad Px^\star+q+A^T\nu^\star=0,$$

我们可以将其写为

$$\begin{bmatrix} P & A^T \\ A & 0\end{bmatrix}\begin{bmatrix} x^\star \\ \nu^\star\end{bmatrix}=\begin{bmatrix} -q \\ b\end{bmatrix}. \tag{10.4}$$

这组 $n+p$ 个变量 $x^\star$，$\nu^\star$ 的 $n+p$ 个线性方程称为等式约束优化问题 (10.3) 的 **KKT 系统**。系数矩阵称为 **KKT 矩阵**。

如果 KKT 矩阵非奇异，存在唯一最优的原对偶对 $(x^\star,\nu^\star)$。如果 KKT 矩阵奇异，但 KKT 系统有解，任何解都构成最优对 $(x^\star,\nu^\star)$。如果 KKT 系统无解，二次优化问题或者无下界或者无解。确实，在这种情况下存在 $v\in\mathbf{R}^n$ 和 $w\in\mathbf{R}^p$ 满足

$$Pv+A^Tw=0,\qquad Av=0,\qquad -q^Tv+b^Tw>0.$$

令 $\hat{x}$ 为任意可行点。对于任何 t，点 $x=\hat{x}+tv$ 都是可行解，并且

$$\begin{aligned} f(\hat{x}+tv) &= f(\hat{x})+t(v^TP\hat{x}+q^Tv)+(1/2)t^2v^TPv \\ &= f(\hat{x})+t(-\hat{x}^TA^Tw+q^Tv)-(1/2)t^2w^TAv \\ &= f(\hat{x})+t(-b^Tw+q^Tv), \end{aligned}$$

它可以随着 $t\to\infty$ 一直减少没有下界。

KKT 矩阵的非奇异性

之前曾假定 $P\in\mathbf{S}_+^n$，$\mathbf{rank}\,A=p<n$。在该假定下对 KKT 矩阵的非奇异性有若干等价条件：

- $\mathcal{N}(P)\cap\mathcal{N}(A)=\{0\}$，即 P 和 A 没有共同的非平凡零空间。
- $Ax=0$，$x\neq 0 \implies x^TPx>0$，即 P 在 A 的零空间是正定的。
- $F^TPF\succ 0$，其中 $F\in\mathbf{R}^{n\times(n-p)}$ 是满足 $\mathcal{R}(F)=\mathcal{N}(A)$ 的矩阵。

（见习题 10.1。）作为一个重要的特殊情况，我们指出如果 $P\succ 0$，KKT 矩阵必然非奇异。

10.1.2 消除等式约束

求解等式约束问题 (10.1) 的一种一般性方法是先消除等式约束，像 §4.2.4 描述的那样，然后用无约束优化方法求解相应的无约束问题。我们首先确定矩阵 $F \in \mathbf{R}^{n\times(n-p)}$ 和向量 $\hat{x} \in \mathbf{R}^n$，用以参数化（仿射）可行集

$$\{x \mid Ax = b\} = \{Fz + \hat{x} \mid z \in \mathbf{R}^{n-p}\}.$$

这里 $\hat{x}$ 可以选用 $Ax = b$ 的任何特殊解，$F \in \mathbf{R}^{n\times(n-p)}$ 是值域为 A 的零空间的任何矩阵。然后形成简化或消除等式约束后的优化问题

$$\text{minimize} \quad \tilde{f}(z) = f(Fz + \hat{x}) \ , \tag{10.5}$$

这是变量 $z \in \mathbf{R}^{n-p}$ 的无约束问题。利用它的解 $z^\star$ 可以确定等式约束问题的解 $x^\star = Fz^\star + \hat{x}$。

我们也可以为等式约束问题构造一个最优的对偶变量 $\nu^\star$，这就是

$$\nu^\star = -(AA^T)^{-1}A\nabla f(x^\star).$$

为了说明这个表达式的正确性，我们必须验证对偶可行性条件

$$\nabla f(x^\star) + A^T(-(AA^T)^{-1}A\nabla f(x^\star)) = 0 \tag{10.6}$$

成立。为说明这一点，我们指出

$$\begin{bmatrix} F^T \\ A \end{bmatrix} \left(\nabla f(x^\star) - A^T(AA^T)^{-1}A\nabla f(x^\star)\right) = 0,$$

其中上面的矩阵块利用了 $F^T\nabla f(x^\star) = \nabla\tilde{f}(z^\star) = 0$ 和 $AF = 0$。既然左边的矩阵是非奇异的，该式意味着式 (10.6)。

例 10.1 受资源约束的最优配置。 我们考虑问题

$$\begin{array}{ll} \text{minimize} & \sum_{i=1}^n f_i(x_i) \\ \text{subject to} & \sum_{i=1}^n x_i = b, \end{array}$$

其中 $f_i : \mathbf{R} \to \mathbf{R}$ 是二次可微凸函数，$b \in \mathbf{R}$ 是问题的参数。我们将其解释为一种总量为 b（**预算值**）的资源在 n 个相互独立的活动中进行最优配置的问题。我们可以利用下式消除（比如）x_n，

$$x_n = b - x_1 - \cdots - x_{n-1},$$

它对应于下述选择

$$\hat{x} = be_n, \qquad F = \begin{bmatrix} I \\ -\mathbf{1}^T \end{bmatrix} \in \mathbf{R}^{n \times (n-1)}.$$

于是简化问题为

$$\text{minimize} \quad f_n(b - x_1 - \cdots - x_{n-1}) + \sum_{i=1}^{n-1} f_i(x_i) \ ,$$

变量为 $x_1, \cdots, x_{n-1}$。

选择消除矩阵

显然，$\mathbf{R}^{n \times (n-p)}$ 中任何满足 $\mathcal{R}(F) = \mathcal{N}(A)$ 的矩阵都可以用作消除矩阵，因此对矩阵 F 存在很多可能的选择。如果 F 是这样一个矩阵，并且 $T \in \mathbf{R}^{(n-p) \times (n-p)}$ 是非奇异的，那么 $\tilde{F} = FT$ 也是一个合适的消除矩阵，因为

$$\mathcal{R}(\tilde{F}) = \mathcal{R}(F) = \mathcal{N}(A).$$

反之，如果 F 和 $\tilde{F}$ 是任意两个合适的消除矩阵，那么总存在某个非奇异矩阵 T 使得 $\tilde{F} = FT$。

如果使用 F 消除等式约束，我们将求解无约束问题

$$\text{minimize} \quad f(Fz + \hat{x}) \ .$$

而如果使用 $\tilde{F}$，我们将求解无约束问题

$$\text{minimize} \quad f(\tilde{F}\tilde{z} + \hat{x}) = f(F(T\tilde{z}) + \hat{x}) \ ,$$

这个问题和上面的等价，就是简单地通过坐标变换 $z = T\tilde{z}$ 得到。换言之，改变消除矩阵可以视为对简化问题进行变量变换。

10.1.3 用对偶方法求解等式约束问题

求解优化问题 (10.1) 的另一个途径是先求解其对偶问题，然后复原最优的原变量 $x^\star$，在 §5.5.5 中对此进行了描述。优化问题 (10.1) 的对偶函数是

$$\begin{aligned} g(\nu) &= -b^T\nu + \inf_x (f(x) + \nu^T Ax) \\ &= -b^T\nu - \sup_x \left((-A^T\nu)^T x - f(x)\right) \\ &= -b^T\nu - f^*(-A^T\nu), \end{aligned}$$

其中 f^* 是 f 的共轭，因此对偶问题是

$$\text{maximize} \quad -b^T\nu - f^*(-A^T\nu) \ .$$

既然根据定义存在最优解，该问题是严格可行的，因此 Slater 条件成立。于是强对偶性成立，最优对偶目标可以达到，即存在 $\nu^\star$ 满足 $g(\nu^\star) = p^\star$。

如果对偶函数 g 是二次可微的，那么在第 9 章描述的无约束优化方法可以用于极大化 g。（一般情况下，即使 f 是二次可微的，对偶函数 g 也不一定二次可微。）一旦找到最优的对偶变量 $\nu^\star$，我们就可以由它构造出原问题的最优解 $x^\star$。（并非总能简单完成；见 §5.5.5。）

例 10.2　等式约束的解析中心。 我们考虑问题

$$\begin{array}{ll} \text{minimize} & f(x) = -\sum_{i=1}^n \log x_i \\ \text{subject to} & Ax = b, \end{array} \tag{10.7}$$

其中 $A \in \mathbf{R}^{p \times n}$，隐含约束 $x \succ 0$。利用

$$f^*(y) = \sum_{i=1}^n (-1 - \log(-y_i)) = -n - \sum_{i=1}^n \log(-y_i),$$

（$\mathbf{dom}\, f^* = -\mathbf{R}^n_{++}$），对偶问题为

$$\text{maximize} \quad g(\nu) = -b^T\nu + n + \sum_{i=1}^n \log(A^T\nu)_i \ , \tag{10.8}$$

隐含约束 $A^T\nu \succ 0$。这里我们可以很容易的求解对偶可行性方程，即确定极大化 $L(x, \nu)$ 的 x：

$$\nabla f(x) + A^T\nu = -(1/x_1, \cdots, 1/x_n) + A^T\nu = 0,$$

于是

$$x_i(\nu) = 1/(A^T\nu)_i. \tag{10.9}$$

为求解等式约束的解析中心问题 (10.7)，我们先求解（无约束的）对偶问题 (10.8)，然后利用式 (10.9) 复原问题 (10.7) 的最优解。

10.2　等式约束的 Newton 方法

本节讨论能够处理等式约束的扩展 Newton 方法。除了以下两点不同，该方法和没有约束的 Newton 方法几乎一样：初始点必须可行（即满足 $x \in \mathbf{dom}\, f$，$Ax = b$），根据等式约束的需要对 Newton 方向的定义进行了适当的修改。具体地说，我们要保证 Newton 方向 Δx_{nt} 是可行方向，即 $A\Delta x_{\text{nt}} = 0$。

10.2.1　Newton 方向

基于二阶近似的定义

为导出等式约束问题

$$\begin{array}{ll}\text{minimize} & f(x)\\ \text{subject to} & Ax=b,\end{array}$$

在可行点 x 处的 Newton 方向 $\Delta x_{\rm nt}$，我们将目标函数换成其在 x 附近的二阶 Taylor 近似，形成下述问题

$$\begin{array}{ll}\text{minimize} & \widehat{f}(x+v)=f(x)+\nabla f(x)^Tv+(1/2)v^T\nabla^2 f(x)v\\ \text{subject to} & A(x+v)=b,\end{array} \tag{10.10}$$

该问题的变量为 v。这是一个（凸的）带等式约束的二次极小问题，可以用解析方法求解。我们假定有关的 KKT 矩阵非奇异，在此基础上定义 x 处的 Newton 方向 $\Delta x_{\rm nt}$ 为凸二次问题 (10.10) 的解。换言之，Newton 方向 $\Delta x_{\rm nt}$ 是一个向量，将其加到 x 上就形成以 f 的二阶近似为目标函数的对应问题的最优解。

根据 §10.1.1 对等式约束二次问题的分析，Newton 方向 $\Delta x_{\rm nt}$ 由以下方程确定

$$\left[\begin{array}{cc}\nabla^2 f(x) & A^T\\ A & 0\end{array}\right]\left[\begin{array}{c}\Delta x_{\rm nt}\\ w\end{array}\right]=\left[\begin{array}{c}-\nabla f(x)\\ 0\end{array}\right], \tag{10.11}$$

其中 w 是该二次问题的最优对偶变量。Newton 方向只在 KKT 矩阵非奇异的点有定义。

如同用 Newton 方法求解无约束问题一样，当目标函数 f 是严格的二次函数时，Newton 修正向量 $x+\Delta x_{\rm nt}$ 是等式约束极小化问题的准确最优解，在这种情况下向量 w 是原问题最优的对偶变量。由此想到，正如无约束情况一样，当 f 接近二次时，$x+\Delta x_{\rm nt}$ 应该是最优解 $x^\star$ 的很好估计，而 w 则应该是最优的对偶变量 $\nu^\star$ 的很好估计。

线性化最优性条件的解

我们可以将 Newton 方向 $\Delta x_{\rm nt}$ 及其相关向量 w 解释为最优性条件

$$Ax^\star=b,\qquad \nabla f(x^\star)+A^T\nu^\star=0$$

的线性近似方程组的解。我们用 $x+\Delta x_{\rm nt}$ 代替 $x^\star$，用 w 代替 $\nu^\star$，并将第二个方程中的梯度项换成其在 x 附近的线性近似，从而得到

$$A(x+\Delta x_{\rm nt})=b,\qquad \nabla f(x+\Delta x_{\rm nt})+A^Tw\approx\nabla f(x)+\nabla^2 f(x)\Delta x_{\rm nt}+A^Tw=0.$$

利用 $Ax=b$，以上方程变成

$$A\Delta x_{\rm nt}=0,\qquad \nabla^2 f(x)\Delta x_{\rm nt}+A^Tw=-\nabla f(x),$$

这和定义 Newton 方向的方程 (10.11) 完全一样。

Newton 减量

我们将等式约束问题的 Newton 减量定义为

$$\lambda(x) = (\Delta x_{\mathrm{nt}}^T \nabla^2 f(x) \Delta x_{\mathrm{nt}})^{1/2}. \tag{10.12}$$

这和无约束情况的表示 (9.29) 完全一样，因此也可以进行同样的解释。例如，$\lambda(x)$ 是 Newton 方向的 Hessian 矩阵范数。

用

$$\widehat{f}(x+v) = f(x) + \nabla f(x)^T v + (1/2) v^T \nabla^2 f(x) v$$

表示 f 在 x 处的二阶 Taylor 近似。$f(x)$ 和二次模型之间的差值满足

$$f(x) - \inf\{\widehat{f}(x+v) \mid A(x+v) = b\} = \lambda(x)^2/2, \tag{10.13}$$

同无约束情况完全一样（见习题 10.6）。这说明，如同无约束情况，$\lambda(x)^2/2$ 对 x 处的 $f(x) - p^\star$ 给出了基于二次模型的一个估计，而 $\lambda(x)$（或者 $\lambda(x)^2$ 的倍数）也可以作为设计好的停止准则的基础。

Newton 减量也出现在直线搜索中，因为 f 沿方向 Δx_{nt} 的方向导数是

$$\left.\frac{d}{dt} f(x + t\Delta x_{\mathrm{nt}})\right|_{t=0} = \nabla f(x)^T \Delta x_{\mathrm{nt}} = -\lambda(x)^2, \tag{10.14}$$

和无约束情况一样。

可行下降方法

假定 $Ax = b$。我们说 $v \in \mathbf{R}^n$ 是一个**可行方向**，如果 $Av = 0$。在这种情况下，每个具有 $x + tv$ 形式的点也是可行解，即 $A(x+tv) = b$。我们说 v 是 f 在 x 处的一个**下降方向**，如果对小的 $t > 0$，有 $f(x+tv) < f(x)$。

Newton 方向总是可行下降方向（除非 x 已经是最优解，此时 $\Delta x_{\mathrm{nt}} = 0$）。确实，定义 Δx_{nt} 的第二组方程是 $A\Delta x_{\mathrm{nt}} = 0$，说明它是可行方向；而式 (10.14) 则说明它也是下降方向。

仿射不变性

同无约束优化问题一样，等式约束优化问题中的 Newton 方向和 Newton 减量也是仿射不变的。假定 $T \in \mathbf{R}^{n \times n}$ 是非奇异的，定义 $\bar{f}(y) = f(Ty)$。我们有

$$\nabla \bar{f}(y) = T^T \nabla f(Ty), \qquad \nabla^2 \bar{f}(y) = T^T \nabla^2 f(Ty) T,$$

而等式约束 $Ax = b$ 则成为 $ATy = b$。

现在考虑在 $ATy = b$ 的约束下极小化 $\bar{f}(y)$ 的问题。在 y 处的 Newton 方向是 Δy_{nt}，它是以下方程的解

$$\begin{bmatrix} T^T\nabla^2 f(Ty)T & T^TA^T \\ AT & 0 \end{bmatrix} \begin{bmatrix} \Delta y_{\rm nt} \\ \bar{w} \end{bmatrix} = \begin{bmatrix} -T^T\nabla f(Ty) \\ 0 \end{bmatrix}.$$

同式 (10.11) 给出的 f 在 $x = Ty$ 处的 Newton 方向 $\Delta x_{\rm nt}$ 进行比较，可以看出

$$T\Delta y_{\rm nt} = \Delta x_{\rm nt},$$

（并且 $w = \bar{w}$，）即 y 和 x 处的 Newton 方向由和 $Ty = x$ 相同的坐标变换相联系。

10.2.2 等式约束的 Newton 方法

等式约束下 Newton 方法的框架和无约束情况完全一样。

算法 10.1 等式约束优化问题的 Newton 方法。

给定 满足 $Ax = b$ 的初始点 $x \in \mathbf{dom}\, f$，误差阈值 $\epsilon > 0$。

重复进行

1. 计算 Newton 方向和 Newton 减量 $\Delta x_{\rm nt}$，$\lambda(x)$。
2. **停止准则**。如果 $\lambda^2/2 \leqslant \epsilon$ 则**退出**。
3. **直线搜索**。通过回溯直线搜索确定步长 t。
4. **修改**。$x := x + t\Delta x_{\rm nt}$。

这是一种**可行下降方法**，因为所有迭代点都是可行的，并且满足 $f(x^{(k+1)}) < f(x^{(k)})$（除非 $x^{(k)}$ 已经是最优解）。Newton 方法需要每个 x 处的 KKT 矩阵可逆；我们将在 §10.2.4 对收敛性需要的假设进行更准确的描述。

10.2.3 Newton 方法和消除法

我们现在说明，对等式约束问题 (10.1) 采用 Newton 方法的迭代过程，和对简化问题 (10.5) 采用 Newton 方法的迭代过程完全一致。假定 F 满足 $\mathcal{R}(F) = \mathcal{N}(A)$ 和 $\mathbf{rank}\, F = n - p$，$\hat{x}$ 满足 $A\hat{x} = b$。简化目标函数 $\tilde{f}(z) = f(Fz + \hat{x})$ 的梯度和 Hessian 矩阵是

$$\nabla \tilde{f}(z) = F^T\nabla f(Fz + \hat{x}), \qquad \nabla^2 \tilde{f}(z) = F^T\nabla^2 f(Fz + \hat{x})F.$$

从 Hessian 矩阵可以看出，等式约束问题的 Newton 方向有定义，即 KKT 矩阵

$$\begin{bmatrix} \nabla^2 f(x) & A^T \\ A & 0 \end{bmatrix}$$

可逆的充要条件是简化问题的 Newton 方向有定义，即 $\nabla^2 \tilde{f}(z)$ 可逆。

简化问题的 Newton 方向是

$$\Delta z_{\rm nt} = -\nabla^2 \tilde{f}(z)^{-1}\nabla \tilde{f}(z) = -(F^T\nabla^2 f(x)F)^{-1}F^T\nabla f(x), \tag{10.15}$$

其中 $x = Fz + \hat{x}$。简化问题的这个搜索方向对应于原始的等式约束问题的方向是

$$F\Delta z_{\mathrm{nt}} = -F(F^T \nabla^2 f(x) F)^{-1} F^T \nabla f(x).$$

我们将说明这个方向和式 (10.11) 定义的原始的等式约束问题的 Newton 方向 Δx_{nt} 完全一样。

为说明以上等价性，我们定义 $\Delta x_{\mathrm{nt}} = F\Delta z_{\mathrm{nt}}$，选择

$$w = -(AA^T)^{-1} A(\nabla f(x) + \nabla^2 f(x)\Delta x_{\mathrm{nt}}),$$

然后验证它们能满足定义 Newton 方向的方程

$$\nabla^2 f(x)\Delta x_{\mathrm{nt}} + A^T w + \nabla f(x) = 0, \qquad A\Delta x_{\mathrm{nt}} = 0. \tag{10.16}$$

第二个方程 $A\Delta x_{\mathrm{nt}} = 0$ 成立是因为 $AF = 0$。为了验证第一个方程，我们利用

$$\begin{aligned}
&\begin{bmatrix} F^T \\ A \end{bmatrix} \left(\nabla^2 f(x)\Delta x_{\mathrm{nt}} + A^T w + \nabla f(x)\right) \\
&= \begin{bmatrix} F^T \nabla^2 f(x)\Delta x_{\mathrm{nt}} + F^T A^T w + F^T \nabla f(x) \\ A\nabla^2 f(x)\Delta x_{\mathrm{nt}} + AA^T w + A\nabla f(x) \end{bmatrix} \\
&= 0.
\end{aligned}$$

因为第一行左边的矩阵是非奇异阵，我们可以断定式 (10.16) 成立。

类似地，下式说明 $\tilde{f}$ 在 z 处的 Newton 减量 $\tilde{\lambda}(z)$ 和 f 在 x 处的 Newton 减量相等：

$$\begin{aligned}
\tilde{\lambda}(z)^2 &= \Delta z_{\mathrm{nt}}^T \nabla^2 \tilde{f}(z)\Delta z_{\mathrm{nt}} \\
&= \Delta z_{\mathrm{nt}}^T F^T \nabla^2 f(x) F\Delta z_{\mathrm{nt}} \\
&= \Delta x_{\mathrm{nt}}^T \nabla^2 f(x)\Delta x_{\mathrm{nt}} \\
&= \lambda(x)^2.
\end{aligned}$$

10.2.4 收敛性分析

我们已经知道，用 Newton 方法求解等式约束问题和用 Newton 方法求解消除等式约束的简化问题完全等价。因此，我们关于无约束问题 Newton 方法收敛性的所有结果都可以推广于等式约束问题的 Newton 方法。特别是，用 Newton 方法求解等式约束问题的实际性能应该和用 Newton 方法求解无约束问题的性能完全一样。一旦 $x^{(k)}$ 接近 $x^\star$，收敛速度将非常快，经过几次迭代就可以获得非常高的精度。

假设

我们给出以下假设。

- 下水平集 $S = \{x \mid x \in \mathbf{dom}\, f,\ f(x) \leqslant f(x^{(0)}),\ Ax = b\}$ 是闭的，其中 $x^{(0)} \in \mathbf{dom}\, f$ 满足 $Ax^{(0)} = b$。该假设对闭的 f 成立（见 §A.3.3）。

- 在集合 S 上，我们有 $\nabla^2 f(x) \preceq MI$，

$$\left\| \begin{bmatrix} \nabla^2 f(x) & A^T \\ A & 0 \end{bmatrix}^{-1} \right\|_2 \leqslant K, \tag{10.17}$$

  即 KKT 矩阵的逆矩阵在 S 上有界。（当然,为了使 Newton 方向在 S 的每个点有定义，该逆矩阵必须存在。）

- 对于 $x,\ \tilde{x} \in S$，$\nabla^2 f$ 满足 Lipschitz 条件 $\|\nabla^2 f(x) - \nabla^2 f(\tilde{x})\|_2 \leqslant L\|x - \tilde{x}\|_2$.

KKT 矩阵逆有界假定

条件 (10.17) 的作用同分析标准 Newton 方法的强凸性假设类似（§9.5.3, 第 465 页）。如果没有等式约束，式 (10.17) 退化为在 S 上 $\|\nabla^2 f(x)^{-1}\|_2 \leqslant K$，因此我们可以当 $\nabla^2 f(x) \succeq mI$ 在 S 上成立时取 $K = 1/m$，其中 $m > 0$。有等式约束时，这个条件不会像最小特征值存在正下界那样简单。因为 KKT 矩阵是对称的，条件 (10.17) 是指它的所有特征值，其中 n 个为正，p 个为负，和 0 之间的距离都有下界。

利用消除等式约束问题的分析

以上假设意味着消除等式约束后的目标函数 $\tilde{f}$，和相应的初始点 $z^{(0)} = \hat{x} + Fx^{(0)}$ 一起，满足 §9.5.3 给出的无约束 Newton 方法收敛性分析的假定（其中参数 $\tilde{m}$, $\tilde{M}$ 和 $\tilde{L}$ 不同）。由此可知等式约束的 Newton 方法收敛于 $x^\star$（以及 $\nu^\star$）。

容易证明，上面的假设意味着消除等式约束后的问题满足无约束 Newton 方法的假定（见习题 10.4）。这里我们证明一个隐含的巧妙结果: KKT 矩阵逆有界的条件和上界假定 $\nabla^2 f(x) \preceq MI$ 一起，意味着 $\nabla^2 \tilde{f}(z) \succeq mI$ 对某个正常数 m 成立。更准确地说，我们要证明这个不等式对

$$m = \frac{\sigma_{\min}(F)^2}{K^2 M} \tag{10.18}$$

成立，因为 F 是满秩的，它确实是正的。

我们用反证法证明上述论断。假定 $F^T H F \not\succeq mI$，其中 $H = \nabla^2 f(x)$。我们可以找到 u 满足 $\|u\|_2 = 1$, $u^T F^T H F u < m$，即 $\|H^{1/2} F u\|_2 < m^{1/2}$。利用 $AF = 0$，我们有

$$\begin{bmatrix} H & A^T \\ A & 0 \end{bmatrix} \begin{bmatrix} Fu \\ 0 \end{bmatrix} = \begin{bmatrix} HFu \\ 0 \end{bmatrix},$$

因此

$$\left\|\begin{bmatrix} H & A^T \\ A & 0 \end{bmatrix}^{-1}\right\|_2 \geqslant \frac{\left\|\begin{bmatrix} Fu \\ 0 \end{bmatrix}\right\|_2}{\left\|\begin{bmatrix} HFu \\ 0 \end{bmatrix}\right\|_2} = \frac{\|Fu\|_2}{\|HFu\|_2}.$$

利用 $\|Fu\|_2 \geqslant \sigma_{\min}(F)$ 和

$$\|HFu\|_2 \leqslant \|H^{1/2}\|_2 \|H^{1/2}Fu\|_2 < M^{1/2}m^{1/2},$$

我们可断定

$$\left\|\begin{bmatrix} H & A^T \\ A & 0 \end{bmatrix}^{-1}\right\|_2 \geqslant \frac{\|Fu\|_2}{\|HFu\|_2} > \frac{\sigma_{\min}(F)}{M^{1/2}m^{1/2}} = K,$$

其中用到我们在式 (10.18) 给出的 m 的表示式。

自和谐函数的收敛性分析

如果 f 是自和谐的，那么 $\tilde{f}(z) = f(Fz + \hat{x})$ 同样也是。由此可知对于自和谐的 f，我们有和无约束问题完全一样的复杂性估计: 产生满足精度 ϵ 的解所需要的迭代次数不会大于

$$\frac{20 - 8\alpha}{\alpha\beta(1-2\alpha)^2}(f(x^{(0)}) - p^\star) + \log_2 \log_2(1/\epsilon),$$

其中 α 和 β 是回溯直线搜索的参数（见式 (9.56)）。

10.3 不可行初始点的 Newton 方法

如同 §10.2 描述的那样，Newton 方法是一个可行下降方法。本节我们描述一种推广的 Newton 方法，它能够从不可行的初始点开始进行迭代。

10.3.1 不可行点的 Newton 方向

和 Newton 方法一样，我们从等式约束优化问题的最优性条件开始:

$$Ax^\star = b, \qquad \nabla f(x^\star) + A^T\nu^\star = 0.$$

用 x 表示当前点，我们不假定它是可行的，但假定它满足 $x \in \mathbf{dom}\, f$。我们的目的是找到一个方向 Δx 使 $x + \Delta x$ 满足（至少近似满足）最优性条件，即 $x + \Delta x \approx x^\star$。为此我们在最优性条件中用 $x + \Delta x$ 代替 $x^\star$，用 w 代替 $\nu^\star$，并利用梯度的一阶近似

$$\nabla f(x + \Delta x) \approx \nabla f(x) + \nabla^2 f(x)\Delta x$$

得到

$$A(x + \Delta x) = b, \qquad \nabla f(x) + \nabla^2 f(x)\Delta x + A^T w = 0.$$

这是 Δx 和 w 的一组线性方程,

$$\begin{bmatrix} \nabla^2 f(x) & A^T \\ A & 0 \end{bmatrix} \begin{bmatrix} \Delta x \\ w \end{bmatrix} = - \begin{bmatrix} \nabla f(x) \\ Ax - b \end{bmatrix}. \tag{10.19}$$

这组方程和在可行点 x 处定义 Newton 方向的式 (10.11) 相似，只有一点差别: 右边第二块元素含有 $Ax-b$，它是线性等式约束的残差向量。如果 x 是可行的，残差等于零，方程 (10.19) 退化为在可行点 x 处定义 Newton 方向的方程 (10.11)。因此，如果 x 是可行的，由式 (10.19) 定义的方向 Δx 和前面描述的 Newton 方向（只对可行的 x 有定义）一致。由于这个原因，我们用符号 $\Delta x_{\rm nt}$ 表示式 (10.19) 定义的方向 Δx，并在不会混淆时将它称为 x 处的 Newton 方向。

作为原对偶 Newton 方向的解释

我们可以基于等式约束问题的**原对偶方法**对方程 (10.19) 给出一种解释。所谓原对偶方法是指同时修改原变量 x 和对偶变量 ν 使最优性条件（近似）满足的方法。

我们将最优性条件表示成 $r(x^\star,\nu^\star)=0$，其中 $r:\mathbf{R}^n\times\mathbf{R}^p\to\mathbf{R}^n\times\mathbf{R}^p$ 由下式定义

$$r(x,\nu) = (r_{\rm dual}(x,\nu), r_{\rm pri}(x,\nu)).$$

这里

$$r_{\rm dual}(x,\nu) = \nabla f(x) + A^T\nu, \qquad r_{\rm pri}(x,\nu) = Ax - b$$

分别是**对偶残差**和**原残差**。在当前估计 y 附近 r 的一阶 Taylor 近似是

$$r(y+z) \approx \hat{r}(y+z) = r(y) + Dr(y)z,$$

其中 $Dr(y)\in\mathbf{R}^{(n+p)\times(n+p)}$ 是 r 在 y 处的导数（见 §A.4.1）。我们将原对偶 Newton 方向 $\Delta y_{\rm pd}$ 定义为使 Taylor 近似 $\hat{r}(y+z)$ 等于 0 的步径 z，即

$$Dr(y)\Delta y_{\rm pd} = -r(y). \tag{10.20}$$

注意此处我们将 x 和 ν 都视为变量；$\Delta y_{\rm pd}=(\Delta x_{\rm pd},\Delta\nu_{\rm pd})$ 同时给出了原对偶问题的步径。

对 r 求导数，可以将式 (10.20) 表示为

$$\begin{bmatrix} \nabla^2 f(x) & A^T \\ A & 0 \end{bmatrix} \begin{bmatrix} \Delta x_{\rm pd} \\ \Delta\nu_{\rm pd} \end{bmatrix} = - \begin{bmatrix} r_{\rm dual} \\ r_{\rm pri} \end{bmatrix} = - \begin{bmatrix} \nabla f(x) + A^T\nu \\ Ax - b \end{bmatrix}. \tag{10.21}$$

将 $\nu+\Delta\nu_{\rm pd}$ 写成 ν^+，上式又可表示成

$$\begin{bmatrix} \nabla^2 f(x) & A^T \\ A & 0 \end{bmatrix} \begin{bmatrix} \Delta x_{\rm pd} \\ \nu^+ \end{bmatrix} = - \begin{bmatrix} \nabla f(x) \\ Ax - b \end{bmatrix}, \tag{10.22}$$

这和方程组 (10.19) 完全一样。因此，式 (10.19)、式 (10.21) 和式 (10.22) 的解之间存在以下联系

$$\Delta x_{\mathrm{nt}} = \Delta x_{\mathrm{pd}}, \qquad w = \nu^{+} = \nu + \Delta\nu_{\mathrm{pd}}.$$

这表明（不可行）Newton 方向和原对偶方向中的原问题对应向量相同，而相应的对偶向量 w 则是修正的原对偶变量 $\nu^{+} = \nu + \Delta\nu_{\mathrm{pd}}$。

由式 (10.21) 和式 (10.22) 给出的 Newton 方向和对偶变量（或对偶方向）的两种表达式彼此等价，但每种表达式揭示了 Newton 方向一种不同的特点。方程 (10.21) 表明 Newton 方向和相应的对偶方向是以原对偶残差为右边项的方程组的解。而我们最初定义 Newton 方向的式 (10.22) 则给出了 Newton 方向和修正的对偶变量，从中可以看出对偶变量的当前值对计算对偶方向或者其修正值都不起作用。

残差范数的缩减性质

在不可行点处的 Newton 方向不一定是 f 的下降方向。从式 (10.19) 可以看出

$$\begin{aligned}\left.\frac{d}{dt}f(x+t\Delta x)\right|_{t=0} &= \nabla f(x)^T\Delta x \\ &= -\Delta x^T\left(\nabla^2 f(x)\Delta x + A^T w\right) \\ &= -\Delta x^T\nabla^2 f(x)\Delta x + (Ax-b)^T w,\end{aligned}$$

它并不一定是负的（当然,除非 x 是可行的，即 $Ax = b$）。然而，原对偶解释表明残差范数沿 Newton 方向下降，即

$$\left.\frac{d}{dt}\|r(y+t\Delta y_{\mathrm{pd}})\|_2^2\right|_{t=0} = 2r(y)^T Dr(y)\Delta y_{\mathrm{pd}} = -2r(y)^T r(y).$$

利用上面范数平方的导数，可以得到

$$\left.\frac{d}{dt}\|r(y+t\Delta y_{\mathrm{pd}})\|_2\right|_{t=0} = -\|r(y)\|_2. \tag{10.23}$$

该式让我们能够利用 $\|r\|_2$ 检测不可行 Newton 方法的进展，例如，检测直线搜索的进展。（对于标准 Newton 方法，我们利用函数 f 的取值检测算法的进展，至少在二次收敛阶段以前是这样。）

完整步径的可行性质

由式 (10.19) 给出的 Newton 方向 Δx_{nt}（根据定义）具有以下性质

$$A(x+\Delta x_{\mathrm{nt}}) = b. \tag{10.24}$$

由此可知，如果沿 Newton 方向 Δx_{nt} 前进的步长等于 1，下一个迭代点将是可行的。一旦 x 是可行点，Newton 方向就成为可行方向，不管以后的步长等于多少，所有的迭代点都将是可行点。

我们可以在更加一般的情况下分析阻尼步长对等式约束残差 r_{pri} 的影响。选定步长 $t \in [0,1]$，下一个迭代点是 $x^+ = x + t\Delta x_{\mathrm{nt}}$，利用式 (10.24) 可求出其等式约束残差

$$r_{\mathrm{pri}}^+ = A(x + \Delta x_{\mathrm{nt}} t) - b = (1-t)(Ax - b) = (1-t) r_{\mathrm{pri}}.$$

因此，阻尼步长 t 能使残差缩减为原来的 $1-t$ 倍。现在假设对于 $i = 0, \cdots, k-1$ 我们有 $x^{(i+1)} = x^{(i)} + t^{(i)} \Delta x_{\mathrm{nt}}^{(i)}$，其中 $\Delta x_{\mathrm{nt}}^{(i)}$ 是点 $x^{(i)} \in \mathbf{dom}\, f$ 处的 Newton 方向，$t^{(i)} \in [0,1]$。于是

$$r^{(k)} = \left(\prod_{i=0}^{k-1} (1 - t^{(i)}) \right) r^{(0)},$$

其中 $r^{(i)} = Ax^{(i)} - b$ 是 $x^{(i)}$ 的残差。该式表明迭代过程中原问题的残差向量始终和初始残差向量方向相同，但每次迭代后都按比例缩减。它也表明一旦某个步长等于 1，其后所有迭代点都是原问题的可行点。

10.3.2　不可行初始点 Newton 方法

利用式 (10.19) 定义的 Newton 方向 Δx_{nt}，我们可以对 Newton 方法进行推广，使之能够处理 $x^{(0)} \in \mathbf{dom}\, f$，但不一定满足 $Ax^{(0)} = b$ 的情况。我们同时利用 Newton 方向的对偶部分: 在式 (10.19) 中给出的 $\Delta \nu_{\mathrm{nt}} = w - \nu$，或者等价的，在式 (10.21) 中给出的 $\Delta \nu_{\mathrm{nt}} = \Delta \nu_{\mathrm{pd}}$。

算法 10.2　不可行初始点 Newton 方法。

给定 初始点 $x \in \mathbf{dom}\, f$，ν，误差阈值 $\epsilon > 0$，$\alpha \in (0, 1/2)$，$\beta \in (0,1)$。

重复进行

1. 计算原对偶 Newton 方向 Δx_{nt}，$\Delta \nu_{\mathrm{nt}}$。
2. 对 $\|r\|_2$ 进行回溯直线搜索。
   $t := 1$。
   只要 $\|r(x + t\Delta x_{\mathrm{nt}}, \nu + t\Delta \nu_{\mathrm{nt}})\|_2 > (1 - \alpha t)\|r(x,\nu)\|_2$，　$t := \beta t$。
3. **改进**。$x := x + t\Delta x_{\mathrm{nt}}$，$\nu := \nu + t\Delta \nu_{\mathrm{nt}}$。

直到 $Ax = b$ 并且 $\|r(x,\nu)\|_2 \leqslant \epsilon$。

该算法和处理可行初始点的标准 Newton 方法非常相似，仅有少数不同。首先，搜索方向包括额外的依赖原问题残差的修正项。其次，直线搜索目标是残差的范数，而不是函数 f。最后，算法停止时不仅要求原问题可行性被满足，还要求（对偶）残差的范数也很小。

对步骤 2 中的直线搜索有必要进行一些注释。同基于目标函数的直线搜索相比，对残差范数进行直线搜索可能增加成本，但其增量通常是微不足道的。同样，直线搜索

一定在有限次迭代后结束，因为式 (10.23) 表明当 t 很小时直线搜索的终止条件能够满足。

方程 (10.24) 表明，如果某次迭代的步长等于 1，下一个迭代点就是可行的，由此可知在那以后所有的迭代点都将是可行的。因此，一旦得到某个可行点，不可行初始点 Newton 方法给出的搜索方向，将和 §10.2 描述的（可行）Newton 方法给出的搜索方向完全吻合。

关于不可行初始点 Newton 方法存在很多变形。例如，一旦满足了可行性，我们就可以切换到 §10.2 描述的（可行）Newton 方法。（换言之，我们可以将直线搜索的目标函数换成 f，将终止条件换成 $\lambda(x)^2/2 \leqslant \epsilon$。）当可行性满足时，不可行初始点 Newton 方法和标准（可行）Newton 方法只在回溯和终止条件方面有些差别，其算法性能非常相似。

利用不可行初始点 Newton 方法简化初始化

不可行初始点 Newton 方法的主要优点在于对初始化的要求简单。如果 $\mathbf{dom}\, f = \mathbf{R}^n$，初始化（可行）Newton 方法就是计算 $Ax = b$ 的一个解，在这种情况下用不可行初始点 Newton 方法，除了方便一点，没有什么特别的优点。

如果 $\mathbf{dom}\, f$ 不等于 $\mathbf{R}^n$，在 $\mathbf{dom}\, f$ 找到满足 $Ax = b$ 的点本身就具有挑战性。一种一般性的处理方法，当 $\mathbf{dom}\, f$ 很复杂并且不知道是否和 $\{z \mid Az = b\}$ 相交时可能也是最好的方法，是采用阶段 I 方法（见 §11.4）求出这样一个点（或者证实 $\mathbf{dom}\, f$ 和 $\{z \mid Az = b\}$ 不相交）。但如果 $\mathbf{dom}\, f$ 比较简单，并且已知含有满足 $Ax = b$ 的点，那么不可行初始点 Newton 方法就是一种简单的可选方案。

一种常见的例子发生于 $\mathbf{dom}\, f = \mathbf{R}^n_{++}$ 的情况，例如在例 10.2 中描述的等式约束解析中心点问题。为了对以下问题初始化 Newton 方法，

$$
\begin{array}{ll}
\text{minimize} & -\sum_{i=1}^{n} \log x_i \\
\text{subject to} & Ax = b,
\end{array}
\tag{10.25}
$$

我们需要找到满足 $Ax = b$ 的 $x^{(0)} \succ 0$，这等价于求解一个标准形式的线性规划可行性问题。该问题可以采用阶段 I 方法处理，或者等价的，采用不可行初始点 Newton 方法，选取任何正分量的初始点，例如，$x^{(0)} = \mathbf{1}$。

同样的技巧可以用于求解无约束问题时未知 $\mathbf{dom}\, f$ 的初始点的情况。作为一个例子，我们考虑等式约束解析中心点问题 (10.25) 的对偶问题，

$$
\text{maximize} \quad g(\nu) = -b^T\nu + n + \sum_{i=1}^{n} \log(A^T\nu)_i \ .
$$

为了对该问题初始化（可行初始点）Newton 方法，我们必须找到满足 $A^T\nu^{(0)} \succ 0$ 的 $\nu^{(0)}$，即我们必须求解一组线性不等式。该问题可以用阶段 I 方法求解，或者在重新描

述问题后用不可行初始点 Newton 方法求解。我们先采用新的变量 $y \in \mathbf{R}^n$ 将其表示为一个等式约束问题

$$\begin{array}{ll} \text{maximize} & -b^T\nu + n + \sum_{i=1}^n \log y_i \\ \text{subject to} & y = A^T\nu, \end{array}$$

然后就可以从任何正分量的 $y^{(0)}$（和任意的 $\nu^{(0)}$）开始应用不可行初始点 Newton 方法。

对于不知道是否存在严格可行的初始点的问题，采用不可行初始点 Newton 方法进行初始化存在一个缺点，这就是不能明确判断不存在严格可行点的情况；因为此时残差范数仍然会很慢地收敛于某个正数。（作为对比，阶段 I 方法能够清楚地判定这种情况。）此外，在可行性满足以前，不可行初始点 Newton 方法可能收敛地很慢；见§11.4.2。

10.3.3 收敛性分析

本节说明，如果一些假设成立，那么不可行初始点 Newton 方法将收敛到最优解。收敛性证明和标准 Newton 方法或者等式约束的标准 Newton 方法的收敛性证明非常相似。我们将证明，一旦残差范数足够小，算法将选取完全的步长（意味着可行性被满足），此后将保持二次收敛速度。我们也将证明，在二次收敛以前，每次迭代都能使残差范数至少减少一个固定的量。由于残差范数不能为负值，经过有限次迭代，残差必然减少到能够保证选取完全步长的程度，从而进入二次收敛。

假设

我们提出以下假设。

- 下水平集

$$S = \{(x, \nu) \mid x \in \mathbf{dom}\, f,\ \|r(x, \nu)\|_2 \leqslant \|r(x^{(0)}, \nu^{(0)})\|_2\} \tag{10.26}$$

  是闭的。如果 f 是闭的，则 $\|r\|_2$ 是一个闭函数，此时该条件被任何 $x^{(0)} \in \mathbf{dom}\, f$ 和任何 $\nu^{(0)} \in \mathbf{R}^p$ 所满足（见习题 10.7）。

- 在集合 S 上对某些 K 成立

$$\|Dr(x, \nu)^{-1}\|_2 = \left\| \begin{bmatrix} \nabla^2 f(x) & A^T \\ A & 0 \end{bmatrix}^{-1} \right\|_2 \leqslant K. \tag{10.27}$$

- 对于 (x, ν)，$(\tilde{x}, \tilde{\nu}) \in S$，$Dr$ 满足 Lipschitz 条件

$$\|Dr(x, \nu) - Dr(\tilde{x}, \tilde{\nu})\|_2 \leqslant L\|(x, \nu) - (\tilde{x}, \tilde{\nu})\|_2.$$

  （该式等价于 $\nabla^2 f(x)$ 满足 Lipschitz 条件；参见习题 10.7。）

下面将看到，这些假设意味着 $\mathbf{dom}\, f$ 和 $\{z \mid Az = b\}$ 相交，并存在一个最优解 $(x^\star, \nu^\star)$。

和标准 Newton 方法比较

上述假设和 §10.2.4（第 505 页）分析标准 Newton 方法时采用的假设非常相似。其中第二和第三个假设，即 KKT 的逆矩阵有界和 Lipschitz 条件，本质上相同。但是，对于不可行初始点 Newton 方法，下水平集条件 (10.26) 比 §10.2.4 的下水平集条件更有一般性。

作为一个例子，考虑等式约束的最大熵问题

$$
\begin{array}{ll}
\text{minimize} & f(x) = \sum_{i=1}^{n} x_i \log x_i \\
\text{subject to} & Ax = b,
\end{array}
$$

其中 $\mathbf{dom}\, f = \mathbf{R}^n_{++}$。目标函数 f 是非闭的；它有非闭的下水平集，因此，至少对于一些初始点，关于标准 Newton 方法的假定不成立。这里遇到的问题是，当 $x_i \to 0$ 时，负熵函数不趋于 ∞。但在另一方面，不可行初始点 Newton 方法的下水平集条件 (10.26) 对该问题**能**成立，这是因为当 $x_i \to 0$ 时负熵函数的梯度的范数趋于 ∞。因此，不可行初始点 Newton 方法可以保证解决等式约束的最大熵问题。（在这里我们并不知道标准 Newton 方法是否不能解决该问题；我们能够看到的仅是我们的收敛性分析不成立。）请注意，如果初始点满足等式约束，那么标准 Newton 方法和不可行初始点 Newton 方法的差别仅在于直线搜索，它只在阻尼阶段才会发生。

一个基本不等式

我们从推导一个基本不等式开始。令 $y = (x, \nu) \in S$ 满足 $\|r(y)\|_2 \neq 0$，令 $\Delta y_{\rm nt} = (\Delta x_{\rm nt}, \Delta \nu_{\rm nt})$ 为 y 处的 Newton 方向。定义

$$
t_{\max} = \inf\{t > 0 \mid y + t\Delta y_{\rm nt} \notin S\}.
$$

如果对所有的 $t \geqslant 0$ 成立 $y + t\Delta y_{\rm nt} \in S$，我们按照惯例定义 $t_{\max} = \infty$。否则，$t_{\max}$ 表示满足 $\|r(y + t\Delta y_{\rm nt})\|_2 = \|r(y^{(0)})\|_2$ 的最小的正的 t。特别是，由此可知对任意的 $0 \leqslant t \leqslant t_{\max}$ 都成立 $y + t\Delta y_{\rm nt} \in S$。

我们将证明对于任意的 $0 \leqslant t \leqslant \min\{1, t_{\max}\}$ 都成立

$$
\|r(y + t\Delta y_{\rm nt})\|_2 \leqslant (1 - t)\|r(y)\|_2 + (K^2 L/2) t^2 \|r(y)\|_2^2. \tag{10.28}
$$

我们有

$$
r(y + t\Delta y_{\rm nt}) = r(y) + \int_0^1 Dr(y + \tau t \Delta y_{\rm nt}) t \Delta y_{\rm nt}\, d\tau
$$

$$
\begin{aligned}
&= r(y) + tDr(y)\Delta y_{\mathrm{nt}} + \int_0^1 (Dr(y+\tau t\Delta y_{\mathrm{nt}}) - Dr(y))t\Delta y_{\mathrm{nt}}\,d\tau \\
&= r(y) + tDr(y)\Delta y_{\mathrm{nt}} + e \\
&= (1-t)r(y) + e,
\end{aligned}
$$

其中利用了 $Dr(y)\Delta y_{\mathrm{nt}} = -r(y)$，并定义了

$$
e = \int_0^1 (Dr(y+\tau t\Delta y_{\mathrm{nt}}) - Dr(y))t\Delta y_{\mathrm{nt}}\,d\tau.
$$

现在假设 $0 \leqslant t \leqslant t_{\max}$，因此对所有的 $0 \leqslant \tau \leqslant 1$ 均成立 $y + \tau t\Delta y_{\mathrm{nt}} \in S$。我们可以对 $\|e\|_2$ 建立以下上界：

$$
\begin{aligned}
\|e\|_2 &\leqslant \|t\Delta y_{\mathrm{nt}}\|_2 \int_0^1 \|Dr(y+\tau t\Delta y_{\mathrm{nt}}) - Dr(y)\|_2\,d\tau \\
&\leqslant \|t\Delta y_{\mathrm{nt}}\|_2 \int_0^1 L\|\tau t\Delta y_{\mathrm{nt}}\|_2\,d\tau \\
&= (L/2)t^2\|\Delta y_{\mathrm{nt}}\|_2^2 \\
&= (L/2)t^2\|Dr(y)^{-1}r(y)\|_2^2 \\
&\leqslant (K^2L/2)t^2\|r(y)\|_2^2,
\end{aligned}
$$

其中第二行利用了 Lipschitz 条件，最后利用了上界 $\|Dr(y)^{-1}\|_2 \leqslant K$。现在我们可以导出式 (10.28) 中的上界，对于任意的 $0 \leqslant t \leqslant \min\{1, t_{\max}\}$，

$$
\begin{aligned}
\|r(y+t\Delta y_{\mathrm{nt}})\|_2 &= \|(1-t)r(y) + e\|_2 \\
&\leqslant (1-t)\|r(y)\|_2 + \|e\|_2 \\
&\leqslant (1-t)\|r(y)\|_2 + (K^2L/2)t^2\|r(y)\|_2^2.
\end{aligned}
$$

阻尼 Newton 阶段

我们首先说明如果 $\|r(y)\|_2 > 1/(K^2L)$，不可行初始点 Newton 方法的一次迭代将把 $\|r\|_2$ 至少减少一个确定的量。

基本不等式 (10.28) 的右边是 t 的二次函数，并在 $t=0$ 和它的最小解

$$
\bar{t} = \frac{1}{K^2L\|r(y)\|_2} < 1
$$

之间单调减少。我们有 $t_{\max} > \bar{t}$，否则将可推出不正确的关系 $\|r(y + t_{\max}\Delta y_{\mathrm{nt}})\|_2 < \|r(y)\|_2$。因此基本不等式在 $t = \bar{t}$ 时成立，于是

$$
\begin{aligned}
\|r(y+\bar{t}\Delta y_{\mathrm{nt}})\|_2 &\leqslant \|r(y)\|_2 - 1/(2K^2L) \\
&\leqslant \|r(y)\|_2 - \alpha/(K^2L) \\
&= (1-\alpha\bar{t})\|r(y)\|_2,
\end{aligned}
$$

它表明步长 $\bar{t}$ 满足直线搜索的停止条件。因此我们有 $t \geqslant \beta\bar{t}$，其中 t 是回溯算法确定的步长。从 $t \geqslant \beta\bar{t}$ 可得（根据回溯直线搜索算法的停止条件）

$$\begin{aligned}\|r(y+t\Delta y_{\mathrm{nt}})\|_2 &\leqslant (1-\alpha t)\|r(y)\|_2 \\ &\leqslant (1-\alpha\beta\bar{t})\|r(y)\|_2 \\ &= \left(1-\frac{\alpha\beta}{K^2L\|r(y)\|_2}\right)\|r(y)\|_2 \\ &= \|r(y)\|_2 - \frac{\alpha\beta}{K^2L}.\end{aligned}$$

于是，只要 $\|r(y)\|_2 > 1/(K^2L)$，每次迭代就能把 $\|r\|_2$ 至少减少 $\alpha\beta/(K^2L)$。由此可知，至多经过

$$\frac{\|r(y^{(0)})\|_2K^2L}{\alpha\beta}$$

次迭代就可得到 $\|r(y^{(k)})\|_2 \leqslant 1/(K^2L)$。

二次收敛阶段

现在假设 $\|r(y)\|_2 \leqslant 1/(K^2L)$。基本不等式保证

$$\|r(y+t\Delta y_{\mathrm{nt}})\|_2 \leqslant (1-t+(1/2)t^2)\|r(y)\|_2 \tag{10.29}$$

对任意的 $0 \leqslant t \leqslant \min\{1, t_{\max}\}$ 均成立。此时我们有 $t_{\max} > 1$，否则由式 (10.29) 可得 $\|r(y+t_{\max}\Delta y_{\mathrm{nt}})\|_2 < \|r(y)\|_2$，它和 $t_{\max}$ 的定义相矛盾。因此不等式 (10.29) 对 $t=1$ 成立，即我们有

$$\|r(y+\Delta y_{\mathrm{nt}})\|_2 \leqslant (1/2)\|r(y)\|_2 \leqslant (1-\alpha)\|r(y)\|_2.$$

该式表明 $t=1$ 能够满足回溯直线搜索算法的停止条件，因此可以取完整步长。不仅如此，对于此后所有迭代我们都有 $\|r(y)\|_2 \leqslant 1/(K^2L)$，于是在此后所有迭代中均可取完整步长。

我们可以把不等式 (10.28)（对于 $t=1$）写成

$$\frac{K^2L\|r(y^+)\|_2}{2} \leqslant \left(\frac{K^2L\|r(y)\|_2}{2}\right)^2,$$

其中 $y^+ = y + \Delta y_{\mathrm{nt}}$。于是，如果用 $r(y^{+k})$ 代表 $\|r(y)\|_2 \leqslant 1/K^2L$ 出现后再进行 k 步迭代后的残差，我们有

$$\frac{K^2L\|r(y^{+k})\|_2}{2} \leqslant \left(\frac{K^2L\|r(y)\|_2}{2}\right)^{2^k} \leqslant \left(\frac{1}{2}\right)^{2^k},$$

即我们得到 $\|r(y)\|_2$ 相对零的二次收敛。

为了证明迭代序列收敛，我们将说明它是一个 Cauchy 序列。假设 y 满足 $\|r(y)\|_2 \leqslant 1/(K^2L)$，用 y^{+k} 表示 y 以后再进行 k 次迭代得到的相应值。既然这些迭代均在二次收敛的区域内，步长都等于 1，因此我们有

$$\begin{aligned}\|y^{+k}-y\|_2 &\leqslant \|y^{+k}-y^{+(k-1)}\|_2+\cdots+\|y^{+}-y\|_2\\ &= \|Dr(y^{+(k-1)})^{-1}r(y^{+(k-1)})\|_2+\cdots+\|Dr(y)^{-1}r(y)\|_2\\ &\leqslant K\left(\|r(y^{+(k-1)})\|_2+\cdots+\|r(y)\|_2\right)\\ &\leqslant K\|r(y)\|_2\sum_{i=0}^{k-1}\left(\frac{K^2L\|r(y)\|_2}{2}\right)^{2^i-1}\\ &\leqslant K\|r(y)\|_2\sum_{i=0}^{k-1}\left(\frac{1}{2}\right)^{2^i-1}\\ &\leqslant 2K\|r(y)\|_2,\end{aligned}$$

其中第三行对所有迭代利用了假设 $\|Dr^{-1}\|_2 \leqslant K$。因为 $\|r(y^{(k)})\|_2$ 收敛于零，我们可以断定 $y^{(k)}$ 是一个 Cauchy 序列，因此收敛。由 r 的连续性可得，$y^\star$ 的极限满足 $r(y^\star)=0$。由此建立了我们较早的论断，即本节开始时的假设意味着存在最优解 $(x^\star,\nu^\star)$。

10.3.4　凸-凹对策

从不可行初始点 Newton 方法的收敛性证明可以发现，除了等式约束的凸优化问题，该方法还可用于更加广泛的一类问题。假设 $r:\mathbf{R}^n\to\mathbf{R}^n$ 是可微的，它的梯度在 S 上满足 Lipschitz 条件，并且 $\|Dr(x)^{-1}\|_2$ 在 S 上有界，其中

$$S=\{x\in\mathbf{dom}\,r \mid \|r(x)\|_2\leqslant\|r(x^{(0)})\|_2\}$$

是一个闭集。此时从任何 $x^{(0)}$ 开始不可行初始点 Newton 方法，都将收敛于 $r(x)=0$ 在 S 中的一个解。在不可行初始点 Newton 方法中，我们将该性质应用于 r 是等式约束优化问题残差的情况。然而它也可以应用于若干其他有意义的情况。一个有意义的例子就是求解**凸-凹对策**。（关于其他有关对策问题的讨论可参见 §5.4.3 和习题 5.25）。

在 $\mathbf{R}^p\times\mathbf{R}^q$ 上的一个无约束（二人零和）对策由其**支付函数** $f:\mathbf{R}^{p+q}\to\mathbf{R}$ 所定义。其含义是，参与对策的甲方选择一个值（或称为动作）$u\in\mathbf{R}^p$，参与对策的乙方选择一个值（或动作）$v\in\mathbf{R}^q$；基于这些选择，甲方支付乙方 $f(u,v)$。甲方的目的是极小化其支付量，而乙方的目的则是极大化甲方的支付量。

如果甲方首先选定 u，而乙方知道其选择值，那么乙方将选择使 $f(u,v)$ 达到最大的 v，由此产生支付量 $\sup_v f(u,v)$（假设上确界能够达到）。如果甲方预见到乙方将做出上述选择，他就应该选择使 $\sup_v f(u,v)$ 达到最小的 u。由此产生的甲方对乙方的支

付量为

$$\inf_u \sup_v f(u,v), \tag{10.30}$$

（假设上确界能够达到。）另一方面，如果乙方首先做出选择，相反的推理成立，由此产生的甲方对乙方的支付量等于

$$\sup_v \inf_u f(u,v). \tag{10.31}$$

支付量 (10.30) 总是大于或等于支付量 (10.31)；两者之间的差距可以解释为知道对方的选择后再进行选择的优势。如果对所有的 u, v ,

$$f(u^\star,v) \leqslant f(u^\star,v^\star) \leqslant f(u,v^\star),$$

我们就称 $(u^\star,v^\star)$ 是对策的一个**解**，或者是对策的一个**鞍点**。当对策有鞍点时，最后选择的优势将不复存在；$f(u^\star,v^\star)$ 将同时等于支付量 (10.30) 和 (10.31)。（参见习题 3.14。）

如果对于每个 v，$f(u,v)$ 是 u 的凸函数，而对于每个 u，$f(u,v)$ 是 v 的凹函数，相应对策被称为**凸-凹**对策。当 f 可微（且凸-凹）时，对策的鞍点将满足方程 $\nabla f(u^\star,v^\star)=0$。

用不可行初始点 Newton 方法求解

我们可以应用不可行初始点 Newton 方法计算具有二次可微支付函数的凸-凹对策问题的解。我们定义残差为

$$r(u,v) = \nabla f(u,v) = \begin{bmatrix} \nabla_u f(u,v) \\ \nabla_v f(u,v) \end{bmatrix},$$

并对其应用不可行初始点 Newton 方法。对于对策问题，不可行初始点 Newton 方法被简单地称为 Newton 方法（针对凸-凹对策而言）。

只要 $Dr=\nabla^2 f$ 的逆矩阵有界，并在以下下水平集上满足 Lipschitz 条件，

$$S = \{(u,v)\in \mathbf{dom}\, f \mid \|r(u,v)\|_2 \leqslant \|r(u^{(0)},v^{(0)})\|_2\},$$

其中 $u^{(0)}$, $v^{(0)}$ 是对策双方的初始选择，我们就可以保证（不可行初始点）Newton 方法的收敛性。

和无约束优化问题中的强凸性条件有一个简单的类似之处，如果存在 $m>0$，对所有的 $(u,v)\in S$ 成立 $\nabla^2_{uu}f(u,v)\succeq mI$ 和 $\nabla^2_{vv}f(u,v)\preceq -mI$，我们就称支付函数 f 是强凸-凹的。很自然地，这个强凸-凹性假设包含着逆矩阵有界假定（习题 10.10）。

10.3.5 数例

一个简单的例子

我们用不可行初始点 Newton 方法求解等式约束的解析中心点问题 (10.25)。我们

的第一个例子是随机产生的 $n=100$，$m=50$ 的实例，相应问题可行且存在下界。采用不可行初始点 Newton 方法，初始的原对偶变量取值为 $x^{(0)}=\mathbf{1}$，$\nu^{(0)}=0$，回溯直线搜索参数 $\alpha=0.01$，$\beta=0.5$。图 10.1 中的图像分别表示原对偶残差相对迭代次数的变化情况，而图 10.2 中的图像则显示对应的步长。第 8 次迭代时选取了完整的 Newton 步长，因此原残差变成（几乎等于）零，并在此后始终保持（几乎等于）零。在大约 9 次迭代后，（对偶）残差二次收敛于零。

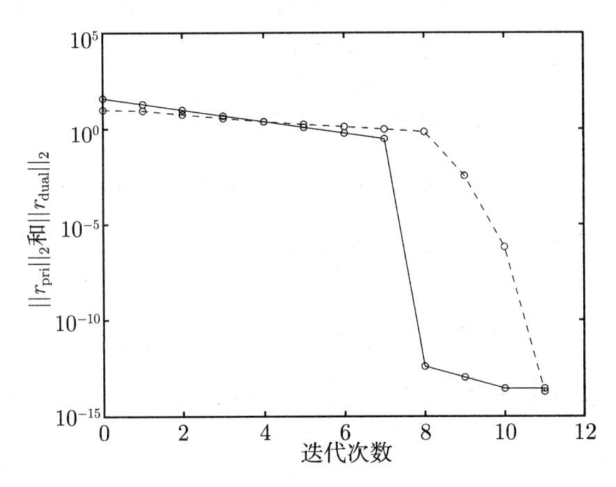

图 10.1　用不可行初始点 Newton 方法求解一个 100 个变量，50 个等式约束的解析中心点问题。图中给出了 $\|r_{\rm pri}\|_2$（实线）和 $\|r_{\rm dual}\|_2$（虚线）。可行性在 8 次迭代后满足（并一直保持），大约 9 次迭代后开始二次收敛。

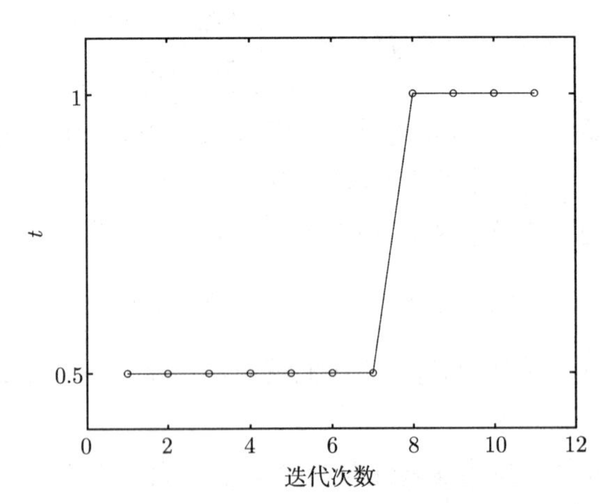

图 10.2　相同例子的步长与迭代次数之间的关系。第 8 次迭代时选取了完整步长，自此以后始终保持了可行性。

一个不可行的例子

我们再考虑一个和上面的例子维数相同的实例，不同之处在于 $\mathbf{dom}\, f$ 和 $\{z \mid Az=b\}$ 不相交，即这是一个不可行的问题。（该实例不满足问题 (10.1) 是可解的假设，也

不满足 §10.2.4 给出的假设；考虑该例仅仅为了说明当 $\mathbf{dom}\,f$ 和 $\{z \mid Az = b\}$ 不相交时应用不可行初始点 Newton 方法会发生什么情况。）图 10.3 给出了该实例的残差范数，图 10.4 给出了对应的步长。当然，在这种情况下步长永远不会等于 1，而残差也不会等于 0。

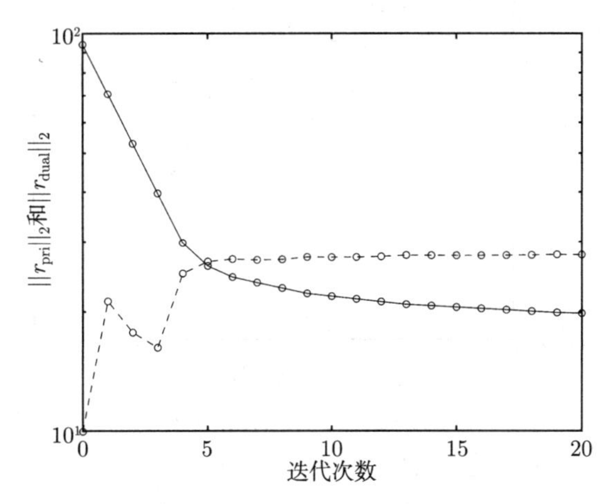

图 10.3　用不可行初始点 Newton 方法求解一个 100 个变量，50 个等式约束的解析中心点问题，其定义域 $\mathbf{dom}\,f = \mathbf{R}^{100}_{++}$ 和 $\{z \mid Az = b\}$ 不相交。图中给出了 $\|r_{\rm pri}\|_2$（实线）和 $\|r_{\rm dual}\|_2$（虚线）。在这种情况下，残差不收敛于 0。

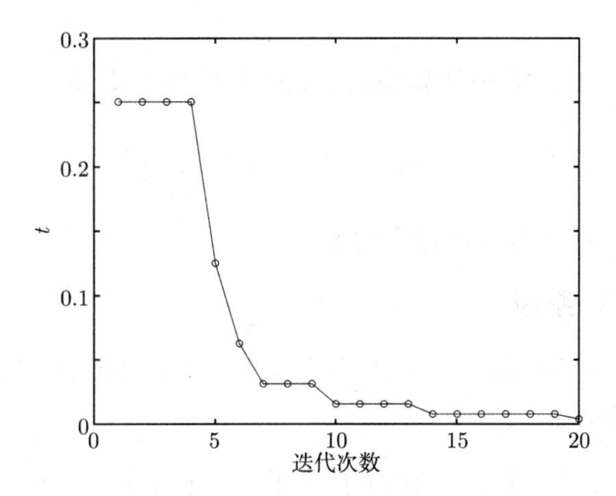

图 10.4　不可行实例的步长和迭代次数之间的关系。步长永远不等于 1，并趋近于 0。

一个凸-凹对策

我们最后考虑一个 $\mathbf{R}^{100} \times \mathbf{R}^{100}$ 上的凸-凹对策问题，支付函数

$$f(u,v) = u^T Av + b^T u + c^T v - \log(1 - u^T u) + \log(1 - v^T v), \tag{10.32}$$

其定义域

$$\mathbf{dom}\,f = \{(u,v) \mid u^T u < 1,\ v^T v < 1\}.$$

随机产生实例数据 A，b 和 c。从 $u^{(0)} = v^{(0)} = 0$ 开始（不可行初始点）Newton 方法，回溯参数选取 $\alpha = 0.01$ 和 $\beta = 0.5$，图 10.5 显示了迭代过程。

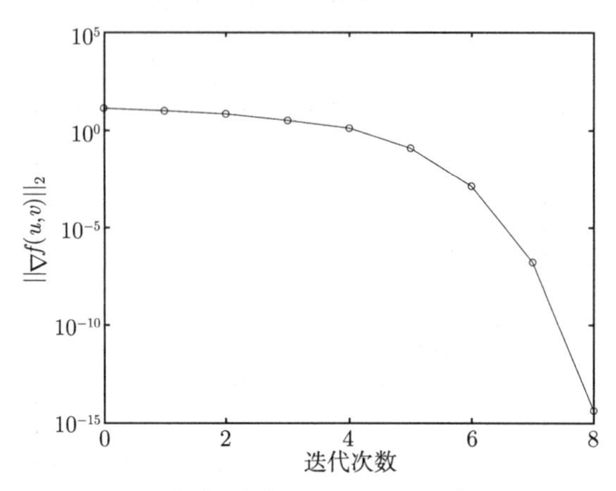

图 10.5 用（不可行初始点）Newton 方法求解凸-凹对策。5 次迭代后出现明显的二次收敛特征。

10.4 实现

10.4.1 消除法

为了实现消除法，我们必须计算满足下式的满秩矩阵 F 和 $\hat{x}$

$$\{x \mid Ax = b\} = \{Fz + \hat{x} \mid z \in \mathbf{R}^{n-p}\}.$$

在 §C.5 介绍的几种方法可以解决这个问题。

10.4.2 求解 KKT 系统

本节我们介绍计算 Newton 步径或不可行 Newton 步径的方法，其中都需要求解 KKT 形式的线性方程组

$$\begin{bmatrix} H & A^T \\ A & 0 \end{bmatrix} \begin{bmatrix} v \\ w \end{bmatrix} = -\begin{bmatrix} g \\ h \end{bmatrix}. \tag{10.33}$$

此处我们假定 $H \in \mathbf{S}_+^n$，$A \in \mathbf{R}^{p\times n}$，并且 $\mathbf{rank}\, A = p < n$。类似方法可以用于计算凸-凹对策的 Newton 步径，其中系数矩阵的右下角块是负半定的（参见习题 10.13）。

整体求解 KKT 系统

一个直接的方法就是简单求解由 $n+p$ 个变量的 $n+p$ 个线性方程组描述的 KKT 系统 (10.33)。KKT 矩阵是对称的，但可能不正定，因此一个好的做法是采用 LDL^T 因

式分解（参见 §C.3.3）。如果不利用矩阵的结构，计算量是 $(1/3)(n+p)^3$ 次浮点运算。当问题较小时（即 n 和 p 都不大），或者 A 和 H 是稀疏矩阵时，这是一个合理的处理方法。

通过消元求解 KKT 系统

通常比整体求解 KKT 系统更好的方法是基于变量 v 的消元法（参见 §C.4）。我们从描述最简单的情况开始，此时 $H \succ 0$。利用 KKT 方程组第一个方程

$$Hv + A^T w = -g, \qquad Av = -h,$$

求解 v 可得

$$v = -H^{-1}(g + A^T w).$$

将其代入 KKT 方程组的第二个方程又可得到 $AH^{-1}(g + A^T w) = h$，因此我们有

$$w = (AH^{-1}A^T)^{-1}(h - AH^{-1}g).$$

这些公式给了我们计算 v 和 w 的方法。

在计算 w 的公式中出现的矩阵是 KKT 矩阵中 H 的 Schur 补 S：

$$S = -AH^{-1}A^T.$$

由于 KKT 矩阵的特殊结构，加上我们已经假定 A 的秩为 p，可知 S 是负定的。

算法 10.3　采用消元法求解 KKT 系统。

给定 KKT 系统 $H \succ 0$。

1. 计算 $H^{-1}A^T$ 和 $H^{-1}g$。
2. 计算 Schur 补 $S = -AH^{-1}A^T$。
3. 求解 $Sw = AH^{-1}g - h$ 确定 w。
4. 求解 $Hv = -A^T w - g$ 确定 v。

步骤 1 可以采用先进行 H 的 Cholesky 因式分解再递推计算 $p+1$ 个变量值的方式完成，计算量为 $f + (p+1)s$ 次浮点运算，其中 f 是对 H 进行因式分解的计算量，s 为计算相关变量值的计算量。步骤 2 需要进行 $p \times n$ 和 $n \times p$ 的矩阵乘。如果不利用矩阵的结构，计算量为 $p^2 n$ 次浮点运算。（因为结果是对称的，我们只需要计算 S 的上三角部分。）在某些情况下可以利用 A 和 H 的结构更加有效地完成步骤 2。步骤 3 可以利用 $-S$ 的 Cholesky 因式分解完成，如果不进一步利用 S 的结果，计算量为 $(1/3)p^3$ 次浮点运算。步骤 4 可以利用步骤 1 已经求出的 H 的因式分解，因此计算量为 $2np + s$ 次浮点运算。如果在计算 Schur 补的过程中不利用问题的结构，那么总的浮点运算量为

$$f + ps + p^2 n + (1/3)p^3,$$

（只保留主导项）。如果在计算 S 时利用问题的结构，后两项可以更小。

如果能够对 H 进行有效的因式化，那么采用分块消元方法比直接利用 $\mathrm{LDL}^{\mathrm{T}}$ 因式分解求解 KKT 系统在计算量上更有优势。例如，如果 H 是对角阵（对应于可分目标函数的情况），我们有 $f = 0$ 和 $s = n$，因此总的计算量是 $p^2 n + (1/3)p^3$ 次浮点运算，它仅随 n 线性增长。如果 H 是带宽为 $k \ll n$ 的带状矩阵，那么 $f = nk^2$，$s = 4nk$，因此总成本约为 $nk^2 + 4nkp + p^2 n + (1/3)p^3$，仍然仅随 n 线性增长。其他可以利用的 H 的结构分别是对角块矩阵（对应于可分块的目标函数），稀疏矩阵，或对角加低秩矩阵；可参见附录 C 和 §9.7 获得更多细节与例子。

例 10.3　等式约束的解析中心。 我们考虑问题

$$\begin{array}{ll}\text{minimize} & -\sum_{i=1}^{n} \log x_i \\ \text{subject to} & Ax = b,\end{array}$$

此处目标函数是可分的，因此任意 x 处的 Hessian 矩阵是对角阵

$$H = \mathbf{diag}(x_1^{-2}, \cdots, x_n^{-2}).$$

如果我们采用一般方法，如利用 KKT 矩阵的 $\mathrm{LDL}^{\mathrm{T}}$ 因式分解，计算 Newton 方向，浮点运算成本为 $(1/3)(n+p)^3$。

如果采用分块消元方法计算 Newton 步径，成本为 $np^2 + (1/3)p^3$，远小于一般方法的成本。

实际上这个成本和第 501 页例 10.2 中描述的计算对偶问题 Newton 步径的成本一样。对于（无约束）对偶问题，Hessian 矩阵是

$$H_{\text{dual}} = -ADA^T,$$

其中 D 是对角阵，其对角元素为 $D_{ii} = (A^T \nu)_i^{-2}$。计算这个矩阵的浮点运算成本为 np^2，而利用 $-H_{\text{dual}}$ 的 Cholesky 因式分解确定 Newton 步径的成本为 $(1/3)p^3$。

例 10.4　等式约束的最小长度分片线性曲线。 我们考虑 $\mathbf{R}^2$ 空间结点为 $(0,0)$，$(1, x_1)$，$\cdots$，(n, x_n) 的分片线性曲线。为了确定满足等式约束 $Ax = b$ 的最小长度曲线，我们构造下述问题

$$\begin{array}{ll}\text{minimize} & \left(1 + x_1^2\right)^{1/2} + \sum_{i=1}^{n-1} \left(1 + (x_{i+1} - x_i)^2\right)^{1/2} \\ \text{subject to} & Ax = b,\end{array}$$

其中变量 $x \in \mathbf{R}^n$，$A \in \mathbf{R}^{p\times n}$。在这个问题中，目标函数是若干对相邻变量的函数和，因此 Hessian 矩阵 H 是三对角阵。采用分块消元法计算 Newton 步径的浮点运算成本约为 $p^2n+(1/3)p^3$。

***H* 为奇异矩阵时的消元法**

上面描述的分块消元方法显然不能用于 H 是奇异矩阵的情况，但对原方法进行一些简单的改变就可以处理这种更一般的情况。这种更一般的方法是基于以下结果: KKT 是非奇异矩阵，当且仅当存在 $Q \succeq 0$ 满足 $H+A^TQA \succ 0$，在这种情况下对于所有的 $Q \succ 0$ 成立 $H+A^TQA \succ 0$。（见习题 10.1。）例如，我们可以推断，如果 KKT 矩阵非奇异，则 $H+A^TA \succ 0$。

令 $Q \succeq 0$ 是满足 $H+A^TQA \succ 0$ 的一个矩阵。那么 KKT 系统 (10.33) 等价于

$$\begin{bmatrix} H+A^TQA & A^T \\ A & 0 \end{bmatrix} \begin{bmatrix} v \\ w \end{bmatrix} = -\begin{bmatrix} g+A^TQh \\ h \end{bmatrix}.$$

由于 $H+A^TQA \succ 0$，可以利用消元法求解该线性方程。

10.4.3 例

本节我们描述一些较长的例子，说明如何利用结构有效计算 Newton 步径。我们也给出一些数值结果。

等式约束的解析中心

我们考虑等式约束的解析中心问题

$$\begin{array}{ll} \text{minimize} & f(x) = -\sum_{i=1}^n \log x_i \\ \text{subject to} & Ax=b. \end{array}$$

（见例 10.2 和例 10.3。）我们利用 $p=100$，$n=500$ 的一个问题比较三种方法。

第一种方法是等式约束的 Newton 方法（§10.2）。Newton 步径 $\Delta x_{\rm nt}$ 由以下 KKT 系统 (10.11) 所定义:

$$\begin{bmatrix} H & A^T \\ A & 0 \end{bmatrix} \begin{bmatrix} \Delta x_{\rm nt} \\ w \end{bmatrix} = \begin{bmatrix} -g \\ 0 \end{bmatrix},$$

其中 $H=\mathbf{diag}(1/x_1^2,\cdots,1/x_n^2)$，$g=-(1/x_1,\cdots,1/x_n)$。我们在第 522 页的例 10.3 中解释过，用消元法可以有效地求解 KKT 系统，即求解

$$AH^{-1}A^Tw = -AH^{-1}g,$$

并令 $\Delta x_{\rm nt} = -H^{-1}(A^Tw+g)$。换言之，

$$\Delta x_{\rm nt} = -\,\mathbf{diag}(x)^2 A^T w + x,$$

其中 w 是以下方程的解,

$$A\,\mathbf{diag}(x)^2 A^T w = b. \tag{10.34}$$

图 10.6 给出误差和迭代次数的关系。不同曲线对应于四个不同的初始点。我们采用 $\alpha = 0.1$，$\beta = 0.5$ 的回溯直线搜索方法。

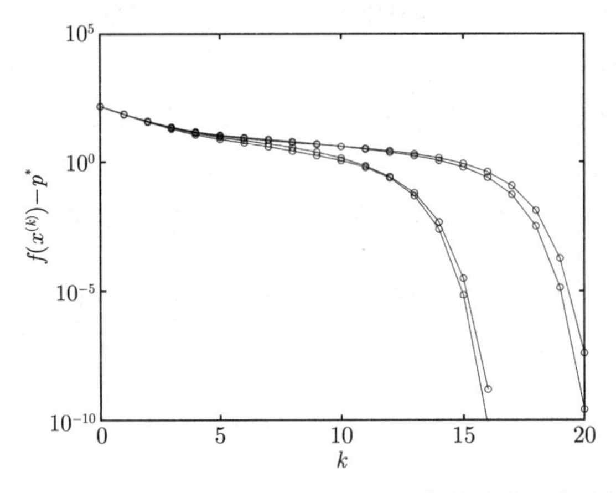

图 10.6 将 Newton 方法应用于一个 $p = 100$，$n = 500$ 的等式约束解析中心问题所产生的误差 $f(x^{(k)}) - p^\star$。不同曲线对应于四个不同的初始点。最后的二次收敛性非常明显。

第二种方法是应用 Newton 方法求解对偶问题

$$\text{maximize} \quad g(\nu) = -b^T\nu + \sum_{i=1}^{n} \log(A^T\nu)_i + n\ .$$

（参见第 501 页的例 10.2。）此处 Newton 步径通过求解以下方程得到,

$$A\,\mathbf{diag}(y)^2 A^T \Delta\nu_{\rm nt} = -b + Ay, \tag{10.35}$$

其中 $y = (1/(A^T\nu)_1, \cdots, 1/(A^T\nu)_n)$。比较式 (10.35) 和式 (10.34) 我们看到两种方法具有相同的复杂性。图 10.7 给出了不同初始点产生的误差。我们采用了 $\alpha = 0.1$，$\beta = 0.5$ 的回溯直线搜索方法。

第三种方法是 §10.3 介绍的不可行初始点 Newton 方法，我们将其应用于优化问题

$$\nabla f(x^\star) + A^T\nu^\star = 0, \qquad Ax^\star = b.$$

Newton 步径通过求解以下方程获得

$$\begin{bmatrix} H & A^T \\ A & 0 \end{bmatrix} \begin{bmatrix} \Delta x_{\rm nt} \\ \Delta\nu_{\rm nt} \end{bmatrix} = -\begin{bmatrix} g + A^T\nu \\ Ax - b \end{bmatrix},$$

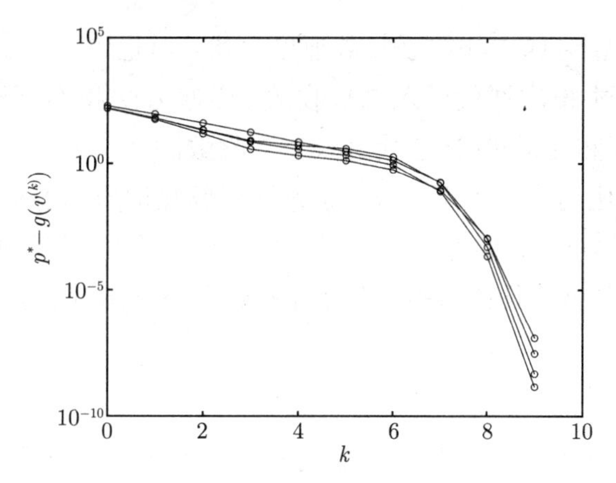

图 10.7 将 Newton 方法应用于一个等式约束解析中心问题的对偶问题所产生的误差 $|g(\nu^{(k)}) - p^\star|$。

其中 $H = \mathbf{diag}(1/x_1^2, \cdots, 1/x_n^2)$，$g = -(1/x_1, \cdots, 1/x_n)$。采用消元法可以有效求解该 KKT 系统，其计算成本和式 (10.34) 或式 (10.35) 相同。例如，如果首先求解

$$A\,\mathbf{diag}(x)^2 A^T w = 2Ax - b,$$

则 $\Delta\nu_{\rm nt}$ 和 $\Delta x_{\rm nt}$ 由下式确定

$$\Delta\nu_{\rm nt} = w - \nu, \qquad \Delta x_{\rm nt} = x - \mathbf{diag}(x)^2 A^T w.$$

图 10.8 显示对应于四个不同的初始点所产生的残差

$$r(x, \nu) = (\nabla f(x) + A^T\nu, Ax - b)$$

的范数和迭代次数的关系。我们采用了 $\alpha = 0.1$，$\beta = 0.5$ 的回溯直线搜索方法。

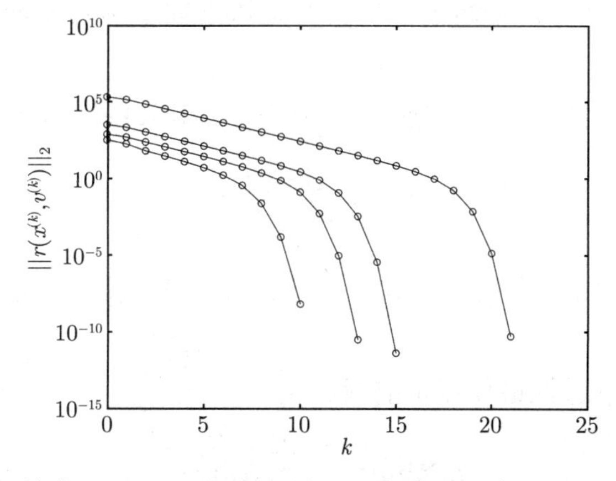

图 10.8 将不可行初始点 Newton 方法应用于一个等式约束解析中心问题所产生的残差 $\|r(x^{(k)}, \nu^{(k)})\|_2$。

图形显示对该问题对偶方法似乎收敛速度最快，但也仅有 2 或 3 倍比例因子的差别。对偶方法大约经过 6 次迭代进入二次收敛，而原方法和不可行初始点 Newton 方法则分别经过 12～15 和 10～20 次迭代进入二次收敛。

这些方法对初始化的要求也不一样。原方法需要知道原问题的一个可行点，即满足 $Ax^{(0)}=b$，$x^{(0)}\succ 0$ 的点。对偶方法需要对偶问题的一个可行解，即 $A^T\nu^{(0)}\succ 0$。哪种初始点更容易得到，取决于具体问题。不可行初始点 Newton 方法不需要初始化；唯一的要求是 $x^{(0)}\succ 0$。

最优网络流

我们考虑由 n 条边和 $p+1$ 个结点组成的连通有向图或网络。用 x_j 代表通过边 j 的流量或交通，$x_j>0$ 表示流量和边同向，$x_j<0$ 表示流量和边反向。对结点 i 另外给定一个外部源流（或汇流）s_i，$s_i>0$ 表示进入结点，$s_i<0$ 表示离开结点。进出每个结点的流量必须满足流量守恒方程，其含义是进入一个结点的所有流量之和，包括外部源（汇）流，等于零。该守恒方程可以表示成 $\tilde{A}x=s$，其中 $\tilde{A}\in\mathbf{R}^{(p+1)\times n}$ 是有向图的**结点进入矩阵**，

$$\tilde{A}_{ij}=\begin{cases}1 & \text{边 } j \text{ 离开结点 } i\\ -1 & \text{边 } j \text{ 进入结点 } i\\ 0 & \text{其他情况。}\end{cases}$$

我们假定 $\mathbf{1}^Ts=0$，否则流量守恒方程 $\tilde{A}x=s$ 不能保持一致。(换言之，所有源流之和必须等于所有汇流之和。) 由于 $\mathbf{1}^T\tilde{A}=0$，流量守恒方程 $\tilde{A}x=s$ 中存在多余的等式方程。我们可以消除任何一个方程得到独立的方程组，用 $Ax=b$ 表示，其中 $A\in\mathbf{R}^{p\times n}$ 是有向图的**简化的结点进入矩阵**（即删除一行的结点进入矩阵），而 $b\in\mathbf{R}^p$ 是简化的源向量（即删除相应分量的 s）。

总之，流量守恒由 $Ax=b$ 表示，其中 A 是有向图的简化的结点进入矩阵，b 是简化的源向量。矩阵 A 是非常稀疏的矩阵，因为其每列至多只有两个非零元素（只能是 $+1$ 或 -1）。

我们给定所有源（汇）流，取交通流 x 为变量，引入目标函数

$$f(x)=\sum_{i=1}^{n}\phi_i(x_i),$$

其中 $\phi_i:\mathbf{R}\to\mathbf{R}$ 表示边 i 上的流量成本函数。我们假定流量成本函数是严格凸的二次可微函数。

在流量守恒约束下选择最佳流量的问题是

$$\begin{array}{ll}\text{minimize} & \sum_{i=1}^{n}\phi_i(x_i)\\ \text{subject to} & Ax=b\end{array}. \tag{10.36}$$

这里 Hessian 矩阵 H 为对角矩阵，因为目标函数可分。

对于最优网络流问题 (10.36) 我们有多种计算 Newton 步径的方法。最直接的方法是利用稀疏的 $\mathrm{LDL^T}$ 因式分解求解完全的 KKT 系统。

利用分块消除方法计算 Newton 步径可能是更好的选择。我们可以根据有向图确定 Schur 补 $S=-AH^{-1}A^T$ 的稀疏模式: 当且仅当结点 i 和结点 j 由一个边相连时我们才有 $S_{ij}\neq 0$。由此可知，如果网络是稀疏的，即每个结点由边连接到很少几个其他结点，那么 Schur 补 S 是稀疏的。在这种情况下，我们可以利用稀疏性计算 S，进行有关的因式分解以及求解步骤。可以期望，计算 Newton 步径的计算复杂性随边的数目（即变量的数目）的增加而近似线性的增长。

最优控制

我们考虑问题

$$
\begin{array}{ll}
\text{minimize} & \sum_{t=1}^{N}\phi_t(z(t))+\sum_{t=0}^{N-1}\psi_t(u(t)) \\
\text{subject to} & z(t+1)=A_tz(t)+B_tu(t), \quad t=0,\cdots,N-1.
\end{array}
$$

此处

- $z(t)\in\mathbf{R}^k$ 是系统在 t 时刻的状态，
- $u(t)\in\mathbf{R}^l$ 是 t 时刻对系统的控制，
- $\phi_t:\mathbf{R}^k\rightarrow\mathbf{R}$ 是状态成本函数，
- $\psi_t:\mathbf{R}^l\rightarrow\mathbf{R}$ 是输入成本函数，
- N 称为问题的**时间视野**。

假定输入和状态成本函数是严格凸的二次可微函数。问题变量为 $u(0),\cdots,u(N-1)$ 和 $z(1),\cdots,z(N)$。初始状态 $z(0)$ 给定。线性等式约束称为**状态方程**或**动态演化方程**。我们将整体优化变量 x 定义为

$$
x=(u(0),z(1),u(1),\cdots,u(N-1),z(N))\in\mathbf{R}^{N(k+l)}.
$$

因为目标函数可分块（即一些 $z(t)$ 和 $u(t)$ 的函数之和），Hessian 矩阵是分块对角阵：

$$
H=\mathbf{diag}(R_0,Q_1,\cdots,R_{N-1},Q_N),
$$

其中

$$
R_t=\nabla^2\psi_t(u(t)), \quad t=0,\cdots,N-1, \qquad Q_t=\nabla^2\phi_t(z(t)), \quad t=1,\cdots,N.
$$

我们将所有等式约束（即状态方程）写成 $Ax=b$，其中

$$A=\begin{bmatrix} -B_0 & I & 0 & 0 & 0 & \cdots & 0 & 0 & 0 \\ 0 & -A_1 & -B_1 & I & 0 & \cdots & 0 & 0 & 0 \\ 0 & 0 & 0 & -A_2 & -B_2 & \cdots & 0 & 0 & 0 \\ \vdots & \vdots & \vdots & \vdots & \vdots & & \vdots & \vdots & \vdots \\ 0 & 0 & 0 & 0 & 0 & \cdots & I & 0 & 0 \\ 0 & 0 & 0 & 0 & 0 & \cdots & -A_{N-1} & -B_{N-1} & I \end{bmatrix},$$

$$b=\begin{bmatrix} A_0 z(0) \\ 0 \\ 0 \\ \vdots \\ 0 \\ 0 \end{bmatrix}.$$

A 的行数（即等式约束数）是 Nk。采用稠密的 $\mathrm{LDL^T}$ 因式分解直接求解 KKT 系统确定 Newton 步径，浮点运算量为

$$(1/3)(2Nk+Nl)^3=(1/3)N^3(2k+l)^3.$$

采用稀疏的 $\mathrm{LDL^T}$ 因式分解可获得很大改进，因为这种方法能利用 A 和 H 中的大量零元素。

事实上，利用 H 和 A 的特殊的块状结构，采用分块消元方法计算 Newton 步径，可以取得更好的结果。此时 Schur 补 $S=-AH^{-1}A^T$ 具有 $k\times k$ 的块状三对角形式：

$$S=-AH^{-1}A^T$$
$$=\begin{bmatrix} S_{11} & Q_1^{-1}A_1^T & 0 & \cdots & 0 & 0 \\ A_1Q_1^{-1} & S_{22} & Q_2^{-1}A_2^T & \cdots & 0 & 0 \\ 0 & A_2Q_2^{-1} & S_{33} & \cdots & 0 & 0 \\ \vdots & \vdots & \vdots & \ddots & \vdots & \vdots \\ 0 & 0 & 0 & \cdots & S_{N-1,N-1} & Q_{N-1}^{-1}A_{N-1}^T \\ 0 & 0 & 0 & \cdots & A_{N-1}Q_{N-1}^{-1} & S_{NN} \end{bmatrix},$$

其中

$$S_{11}=-B_0R_0^{-1}B_0^T-Q_1^{-1},$$
$$S_{ii}=-A_{i-1}Q_{i-1}^{-1}A_{i-1}^T-B_{i-1}R_{i-1}^{-1}B_{i-1}^T-Q_i^{-1},\quad i=2,\cdots,N.$$

特别是，由于 S 是带宽为 $2k-1$ 的带状矩阵，我们可以用 k^3N 的计算量对其因式分解。因此，当 $k\ll N$ 时，计算 Newton 步径的成本为 k^3N。该计算量随着时间视野 N 的增加线性增长，而一般方法计算量的增长与 N^3 同阶。

对于这个问题我们可以利用 S 的分块三对角结构再前进一步。应用针对分块三对角矩阵的标准因式分解方法将导出求解二次最优控制问题的经典的 Riccati 递归。不

过，如果只利用 S 的带状性质仍然只能得到具有相同计算复杂性的算法。

线性矩阵不等式的解析中心

我们考虑问题

$$\begin{array}{ll}\text{minimize} & f(X) = -\log\det X \\ \text{subject to} & \mathbf{tr}(A_iX) = b_i, \quad i = 1, \cdots, p,\end{array} \tag{10.37}$$

其中 $X \in \mathbf{S}^n$ 是变量，$A_i \in \mathbf{S}^n$，$b_i \in \mathbf{R}$，$\mathbf{dom}\, f = \mathbf{S}^n_{++}$。该问题的 KKT 条件是

$$-X^{\star -1} + \sum_{i=1}^{m} \nu_i^\star A_i = 0, \qquad \mathbf{tr}(A_iX^\star) = b_i, \quad i = 1, \cdots, p. \tag{10.38}$$

变量 X 的维数是 $n(n+1)/2$。我们可以简单地忽略 X 的矩阵结构，将其视为（向量）变量 $x \in \mathbf{R}^{n(n+1)/2}$，然后采用一般方法求解 $n(n+1)/2$ 个变量 p 个等式约束的问题得到问题 (10.37) 的解。这样计算 Newton 步径的成本至少为

$$(1/3)(n(n+1)/2 + p)^3,$$

它和 n 的 n^6 同阶。我们将看到存在一些更有吸引力的替代方案。

第一个选择是求解对偶问题。可求得 f 的共轭

$$f^*(Y) = \log\det(-Y)^{-1} - n,$$

而 $\mathbf{dom}\, f^* = -\mathbf{S}^n_{++}$（见第 86 页的例 3.23），因此对偶问题为

$$\text{maximize} \quad -b^T\nu + \log\det\left(\sum_{i=1}^{p} \nu_i A_i\right) + n \ , \tag{10.39}$$

其定义域为 $\left\{\nu \mid \sum_{i=1}^{p} \nu_i A_i \succ 0\right\}$。这是变量为 $\nu \in \mathbf{R}^p$ 的无约束问题。最优的 $X^\star$ 可以利用最优的 $\nu^\star$ 通过求解式 (10.38) 中的第一个（对偶可行性）方程确定，即 $X^\star = \left(\sum_{i=1}^{p} \nu_i^\star A_i\right)^{-1}$。

考虑对偶问题 (10.39) 的 Newton 步径的计算成本。我们需要先计算 g 的梯度和 Hessian 矩阵，然后确定 Newton 步径。梯度和 Hessian 矩阵由下式给出

$$\begin{aligned}\nabla^2 g(\nu)_{ij} &= -\mathbf{tr}(A^{-1}A_iA^{-1}A_j), \quad i,\ j = 1, \cdots, p, \\ \nabla g(\nu)_i &= \mathbf{tr}(A^{-1}A_i) - b_i, \quad i = 1, \cdots, p,\end{aligned}$$

其中 $A = \sum_{i=1}^{p} \nu_i A_i$。为了计算 $\nabla^2 g(\nu)$ 和 $\nabla g(\nu)$，我们进行如下操作。首先，我们对每个 j 计算 A（pn^2 次浮点运算）和 $A^{-1}A_j$（$2pn^3$ 次浮点运算）。然后我们计算矩阵 $\nabla^2 g(\nu)$。

矩阵 $\nabla^2 g(\nu)$ 有 $p(p+1)/2$ 个不同元素，每个元素都是 $\mathbf{S}^n$ 空间两个矩阵的内积，计算每个元素需要 $n(n+1)$ 次浮点运算，因此总的计算量（略去非主导项）为 $(1/2)p^2n^2$。既然已经有了 $A^{-1}A_i$，再计算 $\nabla g(\nu)$ 就只需很少计算量。最后，我们确定 Newton 步径 $-\nabla^2 g(\nu)^{-1}\nabla g(\nu)$，成本为 $(1/3)p^3$ 次浮点运算。加在一起，并忽略非主导项，计算 Newton 步径的总成本为 $2pn^3+(1/2)p^2n^2+(1/3)p^3$ 次浮点运算。这是 n 的 n^3 函数，比上面描述的处理原问题的简单方法好很多，后者是 n^6 函数。

我们也可以利用原问题的特殊的矩阵结构获得更加有效的求解方法。为了导出确定可行点 X 处的 Newton 步径 $\Delta X_{\rm nt}$ 所需要的 KKT 系统，我们在 KKT 条件中用 $X+\Delta X_{\rm nt}$ 替换 $X^\star$，用 w 替换 $\nu^\star$，并用一阶近似对第一个方程进行线性化

$$(X+\Delta X_{\rm nt})^{-1} \approx X^{-1} - X^{-1}\Delta X_{\rm nt} X^{-1}.$$

由此产生 KKT 系统

$$-X^{-1} + X^{-1}\Delta X_{\rm nt} X^{-1} + \sum_{i=1}^p w_i A_i = 0, \qquad \mathbf{tr}(A_i \Delta X_{\rm nt}) = 0, \quad i=1,\cdots,p. \quad (10.40)$$

这是 $\Delta X_{\rm nt} \in \mathbf{S}^n$ 和 $w \in \mathbf{R}^p$ 的 $n(n+1)/2+p$ 个线性方程。如果用一般方法求解该方程组，计算成本的阶次为 n^6。

我们可以用分块消元方法更加有效地求解 KKT 系统 (10.40)。求解第一个方程可以确定 $\Delta X_{\rm nt}$，

$$\Delta X_{\rm nt} = X - X\left(\sum_{i=1}^p w_i A_i\right) X = X - \sum_{i=1}^p w_i X A_i X. \quad (10.41)$$

将该表达式代入另一个方程的 $\Delta X_{\rm nt}$ 可得

$$\mathbf{tr}(A_j \Delta X_{\rm nt}) = \mathbf{tr}(A_j X) - \sum_{i=1}^p w_i\, \mathbf{tr}(A_j X A_i X) = 0, \quad j=1,\cdots,p.$$

这是 w 的 p 个线性方程:

$$Cw = d,$$

其中 $C_{ij} = \mathbf{tr}(A_i X A_j X)$，$d_i = \mathbf{tr}(A_i X)$。系数矩阵 C 是对称正定阵，因此可以利用 Cholesky 因式分解确定 w。一旦有了 w，就可以用式 (10.41) 计算 $\Delta X_{\rm nt}$。

该方法的计算成本如下。首先计算 $A_i X$（$2pn^3$ 次浮点运算），然后计算矩阵 C。C 有 $p(p+1)/2$ 个不同元素，每个是 $\mathbf{R}^{n\times n}$ 空间两个矩阵的内积，因此计算 C 的成本为 p^2n^2 次浮点运算。然后我们计算 $w=C^{-1}d$，其成本为 $(1/3)p^3$。最后我们计算 $\Delta X_{\rm nt}$。如果利用式 (10.41) 的第一个表达式，即先求和然后分别左乘和右乘 X，成本约为 pn^2+3n^3。所有加在一起，利用分块消元方法计算原问题的 Newton 步径的总成本为 $2pn^3+p^2n^2+(1/3)p^3$ 次浮点运算。这比阶次为 n^6 的简单方法好很多，和计算对偶问题的 Newton 步径的成本一样。

参考文献

我们在分析不可行 Newton 方法中采用的两个关键假设（导数 Dr 存在有界逆和满足 Lipschitz 条件），对 Newton 方法的大多数收敛性证明都是核心条件; 见 Ortega 和 Rheinboldt [OR00]以及 Dennis 和 Schnabel [DS96]。

在求解 KKT 系统时，对完整的系统直接进行因式分解，或采用消元法的相对好处已经在线性和二次规划的内点法框架中进行了广泛的研究; 例如，见 Wright [Wri97, 第 11 章] 以及 Nocedal 和 Wright [NW99, §16.1-2]。最优控制中的 Riccati 递推可以解释为对第 527 页的例子利用 S 的 Schur 补的分块三对角结构的方法，该发现来自 Rao，Wright 和 Rawlings [RWR98, §3.3]。

习题

等式约束优化

10.1 KKT 矩阵的非奇异性。 考虑 KKT 矩阵

$$\begin{bmatrix} P & A^T \\ A & 0 \end{bmatrix},$$

其中 $P \in \mathbf{S}_+^n$，$A \in \mathbf{R}^{p\times n}$，$\mathbf{rank}\, A = p < n$。

(a) 证明以下每个论断等价于 KKT 矩阵非奇异。

- $\mathcal{N}(P) \cap \mathcal{N}(A) = \{0\}$。
- $Ax = 0$，$x \neq 0 \Longrightarrow x^T P x > 0$。
- $F^T P F \succ 0$，其中 $F \in \mathbf{R}^{n\times(n-p)}$ 是满足 $\mathcal{R}(F) = \mathcal{N}(A)$ 的矩阵。
- 对某个 $Q \succeq 0$ 成立 $P + A^T Q A \succ 0$。

(b) 证明如果 KKT 矩阵非奇异，它就正好有 n 个正特征根和 p 个负特征根。

10.2 投影梯度法。 本题研究梯度法对等式约束优化问题的一种扩展。假设 f 是凸的可微函数，$x \in \mathbf{dom}\, f$ 满足 $Ax = b$，其中 $A \in \mathbf{R}^{p\times n}$，$\mathbf{rank}\, A = p < n$。负梯度 $-\nabla f(x)$ 在 $\mathcal{N}(A)$ 上的 Euclid 投影由下式给出

$$\Delta x_{\mathrm{pg}} = \underset{Au=0}{\mathrm{argmin}} \|-\nabla f(x) - u\|_2.$$

(a) 令 (v, w) 为以下方程的唯一解，

$$\begin{bmatrix} I & A^T \\ A & 0 \end{bmatrix} \begin{bmatrix} v \\ w \end{bmatrix} = \begin{bmatrix} -\nabla f(x) \\ 0 \end{bmatrix}.$$

证明 $v = \Delta x_{\mathrm{pg}}$，$w = \mathrm{argmin}_y \|\nabla f(x) + A^T y\|_2$。

(b) 假定 $F^T F = I$，那么投影负梯度 Δx_{pg} 和问题 (10.5) 的简化问题的负梯度之间有什么关系？

(c) 等式约束优化问题的**投影梯度法**采用步径 Δx_{pg}，对 f 进行回溯直线搜索。利用上面 (b) 的结果给出投影梯度法收敛于最优解的条件，假定从满足 $Ax^{(0)} = b$ 的 $x^{(0)} \in \mathbf{dom}\, f$ 开始迭代。

等式约束的 Newton 方法

10.3 对偶 Newton 方法。 本题研究用 Newton 方法求解等式约束优化问题 (10.1) 的对偶问题。假设 f 二次可微，对所有 $x \in \mathbf{dom}\, f$ 成立 $\nabla^2 f(x) \succ 0$，并且对每个 $\nu \in \mathbf{R}^p$，Lagrange 函数 $L(x,\nu) = f(x) + \nu^T(Ax-b)$ 有唯一最小解，用 $x(\nu)$ 表示。

(a) 证明对偶函数 g 二次可微。对每个 ν，用 f，∇f，以及在 $x = x(\nu)$ 处的 $\nabla^2 f$ 表示对偶函数 g 的 Newton 步径。可以利用习题 3.40 的结果。

(b) 假设对所有的 $x \in \mathbf{dom}\, f$ 存在 K 满足

$$\left\| \begin{bmatrix} \nabla^2 f(x) & A^T \\ A & 0 \end{bmatrix}^{-1} \right\|_2 \leqslant K.$$

证明 g 是强凹函数，满足 $\nabla^2 g(\nu) \preceq -(1/K)I$。

10.4 简化问题的强凸性和 Lipschitz 常数。 假定 f 满足 505 页给出的假设。证明简化的目标函数 $\tilde{f}(z) = f(Fz + \hat{x})$ 是强凸的，并且其 Hessian 矩阵是 Lipschitz 连续的（在相应的下水平集 $\tilde{S}$ 上）。用 K，M，L，以及 F 的最大和最小奇异值表示强凸性和 $\tilde{f}$ 的 Lipschitz 常数。

10.5 在目标中增加二次项。 假设 $Q \succeq 0$。问题

$$\begin{array}{ll} \text{minimize} & f(x) + (Ax-b)^T Q (Ax-b) \\ \text{subject to} & Ax = b \end{array}$$

等价于原始的等式约束优化问题 (10.1)。该问题的 Newton 步径是否和原始问题的 Newton 步径相同?

10.6 Newton 减量。 证明式 (10.13)成立，即

$$f(x) - \inf\{\widehat{f}(x+v) \mid A(x+v) = b\} = \lambda(x)^2/2.$$

不可行初始点 Newton 方法

10.7 关于不可行初始点 Newton 方法的假设。 考虑 512 页给出的假设条件。

(a) 假设 f 是闭函数。证明该假设意味着残差的范数 $\|r(x,\nu)\|_2$ 是闭函数。

(b) 证明 Dr 满足 Lipschitz 条件的充要条件是 $\nabla^2 f$ 满足该条件。

10.8 不可行初始点 Newton 方法和初始点已满足的等式约束。 假定在 $a_i^T x = b_i$，$i = 1, \cdots, p$ 的约束下用不可行初始点 Newton 方法极小化 $f(x)$。

(a) 假设初始点 $x^{(0)}$ 满足线性等式 $a_i^T x = b_i$。证明以后的迭代点将始终满足该线性等式，即 $a_i^T x^{(k)} = b_i$ 对所有 k 均成立。

(b) 假定某个等式约束在第 k 次迭代后被满足，即我们有 $a_i^T x^{(k-1)} \neq b_i$，$a_i^T x^{(k)} = b_i$。证明在第 k 次迭代后，**所有**等式约束被满足。

10.9 等式约束下的熵极大化。 考虑等式约束下的熵极大化问题

$$\begin{array}{ll}\text{minimize} & f(x)=\sum_{i=1}^{n} x_i \log x_i \\ \text{subject to} & Ax=b\end{array} \tag{10.42}$$

其中 $\mathbf{dom}\, f=\mathbf{R}_{++}^{n}$，$A\in\mathbf{R}^{p\times n}$。我们假设该问题是可行的，并且 $\mathbf{rank}\, A=p<n$。

(a) 证明该问题有唯一的最优解 $x^{\star}$。

(b) 确定 A，b 和可行的 $x^{(0)}$ 使下水平集

$$\{x\in\mathbf{R}_{++}^{n} \mid Ax=b,\ f(x)\leqslant f(x^{(0)})\}$$

不是闭集。由此可知，某些可行初始点也不满足 505 页 §10.2.4 列出的假设。

(c) 证明对于任何可行初始点，问题 (10.42) 满足 512 页 §10.3.3 列出的关于不可行初始点 Newton 方法的假设。

(d) 导出 (10.42) 的 Lagrange 对偶，说明如何利用对偶问题最优解求得问题 (10.42) 的最优解。证明对于**任意**初始点，对偶问题满足 505 页 §10.2.4 列出的假设。

以上 (b)，(c) 和 (d) 的结果并不意味标准 Newton 方法失效，也不能说明不可行初始点 Newton 方法或者对偶方法在实践中工作得更好。它只表示当我们的收敛性分析可以应用于不可行初始点 Newton 方法和对偶方法时，却不能应用于标准 Newton 方法。（见习题 10.15。）

10.10 强凸-凹对策的逆导数有界条件。 考虑支付函数为 f 的凸-凹对策（见 517 页）。假设对任意的 $(u,v)\in\mathbf{dom}\, f$ 成立 $\nabla_{uu}^{2} f(u,v)\succeq mI$ 和 $\nabla_{vv}^{2} f(u,v)\preceq -mI$。证明

$$\|Dr(u,v)^{-1}\|_2=\|\nabla^2 f(u,v)^{-1}\|_2\leqslant 1/m.$$

实现

10.11 考虑例 10.1 描述的资源配置问题。可以假设 f_i 强凸，即对所有 z 成立 $f_i''(z)\geqslant m>0$。

(a) 确定对简化问题计算 Newton 步径所需要的计算量。要求利用 Newton 方程的特殊结构。

(b) 说明如何通过对偶求解该问题。可以假设容易计算共轭函数 f_i^* 及其导数，并对给定的 ν 容易关于 x 求解方程 $f_i'(x)=\nu$。给出计算对偶问题 Newton 步径的计算复杂性。

(c) 给出计算资源配置问题 Newton 步径的计算复杂性。要求利用 KKT 方程的特殊结构。

10.12 给出计算下述问题 Newton 步径的一种有效方式，

$$\begin{array}{ll}\text{minimize} & \mathbf{tr}(X^{-1}) \\ \text{subject to} & \mathbf{tr}(A_iX)=b_i,\quad i=1,\cdots,p,\end{array}$$

其定义域为 $\mathbf{S}_{++}^{n}$，假设 p 和 n 为阶次相同的数。另外导出其 Lagrange 对偶问题，并给出计算对偶问题 Newton 步径的计算复杂性。

10.13 计算凸-凹对策 Newton 步径的消元法。 考虑支付函数为 $f : \mathbf{R}^p \times \mathbf{R}^q \to \mathbf{R}$ 的凸-凹对策（见 517 页）。假设 f 是**强凸-凹**函数，即对所有 $(u, v) \in \mathbf{dom}\, f$ 和某个 $m > 0$ 成立 $\nabla^2_{uu} f(u, v) \succeq mI$ 和 $\nabla^2_{vv} f(u, v) \preceq -mI$。

(a) 说明如何利用 $\nabla^2_{uu} f(u, v)$ 和 $-\nabla^2 f_{vv}(u, v)$ 的 Cholesky 因式分解计算 Newton 步径。假设 $\nabla^2 f(u, v)$ 稠密，比较以上方法和利用 $\nabla f(u, v)$ 的 $\mathrm{LDL}^{\mathrm{T}}$ 因式分解的方法的计算成本。

(b) 说明如何利用 $\nabla^2_{uu} f(u, v)$ 和/或 $\nabla^2_{vv} f(u, v)$ 的对角或分块对角结构。如果假设 $\nabla^2_{uv} f(u, v)$ 稠密，能够节省多少计算量?

数值试验

10.14 对数–最优投资。 考虑习题 4.60 描述的对数–最优投资问题，没有 $x \succeq 0$ 的约束。采用 Newton 方法计算以下问题数据对应的解: $n = 3$ 种资产，$m = 4$ 种情景，收益为

$$p_1 = \begin{bmatrix} 2 \\ 1.3 \\ 1 \end{bmatrix}, \quad p_2 = \begin{bmatrix} 2 \\ 0.5 \\ 1 \end{bmatrix}, \quad p_3 = \begin{bmatrix} 0.5 \\ 1.3 \\ 1 \end{bmatrix}, \quad p_4 = \begin{bmatrix} 0.5 \\ 0.5 \\ 1 \end{bmatrix}.$$

四种情景的概率由 $\pi = (1/3, 1/6, 1/3, 1/6)$ 给出。

10.15 等式约束熵极大化。 考虑等式约束熵极大化问题

$$\begin{array}{ll} \text{minimize} & f(x) = \sum_{i=1}^{n} x_i \log x_i \\ \text{subject to} & Ax = b, \end{array}$$

其中 $\mathbf{dom}\, f = \mathbf{R}^n_{++}$，$A \in \mathbf{R}^{p \times n}$，$p < n$。(一些相关分析见习题 10.9。)

生成一个 $n = 100$，$p = 30$ 的问题实例，随机选择 A（验证其为满秩阵），随机选择一个正向量作为 $\hat{x}$（例如，其分量在区间 $[0, 1]$ 上均匀分布），然后令 $b = A\hat{x}$。(于是，$\hat{x}$ 可行。)

采用以下方法计算该问题的解。

(a) **标准 Newton 方法。** 可以选用初始点 $x^{(0)} = \hat{x}$。

(b) **不可行初始点 Newton 方法。** 可以选用初始点 $x^{(0)} = \hat{x}$（和标准 Newton 方法比较），也可以选用初始点 $x^{(0)} = \mathbf{1}$。

(c) **对偶 Newton 方法，** 即将标准 Newton 方法应用于对偶问题。

证实三种方法求得相同的最优点（和 Lagrange 乘子）。比较三种方法每步迭代的计算量，假设利用了相应的结构。(但在你的实现中不需要利用结构计算 Newton 步径。)

10.16 凸-凹对策。 采用不可行初始点 Newton 方法求解形如式 (10.32) 的凸-凹对策，随机产生数据。画出残差范数和步长关于迭代次数的图像。对直线搜索参数和初始点的影响进行实验（但要求它们必须满足 $\|u\|_2 < 1$，$\|v\|_2 < 1$）。

11 内点法

11.1 不等式约束的极小化问题

本章讨论求解含有不等式约束的凸优化问题的**内点法**，

$$\begin{array}{ll} \text{minimize} & f_0(x) \\ \text{subject to} & f_i(x) \leqslant 0, \quad i=1,\cdots,m \\ & Ax=b \end{array} \tag{11.1}$$

其中 $f_0,\cdots,f_m:\mathbf{R}^n\to\mathbf{R}$ 是二次可微的凸函数，$A\in\mathbf{R}^{p\times n}$，$\mathbf{rank}\,A=p<n$。我们假定该问题可解，即存在最优的 $x^\star$。我们用 $p^\star$ 表示最优值 $f_0(x^\star)$。

我们还假定该问题严格可行，即存在 $x\in\mathcal{D}$ 满足 $Ax=b$ 和 $f_i(x)<0$，$i=1,\cdots,m$。这意味着 Slater 约束品性成立，因此存在最优对偶 $\lambda^\star\in\mathbf{R}^m$，$\nu^\star\in\mathbf{R}^p$，它们和 $x^\star$ 一起满足 KKT 条件

$$\begin{aligned} Ax^\star=b,\quad f_i(x^\star)&\leqslant 0,\quad i=1,\cdots,m \\ \lambda^\star&\succeq 0 \\ \nabla f_0(x^\star)+\sum_{i=1}^m\lambda_i^\star\nabla f_i(x^\star)+A^T\nu^\star&=0 \\ \lambda_i^\star f_i(x^\star)&=0,\quad i=1,\cdots,m \end{aligned} \tag{11.2}$$

用内点法求解问题 (11.1)（或 KKT 条件 (11.2)），就是用 Newton 方法或者求解一系列等式约束问题，或者求解一系列 KKT 条件的修改形式。我们将集中讨论一种特殊的内点法，**障碍法**，并给出其收敛性证明和复杂性分析。我们也将描述一种简单的**原对偶内点法**（§11.7），但不进行分析。

我们可以把内点法视为凸优化算法递阶结构中新层次的方法。线性等式约束二次目标函数是最简单层次的问题。对于这些问题，KKT 条件是一组线性方程，可以得到解析解。Newton 方法处于这个递阶结构的下一个层次，它是求解线性等式约束二次可微目标函数优化问题的一种技术，该技术将所考虑的问题简化成一系列线性等式约束二次目标函数问题求解。内点法形成上述递阶结构的另外一个层次：它求解线性等式和不等式约束的优化问题，通过将其简化成一系列线性等式约束问题求解。

例子

很多问题已经具有问题 (11.1) 的形式，并且满足目标函数和约束函数均二次可微的假设。显然，线性规划、二次规划、二次约束的二次规划以及凸几何规划都是这种例子；而下面的线性不等式约束熵最大化问题是另外一个例子，

$$
\begin{array}{ll}
\text{minimize} & \sum_{i=1}^{n} x_i \log x_i \\
\text{subject to} & Fx \preceq g \\
& Ax = b
\end{array}
$$

其定义域为 $\mathcal{D} = \mathbf{R}_{++}^n$。

很多其他问题虽然不具备问题 (11.1) 所要求的形式，包括具有二次可微的目标函数和约束函数，但可以将其重新表示成所需要的形式。我们已经遇到过很多这样的例子，比如将无约束凸分片线性极小化问题

$$
\text{minimize} \quad \max_{i=1,\cdots,m}(a_i^T x + b_i)
$$

（具有不可微的目标函数），转换成线性规划问题

$$
\begin{array}{ll}
\text{minimize} & t \\
\text{subject to} & a_i^T x + b_i \leqslant t, \quad i = 1, \cdots, m
\end{array}
$$

（具有二次可微的目标函数和约束函数）。

其他一些凸优化问题，比如二阶锥规划和半定规划，虽然不能轻易地转换成所需要的形式，但是可以采用针对广义不等式约束的扩展内点法处理，我们将在 §11.6 进行介绍。

11.2 对数障碍函数和中心路径

我们试图将不等式约束问题 (11.1) 近似转换成等式约束问题，从而可应用 Newton 方法求解。我们第一步是重新表述问题 (11.1)，把不等式约束隐含在目标函数中：

$$
\begin{array}{ll}
\text{minimize} & f_0(x) + \sum_{i=1}^{m} I_-(f_i(x)) \\
\text{subject to} & Ax = b
\end{array}
\tag{11.3}
$$

其中 $I_- : \mathbf{R} \to \mathbf{R}$ 是非正实数的示性函数，

$$
I_-(u) = \begin{cases} 0 & u \leqslant 0 \\ \infty & u > 0 \end{cases}
$$

问题 (11.3) 没有不等式约束，但是其目标函数（一般情况下）不可微，因此不能应用 Newton 方法。

11.2.1 对数障碍

障碍方法的基本思想是用以下函数近似示性函数 I_-，

$$\widehat{I}_-(u) = -(1/t)\log(-u), \qquad \mathbf{dom}\,\widehat{I}_- = -\mathbf{R}_{++},$$

其中 $t > 0$ 是确定近似精度的参数。同 I_- 一样，$\widehat{I}_-$ 是凸的非减函数，并且（根据我们的惯例）当 $u > 0$ 时取值为 ∞。但是，和 I_- 不一样，$\widehat{I}_-$ 是可微闭函数: 当 u 趋于 0 时它趋于 ∞。图 11.1 给出函数 I_- 以及若干 t 值对应的 $\widehat{I}_-$。随着 t 变大，近似精度逐渐增加。

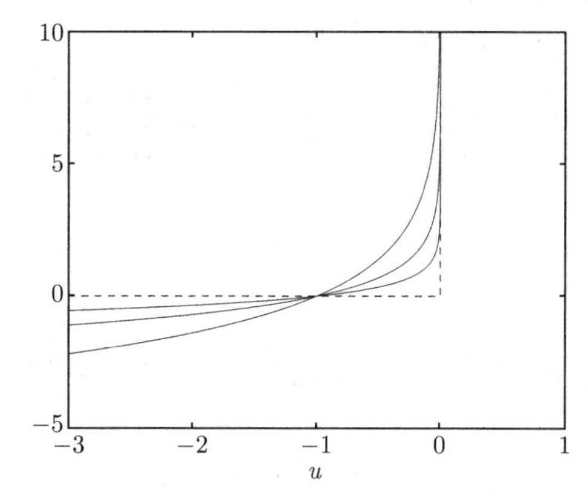

图 11.1　虚线表示函数 $I_-(u)$，实曲线分别表示 $t = 0.5,\ 1,\ 2$ 所对应的 $\widehat{I}_-(u) = -(1/t)\log(-u)$。对应于 $t = 2$ 的曲线给出最好的近似。

用 $\widehat{I}_-$ 替换式 (11.3) 的 I_- 可得以下近似

$$\begin{array}{ll} \text{minimize} & f_0(x) + \sum_{i=1}^{m} -(1/t)\log(-f_i(x)) \\ \text{subject to} & Ax = b \end{array} \tag{11.4}$$

由于 $-(1/t)\log(-u)$ 是 u 的单增凸函数，上式中的目标函数是可微凸函数。假定恰当的闭性条件成立，则可用 Newton 方法求解该问题。

我们将函数

$$\phi(x) = -\sum_{i=1}^{m} \log(-f_i(x)), \tag{11.5}$$

$\mathbf{dom}\,\phi = \{x \in \mathbf{R}^n \mid f_i(x) < 0,\ i = 1, \cdots, m\}$ 称为问题 (11.1) 的**对数障碍函数**或**对数障碍**。其定义域是满足问题 (11.1) 的严格不等式约束的点集。不管正参数 t 取什么值，对于任意 i，当 $f_i(x) \to 0$ 时，对数障碍函数将趋于无穷大。

当然，问题 (11.4) 只是原问题 (11.3) 的近似，因此，马上要回答的一个问题是，用

问题 (11.4) 的解近似原问题 (11.3) 的解效果如何。直觉表明，我们很快也将证实，其近似精度会随着参数 t 增加而不断改进。

另一方面，当参数 t 很大时，很难用 Newton 方法极小化函数 $f_0 + (1/t)\phi$，这是因为其 Hessian 矩阵在靠近可行集边界时会剧烈变动。我们将看到通过求解一**系列**形如问题 (11.4) 的优化问题可以规避上述困难，这一系列问题中的参数 t 将逐渐增加（因而解的近似精度也逐渐增加），对每个问题应用 Newton 方法求解时可以用上个 t 值对应问题的最优解为初始点开始迭代。

为便于以后参考，这里我们给出对数障碍函数 ϕ 的梯度和 Hessian 矩阵

$$\begin{aligned}\nabla\phi(x) &= \sum_{i=1}^{m} \frac{1}{-f_i(x)} \nabla f_i(x),\\ \nabla^2\phi(x) &= \sum_{i=1}^{m} \frac{1}{f_i(x)^2} \nabla f_i(x) \nabla f_i(x)^T + \sum_{i=1}^{m} \frac{1}{-f_i(x)} \nabla^2 f_i(x).\end{aligned}$$

（见 §A.4.2和 §A.4.4）。

11.2.2 中心路径

现在我们更详细地讨论如何极小化问题 (11.4)。为了以后简化符号，我们用 t 乘目标函数，考虑等价问题

$$\begin{array}{ll}\text{minimize} & tf_0(x) + \phi(x)\\ \text{subject to} & Ax = b\end{array} \tag{11.6}$$

两者最优解集相同。从现在开始我们假定问题 (11.6) 能够用 Newton 方法求解，并特别假定对任何 $t > 0$ 存在唯一解。（我们将在 §11.3.3 节更加仔细地讨论这个假定。）

对任意 $t > 0$，我们用 $x^\star(t)$ 表示问题 (11.6) 的解，称 $x^\star(t)$，$t > 0$ 为**中心点**，将这些点的集合定义为问题 (11.1) 的**中心路径**。所有中心路径上的点由以下充要条件所界定: $x^\star(t)$ 是严格可行的，即满足

$$Ax^\star(t) = b, \qquad f_i(x^\star(t)) < 0, \quad i = 1, \cdots, m,$$

并且存在 $\hat{\nu} \in \mathbf{R}^p$ 使

$$\begin{aligned}0 &= t\nabla f_0(x^\star(t)) + \nabla\phi(x^\star(t)) + A^T\hat{\nu}\\ &= t\nabla f_0(x^\star(t)) + \sum_{i=1}^{m} \frac{1}{-f_i(x^\star(t))} \nabla f_i(x^\star(t)) + A^T\hat{\nu}\end{aligned} \tag{11.7}$$

成立。

例 11.1 线性规划的不等式形式。 不等式形式线性规划问题

$$\begin{array}{ll}\text{minimize} & c^T x\\ \text{subject to} & Ax \preceq b\end{array} \tag{11.8}$$

的对数障碍函数由下式给出

$$\phi(x) = -\sum_{i=1}^{m} \log(b_i - a_i^T x), \qquad \mathbf{dom}\,\phi = \{x \mid Ax \prec b\},$$

其中 $a_1^T, \cdots, a_m^T$ 是 A 的行向量。障碍函数的梯度和 Hessian 矩阵为

$$\nabla\phi(x) = \sum_{i=1}^{m} \frac{1}{b_i - a_i^T x} a_i, \qquad \nabla^2\phi(x) = \sum_{i=1}^{m} \frac{1}{(b_i - a_i^T x)^2} a_i a_i^T,$$

或者更紧凑地写成

$$\nabla\phi(x) = A^T d, \qquad \nabla^2\phi(x) = A^T \mathbf{diag}(d)^2 A,$$

其中 $d \in \mathbf{R}^m$ 的分量为 $d_i = 1/(b_i - a_i^T x)$。由于 x 是严格可行的，我们有 $d \succ 0$，因此当且仅当 A 的秩为 n 时 ϕ 的 Hessian 矩阵是非奇异的。

中心条件 (11.7) 是

$$tc + \sum_{i=1}^{m} \frac{1}{b_i - a_i^T x} a_i = tc + A^T d = 0. \tag{11.9}$$

我们可以对这个中心条件给出一个简单的几何解释。在中心路径上的任意点 $x^\star(t)$ 的梯度 $\nabla\phi(x^\star(t))$ 是 ϕ 的水平子集在 $x^\star(t)$ 处的法线，必须平行于 $-c$。换句话说，超平面 $c^T x = c^T x^\star(t)$ 是 ϕ 的水平子集在 $x^\star(t)$ 处的切平面。图 11.2 给出 $m = 6$ 和 $n = 2$ 的一个例子。

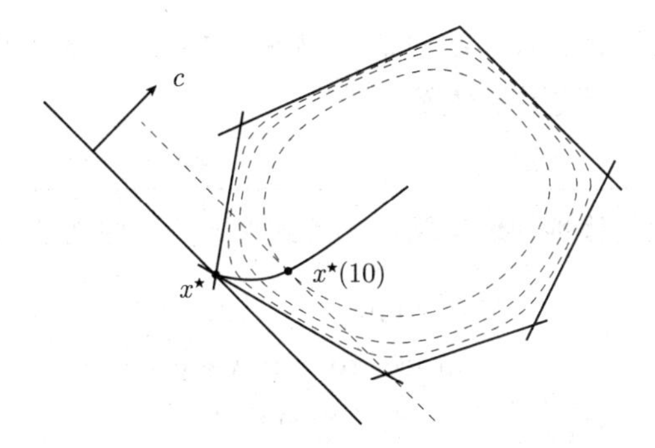

图 11.2　$n = 2$ 和 $m = 6$ 的线性规划问题的中心路径。虚曲线分别表示对数障碍函数 ϕ 的三条等值线。当 $t \to \infty$ 时中心路径收敛于最优点 $x^\star$。图中也标出了中心路径上 $t = 10$ 的点。该点上的最优性条件 (11.9) 可以用几何方式验证：直线 $c^T x = c^T x^\star(10)$ 与 ϕ 的等值线相切于 $x^\star(10)$ 处。

中心路径的对偶点

从条件 (11.7) 可以导出中心路径的一个重要性质：每个中心点产生对偶可行解，因而给出最优值 $p^\star$ 的一个下界。更具体地说，定义

$$\lambda_i^\star(t) = -\frac{1}{t f_i(x^\star(t))}, \quad i = 1, \cdots, m, \qquad \nu^\star(t) = \hat{\nu}/t, \tag{11.10}$$

我们要说明 $\lambda^\star(t)$ 和 $\nu^\star(t)$ 是对偶可行解。

首先，由于 $f_i(x^\star(t)) < 0$，$i=1,\cdots,m$，显然有 $\lambda^\star(t) \succ 0$。将最优性条件 (11.7)表示成

$$\nabla f_0(x^\star(t)) + \sum_{i=1}^{m} \lambda_i^\star(t) \nabla f_i(x^\star(t)) + A^T \nu^\star(t) = 0,$$

可看出 $x^\star(t)$ 使 $\lambda = \lambda^\star(t)$，$\nu = \nu^\star(t)$ 时的 Lagrange 函数

$$L(x,\lambda,\nu) = f_0(x) + \sum_{i=1}^{m} \lambda_i f_i(x) + \nu^T(Ax-b)$$

达到极小，这意味着 $\lambda^\star(t)$，$\nu^\star(t)$ 是对偶可行解。因此，对偶函数 $g(\lambda^\star(t),\nu^\star(t))$ 是有限的，并且

$$\begin{aligned} g(\lambda^\star(t),\nu^\star(t)) &= f_0(x^\star(t)) + \sum_{i=1}^{m} \lambda_i^\star(t) f_i(x^\star(t)) + \nu^\star(t)^T(Ax^\star(t)-b) \\ &= f_0(x^\star(t)) - m/t. \end{aligned}$$

这表明 $x^\star(t)$ 和对偶可行解 $\lambda^\star(t)$，$\nu^\star(t)$ 之间的对偶间隙就是 m/t。作为一个重要的结果，我们有

$$f_0(x^\star(t)) - p^\star \leqslant m/t,$$

即 $x^\star(t)$ 是和最优值偏差在 m/t 之内的次优解。这个结论证实了前面提到的直观想法：$x^\star(t)$ 随着 $t \to \infty$ 而收敛于最优解。

例 11.2　不等式形式的线性规划问题。 不等式形式的线性规划 (11.8) 的对偶问题是

$$\begin{array}{ll} \text{maximize} & -b^T\lambda \\ \text{subject to} & A^T\lambda + c = 0 \\ & \lambda \succeq 0 \end{array}$$

从最优性条件 (11.9) 可以清楚看出

$$\lambda_i^\star(t) = \frac{1}{t(b_i - a_i^T x^\star(t))}, \quad i=1,\cdots,m$$

是对偶可行的，其对偶目标值为

$$-b^T\lambda^\star(t) = c^T x^\star(t) + (Ax^\star(t)-b)^T \lambda^\star(t) = c^T x^\star(t) - m/t.$$

基于 KKT 条件的解释

我们也可以将中心路径条件 (11.7) 解释为 KKT 最优性条件 (11.2) 的连续变形。

点 x 等于 $x^\star(t)$ 的充要条件是存在 λ，ν 满足

$$\begin{array}{c} Ax = b, \quad f_i(x) \leqslant 0, \quad i = 1, \cdots, m \\ \lambda \succeq 0 \\ \nabla f_0(x) + \sum_{i=1}^m \lambda_i \nabla f_i(x) + A^T \nu = 0 \\ -\lambda_i f_i(x) = 1/t, \quad i = 1, \cdots, m \end{array} \tag{11.11}$$

KKT 条件 (11.2) 和中心条件 (11.11) 的唯一不同在于互补性条件 $-\lambda_i f_i(x) = 0$ 被条件 $-\lambda_i f_i(x) = 1/t$ 所替换。特别是，对于很大的 t，$x^\star(t)$ 和对应的对偶解 $\lambda^\star(t)$，$\nu^\star(t)$ “几乎” 满足问题 (11.1) 的 KKT 最优性条件。

基于力场的解释

对于中心路径，我们可以定义一种势场力，该力作用于在严格可行集 C 内运动的某个粒子，据此给出一种简单的力学解释。为方便表述，我们假定没有等式约束。

对每个约束我们用

$$F_i(x) = -\nabla\left(-\log(-f_i(x))\right) = \frac{1}{f_i(x)} \nabla f_i(x)$$

表示作用在 x 处的某个粒子上的势场力。由所有约束产生的总的力场的势是对数障碍 ϕ。当粒子向可行集的边界移动时，它受到约束产生的势场力的强烈排斥。

现在我们设想作用在粒子上的另一个力，当粒子位置为 x 时其大小为

$$F_0(x) = -t \nabla f_0(x).$$

这是向负梯度方向，即使 f_0 变小的方向，拉动粒子的目标力场。参数 t 决定目标力和约束力的相对强度。

在中心点 $x^\star(t)$ 处，作用在粒子上的约束力和目标力达到精确平衡。当参数 t 增加时，粒子被更加强烈的拉向最优点，但同时又总是被障碍势囚禁在 C 内，因为后者当粒子趋近边界时会趋于无穷大。

例 11.3 不等式形式线性规划问题的力场解释。 由线性规划问题 (11.8) 的第 i 个约束确定的力场是

$$F_i(x) = \frac{-a_i}{b_i - a_i^T x}.$$

其方向为约束平面 $\mathcal{H}_i = \{x \mid a_i^T x = b_i\}$ 向内的法线方向，大小和当前点距 $\mathcal{H}_i$ 之间的距离，即

$$\|F_i(x)\|_2 = \frac{\|a_i\|_2}{b_i - a_i^T x} = \frac{1}{\mathbf{dist}(x, \mathcal{H}_i)},$$

成反比。换句话说，每个约束平面确定了一个排斥力，其大小等于到超平面的距离的倒数。

函数 tc^Tx 是常数力 $-tc$ 作用在粒子上的势。该“目标力”推动粒子向低成本方向运动。因此，$x^\star(t)$ 是粒子同时受到和距离反比的约束力以及目标力 $-tc$ 作用时所达到的平衡位置。当 t 很大时，粒子被推到非常接近最优点的位置。强目标力总能被反向的约束力所平衡，因为后者在粒子接近可行边界时会变得非常大。

图 11.3 以一个 $n=2$，$m=5$ 的小线性规划问题为例说明了这种解释。左图标出 $t=1$ 的 $x^\star(t)$ 以及作用在该点的约束力，后者平衡了该点的目标力。右图标出 $t=3$ 的 $x^\star(t)$ 和相应的力。较大的目标力可推动粒子更加靠近最优点。

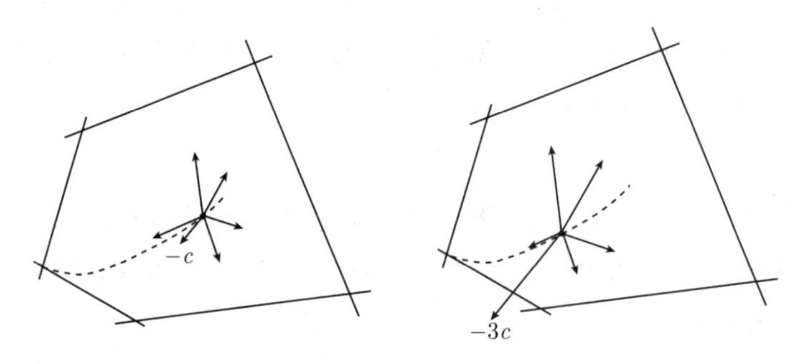

图 11.3　**中心路径的力场解释**。虚曲线表示中心路径。左右图分别用实心圆点标出了 $x^\star(1)$ 和 $x^\star(3)$。粗箭头分别表示等于 $-c$ 和 $-3c$ 的目标力。其他箭头表示和距离反比的约束力。随着目标力的强度改变，粒子的平衡位置点也不断变化，形成了中心路径。

11.3　障碍方法

我们已经说明 $x^\star(t)$ 是和最优值偏差不大于 m/t 的次优解，该精度由可行的对偶变量对 $\lambda^\star(t)$ 和 $\nu^\star(t)$ 给出。据此可提出能够保证达到预定精度 ϵ 的一种非常直接的求解原问题 (11.1) 的方法：简单地取 $t=m/\epsilon$ 然后采用 Newton 方法求解等式约束问题

$$\begin{array}{ll}\text{minimize} & (m/\epsilon)f_0(x)+\phi(x)\\ \text{subject to} & Ax=b\end{array}$$

该方法可以被称为**无约束极小化方法**，因为它使我们能够通过求解无约束或线性约束问题获得不等式约束问题 (11.1) 满足预定精度的解。尽管该方法对于小规模，具有好的初始点以及精度要求不是很高（即 ϵ 不是很小）的问题可以取得很好的效果，在其他情况下却不能有效工作。因此，该方法极少（如果有过）被采用。

11.3.1　障碍方法

对无约束极小化方法进行简单的扩充就可以取得很好的效果。这就是顺序求解一系列无约束（或线性约束）的极小化问题，每次用所获得的最新的点作为求解下一个问题的初始点。换句话说，我们对一系列逐渐增加的 t 值计算相应的 $x^\star(t)$，直到 $t\geqslant m/\epsilon$，

由此获得原问题的 ϵ 次优解。当 Fiacco 和 McCormick 在 20 世纪 60 年代首次提出这个方法时，它被称为**序列无约束极小化技术**（SUMT）。今天该方法通常被称为**障碍方法或路径跟踪方法**。下面是这个方法的一个简单版本。

算法 11.1 障碍方法。

给定严格可行点 x，$t := t^{(0)} > 0$，$\mu > 1$，误差阈值 $\epsilon > 0$。

重复进行

1. **中心点步骤。**
   从 x 开始，在 $Ax = b$ 的约束下极小化 $tf_0 + \phi$，最终确定 $x^\star(t)$。
2. **改进。** $x := x^\star(t)$。
3. **停止准则。** 如果 $m/t < \epsilon$ 则**退出**。
4. **增加 t。** $t := \mu t$。

每步迭代中（除了第一步）我们都从上次获得的中心点开始计算当前中心点 $x^\star(t)$，然后通过乘比例因子 $\mu > 1$ 增加 t。算法也能够给出对偶的 ϵ 次优解 $\lambda = \lambda^\star(t)$，$\nu = \nu^\star(t)$，或者对 x 的最优性进行认证。

我们将步骤 1 称为**中心点步骤**（计算中心点）或者**外部迭代**，将第一次执行中心点步骤（计算 $x^\star(t^{(0)})$）称为**初始中心点步骤**。（因此 $t^{(0)} = m/\epsilon$ 时算法最简单，仅包含初始中心点步骤。）尽管有很多处理线性约束的极小化方法可用于步骤 1，我们假定只应用 Newton 方法。我们将中心点步骤中的 Newton 迭代或步骤称为**内部迭代**。每次内部迭代我们都可以得到原问题可行解；但是仅在外部迭代（中心点步骤）结束时我们才有对偶可行解。

中心点精度

对求解中心点问题的精度我们需要做些注释。精确计算 $x^\star(t)$ 并非必要，因为中心路径的作用仅是随着 $t \to \infty$ 将中心点引向原问题的最优解，此外没有其他意义；不精确的中心点计算方法同样能够产生收敛于最优点的点列 $x^{(k)}$。但是，不精确的中心点意味着由式 (11.10) 计算的 $\lambda^\star(t)$，$\nu^\star(t)$ 不是精确的对偶可行点。该问题可以通过对式 (11.10) 增加一个纠正项而加以克服，当 x 在中心路径，即 $x^\star(t)$ 附近时，这种做法能够产生对偶可行解（见习题 11.9）。

另一方面，计算 $tf_0 + \phi$ 的一个**极其精确的**极小解，相对于计算 $tf_0 + \phi$ 的一个**好的**极小解，其计算成本仅有微小的增加，即至多增加几次 Newton 迭代。由于这个原因，可以假定中心点步骤产生的都是精确的中心点。

μ 的选择

参数 μ 的选择要同时兼顾所需要的内部迭代和外部迭代的次数。如果 μ 较小（即接近 1），每次外部迭代的 t 值将以较小的倍数增加。此时 Newton 过程的初始点，即

上次迭代产生的 x，是一个很好的初始点，从而，计算下个迭代点所需要的 Newton 迭代次数将会比较少。因此，对于较小的 μ 可以期望每次外部迭代需要进行较少次数的 Newton 迭代，但是，由于每次外部迭代只减少了较小的间隙，所需要的外部迭代次数显然会比较多。在这种情况下，所得到的迭代点（也包括内部迭代产生的点）将紧密的跟踪中心路径移动。正是这个原因，这种方法也被称为**路径跟踪方法**。

另一方面，当 μ 较大时相反的情况将会发生。如果每次外部迭代后 t 值增加较多，当前迭代点就非常可能不是下个迭代点的很好的近似值。因此可预见内部迭代次数会很多。由于每次外部迭代可以使对偶间隙被较大的比例因子 μ 所压缩，这种对于 t 值"过于进取"的改进确能减少外部迭代次数，但却会导致更多的内部迭代次数。对于较大的 μ，迭代点在中心路径上的间距会比较大，而很多内部迭代点将偏离中心路径较远。

上述 μ 的选择可能产生的双向影响不仅可以用实践的方法，我们将看到，同样也可以用理论分析方法所证实。实践表明，较小的 μ 值（即接近 1）会导致很多次的外部迭代，但每次外部迭代仅经过较少次数的 Newton 迭代就可以完成。对于比较大的 μ，大约从 3 到 100 或附近，两种效应几乎平衡，此时总的 Newton 迭代的次数近似保持为一个常数。由此可见，μ 的选择对总的计算量并非特别敏感；取值从 10 到 20 或附近似乎都能获得较好的效果。如果以最坏情况下所需要的总的 Newton 迭代次数尽可能少为目标选择参数 μ，那么可以采用接近 1 的 μ 值。

$t^{(0)}$ 的选择

另一个重要问题是如何选择 t 的初始值。这里要同时兼顾的问题很简单：如果 $t^{(0)}$ 太大，第一次外部迭代所需要的内部迭代次数会很多。如果 $t^{(0)}$ 很小，算法会进行额外的外部迭代，而第一次中心点步骤仍然可能进行很多次内部迭代。

既然 $m/t^{(0)}$ 是第一次中心点步骤所产生的对偶间隙，一种合理的做法是选择 $t^{(0)}$ 使 $m/t^{(0)}$ 和 $f_0(x^{(0)})-p^\star$，或者 μ 和后者的乘积，具有近似相等的阶次。例如，如果已知对偶可行点 λ,ν，其对偶间隙是 $\eta=f_0(x^{(0)})-g(\lambda,\nu)$，于是我们可以取 $t^{(0)}=m/\eta$。这样，在第一次外部迭代中我们简单求出一对具有相同对偶间隙的原对偶可行点。

根据中心路径条件 (11.7) 可采用另外一种可能的选择方法。我们可以将

$$\inf_{\nu}\left\|t\nabla f_0(x^{(0)})+\nabla\phi(x^{(0)})+A^T\nu\right\|_2 \tag{11.12}$$

解释为对 $x^{(0)}$ 和 $x^\star(t)$ 之间偏差程度的一种测度，从而选择 $t^{(0)}$ 使式 (11.12) 达到极小。（求解一个最小二乘问题可以确定这样的 t 值和 ν。）

这种方法的一种变形是用 x 和 $x^\star(t)$ 之间偏差的一种仿射不变测度替换 Euclid 范数。这就是通过极小化

$$\alpha(t,\nu)=\left(t\nabla f_0(x^{(0)})+\nabla\phi(x^{(0)})+A^T\nu\right)^T H_0^{-1}\left(t\nabla f_0(x^{(0)})+\nabla\phi(x^{(0)})+A^T\nu\right)$$

选择 t 和 ν，其中

$$H_0 = t\nabla^2 f_0(x^{(0)}) + \nabla^2\phi(x^{(0)}).$$

（可以说明，$\inf_\nu \alpha(t,\nu)$ 等于 $tf_0+\phi$ 在 $x^{(0)}$ 处 Newton 减量的平方。）因为 α 是 ν 和 t 的二次–线性分式函数，所以是凸函数。

不可行初始点 Newton 方法

在障碍方法的一种变形中，不可行初始点 Newton 方法（见 §10.3）被用于中心点步骤。此时，障碍方法的初始化步骤仅需要 $x^{(0)}$ 满足 $x^{(0)} \in \mathbf{dom}\, f_0$ 和 $f_i(x^{(0)}) < 0$，$i = 1,\cdots,m$，不需要 $Ax^{(0)} = b$。假定问题是严格可行的，一旦在第一次中心点步骤的某个迭代点选取了完整的 Newton 步径，那么之后的所有迭代点都是原问题可行点，此时这种算法也将和（标准的）障碍方法完全吻合。

11.3.2 例子

不等式形式的线性规划

我们的第一个例子是一个不等式形式的小规模线性规划问题

$$\begin{array}{ll} \text{minimize} & c^T x \\ \text{subject to} & Ax \preceq b \end{array}$$

其中 $A \in \mathbf{R}^{100\times 50}$。采用随机方法产生数据，要求所产生的是严格的原对偶可行的问题，其最优目标值 $p^\star = 1$。

初始点 $x^{(0)}$ 在中心路径上，对应的对偶间隙等于 100。采用障碍方法求解该问题，当对偶间隙小于 10^{-6} 时停止迭代。采用参数为 $\alpha = 0.01$，$\beta = 0.5$ 的回溯直线搜索的 Newton 方法求解中心点问题。Newton 方法的停止准则是 $\lambda(x)^2/2 \leqslant 10^{-5}$，其中 $\lambda(x)$ 是函数 $tc^T x + \phi(x)$ 的 Newton 减量。

图 11.4 给出三条曲线，分别表示三个 μ 值对应的障碍方法迭代过程。纵坐标为对数尺度的对偶间隙。横坐标为内部迭代，即 Newton 迭代的累计次数，这是衡量计算量的自然方式。三条曲线都具有阶梯状形式，每个台阶由一次外部迭代确定。台阶宽度（即水平部分）是每次外部迭代所经历的 Newton 迭代的次数。台阶高度（即垂直部分）等于（倍数）μ，因为每次外部迭代结束时对偶间隙减少为上次数值的 μ 分之一。

上述曲线显示了障碍方法的若干典型特征。首先，这种方法能使对偶间隙近似线性地收敛于 0。产生这种效果的原因是，对于每个 μ 值，确定中心点所需要的 Newton 迭代的次数近似为常数。对于 $\mu = 50$ 和 $\mu = 150$，障碍方法解决问题所经历的总的 Newton 迭代次数在 35～40 之间。

图 11.4 的曲线也清楚显示了改变 μ 值的不同效果。对于 $\mu = 2$ 的曲线，每个台阶的底边较短；每计算一个中心点大约仅需要 2 至3 次 Newton 迭代。但每个台阶的高度也较低，因为每次外部迭代只能使对偶间隙减少 1/2。在另一端，当 $\mu = 150$ 时，每个

台阶底边较长，典型长度约为 7 次 Newton 迭代，但每个台阶也高很多，因为每次外部迭代能使对偶间隙减少为原来的 1/150。

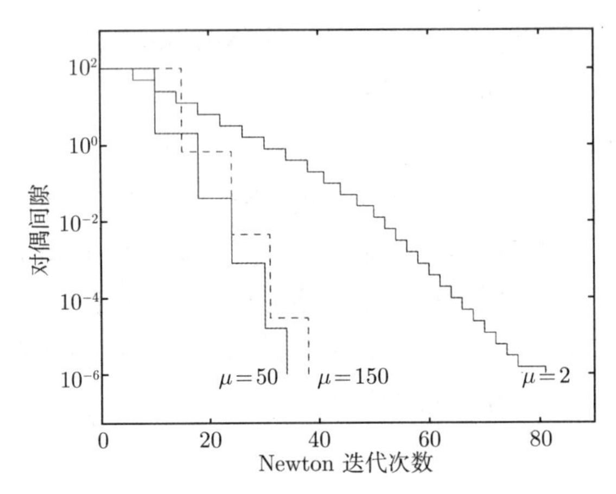

图 11.4　用障碍方法求解一个小规模线性规划问题，迭代过程中对偶间隙和累计 Newton 迭代次数之间的关系。所给出的三条曲线对应于参数 μ 的三个数值：2，50 和 150。每种情况下的对偶间隙均显示近似线性的收敛性。

图 11.5 进一步显示总迭代次数和 μ 值之间的关系。我们采用障碍方法求解一个线性规划问题，当对偶间隙小于 10^{-3} 时终止迭代，选择 1.2 和 200 之间的 25 个 μ 值进行计算。曲线表示求解该问题所需要的总的 Newton 迭代次数关于参数 μ 的函数关系。可以看出，当 μ 在大约 3 到 200 之间变化时，障碍方法均能取得很好的效果。如果 μ 很小，由于所需要的外部迭代次数很多，总的 Newton 迭代次数将增加，这同我们的直觉吻合。一个有意义的现象是，当 μ 大于 3 或附近的数值后，总的 Newton 迭代次数很

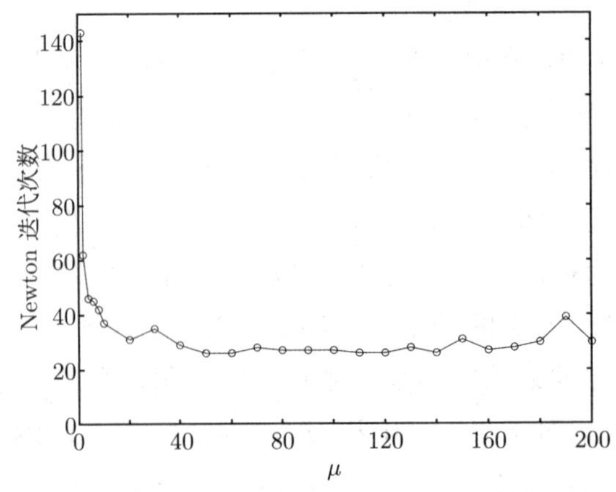

图 11.5　对一个小规模线性规划问题选择不同 μ 值的效果。纵轴表示将对偶间隙从 100 减少到 10^{-3} 所需要的 Newton 迭代次数，横轴表示 μ 值。图像表明当 μ 大于 3 或附近的数值以后障碍方法就可以取得较好的效果，但在很大范围内对 μ 值并不敏感。

少变化。这说明，当 μ 超过上述范围后，外部迭代次数的减少将被每次外部迭代所增加的 Newton 迭代次数所抵消。对于更大的 μ，障碍方法的性能将变得难以预测（即更加依赖具体实例的特性）。既然更大的 μ 值不能带来算法性能的改善，在 $10 \sim 100$ 的范围内进行选择是合理的做法。

几何规划

我们考虑凸的几何规划问题

$$\begin{array}{ll} \text{minimize} & \log\left(\sum_{k=1}^{K_0} \exp(a_{0k}^T x + b_{0k})\right) \\ \text{subject to} & \log\left(\sum_{k=1}^{K_i} \exp(a_{ik}^T x + b_{ik})\right) \leqslant 0, \quad i = 1, \cdots, m \end{array}$$

变量 $x \in \mathbf{R}^n$，相应的对数障碍为

$$\phi(x) = -\sum_{i=1}^{m} \log\left(-\log \sum_{k=1}^{K_i} \exp(a_{ik}^T x + b_{ik})\right).$$

我们考虑 $n = 50$ 个变量和 $m = 100$ 个不等式的实例（如同上面考虑的小规模线性规划问题）。目标函数和约束函数均由 $K_i = 5$ 项组成。具体实例的数据随机产生，要求其具有严格的原对偶可行性，最优目标值等于 1。

我们从中心路径上一点 $x^{(0)}$ 开始迭代，其对偶间隙等于 100。分别采用参数 $\mu = 2$，$\mu = 50$ 和 $\mu = 150$ 的障碍方法进行求解，当对偶间隙小于 10^{-6} 时算法终止。采用 Newton 方法求解中心点问题，其参数设置和线性规划例子相同，即 $\alpha = 0.01$，$\beta = 0.5$，终止准则为 $\lambda(x)^2/2 \leqslant 10^{-5}$。

图 11.6 给出对偶间隙和累计 Newton 迭代次数之间的关系。该曲线和图 11.4 中的

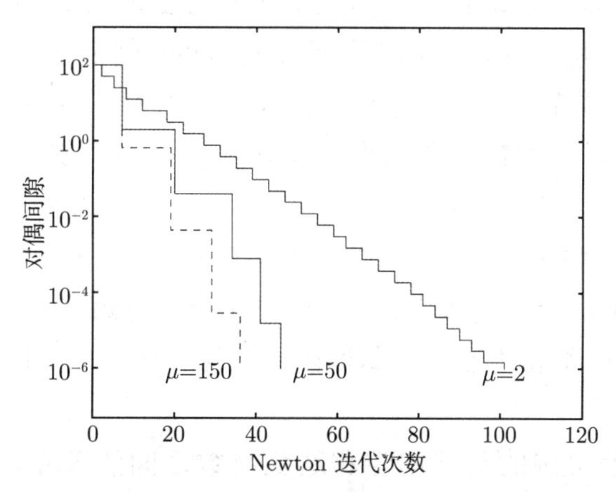

图 11.6 用障碍方法求解一个小规模几何规划规划问题。曲线显示对偶间隙和累计 Newton 迭代次数之间的关系。对偶间隙依然近似线性收敛。

线性规划问题的曲线非常相似。特别是，每次中心点步骤所需要的 Newton 迭代次数近似为常数，因此对偶间隙近似线性收敛。

当参数 μ 改变时，求解问题所需要的总的 Newton 迭代次数的变化情况和线性规划的例子非常相似。对于该几何规划问题，选择 10 到 200 之间的 μ 值，将对偶间隙减少到 10^{-3} 以下所需要的总的 Newton 迭代次数在 30 附近（大约在 20 到 40 之间）。因此，同样，μ 的一个好的选择范围为 $10 \sim 100$。

一族标准形式的线性规划问题

在上面的例子中，我们采用障碍方法求解随机产生的相同维数的线性规划和几何规划问题，考察了对偶间隙和累计 Newton 迭代次数之间的关系。两个例子的计算结果极其相似；随着 Newton 迭代次数的增加其对偶间隙都呈现近似线性的收敛性质。我们也考察了算法性能随参数 μ 的改变而发生的变化，发现两种情况下的结果本质上相同。对于大于 10 或附近数值的 μ 值，障碍方法能够很好地工作，大约经过 30 次左右的 Newton 迭代就可以把对偶间隙从 10^2 减少到 10^{-6}。两种情况下，μ 的选择几乎都不影响所需要的总的 Newton 迭代次数（假定 μ 大于 10 或附近的数值）。

本节我们进一步考察障碍方法的性能和问题维数之间的关系。我们考虑标准形式的线性规划问题

$$\begin{array}{ll} \text{minimize} & c^T x \\ \text{subject to} & Ax = b, \quad x \succeq 0 \end{array}$$

其中 $A \in \mathbf{R}^{m \times n}$，并针对一族随机产生的实例，探讨所需要的总的 Newton 迭代次数和变量个数 n 以及等式约束数目 m 之间的函数关系。我们取 $n = 2m$，即变量数是约束数目的两倍。

我们采用以下方式产生问题实例。矩阵 A 的元素彼此独立，都服从标准正态分布 $\mathcal{N}(0,1)$。我们取 $b = Ax^{(0)}$，其中 $x^{(0)}$ 的元素亦彼此独立，都服从区间 $[0,1]$ 上的均匀分布。这样就可以保证所产生的原问题是严格可行的，因为 $x^{(0)} \succ 0$ 是可行的。为了构造成本向量 c，我们首先计算元素分布为 $\mathcal{N}(0,1)$ 的向量 $z \in \mathbf{R}^m$ 和元素分布为区间 $[0,1]$ 上均匀分布的向量 $s \in \mathbf{R}^n$。然后取 $c = A^T z + s$。这样就可以保证所产生的问题是严格对偶可行的，因为 $A^T z \prec c$。

我们采用 $\mu = 100$ 的算法参数，中心点步骤的参数和上面的例子相同: 回溯参数 $\alpha = 0.01$，$\beta = 0.5$，终止准则 $\lambda(x)^2/2 \leqslant 10^{-5}$。初始点在中心路径上，对应的 $t^{(0)} = 1$（即间隙为 n）。算法在初始对偶间隙减少为 10^4 分之一时，即在完成两次外部迭代后，停止。

图 11.7 给出三个实例的对偶间隙和迭代次数之间的关系，其维数分别为 $m = 50$，$m = 500$ 和 $m = 1000$。这些曲线和其他例子非常相似，其对偶间隙均呈现近似线性的收敛性。曲线表明，当问题规模从 50 个约束（100 个变量）增加到 1000 个约束（2000

个变量）时，所需要的 Newton 迭代次数仅有少量增加。

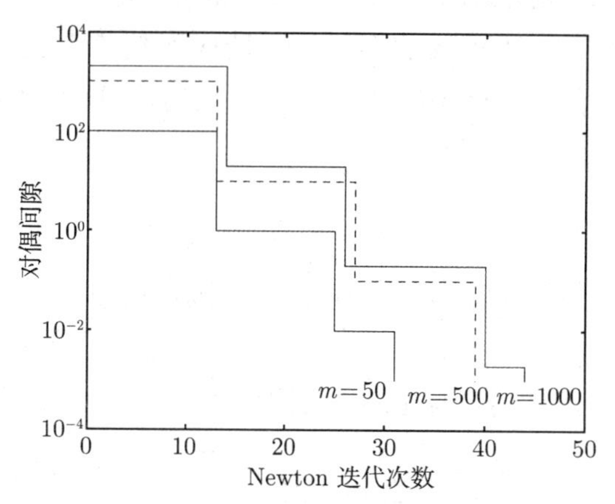

图 11.7 用障碍方法求解三个随机产生的不同维数的线性规划问题。曲线表示对偶间隙和累计 Newton 迭代次数之间的关系。每个问题的变量个数为 $n = 2m$。对偶间隙依然近似线性收敛。问题规模增加时所需要的 Newton 迭代次数仅有少量增加。

为了考察问题规模对 Newton 迭代次数的影响，我们在 $m = 10$ 到 $m = 1000$ 之间选择 20 个 m 值，对每个产生 100 个实例。我们用障碍方法求解这 2000 问题，并记录每个问题所需要的 Newton 迭代次数。图 11.8 总结了计算结果，其中给出了每个 m 所对应的 Newton 迭代次数的均值和标准差。我们的第一个注释是，标准差在 2 周围，并且似乎近似独立于问题的规模。由于所需迭代次数的均值在 25 附近，Newton 迭代次数仅在 ±10% 左右的范围变动。

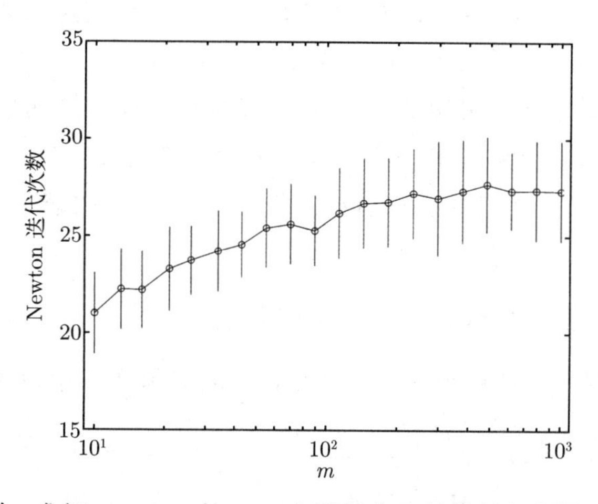

图 11.8 对于不同维数，求解 $n = 2m$ 的 100 个随机产生的线性规划问题所需要的 Newton 迭代次数的均值。对每个 m，过均值的误差线段表示标准差。当问题维数的变化比值为 100:1 时，所需要的 Newton 迭代次数的增量非常小。

曲线表明，尽管问题的规模增加为初始规模的 100 倍，所需要的 Newton 迭代次数的增量却很小，仅仅从 21 附近增加到 27 左右。这是一般情况下应用障碍方法的典型现象：随着问题维数的增加，所需要的 Newton 迭代次数非常缓慢地增加，几乎总是围绕数十次的数量变动。当然，进行每次 Newton 迭代的计算量会随着问题规模的增加而同步增长。

11.3.3 收敛性分析

障碍方法的收敛性分析可以直截了当地进行。假定用 Newton 方法求解 $tf_0+\phi$ 的极小化问题，经过 $t=t^{(0)}$, $\mu t^{(0)}$, $\mu^2 t^{(0)},\cdots$ 的初始中心点步骤和以后的 k 次中心点步骤后，对偶间隙成为 $m/(\mu^k t^{(0)})$。因此，经过**精确的**

$$\left\lceil \frac{\log(m/(\epsilon t^{(0)}))}{\log \mu} \right\rceil \tag{11.13}$$

次包括初始中心点步骤在内的中心点步骤后，算法能够达到所希望的 ϵ 的精度要求。

由此可知，只要能够用 Newton 方法求解 $t\geqslant t^{(0)}$ 的中心点问题 (11.6)，就可以应用障碍方法。能够应用标准 Newton 方法的一组充分条件是，函数 $tf_0+\phi$ 对于 $t\geqslant t^{(0)}$ 满足 505 页 §10.2.4 给出的条件：初始水平子集是闭的，相关的 KKT 矩阵之逆有界，并且 Hessian 矩阵满足 Lipschitz 条件。(基于自和谐性可以得到另一组充分条件，我们将在 §11.5 详细讨论。) 如果应用不可行初始点 Newton 方法解决中心点问题，在 512 页 §10.3.3 中列出的条件可以保证收敛性。

假定 $f_0,\cdots,f_m$ 是闭的，对原问题的一个简单的修改可以保证上述条件成立。通过对原问题增加形如 $\|x\|_2^2\leqslant R^2$ 的一个约束，可以推知对于任意的 $t\geqslant 0$ 函数 $tf_0+\phi$ 是强凸的；特别是，能够保证用 Newton 方法求解中心点问题的收敛性。(见习题 11.4。)

虽然上面的分析表明障碍方法确实收敛，但不能回答一个基本问题：随着 t 的增加，中心点问题是否确实变得更难求解 (因此需要越来越多的迭代)? 数值计算结果显示对于一大类问题并非如此；求解中心点问题似乎仅需要固定次数的 Newton 迭代，即便 t 不断增加也是一样。我们将 (在 §11.5 中) 看到，当自和谐条件满足时这个问题是可以解决的。

11.3.4 修改的 KKT 方程的 Newton 步径

在障碍方法中，Newton 步径 $\Delta x_{\rm nt}$ 以及相关的对偶变量由以下线性方程确定，

$$\left[\begin{array}{cc} t\nabla^2 f_0(x)+\nabla^2\phi(x) & A^T \\ A & 0 \end{array}\right]\left[\begin{array}{c} \Delta x_{\rm nt} \\ \nu_{\rm nt} \end{array}\right]=-\left[\begin{array}{c} t\nabla f_0(x)+\nabla\phi(x) \\ 0 \end{array}\right]. \tag{11.14}$$

本节将说明如何将求解中心点问题的这些 Newton 步径以一种特殊方式解释为直接求解下述修改的 KKT 方程的 Newton 步径，

$$\begin{aligned} \nabla f_0(x) + \sum_{i=1}^{m} \lambda_i \nabla f_i(x) + A^T \nu &= 0 \\ -\lambda_i f_i(x) &= 1/t, \quad i = 1, \cdots, m \\ Ax &= b \end{aligned} \tag{11.15}$$

修改的 KKT 方程 (11.15) 是 $n+p+m$ 个变量 x，ν 和 λ 的 $n+p+m$ 个非线性方程。为了求解这些方程，我们首先用 $\lambda_i = -1/(tf_i(x))$ 消去变量 λ_i。由此可得

$$\nabla f_0(x) + \sum_{i=1}^{m} \frac{1}{-tf_i(x)} \nabla f_i(x) + A^T \nu = 0, \qquad Ax = b, \tag{11.16}$$

这是 $n+p$ 个变量 x 和 ν 的 $n+p$ 个方程。

为了计算满足非线性方程组 (11.16) 的 Newton 步径，我们对第一个方程中的非线性项进行 Taylor 逼近。对于很小的 v，利用 Taylor 近似式可得

$$\begin{aligned} &\nabla f_0(x+v) + \sum_{i=1}^{m} \frac{1}{-tf_i(x+v)} \nabla f_i(x+v) \\ &\approx \nabla f_0(x) + \sum_{i=1}^{m} \frac{1}{-tf_i(x)} \nabla f_i(x) + \nabla^2 f_0(x) v \\ &\quad + \sum_{i=1}^{m} \frac{1}{-tf_i(x)} \nabla^2 f_i(x) v + \sum_{i=1}^{m} \frac{1}{tf_i(x)^2} \nabla f_i(x) \nabla f_i(x)^T v. \end{aligned}$$

用上述 Taylor 逼近代替方程 (11.16) 中的非线性项，就可得到计算 Newton 步径的线性方程组

$$Hv + A^T \nu = -g, \qquad Av = 0, \tag{11.17}$$

其中

$$\begin{aligned} H &= \nabla^2 f_0(x) + \sum_{i=1}^{m} \frac{1}{-tf_i(x)} \nabla^2 f_i(x) + \sum_{i=1}^{m} \frac{1}{tf_i(x)^2} \nabla f_i(x) \nabla f_i(x)^T \\ g &= \nabla f_0(x) + \sum_{i=1}^{m} \frac{1}{-tf_i(x)} \nabla f_i(x). \end{aligned}$$

我们注意到

$$H = \nabla^2 f_0(x) + (1/t) \nabla^2 \phi(x), \qquad g = \nabla f_0(x) + (1/t) \nabla \phi(x).$$

因此，由式 (11.14) 可知，障碍方法的中心点步骤中使用的 Newton 步径 $\Delta x_{\rm nt}$ 和 $\nu_{\rm nt}$ 满足

$$tH\Delta x_{\rm nt} + A^T \nu_{\rm nt} = -tg, \qquad A\Delta x_{\rm nt} = 0.$$

将该式和式 (11.17) 比较，可以看出

$$v = \Delta x_{\mathrm{nt}}, \qquad \nu = (1/t)\nu_{\mathrm{nt}}.$$

这表明，将对偶变量进行比例变换后，中心点问题 (11.6) 中的 Newton 步径可以解释为，求解修改后的 KKT 方程 (11.16) 的 Newton 步径。

在这种处理方法中，我们首先从修改后的 KKT 方程消去变量 λ，然后应用 Newton 方法求解所产生的方程组。该方法的另一种变形是，不消去 λ，直接应用 Newton 方法求解 KKT 方程。这种做法将产生 §11.7 讨论的所谓的**原对偶搜索方向**。

11.4 可行性和阶段 1 方法

障碍方法需要一个严格可行的初始点 $x^{(0)}$。如果不知道这样一个可行点，在应用障碍方法之前需要一个预备阶段，称为**阶段 1**，在此阶段要计算一个严格可行点（或者判定约束不可行）。阶段 1 确定的严格可行点然后被用做障碍方法的初始点，此后算法称为**阶段 2**。本节我们将描述几种阶段 1 方法。

11.4.1 基本的阶段 1 方法

我们考虑变量 $x \in \mathbf{R}^n$ 的一组不等式和等式方程

$$f_i(x) \leqslant 0, \quad i = 1, \cdots, m, \qquad Ax = b, \tag{11.18}$$

其中 $f_i : \mathbf{R}^n \to \mathbf{R}$ 是凸的，具有连续的二阶导数。我们假定给定一点 $x^{(0)} \in \mathbf{dom}\, f_1 \cap \cdots \cap \mathbf{dom}\, f_m$ 满足 $Ax^{(0)} = b$。

我们的目的是找到一个满足这些不等式和等式方程的严格可行解，或者确定这样的解不存在。为此构造下面的优化问题：

$$\begin{array}{ll} \text{minimize} & s \\ \text{subject to} & f_i(x) \leqslant s, \quad i = 1, \cdots, m \\ & Ax = b \end{array} \tag{11.19}$$

其中变量为 $x \in \mathbf{R}^n$，$s \in \mathbf{R}$。变量 s 可以解释为不等式约束的最大不可行值的上界；我们的目的就是迫使最大不可行值小于 0。

该问题总是严格可行的，因为我们可以选择 $x^{(0)}$ 作为 x 的初始可行点，而对于 s，则可以选择大于 $\max_{i=1,\cdots,m} f_i(x^{(0)})$ 的任意实数。因此，我们可以应用障碍方法求解问题 (11.19)，后者被称为和等式不等式系统 (11.19) 相关联的**阶段 1 优化问题**。

我们可以根据问题 (11.19) 的最优目标值 $\bar{p}^\star$ 的符号区分三种情况。

1. 如果 $\bar{p}^\star < 0$，则式 (11.18)有严格可行解。并且，只要 (x, s) 满足问题 (11.19) 的约束和 $s < 0$，x 就满足 $f_i(x) < 0$。这意味着求解优化问题 (11.19) 并不需要很高精度，只要 $s < 0$ 即可停止。

2. 如果 $\bar{p}^\star > 0$，则式 (11.18) 是不可行的。同第一种情况一样，求解阶段 1 的优化问题 (11.19) 并不需要很高的精度；只要发现某个对偶可行点具有正的对偶目标值（说明 $\bar{p}^\star > 0$），我们就可以停止计算。在这种情况下，我们可以利用对偶可行解证明式 (11.18) 是不可行的。

3. 如果 $\bar{p}^\star = 0$ 并且最小值在 $x^\star$ 和 $s^\star = 0$ 处达到，则不等式组是可行的，但不存在严格可行解。如果 $\bar{p}^\star = 0$ 但最小值不可达到，那么不等式组是不可行的。

   实践中不可能准确确定 $\bar{p}^\star = 0$。实际做法是，当不等式 $|\bar{p}^\star| < \epsilon$ 对某个小正数 ϵ 成立时求解问题 (11.19) 的优化算法就会停止。此时我们可以断定不等式组 $f_i(x) \leqslant -\epsilon$ 不可行，但不等式组 $f_i(x) \leqslant \epsilon$ 是可行的。

不可行值之和

对上面介绍的基本的阶段 1 方法存在很多种变形。一种做法是极小化不可行值之和，而不是不可行值的最大值。我们构造问题

$$\begin{array}{ll} \text{minimize} & \mathbf{1}^T s \\ \text{subject to} & f_i(x) \leqslant s_i, \quad i = 1, \cdots, m \\ & Ax = b \\ & s \succeq 0 \end{array} \tag{11.20}$$

对于固定的 x，s_i 的最优值是 $\max\{f_i(x), 0\}$，因此以上问题是极小化不可行值之和。问题 (11.20) 的最优值为 0 且可达到的充要条件是，原始的等式和不等式组是可行的。

如果等式和不等式系统 (11.19) 不可行时，采用不可行值之和的阶段 1 方法具有一个非常有意义的特性。在这种情况下，阶段 1 问题 (11.20) 的最优解往往只违反少数（假设为 r 个）不等式约束。因此，我们可以确定能够满足很多($m-r$ 个)不等式的点，即可以辨识出大部分不等式是可行的。此时，和被严格满足的不等式相关的对偶变量等于 0，因此我们也可以证明一部分不等式是不可行的。这比发现 m 个不等式合在一起是不可行的能够提供更多的信息。（该现象和用于确定稀疏近似解的 ℓ_1-范数正规化或基筛选方法密切相关；见 §6.1.2 和 §6.5.4）。

例 11.4　阶段 1 方法比较。 我们对一组不可行不等式 $Ax \preceq b$，$m = 100$，$n = 50$ 应用两种阶段 1 方法。第一种是基本的阶段 1 方法

$$\begin{array}{ll} \text{minimize} & s \\ \text{subject to} & Ax \preceq b + \mathbf{1}s \end{array}$$

该方法极小化最大不可行值。第二种方法极小化不可行值之和，即求解线性规划

$$\begin{array}{ll} \text{minimize} & \mathbf{1}^T s \\ \text{subject to} & Ax \preceq b + s \\ & s \succeq 0 \end{array}$$

图 11.9 显示上述两组 x 的解（分别用 $x_{\max}$ 和 x_{sum} 表示）所对应的不可行值 $b_i - a_i^T x$ 的分布情况。在 100 个不等式中，点 $x_{\max}$ 满足其中的 39 个，而 x_{sum} 满足 79 个。

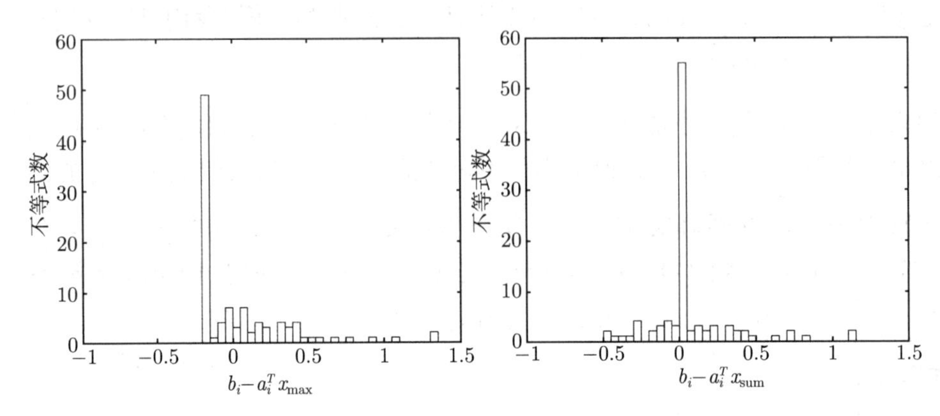

图 11.9　100 个不等式 $a_i^T x \leqslant b_i$ 构成的 50 个变量的不可行集合中不可行值 $b_i - a_i^T x$ 的分布情况。左边图像使用的向量 $x_{\max}$ 是基本的阶段 1 方法给出的解，它满足 100 个不等式中的 39 个。右边图像使用的向量 x_{sum} 是极小化不可行值之和给出的解，它满足 100 个不等式中的 79 个。

在阶段 2 中心路径附近停止

对采用障碍方法的基本的阶段 1 方法进行一点改变，就具有以下性质（当等式和不等式约束严格可行时），阶段 1 问题和原始优化问题 (11.1) 的中心路径彼此相交。

假设给定点 $x^{(0)} \in \mathcal{D} = \mathbf{dom}\, f_0 \cap \mathbf{dom}\, f_1 \cap \cdots \cap \mathbf{dom}\, f_m$ 满足 $Ax^{(0)} = b$。构造以下阶段 1 优化问题

$$
\begin{array}{ll}
\text{minimize} & s \\
\text{subject to} & f_i(x) \leqslant s, \quad i = 1, \cdots, m \\
& f_0(x) \leqslant M \\
& Ax = b
\end{array}
\tag{11.21}
$$

其中 M 选为大于 $\max\{f_0(x^{(0)}), p^\star\}$ 的常数。

现在我们假定原始问题 (11.1) 是严格可行的，因此问题 (11.21) 的最优值 $\bar{p}^\star$ 是负数。问题 (11.21) 的中心路径由下式定义，

$$
\sum_{i=1}^{m} \frac{1}{s - f_i(x)} = \bar{t}, \qquad \frac{1}{M - f_0(x)} \nabla f_0(x) + \sum_{i=1}^{m} \frac{1}{s - f_i(x)} \nabla f_i(x) + A^T \nu = 0,
$$

其中 $\bar{t}$ 是参数。如果 (x, s) 在中心路径上，并且 $s = 0$，则 x 和 ν 对于 $t = 1/(M - f_0(x))$ 满足

$$
t \nabla f_0(x) + \sum_{i=1}^{m} \frac{1}{-f_i(x)} \nabla f_i(x) + A^T \nu = 0.
$$

这意味着 x 在原始优化问题 (11.1) 的中心路径上，相应的对偶间隙为

$$m(M - f_0(x)) \leqslant m(M - p^\star). \tag{11.22}$$

11.4.2 采用不可行初始点 Newton 方法求解阶段 1 问题

我们也可以将不可行初始点 Newton 方法应用于原始问题

$$\begin{array}{ll} \text{minimize} & f_0(x) \\ \text{subject to} & f_i(x) \leqslant 0, \quad i = 1, \cdots, m \\ & Ax = b \end{array}$$

的一个修改版本，以解决阶段 1 问题。我们首先将问题表示成下述形式（显然等价），

$$\begin{array}{ll} \text{minimize} & f_0(x) \\ \text{subject to} & f_i(x) \leqslant s, \quad i = 1, \cdots, m \\ & Ax = b, \quad s = 0 \end{array}$$

其中附加变量 $s \in \mathbf{R}$。为了开始障碍方法，我们用不可行初始点 Newton 方法求解

$$\begin{array}{ll} \text{minimize} & t^{(0)} f_0(x) - \sum_{i=1}^{m} \log(s - f_i(x)) \\ \text{subject to} & Ax = b, \quad s = 0 \end{array}$$

其初始点可以选取任何 $x \in \mathcal{D}$ 和 $s > \max_i f_i(x)$。如果原问题是严格可行的，不可行初始点 Newton 方法最终将选取无阻尼步长，从而达到 $s = 0$，即 x 是严格可行的。

同样的技巧可以用于不能在函数的公共定义域 $\mathcal{D}$ 确定一点的情况。我们简单地将不可行初始点 Newton 方法应用于问题

$$\begin{array}{ll} \text{minimize} & t^{(0)} f_0(x + z_0) - \sum_{i=1}^{m} \log(s - f_i(x + z_i)) \\ \text{subject to} & Ax = b, \quad s = 0, \quad z_0 = 0, \quad \cdots, \quad z_m = 0 \end{array}$$

其中变量为 x，$z_0, \cdots, z_m$ 和 $s \in \mathbf{R}$。在初始化阶段不难选择 z_i 满足 $x + z_i \in \mathbf{dom}\, f_i$。

用这种方法解决阶段 1 问题的主要缺点是，当问题不可行时没有好的停止准则，此时残差不能收敛到 0。

11.4.3 例子

我们考虑一族线性可行性问题

$$Ax \preceq b(\gamma),$$

其中 $A \in \mathbf{R}^{50 \times 20}$，$b(\gamma) = b + \gamma \Delta b$。选择数据使不等式组对 $\gamma > 0$ 严格可行，对 $\gamma < 0$ 不可行，对 $\gamma = 0$ 可行但不严格可行。

图 11.10 显示对于区间 $[-1,1]$ 的 40 个 γ 值，得到严格可行点或判定不可行所需要的 Newton 迭代的次数。我们采用 §11.4.1 的基本的阶段 1 方法，即对每个 γ 值形成线性规划

$$\begin{array}{ll}\text{minimize} & s \\ \text{subject to} & Ax \preceq b(\gamma) + s\mathbf{1}\end{array}$$

采用 $\mu = 10$ 的障碍方法，初始点 $x = 0$，$s = -\min_i b_i(\gamma) + 1$。算法终止于或者得到满足 $s < 0$ 的 (x, s)，或者得到对偶问题

$$\begin{array}{ll}\text{maximize} & -b(\gamma)^T z \\ \text{subject to} & A^T z = 0 \\ & \mathbf{1}^T z = 1 \\ & z \succeq 0\end{array}$$

满足 $-b(\gamma)^T z > 0$ 的可行解 z。

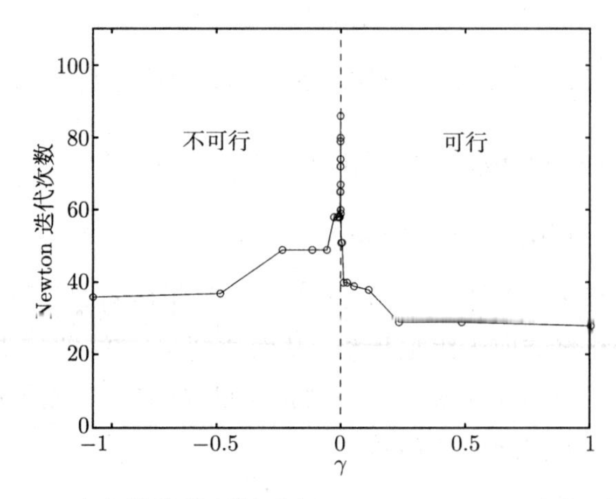

图 11.10 对参数 $\gamma \in \mathbf{R}$ 决定的线性不等式组 $Ax \preceq b + \gamma\Delta b$，确定可行或不可行所需要的 Newton 迭代次数。不等式组当 $\gamma > 0$ 时严格可行，$\gamma < 0$ 不可行。对于大于 0.2 左右的 γ 值，大约需要 30 次迭代计算严格可行点；对于小于 -0.5 左右的 γ 值，大约需要 35 次迭代验证不可行性。对于以上区间之间的 γ 值，特别是接近 0 的值，需要更多的 Newton 迭代次数确定是否可行。

图像表明，当不等式组可行且有一些裕量时，大约经过 25 次 Newton 迭代就可以得到严格可行点。反之，当不等式组不可行并且同样有一些裕量时， 大约经过 35 次迭代就可以判定不可行性。随着不等式组靠近可行和不可行之间的边界，即 γ 接近 0，阶段 1 的工作量逐渐增加。当 γ 非常接近 0 时，不等式组非常靠近可行和不可行之间的边界，迭代次数大幅增加。图 11.11 显示 γ 接近 0 时所需要的总的 Newton 迭代次数。图像表明，对于非常靠近可行和不可行之间边界的问题，检测可行性或验证不可行性所需要的迭代次数近似对数的增长。

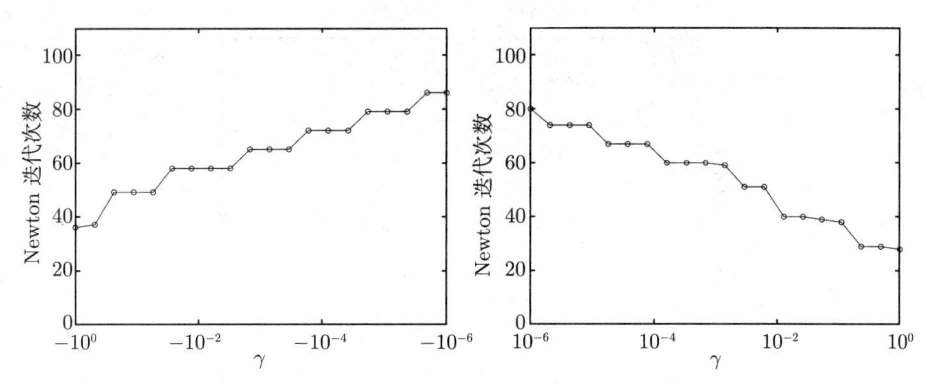

图 11.11 **左边**。对于 0 附近负的 γ 值，判定不可行所需要的 Newton 迭代次数和 γ 的关系。**右边**。对于 0 附近正的 γ 值，找到严格可行点所需要的 Newton 迭代次数和 γ 的关系。

这个例子非常典型：用障碍方法求解一组凸的等式和不等式方程，只要不靠近可行区域和不可行区域之间的边界，其计算量不会很大，且近似为常数。当所求解的问题向上述边界靠近时，找到严格可行点或判定不可行所需要的 Newton 迭代次数会逐渐增长。如果所求解的问题**精确**位于严格可行区域和严格不可行区域的边界上，例如，可行但不是严格可行，计算成本为无穷大。

用不可行初始点 Newton 方法解决可行性问题

我们也可以应用不可行初始点 Newton 方法求解问题

$$\begin{array}{ll}\text{minimize} & -\sum_{i=1}^{m}\log s_i \\ \text{subject to} & Ax+s=b(\gamma)\end{array}$$

以得到相同的可行性问题的解。我们采用回溯参数 $\alpha=0.01$，$\beta=0.9$，初始点选为 $x^{(0)}=0$，$s^{(0)}=\mathbf{1}$，$\nu^{(0)}=0$。我们只考虑可行问题（即 $\gamma>0$），一旦发现可行点就停止迭代。（我们不考虑不可行的问题，因为在那种情况下残差将收敛于一个正数。）图 11.12 给出了找到可行点所需要的 Newton 迭代次数和 γ 的函数关系。

图像表明，当 γ 大于 0.3 或附近的数值时，不超过 20 次 Newton 迭代就可以得到可行点。在这些情况下，现在的方法远比阶段 1 方法有效，后者需要 30 次左右的 Newton 迭代。对于较小的 γ 值，所需要的 Newton 迭代次数显著增长，近似为 $1/\gamma$ 的关系。对于 $\gamma=0.01$，不可行初始点 Newton 方法需要数千次迭代才能找到可行点。在这个区域阶段 1 方法有效得多，仅需要 40 次左右的迭代。

这些结果相当典型。如果不等式组是可行的，并且不很靠近可行区域和不可行区域之间的边界，那么不可行初始点 Newton 方法效果很好。但是当可行集仅仅勉强非空时（就像这个例子中 γ 很小的情况），阶段 1 方法好得多。阶段 1 方法的另一个优点是可以很好地处理不可行情况; 与之相对，不可行初始点 Newton 方法在这种情况下就不能收敛。

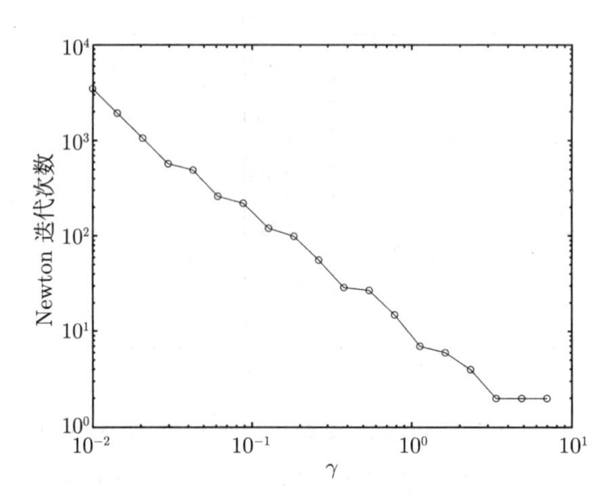

图 11.12　对于由参数 $\gamma \in \mathbf{R}$ 控制的一组不等式 $Ax \preceq b + \gamma \Delta b$，找到严格可行点所需要的 Newton 迭代次数。所采用的是不可行初始点 Newton 方法，一旦找到可行点就停止迭代。对于 $\gamma = 10$，初始点 $x^{(0)} = 0$ 正好可行（因此迭代次数为 0）。

11.5　自和谐条件下的复杂性分析

利用自和谐函数 Newton 方法的复杂性分析（第 480 页 §9.6.4 和第 507 页 §10.2.4），我们可以给出障碍方法的复杂性分析。这种分析适用于很多普通问题，并可导出若干有意义的结论：对应用障碍方法解决问题所需要的 Newton 迭代的总次数给出一个严格的上界，证实中心点问题不会随着 t 的增加而变得更加困难，后者是我们以前观察到的现象。

11.5.1　自和谐假设

我们提出以下两条假设。

- 对于所有的 $t \geqslant t^{(0)}$，$tf_0 + \phi$ 是闭的自和谐性函数。
- 问题 (11.1) 的水平子集有界。

第 2 条假设意味着中心点问题的水平子集有界（见习题 11.3），并由此可知中心点问题是可解的。有界水平子集的假设也意味着 $tf_0 + \phi$ 的 Hessian 矩阵是处处正定的（见习题 11.14）。虽然基于自和谐假设的复杂性分析仅适合一类特殊问题，但我们必须强调指出，无论自和谐假设是否成立，一般情况下障碍方法都能有效地工作。

自和谐假设对很多问题成立，包括线性规划和二次规划问题。如果函数 f_i 是线性或二次的，那么

$$tf_0 - \sum_{i=1}^{m} \log(-f_i)$$

对所有的 $t \geqslant 0$ 都是自和谐的（见 §9.6）。因此，下面给出的复杂性分析可应用于线性规

划、二次规划和二次约束的二次规划问题。

在其他一些情况下，有可能重新构造问题使自和谐假设成立。例如，考虑线性不等式约束的熵极大问题

$$\begin{array}{ll}\text{minimize} & \sum_{i=1}^{n} x_i \log x_i \\ \text{subject to} & Fx \preceq g \\ & Ax = b\end{array}$$

函数

$$tf_0(x) + \phi(x) = t\sum_{i=1}^{n} x_i \log x_i - \sum_{i=1}^{m} \log(g_i - f_i^T x),$$

其中 $f_1^T, \cdots, f_m^T$ 是 F 的行向量，它不是闭的（除非 $Fx \preceq g$ 蕴含着 $x \succeq 0$）或自和谐的。但是，我们可以加上多余的不等式约束 $x \succeq 0$ 得到等价问题

$$\begin{array}{ll}\text{minimize} & \sum_{i=1}^{n} x_i \log x_i \\ \text{subject to} & Fx \preceq g \\ & Ax = b \\ & x \succeq 0\end{array} \tag{11.23}$$

对这个问题我们有

$$tf_0(x) + \phi(x) = t\sum_{i=1}^{n} x_i \log x_i - \sum_{i=1}^{n} \log x_i - \sum_{i=1}^{m} \log(g_i - f_i^T x),$$

它对于任意的 $t \geqslant 0$ 是自和谐和闭的。（函数 $ty\log y - \log y$ 在 $\mathbf{R}_{++}$ 上对所有的 $t \geqslant 0$ 都是自和谐的；见习题 11.13。）因此，可以将本节的复杂性分析应用于重新构造的线性不等式约束的熵极大问题 (11.23)。

作为一个更特殊的例子，考虑几何规划问题

$$\begin{array}{ll}\text{minimize} & f_0(x) = \log\left(\sum_{k=1}^{K_0} \exp(a_{0k}^T x + b_{0k})\right) \\ \text{subject to} & \log\left(\sum_{k=1}^{K_i} \exp(a_{ik}^T x + b_{ik})\right) \leqslant 0, \quad i = 1, \cdots, m\end{array}$$

我们并不清楚函数

$$tf_0(x) + \phi(x) = t\log\left(\sum_{k=1}^{K_0} \exp(a_{0k}^T x + b_{0k})\right) - \sum_{i=1}^{m} \log\left(-\log\sum_{k=1}^{K_i} \exp(a_{ik}^T x + b_{ik})\right)$$

是否满足自和谐假设，因此尽管障碍方法能够有效工作，本节的复杂性分析对其不一定成立。

但是，我们可以重新构造几何规划问题使其肯定满足自和谐假设。对每个单项式 $\exp(a_{ik}^T x + b_{ik})$ 引入新变量 y_{ik} 用做上界，

$$\exp(a_{ik}^T x + b_{ik}) \leqslant y_{ik}.$$

利用这些新变量可以将几何规划问题表示成

$$\begin{array}{ll} \text{minimize} & \sum_{k=1}^{K_0} y_{0k} \\ \text{subject to} & \sum_{k=1}^{K_i} y_{ik} \leqslant 1, \quad i = 1, \cdots, m \\ & a_{ik}^T x + b_{ik} - \log y_{ik} \leqslant 0, \quad i = 0, \cdots, m, \quad k = 1, \cdots, K_i \\ & y_{ik} \geqslant 0, \quad i = 0, \cdots, m, \quad k = 1, \cdots, K_i \end{array}$$

相应的对数障碍为

$$\sum_{i=0}^{m} \sum_{k=1}^{K_i} (-\log y_{ik} - \log(\log y_{ik} - a_{ik}^T x - b_{ik})) - \sum_{i=1}^{m} \log\left(1 - \sum_{k=1}^{K_i} y_{ik}\right),$$

这是闭的自和谐函数（第 477 页的例 9.8）。由此可知 $tf_0 + \phi$ 对于任意的 t 是闭和自和谐的，因为目标函数是线性的。

11.5.2　中心点步骤的 Newton 迭代次数

在 §9.6.4（第 480 页）和 §10.2.4（第 507 页）给出的自和谐函数 Newton 方法的复杂性理论表明，极小化一个闭的严格凸的自和谐函数 f 所需要的 Newton 迭代次数存在以下上界

$$\frac{f(x) - p^\star}{\gamma} + c. \tag{11.24}$$

这里 x 是 Newton 方法的初始点，$p^\star = \inf_x f(x)$ 是最优值。常数 γ 依赖于回溯参数 α 和 β，由下式确定

$$\frac{1}{\gamma} = \frac{20 - 8\alpha}{\alpha\beta(1 - 2\alpha)^2}.$$

常数 c 只依赖误差阈值 ϵ_{nt}，

$$c = \log_2 \log_2(1/\epsilon_{\text{nt}}),$$

并能用 $c = 6$ 合理的近似。表达式 (11.24) 给出的所需 Newton 迭代次数的上界相当保守，但本节关心的仅是建立一个复杂性上界，并着重分析它随着问题规模和算法参数的改变如何变化。

本节我们用以上结果推导障碍方法一次外部迭代，即从 $x^\star(t)$ 出发计算 $x^\star(\mu t)$，所需要的 Newton 迭代次数的上界。为简化符号，我们用 x 代替当前迭代点 $x^\star(t)$，用 x^+ 代替下一个迭代点 $x^\star(\mu t)$，并用 λ 和 ν 分别代表 $\lambda^\star(t)$ 和 $\nu^\star(t)$。

由自和谐假设可知

$$\frac{\mu t f_0(x)+\phi(x)-\mu t f_0(x^+)-\phi(x^+)}{\gamma}+c \tag{11.25}$$

是从 $x=x^\star(t)$ 出发计算 $x^+=x^\star(\mu t)$ 所需要的 Newton 迭代次数的上界。不幸的是，如果不实际算出 x^+，即运行 Newton 算法（这样能知道计算 $x^\star(\mu t)$ 所需要的 Newton 迭代的**精确**次数，但不能达到我们的目的），我们不知道 x^+，因此不能确定上界 (11.25)。然而，我们可以导出式 (11.25) 的一个上界，如下所示：

$$\begin{aligned}
&\mu t f_0(x)+\phi(x)-\mu t f_0(x^+)-\phi(x^+)\\
&=\mu t f_0(x)-\mu t f_0(x^+)+\sum_{i=1}^m \log(-\mu t\lambda_i f_i(x^+))-m\log\mu\\
&\leqslant \mu t f_0(x)-\mu t f_0(x^+)-\mu t\sum_{i=1}^m \lambda_i f_i(x^+)-m-m\log\mu\\
&=\mu t f_0(x)-\mu t\left(f_0(x^+)+\sum_{i=1}^m \lambda_i f_i(x^+)+\nu^T(Ax^+-b)\right)-m-m\log\mu\\
&\leqslant \mu t f_0(x)-\mu t g(\lambda,\nu)-m-m\log\mu\\
&=m(\mu-1-\log\mu).
\end{aligned}$$

以上推导需要一些解释。从第一行到第二行用了 $\lambda_i=-1/(tf_i(x))$。在导出第一个不等式时用了对 $a>0$ 成立 $\log a\leqslant a-1$。从第三行到第四行用了 $Ax^+=b$，因此多余项 $\nu^T(Ax^+-b)$ 等于 0。第二个不等式基于对偶函数的定义

$$\begin{aligned}
g(\lambda,\nu)&=\inf_z\left(f_0(z)+\sum_{i=1}^m \lambda_i f_i(z)+\nu^T(Az-b)\right)\\
&\leqslant f_0(x^+)+\sum_{i=1}^m \lambda_i f_i(x^+)+\nu^T(Ax^+-b).
\end{aligned}$$

最后一行用了 $g(\lambda,\nu)=f_0(x)-m/t$。

最终结论是，

$$\frac{m(\mu-1-\log\mu)}{\gamma}+c \tag{11.26}$$

是式 (11.25) 的上界，因此是障碍方法一次外部迭代所需要的 Newton 迭代次数的上界。图 11.13 给出了函数 $\mu-1-\log\mu$ 的曲线。对于较小的 μ，它近似于二次函数；对于较大的 μ，其增长近似线性。这和我们的下述直觉吻合，当 μ 在1附近时，中心点步骤所需要的 Newton 迭代次数较少，而对于较大的 μ，其增长速度适中。

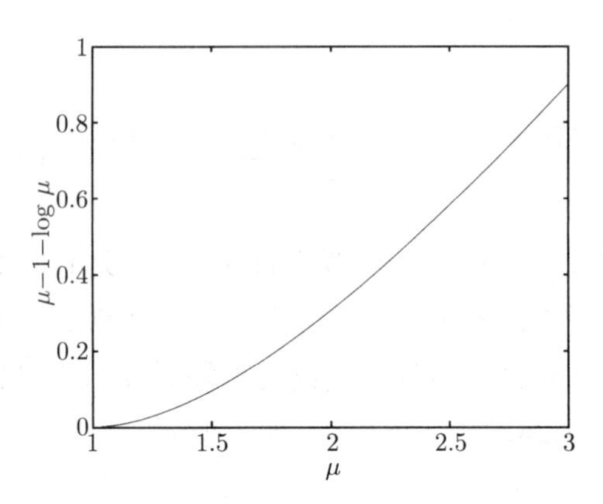

图 11.13　函数 $\mu-1-\log\mu$ 和 μ 的关系。障碍方法一次外部迭代所需要的 Newton 迭代次数可用 $(m/\gamma)(\mu-1-\log\mu)+c$ 为上界。

上界 (11.26) 表明，每次中心点步骤所需要的 Newton 迭代次数不会超过一个数值，该数值主要依赖用于修改障碍方法外部迭代步长 t 值的因子 μ，以及问题的不等式约束数目 m。它也较弱的依赖于内部迭代的直线搜索参数 α 和 β，此外还非常弱的依赖于终止内部迭代的误差阈值。一个有意义的现象是，它和变量维数 n，等式约束数目 p，或者问题数据的具体数值，即目标函数和约束函数（只要满足 §11.5.1 的自和谐假设），都没有关系。最后，我们指出，上述上界不依赖 t；因此，当 $t\to\infty$ 时，它是每次外部迭代中 Newton 迭代次数的一致上界。

11.5.3　总的 Newton 迭代次数

不考虑初始中心点步骤（后面将作为阶段 1 的部分对此进行分析），我们现在可以对障碍方法中总的 Newton 迭代次数给出一个上界。我们用式 (11.13)（所需要的外部迭代次数）乘以式 (11.26)（每次外部迭代所需要的 Newton 迭代次数的上界）就得到所需要的总的 Newton 迭代次数的上界

$$N=\left\lceil\frac{\log(m/(t^{(0)}\epsilon))}{\log\mu}\right\rceil\left(\frac{m(\mu-1-\log\mu)}{\gamma}+c\right).\tag{11.27}$$

该式表明，当自和谐假设成立时，我们可以对任何 $\mu>1$ 给出障碍方法所需要的 Newton 迭代次数的上界。

如果固定 μ 和 m，上界 N 正比于 $\log(m/(t^{(0)}\epsilon))$，这是初始对偶间隙 $m/t^{(0)}$ 和最终对偶间隙 ϵ 比值的对数，即所需要的对偶间隙压缩量的对数。因此，我们可以说，障碍方法至少是线性收敛的，因为达到给定精度所需要的迭代次数是精度倒数的对数增长函数。

如果固定 μ 和所需要的对偶间隙压缩因子，上界 N 是不等式数目 m（或者更准确地说，$m\log m$）的线性增长函数。上界 N 独立于别的问题维数 n 和 p，以及特殊的问

题数据或函数。下面将看到，通过选择一个依赖于 m 的特殊的 μ，可以使 Newton 迭代次数的上界是 $\sqrt{m}$，而不是 m 的增长函数。

最后，我们分析上界 N 和算法参数 μ 的函数关系。当 μ 靠近 1 时，N 的第一项迅速增加，因此 N 会很大。这和我们的直觉和观察结果相吻合，外部迭代次数会随着 μ 接近 1 而变得很大。当 μ 很大时，上界 N 的增长和 $\mu/\log\mu$ 近似，此时每次外部迭代所需要的 Newton 迭代次数决定其增长。这也和我们的观察结果保持一致。由于上述两方面原因，上界 N 作为 μ 的函数有一个最小值。

图 11.14 显示上界随参数 μ 变动的情况，它给出了以下条件下上界 (11.27) 和参数 μ 之间的关系，

$$c=6, \qquad \gamma=1/375, \qquad m/(t^{(0)}\epsilon)=10^5, \qquad m=100.$$

定性地看，该上界和直觉以及我们的观察结果保持一致: 当 μ 接近 1 时它变得很大，但对于较大的 μ 其增长却缓慢得多。上界 N 在 $\mu\approx 1.02$ 时有一个最小值，此处总的 Newton 迭代次数的上界约为 8000。虽然 Newton 方法的复杂性分析是很保守的，但是 μ 值改变所产生的不同影响在图像中仍然得到了反映。(实践中，大得多的 μ 值，大约从 2 到 100，能够很有效地工作，所需要的总的 Newton 迭代次数仅是数十次的数量级。)

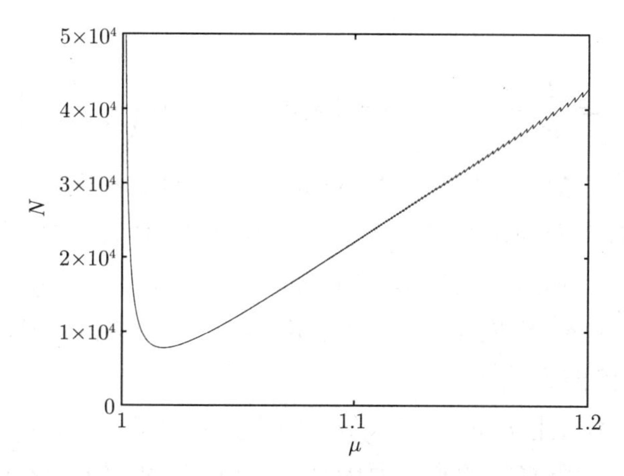

图 11.14 对于 $c=6$，$\gamma=1/375$，$m=100$ 以及对偶间隙压缩因子 $m/(t^{(0)}\epsilon)=10^5$，由式 (11.27) 给出的总的 Newton 迭代次数的上界 N 和障碍方法参数 μ 的关系。

将 μ 选为 m 的函数

如果固定 μ (以及所需要的对偶间隙压缩量)，上界 (11.27) 是不等式数目 m 的线性增长函数。我们将看到，如果把 μ 选为 m 的某种函数，将能更好地说明 m 的影响。假定我们选择

$$\mu=1+1/\sqrt{m}. \tag{11.28}$$

则可以得到式 (11.27) 第二项的上界，

$$\begin{aligned}\mu-1-\log\mu&=1/\sqrt{m}-\log(1+1/\sqrt{m})\\&\leqslant 1/\sqrt{m}-1/\sqrt{m}+1/(2m)\\&=1/(2m).\end{aligned}$$

（利用 $a \geqslant 0$ 时成立 $-\log(1+a) \leqslant -a+a^2/2$）。利用对数函数的凹性又可得

$$\log\mu=\log(1+1/\sqrt{m}) \geqslant (\log 2)/\sqrt{m}.$$

根据这些不等式可以导出总的 Newton 迭代次数的下述上界，

$$\begin{aligned}N&\leqslant\left\lceil\frac{\log(m/(t^{(0)}\epsilon))}{\log\mu}\right\rceil\left(\frac{m(\mu-1-\log\mu)}{\gamma}+c\right)\\&\leqslant\left\lceil\sqrt{m}\frac{\log(m/(t^{(0)}\epsilon))}{\log 2}\right\rceil\left(\frac{1}{2\gamma}+c\right)\\&=\left\lceil\sqrt{m}\log_2(m/(t^{(0)}\epsilon))\right\rceil\left(\frac{1}{2\gamma}+c\right)\\&\leqslant c_1+c_2\sqrt{m},\end{aligned}\tag{11.29}$$

其中

$$c_1=\frac{1}{2\gamma}+c,\qquad c_2=\log_2(m/(t^{(0)}\epsilon))\left(\frac{1}{2\gamma}+c\right).$$

这里 c_1（仅仅很弱地）依赖于中心点 Newton 步骤的算法参数，而 c_2 则依赖于自和谐参数以及所需要的对偶间隙压缩量。注意 $\log_2(m/(t^{(0)}\epsilon))$ 精确等于所需要的对偶间隙压缩量的比特数。对于固定的对偶间隙压缩量，上界 (11.29) 同 $\sqrt{m}$ 一样地增长，而当 μ 不变时式 (11.27) 中的 N 同 m 一样地增长。由于这个原因，采用参数 (11.28) 的障碍方法被称为 $\boldsymbol{\sqrt{m}}$ **阶**的方法。

实践中，我们并不选用 $\mu=1+1/\sqrt{m}$，因为它太小了，甚至并不将 μ 简化为 m 的函数。我们对这样的 μ 感兴趣的唯一原因是，它（近似的）极小化了我们对 Newton 迭代次数给出的（非常保守的）上界，并对总的增长速率给出了和 $\sqrt{m}$，而不是 m，成比例的估计。

11.5.4 可行性问题

本节分析 §11.4.1 描述的基本阶段 1 方法的一种（次要的）变形的复杂性，该方法用于求解一组凸的不等式方程，

$$f_1(x)\leqslant 0,\quad \cdots,\quad f_m(x)\leqslant 0,\tag{11.30}$$

其中 $f_1, \cdots, f_m$ 是具有二阶连续导数的凸函数。(我们将在后面考虑等式方程。) 我们假定阶段 1 问题

$$\begin{array}{ll} \text{minimize} & s \\ \text{subject to} & f_i(x) \leqslant s, \quad i=1,\cdots,m \end{array} \tag{11.31}$$

满足 §11.5.1 的条件。特别是，假定不等式 (11.30) 的可行集(当然可以是空集)被一个半径为 R 的球所包含:

$$\{x \mid f_i(x) \leqslant 0,\ i=1,\cdots,m\} \subseteq \{x \mid \|x\|_2 \leqslant R\}.$$

我们可以将 R 解释为不等式可行集中任意一点的范数的上界。该假设隐含着阶段 1 问题的水平子集有界。不失一般性，我们从 $x=0$ 开始阶段 1 方法。我们定义 $F = \max_i f_i(0)$，这是超出约束的最大值，并假定它是正数(否则 $x=0$ 满足不等式 (11.30))。

我们用 $\bar{p}^\star$ 表示阶段 1 优化问题 (11.31) 的最优值。不等式组 (11.30) 是否可行由 $\bar{p}^\star$ 的符号决定。而 $\bar{p}^\star$ 的大小也有意义。如果 $\bar{p}^\star$ 是正的大数(比如，在其能达到的最大值 F 附近)，说明不等式组非常不可行，其含义是，每个 x 至少严重违反一个不等式(超出约束的部分至少为 $\bar{p}^\star$)。另一方面，如果 $\bar{p}^\star$ 是绝对值很大的负数，说明不等式组非常可行，其含义是，不仅存在 x 使所有 $f_i(x)$ 为负数，而且存在 x 使所有 $f_i(x)$ 负得很多(不会大于 $\bar{p}^\star$)。因此，$|\bar{p}^\star|$ 的大小是对不等式组可行或不可行的显著性的一种测度，从而和判定不等式组 (11.30) 的可行性的难度有关。特别是，如果 $|\bar{p}^\star|$ 很小，就说明相应问题靠近可行区域和不可行区域之间的边界。

为了确定不等式组的可行性，我们采用基本的阶段 1 问题 (11.31) 的一种变形。我们增加一个多余的线性不等式 $a^Tx \leqslant 1$，得到以下问题，

$$\begin{array}{ll} \text{minimize} & s \\ \text{subject to} & f_i(x) \leqslant s, \quad i=1,\cdots,m \\ & a^Tx \leqslant 1 \end{array} \tag{11.32}$$

其中 a 将在下面说明，它满足 $\|a\|_2 \leqslant 1/R$，因此 $\|x\|_2 \leqslant R$ 隐含着 $a^Tx \leqslant 1$，即新加的约束是多余的。

我们将选择 a 和 s_0 满足 $x=0$，$s=s_0$ 是问题 (11.32) 的中心路径上对应参数 $t^{(0)}$ 的点，即它们极小化

$$t^{(0)}s - \sum_{i=1}^m \log(s - f_i(x)) - \log(1 - a^Tx).$$

令上述目标函数关于 s 的导数等于 0，可以得到

$$t^{(0)} = \sum_{i=1}^m \frac{1}{s_0 - f_i(0)}. \tag{11.33}$$

再令以上目标函数关于 x 的导数等于 0，又可得到

$$a=-\sum_{i=1}^{m}\frac{1}{s_0-f_i(0)}\nabla f_i(0). \tag{11.34}$$

因此这仍然是挑选参数 s_0 的问题；一旦我们选定了 s_0，向量 a 就由式 (11.34) 给定，而参数 $t^{(0)}$ 由式 (11.33) 给定。因为 $x=0$ 和 $s=s_0$ 必须是阶段 1 问题 (11.32) 的严格可行解，我们需要选择 $s_0>F$。

我们也必须使 s_0 满足 $\|a\|_2\leqslant 1/R$。由式 (11.34) 可得

$$\|a\|_2\leqslant\sum_{i=1}^{m}\frac{1}{s_0-f_i(0)}\|\nabla f_i(0)\|\leqslant\frac{mG}{s_0-F},$$

其中 $G=\max_i\|\nabla f_i(0)\|_2$。因此，我们可以取 $s_0=mGR+F$，它能保证 $\|a\|_2\leqslant 1/R$，从而使新增加的线性不等式是多余的约束。

由于 $F=\max_i f_i(0)$，利用式 (11.33)，我们有

$$t^{(0)}=\sum_{i=1}^{m}\frac{1}{mGR+F-f_i(0)}\geqslant\frac{1}{mGR}.$$

因此 $x=0$，$s=s_0$ 确实在阶段 1 问题 (11.32) 的中心路径上，对应的初始对偶间隙为

$$\frac{m+1}{t^{(0)}}\leqslant(m+1)mGR.$$

为求解原始不等式组 (11.30)，我们需要确定 $\bar{p}^\star$ 的符号。只要原问题 (11.32) 的目标值为负，或者其对偶目标值为正，我们就可以停止。当问题 (11.32) 的对偶间隙小于 $|\bar{p}^\star|$ 时，上述两种情况之一必然会发生。

我们从对偶间隙不大于 $(m+1)mGR$ 的一个中心点开始，采用障碍方法求解问题 (11.32)，并在对偶间隙小于 $|\bar{p}^\star|$ 时（或之前）停止。利用前节得到的结果，这种做法至多需要

$$\left\lceil\sqrt{m+1}\log_2\frac{m(m+1)GR}{|\bar{p}^\star|}\right\rceil\left(\frac{1}{2\gamma}+c\right) \tag{11.35}$$

次 Newton 迭代。（这里我们取 $\mu=1+1/\sqrt{m+1}$，和固定的 μ 值相比，这种取法更好地说明了 m 对复杂性的影响。）

上界 (11.35) 的增长速率仅比 $\sqrt{m}$ 快一点，并较弱地依赖于中心点步骤中的算法参数。它近似地正比于 $\log_2((GR)/|\bar{p}^\star|)$，后者可以解释为对特殊的可行性问题的困难性的一种测度，或者反映靠近可行区域与不可行区域之间边界的程度。

具有等式约束的可行性问题

对于包括等式约束的可行性问题，我们可以通过消去等式约束进行同样的分析。这种做法不影响问题的自和谐性，但所采用的 G 和 R 应该对应于简化的，或消去等式约束后的问题。

11.5.5 阶段 1 和阶段 2 结合在一起的复杂性

本节对采用（变形的）障碍方法求解问题

$$\begin{array}{ll} \text{minimize} & f_0(x) \\ \text{subject to} & f_i(x) \leqslant 0, \quad i=1,\cdots,m \\ & Ax=b \end{array}$$

给出完整的复杂性分析。首先，我们要求解阶段 1 问题

$$\begin{array}{ll} \text{minimize} & s \\ \text{subject to} & f_i(x) \leqslant s, \quad i=1,\cdots,m \\ & f_0(x) \leqslant M \\ & Ax=b \\ & a^T x \leqslant 1 \end{array}$$

假定其满足 §11.5.1 的自和谐与有界水平子集假设。这里我们对基本的阶段 1 问题增加了两个多余的不等式。加入约束 $f_0(x) \leqslant M$ 是为了保证阶段 1 的中心路径和阶段 2 的中心路径相交，如 §11.4.1 节所述（见问题 (11.21)）。数 M 是该问题最优值的一个先验上界。所增加的第二个约束是线性不等式 $a^T x \leqslant 1$，其中 a 的选择方式在 §11.5.4 进行了介绍。我们采用 $\mu = 1 + 1/\sqrt{m+2}$ 的障碍方法求解该问题，初始点为 $x=0$，$s=s_0$，后者在 §11.5.4 给出。

求解以上阶段 1 问题，即或者找到一个严格可行点，或者判定问题不可行，所需要的 Newton 迭代的次数不会超过

$$N_{\mathrm{I}} = \left\lceil \sqrt{m+2} \log_2 \frac{(m+1)(m+2)GR}{|\bar{p}^\star|} \right\rceil \left(\frac{1}{2\gamma} + c \right), \tag{11.36}$$

其中 G 和 R 在 §11.5.4 给出。如果问题是不可行的，则停止计算；如果问题是可行的，阶段 1 就给出一点，它和 $s=0$ 一起位于下面的阶段 2 问题的中心路径上，

$$\begin{array}{ll} \text{minimize} & f_0(x) \\ \text{subject to} & f_i(x) \leqslant 0, \quad i=1,\cdots,m \\ & Ax=b \\ & a^T x \leqslant 1 \end{array}$$

该初始点对应的初始对偶间隙不会大于 $(m+1)(M-p^*)$（见式 (11.22)）。我们假定阶段 2 问题也满足 §11.5.1 的自和谐和有界水平子集假设。

现在我们进入阶段 2，并再次应用障碍方法。我们需要把对偶间隙从它的初始值（不超过 $(m+1)(M-p^*)$）减少到某个误差阈值 $\epsilon > 0$。为此只需至多进行

$$N_{\mathrm{II}} = \left\lceil \sqrt{m+1} \log_2 \frac{(m+1)(M-p^\star)}{\epsilon} \right\rceil \left(\frac{1}{2\gamma} + c \right) \tag{11.37}$$

次 Newton 迭代就可达到目的。

因此，总的 Newton 迭代次数不会超过 $N_{\mathrm{I}} + N_{\mathrm{II}}$。这个上界近似于 $\sqrt{m}$ 那样随着不等式数目 m 一起增长，并包含以下两项依赖问题数据的成分，

$$\log_2 \frac{GR}{|\bar{p}^\star|}, \qquad \log_2 \frac{M - p^\star}{\epsilon}.$$

11.5.6　总结

本节给出的复杂性分析主要具有理论方面的意义。特别是，我们提醒读者，讨论时采用的 $\mu = 1 + 1/\sqrt{m}$ 在实践中是一个很不好的选择; 它的唯一优点是可以导出和 $\sqrt{m}$，而不是 m，一样增长的上界。同样，我们也不推荐在实践中增加多余的不等式 $a^T x \leqslant 1$。

这里给出的分析得到的实际上界远远高于实际观察到的 Newton 迭代次数。甚至这个上界的阶数看上去也很保守。所得到的 Newton 迭代次数的最好上界同 $\sqrt{m}$ 一样增长，而实际经验表明 Newton 迭代次数很少随 m（实际上，也很少随任何其他参数）一起增长。

此外，当自和谐条件成立时，我们可以对障碍方法中心点步骤所需要的 Newton 迭代次数给出一个一致上界，知道这一点令人欣慰。因为障碍方法存在一个明显的潜在隐患，这就是随着 t 的增加，相应的中心点问题可能变得非常困难，所需要的 Newton 迭代次数可能增加很快。但实际情况并非如此，一致有界性使我们有信心上述隐患不会发生。

最后，我们要指出，目前并不清楚构造一个问题使其满足自和谐条件是否有实际好处。我们可以说的只是，当自和谐条件满足时，障碍方法在实践中能有效工作，并可给出一个最坏情况下的复杂性上界。

11.6　广义不等式问题

本节说明如何应用障碍方法求解具有广义不等式的问题。考虑问题

$$\begin{array}{ll} \text{minimize} & f_0(x) \\ \text{subject to} & f_i(x) \preceq_{K_i} 0, \quad i = 1, \cdots, m \\ & Ax = b \end{array} \tag{11.38}$$

其中 $f_0 : \mathbf{R}^n \to \mathbf{R}$ 是凸的，$f_i : \mathbf{R}^n \to \mathbf{R}^{k_i}$，$i = 1, \cdots, k$，是 K_i-凸的，而 $K_i \subseteq \mathbf{R}^{k_i}$ 是正常锥。同 §11.1 节一样，我们假定函数 f_i 二阶连续可微，$A \in \mathbf{R}^{p \times n}$ 满足 $\mathbf{rank}\, A = p$，并且问题可解。

问题 (11.38) 的 KKT 条件是

$$\begin{array}{rcl} Ax^\star &=& b \\ f_i(x^\star) \preceq_{K_i} 0, && i=1,\cdots,m \\ \lambda_i^\star \succeq_{K_i^*} 0, && i=1,\cdots,m \\ \nabla f_0(x^\star) + \sum_{i=1}^m Df_i(x^\star)^T \lambda_i^\star + A^T\nu^\star &=& 0 \\ \lambda_i^{\star T} f_i(x^\star) &=& 0, \quad i=1,\cdots,m \end{array} \tag{11.39}$$

其中 $Df_i(x^\star)\in\mathbf{R}^{k_i\times n}$ 是 f_i 在 $x^\star$ 处的导数。我们假定问题 (11.38) 严格可行，因此 KKT 条件是 $x^\star$ 为最优解的充要条件。

对以上问题研究求解方法的过程类似于针对标量约束的过程。一旦导出可以处理一般性正常锥的对数函数的广义形式，就可以定义问题 (11.38) 的对数障碍函数。此后的发展过程本质上和标量情况一样。尤其是中心路径，障碍方法以及复杂性分析都非常相似。

11.6.1 对数障碍和中心路径

正常锥的广义对数

我们首先对正常锥 $K\subseteq\mathbf{R}^q$ 定义和对数函数 $\log x$ 类似的函数。我们称 $\psi:\mathbf{R}^q\to\mathbf{R}$ 是 K 的**广义对数**，如果

- ψ 满足凹闭和二阶连续可微性，$\mathbf{dom}\,\psi=\mathbf{int}\,K$，对任意 $y\in\mathbf{int}\,K$ 有 $\nabla^2\psi(y)\prec 0$。

- 存在常数 $\theta>0$ 使对所有的 $y\succ_K 0$ 和 $s>0$ 满足

$$\psi(sy)=\psi(y)+\theta\log s.$$

  换句话说，在锥 K 的任何射线上 ψ 和对数函数的性质相同。

我们称常数 θ 为 ψ 的**度**（因为 $\exp\psi$ 是度为 θ 的齐次函数）。注意广义对数定义适合常数相加运算；如果 ψ 是 K 的广义对数，则对任何 $a\in\mathbf{R}$，函数 $\psi+a$ 也是其广义对数。普通对数显然是 $\mathbf{R}_+$ 的广义对数。

我们将要利用任何广义对数都具备的以下两个性质：如果 $y\succ_K 0$，则

$$\nabla\psi(y)\succ_{K^*} 0, \tag{11.40}$$

它隐含着 ψ 是 K-增加的（见 §3.6.1），并且

$$y^T\nabla\psi(y)=\theta.$$

第一个性质的证明见习题 11.15。第二个性质可以通过对 $\psi(sy)=\psi(y)+\theta\log s$ 关于 s 求导而直接得到。

例 11.5　非负象限。函数 $\psi(x)=\sum_{i=1}^{n}\log x_i$ 是 $K=\mathbf{R}_+^n$ 的广义对数，度为 n。对于 $x\succ 0$，

$$\nabla\psi(x)=(1/x_1,\cdots,1/x_n),$$

因此 $\nabla\psi(x)\succ 0$，$x^T\nabla\psi(x)=n$。

例 11.6　二阶锥。函数

$$\psi(x)=\log\left(x_{n+1}^2-\sum_{i=1}^{n}x_i^2\right)$$

是二阶锥

$$K=\left\{x\in\mathbf{R}^{n+1}\;\middle|\;\left(\sum_{i=1}^{n}x_i^2\right)^{1/2}\leqslant x_{n+1}\right\}$$

的广义对数，度为 2。函数 ψ 在 $x\in\mathbf{int}\,K$ 处的梯度由下式给出

$$\frac{\partial\psi(x)}{\partial x_j}=\frac{-2x_j}{\left(x_{n+1}^2-\sum_{i=1}^{n}x_i^2\right)},\quad j=1,\cdots,n$$

$$\frac{\partial\psi(x)}{\partial x_{n+1}}=\frac{2x_{n+1}}{\left(x_{n+1}^2-\sum_{i=1}^{n}x_i^2\right)}.$$

不难验证等式 $\nabla\psi(x)\in\mathbf{int}\,K^*=\mathbf{int}\,K$ 和 $x^T\nabla\psi(x)=2$。

例 11.7　正半定锥。函数 $\psi(X)=\log\det X$ 是锥 $\mathbf{S}_+^p$ 的广义对数。其度为 p，因为对 $s>0$ 有

$$\log\det(sX)=\log\det X+p\log s.$$

函数 ψ 在 $X\in\mathbf{S}_{++}^p$ 处的梯度等于

$$\nabla\psi(X)=X^{-1}.$$

因此，我们有 $\nabla\psi(X)=X^{-1}\succ 0$，并且 X 和 $\nabla\psi(X)$ 的内积等于 $\mathbf{tr}(XX^{-1})=p$。

广义不等式的对数障碍函数

回到问题 (11.38)，用 $\psi_1,\cdots,\psi_m$ 分别表示锥 $K_1,\cdots,K_m$ 的广义对数，度为 $\theta_1,\cdots,\theta_m$。将问题 (11.38) 的**对数障碍函数**定义为

$$\phi(x)=-\sum_{i=1}^{m}\psi_i(-f_i(x)),\qquad \mathbf{dom}\,\phi=\{x\mid f_i(x)\prec 0,\ i=1,\cdots,m\}.$$

因为函数 ψ_i 是 K_i-增加的，函数 f_i 是 K_i-凸的，所以 ϕ 是凸函数（见 §3.6.2 的复合规则）。

中心路径

下一步工作是定义问题 (11.38) 的中心路径。对于 $t \geqslant 0$，我们将中心点 $x^\star(t)$ 定义为在 $Ax = b$ 的约束下使 $tf_0 + \phi$ 达到最小的点，即以下问题的解，

$$\begin{array}{ll}\text{minimize} & tf_0(x) - \sum_{i=1}^m \psi_i(-f_i(x)) \\ \text{subject to} & Ax = b\end{array}$$

（假定其最优解存在并唯一）。中心点应该和某个 $\nu \in \mathbf{R}^p$ 一起满足以下最优性条件，

$$\begin{aligned} & t\nabla f_0(x) + \nabla\phi(x) + A^T\nu \\ & = t\nabla f_0(x) + \sum_{i=1}^m Df_i(x)^T \nabla\psi_i(-f_i(x)) + A^T\nu = 0, \end{aligned} \tag{11.41}$$

其中 $Df_i(x)$ 是 f_i 在 x 处的导数。

中心路径上的对偶点

同标量情况一样，中心路径上的点也给出了问题 (11.38) 的对偶可行点。对于 $i = 1, \cdots, m$，定义

$$\lambda_i^\star(t) = \frac{1}{t}\nabla\psi_i(-f_i(x^\star(t))), \tag{11.42}$$

并令 $\nu^\star(t) = \nu/t$，其中 ν 是式 (11.41) 的最优对偶变量。我们将说明 $\lambda_1^\star(t), \cdots, \lambda_m^\star(t)$ 和 $\nu^\star(t)$ 一起构成原问题 (11.38) 的对偶可行解。

首先，根据广义对数的单调性质 (11.40)，成立 $\lambda_i^\star(t) \succ_{K_i^*} 0$。其次，由式 (11.41) 可知，变量 x 在 $x = x^\star(t)$ 处使 Lagrange 函数

$$L(x, \lambda^\star(t), \nu^\star(t)) = f_0(x) + \sum_{i=1}^m \lambda_i^\star(t)^T f_i(x) + \nu^\star(t)^T(Ax - b)$$

达到最小。因此，对偶函数 g 在 $(\lambda^\star(t), \nu^\star(t))$ 等于

$$\begin{aligned} g(\lambda^\star(t), \nu^\star(t)) &= f_0(x^\star(t)) + \sum_{i=1}^m \lambda_i^\star(t)^T f_i(x^\star(t)) + \nu^\star(t)^T(Ax^\star(t) - b) \\ &= f_0(x^\star(t)) + (1/t)\sum_{i=1}^m \nabla\psi_i(-f_i(x^\star(t)))^T f_i(x^\star(t)) \\ &= f_0(x^\star(t)) - (1/t)\sum_{i=1}^m \theta_i, \end{aligned}$$

其中 θ_i 是 ψ_i 的度。在上面最后一行，我们利用了对任意的 $y \succ_{K_i} 0$ 成立 $y^T\nabla\psi_i(y) = \theta_i$，从而得到

$$\lambda_i^\star(t)^T f_i(x^\star(t)) = -\theta_i/t, \quad i = 1, \cdots, m. \tag{11.43}$$

因此，如果定义

$$\overline{\theta} = \sum_{i=1}^{m} \theta_i,$$

那么原可行点 $x^\star(t)$ 和对偶可行点 $(\lambda^\star(t), \nu^\star(t))$ 之间的对偶间隙就等于 $\overline{\theta}/t$。这正好和标量情况一样，除了用 $\overline{\theta}$，相应锥的广义对数度之和，替换了不等式的数量 m。

例 11.8 二阶锥规划。 我们考虑变量 $x \in \mathbf{R}^n$ 的二阶锥规划问题

$$\begin{array}{ll} \text{minimize} & f^T x \\ \text{subject to} & \|A_i x + b_i\|_2 \leqslant c_i^T x + d_i, \quad i = 1, \cdots, m \end{array} \tag{11.44}$$

其中 $A_i \in \mathbf{R}^{n_i \times n}$。我们已经在例 11.6 中看到，函数

$$\psi(y) = \log\left(y_{p+1}^2 - \sum_{i=1}^{p} y_i^2\right)$$

是 $\mathbf{R}^{p+1}$ 中二阶锥的广义对数，度等于 2。相应的问题 (11.44) 的对数障碍函数是

$$\phi(x) = -\sum_{i=1}^{m} \log((c_i^T x + d_i)^2 - \|A_i x + b_i\|_2^2), \tag{11.45}$$

$\mathbf{dom}\,\phi = \{x \mid \|A_i x + b_i\|_2 < c_i^T x + d_i,\ i = 1, \cdots, m\}$。中心路径的最优性条件为 $tf + \nabla\phi(x^\star(t)) = 0$，其中

$$\nabla\phi(x) = -2\sum_{i=1}^{m} \frac{1}{(c_i^T x + d_i)^2 - \|A_i x + b_i\|_2^2}\left((c_i^T x + d_i)c_i - A_i^T(A_i x + b_i)\right).$$

令 $\alpha_i = (c_i^T x^\star(t) + d_i)^2 - \|A_i x^\star(t) + b_i\|_2^2$，由上式可得

$$z_i^\star(t) = -\frac{2}{t\alpha_i}(A_i x^\star(t) + b_i), \qquad w_i^\star(t) = \frac{2}{t\alpha_i}(c_i^T x^\star(t) + d_i), \qquad i = 1, \cdots, m$$

是对偶问题

$$\begin{array}{ll} \text{maximize} & -\sum_{i=1}^{m}(b_i^T z_i + d_i w_i) \\ \text{subject to} & \sum_{i=1}^{m}(A_i^T z_i + c_i w_i) = f \\ & \|z_i\|_2 \leqslant w_i, \quad i = 1, \cdots, m \end{array}$$

的严格可行点。而 $x^\star(t)$ 和 $(z^\star(t), w^\star(t))$ 的对偶间隙是

$$\sum_{i=1}^{m}\left((A_i x^\star(t) + b_i)^T z_i^\star(t) + (c_i^T x^\star(t) + d_i)w_i^\star(t)\right) = \frac{2m}{t},$$

这符合一般公式 $\overline{\theta}/t$，因为 $\theta_i = 2$。

例 11.9 不等式形式的正半定规划。 我们考虑变量 $x \in \mathbf{R}^n$ 的正半定规划问题

$$\begin{array}{ll} \text{minimize} & c^T x \\ \text{subject to} & F(x) = x_1 F_1 + \cdots + x_n F_n + G \preceq 0, \end{array}$$

其中 $G, F_1, \cdots, F_n \in \mathbf{S}^p$。对偶问题是

$$\begin{array}{ll} \text{maximize} & \mathbf{tr}(GZ) \\ \text{subject to} & \mathbf{tr}(F_i Z) + c_i = 0, \quad i = 1, \cdots, n \\ & Z \succeq 0 \end{array}$$

利用正半定锥 $\mathbf{S}_+^p$ 的广义对数 $\log\det X$，可以得到障碍函数（对于原问题）

$$\phi(x) = \log\det(-F(x)^{-1}),$$

$\mathbf{dom}\,\phi = \{x \mid F(x) \prec 0\}$。对于严格可行的 x，函数 ϕ 的梯度等于

$$\frac{\partial \phi(x)}{\partial x_i} = \mathbf{tr}(-F(x)^{-1} F_i), \quad i = 1, \cdots, n,$$

据此可确定刻画中心点的最优性条件

$$t c_i + \mathbf{tr}(-F(x^\star(t))^{-1} F_i) = 0, \quad i = 1, \cdots, n.$$

因此矩阵

$$Z^\star(t) = \frac{1}{t}\left(-F(x^\star(t))\right)^{-1}$$

是严格对偶可行的，相应的 $x^\star(t)$ 和 $Z^\star(t)$ 的对偶间隙是 p/t。

11.6.2 障碍方法

我们已经看到中心路径的关键性质可以推广到广义不等式问题。

- 计算中心路径上一点需要在等式约束下极小化一个二次可微的凸函数（可以采用 Newton 方法求解）。
- 对每个中心点 $x^\star(t)$ 可确定一个对偶可行解 $(\lambda^\star(t), \nu^\star(t))$ 及其相应的对偶间隙 $\overline{\theta}/t$。特别是，$x^\star(t)$ 至少是 $\overline{\theta}/t$-次优解。

这表明，我们可以完全采用 §11.3 描述的障碍方法求解问题 (11.38)。从 $x^\star(t^{(0)})$ 开始求得其对偶间隙为 ϵ 的中心点，所需要的外部迭代（或中心步骤）的总次数等于

$$\left\lceil \frac{\log(\overline{\theta}/(t^{(0)}\epsilon))}{\log\mu} \right\rceil,$$

加上一次初始中心化步骤。这个结果和标量情况相应结果之间的唯一差别在于用 $\overline{\theta}$ 代替 m。

阶段 1 和可行性问题

在 §11.4 描述的阶段 1 方法可以很容易地推广到广义不等式问题。对 $i=1,\cdots,m$，用 $e_i \succ_{K_i} 0$ 表示给定的 K_i-正定向量。为了确定等式和广义不等式

$$f_1(x) \preceq_{K_1} 0, \quad \cdots, \quad f_L(x) \preceq_{K_m} 0, \qquad Ax=b$$

的可行性，我们求解变量 x 和 $s \in \mathbf{R}$ 的问题

$$\begin{array}{ll} \text{minimize} & s \\ \text{subject to} & f_i(x) \preceq_{K_i} se_i, \quad i=1,\cdots,m \\ & Ax=b \end{array}$$

同普通不等式情况完全一样，上述等式和广义不等式的可行性由最优值 $\bar{p}^\star$ 决定。当 $\bar{p}^\star$ 为正数时，任何具有正目标函数值的对偶可行解都可以用以证明这组等式和广义不等式的不可行性（见第 232 页）。

11.6.3 例子

一个小规模的二阶锥规划问题

我们求解二阶锥规划问题

$$\begin{array}{ll} \text{minimize} & f^T x \\ \text{subject to} & \|A_i x + b_i\|_2 \leqslant c_i^T x + d_i, \quad i=1,\cdots,m, \end{array}$$

其中 $x \in \mathbf{R}^{50}$，$m=50$，$A_i \in \mathbf{R}^{5\times 50}$。在保证原对偶问题严格可行以及最优值 $p^\star=1$ 的前提下随机产生问题实例。从中心路径上其对偶间隙等于 100 的点 $x^{(0)}$ 开始。

采用障碍方法求解问题，障碍函数为

$$\phi(x) = -\sum_{i=1}^m \log\left((c_i^T x + d_i)^2 - \|A_i x + b_i\|_2^2\right).$$

用 Newton 方法求解中心点问题，选择和 §11.3.2 节例子相同的算法参数：回溯参数 $\alpha=0.01$，$\beta=0.5$，停止准则 $\lambda(x)^2/2 \leqslant 10^{-5}$。

图 11.15 显示对偶间隙和累计 Newton 迭代次数之间的关系。这些曲线与图 11.4 和图 11.6 分别给出的线性规划和几何规划的同类曲线非常相似。我们看到，每次中心点步骤所需要的 Newton 迭代次数近似为常数，因此对偶间隙随迭代次数增加而近似线性地收敛。同样，对于这个例子，只要 μ 值不小于 10 或附近的数，那么 μ 的选择对总的 Newton 迭代次数就没有多少影响。同线性规划和几何规划的例子一样，μ 的合理选择是在 $10 \sim 100$ 的范围内，相应的总的 Newton 迭代次数在 30 左右（见图 11.16）。

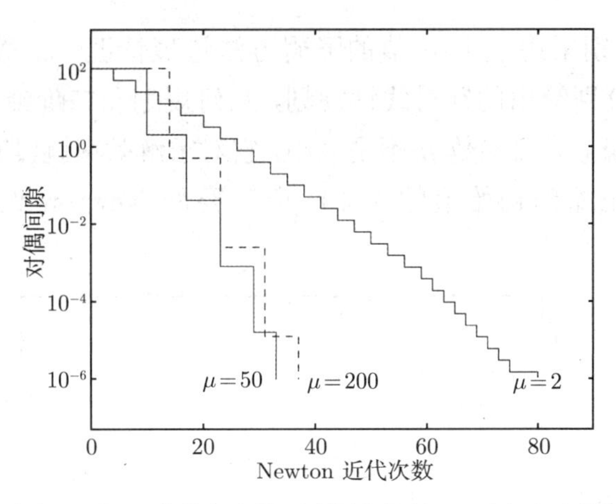

图 11.15 用障碍方法求解一个二阶锥规划问题的迭代情况，显示对偶间隙和累计 Newton 迭代次数之间的关系。

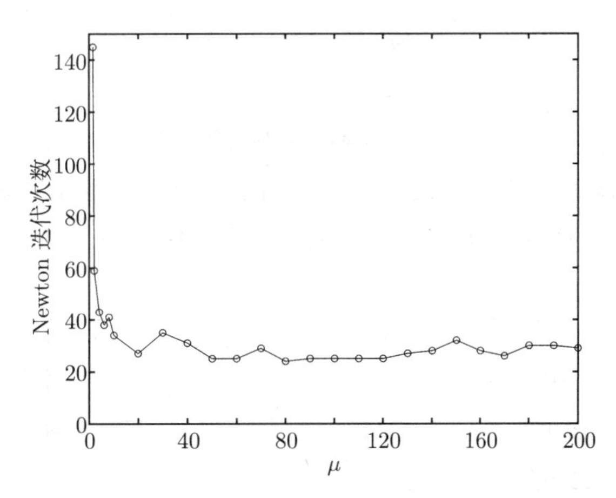

图 11.16 对于一个小规模的二阶锥规划问题，选择参数 μ 的不同数值产生的不同影响。纵轴表示将对偶间隙从 100 压缩到 10^{-3} 所需要的总的 Newton 迭代次数，横轴表示 μ 值。

一个小规模的正半定规划问题

我们另一个例子是正半定规划

$$\begin{array}{ll} \text{minimize} & c^T x \\ \text{subject to} & \sum_{i=1}^{n} x_i F_i + G \preceq 0, \end{array} \tag{11.46}$$

其中变量 $x \in \mathbf{R}^{100}$，$F_i \in \mathbf{S}^{100}$，$G \in \mathbf{S}^{100}$。在保证原对偶问题严格可行以及最优值 $p^\star = 1$ 的前提下随机产生问题实例。初始点在中心路径上，其对偶间隙等于 100。

我们采用障碍方法求解该问题，对数障碍函数为

$$\phi(x) = -\log\det\left(-\sum_{i=1}^{n} x_i F_i - G\right).$$

图 11.17 显示分别采用三个 μ 值的障碍方法进展情况。注意该图曲线与图 11.4, 图 11.6 和图 11.15 分别给出的针对线性规划, 几何规划和二阶锥规划的曲线之间的相似性。同别的例子一样, 只要参数 μ 不是太小, 它对求解效率就没有多少影响。图 11.18 显示了将对偶间隙压缩到初始值的 $1/10^5$ 所需要的 Newton 迭代次数和 μ 之间的关系。

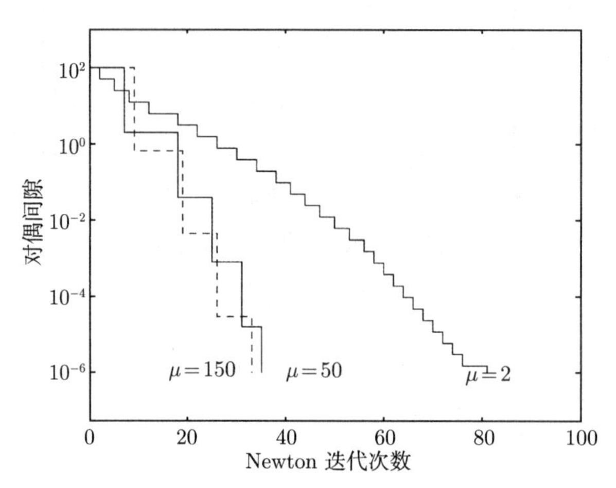

图 11.17　用障碍方法求解一个小规模正半定问题的迭代情况, 显示对偶间隙和累计 Newton 迭代次数之间的关系。所给出的三条曲线分别对应三个 μ 值: 2, 50, 150。

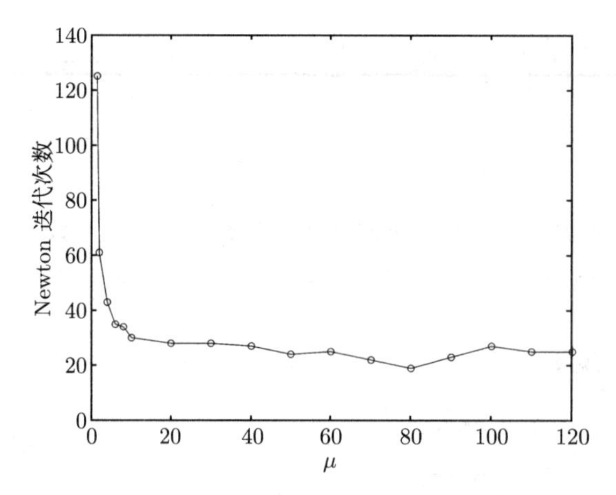

图 11.18　对于一个小规模正半定规划问题, 选择参数 μ 的不同数值产生的不同影响。纵轴表示将对偶间隙从 100 压缩到 10^{-3} 所需要的总的 Newton 迭代次数, 横轴表示 μ 值。

一族正半定规划问题

本节考察问题维数改变时障碍方法的性能变化情况。我们考虑下述形式的一族正半定规划问题

$$\begin{array}{ll} \text{minimize} & \mathbf{1}^T x \\ \text{subject to} & A + \mathbf{diag}(x) \succeq 0, \end{array} \tag{11.47}$$

其中变量 $x \in \mathbf{R}^n$，参数 $A \in \mathbf{S}^n$。矩阵 A 由以下方式产生。对 $i \geqslant j$，从独立的 $\mathcal{N}(0,1)$ 分布中随机产生系数 A_{ij}。对 $i < j$，我们令 $A_{ij} = A_{ji}$，因此 $A \in \mathbf{S}^n$。然后我们通过对 A 规范化使其（谱）范数等于 1。

算法参数为 $\mu = 20$，中心点步骤参数和上面的例子一样: 回溯参数 $\alpha = 0.01$，$\beta = 0.5$，停止准则 $\lambda(x)^2/2 \leqslant 10^{-5}$。初始点为 $t^{(0)} = 1$（即对偶间隙为 n）的中心点。当对偶间隙压缩到其初始值的 1/8000 时，即在完成三次外部迭代后，算法终止。

图 11.19 显示维数分别为 $n = 50$，$n = 500$ 和 $n = 1000$ 的三个问题的对偶间隙和迭代次数之间的关系。这些曲线和其他例子的曲线非常相似，和线性规划问题的曲线也非常相似。

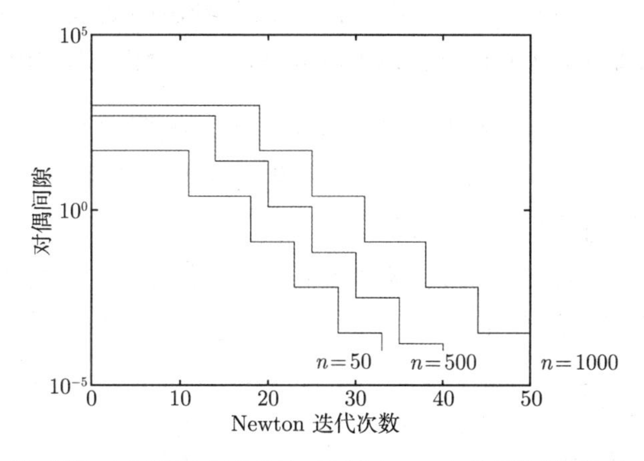

图 11.19 用障碍方法求解三个随机产生形如问题 (11.47) 的不同维数的正半定规划问题的进展情况。曲线显示对偶间隙和累计 Newton 迭代次数之间的关系。每个问题的变量数是 n。

为了考察问题规模变化对所需要的 Newton 迭代次数的影响，我们在 $n = 10$ 到 $n = 1000$ 之间选择 20 个 n 值，对每个 n 值随机生成 100 个问题实例。我们用障碍方法求解这 2000 个问题，并记录所需要的 Newton 迭代次数。计算结果总结在图 11.20 中，该图对每个 n 给出了 Newton 迭代次数的均值和标准差。曲线和图 11.8 给出的线性规划的相应曲线非常相似。特别是，尽管问题维数增长为初始值的 100 倍，所需要的 Newton 迭代次数却增长得很慢，从大约 20 次迭代增加到 26 次左右。

11.6.4 基于自和谐性质的复杂性分析

本节我们将普通不等式问题障碍方法的复杂性分析（见 §11.5节）推广到广义不等式问题。我们已经看见外部迭代次数为

$$\left\lceil \frac{\log(\overline{\theta}/t^{(0)}\epsilon)}{\log \mu} \right\rceil$$

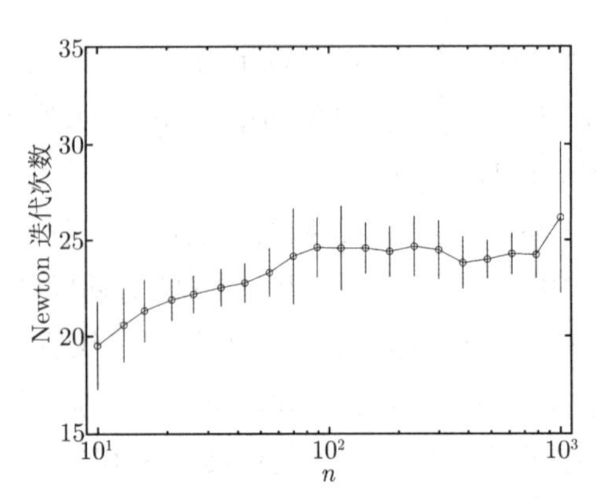

图 11.20　对问题维数 n 的 20 个数值，求解每个数值随机产生的 100 个正半定规划问题 (11.47)，所需要的 Newton 迭代次数。对每个 n，过均值的误差线段表示标准差。当问题维数的变化比值为 100:1 时，所需要的平均 Newton 迭代次数的增量非常小。

加一次初始中心点步骤。还要确定的是每次中心点步骤所需要的 Newton 迭代次数的上界，我们将利用自和谐函数 Newton 方法的复杂性理论解决该问题。为方便讨论，我们将把初始中心点步骤的计算量排除在外。

我们提出和 §11.5节相同的假设: 对所有的 $t \geqslant t^{(0)}$，$tf_0+\phi$ 是闭的自和谐函数，并且问题 (11.38) 的水平子集有界。

例 11.10　二阶锥规划。 函数

$$-\psi(x) = -\log\left(x_{p+1}^2 - \sum_{i=1}^{p} x_i^2\right),$$

是自和谐的（见例 9.8），因此对数障碍函数 (11.45) 满足二阶锥规划 (11.44) 的闭和自和谐假设。

例 11.11　正半定规划。 用 $\log\det X$ 作正半定锥的广义对数可以满足正半定规划的自和谐假设。例如，对于标准形式的正半定规划问题

$$\begin{array}{ll}\text{minimize} & \mathbf{tr}(CX) \\ \text{subject to} & \mathbf{tr}(A_iX) = b_i, \quad i=1,\cdots,p \\ & X \succeq 0\end{array}$$

其中变量为 $X \in \mathbf{S}^n$，对于任何 $t^{(0)} \geqslant 0$ 函数 $t^{(0)}\,\mathbf{tr}(CX) - \log\det X$ 是自和谐的（也是闭的）。

我们将看到，和标量情况完全一样，有

$$\mu t f_0(x^\star(t)) + \phi(x^\star(t)) - \mu t f_0(x^\star(\mu t)) - \phi(x^\star(\mu t)) \leqslant \overline{\theta}(\mu - 1 - \log\mu). \tag{11.48}$$

因此，当自和谐和有界水平子集条件成立时，每次中心点步骤所需要的 Newton 迭代次数不会超过

$$\frac{\overline{\theta}(\mu-1-\log\mu)}{\gamma}+c,$$

和应用障碍方法求解普通不等式问题一样。一旦建立了基本的上界 (11.48)，广义不等式问题的复杂性分析就和普通不等式问题的分析相同。唯一不同的一点是: $\overline{\theta}$ 是锥的度之和，而不是不等式的数目。

对偶锥的广义对数

我们利用共轭性证明上界 (11.48)。令 ψ 为正常锥 K 的广义对数，度为 θ。(凸) 函数 $-\psi$ 的共轭为

$$(-\psi)^*(v)=\sup_u\left(v^Tu+\psi(u)\right).$$

这是凸函数，定义域为 $-K^*=\{v\mid v\prec_{K^*}0\}$。定义 $\overline{\psi}$ 为

$$\overline{\psi}(v)=-(-\psi)^*(-v)=\inf_u\left(v^Tu-\psi(u)\right),\qquad \mathbf{dom}\,\overline{\psi}=\mathbf{int}\,K^*. \tag{11.49}$$

函数 $\overline{\psi}$ 是凹的，它实际上是对偶锥 K^* 的广义对数，具有相同的参数 θ（见习题 11.17）。我们称 $\overline{\psi}$ 为广义对数 ψ 的**对偶对数**。

从式 (11.49) 可得到对任何 $u\succ_K 0$，$v\succ_{K^*}0$ 都成立的不等式

$$\overline{\psi}(v)+\psi(u)\leqslant u^Tv, \tag{11.50}$$

其等式成立的充要条件是 $\nabla\psi(u)=v$（或等价为 $\nabla\overline{\psi}(v)=u$）。（这个不等式就是 Young 不等式在凹函数情况下的变形。）

例 11.12 二阶锥。二阶锥有广义对数 $\psi(x)=\log\left(x_{p+1}^2-\sum_{i=1}^p x_i^2\right)$，$\mathbf{dom}\,\psi=\left\{x\in\mathbf{R}^{p+1}\mid x_{p+1}>\left(\sum_{i=1}^p x_i^2\right)^{1/2}\right\}$。相应的对偶对数为

$$\overline{\psi}(y)=\log\left(y_{p+1}^2-\sum_{i=1}^p y_i^2\right)+2-\log 4,$$

$\mathbf{dom}\,\psi=\left\{y\in\mathbf{R}^{p+1}\mid y_{p+1}>\left(\sum_{i=1}^p y_i^2\right)^{1/2}\right\}$（见习题 3.36）。忽略常数项它和二阶锥的原广义对数相同。

例 11.13 正半定锥。定义域为 $\mathbf{dom}\,\psi=\mathbf{S}_{++}^p$ 的 $\psi(X)=\log\det X$ 的对偶对数是

$$\overline{\psi}(Y)=\log\det Y+p,$$

其定义域为 $\mathbf{dom}\,\psi^*=\mathbf{S}_{++}^p$（见例 3.23）。再次看到，忽略常数项它是同样的广义对数。

导出基本上界

为简化符号，我们将 $x^\star(t)$，$x^\star(\mu t)$，$\lambda_i^\star(t)$ 和 $\nu^\star(t)$ 分别简写为 x，x^+，λ_i 和 ν。由 $t\lambda_i = \nabla\psi_i(-f_i(x))$（见式 (11.42)）和性质 (11.43) 可推得

$$\psi_i(-f_i(x)) + \overline{\psi}_i(t\lambda_i) = -t\lambda_i^T f_i(x) = \theta_i, \tag{11.51}$$

即对于 $u = -f_i(x)$ 和 $v = t\lambda_i$ 不等式 (11.50) 成为等式。对于 $u = -f_i(x^+)$ 和 $v = \mu t\lambda_i$，同样的不等式给出

$$\psi_i(-f_i(x^+)) + \overline{\psi}_i(\mu t\lambda_i) \leqslant -\mu t\lambda_i^T f_i(x^+),$$

利用 $\overline{\psi}_i$ 的对数齐次性，上式可变成

$$\psi_i(-f_i(x^+)) + \overline{\psi}_i(t\lambda_i) + \theta_i \log\mu \leqslant -\mu t\lambda_i^T f_i(x^+).$$

用该式减等式 (11.51) 可得

$$-\psi_i(-f_i(x)) + \psi_i(-f_i(x^+)) + \theta_i \log\mu \leqslant -\theta_i - \mu t\lambda_i^T f_i(x^+),$$

再关于 i 求和可产生

$$\phi(x) - \phi(x^+) + \overline{\theta}\log\mu \leqslant -\overline{\theta} - \mu t\sum_{i=1}^m \lambda_i^T f_i(x^+). \tag{11.52}$$

根据对偶函数的定义我们也有

$$\begin{aligned} f_0(x) - \overline{\theta}/t &= g(\lambda,\nu) \\ &\leqslant f_0(x^+) + \sum_{i=1}^m \lambda_i^T f_i(x^+) + \nu^T(Ax^+ - b) \\ &= f_0(x^+) + \sum_{i=1}^m \lambda_i^T f_i(x^+). \end{aligned}$$

用 μt 乘这个不等式并将其和不等式 (11.52) 相加，可以得到

$$\phi(x) - \phi(x^+) + \overline{\theta}\log\mu + \mu t f_0(x) - \mu\overline{\theta} \leqslant \mu t f_0(x^+) - \overline{\theta},$$

将其重新排列可得

$$\mu t f_0(x) + \phi(x) - \mu t f_0(x^+) - \phi(x^+) \leqslant \overline{\theta}(\mu - 1 - \log\mu),$$

这就是我们所需要的不等式 (11.48)。

11.7 原对偶内点法

本节描述基本的原对偶内点法。该方法和障碍方法非常相似，但也有一些差别。

- 仅有一层迭代，即没有障碍方法的内部迭代和外部迭代的区分。每次迭代时同时更新原对偶变量。
- 通过将 Newton 方法应用于修改的 KKT 方程（即对数障碍中心点问题的最优性条件）确定原对偶内点法的搜索方向。原对偶搜索方向和障碍方法导出的搜索方向相似，但不完全相同。
- 在原对偶内点法中，原对偶迭代值**不**需要是可行的。

原对偶内点法经常比障碍方法更加有效，特别是需要高精度的场合，因为它们可以展现超线性收敛性质。对于若干类基本问题，比如线性规划，二次规划，二阶锥规划，几何规划以及正半定规划，特定的原对偶方法在性能上优于障碍方法。对于一般的非线性凸优化问题，原对偶内点法依然是一个很有希望的活跃的研究课题。原对偶内点法相对障碍方法所具有的另一个优点是，它们可以有效处理可行但不严格可行的问题（尽管我们不追求这样的能力）。

本节我们将介绍求解问题 (11.1) 的基本的原对偶内点法，但不进行收敛性分析。读者可以阅读参考文献了解原对偶内点法及其收敛性分析的更详尽内容。

11.7.1 原对偶搜索方向

如同障碍方法，我们从修改的 KKT 条件 (11.15) 开始，该条件可以表述为 $r_t(x,\lambda,\nu)=0$，其中

$$r_t(x,\lambda,\nu)=\begin{bmatrix}\nabla f_0(x)+Df(x)^T\lambda+A^T\nu\\ -\mathbf{diag}(\lambda)f(x)-(1/t)\mathbf{1}\\ Ax-b\end{bmatrix},\tag{11.53}$$

并且 $t>0$。此处的 $f:\mathbf{R}^n\to\mathbf{R}^m$ 和它的导数矩阵 Df 由下式给出，

$$f(x)=\begin{bmatrix}f_1(x)\\ \vdots\\ f_m(x)\end{bmatrix},\qquad Df(x)=\begin{bmatrix}\nabla f_1(x)^T\\ \vdots\\ \nabla f_m(x)^T\end{bmatrix}.$$

如果 x、λ、ν 满足 $r_t(x,\lambda,\nu)=0$（并且 $f_i(x)<0$），则 $x=x^\star(t)$，$\lambda=\lambda^\star(t)$，$\nu=\nu^\star(t)$。特别是，x 是原可行的，λ，ν 是对偶可行的，对偶间隙为 m/t。我们将 r_t 的第一块构件

$$r_{\rm dual}=\nabla f_0(x)+Df(x)^T\lambda+A^T\nu$$

称为**对偶残差**，将最后一块构件 $r_{\rm pri}=Ax-b$ 称为**原残差**。将中间构件

$$r_{\rm cent}=-\mathbf{diag}(\lambda)f(x)-(1/t)\mathbf{1}$$

称为**中心残差**，即修改的互补性条件。

现在让我们固定 t，考虑从满足 $f(x) \prec 0$，$\lambda \succ 0$ 的点 (x, λ, ν) 开始求解非线性方程 $r_t(x, \lambda, \nu) = 0$ 的 Newton 步径（与 §11.3.4不同，这里不首先消去 λ）。我们将当前点和 Newton 步径分别记为

$$y = (x, \lambda, \nu), \qquad \Delta y = (\Delta x, \Delta\lambda, \Delta\nu).$$

决定 Newton 步径的线性方程为

$$r_t(y + \Delta y) \approx r_t(y) + Dr_t(y)\Delta y = 0,$$

即 $\Delta y = -Dr_t(y)^{-1} r_t(y)$。基于 x，λ 和 ν，我们有

$$\begin{bmatrix} \nabla^2 f_0(x) + \sum_{i=1}^m \lambda_i \nabla^2 f_i(x) & Df(x)^T & A^T \\ -\mathbf{diag}(\lambda) Df(x) & -\mathbf{diag}(f(x)) & 0 \\ A & 0 & 0 \end{bmatrix} \begin{bmatrix} \Delta x \\ \Delta\lambda \\ \Delta\nu \end{bmatrix} = -\begin{bmatrix} r_{\text{dual}} \\ r_{\text{cent}} \\ r_{\text{pri}} \end{bmatrix}. \tag{11.54}$$

所谓**原对偶搜索方向** $\Delta y_{\text{pd}} = (\Delta x_{\text{pd}}, \Delta\lambda_{\text{pd}}, \Delta\nu_{\text{pd}})$ 就是式 (11.54) 的解。

原搜索方向和对偶搜索方向通过系数矩阵和残差而互相耦合。例如，原搜索方向 Δx_{pd} 依赖于对偶变量 λ 和 ν 以及原变量 x 的当前值。还要看到，如果 x 满足 $Ax = b$，即原可行性残差 r_{pri} 等于 0，那么就有 $A\Delta x_{\text{pd}} = 0$，此时 Δx_{pd} 是一个（原）可行方向：对任何 s，$x + s\Delta x_{\text{pd}}$ 都将满足 $A(x + s\Delta x_{\text{pd}}) = b$。

和障碍方法搜索方向比较

原对偶搜索方向和障碍方法搜索方向有紧密的联系，但并不相同。我们从定义原对偶搜索方向的线性方程 (11.54) 开始，利用下面的表达式消去变量 $\Delta\lambda_{\text{pd}}$，

$$\Delta\lambda_{\text{pd}} = -\mathbf{diag}(f(x))^{-1}\,\mathbf{diag}(\lambda) Df(x)\Delta x_{\text{pd}} + \mathbf{diag}(f(x))^{-1} r_{\text{cent}},$$

该表达式来自方程的第二部分。将上式代入方程的第一部分得到

$$\begin{aligned} \begin{bmatrix} H_{\text{pd}} & A^T \\ A & 0 \end{bmatrix} \begin{bmatrix} \Delta x_{\text{pd}} \\ \Delta\nu_{\text{pd}} \end{bmatrix} &= -\begin{bmatrix} r_{\text{dual}} + Df(x)^T\,\mathbf{diag}(f(x))^{-1} r_{\text{cent}} \\ r_{\text{pri}} \end{bmatrix} \\ &= -\begin{bmatrix} \nabla f_0(x) + (1/t)\sum_{i=1}^m \frac{1}{-f_i(x)} \nabla f_i(x) + A^T\nu \\ r_{\text{pri}} \end{bmatrix}, \end{aligned} \tag{11.55}$$

其中

$$H_{\mathrm{pd}} = \nabla^2 f_0(x) + \sum_{i=1}^m \lambda_i \nabla^2 f_i(x) + \sum_{i=1}^m \frac{\lambda_i}{-f_i(x)} \nabla f_i(x) \nabla f_i(x)^T. \tag{11.56}$$

我们可以将式 (11.55) 和方程 (11.14) 进行比较，后者定义了障碍方法中参数为 t 的中心点问题的 Newton 步径。该方程可以写成

$$\begin{aligned}\left[\begin{array}{cc} H_{\mathrm{bar}} & A^T \\ A & 0 \end{array}\right]\left[\begin{array}{c} \Delta x_{\mathrm{bar}} \\ \nu_{\mathrm{bar}} \end{array}\right] &= -\left[\begin{array}{c} t\nabla f_0(x) + \nabla\phi(x) \\ r_{\mathrm{pri}} \end{array}\right] \\ &= -\left[\begin{array}{c} t\nabla f_0(x) + \displaystyle\sum_{i=1}^m \frac{1}{-f_i(x)} \nabla f_i(x) \\ r_{\mathrm{pri}} \end{array}\right],\end{aligned} \tag{11.57}$$

其中

$$H_{\mathrm{bar}} = t\nabla^2 f_0(x) + \sum_{i=1}^m \frac{1}{-f_i(x)} \nabla^2 f_i(x) + \sum_{i=1}^m \frac{1}{f_i(x)^2} \nabla f_i(x) \nabla f_i(x)^T. \tag{11.58}$$

（这里我们给出的是不可行 Newton 步径一般表示; 如果当前点 x 是可行的，即 $r_{\mathrm{pri}} = 0$，则 Δx_{bar} 和式 (11.14) 定义的可行的 Newton 步径 Δx_{nt} 一致。）

我们首先看到，方程 (11.55) 和方程 (11.57) 这两个系统非常相似。式 (11.55) 和式 (11.57) 的系数矩阵有相同的结构；确实，矩阵 H_{pd} 和 H_{bar} 都是矩阵

$$\nabla^2 f_0(x), \qquad \nabla^2 f_1(x), \cdots, \nabla^2 f_m(x), \qquad \nabla f_1(x)\nabla f_1(x)^T, \cdots, \nabla f_m(x)\nabla f_m(x)^T$$

的正的线性组合。这意味着可以采用同样的方法计算原对偶搜索方向和障碍方法 Newton 步径。

原对偶方程 (11.55) 和障碍方法方程 (11.57) 之间还有更多的联系。假定我们用方程 (11.57) 的第一部分除 t，并定义变量 $\Delta\nu_{\mathrm{bar}} = (1/t)\nu_{\mathrm{bar}} - \nu$（其中 ν 是任意的），就可得到

$$\left[\begin{array}{cc} (1/t)H_{\mathrm{bar}} & A^T \\ A & 0 \end{array}\right]\left[\begin{array}{c} \Delta x_{\mathrm{bar}} \\ \Delta\nu_{\mathrm{bar}} \end{array}\right] = -\left[\begin{array}{c} \nabla f_0(x) + (1/t)\displaystyle\sum_{i=1}^m \frac{1}{-f_i(x)} \nabla f_i(x) + A^T\nu \\ r_{\mathrm{pri}} \end{array}\right].$$

在这个形式中，右边项和原对偶方程（对于相同的 x，λ 和 ν）的右边项相同。系数矩阵只有 1,1 块不同:

$$\begin{aligned} H_{\mathrm{pd}} &= \nabla^2 f_0(x) + \sum_{i=1}^m \lambda_i \nabla^2 f_i(x) + \sum_{i=1}^m \frac{\lambda_i}{-f_i(x)} \nabla f_i(x)\nabla f_i(x)^T, \\ (1/t)H_{\mathrm{bar}} &= \nabla^2 f_0(x) + \sum_{i=1}^m \frac{1}{-tf_i(x)} \nabla^2 f_i(x) + \sum_{i=1}^m \frac{1}{tf_i(x)^2} \nabla f_i(x)\nabla f_i(x)^T. \end{aligned}$$

当 x 和 λ 满足 $-f_i(x)\lambda_i = 1/t$ 时，系数矩阵，从而搜索方向，完全相同。

11.7.2　代理对偶间隙

在原对偶内点法中，迭代点 $x^{(k)}$，$\lambda^{(k)}$ 和 $\nu^{(k)}$ 在收敛到极限值以前不一定是可行的。这意味着我们不能像在障碍方法中（经过外部迭代）那样很容易地估计第 k 次迭代后的对偶间隙 $\eta^{(k)}$。为此我们对任何满足 $f(x) \prec 0$ 和 $\lambda \succeq 0$ 的 x 定义**代理对偶间隙**

$$\hat{\eta}(x, \lambda) = -f(x)^T \lambda. \tag{11.59}$$

如果 x 是原可行的，λ, ν 是对偶可行的，即如果 $r_{\text{pri}} = 0$ 和 $r_{\text{dual}} = 0$，那么代理对偶间隙 $\hat{\eta}$ 就是对偶间隙。注意对应于代理对偶间隙 $\hat{\eta}$ 的参数 t 的数值是 $m/\hat{\eta}$。

11.7.3　原对偶内点法

现在我们可以描述基本的原对偶内点算法。

算法 11.2　原对偶内点法。

给定 x 满足 $f_1(x) < 0, \cdots, f_m(x) < 0$，$\lambda \succ 0$，$\mu > 1$，$\epsilon_{\text{feas}} > 0$，$\epsilon > 0$。

重复

1. **确定 t**。令 $t := \mu m / \hat{\eta}$。
2. 计算原对偶搜索方向 Δy_{pd}。
3. **直线搜索和更新。**

   确定步长 $s > 0$，令 $y := y + s\Delta y_{\text{pd}}$。

直到 $\|r_{\text{pri}}\|_2 \leqslant \epsilon_{\text{feas}}$，$\|r_{\text{dual}}\|_2 \leqslant \epsilon_{\text{feas}}$ 和 $\hat{\eta} \leqslant \epsilon$。

在步骤1，参数 t 被设置为因子 μ 乘以 $m/\hat{\eta}$，这是和当前的代理对偶间隙 $\hat{\eta}$ 对应的 t 值。如果 x、λ 和 ν 是参数 t 对应的中心点（因此对偶间隙为 m/t），那么我们在步骤 1 将 t 值增长为它的 μ 倍，这和障碍方法中的更新完全一样。参数 μ 的取值在 10 的数量级看上去能够很好地工作。

原对偶内点算法的终止条件是，x 是原可行的，λ 和 ν 是对偶可行的（都在阈值 ϵ_{feas} 的范围内），并且代理对偶间隙小于阈值 ϵ。因为原对偶内点法经常具有超线性收敛性，通常选择较小的 ϵ_{feas} 和 ϵ。

直线搜索

原对偶内点法的直线搜索是标准的基于残差范数的回溯直线搜索，其中进行了一些修改以保证 $\lambda \succ 0$ 和 $f(x) \prec 0$。我们用 x、λ 和 ν 表示当前迭代点，用 x^+、λ^+ 和 ν^+ 表示下一个迭代点，即

$$x^+ = x + s\Delta x_{\text{pd}}, \qquad \lambda^+ = \lambda + s\Delta\lambda_{\text{pd}}, \qquad \nu^+ = \nu + s\Delta\nu_{\text{pd}}.$$

在 y^+ 处的残差用 r^+ 表示。

我们首先计算满足 $\lambda^+ \succeq 0$ 且不超过1的最大的正步长，即

$$\begin{aligned} s^{\max} &= \sup\{s \in [0,1] \mid \lambda + s\Delta\lambda \succeq 0\} \\ &= \min\{1,\ \min\{-\lambda_i/\Delta\lambda_i \mid \Delta\lambda_i < 0\}\}. \end{aligned}$$

我们从 $s = 0.99s^{\max}$ 开始回溯，反复用 $\beta \in (0,1)$ 乘 s 直到 $f(x^+) \prec 0$。然后我们继续用 β 乘 s 直到

$$\|r_t(x^+, \lambda^+, \nu^+)\|_2 \leqslant (1 - \alpha s)\|r_t(x, \lambda, \nu)\|_2.$$

通常采用和 Newton 方法相同的回溯参数 α 和 β：α 的典型选择范围为 0.01 到 0.1，而 β 的典型选择范围为 0.3 到 0.8。

原对偶内点法的一次迭代和用不可行 Newton 方法求解 $r_t(x, \lambda, \nu) = 0$ 的一次迭代相同，但是作了一些修改以保证 $\lambda \succ 0$ 和 $f(x) \prec 0$（或者，等价地说，将 $\mathbf{dom}\, r_t$ 限制于 $\lambda \succ 0$ 和 $f(x) \prec 0$）。采用证明不可行 Newton 方法收敛的同样理由，可以说明原对偶方法的直线搜索总会在有限次迭代后停止。

11.7.4 例子

我们用 §11.3.2 节考虑的相同问题来说明原对偶内点法的性能。唯一不同的区别在于初始点选择不同。在 §11.3.2 节我们从中心路径上一点开始迭代。现在我们随机产生满足 $f(x) \prec 0$ 的 $x^{(0)}$，并取 $\lambda_i^{(0)} = -1/f_i(x^{(0)})$，以此为起点开始原对偶内点法，相应的初始代理间隙等于 $\hat{\eta} = 100$。我们在原对偶内点法中使用的参数为

$$\mu = 10, \qquad \beta = 0.5, \qquad \epsilon = 10^{-8}, \qquad \alpha = 0.01.$$

小规模线性规划和几何规划

我们首先考虑 §11.3.2 节的小规模线性规划问题，其不等式数目 $m = 100$，变量数目 $n = 50$。图 11.21 显示原对偶内点法的迭代过程。两个曲线表示：代理间隙 $\hat{\eta}$ 和原对偶残差范数

$$r_{\text{feas}} = \left(\|r_{\text{pri}}\|_2^2 + \|r_{\text{dual}}\|_2^2\right)^{1/2}$$

与迭代次数的关系。（初始点是原可行的，因此曲线表示的仅是对偶可行性残差范数。）曲线表明残差很快地收敛于 0，并在 24 次迭代后精确等于 0。和障碍方法相比，原对偶内点法更快，在要求高精度时更是如此。

图 11.22 显示用原对偶内点法求解 §11.3.2 节考虑的几何规划问题的迭代过程。收敛情况同线性规划的例子类似。

一族线性规划问题

现在我们以 §11.3.2节考虑的一族标准线性规划问题为对象，考察原对偶方法的性能和问题维数之间的函数关系。我们用原对偶内点法求解 2000 个实例，其中每个 m

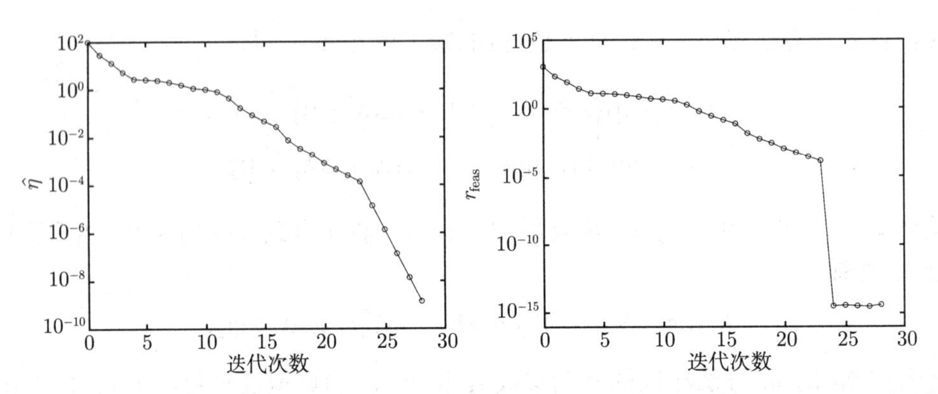

图 11.21　用原对偶内点法求解一个线性规划问题的迭代过程，显示代理间隙 $\hat{\eta}$ 和原对偶残差范数与迭代次数的关系。残差在 24 次迭代内很快地收敛于 0; 代理间隙也在 28 次迭代后收敛于一个很小的数。原对偶内点法比障碍方法收敛得更快，在要求高精度时更是如此。

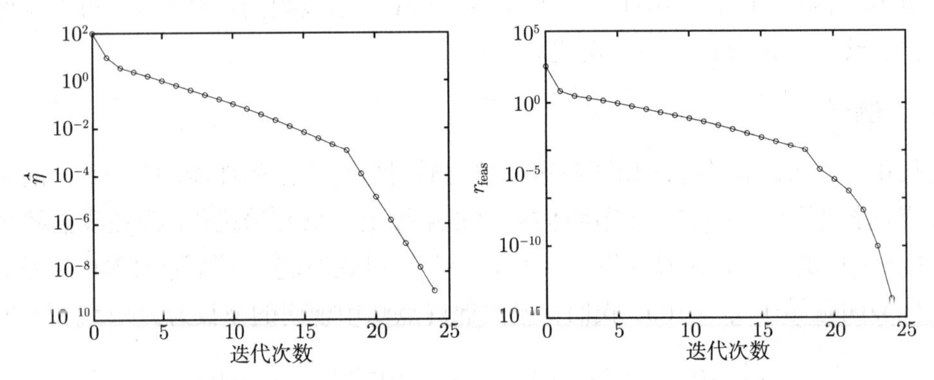

图 11.22　用原对偶内点法求解一个几何规划问题的迭代过程，显示代理对偶间隙 $\hat{\eta}$ 和原对偶残差范数与迭代次数的关系。

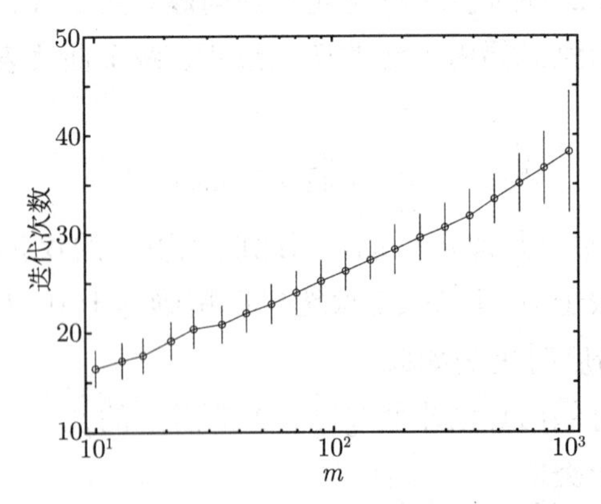

图 11.23　求解随机生成的不同维数的标准线性规划问题所需要的迭代次数，其中 $n = 2m$。每个维数生成 100 个实例，过均值的误差线段表示标准差。当问题维数的变化比值为 100:1 时，所需要的迭代次数近似对数的增长。

值对应 100 个实例。原对偶算法初始点为 $x^{(0)} = \mathbf{1}$，$\lambda^{(0)} = \mathbf{1}$，$\nu^{(0)} = 0$，终止误差阈值 $\epsilon = 10^{-8}$。图 11.23 显示每个 m 值对应的迭代次数的均值和标准差。迭代次数从 15 增加到 35，近似为 m 的对数。和图 11.8 显示的障碍方法的相应结果比较，虽然我们从不可行点开始迭代原对偶方法，并且问题的求解精度高很多，但迭代次数的增加却很少。

11.8 实现

障碍方法的主要工作是为中心点问题计算 Newton 步径，为此需要求解下述形式的一组线性方程，

$$\begin{bmatrix} H & A^T \\ A & 0 \end{bmatrix} \begin{bmatrix} \Delta x_{\rm nt} \\ \nu_{\rm nt} \end{bmatrix} = - \begin{bmatrix} g \\ 0 \end{bmatrix}, \tag{11.60}$$

其中

$$\begin{aligned} H &= t\nabla^2 f_0(x) + \sum_{i=1}^m \frac{1}{f_i(x)^2} \nabla f_i(x) \nabla f_i(x)^T + \sum_{i=1}^m \frac{1}{-f_i(x)} \nabla^2 f_i(x) \\ g &= t\nabla f_0(x) + \sum_{i=1}^m \frac{1}{-f_i(x)} \nabla f_i(x). \end{aligned}$$

原对偶方法的 Newton 方程具有完全相同的结构，因此本节的讨论也适用于原对偶方法。

式 (11.60) 的系数矩阵具有 KKT 结构，因此 §9.7 节和 §10.4 节的讨论在这里都适用。特别是，可以用消元法求解方程，以及利用像稀疏性或对角加低秩这些结构。下面我们给出一些具有一般性的例子，对这些例子可以利用 KKT 方程的特殊结构更加有效地计算 Newton 步径。

稀疏问题

如果原问题是稀疏的，就是说目标函数和每个约束函数仅依赖较少数目的变量，那么目标函数和约束函数的梯度与 Hessian 矩阵都是稀疏的，因此系数矩阵 A 也是这样。倘若 m 不是太大，则矩阵 H 很可能是稀疏的，从而可用稀疏矩阵方法计算 Newton 步径。当 KKT 矩阵仅有少数较稠密的行和列时，例如，等式约束很少而变量很多时就会发生这种情况，稀疏矩阵方法可能取得很好的效果。

可分目标函数和少数线性不等式约束

假设目标函数是可分的，并且仅有较少的线性等式和不等式约束。此时 $\nabla^2 f_0(x)$ 是对角阵，而 $\nabla^2 f_i(x)$ 不存在，因此矩阵 H 是对角加低秩矩阵。由于很容易计算 H 的逆矩阵，我们可以非常有效地求解 KKT 方程。只要 $\nabla^2 f_0(x)$ 很容易求逆，例如，带状、稀疏或分块对角矩阵的情况，就可以应用同样的方法。

11.8.1 标准形式线性规划

我们首先讨论用障碍方法求解标准形式线性规划

$$\begin{array}{ll}\text{minimize} & c^Tx \\ \text{subject to} & Ax=b, \quad x\succeq 0\end{array}$$

的实现问题，其中 $A\in\mathbf{R}^{m\times n}$。中心点问题

$$\begin{array}{ll}\text{minimize} & tc^Tx-\sum_{i=1}^n \log x_i \\ \text{subject to} & Ax=b\end{array}$$

的 Newton 方程为

$$\left[\begin{array}{cc}\mathbf{diag}(x)^{-2} & A^T \\ A & 0\end{array}\right]\left[\begin{array}{c}\Delta x_{\rm nt} \\ \nu_{\rm nt}\end{array}\right]=\left[\begin{array}{c}-tc+\mathbf{diag}(x)^{-1}\mathbf{1} \\ 0\end{array}\right].$$

通常通过消去 $\Delta x_{\rm nt}$ 求解该方程。从第一个等式可得

$$\begin{aligned}\Delta x_{\rm nt} &= \mathbf{diag}(x)^2(-tc+\mathbf{diag}(x)^{-1}\mathbf{1}-A^T\nu_{\rm nt}) \\ &= -t\,\mathbf{diag}(x)^2c+x-\mathbf{diag}(x)^2A^T\nu_{\rm nt}.\end{aligned}$$

将其代入第二个方程得到

$$A\,\mathbf{diag}(x)^2A^T\nu_{\rm nt}=-tA\,\mathbf{diag}(x)^2c+b.$$

根据假设 $\mathbf{rank}\,A=m$，所以稀疏矩阵是正定的。另外，如果 A 是稀疏的，则 $A\,\mathbf{diag}(x)^2A^T$ 通常也是稀疏的，因此可利用稀疏矩阵的 Cholesky 因式分解求解。

11.8.2 ℓ_1-范数逼近

考虑 ℓ_1-范数逼近问题

$$\text{minimize} \quad \|Ax-b\|_1$$

其中 $A\in\mathbf{R}^{m\times n}$。我们将讨论 m 和 n 很大，但 A 有特殊结构（例如稀疏矩阵）情况下的实现问题，并和对应的最小二乘问题

$$\text{minimize} \quad \|Ax-b\|_2^2$$

的计算成本进行比较。

我们首先引入辅助变量 $y\in\mathbf{R}^m$，将 ℓ_1-范数逼近问题表述为线性规划问题

$$\begin{array}{ll}\text{minimize} & \mathbf{1}^Ty \\ \text{subject to} & \left[\begin{array}{cc}A & -I \\ -A & -I\end{array}\right]\left[\begin{array}{c}x \\ y\end{array}\right]\preceq\left[\begin{array}{c}b \\ -b\end{array}\right]\end{array}$$

其中心点问题的 Newton 方程为

$$\begin{bmatrix} A^T & -A^T \\ -I & -I \end{bmatrix} \begin{bmatrix} D_1 & 0 \\ 0 & D_2 \end{bmatrix} \begin{bmatrix} A & -I \\ -A & -I \end{bmatrix} \begin{bmatrix} \Delta x_{\mathrm{nt}} \\ \Delta y_{\mathrm{nt}} \end{bmatrix} = - \begin{bmatrix} A^T g_1 \\ g_2 \end{bmatrix}$$

其中

$$D_1 = \mathbf{diag}(b - Ax + y)^{-2}, \qquad D_2 = \mathbf{diag}(-b + Ax + y)^{-2}$$

以及

$$\begin{aligned} g_1 &= \mathbf{diag}(b - Ax + y)^{-1}\mathbf{1} - \mathbf{diag}(-b + Ax + y)^{-1}\mathbf{1} \\ g_2 &= t\mathbf{1} - \mathbf{diag}(b - Ax + y)^{-1}\mathbf{1} - \mathbf{diag}(-b + Ax + y)^{-1}\mathbf{1}. \end{aligned}$$

如果把左边的系数矩阵相乘，可以将其简化为

$$\begin{bmatrix} A^T(D_1 + D_2)A & -A^T(D_1 - D_2) \\ -(D_1 - D_2)A & D_1 + D_2 \end{bmatrix} \begin{bmatrix} \Delta x_{\mathrm{nt}} \\ \Delta y_{\mathrm{nt}} \end{bmatrix} = - \begin{bmatrix} A^T g_1 \\ g_2 \end{bmatrix}.$$

消去 Δy_{nt} 可以得到

$$A^T D A \Delta x_{\mathrm{nt}} = -A^T g \tag{11.61}$$

其中

$$D = 4D_1D_2(D_1 + D_2)^{-1} = 2(\mathbf{diag}(y)^2 + \mathbf{diag}(b - Ax)^2)^{-1}$$

以及

$$g = g_1 + (D_1 - D_2)(D_1 + D_2)^{-1} g_2.$$

求得 Δx_{nt} 后，我们可以从

$$\Delta y_{\mathrm{nt}} = (D_1 + D_2)^{-1}(-g_2 + (D_1 - D_2)A\Delta x_{\mathrm{nt}})$$

得到 Δy_{nt}。值得注意的是，式 (11.61) 是加权最小二乘问题

$$\text{minimize} \quad \|D^{1/2}(A\Delta x + D^{-1}g)\|_2$$

的正规方程。换句话说，求解 ℓ_1-范数逼近问题的成本等于求解相同矩阵 A 的规模较小的加权最小二乘问题，不过该问题的权在每次迭代后会发生变化。如果 A 的结构使我们能够快速求解最小二乘问题（例如，利用稀疏性），那么我们就能够快速求解式 (11.61)。

11.8.3 不等式形式的正半定规划

我们考虑正半定规划问题

$$\begin{array}{ll} \text{minimize} & c^T x \\ \text{subject to} & \sum_{i=1}^n x_i F_i + G \preceq 0 \end{array}$$

其中变量 $x \in \mathbf{R}^n$，参数 $F_1, \cdots, F_n, G \in \mathbf{S}^p$。采用对数-行列式障碍函数，相应的中心点问题是

$$\text{minimize} \quad tc^T x - \log\det\left(-\sum_{i=1}^n x_i F_i - G\right)$$

Newton 步径 Δx_{nt} 由等式 $H\Delta x_{\text{nt}} = -g$ 确定，其中 Hessian 矩阵和梯度由下式给出，

$$\begin{aligned} H_{ij} &= \mathbf{tr}(S^{-1}F_iS^{-1}F_j), \quad i,\ j = 1, \cdots, n \\ g_i &= tc_i + \mathbf{tr}(S^{-1}F_i), \quad i = 1, \cdots, n, \end{aligned}$$

其中 $S = -\sum_{i=1}^n x_iF_i - G$。标准做法是先计算 H（和 g），然后通过 Cholesky 因式分解求解 Newton 方程。

我们首先考虑无结构的情况，即假定所有矩阵是稠密的。我们将只分析浮点运算量关于问题维数 n 和 p 的阶数。我们首先计算 S，其成本为 np^2。然后对每个 i 计算矩阵 $S^{-1}F_i$，具体做法是先对 S 进行 Cholesky 因式分解，然后后向代入 F_i 的各列求得所需矩阵（或者计算 S^{-1} 再用 F_i 相乘）。对每个 i 该计算量为 p^3，因此总成本为 np^3。最后，我们计算矩阵 $S^{-1}F_i$ 和 $S^{-1}F_j$ 的内积 H_{ij}，其成本为 p^2。因为我们要对 $n(n+1)/2$ 对矩阵进行计算，所以成本为 n^2p^2。计算 Newton 方向的成本为 n^3。所以主导阶数为 $\max\{np^3, n^2p^2, n^3\}$。

一般情况下，即使矩阵 F_i 和 G 是稀疏的，也不太可能利用 F_i 和 G 的稀疏性，因为 H 通常是稠密的。一种例外情况是 F_i 和 G 具有共同的分块对角结构，此时上面描述的所有运算可以分块进行。

通常可以利用 F_i 和 G 的（共同的）稀疏性更有效地计算（稠密的）Hessian 矩阵 H。如果我们能够找到导致 S 具有合理的稀疏 Cholesky 因子的次序，我们就可以有效地计算 $S^{-1}F_i$，从而用有效得多的方式计算 H_{ij}。

经常出现的一个有意义的例子是具有下述矩阵不等式的正半定规划问题

$$\mathbf{diag}(x) \preceq B.$$

这对应于 $F_i = E_{ii}$，其中 E_{ii} 是 ii 元素为 1 其他元素为 0 的矩阵。这种情况下可以非常有效地确定矩阵 H：

$$H_{ij} = (S^{-1})_{ij}^2,$$

其中 $S = B - \mathbf{diag}(x)$。此时计算 H 的成本等于计算 S^{-1} 的成本，它至多（即没有其他结构可利用）是 n^3 阶的。

11.8.4 网络比率优化

我们考虑 §10.4.3 节（第 526 页）描述的最优网络流问题的一种变形，有时被称为**网络比率优化问题**。我们用 L 个弧或边组成的有向图描述网络。货物，或信息包，通过

边在网络上移动。网络支持 n 个**流**，它们的（非负的）**比率** $x_1, \cdots, x_n$ 是优化变量。每个流沿着网络上一个固定的，或预先设定的**道路**（或**线路**）从源结点向目标结点移动。每条边可以支持多个流通过。每条边上的**总交通量**等于通过它的所有流量的比率之和。每条边有一个正的**容量**，这是在它上面能够通过的总交通量的最大值。

我们可以用下面定义的**流–边关联矩阵** $A \in \mathbf{R}^{L \times n}$ 描述这些边上的容量限制，

$$
A_{ij} = \begin{cases} 1 & \text{流 } j \text{ 通过边 } i \\ 0 & \text{其他情况。} \end{cases}
$$

这样就可以将边 i 上的总交通量写成 $(Ax)_i$，于是边容量约束可以用 $Ax \preceq c$ 表示，其中 c_i 是边 i 上的容量。通常每个道路只通过所有边中的一小部分，因此 A 是稀疏矩阵。

在网络比率问题中道路是固定的（并作为问题的参数记录在矩阵 A 中）；变量是流的比率 x_i。目标是选择流的比率使下面的可分效用函数 U 达到最大，

$$
U(x) = U_1(x_1) + \cdots + U_n(x_n).
$$

我们假定每个 U_i（从而 U）是凹和非减的。可以把 $U_i(x_i)$ 视为通过以比率 x_i 支持第 i 个流产生的收入; 于是 $U(x)$ 是相应的流产生的总收入。网络比率优化问题可写成

$$
\begin{array}{ll} \text{maximize} & U(x) \\ \text{subject to} & Ax \preceq c, \quad x \succeq 0 \end{array} \tag{11.62}
$$

这是一个凸优化问题。

我们用障碍方法求解这个问题。每步迭代我们需要用 Newton 方法优化以下形式的函数，

$$
-tU(x) - \sum_{i=1}^{L} \log(c - Ax)_i - \sum_{j=1}^{n} \log x_j.
$$

确定 Newton 步径 Δx_{nt} 需要求解线性方程组

$$
(D_0 + A^T D_1 A + D_2)\Delta x_{\mathrm{nt}} = -g,
$$

其中

$$
\begin{aligned}
D_0 &= -t\,\mathbf{diag}(U_1''(x), \cdots, U_n''(x)) \\
D_1 &= \mathbf{diag}(1/(c - Ax)_1^2, \cdots, 1/(c - Ax)_L^2) \\
D_2 &= \mathbf{diag}(1/x_1^2, \cdots, 1/x_n^2)
\end{aligned}
$$

是对角矩阵，而 $g \in \mathbf{R}^n$。我们可以精确描述这个 $n \times n$ 系数矩阵的稀疏结构: 当且仅当流 i 和流 j 共享一条边时才成立

$$(D_0 + A^T D_1 A + D_2)_{ij} \neq 0.$$

如果道路都比较短，而每条边只有较少的道路通过，那么这个矩阵就是稀疏的，因此其稀疏的 Cholesky 因式分解可以被利用。当 Newton 系统的某些（不是很多）行和列稠密时，我们也可以进行有效的求解。这种情况发生于仅有很少数的流和大量的流相交的时候，如果比较长的流很少就可能出现这种情况。

我们也可以利用逆矩阵引理计算 Newton 步径，为此我们先求解具有 $L \times L$ 系数矩阵的系统

$$(D_1^{-1} + A(D_0 + D_2)^{-1} A^T) y = -A(D_0 + D_2)^{-1} g,$$

然后计算

$$\Delta x_{\text{nt}} = -(D_0 + D_2)^{-1}(g + A^T y).$$

这里我们也能够精确描述稀疏模式: 当且仅当存在一条通过边 i 和边 j 的道路才成立

$$(D_1^{-1} + A(D_0 + D_2)^{-1} A^T)_{ij} \neq 0.$$

如果大多数道路很短，该矩阵就是稀疏的。如果仅有很少瓶颈，即很多流都通过的边，那么这个矩阵将是仅有少数稠密的行和列的稀疏矩阵。

参考文献

Fiacco 和 McCormick [FM90, §1.2]详细描述了障碍法的早期历史。在 20 世纪 60 年代，该方法和一些密切相关的技术，如中心点方法(Liêũ 和 Huard [LH66]; 也可参见习题 11.11)，罚函数（或外点）法 [FM90, §4]，一起构成求解凸优化问题的常用方法。在 20 世纪 70 年代，由于担心 t 很大时中心点问题 (11.6) 的牛顿方程的病态性质，对该方法的兴趣逐渐降低。

在 20 世纪 80 年代，自 Gill，Murray，Saunders，Tomlin 和 Wright [GMS+86] 指出障碍法与 Karmarkar 求解线性规划的多项式时间的投影算法 [Kar84] 的紧密联系后，该方法重新获得广泛关注。在整个 20 世纪 80 年代，研究焦点始终聚集在线性（少量推广到二次）规划问题，由此产生了基本内点法的不同变形以及对最坏情况复杂性结果的各种改进（见 Gonzaga [Gon92]）。原对偶内点法是实际实现中涌现出来的算法（见 Mehrotra [Meh92]，Lustig，Marsten 和 Shanno [LMS94]，Wright [Wri97]）。

Nesterov 和 Nemirovski 在1994年的书中，利用自和谐函数牛顿法的收敛性理论，将线性规划内点法的复杂性理论推广到非线性凸优化问题。他们也发展了广义不等式约束问题的内点法，并且讨论了通过重新描述相应问题以满足自和谐假设的方式。例如，第 559 页对几何规划的重新描述就是取自 [NN94, §6.3.1]。

正如在 558 页提到的那样，复杂性分析表明，同人们的预期相反，随着 t 的增加，障碍法的中心点问题并不变得更加难解，至少在精确计算方面是这样。实际经验表明，在求解牛顿系统时，其病态性质的影响远远没有早期预想的那么严峻，这一点也有理论结果的支持（Forsgren，Gill 和 Wright [FGW02, §4.3.2]，Nocedal 和 Wright [NW99, page 525]）。

近期对内点法的研究集中于将线性规划的原对偶法推广于非线性凸问题，同（原始的）障碍法相比，原对偶法收敛更快，并能达到更高的精度。除了遵循 §11.7 描述的简单的原对偶法的路线，一种常用方法是基于对标准形式凸优化问题，即问题 (11.1)，的修改的 KKT 方程进行线性化。这种类型的更复杂的算法和算法 11.2相比在 t 的选择（这是取得超线性渐进收敛的关键）和直线搜索方面均不相同。详细内容和更多文献可参考 Wright [Wri97, chapter 8]，Ralph 和 Wright [RW97]，den Hertog [dH93]，Terlaky [Ter96] 以及 Forsgren，Gill 和 Wright [FGW02, §5] 的综述。

另外一些作者以锥规划框架为起点，将原对偶内点法从线性规划推广于凸优化（例如，见 Nesterov 和 Todd [NT98]）。这种方法产生了求解半定和二次规划的有效且精确的原对偶法（见 Todd [Tod01] 以及 Alizadeh 和 Goldfarb [AG03] 的综述）。

同线性规划一样，半定规划的原对偶法通常描述为将牛顿法的变形应用于修改的 KKT 方程。但是，和线性规划不一样，可以用很多不同方式进行线性化，由此可产生不同的搜索方向和算法; 见 Helmberg，Rendl，Vanderbei 和 Wolkowicz [HRVW96]，Kojima，Shindo 和 Harah [KSH97]，Monteiro [Mon97]，Nesterov 和 Todd [NT98]，Zhang [Zha98]，Alizadeh，Haeberly 和 Overton [AHO98] 以及 Todd，Toh 和 Tütüncü [TTT98]。

在初始化和不可行检验方面也取得了很大进展。齐次自和谐描述对§11.4 中经典的两阶段法给出了一个精制而有效的替代方案; 详细内容可见 Ye，Todd 和 Mizuno [YTM94]，Xu，Hung 和 Ye [XHY96]，Andersen 和 Ye [AY98] 以及 Luo，Sturm 和 Zhang [LSZ00]。

半定和二阶锥规划的原对偶内点法已经实现在若干软件包中，包括 SeDuMi [Stu99]，SDPT3 [TTT02]，SDPA [FKN98]，CSDP [Bor02] 以及 DSDP [BY02]，YALMIP 提供了应用这些程序的用户友好的界面 [Löf04]。

以下书籍详细记录了这个迅速发展的领域的最近进展：Vanderbei [Van96]，Wright [Wri97]，Roos，Terlaky 和 Vial [RTV97]，Ye [Ye97]，Wolkowicz，Saigal 和 Vandenberghe [WSV00]，Ben-Tal 和 Nemirovski，[BTN01]，Renegar [Ren01] 以及 Peng，Roos 和 Terlaky [PRT02]。

习题

障碍法

11.1 障碍法例子。 考虑简单问题

$$\begin{array}{ll} \text{minimize} & x^2+1 \\ \text{subject to} & 2 \leqslant x \leqslant 4 \end{array}$$

其可行集为 $[2,4]$，最优解为 $x^\star=2$。对 $t>0$ 的若干数值画出 f_0 和 $tf_0+\phi$ 关于 x 的图像，并标出 $x^\star(t)$。

11.2 用障碍法求解下述线性规划问题会怎样？

$$\begin{array}{ll} \text{minimize} & x_2 \\ \text{subject to} & x_1 \leqslant x_2, \quad 0 \leqslant x_2 \end{array}$$

其中 $x \in \mathbf{R}^2$.

11.3 中心点问题的有界性。 假设问题 (11.1) 的下水平集

$$\begin{array}{ll} \text{minimize} & f_0(x) \\ \text{subject to} & f_i(x) \leqslant 0, \quad i=1,\cdots,m \\ & Ax=b \end{array}$$

有界。证明相应的中心点问题的下水平集

$$\begin{array}{ll} \text{minimize} & tf_0(x)+\phi(x) \\ \text{subject to} & Ax=b \end{array}$$

也有界。

11.4 增加范数上界保证中心点问题的强凸性。 假设对问题 (11.1) 增加约束 $x^Tx \leqslant R^2$:

$$\begin{array}{ll} \text{minimize} & f_0(x) \\ \text{subject to} & f_i(x) \leqslant 0, \quad i=1,\cdots,m \\ & Ax=b \\ & x^Tx \leqslant R^2 \end{array}$$

用 $\tilde{\phi}$ 表示修改后问题的对数障碍函数。确定 $a>0$ 使对所有可行的 x 满足 $\nabla^2(tf_0(x)+\tilde{\phi}(x)) \succeq aI$。

11.5 二阶锥规划的障碍法。 考虑二阶锥规划（为简化问题不考虑等式约束）

$$\begin{array}{ll} \text{minimize} & f^Tx \\ \text{subject to} & \|A_ix+b_i\|_2 \leqslant c_i^Tx+d_i, \quad i=1,\cdots,m \end{array} \tag{11.63}$$

该问题的约束函数不可微（因为 Euclid 范数 $\|u\|_2$ 在 $u=0$ 处不可微），因此（标准）障碍法不能用。在 §11.6 我们看到可以用处理广义不等式的扩展障碍法求解该问题。（见例子 11.8，第 572 页和第 574 页。）在这个习题中，我们说明如何用标准障碍法（针对标量约束函数）求解二阶锥规划。

我们首先将二阶锥规划重新构造为

$$\begin{array}{ll} \text{minimize} & f^Tx \\ \text{subject to} & \|A_ix+b_i\|_2^2/(c_i^Tx+d_i) \leqslant c_i^Tx+d_i, \quad i=1,\cdots,m \\ & c_i^Tx+d_i \geqslant 0, \quad i=1,\cdots,m \end{array} \tag{11.64}$$

约束函数

$$f_i(x)=\frac{\|A_ix+b_i\|_2^2}{c_i^Tx+d_i}-c_i^Tx-d_i$$

是二次–线性分式函数和仿射函数的复合函数，只要规定其定义域为 $\mathbf{dom}\, f_i=\{x \mid c_i^Tx+d_i>0\}$，该函数就二次可微（并且是凸的）。注意问题 (11.63) 和 (11.64) 并非完全等价。如果对于某个 i 有 $c_i^Tx^\star+d_i=0$，其中 $x^\star$ 是二次规划 (11.63) 的最优解，那么重新构造的问题 (11.64) 是不可解的；因为 $x^\star$ 不在其定义域内。但是我们将看见，用障碍法求解问题 (11.64) 可以产生问题 (11.64) 的任意精度的次优解，因此也能够求解问题 (11.63)。

(a) 对问题 (11.64) 形成对数障碍函数 ϕ。用处理广义不等式的障碍法（在 §11.6 中）求解二阶锥规划 (11.63)，并形成相应的对数障碍函数。然后将两者进行比较。

(b) 说明如果极小化 $tf^Tx+\phi(x)$，最优解 $x^\star(t)$ 是问题 (11.63) 的 $2m/t$-次优解。由此可知，应用标准障碍法求解重新构造的问题 (11.64)，可以在获得任意精度的次优解的意义上求解二阶锥规划 (11.63)。这种情况下我们甚至可以不需要最优解 $x^\star$ 属于重新构造的问题 (11.64) 的定义域。

11.6 广义障碍。 对数障碍函数是用 $-(1/t)\log(-u)$ 近似示性函数 $\widehat{I}_-(u)$（见第 537 页的 §11.2.1）。我们也可以通过其他近似来构造障碍函数，从而推广中心路径和障碍法。令 $h:\mathbf{R}\to\mathbf{R}$ 为闭的单调增加的二次可微凸函数，$\mathbf{dom}\,h=-\mathbf{R}_{++}$。（这意味着 $u\to 0$ 时有 $h(u)\to\infty$。）$h(u)=-\log(-u)$ 是这样一个函数；另一个例子是 $h(u)=-1/u$（对于 $u<0$）。

现在考虑优化问题（为简化讨论没有加上等式约束）

$$
\begin{array}{ll}
\text{minimize} & f_0(x)\\
\text{subject to} & f_i(x)\leqslant 0,\quad i=1,\cdots,m
\end{array}
$$

其中 f_i 是二次可微函数。对该问题我们定义 ***h*-障碍**为

$$
\phi_h(x)=\sum_{i=1}^m h(f_i(x))
$$

定义域为 $\{x\mid f_i(x)<0,\ i=1,\cdots,m\}$。当 $h(u)=-\log(-u)$ 时，这是常用的对数障碍函数；当 $h(u)=-1/u$ 时，ϕ_h 称为**倒数障碍**。我们定义 ***h*-路径**为

$$
x^\star(t)=\operatorname{argmin}\,tf_0(x)+\phi_h(x),
$$

其中 $t>0$ 是参数。（我们假定对每个 t，存在唯一的极小解。）

(a) 说明为什么 $tf_0(x)+\phi_h(x)$ 对于每个 $t>0$ 是 x 的凸函数。

(b) 说明如何利用 $x^\star(t)$ 构造对偶可行解 λ。确定相应的对偶间隙。

(c) 对于什么函数 h 在 (b) 中确定的对偶间隙仅依赖 t 和 m（和其他问题数据无关）？

11.7 中心路径的切线。 本题考虑中心路径在点 $x^\star(t)$ 处的切线$dx^\star(t)/dt$。为便于讨论，我们考虑没有等式约束的问题；所得到的结果很容易推广于等式约束问题。

(a) 给出 $dx^\star(t)/dt$ 的显式表达式。**提示：** 对中心点方程 (11.7) 关于 t 求导。

(b) 证明 $f_0(x^\star(t))$ 随着 t 的增加而减少。因此，障碍法的目标函数随着参数 t 的增加而减少。（我们已经知道对偶间隙 m/t 随着 t 的增加而减少。）

11.8 中心点问题的预估-纠正方法。 在标准障碍法中，用 Newton 法计算 $x^\star(\mu t)$ 是从初始点 $x^\star(t)$ 开始。已经提出的一种替代方案是先确定 $x^\star(\mu t)$ 的近似或预估值 $\widehat{x}$，然后从 $\widehat{x}$ 开始用 Newton法计算 $x^\star(\mu t)$。采用这种做法的想法是，既然 $\widehat{x}$（大概）是比 $x^\star(t)$ 更好的初始点，从前者开始应该能够减少 Newton 迭代的次数。这种中心点方法被称为**预估-纠正方法**，因为它首先**预估** $x^\star(\mu t)$ 的数值，然后利用 Newton 法**纠正**预估值。

最常用的预估值是基于习题 11.7 给出的中心路径切线的一次预估值。该预估值由下式给出

$$\widehat{x}=x^{\star}(t)+\frac{dx^{\star}(t)}{dt}(\mu t-t).$$

导出一次预估值 $\widehat{x}$ 的表达式。将它和 Newton 更新值，即 $x^{\star}(t)+\Delta x_{\mathrm{nt}}$，进行比较，其中 Δx_{nt} 是 $\mu t f_0(x)+\phi(x)$ 在 $x^{\star}(t)$ 处的 Newton 步径。如果目标函数 f_0 是线性函数能够得出什么结论？（为便于分析，可以考虑没有等式约束的问题。）

11.9 中心路径附近的对偶可行点。 考虑问题

$$\begin{array}{ll}\text{minimize} & f_0(x)\\ \text{subject to} & f_i(x)\leqslant 0,\quad i=1,\cdots,m\end{array}$$

变量为 $x\in\mathbf{R}^n$。我们假定 f_i 是二次可微凸函数。（为简化问题假定没有等式约束。）已知（见 539 页 §11.2.2）$\lambda_i=-1/(tf_i(x^{\star}(t))),\ i=1,\cdots,m$ 是对偶可行解，并且 $x^{\star}(t)$ 实际上使 $L(x,\lambda)$ 达到最小。由此可确定 λ 的对偶函数值，它就是 $g(\lambda)=f_0(x^{\star}(t))-m/t$。特别是，我们可以断定 $x^{\star}(t)$ 是 m/t-次优解。

本题考虑当点 x 接近 $x^{\star}(t)$ 但不在中心路径上时会发生什么问题。（当求中心点的步骤终止的较早或者没有达到充分的精度时就会出现这种情况。）当然，在这种情况下我们不能说 $\lambda_i=-1/(tf_i(x)),\ i=1,\cdots,m$ 是对偶可行解，或者 x 是 m/t-次优解。但是，我们将看到，如果 x 已经充分接近中心路径，用一个稍微复杂一点的公式就可以产生一个对偶可行解。

令 Δx_{nt} 为以下中心点问题在 x 处的 Newton 步径，

$$\text{minimize}\quad tf_0(x)-\sum_{i=1}^{m}\log(-f_i(x)).$$

当 Δx_{nt} 较小（即 x 几乎为中心点）时，下述公式经常能给出对偶可行解，

$$\lambda_i=\frac{1}{-tf_i(x)}\left(1+\frac{\nabla f_i(x)^T\Delta x_{\mathrm{nt}}}{-f_i(x)}\right),\quad i=1,\cdots,m.$$

在这种情况下，向量 x **并不能** 极小化 $L(x,\lambda)$，因此没有对偶函数在 λ 处函数值 $g(\lambda)$ 的一般性公式。（但是，如果有对偶目标函数的解析表达式，就可以简单地计算 $g(\lambda)$。）

对于二次约束的二次规划问题

$$\begin{array}{ll}\text{minimize} & (1/2)x^TP_0x+q_0^Tx+r_0\\ \text{subject to} & (1/2)x^TP_ix+q_i^Tx+r_i\leqslant 0,\quad i=1,\cdots,m\end{array}$$

验证当 Δx_{nt} 充分小时，以上公式对 λ 产生一个对偶可行解（即 $\lambda\succeq 0$ 且 $L(x,\lambda)$ 有下界）。

提示： 定义

$$x_0=x+\Delta x_{\mathrm{nt}},\qquad x_i=x-\frac{1}{t\lambda_i f_i(x)}\Delta x_{\mathrm{nt}},\quad i=1,\cdots,m.$$

证明

$$\nabla f_0(x_0)+\sum_{i=1}^{m}\lambda_i\nabla f_i(x_i)=0.$$

再利用 $f_i(z)\geqslant f_i(x_i)+\nabla f_i(x_i)^T(z-x_i)$，$i=0,\cdots,m$ 推导 $L(z,\lambda)$ 的下界。

11.10 中心路径的另外一种参数化方式。 考虑问题 (11.1)，对应 $t>0$ 的中心路径 $x^\star(t)$ 是以下问题的解

$$\begin{array}{ll}\text{minimize} & tf_0(x)-\sum_{i=1}^m \log(-f_i(x)) \\ \text{subject to} & Ax=b\end{array}$$

本题给出中心路径的另外一种参数化方式。

对于 $u>p^\star$，用 $z^\star(u)$ 表示以下问题的解

$$\begin{array}{ll}\text{minimize} & -\log(u-f_0(x))-\sum_{i=1}^m \log(-f_i(x)) \\ \text{subject to} & Ax=b.\end{array}$$

证明对应 $u>p^\star$，曲线 $z^\star(u)$ 就是中心路径。(换句话说，对于每个 $u>p^\star$，存在 $t>0$ 满足 $x^\star(t)=z^\star(u)$，反之，对于每个 $t>0$，存在 $u>p^\star$ 满足 $z^\star(u)=x^\star(t)$)。

11.11 解析中心法。 本题考虑障碍法的一种变形，该方法基于习题 11.10 描述的参数化中心路径。为便于讨论，我们考虑没有等式约束的问题

$$\begin{array}{ll}\text{minimize} & f_0(x) \\ \text{subject to} & f_i(x)\leqslant 0, \quad i=1,\cdots,m\end{array}$$

解析中心法从任意一个严格可行的初始点$x^{(0)}$ 和任意的 $u^{(0)}>f_0(x^{(0)})$ 开始，然后令

$$u^{(1)}=\theta u^{(0)}+(1-\theta)f_0(x^{(0)}),$$

其中 $\theta\in(0,1)$ 是算法参数（常取较小的数)，然后计算下一个迭代点

$$x^{(1)}=z^\star(u^{(1)})$$

(采用 Newton 法，从 $x^{(0)}$ 开始迭代)。这里 $z^\star(s)$ 表示下述函数的极小解

$$-\log(s-f_0(x))-\sum_{i=1}^m \log(-f_i(x)),$$

我们假设其存在并唯一。然后重复进行以上过程。

点 $z^\star(s)$ 是不等式组

$$f_0(x)\leqslant s, \quad f_1(x)\leqslant 0,\cdots,f_m(x)\leqslant 0$$

的**解析中心**，因此称该算法为解析中心法。

证明以上中心点方法有效，即 $x^{(k)}$ 收敛于最优解。给出能够保证 x 是 ϵ-次优解的停止准则，其中 $\epsilon>0$。

提示： 点 $x^{(k)}$ 在中心路径上；见习题 11.10。利用该事实证明

$$u^+-p^\star\leqslant\frac{m+\theta}{m+1}(u-p^\star),$$

其中 u 和 u^+ 是 u 的相邻迭代值。

11.12 凸-凹对策的障碍法。 考虑不等式约束的凸-凹对策

$$\begin{array}{lll} \text{minimize}_w \ \text{maximize}_z & f_0(w,z) & \\ \text{subject to} & f_i(w) \leqslant 0, & i=1,\cdots,m \\ & \tilde{f}_i(z) \leqslant 0, & i=1,\cdots,\tilde{m} \end{array}$$

这里 $w \in \mathbf{R}^n$ 是极小化目标函数的变量，而 $z \in \mathbf{R}^{\tilde{n}}$ 是极大化目标函数的变量。约束函数 f_i 和 $\tilde{f}_i$ 是可微凸函数，目标函数 f_0 是可微的凸-凹函数，即对任意 z 是 w 的凸函数，但对任意 w 是 z 的凹函数。为便于讨论假定 $\mathbf{dom}\, f_0 = \mathbf{R}^n \times \mathbf{R}^{\tilde{n}}$。

该对策问题的一个**解**或**鞍点**是对任何可行的 w 和 z 满足

$$f_0(w^\star, z) \leqslant f_0(w^\star, z^\star) \leqslant f_0(w, z^\star)$$

的一对 $w^\star$ 和 $z^\star$。（有关凸-凹对策和相应函数的背景资料见 §5.4.3，§10.3.4 和习题 3.14、习题 5.24、习题 5.25、习题 10.10 以及习题 10.13。）本题将说明如何用扩充的障碍法和不可行初始点 Newton 法（见 §10.3）求解该对策问题。

(a) 令 $t > 0$。说明为什么函数

$$tf_0(w,z) - \sum_{i=1}^{m} \log(-f_i(w)) + \sum_{i=1}^{\tilde{m}} \log(-\tilde{f}_i(z))$$

是 (w,z) 的凸-凹函数。我们假定它有唯一的鞍点 $(w^\star(t), z^\star(t))$，并可用不可行初始点 Newton 法求得。

(b) 如同用障碍法求解凸优化问题，我们可以对 $(w^\star(t), z^\star(t))$ 的次优性推导一个简单的上界，它仅依赖于问题的维数，并将随着 t 的增加而减少到零。用 W 和 Z 表示 w 和 z 的可行集，

$$W = \{w \mid f_i(w) \leqslant 0,\ i=1,\cdots,m\}, \qquad Z = \{z \mid \tilde{f}_i(z) \leqslant 0,\ i=1,\cdots,\tilde{m}\}.$$

证明

$$f_0(w^\star(t), z^\star(t)) \leqslant \inf_{w \in W} f_0(w, z^\star(t)) + \frac{m}{t},$$
$$f_0(w^\star(t), z^\star(t)) \geqslant \sup_{z \in Z} f_0(w^\star(t), z) - \frac{\tilde{m}}{t},$$

因此

$$\sup_{z \in Z} f_0(w^\star(t), z) - \inf_{w \in W} f_0(w, z^\star(t)) \leqslant \frac{m+\tilde{m}}{t}.$$

自和谐和复杂性分析

11.13 自和谐和负熵。

(a) 证明负熵函数 $x \log x$（在 $\mathbf{R}_{++}$ 上）**不**是自和谐函数。

(b) 证明对任意的 $t > 0$，$tx\log x - \log x$ 是自和谐函数（在 $\mathbf{R}_{++}$ 上）。

11.14 自和谐和中心点问题。 令 ϕ 为问题 (11.1) 的对数障碍函数。假定问题 (11.1) 的下水平集有界，并且 $tf_0 + \phi$ 是闭的自和谐函数。证明 $t\nabla^2 f_0(x) + \nabla^2\phi(x) \succ 0$ 对所有的 $x \in \mathbf{dom}\,\phi$ 成立。**提示：**见习题 9.17 和习题 11.3。

广义不等式的障碍法

11.15 广义对数是 K-增加的。 令 ψ 为正常锥 K 的广义对数。假设 $y \succ_K 0$。

(a) 证明 $\nabla\psi(y) \succeq_{K^*} 0$, 即 ψ 是 K-非减的。**提示**：如果 $\nabla\psi(y) \not\succeq_{K^*} 0$，则存在 $w \succ_K 0$ 满足 $w^T\nabla\psi(y) \leqslant 0$。再利用不等式 $\psi(sw) \leqslant \psi(y) + \nabla\psi(y)^T(sw - y)$ 对任意 $s > 0$ 成立。

(b) 证明 $\nabla\psi(y) \succ_{K^*} 0$, 即 ψ 是 K-增加的。**提示**：证明 $\nabla^2\psi(y) \prec 0$，$\nabla\psi(y) \succeq_{K^*} 0$ 意味着 $\nabla\psi(y) \succ_{K^*} 0$。

11.16 [NN94, 41页] **广义对数的性质。** 令 ψ 为正常锥 K 的广义对数，度为 θ。证明对任意 $y \succ_K 0$ 成立下述性质。

(a) $\nabla\psi(sy) = \nabla\psi(y)/s$ 对所有 $s > 0$ 成立。

(b) $\nabla\psi(y) = -\nabla^2\psi(y)y$。

(c) $y^T\nabla\psi^2(y)y = -\theta$。

(d) $\nabla\psi(y)^T\nabla^2\psi(y)^{-1}\nabla\psi(y) = -\theta$。

11.17 对偶广义对数。 令 ψ 为正常锥 K 的广义对数，度为 θ。证明式 (11.49) 定义的广义对数 $\overline{\psi}$ 对 $v \succ_{K^*} 0$，$s > 0$ 满足

$$\overline{\psi}(sv) = \psi(v) + \theta \log s.$$

11.18 以下函数是否是 $\mathbf{R}^{n+1}$ 上的二阶锥的广义对数？

$$\psi(y) = \log\left(y_{n+1} - \frac{\sum_{i=1}^n y_i^2}{y_{n+1}}\right),$$

$\mathbf{dom}\,\psi = \{y \in \mathbf{R}^{n+1} \mid y_{n+1} > \sum_{i=1}^n y_i^2\}$.

实现

11.19 计算 Newton 步径的另一种方法。 障碍法的 Newton 步径是线性方程组 (11.14) 的解。证明它也是下述系数矩阵构成的**更大的**线性方程组的解

$$\begin{bmatrix} t\nabla^2 f_0(x) + \sum_i \frac{1}{-f_i(x)}\nabla^2 f_i(x) & Df(x)^T & A^T \\ Df(x) & -\mathbf{diag}(f(x))^2 & 0 \\ A & 0 & 0 \end{bmatrix}$$

其中 $f(x) = (f_1(x), \cdots, f_m(x))$。

对于什么类型的问题结构求解这种更大的系统有意义？

11.20 利用对偶问题优化网络比率。 本题研究用对偶方法求解 §11.8.4 中的网络比率优化问题。为便于表述我们假定效用函数 U_i 是严格凹函数，$\mathbf{dom}\,U_i = \mathbf{R}_{++}$，并且满足 $x_i \to 0$ 时有 $U_i'(x_i) \to \infty$，而 $x_i \to \infty$ 时有 $U_i'(x_i) \to 0$。

(a) 用下面定义的共轭效用函数 $V_i = (-U_i)^*$ 表示对偶问题 (11.62)，

$$V_i(\lambda) = \sup_{x>0}(\lambda x + U_i(x)).$$

证明 $\mathbf{dom}\, V_i = -\mathbf{R}_{++}$，并且对每个 $\lambda < 0$ 有唯一的 x 满足 $U_i'(x) = -\lambda$。

(b) 描述对偶问题的障碍法。将每次迭代的复杂性和 §11.8.4 的方法的复杂性进行比较。同样区分 §11.8.4 的两种情况（$A^T A$ 是稀疏的和 AA^T 是稀疏的）。

数值试验

11.21 **带有上下界的对数-Chebyshev 逼近。** 考虑逼近问题: 确定满足上下界约束 $l \preceq x \preceq u$ 的 $x \in \mathbf{R}^n$ 使 $Ax \approx b$，其中 $b \in \mathbf{R}^m$。可以假设 $l \prec u$, $b \succ 0$（下面将给出理由）。用 a_i^T 表示矩阵 A 的第 i 行向量。

当 $Ax \succ 0$ 时，我们用下述**最大分式偏差**衡量 $Ax \approx b$ 的程度

$$\max_{i=1,\cdots,n} \max\{(a_i^T x)/b_i, b_i/(a_i^T x)\} = \max_{i=1,\cdots,n} \frac{\max\{a_i^T x, b_i\}}{\min\{a_i^T x, b_i\}},$$

如果 $Ax \not\succ 0$，我们定义最大分式偏差为 ∞。

极小化最大分式偏差的问题被称为**分式 Chebyshev 逼近问题**，或者**对数-Chebyshev 逼近问题**，因为它等价于极小化目标函数

$$\max_{i=1,\cdots,n} |\log a_i^T x - \log b_i|.$$

（可参见习题 6.3 的 (c) 部分。）

(a) 将分式 Chebyshev 逼近问题（带变量上下界约束）表示为目标函数和约束函数二次可微的凸优化问题。

(b) 实现求解分式 Chebyshev 逼近问题的障碍法。可以假定已知一个满足 $l \prec x^{(0)} \prec u$，$Ax^{(0)} \succ 0$ 的初始点 $x^{(0)}$。

11.22 **多面体内部体积最大的矩形。** 考虑习题 8.16 描述的问题，即确定一组线性不等式定义的多面体 $\mathcal{P} = \{x \mid Ax \preceq b\}$ 内部体积最大的矩形 $\mathcal{R} = \{x \mid l \preceq x \preceq u\}$。实现求解该问题的障碍法。可以假设 $b \succ 0$，这意味着对很小的 $l \prec 0$ 和 $u \succ 0$，矩形 $\mathcal{R}$ 在 $\mathcal{P}$ 之内。

用若干简单的例子测试你的实现。确定由以下参数定义的多面体内部最大体积的矩形

$$A = \begin{bmatrix} 0 & -1 \\ 2 & -4 \\ 2 & 1 \\ -4 & 4 \\ -4 & 0 \end{bmatrix}, \qquad b = \mathbf{1}.$$

画出该多面体及其内部体积最大的矩形。

11.23 半定规划的下界和两分问题的启发式方法。 本题考虑 195 页以及习题 5.39 描述的两分问题：

$$\begin{array}{ll} \text{minimize} & x^TWx \\ \text{subject to} & x_i^2 = 1, \quad i=1,\cdots,n \end{array} \tag{11.65}$$

变量 $x \in \mathbf{R}^n$。不失一般性，我们假定 $W \in \mathbf{S}^n$ 满足 $W_{ii}=0$。我们用 $p^\star$ 表示两分问题的最优值，用 $x^\star$ 表示最优划分。（注意 $-x^\star$ 也是最优划分。）

两分问题 (11.65) 的 Lagrange 对偶由以下半定规划给出

$$\begin{array}{ll} \text{maximize} & -\mathbf{1}^T\nu \\ \text{subject to} & W + \mathbf{diag}(\nu) \succeq 0 \end{array} \tag{11.66}$$

变量 $\nu \in \mathbf{R}^n$。半定规划的对偶为

$$\begin{array}{ll} \text{minimize} & \mathbf{tr}(WX) \\ \text{subject to} & X \succeq 0 \\ & X_{ii} = 1, \quad i=1,\cdots,n \end{array} \tag{11.67}$$

变量 $X \in \mathbf{S}^n$。（该半定规划可以解释为两分问题 (11.65) 的一种松弛；见习题 5.39。）这两个半定规划的最优值相等，我们用 $d^\star$ 表示，它给出最优值 $p^\star$ 的一个下界。用 $\nu^\star$ 和 $X^\star$ 表示两个半定规划的最优解。

(a) 给定权矩阵 W, 实现求解半定规划 (11.66) 及其对偶 (11.67) 的障碍法。说明如何得到几乎最优的 ν 和 X，给出你的方法所需要的计算 Hessian 矩阵和梯度的公式，并说明如何计算 Newton 步径。用一些小的问题实例试验你的实现，将你得到的下界和最优值进行比较（后者可以通过计算所有 2^n 种划分的目标值确定）。随机产生一个不能通过穷举搜索确定最优划分的足够大的问题实例（比如 $n=100$），用你的实现进行试验。

(b) **一种启发式方法。** 在习题 5.39 中已说明，如果 $X^\star$ 的秩为 1，那么它必可写成 $X^\star = x^\star(x^\star)^T$，其中 $x^\star$ 是两分问题的最优解。基于该性质可设计下述简单的启发式方法以确定一个好的（如果不是最好的）划分：求解上面的半定规划确定 $X^\star$（以及下界 $d^\star$）。用 v 表示 $X^\star$ 的最大特征值对应的特征向量，并令 $\hat{x} = \mathbf{sign}(v)$。我们猜测向量 $\hat{x}$ 就是一个好的划分。

对 (a) 中用过的小规模和大规模问题实例试验该启发式方法。并将所得到的启发式划分 $\hat{x}^TW\hat{x}$ 的目标值和下界 $d^\star$ 进行比较。

(c) **一种随机方法。** 基于**随机性**可以设计另外一种利用半定规划 (11.67) 的解 $X^\star$ 确定好的划分的启发式技术。这种方法很简单：我们从 $\mathbf{R}^n$ 上均值为零协方差矩阵为 $X^\star$ 的分布中产生样本 $x^{(1)},\cdots,x^{(K)}$。对每个样本我们考虑启发式近似解 $\hat{x}^{(k)} = \mathbf{sign}(x^{(k)})$。然后选择其中最好的解，即成本最小的解。对 (a) 中用过的小规模和大规模问题实例试验该程序。

(d) **一种贪婪的启发式改进方法。** 假定已知一个划分 x，即 $x_i \in \{-1,1\}$，$i=1,\cdots,n$。如果改变元素 i，即将 x_i 变为 $-x_i$，目标值将如何改变？考虑下述简单的贪婪算法：给定一个初始划分 x，对能使目标值发生最大减少的元素进行变动。重复这个程序直到改变任何元素都不能减少目标函数时停止。

对一些问题实例，包括大规模问题实例，试验这种启发式方法。从各种不同的初始划分开始进行试验，包括 $x = \mathbf{1}$, (b) 中得到的启发式近似解，以及 (c) 中随机产生的近似解。用这种贪婪改进方法能对 (b) 和 (c) 中得到的近似解作出多大改进?

11.24 二次规划的障碍法和原对偶内点法。 分别实现求解下述二次规划（为简化问题没有加等式约束）的障碍法和原对偶内点法

$$\begin{array}{ll} \text{minimize} & (1/2)x^T Px + q^T x \\ \text{subject to} & Ax \preceq b \end{array}$$

其中 $A \in \mathbf{R}^{m \times n}$。可以假设已知一个严格可行的初始点。用若干例子检验你的程序。对障碍法，画出对偶间隙和 Newton 迭代次数之间的关系。对原对偶内点法，画出代理对偶间隙以及对偶残差的范数和迭代次数之间的关系。

附　　录

案 例

A 有关的数学知识

本附录简要复习一些分析和线性代数的基本概念。所讨论的内容并不完整，主要目的是对我们使用的符号进行适当的梳理。

A.1 范数

A.1.1 内积，Euclid 范数和夹角

定义在 n 维实向量集合 $\mathbf{R}^n$ 上的**标准内积**为，对任意的 $x, y \in \mathbf{R}^n$，

$$\langle x, y\rangle = x^T y = \sum_{i=1}^n x_i y_i.$$

本书采用符号 $x^T y$ 代替 $\langle x, y\rangle$。向量 $x \in \mathbf{R}^n$ 的 **Euclid 范数**，或者 ℓ_2-范数，定义为

$$\|x\|_2 = (x^T x)^{1/2} = (x_1^2 + \cdots + x_n^2)^{1/2}. \tag{A.1}$$

对于任意的 $x, y \in \mathbf{R}^n$，**Cauchy-Schwartz 不等式** 是 $|x^T y| \leqslant \|x\|_2 \|y\|_2$。两个非零向量 $x, y \in \mathbf{R}^n$ 之间（无符号）的**夹角**定义为

$$\angle(x, y) = \arccos\left(\frac{x^T y}{\|x\|_2 \|y\|_2}\right),$$

其中我们取 $\arccos(u) \in [0, \pi]$。如果 $x^T y = 0$，我们称 x 和 y **正交**。

定义在 $m \times n$ 实矩阵集合 $\mathbf{R}^{m\times n}$ 上的标准内积为，对任意的 $X, Y \in \mathbf{R}^{m\times n}$，

$$\langle X, Y\rangle = \mathbf{tr}(X^T Y) = \sum_{i=1}^m \sum_{j=1}^n X_{ij} Y_{ij}.$$

（此处 **tr** 表示矩阵的**迹**，即其对角元素之和。）我们用符号 $\mathbf{tr}(X^T Y)$ 代替 $\langle X, Y\rangle$。两个矩阵的向量实际上就是将矩阵的元素按一定的顺序（如按行）排列后所生成的 $\mathbf{R}^{mn}$ 中相应向量的内积。

矩阵 $X \in \mathbf{R}^{m\times n}$ 的**Frobenius 范数**定义为

$$\|X\|_F = \left(\mathbf{tr}(X^T X)\right)^{1/2} = \left(\sum_{i=1}^{m}\sum_{j=1}^{n} X_{ij}^2\right)^{1/2}. \tag{A.2}$$

Frobenius 范数实际上就是将矩阵的系数按一定顺序排列后所生成的相应向量的 Euclid 范数。(矩阵的 ℓ_2-范数是不同的范数；见 §A.1.5。)

定义在 $n \times n$ 对称矩阵集合 $\mathbf{S}^n$ 上的标准内积为

$$\langle X, Y\rangle = \mathbf{tr}(XY) = \sum_{i=1}^{n}\sum_{j=1}^{n} X_{ij}Y_{ij} = \sum_{i=1}^{n} X_{ii}Y_{ii} + 2\sum_{i<j} X_{ij}Y_{ij}.$$

A.1.2 范数，距离以及单位球

满足以下条件的函数 $f: \mathbf{R}^n \to \mathbf{R}$，$\mathbf{dom}\, f = \mathbf{R}^n$ 称为**范数**，

- f 是非负的: 对所有的 $x \in \mathbf{R}^n$ 成立 $f(x) \geqslant 0$，
- f 是正定的: 仅对 $x = 0$ 成立 $f(x) = 0$，
- f 是齐次的: 对所有的 $x \in \mathbf{R}^n$ 和 $t \in \mathbf{R}$ 成立 $f(tx) = |t| f(x)$，
- f 满足三角不等式: 对所有的 $x, y \in \mathbf{R}^n$ 成立 $f(x+y) \leqslant f(x) + f(y)$。

我们采用符号 $f(x) = \|x\|$，该符号意味着范数是 $\mathbf{R}$ 上绝对值函数的推广。我们用 $\|x\|_{\mathrm{symb}}$ 表示具体范数，其中下标是区分范数的助记符号。

范数是对向量 x 的**长度**的度量; 我们可以用两个向量 x 和 y 的差异的长度度量它们之间的**距离**，即

$$\mathbf{dist}(x, y) = \|x - y\|.$$

我们用 $\mathbf{dist}(x, y)$ 表示 x 和 y 之间用范数 $\|\cdot\|$ 表示的距离。

其范数小于或等于 1 的所有向量的集合

$$\mathcal{B} = \{x \in \mathbf{R}^n \mid \|x\| \leqslant 1\},$$

称为范数 $\|\cdot\|$ 的**单位球**。单位球具有以下性质:

- $\mathcal{B}$ 关于原点对称，即当且仅当 $-x \in \mathcal{B}$ 时成立 $x \in \mathcal{B}$，
- $\mathcal{B}$ 是凸集，
- $\mathcal{B}$ 是有界闭集，内部非空。

反之，如果 $C \subseteq \mathbf{R}^n$ 是满足这三个条件的任何集合，它就是一种范数的单位球，该范数由下式给出

$$\|x\| = \left(\sup\{t \geqslant 0 \mid tx \in C\}\right)^{-1}.$$

A.1.3 例子

最简单的范数例子是 $\mathbf{R}$ 上的绝对值。另一个简单的例子是上面式 (A.1) 定义的 $\mathbf{R}^n$ 上的 Euclid 或 ℓ_2-范数。另外两个经常用到的 $\mathbf{R}^n$ 上的范数是定义为

$$\|x\|_1 = |x_1| + \cdots + |x_n|$$

的**绝对值之和或 $\boldsymbol{\ell_1}$-范数**，以及定义为

$$\|x\|_\infty = \max\{|x_1|, \cdots, |x_n|\}$$

的 **Chebyshev 或 $\boldsymbol{\ell_\infty}$-范数**。这三种范数属于由一个常数决定的参数化的范数类，习惯上用 p 表示这个常数，要求 $p \geqslant 1$，对应的范数用 **$\boldsymbol{\ell_p}$-范数**表示，定义为

$$\|x\|_p = (|x_1|^p + \cdots + |x_n|^p)^{1/p}.$$

取 $p = 1$ 就得到 ℓ_1-范数，$p = 2$ 就得到 Euclid 范数。不难证明对于任何 $x \in \mathbf{R}^n$ 成立

$$\lim_{p\to\infty} \|x\|_p = \max\{|x_1|, \cdots, |x_n|\},$$

因此 ℓ_∞-范数作为一种极限情况也属于这类范数。

另一类重要的范数是**二次范数**。对 $P \in \mathbf{S}^n_{++}$，我们定义 P-二次范数如下

$$\|x\|_P = (x^T P x)^{1/2} = \|P^{1/2}x\|_2.$$

二次范数的单位球是椭圆（反之，如果一个范数的单位球是椭圆，该范数就是二次范数）。

常用的 $\mathbf{R}^{m\times n}$ 上的范数有上述式 (A.2) 定义的 Frobenius 范数，绝对值之和范数

$$\|X\|_{\rm sav} = \sum_{i=1}^m \sum_{j=1}^n |X_{ij}|,$$

以及最大绝对值范数

$$\|X\|_{\rm mav} = \max\{|X_{ij}| \mid i = 1, \cdots, m,\ j = 1, \cdots, n\}.$$

在 §A.1.5 我们将看到其他一些重要的矩阵范数。

A.1.4 范数的等价性

假定 $\|\cdot\|_{\rm a}$ 和 $\|\cdot\|_{\rm b}$ 是 $\mathbf{R}^n$ 上的范数。分析中的一个基本结论是，存在正常数 α 和 β 对所有的 $x \in \mathbf{R}^n$ 成立

$$\alpha\|x\|_{\rm a} \leqslant \|x\|_{\rm b} \leqslant \beta\|x\|_{\rm a}.$$

该结论意味着所有范数是**等价的**，即它们定义了相同的开集，相同的收敛序列，等等（见 §A.2）。（我们说任何有限维向量空间上的范数都是等价的，但这个结果在无限维向量空间上并不一定成立。）利用凸分析，我们可以给出一个更明确的结论：如果 $\|\cdot\|$ 是 $\mathbf{R}^n$ 上的任意范数，那么存在一个二次范数 $\|\cdot\|_P$ 对所有的 x 成立

$$\|x\|_P \leqslant \|x\| \leqslant \sqrt{n}\|x\|_P.$$

换言之，$\mathbf{R}^n$ 上任何范数可以在 $\sqrt{n}$ 倍的范围内被二次范数一致逼近（见 §8.4.1）。

A.1.5 算子范数

假设 $\|\cdot\|_{\rm a}$ 和 $\|\cdot\|_{\rm b}$ 分别是 $\mathbf{R}^m$ 和 $\mathbf{R}^n$ 上的范数。对于 $X \in \mathbf{R}^{m\times n}$，我们定义由范数 $\|\cdot\|_{\rm a}$ 和 $\|\cdot\|_{\rm b}$ 导出的**算子范数**

$$\|X\|_{\rm a,b} = \sup\left\{\|Xu\|_{\rm a} \mid \|u\|_{\rm b} \leqslant 1\right\}.$$

（可以验证，该式确实定义了 $\mathbf{R}^{m\times n}$ 上的一个范数。）

当 $\|\cdot\|_{\rm a}$ 和 $\|\cdot\|_{\rm b}$ 都是 Euclid 范数时，X 的算子范数是它的**最大奇异值**，用 $\|X\|_2$ 表示:

$$\|X\|_2 = \sigma_{\max}(X) = (\lambda_{\max}(X^TX))^{1/2}.$$

（该定义当 $X \in \mathbf{R}^{m\times 1}$ 时和 $\mathbf{R}^m$ 上的 Euclid 范数相吻合，因此在符号上不会产生冲突。）这个范数也被称为 X 的**谱范数**或 $\boldsymbol{\ell_2}$ **范数**。

作为一个例子，考虑由 $\mathbf{R}^m$ 和 $\mathbf{R}^n$ 上的 ℓ_∞-范数导出的范数，用 $\|X\|_\infty$ 表示，被称为**最大行和范数**，

$$\|X\|_\infty = \sup\left\{\|Xu\|_\infty \mid \|u\|_\infty \leqslant 1\right\} = \max_{i=1,\cdots,m}\sum_{j=1}^{n}|X_{ij}|.$$

而由 $\mathbf{R}^m$ 和 $\mathbf{R}^n$ 上的 ℓ_1-范数导出的范数，用 $\|X\|_1$ 表示，被称为**最大列和范数**，

$$\|X\|_1 = \max_{j=1,\cdots,n}\sum_{i=1}^{m}|X_{ij}|.$$

A.1.6 对偶范数

令 $\|\cdot\|$ 为 $\mathbf{R}^n$ 上的范数。对应的**对偶范数**，用 $\|\cdot\|_*$ 表示，定义为

$$\|z\|_* = \sup\{z^Tx \mid \|x\| \leqslant 1\}.$$

（可验证这是一个范数。）对偶范数可以解释为 z^T 的算子范数，由 $1\times n$ 矩阵在 $\mathbf{R}^n$ 上的范数 $\|\cdot\|$ 和 $\mathbf{R}$ 上的绝对值导出:

$$\|z\|_* = \sup\{|z^Tx| \mid \|x\| \leqslant 1\}.$$

从对偶范数的定义我们可以得到对所有的 x 和 z 都成立的不等式

$$z^T x \leqslant \|x\|\,\|z\|_*.$$

该不等式在下述意义下是紧致的：对任意 x，存在 z 使不等式成为等式。(类似地，对任意 z 存在 x 使等式成立。) 对偶范数的对偶就是原范数：对所有的 x 我们有 $\|x\|_{**}=\|x\|$。(该性质对无限维向量空间不一定成立。)

Euclid 范数的对偶还是 Euclid 范数，因为

$$\sup\{z^T x \mid \|x\|_2 \leqslant 1\} = \|z\|_2.$$

(该结果基于 Cauchy-Schwarz 不等式; 对非零 z，使 $z^T x$ 在 $\|x\|_2 \leqslant 1$ 上达到最大的 x 的值为 $z/\|z\|_2$。)

此外，ℓ_∞-范数的对偶是 ℓ_1-范数：

$$\sup\{z^T x \mid \|x\|_\infty \leqslant 1\} = \sum_{i=1}^n |z_i| = \|z\|_1,$$

而 ℓ_1-范数的对偶是 ℓ_∞-范数。更一般的结论是，ℓ_p-范数的对偶是 ℓ_q-范数，其中 q 满足 $1/p+1/q=1$，即 $q=p/(p-1)$。

作为另外一个例子，考虑 $\mathbf{R}^{m\times n}$ 上的 ℓ_2-范数或谱范数。对应的对偶范数是

$$\|Z\|_{2*} = \sup\{\mathbf{tr}(Z^T X) \mid \|X\|_2 \leqslant 1\},$$

它实际上就是奇异值之和，

$$\|Z\|_{2*} = \sigma_1(Z)+\cdots+\sigma_r(Z) = \mathbf{tr}(Z^T Z)^{1/2},$$

其中 $r=\mathbf{rank}\,Z$。这个范数有时称为**核范数**。

A.2 分析

A.2.1 开集和闭集

对于 $x \in C \subseteq \mathbf{R}^n$，如果存在 $\epsilon > 0$ 满足

$$\{y \mid \|y-x\|_2 \leqslant \epsilon\} \subseteq C,$$

即存在一个以 x 为中心的完全属于 C 的球，则称其为 C 的**内点**。C 的所有内点组成的集合称为 C 的**内部**，用 $\mathbf{int}\,C$ 表示。(既然 $\mathbf{R}^n$ 上的所有范数都与 Euclid 范数等价，所有范数产生的内点集都相同。) 如果 $\mathbf{int}\,C = C$，即 C 的每个点都是内点，则称 C 是**开集**。如果集合 $C \subseteq \mathbf{R}^n$ 的补集 $\mathbf{R}^n \setminus C = \{x \in \mathbf{R}^n \mid x \notin C\}$ 是开集，则称其为**闭集**。

集合 C 的**闭包**定义为

$$\mathbf{cl}\, C = \mathbf{R}^n \setminus \mathbf{int}(\mathbf{R}^n \setminus C),$$

即 C 的补集的内部的补集。点 x 属于 C 的闭包的条件是: 对每个 $\epsilon > 0$，存在 $y \in C$ 满足 $\|x-y\|_2 \leqslant \epsilon$。

我们也可以用收敛序列和极限点来描述闭集和闭包。集合 C 是闭集的充要条件是它包含它的每个收敛序列的极限点。换言之，如果 $x_1, x_2, \cdots$ 收敛于 x，并且 $x_i \in C$，那么 $x \in C$。C 的闭包是 C 的所有收敛序列的极限点组成的集合。

集合 C 的**边界**定义为

$$\mathbf{bd}\, C = \mathbf{cl}\, C \setminus \mathbf{int}\, C.$$

边界点 x（即 $x \in \mathbf{bd}\, C$）具有如下性质：对所有 $\epsilon > 0$，存在 $y \in C$ 和 $z \notin C$ 满足

$$\|y-x\|_2 \leqslant \epsilon, \qquad \|z-x\|_2 \leqslant \epsilon,$$

即既存在和它任意接近的属于 C 的点，也存在和它任意接近的不属于 C 的点。我们可以用边界刻画闭集和开集: C 是**闭集**的条件是，它包含它的边界，即 $\mathbf{bd}\, C \subseteq C$。它是**开集**的条件是，它不含有边界点，即 $C \cap \mathbf{bd}\, C = \emptyset$。

A.2.2 上确界和下确界

假定 $C \subseteq \mathbf{R}$。如果对每个 $x \in C$ 成立 $x \leqslant a$，则称 a 是 C 的**上界**。C 的上界组成的集合或者是空集（此时我们说 C 无上界），或者等于 $\mathbf{R}$（仅当 $C = \emptyset$ 时），或者是闭的无限区间 $[b, \infty)$。我们称 b 为 C 的**最小上界**或**上确界**，用 $\sup C$ 表示。我们规定 $\sup \emptyset = -\infty$，当 C 无上界时取 $\sup C = \infty$。当 $\sup C \in C$ 时，我们说 C 的上确界是可达的。

当 C 是有限集时，$\sup C$ 是它所有元素的最大值。一些作者用符号 $\max C$ 表示可达的上确界，但我们采用标准的数学习惯，只在 C 是有限集时用 $\max C$。

类似地，我们可以定义下界和下确界。如果对每个 $x \in C$ 成立 $a \leqslant x$，则称 a 是 $C \subseteq \mathbf{R}$ 的下界。$C \subseteq \mathbf{R}$ 的**下确界**（或**最大下界**）定义为 $\inf C = -\sup(-C)$。当 C 是有限集时，下确界是它所有元素的最小值。我们规定 $\inf \emptyset = \infty$，并在 C 无下界时，取 $\inf C = -\infty$。

A.3 函数

A.3.1 函数符号

我们关于函数的符号绝大部分是标准的，只有一个例外。当我们写

$$f : A \to B$$

时，我们指 f 是从集合 $\mathbf{dom}\, f \subseteq A$ 映射到集合 B 的函数; 特别是，我们容许 $\mathbf{dom}\, f$ 是集合 A 的真子集。因此符号 $f: \mathbf{R}^n \to \mathbf{R}^m$ 仅表示 f 将（一些）n-维向量映射成 m-维向量; 它并不意味着 $f(x)$ 对每个 $x \in \mathbf{R}^n$ 有定义。这个习惯类似于计算机语言中的函数声明。通过指定函数的输入输出变量的数据类型给出函数的**语法**; 但并不保证任何指定类型的数据对输入变量都有效。

作为一个例子考虑下式给出的函数 $f: \mathbf{S}^n \to \mathbf{R}$，

$$f(X) = \log \det X, \tag{A.3}$$

其中 $\mathbf{dom}\, f = \mathbf{S}^n_{++}$。符号 $f: \mathbf{S}^n \to \mathbf{R}$ 说明 f 的**语法**: 输入变量的取值为 $n \times n$ 对称矩阵，函数返回值为一个实数。符号 $\mathbf{dom}\, f = \mathbf{S}^n_{++}$ 则说明哪些 $n \times n$ 的对称矩阵是 f 的输入变量的有效取值（即只有正定矩阵才是有效输入）。式 (A.3) 则对每个 $X \in \mathbf{dom}\, f$ 指明 $f(X)$ 是什么。

A.3.2 连续

如果对任意的 $\epsilon > 0$ 都存在 δ 满足

$$y \in \mathbf{dom}\, f, \quad \|y - x\|_2 \leqslant \delta \implies \|f(y) - f(x)\|_2 \leqslant \epsilon,$$

则称函数 $f: \mathbf{R}^n \to \mathbf{R}^m$ 在 $x \in \mathbf{dom}\, f$ 处**连续**。可以利用极限描述连续性: 只要 $\mathbf{dom}\, f$ 中的序列 $x_1, x_2, \cdots$ 收敛于点 $x \in \mathbf{dom}\, f$，那么序列 $f(x_1), f(x_2), \cdots$ 就收敛于 $f(x)$，即

$$\lim_{i \to \infty} f(x_i) = f(\lim_{i \to \infty} x_i).$$

函数 f **连续**是指它在定义域上每个点都连续。

A.3.3 闭函数

对于函数 $f: \mathbf{R}^n \to \mathbf{R}$，如果每个 $\alpha \in \mathbf{R}$ 对应的下水平集

$$\{x \in \mathbf{dom}\, f \mid f(x) \leqslant \alpha\}$$

是闭集，就说这个函数是**闭函数**。该定义等价于 f 的上境图

$$\mathbf{epi}\, f = \{(x, t) \in \mathbf{R}^{n+1} \mid x \in \mathbf{dom}\, f,\ f(x) \leqslant t\},$$

是闭集。（这是一般性定义，但通常只应用于凸函数情况。）

如果 $f: \mathbf{R}^n \to \mathbf{R}$ 连续，并且 $\mathbf{dom}\, f$ 是闭的，那么 f 是闭函数。如果 $f: \mathbf{R}^n \to \mathbf{R}$ 连续，$\mathbf{dom}\, f$ 是开集，那么 f 是闭函数的充要条件是 f 将沿着任何收敛于 $\mathbf{dom}\, f$ 的边界点的序列趋于 ∞。换言之，如果 $\lim_{i \to \infty} x_i = x \in \mathbf{bd}\, \mathbf{dom}\, f$，其中 $x_i \in \mathbf{dom}\, f$，我们有 $\lim_{i \to \infty} f(x_i) = \infty$。

例 A.1　$\mathbf{R}$ 上的例子。

- 函数 $f:\mathbf{R}\to\mathbf{R}$，$f(x)=x\log x$，$\mathbf{dom}\,f=\mathbf{R}_{++}$ 不是闭函数。
- 函数 $f:\mathbf{R}\to\mathbf{R}$，

$$f(x)=\begin{cases} x\log x & x>0\\ 0 & x=0,\end{cases}\qquad \mathbf{dom}\,f=\mathbf{R}_{+}$$

是闭函数。
- 函数 $f(x)=-\log x$，$\mathbf{dom}\,f=\mathbf{R}_{++}$ 是闭函数。

A.4　导数

A.4.1　导数和梯度

假定 $f:\mathbf{R}^n\to\mathbf{R}^m$，$x\in\mathbf{int\,dom}\,f$。函数 f 在 x 处可微的定义是，存在矩阵 $Df(x)\in\mathbf{R}^{m\times n}$ 满足

$$\lim_{z\in\mathbf{dom}\,f,\,z\neq x,\,z\to x}\frac{\|f(z)-f(x)-Df(x)(z-x)\|_2}{\|z-x\|_2}=0,\tag{A.4}$$

在这种情况下我们将 $Df(x)$ 称为 f 在 x 处的**导数**（或**Jacobian** 矩阵）。（至多只有一个矩阵能够满足式 (A.4)。）如果 $\mathbf{dom}\,f$ 是开集，并且函数 f 在其定义域内处处可微，我们称其为**可微**函数。

我们将 z 的仿射函数

$$f(x)+Df(x)(z-x)$$

称为 f 在 x 处（或附近）的**一次逼近**。显然这个函数在 $z=x$ 处和 f 一致; 当 z **接近** x 时，该仿射函数**非常接近** f。

通过推导函数 f 在 x 处的一次逼近可以确定该点的导数（即满足式 (A.4) 的矩阵 $Df(x)$），或者直接计算偏导数:

$$Df(x)_{ij}=\frac{\partial f_i(x)}{\partial x_j},\qquad i=1,\cdots,m,\quad j=1,\cdots,n.$$

梯度

对于实函数 f（即 $f:\mathbf{R}^n\to\mathbf{R}$），导数 $Df(x)$ 是 $1\times n$ 的矩阵，即行向量。它的转置称为函数的**梯度**：

$$\nabla f(x)=Df(x)^T,$$

这是一个（列）向量，即属于 $\mathbf{R}^n$。它的分量是 f 的偏导数:

$$\nabla f(x)_i = \frac{\partial f(x)}{\partial x_i}, \quad i = 1, \cdots, n.$$

函数 f 在 $x \in \mathbf{int\,dom}\, f$ 处的一次逼近（z 的仿射函数）可以表示成

$$f(x) + \nabla f(x)^T (z - x).$$

例子

作为一个简单例子，考虑二次函数 $f: \mathbf{R}^n \to \mathbf{R}$，

$$f(x) = (1/2)x^T P x + q^T x + r,$$

其中 $P \in \mathbf{S}^n$，$q \in \mathbf{R}^n$，$r \in \mathbf{R}$。它在 x 处的导数是行向量 $Df(x) = x^T P + q^T$，它的梯度是

$$\nabla f(x) = Px + q.$$

作为一个更有趣的例子，我们考虑下式给出的函数 $f: \mathbf{S}^n \to \mathbf{R}$，

$$f(X) = \log\det X, \qquad \mathbf{dom}\, f = \mathbf{S}^n_{++}.$$

确定 f 梯度的一种（乏味的）方式是引入 $\mathbf{S}^n$ 的基，计算相应函数的梯度，最后将结果变换回 $\mathbf{S}^n$。与此不同，这里我们将直接导出 f 在 $X \in \mathbf{S}^n_{++}$ 处的一次逼近。令 $Z \in \mathbf{S}^n_{++}$ 接近 X，并令 $\Delta X = Z - X$（假定它很小）。我们有

$$\begin{aligned}
\log\det Z &= \log\det(X + \Delta X) \\
&= \log\det\left(X^{1/2}(I + X^{-1/2}\Delta X X^{-1/2})X^{1/2}\right) \\
&= \log\det X + \log\det(I + X^{-1/2}\Delta X X^{-1/2}) \\
&= \log\det X + \sum_{i=1}^n \log(1 + \lambda_i),
\end{aligned}$$

其中 λ_i 是 $X^{-1/2}\Delta X X^{-1/2}$ 的第 i 个特征值。现在我们利用 ΔX 很小的假定，它意味着 λ_i 也很小，因此有一次逼近 $\log(1 + \lambda_i) \approx \lambda_i$。将这个一次逼近代入上面的表达式，可以得到

$$\begin{aligned}
\log\det Z &\approx \log\det X + \sum_{i=1}^n \lambda_i \\
&= \log\det X + \mathbf{tr}(X^{-1/2}\Delta X X^{-1/2}) \\
&= \log\det X + \mathbf{tr}(X^{-1}\Delta X) \\
&= \log\det X + \mathbf{tr}\left(X^{-1}(Z - X)\right),
\end{aligned}$$

其中利用了所有特征值之和等于迹以及 $\mathbf{tr}(AB) = \mathbf{tr}(BA)$ 的性质。

因此，f 在 X 处的一次逼近是 Z 的仿射函数

$$f(Z) \approx f(X) + \mathbf{tr}\left(X^{-1}(Z - X)\right).$$

由于上式右边的二次项是 X^{-1} 和 $Z - X$ 的标准内积，可以识别出 X^{-1} 就是 f 在 X 处的梯度。于是我们得到简单的公式

$$\nabla f(X) = X^{-1}.$$

对此结果不应感到吃惊，因为 $\log x$ 在 $\mathbf{R}_{++}$ 上的梯度就是 $1/x$。

A.4.2　链式规则

假设 $f : \mathbf{R}^n \to \mathbf{R}^m$ 在 $x \in \mathbf{int\,dom}\, f$ 处可微，$g : \mathbf{R}^m \to \mathbf{R}^p$ 在 $f(x) \in \mathbf{int\,dom}\, g$ 处可微。定义复合函数 $h : \mathbf{R}^n \to \mathbf{R}^p$ 为 $h(z) = g(f(z))$。则 h 在 x 处可微，导数为

$$Dh(x) = Dg(f(x))Df(x). \tag{A.5}$$

作为一个例子，假设 $f : \mathbf{R}^n \to \mathbf{R}$，$g : \mathbf{R} \to \mathbf{R}$，$h(x) = g(f(x))$。对 $Dh(x) = Dg(f(x))Df(x)$ 转置得到

$$\nabla h(x) = g'(f(x))\nabla f(x). \tag{A.6}$$

复合仿射函数

假设 $f : \mathbf{R}^n \to \mathbf{R}^m$ 是可微函数，$A \in \mathbf{R}^{n \times p}$，$b \in \mathbf{R}^n$。定义 $g : \mathbf{R}^p \to \mathbf{R}^m$ 为 $g(x) = f(Ax + b)$，其 $\mathbf{dom}\, g = \{x \mid Ax + b \in \mathbf{dom}\, f\}$。根据链式规则 (A.5)，$g$ 的导数是 $Dg(x) = Df(Ax + b)A$。

当 f 是实函数时（即 $m = 1$），我们得到复合仿射函数的梯度公式

$$\nabla g(x) = A^T \nabla f(Ax + b).$$

例如，假设 $f : \mathbf{R}^n \to \mathbf{R}$，$x, v \in \mathbf{R}^n$，定义函数 $\tilde{f} : \mathbf{R} \to \mathbf{R}$ 为 $\tilde{f}(t) = f(x + tv)$。（粗略地说，$\tilde{f}$ 是将 f 限制在直线 $\{x + tv \mid t \in \mathbf{R}\}$ 上的函数。）我们有

$$D\tilde{f}(t) = \tilde{f}'(t) = \nabla f(x + tv)^T v.$$

（标量 $\tilde{f}'(0)$ 是函数 f 在 x 处沿方向 v 的**方向导数**。）

例 A.2　考虑函数 $f : \mathbf{R}^n \to \mathbf{R}$，$\mathbf{dom}\, f = \mathbf{R}^n$，

$$f(x) = \log \sum_{i=1}^{m} \exp(a_i^T x + b_i),$$

其中 $a_1,\cdots,a_m\in\mathbf{R}^n$，$b_1,\cdots,b_m\in\mathbf{R}$。这是仿射函数 $Ax+b$ 的复合函数，其中 $A\in\mathbf{R}^{m\times n}$ 的行向量为 $a_1^T,\cdots,a_m^T$，利用该性质可对其梯度进行简单的表示。定义 $g:\mathbf{R}^m\rightarrow\mathbf{R}$ 为 $g(y)=\log(\sum_{i=1}^m\exp y_i)$。简单微分（或利用式 (A.6)）可以得到

$$\nabla g(y)=\frac{1}{\sum_{i=1}^m\exp y_i}\begin{bmatrix}\exp y_1\\ \vdots\\ \exp y_m\end{bmatrix}, \tag{A.7}$$

利用复合公式我们有

$$\nabla f(x)=\frac{1}{\mathbf{1}^Tz}A^Tz$$

其中 $z_i=\exp(a_i^Tx+b_i)$，$i=1,\cdots,m$。

例 A.3 我们推导 $\nabla f(x)$ 的表示式，其中

$$f(x)=\log\det(F_0+x_1F_1+\cdots+x_nF_n),$$

$F_0,\cdots,F_n\in\mathbf{S}^p$，

$$\mathbf{dom}\,f=\{x\in\mathbf{R}^n\mid F_0+x_1F_1+\cdots+x_nF_n\succ 0\}.$$

函数 f 是从 $x\in\mathbf{R}^n$ 到 $F_0+x_1F_1+\cdots+x_nF_n\in\mathbf{S}^p$ 的仿射映射与函数 $\log\det X$ 的复合。利用链式规则可得

$$\frac{\partial f(x)}{\partial x_i}=\mathbf{tr}(F_i\nabla\log\det(F))=\mathbf{tr}(F^{-1}F_i),$$

其中 $F=F_0+x_1F_1+\cdots+x_nF_n$。因此我们有

$$\nabla f(x)=\begin{bmatrix}\mathbf{tr}(F^{-1}F_1)\\ \vdots\\ \mathbf{tr}(F^{-1}F_n)\end{bmatrix}.$$

A.4.3 二阶导数

本节我们回顾实函数 $f:\mathbf{R}^n\rightarrow\mathbf{R}$ 的二阶导数。如果函数 f 在 x 处二次可微，那么 f 在 $x\in\mathbf{int\,dom}\,f$ 处的二阶导数或 **Hessian 矩阵**，用 $\nabla^2f(x)$ 表示，就是

$$\nabla^2f(x)_{ij}=\frac{\partial^2f(x)}{\partial x_i\partial x_j},\qquad i=1,\cdots,n,\quad j=1,\cdots,n,$$

其中偏导数都在 x 处取值。函数 f 在（或）接近 x 处以 z 为变量的**二次逼近**为

$$\widehat{f}(z)=f(x)+\nabla f(x)^T(z-x)+(1/2)(z-x)^T\nabla^2f(x)(z-x).$$

该二次逼近满足

$$\lim_{z\in\mathbf{dom}\,f,\,z\neq x,\,z\to x}\frac{|f(z)-\widehat{f}(z)|}{\|z-x\|_2^2}=0.$$

不难理解，二阶导数可以解释为一阶导数的导数。如果 f 是可微函数，其**梯度映射** $\nabla f:\mathbf{R}^n\to\mathbf{R}^n$ 的定义域为 $\mathbf{dom}\,\nabla f=\mathbf{dom}\,f$，函数值为 $\nabla f(x)$ 在 x 处的数值。这个映射的导数是

$$D\nabla f(x)=\nabla^2 f(x).$$

例子

作为一个简单例子考虑二次函数 $f:\mathbf{R}^n\to\mathbf{R}$，

$$f(x)=(1/2)x^TPx+q^Tx+r,$$

其中 $P\in\mathbf{S}^n$，$q\in\mathbf{R}^n$，$r\in\mathbf{R}$。它的梯度是 $\nabla f(x)=Px+q$，因此 Hessian 矩阵为 $\nabla^2 f(x)=P$。它的二次逼近就是它自身。

作为一个更复杂的例子，考虑函数 $f:\mathbf{S}^n\to\mathbf{R}$，$f(X)=\log\det X$，$\mathbf{dom}\,f=\mathbf{S}^n_{++}$。为了确定二次逼近（因此也确定了 Hessian 矩阵），我们推导梯度 $\nabla f(X)=X^{-1}$ 的一次逼近。对于接近 $X\in\mathbf{S}^n_{++}$ 的 $Z\in\mathbf{S}^n_{++}$，令 $\Delta X=Z-X$，我们有

$$\begin{aligned}
Z^{-1}&=(X+\Delta X)^{-1}\\
&=\left(X^{1/2}(I+X^{-1/2}\Delta XX^{-1/2})X^{1/2}\right)^{-1}\\
&=X^{-1/2}(I+X^{-1/2}\Delta XX^{-1/2})^{-1}X^{-1/2}\\
&\approx X^{-1/2}(I-X^{-1/2}\Delta XX^{-1/2})X^{-1/2}\\
&=X^{-1}-X^{-1}\Delta XX^{-1},
\end{aligned}$$

其中用到对很小的 A 有效的一次逼近 $(I+A)^{-1}\approx I-A$。

这个逼近式足以让我们识别出 f 在 X 处的 Hessian 矩阵。该 Hessian 矩阵是 $\mathbf{S}^n$ 上的二次型。一般情况下描述这样的二次型非常繁琐，因为需要四个索引。但是根据上面梯度的一次逼近，可以将这个二次型表示为

$$-\mathbf{tr}(X^{-1}UX^{-1}V),$$

其中 $U,V\in\mathbf{S}^n$ 是二次型的变量。(这个表达式是标量情况 $(\log x)''=-1/x^2$ 的一般形式。)

现在我们可以得到 f 在 X 附近的二次逼近：

$$\begin{aligned}
f(Z)&=f(X+\Delta X)\\
&\approx f(X)+\mathbf{tr}(X^{-1}\Delta X)-(1/2)\,\mathbf{tr}(X^{-1}\Delta XX^{-1}\Delta X)\\
&\approx f(X)+\mathbf{tr}\left(X^{-1}(Z-X)\right)-(1/2)\,\mathbf{tr}\left(X^{-1}(Z-X)X^{-1}(Z-X)\right).
\end{aligned}$$

A.4.4 二阶导数的链式规则

大多数情况下二阶导数的一般性链式规则非常繁琐，因此我们只对将要用到的一些特殊情况给出结果。

标量复合函数

假设 $f:\mathbf{R}^n\to\mathbf{R}$，$g:\mathbf{R}\to\mathbf{R}$，以及 $h(x)=g(f(x))$。直接求偏导数可得

$$\nabla^2 h(x)=g'(f(x))\nabla^2 f(x)+g''(f(x))\nabla f(x)\nabla f(x)^T. \tag{A.8}$$

复合仿射函数

假设 $f:\mathbf{R}^n\to\mathbf{R}$，$A\in\mathbf{R}^{n\times m}$，以及 $b\in\mathbf{R}^n$。定义 $g:\mathbf{R}^m\to\mathbf{R}$ 为 $g(x)=f(Ax+b)$。于是我们有

$$\nabla^2 g(x)=A^T\nabla^2 f(Ax+b)A.$$

作为一个例子，考虑将实函数 f 限制于直线上的情况，即函数 $\tilde{f}(t)=f(x+tv)$，其中 x 和 v 被固定。于是我们有

$$\nabla^2\tilde{f}(t)=\tilde{f}''(t)=v^T\nabla^2 f(x+tv)v.$$

例 A.4 我们考虑例 A.2 中的函数 $f:\mathbf{R}^n\to\mathbf{R}$，

$$f(x)=\log\sum_{i=1}^m\exp(a_i^Tx+b_i),$$

其中 $a_1,\cdots,a_m\in\mathbf{R}^n$，$b_1,\cdots,b_m\in\mathbf{R}$。利用 $f(x)=g(Ax+b)$，其中 $g(y)=\log(\sum_{i=1}^m\exp y_i)$，我们可以得到 f 的 Hessian 矩阵的简单公式。通过求偏导数，或者利用式 (A.8)，并注意到 g 是 log 和 $\sum_{i=1}^m\exp y_i$ 的复合函数，可以得到

$$\nabla^2 g(y)=\mathbf{diag}(\nabla g(y))-\nabla g(y)\nabla g(y)^T,$$

其中 $\nabla g(y)$ 由式 (A.7) 给出。利用复合公式我们有

$$\nabla^2 f(x)=A^T\left(\frac{1}{\mathbf{1}^Tz}\mathbf{diag}(z)-\frac{1}{(\mathbf{1}^Tz)^2}zz^T\right)A,$$

其中 $z_i=\exp(a_i^Tx+b_i)$，$i=1,\cdots,m$。

A.5 线性代数

A.5.1 值域和零空间

令 $A\in\mathbf{R}^{m\times n}$（即 A 是 m 行和 n 列的实矩阵）。A 的**值域**，用 $\mathcal{R}(A)$ 表示，是 $\mathbf{R}^m$ 中能够写成 A 的列向量的线性组合的所有向量的集合，即

$$\mathcal{R}(A)=\{Ax\mid x\in\mathbf{R}^n\}.$$

值域 $\mathcal{R}(A)$ 是 $\mathbf{R}^m$ 的子空间，即它自身是一个向量空间。它的维数是 A 的**秩**，用 $\mathbf{rank}\,A$ 表示。A 的秩一定不会大于 m 和 n 的较小值。当 $\mathbf{rank}\,A = \min\{m, n\}$ 时，我们说 A 是**满秩**矩阵。

A 的**零空间**（或**核**），用 $\mathcal{N}(A)$ 表示，是被 A 映射成零的所有向量 x 的集合：

$$\mathcal{N}(A) = \{x \mid Ax = 0\}.$$

零空间是 $\mathbf{R}^n$ 的子空间。

***A* 导出的正交分解**

如果 $\mathcal{V}$ 是 $\mathbf{R}^n$ 的子空间，它的**正交补**，用 $\mathcal{V}^\perp$ 表示，定义为

$$\mathcal{V}^\perp = \{x \mid z^T x = 0 \text{ 对所有 } z \in \mathcal{V} \text{ 成立}\}.$$

（正如对正交补所期望的那样，我们有 $\mathcal{V}^{\perp\perp} = \mathcal{V}$。）

线性代数的一个基本结果是，对任意的 $A \in \mathbf{R}^{m\times n}$，我们有

$$\mathcal{N}(A) = \mathcal{R}(A^T)^\perp.$$

（将这个结果应用于 A^T 我们也有 $\mathcal{R}(A) = \mathcal{N}(A^T)^\perp$。）这个结果经常表述为

$$\mathcal{N}(A) \overset{\perp}{\oplus} \mathcal{R}(A^T) = \mathbf{R}^n. \tag{A.9}$$

这里符号 $\overset{\perp}{\oplus}$ 指**正交直和**，即两个正交子空间之和。$\mathbf{R}^n$ 的分解 (A.9) 被称为***A* 导出的正交分解**。

A.5.2　对称特征值分解

假设 $A \in \mathbf{S}^n$，即 A 是实对称 $n \times n$ 矩阵。那么 A 可以因式分解为

$$A = Q\Lambda Q^T, \tag{A.10}$$

其中 $Q \in \mathbf{R}^{n\times n}$ 是**正交**矩阵，即满足 $Q^T Q = I$，而 $\Lambda = \mathbf{diag}(\lambda_1, \cdots, \lambda_n)$。上述分解中的（实）数 λ_i 是 A 的**特征值**，是**特征多项式** $\det(sI - A)$ 的根。Q 的列向量构成 A 的一组正交**特征向量**。因式分解 (A.10) 被称为 A 的**谱分解**或（对称）**特征值分解**。

我们对特征值进行排列使其满足 $\lambda_1 \geqslant \lambda_2 \geqslant \cdots \geqslant \lambda_n$。用符号 $\lambda_i(A)$ 指示 $A \in \mathbf{S}$ 的第 i 大的特征值。通常将最大特征值写为 $\lambda_1(A) = \lambda_{\max}(A)$，将最小特征值写为 $\lambda_n(A) = \lambda_{\min}(A)$。

利用特征值可以将行列式和迹表示成

$$\det A = \prod_{i=1}^n \lambda_i, \qquad \mathbf{tr}\,A = \sum_{i=1}^n \lambda_i,$$

而谱范数和 Frobenius 范数同样可以表示成

$$\|A\|_2 = \max_{i=1,\cdots,n} |\lambda_i| = \max\{\lambda_1, -\lambda_n\}, \qquad \|A\|_F = \left(\sum_{i=1}^n \lambda_i^2\right)^{1/2}.$$

正定和矩阵不等式

最大特征值和最小特征值满足

$$\lambda_{\max}(A) = \sup_{x\neq 0} \frac{x^TAx}{x^Tx}, \qquad \lambda_{\min}(A) = \inf_{x\neq 0} \frac{x^TAx}{x^Tx}.$$

特别是，对任意的 x，我们有

$$\lambda_{\min}(A)x^Tx \leqslant x^TAx \leqslant \lambda_{\max}(A)x^Tx,$$

通过选择（不同的）x 可使这两个不等式成为等式。

矩阵 $A \in \mathbf{S}^n$ 是**正定**矩阵的条件是，对所有的 $x \neq 0$ 成立 $x^TAx > 0$。我们用 $A \succ 0$ 表示这种矩阵。从以上不等式可以看出，$A \succ 0$ 的充要条件是它的所有特征根都是正数，即 $\lambda_{\min}(A) > 0$。如果 $-A$ 是正定矩阵，我们说 A 是**负定**矩阵，并写为 $A \prec 0$。我们用 $\mathbf{S}^n_{++}$ 表示 $\mathbf{S}^n$ 中所有正定矩阵的集合。

如果 A 对所有的 x 都成立 $x^TAx \geqslant 0$，我们说 A 是**半正定**矩阵或是**非负定**矩阵。如果 $-A$ 是非负定矩阵，即对所有 x 成立 $x^TAx \leqslant 0$，我们说 A 是**负半定**矩阵或是**非正定**矩阵。我们用 $\mathbf{S}^n_+$ 表示 $\mathbf{S}^n$ 中所有非负定矩阵的集合。

对 $A, B \in \mathbf{S}^n$，我们用 $A \prec B$ 表示 $B - A \succ 0$，其他情况类似。这些不等式称为**矩阵不等式**，或称为半正定锥决定的广义不等式。

对称平方根

令 $A \in \mathbf{S}^n_+$ 的特征值分解为 $A = Q\,\mathbf{diag}(\lambda_1, \cdots, \lambda_n)Q^T$。我们定义 A 的（对称）平方根为

$$A^{1/2} = Q\,\mathbf{diag}(\lambda_1^{1/2}, \cdots, \lambda_n^{1/2})Q^T.$$

平方根 $A^{1/2}$ 是矩阵方程 $X^2 = A$ 的唯一的对称半正定的解。

A.5.3 广义特征值分解

两个对称矩阵 $(A, B) \in \mathbf{S}^n \times \mathbf{S}^n$ 的**广义特征值**定义为多项式 $\det(sB - A)$ 的根。

通常感兴趣的情况是 $B \in \mathbf{S}^n_{++}$。此时广义特征值也是 $B^{-1/2}AB^{-1/2}$（这是实矩阵）的特征值。同标准的特征值分解一样，我们按非增顺序排列特征值，$\lambda_1 \geqslant \lambda_2 \geqslant \cdots \geqslant \lambda_n$，并用 $\lambda_{\max}(A, B)$ 表示最大的广义特征值。

当 $B \in \mathbf{S}^n_{++}$ 时，以上两个矩阵可以因式分解为

$$A = V\Lambda V^T, \qquad B = VV^T, \tag{A.11}$$

其中 $V \in \mathbf{R}^{n\times n}$ 是非奇异矩阵，$\Lambda = \mathbf{diag}(\lambda_1, \cdots, \lambda_n)$，而 λ_i 代表矩阵对 (A, B) 的广义特征值。分解 (A.11) 称为**广义特征值分解**。

广义特征值分解和矩阵 $B^{-1/2}AB^{-1/2}$ 的标准特征值分解有关。如果 $Q\Lambda Q^T$ 是 $B^{-1/2}AB^{-1/2}$ 的特征值分解，那么式 (A.11) 对 $V = B^{1/2}Q$ 成立。

A.5.4 奇异值分解

假设 $A \in \mathbf{R}^{m\times n}$，$\mathbf{rank}\, A = r$。那么 A 可以因式分解为

$$A = U\Sigma V^T, \tag{A.12}$$

其中 $U \in \mathbf{R}^{m\times r}$ 满足 $U^TU = I$，$V \in \mathbf{R}^{n\times r}$ 满足 $V^TV = I$，而 $\Sigma = \mathbf{diag}(\sigma_1, \cdots, \sigma_r)$ 满足

$$\sigma_1 \geqslant \sigma_2 \geqslant \cdots \geqslant \sigma_r > 0.$$

因式分解 (A.12) 称为 A 的**奇异值分解**（SVD）。U 的列向量称为 A 的**左奇异向量**，V 的列向量称为**右奇异向量**，而 σ_i 则称为**奇异值**。奇异值分解可以写成

$$A = \sum_{i=1}^{r} \sigma_i u_i v_i^T,$$

其中 $u_i \in \mathbf{R}^m$ 是左奇异向量，$v_i \in \mathbf{R}^n$ 是右奇异向量。

矩阵 A 的奇异值分解和（对称非负定）矩阵 A^TA 的特征值分解密切相关。利用式 (A.12) 可以写出

$$A^TA = V\Sigma^2V^T = \begin{bmatrix} V & \tilde{V} \end{bmatrix} \begin{bmatrix} \Sigma^2 & 0 \\ 0 & 0 \end{bmatrix} \begin{bmatrix} V & \tilde{V} \end{bmatrix}^T,$$

其中 $\tilde{V}$ 是使 $[V\ \tilde{V}]$ 成为正交矩阵的任何矩阵。上式右边是 A^TA 的特征值分解，因此可以声称它的非零特征值就是 A 的奇异值的平方，而 A^TA 的非零特征值对应的特征向量就是 A 的右特征向量。对 AA^T 进行类似的分析可以表明它的非零特征值就是 A 的奇异值的平方，而相应的特征向量就是 A 的左特征向量。

我们也用 $\sigma_{\max}(A)$ 表示第一个或最大的奇异值。它可以表示成

$$\sigma_{\max}(A) = \sup_{x,y\neq 0} \frac{x^TAy}{\|x\|_2\|y\|_2} = \sup_{y\neq 0} \frac{\|Ay\|_2}{\|y\|_2}.$$

上式右边表明最大奇异值是 A 的 ℓ_2 算子范数。$A \in \mathbf{R}^{m\times n}$ 的**最小奇异值**可写成

$$\sigma_{\min}(A) = \begin{cases} \sigma_r(A) & r = \min\{m, n\} \\ 0 & r < \min\{m, n\}, \end{cases}$$

它是正数的充要条件是 A 是满秩矩阵。

对称矩阵的奇异值就是其非零特征值以下降顺序排列的绝对值。对称半正定矩阵的奇异值和它的非零特征值相同。

非奇异矩阵 $A \in \mathbf{R}^{n\times n}$ 的**条件数**，用 $\mathbf{cond}(A)$ 或 $\kappa(A)$ 表示，定义为

$$\mathbf{cond}(A) = \|A\|_2\|A^{-1}\|_2 = \sigma_{\max}(A)/\sigma_{\min}(A).$$

伪逆

令 $A = U\Sigma V^T$ 为 $A \in \mathbf{R}^{m\times n}$ 的奇异值分解，$\mathbf{rank}\, A = r$。我们定义 A 的**伪逆**或 **Moore-Penrose 逆**如下

$$A^\dagger = V\Sigma^{-1}U^T \in \mathbf{R}^{n\times m}.$$

等价表达式是

$$A^\dagger = \lim_{\epsilon\to 0}(A^TA+\epsilon I)^{-1}A^T = \lim_{\epsilon\to 0} A^T(AA^T+\epsilon I)^{-1},$$

其中极限取自 $\epsilon > 0$ 的方向，这样可以保证式中逆矩阵的存在性。如果 $\mathbf{rank}\, A = n$，那么 $A^\dagger = (A^TA)^{-1}A^T$。如果 $\mathbf{rank}\, A = m$，那么 $A^\dagger = A^T(AA^T)^{-1}$。如果 A 是非奇异方阵，那么 $A^\dagger = A^{-1}$。

伪逆可以用于求解最小二乘，最小范数，二次规划以及（Euclid）投影这些问题。例如，$A^\dagger b$ 是最小二乘问题

$$\text{minimize} \quad \|Ax-b\|_2^2$$

在一般情况下的一个解。当该问题的解不唯一时，$A^\dagger b$ 是具有最小（Euclid）范数的解。作为另一个例子，矩阵 $AA^\dagger = UU^T$ 给出到 $\mathcal{R}(A)$ 上的（Euclid）投影。矩阵 $A^\dagger A = VV^T$ 给出到 $\mathcal{R}(A^T)$ 上的（Euclid）投影。

用 $p^\star$ 代表下述（一般的，非凸的）二次优化问题的最优值

$$\text{minimize} \quad (1/2)x^TPx + q^Tx + r,$$

其中 $P \in \mathbf{S}^n$，可以将其表示成

$$p^\star = \begin{cases} -(1/2)q^TP^\dagger q + r & P \succeq 0, \quad q \in \mathcal{R}(P) \\ -\infty & \text{其他情况}. \end{cases}$$

（这是对 $P \succ 0$ 时才有意义的表达式 $p^\star = -(1/2)q^TP^{-1}q + r$ 在一般情况下的推广。）

A.5.5 Schur 补

考虑进行以下划分的矩阵 $X \in \mathbf{S}^n$，

$$X = \begin{bmatrix} A & B \\ B^T & C \end{bmatrix},$$

其中 $A \in \mathbf{S}^k$。如果 $\det A \neq 0$，矩阵

$$S = C - B^T A^{-1} B$$

被称为 A 在 X 中的 **Schur 补**。在多种情况下会遇到 Schur 补，它出现于很多重要的公式和定理中。例如，我们有

$$\det X = \det A \det S.$$

分块矩阵求逆

如果采用消去一些变量的方法求解线性方程组，就会遇到 Schur 补。我们从下式开始

$$\begin{bmatrix} A & B \\ B^T & C \end{bmatrix} \begin{bmatrix} x \\ y \end{bmatrix} = \begin{bmatrix} u \\ v \end{bmatrix},$$

假设 $\det A \neq 0$。如果我们从上式中上面的分块方程消去 x，并将其带入下面的分块方程，就可得到 $v = B^T A^{-1} u + S y$，因此

$$y = S^{-1}(v - B^T A^{-1} u).$$

再将其带入第一个方程就能求出

$$x = \left(A^{-1} + A^{-1} B S^{-1} B^T A^{-1}\right) u - A^{-1} B S^{-1} v.$$

我们可以将这两组方程表示成分块矩阵求逆公式:

$$\begin{bmatrix} A & B \\ B^T & C \end{bmatrix}^{-1} = \begin{bmatrix} A^{-1} + A^{-1} B S^{-1} B^T A^{-1} & -A^{-1} B S^{-1} \\ -S^{-1} B^T A^{-1} & S^{-1} \end{bmatrix}.$$

特别是，可以看出 Schur 补就是 X 的逆矩阵中 $2,2$ 块矩阵之逆。

极小化和正定性

在极小化二次型的部分变量时也会遇到 Schur 补。假设 $A \succ 0$，考虑极小化问题

$$\text{minimize} \quad u^T A u + 2 v^T B^T u + v^T C v \tag{A.13}$$

其中优化变量为 u。该问题的解是 $u = -A^{-1} B v$，而最优值为

$$\inf_u \begin{bmatrix} u \\ v \end{bmatrix}^T \begin{bmatrix} A & B \\ B^T & C \end{bmatrix} \begin{bmatrix} u \\ v \end{bmatrix} = v^T S v. \tag{A.14}$$

据此可对分块矩阵 X 的正定或半定性质导出以下描述:

- $X \succ 0$ 的充要条件是 $A \succ 0$ 和 $S \succ 0$ 同时成立。

- 如果 $A \succ 0$，那么 $X \succeq 0$ 的充要条件是 $S \succeq 0$。

奇异矩阵 A 的 Schur 补

Schur 补的某些结果可以推广到 A 是奇异的情况，相应细节会更加复杂。作为一个例子，如果 $A \succeq 0$ 且 $Bv \in \mathcal{R}(A)$，那么二次极小问题 (A.13)（优化变量为 u）是可解的，并且最优值为

$$v^T(C - B^T A^\dagger B)v,$$

其中 $A^\dagger$ 是 A 的伪逆。如果 $Bv \notin \mathcal{R}(A)$ 或者 $A \not\succeq 0$，该问题是无界的。

值域条件 $Bv \in \mathcal{R}(A)$ 也可以表示为 $(I - AA^\dagger)Bv = 0$，因此我们可以对分块矩阵 X 的半定性质进行如下描述:

$$X \succeq 0 \iff A \succeq 0, \quad (I - AA^\dagger)B = 0, \quad C - B^T A^\dagger B \succeq 0.$$

这里矩阵 $C - B^T A^\dagger B$ 可以视作 Schur 补在 A 是奇异矩阵情况下的推广。

参考文献

本附录内容的一些重要的参考文献有，关于分析的 Rudin [Rud76]，关于线性代数的 Strang [Str80] 和 Meyer [Mey00]。更前沿的线性代数教材包括 Horn 和 Johnson [HJ85, HJ91]，Parlett [Par98]，Golub 和 Van Loan [GL89]，Trefethen 和 Bau [TB97]，以及 Demmel [Dem97]。

闭函数的概念(§A.3.3)经常出现在凸优化中，但术语可能不同。这里采用的术语取自 Rockafellar [Roc70, 51 页]，Hiriart-Urruty 和 Lemaréchal [HUL93, 1 卷，149 页]，Borwein 和 Lewis [BL00, 76 页]，以及 Bertsekas，Nedić 和 Ozdaglar [Ber03, 28 页]。

B 双二次函数的问题

本附录考虑涉及双二次函数的一些优化问题，这些函数并不一定是凸函数。关于这些问题有些很强的结果，甚至在非凸情况下也成立。

B.1 单约束二次优化

我们考虑一个约束的优化问题

$$\begin{array}{ll} \text{minimize} & x^T A_0 x + 2b_0^T x + c_0 \\ \text{subject to} & x^T A_1 x + 2b_1^T x + c_1 \leqslant 0, \end{array} \tag{B.1}$$

变量 $x \in \mathbf{R}^n$，问题参数 $A_i \in \mathbf{S}^n$，$b_i \in \mathbf{R}^n$，$c_i \in \mathbf{R}$。我们不假定 $A_i \succeq 0$，因此问题 (B.1) 不是凸优化问题。

问题 (B.1) 的 Lagrange 函数是

$$L(x, \lambda) = x^T(A_0 + \lambda A_1)x + 2(b_0 + \lambda b_1)^T x + c_0 + \lambda c_1,$$

对偶函数为

$$\begin{aligned} g(\lambda) &= \inf_x L(x, \lambda) \\ &= \begin{cases} c_0 + \lambda c_1 - (b_0 + \lambda b_1)^T (A_0 + \lambda A_1)^{\dagger} (b_0 + \lambda b_1) & A_0 + \lambda A_1 \succeq 0, \\ & b_0 + \lambda b_1 \in \mathcal{R}(A_0 + \lambda A_1) \\ -\infty & \text{其他情况} \end{cases} \end{aligned}$$

（见 §A.5.4）。利用 Schur 补，我们可以将对偶问题表示成

$$\begin{array}{ll} \text{maximize} & \gamma \\ \text{subject to} & \lambda \geqslant 0 \\ & \left[\begin{array}{cc} A_0 + \lambda A_1 & b_0 + \lambda b_1 \\ (b_0 + \lambda b_1)^T & c_0 + \lambda c_1 - \gamma \end{array}\right] \succeq 0, \end{array} \tag{B.2}$$

这是两个变量 $\gamma, \lambda \in \mathbf{R}$ 的半定规划（SDP）。

第一个结果是，对于问题 (B.1) 及其 Lagrange 对偶 (B.2)，如果 Slater 约束品性满足，即存在 x 满足 $x^TA_1x+2b_1^Tx+c_1<0$，那么**强对偶性成立**。换句话说，如果问题 (B.1) 是严格可行的，那么问题 (B.1) 和问题 (B.2) 的最优值相等。(证明在 §B.4 中给出。)

松弛解释

半定规划 (B.2) 的对偶是

$$\begin{array}{ll}\text{minimize} & \mathbf{tr}(A_0X)+2b_0^Tx+c_0\\ \text{subject to} & \mathbf{tr}(A_1X)+2b_1^Tx+c_1\leqslant 0\\ & \begin{bmatrix} X & x\\ x^T & 1\end{bmatrix}\succeq 0,\end{array}\tag{B.3}$$

这是变量 $X\in\mathbf{S}^n$，$x\in\mathbf{R}^n$ 的半定规划。基于原问题 (B.1) 可以对对偶半定规划作出一个有趣的解释。

首先注意到问题 (B.1) 等价于

$$\begin{array}{ll}\text{minimize} & \mathbf{tr}(A_0X)+2b_0^Tx+c_0\\ \text{subject to} & \mathbf{tr}(A_1X)+2b_1^Tx+c_1\leqslant 0\\ & X=xx^T.\end{array}\tag{B.4}$$

在这个描述中我们将二次项 x^TA_ix 表示为 $\mathbf{tr}(A_ixx^T)$，然后引入了一个新变量 $X=xx^T$。问题 (B.4) 有一个线性目标函数，一个线性不等式约束，以及一个非线性等式约束 $X=xx^T$。下一步是将等式约束替换为不等式 $X\succeq xx^T$:

$$\begin{array}{ll}\text{minimize} & \mathbf{tr}(A_0X)+b_0^Tx+c_0\\ \text{subject to} & \mathbf{tr}(A_1X)+b_1^Tx+c_1\leqslant 0\\ & X\succeq xx^T.\end{array}\tag{B.5}$$

该问题称为问题 (B.4) 的**松弛**，因为一个原始约束被一个更宽松的约束所替换。最后，可以看出，利用 Schur 补可以将问题 (B.5) 的不等式表示为线性矩阵不等式，由此产生了问题 (B.3)。

基于问题 (B.3) 是问题 (B.1) 的松弛的解释可以直接得到一些有趣的事实。首先，问题 (B.3) 的最优值一定小于或等于问题 (B.1) 的最优值，因为前者是在更大的集合中对相同的目标函数求极小。其次，我们可以推断，如果在问题 (B.3) 的最优解处 $X=xx^T$，那么 x 一定是问题 (B.1) 的最优解。

结合上面的结果，即问题 (B.1) 和 (B.2) 之间满足强对偶性 (当问题 (B.1) 严格可行时)，以及对偶半定规划 (B.2) 和 (B.3) 之间满足强对偶性，我们可以推断，如

果问题 (B.1) 是严格可行的，那么原来的非凸二次规划问题 (B.1) 和半定规划松弛问题 (B.3) 之间满足强对偶性。

B.2 S-程序

另一个结果是关于（非凸的）双二次不等式的择一定理。令 $A_1, A_2 \in \mathbf{S}^n$，$b_1$，$b_2 \in \mathbf{R}^n$，$c_1$，$c_2 \in \mathbf{R}$，并假设有 $\hat{x}$ 满足

$$\hat{x}^T A_2 \hat{x} + 2b_2^T \hat{x} + c_2 < 0.$$

那么存在 $x \in \mathbf{R}^n$ 满足

$$x^T A_1 x + 2b_1^T x + c_1 < 0, \qquad x^T A_2 x + 2b_2^T x + c_2 \leqslant 0 \tag{B.6}$$

的充要条件是不存在 λ 满足

$$\lambda \geqslant 0, \qquad \begin{bmatrix} A_1 & b_1 \\ b_1^T & c_1 \end{bmatrix} + \lambda \begin{bmatrix} A_2 & b_2 \\ b_2^T & c_2 \end{bmatrix} \succeq 0. \tag{B.7}$$

换句话说，式 (B.6) 和式 (B.7) 具有强择一性。

容易说明这个结果等价于 §B.1 的结果，相应证明见 §B.4。这里我们指出这两个不等式系统显然是弱择一的，因为式 (B.6) 和式 (B.7) 同时成立可导致矛盾：

$$\begin{aligned} 0 &\leqslant \begin{bmatrix} x \\ 1 \end{bmatrix}^T \left(\begin{bmatrix} A_1 & b_1 \\ b_1^T & c_1 \end{bmatrix} + \lambda \begin{bmatrix} A_2 & b_2 \\ b_2^T & c_2 \end{bmatrix} \right) \begin{bmatrix} x \\ 1 \end{bmatrix} \\ &= x^T A_1 x + 2b_1^T x + c_1 + \lambda(x^T A_2 x + 2b_2^T x + c_2) \\ &< 0. \end{aligned}$$

该择一定理有时被称为 **S-程序**，并经常被陈述为以下形式：对于 $F_i \in \mathbf{S}^n$，$g_i \in \mathbf{R}^n$，$h_i \in \mathbf{R}$，如果有 $\hat{x}$ 满足 $\hat{x}^T F_1 \hat{x} + 2g_1^T \hat{x} + h_1 < 0$，那么蕴含关系

$$x^T F_1 x + 2g_1^T x + h_1 \leqslant 0 \quad \Longrightarrow \quad x^T F_2 x + 2g_2^T x + h_2 \leqslant 0$$

成立的充要条件是，存在 λ 满足

$$\lambda \geqslant 0, \qquad \begin{bmatrix} F_2 & g_2 \\ g_2^T & h_2 \end{bmatrix} \preceq \lambda \begin{bmatrix} F_1 & g_1 \\ g_1^T & h_1 \end{bmatrix}.$$

（注意充分性显然成立。）

例 B.1 椭圆包含。 具有非空内部的椭圆 $\mathcal{E} \subseteq \mathbf{R}^n$ 能够表示成一个二次函数的下水平集

$$\mathcal{E} = \{x \mid x^T F x + 2g^T x + h \leqslant 0\},$$

其中 $F \in \mathbf{S}_{++}$，$h - g^T F^{-1} g < 0$。假设 $\tilde{\mathcal{E}}$ 是具有类似表示的另外一个椭圆

$$\tilde{\mathcal{E}} = \{x \mid x^T \tilde{F} x + 2\tilde{g}^T x + \tilde{h} \leqslant 0\},$$

其中 $\tilde{F} \in \mathbf{S}_{++}$，$\tilde{h} - \tilde{g}^T \tilde{F}^{-1} \tilde{g} < 0$。根据 S-程序可以看出，$\mathcal{E} \subseteq \tilde{\mathcal{E}}$ 的充要条件是存在 $\lambda > 0$ 满足

$$\begin{bmatrix} \tilde{F} & \tilde{g} \\ \tilde{g}^T & \tilde{h} \end{bmatrix} \preceq \lambda \begin{bmatrix} F & g \\ g^T & h \end{bmatrix}.$$

B.3 双对称矩阵的数值场

下述结果是证明 §B.1的强对偶性和 §B.2的S-程序的基础。如果 $A, B \in \mathbf{S}^n$，则对于任意的 $X \in \mathbf{S}_+^n$，存在 $x \in \mathbf{R}^n$ 满足

$$x^T A x = \mathbf{tr}(AX), \qquad x^T B x = \mathbf{tr}(BX). \tag{B.8}$$

注释 B.1　几何解释。对这个结果可以基于集合

$$W(A, B) = \{(x^T A x, x^T B x) \mid x \in \mathbf{R}^n\}$$

给出一个有趣的解释，这个集合是 $\mathbf{R}^2$ 的锥，它由集合

$$F(A, B) = \{(x^T A x, x^T B x) \mid \|x\|_2 = 1\}$$

生成，后者被称为 (A, B) 对的 **2-维数值场**。几何上看，$W(A, B)$ 是秩-1 半定矩阵集合在线性映射 $f : \mathbf{S}^n \to \mathbf{R}^2$，

$$f(X) = (\mathbf{tr}(AX), \mathbf{tr}(BX))$$

下的像。对每个 $X \in \mathbf{S}_+^n$ 存在 x 满足式 (B.8) 就意味着

$$W(A, B) = f(\mathbf{S}_+^n).$$

换句话说，$W(A, B)$ 是**凸**锥。

我们通过对 X 的秩进行数学归纳给出一个构造性证明。假定对任意的 $1 \leqslant \mathbf{rank}\, X \leqslant k$ 的 $X \in \mathbf{S}_+^n$，其中 $k \geqslant 2$，存在 x 使式 (B.8) 成立。下面将证明这个结果当 $\mathbf{rank}\, X = k+1$ 时也成立。任何 $\mathbf{rank}\, X = k+1$ 的矩阵 $X \in \mathbf{S}_+^n$ 可以表示成 $X = yy^T + Z$，其中 $y \neq 0$，$Z \in \mathbf{S}_+^n$ with $\mathbf{rank}\, Z = k$。根据假设，存在 z 使得 $\mathbf{tr}(AZ) = z^T A z$，$\mathbf{tr}(AZ) = z^T B z$。因此

$$\mathbf{tr}(AX) = \mathbf{tr}(A(yy^T + zz^T)), \qquad \mathbf{tr}(BX) = \mathbf{tr}(B(yy^T + zz^T)).$$

矩阵 $yy^T + zz^T$ 的秩是 1 或 2，因此根据假设存在 x 使式 (B.8)成立。

现在只要证明所需结果当 $\mathbf{rank}\, X \leqslant 2$ 时成立。当 $\mathbf{rank}\, X = 0$ 和 $\mathbf{rank}\, X = 1$ 时，结果自然成立。如果 $\mathbf{rank}\, X = 2$，我们可以将 X 写成 $X = VV^T$，其中 $V \in \mathbf{R}^{n\times 2}$，并且其列向量 v_1 和 v_2 线性独立。不失一般性我们可以假设 V^TAV 是对角阵。(如果 V^TAV 不是对角阵，我们用 VP 代替 V，其中 $V^TAV = P\,\mathbf{diag}(\lambda)P^T$ 是 V^TAV 的特征值分解。) 我们将 V^TAV 和 V^TBV 写成

$$V^TAV = \begin{bmatrix} \lambda_1 & 0 \\ 0 & \lambda_2 \end{bmatrix}, \qquad V^TBV = \begin{bmatrix} \sigma_1 & \gamma \\ \gamma & \sigma_2 \end{bmatrix},$$

并定义

$$w = \begin{bmatrix} \mathbf{tr}(AX) \\ \mathbf{tr}(BX) \end{bmatrix} = \begin{bmatrix} \lambda_1 + \lambda_2 \\ \sigma_1 + \sigma_2 \end{bmatrix}.$$

我们需要证明有 x 满足 $w = (x^TAx, x^TBx)$。

我们分别考虑两种情况。首先，假设 $(0, \gamma)$ 是向量 (λ_1, σ_1) 和 (λ_2, σ_2) 的线性组合:

$$0 = z_1\lambda_1 + z_2\lambda_2, \qquad \gamma = z_1\sigma_1 + z_2\sigma_2,$$

其中 z_1，z_2 是两个实数。在这种情况下我们选择 $x = \alpha v_1 + \beta v_2$，其中 α 和 β 是以下两个变量的两个二次方程的解，

$$\alpha^2 + 2\alpha\beta z_1 = 1, \qquad \beta^2 + 2\alpha\beta z_2 = 1. \tag{B.9}$$

由此可得到所需要的结果，因为

$$\begin{aligned}
&\begin{bmatrix} (\alpha v_1 + \beta v_2)^T A(\alpha v_1 + \beta v_2) \\ (\alpha v_1 + \beta v_2)^T B(\alpha v_1 + \beta v_2) \end{bmatrix} \\
&= \alpha^2 \begin{bmatrix} \lambda_1 \\ \sigma_1 \end{bmatrix} + 2\alpha\beta \begin{bmatrix} 0 \\ \gamma \end{bmatrix} + \beta^2 \begin{bmatrix} \lambda_2 \\ \sigma_2 \end{bmatrix} \\
&= (\alpha^2 + 2\alpha\beta z_1) \begin{bmatrix} \lambda_1 \\ \sigma_1 \end{bmatrix} + (\beta^2 + 2\alpha\beta z_2) \begin{bmatrix} \lambda_2 \\ \sigma_2 \end{bmatrix} \\
&= \begin{bmatrix} \lambda_1 + \lambda_2 \\ \sigma_1 + \sigma_2 \end{bmatrix}.
\end{aligned}$$

下面要做的是说明方程 (B.9)有解。首先可以看到 α 和 β 必须不等于零，因此我们可以把方程组等价写成

$$\alpha^2(1 + 2(\beta/\alpha)z_1) = 1, \qquad (\beta/\alpha)^2 + 2(\beta/\alpha)(z_2 - z_1) = 1.$$

方程 $t^2+2t(z_2-z_1)=1$ 有一个正根和一个负根。这两个根中间至少有一个（和 z_1 符号相同的）满足 $1+2tz_1>0$，因此我们可以选取

$$\alpha=\pm 1/\sqrt{1+2tz_1}, \qquad \beta=t\alpha.$$

这样产生的两个解 (α,β) 满足式 (B.9)。（如果 $t^2+2t(z_2-z_1)=1$ 的两个根都满足 $1+2tz_1>0$，我们可得到四个解。）

其次，假设 $(0,\gamma)$ 不是 (λ_1,σ_1) 和 (λ_2,σ_2) 的线性组合。这意味着 (λ_1,σ_1) 和 (λ_2,σ_2) 线性相关。因此它们的和 $w=(\lambda_1+\lambda_2,\sigma_1+\sigma_2)$ 是 (λ_1,σ_1) 或 (λ_2,σ_2) 或两者的非负倍数。如果 $w=\alpha^2(\lambda_1,\sigma_1)$ 对某个 α 成立，我们可以选取 $x=\alpha v_1$。如果 $w=\beta^2(\lambda_2,\sigma_2)$ 对某个 β 成立，我们可以选取 $x=\beta v_2$。

B.4 强对偶结果的证明

我们首先证明 §B.2 给出的 S-程序。关于 $\hat{x}$ 的严格可行性的假设意味着矩阵

$$\begin{bmatrix} A_2 & b_2 \\ b_2^T & c_2 \end{bmatrix}$$

至少有一个非负特征值。因此

$$\tau \geqslant 0, \quad \tau \begin{bmatrix} A_2 & b_2 \\ b_2^T & c_2 \end{bmatrix} \succeq 0 \Longrightarrow \tau = 0.$$

我们应用例 5.14 中给出的关于非严格的线性矩阵不等式的择一定理，即式 (B.7) 不可行的充要条件是

$$X \succeq 0, \qquad \mathbf{tr}\left(X \begin{bmatrix} A_1 & b_1 \\ b_1^T & c_1 \end{bmatrix}\right) < 0, \qquad \mathbf{tr}\left(X \begin{bmatrix} A_2 & b_2 \\ b_2^T & c_2 \end{bmatrix}\right) \leqslant 0$$

是可行的。根据 §B.3 这又等价于以下不等式组的可行性

$$\begin{bmatrix} v \\ w \end{bmatrix}^T \begin{bmatrix} A_1 & b_1 \\ b_1^T & c_1 \end{bmatrix} \begin{bmatrix} v \\ w \end{bmatrix} < 0, \qquad \begin{bmatrix} v \\ w \end{bmatrix}^T \begin{bmatrix} A_2 & b_2 \\ b_2^T & c_2 \end{bmatrix} \begin{bmatrix} v \\ w \end{bmatrix} \leqslant 0.$$

如果 $w \neq 0$，则 $x=v/w$ 是式 (B.6) 的可行解。如果 $w=0$，我们有 $v^TA_1v<0$，$v^TA_2v\leqslant 0$，因此 $x=\hat{x}+tv$ 满足

$$\begin{aligned} x^TA_1x+2b_1^Tx+c_1 &= \hat{x}^TA_1\hat{x}+2b_1^T\hat{x}+c_1+t^2v^TA_1v+2t(A_1\hat{x}+b_1)^Tv \\ x^TA_2x+2b_2^Tx+c_2 &= \hat{x}^TA_2\hat{x}+2b_2^T\hat{x}+c_2+t^2v^TA_2v+2t(A_2\hat{x}+b_2)^Tv \\ &< 2t(A_2\hat{x}+b_2)^Tv, \end{aligned}$$

即取决于 $(A_2\hat{x}+b_2)^Tv$ 的符号，当 $t\to\pm\infty$ 时，x 将变成可行解。

最后，我们证明 §B.1 中的结果，即如果问题 (B.1) 是严格可行的，那么问题 (B.1) 和问题 (B.2) 的最优值相等。为此我们指出，如果

$$x^TA_1x+b_1^Tx+c_1\leqslant 0\Longrightarrow x^TA_0x+b_0^Tx+c_0\geqslant\gamma,$$

那么 γ 是问题 (B.1) 的最优值的下界。根据 S-程序，以上结果成立的充要条件是存在 $\lambda\geqslant 0$ 使下式成立

$$\begin{bmatrix} A_0 & b_0 \\ b_0^T & c_0-\gamma \end{bmatrix}+\lambda\begin{bmatrix} A_1 & b_1 \\ b_1^T & c_1 \end{bmatrix}\succeq 0,$$

即 γ，λ 是问题 (B.2) 的可行解。

参考文献

本附录的结果在不同学科有不同的名称。S-程序的术语来自控制领域；见 Boyd，El Ghaoui，Feron 和 Balakrishnan [BEFB94, 23，33页] 中的综述和参考文献。在线性代数的双对称矩阵联合对角化的内容中有S-程序的变形；例如，见 Calabi [Cal64] 和 Uhlig [Uhl79]。强对偶结果的特殊情况在非线性规划的信赖域方法的文献中有研究(Stern 和 Wolkowicz [SW95]，Nocedal 和 Wright [NW99, 78 页])。

Brickman [Bri61] 证明了一对矩阵 $A,B\in\mathbf{S}^n$ 的数值场（即在注释 B.1 中定义的集合 $F(A,B)$）在 $n>2$ 时是凸集，以及集合 $W(A,B)$ 是凸锥（对任意 n）。我们在 §B.3 中的证明是基于 Hestenes [Hes68]。很多相关的结果和其他文献可参见 Horn 和 Johnson [HJ91, §1.8] 以及 Ben-Tal 和 Nemirovski [BTN01, §4.10.5]。

C 有关的数值线性代数知识

本附录简单回顾一些基本的数值线性代数知识，主要集中于一个或更多个线性方程组的求解方法。我们将重点关注直接（即非迭代）方法，以及如何利用问题结构提高效率。数值线性代数领域很多重要的问题和方法将不会在这里考虑，比如数值稳定性，矩阵因式分解的细节，平行计算或多处理器计算方法，以及迭代方法。对于这些（以及别的）主题，作者可参阅本附录结尾列出的参考文献。

C.1 矩阵结构与算法复杂性

我们主要考虑求解以下线性方程组的方法，

$$Ax = b \tag{C.1}$$

其中 $A \in \mathbf{R}^{n\times n}$，$b \in \mathbf{R}^n$。假设 A 非奇异，因此对任意的 b 有唯一解 $x = A^{-1}b$。这个基本问题出现于很多优化算法中，并且经常耗费大部分计算量。在求解线性方程组 (C.1) 时，矩阵 A 经常被称为**系数矩阵**，而向量 b 则被称为**右边项**。

求解方程组 (C.1) 的一般性标准方法所需要的计算量大约和 n^3 成比例。这些方法除了 A 的非奇异性以外不做任何其他假设，因此适用于一般情况。对于 n 不超过数百的情况，这些一般性方法可能是可采用的最好方法，除非对实时性要求非常高的应用情况。当 n 超过一千时，求解 $Ax = b$ 的一般性方法会变得不太实用。

系数矩阵结构

很多情况下系数矩阵 A 有些特殊的结构或形式，采用为这些结构专门设计的方法可以更有效地求解方程 $Ax = b$。例如，在 Newton 系统 $\nabla^2 f(x)\Delta x_{\rm nt} = -\nabla f(x)$ 中，系数矩阵是对称正定矩阵，该性质使我们可以采用比一般方法大约快一倍的方法求解（因此也得到更好的舍入精度）。有很多其他类型可以利用的结构，通常可以使计算量减少（或算法加速）到远大于两倍的程度。很多情况下，和一般算法的计算量与 n^3 成比例的效率相比，利用特殊结构的算法的计算量可以减少为与 n^2 甚至 n 成比例的效果。由于这些方法一般应用于 n 至少是一百，经常大很多，的情况，所节约的计算量可能非常惊人。

可以利用的系数矩阵的结构很多。简单的例子和稀疏模式有关（即矩阵中零和非零元素的模式），包括带状、分块对角或稀疏矩阵。一种更精细的可利用结构是对角加低秩。很多常规形式的凸优化问题所涉及的线性方程组的系数矩阵都有可利用的结构。（还有很多其他矩阵结构也可以被利用，比如，Toeplitz，Hankel 和循环，本附录不考虑这些结构。）

我们将不利用矩阵稀疏模式的一般性方法称为**稠密矩阵**的方法，将完全不利用任何矩阵结构的方法称为**无结构矩阵**的方法。

C.1.1　基于浮点运算次数的复杂性分析

数值线性代数算法的成本经常表示为完成算法所需要的**浮点运算**次数关于各种问题维数的函数。我们将一个浮点运算定义为两个浮点数的一次相加、相减、相乘或相除。（有些作者将一个浮点运算定义为一次乘法运算及其随后的一次加法运算，因此他们的浮点运算次数可能只有我们的一半。）为了估计一个算法的复杂性，我们计算总的浮点运算次数，将其表示为所涉及的矩阵或向量的维数的函数（通常是多项式函数），并通过只保留主导（即最高次数或占优势的）项的方式来简化所得到的表达式。

作为一个例子，假设一个具体的算法需要总数为

$$m^3 + 3m^2n + mn + 4mn^2 + 5m + 22$$

次浮点运算，其中 m 和 n 是问题的维数。正常情况下我们将它简化为

$$m^3 + 3m^2n + 4mn^2$$

次浮点运算，因为这些是问题维数 m 和 n 主导项。如果此外又假设 $m \ll n$，我们将进一步将浮点运算次数简化为 $4mn^2$。

浮点运算计数最初流行于浮点运算相对来说还比较慢的时候，因此计算这种次数对总的计算时间可以给出一个很好的估计。现在情况已经完全不同：诸如高速缓冲存储器的边界和参考点位置这些因素都可能严重影响一个数值算法的计算时间。但是，对于数值算法的计算时间以及该计算时间如何随着问题规模的增加而增长，浮点运算次数仍然能给我们一个好的粗略的估计。既然浮点运算次数再也不能精确预测算法的计算时间，我们通常将主要注意力集中于它的阶数，即它的最大的幂数，而忽略浮点运算次数的差异小于两倍左右的情况。例如，浮点运算次数为 $5n^2$ 的算法和浮点运算次数为 $4n^2$ 的算法大致相当，但比浮点运算次数为 $(1/3)n^3$ 的算法快得多。

C.1.2　基本的矩阵–向量运算成本

向量运算

为了完成两个向量 $x, y \in \mathbf{R}^n$ 的内积运算 x^Ty，我们先要计算乘积 x_iy_i，然后将它们相加，这需要 n 次乘法和 $n-1$ 次加法，或者为 $2n-1$ 次浮点运算。如上所述，我

们只保留主导项，称内积运算需要 $2n$ 次浮点运算，甚至更近似地说，需要次数为 n 的浮点运算。标量–向量乘积 αx，其中 $\alpha \in \mathbf{R}$，$x \in \mathbf{R}^n$，耗费 n 次浮点运算。两个向量 $x, y \in \mathbf{R}^n$ 的加法 $x + y$ 也耗费 n 次浮点运算。

如果向量 x 和 y 是稀疏的，即只有少数非零项，这些基本运算可以更快地完成（假设向量用恰当的数据结构存储）。例如，如果 x 是只有 N 个非零分量的稀疏向量，那么内积 $x^T y$ 可以用 $2N$ 次浮点运算完成。

矩阵–向量相乘

矩阵–向量相乘 $y = Ax$，其中 $A \in \mathbf{R}^{m \times n}$，成本为 $2mn$ 次浮点运算：我们必须计算 y 的 m 个分量，每个分量是 A 的行向量和 x 的乘积，即两个 $\mathbf{R}^n$ 的向量的内积。

利用 A 的结构经常可以对矩阵–向量相乘运算进行加速。例如，如果 A 是对角阵，那么 Ax 可以用 n 次浮点运算求出，而不是一般性 $n \times n$ 矩阵和向量相乘所需要的 $2n^2$ 次浮点运算。更一般的情况是，如果 A 是稀疏矩阵，仅有（总数为 mn 中的）N 个非零元素，那么只需要 $2N$ 次浮点运算就可以确定 Ax，因为我们可以跳过和零元素相乘及相加的运算。

作为一个不是很明显的例子，假设矩阵 A 的秩为 $p \ll \min\{m, n\}$，并且被表示（存储）为因式化形式 $A = UV$，其中 $U \in \mathbf{R}^{m \times p}$，$V \in \mathbf{R}^{p \times n}$。那么我们可以通过首先计算 Vx（耗费 $2pn$ 次浮点运算），然后计算 $U(Vx)$（耗费 $2mp$ 浮点运算）来确定 Ax，因此总的浮点运算次数是 $2p(m+n)$。因为 $p \ll \min\{m, n\}$，这样的浮点运算次数要小于 $2mn$。

矩阵–矩阵相乘

矩阵–矩阵相乘 $C = AB$，其中 $A \in \mathbf{R}^{m \times n}$，$B \in \mathbf{R}^{n \times p}$，需要 $2mnp$ 次浮点运算。因为我们需要计算 C 的 mp 个元素，而每个元素是两个长度为 n 的向量的内积。同样，经常可以利用 A 和 B 的结构大幅节省计算量。例如，如果 A 和 B 是稀疏矩阵，我们可以通过跳过和零元素相加及相乘加速矩阵相乘。如果 $m = p$ 并且已知 C 是对称矩阵，那么可以用 $m^2 n$ 次浮点运算计算矩阵乘积，因为我们只需要计算下三角部分的 $(1/2)m(m+1)$ 个元素。

在计算若干个矩阵的乘积时，我们可以用不同的方式进行矩阵相乘，一般情况会导致不同的浮点运算次数。最简单的例子是计算乘积 $D = ABC$，其中 $A \in \mathbf{R}^{m \times n}$，$B \in \mathbf{R}^{n \times p}$，$C \in \mathbf{R}^{p \times q}$。这里我们可以采用两种矩阵–矩阵相乘的方式计算 D。一种方式是先计算乘积 AB ($2mnp$ 次浮点运算)，然后计算 $D = (AB)C$ ($2mpq$ 次浮点运算)，因此总的浮点运算次数是 $2mp(n+q)$。另一种方式是，我们先计算乘积 BC ($2npq$ 次浮点运算)，再计算 $D = A(BC)$ ($2mnq$ 次浮点运算)，这时总的浮点运算次数是 $2nq(m+p)$。

当 $2mp(n+q) < 2nq(m+p)$，即当

$$\frac{1}{n}+\frac{1}{q}<\frac{1}{m}+\frac{1}{p}$$

时，第一种方式较好。这是假设没有矩阵结构可以利用时计算三个矩阵乘积的情况。

对于三个以上矩阵的乘积，存在很多方式将其分解成若干个双矩阵相乘的问题。尽管给定矩阵维数时不难设计一种算法找出最好的分解方式（即所需要的浮点运算次数最少的方式），但在大多数实际应用中并不需要这种算法，因为最好的分解方式通常都很明显。

C.2 求解已经因式分解的矩阵的线性方程组

C.2.1 容易求解的线性方程组

我们首先讨论 $Ax=b$ 很容易求解，即 $x=A^{-1}b$ 很容易计算的一些情况。

对角矩阵

假设 A 是非奇异对角矩阵（即对所有的 i 成立 $a_{ii}\neq 0$）。线性方程组 $Ax=b$ 可以写成 $a_{ii}x_i=b_i$，$i=1,\cdots,n$。方程组的解为 $x_i=b_i/a_{ii}$，可以经 n 次浮点运算确定。

下三角矩阵

矩阵 $A\in\mathbf{R}^{n\times n}$ 被称为**下三角**矩阵的条件是，对所有的 $j>i$ 成立 $a_{ij}=0$。如果一个下三角矩阵的对角元素都等于 1，则称其为**单位下三角**矩阵。下三角矩阵非奇异的充要条件是，对所有的 i 成立 $a_{ii}\neq 0$。

假设 A 是非奇异下三角矩阵。方程 $Ax=b$ 为

$$\begin{bmatrix} a_{11} & 0 & \cdots & 0 \\ a_{21} & a_{22} & \cdots & 0 \\ \vdots & \vdots & \ddots & \vdots \\ a_{n1} & a_{n2} & \cdots & a_{nn} \end{bmatrix}\begin{bmatrix} x_1 \\ x_2 \\ \vdots \\ x_n \end{bmatrix}=\begin{bmatrix} b_1 \\ b_2 \\ \vdots \\ b_n \end{bmatrix}.$$

从第一行 $a_{11}x_1=b_1$ 可以得到 $x_1=b_1/a_{11}$。从第二行 $a_{21}x_1+a_{22}x_2=b_2$ 又可将 x_2 写成 $x_2=(b_2-a_{21}x_1)/a_{22}$。（我们已经求出 x_1，因此该式右边每个数值均已知。）继续这种方式，我们可以将 x 的每个元素用其前面的元素进行表示，由此产生了以下算法

$$\begin{aligned} x_1 &:= b_1/a_{11} \\ x_2 &:= (b_2-a_{21}x_1)/a_{22} \\ x_3 &:= (b_3-a_{31}x_1-a_{32}x_2)/a_{33} \\ &\vdots \\ x_n &:= (b_n-a_{n1}x_1-a_{n2}x_2-\cdots-a_{n,n-1}x_{n-1})/a_{nn}. \end{aligned}$$

这个程序被称为**前向代入**算法，因为它通过将已知数值代入下一个方程顺序求出 x 的所有分量。

下面对前向代入算法确定其浮点运算次数。我们从计算 x_1 开始（1 次浮点运算）。将 x_1 代入第二个方程后计算 x_2（3 次浮点运算），然后将 x_1 和 x_2 代入第三个方程再计算 x_3（5 次浮点运算），如此继续。总的浮点计算次数为

$$1+3+5+\cdots+(2n-1)=n^2.$$

因此，当 A 是非奇异下三角矩阵时，计算 $x=A^{-1}b$ 的浮点运算次数是 n^2。

如果除了下三角结构，矩阵 A 还有其他结构，那么前向代入算法可以比 n^2 次浮点运算更加有效。例如，如果 A 是稀疏（或带状）矩阵，每行至多有 k 个非零元素，那么每个前向代入步骤至多需要 $2k+1$ 次浮点运算，因此总的浮点运算次数是 $2(k+1)n$，略去 $2n$ 项后是 $2kn$。

上三角矩阵

矩阵 $A\in\mathbf{R}^{n\times n}$ 被称为**上三角**矩阵的条件是，A^T 是下三角矩阵，即对所有的 $j<i$ 成立 $a_{ij}=0$。我们可以采用和前向代入相似的方法求解非奇异上三角系数矩阵的线性方程组，不同之处仅在于从计算 x_n 开始，然后 x_{n-1}，然后如此继续。算法如下

$$\begin{aligned}
x_n &:= b_n/a_{nn}\\
x_{n-1} &:= (b_{n-1}-a_{n-1,n}x_n)/a_{n-1,n-1}\\
x_{n-2} &:= (b_{n-2}-a_{n-2,n-1}x_{n-1}-a_{n-2,n}x_n)/a_{n-2,n-2}\\
&\vdots\\
x_1 &:= (b_1-a_{12}x_2-a_{13}x_3-\cdots-a_{1n}x_n)/a_{11}.
\end{aligned}$$

该程序被称为**后向代入**或**回代**算法，因为它以向后的顺序确定所有未知数。以后向代入算法求解 $x=A^{-1}b$ 的计算量是 n^2 次浮点运算。如果 A 是稀疏（或带状）上三角矩阵，每行至多 k 个非零元素，那么回代算法的浮点运算次数是 $2kn$。

正交矩阵

矩阵 $A\in\mathbf{R}^{n\times n}$ 被称为**正交**矩阵的条件是 $A^TA=I$，即 $A^{-1}=A^T$。这种情况下可以通过简单的矩阵–向量乘积 $x=A^Tb$ 计算 $x=A^{-1}b$，一般情况其计算成本为 $2n^2$ 次浮点运算。

如果矩阵 A 有其他结构，计算 $x=A^{-1}b$ 的效率可以超过 $2n^2$。例如，如果 A 具有 $A=I-2uu^T$ 的形式，其中 $\|u\|_2=1$，此时

$$x=A^{-1}b=(I-2uu^T)^Tb=b-2(u^Tb)u$$

我们可以先计算 u^Tb，然后计算 $b-2(u^Tb)u$，其计算成本为 $4n$ 次浮点运算。

排列矩阵

令 $\pi=(\pi_1,\cdots,\pi_n)$ 为 $(1,2,\cdots,n)$ 的一种排列。相应的**排列矩阵** $A\in\mathbf{R}^{n\times n}$ 定义为

$$A_{ij}=\begin{cases}1 & j=\pi_i\\ 0 & \text{其他情况。}\end{cases}$$

排列矩阵的每行（或每列）仅有一个元素等于 1；所有其他元素都等于零。用排列矩阵乘一个向量就是对其分量进行如下排列：

$$Ax=(x_{\pi_1},\cdots,x_{\pi_n}).$$

排列矩阵的逆矩阵就是逆排列 π^{-1} 对应的排列矩阵。这实际上就是 A^T，由此可知排列矩阵是正交矩阵。

如果 A 是排列矩阵，求解 $Ax=b$ 将非常容易：用 π^{-1} 对 b 的元素进行排列就可得到 x。这样做并不需要我们定义的浮点运算（但是，取决于具体实现，可能要复制浮点数）。从方程 $x=A^Tb$ 可以达到同样的结论。矩阵 A^T（像 A 一样）的每行仅有一个等于 1 的非零元素。因此不需要加法运算，而唯一需要的乘法是和 1 相乘。

C.2.2　因式分解求解方法

求解 $Ax=b$ 的基本途径是将 A 表示为一系列非奇异矩阵的乘积，

$$A=A_1A_2\cdots A_k,$$

因此

$$x=A^{-1}b=A_k^{-1}A_{k-1}^{-1}\cdots A_1^{-1}b.$$

我们可以从右到左利用这个公式计算 x：

$$\begin{aligned}z_1&:=A_1^{-1}b\\ z_2&:=A_2^{-1}z_1=A_2^{-1}A_1^{-1}b\\ &\vdots\\ z_{k-1}&:=A_{k-1}^{-1}z_{k-2}=A_{k-1}^{-1}\cdots A_1^{-1}b\\ x&:=A_k^{-1}z_{k-1}=A_k^{-1}\cdots A_1^{-1}b.\end{aligned}$$

这个过程的第 i 步需要计算 $z_i=A_i^{-1}z_{i-1}$，即求解线性方程组 $A_iz_i=z_{i-1}$。如果这些方程组都容易求解（即如果 A_i 是对角矩阵，下三角或上三角矩阵，排列矩阵，等等），这就形成了计算 $x=A^{-1}b$ 的一种方法。

将 A 表示为因式分解形式（即计算每个因式 A_i）的步骤被称为**因式分解步骤**，而通过递推求解一系列 $A_iz_i=z_{i-1}$ 来计算 $x=A^{-1}b$ 的过程经常被称为**求解步骤**。采用

这种因式分解求解方法求解 $Ax = b$ 的总的浮点运算次数是 $f + s$，其中 f 是进行因式分解的浮点运算次数，s 是求解步骤的总的浮点运算次数。很多情况下，因式分解的成本 f，相对总的求解成本 s 占据主导地位。此时求解 $Ax = b$ 的成本，即计算 $x = A^{-1}b$，就是 f。

求解多个右边项的方程组

假设我们需要求解方程组

$$Ax_1 = b_1, \qquad Ax_2 = b_2, \qquad \cdots, \qquad Ax_m = b_m,$$

其中 $A \in \mathbf{R}^{n\times n}$ 是非奇异矩阵。换句话说，我们需要求解 m 个线性方程组，每个方程组的系数矩阵相同，但右边项不同。我们可以将该问题等价为计算矩阵

$$X = A^{-1}B$$

其中

$$X = \begin{bmatrix} x_1 & x_2 & \cdots & x_m \end{bmatrix} \in \mathbf{R}^{n\times m}, \qquad B = \begin{bmatrix} b_1 & b_2 & \cdots & b_m \end{bmatrix} \in \mathbf{R}^{n\times m}.$$

为此我们先对 A 进行因式分解，其成本为 f。然后对 $i = 1, \cdots, m$ 通过求解步骤计算 $A^{-1}b_i$。因此我们只需对 A 进行一次因式分解，总计算量是

$$f + ms.$$

换句话说，我们将因式分解的成本分摊在 m 次求解步骤中。如果我们（毫无必要的）对每个 i 重复因式分解步骤，总计算成本将是 $m(f + s)$。

当因式分解的成本 f 主导求解成本 s 时，因式分解求解方法使我们能够以本质上和求解一个线性系统相同的成本求解少数具有相同系数矩阵的线性系统。这是因为只进行一次最耗费计算量的因式分解步骤。

我们可以用因式分解求解方法计算逆矩阵 A^{-1}，这就是对 $i = 1, \cdots, n$ 求解 $Ax = e_i$，即计算 $A^{-1}I$。这需要一次因式分解步骤和 n 次求解步骤，因此总成本是 $f + ns$。

C.3 LU，Cholesky 和 $\mathbf{LDL^T}$ 因式分解

C.3.1 LU 因式分解

每一个非奇异矩阵 $A \in \mathbf{R}^{n\times n}$ 都可以因式分解为

$$A = PLU$$

其中 $P \in \mathbf{R}^{n\times n}$ 是排列矩阵，$L \in \mathbf{R}^{n\times n}$ 是单位下三角矩阵，而 $U \in \mathbf{R}^{n\times n}$ 是非奇异上三角矩阵。这种形式被称为 A 的 **LU 因式分解**。我们也可以把因式分解写成

$P^TA = LU$，其中矩阵 P^TA 通过重新排列 A 的行向量得到。计算 LU 因式分解的标准算法被称为 **Gauss 部分主元消元法或 Gauss 行变换消元法**。如果不利用 A 的结构其计算成本是 $(2/3)n^3$，这是我们首先考虑的情况。

利用 LU 因式分解求解线性方程组

LU 因式分解，结合因式分解求解方法，是求解一般性线性方程组 $Ax = b$ 的标准方法。

算法 C.1　利用 LU 因式分解求解线性方程组。

给定线性方程组 $Ax = b$，其中 A 非奇异。

1. **LU 因式分解**。将 A 因式分解为 $A = PLU$（$(2/3)n^3$ 次浮点运算）。
2. **排列**。求解 $Pz_1 = b$（0 次浮点运算）。
3. **前向代入**。求解 $Lz_2 = z_1$（n^2 次浮点运算）。
4. **后向代入**。求解 $Ux = z_2$（n^2 次浮点运算）。

总计算成本为 $(2/3)n^3 + 2n^2$，或者为 $(2/3)n^3$（如果只保留主导项）次浮点运算。

如果需要求解多个不同右边项的线性方程组，即 $Ax_i = b_i$，$i = 1, \cdots, m$，成本是

$$(2/3)n^3 + 2mn^2,$$

因为进行了一次 A 的因式分解，m 次前向代入和后向代入。例如，求解两个系数矩阵相同但右边项不同的线性方程组所需要的计算量，本质上和求解一个线性方程组的相同。我们可以通过求解多个方程组 $Ax_i = e_i$ 来计算逆矩阵 A^{-1}，其中 x_i 是 A^{-1} 的第 i 列向量，而 e_i 则是第 i 个单位向量。这个过程的计算成本是 $(8/3)n^3$，即约为 $3n^3$ 次浮点运算。

如果矩阵 A 有一定的结构，例如带状或稀疏，其 LU 因式分解可以用少于 $(2/3)n^3$ 次浮点运算完成，而相应的前向代入和后向代入过程也可以更加有效的完成。

带状矩阵的 LU 因式分解

假设 $A \in \mathbf{R}^{n\times n}$ 是**带状**矩阵，即对任意 $|i-j| > k$ 成立 $a_{ij} = 0$，其中 $k < n-1$ 称为 A 的**带宽**。我们考虑 $k \ll n$ 的情况，即带宽远远小于矩阵的维数。这种情况下 A 的 LU 因式分解的计算量粗略估计为 $4nk^2$ 次浮点运算。所生成的上三角矩阵 U 的带宽至多为 $2k$，而下三角矩阵 L 的每列至多有 $k+1$ 个非零元素，于是完成前后向代入的浮点运算阶次为 $6nk$。因此，如果 A 是带状矩阵，求解线性方程组 $Ax = b$ 的浮点运算次数约为 $4nk^2$。

稀疏矩阵的 LU 因式分解

当 A 是稀疏矩阵时，其 LU 因式分解通常包含行列排列，即 A 被因式分解为

$$A = P_1 L U P_2,$$

其中 P_1 和 P_2 是排列矩阵，L 是下三角矩阵，U 是上三角矩阵。如果因式 L 和 U 是稀疏矩阵，前后向代入可以高效进行，因而可以用有效的方法求解 $Ax = b$。因式 L 和 U 的稀疏性取决于排列矩阵 P_1 和 P_2，因此选择这些矩阵时在一定程度上要考虑因式的稀疏性。

计算稀疏的 LU 因式分解的成本是 A 的维数，非零元素的数量，稀疏模式以及所使用的具体算法这些因素的复杂函数，但经常会显著小于稠密的 LU 因式分解的计算成本。很多情况下，当 n 很大时，这种计算成本近似为 n 的线性函数。这意味着当 A 是稀疏矩阵时，我们可以非常有效地求解 $Ax = b$，其浮点运算的阶次经常近似为 n。

C.3.2 Cholesky 因式分解

如果 $A \in \mathbf{R}^{n\times n}$ 是对称正定矩阵，那么它可以因式分解为

$$A = LL^T$$

其中 L 是下三角非奇异矩阵，对角元素均为正数。这种分解被称为 A 的 **Cholesky 因式分解**，可以被解释为对称 LU 因式分解（取 $L = U^T$）。矩阵 L，通常由 A 唯一确定，被称为 A 的 **Cholesky 因式**。计算一个稠密矩阵的 Cholesky 因式分解的成本，即不利用任何结构，是 $(1/3)n^3$ 次浮点运算，为 LU 因式分解的一半。

利用 Cholesky 因式分解求解正定方程组

Cholesky 因式分解可以用于求解 A 是对称正定矩阵时的 $Ax = b$。

算法 C.2　利用 Cholesky 因式分解求解线性方程组。

给定 线性方程组 $Ax = b$，其中 $A \in \mathbf{S}^n_{++}$。

1. **Cholesky 因式分解**。将 A 因式分解为 $A = LL^T$（$(1/3)n^3$ 次浮点运算）。
2. **前向代入**。求解 $Lz_1 = b$（n^2 次浮点运算）。
3. **后向代入**。求解 $L^T x = z_1$（n^2 次浮点运算）。

总的成本是 $(1/3)n^3 + 2n^2$，或粗略为 $(1/3)n^3$ 次浮点运算。

对于带状和稀疏矩阵的 Cholesky 因式分解，存在特殊算法，其复杂性远低于 $(1/3)n^3$。

带状矩阵的 Cholesky 因式分解

如果 A 是对称正定带状矩阵，带宽为 k，那么它的 Cholesky 因式 L 是带宽为 k 的带状矩阵，可以用 nk^2 次浮点运算完成计算。相应的求解步骤的成本是 $4nk$ 次浮点运算。

稀疏矩阵的 Cholesky 因式分解

当 A 是对称正定稀疏矩阵时，通常可以因式分解为

$$A = PLL^TP^T,$$

其中 P 是排列矩阵，L 是对角元素为正数的下三角矩阵。我们也可以将其表示为 $P^TAP = LL^T$，即 LL^T 是 P^TAP 的 Cholesky 因式分解。我们可以对此进行如下解释，首先重新排列变量和方程，然后计算排列后矩阵的（标准）Cholesky 因式分解。既然 P^TAP 对任何排列矩阵 P 都是正定矩阵，我们可以任意选择排列矩阵；对每种选择有唯一的 Cholesky 因式 L 相对应。但是，P 的选择对因式 L 的稀疏性有很大影响，而后者又对求解 $Ax = b$ 的效率起重大作用。有多种选择排列矩阵 P 的启发式方法可用于获得稀疏的因式 L。

例 C.1　箭式稀疏模式的 Cholesky 因式分解。 考虑以下形式的稀疏矩阵

$$A = \begin{bmatrix} 1 & u^T \\ u & D \end{bmatrix}$$

其中 $D \in \mathbf{R}^{n\times n}$ 是正对角阵，$u \in \mathbf{R}^n$。可以说明当 $u^TD^{-1}u < 1$ 时 A 是正定矩阵。A 的 Cholesky 因式分解是

$$\begin{bmatrix} 1 & u^T \\ u & D \end{bmatrix} = \begin{bmatrix} 1 & 0 \\ u & L \end{bmatrix} \begin{bmatrix} 1 & u^T \\ 0 & L^T \end{bmatrix} \tag{C.2}$$

其中 L 是满足 $LL^T = D - uu^T$ 的下三角矩阵。对于一般性的 u，矩阵 $D - uu^T$ 是稠密的，因此可以预计 L 是稠密矩阵。虽然 A 是非常稀疏的矩阵（其大部分行向量只有两个非零元素），它的 Cholesky 因式却几乎是完全稠密的矩阵。

另一方面，假设我们将 A 的第一行和第一列排列到最后。经过这样的重新排列，我们得到的 Cholesky 因式分解为

$$\begin{bmatrix} D & u \\ u^T & 1 \end{bmatrix} = \begin{bmatrix} D^{1/2} & 0 \\ u^TD^{-1/2} & \sqrt{1-u^TD^{-1}u} \end{bmatrix} \begin{bmatrix} D^{1/2} & D^{-1/2}u \\ 0 & \sqrt{1-u^TD^{-1}u} \end{bmatrix}.$$

现在 Cholesky 因式有一个 1,1 对角块，因此是一个非常稀疏的矩阵。

这个例子表明重新排列对 Cholesky 因式的稀疏性有很大影响。在这里最好的排列矩阵非常明显，所有用于选择重新排列的好的启发式方法都将选出这个矩阵，并将稠密的行列排列到最后。对于更复杂的稀疏模式，可能很难找到“最好的”重新排列（即在 L 中产生最多数量的零元素），但多种启发式方法确能给出次优的排列矩阵。

对于稀疏的 Cholesky 因式分解，重新排列矩阵 P 通常由矩阵 A 的稀疏模式所决定，而不是取决于 A 的非零元素的具体数值。一旦选定 P，我们也确定了 L 的稀疏模

式，无须知道 A 的非零元素的数值。这两个步骤结合在一起被称为 A 的**符号因式分解**，它是获得稀疏的 Cholesky 因式分解的第一步。与此相反，获取稀疏的 LU 因式分解的排列矩阵却依赖于 A 的具体数值，而不仅仅是它的稀疏模式。

符号因式分解之后要进行**数值因式分解**，即计算 L 的非零元素。进行稀疏的 Cholesky 因式分解的软件包通常包含符号因式分解和数值因式分解这两个子程序。这在很多实际应用中是有用的，因为符号因式分解的成本值得重视，并且经常和数值因式分解的成本相当。例如，假设我们要求解 m 个线性方程组

$$A_1x = b_1, \qquad A_2x = b_2, \qquad \cdots, \qquad A_mx = b_m$$

其中矩阵 A_i 是具有不同数值的对称正定矩阵，但都有相同的稀疏模式。假设符号因式分解的成本是 $f_{\rm symb}$，数值因式分解的成本是 $f_{\rm num}$，而求解步骤的成本是 s。于是求解这 m 个线性方程组的浮点运算次数是

$$f_{\rm symb} + m(f_{\rm num} + s),$$

因为我们只需要对所有 m 个方程组进行一次符号因式分解。如果我们对每个线性方程组单独进行符号因式分解，那么浮点运算次数将是 $m(f_{\rm symb} + f_{\rm num} + s)$。

C.3.3 $\mathbf{LDL^T}$ 因式分解

每个非奇异对称矩阵 A 都能因式分解为

$$A = PLDL^TP^T$$

其中 P 是排列矩阵，L 是对角元素均为正数的下三角矩阵，D 是块对角矩阵，对角块为 1×1 和 2×2 的非奇异矩阵。这种形式称为 A 的 $\mathrm{LDL^T}$ 因式分解。（Cholesky 因式分解可以视为 $\mathrm{LDL^T}$ 因式分解的特殊情况，对应的 $P = I$，$D = I$。）如果没有 A 的结构可以利用，那么计算 $\mathrm{LDL^T}$ 因式分解的浮点运算次数为 $(1/3)n^3$。

算法 C.3　利用 LDL^T 因式分解求解线性方程组。

给定 线性方程组 $Ax = b$，其中 $A \in \mathbf{S}^n$ 非奇异。

1. **LDL^T 因式分解**。将 A 因式分解为 $A = PLDL^TP^T$（$(1/3)n^3$ 次浮点运算）。
2. **排列**。求解 $Pz_1 = b$（0 次浮点运算）。
3. **前向代入**。求解 $Lz_2 = z_1$（n^2 次浮点运算）。
4. **求解(块)对角方程**。求解 $Dz_3 = z_2$（阶次为 n 次浮点运算）。
5. **后向代入**。求解 $L^Tz_4 = z_3$（n^2 次浮点运算）。
6. **排列**。求解 $P^Tx = z_4$（0 次浮点运算）。

总计算成本为 $(1/3)n^3$ 次浮点运算，其中只保留了主导项。

带状和稀疏矩阵的LDL^{T} 因式分解

同 LU 和 Cholesky 因式分解一样，有一些特殊方法可用于计算带状和稀疏矩阵的 LDL^{T} 因式分解。这些方法同 Cholesky 因式分解的相应方法类似，只需另外加上因式 D。在确定稀疏的 LDL^{T} 因式分解时，排列矩阵 P 的选择不能只基于 A 的稀疏模式（像确定稀疏的 Cholesky 因式分解那样）；它还依赖于矩阵 A 的非零元素的具体数值。

C.4 分块消元和 Schur 补

C.4.1 消除部分变量

本节我们描述一种求解 $Ax = b$ 的一般性方法，该方法首先消除一部分变量，然后求解剩余变量的较小的线性方程组。对于一个稠密的无结构矩阵，这种方法没有优点。但如果要消去的变量对应的 A 的子矩阵容易因式分解（例如，是块对角或带状矩阵），这种方法就会比一般性方法有效得多。

假设我们将变量 $x \in \mathbf{R}^n$ 分为两块或两个子向量，

$$x = \begin{bmatrix} x_1 \\ x_2 \end{bmatrix},$$

其中 $x_1 \in \mathbf{R}^{n_1}$，$x_2 \in \mathbf{R}^{n_2}$。我们对线性方程组 $Ax = b$ 进行对应的划分

$$\begin{bmatrix} A_{11} & A_{12} \\ A_{21} & A_{22} \end{bmatrix} \begin{bmatrix} x_1 \\ x_2 \end{bmatrix} = \begin{bmatrix} b_1 \\ b_2 \end{bmatrix} \tag{C.3}$$

其中 $A_{11} \in \mathbf{R}^{n_1 \times n_1}$，$A_{22} \in \mathbf{R}^{n_2 \times n_2}$。假定子矩阵 A_{11} 可逆，于是可以按以下方式从方程中消去 x_1。利用第一个方程可以将 x_1 表示为 x_2 的函数:

$$x_1 = A_{11}^{-1}(b_1 - A_{12}x_2). \tag{C.4}$$

将此表达式代入第二个方程得到

$$(A_{22} - A_{21}A_{11}^{-1}A_{12})x_2 = b_2 - A_{21}A_{11}^{-1}b_1. \tag{C.5}$$

我们将这个方程称为从原方程消去 x_1 的**简化方程**。简化方程 (C.5) 和方程 (C.4) 一起等价于原方程 (C.3)。简化方程中的矩阵称为 A 的第一个分块矩阵 A_{11} 的 **Schur 补**:

$$S = A_{22} - A_{21}A_{11}^{-1}A_{12}$$

（参见 §A.5.5）。当且仅当 A 非奇异时 Schur 补 S 是非奇异矩阵。

方程 (C.5) 和方程 (C.4) 给出求解原方程组 (C.3) 的替代方案。我们首先计算 Schur 补 S，然后计算方程 (C.5) 的解 x_2，再由方程 (C.4) 计算 x_1。我们将这个方法总结如下。

算法 C.4 通过分块消元求解线性方程组。

给定 非奇异线性方程组 (C.3)，其中 A_{11} 非奇异。

1. 计算 $A_{11}^{-1}A_{12}$ 和 $A_{11}^{-1}b_1$。
2. 计算 $S = A_{22} - A_{21}A_{11}^{-1}A_{12}$ 和 $\tilde{b} = b_2 - A_{21}A_{11}^{-1}b_1$。
3. 求解 $Sx_2 = \tilde{b}$ 确定 x_2。
4. 求解 $A_{11}x_1 = b_1 - A_{12}x_2$ 确定 x_1。

注释 C.1 基于分块因式求解的解释。 对于分块消元法，可以基于下面的因式分解，按照 §C.2.2 描述的因式求解方法进行解释，

$$\begin{bmatrix} A_{11} & A_{12} \\ A_{21} & A_{22} \end{bmatrix} = \begin{bmatrix} A_{11} & 0 \\ A_{21} & S \end{bmatrix} \begin{bmatrix} I & A_{11}^{-1}A_{12} \\ 0 & I \end{bmatrix},$$

该式可视为分块 LU 因式分解。基于这个分块 LU 因式分解可以采用以下方法求解式 (C.3)。我们首先通过“分块前向代入”求解

$$\begin{bmatrix} A_{11} & 0 \\ A_{21} & S \end{bmatrix} \begin{bmatrix} z_1 \\ z_2 \end{bmatrix} = \begin{bmatrix} b_1 \\ b_2 \end{bmatrix},$$

然后通过“分块后向代入”求解

$$\begin{bmatrix} I & A_{11}^{-1}A_{12} \\ 0 & I \end{bmatrix} \begin{bmatrix} x_1 \\ x_2 \end{bmatrix} = \begin{bmatrix} z_1 \\ z_2 \end{bmatrix}.$$

由此获得和分块消元法相同的表达式:

$$\begin{aligned} z_1 &= A_{11}^{-1}b_1 \\ z_2 &= S^{-1}(b_2 - A_{21}z_1) \\ x_2 &= z_2 \\ x_1 &= z_1 - A_{11}^{-1}A_{12}z_2. \end{aligned}$$

事实上，现在采用的因式求解方法都是基于这样的分块因式分解和求解步骤，而每块的大小则是根据单个（或多个）处理器、高速缓冲存储器的大小等因素优化选择。

分块消元法的复杂性分析

为了分析用分块消元法求解线性方程组的（可能的）优点，我们计算一下浮点运算次数。我们用 f 和 s 分别表示对 A_{11} 进行因式分解和完成相应的求解步骤所需要的计算成本。为简化分析我们（仅对当前）假定 A_{12}，A_{22} 和 A_{21} 为稠密的无结构矩阵。用分块消元法求解 $Ax = b$ 要进行的四步计算的浮点运算次数如下：

1. 计算 $A_{11}^{-1}A_{12}$ 和 $A_{11}^{-1}b_1$ 需要对 A_{11} 因式分解，加上求解过程需要的 n_2+1 次浮点运算，成本为 $f+(n_2+1)s$，略去被支配的 s 项后为 $f+n_2s$。
2. 计算 Schur 补 S 需要矩阵乘积 $A_{21}(A_{11}^{-1}A_{12})$，成本为 $2n_2^2n_1$，再加上 $n_2\times n_2$ 的矩阵相减，成本为 n_2^2（可以忽略）。计算 $\tilde{b}=b_2-A_{21}A_{11}^{-1}b_1$ 的成本被计算 S 的成本所支配，因此也可忽略。忽略了被支配项以后，步骤 2的总成本是 $2n_2^2n_1$。
3. 为了计算 $x_2=S^{-1}\tilde{b}$，我们需要对 S 因式分解并进行求解，成本为 $(2/3)n_2^3$。
4. 计算 $b_1-A_{12}x_2$ 耗费 $2n_1n_2+n_1$ 次浮点运算。在计算 $x_1=A_{11}^{-1}(b_1-A_{12}x_2)$ 时，我们可以利用步骤 1已经求出的 A_{11} 的因式分解，因此只需进行求解步骤，其成本为 s。这些成本都被其他项所支配，因此都可以忽略。

最终得到的总成本为

$$f+n_2s+2n_2^2n_1+(2/3)n_2^3 \tag{C.6}$$

次浮点运算。

无结构矩阵消元

我们首先考虑 A_{11} 没有可利用结构的情况。对 A_{11} 采用标准 LU 因式分解，$f=(2/3)n_1^3$，然后通过前后向代入进行求解，$s=2n_1^2$。于是，通过分块消元求解方程组的浮点运算次数是

$$(2/3)n_1^3+n_2(2n_1^2)+2n_2^2n_1+(2/3)n_2^3=(2/3)(n_1+n_2)^3,$$

这和采用标准 LU 因式分解求解大规模方程组的情况相同。换句话说，如果没有 A_{11} 的结构可以利用，用分块消元法求解方程组没有优点。

另一方面，如果 A_{11} 的结构使我们能够比标准方法更有效地进行因式分解和求解，分块消元法就会比标准方法更加有效。

对角矩阵消元

如果 A_{11} 是对角矩阵，无须因式分解，可以直接进行求解过程，耗费 n_1 次浮点运算，因此 $f=0$，$s=n_1$。将它们代入式 (C.6) 并忽略非主导项得到

$$2n_2^2n_1+(2/3)n_2^3$$

次浮点运算，远小于标准方法的计算成本 $(2/3)(n_1+n_2)^3$。特别是，标准方法的浮点运算次数以 n_1 的立方速率增长，而分块消元法的浮点运算次数仅随 n_1 线性增长。

带状矩阵消元

如果 A_{11} 是带宽为 k 的带状矩阵，大约可用 $f=4k^2n_1$ 次浮点运算进行因式分解，而求解过程的浮点运算次数约为 $s=6kn_1$。因此利用分块消元求解 $Ax=b$ 的总的复杂性是

$$4k^2n_1 + 6n_2kn_1 + 2n_2^2n_1 + (2/3)n_2^3$$

次浮点运算。假定 k 相对 n_1 和 n_2 很小，上式将简化为 $2n_2^2n_1 + (2/3)n_2^3$，和 A_{11} 是对角矩阵的情况相同。特别是，复杂性随 n_1 线性增长，而相应的标准方法则随 n_1 立方增长。

具有带状 A_{11} 的矩阵有时称为**箭式矩阵**，因为 $n_1 \gg n_2$ 时其稀疏模式看上去像向下和向右的箭头。用分块消元法求解箭式结构的线性方程组远比标准方法有效。

分块对角矩阵消元

假设 A_{11} 是分块对角矩阵，每个（方形）子块维数为 $m_1, \cdots, m_k$，满足 $n_1 = m_1 + \cdots + m_k$。此时对 A_{11} 因式分解等价于对它的每个子块单独进行因式分解，类似地，求解过程也可以对每个子块单独进行。采用标准方法完成这些工作的计算量是

$$f = (2/3)m_1^3 + \cdots + (2/3)m_k^3, \qquad s = 2m_1^2 + \cdots + 2m_k^2,$$

因此分块消元的总的复杂性为

$$(2/3)\sum_{i=1}^{k} m_i^3 + 2n_2\sum_{i=1}^{k} m_i^2 + 2n_2^2\sum_{i=1}^{k} m_i + (2/3)n_2^3.$$

如果子块的维数相对 n_1 很小，且 $n_1 \gg n_2$，用分块消元法节省的计算量将非常可观。

由于以下原因，A_{11} 为分块对角矩阵的线性方程组 $Ax = b$ 被称为**部分可分**的方程。如果固定子向量 x_2，剩下的方程将分解为 k 个独立的线性方程组（可以单独求解）。子向量 x_2 有时被称为**复杂变量**，因为固定 x_2 能使方程组变的非常简单。对于部分可分的线性方程组，采用分块消元法求解远比标准方法有效。

稀疏矩阵消元

如果 A_{11} 是稀疏矩阵，我们可以用稀疏矩阵的因式分解和求解步骤消去 A_{11}，因此式 (C.6) 的 f 和 s 将远远小于无结构的 A_{11} 对应的数值。如果式 (C.3) 的 A_{11} 是稀疏矩阵，但别的子块都是稠密矩阵，并且 $n_2 \ll n_1$，我们说 A 是带有少数稠密行列的稀疏矩阵。消去稀疏子块 A_{11} 是求解仅有少数稠密行列的方程组的有效方法。

一种替代方案是简单地对整个矩阵 A 应用稀疏矩阵因式分解算法。大部分利用稀疏性的方法将处理稠密的行列，挑选排列矩阵产生稀疏的因式，从而加快因式分解和求解过程。这是比分块消元更直接的处理方法，但是通常会慢一些，特别是在可以利用其他子块结构的应用中（例如，见例 C.4）。

注释 C.2 正如注释 C.1 已经指出的那样，以上两种求解少数稠密行列系统的方法之间有紧密的联系。基于 A_{11} 和 S 的因式分解

$$A_{11} = P_1L_1U_1P_2, \qquad S = P_3L_2U_2$$

的消元方法可以解释为首先将 A 因式分解为

$$\begin{bmatrix} A_{11} & A_{12} \\ A_{21} & A_{22} \end{bmatrix} = \begin{bmatrix} P_1 & 0 \\ 0 & P_3 \end{bmatrix} \begin{bmatrix} L_1 & 0 \\ P_3^T A_{21} P_2^T U_1^{-1} & L_2 \end{bmatrix} \begin{bmatrix} U_1 & L_1^{-1} P_1^T A_{12} \\ 0 & U_2 \end{bmatrix} \begin{bmatrix} P_2 & 0 \\ 0 & I \end{bmatrix},$$

然后再进行前后向代入的过程。

C.4.2　分块消元和结构

对称和正定性

有些分块消元方法的变形可以处理 A 是对称矩阵或对称正定矩阵的情况。当 A 是对称矩阵时，A_{11} 和 Schur 补 S 也是这样的矩阵，因此可以对 A_{11} 和 S 应用对称因式分解算法。对称性也可在其他运算，比如矩阵相乘中加以利用。大体上和非对称情况相比节约量在一半左右。

正定性也可在分块消元中加以利用。当 A 是对称正定矩阵时，A_{11} 和 Schur 补 S 也是这样的矩阵，于是可用 Cholesky 因式分解算法。

在其他子块中利用结构

上面的复杂性分析假设子块 A_{12}，A_{21}，A_{22} 以及 Schur 补 S 没有结构可以利用，即将它们视为稠密矩阵。但是很多情况下这些子块存在结构可以用于计算 Schur 补，对其因式分解以及进行求解步骤。此时分块消元方法所节约的计算量和标准方法相比更加显著。

例 C.2　分块三角方程。 假设 $A_{12}=0$，即线性方程组 $Ax=b$ 具有分块下三角结构：

$$\begin{bmatrix} A_{11} & 0 \\ A_{21} & A_{22} \end{bmatrix} \begin{bmatrix} x_1 \\ x_2 \end{bmatrix} = \begin{bmatrix} b_1 \\ b_2 \end{bmatrix}.$$

这种情况下 Schur 补就是 $S=A_{22}$，而分块消元法简化为分块前向代入：

$$\begin{aligned} x_1 &:= A_{11}^{-1} b_1 \\ x_2 &:= A_{22}^{-1}(b_2 - A_{21} x_1). \end{aligned}$$

例 C.3　分块对角和带状系统。 假设 A_{11} 是分块对角矩阵，最大子块的维数是 $l \times l$，而 A_{12}，A_{21} 以及 A_{22} 是带状矩阵，带宽为 k。这种情况下，A_{11}^{-1} 也是分块对角矩阵，和 A_{11} 的维数相同。因此，乘积 $A_{11}^{-1}A_{12}$ 也是带状矩阵，带宽为 $k+l$，而 Schur

补，$S = A_{22} - A_{21}A_{11}^{-1}A_{12}$ 是带宽为 $2k+l$ 的带状矩阵。这意味着可以更加有效地计算 Schur 补 S，并且可以有效地完成 S 的因式分解和求解过程。特别是，对于固定的最大子块维数 l 和带宽 k，我们可以用随 n 线性增长的浮点运算次数求解 $Ax=b$。

例 C.4　KKT 结构。 假设矩阵 A 具有 **KKT 结构**，即

$$A = \begin{bmatrix} A_{11} & A_{12} \\ A_{12}^T & 0 \end{bmatrix},$$

其中 $A_{11} \in \mathbf{S}_{++}^p$，$A_{12} \in \mathbf{R}^{p\times m}$，$\mathbf{rank}\, A_{12} = m$。因为 $A_{11} \succ 0$，我们可以应用 Cholesky 因式分解。Schur 补 $S = -A_{12}^T A_{11}^{-1} A_{12}$ 是负定矩阵，于是可以对 $-S$ 应用 Cholesky 因式分解。

C.4.3　逆矩阵引理

分块消元法的想法是先消去部分变量，然后求解包含这些变量的 Schur 补的小方程组。同样的想法可以反向应用：如果将某个矩阵视为 Schur 补，就可以引入新变量，然后形成并求解一个大方程组。很多情况下这样做没有好处，因为我们最终要求解一个更大的方程组。但是，如果所形成的大方程组具有可以利用的特殊结构，引入新变量就可能导致更加有效的求解方法。最经常利用的是可以从大方程组中消去另一部分变量的情况。

我们从以下线性方程组开始

$$(A+BC)x = b, \tag{C.7}$$

其中 $A \in \mathbf{R}^{n\times n}$ 非奇异，$B \in \mathbf{R}^{n\times p}$，$C \in \mathbf{R}^{p\times n}$。我们引入新变量 $y = Cx$，并将方程组重新写成

$$Ax + By = b, \qquad y = Cx,$$

或者，写成矩阵形式

$$\begin{bmatrix} A & B \\ C & -I \end{bmatrix} \begin{bmatrix} x \\ y \end{bmatrix} = \begin{bmatrix} b \\ 0 \end{bmatrix}. \tag{C.8}$$

注意到原来的系数矩阵，$A+BC$，是式 (C.8) 的大矩阵中 $-I$ 的 Schur 补。如果从式 (C.8) 中消去变量 y，我们将重新回到原方程 (C.7)。

某些情况下，求解大方程组 (C.8) 比求解原来的小方程组 (C.7) 更加有效。例如，A，B，C 相当稀疏，但矩阵 $A+BC$ 的稀疏性很差，就是这样一种情况。

引入新变量 y 后，利用 $x = A^{-1}(b-By)$，我们可以从大方程组 (C.8) 消去原变量 x。将以上关系代入第二个方程 $y = Cx$，我们得到

$$(I + CA^{-1}B)y = CA^{-1}b,$$

于是

$$y = (I + CA^{-1}B)^{-1}CA^{-1}b.$$

利用 $x = A^{-1}(b - By)$，可以得到

$$x = \left(A^{-1} - A^{-1}B(I + CA^{-1}B)^{-1}CA^{-1}\right)b. \tag{C.9}$$

因为 b 是任意向量，我们有以下结论

$$(A + BC)^{-1} = A^{-1} - A^{-1}B\left(I + CA^{-1}B\right)^{-1}CA^{-1}.$$

这就是**逆矩阵引理**，或称为 **Sherman-Woodbury-Morrison 公式**。

逆矩阵引理有很多应用。例如，当 p 很小（甚至只要不很大）时，倘若能够有效求解 $Au = v$，它就为我们提供了一种求解 $(A + BC)x = b$ 的方法。

对角或稀疏加低秩矩阵

假设 A 是对角元素不等于零的对角矩阵，而我们要求解形如式 (C.7) 的方程。直接方法是先计算矩阵 $D = A + BC$，然后求解 $Dx = b$。如果乘积 BC 是稠密矩阵，该方法的复杂性是 $2pn^2$ 次浮点运算计算 $A + BC$，加上 $(2/3)n^3$ 次浮点运算进行 D 的 LU 因式分解，所以总成本是

$$2pn^2 + (2/3)n^3$$

次浮点运算。逆矩阵引理给出一个更有效的方法。我们可以从右往左按如下方式计算 x 的表达式 (C.9)。首先计算 $z = A^{-1}b$（n 次浮点运算，因为 A 是对角矩阵）。然后计算矩阵 $E = I + CA^{-1}B$（$2p^2n$ 次浮点运算）。再求解 $Ew = Cz$，这是变量 p 的 p 个线性方程。成本是 $(2/3)p^3$ 次浮点运算，加上 $2pn$ 次浮点运算计算 Cz。最后，我们计算 $x = z - A^{-1}Bw$（$2pn$ 次浮点运算计算矩阵–向量乘积 Bw，加上一些低阶项）。总成本是

$$2p^2n + (2/3)p^3$$

次浮点运算，其中忽略了被支配项。和第一种方法比较，可以看出，当 $p < n$ 时第二种方法更有效。特别是，如果 p 很小且固定，复杂性随 n 线性增长。

逆矩阵引理的另一个重要应用是 A 为稀疏非奇异矩阵，B 和 C 为稠密矩阵的情况。我们再比较一下两种方法。第一种方法是先计算（稠密）矩阵 $A + BC$，然后采用 LU 因式分解求解式 (C.7)。这种方法的成本是 $2pn^2 + (2/3)n^3$ 次浮点运算。第二种方法利用 A 的稀疏 LU 因式分解求解表达式 (C.9)。具体地说，假设 f 是将 A 因式分解为 $A = P_1LUP_2$ 的成本，而 s 是求解因式化系统 $P_1LUP_2x = d$ 的成本。我们可以按以下方式从右往左计算式 (C.9)。首先对 A 因式分解，并求解 $p + 1$ 个线性方程

$$Az = b, \qquad AD = B,$$

由此确定 $z \in \mathbf{R}^n$ 和 $D \in \mathbf{R}^{n\times p}$。成本是 $f+(p+1)s$ 次浮点运算。其次，计算矩阵 $E = I + CD$，并求解

$$Ew = Cz,$$

这是 p 个变量 w 的 p 个线性方程。这一步的成本是 $2p^2n + (2/3)p^3$ 加上一些低阶项。最后，我们计算 $x = z - Dw$，成本为 $2pn$ 次浮点运算。这样给出的总成本为

$$f + ps + 2p^2n + (2/3)p^3$$

次浮点运算。如果 $f \ll (2/3)n^3$，$s \ll 2n^2$，这种方法的复杂性比第一种方法低得多。

注释 C.3 增广系统方法。 一种不同的利用稀疏加低秩结构的方法是直接采用稀疏 LU 因式分解求解式 (C.8)。系统 (C.8) 是 $p+n$ 个变量的 $p+n$ 线性方程，有时被称为式 (C.7) 的**增广系统**。如果 A 很稀疏且 p 很小，那么采用稀疏方法求解增广系统可以比采用稠密方法求解式 (C.7) 快很多。

增广系统方法和上面描述的方法密切相关。假设

$$A = P_1LUP_2$$

是 A 的稀疏的 LU 因式分解，而

$$I + CA^{-1}B = P_3\tilde{L}\tilde{U}$$

是 $I + CA^{-1}B$ 的稠密的 LU 因式分解。那么

$$\begin{aligned}
&\begin{bmatrix} A & B \\ C & -I \end{bmatrix} \\
&= \begin{bmatrix} P_1 & 0 \\ 0 & P_3 \end{bmatrix} \begin{bmatrix} L & 0 \\ P_3^TCP_2^TU^{-1} & -\tilde{L} \end{bmatrix} \begin{bmatrix} U & L^{-1}P_1^TB \\ 0 & \tilde{U} \end{bmatrix} \begin{bmatrix} P_2 & 0 \\ 0 & I \end{bmatrix},
\end{aligned} \tag{C.10}$$

这种因式分解可以用于求解增广系统。可以验证，它等价于上面描述的基于逆矩阵引理的方法。

当然，如果我们用稀疏 LU 求解软件解增广系统，我们不能控制排列矩阵的选择。求解软件可能选择和式 (C.10) 不同的因式分解，从而耗费更多计算成本。尽管这样，增广系统方法仍然是有吸引力的选项。它比基于逆矩阵引理的方法更容易实现，并且也有更好的数值稳定性。

低秩修正

假设 $A \in \mathbf{R}^{n\times n}$ 非奇异，$u, v \in \mathbf{R}^n$ 满足 $1 + v^TA^{-1}u \neq 0$，我们要求解两个线性方程组

$$Ax = b, \qquad (A + uv^T)\tilde{x} = b.$$

第二个方程组的解 $\tilde{x}$ 被称为 x 的**秩-1 修正**。一旦求出了 x，逆矩阵引理就能够帮助我们很快的计算秩-1 修正 $\tilde{x}$。我们有

$$\begin{aligned}\tilde{x} &= (A+uv^T)^{-1}b \\ &= \left(A^{-1} - \frac{1}{1+v^TA^{-1}u}A^{-1}uv^TA^{-1}\right)b \\ &= x - \frac{v^Tx}{1+v^TA^{-1}u}A^{-1}u.\end{aligned}$$

因此我们可以按如下方式求解两个系统，先对 A 因式分解，再计算 $x = A^{-1}b$ 和 $w = A^{-1}u$，然后计算

$$\tilde{x} = x - \frac{v^Tx}{1+v^Tw}w.$$

总成本是 $f+2s$，而对应的单独求解 $\tilde{x}$ 的总成本是 $2(f+s)$。

C.5　求解不确定线性方程组

作为本附录结尾内容，我们指出有关**不确定**线性方程组

$$Ax = b \tag{C.11}$$

的若干重要事实，其中 $A \in \mathbf{R}^{p\times n}$，$p < n$。我们假设 $\mathbf{rank}\, A = p$，因此对任意 b 至少存在一个解。很多实际应用中找到一个具体的解 $\hat{x}$ 就足以解决问题。其他一些情况下我们可能需要给出所有解的参数化描述

$$\{x \mid Ax = b\} = \{Fz + \hat{x} \mid z \in \mathbf{R}^{n-p}\} \tag{C.12}$$

其中 F 的列向量构成 A 的零空间的基。

对 A 的非奇异子矩阵求逆

如果已知 A 的一个 $p\times p$ 的非奇异子矩阵，可以直接求解不确定系统。假设 A 的前 p 个列向量线性无关。于是可以将方程 $Ax = b$ 写成

$$Ax = \begin{bmatrix} A_1 & A_2 \end{bmatrix}\begin{bmatrix} x_1 \\ x_2 \end{bmatrix} = A_1x_1 + A_2x_2 = b,$$

其中 $A_1 \in \mathbf{R}^{p\times p}$ 是非奇异矩阵。我们可以将 x_1 表示成

$$x_1 = A_1^{-1}(b - A_2x_2) = A_1^{-1}b - A_1^{-1}A_2x_2.$$

该表达式让我们能够很容易地计算一个解: 简单取 $\hat{x}_2 = 0$，$\hat{x}_1 = A_1^{-1}b$。其计算成本等于求解 p 个线性方程 $A_1\hat{x}_1 = b$ 的成本。我们也可以用 $x_2 \in \mathbf{R}^{n-p}$ 作自由参数表示

$Ax = b$ 的所有解。方程 $Ax = b$ 的一般性解可以表示成

$$x = \begin{bmatrix} x_1 \\ x_2 \end{bmatrix} = \begin{bmatrix} -A_1^{-1}A_2 \\ I \end{bmatrix} x_2 + \begin{bmatrix} A_1^{-1}b \\ 0 \end{bmatrix}.$$

这是形如式 (C.12) 的一种参数化描述，相当于

$$F = \begin{bmatrix} -A_1^{-1}A_2 \\ I \end{bmatrix}, \qquad \hat{x} = \begin{bmatrix} A_1^{-1}b \\ 0 \end{bmatrix}.$$

综上所述，假设 A_1 的因式分解成本是 f，而求解形如 $A_1x = d$ 的系统的成本是 s。那么找出式 (C.11) 的一个解的成本是 $f + s$。参数化描述所有解的成本（即计算 F 和 $\hat{x}$）是 $f + s(n - p + 1)$。现在我们考虑一般情况，此时 A 的前 p 个列向量不一定线性独立。因为 $\mathbf{rank}\, A = p$，我们可以选出 A 的 p 个线性独立的列向量，将它们排列到前面，然后应用上面描述的方法。换句话说，我们要找到一个排列矩阵 P 使 $\tilde{A} = AP$ 的前 p 个列向量线性独立，即

$$\tilde{A} = AP = \begin{bmatrix} A_1 & A_2 \end{bmatrix},$$

其中 A_1 可逆。方程 $\tilde{A}\tilde{x} = b$，其中 $\tilde{x} = P^Tx$，其一般性解由下式给出

$$\tilde{x} = \begin{bmatrix} -A_1^{-1}A_2 \\ I \end{bmatrix} \tilde{x}_2 + \begin{bmatrix} A_1^{-1}b \\ 0 \end{bmatrix}.$$

于是 $Ax = b$ 的一般性解为

$$x = P\tilde{x} = P \begin{bmatrix} -A_1^{-1}A_2 \\ I \end{bmatrix} z + P \begin{bmatrix} A_1^{-1}b \\ 0 \end{bmatrix},$$

其中 $z \in \mathbf{R}^{n-p}$ 是自由参数。该想法可用于容易发现 A 的一个非奇异或便于求逆的子矩阵的情况，例如，具有非零对角元素的对角矩阵的情况。

QR 因式分解

如果 $C \in \mathbf{R}^{n\times p}$ 满足 $p \leqslant n$ 和 $\mathbf{rank}\, C = p$，那么它可以因式分解为

$$C = \begin{bmatrix} Q_1 & Q_2 \end{bmatrix} \begin{bmatrix} R \\ 0 \end{bmatrix},$$

其中 $Q_1 \in \mathbf{R}^{n\times p}$ 和 $Q_2 \in \mathbf{R}^{n\times(n-p)}$ 满足

$$Q_1^TQ_1 = I, \qquad Q_2^TQ_2 = I, \qquad Q_1^TQ_2 = 0,$$

而 $R \in \mathbf{R}^{p\times p}$ 是具有非零对角元素的上三角矩阵。这称为 C 的 **QR 因式分解**。QR 因式分解的浮点运算次数是 $2p^2(n - p/3)$。（以因式分解的方式存储 Q 能够有效计算乘积 Qx 和 Q^Tx。）

QR 因式分解可以用于不确定方程组 (C.11)。假设

$$A^T = \begin{bmatrix} Q_1 & Q_2 \end{bmatrix} \begin{bmatrix} R \\ 0 \end{bmatrix}$$

是 A^T 的 QR 因式分解。将其代入上述方程组可以看出 $\hat{x} = Q_1 R^{-T} b$ 明显满足该方程组：

$$A\hat{x} = R^T Q_1^T Q_1 R^{-T} b = b.$$

此外，Q_2 的列向量构成 A 的零空间的基，于是所有的解可以参数化为

$$\{x = \hat{x} + Q_2 z \mid z \in \mathbf{R}^{n-p}\}.$$

QR 因式分解方法是求解不确定方程组的最常用方法。一个缺点是难以利用稀疏性。因式 Q 通常是稠密的，甚至 C 很稀疏时也是这样。

矩形矩阵的 LU 因式分解

如果 $C \in \mathbf{R}^{n\times p}$ 满足 $p \leqslant n$ 和 $\mathbf{rank}\, C = p$，那么它可以因式分解为

$$C = PLU$$

其中 $P \in \mathbf{R}^{n\times n}$ 是排列矩阵，$L \in \mathbf{R}^{n\times p}$ 是单位下三角矩阵（即对所有的 $i < j$ 满足 $l_{ij} = 0$，并且 $l_{ii} = 1$），$U \in \mathbf{R}^{p\times p}$ 是非奇异上三角矩阵。如果没有 C 的结构可以利用计算成本是 $(2/3)p^3 + p^2(n-p)$ 次浮点运算。

如果 C 是稀疏矩阵，LU 因式分解通常包括行列排列，即我们将 C 因式分解为

$$C = P_1 L U P_2$$

其中 P_1，$P_2 \in \mathbf{R}^{p\times p}$ 是排列矩阵。一个稀疏的矩形矩阵的 LU 因式分解可以非常有效地完成，其计算成本比稠密矩阵低得多。LU 因式分解可以用于求解不确定方程组。假设 $A^T = PLU$ 是式 (C.11) 中矩阵 A^T 的 LU 因式分解，我们将 L 划分为

$$L = \begin{bmatrix} L_1 \\ L_2 \end{bmatrix},$$

其中 $L_1 \in \mathbf{R}^{p\times p}$，$L_2 \in \mathbf{R}^{(n-p)\times p}$。容易验证所有的解可以参数化为式 (C.12) 的形式，其中

$$\hat{x} = P \begin{bmatrix} L_1^{-T} U^{-T} b \\ 0 \end{bmatrix}, \qquad F = P \begin{bmatrix} -L_1^{-T} L_2^T \\ I \end{bmatrix}.$$

参考文献

稠密的数值线性代数的标准参考文献是 Golub 和 Van Loan [GL89]，Demmel [Dem97]，Trefethen 和 Bau [TB97]，以及 Higham [Hig96]。稀疏的 Cholesky 因式分解包含于 George 和 Liu [GL81]。Duff，Erisman 和 Reid [DER86] 以及 Duff [Duf93] 讨论了稀疏的 LU 和 $\mathrm{LDL}^{\mathrm{T}}$ 因式分解。Gill，Murray 和 Wright [GMW81, §2.2]，Wright [Wri97, 11 章]，以及 Nocedal 和 Wright [NW99, §A.2] 这些书籍中有注重于数值优化问题的数值线性代数的介绍。在 LAPACK 软件包 [ABB+99] 中包括常规的稠密的线性代数算法的高质量实现。LAPACK 在**基本线性代数子程序**（BLAS）的基础上建成，后者是基本的向量和矩阵运算的程序库，可以很容易地根据具体的计算机结构的优点进行定制。也可得到求解稀疏的线性方程组的一些原代码，包括 SPOOLES [APWW99]，SuperLU [DGL03]，UMFPACK [Dav03]，以及 WSMP [Gup00]，这里提到的只是其中少数几个。

参考文献

[ABB+99] E. Anderson, Z. Bai, C. Bischof, S. Blackford, J. Demmel, J. Dongarra, J. Du Croz, A. Greenbaum, S. Hammarling, A. McKenney, and D. Sorensen. *LAPACK Users' Guide*. Society for Industrial and Applied Mathematics, third edition, 1999. Available from `www.netlib.org/lapack`.

[AE61] K. J. Arrow and A. C. Enthoven. Quasi-concave programming. *Econometrica*, 29(4):779–800, 1961.

[AG03] F. Alizadeh and D. Goldfarb. Second-order cone programming. *Mathematical Programming Series B*, 95:3–51, 2003.

[AHO98] F. Alizadeh, J.-P. A. Haeberly, and M. L. Overton. Primal-dual interior-point methods for semidefinite programming: Convergence rates, stability and numerical results. *SIAM Journal on Optimization*, 8(3):746–768, 1998.

[Ali91] F. Alizadeh. *Combinatorial Optimization with Interior-Point Methods and Semi-Definite Matrices*. PhD thesis, University of Minnesota, 1991.

[And70] T. W. Anderson. Estimation of covariance matrices which are linear combinations or whose inverses are linear combinations of given matrices. In R. C. Bose et al., editor, *Essays in Probability and Statistics*, pages 1–24. University of North Carolina Press, 1970.

[APWW99] C. Ashcraft, D. Pierce, D. K. Wah, and J. Wu. *The Reference Manual for SPOOLES Version 2.2: An Object Oriented Software Library for Solving Sparse Linear Systems of Equations*, 1999. Available from `www.netlib.org/linalg/spooles/spooles.2.2.html`.

[AY98] E. D. Andersen and Y. Ye. A computational study of the homogeneous algorithm for large-scale convex optimization. *Computational Optimization and Applications*, 10:243–269, 1998.

[Bar02] A. Barvinok. *A Course in Convexity*, volume 54 of *Graduate Studies in Mathematics*. American Mathematical Society, 2002.

[BB65] E. F. Beckenbach and R. Bellman. *Inequalities*. Springer, second edition, 1965.

[BB91] S. Boyd and C. Barratt. *Linear Controller Design: Limits of Performance.* Prentice-Hall, 1991.

[BBI71] A. Berman and A. Ben-Israel. More on linear inequalities with applications to matrix theory. *Journal of Mathematical Analysis and Applications*, 33:482–496, 1971.

[BD77] P. J. Bickel and K. A. Doksum. *Mathematical Statistics.* Holden-Day, 1977.

[BDX04] S. Boyd, P. Diaconis, and L. Xiao. Fastest mixing Markov chain on a graph. *SIAM Review*, 46(4):667–689, 2004.

[BE93] S. Boyd and L. El Ghaoui. Method of centers for minimizing generalized eigenvalues. *Linear Algebra and Its Applications*, 188:63–111, 1993.

[BEFB94] S. Boyd, L. El Ghaoui, E. Feron, and V. Balakrishnan. *Linear Matrix Inequalities in System and Control Theory.* Society for Industrial and Applied Mathematics, 1994.

[Ber73] A. Berman. *Cones, Matrices and Mathematical Programming.* Springer, 1973.

[Ber90] M. Berger. Convexity. *The American Mathematical Monthly*, 97(8):650–678, 1990.

[Ber99] D. P. Bertsekas. *Nonlinear Programming.* Athena Scientific, second edition, 1999.

[Ber03] D. P. Bertsekas. *Convex Analysis and Optimization.* Athena Scientific, 2003. With A. Nedić and A. E. Ozdaglar.

[BF48] T. Bonnesen and W. Fenchel. *Theorie der konvexen Körper.* Chelsea Publishing Company, 1948. First published in 1934.

[BF63] R. Bellman and K. Fan. On systems of linear inequalities in Hermitian matrix variables. In V. L. Klee, editor, *Convexity*, volume VII of *Proceedings of the Symposia in Pure Mathematics*, pages 1–11. American Mathematical Society, 1963.

[BGT81] R. G. Bland, D. Goldfarb, and M. J. Todd. The ellipsoid method: A survey. *Operations Research*, 29(6):1039–1091, 1981.

[BI69] A. Ben-Israel. Linear equations and inequalities on finite dimensional, real or complex vector spaces: A unified theory. *Journal of Mathematical Analysis and Applications*, 27:367–389, 1969.

[Bjö96] A. Björck. *Numerical Methods for Least Squares Problems.* Society for Industrial and Applied Mathematics, 1996.

[BKMR98] A. Brooke, D. Kendrick, A. Meeraus, and R. Raman. *GAMS: A User's Guide.* The Scientific Press, 1998.

[BL00] J. M. Borwein and A. S. Lewis. *Convex Analysis and Nonlinear Optimization.* Springer, 2000.

[BN78] O. Barndorff-Nielsen. *Information and Exponential Families in Statistical Theory.* John Wiley & Sons, 1978.

[Bon94] J. V. Bondar. Comments on and complements to *Inequalities: Theory of Majorization and Its Applications. Linear Algebra and Its Applications*, 199:115–129, 1994.

[Bor02] B. Borchers. *CSDP User's Guide*, 2002. Available from `www.nmt.edu/~borchers/csdp.html`.

[BP94] A. Berman and R. J. Plemmons. *Nonnegative Matrices in the Mathematical Sciences.* Society for Industrial and Applied Mathematics, 1994. First published in 1979 by Academic Press.

[Bri61] L. Brickman. On the field of values of a matrix. *Proceedings of the American Mathematical Society*, 12:61–66, 1961.

[BS00] D. Bertsimas and J. Sethuraman. Moment problems and semidefinite optimization. In H. Wolkowicz, R. Saigal, and L. Vandenberghe, editors, *Handbook of Semidefinite Programming*, chapter 16, pages 469–510. Kluwer Academic Publishers, 2000.

[BSS93] M. S. Bazaraa, H. D. Sherali, and C. M. Shetty. *Nonlinear Programming. Theory and Algorithms.* John Wiley & Sons, second edition, 1993.

[BT97] D. Bertsimas and J. N. Tsitsiklis. *Introduction to Linear Optimization.* Athena Scientific, 1997.

[BTN98] A. Ben-Tal and A. Nemirovski. Robust convex optimization. *Mathematics of Operations Research*, 23(4):769–805, 1998.

[BTN99] A. Ben-Tal and A. Nemirovski. Robust solutions of uncertain linear programs. *Operations Research Letters*, 25(1):1–13, 1999.

[BTN01] A. Ben-Tal and A. Nemirovski. *Lectures on Modern Convex Optimization. Analysis, Algorithms, and Engineering Applications.* Society for Industrial and Applied Mathematics, 2001.

[BY02] S. J. Benson and Y. Ye. *DSDP — A Software Package Implementing the Dual-Scaling Algorithm for Semidefinite Programming*, 2002. Available from `www-unix.mcs.anl.gov/~benson`.

[BYT99] E. Bai, Y. Ye, and R. Tempo. Bounded error parameter estimation: A sequential analytic center approach. *IEEE Transactions on Automatic control*, 44(6):1107–1117, 1999.

[Cal64] E. Calabi. Linear systems of real quadratic forms. *Proceedings of the American Mathematical Society*, 15(5):844–846, 1964.

[CDS01] S. S. Chen, D. L. Donoho, and M. A. Saunders. Atomic decomposition by basis pursuit. *SIAM Review*, 43(1):129–159, 2001.

[CGGS98] S. Chandrasekaran, G. H. Golub, M. Gu, and A. H. Sayed. Parameter estimation in the presence of bounded data uncertainties. *SIAM Journal of Matrix Analysis and Applications*, 19(1):235–252, 1998.

[CH53] R. Courant and D. Hilbert. *Method of Mathematical Physics. Volume 1.* Interscience Publishers, 1953. Tranlated and revised from the 1937 German original.

[CK77] B. D. Craven and J. J. Koliha. Generalizations of Farkas' theorem. *SIAM Journal on Numerical Analysis*, 8(6), 1977.

[CT91] T. M. Cover and J. A. Thomas. *Elements of Information Theory.* John Wiley & Sons, 1991.

[Dan63] G. B. Dantzig. *Linear Programming and Extensions.* Princeton University Press, 1963.

[Dav63] C. Davis. Notions generalizing convexity for functions defined on spaces of matrices. In V. L. Klee, editor, *Convexity*, volume VII of *Proceedings of the Symposia in Pure Mathematics*, pages 187–201. American Mathematical Society, 1963.

[Dav03] T. A. Davis. *UMFPACK User Guide*, 2003. Available from `www.cise.ufl.edu/research/sparse/umfpack`.

[DDB95] M. A. Dahleh and I. J. Diaz-Bobillo. *Control of Uncertain Systems: A Linear Programming Approach.* Prentice-Hall, 1995.

[Deb59] G. Debreu. *Theory of Value: An Axiomatic Analysis of Economic Equilibrium.* Yale University Press, 1959.

[Dem97] J. W. Demmel. *Applied Numerical Linear Algebra.* Society for Industrial and Applied Mathematics, 1997.

[DER86] I. S. Duff, A. M. Erismann, and J. K. Reid. *Direct Methods for Sparse Matrices.* Clarendon Press, 1986.

[DGL03] J. W. Demmel, J. R. Gilbert, and X. S. Li. *SuperLU Users' Guide*, 2003. Available from `crd.lbl.gov/~xiaoye/SuperLU`.

[dH93] D. den Hertog. *Interior Point Approach to Linear, Quadratic and Convex Programming.* Kluwer, 1993.

[DHS99] R. O. Duda, P. E. Hart, and D. G. Stork. *Pattern Classification.* John Wiley & Sons, second edition, 1999.

[Dik67] I. Dikin. Iterative solution of problems of linear and quadratic programming. *Soviet Mathematics Doklady*, 8(3):674–675, 1967.

[DLW00] T. N. Davidson, Z.-Q. Luo, and K. M. Wong. Design of orthogonal pulse shapes for communications via semidefinite programming. *IEEE Transactions on Signal Processing*, 48(5):1433–1445, 2000.

[DP00] G. E. Dullerud and F. Paganini. *A Course in Robust Control Theory: A Convex Approach.* Springer, 2000.

[DPZ67] R. J. Duffin, E. L. Peterson, and C. Zener. *Geometric Programming. Theory and Applications.* John Wiley & Sons, 1967.

[DS96] J. E. Dennis and R. S. Schnabel. *Numerical Methods for Unconstrained Optimization and Nonlinear Equations.* Society for Industrial and Applied Mathematics, 1996. First published in 1983 by Prentice-Hall.

[Duf93] I. S. Duff. The solution of augmented systems. In D. F. Griffiths and G. A. Watson, editors, *Numerical Analysis 1993. Proceedings of the 15th Dundee Conference,* pages 40–55. Longman Scientific & Technical, 1993.

[Eck80] J. G. Ecker. Geometric programming: Methods, computations and applications. *SIAM Review,* 22(3):338–362, 1980.

[Egg58] H. G. Eggleston. *Convexity.* Cambridge University Press, 1958.

[EL97] L. El Ghaoui and H. Lebret. Robust solutions to least-squares problems with uncertain data. *SIAM Journal of Matrix Analysis and Applications,* 18(4):1035–1064, 1997.

[EM75] J. Elzinga and T. G. Moore. A central cutting plane algorithm for the convex programming problem. *Mathematical Programming Studies,* 8:134–145, 1975.

[EN00] L. El Ghaoui and S. Niculescu, editors. *Advances in Linear Matrix Inequality Methods in Control.* Society for Industrial and Applied Mathematics, 2000.

[EOL98] L. El Ghaoui, F. Oustry, and H. Lebret. Robust solutions to uncertain semidefinite programs. *SIAM Journal on Optimization,* 9(1):33–52, 1998.

[ET99] I. Ekeland and R. Témam. *Convex Analysis and Variational Inequalities.* Classics in Applied Mathematics. Society for Industrial and Applied Mathematics, 1999. Originally published in 1976.

[Far02] J. Farkas. Theorie der einfachen Ungleichungen. *Journal für die Reine und Angewandte Mathematik,* 124:1–27, 1902.

[FD85] J. P. Fishburn and A. E. Dunlop. TILOS: A posynomial programming approach to transistor sizing. In *IEEE International Conference on Computer-Aided Design: ICCAD-85. Digest of Technical Papers,* pages 326–328. IEEE Computer Society Press, 1985.

[Fen83] W. Fenchel. Convexity through the ages. In P. M. Gruber and J. M. Wills, editors, *Convexity and Its Applications,* pages 120–130. Birkhäuser Verlag, 1983.

[FGK99] R. Fourer, D. M. Gay, and B. W. Kernighan. *AMPL: A Modeling Language for Mathematical Programming.* Duxbury Press, 1999.

[FGW02] A. Forsgren, P. E. Gill, and M. H. Wright. Interior methods for nonlinear optimization. *SIAM Review*, 44(4):525–597, 2002.

[FKN98] K. Fujisawa, M. Kojima, and K. Nakata. *SDPA User's Manual*, 1998. Available from `grid.r.dendai.ac.jp/sdpa`.

[FL01] M. Florenzano and C. Le Van. *Finite Dimensional Convexity and Optimization.* Number 13 in Studies in Economic Theory. Springer, 2001.

[FM90] A. V. Fiacco and G. P. McCormick. *Nonlinear Programming. Sequential Unconstrained Minimization Techniques.* Society for Industrial and Applied Mathematics, 1990. First published in 1968 by Research Analysis Corporation.

[Fre56] R. J. Freund. The introduction of risk into a programming model. *Econometrica*, 24(3):253–263, 1956.

[FW56] M. Frank and P. Wolfe. An algorithm for quadratic programming. *Naval Research Logistics Quarterly*, 3:95–110, 1956.

[Gau95] C. F. Gauss. *Theory of the Combination of Observations Least Subject to Errors.* Society for Industrial and Applied Mathematics, 1995. Translated from original 1820 manuscript by G. W. Stewart.

[GI03a] D. Goldfarb and G. Iyengar. Robust convex quadratically constrained programs. *Mathematical Programming Series B*, 97:495–515, 2003.

[GI03b] D. Goldfarb and G. Iyengar. Robust portfolio selection problems. *Mathematics of Operations Research*, 28(1):1–38, 2003.

[GKT51] D. Gale, H. W. Kuhn, and A. W. Tucker. Linear programming and the theory of games. In T. C. Koopmans, editor, *Activity Analysis of Production and Allocation*, volume 13 of *Cowles Commission for Research in Economics Monographs*, pages 317–335. John Wiley & Sons, 1951.

[GL81] A. George and J. W.-H. Liu. *Computer solution of large sparse positive definite systems.* Prentice-Hall, 1981.

[GL89] G. Golub and C. F. Van Loan. *Matrix Computations.* Johns Hopkins University Press, second edition, 1989.

[GLS88] M. Grötschel, L. Lovasz, and A. Schrijver. *Geometric Algorithms and Combinatorial Optimization.* Springer, 1988.

[GLY96] J.-L. Goffin, Z.-Q. Luo, and Y. Ye. Complexity analysis of an interior cutting plane method for convex feasibility problems. *SIAM Journal on Optimization*, 6:638–652, 1996.

[GMS+86] P. E. Gill, W. Murray, M. A. Saunders, J. A. Tomlin, and M. H. Wright. On projected newton barrier methods for linear programming and an equivalence to Karmarkar's projective method. *Mathematical Programming*, 36:183–209, 1986.

[GMW81] P. E. Gill, W. Murray, and M. H. Wright. *Practical Optimization*. Academic Press, 1981.

[Gon92] C. C. Gonzaga. Path-following methods for linear programming. *SIAM Review*, 34(2):167–224, 1992.

[Gow85] J. C. Gower. Properties of Euclidean and non-Euclidean distance matrices. *Linear Algebra and Its Applications*, 67:81–97, 1985.

[Gup00] A. Gupta. *WSMP: Watson Sparse Matrix Package. Part I — Direct Solution of Symmetric Sparse Systems. Part II — Direct Solution of General Sparse Systems*, 2000. Available from `www.cs.umn.edu/~agupta/wsmp`.

[GW95] M. X. Goemans and D. P. Williamson. Improved approximation algorithms for maximum cut and satisfiability problems using semidefinite programming. *Journal of the Association for Computing Machinery*, 42(6):1115–1145, 1995.

[Han98] P. C. Hansen. *Rank-Deficient and Discrete Ill-Posed Problems. Numerical Aspects of Linear Inversion*. Society for Industrial and Applied Mathematics, 1998.

[HBL01] M. del Mar Hershenson, S. P. Boyd, and T. H. Lee. Optimal design of a CMOS op-amp via geometric programming. *IEEE Transactions on Computer-Aided Design of Integrated Circuits and Systems*, 20(1):1–21, 2001.

[Hes68] M. R. Hestenes. Pairs of quadratic forms. *Linear Algebra and Its Applications*, 1:397–407, 1968.

[Hig96] N. J. Higham. *Accuracy and Stability of Numerical Algorithms*. Society for Industrial and Applied Mathematics, 1996.

[Hil57] C. Hildreth. A quadratic programming procedure. *Naval Research Logistics Quarterly*, 4:79–85, 1957.

[HJ85] R. A. Horn and C. A. Johnson. *Matrix Analysis*. Cambridge University Press, 1985.

[HJ91] R. A. Horn and C. A. Johnson. *Topics in Matrix Analysis*. Cambridge University Press, 1991.

[HLP52] G. H. Hardy, J. E. Littlewood, and G. Pólya. *Inequalities*. Cambridge University Press, second edition, 1952.

[HP94] R. Horst and P. Pardalos. *Handbook of Global Optimization*. Kluwer, 1994.

[HRVW96] C. Helmberg, F. Rendl, R. Vanderbei, and H. Wolkowicz. An interior-point method for semidefinite programming. *SIAM Journal on Optimization*, 6:342–361, 1996.

[HTF01] T. Hastie, R. Tibshirani, and J. Friedman. *The Elements of Statistical Learning. Data Mining, Inference, and Prediction*. Springer, 2001.

[Hub64] P. J. Huber. Robust estimation of a location parameter. *The Annals of Mathematical Statistics*, 35(1):73–101, 1964.

[Hub81] P. J. Huber. *Robust Statistics.* John Wiley & Sons, 1981.

[HUL93] J.-B. Hiriart-Urruty and C. Lemaréchal. *Convex Analysis and Minimization Algorithms.* Springer, 1993. Two volumes.

[HUL01] J.-B. Hiriart-Urruty and C. Lemaréchal. *Fundamentals of Convex Analysis.* Springer, 2001. Abridged version of *Convex Analysis and Minimization Algorithms* volumes 1 and 2.

[Isi64] K. Isii. Inequalities of the types of Chebyshev and Cramér-Rao and mathematical programming. *Annals of The Institute of Statistical Mathematics*, 16:277–293, 1964.

[Jar94] F. Jarre. Optimal ellipsoidal approximations around the analytic center. *Applied Mathematics and Optimization*, 30:15–19, 1994.

[Jen06] J. L. W. V. Jensen. Sur les fonctions convexes et les inégalités entre les valeurs moyennes. *Acta Mathematica*, 30:175–193, 1906.

[Joh85] F. John. Extremum problems with inequalities as subsidiary conditions. In J. Moser, editor, *Fritz John, Collected Papers*, pages 543–560. Birkhäuser Verlag, 1985. First published in 1948.

[Kan52] L. V. Kantorovich. *Functional Analysis and Applied Mathematics.* National Bureau of Standards, 1952. Translated from Russian by C. D. Benster. First published in 1948.

[Kan60] L. V. Kantorovich. Mathematical methods of organizing and planning production. *Management Science*, 6(4):366–422, 1960. Translated from Russian. First published in 1939.

[Kar84] N. Karmarkar. A new polynomial-time algorithm for linear programming. *Combinatorica*, 4(4):373–395, 1984.

[Kel60] J. E. Kelley. The cutting-plane method for solving convex programs. *Journal of the Society for Industrial and Applied Mathematics*, 8(4):703–712, 1960.

[Kle63] V. L. Klee, editor. *Convexity*, volume 7 of *Proceedings of Symposia in Pure Mathematics.* American Mathematical Society, 1963.

[Kle71] V. Klee. What is a convex set? *The American Mathematical Monthly*, 78(6):616–631, 1971.

[KN77] M. G. Krein and A. A. Nudelman. *The Markov Moment Problem and Extremal Problems.* American Mathematical Society, 1977. Translated from Russian. First published in 1973.

[Koo51] T. C. Koopmans, editor. *Activity Analysis of Production and Allocation*, volume 13 of *Cowles Commission for Research in Economics Monographs.* John Wiley & Sons, 1951.

[KS66] S. Karlin and W. J. Studden. *Tchebycheff Systems: With Applications in Analysis and Statistics.* John Wiley & Sons, 1966.

[KSH97] M. Kojima, S. Shindoh, and S. Hara. Interior-point methods for the monotone semidefinite linear complementarity problem in symmetric matrices. *SIAM Journal on Optimization*, 7(1):86–125, 1997.

[KSH00] T. Kailath, A. H. Sayed, and B. Hassibi. *Linear Estimation.* Prentice-Hall, 2000.

[KSJA91] J. M. Kleinhaus, G. Sigl, F. M. Johannes, and K. J. Antreich. GORDIAN: VLSI placement by quadratic programming and slicing optimization. *IEEE Transactions on Computer-Aided Design of Integrated Circuits and Systems*, 10(3):356–200, 1991.

[KT51] H. W. Kuhn and A. W. Tucker. Nonlinear programming. In J. Neyman, editor, *Proceedings of the Second Berkeley Symposium on Mathematical Statistics and Probability*, pages 481–492. University of California Press, 1951.

[Kuh76] H. W. Kuhn. Nonlinear programming. A historical view. In R. W. Cottle and C. E. Lemke, editors, *Nonlinear Programming*, volume 9 of *SIAM-AMS Proceedings*, pages 1–26. American Mathematical Society, 1976.

[Las95] J. B. Lasserre. A new Farkas lemma for positive semidefinite matrices. *IEEE Transactions on Automatic Control*, 40(6):1131–1133, 1995.

[Las02] J. B. Lasserre. Bounds on measures satisfying moment conditions. *The Annals of Applied Probability*, 12(3):1114–1137, 2002.

[Lay82] S. R. Lay. *Convex Sets and Their Applications.* John Wiley & Sons, 1982.

[LH66] B. Liêũ and P. Huard. La méthode des centres dans un espace topologique. *Numerische Mathematik*, 8:56–67, 1966.

[LH95] C. L. Lawson and R. J. Hanson. *Solving Least Squares Problems.* Society for Industrial and Applied Mathematics, 1995. First published in 1974 by Prentice-Hall.

[LMS94] I. J. Lustig, R. E. Marsten, and D. F. Shanno. Interior point methods for linear programming: Computational state of the art. *ORSA Journal on Computing*, 6(1):1–14, 1994.

[LO96] A. S. Lewis and M. L. Overton. Eigenvalue optimization. *Acta Numerica*, 5:149–190, 1996.

[Löf04] J. Löfberg. YALMIP : A toolbox for modeling and optimization in MATLAB. In *Proceedings of the IEEE International Symposium on Computer Aided Control Systems Design*, pages 284–289, 2004. Available from `control.ee.ethz.ch/~joloef/yalmip.php`.

[Löw34] K. Löwner. Über monotone Matrixfunktionen. *Mathematische Zeitschrift*, 38:177–216, 1934.

[LSZ00] Z.-Q. Luo, J. F. Sturm, and S. Zhang. Conic convex programming and self-dual embedding. *Optimization Methods and Software*, 14:169–218, 2000.

[Lue68] D. G. Luenberger. Quasi-convex programming. *SIAM Journal on Applied Mathematics*, 16(5), 1968.

[Lue69] D. G. Luenberger. *Optimization by Vector Space Methods.* John Wiley & Sons, 1969.

[Lue84] D. G. Luenberger. *Linear and Nonlinear Programming.* Addison-Wesley, second edition, 1984.

[Lue95] D. G. Luenberger. *Microeconomic Theory.* McGraw-Hill, 1995.

[Lue98] D. G. Luenberger. *Investment Science.* Oxford University Press, 1998.

[Luo03] Z.-Q. Luo. Applications of convex optimization in signal processing and digital communication. *Mathematical Programming Series B*, 97:177–207, 2003.

[LVBL98] M. S. Lobo, L. Vandenberghe, S. Boyd, and H. Lebret. Applications of second-order cone programming. *Linear Algebra and Its Applications*, 284:193–228, 1998.

[Man65] O. Mangasarian. Linear and nonlinear separation of patterns by linear programming. *Operations Research*, 13(3):444–452, 1965.

[Man94] O. Mangasarian. *Nonlinear Programming.* Society for Industrial and Applied Mathematics, 1994. First published in 1969 by McGraw-Hill.

[Mar52] H. Markowitz. Portfolio selection. *The Journal of Finance*, 7(1):77–91, 1952.

[Mar56] H. Markowitz. The optimization of a quadratic function subject to linear constraints. *Naval Research Logistics Quarterly*, 3:111–133, 1956.

[MDW+02] W.-K. Ma, T. N. Davidson, K. M. Wong, Z.-Q. Luo, and P.-C. Ching. Quasi-maximum-likelihood multiuser detection using semi-definite relaxation with application to synchronous CDMA. *IEEE Transactions on Signal Processing*, 50:912–922, 2002.

[Meh92] S. Mehrotra. On the implementation of a primal-dual interior point method. *SIAM Journal on Optimization*, 2(4):575–601, 1992.

[Mey00] C. D. Meyer. *Matrix Analysis and Applied Linear Algebra.* Society for Industrial and Applied Mathematics, 2000.

[ML57] M. Marcus and L. Lopes. Inequalities for symmetric functions and Hermitian matrices. *Canadian Journal of Mathematics*, 9:305–312, 1957.

[MO60] A. W. Marshall and I. Olkin. Multivariate Chebyshev inequalities. *Annals of Mathematical Statistics*, 32(4):1001–1014, 1960.

[MO79] A. W. Marshall and I. Olkin. *Inequalities: Theory of Majorization and Its Applications.* Academic Press, 1979.

[Mon97] R. D. C. Monteiro. Primal-dual path-following algorithms for semidefinite programming. *SIAM Journal on Optimization*, 7(3):663–678, 1997.

[MOS02] MOSEK ApS. *The MOSEK Optimization Tools. User's Manual and Reference*, 2002. Available from `www.mosek.com`.

[Mot33] T. Motzkin. *Beiträge zur Theorie der linearen Ungleichungen.* PhD thesis, University of Basel, 1933.

[MP68] R. F. Meyer and J. W. Pratt. The consistent assessment and fairing of preference functions. *IEEE Transactions on Systems Science and Cybernetics*, 4(3):270–278, 1968.

[MR95] R. Motwani and P. Raghavan. *Randomized Algorithms.* Cambridge University Press, 1995.

[MZ89] M. Morari and E. Zafiriou. *Robust Process Control.* Prentice-Hall, 1989.

[Nes98] Y. Nesterov. Semidefinite relaxations and nonconvex quadratic optimization. *Optimization Methods and Software*, 9(1-3):141–160, 1998.

[Nes00] Y. Nesterov. Squared functional systems and optimization problems. In J. Frenk, C. Roos, T. Terlaky, and S. Zhang, editors, *High Performance Optimization Techniques*, pages 405–440. Kluwer, 2000.

[Nik54] H. Nikaidô. On von Neumann's minimax theorem. *Pacific Journal of Mathematics*, 1954.

[NN94] Y. Nesterov and A. Nemirovskii. *Interior-Point Polynomial Methods in Convex Programming.* Society for Industrial and Applied Mathematics, 1994.

[NT98] Y. E. Nesterov and M. J. Todd. Primal-dual interior-point methods for self-scaled cones. *SIAM Journal on Optimization*, 8(2):324–364, 1998.

[NW99] J. Nocedal and S. J. Wright. *Numerical Optimization.* Springer, 1999.

[NWY00] Y. Nesterov, H. Wolkowicz, and Y. Ye. Semidefinite programming relaxations of nonconvex quadratic optimization. In H. Wolkowicz, R. Saigal, and L. Vandenberghe, editors, *Handbook of Semidefinite Programming*, chapter 13, pages 361–419. Kluwer Academic Publishers, 2000.

[NY83] A. Nemirovskii and D. Yudin. *Problem Complexity and Method Efficiency in Optimization.* John Wiley & Sons, 1983.

[OR00] J. M. Ortega and W. C. Rheinboldt. *Iterative Solution of Nonlinear Equations in Several Variables.* Society for Industrial and Applied Mathematics, 2000. First published in 1970 by Academic Press.

[Par71] V. Pareto. *Manual of Political Economy.* A. M. Kelley Publishers, 1971. Translated from the French edition. First published in Italian in 1906.

[Par98] B. N. Parlett. *The Symmetric Eigenvalue Problem.* Society for Industrial and Applied Mathematics, 1998. First published in 1980 by Prentice-Hall.

[Par00] P. A. Parrilo. *Structured Semidefinite Programs and Semialgebraic Geometry Methods in Robustness and Optimization.* PhD thesis, California Institute of Technology, 2000.

[Par03] P. A. Parrilo. Semidefinite programming relaxations for semialgebraic problems. *Mathematical Programming Series B*, 96:293–320, 2003.

[Pet76] E. L. Peterson. Geometric programming. *SIAM Review*, 18(1):1–51, 1976.

[Pin95] J. Pinter. *Global Optimization in Action*, volume 6 of *Nonconvex Optimization and Its Applications.* Kluwer, 1995.

[Pol87] B. T. Polyak. *Introduction to Optimization.* Optimization Software, 1987. Translated from Russian.

[Pon67] J. Ponstein. Seven kinds of convexity. *SIAM Review*, 9(1):115–119, 1967.

[Pré71] A. Prékopa. Logarithmic concave measures with application to stochastic programming. *Acta Scientiarum Mathematicarum*, 32:301–315, 1971.

[Pré73] A. Prékopa. On logarithmic concave measures and functions. *Acta Scientiarum Mathematicarum*, 34:335–343, 1973.

[Pré80] A. Prékopa. Logarithmic concave measures and related topics. In M. A. H. Dempster, editor, *Stochastic Programming*, pages 63–82. Academic Press, 1980.

[Pro01] J. G. Proakis. *Digital Communications.* McGraw-Hill, fourth edition, 2001.

[PRT02] J. Peng, C. Roos, and T. Terlaky. *Self-Regularity. A New Paradigm for Primal-Dual Interior-Point Algorithms.* Princeton University Press, 2002.

[PS98] C. H. Papadimitriou and K. Steiglitz. *Combinatorial Optimization. Algorithms and Complexity.* Dover Publications, 1998. First published in 1982 by Prentice-Hall.

[PSU88] A. L. Peressini, F. E. Sullivan, and J. J. Uhl. *The Mathematics of Nonlinear Programming.* Undergraduate Texts in Mathematics. Springer, 1988.

[Puk93] F. Pukelsheim. *Optimal Design of Experiments.* Wiley & Sons, 1993.

[Ren01] J. Renegar. *A Mathematical View of Interior-Point Methods in Convex Optimization.* Society for Industrial and Applied Mathematics, 2001.

[Roc70] R. T. Rockafellar. *Convex Analysis.* Princeton University Press, 1970.

[Roc89] R. T. Rockafellar. *Conjugate Duality and Optimization.* Society for Industrial and Applied Mathematics, 1989. First published in 1974.

[Roc93] R. T. Rockafellar. Lagrange multipliers and optimality. *SIAM Review*, 35:183–283, 1993.

[ROF92] L. Rudin, S. J. Osher, and E. Fatemi. Nonlinear total variation based noise removal algorithms. *Physica D*, 60:259–268, 1992.

[Ros65] J. B. Rosen. Pattern separation by convex programming. *Journal of Mathematical Analysis and Applications*, 10:123–134, 1965.

[Ros99] S. M. Ross. *An Introduction to Mathematical Finance: Options and Other Topics.* Cambridge University Press, 1999.

[RTV97] C. Roos, T. Terlaky, and J.-Ph. Vial. *Theory and Algorithms for Linear Optimization. An Interior Point Approach.* John Wiley & Sons, 1997.

[Rud76] W. Rudin. *Principles of Mathematical Analysis.* McGraw-Hill, 1976.

[RV73] A. W. Roberts and D. E. Varberg. *Convex Functions.* Academic Press, 1973.

[RW97] D. Ralph and S. J. Wright. Superlinear convergence of an interior-point method for monotone variational inequalities. In M. C. Ferris and J.-S. Pang, editors, *Complementarity and Variational Problems: State of the Art*, pages 345–385. Society for Industrial and Applied Mathematics, 1997.

[RWR98] C. V. Rao, S. J. Wright, and J. B. Rawlings. Application of interior-point methods to model predictive control. *Journal of Optimization Theory and Applications*, 99(3):723–757, 1998.

[Sch35] I. J. Schoenberg. Remarks to Maurice Fréchet's article "Sur la définition axiomatique d'une classe d'espaces distanciés vectoriellement applicable sur l'espace de Hilbert". *Annals of Mathematics*, 38(3):724–732, 1935.

[Sch82] S. Schaible. Bibliography in fractional programming. *Zeitschrift für Operations Research*, 26:211–241, 1982.

[Sch83] S. Schaible. Fractional programming. *Zeitschrift für Operations Research*, 27:39–54, 1983.

[Sch86] A. Schrijver. *Theory of Linear and Integer Programming.* John Wiley & Sons, 1986.

[Sch91] L. L. Scharf. *Statistical Signal Processing. Detection, Estimation, and Time Series Analysis.* Addison Wesley, 1991. With Cédric Demeure.

[SDJ91] G. Sigl, K. Doll, and F. M. Johannes. Analytical placement: A linear or quadratic objective function? In *Proceedings of the 28th ACM/IEEE Design Automation Conference*, pages 427–432, 1991.

[SGC97] C. Scherer, P. Gahinet, and M. Chilali. Multiobjective output-feedback control via LMI optimization. *IEEE Transactions on Automatic Control*, 42(7):896–906, 1997.

[She99] N. Sherwani. *Algorithms for VLSI Design Automation.* Kluwer Academic Publishers, third edition, 1999.

[Sho85] N. Z. Shor. *Minimization Methods for Non-differentiable Functions.* Springer Series in Computational Mathematics. Springer, 1985.

[Sho91] N. Z. Shor. The development of numerical methods for nonsmooth optimization in the USSR. In J. K. Lenstra, A. H. G. Rinnooy Kan, and A. Schrijver, editors, *History of Mathematical Programming. A Collection of Personal Reminiscences*, pages 135–139. Centrum voor Wiskunde en Informatica and North-Holland, Amsterdam, 1991.

[Son86] G. Sonnevend. An 'analytical centre' for polyhedrons and new classes of global algorithms for linear (smooth, convex) programming. In *Lecture Notes in Control and Information Sciences*, volume 84, pages 866–878. Springer, 1986.

[SPV99] A. Seifi, K. Ponnambalam, and J. Vlach. A unified approach to statistical design centering of integrated circuits with correlated parameters. *IEEE Transactions on Circuits and Systems — I. Fundamental Theory and Applications*, 46(1):190–196, 1999.

[SRVK93] S. S. Sapatnekar, V. B. Rao, P. M. Vaidya, and S.-M. Kang. An exact solution to the transistor sizing problem for CMOS circuits using convex optimization. *IEEE Transactions on Computer-Aided Design of Integrated Circuits and Systems*, 12(11):1621–1634, 1993.

[SS01] B. Schölkopf and A. Smola. *Learning with Kernels: Support Vector Machines, Regularization, Optimization, and Beyond.* MIT Press, 2001.

[Str80] G. Strang. *Linear Algebra and its Applications.* Academic Press, 1980.

[Stu99] J. F. Sturm. Using SEDUMI 1.02, a MATLAB toolbox for optimization over symmetric cones. *Optimization Methods and Software*, 11-12:625–653, 1999. Available from `sedumi.mcmaster.ca`.

[SW70] J. Stoer and C. Witzgall. *Convexity and Optimization in Finite Dimensions I.* Springer-Verlag, 1970.

[SW95] R. J. Stern and H. Wolkowicz. Indefinite trust region subproblems and nonsymmetric eigenvalue perturbations. *SIAM Journal on Optimization*, 15:286–313, 1995.

[TA77] A. N. Tikhonov and V. Y. Arsenin. *Solutions of Ill-Posed Problems.* V. H. Winston & Sons, 1977. Translated from Russian.

[TB97] L. N. Trefethen and D. Bau, III. *Numerical Linear Algebra.* Society for Industrial and Applied Mathematics, 1997.

[Ter96] T. Terlaky, editor. *Interior Point Methods of Mathematical Programming*, volume 5 of *Applied Optimization.* Kluwer Academic Publishers, 1996.

[Tib96] R. Tibshirani. Regression shrinkage and selection via the lasso. *Journal of the Royal Statistical Society, Series B*, 58(1):267–288, 1996.

[Tik90] V. M. Tikhomorov. Convex analysis. In R. V. Gamkrelidze, editor, *Analysis II: Convex Analysis and Approximation Theory*, volume 14, pages 1–92. Springer, 1990.

[Tit75] D. M. Titterington. Optimal design: Some geometrical aspects of D-optimality. *Biometrika*, 62(2):313–320, 1975.

[TKE88] S. Tarasov, L. Khachiyan, and I. Èrlikh. The method of inscribed ellipsoids. *Soviet Mathematics Doklady*, 37(1):226–230, 1988.

[Tod01] M. J. Todd. Semidefinite optimization. *Acta Numerica*, 10:515–560, 2001.

[Tod02] M. J. Todd. The many facets of linear programming. *Mathematical Programming Series B*, 91:417–436, 2002.

[TTT98] M. J. Todd, K. C. Toh, and R. H. Tütüncü. On the Nesterov-Todd direction in semidefinite programming. *SIAM Journal on Optimization*, 8(3):769–796, 1998.

[TTT02] K. C. Toh, R. H. Tütüncü, and M. J. Todd. *SDPT3. A Matlab software for semidefinite-quadratic-linear programming*, 2002. Available from `www.math.nus.edu.sg/~mattohkc/sdpt3.html`.

[Tuy98] H. Tuy. *Convex Analysis and Global Optimization*, volume 22 of *Nonconvex Optimization and Its Applications*. Kluwer, 1998.

[Uhl79] F. Uhlig. A recurring theorem about pairs of quadratic forms and extensions. A survey. *Linear Algebra and Its Applications*, 25:219–237, 1979.

[Val64] F. A. Valentine. *Convex Sets*. McGraw-Hill, 1964.

[Van84] G. N. Vanderplaats. *Numerical Optimization Techniques for Engineering Design*. McGraw-Hill, 1984.

[Van96] R. J. Vanderbei. *Linear Programming: Foundations and Extensions*. Kluwer, 1996.

[Van97] R. J. Vanderbei. *LOQO User's Manual*, 1997. Available from `www.orfe.princeton.edu/~rvdb`.

[Vap00] V. N. Vapnik. *The Nature of Statistical Learning Theory*. Springer, second edition, 2000.

[Vav91] S. A. Vavasis. *Nonlinear Optimization: Complexity Issues*. Oxford University Press, 1991.

[VB95] L. Vandenberghe and S. Boyd. Semidefinite programming. *SIAM Review*, pages 49–95, 1995.

[vN63] J. von Neumann. Discussion of a maximum problem. In A. H. Taub, editor, *John von Neumann. Collected Works*, volume VI, pages 89–95. Pergamon Press, 1963. Unpublished working paper from 1947.

[vN46] J. von Neumann. A model of general economic equilibrium. *Review of Economic Studies*, 13(1):1–9, 1945-46.

[vNM53] J. von Neumann and O. Morgenstern. *Theory of Games and Economic Behavior*. Princeton University Press, third edition, 1953. First published in 1944.

[vT84] J. van Tiel. *Convex Analysis. An Introductory Text.* John Wiley & Sons, 1984.

[Web71] A. Weber. *Theory of the Location of Industries.* Russell & Russell, 1971. Translated from German by C. J. Friedrich. First published in 1929.

[Web94] R. Webster. *Convexity.* Oxford University Press, 1994.

[Whi71] P. Whittle. *Optimization under Constraints.* John Wiley & Sons, 1971.

[Wol81] H. Wolkowicz. Some applications of optimization in matrix theory. *Linear Algebra and Its Applications*, 40:101–118, 1981.

[Wri97] S. J. Wright. *Primal-Dual Interior-Point Methods.* Society for Industrial and Applied Mathematics, 1997.

[WSV00] H. Wolkowicz, R. Saigal, and L. Vandenberghe, editors. *Handbook of Semidefinite Programming.* Kluwer Academic Publishers, 2000.

[XHY96] X. Xu, P. Hung, and Y. Ye. A simplified homogeneous and self-dual linear programming algorithm and its implementation. *Annals of Operations Research*, 62:151–172, 1996.

[Ye97] Y. Ye. *Interior Point Algorithms. Theory and Analysis.* John Wiley & Sons, 1997.

[Ye99] Y. Ye. Approximating quadratic programming with bound and quadratic constraints. *Mathematical Programming*, 84:219–226, 1999.

[YTM94] Y. Ye, M. J. Todd, and S. Mizuno. An $O(\sqrt{n}L)$-iteration homogeneous and self-dual linear programming algorithm. *Mathematics of Operations Research*, 19:53–67, 1994.

[Zen71] C. Zener. *Engineering Design by Geometric Programming.* John Wiley & Sons, 1971.

[Zha98] Y. Zhang. On extending some primal-dual interior-point algorithms from linear programming to semidefinite programming. *SIAM Journal on Optimization*, 8(2):365–386, 1998.

符号

一些特殊的集合

$\mathbf{R}$	实数。
$\mathbf{R}^n$	实 n-维向量（$n \times 1$ 矩阵）。
$\mathbf{R}^{m\times n}$	实 $m \times n$ 矩阵。
$\mathbf{R}_+$, $\mathbf{R}_{++}$	非负、正实数。
$\mathbf{C}$	复数。
$\mathbf{C}^n$	复 n-维向量。
$\mathbf{C}^{m\times n}$	复 $m \times n$ 矩阵。
$\mathbf{Z}$	整数。
$\mathbf{Z}_+$	非负整数。
$\mathbf{S}^n$	对称 $n \times n$ 矩阵。
$\mathbf{S}^n_+$, $\mathbf{S}^n_{++}$	对称半正定、正定 $n \times n$ 矩阵。

向量和矩阵

$\mathbf{1}$	所有分量为 1 的向量。
e_i	第 i 个标准基向量。
I	单位矩阵。
X^T	矩阵 X 的转置。
X^H	矩阵 X 的 Hermitian（复共轭）转置。
$\mathbf{tr}\, X$	矩阵 X 的迹。
$\lambda_i(X)$	对称矩阵 X 的第 i 大特征值。
$\lambda_{\max}(X)$, $\lambda_{\min}(X)$	对称矩阵 X 的最大、最小特征值。
$\sigma_i(X)$	矩阵 X 的第 i 大奇异值。
$\sigma_{\max}(X)$, $\sigma_{\min}(X)$	矩阵 X 的最大、最小奇异值。
$X^\dagger$	矩阵 X 的 Moore-Penrose 逆或伪逆。
$x \perp y$	向量 x 与 y 正交：$x^Ty = 0$。

$V^{\perp}$	子空间 V 的正交补。
$\mathbf{diag}(x)$	对角元素为 $x_1, \cdots, x_n$ 的对角矩阵。
$\mathbf{diag}(X, Y, \cdots)$	对角块为 $X, Y, \cdots$ 的分块对角矩阵。
$\mathbf{rank}\, A$	矩阵 A 的秩。
$\mathcal{R}(A)$	矩阵 A 的值域。
$\mathcal{N}(A)$	矩阵 A 的零空间。

范数与距离

$\Vert \cdot \Vert$	范数。
$\Vert \cdot \Vert_*$	范数 $\Vert \cdot \Vert$ 的对偶范数。
$\Vert x \Vert_2$	向量 x 的 Euclid（或 ℓ_2-）范数。
$\Vert x \Vert_1$	向量 x 的 ℓ_1-范数。
$\Vert x \Vert_\infty$	向量 x 的 ℓ_∞-范数。
$\Vert X \Vert_2$	矩阵 X 的谱范数（最大奇异值）。
$B(c, r)$	以 c 为中心 r 为半径的球。
$\mathbf{dist}(A, B)$	集合（或点）A 和 B 之间的距离。

广义不等式

$x \preceq y$	向量 x 和 y 之间的分量不等式。
$x \prec y$	向量 x 和 y 之间的严格分量不等式。
$X \preceq Y$	对称矩阵 X 和 Y 之间的矩阵不等式。
$X \prec Y$	对称矩阵 X 和 Y 之间的严格矩阵不等式。
$x \preceq_K y$	由正常锥 K 导出的广义不等式。
$x \prec_K y$	由正常锥 K 导出的严格广义不等式。
$x \preceq_{K^*} y$	对偶广义不等式。
$x \prec_{K^*} y$	对偶严格广义不等式。

拓扑与凸分析

$\mathbf{card}\, C$	集合 C 的基数。
$\mathbf{int}\, C$	集合 C 的内部。
$\mathbf{relint}\, C$	集合 C 的相对内部。
$\mathbf{cl}\, C$	集合 C 的闭包。
$\mathbf{bd}\, C$	集合 C 的边界：$\mathbf{bd}\, C = \mathbf{cl}\, C \setminus \mathbf{int}\, C$.
$\mathbf{conv}\, C$	集合 C 的凸包。
$\mathbf{aff}\, C$	集合 C 的仿射包。
K^*	K 的对偶锥。

I_C	集合 C 的示性函数。
S_C	集合 C 的支撑函数。
f^*	f 的共轭函数。

概率

$\mathbf{E}\,X$	随机向量 X 的期望值。
$\mathbf{prob}\,S$	事件 S 的概率。
$\mathbf{var}\,X$	标量随机变量 X 的方差。
$\mathcal{N}(c,\Sigma)$	均值为 c、协方差（矩阵）为 Σ 的高斯分布。
Φ	随机变量 $\mathcal{N}(0,1)$ 的累积分布函数。

函数与导数

$f : A \to B$	f 是从集合 $\mathbf{dom}\,f \subseteq A$ 到集合 B 的函数。
$\mathbf{dom}\,f$	函数 f 的定义域。
$\mathbf{epi}\,f$	函数 f 的上境图。
∇f	函数 f 的导数。
$\nabla^2 f$	函数 f 的 Hessian 矩阵。
Df	函数 f 的导数（Jacobian）矩阵。

索引